U0879366

水和废水监测分析方法

（第四版）

（增补版）

国 家 环 境 保 护 总 局 编
水和废水监测分析方法编委会

中国环境出版集团·北京

图书在版编目（CIP）数据

水和废水监测分析方法/国家环境保护总局《水和废水监测分析方法》编委会编. —4 版. —北京：中国环境出版集团，2002.12（2024.4 重印）
ISBN 978-7-80163-400-9

Ⅰ. ①水… Ⅱ. ①国… Ⅲ. ①水质监测——分析方法②废水监测—分析方法 Ⅳ. ①X832.02

中国版本图书馆 CIP 数据核字（2013）第 0279397 号

出 版 人　武德凯
责任编辑　吴淑岱　赵惠芬
责任校对　尹　芳
封面设计　马　晓

出版发行　中国环境出版集团
（100062　北京市东城区广渠门内大街 16 号）
网　　址：http://www.cesp.com.cn
电子邮箱：bjgl@cesp.com.cn
联系电话：010-67112765（编辑管理部）
发行热线：010-67125803，010-67113405（传真）
印　　刷　北京市联华印刷厂
经　　销　各地新华书店
版　　次　2002 年 12 月第四版
印　　次　2024 年 4 月第 27 次印刷
开　　本　787×1092　1/16
印　　张　53.75
字　　数　1298 千字
定　　价　98.00 元

第四版编委会成员

领导小组组长　王心芳
小 组 成 员　尹　改　刘启凤　丁中元　胥树凡
主　　　编　魏复盛
副　主　编　齐文启
常 务 编 委　（以负责章节顺序排列）
　　　　　　毕　彤　孙宗光　黄业茹　沈英娃

第一篇

负责人和编写人　魏复盛　毕　彤
审　　稿　齐文启

第二篇

负 责 人　齐文启
编写人员　齐文启　孙宗光　席俊清　张玉惠　汪志国　陈　光
　　　　　俞新华　曾胜年　董玉珍　陈　炎　张怀成　程　昕
　　　　　李海云　王启秀　周　勤　陈守福
审　　稿　董玉珍　张玉惠

第三篇

负 责 人　齐文启
编写人员　齐文启　曾胜年　汪志国　刘廷良　孙宗光　邓九兰
　　　　　陈　丰　张怀成　臧平安　沈叔平　俞新华　王　强
　　　　　张　勤　郭敬慈　陈　宁　李海云　高　焰　高媛芝
　　　　　葛蔚蔚　唐松林　刘　雯　厉以强　胡　枢　王玉平
　　　　　王成辉　丛　丽　许　宁　曲　健　吴国平　张　玮
　　　　　连　军　李　宁　池　靖　许月英　齐文启
审　　稿　魏复盛　王德龙　沈叔平

第四篇

负 责 人　孙宗光　黄业茹
编写人员　孙宗光　王玉平　毕　彤　唐亚萍　齐文启　宫正宇
　　　　　陈　光　李　晶　宋云衡　郑玉兰　邓九兰　胡冠九
　　　　　周　雯　张景明　穆　肃　李　娟　章安安　张增全
　　　　　李瑞琴　周亚康　吴诗剑　宋立楠　黄业茹
审　　稿　毕　彤　王玉平　周亚康

第五篇

负 责 人　沈英娃
编写人员　沈英娃　陈达平　罗梦华　方自力　范玲南　张秋劲
　　　　　刘中仁　仲　夏　郭素满　韩桂春　李　钢　杨　良
　　　　　宋　福　王　宏　卢　玲　朱红梅　张涤非　朱文杰
　　　　　张锦平　周宗灿　卢春林　刘永定　孙宗光　齐文启
审　　稿　谢凤君　王惠卿　印木泉　周宗灿

第四版出版说明

国家环境保护总局规划与财务司和科技标准司下达任务，要求中国环境监测总站组织全国有关的监测技术人员对《水和废水监测分析方法》（第三版）进行修订再版。经过两年多的努力，《水和废水监测分析方法》（第四版）正式出版了，这是在第三版基础上的增补和完善，是全国环境监测科研、监测方法研究、监测方法标准化、规范化成果的总结，是广大监测技术人员辛勤劳动的结晶。

为适应环境监督管理和国家新颁布的环境质量标准、污染源排放标准及有关规定的需要，在第四版中增加了许多监测的新项目、新技术、新方法，与第三版相比有较大的进步。在本版中监测分析方法分为三类，即A类方法为国家或行业的标准方法（或与标准方法等效）；B类方法经过国内较深入研究、多个实验室验证，证明是较成熟的统一方法；C类方法国内仅少数单位研究与应用过，或直接从发达国家引用的方法，尚未经国内多个实验室验证，宜作为试用方法。A类和B类方法均可在环境监测与执法中使用；C类方法仅供大家选用时参考。

编制我国先进的、标准化和规范化的监测分析方法是一项长期的任务，需要有科学研究的支撑和广大监测科技人员实际经验的积累。我国的环境监测技术水平与发达国家相比还存在相当大的差距，与我国环境保护工作深入发展的需要也存在较大的距离。我们希望环境监测及有关部门、单位的广大环境监测科技人员结合自己的工作，对本书提出宝贵的修改意见，以便下次再版时能更趋完善。

国家环境保护总局

2002年10月

第四版编者的话

水和废水监测分析方法（第四版）在地表水环境质量标准和废水排放标准增加了许多新项目，环境保护不断深入、监督管理力度不断加大的迫切需要，以及十多年环境科研监测经验积累、监测装备更新、监测技术不断进步的形势下出版的，也是在原有第三版的基础上进行增补和修订而完成的。与第三版相比较，本版有以下特点：

1. 增加了水环境化学的基本知识，以帮助实际的监测技术人员能更好理解水质监测的目的、意义和对监测结果的判断与评价。

2. 增加了实验室的科学管理、计量认证和质量保证与质量控制的新经验和新做法。

3. 在无机污染物的监测方面增加了等离子体发射光谱对 20 多种元素的分析应用，增加了原子荧光光谱在半金属分析方面的应用，扩大了离子色谱技术的应用范围。

4. 增加了地表水和废水的自动监测技术及一些主要污染物排放总量监测技术。

5. 以较大篇幅增加了有毒有害有机物污染物的分析技术，如用 GC-MS 于 VOCs 和 S-VOCs 分析以及氯酚类、有机氯农药、有机磷农药、PAHs、二噁英类、PCBs 类的分析应用；用 HPLC 分析 PAHs、苯胺类、酞酸酯类、酚类等；用 IC 法于 AOX、TOX 的分析。在样品采集和预处理及净化方面进行了综合介绍和说明，并在进样方面采用吹脱捕集和顶空自动进样测定 VOCs 的方法；采用固相微萃取方法分离富集 S-VOCs 的方法。

6. 在生物监测方面增加了初级生产力、急性生物毒性测定及生物危害性测定与评价的方法。

与第三版相比，涉及监测污染物的项目和监测分析方法增加幅度较大，例如第三版涉及的有机污染物57种，而在第四版中涉及的有机污染物有300余种，增加内容比较丰富。这是过去十多年来监测科研工作、监测方法研究、监测方法标准化工作的科学总结，是全国监测科研人员辛勤劳动成果的结晶。

本书所列方法分为三类。其中A类方法为国家或行业的标准方法（或与标准方法等效）；B类方法是经过国内的研究和多个单位的实验验证表明是成熟的统一方法；C类方法在国内仅有少数单位研究和应用过，或直接从国外引用过来，是供监测科研人员试用的方法。这些方法同时提供给全国广大的监测技术人员，希望大家结合自己的工作不断研究、改进和完善，并把你们的好方法、好经验反馈给中国环境监测总站，或在有关的期刊上发表，以便为下一版的修订创造良好的条件。我们希望通过全国的努力，能将B类方法推进到A类方法，将C类方法推进到B类，能有更多先进的监测分析方法取代落后的方法。

本书的编写是在国家环境保护总局领导的亲切关怀和支持下，在中国环境监测总站领导的精心组织与安排下，在全国近百位参加编写的技术人员共同努力下完成的。在编写过程中也得到了各级监测站领导的关心和支持，在此编委会特向他们表示最诚挚的感谢。

由于条件和实践经验所限，对有的新项目、新技术、新方法尚缺乏充分的研究和实验验证，也由于编委会水平所限，本书还存在许多不足，甚至错误，恳请广大读者批评指正。

水和废水监测分析方法（第四版）编委会

2002年8月

第三版编委会成员

主　编　魏复盛

副主编　寇洪茹　洪水皆

编　委　沈叔平　冷文宣　王素芳　张烈文　郑　宋　孙淑庄

林永寿　丁国斌　刘振庄　尚邦懿　黄承武　滕恩江

余道龙　王维德　鲁光四　冯惠华　陈繁荣　戴克慧

涂洁莹　程秉柯　柳庸行　陶大钧　王德铭　王明霞

王士达　李辛夫　庄德辉

参加本书编写的还有（以所写稿件在书中出现的先后为序）：

蒋德珍　刘　京　芮葵生　潘迎全　陈　炎　吴乾丰

陆遐南　曹杰山　陈尧华　夏步云　陈赋杏　铁慧兰

章安安　王顺荣　李德明　褚文英　丘星初　吴国平

袁玉璐　姚　元　于可钰　饶春熙　张　宇　柴淑琴

孟明宝　韩长绵　岳志孝　冯瑞娟　肖翠蓉　董淑英

袁秀文　朱连华　刘蕴辉　王善容　常永润　朱艳芝

卢大远　王菊生　徐承恩

第三版出版说明

为使监测分析方法逐步满足环境监督管理工作的要求，更好地为“四化”建设服务，1985 年我局决定对原《环境监测分析方法》和《污染源统一监测分析方法》进行补充、修订，并以《水和废水监测分析方法》、《气和废气监测分析方法》等名称出版。

《水和废水监测分析方法》一书是由中国环境监测总站牵头，组织了全国环境保护和各部门环境监测、科研机构以及大专院校等 110 多个单位，数百位科技人员，经过 3 年多的共同努力完成的。本书的第一版是由原国务院环境保护领导小组办公室委托中国科学院环境化学研究所、北京市环境保护监测中心等组织编写，于 1980 年 5 月出版的《环境监测标准分析方法（试行）》；第二版是由城乡建设环境保护部环境保护局委托北京市环境保护监测中心及中国科学院环境化学研究所等组织编写，于 1983 年 8 月出版的《环境监测分析方法》。本书是在《环境监测分析方法》（水质部分）和《污染源统一监测分析方法》（废水部分）的基础上编写成第三版。本书和它的前二版，都是全国各有关方面广大科技人员共同努力、集体劳动的结果，是全国大协作的成果。

环境监测方法需要统一，需要规范化、标准化。不仅要在国内做到这一点，还要注意引进和吸收国际标准化组织公布的各种方法。环境监测方法的统一和标准化的进程是较长的，还有很多工作要做。本书在这方面有了较大进步，尽可能吸收了符合我国国情的、国际标准化分析方法的成果。

环境监测工作是不断发展的，建立和完善环境监测方法及其体系，需要在前人工作的基础上，依靠广大监测科研人员长期不懈的努力。一般，经过几年的实践和方法研究工作的积累以后，有关监测方法书籍，在内容上要更新，要增加新方法，淘汰旧方法。因此，我们设想，约经过 5 年或再长一些时间，就将本书更新，再版一次，这样就会一版比一版进步、完善。本书在原有基础上，除把几年来经过实践证明是好的、适用的方法保留，加以补充、修改外，还新增加了 54 个项目，120 多个监测方法，补充了不少新技术，有了较大的进步。

编制我国统一的环境监测方法的历史还很短，这方面的工作距离我国环境管理的需要和国际先进水平差距还很大，希望环境监测以及各有关部门、单位的广大科技人员对本书提出改进意见和建议，使本书再版时更加完善。

国家环境保护局

1988 年 5 月

第三版编者的话

根据国家环保局关于组织全国各方面的科研监测力量对《环境监测分析方法》(水质部分)和《污染源统一监测分析方法》(废水部分)进行修订再版的指示精神，于1985年4月在西安召开了《水和废水监测分析方法》科研协作组第一次会议，确定了“组织起来，团结协作，大家出力，共享成果”的工作方针。经过协商成立了科研协作技术核心组，由中国环境监测总站任组长，北京市环境监测中心和中国科学院生态环境研究中心任副组长，杭州市环境监测站、化工部北京化工研究院环保所、中国预防医学科学院环境卫生与卫生工程研究所、轻工业部环境保护科研所为成员单位。会议分工落实了新增加的33个污染物监测项目及新增加的70余个监测分析方法的研究计划。经过各部门的环境监测站和有关科研单位的共同努力，提出了监测分析方法研究报告90余篇，经技术核心组审定，筛选出61篇论文，编辑出版了“水和废水监测分析方法研究报告集”(见中国环境监测1987年第3卷1期)。1986年5月在南京召开了科研协作组第二次扩大会，总结交流了各单位的科研成果，布置了这批新增项目和方法的验证及适用性检验工作。参加方法验证工作的单位做了大量工作，获得了许多宝贵的信息和数据。1987年5月在北京召开了科研协作组第三次会议，对方法验证进行了总结和评价，分工落实了修订再版的编写任务，成立了编委会。会后，编委会对起草的书稿反复作了审阅和修改，1987年12月又约请了部分编委对全书进行了修改和审定，最后由中国环境监测总站的同志对全书进行了编排、整理。

编委会在编著本书时着重考虑了以下几个方面:

(1)本书是《环境监测分析方法》(水质部分)和《污染源统一监测分析方法》(废水部分)的继续和发展，是这两部分的第三版。因此，我们把全国广大科研监测工作者经过反复和大量实践证明是好的和适用的方法全部保留下来，并尽可能把积累的新经验补充进去；对已有的监测项目补充了一些新方法，使这些项目或因浓度不同，或因干扰物的不同，有与之相适应的方法。

（2）根据我国国情，并与国际标准化组织（ISO）的标准方法相协调的原则，近几年已经制订，且还将继续制订一批水质分析方法的国家标准。本书首先选编了这些方法，把水质分析方法标准化的成果吸收过来，使这本书和国家的水质标准分析方法协调一致，以便这些方法能更好地贯彻执行。

（3）本书再版的又一个特点是增加了较多的新项目和新方法，其内容和篇幅比原书增加了一倍以上。在选取项目时，首先注意了已有水质标准、废水排放标准而尚无与之配套的监测方法项目以及急需的监测项目。特别增加了过去比较薄弱的有机污染物、底质和水生生物监测项目。在优选监测方法时充分注意吸取国内外水质监测的新方法和新技术，并考虑了有关方法的适用性。

本书修订再版是在国家环保局直接领导和中国环境监测总站领导的关怀下完成的，在组织协调方面，柴文琦、陈子久、刘全义、安华和曹跃英等同志做了大量工作。本书的再版又是多系统、多部门、多单位的领导和广大科研监测人员共同努力和支持的结果，在此编委会对他们的工作表示崇高的敬意和诚挚的感谢。

但是由于时间仓促，编著者水平所限，再加上新增加的一些项目和方法还缺乏大量实践检验的资料。因此，在监测项目和分析方法方面仍存在一些不完善之处，错误也难避免，敬请读者批评指正。我们诚恳希望全国各行各业使用本书的科技人员能在工作实践中对这些方法进行不断研究和改进，积累新的经验，希望大家结合实际工作的需要开拓新的监测项目，开发新的监测方法，并把你们的新经验、新方法寄给《水和废水监测分析方法》编委会（中国环境监测总站），为本书第四版准备充分的技术资料，使《水和废水监测分析方法》更趋完善。

国家环保局《水和废水监测分析方法》编委会
1986 年 5 月

目 录

第一篇 水污染及其监测技术简介

第二篇 质量管理与质量保证

第三篇　综合指标和无机污染物

第四篇　有机污染物

第五篇　水和废水的生物监测方法

第一篇　水污染及其监测技术简介

第一章　水资源与水污染

一、水资源与水化学组成

地球上存在水的总量估计约为 13.7×10^9 亿 m^3，海水占 97.3%，淡水占 2.7%。淡水不仅比例小，而且大部分存在于地球南北极的冰盖、冰河及深度在 750m 以上的地下水中。可利用的淡水资源只是河流、湖泊和地下水的一小部分，不到淡水总量的 1%。地球上水的分布见表 1-1-1。全球年降水量大约为 $4\times10^{14}m^3$，其中 1/4 降在陆地上。

表 1-1-1　地球上水的分布

地球上水的分布(%)		地球上淡水的分布(%)	
海水	97.3	冰盖、冰川	77.2
淡水	2.7	地下水、土壤水	22.4
		湖泊、沼泽	0.36
		大　气	0.04
		河　流	0.01

根据水中离子总量即矿化度，天然水可分为四种类型，见表 1-1-2。

表 1-1-2　天然水总离子量分类限值

水种类	美国分类限值(g/kg)	前苏联分类限值(g/kg)
淡水	0～1	<1
微咸水	1～10	1～25
咸水	10～100	25～50
盐水	>100	>50

人类的工农业生产和生活主要是利用淡水资源，而我国淡水资源人均占有量为 $2700m^3$，仅为世界人均淡水资源占有量的 28%。我国是一个水资源短缺的国家。

天然淡水不是单纯的 H_2O，它实际上是含有多种化学成分的水溶液，其主要化学成分是八大离子：Na^+、K^+、Ca^{2+}、Mg^{2+}、Cl^-、SO_4^{2-}、HCO_3^-、CO_3^{2-}。我国长江、珠江、黄河三条水系水质的主要化学成分范围值见表 1-1-3。由表可见，黄河水质的总离子含量最高，珠江最低，长江介于二者之间。不同水系基体成分浓度差异是很大的，且一年四季随着径流量的变化而呈周期性变化。天然淡水还含有数十种痕量元素。表 1-1-4 是长江河源区、松花江和洞庭湖过滤水样重金属的背景值浓度。绝大多数元素浓度在 ng/L～μg/L 数量级，比实际规定的水质标准要低得多。

表 1-1-3　三条水系主要离子浓度范围值（mg/L）

成分	长江武汉段	黄河济南段	珠江高要段
Ca^{2+}	31.4～38.7	32～86.0	1.6～3.4
Mg^{2+}	5.7～8.4	19.4～30.2	1.0～1.5
Na^{+}	4.2～8.2	53.8～83.7	2.7～6.5
K^{+}	1.4～1.8	1.4～3.3	2.1～4.1
Cl^{-}	4.3～9.8	46.2～89.1	2.8～3.6
SO_4^{2-}	13.4～25	80～142	<5～9.3
HCO_3^{-}	85.4～148	151～247	78.3～140.3

表 1-1-4　我国部分水系过滤水元素背景值（μg/L）

元素	长江河源区	松花江水系	洞庭湖水系
Hg	0.001～0.198	<0.01～0.136	0.0045～0.455
Cd	0.004～0.140	0.011～0.550	0.004～0.460
As	0.72～55.4	<0.3～2.10	0.10～3.90
Cr	0.208～48.8	0.11～1.66	0.15～0.93
Pb	0.050～57.1	<0.21～5.25	0.12～6.50
Cu	0.34～23.1	0.032～3.38	0.02～13.9
Zn	0.18～32.6	<0.27～19.2	2.0～16.0
Ni	0.05～6.05	0.38～3.95	0.10～1.12

此外，水中还有一些有机化合物，其中部分来自天然有机物及其降解产物，还有一部分是由于人类的工农业生产和生活活动产生的。

二、无机物污染

采矿、冶金、化工、石油、电镀等多种工业行业的生产废水含有重金属，排放到水体引起水质的污染。进入水体后重金属盐会发生一系列的物理化学反应，诸如氧化、还原、沉淀与溶解、吸附与解吸、络合作用以及生物甲基化等。这要取决于金属的性质和水体环境的性质。

硫化汞（HgS）难溶于水，经氧化作用，生成硫酸汞（$HgSO_4$）即可溶于水，其毒性大增。Hg^{2+}又易水解沉淀，在沉积物中经微生物作用，可以使 Hg^{2+}甲基化，生成毒性更强的 CH_3Hg^+、$(CH_3)_2Hg$。

此外，冶金、电镀、金属加工等废水有金属六价铬、钴、镍、银、铜、锌、锡、锑、铊的污染及砷化物、硫化物、氰化物，氨盐、硝酸盐、硫酸盐以及酸性和碱性废水的污染。

三、耗氧有机物的污染

水除了溶解有一定浓度的矿物质外，还含有一定浓度的氧气、氮气、二氧化碳、硫化氢等气体。水中溶解氧对于鱼虾贝类的生存和维持整个水体生态系统的良性循环具有非常重要的意义。一般说来，溶解氧（DO）浓度随着大气压力增加而增加，随着水温的升高而降低。在一定大气压力和水温条件下，水中溶解氧和空气中 O_2 达到动态平衡（O_2 的溶解与逸出）时的浓度，即为水中氧的饱和浓度。在一个大气压和不同温度下，水中溶解氧浓度见表 1-1-5。

表 1-1-5　在 101.3kPa 压力和不同温度(℃)下水中溶解氧浓度（mg/L）

温度	溶解氧	温度	溶解氧	温度	溶解氧
0	14.60	20	9.07	40	6.41
5	12.78	25	8.24	45	6.05
10	11.27	30	7.54	50	5.54
15	10.07	35	6.93		

当水体受到工业废水、城市生活污水、农牧渔业废水污染，这些污染物因被生物氧化消耗水中的溶解氧，导致 DO 浓度下降，严重时可使水质发黑发臭，使水中大量鱼虾贝类窒息死亡。

耗氧物质主要是有机污染物和无机还原性物质。按有机物被氧化难易程度可分为：

1. 易被氧化的有机污染物

酚类、醛类、芳香胺、硫醇、硫醚等金属易被氧化的有机物。例如酚经化学氧化依次生成二酚、醌，并在辅酶 A 的作用下苯环开裂，生成有机酸。反应式如下：

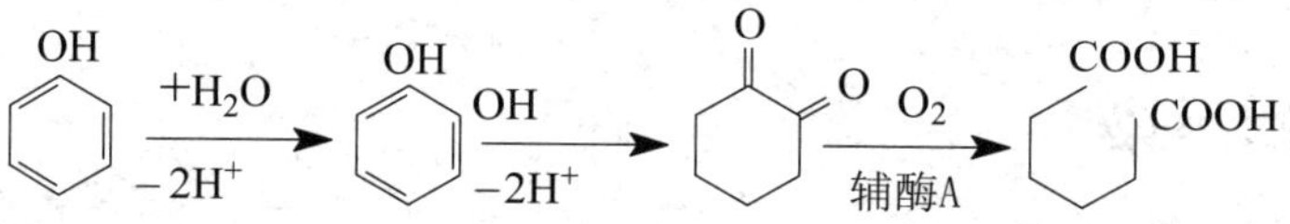

有机酸与辅酶 A 结合，进一步氧化断裂，生成乙酸（或甲酸），最后乙酸再被氧化分解生成 CO_2 和水，达到净化目的。

$$CH_3COOH+2O_2 \longrightarrow 2CO_2+2H_2O$$

2. 中等被氧化的有机污染物

乙醇、异丙醇、甲苯、乙苯、硝基苯、烯烃、碳水化合物（如淀粉、糖类、纤维素）等属于中等被氧化的有机物。

如单糖在细菌和酶的作用下，最终可分解为 CO_2 和 H_2O。其化学反应式如下：

$$C_6H_{12}O_6 \xrightarrow[\text{细菌}]{\text{酶}} 2CH_3-\overset{\overset{\displaystyle O}{\|}}{C}-COOH \xrightarrow[\text{乙酰辅酶 A}]{O_2} 6CO_2+6H_2O$$

3. 难氧化的有机污染物

饱和烃类（甲烷、乙烷）、卤代烃类、溴代苯、多氯联苯（PCBs）、多环芳烃、二噁英类及有机氯杀虫剂等属于难被氧化的有机物。

由上述可见，有机污染物分解需要微生物、细菌和酶的参与，需要消耗大量的氧。若水中有机物含量少，消耗掉的氧容易从溶解空气中氧获得补充，即可保持水生生态系统的良性循环。否则会使水生生态系统受到破坏。

耗氧有机物和无机还原性物质可用化学需氧量（COD_{Cr}）、高锰酸盐指数（COD_{Mn}）、5日生化需氧量（BOD_5）等指标来反映其污染的程度。一个水体、水系或流域受纳的 COD_{Cr} 的总量必须在它的自净能力（容量）范围之内，水质才能保持在良好状态下。我国“九五”期间实行了 COD_{Cr} 排放总量控制。2000 年比 1995 年 COD_{Cr} 排放量减少了 788 万 t，目前排放量为 1445 万 t。据预测还需要减少 COD_{Cr} 排放量 800 万 t，我国的各大流域和湖库水质才有可能达到国家规定的水质标准，可见任务是非常艰巨的。

还有一点需要指出，随着工业废水的治理，城镇人口的增加和人民生活水平的提高，城市生活污水排放量和 COD_{Cr} 的排放量均已超过工业废水的排放量。另外，农药化肥污染，畜禽、渔业养殖污染及地表径流面源污染对水体 COD_{Cr} 的贡献量也很大，加上总氮、总磷污染了湖库，使一些湖泊呈现富营养化状况，在春夏季经常发生藻类暴发的水质污染灾害。

四、痕量有害有机物的污染

到目前为止，世界上已合成出各种化学物质约 2000 万种，生产和使用的有 7 万～8 万种，我国生产、进出口的约有 3.7 万种。这些化学品对推动技术进步、方便人民生活作出了重要贡献。但由于在生产、使用、废弃过程中处理不当而引起了环境污染。其中有一些有机污染物虽在环境中浓度很低，属痕量和超痕量级，污染环境也可能只在某些局部地区。但由于这些有害物质对人体健康，对生态系统有严重危害，因此受到世界各国的高度重视。

持久性有机污染物（persistant organic pollutants，POPs）是指那些难降解、可远距离传输，能在生物体内富集，并对人和动植物有毒有害的有机污染物。POPs 国际公约签署的名单中有 12 种，其中 8 种农药：DDT、艾氏剂、狄氏剂、异狄氏剂、氯丹、毒杀芬、灭蚁灵、七氯；两种化工产品：PCBs、六氯苯；两种工业副产品：多氯二苯并二噁英、多氯二苯并呋喃。这些有毒物质在我们的环境中如底泥、生物体及空气颗粒物中多有检出。

环境雌激素类污染物初步筛选出有数十种之多，如二噁英、PCBs 类、酞酸酯类、三丁基锡、壬基酚、双酚 A、DDT 等均能干扰人体和野生动物的内分泌系统，引起遗传变异，有生殖毒性、有致畸、致突变、致癌作用。现在已发现对动物有致癌作用的污染物 140 多种，通过流行病学调查确认对人有致癌（或可疑致癌）的有 45 种。如多环芳烃（PAHs）、二噁英、亚硝胺、苯、PCBs、灭蚁灵等。

用 GC-MS 监测分析我国一些江河、近岸海域及饮用水源和饮水，检测出 VOC 和 S-VOC 达 150～400 种。用气相色谱、液相色谱专门检测技术，在一些水体中普遍检出苯系物、挥发性卤代烃类化合物、卤代苯类、硝基苯类、苯胺类、酚类、烷基苯酚和卤代酚类、硝基酚类、烷烃类、多环芳烃、有机氯和有机磷杀虫剂等。在底泥和生物体中检出较高浓度难溶于水、难降解的有机污染物，如PAH、DDT、BHC、PCBs等。

五、目前我国水资源的主要问题及对策

我国的水资源和水环境主要有三大问题。

1. 淡水资源短缺

我国人均淡水资源占有量仅为世界人均占有量的28%。据统计我国600多个城市中有400个城市不同程度缺水，由于水资源不足而严重制约了社会经济的发展。每年的降水量在地域上和时间上的分布很不均衡。华北、西北地区属干旱和半干旱地区，严重缺水。东南、华南地区雨量充沛，但多集中在夏季，形成地表径流不易被利用，并常引发洪涝灾害。我国“十五”期间要实施南水北调工程，目的是解决北方地区工农业严重缺水问题。

2. 水资源浪费严重

我国单位国民生产总值（GDP）的耗水量是美国的15倍，是日本的31倍。据统计我国生产1kg粮食要耗水1000kg，比一些国家用水量大了很多。农业用水量占90%以上，而且在一些干旱、半干旱缺水地区发展高耗水的水稻种植，这种产业结构也不尽合理。

3. 水质污染严重

我国江河湖库淡水普遍受到了污染，甚至有的受到严重污染。劣Ⅴ类水质已失去利用价值，使我国本已严重缺乏的淡水资源更是雪上加霜。例如2000年，海河流域56个监测断面，劣Ⅴ类水质断面占60.7%；辽河流域16个水质断面，劣Ⅴ类水占62.4%；淮河干流水质有所改善，在82个断面中属劣Ⅴ类水质占36.3%。这三条河流主要污染物是高锰酸盐指数、BOD_5、氨氮等。太湖有22个点位总氮、总磷超标，属富营养化状态；巢湖湖体12个点位，54.0%为Ⅴ类水，46%为劣Ⅴ类，属中营养化状态；滇池湖体13个监测点位均为劣Ⅴ类水质，总体上处于重富营养化状态。其它流域也受到了不同程度污染，但没有“三河”、“三湖”严重。

要解决我国的水质污染问题需要经过长期坚持不懈的努力，“十五”期间要在2000年基础上，全国七大流域COD_{Cr}排放总量再减少10%，继续抓好“三河”、“三湖”治理工作，开拓长江三峡、黄河流域、松花江流域的水污染治理等。

对策措施有：

①产业结构调整：关停那些耗水量大、污染重、治污代价高的企业。2000年比1995年COD_{Cr}排放总量减少35%，其中最重要的措施之一就是关停了8.4万家污染严重又没有治理前景的企业。要开发和推行清洁生产工艺，实现用水闭路循环或提高废水的处理效果和重复利用率。也要对耗水大的农业结构进行调整，特别是干旱、半干旱地区要减少水稻种植面积，走节水农业与可持续发展之路。

②大中城市和城镇要建城市生活污水处理厂，提高城市污水处理率和回用率。

③控制农业面源污染：农业面源污染包括农村生活源、农业面源、畜禽养殖业、水产养殖等污染。要解决面源污染比工业污染和大中城市生活污水难度更大，需要通过综合防

治和开展生态农业示范工程等措施进行控制。

④开发新水源：我国的工业、农业和生活用水的节约潜力不小，需要抓好节水工作，减少浪费，达到降低单位国民生产总值的用水量。南水北调工程的实施，对于缓解山东、华北地区严重缺水有重要作用。

⑤加强水资源统一管理、调配，利用市场机制和经济杠杆作用，促进水资源的节约化，促进污水管理及其资源化。

第二章　水污染的危害

一、饮用水水源污染及饮水安全

生活饮用水来自地表水和地下水两部分。若水源水质受到污染，就会影响人体健康和饮水安全。据世界卫生组织调查显示，80%的人类疾病与水质污染有关，在发展中国家，每年因缺乏清洁的饮用水而造成死亡人数达1240万。饮水安全问题已引起人们的高度重视。

1．病原微生物对人体健康危害

水中病原微生物对人体健康形成的危害历史长久。受病原微生物污染的水体中含有大量的致病菌、病毒等，可引起伤寒、痢疾、霍乱和腹泻等肠道疾病。19世纪欧洲一些大城市因水源水质受到污染造成多次霍乱爆发和蔓延。在此之后，人类采用加氯消毒方式，基本上控制了水致传染病问题。但自1970年代以来，饮用水中又不断发现新的病原微生物，如微小的病毒、贾第虫、嗜肺军团菌等，病原微生物至今仍是威胁人类健康和生命的重要因素。

大肠杆菌是肠道传染病菌，属于人类肠道中的正常菌群，但现已发现其中某些致病菌株可引起腹泻，严重者可致死。1996年在日本爆发流行的出血结肠炎就是由肠出血性大肠杆菌引起的，导致日本36个都道府县8651人患病，7人死亡，上百所中小学停课。我国自1987年以来，部分地区也陆续发生过类似疾病，发病主要原因是由于食用了污染的食物和饮水而引起。

2．氯及消毒副产物

氯作为饮用水消毒剂已有100多年的历史，为人类控制水致传染疾病起了十分重要的作用。但20世纪70年代以来人们发现，受有机物污染的水源水加氯消毒后能产生多种副产物，这些副产物对人体具有致癌、致突变性。其主要副产物为三卤甲烷、卤乙酸、卤代腈、卤代醛等。其中三氯甲烷、二氯一溴甲烷、一氯二溴甲烷和三溴甲烷均具有明显的致突变作用；二氯乙酸、三氯乙酸因其较三卤甲烷具有沸点高、难挥发的特点，其致癌风险分别是三氯甲烷的50倍和100倍。

水中存在的有机物、腐殖酸和藻类是产生消毒副产物的前体物，是造成二次污染的根源。水源水在加氯消毒之后，挥发性卤代烃类化合物浓度增加数倍至数十倍。若我们饮用的是加热煮沸的水，可驱除掉大部分的挥发性卤代烃类化合物。

3. 苦咸水

苦咸水是由于沿海地区对地下水过度开采而导致海水入侵，使陆地地下淡水变成苦咸水，失去原有的使用功能。据1991年调查结果表明，辽、冀、鲁三个沿海地区发生海水入侵地段74个，总面积1236km^2。据不完全统计，海水入侵造成近5000眼机井报废，每年地下水开采量减少7000多万m^3，造成近100万人饮水困难，减少灌溉面积2万km^2，农业每年粮食减产1亿kg，减少工农业产值每年超过3亿元。另外苦咸水还可以由自然地质原因造成。我国甘肃、青海、新疆、陕西等西部干旱地区地下水矿化度高，达不到饮用水的卫生标准。一些地方的井水或窖水含有高浓度的 $NaCl$、$NaHCO_3$、$Ca(HCO_3)_2$、$MgSO_4$ 等，使水有苦咸味，饮用后易引起腹痛、腹泻，对人体健康有不利影响。

4. 氟污染

氟是人体中一种必要的微量元素，但如果摄入过量会引发疾病。饮水中氟含量在2mg/L以上，斑釉齿的发病率升高；氟含量在8mg/L以上会产生慢性氟中毒，引起骨骼变化，称为氟骨症。氟骨症主要是因为氟化物大量在骨骼中沉着，影响骨质的正常发育生长。最终导致四肢畸形、瘫痪。我国氟骨病主要发生在高氟地区，大部分地方性氟中毒是由于饮用高氟地下水引起的，也有一些地方是饮用水源水受到含氟化物粉尘和工业废水污染所致。

5. 藻毒素

水体富营养化会导致藻类大量繁殖，并产生一种能对水生生物和人体健康有毒害作用的藻毒素。能产生毒素的藻类多为蓝藻，其中以铜绿微囊藻、节球藻、水华鱼腥藻和水华束丝藻毒性最大。微囊藻毒素是分布最广、最复杂的一种毒素，研究结果发现它是迄今为止已发现的最强的肝肿瘤促进剂。

1996年福建东山岛有136人因食用被藻毒素污染的水产品而中毒。动物饮用含有藻毒素的水会导致腹泻和死亡。有人认为，饮用藻毒素污染的水会引起肠道疾病，动物实验发现藻毒素可能有致畸、致突变作用。武汉东湖蓝藻水华毒性研究结果也表明，8～10月份的蓝藻水华对小白鼠有毒性，毒素属肝毒素类型。目前淡水藻毒素已引起科学家越来越多的重视。

目前饮用水中尚无藻毒素含量标准。现行水处理工艺对藻毒素的去除效率较低，而活性炭过滤或臭氧则可完全去除水中藻毒素。

6. 污染事故的危害

突发污染事故是威胁人体健康，破坏生态环境的重要因素，它不仅会给人类的生命和财产造成严重的危害，而且对当地生态环境造成难以估量的破坏。近年来，我国常见的一些突发污染事故主要是由于剧毒农药、有害化学品泄漏，扩散；易燃易爆物泄漏爆炸，溢油事故及非正常废水排放等原因造成的。

1994年广东省连县，一辆载有6.3t砒霜的货车不慎翻落到河中，致使距事故发生地

161km 外的四个水厂水源水中砷超标，因此停止供水 5h。1993 年开封市因暴雨引发了一起饮用水污染事故，其原因是一些企业在饮用水保护区内建厂，暴雨将企业排放蓄积的废水冲入饮用水源，连续数日，使人出现恶心、拉肚现象，造成开封市几十万人受害。1975 年四川省某邮电局有 131 名职工、家属发生了因饮用被含砷农药污染的水而发生急性中毒。其原因是生产过砷酸钙的农药厂未将含砷原料及产品妥善保管，连续几场暴雨之后，污染了邮电局的饮用水井而造成事故。这都严重影响到人民的饮水安全。

二、微量有害污染物对人体健康的危害

水体受污染后，有害物质会通过多种途径进入人体，产生急性和慢性中毒，对人体健康产生不利影响和危害。

1. 水俣病

水俣病是 1956 年因甲基汞中毒引发的水污染公害事件，因最早发生在日本熊本县水俣湾而得名。其原因是含汞工业废水污染水域，汞沉淀水底，甲基化后高度富集于鱼贝类，人们长期食用这种鱼贝引起以中枢神经脑细胞损伤为主的慢性甲基汞中毒。水俣病有急性、亚急性、慢性、潜在性和胎儿性等类型。急性病症可致死，短期连续摄入可出现肢端麻木、运动失调、语言和听力障碍等症状，胎儿性水俣病出现明显的智能低下、发育不良和四肢变形等症状。日本水俣病中毒者 283 人，死亡 60 人。

2. 痛痛病

痛痛病是 1955 年在日本富山县神通川流域，因镉污染中毒引发的水污染公害事件，因其症状为周身剧烈疼痛而得名。因锌、铅冶炼工厂等排放的含镉废水污染了水体，用污水灌溉的农田稻米富含镉，人因饮用被镉污染的水和食用含镉稻米而中毒。镉在人体内富集而造成肾损害，进而导致骨软化症，身长缩短、骨骼严重畸形，最后因疼痛难忍、呼吸困难死于其他合并症。日本痛痛病患者 130 人，其中死亡 81 人。

3. 砷中毒

砷是剧毒物，有致突变性和致癌性，人食用会造成死亡。环境中砷多以 3 价、5 价形态存在，3 价砷毒性大于 5 价砷。世界上曾发生过多次砷中毒事件，最大一起砷中毒事件是 1956 年日本发生的“森永奶粉事件”。原因是日本西部各地婴幼儿饮食了含砷奶粉，出现腹泻、发烧、肝肿大、贫血等症，严重者致死。这种中毒曾遍及日本 27 个都道府县，中毒人数达 12131 名，其中死亡 130 名。此外，1900 年英国曼彻斯特由于发酵啤酒时使用含砷的葡萄糖，结果 7000 人发生急性砷中毒，1000 人死亡。一些地下水砷背景含量高（如台湾、内蒙古等地），饮用此种地下水可致皮肤色素沉着，也有可能使癌症发病率增高。

4. “三致”毒性危害

近些年来，世界范围内癌症发病率呈明显上升趋势。我国每年因癌症死亡的约 110 万人，已成为我国城市第一位的死因。这主要是因为受污染的水中含有能引起生物体细胞遗

传变异的“三致性”有毒污染物。这些污染物不仅能引起机体的急性、亚急性和慢性毒害作用，而且还能引起突变、癌变等特殊毒性作用，不仅能危害当代人健康，而且还能影响子孙后代，对人类危害极大。

环境中存在的有毒污染物很多都具有生物富集性和“三致性”。例如多氯联苯（PCBs）是存在于环境中的三致性污染物，其污染已遍及整个世界，因其有极好的稳定性和高脂溶性，所以生活在水中的鱼类污染显著；海洋中有毒物质如DDT、重金属等浓度很低，但经生物逐级富集，可达到很高的富集倍数（见本篇的第三章）；又如DDT经浮游生物吸收可从水中浓缩1.3万倍，大鱼可浓缩60万倍，水鸟体内可浓缩到833万倍；水中微量重金属可被生物富集几万倍至几十万倍；人处于食物链的顶端，食用了受污染的鱼类和食物后就会在体内进一步富集而引起中毒，或产生“三致”作用的危害。

三、对水生生物的危害

污染物进入水环境后，会产生生态效应，破坏水生生态环境，影响动植物的生长发育，对水生生物造成危害。

1. 对水产养殖的危害

水体受有机污染物污染后，会发生生物降解作用，在分解过程中消耗水中的溶解氧，使水中溶解氧降低，鱼类等水生动物会因缺氧而死亡。水体受油类污染后，除自身分解消耗大量溶解氧外，还会因水面形成的油膜阻隔空气中的氧进入水体，鱼类因缺氧而致死。水中酚能严重影响水产品的产量和质量，低浓度酚能影响鱼类回游繁殖，高浓度时可引起鱼类大量死亡。水体中重金属能粘结在鳃的表面，影响对氧的吸收，降低血液输送氧气的能力，造成鱼类死亡。

2. 水生物遗传变异

水体被污染后，水生植物和动物从水中、底泥中摄取污染物，并在体内积累，达到一定数量后会影响生物生长、发育，使生理受阻、发育停滞，甚至死亡。如湖北鸭儿湖受到有机氯和有机磷农药的污染，使湖中的鱼发生畸变，鱼的脊椎骨弯曲，甚至出现了“疯鱼”的异常现象。此外许多化学污染物质是环境激素类物质，干扰水生生物的内分泌，可使受污染水体的雄性鱼变成雌性鱼，并能产卵，这种现象叫作“雌性化”。这类影响也波及到燕鸥等食鱼鸟类、海豹、陆龟及美洲熊、棕熊等，对于自然生态的发展有潜在不利的影响。

3. 水域异常营养的危害

近年来我国由于水体富营养化引起的破坏水生生态系统的现象时有发生。水体富营养化是指水体接纳过量的氮、磷等营养物质，使藻类以及其它水生生物异常繁殖，水体透明度和溶解氧下降，造成水质恶化，严重的藻类暴发而引发的水质灾害。这种现象在淡水湖泊叫“水华”，在海洋则叫“赤潮”。

在富营养化的湖泊中，水生生物的群落、种群结构会发生变化，一些耐污种的个体数量猛增，相反一些非耐污种数量减少甚至消失。鱼类等水生动物也是如此，往往一些优质种减少或消失而低劣质种增加，影响水产养殖业经济效益。水华灾害严重破坏了水生生态系统的平衡和稳定，也使水功能受到影响。

目前我国城市湖泊多数处于富营养或重富营养状态，非城市湖泊也因旅游业和水产养殖业的发展及受纳面源污染，富营养化速度也在加快，富营养化已成为我国湖泊水库的主要环境问题。

四、污水灌溉危害农业生产

污水灌溉农田，可使土壤受到污染，土壤中重金属逐渐积累，致使粮食、蔬菜、水果品质下降，所含重金属超标。1970 年代末天津蓟运河含三氯乙醛污水灌溉小麦，使数万亩小麦枯死，颗粒无收。日本的痛痛病是灌溉水引起稻米镉污染，我国某些局部地方用污水灌溉，也出现过镉、汞、铅的污染。用含酸、碱、盐的污水灌溉往往使作物减产或枯死，或者使土壤盐碱化。

五、对景观旅游的危害

受污染的水体除水中污染物浓度升高外，还能形成表观污染，主要表现在水体表面漂浮物增多，水体混浊、透明度下降、水质发黑、发臭，造成人体不适。表观污染会刺激人的视觉和嗅觉器官，影响人的情绪。由于水体表观污染降低了水体的观赏价值和投资开发价值，影响投资环境，严重影响旅游业的发展。

我国地表水多属有机污染类型，城市段水质经常发生黑臭现象。黑臭主要是水体中有机物厌氧分解时逸出氨气、硫化氢等产生臭气及黑色沉积物被气体和气泡托浮而搅混水体，致使水体黑臭。淮河流域 1980 年代以来因水质恶化严重影响了旅游业发展。

此外，污水还含有多种具有腐蚀性的污染物，因而对水中行使的船只、对港口码头的建筑物产生腐蚀，影响船只和建筑物的使用寿命。

第三章　水污染防治与监测技术

一、水污染防治的三个阶段

1. 重金属污染防治

由冶金、电镀、石油化工、机械制造等废水排放出重金属而引起的水质污染，是最早被人们发现对人体健康和生态环境造成危害的。环境保护工作多是从防治水体重金属污染开始，排放有关重金属的企业必须有处理措施。目前我国重金属污染已基本得到控制，水环境重金属浓度已基本达标，仅个别时段、局部河段还不能完全达到水体功能标准。

2. 耗氧有机物和富营养物质的污染防治

目前我们正处于这个阶段。我国十大水系水质普遍受到耗氧有机物的不同程度污染。COD_{Mn}、COD_{Cr}、BOD_5、氨氮、挥发酚、矿物油等主要指标超标严重。湖泊水库和近岸海域总氮、总磷浓度超标。在特定的气象条件下，暴发“水华”（湖泊）和“赤潮”（海洋）。我国从“八五”开始就把防治水中耗氧有机物污染和防治湖泊富营养化作为重点，“九五”和“十五”采取多种综合防治措施，包括产业结构调整、推行清洁生产技术、上治理工程设施和面源污染控制等。

3. 痕量有机污染物防治

世界发达国家正面临着这个问题。我们在解决了耗氧有机物污染之后，也会将重点转向痕量有毒有害有机物污染的防治。正如前述，这些污染物浓度虽低，但有致畸、致突变、致癌作用，有干扰内分泌效应，有生殖遗传毒性，有急性、慢性毒性等。为了保护人体健康，各国都花费很大代价去解决这个问题。目前我们已起步研究建立痕量和超痕量有机物监测方法体系，进行调查研究，搞清问题所在，制定相应法规标准，加强监管，并为污染防治作好准备。

二、水体监测与评价

水体是指地表被水覆盖地段的自然综合体，它不仅包括水，而且还包括水中的悬浮物、底质和水生生物。对于一个水系的监测分析及综合评价，应包括水相（水溶液本身）、固相（悬浮物、底质）、生物相（水生生物），才能得出准确而全面的结论。例如某些重金属的污染物进入水系，会很快水解沉淀而转入底质中，而水溶液中重金属的浓度并不高。从底质重金属含量的变化可以了解一个水系污染的历史过程和污染程度。图 1-3-1 是古老底质和近代底质分析结果的比较，很显然，近代底质（外圈）中受人为污染的重金属铬和有机碳增高了。又如众所周知的水俣病发生地水俣湾，当时监测结果水中汞浓度极低，甲基汞是通过生物的食物链而逐渐富集的，即通过水→藻类→飞蚨→鱼贝这条食物链的富集作用，最后在鱼贝体中，甲基汞富集了上万倍，渔民吃鱼造成甲基汞中毒。

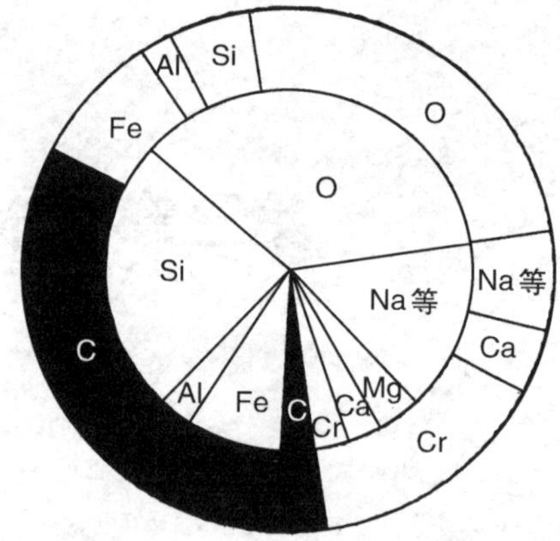

图 1-3-1 河流底质元素含量

水生生物对污染物的富集系数为：

$$生物富集系数=\frac{生物体中污染物浓度}{水中污染物浓度}$$

表 1-3-1 常见水生生物对重金属的富集系数

元素	淡水			海水		
	淡水藻	无脊椎动物	鱼类	藻类	无脊椎动物	鱼类
Cr	4×10^3	2×10^3	2×10^2	2×10^3	2×10^3	4×10^2
Co	10^3	1.5×10^3	5×10^2	1.0×10^3	10^3	5×10^2
Ni	10^3	10^2	4×10	2.5×10^2	2.5×10^2	10^2
Cu	10^3	10^3	2×10^2	10^3	1.7×10^3	6.7×10^2
Zn	4×10^3	4×10^4	10^3	10^3	10^5	2×10^3
Cd	10^3	4×10^3	3×10^3	10^3	2.5×10^5	3×10^3
As	3.3×10^2	3.3×10^2	3.3×10^2	3.3×10^2	3.3×10^2	2.3×10^2
Hg	10^3	10^5	10^3	10^3	10^5	1.7×10^3

表 1-3-1 是常见水生生物对几种重金属的富集系数。由表 1-3-1 可见，生物相的监测分析对了解水体受重金属污染具有十分重要的意义。再如有机氯杀虫剂、PCBs、多环芳烃的污染，由于这些污染物难溶于水，因此进入水体后很快沉淀转移至底质中。例如珠江三角洲某些水域表层沉积物中有机物 BHC、DDT、PCB、PAHs 的浓度，是水中的几十倍至几万倍，如表 1-3-2 所示。还因为这些有机污染物是脂溶性的，亦易被生物体所富集。特别在鱼的肝脏、鱼油中富集得更多。在食鱼鸥的卵、肝脏和皮下脂肪中 PCB、p,p'-DDE 又进一步得到富集，见表 1-3-3。一般在水体中 PCB、DDE、DDT 均在 1ng/ml 以下。若以 0.5ng/ml 计算，沉淀物 PCB 相对于水则富集了 20.4～971 倍。白鲨肌肉和肝脏分别富集了 1540 倍和 43.6 万倍。

表 1-3-2　珠江三角洲某些水域表层沉积物中有毒有机物含量（ng/g，干重）

地点	样品号	BHC 类	DDT 类	PCB 类	PAHs
珠江广州段	1	13.1	73.0	485.5	10810.5
	2	17.0	90.9	52.1	2432.3
伶仃洋	15	1.7	10.6	10.2	1005.9
	16	2.4	115.6	12.5	996.1
澳门内港	17	2.9	1628.8	338.5	9219.8

表 1-3-3　芳狄湾水生生物组织中 PCB 和 DDE 含量

生物种	组织	PCB(μg/g，湿重)	p,p'-DDE(μg/g，湿重)
鲱	整鱼	0.34	0.06
鲱	油	3.55	2.73
白鲨	肌肉	0.77	0.48
白鲨	肝脏	218	335
食鲱鸥	卵	12.6	6.67
食鲱鸥	肌肉	5.06	2.07
食鲱鸥	肝脏	6.50	2.08
食鲱鸥	皮下脂肪	75	26

三、水质监测技术的发展

（一）无机污染物的监测技术

水质污染调查是从 Hg、Cd、氰、酚、Cr^{6+}等开始的，而且多是用分光光度法测定。随着环境保护工作深入，监测业务不断扩大，分光光度分析方法的灵敏度、准确度均不能满足环境管理的要求，因此相应的各种先进的、高灵敏度的分析仪器和方法就很快发展起来。

1. 原子吸收和原子荧光法

火焰原子吸收、氢化物发生原子吸收、石墨炉原子吸收相继发展起来，可测定水中多数痕量、超痕量金属元素，见表 1-3-4。

我国开发的原子荧光仪器可同时测定水中 As、Sb、Bi、Ge、Sn、Se、Te、Pb 八种元素的化合物（见表 1-3-5）。用于这些易生成氢化物元素的分析具有较高的灵敏度和准确度，且基体干扰少。

表 1-3-4 水质分析的最佳浓度范围（mg/L）

元素	EPA（火焰法）		JIS（火焰法）	EPA（高温炉法）	
	检出限界	最适浓度范围	最适浓度范围	检出限界	最适浓度范围
Ag	0.01	0.1～4	0.005～0.05	0.0002	0.001～0.025
Al	0.1	5～50	5～100	0.003	0.02～0.2
As*	0.002	0.002～0.02	0.005～0.05	0.001	0.005～0.1
Au	0.1	0.5～20		0.001	0.005～0.1
Ba	0.1	1～20		0.002	0.01～0.2
Be	0.005	0.05～2		0.0002	0.001～0.03
Ca	0.01	0.2～7	0.2～4		
Cd	0.005	0.05～2	0.05～2	0.0001	0.0005～0.01
Co	0.05	0.5～5	0.5～10	0.001	0.005～0.1
Cr	0.05	0.5～10	0.2～5	0.001	0.005～0.1
Cu	0.02	0.2～5	0.2～4	0.001	0.005～0.1
Fe	0.03	0.3～5	0.3～6	0.001	0.005～0.1
Hg**	0.0002	0.0002～0.01	0.0005～0.01		
Ir	3	20～500		0.03	0.1～1.5
K	0.01	0.1～2			
Mg	0.001	0.02～0.5	0.02～0.4		
Mn	0.01	0.1～3	0.1～4	0.0002	0.001～0.03
Mo	0.1	1～40		0.001	0.003～0.06
Na	0.002	0.03～1			
Ni	0.04	0.3～5	0.3～4	0.001	0.005～0.1
Os	0.3	2～100		0.02	0.05～0.5
Pb	0.1	1～20	1～20	0.01	0.05～0.1
Pd	0.1	0.5～15		0.005	0.02～0.4
Pt	0.2	5～75		0.02	0.1～2
Re	5	50～1000		0.2	0.5～5
Rh	0.05	1～30		0.005	0.02～0.4
Ru	0.2	1～50		0.02	0.1～2
Sb	0.2	1～40		0.003	0.02～0.3
Se*	0.002	0.002～0.02		0.002	0.005～0.1
Sn	0.8	10～300		0.005	0.02～0.3
Ti	0.4	5～100		0.01	0.05～0.5
Tl	0.1	1～20		0.001	0.005～0.1
V	0.2	2～100	1～20	0.004	0.01～0.2
Zn	0.005	0.05～1	0.05～2	0.00005	0.0002～0.004

*氢化法；**还原气化法。

表 1-3-5 氢化物发生原子荧光的特征浓度（1%吸收）

待测元素	产生 1%吸收的特征浓度（μg/ml）	待测元素	产生 1%吸收的特征浓度（μg/ml）
As	0.004	Sn	0.0005
Sb	0.006～0.01	Pb	0.0006
Bi	0.006～0.03	Se	0.004～0.02
Ge	0.05	Te	0.01～0.1

2. 等离子体发射光谱（ICP-AES）

等离子发射光谱法近年发展很快，已用于清洁水基体成分，废水中金属及底质、生物样品中多元素的同时测定。其灵敏度、准确度与火焰原子吸收法大体相当，而且效率高，一次进样，可同时测定 10～30 个元素。等离子体发射光谱法的检出限与原子吸收法的检出限之比较，见表 1-3-6。

3. 等离子发射光谱-质谱法（ICP-MS）

ICP-MS 法是以 ICP 为离子化源的质谱分析方法，其灵敏度比 ICP-AES 法高 2～3 个数量级，特别是当测定质量数在 100 以上的元素时，其灵敏度更高，检出限更低。日本已将 ICP-MS 法列为测定水中 Cr^{6+}、Cu、Pb、Cd 的标准分析方法。ICP-MS 法与其他方法检出限比较见表 1-3-6。

表 1-3-6 几种方法的检出限比较(μg/ml)

元素	火焰原子吸收法	ICP-MS	无火焰原子吸收法	ICP-AES
Ag	0.001	0.000005	0.00001	0.004
Al	0.03	0.000015	0.0001	0.0002
As	0.03	0.000031	0.0008	0.02
Au	0.02	0.000005	0.0001	0.04
B	2.5	0.0001	0.02	0.005
Ba	0.02	0.000006	0.0006	0.00001
Be	0.002	0.00005	0.000003	0.0004
Bi	0.05	0.000004	0.0004	0.05
Ca	0.001	0.0005	0.00004	0.00002
Cd	0.001	0.000012	0.000008	0.001
Ce		0.000004		0.002
Co	0.002	0.000005	0.0002	0.002
Cr	0.002	0.00004	0.0002	0.0003
Cs	0.05	0.000002	0.00004	
Cu	0.001	0.00004	0.00004	0.0001
Dy	0.2	0.000007		0.004
Er	0.1	0.000005		0.001
Eu	0.04	0.000007	0.0005	0.001
Fe	0.004	0.00058	0.001	0.0003
Ga	0.05	0.000004	0.0001	0.0006
Gd	4.0	0.000009		0.007
Ge	0.1	0.000013	0.003	0.004
Hf		0.000005		0.01
Hg	0.5	0.000018	0.002	0.001
Ho	0.1	0.000002		0.01
In	0.03	0.000002	0.00004	0.03
Ir	1.0	0.000005		
K	0.003		0.004	
La	2.0	0.000002		0.0004
Li	0.001	0.000027	0.0003	0.0003

元素	火焰原子吸收法	ICP-MS	无火焰原子吸收法	ICP-AES
Lu	2.0	0.000002		0.008
Mg	0.0001	0.000018	0.000004	0.00005
Mn	0.0008	0.000006	0.00002	0.00006
Mo	0.03	0.000006	0.0003	0.0002
Na	0.0008	0.00003		0.0002
Nb	3.0	0.000002		0.002
Nd	2.0	0.000007		0.01
Ni	0.005	0.000013	0.0009	0.0004
Os	0.4			
P	21	0.005	0.0003	0.04
Pb	0.01	0.00001	0.0002	0.002
Pd	0.01	0.000009	0.0004	0.002
Pr	4.0			0.03
Pt	0.005	0.000005	0.001	0.08
Rb	0.005	0.000005	0.0001	
Re	0.6	0.000005		
Rh	0.02	0.000002	0.0008	0.003
Ru	0.06	0.00005		
Sb	0.03	0.000012	0.0005	0.2
Sc	0.1	0.000015	0.006	0.003
Se	0.1	0.00037	0.0009	0.03
Si	0.1	0.005	0.000005	0.01
Sm	0.6	0.000013		0.02
Sn	0.05	0.00001	0.02	0.03
Sr	0.005	0.000003	0.0001	0.00002
Ta	3.0	0.000002		0.03
Tb	2.0	0.000002		0.02
Te	0.05	0.000032	0.0001	0.08
Th		0.0000003	0.04	0.003
Ti	0.09	0.000011	0.001	0.0002
Tl	0.02	0.000003		0.2
Tm	0.04	0.000002		0.007
U	20.0	0.0000003		0.03
V	0.02	0.000008	0.0003	0.0002
W	3.0	0.000007		0.001
Y	0.3	0.000004		0.0006
Yb	0.02	0.000005	0.00007	0.0004
Zn	0.001	0.000035	0.000003	0.002
Zr	4.0	0.000005		0.0004

4. 离子色谱法

离子色谱是分离和测定水中常见阴、阳离子的新技术，方法的选择性和灵敏度均好，一次进样可同时测定多种成分。用电导检测器和阴离子分离柱可测定 F^-、Cl^-、Br^-、NO_2^-、

SO_3^{2-}、SO_4^{2-}、$H_2PO_4^-$、NO_3^-；用阳离子分离柱可测定NH_4^+、K^+、Na^+、Ca^{2+}、Mg^{2+}等。用电化学检测器可测定I^-、S^{2-}、CN^-及某些有机化合物。

5. 分光光度和流动注射分析技术

研究一些高灵敏度、高选择性的显色反应，用于金属离子和非金属离子的分光光度法测定仍然受到重视。在常规监测中分光光度法占有较大的比重。值得注意的是将这些方法与流动注射技术相结合，可将许多化学操作，如蒸馏、萃取、加各种试剂，定容显色和测定融为一体，是一种实验室自动分析技术，且在水质在线自动监测系统中被广泛应用。具有取样少、精度高、分析速度快节省试剂等优点，可使操作人员从繁琐的体力劳动中解放出来。例如测水质中NO_3^-、NO_2^-、NH_4^+、F^-、CN^-、CrO_4^{2-}、Ca^{2+}、Mg^{2+}、Pb^{2+}、Zn^{2+}、Cu^{2+}、Cd^{2+}等均可用流动注射技术。检测器不仅可用分光光度法，也可用原子吸收、离子选择性电极等。

6. 价态和形态分析

污染物质在水环境中存在形态不同，对水生生态系统和对人的毒性也很不相同。例如Cr^{6+}毒性比Cr^{3+}强得多，As^{3+}比As^{5+}毒性大，NO_2^-比NO_3^-毒性大，$HgCl_2$毒性比HgS大，而CH_3Hg^+比$HgCl_2$毒性更大。在水质标准和监测中规定了总汞和烷基汞、六价铬和总铬、Fe^{3+}和Fe^{2+}、NH_4^+—N、NO_2^-—N和NO_3^-—N的测定。有些项目还规定了可滤态和总量的测定等。在环境研究中，为了搞清污染机理及迁移转化规律，不仅要研究分析无机物的价态、吸附态、络合态，还要研究它们在环境介质中的氧化还原（如含氮化合物的亚硝化、硝化作用或脱氮等）和生物甲基化等问题。以有机态存在的重金属，如烷基铅、烷基锡等，目前倍受环境科学工作者的重视，尤其是三苯基锡、三丁基锡等被列入内分泌干扰物后，有机重金属的监测分析技术发展很快。

（二）有机污染物的监测技术

1. 耗氧有机物的监测

反映水体受到耗氧有机物污染的综合指标很多，如高锰酸盐指数、COD_{Cr}、BOD_5（也包括硫化物、NH_4^+—N、NO_2^-—N等无机还原性物质）、总有机碳（TOC）、总耗氧量（TOD）。对于废水处理效果的控制及对地表水水质的评价多用这些指标。这些指标相互间有一定的相关性，但其物理含义不同，难于互相取代。因为随水质耗氧有机物组成不同，这种相关性不是固定的，而是有较大的变化。这些指标的监测技术已经成熟，但人们还在探讨能够快速、简便、省时、省钱的分析技术。例如快速COD测定仪、微生物传感器快速BOD测定仪已在应用。

2. 有机污染物类别监测技术

有机污染物监测多是从有机污染类别监测开始的。因为设备简单、一般实验室容易做到，另一方面，如果类别监测发现有大的问题，可进一步作某类有机物的鉴别分析。例如可吸附卤代烃（AOX）监测时，发现 AOX 超标，我们即可用 GC-ECD 作进一步分析，研究是哪些卤代烃类化合物污染，毒性如何，污染来自何处等。有机污染物类别监测项目有：挥发性酚、硝基苯类、苯胺类、矿物油类、可吸附卤代烃等。这些项目均有标准分析方法可用。

3. 有机污染物的分析

有机污染物分析可分为 VOCs、S-VOCs 分析和特定化合物的分析。采用吹脱捕集 GC-MS 法测挥发性有机物（VOCs），用液液萃取或微固相萃取 GC-MS 测定半挥发性有机物（S-VOCs）属广谱分析。用气相色谱分离，用火焰离子化检测器（FID）、电子捕获检测器（ECD）、氮磷检测器（NPD）、光离子化检测器（PID）等测定各类有机污染物；用液相色谱（HPLC）、紫外检测器（UV）或荧光检测器（RF），测定多环芳烃、醛酮类、酞酸酯类、苯酚类等，见表 1-3-7。

表 1-3-7 水体有机污染物测定方法

序号	方法简述	检测的有机污染物	方法检测限（μg/L）
1	吹脱捕集 GC-MS	60 多种 VOCs	0.0*x*～0.*x*
2	酸性介质萃取 GC-MS	10 余种酚和取代酚	
3	碱中性介质萃取 GC-MS	PAHs 类、PCBs 类、有机氯农药、酞酸酯类、氯苯类、硝基苯类等 58 种	
4	C_{18} 柱固相萃取 GC-MS	与上（2、3）同	
5	高分辨色谱/高分辨质谱	多氯二苯并二噁英、多氯二苯并呋喃	
6	C_{18} 柱固相萃取 GC-MS	16 种多环芳烃	0.01～0.02
7	吹脱捕集 GC-FID	39 种 VOCs	0.00*x*～0.*x*
8	顶空 GC-ECD	挥发卤代烃类	0.1～2
9	毛细管柱 GC-ECD	20 种硝基苯类和硝基苯胺类	0.5～1.0
10	液-液萃取 GC-NPD	有机磷农药 12 种	0.0*x*～0.*x*
11	GDX-502 吸附，HPLC-UV	11 种酚类	0.3～1.5
12	XAD-2 吸附，HPLC-UV	7 种酞酸酯	1.5～6.0
13	液-液萃取，HPLC-RF	6 种苯胺类	0.*x*
14	液-液萃取，HPLC-RF	16 种多环芳烃	

4. 自动监测与排放总量监测技术

环境水质自动监测系统多是常规监测项目，如水温、色度、浊度、溶解氧、pH、电导、高锰酸盐指数、COD_{Cr}、总氮、总磷、氨氮等。我国正在一些重要的国控水质断面建立水质自动监测系统，在媒体上发布水质周报，对推动水质保护有重要意义。

我国在“九五”、“十五”期间对 COD_{Cr}、矿物油、氰化物、汞、镉、砷、铬（Ⅵ）、铅排放总量实行控制和削减，可能还需要通过几个五年计划的努力，将其排放总量削减到水域环境容量以下，才能从根本上改善水环境，使其达到良好状态。因此要求大污染企业要建立标准化的排污口和污水测流槽装置，安装污水流量计和 COD_{Cr}、氨氮、矿物油、pH 等在线连续监测仪器，实现对企业污水流量和污染物浓度的实时监测，并核实污染物的排放总量。

5. 水污染突发事故快速监测

每年发生大小污染事故数千次，不仅损害环境生态系统，而且直接威胁着人们的生命财产安全和社会稳定（已如前述），污染事故监测方法有：

①便携式快速仪器法：如溶解氧、pH 计、便携式气相色谱仪、便携式 FTIR 仪等。

②快速检测管和检测试纸法：如 H_2S 检测管（试纸）、COD_{Cr} 快速检测管、重金属检测管等。

③现场采样——实验室分析等。

主要参考文献

1. 国家环境保护局　水和废水监测分析方法编委会编著. 水和废水监测分析方法.北京：中国环境科学出版社，1989
2. 魏复盛等编著. 水和废水监测分析方法指南（上册）. 北京：中国环境科学出版社，1990
3. 魏复盛等编著. 水和废水监测分析方法指南（中册）. 北京：中国环境科学出版社，1994
4. 魏复盛等编著. 水和废水监测分析方法指南（下册）. 北京：中国环境科学出版社，1997
5. 陈静生主编.水环境化学. 北京：高等教育出版社，1987
6. 章申等主编. 化学元素水环境背景值研究.北京：测绘出版社，1990
7. 中国大百科全书——环境科学编辑委员会编. 中国大百科全书——环境科学. 北京：中国大百科全书出版社，1983
8. 曲格平等编. 环境科学基础知识. 北京：中国环境科学出版社，1984
9. 金相灿等. 中国湖泊环境.北京：海洋出版社，1995
10. 孙铁珩等. 污染生态学. 北京：科学出版社，2001
11. 林玉琐. 农药与生态环境保护. 北京：科学出版社，2001
12. 常立勋等. 环境中有害因素与人体健康. 北京：化学工业出版社，2000
13. 王俊. 化学污染物与生态效应. 北京：中国环境科学出版社，1990
14. 俞誉福等. 环境污染与人体保健. 上海：复旦大学出版社，1985
15. 万本太等. 突发性环境污染事故应急监测与处理处置技术. 北京：中国环境科学出版社，1996
16. 牛年生. 辽宁沿海地区海水入侵的发展不容忽视.环境保护科学，1999，25（1）
17. 杨新安. 中国沿海城市地质环境灾害及其防治对策.辽宁工程技术大学学报，1999，18（5）
18. 吴静等. 藻毒素与健康效应的研究进展.上海环境科学，1999，18（7）：331～334
19. 应太林. 苏州河水体黑臭机理及底质再悬浮对水体的影响.上海环境科学，1997，16（1）：23～26
20. 黄君礼等. 二氧化氯和氯消毒饮用水致突变性的比较. 环境科学，1998，17（4）：382～384
22. 戴树桂主编. 环境化学.北京：高等教育出版社，1997
23. 麦碧娴，林峥，张干等.珠江三角洲沉积物中毒害有机物的污染状况及评价. 环境科学研究，2002，14（1）：17～231
24. 齐文启，孙宗光编著.痕量有机污染物的监测. 北京：化学工业出版社，2001

第二篇　质量管理与质量保证

第一章　基本概念

一、监测数据的五性

从质量保证和质量控制的角度出发，为了使监测数据能够准确地反映水环境质量的现状，预测污染的发展趋势，要求环境监测数据具有代表性、准确性、精密性、可比性和完整性。环境监测结果的“五性”反映了对监测工作的质量要求。

1. 代表性（representation）

代表性是指在具有代表性的时间、地点，并按规定的采样要求采集有效样品。所采集的样品必须能反映水质总体的真实状况，监测数据能真实代表某污染物在水中的存在状态和水质状况。

任何污染物在水中的分布不可能是十分均匀的，因此要使监测数据如实反映环境质量现状和污染源的排放情况，必须充分考虑到所测污染物的时空分布。首先要优化布设采样点位，使所采集的水样具有代表性。

2. 准确性（accuracy）

准确性指测定值与真实值的符合程度，监测数据的准确性受从试样的现场固定、保存、传输，到实验室分析等环节影响。一般以监测数据的准确度来表征。

准确度常用以度量一个特定分析程序所获得的分析结果（单次测定值或重复测定值的均值）与假定的或公认的真值之间的符合程度。一个分析方法或分析系统的准确度是反映该方法或该测量系统存在的系统误差或随机误差的综合指标，它决定着这个分析结果的可靠性。

准确度用绝对误差或相对误差表示。

准确度的评价方法：

可用测量标准样品或以标准样品做回收率测定的办法评价分析方法和测量系统的准确度。

（1）标准样品分析

通过分析标准样品，由所得结果了解分析的准确度。

（2）回收率测定

在样品中加入一定量标准物质测其回收率，这是目前实验室中常用的确定准确度的方法，从多次回收试验的结果中，还可以发现方法的系统误差。

按下式计算回收率 P：

$$回收率P(\%)=\frac{加标试样测定值-试样测定值}{加标量}\times100\%$$

（3）不同方法的比较

通常认为，不同原理的分析方法具有相同的不准确性的可能性极小，当对同一样品用不同原理的分析方法测定，并获得一致的测定结果时，可将其作为真值的最佳估计。

当用不同分析方法对同一样品进行重复测定时，若所得结果一致，或经统计检验表明其差异不显著时，则可认为这些方法都具有较好的准确度，若所得结果呈现显著性差异，则应以被公认的可靠方法为准。

3. 精密性（precision）

精密性和准确性是监测分析结果的固有属性，必须按照所用方法的特性使之正确实现。数据的准确性是指测定值与真值的符合程度，而其精密性则表现为测定值有无良好的重复性和再现性。

精密性以监测数据的精密度表征，是使用特定的分析程序在受控条件下重复分析均一样品所得测定值之间的一致程度。它反映了分析方法或测量系统存在的随机误差的大小。测试结果的随机误差越小，测试的精密度越高。

精密度通常用极差、平均偏差和相对平均偏差、标准偏差和相对标准偏差表示。标准偏差在数理统计中属于无偏估计量而常被采用。

为满足某些特殊需要，引用下述三个精密度的专用术语。

平行性（replicability 或 parallelism）　在同一实验室中，当分析人员、分析设备和分析时间都相同时，用同一分析方法对同一样品进行双份或多份平行样测定结果之间的符合程度。

重复性（repeatability）　在同一实验室中，当分析人员、分析设备和分析时间中的任一项不相同时，用同一分析方法对同一样品进行双份或多份平行样测定结果之间的符合程度。

再现性（reproducibility）　用相同的方法，对同一样品在不同条件下获得的单个结果之间的一致程度，不同条件是指不同实验室、不同分析人员、不同设备、不同（或相同）时间。

在考查精密性时还应注意以下几个问题：

①分析结果的精密度与样品中待测物质的浓度水平有关，因此，必要时应取两个或两个以上不同浓度水平的样品进行分析方法精密度的检查。

②精密度可因与测定有关的实验条件的改变而变动，通常由一整批分析结果中得到的精密度，往往高于分散在一段较长时间里的结果的精密度，如可能，最好将组成固定的样品分为若干批分散在适当长的时期内进行分析。

③标准偏差的可靠程度受测量次数的影响，因此，对标准偏差作较好估计时（如确定某种方法的精密度）需要足够多的测量次数。

④通常以分析标准溶液的办法了解方法的精密度，这与分析实际样品的精密度可能存在一定的差异。

⑤准确度良好的数据必须具有良好的精密度，精密度差的数据则难以判别其准确程度。

4. 可比性（compatibility）

指用不同测定方法测量同一水样的某污染物时，所得出结果的吻合程度。在环境标准样品的定值时，使用不同标准分析方法得出的数据应具有良好的可比性。可比性不仅要求各实验室之间对同一样品的监测结果应相互可比，也要求每个实验室对同一样品的监测结果应该达到相关项目之间的数据可比，相同项目在没有特殊情况时，历年同期的数据也是可比的。在此基础上，还应通过标准物质的量值传递与溯源，以实现国际间、行业间的数据一致、可比，以及大的环境区域之间、不同时间之间监测数据的可比。

例如，用离子色谱法测定 $NO_3^- - N$ 的结果与酚二磺酸分光光度法的结果应基本一致；用气相色谱法测定氯苯类的结果应与气相色谱-质谱法的结果相近。

过去我国使用紫外分光光度法测定石油类，这一方法与红外法测定结果就没有可比性。因为紫外法使用的石油醚萃取剂与红外法使用的四氯化碳萃取效果不同，其次紫外法的吸收波长与红外法也不同，它们所测定的是不同的石油成分。

5. 完整性（completeness）

完整性强调工作总体规划的切实完成，即保证按预期计划取得有系统性和连续性的有效样品，而且无缺漏地获得这些样品的监测结果及有关信息。

只有达到这“五性”质量指标的监测结果，才是真正正确可靠的，也才能在使用中具有权威性（authoritativeness）和法律性（lawfulness）。

人们常说：“错误的数据比没有数据更可怕。”为获得质量可靠的监测结果，世界各国都在积极制定和推行质量保证计划，正如工业产品的质量必须达到质量要求才能取得客观的承认一样，环境监测结果的良好质量，必然是在切实执行质量保证计划的基础上方能达到。只有取得合乎质量要求的监测结果，才能正确地指导人们认识环境、评价环境、管理环境、治理环境的行动，摆脱因对环境状况的盲目性所造成的不良后果，这就是实施环境监测质量保证的意义。

二、灵敏度

灵敏度（sensitivity）是指某方法对单位浓度或单位量待测物质变化所产生的响应量的变化程度。它可以用仪器的响应量或其他指示量与对应的待测物质的浓度或量之比来描述。如分光光度法常以校准曲线的斜率度量灵敏度。一个方法的灵敏度可因实验条件的变化而改变。在一定的实验条件下，灵敏度具有相对的稳定性。

灵敏度的表示方法：

通过校准曲线可以把仪器响应量与待测物质的浓度或量定量地联系起来，用下式表示它的直线部分：

$$A = kC + a$$

式中：A——仪器响应值；

C——待测物质的浓度；

a——校准曲线的截距；

k——方法灵敏度，即校准曲线的斜率。

1975 年国际纯粹和应用化学会（IUPAC）通过的光谱化学中的名词、符号、单位及其用法的规定，把能产生 1%吸收的被测元素浓度或含量定义为特征浓度（characteristic concentration）和特征含量（characteristic content），它们可用以比较低浓度或低含量区域校准曲线的斜率。

分光光度法中常用的摩尔吸光系数 ε，系指当测量光程为 1cm，待测物质浓度为 1mol/L，相对应的待测物质的吸光度数。ε 越大，方法的灵敏度越高。

原子吸收中，以产生 1%（即 0.0044 吸光度）吸收值相对应的浓度作为灵敏度。

气相色谱中，灵敏度是指通过检测器物质的量变化时，该物质响应值的变化率。图 2-1-1 为不同组分量（Q）与对应响应值（R）图，直线部分斜率即为灵敏度（S），见式（1）：

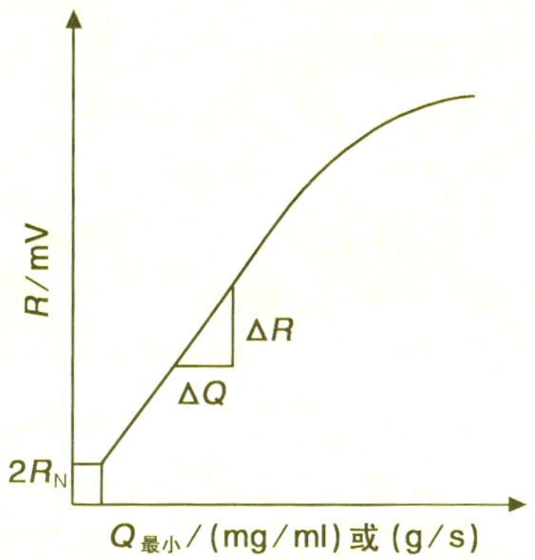

图 2-1-1　组分量与响应值图

$$S=\frac{\Delta R}{\Delta Q} \tag{1}$$

检测器按其响应特征，可分为浓度型和质量型两类，前者 Q 为浓度（C），单位为 mg/ml，后者 Q 为质量流量（m），单位为 g/s，因此，两者灵敏度的具体计算式是不同的。

（1）浓度型

$$S=\frac{\Delta R}{\Delta C}=\frac{hC_1}{m/(W_{h/2}\cdot C_2\cdot F)}=\frac{AC_1C_2F}{m} \tag{2}$$

式中：h——峰高（mm）；

$W_{h/2}$——半峰宽（mm）；

A——峰面积（mm^2）；

C_1——记录器或数据处理机灵敏度（mV/mm）；

C_2——纸速倒数（min/mm）；

F——载气流速(换算至检测器温度下之流速)（ml/min）；

m——样品质量（mg）。

因气体和液体的样品浓度单位不同，故 S 值的单位、含义等也略有不同，见表 2-1-1。

表 2-1-1　气体和液体的灵敏度符号、单位及含义

样品状态	灵敏度	符号	单位	含义
气体	体积灵敏度	S_V	mV·ml/ml	每毫升载气中含有 1ml 气体组分时，所产生的毫伏数
液体	质量灵敏度	S_g	mV·ml/mg	每毫升载气中含有 1mg 气体组分时，所产生的毫伏数

测量灵敏度应在检测器的线性范围内进行。其信号应比检测限大 10～100 倍，或在相

同的条件下比噪声大20～200倍。

TCD、ECD等均是浓度型检测器，它们的灵敏度可用式（2）计算。

（2）质量型

FID、NPD等均是质量型检测器，它们的灵敏度可用式（3）计算。

$$S_t=\frac{\Delta R}{\Delta m}=\frac{hC_1}{m/(W_{h/2}\cdot C_2)}=\frac{60AC_1C_2}{m} \tag{3}$$

式中符号意义同前，S_t的单位为mV·s/g或C/g，即有1g样品通过检测器时，每秒钟所产生的电位或电量（库仑）数。

测量灵敏度时的要求同浓度型。

三、检出限

检出限（Limit of detection或minimum detectability）为某特定分析方法在给定的置信度内可从样品中检出待测物质的最小浓度或最小量。所谓“检出”是指定性检出，即判定样品中存有浓度高于空白的待测物质。

检出限除了与分析中所用试剂和水的空白有关外，还与仪器的稳定性及噪声水平有关。在灵敏度计算中没有明确噪声大小，因而操作者可以将检测器的输出信号，通过放大器放到足够大，从而使灵敏度相当高。显然这是不妥的，必须考虑噪声这一参数，将产生两倍噪声信号时，单位体积的载气或单位时间内进入检测器的组分量称为检出限。则：

$$D=2N/S$$

式中：N——噪声（mV或A）；

S——检测器灵敏度；

D——检出限，其单位随S不同也有三种：

$D_g=2N/S_g$，单位为mg/ml

$D_v=2N/S_v$，单位为ml/ml

$D_t=2N/S_t$，单位为g/s

有时也用最小检测量（MDA）或最小检测浓度（MDC）作为检出限。它们分别是产生两倍噪声信号时，进入检测器的物质量（g）或浓度（mg/ml）。

不少高灵敏度检测器，如FID、NPD、ECD等往往用检出限表示检测器的性能。

灵敏度和检出限是两个从不同角度表示检测器对测定物质敏感程度的指标，前者越高、后者越低，说明检测器性能越好。

检出限的计算方法为：

①在《全球环境监测系统水监测操作指南》中规定：给定置信水平为95%时，样品测定值与零浓度样品的测定值有显著性差异即为检出限（D.L）。这里的零浓度样品是不含待测物质的样品。

$$D.L=4.6\delta$$

式中：δ——空白平行测定（批内）标准偏差（重复测定20次以上）。

②国际纯粹和应用化学联合会（IUPAC）对检出限D.L作如下规定。

对各种光学分析方法，可测量的最小分析信号x_L以下式确定：

$$x_L = \bar{x}_b + K'S_b$$

式中：$\bar{x}_b$——空白多次测得信号的平均值；

S_b——空白多次测得信息的标准偏差；

K' ——根据一定置信水平确定的系数。

与 $x_L - \bar{x}_b$(即$K'S_b$) 相应的浓度或量即为检出限：

$$D.L = x_L - \bar{x}_b / k = k'S_b / K$$

式中：k——方法的灵敏度（即校准曲线的斜率）。

为了评估 $\bar{x}_b$ 和 S_b，实验次数必须至少 20 次。

1975 年，IUPAC 建议对光谱化学分析法取 $K'=3$。由于低浓度水平的测量误差可能不遵从正态分布，且空白的测定次数有限，因而与 $K'=3$ 相应的置信水平大约为 90%。

此外，尚有将 K' 取为 4、4.6、5 及 6 的建议。

③美国 EPA SW—846 中规定方法检出限：

$$MDL=3.143\delta \quad (\delta 重复测定 7 次)$$

④在某些分光光度法中，以扣除空白值后的与 0.01 吸光度相对应的浓度值为检出限。

⑤气相色谱分析的最小检测量系指检测器恰能产生与噪声相区别的响应信号时所需进入色谱柱的物质的最小量，一般认为恰能辨别的响应信号，最小应为噪声的两倍。

最小检测浓度系指最小检测量与进样量（体积）之比。

⑥某些离子选择电极法规定：当校准曲线的直线部分外延的延长线与通过空白电位且平行于浓度轴的直线相交时，其交点所对应的浓度值即为该离子选择电极法的检出限。

四、测定限

测定限（limit of determination）为定量范围的两端，分别为测定上限与测定下限。

1. 测定下限

在测定误差能满足预定要求的前提下，用特定方法能准确地定量测定待测物质的最小浓度或量，称为该方法的测定下限。

测定下限反映出分析方法能准确地定量测定低浓度水平待测物质的极限可能性。在没有（或消除了）系统误差的前提下，它受精密度要求的限制（精密度通常以相对标准偏差表示）。分析方法的精密度要求越高，测定下限高于检出限越多。

美国 EPA SW—846 规定 4MDL 为定量下限（RQL），即 4 倍检出限浓度作为测定下限，其测定值的相对标准偏差约为 10%。日本 JIS 规定定量下限为 10 倍的 MDL。

2. 测定上限

在限定误差能满足预定要求的前提下，用特定方法能够准确地定量测量待测物质的最大浓度或量，称为该方法的测定上限。

对没有（或消除了）系统误差的特定分析方法的精密度要求不同，测定上限也将不同。

五、最佳测定范围

最佳测定范围（optimum concentration range 或 optimum determination range）也称有效测定范围，指在限定误差能满足预定要求的前提下，特定方法的测定下限至测定上限之间的浓度范围。在此范围内能够准确地定量测定待测物质的浓度或量。

最佳测定范围应小于方法的适用范围。对测量结果的精密度（通常以相对标准偏差表示）要求越高，相应的最佳测定范围越小。

分析方法特性关系如图 2-1-2 所示。

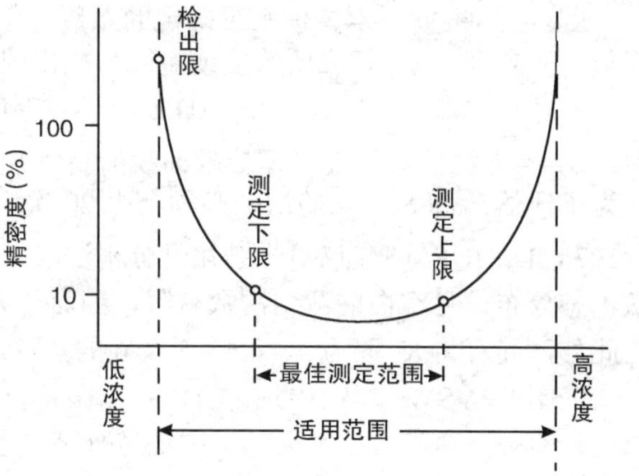

图 2-1-2 分析方法特性关系图

六、校准曲线

校准曲线包括标准曲线和工作曲线，前者用标准溶液系列直接测量，没有经过水样的预处理过程，这对于废水样品或基体复杂的水样往往造成较大误差；而后者所使用的标准溶液经过了与水样相同的消解、净化、测量等全过程。

凡应用校准曲线的分析方法，都是在样品测得信号值后，从校准曲线上查得其含量（或浓度）。因此，绘制准确的校准曲线，直接影响到样品分析结果的准确与否。此外，校准曲线也确定了方法的测定范围。

1．校准曲线的绘制

①对标准系列，溶液以纯溶剂为参比进行测量后，应先作空白校正，然后绘制标准曲线；

②标准溶液一般可直接测定，但如试样的预处理较复杂致使污染或损失不可忽略时，应和试样同样处理后再测定，在废水测定或有机污染物测定中十分重要，此时应做工作曲线。

③校准曲线的斜率常随环境温度、试剂批号和贮存时间等实验条件的改变而变动。因此，在测定试样的同时，绘制校准曲线最为理想，否则应在测定试样的同时，平行测定零浓度和中等浓度标准溶液各两份，取均值相减后与原校准曲线上的相应点核对，其相对差值根据方法精密度不得大于 5%～10%，否则应重新绘制校准曲线。

2．校准曲线的检验

①线性检验：即检验校准曲线的精密度。对于以 4～6 个浓度单位所获得的测量信号值

绘制的校准曲线，分光光度法一般要求其相关系数 $|r| \geq 0.9990$，否则应找出原因并加以纠正，重新绘制合格的校准曲线。

②截距检验：即检验校准曲线的准确度，在线性检验合格的基础上，对其进行线性回归，得出回归方程 $y=a+bx$，然后将所得截距 a 与 0 作 t 检验，当取 95%置信水平，经检验无显著性差异时，a 可作 0 处理，方程简化为 $y=bx$，移项得 $x=y/b$。在线性范围内，可代替查阅校准曲线，直接将样品测量信号值经空白校正后，计算出试样浓度。

当 a 与 0 有显著性差异时，表示校准曲线的回归方程计算结果准确度不高，应找出原因并予以校正后，重新绘制校准曲线并经线性检验合格，再计算回归方程，经截距检验合格后投入使用。

回归方程如不经上述检验和处理，就直接投入使用，必将给测定结果引入差值相当于截距 a 的系统误差。

③斜率检验：即检验分析方法的灵敏度，方法灵敏度是随实验条件的变化而改变的。在完全相同的分析条件下，仅由于操作中的随机误差所导致的斜率变化不应超出一定的允许范围，此范围因分析方法的精度不同而异。例如，一般而言，分子吸收分光光度法要求其相对差值小于 5%，而原子吸收分光光度法则要求其相对差值小于 10%等。

七、加标回收

在测定样品的同时，于同一样品的子样中加入一定量的标准物质进行测定，将其测定结果扣除样品的测定值，以计算回收率。

加标回收率的测定可以反映测试结果的准确度。当按照平行加标进行回收率测定时，所得结果既可以反映测试结果的准确度，也可以判断其精密度。

在实际测定过程中，有的将标准溶液加入到经过处理后的待测水样中，这不够合理，尤其是测定有机污染成分而试样须经净化处理时，或者测定挥发酚、氨氮、硫化物等需要蒸馏预处理的污染成分时，不能反映预处理过程中的沾污或损失情况，虽然回收率较好，但不能完全说明数据准确。

进行加标回收率测定时，还应注意以下几点：

1）加标物的形态应该和待测物的形态相同。

2）加标量应和样品中所含待测物的测量精密度控制在相同的范围内，一般情况下作如下规定：

①加标量应尽量与样品中待测物含量相等或相近，并应注意对样品容积的影响；

②当样品中待测物含量接近方法检出限时，加标量应控制在校准曲线的低浓度范围；

③在任何情况下加标量均不得大于待测物含量的 3 倍；

④加标后的测定值不应超出方法的测量上限的 90%；

⑤当样品中待测物浓度高于校准曲线的中间浓度时，加标量应控制在待测物浓度的半量。

3）由于加标样和样品的分析条件完全相同，其中干扰物质和不正确操作等因素所导致的效果相等。当以其测定结果的减差计算回收率时，常不能确切反映样品测定结果的实际差错。

第二章　监测点位的布设

一、地表水

水质监测点位的布设关系到监测数据是否有代表性，是能否真实地反映水环境质量现状及污染发展趋势的关键问题。为了获得完整的环境质量(或污染源)监测信息，从理论上讲，要求监测的空间和时间分辨率越高越好，然而单纯追求和实现高分辨率的空间和时间监测，不论从经济观点，还是从实践观点上看，又是难于实现的。即使采用连续自动采样监测系统以求获得高分辨率的时间代表性，却很难做到获得高分辨率的空间代表性。环境监测的实践已经表明，无论对哪个环境要素进行监测，其空间分辨率只能是有限的。所以，追求以最少（或尽可能少）的监测点位获取最有空间代表性的监测数据，就成为环境监测的最重要的指导思想之一，因而在此种背景条件下，就提出了环境监测点位的优化布设问题。环境监测过程是测取数据—解释数据—运用数据的一个完整过程，而测取数据的第一步则是要确定环境监测的点位。

（一）地表水监测断面的设置原则

在确定和优化地表水监测点位时应遵循尺度范围的原则、信息量原则和经济性、代表性、可控性及不断优化的原则。总之，断面在总体和宏观上应能反映水系或区域的水环境质量状况；各断面的具体位置应能反映所在区域环境的污染特征；尽可能以最少的断面获取有足够代表性的环境信息；应考虑实际采样时的可行性和方便性。

根据上述总体原则，对水系可设背景断面、控制断面（若干）和入海断面。对行政区域可设背景断面（对水系源头）或入境断面（对过境河流）、控制断面（若干）和入海河口断面或出境断面。在各控制断面下游，如果河段有足够长度（至少 10km），还应设消减断面。

1. 监测断面的分类

①采样断面：指在河流采样中，实施水样采集的整个剖面。分背景断面、对照断面、控制断面、消减断面和管理断面等。

②背景断面：指为评价一完整水系的污染程度，不受人类生活和生产活动影响，提供水环境背景值的断面。

③对照断面：指具体判断某一区域水环境污染程度时，位于该区域所有污染源上游处，提供这一水系区域本底值的断面。

④控制断面：指为了解水环境受污染程度及其变化情况的断面。即受纳某城市或区域的全部工业和生活污水后的断面。

⑤消减断面：指工业污水或生活污水在水体内流经一定距离而达到最大程度混合，污染物被稀释、降解，其主要污染物浓度有明显降低的断面。

⑥管理断面：为特定的环境管理需要而设置的断面。如较常见的有：定量化考核、了解各污染源排污、监视饮用水源、流域污染源限期达标排放和河道整治等。

2. 设置原则

环境管理除需要上述断面外，还有许多特殊需要，如了解饮用水源地、水源丰富区、主要风景游览区、自然保护区，与水质有关的地方病发病区，严重水土流失区及地球化学异常区等水质的断面。

断面位置避开死水区、回水区、排污口处，尽量选择顺直河段、河床稳定、水流平稳、水面宽阔、无急流、无浅滩处。

监测断面力求与水文测流断面一致，以便利用其水文参数，实现水质监测与水量监测的结合。

监测断面的布设应考虑社会经济发展，监测工作的实际状况和需要，要具有相对的长远性。

流域同步监测中，根据流域规划和污染源限期达标目标确定监测断面。

局部河道整治中，监视整治效果的监测断面，由所在地区环境保护行政主管部门确定。

入海的河口断面要设置在能反映入海河水水质，临近入海口的位置。

其它如突发性水环境污染事故，洪水期和退水期的水质监测，应根据现场情况，布设能反映污染物进入水环境和扩散、消减情况的采样断面及点位。

（二）河流监测断面的设置方法

1）背景断面应能反映水系未受污染时的背景值。因此要求：基本上不受人类活动的影响，远离城市居民区、工业区、农药化肥施用区及主要交通路线。原则上应设在水系源头处或未受污染的上游河段，如选定断面处于地球化学异常区，则要在异常区的上、下游分别设置。如有较严重的水土流失情况，则设在水土流失区的上游。

2）入境断面，即对照断面，用来反映水系进入某行政区域时的水质状况，因此应设置在水系进入本区域且尚未受到本区域污染源影响处。

3）控制断面用来反映某排污区（口）排放的污水对水质的影响。因此应设置在排污区（口）的下游，污水与河水基本混匀处。

控制断面的数量、控制断面与排污区（口）的距离可根据以下因素决定：主要污染区的数量及其间的距离、各污染源的实际情况、主要污染物的迁移转化规律和其它水文特征等。其中，还应考虑对纳污量的控制程度，即由各控制断面所控制的纳污量不应小于该河段总纳污量的80%。如某河段的各控制断面均有五年以上的监测资料，可用这些资料进行优化，用优化结论来确定控制断面的位置和数量。

4）出境断面用来反映水系进入下一行政区域前的水质。因此应设置在本区域最后的污水排放口下游，污水与河水已基本混匀并尽可能靠近水系出境处。如在此行政区域内，河流有足够长度，则应设消减断面。消减断面主要反映河流对污染物的稀释净化情况，应设置在控制断面下游，主要污染物浓度有显著下降处。

5）省（自治区、直辖市）交界断面：省、自治区和直辖市的主要河流的干流、一、二级支流的交界断面，这是环保管理的重点断面。

6）还应设置的各类监测断面：

①水系的较大支流汇入前的河口处，湖泊、水库、主要河流的出、入口应设置监测断面。

②国际河流出、入国境的交界处应设置出境断面和入境断面。

③国务院环保行政主管部门统一设置省（自治区、直辖市）界交界断面。

④对流程较长的重要河流，为了解水质、水量变化情况，经适当距离后应设置监测断面。

⑤水网地区流向不定的河流，应根据常年主导流向设置监测断面。

⑥对水网地区应视实际情况设置若干控制断面，其控制的径流量之和不少于总径流量的80%。

⑦有水工建筑物并受人工控制的河流，视情况分别在闸（坝、堰）上、下设置断面。如水质无明显差别，可只在闸（坝、堰）上设置监测断面。

⑧除管理断面外，要使各监测断面能反映一个水系或一个行政区域的水环境质量，断面的确定应在详细收集有关资料和监测数据基础上，进行优化处理，将优化结果与布点原则和实际情况结合起来作出决定。

⑨对于季节性河流和人工控制河流，由于实际情况差异很大，这些河流监测断面的确定，以及采样的频次与监测项目、监测数据的使用等，由各省（自治区、直辖市）环保行政主管部门自定。

⑩监测断面的设置数量，应根据掌握水环境质量状况的实际需要，考虑对污染物时空分布和规律的了解、优化的基础上，以最少的断面、垂线和测点取得代表性最好的监测数据。

（三）潮汐河流监测断面的布设

①潮汐河流监测断面的布设原则与其它河流相同，设有防潮桥闸的潮汐河流，根据需要在桥闸的上、下游分别设置断面。

②根据潮汐河流的水文特征，潮汐河流的对照断面一般设在潮区界以上。若感潮河段潮波上溯的距离很长，以致远超出城市管辖河段的上游，其对照断面应设在潮区界以上，若潮区界在该城市管辖的区域之外，则在城市河段的上游设置一个对照断面。

③潮汐河流的消减断面：一般应设在近入海口处。若入海口处于城市管辖区域外，则设在城市河段的下游。

④潮汐河流的断面位置，尽可能和水文断面一致或靠近，以便取得有关的水文数据。

（四）湖泊、水库监测垂线的布设

对于湖泊、水库通常只设监测垂线，如有特殊情况可参照河流的有关规定设置监测断面。

①湖（库）区的不同水域，如进水区、出水区、深水区、浅水区、湖心区、岸边区，按水体类别设置监测垂线。

②湖（库）区若无明显功能区别，可用网络法均匀设置监测垂线。

③监测垂线上采样点的布设一般与河流的规定相同，但对有可能出现温度分层现象时，应作水温、溶解氧的探索性试验后再定。

④受污染物影响较大的重要湖泊、水库，应在污染物主要输送路线上设置控制断面。

（五）采样点位的确定

在一个监测断面上设置的采样垂线数与各垂线上的采样点数应符合表 2-2-1 和表 2-2-2，湖（库）监测垂线上的采样点的布设应符合表 2-2-3。

表 2-2-1　采样垂线数的设置

水面宽	垂线	说明
≤50m	一条(中泓)	1.垂线布设应避开污染带，要测污染带应另加垂线
50～100m	二条(近左、右岸有明显水流处)	2.确能证明该断面水质均匀时，可仅设中泓垂线
>100m	三条(左、中、右)	3.凡在该断面要计算污染物通量时，必须按本表设置垂线

表 2-2-2　采样垂线上的采样点数的设置

水深	采样点数	说明
≤5m	上层一点	1.上层指水面下 0.5m 处，水深不到 0.5m 时，在水深 1/2
5～10m	上、下层两点	2.下层指河底以上 0.5m 处
	上、下层两点	3.中层指 1/2 水深处
>10m	上、中、下三层三点	4.封冻时在冰下 0.5m 处采样，水深不到 0.5m 处时，在水深 1/2 处采样
		5.凡在该断面要计算污染物通量时，必须按本规定设置采样点

表 2-2-3　湖(库)监测垂线采样点的设置

水深	分层情况	采样点数	说明
≤5m		一点(水面下 0.5m 处)	1.分层是指湖水温度分层状况
5～10m	不分层	二点(水面下 0.5m，水底上 0.5)	2.水深不足 1m，在 1/2 水深处设置测点
5～10m	分层	三点(水面下 0.5m，1/2 斜温层，水底上 0.5m 处)	3.有充分数据证实垂线水质均匀时，可酌情减少测点
>10m		除水面下 0.5m，水底上 0.5m 处外，按每一斜温分层 1/2 处设置	

二、污水

污染源的采样取决于调查的目的和监测分析工作的要求。采样涉及采样的时间、地点和频次三个方面。为了采集到有代表性的污水，采样前应该了解污染源的排放规律和污水中污染物浓度的时、空变化。在采样的同时还应该测量污水的流量，以获得排污总量数据。

（一）污水监测点位的布设原则

第一类污染物采样点位一律设在车间或车间处理设施的排放口或专门处理此类污染物设施的排放口。

第二类污染物采样点位一律设在排污单位的外排口。

进入集中污水处理厂和进入城市污水管网的污水应根据地方环境保护行政主管部门的要求确定。

污水处理设施效率监测采样点的布设：

①对整体污水处理设施效率监测时，在各种进入污水处理设施污水的入口和污水设施的总排口设置采样点。

②对各污水处理单元效率监测时，在各种进入处理设施单元污水的入口和设施单元的排口设置采样点。

（二）采样点位的登记

必须在全面掌握与污水排放有关的工艺流程、污水类型、排放规律、污水管网走向等情况的基础上确定采样点位。排污单位需向地方环境监测站提供污水监测基本信息登记表（见表 2-2-4）。由地方环境监测站核实后确定采样点位。

表 2-2-4 污水监测基本信息登记表

污染源名称		行业类型	
地址：		主要产品	
(1)总用水量(新鲜水、回用水)：m^3/a			
其中生产用水：m^3/a；生活用水：m^3/a			
(2)主要原材料，生产工艺及排污环节			
(3)厂区平面图及排水管网图			
(4)污水处理设施情况			
设计处理量：m^3/a			
实际处理量：m^3/a			
运行时数：h/a			
污水处理基本工艺方框图：			
设施处理的污染物名称及去除率：			
污染项目	原始污水(mg/L)	处理出水(mg/L)	去除率(%)
污水排放情况：			
污水性质			
排放规律			
排放去向			
备注			

（三）采样点位的管理

①采样点位应设置明显标志：采样点位一经确定，不得随意改动。应执行 GB 15562.1。

②经设置的采样点应建立采样点管理档案，内容包括采样点性质、名称、位置和编号，采样点测流装置，排污规律和排污去向，采样频次及污染因子等。

③采样点位的日常管理：经确认的采样点是法定排污监测点，如因生产工艺或其它原因需变更时，由当地环境保护行政主管部门和环境监测站重新确认。排污单位必须经常进行排污口的清障、疏通工作。

第三章　水样的采集与保存

一、水样的分类

（一）综合水样

把从不同采样点同时采集的各个瞬时水样混合起来所得到的样品称作“综合水样”。综合水样在各点的采样时间虽然不能同步进行，但越接近越好，以便得到可以对比的资料。

综合水样是获得平均浓度的重要方式，有时需要把代表断面上的各点，或几个污水排放口的污水按相对比例流量混合，取其平均浓度。

什么情况下采综合水样，视水体的具体情况和采样目的而定。如，为几条排污河渠建设综合处理厂，从各河道取单样分析就不如综合样更为科学合理，因为各股污水的相互反应可能对设施的处理性能及其成分产生显著的影响。不可能对相互作用进行数学预测，取综合水样可能提供更加有用的资料。相反，有些情况取单样就合理，如湖泊和水库在深度和水平方向常常出现组分上的变化；而此时，大多数的平均值或总值的变化不显著，局部变化明显。在这种情况下，综合水样就失去意义。

（二）瞬时水样

对于组成较稳定的水体，或水体的组成在相当长的时间和相当大的空间范围变化不大，采瞬时样品具有很好的代表性。当水体的组成随时间发生变化，则要在适当时间间隔内进行瞬时采样，分别进行分析，测出水质的变化程度、频率和周期。当水体的组成发生空间变化时，就要在各个相应的部位采样。

（三）混合水样

在大多数情况下，所谓混合水样是指在同一采样点上于不同时间所采集的瞬时样的混合样，有时用“时间混合样”的名称与其它混合样相区别。

时间混合样在观察平均浓度时非常有用。当不需要测定每个水样而只需要平均值时，混合水样能节省监测分析工作量和试剂等的消耗。混合水样不适用于测试成分在水样储存过程中发生明显变化的水样，如挥发酚、油类、硫化物等。

如果污染物在水中的分布随时间而变化，必须采集“流量比例混合样”，即按一定的流量采集适当比例的水样（例如每10t采样100ml）混合而成。往往使用流量比例采样器完成水样的采集。

（四）平均污水样

对于排放污水的企业而言，生产的周期性影响着排污的规律性。为了得到代表性的污水样（往往要求得到平均浓度），应根据排污情况进行周期性采样。不同的工厂、车间生产周期时间长短不相同，排污的周期性差别也很大。一般地说，应在一个或几个生产或排放周期内，按一定的时间间隔分别采样。对于性质稳定的污染物，可对分别采集的样品进行混合后一次测定；对于不稳定的污染物可在分别采样、分别测定后取平均值为代表。

生产的周期性也影响污水的排放量，在排放流量不稳定的情况下，可将一个排污口不同时间的污水样，依照流量的大小，按比例混合，可得到称之为平均比例混合的污水样。这是获得平均浓度最常采用的方法，有时需将几个排污口的水样按比例混合，用以代表瞬时综合排污浓度。

注：在污染源监测中，随污水流动的悬浮物或固体微粒，应看成是污水样的一个组成部分，不应在分析前滤除。油、有机物和金属离子等，可能被悬浮物吸附，有的悬浮物中就含有被测定的物质，如选矿、冶炼废水中的重金属。所以，分析前必须摇匀取样。

（五）其它水样

例如为监测洪水期或退水期的水质变化，调查水污染事故的影响等都须采集相应的水样。

采集这类水样时，须根据污染物进入水系的位置和扩散方向布点并采样，一般采集瞬时水样。

二、地表水和地下水样的采集

（一）水样的类型

（1）表层水

在河流、湖泊可以直接汲水的场合，可用适当的容器如水桶采样。从桥上等地方采样时，可将系着绳子的聚乙烯桶或带有坠子的采样瓶投于水中汲水。要注意不能混入漂浮于水面上的物质。

（2）一定深度的水

在湖泊、水库等处采集一定深度的水时，可用直立式或有机玻璃采水器。这类装置是在下沉过程中，水就从采样器中流过。当达到预定的深度时，容器能够闭合而汲取水样。在河水流动缓慢的情况下，采用上述方法时，最好在采样器下系上适宜重量的坠子，当水深流急时要系上相应重的铅鱼，并配备绞车。

（3）泉水、井水

对于自喷的泉水，可在涌口处直接采样。采集不自喷泉水时，将停滞在抽水管的水汲出，新水更替之后，再进行采样。

从井水采集水样，必须在充分抽汲后进行，以保证水样能代表地下水水源。

（4）自来水或抽水设备中的水

采取这些水样时，应先放水数分钟，使积留在水管中的杂质及陈旧水排出，然后再取样。

采集水样前，应先用水样洗涤采样器容器、盛样瓶及塞子 2～3 次（油类除外）。

（二）地表水采样的注意事项

①采样时不可搅动水底部的沉积物。

②采样时应保证采样点的位置准确。必要时使用定位仪（GPS）定位。

③认真填写“水质采样记录表”，用签字笔或硬质铅笔在现场记录，字迹应端正、清晰，项目完整。

④保证采样按时、准确、安全。

⑤采样结束前，应核对采样计划、记录与水样，如有错误或遗漏，应立即补采或重采。

⑥如采样现场水体很不均匀，无法采到有代表性样品，则应详细记录不均匀的情况和实际采样情况，供使用该数据者参考，并将此现场情况向环境保护行政主管部门反映。

⑦测定油类的水样，应在水面至水的表面下 300mm 采集柱状水样，并单独采样，全部用于测定。采样瓶（容器）不能用采集的水样冲洗。

⑧测溶解氧、生化需氧量和有机污染物等项目时的水样，必须注满容器，不留空间，并用水封口。

⑨如果水样中含沉降性固体（如泥沙等），则应分离除去。分离方法为：将所采水样摇匀后倒入筒形玻璃容器（如 1～2L 量筒），静置 30min，将已不含沉降性固体但含有悬浮性固体的水样移入盛样容器并加入保存剂。测定总悬浮物和油类的水样除外。

⑩测定湖库水 COD、高锰酸盐指数、叶绿素 a、总氮、总磷时的水样，静置 30min 后，用吸管一次或几次移取水样，吸管进水尖嘴应插至水样表层 50mm 以下位置，再加保存剂保存。

⑪测定油类、BOD_5、DO、硫化物、余氯、粪大肠菌群、悬浮物、放射性等项目要单独采样。

（三）水质采样记录

在地表水和污水监测技术规范要求的水质采样记录表中（表 2-3-2），一般包括采样现场描述与现场测定项目两部分内容，均应认真填写。

（1）水温

用经检定的温度计直接插入采样点测量。深水温度用电阻温度计或颠倒温度计测量。温度计应在测点放置 5～7min，待测得水温恒定不变后读数。

（2）pH

用测量精度为 0.1 的 pH 计测定。测定前应清洗和校正仪器。

（3）DO

用膜电极法（注意防止膜上附着微小气泡）。

（4）透明度

用塞氏盘法测定。

（5）电导率

用电导率仪测定。

（6）氧化还原电位

用铂电极和甘汞电极以 mV 计或 pH 计测定。

（7）浊度

用目视比色法或浊度仪。

（8）水样感官指标的描述

①颜色：用相同的比色管，分取等体积的水样和蒸馏水作比较，进行定性描述。

②水的气味（嗅）、水面有无油膜等均应作现场记录。

（9）水文参数

水文测量应按 GB 50179—93《河流流量测量规范》进行。潮汐河流各点位采样时，还应同时记录潮位。

（10）气象参数

气象参数有：气温、气压、风向、风速、相对湿度等。

三、污水采样

（一）采样频次

①监督性监测：地方环境监测站对污染源的监督性监测每年不少于 1 次，如被国家或地方环境保护行政主管部门列为年度监测的重点排污单位，应增加到每年 2～4 次。因管理或执法的需要所进行的抽查性监测由各级环境保护行政主管部门确定。

②企业自控监测：工业污水按生产周期和生产特点确定监测频次。一般每个生产周期不得少于 3 次。

③对于污染治理、环境科研、污染源调查和评价等工作中的污水监测，其采样频次可以根据工作方案的要求另行确定。

④根据管理需要进行调查性监测，监测站事先应对污染源单位正常生产条件下的一个生产周期进行加密监测。周期在 8h 以内的，1h 采 1 次样；周期大于 8h 的，每 2h 采 1 次样，但每个生产周期采样次数不少于 3 次。采样的同时测定流量。根据加密监测结果，绘制污水污染物排放曲线（浓度-时间，流量-时间，总量-时间），并与所掌握资料对照，如基本一致，即可据此确定企业自行监测的采样频次。

⑤排污单位如有污水处理设施并能正常运行使污水能稳定排放，则污染物排放曲线比较平稳，监督监测可以采瞬时样；对于排放曲线有明显变化的不稳定排放污水，要根据曲线情况分时间单元采样，再组成混合样品。正常情况下，混合样品的单元采样不得少于两次。如排放污水的流量、浓度甚至组分都有明显变化，则在各单元采样时的采样量应与当时的污水流量成比例，以使混合样品更有代表性。

（二）污水采样方法

（1）污水的监测项目按照行业类型有不同要求

在分时间单元采集样品时，测定pH、COD、BOD_5、DO、硫化物、油类、有机物、余氯、粪大肠菌群、悬浮物、放射性等项目的样品，不能混合，只能单独采样。

（2）不同监测项目要求

对不同的监测项目应选用的容器材质、加入的保存剂及其用量与保存期、应采集的水样体积和容器及其洗涤方法等见表2-3-1。

（3）自动采样

自动采样用自动采样器进行，有时间等比例采样和流量等比例采样。当污水排放量较稳定时可采用时间等比例采样，否则必须采用流量等比例采样。

所用的自动采样器必须符合国家环保总局颁布的污水采样器技术要求。

（4）实际采样位置的设置

实际的采样位置应在采样断面的中心。当水深大于1m时，应在表层下1/4深度处采样；水深小于或等于1m时，在水深的1/2处采样。

（三）注意事项

①用样品容器直接采样时，必须用水样冲洗三次后再行采样。但当水面有浮油时，采油的容器不能冲洗。

②采样时应注意除去水面的杂物、垃圾等漂浮物。

③用于测定悬浮物、BOD_5、硫化物、油类、余氯的水样，必须单独定容采样，全部用于测定。

④在选用特殊的专用采样器(如油类采样器)时，应按照该采样器的使用方法采样。

⑤采样时应认真填写“污水采样记录表”，表中应有以下内容：污染源名称、监测目的、监测项目、采样点位、采样时间、样品编号、污水性质、污水流量、采样人姓名及其它有关事项等。具体格式可由各省制定。

⑥凡需现场监测的项目，应进行现场监测。其它注意事项可参见地表水质监测的采样部分。

（四）污水采样时的流量测量

我国目前对COD_{Cr}、石油类、Cr^{6+}、Pb、Cd、Hg、As和氰化物实施排污总量控制，而流量测量是排污总量监测的关键。

（1）流量测量原则

①污染源的污水排放渠道，在已知其“流量-时间”排放曲线波动较小，用瞬时流量代表平均流量所引起的误差可以允许时（小于10%），则在某一时段内的任意时间测得的瞬时流量乘以该时段的时间即为该时段的流量。

②如排放污水的“流量-时间”排放曲线虽有明显波动，但其波动有固定的规律，可以用该时段中几个等时间间隔的瞬时流量来计算出平均流量，则可定时进行瞬时流量测定，在计算出平均流量后再乘以时间得到流量。

③如排放污水的“流量-时间”排放曲线，既有明显波动又无规律可循，则必须连续测定流量，流量对时间的积分即为总流量。

（2）流量测量方法

1）污水流量计法：污水流量计的性能指标必须符合污水流量计技术要求。

2）其它测流量方法：

①容积法：将污水纳入已知容量的容器中，测定其充满容器所需要的时间，从而计算污水量的方法。本法简单易行，测量精度较高，适用于计量污水量较小的连续或间歇排放的污水。对于流量小的排放口用此方法。但溢流口与受纳水体应有适当落差或能用导水管形成落差。

②流速仪法：通过测量排污渠道的过水截面积，以流速仪测量污水流速计算污水量。适当地选用流速仪，可用于很宽范围的流量测量。多数用于渠道较宽的污水量测量。测量时需要根据渠道深度和宽度确定点位垂直测点数和水平测点数。本方法简单，但易受污水水质影响，难用于污水量的连续测定。排污截面底部需硬质平滑，截面形状为规则几何形，排污口处有不少于3～5m的平直过流水段，且水位高度不小于0.1m。

③量水槽法：在明渠或涵管内安装量水槽，测量其上游水位可以计量污水量。常用的有巴氏槽。用量水槽测量流量与溢流堰法相比，同样可以获得较高的精度（±2%～±5%）和进行连续自动测量。其优点为水头损失小、壅水高度小、底部冲刷力大，不易沉积杂物。但造价较高，施工要求也较高。

④溢流堰法：是在固定形状的渠道上安装特定形状的开口堰板，过堰水头与流量有固定关系，据此测量污水流量。根据污水量大小可选择三角堰、矩形堰、梯形堰等。溢流堰法精度较高，在安装液位计后可实行连续自动测量。为进行连续自动测量液位，已有的传感器有浮子式、电容式、超声波式和压力式等。

利用堰板测流，由于堰板的安装会造成一定的水头损失。另外，固体沉积物在堰前堆积或藻类等物质在堰板上粘附均会影响测量精度，必须经常清除。

在排放口处修建的明渠式测流段要符合流量堰（槽）的技术要求。

以上方法均可选用，但在选定方法时，应注意各自的测量范围和所需条件。

在以上方法无法使用时，可用统计法。

3）如污水为管道排放，所使用的电磁式或其它类型的流量计应定期进行计量检定。

四、水样的保存与运输

（一）水样的保存

（1）导致水质变化的因素

水样采集后，应尽快送到实验室分析。样品久放，受下列因素影响，某些组分的浓度可能会发生变化。

①生物因素：微生物的代谢活动，如细菌、藻类和其它生物的作用可改变许多被测物的化学形态，它们可影响许多测定指标的浓度，主要反映在pH、溶解氧、生化需氧量、二氧化碳、碱度、硬度、磷酸盐、硫酸盐、硝酸盐和某些有机化合物的浓度变化上。

②化学因素：测定组分可能被氧化或还原，如六价铬在酸性条件下易被还原为三价铬，低价铁可氧化成高价铁。由于铁、锰等价态的改变，可导致某些沉淀与溶解、聚合物产生或解聚作用的发生。如多聚无机磷酸盐、聚硅酸等，所有这些，均能导致测定结果与水样实际情况不符。

③物理因素：测定组分被吸附在容器壁上或悬浮颗粒物的表面上，如溶解的金属或胶状的金属，某些有机化合物以及某些易挥发组分的挥发损失。

（2）水样保存方法

1）冷藏或冷冻：样品在4℃冷藏或将水样迅速冷冻，贮存于暗处，可以抑制生物活动，减缓物理挥发作用和化学反应速度。

冷藏是短期内保存样品的一种较好方法，对测定基本无影响。但需要注意冷藏保存也不能超过规定的保存期限，冷藏温度必须控制在 4℃左右。温度太低（例如≤0℃），因水样结冰体积膨胀，使玻璃容器破裂，或样品瓶盖被顶开失去密封，样品受沾污。温度太高则达不到冷藏目的。

2）加入化学保存剂：

①控制溶液 pH：测定金属离子的水样常用硝酸酸化至 pH1～2，既可以防止重金属的水解沉淀，又可以防止金属在器壁表面上的吸附，同时在 pH1～2 的酸性介质中还能抑制生物的活动。用此法保存，大多数金属可稳定数周或数月。测定氰化物的水样需加氢氧化钠调至 pH12。测定六价铬的水样应加氢氧化钠调至 pH8，因在酸性介质中，六价铬的氧化电位高，易被还原。保存总铬的水样，则应加硝酸或硫酸至 pH1～2。

②加入抑制剂：为了抑制生物作用，可在样品中加入抑制剂。如在测氨氮、硝酸盐氮和 COD 的水样中，加氯化汞或加入三氯甲烷、甲苯作防护剂以抑制生物对亚硝酸盐、硝酸盐、铵盐的氧化还原作用。在测酚水样中用磷酸调溶液的 pH，加入硫酸铜以控制苯酚分解菌的活动。

③加入氧化剂：水样中痕量汞易被还原，引起汞的挥发性损失，加入硝酸-重铬酸钾溶液可使汞维持在高氧化态，汞的稳定性大为改善。

④加入还原剂：测定硫化物的水样，加入抗坏血酸对保存有利。含余氯水样，能氧化氰离子，可使酚类、烃类、苯系物氯化生成相应的衍生物，为此在采样时加入适量的硫代硫酸钠予以还原，除去余氯干扰。

样品保存剂如酸、碱或其它试剂在采样前应进行空白试验，其纯度和等级必须达到分析的要求。

（3）水样的保存条件

不同监测项目样品的保存条件见表 2-3-1。可作为水环境监测保存样品的一般条件。此外，由于地表水、废水（或污水）样品的成分不同，同样保存条件很难保证对不同类型样品中待测物都是可行的。因此，在采样前应根据样品的性质、组成和环境条件，要检验保存方法或选用的保存剂的可靠性。经研究表明，污水或受纳污水的地表水在测定重金属 Pb、Cd、Cu、Zn 等时，往往需加入酸达到 1%，才能保证重金属不沉淀或不被容器壁吸附。

表 2-3-1　水样的保存，采样体积及容器洗涤方法

项目	采样容器	保存剂用量	保存期	采样量[1] (ml)	容器洗涤
浊度*	G.P.		12h	250	Ⅰ
色度*	G.P.		12h	250	Ⅰ
pH*	G.P.		12h	250	Ⅰ
电导*	G.P.		12h	250	Ⅰ
悬浮物**	G.P.		14d	500	Ⅰ
碱度**	G.P.		12h	500	Ⅰ
酸度**	G.P.		30d	500	Ⅰ
COD	G.	加 H_2SO_4，pH≤2	2d	500	Ⅰ
高锰酸盐指数**	G.		2d	500	Ⅰ
DO*	溶解氧瓶	加入硫酸锰，碱性 KI 叠氮化钠溶液，现场固定	24h	250	Ⅰ
BOD_5**	溶解氧瓶		12h	250	Ⅰ
TOC	G.	加 H_2SO_4，pH≤2	7d	250	Ⅰ
F^-**	P		14d	250	Ⅰ
Cl^-**	G.P.		30d	250	Ⅰ
Br^-**	G.P.		14h	250	Ⅰ
L^-	G.P.	NaOH，pH12	14h	250	Ⅰ
SO_4^{2-}**	G.P.		30d	250	Ⅰ
PO_4^{3-}	G.P.	NaOH，H_2SO_4 调 pH=7，$CHCl_3$ 0.5%	7d	250	Ⅳ
总磷	G.P.	HCl，H_2SO_4, pH≤2	24h	250	Ⅳ
氨氮	G.P.	H_2SO_4，pH≤2	24h	250	Ⅰ
NO_2^-—N **	G.P.		24h	250	Ⅰ
NO_3^-—N **	G.P.		24h	250	Ⅰ
凯氏氮**	G.				
总氮	G.P.	H_2SO_4, pH≤2	7d	250	Ⅰ
硫化物	G.P.	1L 水样加 NaOH 至 pH9，加入 5%抗坏血酸 5ml，饱和 EDTA3ml，滴加饱和 $Zn(Ac)_2$，至胶体产生，常温避光	24h	250	Ⅰ
总氰	G.P.	NaOH, pH≥9	12h	250	Ⅰ
Be	G.P.	HNO_3，1L 水样中加浓 $HNO_3$10ml	14d	250	Ⅲ
B	P	HNO_3，1L 水样中加浓 $HNO_3$10ml	14d	250	Ⅰ
Na	P	HNO_3，1L 水样中加浓 $HNO_3$10ml	14d	250	Ⅱ
Mg	G.P.	HNO_3，1L 水样中加浓 $HNO_3$10ml	14d	250	Ⅱ
K	P.	HNO_3，1L 水样中加浓 $HNO_3$10ml	14d	250	Ⅱ
Ca	G.P.	HNO_3，1L 水样中加浓 $NHO_3$10ml	14d	250	Ⅱ
Cr^{6+}	G.P.	NaOH，pH=8～9	14d	250	Ⅲ
Mn	G.P.	HNO_3，1L 水样中加浓 $HNO_3$10ml	14d	250	Ⅲ
Fe	G.P.	HNO_3，1L 水样中加浓 $HNO_3$10ml	14d	250	Ⅲ
Ni	G.P.	HNO_3，1L 水样中加浓 $HNO_3$10ml	14d	250	Ⅲ
Cu	P	HNO_3，1L 水样中加浓 $HNO_3$10ml[2]	14d	250	Ⅲ
Zn	P	HNO_3，1L 水样中加浓 $HNO_3$10ml[2]	14d	250	Ⅲ

项目	采样容器	保存剂用量	保存期	采样量①(ml)	容器洗涤
As	G.P.	HNO_3，1L 水样中加浓 $HNO_3$10ml，DDTC 法，HCl 2ml	14d	250	Ⅰ
Se	G.P.	HCl，1L 水样中加浓 HCl 2ml	14d	250	Ⅲ
Ag	G.P.	HNO_3，1L 水样中加浓 HNO_3 2ml	14d	250	Ⅲ
Cd	G.P.	HNO_3，1L 水样中加浓 HNO_3 10ml②	14d	250	Ⅲ
Sb	G.P.	HCl，0.2%(氢化物法)	14d	250	Ⅲ
Hg	G.P.	HCl，1%如水样为中性，1L 水样中加浓 HCl 10ml	14d	250	Ⅲ
Pb	G.P.	HNO_3，1%如水样为中性，1L 水样中加浓 HNO_3 10ml②	14d	250	Ⅲ
油类	G	加入 HCl 至 pH≤2	7d	250	Ⅱ
农药类**	G	加入抗坏血酸 0.01～0.02g 除去残余氯	24h	1000	Ⅰ
除草剂类**	G	(同上)	24h	1000	Ⅰ
邻苯二甲酸酯类**	G	(同上)	24h	1000	Ⅰ
挥发性有机物**	G	用 1+10HCl 调至 pH≤2，加入 0.01～0.02g 抗坏血酸除去残余氯	12h	1000	Ⅰ
甲醛**	G	加入 0.2～0.5g/L 硫代硫酸钠除去残余氯	24h	250	Ⅰ
酚类**	G	用 H_3PO_4 调至 pH≤2，用 0.01～0.02g 抗坏血酸除去残余氯	24h	1000	Ⅰ
阴离子表面活性剂	G.P.		24h	250	Ⅳ
微生物**	G	加入硫代硫酸钠至 0.2～0.5g/L 除去残余氯，4℃保存	12h	250	Ⅰ
生物**	G.P.	当不能现场测定时用甲醛固定	12h	250	Ⅰ

注：1)*表示应尽量作现场测定；**低温（0～4℃）避光保存。

2)G 为硬质玻璃瓶；P 为聚乙烯瓶（桶）。

3)①为单项样品的最少采样量；

②如用溶出伏安法测定，可改用 1L 水样加 19ml 浓 $HClO_4$。

4) Ⅰ，Ⅱ，Ⅲ，Ⅳ表示四种洗涤方法，如下：

Ⅰ：洗涤剂洗一次，自来水三次，蒸馏水一次。对于采集微生物和生物的采样容器，须经 160℃干热灭菌 2h。经灭菌的微生物和生物采样容器必须在两周内使用，否则应重新灭菌；经 121℃高压蒸汽灭菌 15min 的采样容器，如不立即使用，应于 60℃将瓶内冷凝水烘干，两周内使用。细菌监测项目采样时不能用水样冲洗采样容器，不能采混合水样，应单独采样后 2h 内送实验室分析。

Ⅱ：洗涤剂洗一次，自来水洗二次，1+3HNO_3 荡洗一次，自来水洗三次，蒸馏水一次；

Ⅲ：洗涤剂洗一次，自来水洗二次，1+3HNO_3 荡洗一次，自来水洗三次，去离子水一次；

Ⅳ：铬酸洗液洗一次，自来水洗三次，蒸馏水洗一次。如果采集污水样品可省去用蒸馏水、去离子水清洗的步骤。

（二）水样的管理与运输

（1）水样的管理

样品是从各种水体及各类型水中取得的实物证据和资料，水样妥善而严格的管理是获得可靠监测数据的必要手段。

对需要现场测试的项目，如 pH、电导、温度、溶解氧、流量等应按表 2-3-2 进行记录，并妥善保管现场记录。

表 2-3-2 采样现场数据记录

现场数据记录							采样人员______ ______ ______ ______			
采样地点	样品编号	采样日期	时间（h）		pH	温度	其他参量			
			采样开始	采样结束						

水样采集后，往往根据不同的分析要求，分装成数份，并分别加入保存剂。对每一份样品都应附一张完整的水样标签。水样标签的设计可以根据实际情况，一般包括：采样目的，监测点数目，位置，监测日期，时间，采样人员等。标签使用不褪色的墨水填写，并牢固地贴于盛装水样的容器外壁上。

（2）水样的运输和交接

水样采集后必须立即送回实验室，根据采样点的地理位置和每个项目分析前最长可保存的时间，选用适当的运输方式，在现场工作开始之前，就要安排好水样的运输工作，以防延误。

同一采样点的样品应装在同一包装箱内，如需分装在两个或几个箱子中时，则需在每个箱内放入相同的现场采样记录。运输前应检查现场采样记录上的所有水样是否全部装箱。要用红色在包装箱顶部和侧面标上“切勿倒置”的标记。

每个水样瓶均需贴上标签，内容有采样点位编号、采样日期和时间、测定项目、保存方法，并写明用何种保存剂。

在样品运输过程中应有押运人员，防止样品损坏或受沾污。移交实验室时，交接双方应一一核对样品，办妥交接手续，并在管理程序记录卡（表 2-3-3）上签字。

污水样品的组成往往相当复杂，其稳定性通常比地表水样更差，应设法尽快测定。保存和运输方面的具体要求参照地表水样的有关规定和表 2-3-1 执行。

表 2-3-3 管理程序记录卡片

课题编号			课题名称			样品容器编号	备注					
采样人员（签字）												
采样点编号	日期	时刻	混合样	定时样	采样点位置							
转交人签字：		日期 时刻		接收人签字：		转交人签字：		日期 时刻			接收人签字：	
转交人签字：		日期 时刻		接收人签字：		转交人签字：		日期 时刻			接收人签字：	
转交人签字：		日期 时刻		接收人签字：		转交人签字：		备注				

第四章　实验室纯水的制备

一、实验室纯水的质量要求

（一）外观与等级

实验室纯水应为无色透明的液体，其中不得有肉眼可辨的颜色及纤絮杂质。

实验室纯水分三个等级，应在独立的制水间制备。

（1）一级水

不含有溶解杂质或胶态质有机物。它可用二级水经进一步处理制得。例如可将二级水经过再蒸馏、离子交换混合床、0.2μm 滤膜过滤等方法处理，或用石英蒸馏装置作进一步蒸馏制得。一级水用于制备标准水样或超痕量物质的分析。

（2）二级水

常含有微量的无机、有机或胶态杂质。可用蒸馏、电渗析或离子交换法制得的水进行再蒸馏的方法制备。用于精确分析和研究工作。

（3）三级水

适用于一般实验工作。可用蒸馏、电渗析或离子交换等方法制备。

实验室纯水的原料水应当是饮用水或比较干净的水，如有污染或空白达不到要求，必须进行纯化处理。

（二）质量指标

纯水的纯度指标中主要控制无机离子、还原性物质、尘埃粒子的含量，便可满足水质分析的要求。实验室用水应符合表 2-4-1 的规定。

表 2-4-1　实验室纯水的质量指标

指标名称	一级水	二级水	三级水
pH 范围(25℃)	—	—	5.0～7.5
电导率(25℃，μS/cm)	≤0.1	≤1.0	≤5.0
可氧化物的限度试验	—	符合	符合
吸光度(254nm，1cm 光程)	≤0.001	≤0.01	—
二氧化硅(mg/L)	≤0.02	≤0.05	—

（三）影响纯水质量的因素

影响纯水质量的主要因素有三个，即空气、容器、管路。

在实验室中制取纯水，不难达到纯度指标。一经放置，特别是接触空气，其电导率会迅速下降。例如用钼酸铵法测磷及纳氏试剂法测氨，无论用蒸馏水或离子交换水只要新制取的纯水都适用。一旦放置，空白值便显著增高，主要来自空气和容器的污染。

玻璃容器盛装纯水可溶出某些金属及硅酸盐，有机物较少。聚乙烯容器所溶出的无机物较少，但有机物比玻璃容器略多。

纯水导出管，在瓶内部分可用玻璃管，瓶外导管可用聚乙烯管，在最下端接一段乳胶管，以便配用弹簧夹。

二、实验室纯水的质量检验

用于质量检验的各级水样量不得少于 2L。水样应注满于清洁、密闭的聚乙烯容器内。取样时应避免沾污。

各项实验必须在洁净的环境中进行，并应采取适当措施避免沾污。

没有注明其他要求时，均使用分析纯试剂和相应纯度的水。

（一）pH 测定

用 pH 计测定。按仪器说明书的规定，用 pH 为 5.0～8.0 的标准缓冲溶液校正 pH 计。所选用的标准缓冲溶液，其 pH 应与被测溶液相接近。一般去离子水的 pH 在 6.5～7.5 之间。

（二）电导率的测定

用具有温度补偿功能的电导仪测定。如果所用电导仪不具备温度补偿功能，可于测定 t℃电导率后，根据下式计算 25℃的电导率。

$$K_{25}=\alpha(K_t-K_p)+0.0548$$

式中：K_{25}——25℃的纯水电导率（μS/cm）；

K_t——t℃ 测得的纯水电导率（μS/cm）；

K_p——t℃的理论纯水电导率（μS/cm）；

α——t℃的换算算数；

0.0548——25℃的理论纯水电导率（μS/cm），见表 2-4-2。

表 2-4-2 电导率的换算系数 α 和理论纯水电导率 K_P

t(℃)	α	K_P（μS/cm）
0	1.873	0.0111
5	1.625	0.0160
10	1.413	0.0224
15	1.250	0.0308
20	1.111	0.0414
25	1.000	0.0548
30	0.903	0.0710
35	0.822	0.0908

（三）可氧化物检验

（1）试剂和溶液

①配制溶液用水：二级水。

②硫酸（GB 625—77）：约 98g/L 溶液。

③高锰酸钾（GB 643—77）溶液：C（$1/5KMnO_4$）=0.01mol/L，新鲜配制。称取高锰酸钾 0.32g，溶于约 1L 水中，煮沸 1～2h，静置过夜。用 4 号砂芯玻璃漏斗抽滤，用刚煮沸冷却后的水稀释至 1L，贮于棕色瓶中。

（2）操作

取 1000ml 二级水（100ml 三级水）注入烧杯中，加入 10.0ml 硫酸溶液和 1.0ml 高锰酸钾溶液，盖上表面皿，煮沸 5min，与置于另一相同容器中不加试剂的等体积水样作比较，溶液所呈淡红色不得完全褪尽。

（四）吸光度测定

将水样分别注入 1cm 和 2cm 的石英比色皿中，在紫外分光光度计上，于 254nm 处用 1cm 比色皿中水为参比，测定 1cm 比色皿中水的吸光度，按表 2-4-1 所列各相应级别纯水的质量指标进行判断。

（五）二氧化硅测定

按 GB 6682—86 中“2.5 二氧化硅的测定”操作，可定量检验水中二氧化硅。通常只作定性检查。取纯水 10ml 注入试管中，加 15 滴 1%钼酸铵溶液和 8 滴草酸硫酸混合液（4%草酸和 4mol/L 硫酸，按 1+3 混合），摇匀。放置 10min，加 5 滴 1%硫酸亚铁铵溶液（新配），摇匀。如溶液呈蓝色，表示有可溶性硅。

三、特殊要求的实验用水

对有特殊要求的实验用水，常需要使用相应的技术条件处理和检验。

（一）不含氯的水

加入亚硫酸钠等还原剂将自来水中的余氯还原为氯离子，用附有缓冲球的全玻璃蒸馏器（以下各项中的蒸馏均同此）进行蒸馏制取。

取实验用水 10ml 于试管中，加入 2～3 滴（1+1）硝酸、2～3 滴 0.1mol/L 硝酸银溶液，混匀，不得有白色混浊出现。

（二）不含氨的水

①向水中加入硫酸至 pH<2，使水中各种形态的氨或胺最终都转变成不挥发的盐类，收集馏出液即得（注意：**避免实验室内空气中含有氨而重新污染，应在无氨气的实验室进行蒸馏**）。

②向蒸馏制得的纯水中加入数毫升再生好的阳离子交换树脂振摇数分钟，即可除氨，或者通过交换树脂柱也能除氨。

（三）不含二氧化碳的水

①煮沸法：将蒸馏水或去离子水煮沸至少 10min（水多时），或使水量蒸发 10%以上（水少时），加盖放冷即可。

②曝气法：将惰性气体（如高纯氮）通入蒸馏水或去离子水至饱和即可。

制得的无二氧化碳水应贮存在一个附有碱石灰管的橡皮塞盖严的瓶中。

（四）不含酚的水

①加碱蒸馏法：加入氢氧化钠至水的 pH＞11（可同时加入少量高锰酸钾溶液使水呈紫红色），使水中酚生成不挥发的酚钠后进行蒸馏制得。

②活性炭吸附法：将粒状活性炭加热至 150～170℃烘烤 2h 以上进行活化，放入干燥器内冷却至室温后，装入预先盛有少量水（避免炭粒间存留气泡）的层析柱中，使蒸馏水或去离子水缓慢通过柱床，按柱容量大小调节其流速，一般以每分钟不超过 100ml 为宜。开始流出的水（略多于装柱时预先加入的水量）须再次返回柱中，然后正式收集。此柱所能净化的水量，一般约为所用炭粒表观容积的 1000 倍。

（五）不含砷的水

通常使用的普通蒸馏水或去离子水基本不含砷，对所用蒸馏器、树脂管和贮水容器要求不得使用软质玻璃（钠钙玻璃）制品。进行痕量砷测定时，则应使用石英蒸馏器或聚乙烯树脂管及贮水容器来制备和盛贮不含砷的蒸馏水。

（六）不含铅(重金属)的水

用氢型强酸性阳离子交换树脂制备不含铅(重金属)的水，贮水容器应作无铅预处理方可使用(将贮水容器用 6mol/L 硝酸浸洗后用无铅水充分洗净)。

（七）不含有机物的水

将碱性高锰酸钾溶液加入水中再蒸馏，在再蒸馏的过程中应始终保持水中高锰酸钾的紫红色不得消褪，否则应及时补加高锰酸钾。

四、纯水的制备

纯水是分析工作必不可少的条件之一。因此，在开展分析监测之前，首先要制备出合乎分析要求的纯水。纯水的制备是将原水中可溶性和非可溶性杂质全部除去的水处理方法。

制备纯水的方法很多，通常多用蒸馏法、离子交换法、亚沸蒸馏法和电渗析法，下面分别作一简单介绍。

（一）蒸馏法

用蒸馏法制备无离子纯水的优点是操作简单，可以除去非离子杂质和离子杂质。缺点是设备要求严密，产量很低而成本又高。

用蒸馏法纯化水的机理是利用杂质与水的沸点不同，不能与水蒸气一同蒸发而达到水与杂质分离的目的。水中杂质分为不挥发性和挥发性两类。

（1）不挥发性杂质

大多数是无机盐、碱和某些有机化合物。用水蒸馏法可除去这些不挥发性杂质。在这种情况下，不应发生被水蒸气带走液沫的现象，冷凝器和接受器也应由不会被水侵蚀的材料制成。

（2）挥发性杂质

包括溶解在水中的气体、多种酸、有机物及完全或部分转入馏出液中的某些盐的分解产物。

①有机物：通常是加高锰酸钾与水共沸，使有机物氧化成二氧化碳和水。

②挥发酸和溶解在水中的酸性气体：加入溶解于水后变成碱的物质，如氧化钡、过氧化钠等，使水中的硝酸、二氧化碳和硫化氢等在蒸馏之前与之化合。

③水中存在氨和胺：加入铬酸酐或磷酸酐与之化合。

制备纯水的蒸馏器的不同将影响纯水的质量。

①使用铜或其它金属制成的蒸馏器，蒸得的蒸馏水中所含的金属杂质，例如铜、锡等常多于原水。不适用于痕量元素的分析。

②使用硬质化学玻璃制成的蒸馏器，全部磨口连接，所蒸馏的蒸馏水比较纯净，适用于一般用途。由于硬质化学玻璃中含有一定数量的硼，故所得的蒸馏水不适用于硼的测定。

③石英蒸馏器所得到的（或蒸得的）蒸馏水更为纯净，适用于所有痕量元素的测定工作。但是石英蒸馏器价格昂贵，蒸馏瓶体积一般比较小，出水率较低，不应当无条件地使用。

一次蒸馏的效果较差，有时需要多次蒸馏。每次蒸馏可采取加入不同试剂以去除某项影响因素，其效果见表 2-4-3。

表 2-4-3　多次蒸馏法对重金属的去除效果

纯化	痕量元素含量(μg/ml)			
	Cu	Zn	Mn	Mo
1.铜制蒸馏器(内壁为锡)蒸馏	0.01	0.002	0.001	0.002
2.上述的蒸馏水用硬质玻璃(pyrex)再蒸馏一次	0.001	0.00012	0.0002	0.000002
3.同上，蒸馏二次	0.0005	0.00004	0.0001	0.000001
4.同上，蒸馏三次	0.0004	0.00004	0.0001	0.000001
5.硬质玻璃(pyrex)蒸馏器蒸馏一次	0.0016	0		
6.耶纳(Jena)玻璃蒸馏器蒸馏一次	0.0001	0.003		
7.Amberlite IR－100 树脂处理一次	0.0035	0		

（二）去离子水

用离子交换树脂处理原水，所获得的水称为去离子水。用此法制备纯水的优点是操作简便、设备简单、出水量大，因而成本低。在一般情况下有取代蒸馏法制备纯水的趋势，尤其是大量用水的场合。离子交换处理能除去原水中绝大部分盐类、碱和游离酸，但不能完全除去有机物和非电介质。因此，要获得既无电解质又无微生物等杂质的纯水，就需要将离子交换水再进行蒸馏一次。反之，为了杜绝非电解质杂质和减少离子交换树脂的再生处理，以便提高离子交换树脂的利用率，应使用普通（市售）蒸馏水或电渗析水代替原水进行离子交换处理。

（1）离子交换树脂

离子交换树脂以其母体所含功能团不同可分为酸性离子交换树脂和碱性离子交换树脂两类，又因其酸、碱性不同，所以分为各种类型的离子交换树脂。

（2）离子交换原理

利用离子交换树脂中可游离交换的离子与水中离子相互交换作用，将水中各种离子除去或减少到一定程度。

（3）选择树脂原则

①选择交换容量大的树脂。交换容量愈大，同体积的树脂能交换的离子也愈多，一个交换周期所制取的水量也愈大。一般在同性（阳性或阴性）树脂中，弱酸（或弱碱）性树脂比强酸（或强碱）性树脂交换容量大。

②选用游离酸（或碱）型树脂。

③根据对原水中欲除去离子的性质选择树脂。当只需除去水中吸附性强的离子时，应尽量选用弱酸（或弱碱）性树脂，当需除去水中吸附性弱的离子时，必须选用强酸（或强碱）性树脂。

一般在实验室中常选用含水率 50%左右，粒度 20～40 目，球状，交换能力很强，强度较好的强酸性阳离子交换树脂和强碱性阴离子交换树脂来制备去离子水。

（4）交换床

①复合床：最简单的复合床由一只阳离子交换床与一只阴离子交换床串联组成。通常多用三柱式复合床，亦可串联两组复合床而成六柱式双级复合床。

复合床虽易于树脂的再生处理，但其出水质量却不甚理想。单级复合床出水的电阻率一般只有 50 万Ω·cm 左右；双级复合床的出水质量可有明显提高，其电阻率可达 2×10^6 Ω·cm 以上。

②混合床：将阳离子交换树脂与阴离子交换树脂按 1∶2 的容积比均匀混合装为一床。混合床出水质量好、纯度高，其电阻率可高达 10×10^6Ω·cm 以上，但树脂的再生处理比较麻烦。

③联合床：串联复合床与混合床结合即为联合床。串联方式有三柱式、四柱式及六柱式等。

使用联合床既可制得高纯水又能延长混合床的工作周期而减少再生处理的繁杂手续，是比较理想的组合方式。

（5）新树脂的处理

首先，将潮湿的新树脂在空气中晾干，在烘箱中烘干树脂会使树脂交换基团部分遭到破坏，应该避免。必要时进行筛分，除去由于剧烈机械运动损坏了的（50 目以上）粉状树脂，以避免堵塞交换柱。用 95%乙醇浸泡 4h 并不断搅拌，用水漂洗至无乙醇气味后，再漂洗 1～2 次，然后进行以下处理：

①强酸性阳离子交换树脂，先用 5%～10%盐酸浸泡 1d，并不时搅拌，用倾泻法以蒸馏水洗涤树脂至洗液不呈色，然后将树脂带水一起装入柱中（注意：不要使树脂层中含有

气泡）。再继续用 5%～10%盐酸淋洗，使流出液中检不出 Fe^{3+}，再以蒸馏水或去离子水洗到流出液的 pH 为 6.6～7.0。

②强碱性阴离子交换树脂，先用水浸泡 1d，将树脂带水一起装入柱中（**注意：不要使树脂层中含有气泡**）。用 5%盐酸溶液淋洗，直至流出液检不出 Fe^{3+}，然后用水洗到中性，再用 4%～6%氢氧化钠溶液淋洗，至流出液中检不出 Cl^-，最后用蒸馏水洗至 pH 约为 7 即可使用。

（6）注意事项

①直接使用自来水制备去离子水时，应先将原水充分曝气，待其中余氯除尽再流入树脂床。自然曝气所需时间视环境温度而异，一般夏季约需 1d，冬季常需 3d 以上；加热并加强搅拌或充气可提高除氯效率。

②原水硬度较高时则应进行必要的处理（或蒸馏或电渗析等）以除去其中大量无机盐类，然后再进行交换处理，以延长交换柱的工作周期。

③使用复合床制备纯水时最好是连续生产。当复合床内的树脂经再生处理后重新使用，或间歇工作再继续制水时，其最初出水的质量都较差，电阻率常低于 $10^5\Omega \cdot cm$，因而须待出水电阻率符合要求时才能收集使用。对先出的质量低劣交换水可重新入床进行交换处理。

④用离子交换法制得的纯水一旦接触空气，其电阻率随即迅速下降，以玻璃容器贮存时，其电阻率亦将随贮存时间的延长而继续降低。

⑤去离子水中金属离子杂质含量极低，适于配制痕量金属分析用的试液。

⑥去离子水中常含有微量树脂浸出物和树脂崩解微粒（部分微粒可用孔径 0.2～0.45μm 的滤膜滤除），不宜用于配制有机物质分析的试液和 TOC、COD 的试液。

⑦一些电化学仪器的电极表面可因受微量有机物轻度污染而严重钝化；频繁处理电极能影响其重复性，应切实注意去离子水对这些仪器的影响。

⑧树脂再生处理的质量好坏决定制备的去离子水的纯度。因此，必须使用足够量的再生剂充分处理树脂，并需彻底洗净残留的再生剂和再生交换液。尤其是混合树脂，如经分别再生处理后未能充分洗净，则重新混合后将因交互污染而显著降低其交换能力和有效交换容量。

（7）离子交换树脂的再生

离子交换树脂的再生方法主要有化学再生法和电解再生法。

基本原理：在失效的树脂中加入一定浓度的酸、碱溶液，利用该溶液中的 H^+和 OH^-离子，分别将失效树脂上吸附的阳（阴）离子置换下来，使阳（阴）离子交换树脂重新获得交换水中阳（阴）离子的能力。这种使失效树脂重新获得交换能力的酸、碱溶液，称为再生液。

①强酸性阳离子交换树脂的再生，再生反应式如下：

$$R-(SO_3)_2Ca+2HCl \longrightarrow R-(SO_3H)_2+CaCl_2$$

用 5%～10%盐酸（化学纯以上）溶液以 20～30ml/min 的流速经过阳离子交换树脂柱，一般用 1～2 倍树脂体积的酸液即可（在流出液中检查至无钙离子），然后用离子交换水或蒸馏水以同样速度洗至中性（pH6.5～7.5），此再生后的树脂即可继续使用。

②强碱性阴离子交换树脂的再生反应式如下：

$$R{\equiv}N^+Cl+NaOH \longrightarrow R{\equiv}N^+OH+NaCl$$

用4%～6%氢氧化钠溶液以20～30ml/min的流速流经阴离子交换柱，洗液用量一般为树脂体积的3～4倍即可（在流出液中检查无氯离子），然后用离子交换水或蒸馏水以同样速度淋洗至中性（pH～7），经再生后的树脂可继续使用。

注意：整个再生操作不可间歇或中断，以免由于再生剂与某些阳离子生成沉淀而使柱内树脂受到堵塞。其次，树脂除去多余再生剂时，要用蒸馏水或离子交换水淋洗，若用自来水淋洗，就会使树脂受沾污。

（三）亚沸蒸馏法制取超纯水

亚沸蒸馏是光做能源，照射液体表面，使从液面汽化蒸发，可避免沸腾时机械携带或沿表面蠕升的弊病。所得水质极纯，若空气及容器清洁可靠，可供超痕量分析或更严格的分析之用。

亚沸蒸馏装置由透明石英制成，国内已有生产。最简单的亚沸蒸馏装置是双瓶连通的亚沸蒸馏器，可用石英或特氟隆材料制成，形同试剂瓶，A瓶为原水瓶，B瓶为接受瓶，两瓶中间连通，以灯光为热源，加热A瓶。B瓶置于冰水中，以凝集蒸汽为纯水。此装置自成闭封系统，不与外界接触，若用以纯化酸类，不用在通风橱内，既不受环境污染，也不污染环境，设备简单易行。

（四）电渗析法

电渗析法与离子交换法相比具有设备和操作管理简单、不需用酸、碱再生的优点，有较大实用价值。其缺点是在水的纯度提高后，水的导电率就逐渐降低，如继续增高电压，就会迫使水分子电离为 H^+和 OH^-离子，使得大量的电耗在水的电离上，水质却提高得很少。因此，目前，也有将电渗析法与离子交换法结合起来制备纯水的，即先用电渗析法把水中大量离子除去后，再用离子交换法除去少量离子，这样制得的纯水（已达 5×10^6～$10\times10^6\,\Omega\cdot cm$），不仅纯度高，而且有如下优点：

①不需用酸碱再生。

②易于设备化，易于搬迁，灵活性大，可以置于生产用水设备旁边，就地取纯水使用。

③系统简单，操作方便。

电渗析法制水原理：

由于水分子是极性较大的分子，它本身就能形成氢键，形成水合氢离子（H_3O，$2H_2O$，$H_3^+O+OH^-$），同时也能与其它负电性大的电解质（如酸、碱、盐类）分子形成氢键发生水合作用。在水分子极性作用下与电解质分子相互作用，使电解质分离成正、负离子，如：

$$NaCl \rightleftharpoons Na^++Cl^-$$

$$CaSO_4 \rightleftharpoons Ca^{2+}+SO^{2-}$$

当水中溶解有以上这些电解质后，水就变成能导电的溶液，且这些离子浓度愈高，溶液的导电性就愈强（即溶液的电阻率愈小），电渗析过程正是利用这一原理来制备纯水。

当原水进入电渗析器时，将电渗析器的电极接上电源，水溶液即发生导电，水中离子由于电场作用发生迁移，阳离子向负极运动，阴离子向正极运动。由于电渗析器两级间设置了多组交替排列的阴、阳离子交换膜，阳离子交换膜（属聚苯乙烯强酸型 $R-SO_3^-$ ）显示了强烈的负电场，溶液中的阴离子受排斥，而阳离子被吸附。在外电场作用下，向负极方向传递交换并透过阳离子交换膜。阴离子交换(属苯乙烯季胺型 $R-CH_2(CH_3)_3N^+$)显示强烈的正电场，溶液中的阳离子受排斥，而阴离子被膜吸附。在外电场作用下向正极方向传递交换并透过阴离子交换膜，这样就形成了称为淡水室的去离子区间和称为浓水室的浓聚离子区(在电极区域则称为极水室)。在电渗析器内，淡水室和浓水室多组交替地排列，水经过电渗析器的淡水室并从其中流出，即得纯水(除盐水)。

第五章　计量认证与质量管理

环境监测是环境保护的眼睛，其技术水平对于把握污染现状和预测污染发展趋势起着第一重要的作用。而环境监测数据是环境监测的重要产品，对于数据质量常以精密性、准确性、代表性、完整性和可比性来评价。精密性和准确性主要体现在实验室分析测试方面，代表性、完整性主要体现在优化布点、样品采集、保存、运输和处理等方面，而可比性又是精密性、准确性、代表性、完整性的综合体现，只有前四者都具备了，才有可比性而言。因此，当代表性和完整性一定时，精密性和准确性就成了决定数据质量好坏的主要因素。精密性和准确性，体现的是实验室和实验室间在测定同一样品（具有代表性）时，其测定值之间和测定值与真值之间的符合程度。如果某实验室测定有代表性和完整性的样品时，其测定值的精密性和准确性均好，说明该实验室的监测分析数据质量是好的；如果这个实验室的分析数据精密性好，但准确性不好，那么就说明该实验室可能存在着偏离真值的系统误差。这时就必须查找导致误差的原因。

然而，精密性又是准确性的前提。因为，只有用在受控条件下的精密度才能确定出某个测试值在其真值附近波动的范围，进而才能统计得出某测试值的准确度范围。如果精密度（性）不好，就无从谈到准确度（性）。

质量控制（QC）和质量保证（QA）是贯穿环境监测全过程的技术手段和管理程序，其目的也是为了出具有“五性”的环境监测数据，计量认证也是保证监测质量，使监测数据具有法律作用的重要工作。

一、计量认证与实验室认可

（一）目的和意义

“计量法”规定计量行政部门对社会公用计量器具“用于贸易结算、安全防护、医疗卫生、环境监测方面列入强制检定目录的工作计量器具，实行强制检定。”而“计量检定”正是计量认证的主要内容之一。计量认证的目的是：

①保障全国计量单位制的统一和量值的准确可靠。

②提高质检机构的知名度和竞争力。

③提高质检机构的管理能力、检测技术水平和第三方公正性，“测量数据”受到法律承认和保护。

④确立质检机构的合法地位和权威。

⑤为国际间检测数据的相互承认，与国际接轨创造条件。

这几方面与环境监测机构要达到的目的是一致的，其出发点也是相吻合的。因此，计量认证会更加强化环境监测机构的规范化、科学化和标准化管理，提高监测数据的可靠性和准确性。

计量认证是为了促进监测站的质量管理，提高监测人员素质、监测技术水平和监测数据质量；是强制性的，在规定期限内不通过认证，其出具的某些数据会失去第三方公证性和权威性，也即失去法律效力。

实验室认可是自愿性的，目前还没达到强制性阶段认可的对象是各检测（校准）实验室。由于实验室认可活动与市场经济的发展有着密切的关系，市场条件下实验室认可活动应该更多地遵循自愿认可的原则，并努力为实验室的检测服务提供平等竞争的机会和环境，促进检测市场的形成和资源的深度开发和合理配置。

然而，国家为了保障社会和经济发展的有序性，也总是通过立法对某些领域的行为（有时也包括测量行为）进行强制规范。例如在涉及安全、健康、环境以及贸易等领域，许多国家都有法律法规，赋予政府监督的权力。当然，由于各国社会制度、经济体制等差异，强制管理的范围也不尽相同。

（二）计量认证和实验室认可的内容

（1）计量认证

①计量检定、测试设备的配备情况与测试能力的符合程度，仪器设备的准确度、量程等主要技术指标必须达到计量认证的要求。

②计量检定、测试设备的工作环境，包括温度、湿度、防尘、防震、防腐蚀、防干扰等条件，均应适应测试工作的需要。

③使用测试设备和测试手段的操作人员，应具备计量基本知识、环境监测专业知识和实际操作经验，其理论知识和操作技能必须考核合格。

④环境监测机构应具有保证量值统一、量值溯源和量值传递准确、可靠的措施及测试数据公证可靠的管理制度。

⑤测试样品的时空代表性、采样的频次、样品的保管与运输等应该符合监测技术规范的要求，可作为检查内容。

环境监测机构计量认证的一整套操作要求主要是针对环境系统的环境监测站而制定的。其它部门的环境监测站原则上可以参照执行，但其测试数据的适用范围还应符合国家环境保护总局的有关规定。

（2）实验室认可

实验室认可由中国实验室国家认可委员会组织实施，其认可的主要内容为：检测结果的公正性、质量方针与目标、组织与管理，如组织机构、技术委员会、质量监督网、权力委派，防止不恰当干扰、保护委托人机密和所有权、比对和能力验证计划等，质量体系、审核与评审。检测样品的代表性、有效性和完整性将直接影响检测结果的准确度，因此必须对抽样过程、样品的接收、流转、贮存、处置以及样品的识别等各个环节实施有效的质量控制。这是在实验室认可中特别强调的内容。

计量认证与实验室认可的异同之处比较见表 2-5-1。

表 2-5-1 计量认证与实验室认可比较表

	计量认证	实验室认可
目的	提高实验室管理水平	提高实验室管理水平
依据	《计量法》第二十二条，《计量法实施细则》第七条；GB/T 15481—95 或 ISO/IEC 导则 25—90	GB/T 15481—2000 或 CNACL 201—2001 等同采用 ISO/IEC 17025—1999
性质	计量认证是强制性的，根据计量法规定，未经计量认证的质检机构，不得向社会提供公证数据	实验室认可是自愿性的，CNACL 的认可原则中，第一项就是自愿原则
对象	产品质量检验机构的检测实验室（部分扩展到国防科研、地质分析、能源和环境监测、检测实验室）	第一、二、三方的检测和（或）校准实验室
类型	分两级（国家和省）进行	一级国家认可
实施	各级政府的质量技术监督部门	中国实验室国家认可委员会
考核内容	公正性和技术能力（13 个要素，56 条）	公正性和技术能力 两大方面：管理要求、技术要求，24 条
结果	发证书，可使用 CMA 标志	发证书，可使用认可标志
国际接轨	对国内适用	国际通行做法，CNACL 已与亚太地区实验室认可合作组织（APLAC）签定互认协议
发展动态	继续维持（因有法律依据）	最新修改稿涵盖了 ISO 9000 系列标准，已变成正式国际标准，ISO/IEC 17025

（三）规范化监测工作

环境监测工作包括布点、采样、测试、数据处理和综合评价等几个环节，要求对从布点到取得数据的整个过程进行全面质量管理。监测工作要按照统一的技术规范、方法的要求，依照一定的程序，进行科学的组织与技术上的规范化管理。主要有以下几个方面。

（1）样品的时空代表性与真实性

按规范布设监测网点，取得最佳点位数和最佳点位，保证监测数据的代表性、可比性，布点记录和图表应齐全。

（2）样品的采集、保管与运输

按规范要求，保证所采集样品的真实性和代表性，既能满足时空要求，又要样品在分析前不发生物理化学性质的变化。采样方法、采样器、样品的保存、运输及有关的记录表格都要规范化。

（3）样品的测试分析与数据处理

样品测试按规定方法进行。操作要规范化，测试结果有效位数的取舍、异常值的判断与剔除方法、误差的计算等要符合相应的标准规定。

（4）测试工作的质量保证

样品登记、任务下达、原始记录，以及数据报表等都应制定出规范化表格。

其中，对可能影响测试结果的有关因素（如仪器设备、样品情况、环境条件等）要有详细的记载要求。

（5）测试结果的审核与发出

数据的规范管理与测试报告的审核程序：数据管理要规范化，测试数据的记录、删改要按照有关规定执行，原始记录一律不得用铅笔书写，个人不得保存原始记录。

环境监测机构报出的测试结果要经过三级审核，各级负责人签字后，方为有效。所谓三级审核，即测试结果要经有关人员复核，质量保证负责人审核，最后报本单位技术负责人签字后才能对外发出。

各种原始记录与测试结果报告，一律要按国家规定使用法定计量单位。

二、环境监测机构计量认证的评审内容与考核要求

目前我国各级环境监测站计量认证的评审内容是按照《产品质量检验机构计量认证/审查认可（验收）评审准则》的规定要求进行的。

认证内容有13个要素56项条款的具体规定。主要的内容及要求如下：

（一）组织和管理

1）实验室应有明确的法律地位。其组织和运作方式应保证固定的、临时的和可移动的设施满足本准则的要求。申请计量认证的实验室一般为独立法人；能独立承担第三方公正检验，独立对外行文和开展业务活动，有独立帐目和独立核算。

2）实验室应满足以下要求：

①有管理人员，并具有履行其职责所需的权力和资源。

②有措施保证所有工作人员不受任何来自商业/财务和其它会影响其工作质量的压力。

③其组织形式在任何时候都能保证判断的独立性和诚实性。

④对影响检验质量的所有管理、执行或验证人员规定其职责、职权和相互关系并形成文件。

⑤对熟悉检验方法和程序，了解检验工作目的，以及懂得如何评定检验结果的人员实施监督；监督人员与非监督人员的比例应足以保证监督工作的正常进行。

⑥有负责技术工作的技术主管（无论如何称谓）。

⑦有负责质量体系及其实施的质量主管（无论如何称谓），其能直接与负责实验室质量方针和资源决策的最高管理者及技术主管联系。

⑧在技术或质量主管不在时，要指定其代理人，并在质量手册中规定。

⑨应在质量手册或程序文件中规定，保证委托方的机密信息和所有权。

⑩适当时，参加国际、国家、行业或自行组织的实验室之间的比对和能力验证计划。

⑪对政府下达的指令性检验任务，应编制计划并保质保量按时完成。

（二）质量体系、审核和评审

1）实验室应建立和保持与其承担的检验工作类型、范围和工作量相适应的质量体系。质量体系要素应形成文件。质量文件应提供给实验室人员使用。实验室应明文规定达到良好工作水平和检验服务的质量方针、目标并作出承诺。实验室的管理者应将质量方针和目标纳入质量手册，并使实验室所有有关人员都知道、理解并贯彻执行。质量主管应负责保持质量手册的现行有效性。

2）质量手册以及相关的质量文件应阐述实验室为满足本准则的要求所制定的方针和工作程序。

质量手册和相关质量文件应包括：

①最高管理者的质量方针声明，包括目标和承诺。

②实验室组织与管理结构以及它在任一母体组织中的地位和相应的组织图。

③管理工作、技术工作，支持服务和质量体系之间的关系。

④文件的控制和维护程序。

⑤关键人员的岗位描述及相关人员的工作岗位描述。

⑥实验室获准签字人的识别（适用时）。

⑦实验室实现量值溯源的程序。

⑧实验室检验的范围。

⑨确保实验室评审使用新工作的措施，以保证实验室在开始新工作之前有适当的设施和资源。

⑩列出在用的检验程序。

⑪处置检验样品的程序。

⑫列出在用的主要仪器设备和参考测量标准。

⑬仪器设备的校准、检定（验证）维护程序。

⑭涉及检定（验证）的活动，包括实验室之间比对、能力验证计划、标准物质的使用、内部质量控制方案。

⑮当发现检验有差异或发生偏离规定的政策和程序时，应遵循反馈和纠正措施的程序。

⑯实验室关于允许偏离规定的政策和程序或标准规范的例外情况的管理措施。

⑰处理抱怨程序。

⑱保密和保护所有权的程序。

⑲质量体系审核和评审程序。

3）实验室应定期对其工作进行审核，以证实其运行能持续地符合质量体系的要求。这种审核应由受过培训和有资格的人员承担；审核人员应与被审核工作无关。当审核中发现检验结果的正确性和有效性可疑时，实验室应立即采取纠正措施并书面通知可能受到影响的所有委托方。

4）管理者应对为满足本准则要求而建立的质量体系每年至少评审一次，以确保其持续适用和有效性，并进行必要的更改和改进。

5）在审核和评审中发现的问题和采取的纠正措施应形成文件。对质量负责的人员应保证这些纠正措施在议定的时间内完成。

6）除定期审核以外，实验室还应采取其它有效的检查方法来确保提供给委托方结果的质量，并应对这些检查方法的有效性进行评审，其内容包括（但不仅限于此）：

①尽可能采用统计技术的内容质量控制方案。

②参加能力验证试验或其他实验室间的比对。

③定期使用有证标准物质和（或）在内部质量控制中使用副标准物质。

④用相同或不相同的方法进行重复检验。

⑤对保留样品的再检验。

⑥一个样品不同特性检验结果的相关性。

（三）人员

1）实验室应有足够的人员。这些人员应经过与其承担的任务相适应的教育、培训，并有相应的技术知识和经验。

①实验室最高管理者、技术主管、质量主管及各部门主管应有任命文件。

②最高管理者和技术主管的变更需报发证机关或授权的部门备案。

③非独立法人实验室的最高管理者应由其法人单位的行政领导成员担任。

④实验室技术主管应具有工程师以上技术职称，熟悉检验业务。

2）实验室应确保其人员得到及时培训。检验人员应考核合格持证上岗。

3）实验室应保持技术人员有关资格、培训、技能和经历等的技术业绩档案。

（四）设施和环境

1）实验室设施、检验场地以及能源、照明、采暖和通风等应便于检验工作的正常运行。

2）检验所处的环境不应影响检验结果的有效性或对其所要求的测量准确度产生不利的影响，在非固定场所进行检验时尤应注意。

3）适当时，实验室应配备对环境条件进行有效监测、控制和记录的设施。对影响检验的因素，例如生物灭菌、灰尘、电磁干扰、湿度、电源电压、温度、噪声和振动水平等应予以适当注视。应配置停电、停水、防火等应急的安全设施，以免影响检验工作质量。

4）相邻区域内的工作相互之间有不利影响时，应采取有效的隔离措施。

5）进入和使用有影响工作质量的区域应有明确的限制和控制。

6）应有适当措施确保实验室有良好的内务管理，并符合有关人身健康和环保要求。

（五）仪器设备和标准样品

1）实验室应正确配制进行检验的全部仪器设备（包括标准样品）。如果要使用实验室永久控制范围以外的仪器设备（限使用频次低，价格昂贵及特种项目），则应保证符合本准则规定的相关要求。仪器设备购置、验收、流转应受控。未经定型的专用检验仪器设备需提供相关技术单位的验证证明。

2）应对所有仪器设备进行正常维护，并有维护程序：如果任一仪器设备有过载或错误操作、或显示的结果可疑、或通过检定（验证）或其他方式表明有缺陷时，应立即停止使用，并加以明显标识，如可能应将其贮存在规定的地方直至修复；修复的仪器设备必须经校准、检定（验证）或检验证明其功能指标已恢复。实验室应检查由于这种缺陷对过去进行的检验所造成的影响。

3）每一台仪器设备（包括标准物质）都应有明显的标识来表明其校准状态。

4）应保存每一台仪器设备以及对检验有重要意义的标准物质的档案，其内容包括：

①仪器设备名称。

②制造商名称、型号、序号或其他唯一性标识。

③接收日期和启用日期。

④目前放置地点（如果适用）。

⑤接收时的状态及验收记录（例如全新的，用过的，经改装的）。

⑥仪器设备使用说明书。

⑦校准和（或）检定（验证）的日期和今后维护的计划。

⑧迄今所进行维护的记录和今后维护的计划。

⑨损坏、故障、改装或修理的历史记录。

（六）量值溯源和校准

1）凡对检验准确性和有效性有影响的测量和检验仪器设备，在投入使用前必须进行校准和（或）检定（验证）。实验室应制定有关测量和检验仪器设备的校准检定（验证）验证的周期检定计划。

2）应制定和实施仪器设备的校准和（或）检定（验证）和确认的总体计划，以确保（适用时）实验室的测量可追溯到已有的国家计量标准。校准证书应能证明溯源到国家计量基准，并应提供测量结果和有关测量有确定度和（或）符合经批准的计量规范的说明。自检定/校准的仪器设备，按国家计量检定系统的要求，绘制能溯源到国家计量基准的量值传递方框图（适用时），以确保有用的测量仪器设备量值符合计量法制规定的要求。

3）如不可能溯源到国家计量基准，实验室应提供结果相关性的满意证据，例如参加一个适当的实验室间的比对或能力验证计划。

4）实验室建立的测量参考标准只能用于校准，不能用于其他目的，除非能够证明其作为测量参考标准的性能不会失效。

5）测量的参考标准的校准工作应由能提供对国家计量基准溯源的机构进行。应编制参考标准进行校准和检定（验证）的计划。

6）适用时，参考标准、测量和检验仪器设备在两次检定（验证）/校准之间应经受运行中的检查。

7）如可能，标准样品应能溯源到国家或国际计量基准，或溯源到国家或国际标准参考样品。应使用有证标准样品（有效期内）。

（七）检验方法

1）实验室应对缺少指导书可能会给检验工作带来危害的所有仪器设备的使用和操作、样品的处置和制备、检验工作编制指导书，并在质量文件中规定。与实验室工作有关的指导书、标准、手册和参考数据都应现行有效并便于工作人员使用。

2）实验室应使用适当的方法和程序进行所有检验工作以及职责范围内的其他有关业务活动（包括样品的抽取、处置、传送和贮存、制备，测量不确定度的估算，检验数据的分析）；这些方法和程序应与所要求的准确度和有关检验的标准规范一致。

3）没有国际、国家、行业、地方规定的检验方法时，实验室应尽可能选择国际或国家标准中已经公布或由知名的技术组织或有关科技文献或杂志上公布的方法，但应经实验室技术主管确认。

4）需要使用非标准方法时，这些方法应征得委托方同意，并形成有效文件，使出具的报告为委托方和用户所接受。

5）当抽样作为检验方法的一部分时，实验室应按有关程序文件的规定和适当的统计技术抽取样品。

6）应对计算和数据换算进行适当的检查。

7）当使用计算机或自动化设备采集、处理、运算、记录、报告、存贮或检索检验数据时，实验室应确保：

①符合本准则要求。

②计算机软件应形成文件并满足使用要求。

③制定并执行保护数据完整性的程序，这些程序应包括（但不限于）数据输入或采集/数据贮存/数据传输和数据处理的完整性。

④对计算机和自动化设备进行维护，以确保其功能正常；并需提供保证检验数据完整性所必须的环境和工作条件。

⑤制定和执行保证数据安全的适当程序，包括防止非授权人员接触和未经批准修改计算机记录。

8）实验室应制定其技术工作中所使用的消耗材料的采购、验收和贮存的程序。

（八）检验样品的处置

1）实验室应建立对拟检验样品的唯一识别系统，以保证在任何时候对样品的识别不发生混淆。

2）在接收检验样品时，应记录其状态，包括是否异常或是否与相应的检验方法中所描述的标准状态有所偏离。如果对样品是否用于检验有任何疑问，或者样品与提供的说明不符，或者对要求的检验规定得不完全，实验室应在工作开始前询问委托方，要求进一步予以说明。实验室应确定是否已完成了对样品的必要准备，包括是否按委托方要求对样品进行的相应准备。

3）实验室应在质量文件中规定适当的设施避免检验所用样品在贮存、处置、准备检验过程中变质或损坏，并遵守随样品提供的任何有关说明书。如果样品必须在特定的环境条件下贮存或处置，则应对这些条件加以维持、监控和记录（如必要）。当检验样品或其一部分须妥善保存时（例如：基于记录、安全或价值昂贵或日后对检验进行检查的原因），实验室应有贮存和安全措施，以保护这些需要妥善保存样品或其部分状态的完整性。

4）实验室应编制对检验样品接收、保存或安全处置的质量程序文件，包括为维护实验室诚实性所必需的各项规定。

（九）记录

1）实验室应有适合自身具体情况并符合现行规章的记录制度。所有的原始观测记录、计算和导出数据、记录以及证书副本、检验证书副本、检验报告副本均应归档并保存适当的期限。每次检验的记录应包含足够的信息以保证其能够再现。记录应包括参与实验的全过程、样品准备、检验人员的标识。记录更改应按适当程序规范进行。

2）所有记录（包括（五）4）条中有关校准和检验仪器设备的记录）、证书和报告都应安全贮存、妥善保管并为委托方保密。

（十）证书和报告

1）对于实验室完成的每一项或每一系列检验的结果，均应按照检验方法中的规定，准确、清晰、明确、客观地在检验证书或报告中表述，应采用法定计量单位。证书或报告中还应包括为说明检验结果所必需的各种信息及采用方法所要求的全部信息。

2）每份检验证书或报告至少应包括以下信息：

①标题，例如“检验证书”或“检验报告”。

②实验室的名称与地址，进行检验的地点（如果与实验室地址不同）。

③检验证书或报告的唯一性标识（如序号）和每页及总页数的标识。

④委托方的名称和地址（如果适用）。

⑤被检定样品的说明和明确标识。

⑥检验样品的特性和状态。

⑦检验样品的接收和进行检验的日期（如果适用）。

⑧对所采用检验方法的标识，或者对所采用的任何非标准方法的明确说明。

⑨涉及的抽样程序（如果适用）。

⑩测量、检查和导出的结果（适当地辅以表格、图、简图和照片加以说明），以及对结果失效的证明。

⑪对估算的检验结果不确定度的说明（如果适用）。

⑫对检验证书或报告（不管如何形成）内容负责人员的签字、职务或等效标识，以及签发日期。

⑬如果适用，作出本结果仅对所检验样品有效的声明。

⑭未经实验室书面批准，不得复制检验证书或报告（完整复制除外）的声明。

3）如果检验证书或报告中包含分包方所进行的检验结果，则应明确地标明。

4）应合理地编制检验证书或报告，尤其是检验数据的表达应易于读者理解。注意分别设计所承担不同类型检验证书或报告的格式，但标题应尽量标准化。

5）对已发出的检验证书或报告作重大修改，以另发文的方式，或采用对“编号为××××”的检验证书或报告作出补充声明或以检验数据修改单的方式。这种修改应有相应规定并符合本准则第⑫条的全部相应要求。

6）当发现诸如检验仪器设备有缺陷等情况，而对任何证书、报告或对证书或报告的修改单所给出的结果的有效性产生疑问时，实验室应立即以书面形式通知委托方。

7）当委托方要求用电话、电传、图文传真或其他电子和电磁设备传送检验结果时，实验室应保证其工作人员遵循质量文件规定的程序，这些程序应满足本准则的要求，并为委托方保密。

（十一）检验的分包

1）如实验室将检验工作的一部分分包，接受分包的实验室要符合本准则的要求；分包比例必须予以控制（限仪器设备为使用频次低、价格昂贵及特种项目）。实验室应确保并证实分包方有能力完成分包任务，并能满足相同的能力要求。实验室应将分包事项以书面形式征得委托方同意后方可分包。

2）实验室应记录和保存调查分包方的能力及符合性的详细资料，保存有关分包事项的登记册。

（十二）外部支持服务和供应

1）实验室在寻求本准则未涉及的外部支持服务和供应以支持其检验工作时，应选用能充分保证实验室检验质量的外部支持服务和供应。

2）如外训支持服务或供应商无独立的质量保证，实验室则应制定有关程序确保所购仪器设备、材料和服务符合规定的要求，只要有可能，实验室应确保所购仪器设备和消耗材料在使用前按相应的检验所要求的标准规范进行检验、校准或检定（验证）。

3）实验室应保存所有为检验提供所需的支持服务和供应品的所有供应商的信息记录。

（十三）抱怨

1）实验室应在质量文件或程序中，作出处理委托方或其他单位对改换实验室工作提出抱怨的规定，并记录和保存所有抱怨及处理意见。

2）当抱怨和其他任何事项是对实验室是否符合其方针或程序、或者是否符合本准则要求、或者是对其他有关实验室检验质量提出疑问时，实验室应确保按本准则（五）3）条的要求，立即对抱怨涉及的范围和职责进行审核。

三、实验室质量控制与数据统计处理

环境监测质量保证包括环境监测全过程的质量管理和措施，实验室质量控制是环境监测质量保证的重要组成部分。

当采集到具有代表性和有效性的样品送到实验室进行分析测试时，为获得符合质量要求的数据，就必须对分析过程的各个环节实施各项质控技术，如质量控制的程序和管理规定等。

实验室质量控制包括实验室内的质量控制（内部质量控制）和实验室间的质量控制（外部质量控制）。

（一）实验室内质量控制

1. 实验室内质量控制（以下简称 QC）的目的和意义

QC 的目的在于控制监测分析人员的实验误差，使之达到规定的范围，以保证测试结果的精密度和准确度能在给定的置信水平下，达到容许限规定的质量要求。

（1）关于误差的概念

由于人们认识能力的不足和科学技术水平的限制，测量值与真值（某量的响应体现出的客观值或真值）之间总是存在差异，这个差异称为误差（error）。任何测量结果都具有误差，误差存在于一切测量的全过程。

（2）误差的分类及表示方法

1）系统误差：又称恒定误差、可测误差或偏倚，是指在多次测量同一量时，某测量值与真值之间的误差的绝对值和符号保持恒定或归结为某几个因数函数，它可以修正或消除。

2）随机误差：是由测量过程中各种随机因素的共同作用造成的。在实际测量条件下，多次测量同一量时，误差的绝对值和符号的变化，时大时小、时正时负，但是主要服从正态分布，具有下列特点：

①有界性：在一定条件下，对同一量进行有限次测量的结果，其误差的绝对值不会超过一定界限。

②单峰性：绝对值小的误差出现次数比绝对值大的误差出现次数多。

③对称性：在测量次数足够多时，绝对值相等的正误差与负误差出现次数大致相等。

④抵偿性：在一定条件下，对同一量进行测量，随机误差的代数和随着测量次数的无限增加而趋于零。

其产生的原因是由许多不可控制或未加控制的因素微小波动引起的。如环境温度变化、电源电压微小波动，仪器噪声的变化、分析人员判断能力和操作技术的差异等。它可以减小，不能消除，减小的方法是增加测量次数。

3）过失误差：是由测量过程中发生不应有的错误造成的，如错用样品、错加试剂、仪器故障、记录错误或计算错误等。过失错误一经发现必须立即纠正。

误差表示方法有：

①测量值和真值之差，称为绝对误差。即：绝对误差=测量值－真值。

②绝对误差与真值的比值，叫作相对误差：

$$\text{相对误差}（RE\%）=\frac{\text{绝对误差}}{\text{真值}}\times 100\%$$

由于真值一般是不知道的，所以绝对误差常以绝对偏差表示。

某一测量值与多次测量值的均值之差：$d_i = x_i - \bar{x}$

绝对偏差与均值的比值，叫作相对偏差：

$$\text{相对偏差}(\%)=\frac{d_i}{\bar{x}}\times 100\%$$

③绝对偏差的绝对值之和的平均值，用平均偏差表示。

$$\text{平均偏差}\bar{d}=\frac{1}{n}\sum_{i=1}^{n}|d_i|$$

④平均偏差与均值的比值，叫作相对平均偏差：

$$\text{相对平均偏差}=\frac{\bar{d}}{\bar{x}}\times 100\%$$

⑤一组测量值内最大值与最小值之差，称为极差：

$$R=X_{\max}-X_{\min}$$

差方和 S、方差 s^2、标准偏差 s、相对标准偏差 $RSD\%$或变异系数 $CV\%$，用以下各式表示：

$$S=\sum_{i=1}^{n}x_i^2-\frac{1}{n}(\sum_{i=1}^{n}x_i)^2$$

$$s^2=\frac{1}{n-1}\left[\sum_{i=1}^{n}x_i^2-\frac{1}{n}(\sum_{i=1}^{n}x_i)^2\right]$$

$$s=\sqrt{\frac{1}{n-1}\left[\sum_{i=1}^{n}x_i^2-\frac{1}{n}(\sum_{i=1}^{n}x_i)^2\right]}$$

$$RSD\%=\frac{s}{\bar{x}}\times 100\%$$

4)准确度和精密度:某单次重复测定值的总体均值与真值之间的符合程度叫作准确度。准确度一般用相对误差来表示。

$$RE\%=\frac{\mu-\bar{x}}{\mu}\times 100\%$$

在特定分析程序和受控条件下,重复分析均一样品测定值之间的一致程度称为精密度。它可以用标准偏差、相对标准偏差、平均偏差或相对平均偏差来表示。

2. QC 程序

（1）方法选定

分析方法是分析测试的核心。每个分析方法各有其特定的适用范围，应首先选用国家标准分析方法。这些方法是通过统一验证和标准化程序，上升为国家标准的，是最可靠的分析方法。

如果没有相应的标准方法时，应优先采用统一方法，这种方法也是经过验证的，是比较成熟和完善的分析方法，在经过全面的标准化程序经有关机构批准后可以上升为标准方法。

如果在既无标准方法也无统一方法时，可选用试行方法或新方法，但必须做等效实验，报经上级批准后才能使用。

（2）基础实验

1）对选定的方法，要了解其特性，正确掌握实验条件，必要时，应带已知样品（明码样）进行方法操作练习，直到熟悉和掌握为止。

2）做空白实验：

①空白值的大小和它的分散程度，影响着方法的检测限和测试结果的精密度。

②影响空白值的因素有：纯水质量、试剂纯度、试液配制质量、玻璃器皿的洁净度、精密仪器的灵敏度和精确度、实验室的清洁度、分析人员的操作水平和经验等。

③空白实验值的要求：

空白实验的重复结果应控制在一定的范围内，一般要求平行双份测定值的相对差值不大于 50%。

（3）检测（出）限的估算

检测（出）限是指所用方法在给定的可靠程序内可以从零浓度检测到（检出）待测物的最小量（或浓度）。所谓检出，是指定性检出，判定样品中有浓度高于空白的待测物质。

计算方法见本篇第一章三。

当计算值小于或等于方法规定值时，为合格，可进行下步实验。

当计算值大于方法规定值时，应检查原因，直至计算值合格为止，若经重复实验，检测（出）限仍大于或低于方法检测限时，经有关技术部门批准，可采用本实验室的检出限。

3. 校准曲线的绘制

绘制校准曲线时：

①至少应包括 5 个浓度点的信号值。

②校准曲线分工作曲线和标准曲线，根据具体方法选用。

③测定信号值后，在坐标纸上绘制散点分布图。

④若散点图的点阵分布满足要求后，再进行线性回归处理，根据回归结果建立回归方程 $y=a+bx$。否则应查找原因后，再进行回归。

4. 常规监测的质控程序

常规监测质控程序的主要目的是控制测试数据的准确度和精密度，常用的程序有：

①平行样分析：同一样品的两份或多份子样在完全相同的条件下进行同步分析，一般做平行双样，它反映测试的精密度（抽取样品数的 10%～20%）。

②加标回收分析：在测定样品时，于同一样品中加入一定量的标准物质进行测定，将测定结果扣除样品的测定值，计算回收率，一般应为样品数量的 10%～20%。

③密码样分析：密码平行样的密码加标样分析，它是由专职质控人员，在所需分析的样品中，随机抽取 10%～20%的样品，编为密码平行样或加标样，这些样品对分析者本人均是未知样品。

④标准物质（或质控样）对比分析：标准物质（或质控样）可以是明码样，也可以是密码样，它的结果是经权威部门（或一定范围的实验室）定值，有准确测定值的样品，它可以检查分析测试的准确性。

⑤室内互检：在同一实验室内的不同分析人员之间的相互检查和比对分析。

⑥室间外检：将同一样品的子样分别交付不同实验室进行分析，以检验分析的系统误差。

⑦方法比较分析：对同一样品分别使用具有可比性的不同方法进行测定，并将结果进行比较。

⑧质量控制图的绘制：为了能直观地描绘数据质量的变化情况，以便及时发现分析误差的异常变化或变化趋势所采取的一种统计方式。一般应由专职质控人员来执行。

（二）实验室间质量控制

1. 目的

在于使协同工作的实验室间能在保证基础数据质量的前提下，提供准确可靠的测试结果，即在控制分析测试的随机误差达到最小的情况下，进一步控制系统误差。主要用于实验室性能评价和分析人员的技术评定，协作实验仲裁分析等方面。

2. 质控程序

1）建立工作机构：通常由上级单位的实验室或专门组织的专家技术组负责主持该项工作。

2）制定计划方案：按照工作目的、要求制订工作计划。包括：实施范围、实施内容、实施方式、日期、数据报表及结果评价方法、标准等。

3）标准溶液校准：由领导机构在分发标准样品之前，先向各实验室发放一份标准物质（包括标准溶液等），与各实验室的基准进行比对分析。以发现和消除系统误差，一般是使用接近分析方法上限浓度的标准来进行。测定后用 t 检验法检验两份样品的测定结果有无显著性差异。

4）统一样品的测试：在上级机构规定的期限内进行样品测试，包括平行样测定、空白实验等，按要求上报结果。

5）实验室间质量控制考核报表及数据处理。

①领导或主管机构在收到各实验室统一样品测定结果后，及时进行登记整理、统计和处理，以制定的误差范围评价各实验室数据的质量（一般采用扩展标准偏差或不确定度来评价）。

②绘制质量控制图，检查各实验室间是否存在系统误差。

6）向参加单位通知测试结果。

（三）数据统计处理

在环境监测或质控工作中，常需处理各种复杂的监测数据。这些数据经常表现出波动，甚至在相同条件下，获得的实验数据也会有不同的取值。对此，可用数理统计的方法处理获得的一批有代表性的数据，以判别数据的取舍。

1. 数据处理的程序

（1）数据的整理与修约

1）按照有效数字的规定，进行有效数字的修约和数值计算和检验，然后将数据列表。

①有效数字的意义：0、1、2、3、4…9 这十个数码称为数字，由单一数字或多个数字可以组成数值，一个数值中，各个数字所有的位置称数位。

测量结果的记录、运算和报告，必须用有效数字。有效数字用于表示测量结果，指测量中实际能测得的数值，即表示数字的有效意义。一个由有效数字构成的数值，其倒数第二位以上的数字应该是可靠的。只有末位数字是可疑的或为不确定的。所以，有效数字是由全部数字和一位不确定数字构成的。由有效数字构成的测量结果，只应包含有效数字。对有效数字的位数不能任意增删。

数字“0”，当它用于指示小数点的位置、而与测量的准确度无关时，不是有效数字，这与“0”在数值中的位置有关。例如：

a. 第一个非零数字前的“0”不是有效数字。

0.0498	三位有效数字
0.005	一位有效数字

b. 非零数字中的“0”是有效数字。

5.0085	五位有效数字
8502	四位有效数字

c. 小数中最后一个非零数字后的“0”是有效数字。

5.8500	五位有效数字
0.390%	三位有效数字

d. 以“0”结尾的整数，有效数字的位数难以判断，如 58500 可能是三位、四位或五位有效数字，在此情况下，应根据测定值的准确度数字或指数形式确定。

5.85×10^4	三位有效数字
5.8500×10^4	五位有效数字

②数值修约规则：推荐按 GB 8170—87 数值修约规则进行数值修约。确定修约位数的表达方式：

a. 指定位数：指定修约间隔为 10*n*（*n* 为正整数），或指明将数值修约到几位小数。

b. 指定修约间隔为 1，或指明将数值修约到个数位。

c. 指定修约间隔为 10*n*，指明将数值修约到 10*n* 位数（*n* 为正整数），或指明将数值修约到“十”、“百”、“千”……位数。

d. 指定将数值修约到 *n* 位数。

③进舍规则：应按照“四舍六入五单双”的原则取舍。

a. 拟舍弃数字的最左一位数字小于 5 时，则舍去，即保留的各位数字不变。如：

将 12.1458 修约到一位小数，得：12.1。

将 12.1258 修约到两位有效位数，得 12。

b. 拟舍弃数字的最左一位数字大于 5 或虽等于 5 时，而其后并非全部为 0 的数字时，则进 1，即保留的末位数字加 1。如：

如将 1268 修约到“百”位数，得 13×10^2（特定时可写为 1300）。

将 1268 修约到三位有效数，得 127×10（特定时可写为 1270）。

将 10.502 修约到个位数，得 11。

c. 拟舍弃数字的最左一位数字为 5，而后面无数字或皆为 0 时，若所保留的末位数字为奇数（1、3、5、7、9），则进 1，为偶数（2、4、6、8、0），则舍弃。

如：修约间隔为 0.1（或 10^{-1}）：

拟修约数值	修约值
1.050	1.0
0.350	0.4

修约间隔为 1000（或 10^3）：

拟修约数值	修约值
2500	2×10^3（特定时可写为 2000）
3500	4×10^3（特定时可写为 4000）

将下列数字修约成两位有效位数：

拟修约数值	修约值
0.0325	0.032（特定时可写为 32×10^{-3}）

32500	32×10^3（特定时可写为 32000）

d. 负数修约时，先将它的绝对值按上述 a～c 规定进行修约，然后在修约值前面加上负号。

例 1：将下列数字修约到“十”位数：

拟修约数值	修约值
-355	-36×10（特定时可写为-360）
-325	-32×10（特定时可写为-320）

例 2：

拟修约数值	修约值
-365	-36×10（特定时可写为-360）
-0.0365	-0.036

④不得连续修约：

a. 拟修约数字应在确定修约位数后一次修约获得结果，而不得多次按规则②连续修约。

例：15.4546 修约间隔为 1，

正确：15.4546→15

不正确：15.4546→15.455→15.46→15.5→16

b. 在具体实施中，有时测试与计算部门先将获得的数值按指定的修约位数多一位或几位报出，而后由其他部门判定。为避免产生连续修约的错误，应按下述步骤进行。

报出数值最右的非零数字为 5 时，应在数值后面加“+”或“-”或不加符号，以分别表明已进行过舍、进或未舍未进。

如：16.50（+）表示实际值大于 16.5，经修约舍弃成为 16.50；16.50（-）表示实际值小于 16.50，经修约进 1 成为 16.50。

如果判定报出值需要进行修约，当拟舍弃数字的最左一位数字为 5 而后面无数字皆为 0 时，数值后面有（+）号者进 1，数值后面（-）号者舍去，其他仍按规则②进行。如：

实测值	报出值	修约值
15.45146	15.5（-）	15
16.5203	16.5（+）	17
17.5000	17.5	-18
-15.4546	-15.5（-）	-15

⑤记数规则：

a. 记录数据时，只保留一位可疑数字。

例如：用最小分度值为 0.1mg 的分析天平称量时，有效数字可以记录到小数点后第 4 位。用分度标记的吸管或滴定管量取溶液时，读数的有效位数可达其最小分度后一位，保留一位不确定数字。

b. 表示精密度通常只取一位有效数字。测定次数很多时，可取两位有效数字，且最多只取两位。

c. 在计算中，当有效数字位数确定后，其余数字应按修约规则一律舍去。

d. 在计算中某些倍数、分数、不连续物理量的数目，以及不经测量而完全根据理论计算或定义得到的数值，其有效数字的位数可视为无限。这类数值在计算中需要几位就可以写几位。

例如：数字中的 x、e；三角形面积 $S=(1/2)ah$ 中的 1/2、1m=100cm 中的 100、测定次数 n、方差的自由度 f 等。

e. 测量结果的有效数字所能达到的位数，不能低于方法检出限的有效数字所能达到的数位。

⑥近似计算规则：

a. 加减法：几个近似值相加减时，其和或差的有效数字位数，与小数点后位数最少者相同。在运算过程中，可以多保留一位小数。计算结果则按数值修约规则处理。

b. 乘法和除法：几个数值相乘除时，所得积或商的有效数字位数决定于各种值中有效数字位数最少者。在实际运算时，先将各近似值修约至比有效数字位数最少者多保留一位有效数字，再将计算结果按上述规则处理。

例如：$0.0676\times70.19\times6.5023\approx0.0676\times70.19\times6.502=30.850975688$

最后计算结果用三位有效数字，表示为：30.9。

c. 乘方和开方：几个数值相乘或开方，原近似值有几位有效数字，计算结果就可以保留几位有效数字。

如：$6.54^2=42.7716$　保留三位有效数字为：42.8

$7.39^{1/2}\approx2.71845\cdots$　保留三位有效数字则为：2.72

d. 对数和反对数：在计算中，所取对数的小数点后的位数（不包括首数）应与真数的有效数字位数相同。

如：$[H^+]$为 7.98×10^{-2}mol/L 溶液的 pH

$[H^+]=7.98\times10^{-2}$ mol/L

$pH=-lg[H^+]=-lg[7.98\times10^{-2}]=1.098$

pH 为 3.20 溶液的$[H^+]$

$pH=-lg[H^+]=3.2$

$[H^+]=6.3\times10^{-4}$mol/L

e. 平均值：求四个或四个以上准确度接近的近似值的平均值时，其有效数字可增加一位。

如求：3.77、3.70、3.79、3.80、3.72 的均值 $\bar{x}$：

$x=(3.77+3.70+3.79+3.80+3.72)/5=3.756$

2. 正态样本异常值的判断和处理

将上述计算和整理后的数据列入相应的表中进行数据异常值检验。所谓异常值是指样本中的个别值。它可能是总体固有的随机变异性极端表现，属于同一总体。

它也可能是由于实验条件和实验方法的偶然偏离所产生的结果。这种异常值与样本观测值不属于同一总体，应按数据统计规则进行判断和处理。

（1）判断规则及处理程序

判断规则通常有：Grubbs 法、Dixon 法、Cochran 法、偏度峰度法等。

1）根据实际情况，选定适宜的异常值检验规则。

2）指定检出水平 α，一般取 5%、1%（或 10%）。

3）将观测值代入检验规则进行计算。

4）根据 α 和观测值个数（n），查表确定统计量的临界值。

5）将临界值和计算值进行比较，对不合格的异常值，应尽可能寻找异常值的技术上和物理上的原因，作为处理的依据。

①Grubbs 法：适用范围：用于多组测量值的均值的一致性，或一组测量值（n）的一致性检验。检出异常值个数不超过 1。

检验步骤：

单侧情形检验法：

a. 将观测值按大小顺序排列成 x_1，…，x_n，其中最大为 x_n，最小为 x_1，计算样本均值 $\bar{x}$ 和样本标准差 s，即：

$$\bar{x}=(x_1+\cdots+x_n)/n$$

$$s=\sqrt{\frac{1}{n-1}(\sum_{i=1}^{n}(x_i^2-n\bar{x}^2)}$$

b. 计算统计量 G_n：

$$G_n=(x_n-\bar{x})/s$$

c. 确定检出水平 α，由表查出对应 n，α 的临界值。

d. 当 $G_n>G_{1-\alpha(n)}$，判断最大值 x_n 为异常值，否则，判断“没有异常值”。

e. 在给出剔出水平 α 的情况下，由表查出的 n，α 的临界值 $G_{1-\alpha^*(n)}$，当 $G_n>G_{1-\alpha^*(n)}$，判断 x_n 为高度异常值：否则，判断“没有高度异常的异常值”，对最小观测值的检验，使用统计量 G_n'。

$$G_n'=(\bar{x}-x_1)/s \qquad \text{其余规则相同。}$$

双侧情形检验：

a. 计算 G_n 和 G_n' 的值。

b. 确定检出水平 α，查出对应 n，α 的临界值，设临界值 $G_{1-\alpha(n)}$。

c. 当 $G_n>G_n'$，且 $G_n>G_{n(1-\alpha^*)/2(n)}$，判断 x_n 为异常值，否则，判断“没有异常值”。

例：同一样品作 10 次平行测定，获得数据分别为 4.41、4.49、4.50、4.51、4.64、4.75、4.81、4.95、5.01、5.39，检验最大值是否是异常值，取检出水平 α=5%的最大值为 5.39

计算：$\bar{x}=4.746$，$s=0.305$，$n=10$

$$G_{10}=(x_{10}-\bar{x})/s=(5.39-4.746)/0.305=2.111$$

当 n=10 时，$G_{0.95(10)}$=2.176

因 $G_{10}<G_{0.95(10)}$，故判断 x_{10}=5.39 为正常值。

②Dixon 检验法的适用范围：检验一组观测值的一致性检验适用于检出一个或多个异常值。

单侧情形检验：

a. 按大小顺序排列观测值 $x_1\leqslant x_2\leqslant\cdots\leqslant x_n$ 计算统计量（计算公式可查表），如：检验 n 为 3～7 次的高端异常值为：$D=\dfrac{x_1-x_{n-1}}{x_n-x_1}$，检验低端异常值为：$D'=\dfrac{x_2-x_1}{x_n-x_1}$

b. 确定检出水平 α，由表查出对应 n，α 的临界值 $D_{1-\alpha(n)}$。

c. 检验高端值时，当 $D>D_{1-\alpha(n)}$，判断 x_n 为异常值。

检验低端值时，当 $D'>D_{1[1-\alpha(n)]}$，判断 $x_{1'}$ 为异常值，否则，判断“没有异常值”。

d. 在给定剔除水平 α^*的情形下，由表查出 n，α^*的临界值 $D_{1-\alpha^*(n)}$。

检验高端值时，当 $D>D_{1-\alpha^*(n)}$，判断 x_n 为高度异常值，否则判断为“没有高度异常值”。

检验低端值时，当 $D'>D_{1-\alpha^*(n)}$，判断 x_1 为异常值，否则判断“没有异常值”。

双侧情形检验：

a. 统计量同单侧计算。

b. 确定检出水平 α，查表中对应的 n，α 的临界值。

c. 当 $D>D'$，$D>D_{1-\alpha(n)}$ 判断 x_n 为异常值。

当 $D'>D$，$D'>D_{1-\alpha(n)}$ 判断**为异常值，否则没有异常值。

d. 在给出水平 α^*的情形下，查表，对应的 n，α 的临界值 $D_{1-\alpha^*(n)}$，当 $D>D'$，$D>D_{1-\alpha^*(n)}$，判断 x_n 为高度异常值。当 $D'>D$，$D'>D_{1-\alpha^*}$，判断 x_1 为异常值，否则，判断“没有高度异常值”。

③Cochran 检验法：适用范围：剔除多组观测值中精密度较差的一组数据，检验多组方差的一致性。

检验步骤：

a. 将 L 个标准差按大小顺序排列，其中最大者为 S_L。

b. 计算统计量 C：

$$C=\frac{S_L^2}{\sum_{i=1}^{n}S_i^2}$$

若 n=2，每组测量值的极差分别为 R_1，R_2，…，R_L，按下式计算统计量 C。

$$C=\frac{S_L^2}{\sum_{i=1}^{2}S_i^2}$$

c. 确定检出水平α，由表查出对应的 n，α的临界值 $C_{\alpha(n)}$。

当 $C>C_{\alpha(n)}$，判断 S_L 为高度异常值，否则，判断为“没有高度异常值”。

当给定剔除水平α^*时，由表查 L，n，α^*的临界值 $C_{\alpha^*(n)}$。

当 $C>C_{\alpha^*(n)}$ 时，判断 S_L（或 R_L）为高度异常值，否则，判断为“没有高度异常值”。

此外，还有偏度-峰度检验法，由于计算较复杂，这里从略。

（2）注意事项

1）以识别为目的时，主要找出异常值，判断异常值的主要标准在于判断准确性。要根据所判断错误带来的风险，选择适宜的规则。

2）当主要目的在于估计总体的某个参数，确定异常值是否计入样本，或判断总体是否符合所考察的要求，以确定某样本是否计入样本，使判断结果尽量准确。这时，应考虑处理异常值的方法和进一步作估计或检验的准确性统一考虑。

3）有时也可以不经过判断异常值的步骤，而采用稳健估计和稳健检验的办法（如舍去最高值和最低值，将余下的观测值作算术平均估计 μ)，并不需要追查舍去的是否为异常值，而这种估计也很好地预防了异常值的影响。

4）应用标准差的准确信息：

①判断异常值（或判断其高度异常值）的统计量都以标准差或其估计量为尺度。因此，要尽可能地利用已获得的准确的信息。

②标准差为已知时，判断准确性时，适用于正常稳定的实验和测试数据，如质控考核。

（3）对各种检验法的选择

1）最多只有一个异常值时，以 Grubbs 检验法较好。

2）出现多个异常值时，最好使用偏度-峰度检验法，但计算较复杂。

（4）重视检出的异常值给出的信息

经过一段时间的数据检验后，若出现某异常值的全体明显的系统倾向，说明有系统偏差。

若各个样本经常出现异常值，又不能明确其原因，则应怀疑分布的正态性假设，应选择适宜的统计量再进行统计。

3. 关于测量结果的置信区间

（1）有关名词解释

1）总体和个体：

①总体：某项测定对象的全体，称为总体。如测定某样品的全体测定值，就是一个总体。

②个体：全体中的一个单位，称为个体。如测定某样品全体测定值中的每个测定，就是一个体。

2）样本和样本容量：

①样本：总体的一部分称为样本。

②样本容量：是样本所含个体的数目。

3）统计量：样本的函数，称为统计量。如常用的样本均值 $\bar{x}$，方差 s^2，标准偏差 s 和相对标准偏差 RSD，极差 R 等。

4）正态分布：在相同条件下，重复实验的结果和测量中的随机误差遵从的分布。其分布曲线由正态分布概率密度函数给出：

$$\varphi_{(x)} = \frac{1}{\sigma\sqrt{2\pi}} e^{-(x-\mu)^2/\sigma^2}$$

式中：x——为该分布中抽取的随机样本值；

μ——正态分布的总体均值，即期望值；

σ——正态分布的总体标准偏差，反映数据的分散程度，其正态分布曲线见图 2-5-1。

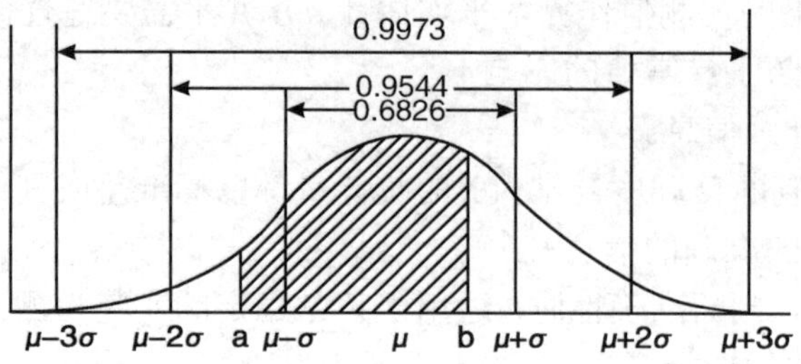

图 2-5-1 正态分布曲线

经计算得知，正态分布的样本落在下列各区间内外的概率由表 2-5-2 所示。

表 2-5-2 正态分布概率

区间 R	落在 R 内的概率（%）	落在 R 外的概率（%）	区间 R	落在 R 内的概率（%）	落在 R 外的概率（%）
$\mu\pm1.00\sigma$	68.26	31.74	$\mu\pm2.000\sigma$	95.44	4.56
$\mu\pm1.645\sigma$	90.00	10.00	$\mu\pm2.567\sigma$	99.00	1.00
$\mu\pm1.960\sigma$	95.00	5.00	$\mu\pm3.000\sigma$	99.73	0.27

（2）正态分布参数的估计

知道了某一正态分布的均值和标准偏差，这一正态分布即可完全确定，通过来自正态分布总体的样本，可以估计正态分布的参数 μ 和 σ。

正态分布总体均值 μ 的估计是：

$$\hat{\mu}=\bar{x}=\frac{1}{n}\sum_{i=1}^{n}x_i$$

正态分布总体标准偏差 σ 的无偏估计是：

$$\hat{\sigma}=s=\sqrt{\frac{1}{n}\sum_{i=1}^{n}(x_i-\bar{x}_n)^2}$$

式中：$\hat{\mu}$——总体均值 μ 的估计量；

$\hat{\sigma}$——总体标准偏差 σ 的无偏估计量；

x_i——总体的样本（i=1，2，…，n）；

$\bar{x}$——样本均值；

s——样本标准差。

（3）测量结果的区间估计及置信区间

当以某一概率估计总体参数时，这个总体参数将被包含于多大范围之中的估计叫做区间估计。这个区间称为总体参数的置信区间。其大小与所取置信水平的总体参数之概率（称为置信水平）有关，常以 1-α 表示，α 为一很小的概率，称为显著性水平。

（4）总体均值 μ 的区间估计

当测量值的总体遵从正态分布 N（μ，σ^2）时，x_1，x_2，…，x_n 为来自总体的一组测量值，当总体方差 σ^2 已知或未知时，即可从总体均值作区间估计，但 σ^2 未知的总体均值区间估计应用得更为广泛。其估计步骤如下：

①计算样本均值$\bar{x}=\frac{1}{n}\sum_{i=1}^{n}x_i$。

②计算样本标准偏差$s=\sqrt{\frac{1}{n}\sum_{i=1}^{n}(x_i-\bar{x}_n)^2}$。

③计算自由度$f=n-1$。

④确定置信水平为$1-\alpha$，由t查出临界值。环境监测中，最常用的置信水平为0.95，根据情况，有时也用0.90、0.99，其显著水平为：0.05、0.10、0.01。

⑤计算标准不确定度：

$$U=t_{0.05f}S/\sqrt{n}$$

⑥α的置信水平下，μ的置信区间为：

$$[\bar{x}-U,\ \bar{x}+U]$$

利用测量结果的区间估计，可以进一步制定不同方法在不同浓度水平下的容许差。

四、质量控制的标准化操作程序（SOPs）

QA/QC应包括从管理到技术，凡是影响数据质量的全部内容、数据记录和资料整编等。质量保证中，尤其是对于监测方法体系的深入了解，现场空白样的处理和测量，操作空白的取得，数据质量的判断等是目前常常被人们所忽视的。

例如，某造纸厂的排放污水BOD_5和COD_{Cr}的测定结果为：

①BOD_5：110mg/L；COD_{Cr}：113mg/L。

②BOD_5：98mg/L；COD_{Cr}：234mg/L。

显然第1组数据是错误的，没有哪家造纸厂排放的废水中对COD_{Cr}有贡献的污染物100%可生物降解。造成错误的原因是采样，即测定BOD_5时包括悬浮物，而测定COD_{Cr}的样品中相对SS较少。不仅是污水，就是我国河水中悬浮物对COD_{Cr}的贡献也在10%～70%范围（黄河除外），因此不充分注意采样的问题，就可能得出错误的结论。表2-5-3是有关水质监测中（SOPs）应规定的内容。

表2-5-3 SOPs应规定的内容（QA/QC）

分类	规定内容
各种试剂、标准样品等	①领取采样用试剂 ●检查生产厂家、纯度、规格、有效期等 ●纯化、溶液配制、保存及处理方法 ②领取分析用试剂及标准样品 ●标准贮备液及标准使用液的准备（标准及检查制造厂家、浓度、制作方法等） ●制备标准溶液的保存及处理方法
采样及预处理	①组装采样装置，流量等校正，熟知操作方法 ●采样方法及其性能的确认 ●采样设备及容器的使用情况、清洗方法及操作空白检查确认

分类	规定内容
采样及预处理	②预处理方法及使用设备、器皿的性能确认方法（回收率、待测物质稳定性或分解率等） ●确认操作空白
仪器分析	①分析仪器的定期检定、清扫、维护保养、使用情况及标准方法 ●确定、调整分析仪器的测定条件、校正方法（分离性能、灵敏度、检测限等） ②确定进样操作方法 ③记录方式及取得数据、贮存及检索 ●操作空白值，现场空白值，确认空白漂移情况
数据处理及记录等	①数据处理、保存及检索 ②利用仪器的微机系统处理 ③测定操作的全程序记录及保存

五、实验室分析质控程序与质控指标体系

（一）校准曲线及精密度、准确度检验

（1）校准曲线的制作

校准曲线是表述待测物质浓度与所测量仪器响应值的函数关系，制好校准曲线是取得准确测定结果的基础。

①水质分析使用的校准曲线为该分析方法的直线范围，根据方法的测量范围（直线范围），配制一系列浓度的标准溶液，系列的浓度值应较均匀分布在测量范围内，系列点≥6个（包括零浓度）。

②校准曲线测量应按样品测定的相同操作步骤进行（经过实验证实，标准溶液系列在省略部分操作步骤时，直接测量的响应值与全部操作步骤具有一致结果时，可允许省略操作步骤），测得的仪器响应值在扣除零浓度的响应值后，绘制曲线。

③用线性回归方程计算出校准曲线的相关系数、截距和斜率，应符合标准方法中规定的要求，一般情况相关系数（r）应≥0.999。

④用线性回归方程计算结果时，要求 $r \geq 0.999$。

⑤对某些分析方法，如石墨炉原子吸收分光光度法、等离子发射光谱法、气相色谱法、离子色谱法等，应检查测量信号与测定浓度的线性关系，当 $r \geq 0.999$ 时，可用内插法处理数据；若 $r < 0.999$，而测量信号与浓度确实存在一定的线性关系，可用比例法计算结果。

（2）精密度检验

精密度是指使用特定的分析程序，在受控条件下重复分析测定均一样品所获得测定值之间的一致性程度。

检验分析方法精密度时，通常以标准溶液（浓度可选在校准曲线上限浓度值的 0.1 和 0.9 倍）、实际水样和水样加标三种分析样品，参照空白测定方法，求得批内、批间和总标准偏差，测得的值应等于（或小于）方法规定的值。

（3）准确度检验

准确度是反映方法系统误差和随机误差的综合指标。检验准确度可采用：

①使用标准物质进行分析测定，测得值与保证值比较求得绝对误差。

②用加标回收率测定（加标量一般为样品含量的0.5～2倍，但加标后的总浓度应不超过方法的测定上限浓度值），测得的绝对误差和回收率应符合方法规定要求。

（二）干扰试验

针对实际样品中可能存在的共存物，检验其是否对测定有干扰，及了解共存物的最大允许浓度。

干扰可能导致正或负的系统误差，其作用与待测物浓度和共存物浓度大小有关。为此干扰试验应选择两个（或多个）待测物浓度值和不同水平的共存物浓度的溶液进行试验测定。

（三）实验分析质控程序

①送入实验室水样首先应核对采样单、容器编号、包装情况、保存条件和有效期等，符合要求的样品方可开展分析。

②每批水样分析时，空白样品对被测项目有响应的，必须做一个实验室空白，对出现空白值明显偏高时，应仔细检查原因，以消除空白值偏高的因素。

③水样分析：用分光光度法校准曲线定量时，必须检验校准曲线的相关系数和截距是否正常。

原子吸收分光光度法，气相色谱法等仪器分析方法校准曲线制作，必须与样品测定同时进行。

④精密度控制：对均匀样品，凡能做平行双样的分析项目，分析每批水样时均须做10%的平行双样，样品较少时，每批样品应至少做一份样品的平行双样。平行双样可采用密码或明码编入。测定的平行双样允许差符合规定质控指标的样品，最终结果以双样测试结果的平均值报出。平行双样测试结果超出规定允许偏差时，在样品允许保存期内，再加测一次，取相对偏差符合规定质控指标的两个测定值报出。

⑤准确度控制：例行地表水质监测中，采用标准样品或质控样品作为控制手段，每批样品带一个已知浓度的质控样品。如果实验室自行配制质控样，要注意与国家标准样品比对，但不得使用与绘制校准曲线相同的标准溶液，必须另行配制。质控样品的测试结果应控制在90%～110%范围，标准样品测试结果应控制在95%～105%范围，对痕量有机污染物应控制在70%～130%。

污水样品中污染物浓度波动性较大，加标回收实验中加标量难以控制，对一些性质复杂的水样，需做监测分析方法适用性试验，或加标回收试验。

⑥执行三级审核制：审核范围：采样—分析原始记录—报告表，审核内容包括监测采样方案及其执行情况，数据计算过程，质控措施，计量单位，编号等。

第一级审核为采样人员之间及分析人员之间的互校；第二级为室（科或组）负责人的审核；第三级为站技术负责人（或技术主管）的审核。第一级互校后，校核人应在原始记录上签名，第二、三级审核后，应在报告表上签名。

（四）实验室质控指标体系

表 2-5-4 是水质监测实验室质量控制指标，主要有平行双样测定值的精密度和准确度容许差。这些指标是通过大量实验室工作总结出来的，可供参考。

表2-5-4 水质监测实验室质量控制指标（建议）

项目	样品含量范围（mg/L）	精密度（%）		准确度（%）			适用的监测分析方法
		室内（$d_i/\bar{x}$）	室间（$d_i/\bar{x}$）	加标回收率	室内相对误差	室间相对误差	
氨氮	0.02～0.1	≤20	≤25	90～110	≤±10	≤±15	纳氏试剂光度法，水杨酸-次氯酸盐光度法
	0.1～1.0	≤15	≤20	95～105	≤±5	≤±10	纳氏试剂光度法，水杨酸-次氯酸盐光度法
	>0.1	≤10	≤15	90～110	≤±5	≤±10	滴定法、电极法
亚硝酸盐氮	<0.05	≤20	≤25	85～115	≤±15	≤±20	N-（1-萘基）-乙二胺光度法
	0.05～0.2	≤15	≤20	85～105	≤±5	≤±10	离子色谱法，N-（1-萘基）-乙二胺光度法
	>0.2	≤10	≤15	95～105	≤±5	≤±10	离子色谱法
硝酸盐氮	<0.5	≤25	≤30	85～115	≤±15	≤±20	酚二磺酸分光光度法，离子色谱法，紫外分光光度法
	0.5～4	≤20	≤25	90～110	≤±10	≤±15	酚二磺酸分光光度法，离子色谱法
	>4	≤15	≤20	95～110	≤±10	≤±15	戴氏合金还原法
凯氏氮	<0.5	≤30	≤40	—	≤±15	≤±20	经消解、蒸馏，用纳氏试剂比色法或滴定法测定后，换算为氮的含量
	>0.5	≤25	≤30		≤±10	≤±15	同上
总氮	0.025～1.0	≤10	≤15	90～110	≤±10	≤±15	过硫酸钾氧化-紫外分光光度法
	>1.0	≤5	≤10	95～105	≤±5	≤±10	同上
总磷	<0.025	≤25	≤30	85～115	≤±15	≤±10	钼锑抗分光光度法，离子色谱法
	0.025～0.6	≤10	≤15	90～110	≤±10	≤±15	同上
	>0.6	≤5	≤10	90～110	≤±10	≤±10	离子色谱法
高锰酸盐指数	<2.0	≤25	≤30	—	—	—	酸性法，碱性法
	>2.0	≤20	≤25	—	—	—	同上
溶解氧	<4.0	≤10	≤15	—	—	—	碘量法，膜电极法，便携式溶解氧仪法
	>4.0	≤5	≤10	—	—	—	同上
化学需氧量	5～50	≤20	≤25	—	≤±15	≤±20	重铬酸钾法
	50～100	≤15	≤20	—	≤±10	≤±15	同上
	>100	≤10	≤15	—	≤±5	≤±10	同上

项目	样品含量范围（mg/L）	精密度（%）		准确度（%）			适用的监测分析方法
		室内（$d_i/\bar{x}$）	室间（$d_i/\bar{x}$）	加标回收率	室内相对误差	室间相对误差	
五日生化需氧量	<3	≤25	≤30	—	≤±25	≤±30	稀释法（20℃±1℃）
	3～100	≤20	≤25	—	≤±20	≤±25	同上
	>100	≤15	≤20	—	≤±10	≤±15	同上
氟化物	<1.0	≤15	≤20	90～110	≤±10	≤±15	离子选择电极法，氟试剂光度法，离子色谱法
	>1.0	≤10	≤15	95～105	≤±5	≤±10	离子选择电极法，氟试剂光度法，离子色谱法
硒	<0.01	≤25	≤30	85～115	≤±15	≤±20	荧光分光光度法，原子荧光法
	>0.01	≤20	≤25	90～110	≤±10	≤±15	荧光分光光度法，原子荧光法
总砷	<0.05	≤20	≤30	85～115	≤±15	≤±20	新银盐光度法，Ag·DDC光度法
	>0.05	≤10	≤15	90～110	≤±10	≤±15	Ag·DDC光度法
总汞	≤0.001	≤30	≤40	85～115	≤±15	≤±20	冷原子吸收法，冷原子荧光法
	0.001～0.005	≤20	≤25	90～110	≤±10	≤±15	冷原子吸收法，冷原子荧光法
	>0.005	≤15	≤20	90～110	≤±10	≤±15	冷原子吸收法，冷原子荧光法，双硫腙光度法
总镉	≤0.005	≤20	≤25	85～115	≤±15	≤±20	原子吸收法，石墨炉原子吸收法
	0.005～0.1	≤15	≤20	90～110	≤±10	≤±15	双硫腙光度法，阳极溶出伏安法
	>0.1	≤10	≤15	90～110	≤±10	≤±15	原子吸收法，示波极谱法
铬（六价）及总铬	≤0.01	≤15	≤20	85～115	≤±10	≤±15	二苯碳酰二肼光度法
	0.01～1.0	≤10	≤15	90～110	≤±5	≤±10	同上
	>1.0	≤5	≤15	90～110	≤±5	≤±10	硫酸亚铁铵滴定法
总铅	≤0.05	≤30	≤35	80～120	≤±15	≤±20	石墨炉子原子吸收法，离子交换原子吸收法
	0.05～1.0	≤25	≤30	85～115	≤±10	≤±15	双硫腙光度法，阳极溶出伏安法，原子吸收法
	>1.0	≤15	≤20	90～110	≤±8	≤±15	原子吸收法
总氰化物	≤0.05	≤20	≤25	85～115	≤±15	≤±20	异烟酸-吡唑啉酮光度法，吡啶-巴比妥酸光度法
	0.05～0.5	≤15	≤20	90～110	≤±10	≤±15	同上
	>0.5	≤10	≤15	90～110	≤±10	≤±15	硝酸银滴定法

项目	样品含量范围（mg/L）	精密度（%）		准确度（%）			适用的监测分析方法
		室内（$d_i/\bar{x}$）	室间（$d_i/\bar{x}$）	加标回收率	室内相对误差	室间相对误差	
挥发酚	≤0.05	≤25	≤30	85～115	≤±15	≤±20	4-氨基安替比林光度法
	0.05～1.0	≤15	≤20	90～110	≤±10	≤±15	4-氨基安替比林光度法
	＞1.0	≤10	≤15	90～110	≤±10	≤±15	溴化容量法，4-氨基安替比林光度法
阴离子表面活性剂	≤0.2	≤2	≤30	80～120	≤±20	≤±25	亚甲蓝分光光度法
	0.2～0.5	≤20	≤25	85～115	≤±15	≤±20	同上
	＞0.5	≤20	≤25	85～110	≤±10	≤±15	同上
总硬度(以$CaCO_3$计)	＜50	≤15	≤20	90～110	≤±10	≤±15	EDTA 滴定法
	＞50	≤10	≤15	95～105	≤±5	≤±10	同上

苯、甲苯、二甲苯等苯系物及三氯甲烷、四氯化碳等挥发性卤代烃都已列入了我国地表水的常规监测项目。这些项目既可使用 GC（FID、ECD）测定，也可使用 GC-MS 测定，而 GC-MS 法是有机污染物监测中最有应用前途的方法，虽然在我国还没有标准方法体系，我们建议参照 JIS 或美国 EPA 标准方法，以及本书中的相关方法。

在预处理方法中，吹脱捕集是最有前途的方法，在日本和美国都已标准化。但由于设备昂贵，我国尚未普及。本书既推荐了吹脱捕集法供大家选用，也保留了在我国被广泛使用的顶空法和溶剂萃取法。几种方法的不同实验室检测限范围见表 2-5-5 和表 2-5-6。

表 2-5-5 几种苯系物测定方法的检测限（μg/L）

化合物	PT-GC-MS	PT-GC-FID	HS-GC-FID	LE-GE-MS	LE-GC-FID
苯	0.13～2.0	0.6～0.8	0.5～2.0	0.2～0.4	0.06～5.7
甲苯	0.06～0.5	0.2～0.9	0.5～1.0	-	2.0～5.9
乙苯	0.10～0.16	0.3～0.6	2.0～2.0	-	1.0～31
对二甲苯	0.13～0.16	0.4～0.9	2.0	-	2.0～36
邻二甲苯	0.04～0.16	0.1～0.6	2.0～	-	2.0～4.0

表 2-5-6 几种挥发性卤代烃测定方法的检测限（μg/L）

化合物	PT-GC-MS	PT-GC-ECD	HS-GC-ECD	LE-GC-ECD
三氯甲烷	0.12～2.0	0.09～0.4	0.01～0.6	0.6～6.0
四氯化碳	0.07～0.5	0.03～0.2	0.01～0.05	0.03～0.4
三氯乙烯	0.05～1.1	0.04～0.4	0.06～0.6	0.6～26
四氯乙烯	0.1～0.7	0.05～0.2	0.06～3.0	0.2～10
三溴甲烷	0.3～1.0	0.10～0.2	0.80～7.9	0.2～11

*PT：吹脱捕集；HS：顶空法；LE：溶剂萃取。

几种苯系物和挥发性卤代烃的精密度控制范围见表 2-5-7。表 2-5-7 中各项目 A、B 样的浓度值及八个实验室测定的均值见表 2-5-8。

表 2-5-7　室内和室间 SD 和 RSD

项目		室内		室间	
		SD（μg/L）	RSD（%）	SD（μg/L）	RSD（%）
苯	A	0.13～1.10	0.9～10	2.3	23.1
	B	1.3～5.8	1.3～5.7	19.7	19.7
甲苯	A	0.1～0.9	1.4～8.1	2.0	20.1
	B	1.3～5.8	1.3～5.7	19.7	19.7
乙苯	A	0.12～0.90	1.5～11	1.7	17.8
	B	0.5～6.2	0.6～7.3	20.0	21.1
对二甲苯	A	0.1～0.8	1.4～8.1	2.0	21.5
	B	0.4～8.3	0.4～5.2	14.7	15.9
邻二甲苯	A	0.1～0.9	1.5～8.7	2.2	23.0
	B	1.5～8.3	1.4～8.7	19.0	19.5
三氯甲烷	A	0.2～0.9	1.7～8.1	1.6	16.3
	B	0.8～6.5	0.7～7.7	23.7	25.9
四氯化碳	A	0.0～0.8	2.4～10	0.5	23.2
	B	0.7～6.8	1.3～11.4	6.8	28.0
三氯乙烯	A	0.2～1.4	1.4～15.5	1.5	15.9
	B	0.5～4.8	2.2～7.3	20.0	20.8
四氯乙烯	A	0.1～0.3	2.3～11.5	1.3	28.9
	B	0.3～2.7	1.9～7.9	11.8	23.9
三溴甲烷	A	0.2～1.2	1.9～15	1.1	11.0
	B	1.3～8.9	1.3～8.9	12.2	12.1

表 2-5-8　调查样的推荐值和测定均值

项目		推荐值（μg/L）	平均值（μg/L）
苯	A	9.86	9.8
	B	98.6	100
甲苯	A	10.1	9.9
	B	101	100
乙苯	A	10.0	9.6
	B	100	94.7
对二甲苯	A	9.92	9.3
	B	99.2	92.5
邻二甲苯	A	9.88	9.5
	B	98.8	97.6
三氯甲烷	A	10.0	9.8
	B	100	91.6
四氯化碳	A	2.50	2.3
	B	25.0	24.4
三氯乙烯	A	10.0	9.8
	B	100	96.1
四氯乙烯	A	10.0	4.5
	B	100	49.2
三溴甲烷	A	5.00	9.65
	B	50.0	50.1

（五）关于建立有机污染物监测分析质控指标体系

（1）标准曲线的线性关系

①从预处理方法来看，以吹脱捕集最为简便，有的实验室测得相关系数 r 为 0.9999，有的实验室 r 只有 0.96，可见这一方法的掌握程度尚有差别，国内应加强培训和技术交流。

②顶空法在国内比较普及和通用，技术人员掌握比较熟练，线性关系较好，除较难测定的三溴甲烷外，r 值大都在 0.99 以上。

③溶剂萃取法易于掌握，其标准曲线的 r 值均在 0.99 以上。

（2）方法的最低检出限

①不同浓度各项目的方法最低检测限（MDL）见表 2-5-4 和表 2-5-5。一般而言，三种预处理方法无论用 GC-MS 法或 GC-FID（ECD）法检测，以吹脱捕集（PT）检测限最低，顶空法（HS）次之，而溶剂萃取法（LE）检测限最高。一般 PT 法比 HS 法 MDL 要低几倍至几十倍。因此在地表水或饮用水源地水质监测中，以 PT 为首选的预处理方法。

②从 PT、HS、LE 三种预处理方法，和 GC-MS、GC-FID、GC-ECD 三种检测方法的 MDL 来看，无论选择哪种方法组合，都能满足地表水环境质量标准（GHZB 1—1999）的标准限值要求。

③与 GB/T 17130—1997 HS-GC-ECD 测定水中挥发性卤代烃中规定的 MDL 相比（三氯甲烷 0.3μg/L、四氯化碳 0.05μg/L、三氯乙烯 0.5μg/L、四氯乙烯 0.2μg/L、三溴甲烷 1μg/L），实际调查结果尚有差距。从仪器设备和参加考核人员的能力及参加考核单位的管理水平、技术综合能力来看，都是优秀级。这一问题尚需进一步探讨。

（3）我国水中有机污染物监测的质控指标体系

以 GC-MS 法或 GC-FID（ECD）法为主要手段的有机污染物分析，与以分光光度为手段的分析方法相比较，从仪器设备到方法体系，尤其是试样预处理方法都要复杂得多，对监测数据的影响更为复杂，在评价监测分析数据时应充分注意。因此水中有机污染物监测的质控指标体系尚不成熟，需要在做更多工作的基础上进行归纳和总结，提出一套实用的质控精密度和准确度允许限值。

主要参考文献

1. 国家环保局　水和废水监测分析方法编委会编. 水和废水监测分析方法(第三版). 北京：中国环境科学出版社，1989
2. 国家环保局《指南》编写组. 环境监测机构计量认证和创建优质实验室指南. 北京：中国环境科学出版社，1994
3. 国家质量技术监督局认证与实验室评审管理司编. 计量认证/审查认可（验收）评审准则宣贯指南. 北京：中国计量出版社，2001
4. 中国环境监测总站环境水质监测质量保证手册(第二版). 北京：化学工业出版社，1994
5. 齐文启，吴怀民，孙宗光. 水质监测中存在的若干技术问题. 环境监测与管理技术，2001，13（6）：21～25
6. 齐文启，吴怀民，孙宗光. 水质监测中存在的若干技术问题. 环境监测与管理技术，2002，14（1）：27～29
7. 齐文启，孙宗光，李瑞琴. 亚洲地区环境监测实验室精度调查. 上海环境科学，2001，2002，21（1）：32～39

第三篇　综合指标和无机污染物

第一章　理化指标

一、水温

水的物理化学性质与水温有密切关系。水中溶解性气体(如氧、二氧化碳等）的溶解度，水中生物和微生物活动，非离子氨、盐度、pH 以及碳酸钙饱和度等都受水温变化的影响。

温度为现场监测项目之一，常用的测量仪器有水温计和颠倒温度计，前者用于地表水、污水等浅层水温的测量，后者用于湖库等深层水温的测量。此外，还有热敏电阻温度计等。

（一）水温计法（A）

1. 仪器

水温计：水温计为安装于金属半圆槽壳内的水银温度表，下端连接一金属贮水杯，使温度表球部悬于杯中，温度表顶端的槽壳带一圆环，拴以一定长度的绳子。通常测量范围为-6℃～+40℃，分度为 0.2℃。

2. 步骤

将水温计插入一定深度的水中，放置 5min 后，迅速提出水面并读取温度值。当气温与水温相差较大时，尤应注意立即读数，避免受气温的影响。必要时，重复插入水中，再一次读数。

3. 注意事项

①当现场气温度高于 35℃或低于-30℃时，水温计在水中的停留时间要适当延长，以达到温度平衡；

②在冬季的东北地区读数应在 3s 内完成，否则水温计表面形成一层薄冰，影响读数的准确性。

（A）本方法与 GB 13195—91 等效。

（二）颠倒温度计法（A）

1. 仪器

颠倒温度表：颠倒温度表有闭端（防压）和开端（受压）两种，均需装在采水器上使用。前者用于测量水温，后者与前者配合使用，确定采水器的沉放深度。

在深度小于 200m 的水中，可根据放出的绳长来确定采水器的沉放深度，而不必用闭端与开端颠倒温度计的温差进行计算。

颠倒温度表由主温表和辅温表组装在厚壁玻璃套管内构成，闭端颠倒温度表的厚壁玻璃套管两端完全封闭。

主温表是双端式的水银温度表，其测量范围通常为-2℃～32℃，分度为 0.10℃。

辅温表是普通的水银温度表，用于校正因环境温度改变而引起的主温表读数变化。辅温表的测量范围一般为-20℃～+50℃，分度为 0.5℃。

2. 步骤

颠倒温度计随颠倒采水器沉入一定深度的水层，放置 10min 后，使采水器完成颠倒动作后，提出水面立即读取水温（辅温读至一位小数，主温读至两位小数）。

根据主、辅温度的读数，分别查主、辅温度表的器差表（依温度表检定证中的检定值线性内插作成）得相应的校正值。

当水温测量不需要十分精确时，则主温表的订正值即可作为水温的测量值。

如需精确测量，则应进行颠倒温度表的校正。

闭端颠倒温度表的校正值 K 的计算公式为：

$$K=\frac{(T-t)(T+V_0)}{n}\left[1+\frac{T+V_0}{n}\right]$$

式中：T——主温表经器差订正后的读数；

t——辅温表经器差订正后的读数；

V_0——主温表自接受泡至刻度 0℃处的水银容积，以温度度数表示；

$1/n$——水银与温度表玻璃的相对体膨胀系数。

由主温表的读数加 K 值，即为实际水温。

3. 注意事项

水温表或颠倒温度表应定期校核。

二、色度

纯水为无色透明。清洁水在水层浅时应为无色，深层为浅蓝绿色。天然水中存在腐殖质、泥土、浮游生物、铁和锰等金属离子，均可使水体着色。

纺织、印染、造纸、食品、有机合成工业的废水中，常含有大量的染料、生物色素和

（A）本方法与 GB 13195—91 等效。

有色悬浮微粒等，因此常常是使环境水体着色的主要污染源。有色废水常给人以不愉快感，排入环境后又使天然水着色，减弱水体的透光性，影响水生生物的生长。

水的颜色定义为“改变透射可见光光谱组成的光学性质”，可区分为“表观颜色”和“真实颜色”。

“真实颜色”是指去除浊度后水的颜色。测定真色时，如水样浑浊，应放置澄清后，取上清液或用孔径为 0.45μm 滤膜过滤，也可经离心后再测定。没有去除悬浮物的水所具有的颜色，包括了溶解性物质及不溶解的悬浮物所产生的颜色，称为“表观颜色”，测定未经过滤或离心的原始水样的颜色即为“表观颜色”。对于清洁的或浊度很低的水，这两种颜色相近。对着色很深的工业废水，其颜色主要由于胶体和悬浮物所造成，故可根据需要测定“真实颜色”或“表观颜色”。

水的色度单位是度，即在每升溶液中含有 2mg 六水合氯化钴（Ⅱ）（相当于 0.5mg 钴）和 1mg 铂（以六氯铂（Ⅳ）酸的形式）时产生的颜色为 1 度。

1. 方法选择

测定较清洁的、带有黄色色调的天然水和饮用水的色度，用铂钴标准比色法，以度数表示结果。此法操作简单，标准色列的色度稳定，易保存。

对受工业废水污染的地表水和工业废水，可用文字描述颜色的种类和深浅程度，并以稀释倍数法测定色的强度。

2. 样品的采集与保存

要注意水样的代表性。所取水样应为无树叶、枯枝等漂浮杂物。将水样盛于清洁、无色的玻璃瓶内，尽快测定。否则应在约 4℃冷藏保存，48h 内测定。

（一）铂钴标准比色法（A）

1. 方法原理

用氯铂酸钾与氯化钴配成标准系列，与水样进行目视比色。

2. 干扰及消除

如水样浑浊，则放置澄清，亦可用离心法或用孔径为 0.45μm 滤膜过滤以去除悬浮物。但不能用滤纸过滤，因滤纸可吸附部分溶解于水的颜色。

3. 仪器

50ml 具塞比色管，其刻线高度应一致。

4. 试剂

铂钴标准溶液：称取 1.246g 氯铂酸钾（K_2PtCl_6）（相当于 500mg 铂）及 1.000g 氯化钴

（A）本方法与 GB 11903—89 等效。

（$CoCl_2 \cdot 6H_2O$）（相当于250mg钴），溶于100ml水中，加100ml盐酸，用水定容至1000ml。此溶液色度为500度，保存在密塞玻璃瓶中，放于暗处。

5. 步骤

（1）标准色列的配制

向50ml比色管中加入0、0.50、1.00、1.50、2.00、2.50、3.00、3.50、4.00、4.50、5.00、6.00及7.00ml铂钴标准溶液，用水稀释至标线，混匀。各管的色度依次为0、5、10、15、20、25、30、35、40、45、50、60和70度。密塞保存。

（2）水样的测定

①分取50.0ml澄清透明水样于比色管中，如水样色度较大，可酌情少取水样，用水稀释至50.0ml。

②将水样与标准色列进行目视比较。观测时，可将比色管置于白瓷板或白纸上，使光线从管底部向上透过液柱，目光自管口垂直向下观察。记下与水样色度相同的铂钴标准色列的色度。

6. 计算

$$色度（度）=\frac{A\times 50}{B}$$

式中：A——稀释后水样相当于铂钴标准色列的色度；

B——水样的体积（ml）。

7. 注意事项

（1）可用重铬酸钾代替氯铂酸钾配制标准色列。方法是：称取0.0437g重铬酸钾和1.000g硫酸钴（$CoSO_4 \cdot 7H_2O$），溶于少量水中，加入0.50ml硫酸，用水稀释至500ml。此溶液的色度为500度。不宜久存。

（2）如果样品中有泥土或其它分散很细的悬浮物，虽经预处理而得不到透明水样时，则只测“表观颜色”。

（二）稀释倍数法（A）

1. 方法原理

为说明工业废水的颜色种类，如深蓝色、棕黄色、暗黑色等，可用文字描述。

为定量说明工业废水色度的大小，采用稀释倍数法表示色度。即，将工业废水按一定的稀释倍数，用水稀释到接近无色时，记录稀释倍数，以此表示该水样的色度，单位为倍。

2. 干扰及消除

如测定水样的“真实颜色”，应放置澄清取上清液，或用离心法去除悬浮物后测定；如

（A）本方法与GB 11903—89等效。

测定水样的“表观颜色”，待水样中的大颗粒悬浮物沉降后，取上清液测定。

3. 仪器

50ml 具塞比色管，其标线高度要一致。

4. 步骤

（1）取 100～150ml 澄清水样置于烧杯中，以白色瓷板为背景，观测并描述其颜色种类。

（2）分取澄清的水样，用水稀释成不同倍数。分取 50ml 分别置于 50ml 比色管中，管底部衬一白瓷板，由上向下观察稀释后水样的颜色，并与蒸馏水相比较，直至刚好看不出颜色，记录此时的稀释倍数。

三、臭

无臭无味的水虽不能保证其不含污染物，但有利于使用者对水质的信任。臭是检验原水和处理水质的必测项目之一。检验臭对评价水处理效果也有意义，并可作为追查污染源的一种手段。

人体嗅觉细胞受刺激产生臭的感受是化学刺激。嗅觉是由产臭物质的气态分子在鼻孔中的刺激所引起的。水中产生臭的一些有机物和无机物，主要是由于生活污水或工业废水污染、天然物质分解，或微生物、生物活动的结果。某些物质只要存在零点几微克/升时即可察觉。然而，很难鉴定产臭物质的组成。

水样应采集在具磨口塞玻璃瓶中，并尽快分析。如需要保存水样，则至少采集 500ml 于玻璃瓶并充满，4℃以下冷藏，并确保冷藏时不得有外来气味进入水中。不能用塑料容器盛水样。

（一）文字描述法（B）

1. 方法原理

水样采集后，最好在 6h 内完成臭的检验。检验人员依靠自己的嗅觉，在 20℃和煮沸后稍冷闻其臭，用适当的词句描述臭特性，并按六个等级报告臭强度。

2. 方法的适用范围

本法适用于天然水、饮用水、生活污水和工业废水中臭的检验。

3. 仪器

（1）250ml 锥形瓶。

（2）0～100℃温度计。

（3）1000W 变阻电炉。

4. 试剂

无臭水：一般自来水通过颗粒活性炭即可制取无臭水。自来水含余氯时，用硫代硫酸钠溶液滴定至终点脱除；如深井自来水含矿物质过多，或 pH 过高（及过低），可改用蒸馏水来制取无臭水。将 12～40 目颗粒活性炭洗去粉末后，填装在内径 76mm，高 460mm 的玻璃管中，在炭粒顶部覆盖一层玻璃棉以防炭粒冲出。通过炭层水的流速为 100ml/min。一旦发现炭粒脱臭失效时，即予更换。如无活性炭，可将自来水煮沸，蒸去体积的 1/10，即可作为无臭水。但不可直接用市售蒸馏水作无臭水，因它具特殊气味，不能使用；有时去离子水也有气味。

5. 步骤

①量取 100ml 水样置 250ml 锥形瓶内，用温水或冷水在瓶外调节水温至 20℃±2℃，振荡瓶内水样，从瓶口闻水的气味。必要时，可用无臭水对照。用适当文字描述臭的特征，并记录其强度。

②取一个小漏斗放在瓶口，把瓶内水样加热至沸腾，立即取下。稍冷后，再闻水的气味。用适当文字描述，并记录其强度。

6. 结果表示

①文字定性描述。

②臭强度见表 3-1-1。

表 3-1-1　臭强度等级

等级	强度	说明
0	无	无任何气味
1	微弱	一般饮用者难于察觉，嗅觉敏感者可以察觉
2	弱	一般饮用者刚能察觉
3	明显	已能明显察觉，不加处理，不能饮用
4	强	有很明显的臭味
5	很强	有强烈的恶臭

7. 注意事项

①本法是粗略的检臭法。由于各人的嗅觉感受程度不同，所得结果会有一定出入。

②每个人的睡眠、是否感冒等身体状况对检验结果也有影响，应尽力避免。

③水样存在余氯时，可在脱氯前、后各检验一次。可用新配的 3.5g/L 硫代硫酸钠（$Na_2S_2O_3 \cdot 5H_2O$）溶液脱氯，1ml 此溶液可除去 1mg 余氯。

（二）臭阈值法（B）

本法在研究及水处理工作中采用，适用于近无臭的天然水至臭阈值高达数千的工业废水。

1. 方法原理

用无臭水稀释水样，直至闻出最低可辨别臭气的浓度，表示臭的阈限。因检验人员的嗅觉敏感性有差别，对某一水样并无绝对的臭阈值。检验人员在过度工作中敏感性会减弱，甚至每天或一天之内也不一样。此外，各人对臭特征及产臭物浓度的反应也不相同。因此，确定检验臭阈值的人数视检测目的、费用和选定检臭人员等条件而定。一般情况下，至少5人，最好10人或更多，方可取得精度较高的结果。可用邻甲酚或正丁醇测试检臭人员臭觉敏感程度。

2. 仪器

全部仪器应洗涤干净，用无臭水淋洗，不带任何气味。

①500ml 具塞锥形瓶。

②0～100℃温度计。

③恒温水浴。

3. 试剂

无臭水：同（一）文字描述法。

4. 步骤

通过初步测验后，选定检臭人员。虽不需要嗅觉特灵的人，但嗅觉迟钝者不可入选。要求检臭人员认真对待此项工作，必须避免外来气味的刺激，如在检验前吃食物，或用过香皂、香水、修脸剂的影响。保证检验人员不因感冒或厌烦而对测臭不合要求。在他们出现疲劳之前，给以有限的检验次数，并在无气味的房间中经常休息。保持在检臭实验室不分散注意力，不受气流及气味的干扰。不要让检验人员制备试样或知道试样的稀释浓度。样瓶编暗码。先给以最稀的试样，逐渐升高浓度，以免闻了浓的试样后产生嗅觉疲倦。试样温度保持在60℃±1℃。

①吸取2.8、8、12、50和200ml 水样分别放入500ml 锥形瓶中，各加无臭水使总体积为200ml，于水浴内加热至60℃±1℃。

②检验人员取出锥形瓶时，手上不能有异臭，不要触及瓶颈。振荡锥形瓶 2～3s，去塞后，闻其臭气，与无臭水对比，记录肯定闻出最低臭气的水样浓度。

表 3-1-2 水样不同臭强度的稀释情况

在粗测中肯定刚刚闻出臭气的最低水样毫升数							
200		50		12		2.8	
稀释至200ml试样系列，原水样体积(ml)和臭阈值							
水样(ml)	臭阈值	水样(ml)	臭阈值	水样(ml)	臭阈值	水样(ml)	臭阈值
200	1	50	4	12	17	2.8	70
140	1.4	35	6	8.3	24	2.0	100
100	2	25	8	5.7	35	1.4	140
70	3	17	12	4.0	50	1.0	200

③从上述粗测结果，依据肯定闻出最低臭气的水样体积，按表 3-1-2 配制适宜的水样稀释系列。各瓶编以暗码，可插入两瓶或多瓶空白样，但不要放重复的稀释样。

④将样瓶加热至 60℃±1℃，从最低浓度开始，按同样方式闻样品的臭气。闻出臭气的水样记录“+”号，未闻出的记“-”号。

5. 计算

①用“臭阈值”表示结果。闻出臭气的最低浓度称为“臭阈浓度”，水样稀释到闻出臭气浓度的稀释倍数称为“臭阈值”。

$$臭阈值=\frac{A+B}{A}$$

式中：A——水样体积（ml）；

B——无臭水体积（ml）。

②按表 3-1-3 方法记录出现闻到臭气的稀释样。例如稀释后试样体积为 200ml。

表 3-1-3　某水样稀释检测臭的结果

原水样体积(ml)	12	0	17	25	0	35	50
反应	-	-	-	+	-	+	+

该水样最低取用 25ml 稀释到 200ml 时，闻到臭气，其臭阈值为 8。必要时，可配中间稀释样。例如 20ml 水样稀释至 200ml 时闻到臭气，则臭阈值为 10。

③有时，出现水样浓度低的为“+”、而浓度高的反为“-”，此时以开始连续出现“+”的那个水样的稀释倍数作为臭阈值。例如：

增高水样浓度→

闻臭气结果：－ － ＋ － ＋ ＋ ＋ ＋

↓

臭阈值

由连续出现阴性至连续出现阳性，其中包括的水样越多，说明检验的精度越差。如果有数人参加检验，用几何均值表示臭阈值。

表 3-1-4　某水样臭阈值数人测定结果

无臭水 (ml)	水样 (ml)	检验人员的反应				
		1	2	3	4	5
188	12	-	-	-	-	-
175	25	-	⊕	-	+	⊕
200	0	-	-	-	-	-
150	50	⊕	+	-	-	+
200	0	-	-	-	-	-
100	100	+	+	⊕	⊕	+
0	200	+	+	+	+	+

根据表 3-1-4 的结果，各检验人员得到的臭阈值如表 3-1-5 所示。

表 3-1-5 各检验人员检测水样的臭阈值

检验人员	1	2	3	4	5
臭阈值	4	8	2	2	8

几何均值等于几个数字积的几次方根：

$$4\times8\times2\times2\times8=1024$$

$$\sqrt[5]{1024}=4\text{（臭阈值）}$$

6. 注意事项

①如水样含余氯，应在脱氯前、后各检验一次。用新配制的硫代硫酸钠溶液（3.5g $Na_2S_2O_3\cdot5H_2O$ 溶于 1000ml 水中，1ml 此溶液可除去 0.5mg 余氯）脱氯。

②臭阈值随温度而变，报告中必须注明检验时的水温。有时也可用 40℃作为检臭温度。

四、浊度

浊度是由于水中含有泥沙、粘土、有机物、无机物、浮游生物和微生物等悬浮物质所造成的，可使光散射或吸收。天然水经过混凝、沉淀和过滤等处理，使水变得清澈。

测定水样浊度可用分光光度法、目视比浊法或浊度计法。

样品收集于具塞玻璃瓶内，应在取样后尽快测定。如需保存，可在 4℃冷藏、暗处保存 24h，测试前要激烈振摇水样并恢复到室温。

（一）分光光度法（A）

1. 方法原理

在适当温度下，硫酸肼与六次甲基四胺聚合，形成白色高分子聚合物。以此作为浊度标准液，在一定条件下与水样浊度相比较。

2. 干扰及消除

水样应无碎屑及易沉降的颗粒。器皿不清洁及水中溶解的空气泡会影响测定结果。如在 680nm 波长下测定，天然水中存在的淡黄色、淡绿色无干扰。

3. 方法的适用范围

本法适用于测定天然水、饮用水的浊度，最低检测浊度为 3 度。

4. 仪器

①50ml 比色管。

（A）本方法与 GB 13200—91 等效。

②分光光度计。

5. 试剂

（1）无浊度水

将蒸馏水通过 0.2μm 滤膜过滤，收集于用滤过水荡洗两次的烧瓶中。

（2）浊度贮备液

①硫酸肼溶液：称取 1.000g 硫酸肼($(NH_2)_2SO_4 \cdot H_2SO_4$)溶于水中，定容至 100ml。

②六次甲基四胺溶液：称取 10.00g 六次甲基四胺($(CH_2)_6N_4$)溶于水中，定容至 100ml。

③浊度标准溶液：吸取 5.00ml 硫酸肼溶液与 5.00ml 六次甲基四胺溶液于 100ml 容量瓶中，混匀。于 25℃±3℃下静置反应 24h。冷却后用水稀释至标线，混匀。此溶液浊度为 400 度。可保存一个月。

6. 步骤

（1）标准曲线的绘制

吸取浊度标准溶液 0、0.50、1.25、2.50、5.00、10.00 和 12.50ml，置于 50ml 比色管中，加无浊度水至标线。摇匀后即得浊度为 0、4、10、20、40、80、100 的标准系列。于 680nm 波长，用 3cm 比色皿，测定吸光度，绘制校准曲线。

（2）水样的测定

吸取 50.0ml 摇匀水样（无气泡，如浊度超过 100 度可酌情少取，用无浊度水稀释至 50.0ml），于 50ml 比色管中，按绘制校准曲线步骤测定吸光度，由校准曲线上查得水样浊度。

7. 计算

$$浊度（度）=\frac{A(B+C)}{C}$$

式中：A——稀释后水样的浊度（度）；

B——稀释水体积（ml）；

C——原水样体积（ml）。

不同浊度范围测试结果的精度要求如下：

浊度范围（度）	精度（度）
1～10	1
10～100	5
100～400	10
400～1000	50
大于 1000	100

8. 注意事项

硫酸肼毒性较强，属致癌物质，取用时注意。

（二）目视比浊法（A）

1. 方法原理

将水样与由硅藻土（或白陶土）配制的浊度标准液进行比较。相当于 1mg 一定粒度的硅藻土（白陶土）在 1000ml 水中所产生的浊度，称为 1 度。

2. 仪器

①100ml 具塞比色管。
②250ml 具塞无色玻璃瓶，玻璃质量和直径均需一致。
③分光光度计。

3. 试剂

浊度标准液
①称取 10g 通过 0.1mm 筛孔（150 目）的硅藻土，于研钵中加入少许蒸馏水调成糊状并研细，移至 1000ml 量筒中，加水至刻度。充分搅拌，静置 24h，用虹吸法仔细将上层 800ml 悬浮液移至第二个 1000ml 量筒中。向第二个量筒内加水至 1000ml，充分搅拌后再静置 24h。
②虹吸出上层含较细颗粒的 800ml 悬浮液，弃去。下部沉积物加水稀释至 1000ml。充分搅拌后贮于具塞玻璃瓶中，作为浑浊度原液。其中含硅藻土颗粒直径为 400μm 左右。
③取上述悬浊液 50.0ml 置于已恒重的蒸发皿中，在水浴上蒸干。于 105℃烘箱内烘 2h，置干燥器中冷却 30min，称重。重复以上操作，即，烘 1h，冷却，称重，直至恒重。求出每毫升悬浊液中含硅藻土的重量（mg）。
④吸取含 250mg 硅藻土的悬浊液，置于 1000ml 容量瓶中，加入 10ml 甲醛溶液加水至刻度，摇匀。此溶液浊度为 250 度。
⑤吸取浊度为 250 度的标准液 100ml 置于 250ml 容量瓶中，用水稀释至标线，此溶液浊度为 100 度的标准液。

4. 步骤

（1）浊度低于 10 度的水样
①吸取浊度为 100 度的标准液 0、1.0、2.0、3.0、4.0、5.0、6.0、7.0、8.0、9.0 及 10.0ml 于 100ml 比色管中，加水稀释至标线，混匀。其浊度依次为 0、1.0、2.0、3.0、4.0、5.0、6.0、7.0、8.0、9.0、10.0 度的标准液。
②取 100ml 摇匀水样置于 100ml 比色管中，与浊度标准液进行比较。可在黑色度板上，由上往下垂直观察。
（2）浊度为 10 度以上的水样
①吸取浊度为 250 度的标准液 0、10、20、30、40、50、60、70、80、90 及 100ml 置于 250ml 的容量瓶中，加水稀释至标线，混匀。即得浊度为 0、10、20、30、40、50、60、

（A）本方法与 GB 13200—91 等效。

70、80、90 和 100 度的标准液，移入成套的 250ml 具塞玻璃瓶中，密塞保存。

②取 250ml 摇匀水样，置于成套的 250ml 具塞玻璃瓶中，瓶后放一有黑线的白纸作为判别标志。从瓶前向后观察，根据目标清晰程度，选出与水样产生视觉效果相近的标准液，记下其浊度值。

③水样浊度超过 100 度时，用水稀释后测定。

5. 计算

同（一）法。

（三）便携式浊度计法（B）

1. 方法原理

根据 ISO 7027 国际标准设计进行测量，利用一束红外线穿过含有待测样品的样品池，光源为具有 890nm 波长的高发射强度的红外发光二极管，以确保使样品颜色引起的干扰达到最小。传感器处在与发射光线垂直的位置上，它测量由样品中悬浮颗粒散射的光量，微电脑处理器再将该数值转化为浊度值（透射浊度值和散射浊度值在数值上是一致的）。

2. 干扰及消除

①当出现漂浮物和沉淀物时，读数将不准确。

②气泡和震动将会破坏样品的表面，得出错误的结论。

③有划痕或沾污的比色皿都会影响测定结果。

3. 仪器

多参数水质现场快速分析仪。

4. 步骤

①按开关键将仪器打开，仪器先进行全功能的自检，自检完毕后，仪器进入测量状态。

②将完全搅拌均匀的水样倒入干净的比色皿内，距瓶口 1.5cm，在盖紧保护黑盖前允许有足够的时间让气泡逸出（不能将盖拧得过紧）。在比色皿插入测量池之前，先用无绒布将其擦干净，比色皿必须无指纹、油污、脏物，特别是光通过的区域（大约距比色皿底部 2cm 处）必须洁净。

③将比色皿放入测量池内，检查盖上的凹口是否和槽相吻合，保护黑盖上的标志应与仪器上的箭头相对，按读数（或测量）键，大约 25s 后浊度值就会显示出来。

④若数值小于或等于 40 度，可直接读出浊度值。

⑤若超过 40 度，需进行稀释。读出未经稀释样品的值 T_1，则取样体积 V(ml)$=3000/T_1$，用无浊度水定容至 100ml。

5. 计算

按步骤①～⑤读出浊度值，计算原始水样的浊度。

$$浊度（度）=T_2\times100/V$$

式中：T_2——稀释后浊度值。

6. 校准方法

参阅仪器说明书。

7. 注意事项

①为了将比色皿带来的误差降到最低，在校准和测量过程中使用同一比色皿。

②将盛有 0 度标准溶液比色皿插入测量槽，再按 CAL（校准）键，大约 50s 后仪器校准完毕，可以开始测量。

③用待测水样将比色皿冲洗两次。这样可将仍保留在瓶内的残留液体和其他脏物去除。接着将待测水样沿着比色皿边缘缓慢倒入，以减少气泡产生。

④每次应以同样的力拧紧比色皿盖。

⑤读完数后将废弃的样品倒掉，避免腐蚀比色皿。

⑥将样品收集在干净的玻璃或塑料瓶内，盖好并迅速进行分析。如果做不到，则将样品储存在阴凉室温下。

⑦为了获得有代表性的水样，取样前轻轻搅拌水样，使其均匀，禁止震荡（防止产生气泡）和悬浮物沉淀。

⑧每月用 10 度的标准溶液进行校准。

五、透明度

透明度是指水样的澄清程度，洁净的水是透明的，水中存在悬浮物和胶体时，透明度便降低。通常地下水的透明度较高，由于供水和环境条件不同，其透明度可能不断变化。透明度与浊度相反，水中悬浮物越多，其透明度就越低。

（一）铅字法（B）

本法适用于天然水和处理水透明度的测定。

1. 方法原理

根据检验人员的视力观察水样的澄清程度。由清楚地见到放在透明度计底部的标准印刷符号时水柱的高度表示水的透明度，单位为 cm。本法受检验人员的主观影响较大，照明等条件应尽可能一致，最好取多次，或数人测定结果的平均值。

2. 仪器

①透明度计，是一种长 33cm，内径 2.5cm 的玻璃筒，筒壁有 cm 为单位的刻度，筒底有一磨光的玻璃片。筒与玻璃片之间有一个胶皮圈，用金属夹固定。距玻璃筒底部 1～2cm 处有一放水侧管（见图 3-1-1）。

②标准印刷符号，如图 3-1-2 所示。

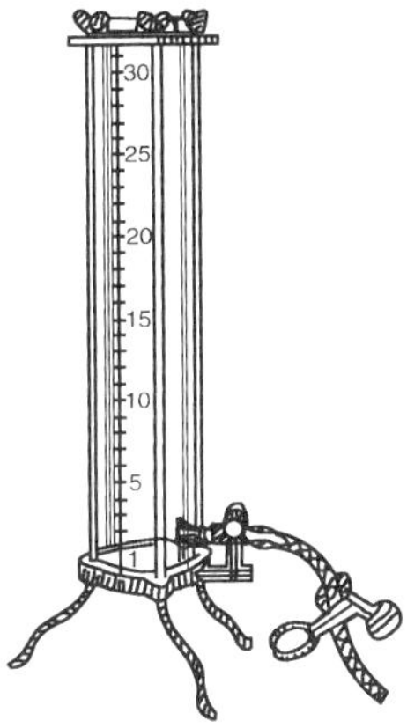

图 3-1-1　透明度计

图 3-1-2　透明度测定的印刷符号

3. 步骤

①透明度计应在光线充足的实验室内，放在离直射阳光窗户约 1m 的地点。

②将振荡均匀的水样立即倒入筒内至 30cm 处。从筒口垂直向下观察，如不能清楚地看见印刷符号，缓慢地放出水样，直到刚好能辨认出符号为止。记录此时水柱高度的厘米数，估计至 0.5cm。

4. 计算

透明度以水柱高度的厘米数表示。超出 30cm 作为透明水样。

（二）塞氏盘法（B）

这是一种现场测定透明度的方法，利用一个白色圆盘沉入水中后，观察到不能看见它时的深度。

1. 仪器

透明度盘（又称塞氏圆盘）：以较厚的白铁片剪成直径 200mm 的圆板，在板的一面从中心平分为四个部分，以黑白漆相间涂布。正中心开小孔，穿一铅丝，下面加一铅锤，上面系小绳，在绳上每 10cm 处用有色丝线或漆做上一个标记即成，如图 3-1-3 所示。

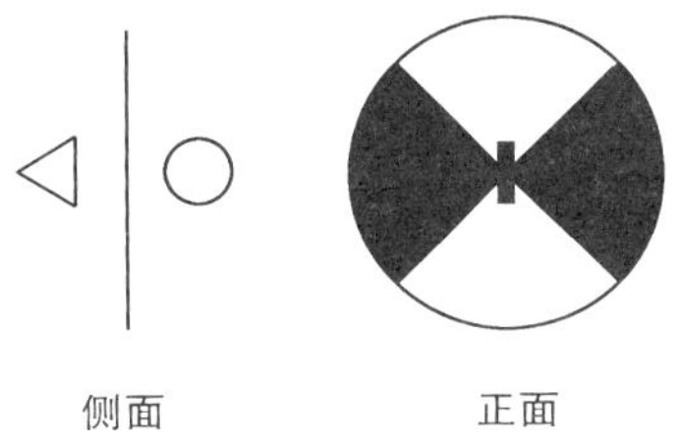

图 3-1-3　透明度盘

2. 步骤

将盘在船的背光处平放入水中，逐渐下沉，至恰恰不能看见盘面的白色时，记取其尺度，就是透明度数，以 cm 为单位。观察时需反复二三次。

注意：透明度盘使用时间较长后，白漆的颜色会逐渐变黄，必须重新涂漆。

六、pH

pH 是水中氢离子活度的负对数。$pH=-\log_{10}a_{H^+}$。

天然水的 pH 多在 6～9 范围内，这也是我国污水排放标准中的 pH 控制范围。pH 是水化学中常用的和最重要的检验项目之一。由于 pH 受水温影响而变化，测定时应在规定的温度下进行，或者校正温度。通常采用玻璃电极法和比色法测定 pH。比色法简便，但受色度、浊度、胶体物质、氧化剂、还原剂及盐度的干扰。玻璃电极法基本上不受以上因素的干扰。然而，pH 在 10 以上时，产生“钠差”，读数偏低，需选用特制的“低钠差”玻璃电极，或使用与水样的 pH 相近的标准缓冲溶液对仪器进行校正。

（一）玻璃电极法（A）

1. 方法原理

以玻璃电极为指示电极，饱和甘汞电极为参比电极组成电池。在 25℃理想条件下，氢离子活度变化 10 倍，使电动势偏移 59.16mV，根据电动势的变化测量出 pH。许多 pH 计上有温度补偿装置，用以校正温度对电极的影响，用于常规水样监测可准确和再现至 0.1pH 单位。较精密的仪器可准确到 0.01pH。为了提高测定的准确度，校准仪器时选用的标准缓冲溶液的 pH 应与水样的 pH 接近。

2. 仪器

①各种型号的 pH 计或离子活度计。

②玻璃电极。

③甘汞电极或银-氯化银电极。

④磁力搅拌器。

⑤50ml 聚乙烯或聚四氟乙烯烧杯。

注：国产玻璃电极与饱和甘汞电极建立的零电位 pH 有两种规格，选择时应注意与 pH 计配套。

3. 试剂

用于校准仪器的标准缓冲溶液，按表 3-1-6 规定的数量称取试剂，溶于 25℃水中，在容量瓶内定容至 1000ml。水的电导率应低于 2μS/cm，临用前煮沸数分钟，赶除二氧化碳，冷却。取 50ml 冷却的水，加 1 滴饱和氯化钾溶液，测量 pH，如 pH 在 6～7 之间即可用于配制各种标准缓冲溶液。

（A）本方法与 GB 6920—86 等效。

表 3-1-6 pH 标准溶液的配制

标准物质	pH(25℃)	每 1000ml 水溶液中所含试剂的质量(25℃)
基本标准		
酒石酸氢钾(25℃饱和)	3.557	$6.4gKHC_4H_4O_6$①
柠檬酸二氢钾	3.776	$11.41gKH_2C_6H_5O_7$
邻苯二甲酸氢钾	4.008	$10.12gKHC_8H_4O_4$
磷酸二氢钾+磷酸氢二钠	6.865	$3.388gKH_2PO_4$②$+3.533gNa_2HPO_4$②③
磷酸二氢钾+磷酸氢二钠	7.413	$1.179KH_2PO_4$②$+4.302gNa_2HPO_4$②③
四硼酸钠	9.180	$3.80gNa_2B_4O_7 \cdot 10H_2O$③
碳酸氢钠+碳酸钠	10.012	$2.92gNaHCO_3+2.64gNa_2CO_3$
辅助标准		
二水合四草酸钾	1.679	$12.61gKH_3C_4O_8 \cdot 2H_2O$④
氢氧化钙(25℃饱和)	12.454	$1.5gCa(OH)_2$①

注：①近似溶解度；②在 100～130℃烘干 2h；③用新煮沸过并冷却的无二氧化碳水；④烘干温度不可超出 60℃。

4. 步骤

①按照仪器使用说明书准备。

②将水样与标准溶液调到同一温度，记录测定温度，把仪器温度补偿旋钮调至该温度处。选用与水样 pH 相差不超过 2 个 pH 单位的标准溶液校准仪器。从第一个标准溶液中取出两个电极，彻底冲洗，并用滤纸边缘轻轻吸干。再浸入第二个标准溶液中，其 pH 约与前一个相差 3 个 pH 单位。如测定值与第二个标准溶液 pH 之差大于 0.1pH 时，就要检查仪器、电极或标准溶液是否有问题。当三者均无异常情况时方可测定水样。

③水样测定：先用蒸馏水仔细冲洗两个电极，再用水样冲洗，然后将电极浸入水样中，小心搅拌或摇动使其均匀，待读数稳定后记录 pH。

5. 注意事项

①玻璃电极在使用前应在蒸馏水中浸泡 24h 以上。用毕，冲洗干净，浸泡在纯水中。盛水容器要防止灰尘落入和水分蒸发干涸。

②测定时，玻璃电极的球泡应全部浸入溶液中，使它稍高于甘汞电极的陶瓷芯端，以免搅拌时碰破。

③玻璃电极的内电极与球泡之间以及甘汞电极的内电极与陶瓷芯之间不能存在气泡，以防断路。

④甘汞电极的饱和氯化钾液面必须高于汞体，并应有适量氯化钾晶体存在，以保证氯化钾溶液的饱和。使用前必须先拔掉上孔胶塞。

⑤为防止空气中二氧化碳溶入或水样中二氧化碳逸失，测定前不宜提前打开水样瓶塞。

⑥玻璃电极球泡受污染时，可用稀盐酸溶解无机盐污垢，用丙酮除去油污（但不能用无水乙醇）后再用纯水清洗干净。按上述方法处理的电极应在水中浸泡一昼夜再使用。

⑦注意电极的出厂日期，存放时间过长的电极性能将变劣。

（二）便携式 pH 计法（B）

pH 为水中氢离子活度的负对数。即：$pH=-\log_{10}a_{H^+}$。

pH 是环境监测中常用和重要的检验项目之一，可间接表示水的酸碱程度。天然水的 pH 一般在 6～9 范围内。

1. 方法原理

pH 测量常用复合电极法。方法原理如下：

以玻璃电极为指示电极，以 Ag/AgCl 等为参比电极合在一起组成 pH 复合电极。利用 pH 复合电极电动势随氢离子活度变化而发生偏移来测定水样的 pH。复合电极 pH 计均有温度补偿装置，用以校正温度对电极的影响，用于常规水样监测可准确至 0.1pH 单位。较精密仪器可准确到 0.01pH 单位。为了提高测定的准确度，校准仪器时选用的标准缓冲溶液的 pH 应与水样的 pH 接近。

2. 仪器

①各种型号的便携式 pH 计。

②50ml 烧杯，最好是聚乙烯或聚四氟乙烯烧杯。

3. 试剂

用于配置标准缓冲溶液的水，与（一）玻璃电极法相同。

4. 步骤

①按照仪器使用说明书进行准备。

②将仪器温度补偿旋钮调至待测水样温度处，选用与水样 pH 相差不超过 2 个 pH 单位的标准溶液校准仪器。从第一个标准溶液中取出电极，彻底冲洗，并用滤纸吸干。再浸入第二个标准溶液中，其 pH 约与第一个相差 3 个 pH 单位，如测定值与第二个标准溶液 pH 之差大于 0.1pH 单位时，就要检查仪器、电极或标准溶液是否有问题。当三者均无异常情况时方可测定水样。

③水样测定：先用蒸馏水仔细冲洗电极，再用水样冲洗，然后将电极浸入水样中，小心搅拌或摇动，待读数稳定后记录 pH。

5. 注意事项

①由于不同复合电极构成各异，其浸泡方式会有所不同，有些电极要用蒸馏水浸泡，而有些则严禁用蒸馏水浸泡电极，须严格遵守操作手册，以免损伤电极。

②测定时，复合电极（含球泡部分）应全部浸入溶液中。

③为防止空气中二氧化碳溶入或水样中二氧化碳逸去，测定前不宜提前打开水样瓶塞。

④电极受污染时，可用低于 1mol/L 稀盐酸溶解无机盐垢，用稀洗涤剂（弱碱性）除去有机油脂类物质，稀乙醇、丙酮、乙醚除去树脂高分子物质，用酸性酶溶液（如食母生片）除去蛋白质血球沉淀物，用稀漂白液、过氧化氢除去颜料类物质等。

⑤注意电极的出厂日期及使用期限，存放或使用时间过长的电极性能将变劣。

七、残渣

残渣分为总残渣、可滤残渣和不可滤残渣三种。总残渣是水或污水在一定温度下蒸发，烘干后剩留在器皿中的物质，包括“不可滤残渣”（即截留在滤器上的全部残渣，也称为悬浮物）和“可滤残渣”（即通过滤器的全部残渣，也称为溶解性固体）。

水中悬浮物的理化特性，所用的滤器与孔径大小，滤片面积和厚度，以及截留在滤器上物质的数量等均能影响不可滤残渣与可滤残渣的测定结果。鉴于这些因素复杂，且难以控制，因而上述两种残渣的测定方法只是为了实用而规定的近似方法，只具有相对评价意义。

烘干温度和时间，对结果有重要影响，由于有机物挥发，吸着水、结晶水的变化和气体逸失等造成减重，也由于氧化而增重。通常有两种烘干温度供选择。103～105℃烘干的残渣，保留结晶水和部分吸着水。重碳酸盐将转为碳酸盐，而有机物挥发逸失甚少。由于在105℃不易赶尽吸着水，故达到恒重较慢。而在180℃±2℃烘干时，残渣的吸着水都除去，可能存留某些结晶水，有机物挥发逸失，但不能完全分解。重碳酸盐均转为碳酸盐，部分碳酸盐可能分解为氧化物及碱式盐。某些氯化物和硝酸盐可能损失。

下述方法适用于天然水、饮用水、生活污水和工业废水中20000mg/L以下残渣的测定。

（一）103～105℃烘干的总残渣（B）

1. 方法原理

将混合均匀的水样，在称至恒重的蒸发皿中于蒸汽浴或水浴上蒸干，放在103～105℃烘箱内烘至恒重，增加的重量为总残渣。

2. 仪器

①瓷蒸发皿：直径90mm（也可用150ml硬质烧杯，或玻璃蒸发皿）。
②烘箱。
③蒸汽浴或水浴。

3. 步骤

①将蒸发皿每次在103～105℃烘箱中烘30min，冷却后称重，直至恒重（两次称重相差不超过0.0005g）。

②分别取适量振荡均匀的水样（如50ml），使残渣量大于25mg，置上述蒸发皿内，在蒸汽浴或水浴上蒸干（水浴面不可接触皿底）。移入103～105℃烘箱内每次烘1h，冷却后称重，直至恒重（两次称重相差不超出0.0005g）。

4. 计算

$$总残渣（mg/L）=\frac{(A-B)\times 1000\times 1000}{V}$$

式中：A——总残渣+蒸发皿重（g）；

B——蒸发皿重（g）；

V——水样体积（ml）。

（二）103～105℃烘干的可滤残渣（A）

1. 方法原理

将过滤后水样放在称至恒重的蒸发皿内蒸干，然后在103～105℃烘至恒重，增加的重量为可滤残渣。

2. 仪器

滤膜（孔径0.45μm）及配套滤器，其余同方法（一）。

3. 步骤

①同方法（一）（1）。

②用孔径0.45μm滤膜过滤水样。

③分取适量过滤后水样，以下操作同方法（一）3 ②。

4. 计算

$$可滤残渣（mg/L）=\frac{(A-B)\times 1000\times 1000}{V}$$

式中：A——可滤残渣+蒸发皿重（g）；

B——蒸发皿重（g）；

V——水样体积（ml）。

注： 采用不同滤料所测得的结果会存在差异。必要时，应在分析结果报告上加以注明。

5. 精密度和准确度

103～105℃烘干的可过滤残渣：人工合成水样含可过滤残渣103～105℃烘干436.4mg/L，经七个实验室分析，测得室内相对标准偏差为6.9%；室间相对标准偏差为18.8%；相对误差为2.97%。

本方法还用于河水（黄河、淮河），水库水，自来水，湖水，地下水，矿泉水等15种样品的分析，其浓度范围为100.8～1575mg/L，加标回收率为95.6%～103.6%。

（A）本方法与GB 11901—89等效。

（三）180℃烘干的可滤残渣（A）

1. 方法原理

本法原理与（二）法相同，但以 180℃±2℃烘干可滤残渣代替 103～105℃。水样在此温度下烘干，可使吸着水全部赶尽，所得结果与化学分析结果所计算的总矿物质含量较接近。但对含钙、镁、氯化物或硫酸盐高的苦咸水，需在此温度下小心烘干，并适当延长时间，还应在称重时迅速操作。如果水样含腐蚀性物质时，宜改用孔径 0.45μm 滤膜过滤。蒸发皿内残渣量不可超出 200mg，以免吸着水不易赶除。

2. 步骤

与方法（二）103～105℃烘干的可滤残渣相同，仅烘箱温度控制在 180℃±2℃。

3. 计算

同方法（二）103～105℃烘干的总可滤残渣的计算。

4. 精密度和准确度

180℃烘干的可过滤残渣：人工合成水样含可过滤残渣（180℃烘干）347.1mg/L，经六个实验室分析，测得室内相对标准偏差为 10.2%；室间相对标准偏差为 15.8%；相对误差为 0.72%。

本方法还用于河水（黄河、淮河），水库水，自来水，湖水，地下水，矿泉水等 15 种样品的分析，其浓度范围 102～1318mg/L；加标回收率为 77.3%～106.3%。

（四）103～105℃烘干的不可滤残渣（悬浮物）（A）

1. 方法原理

许多江河由于水土流失使水中悬浮物大量增加。地表水中存在悬浮物使水体浑浊，降低透明度，影响水生生物的呼吸和代谢，甚至造成鱼类窒息死亡。悬浮物多时，还可能造成河道阻塞。造纸、皮革、冲渣、选矿、湿法粉碎和喷淋除尘等工业操作中产生大量含无机、有机的悬浮物废水。因此，在水和废水处理中，测定悬浮物具有特定意义。

不可滤残渣（悬浮物）是指不能通过孔径为 0.45μm 滤膜的固体物。用 0.45μm 滤膜过滤水样，经 103～105℃烘干后得到不可滤残渣（悬浮物）含量。

2. 试剂

蒸馏水或同等纯度的水。

3. 仪器

①全玻璃或有机玻璃微孔滤膜过滤器。

（A）本方法与 GB 11901—89 等效。

②滤膜，孔径 0.45μm、直径 45～60mm。
③吸滤瓶、真空泵。
④无齿扁嘴镊子。
⑤称量瓶，内径 30～50mm。

4. 采样及样品贮存

①采样：所用聚乙烯瓶或硬质玻璃瓶要用洗涤剂洗净。再依次用自来水和蒸馏水冲洗干净。在采样之前，再用即将采集的水样清洗三次。然后，采集具有代表性的水样 500～1000ml，盖严瓶塞。

②样品贮存：采集的水样应尽快分析测定。如需放置，应贮存在 4℃冷藏箱中，但最长不得超过 7d。

5. 步骤

（1）滤膜准备

用扁嘴无齿镊子夹取滤膜放于事先恒重的称量瓶里，移入烘箱中于 103～105℃烘干 0.5h 后取出置干燥器内冷却至室温，称其重量。反复烘干、冷却、称量，直至两次称量的重量差≤0.2mg。将恒重的滤膜正确地放在滤膜过滤器的滤膜托盘上，加盖配套的漏斗，并用夹子固定好。以蒸馏水湿润滤膜，并不断吸滤。

（2）测定

量取充分混合均匀的试样 100ml 抽吸过滤。使水分全部通过滤膜。再以每次 10ml 蒸馏水连续洗涤三次，继续吸滤以除去痕量水分。停止吸滤后，仔细取出载有悬浮物的滤膜放在原恒重的称量瓶里，移入烘箱中于 103～105℃下烘干 1h 后移入干燥器中，使冷却到室温，称其重量。反复烘干、冷却、称量，直至两次称量的重量差≤0.4mg 为止。

6. 计算

悬浮物含量 C（mg/L）按下式计算：

$$C=\frac{(A-B)\times 10^{6}}{V}$$

式中：C——水中悬浮物含量（mg/L）；
A——悬浮物+滤膜+称量瓶重量（g）；
B——滤膜+称量瓶重量（g）；
V——试样体积（ml）。

7. 注意事项

①漂浮或浸没的不均匀固体物质不属于悬浮物质，应从采集的水样中除去。

②贮存水样时不能加入任何保护剂，以防止破坏物质在固、液相间的分配平衡。

③滤膜上截留过多的悬浮物可能夹带过多的水分，除延长干燥时间外，还可能造成过滤困难，遇此情况，可酌情少取试样。滤膜上悬浮物过少，则会增大称量误差，影响测定精度，必要时，可增大试样体积。一般以 5～100mg 悬浮物量作为量取试样体积的实用范围。

八、矿化度

矿化度是水中所含无机矿物成分的总量，经常饮用低矿化度的水会破坏人体内碱金属和碱土金属离子的平衡，产生病变，饮水中矿化度过高又会导致结石症。矿化度是水化学成分测定的重要指标。用于评价水中总含盐量，是农田灌溉用水适用性评价的主要指标之一。常用于天然水分析中主要被测离子总和的质量表示。对于严重污染的水样，由于其组成复杂，从本项测定中不易明确其含义，因此矿化度一般只用于天然水的测定。对于无污染的水样，测得的矿化度与该水样在103～105℃时烘干的可滤残渣量相同。

矿化度的测定方法依目的不同大致有：重量法、电导法、阴阳离子加和法、离子交换法及比重计法等。重量法含义较明确，是较简单通用的方法。

重量法（B）

1. 方法原理

水样经过滤去除漂浮物及沉降性固体物，放在称至恒重的蒸发皿内蒸干，并用过氧化氢去除有机物，然后在105～110℃下烘干至恒重，将称得重量减去蒸发皿重量即为矿化度。

2. 干扰及消除

高矿化度水样含有大量钙、镁的氯化物时易于吸水，硫酸盐结晶水不易除去，均可使结果偏高。采用加入碳酸钠，并提高烘干温度和快速称重的方法处理以消除其影响。

3. 方法的适用范围

本方法适用于天然水的矿化度测定。

4. 仪器

①蒸发皿：直径90mm的玻璃蒸发皿（或瓷蒸发皿）。
②烘箱。
③水浴或蒸汽浴。
④分析天平，感量1/10000g。
⑤砂芯玻璃坩埚（G3号）或中速定量滤纸。
⑥抽气瓶（容积为500ml或1000ml）。

5. 试剂

过氧化氢溶液（1+1）：取30%的过氧化氢配制。

6. 步骤

①将清洗干净的蒸发皿置于105～110℃烘箱中烘2h，放入干燥器中冷却至室温后称重，重复烘干称重，直至恒重（两次称重相差不超过0.0005g）。
②取适量水样用玻璃砂芯坩埚抽滤。

③取过滤后水样 50～100ml（水样量以产生 2.5～200mg 的残渣为宜），置于已称重的蒸发皿中，于水浴上蒸干。

④如蒸干残渣有色，则使蒸发皿稍冷后，滴加过氧化氢溶液数滴，慢慢旋转蒸发皿至气泡消失，再蒸干，反复处理数次，直至残渣变白或颜色稳定不变为止。

⑤蒸发皿放入烘箱内于 105～110℃烘干 2h，置于干燥器中冷却至室温，称重，重复烘干称重，直至恒重（两次称重相差不超过 0.0005g）。

7. 计算

$$矿化度(mg/L)=\frac{W-W_0}{V}\times 10^6$$

式中：W——蒸发皿及残渣的总重量（g）；

W_0——蒸发皿重量（g）；

V——水样体积（ml）。

8. 精密度和准确度

五个实验室配制矿化度为 1000mg/L 的标准样品，测得室内相对标准偏差 2.85%；室间相对标准偏差为 14.7%；相对误差为 0.16%。

本方法适用于河水（黄河、淮河），水库水，自来水，湖水，地下水，矿泉水等 15 种样品的分析，其浓度范围为 103～1589mg/L；加标回收率为 94.4%～105.6%。

9. 注意事项

①对于高矿化度含有大量钙、镁、氯化物或硝酸盐的水样，可加入 10ml 2%～4%的碳酸钠溶液，使钙、镁的氯化物及硫酸盐转变为碳酸盐及钠盐，在水浴上蒸干后，在 150～180℃下烘干 2～3h 即可称至恒重。所加入的碳酸钠量应从盐分总量中减去。

②用过氧化氢去除有机物应少量多次，每次使残渣润湿即可，以防有机物与过氧化氢作用分解时泡沫过多，发生盐分溅失。一般情况下应处理到残渣完全变白。但当铁存在时，残渣呈现黄色，若多次处理仍不褪色，即可停止处理。

③清亮水样不必过滤，浑浊及有漂浮物时必须过滤。如水样中有腐蚀性物质存在时，应使用砂芯玻璃坩埚抽滤。

九、电导率

电导率是以数字表示溶液传导电流的能力。纯水电导率很小，当水中含无机酸、碱或盐时，电导率增加。电导率常用于间接推测水中离子成分的总浓度。水溶液的电导率取决于离子的性质和浓度、溶液的温度和黏度等。

电导率的标准单位是 S/m（西门子/米），一般实际使用单位为 μS/cm。

单位间的互换为：

$$1mS/m=0.01mS/cm=10\mu S/cm$$

新蒸馏水电导率为 0.5～2μS/cm，存放一段时间后，由于空气中的二氧化碳或氨的溶入，电导率可上升至 2～4μS/cm；饮用水电导率在 5～1500μS/cm；海水电导率大约为 30000μS/cm；清洁河水电导率约为 100μS/cm。电导率随温度变化而变化，温度每升高 1℃，电导率增加约 2%，通常规定 25℃为测定电导率的标准温度。

电导率的测定方法是电导率仪法，电导率仪有实验室内使用的仪器和现场测试仪器两种。而现场测试仪器通常可同时测量 pH、溶解氧、浊度、总盐度和电导率五个参数。

（一）便携式电导率仪法（B）

1. 方法原理

由于电导是电阻的倒数，因此，当两个电极插入溶液中，可以测出两电极间的电阻 R，根据欧姆定律，温度一定时，这个电阻值与电极的间距 L（cm）成正比，与电极的截面积 A（cm^2）成反比。即：$R=\rho L/A$。

由于电极面积 A 和间距 L 都是固定不变的，故 L/A 是一常数，称电导池常数（以 Q 表示）。

比例常数 ρ 称作电阻率。其倒数 $1/\rho$ 称为电导率，以 K 表示。

$$S=1/R=1/\rho Q$$

S 表示电导度，反映导电能力的强弱。所以，$K=QS$ 或 $K=Q/R$。

当已知电导池常数，并测出电阻后，即可求出电导率。

2. 干扰及消除

水样中含有粗大悬浮物质、油和脂等干扰测定，可先测水样，再测校准溶液，以了解干扰情况。若有干扰，应经过滤或萃取除去。

3. 仪器和试剂

①测量仪器为各种型号的便携式电导率仪。

②纯水：将蒸馏水通过离子交换柱制得，电导率小于 10μS/cm。

③仪器配套的校准溶液。

4. 水样测定

注意阅读便携式电导率仪的使用说明书。一般测量操作步骤如下：

①在烧杯内倒入足够的电导率校准溶液，使校准溶液浸入电极上的小孔。

②将电极和温度计同时放入溶液内，电极触底确保排除电极套内的气泡，几分钟后温度达到平衡。

③记录测出的校准液的温度。

④按 ON/OFF 键打开电导率仪。

⑤按 COND/TEMP 显示温度，调整温度旋钮，直到显示记录的校准液温度值。

⑥再按 COND/TEMP 显示电导率测量档，选择适当的测量范围。**注意：如果仪器显示**

超出范围，需要选择下一个测量档。

⑦用小螺丝刀调整仪器旁边的校准钮直到显示校准溶液温度时的电导率值，例如@25℃，12.88mS/cm。随后所有测量都补偿在该温度下。如果想使温度补偿到20℃，将温度旋钮固定在20℃（如果水样温度是20℃），调整旋钮显示20℃时的电导率值，随后所有测量都补偿在20℃。

⑧仪器校准完成后即可开始测量，测量完毕关闭仪器，清洗电极。

5. 注意事项

①确保测量前仪器已经过校准（参考校准程序）。

②将电极插入水样中，注意电极上的小孔必须浸泡在水面以下。

③最好使用塑料容器盛装待测的水样。

④仪器必须保证每月校准一次，更换电极或电池时也需校准。

（二）实验室电导率仪法（B）

1. 方法原理

同便携式电导率仪法。

2. 样品保存

水样采集后应尽快分析，如果不能在采样后及时进行分析，样品应贮存于聚乙烯瓶中，并满瓶封存，于4℃冷暗处保存，在24h之内完成测定，测定前应加温至25℃。不得加保存剂。

3. 干扰及消除

样品中含有粗大悬浮物质、油和脂干扰测定。可先测水样，再测校准溶液，以了解干扰情况。若有干扰，应过滤或萃取除去。

4. 仪器

①电导率仪：误差不超过1%。

②温度计：能读至0.1℃。

③恒温水浴锅：25℃±0.2℃。

5. 试剂

①纯水：将蒸馏水通过离子交换柱，电导率小于1μS/cm。

②0.0100mol/L标准氯化钾溶液：称取0.7456g于105℃干燥2h，并冷却后的优级纯氯化钾，溶解于纯水中，于25℃下定容至1000ml。此溶液在25℃时电导率为1413μS/cm。

必要时，可将标准溶液用纯水加以稀释，各种浓度氯化钾溶液的电导率（25℃），见表3-1-7。

表 3-1-7 不同浓度氯化钾的电导率

浓度(mol/L)	电导率(μS/cm)	浓度(mol/L)	电导率(μS/cm)
0.0001	14.94	0.001	147
0.0005	73.9	0.005	717.8

6. 步骤

注意阅读各种型号的电导率仪使用说明书。

（1）电导池常数测定

①用 0.01mol/L 标准氯化钾溶液冲洗电导池三次。

②将此电导池注满标准溶液，放入恒温水浴中约 15min。

③测定溶液电阻 R_{KCl}，更换标准液后再进行测定，重复数次，使电阻稳定在±2%范围内，取其平均值。

④用公式 $Q=KR_{KCl}$ 计算。对于 0.01mol/L 氯化钾溶液，在 25℃时 K=1413μS/cm，则：

$$Q=1413R_{KCl}$$

（2）样品测定

用水冲洗数次电导池，再用水样冲洗后，装满水样，同③步骤测定水样电阻 R。由已知电导池常数 Q，得出水样电导率 K。同时记录测定温度。

7. 计算

$$电导率K（\mu S/cm）=\frac{Q}{R}=\frac{1413R_{KCl}}{R}$$

式中：R_{KCl}——0.01mol/L 标准氯化钾溶液电阻（Ω）；

R——水样电阻（Ω）；

Q——电导池常数。

当测定时的水样温度不是 25℃时，应报出的 25℃时电导率为：

$$K_s=K_t/1+\alpha（t-25）$$

式中：K_s——25℃时电导率（μS/cm）；

K_t——测定时 t 温度下电导率（μS/cm）；

α——各离子电导率平均温度系数，取 0.022；

t——测定时温度（℃）。

8. 注意事项

①最好使用和水样电导率相近的氯化钾标准溶液测定电导池常数。

②如使用已知电导池常数的电导池，不需测定电导池常数，可调节好仪器直接测定，但要经常用标准氯化钾溶液校准仪器。

十、氧化还原电位（B）

对于只有一个氧化还原电对的体系，其氧化还原反应可表示为：

$$\underset{\text{还原态}}{\mathrm{Red}} \rightleftharpoons \underset{\text{氧化态}}{\mathrm{O}_x} + \underset{\text{电子}}{n\,e}$$

该体系的氧化还原电位可用能斯特方程式表示。

$$E = E_0 + \frac{RT}{nF}\ln\frac{[\mathrm{O}_x]}{[\mathrm{Red}]}$$

式中：E_0——标准氧化还原电位；

n——参加反应的电子数；

R——气体常数；

T——绝对温度（K）；

F——法拉第常数。

由能斯特方程式可知，该体系的氧化还原电位 E 和以下因素有关：

①氧化还原电对的性质（E_0）。

②氧化态和还原态的浓度。

③参加反应的电子数 n。

④体系的温度。

⑤若该氧化还原反应涉及到 H^+或 OH^- 参加，则氧化还原电位还和体系的酸碱度有关。

但是对于一个水体来说，往往存在着多个氧化还原电对，是一个相当复杂的体系，其氧化还原电位则是多个氧化物质与还原物质发生氧化还原的综合结果（可能已达到平衡，也可能尚未达到平衡）。它的氧化还原电位虽不能作为某种氧化物质与还原物质浓度的指标，但能帮助我们了解水体可能存在什么样的氧化物质或还原物质及其存在量，是水体综合性指标之一。

水体的氧化还原电位必须在现场测定。方法是用贵金属（如铂）作指示电极、饱和甘汞电极作参比电极，测定相对于甘汞电极的氧化还原电位值。然后再换算成相对于标准氢电极的氧化还原电位值作为测量结果。

1. 仪器

①毫伏计或通用 pH 计。

②铂电极。

③饱和甘汞电极或银-氯化银电极。

④温度计。

⑤1000ml 棕色广口瓶。

2. 试剂

①纯水：本方法所用去离子水电导率要求小于 2μS/cm。在配制标准溶液前，应将去离子水煮沸数分钟，以驱除水中的二氧化碳，密塞冷却。

②硫酸亚铁铵-硫酸高铁铵标准溶液：溶解 39.21g 硫酸亚铁铵($Fe(NH_4)_2(SO_4)_2 \cdot 6H_2O$)和 48.22g 硫酸高铁铵($FeNH_4(SO_4)_2 \cdot 12H_2O$)于适量水中，缓缓加入 56.2ml 浓硫酸，用纯水定容至 1000ml，贮于玻璃或聚乙烯瓶中。此溶液在 25℃时的氧化还原电位为+430mV。

③硝酸溶液：（1+1）。

④硫酸溶液：（3+97）。

3. 步骤

（1）铂电极的检查和校正

以铂电极为指示电极，连接仪器正极；以饱和甘汞电极为参比电极，连接仪器负极。将两电极插入具有固定电位的标准溶液中，其电位值应与标准值相符。如插入硫酸亚铁铵-硫酸高铁铵标准溶液中，25℃时的氧化还原电位为+430mV。

如实测结果与标准电位值相差大于±10mV，则铂电极需重新净化或更换。净化可用下法之一。

①用（1+1）硝酸溶液清洗：将电极置于（1+1）硝酸溶液中，缓缓加热至近沸并保持 5min。冷却后，将电极取出，用纯水洗净。

②将电极浸入（3+97）硫酸溶液中，使该电极与 1.5V 干电池正极相接，干电池负极与另一支铂电极相接。保持 5～8min，将与电池正极相接的铂电极取出，用纯水洗净。

净化后电极重新用标准溶液检验，直至合格为止，用纯水洗净备用。

（2）样品测定

测量氧化还原电位的装置，如图 3-1-4 所示。

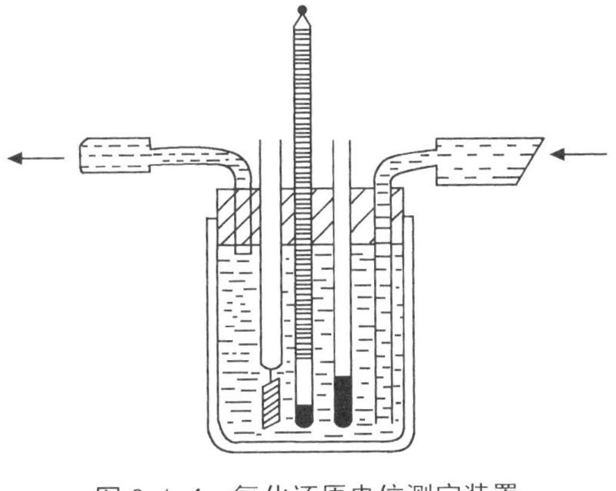

图 3-1-4 氧化还原电位测定装置

①取洁净的 500ml 棕色广口瓶一个，用橡皮塞塞紧瓶口，其上打有五个孔，分别插入铂电极、饱和甘汞（或氯化银）电极、温度计及两支玻璃管。其中两支玻璃管分别供进水和出水用。参比电极的试剂添加口应在瓶塞以上，以免参比电极内进水样，而且添加试剂也较方便。电极插至瓶中间位置，不能触及瓶底。电极与仪器接好。

②用大塑料桶在现场采集水样，应立即盖紧桶盖，其上开一小孔，插入橡皮管。用虹吸法将水样不断送入测量用广口瓶中，在水流动的情况下，按仪器使用说明进行测定。

4. 计算

水样的氧化还原电位（E_n）按下式计算：

$$E_n=E_{obs}+E_{ref}$$

式中：E_{obs}——由铂电极-饱和甘汞电极测得氧化还原电位值（mV）；

E_{ref}——t℃时，饱和甘汞电极电位值（mV），其值随温度变化而变化，在不同温度下饱和甘汞电极电位，见表 3-1-8。

表 3-1-8 不同温度下饱和甘汞电极的电极电位

温度(℃)	电极电位(mV)	温度(℃)	电极电位(mV)
0	+260	17	+251.1
1	+260	18	+250.4
2	+259	19	249.8
3	+258	20	249.1
4	+257	21	+248.5
5	+257	22	+247.8
6	+256	23	+247.2
7	+255	24	+246.5
8	+255	25	245.8
9	+254	26	+245.2
10	+254	27	+244.6
11	+253	28	+243.9
12	+252	29	+243.3
13	+251	30	+242.6
14	+251	35	+239.3
15	+252.4	40	+243
16	+251.7	50	+227

5. 注意事项

①铂电极可用铂片或铂丝电极，铂片电极响应速度快。电极清洗后，不得用手或异物触摸，以免沾污。

②测完一个样品后，必须用纯水充分冲洗电极。测试时，待数值稳定后再读数。

③电极表面必须保持清洁光亮。

④测定应尽可能在采样现场进行，并注意防止空气侵入影响氧化还原电位。

十一、酸度

地表水中，由于溶入 CO_2 或由于机械、选矿、电镀、农药、印染、化工等行业排放的含酸废水的进入，致使水体的 pH 降低。由于酸的腐蚀性，破坏了鱼类及其他水生生物和农作物的正常生存条件，造成鱼类及农作物等死亡。含酸废水可腐蚀管道，破坏建筑物。因此，酸度是衡量水体变化的一项重要指标。

（一）酸碱指示剂滴定法（B）

1. 方法原理

在水中，由于溶质的解离或水解（无机酸类，硫酸亚铁和硫酸铝等）而产生的氢离子，与碱标准溶液作用至一定 pH 所消耗的量，定为酸度。酸度数值的大小，随所用指示剂指示终点 pH 的不同而异。滴定终点的 pH 有两种规定，即 8.3 和 3.7。用氢氧化钠溶液滴定到 pH8.3（以酚酞作指示剂）的酸度，称为“酚酞酸度”。又称总酸度，它包括强酸和弱酸。用氢氧化钠溶液滴定到 pH3.7（以甲基橙为指示剂）的酸度，称为“甲基橙酸度”，代表一些较强的酸。

2. 干扰及消除

①对酸度产生影响的溶解气体（如 CO_2、H_2S、NH_3），在取样、保存或滴定时，都可能增加或损失。因此，在打开试样容器后，要迅速滴定到终点，防止干扰气体溶入试样。为了防止 CO_2 等溶解气体损失，在采样后，要避免剧烈摇动，并要尽快分析，否则要在低温下保存。

②含有三价铁和二价铁、锰、铝等可氧化或易水解的离子时，在常温滴定时的反应速率很慢，且生成沉淀，导致终点时指示剂褪色。遇此情况，应在加热后进行滴定。

③水样中的游离氯会使甲基橙指示剂褪色，可在滴定前加入少量 0.1mol/L 硫代硫酸钠溶液去除。

④对有色的或浑浊的水样，可用无二氧化碳水稀释后滴定，或选用电位滴定法（pH 指示终点值仍为 8.3 和 3.7），其操作步骤按所用仪器说明进行。

3. 仪器

①25ml 和 50ml 碱式滴定管。

②250ml 锥形瓶。

4. 试剂

①无二氧化碳水：将 pH 不低于 6.0 的蒸馏水，煮沸 15min，加盖冷却至室温。如蒸馏水 pH 较低，可适当延长煮沸时间。最后水的 pH≥6.0。

②氢氧化钠标准溶液（0.1mol/L）：称取 60g 氢氧化钠溶于 50ml 水中，转入 150ml 的聚乙烯瓶中，冷却后，用装有碱石灰管的橡皮塞塞紧，静置 24h 以上。吸取上层清液约 7.5ml 置于 1000ml 容量瓶中，用无二氧化碳水稀释至标线，摇匀，移入聚乙烯瓶中保存。按下述方法进行标定：

称取在 105～110℃干燥过的基准试剂级苯二甲酸氢钾（$KHC_8H_4O_4$）约 0.5g（称准至 0.0001g），置于 250ml 锥形瓶中，加无二氧化碳水 100ml 使之溶解，加入 4 滴酚酞指示剂，用待标定的氢氧化钠标准溶液滴定至浅红色为终点。同时用无二氧化碳水做空白滴定，按下式进行计算：

$$氢氧化钠标准溶液浓度（mol/L）=\frac{m\times 1000}{(V_1-V_0)\times 204.23}$$

式中：m——称取苯二甲酸氢钾的质量（g）；

V_0——滴定空白时，所耗氢氧化钠标准溶液体积（ml）；

V_1——滴定苯二甲酸氢钾时，所耗氢氧化钠标准溶液的体积（ml）；

204.23——苯二甲酸氢钾（$KHC_8H_4O_4$）摩尔质量（g/mol）。

③0.0200mol/L 氢氧化钠标准溶液：吸取一定体积已标定过的 0.1mol/L 氢氧化钠标准溶液，用无二氧化碳水稀释至 0.0200mol/L。贮于聚乙烯瓶中保存。

④酚酞指示剂：称取 0.5g 酚酞，溶于 50ml 95%乙醇中，用水稀释至 100ml。

⑤甲基橙指示剂：称取 0.05g 甲基橙，溶于 100ml 水中。

⑥硫代硫酸钠标准溶液（$Na_2S_2O_3 \cdot 5H_2O$，0.1mol/L）：称取 2.5g $Na_2S_2O_3 \cdot 5H_2O$ 溶于水中，用无二氧化碳水稀释至 100ml。

5. 步骤

①取适量水样置于 250ml 锥形瓶中，用无二氧化碳水稀释至 100ml，瓶下放一白瓷板。向锥形瓶中加入 2 滴甲基橙指示剂，用上述氢氧化钠标准溶液滴定至溶液由橙红色变为桔黄色为终点，记录氢氧化钠标准溶液用量（V_1）。

②另取一份水样于 250ml 锥形瓶中，用无二氧化碳水稀释至 100ml，加入 4 滴酚酞指示剂，用氢氧化钠标准溶液滴定至溶液刚变为浅红色为终点，记录用量（V_2）。

如水样中含硫酸铁、硫酸铝时，加酚酞后加热煮沸 2min，趁热滴至红色。

6. 计算

$$\text{甲基橙酸度}(CaCO_3, mg/L) = \frac{M \times V_1 \times 50.05 \times 1000}{V}$$

$$\text{酚酞酸度}(\text{总酸度}CaCO_3, mg/L) = \frac{M \times V_2 \times 50.05 \times 1000}{V}$$

式中：M——标准氢氧化钠溶液浓度（mol/L）；

V_1——用甲基橙作滴定指示剂时，消耗氢氧化钠标准溶液的体积（ml）；

V_2——用酚酞作滴定指示剂时，消耗氢氧化钠标准溶液的体积（ml）；

V——水样体积（ml）；

50.05——碳酸钙（$1/2CaCO_3$）摩尔质量（g/mol）。

7. 注意事项

①水样取用体积，参考滴定时所耗氢氧化钠标准溶液用量，在 10～25ml 为宜。

②采集的样品用聚乙烯瓶或硅硼玻璃瓶贮存，并要使水样充满不留空间，盖紧瓶盖。若为废水样品，接触空气易引起微生物活动，容易减少或增加二氧化碳及其他气体，最好在 1d 之内分析完毕。对生物活动明显的水样，应在 6h 内分析完。

（二）电位滴定法（B）

1. 方法原理

电位滴定法测定水的酸度，是以玻璃电极为指示电极，甘汞电极为参比电极，用氢氧化钠标准溶液作滴定剂，在 pH 计、电位滴定仪或离子计上指示反应的终点。用滴定（微分）曲线法或直接滴定法，确定氢氧化钠溶液的消耗量，从而计算试样的酸度。

2. 干扰及消除

脂肪酸盐、油状物质、悬浮物或沉淀物能覆盖于玻璃电极表面，致使反应迟缓，可采用减缓滴定速度和延长响应时间及充分搅拌溶液来消除其影响。

温度对电极本身的输出电位和溶液的 pH 有影响，可采用温度自动补偿装置，否则滴定温度应保持在 25℃±2℃。

3. 方法的适用范围

该方法适用于饮用水，地表水，咸水，生活污水和工业废水酸度的测定。

当水样色度较深时，用方法（一）测定难以观察终点，可使用本方法。

取 50ml 水样，本法可测定 10～1000mg/L 范围内的酸度（以碳酸钙计）。

4. 仪器

①pH 计、电位滴定仪或离子计（具温度自动补偿装置）。

②玻璃电极。

③甘汞电极。

④电磁搅拌器和用聚四氟乙烯包裹的搅拌子。

⑤滴定管：50ml，25ml，10ml。

⑥高型烧杯：100ml，200ml，250ml。

5. 试剂

①氢氧化钠标准溶液（0.1mol/L）。

②氢氧化钠标准溶液（0.0200mol/L）：由 0.1mol/L 氢氧化钠溶液稀释而得，贮存于聚乙烯瓶中，用带苏达石灰管的塞子盖紧。

③无二氧化碳水。

以上试剂的制备和标定，参见本节（一）酸碱指示滴定法。

④过氧化氢：30%。

6. 步骤

按使用说明书准备好仪器和电极，电极用 pH 标准缓冲溶液进行校准。

（1）滴定曲线法

取适量水样于适当的烧杯中，加入一定量（75ml 左右）的无二氧化碳水，将烧杯放在电磁搅拌器上，插入电极，开动搅拌器，用氢氧化钠标准溶液以每次 0.5ml 或更少的增量滴加入试样中。待 pH 读数稳定后，记录所加的滴定剂用量和相应的 pH，再继续按以上增量和搅拌速度进行滴定，直至 pH 达 9 时为止。从观测到的 pH 及其所对应的滴定剂用量（ml），绘制出（微分）滴定曲线。从曲线上可以查出欲测 pH 所对应的氢氧化钠标准溶液的用量（ml）。

（2）直接滴定法

吸取适量水样于适当的烧杯中，按步骤（1）滴定至 pH3.7（±0.05）时，记下氢氧化钠标准溶液用量。接近终点时，滴定速度要慢，加入滴定剂的用量要少于 0.5ml（最好是逐滴加入），并要充分搅拌，至 pH 达稳定后，再记下读数。

将步骤（2）滴定至 pH3.7（±0.05）的溶液，加入 5 滴过氧化氢，加热煮沸 2～4min，冷却至室温后，再按步骤（1）～（2）进行滴定至 pH8.3，记录氢氧化钠标准溶液的用量（ml）。

7. 计算

参见本章一、方法（一）。

8. 注意事项

滴定时搅拌速度不宜太快，以免产生气泡附在电极表面，影响测定结果。

十二、碱度（总碱度、重碳酸盐和碳酸盐）

水的碱度是指水中所含能与强酸定量作用的物质总量。

水中碱度的来源较多，地表水的碱度基本上是碳酸盐、重碳酸盐及氢氧化物含量的函数，所以总碱度被当作这些成分浓度的总和。当水中含有硼酸盐、磷酸盐或硅酸盐等时，则总碱度的测定值也包含它们所起的作用。废水及其他复杂体系的水体中，还含有有机碱类、金属水解性盐类等，均为碱度组成部分。在这些情况下，碱度就成为一种水的综合性指标，代表能被强酸滴定物质的总和。

碱度的测定值因使用的指示剂终点 pH 不同而有很大的差异，只有当试样中的化学组成已知时，才能解释为具体的物质。对于天然水和未污染的地表水，可直接以酸滴定至 pH8.3 时消耗的量，为酚酞碱度。以酸滴定至 pH 为 4.4～4.5 时消耗的量，为甲基橙碱度。通过计算，可求出相应的碳酸盐、重碳酸盐和氢氧根离子的含量；对于废水、污水，则由于组分复杂，这种计算无实际意义，往往需要根据水中物质的组分确定其与酸作用达到终点时的 pH。然后，用酸滴定以便获得分析者感兴趣的参数，并做出解释。

碱度指标常用于评价水体的缓冲能力及金属在其中的溶解性和毒性，是对水和废水处理过程控制的判断性指标。若碱度是由过量的碱金属盐类所形成，则碱度又是确定这种水是否适宜于灌溉的重要依据。

1. 方法选择

用标准酸滴定水中碱度是各种方法的基础。有两种常用的方法，即酸碱指示剂滴定法和电位滴定法。电位滴定法根据电位滴定曲线在终点时的突跃，确定特定 pH 下的碱度，它不受水样浊度、色度的影响，适用范围较广。用指示剂判断滴定终点的方法简便快速，适用于控制性试验及例行分析。二法均可根据需要和条件选用。

2. 样品保存

样品采集后应在 4℃保存，分析前不应打开瓶塞，不能过滤、稀释或浓缩。样品应于采集后的当天进行分析，特别是当样品中含有可水解盐类或含有可氧化态阳离子时，应及时分析。

（一）酸碱指示剂滴定法（B）

1. 方法原理

水样用标准酸溶液滴定至规定的pH，其终点可由加入的酸碱指示剂在该pH时颜色的变化来判断。

当滴定至酚酞指示剂由红色变为无色时，溶液pH即为8.3，指示水中氢氧根离子（OH^-）已被中和，碳酸盐（CO_3^{2-}）均被转为重碳酸盐（HCO_3^-），反应如下：

$$OH^- + H^+ \longrightarrow H_2O$$

$$CO_3^{2-} + H^+ \longrightarrow HCO_3^-$$

当滴定至甲基橙指示剂由桔黄色变成桔红色时，溶液的pH为4.4～4.5，指示水中的重碳酸盐（包括原有的和由碳酸盐转化成的）已被中和，反应如下：

$$HCO_3^- + H^+ \longrightarrow H_2O + CO_2\uparrow$$

根据上述两个终点到达时所消耗的盐酸标准滴定溶液的量，可以计算出水中碳酸盐、重碳酸盐及总碱度。

上述计算方法不适用于污水及复杂体系中碳酸盐和重碳酸盐的计算。

2. 干扰及消除

水样浑浊、有色均干扰测定，遇此情况，可用电位滴定法测定。能使指示剂褪色的氧化还原性物质也干扰测定。例如水样中余氯可破坏指示剂（含余氯时，可加入1～2滴0.1mol/L硫代硫酸钠溶液消除）。

3. 方法的适用范围

此法适用于不含有上述干扰物质的水样。

曾取地表水水样15个进行测定，浓度范围在14.0～88.50mg/L时，相对标准偏差为0.1%～1.4%；加标回收率为96.0%～102%。

4. 仪器

①酸式滴定管，25ml。

②锥形瓶，250ml。

5. 试剂

①无二氧化碳水：用于制备标准溶液及稀释用的蒸馏水或去离子水，临用前煮沸15min，冷却至室温。pH应大于6.0，电导率小于2μS/cm。

②酚酞指示液：称取0.5g酚酞溶于50ml 95%乙醇中，用水稀释至100ml。

③甲基橙指示剂：称取0.05g甲基橙溶于100ml蒸馏水中。

④碳酸钠标准溶液（$1/2Na_2CO_3$＝0.0250mol/L）：称取1.3249g（于250℃烘干4h）的基准试剂无水碳酸钠（Na_2CO_3），溶于少量无二氧化碳水中，移入1000ml容量瓶中，用水稀释至标线，摇匀。贮于聚乙烯瓶中，保存时间不要超过一周。

⑤盐酸标准溶液（0.0250mol/L）：用分度吸管吸取 2.1ml 浓盐酸（ρ＝1.19g/ml），并用蒸馏水稀释至 1000ml，此溶液浓度≈0.025mol/L。其准确浓度按下法标定：

用无分度吸管吸取 25.00ml 碳酸钠标准溶液于 250ml 锥形瓶中，加无二氧化碳水稀释至约 100ml，加入 3 滴甲基橙指示液，用盐酸标准溶液滴定至由桔黄色刚变成桔红色，记录盐酸标准溶液用量。按下式计算其准确浓度：

$$C=\frac{25.00\times 0.0250}{V}$$

式中：C——盐酸标准溶液浓度（mol/L）；

V——盐酸标准溶液用量（ml）。

6. 步骤

①分取 100ml 水样于 250ml 锥形瓶中，加入 4 滴酚酞指示剂，摇匀。当溶液呈红色时，用盐酸标准溶液滴定至刚刚褪至无色，记录盐酸标准溶液用量。若加酚酞指示剂后溶液无色，则不需用盐酸标准溶液滴定，并接着进行②项操作。

②向上述锥形瓶中加入 3 滴甲基橙指示剂，摇匀。继续用盐酸标准溶液滴定至溶液由桔黄色刚刚变为桔红色为止。记录盐酸标准溶液用量。

7. 计算

对于多数天然水样，碱性化合物在水中所产生的碱度，有五种情形。为说明方便，令以酚酞作指示剂时，滴定至颜色变化所消耗盐酸标准溶液的量为 Pml，以甲基橙作指示剂时盐酸标准溶液用量为 Mml，则盐酸标准溶液总消耗量为 $T=M+P$。

第一种情形，$P=T$ 或 $M=0$ 时：

P 代表全部氢氧化物及碳酸盐的一半，由于 $M=0$，表示不含有碳酸盐，亦不含重碳酸盐。因此，$P=T=$氢氧化物。

第二种情形，$P>1/2T$ 时：

说明 $M>0$，有碳酸盐存在，且碳酸盐＝$2M=2(T-P)$。而且由于 $P>M$，说明尚有氢氧化物存在，氢氧化物＝$T-2(T-P)=2P-T$。

第三情形，$P=1/2T$，即 $P=M$ 时：

M 代表碳酸盐的一半，说明水中仅有碳酸盐。碳酸盐＝$2P=2M=T$。

第四种情形，时：

此时，$M>P$，因此 M 除代表由碳酸盐生成的重碳酸盐外，尚有水中原有的重碳酸盐。碳酸盐＝$2P$，重碳酸盐＝$T-2P$。

第五种情形，$P=0$ 时：

此时，水中只有重碳酸盐存在。重碳酸盐＝$T=M$。

以上五种情形的碱度，示于表 3–1–9 中。

按下述公式计算各种情况下总碱度、碳酸盐、重碳酸盐的含量。

（1）总碱度（以 CaO 计，mg/L）$=\dfrac{C(P+M)\times 28.04}{V}\times 1000$

$$总碱度（以CaCO_3计，mg/L）=\frac{C(P+M)\times 50.05}{V}\times 1000$$

式中：C——盐酸标准溶液浓度（mol/L）；

28.04——氧化钙（1/2CaO）摩尔质量（g/mol）；

50.05——碳酸钙（$1/2CaCO_3$）摩尔质量（g/mol）。

表 3-1-9 碱度的组成

滴定的结果	氢氧化物$(OH)^-$	碳酸盐（CO_3^{2-}）	重碳酸盐（HCO_3^-）
$P=T$	P	0	0
$P>1/2T$	$2P-T$	$2T-P$	0
$P=1/2T$	0	$2P$	0
$P<1/2T$	0	$2P$	$T-2P$
$P=0$	0	0	T

（2）当 $P=T$ 时，$M=0$

碳酸盐（CO_3^{2-}）=0

重碳酸盐（HCO_3^-）=0

（3）当 $P>1/2T$ 时

$$碳酸盐碱度（以CaO计，mg/L）=\frac{C(T-P)\times 28.04}{V}\times 1000$$

$$碳酸盐碱度（以CaCO_3计，mg/L）=\frac{C(T-P)\times 50.05}{V}\times 1000$$

$$碳酸盐碱度（1/2CO_3^{2-}，mol/L）=\frac{C(T-P)}{V}\times 1000$$

重碳酸盐（HCO_3^-）=0

（4）当 $P=1/2T$ 时，$P=M$

$$碳酸盐碱度（以CaO计，mg/L）=\frac{C\cdot P\times 28.04}{V}\times 1000$$

$$碳酸盐碱度（以CaCO_3计，mg/L）=\frac{C\cdot P\times 50.05}{V}\times 1000$$

$$碳酸盐碱度（1/2CO_3^{2-} mol/L）=\frac{C\cdot P}{V}\times 1000$$

重碳酸盐（HCO_3^-）=0

（5）当 $P<1/2T$ 时

$$碳酸盐碱度（以CaO计，mg/L）=\frac{C\cdot P\times 28.04}{V}\times 1000$$

$$碳酸盐碱度（以CaCO_3计，mg/L）=\frac{C\cdot P\times 50.05}{V}\times 1000$$

$$碳酸盐碱度（1/2CO_3^{2-}，mol/L）=\frac{C\cdot P}{V}\times 1000$$

$$重碳酸盐碱度（以CaO计，mg/L）=\frac{C(T-2P)\times 28.04}{V}\times 1000$$

重碳酸盐碱度（以 $CaCO_3$ 计，mg/L）$=\frac{C(T-2P)\times 50.05}{V}\times 1000$

重碳酸盐碱度（HCO_3^-，mol/L）$=\frac{C(T-2P)}{V}\times 1000$

（6）当 $P=0$ 时

碳酸盐（CO_3^{2-}）$=0$

重碳酸盐碱度（以 CaO 计，mg/L）$=\frac{C\cdot M\times 28.04}{V}\times 1000$

重碳酸盐碱度（以 $CaCO_3$ 计，mg/L）$=\frac{C\cdot M\times 50.05}{V}\times 1000$

重碳酸盐碱度（HCO_3^-，mol/L）$=\frac{C\cdot M}{V}\times 1000$

8. 精密度和准确度

五个实验室对人工配制的统一标样进行方法验证的结果如下：在 HCO_3^- 含量为 43.50mg/L 时，总碱度的室内相对标准偏差为 0.71%；室间相对标准偏差为 1.46%；相对误差为 0.75%；加标回收率为 99.6%±7.5%。

9. 注意事项

①若水样中含有游离二氧化碳，则不存在碳酸盐，可直接以甲基橙作指示剂进行滴定。

②当水样中总碱度小于 20mg/L 时，可改用 0.01mol/L 盐酸标准溶液滴定，或改用 10ml 容量的微量滴定管，以提高测定精度。

（二）电位滴定法（B）

1. 方法原理

测定水样的碱度，用玻璃电极为指示电极，甘汞电极为参比电极，用酸标准溶液滴定，其终点通过 pH 计或电位滴定仪指示。

以 pH＝8.3 表示水样中氢氧化物被中和及碳酸盐转为重碳酸盐时的终点，与酚酞指示剂刚刚褪色时的 pH 相当。以 pH＝4.4～4.5 表示水中重碳酸盐（包括原有重碳酸盐和由碳酸盐转成的重碳酸盐）被中和的终点，与甲基橙刚刚变为橘红色的 pH 相当。对于工业废水或含复杂组分的水，可以 pH＝3.7 指示总碱度的滴定终点。

电位滴定法可以绘制成滴定时 pH 对酸标准滴定液用量的滴定曲线，然后计算出相应组分的含量或直接滴定到指定的终点。

2. 干扰及消除

脂肪酸盐、油状物质、悬浮固体或沉淀物能覆盖于玻璃电极表面致使响应迟缓。但由于这些物质可能参与酸碱反应，因此不能用过滤的方法除去。为消除其干扰，可采用减慢滴定剂加入速度或延长滴定间歇时间，并充分搅拌至反应达到平衡后再增加滴定剂的办法。搅拌应采用磁力搅拌器或机械法，不能通气搅拌。

3. 方法的适用范围

该法可适用于饮用水、地表水、含盐水及生活污水和工业废水碱度的测定。

根据 15 个地表水水样的测定，在浓度范围 28～139mg/L 时（CaO），相对标准偏差为 0%～0.78%；加标回收率为 97.4%～100.3%。

4. 仪器

①pH 计、电位滴定仪或离子活度计，能读至 0.05pH，最好有自动温度补偿装置。

②玻璃电极。

③甘汞电极。

④磁力搅拌器。

⑤滴定管：50ml、25ml 及 10ml。

⑥高型烧杯：100ml、200ml 及 250ml。

5. 试剂

①无二氧化碳水。

②碳酸钠标准溶液（$1/2Na_2CO_3$）浓度：0.0250mol/L。

③盐酸标准溶液（HCl）浓度：0.0250mol/L。

①～③的制备方法，参见本节（一）酸碱指示剂滴定法。

盐酸标准溶液亦可按下述方法进行标定：

按使用说明书准备好仪器和电极，并用 pH 标准缓冲溶液进行校准。

用分度吸管吸取 2.1ml 浓盐酸（ρ=1.17g/ml），并用蒸馏水稀释至 1000ml。此溶液浓度为 0.0250mol/L，按下法标定其准确浓度：

用无分度吸管吸取 25.00ml 碳酸钠标准溶液置于 200ml 高型烧杯中，加入 75ml 无二氧化碳水，将烧杯放在电磁搅拌器上，插入电极连续搅拌，用盐酸标准溶液滴定。当滴定至 pH 为 4.4～4.5 时，记录所耗盐酸标准溶液用量，并按下式计算其浓度：

$$C=\frac{25.00\times 0.0250}{V}$$

式中：C——盐酸标准溶液浓度（mol/L）；

V——盐酸标准溶液用量（ml）。

6. 步骤

①分取 100ml 水样置于 200ml 高型烧杯中，用盐酸标准溶液滴定，滴定方法同盐酸标准溶液的标定。当滴定到 pH=8.3 时，到达第一个终点，即酚酞指示的终点，记录盐酸标准溶液消耗量。

②继续用盐酸标准溶液滴定至 pH 达 4.4～4.5 时，到达第二个终点，即甲基橙指示的终点，记录盐酸标准溶液用量。

7. 计算

与本节方法（一）相同。

8. 精密度和准确度

五个实验室对人工配制的统一标样进行方法验证的结果，在 HCO_3^- 含量为 43.50mg/L 时，总碱度的室内相对标准偏差为 1.0%；室间相对标准偏差为 1.29%；相对误差为 0.93%；加标回收率为 100.5%±9.75%。

9. 注意事项

①对于低碱度的水样，可用 10ml 微量滴定管以提高测定精度。对于高碱度的水样，可改用 0.05mol/L 标准溶液，用量超过 25ml 时，可改用 0.1mol/L 盐酸标准溶液滴定。

②对于复杂水样，可制成盐酸标准液滴定用量对 pH 的滴定曲线。有时可能在曲线上看不出明显的突跃点，这可能是由于盐类水解反应较慢，不易达到电极反应平衡所致。不同组分的反应速度各异，为此，应放慢滴定速度，采用较长的时间间隔，以便达到平衡时使突跃点明显可辨。

十三、二氧化碳

（一）游离二氧化碳　酚酞指示剂滴定法（B）

二氧化碳（CO_2）在水中主要以溶解气体分子的形式存在，但也有很少一部分与水作用形成碳酸，通常将二者的总和称为游离二氧化碳。地表水中的二氧化碳主要来源是水和底质中有机物的分解，以及水生物的呼吸作用，亦可从空气中吸收。因此其含量的测定，可间接指示出水体遭受有机物污染的程度。

地表水中游离二氧化碳的含量一般小于 10mg/L，当含量超过 40mg/L 时，表明水体污染已影响到鱼类的生长。

一般地下水中的含量多为 15～40mg/L，某些矿泉水中含量较高。

由于游离二氧化碳（$CO_2+H_2CO_3$）能定量地与氢氧化钠发生如下反应：

$$CO_2+NaOH \longrightarrow NaHCO_3$$

$$H_2CO_3+NaOH \longrightarrow NaHCO_3+H_2O$$

当其到达终点时，溶液的 pH 约为 8.3，故可选用酚酞做指示剂。根据氢氧化钠的标准溶液消耗量，可计算出游离二氧化碳的含量。

1. 方法选择

有两种常用的方法，即酚酞指示剂滴定法和电位滴定法。电位滴定法不受水样浊度、色度的影响，适用性较广。用酚酞指示剂滴定法简便快速，适用于现场试验、控制和例行检验工作。此外，还有图解法。

2. 样品的采集与保存

应尽量避免水样与空气接触。用虹吸法采样，样品测定尽可能在采样现场进行，特别当样品中含有可水解盐类或含有可氧化态阳离子时，应即时分析。如果现场测定困难，则应取满瓶水样，并在低于取样时的温度下妥善保存。分析前不应打开瓶塞，不能过滤、稀释或浓缩，并尽快地测定。

3. 干扰及消除

水样混浊、有色均干扰测定，可改用电位滴定法测定。如水样的矿化度高于 1000mg/L，亚铁离子或铝离子含量超过 10mg/L 时，会对测定产生干扰，可于滴定前加入 1ml 50%酒石酸钾钠溶液，以消除干扰。铬、铜、胺类、氨、硼酸盐、亚硝酸盐、磷酸盐、硅酸盐、硫化物和无机酸类及强酸弱碱盐类均会影响测定。

4. 方法的适用范围

本方法适用于一般地表水，不适用于含有酸性工矿废水和酸再生阳离子树脂交换器的出水。

5. 仪器

①碱式滴定管：25ml，滴定管需按图 3-1-5 进行装置。

②无分度吸管：100ml。为了在量取水样时不致于损失游离二氧化碳，可将量取水样吸管的下端与插入水样瓶中的虹吸管相连接（见图 3-1-6）。量取水样时，先自吸管上端吸气，待水样灌满吸管，且从上端溢出约 100ml 时取下吸管，并同时用手指按住吸管上端，待吸管中水样到达刻度处，立刻将水注入锥形瓶中。

③锥形瓶：250ml。

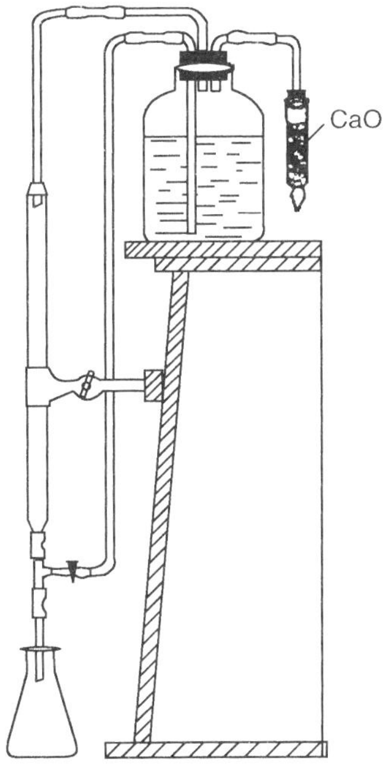

图 3-1-5 隔绝 CO_2 的滴定管装置

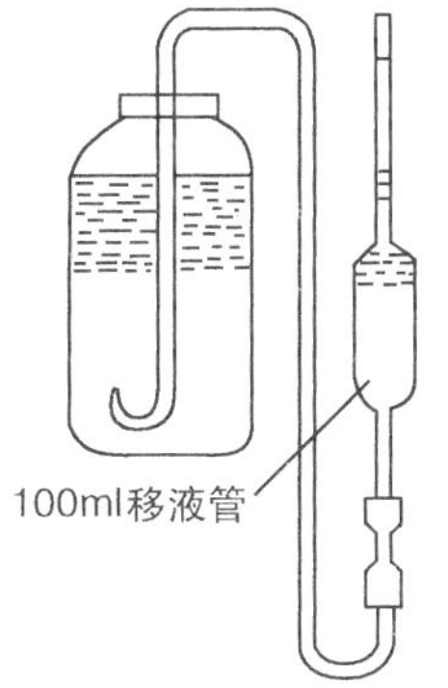

图 3-1-6 隔绝 CO_2 的移液管装置

6. 试剂

①无二氧化碳水：用于制备标准溶液及稀释用水。用蒸馏水或去离子水，临用前煮沸15min，冷却至室温。pH 应大于 6.0，电导率小于 2μS/cm。

②1%酚酞指示剂：称取 1g 酚酞，溶于 100ml 95%的乙醇中，然后用 0.1mol/L 氢氧化钠溶液滴至出现淡红色为止。

③终点标准比色液：终点标准比色液，即指 0.1mol/L 的碳酸氢钠溶液。称取碳酸氢钠（$NaHCO_3$）8.401g 溶于少量水中，移入 1000ml 容量瓶内，稀释至标线。使用时可吸取 10ml 上述溶液，加入酚酞指示剂 4 滴，摇匀，作为滴定时比较终点颜色用。

④中性酒石酸钾钠溶液：称取酒石酸钾钠（$KNaC_4H_4O_6$）50g，溶于 100ml 水中，加入酚酞指示剂 3 滴，用 0.1mol/L 盐酸溶液滴至溶液红色刚刚消失为止。

⑤氢氧化钠标准溶液：称取 60g 氢氧化钠，溶于 50ml 水中，冷却后移入聚乙烯细口瓶中，盖紧瓶盖静置 4d 以上。而后吸取上层澄清溶液 1.4ml，用水稀释至 1000ml，此溶液约为 0.01mol/L。其精确浓度可用邻苯二甲酸氢钾标定，标定方法如下：

取基准试剂级邻苯二甲酸氢钾（$KHC_8H_4O_4$）在 105～110℃烘至恒重。精确称取三份，每份约 0.1g（称准至 0.0001g），分别置于 250ml 锥形瓶中，加入 100ml 水，稍加温使之溶解。然后加入 4 滴酚酞指示剂，用氢氧化钠标准溶液滴定至淡红色不褪为止。记下氢氧化钠标准溶液的用量，并按下式计算其浓度：

$$C=\frac{G\times 1000}{V\times 204.22}$$

式中：C——氢氧化钠标准溶液浓度（mol/L）；

V——滴定时氢氧化钠标准溶液用量（ml）；

G——邻苯二甲酸氢钾重量（g）；

204.22——邻苯二甲酸氢钾（$KH_4C_8H_4O_4$）摩尔质量（g/mol）。

7. 步骤

按图 3-1-6 用虹吸法移取水样 100ml，注入 250ml 的锥形瓶中，加入 4 滴酚酞指示剂。用连接在滴定管上的橡皮塞将锥形瓶塞好（见图 3-1-5），小心振荡均匀，如果产生红色，则说明水样中不含 CO_2。

当水样不生成红色，即迅速向滴定管中加入氢氧化钠标准溶液进行滴定，同时小心振荡直至生成淡红色（与终点标准比色液颜色一致，即为滴定终点）。记录氢氧化钠标准溶液用量。

8. 计算

$$\text{游离二氧化碳}（CO_2,\text{mg/L}）=\frac{C\cdot V_1\times 44}{V}\times 1000$$

式中：C——氢氧化钠标准溶液浓度（mol/L）；

V_1——氢氧化钠标准溶液用量（ml）；

V——滴定时所取水样体积（ml）；

44——二氧化碳（CO_2）摩尔质量（g/mol）。

9. 精密度和准确度

本方法用于河水（黄河、安徽省区河水、福建省区河水）、自来水、水库水、湖水、矿泉水、瓶装矿泉水等 17 种水样的分析，测得其浓度范围：含游离 CO_2 2.73～2028.0mg/L，室内标准偏差 0.06～8.39；相对标准偏差 0.105%～9.81%。

10. 注意事项

①被测水样不宜过滤，并且移取和滴定时，尽量避免与空气接触，操作尽量快速以免引起误差。

②根据水中游离二氧化碳的含量，选用不同浓度的氢氧化钠标准溶液。若游离二氧化碳含量小于 10mg/L，宜用 0.01mol/L 氢氧化钠标准溶液；大于 10mg/L 时，应采用 0.05mol/L 氢氧化钠标准溶液。

③如果水样在滴定中，发现有浑浊现象，说明水的硬度较大，或含大量铝离子、铁离子。可另取水样于滴定前加入中性酒石酸钾钠溶液 1ml，以消除干扰。

④分析中均采用无二氧化碳水。

（二）侵蚀性二氧化碳　甲基橙指示剂滴定法（B）

天然水中含有的游离二氧化碳，可与岩石中的碳酸盐建立下列的平衡关系：

$$CaCO_3+CO_2+H_2O \rightleftharpoons Ca(HCO_3)_2$$

$$MgCO_3+CO_2+H_2O \rightleftharpoons Mg(HCO_3)_2$$

如果水中游离的二氧化碳的含量大于上式的平衡，就会溶解碳酸盐，使平衡向右移动。这部分能与碳酸盐起反应的二氧化碳，称为侵蚀性二氧化碳。

侵蚀性二氧化碳对水工建筑物具有侵蚀破坏作用，当侵蚀性二氧化碳与氧共存时，对金属（铁）具有强烈侵蚀作用。因此，对水体进行侵蚀性二氧化碳的测定，有着重要的实用意义。

水中侵蚀性二氧化碳能与碳酸钙（$CaCO_3$）作用，析出相当量的碳酸氢根离子，其反应如下：

$$CaCO_3+CO_2+H_2O \longrightarrow Ca(HCO_3)_2$$

由此，可在水样中加入碳酸钙（$CaCO_3$）粉末放置 5d，待水样中侵蚀性二氧化碳完全与其作用之后，以甲基橙为指示剂，用盐酸标准溶液滴定，其反应如下：

$$Ca(HCO_3)_2+2HCl \longrightarrow CaCl_2+2H_2CO_3$$

根据滴定到达终点时盐酸标准滴定液的消耗量，减去采样当天用同一盐酸标准溶液滴定（未加碳酸钙粉末）的消耗量，即可求出水样中侵蚀性二氧化碳的含量。

1. 方法选择

有两种常用的方法，即酸滴定法和电位滴定法。电位滴定法不受余氯的干扰，不受水样浊度、色度的影响，适用性较广。用酸滴定法简便快速，适用于现场测定。

2. 样品的采集与保存

用虹吸法采样。吸管插入采样瓶底，取满瓶水样，妥善保存，避免与空气接触。同时在现场另采集一份水样，加入碳酸钙（$CaCO_3$）粉末。

3. 干扰及消除

水样中的色度、浊度过高干扰测定，可改用电位滴定法测定。如水样中有余氯存在并破坏指示剂时，加入 0.1mol/L 硫代硫酸钠溶液 1～2 滴，以消除干扰。

4. 方法的适用范围

本方法适用于一般地表水和地下水。

5. 仪器

①25ml 酸式滴定管。
②500ml 具塞水样瓶（玻璃或聚乙烯塑料瓶）。
③250ml 锥形瓶。

6. 试剂

如无说明，本方法所用水均为无二氧化碳水。
①碳酸钙（$CaCO_3$）粉末：化学纯。
②0.05%甲基橙指示剂：称取甲基橙 0.05g 溶于 100ml 水中。
③盐酸标准溶液（HCl≈0.1000mol/L）：量取 9ml 分析纯浓盐酸（ρ=1.19g/ml），注入 1000ml 容量瓶内，用水稀释至刻度。此溶液约为 0.1mol/L。用下述方法进行标定：

准确称取三份在 180℃烘干 2h 的基准试剂无水碳酸钠（Na_2CO_3），每份约 0.1～0.15g（称准至 0.0001g）。分别置于 250ml 锥形瓶中，加入 100ml 水，加 3 滴 0.1%甲基橙指示剂，用盐酸标准溶液滴至溶液出现淡桔红色为止，记录其用量。

标定同时作一空白滴定，并在滴定碳酸钠时所消耗的盐酸用量中扣除。

按下式计算盐酸标准溶液的浓度：

$$C=\frac{W\times 1000}{V\times 52.995}$$

式中：C——盐酸标准溶液浓度（mol/L）；
　　V——盐酸标准溶液用量（ml）；
　　W——无水碳酸钠的重量（g）；
　　52.995——无水碳酸钠（1/2Na_2CO_3）摩尔质量（g/mol）。

④盐酸标准滴定液（HCl≈0.025mol/L）：将盐酸标准溶液稀释 4 倍即得。

7. 步骤

①在取样的当天吸取 100ml 水样于 250ml 锥形瓶中，加入甲基橙指示剂 3 滴，用盐酸

标准溶液滴至溶液由橘黄色变为淡橘红色为止，记录其用量（V_1）。

②用虹吸法采样于 500ml 具塞水样瓶中（吸管插入采样瓶底），直至瓶口溢流为止。加入碳酸钙粉末约 3g，小心盖紧瓶盖，勿使瓶中产生气泡。此步操作应在采样现场进行。

③将加入碳酸钙粉末的水样放置 5d，每天振荡水样 2～3 次。

④5d 后，经过上述加碳酸钙粉末处理后的水样，用慢速滤纸过滤，弃去最初几十毫升滤液。然后吸取 100ml 滤液于 250ml 锥形瓶中，加入甲基橙指示剂 3 滴，用盐酸标准溶液，滴定至溶液由橘黄色变为淡橘红色为止，记录其用量（V_2）。

8. 计算

$$\text{侵蚀二氧化碳}(CO_2, mg/L) = \frac{C(V_2 - V_1) \times 22}{V} \times 1000$$

式中：C——盐酸标准滴定液浓度（mol/L）；

V_1——当天（未加碳酸钙粉末时）滴定时所消耗的盐酸标准滴定液用量（ml）；

V_2——5d 后（加过碳酸钙粉末）滴定时所消耗的盐酸标准滴定液用量（ml）；

V——水样体积（ml）；

22——侵蚀二氧化碳（$1/2CO_2$）的摩尔质量（g/mol）。

9. 精密度和准确度

本方法用于河水（黄河、安徽省区河水、福建省区河水）、自来水、水库水、湖水、矿泉水、瓶装矿泉水等 17 种水样的分析，测得其浓度范围：含侵蚀性 CO_2 0～86.68mg/L，室内标准偏差 0～0.923；相对标准偏差 0%～15.09%。

10. 注意事项

①若水样总碱度小于 0.2m mol/L 时，应使用 10ml 微量滴定管滴定。

②当测定结果中 $V_2=V_1$ 或 $V_2<V_1$，则说明水中不含侵蚀性二氧化碳。

③应在打开水样瓶后立即进行滴定，滴定时避免强烈的摇动，以防止气体溶入。

④含有机物较高的水体在放置 5d 中，易被微生物分解，与溶解氧作用生成二氧化碳，使结果偏高。此时可采取降低温度，振荡 6h 的方法来消除影响。

⑤过滤水样时要特别小心，勿使碳酸钙粉末漏入滤液中。

第二章　无机阴离子

一、硫化物

地下水（特别是温泉水）及生活污水，通常含有硫化物，其中一部分是在厌氧条件下，由于细菌的作用，使硫酸盐还原或由含硫有机物的分解而产生的。某些工矿企业，如焦化、造气、选矿、造纸、印染和制革等工业废水亦含有硫化物。

水中硫化物包括溶解性的 H_2S、HS^-、S^{2-}，存在于悬浮物中的可溶性硫化物、酸可溶性金属硫化物以及未电离的有机、无机类硫化物。硫化氢易从水中逸散于空气，产生臭味，且毒性很大。它可与人体内细胞色素、氧化酶及该类物质中的二硫键（—S—S—）作用，影响细胞氧化过程，造成细胞组织缺氧，危及人的生命。硫化氢除自身能腐蚀金属外，还可被污水中的微生物氧化成硫酸，进而腐蚀下水道等。因此，硫化物是水体污染的一项重要指标（清洁水中，硫化氢的嗅阀值为 0.035μg/L）。

本书所列方法测定的硫化物是指水和废水中溶解性的无机硫化物和酸溶性金属硫化物。

1. 方法选择

测定上述硫化物的方法，除亚甲蓝比色法和碘量滴定法以及离子选择电极法外，最近又开发了间接原子吸收法和气相分子吸收法。当水样中硫化物含量小于 1mg/L 时，采用对氨基二甲基苯胺光度法（即亚甲蓝分光光度法），或间接原子吸收法和气相分子吸收法。大于 1mg/L 时可采用碘量法。虽然离子选择电极法测量范围较宽，但电极易受损和老化，目前尚难以普遍应用。

2. 水样保存

由于硫离子很容易氧化，硫化氢易从水样中逸出。因此在采集时应防止曝气，并加入一定量的乙酸锌溶液和适量氢氧化钠溶液，使呈碱性并生成硫化锌沉淀。通常 1L 水样中加入 2mol/L(1/2 $Zn(Ac)_2$)的乙酸锌溶液 2ml，硫化物含量高时，可酌情多加直到沉淀完全为止。水样充满瓶后立即密塞保存，在一周内完成分析测定。

（一）水样的预处理

由于还原性物质，例如硫代硫酸盐、亚硫酸盐和各种固体的、溶解的有机物都能与碘起反应，并能阻止亚甲蓝和硫离子的显色反应而干扰测定；悬浮物、色度等也对硫化物的测定产生干扰。若水样中存在上述这些干扰物，且用碘量法或亚甲蓝法测定硫化物时，必须根据不同情况，按下述方法进行水样的预处理。

1. 乙酸锌沉淀-过滤法

当水样中只含有少量硫代硫酸盐、亚硫酸盐等干扰物质时，可将现场采集并已固定的水样，用中速定量滤纸或玻璃纤维滤膜进行过滤，然后按含量高低选择适当方法，经预处理后测定沉淀中的硫化物。

2. 酸化-吹气法

若水样中存在悬浮物或浑浊度高、色度深时，可将现场采集固定后的水样加入一定量的磷酸，使水样中的硫化锌转变为硫化氢气体，利用载气将硫化氢吹出，用乙酸锌-乙酸钠溶液或 2%氢氧化钠溶液吸收，再行测定。

3. 过滤-酸化-吹气分离法

若水样污染严重，不仅含有不溶性物质及影响测定的还原性物质，并且浊度和色度都高时，宜用此法。即将现场采集且固定的水样，用中速定量滤纸或玻璃纤维滤膜过滤后，按酸化-吹气法进行预处理。

预处理操作是测定硫化物的一个关键性步骤，应注意既消除干扰的影响，又不致造成硫化物的损失。

具体的吹气-吸收预处理方法将在以下的方法中作详细叙述。

（二）碘量法（A）

1. 方法原理

硫化物在酸性条件下，与过量的碘作用，剩余的碘用硫代硫酸钠溶液滴定。由硫代硫酸钠溶液所消耗的量，间接求出硫化物的含量。

2. 干扰及消除

试样中含有硫代硫酸盐、亚硫酸盐等能与碘反应的还原性物质产生正干扰，悬浮物、色度、浊度及部分重金属离子也干扰测定。硫化物含量为 2.00mg/L 时，样品中干扰物的最高容许含量分别为：$S_2O_3^{2-}$　30mg/L、NO_2^-　2mg/L、SCN^-　80mg/L、Cu^{2+} 2mg/L、Pb^{2+} 5mg/L 和 Hg^{2+} 1mg/L；经酸化-吹气-吸收预处理后，悬浮物、色度、浊度亦不干扰测定，但 SO_3^{2-} 分离不完全会产生干扰。采用硫化锌沉淀过滤分离 SO_3^{2-}，可有效消除 30mg/L　SO_3^{2-} 的干扰。

（A）本方法与 HJ/T 60—2000 等效。

3. 方法的适用范围

本方法适用于含硫化物在 1mg/L 以上的水和废水的测定。当试样体积为 200ml，用 0.01mol/L 硫代硫酸钠溶液滴定时，可用于含硫化物 0.40mg/L 以上的水和污水测定。

4. 仪器和设备

①酸化-吹气-吸收装置（如图 3-2-1 所示）。

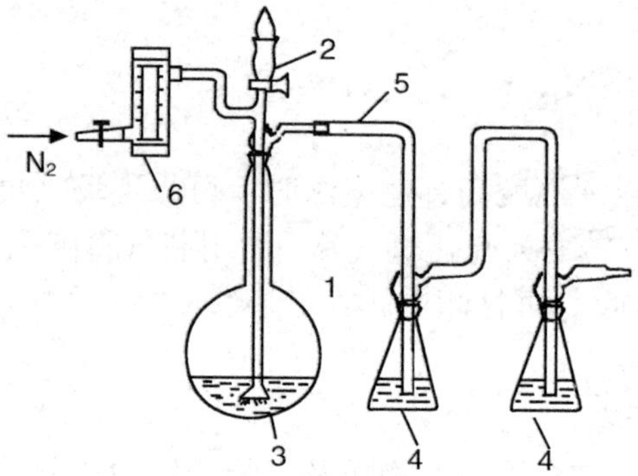

图 3-2-1 碘量法测定硫化物的吹气装置图

1—500ml 圆底反应瓶；2—加酸漏斗；3—多孔砂芯片；
4—150ml 锥形吸收瓶，亦用作碘量瓶，直接用于碘量法滴定；
5—玻璃连接管，各接口均为标准玻璃磨口；6—流量计

②恒温水浴，0～100℃。
③150ml 或 250ml 碘量瓶。
④25ml 或 50ml 棕色滴定管。

5. 试剂

实验用水为除氧水，于去离子水中通入纯氮气至饱和，以除去水中的溶解氧。

1）盐酸（HCl）：ρ＝1.19g/ml。
2）磷酸（H_3PO_4）：ρ＝1.69g/ml。
3）乙酸（CH_3COOH）：ρ＝1.05g/ml。
4）载气：高纯氮，纯度不低于 99.99%。
5）盐酸溶液：（1＋1），用盐酸 1）配制。
6）磷酸溶液：（1＋1）。
7）乙酸溶液：（1＋1）。

8）氢氧化钠溶液：C(NaOH）＝1mol/L。将 40g 氢氧化钠溶于 500ml 水中，冷至室温，稀释至 1000ml。

9）乙酸锌溶液：$C(Zn(CH_3COO)_2)$＝1mol/L。称取 220g 乙酸锌($Zn(CH_3COO)_2 \cdot 2H_2O$)，溶于水并稀释至 1000ml，若混浊须过滤后使用。

10）重铬酸钾标准溶液：$C(1/6K_2Cr_2O_7)$＝0.1000mol/L。称取 105℃烘干 2h 的基准或优

级纯重铬酸钾 4.9030g 溶于水中，稀释至 1000ml。

11）1%淀粉指示液：称取 1g 可溶性淀粉用少量水调成糊状，再用刚煮沸水冲稀至 100ml。

12）碘化钾。

13）硫代硫酸钠标准溶液：$C(Na_2S_2O_3)=0.1mol/L$。

①配制：称取 24.5g 五水合硫代硫酸钠（$Na_2S_2O_3 \cdot 5H_2O$）和 0.2g 无水碳酸钠（Na_2CO_3）溶于水中，转移到 1000ml 棕色容量瓶中，稀释至标线，摇匀。

②标定：于 250ml 碘量瓶内，加入 1g 碘化钾及 50ml 水，加入重铬酸钾标准溶液 15.00ml，加入盐酸溶液 5ml，密塞混匀。置暗处静置 5min，用待标定的硫代硫酸钠溶液滴定至溶液呈淡黄色时，加入 1ml 淀粉指示液，继续滴定至蓝色刚好消失，记录标准溶液用量，同时作空白滴定。

硫代硫酸钠浓度 C（mol/L）由下式求出：

$$C=\frac{15.00}{(V_1-V_2)}\times 0.1000$$

式中：V_1——滴定重铬酸钾标准溶液时硫代硫酸钠标准溶液用量（ml）；

V_2——滴定空白溶液时硫代硫酸钠标准溶液用量（ml）；

0.1000——重铬酸钾标准溶液的浓度（mol/L）。

14）硫代硫酸钠标准滴定液 C（$Na_2S_2O_3$）$=0.01mol/L$：移取 10.00ml 上述刚标定过的硫代硫酸钠标准溶液于 100ml 棕色容量瓶中，用水稀释至标线，摇匀，使用时配制。

15）碘标准溶液 C（$1/2\ I_2$）$=0.1mol/L$：称取 12.70g 碘于 500ml 烧杯中，加入 40g 碘化钾，加适量水溶解后，转移至 1000ml 棕色容量瓶中，稀释至标线，摇匀。

16）碘标准溶液 C（$1/2\ I_2$）$=0.01mol/L$：移取 10.00ml 碘标准溶液于 100ml 棕色容量瓶中，用水稀释至标线，摇匀，使用前配制。

6. 采样与保存

采样时，先在采样瓶中加入一定量的乙酸锌溶液，再加水样，然后滴加适量的氢氧化钠溶液，使呈碱性并生成硫化锌沉淀。通常情况下，每 100ml 水样加 0.3ml 1mol/L 的乙酸锌溶液和 0.6ml 1mol/L 的氢氧化钠溶液，使水样的 pH 为 10～12。遇碱性水样时，应先小心滴加乙酸溶液调至中性，再如上操作。硫化物含量高时，可酌情多加固定剂，直至沉淀完全。水样充满后立即密塞保存，注意不留气泡，然后倒转，充分混匀，固定硫化物。样品采集后应立即分析，否则应在 4℃避光保存，尽快分析。

7. 步骤

（1）试样的预处理

①按图连接好酸化-吹气-吸收装置，通载气检查各部位气密性。

②分别加 2.5ml 乙酸锌溶液于两个吸收瓶中，用水稀释至 50ml。

③取 200ml 现场已固定并混匀的水样于反应瓶中，放入恒温水浴内，装好导气管、加酸漏斗和吸收瓶。开启气源，以 400ml/min 的流速连续吹氮气 5min 驱除装置内空气，关闭气源。

④向加酸漏斗加入（1＋1）磷酸 20ml，待磷酸全部流入反应瓶后，迅速关闭活塞。

⑤开启气源，水浴温度控制在 60～70℃时，以 75～100ml/min 的流速吹气 20min，以 300ml/min 流速吹气 10min，再以 400ml/min 流速吹气 5min，赶尽最后残留在装置中的硫化氢气体。关闭气源，按下述碘量法操作步骤分别测定两个吸收瓶中硫化物含量。

（2）测定

于上述两个吸收瓶中，加入 10.00ml 0.01mol/L 碘标准溶液；再加 5ml 盐酸溶液，密塞混匀。在暗处放置 10min，用 0.01mol/L 硫代硫酸钠标准溶液滴定至溶液呈淡黄色时，加入 1ml 淀粉指示液，继续滴定至蓝色刚好消失为止。

（3）空白试验

以水代替试样，加入与测定试样时相同体积的试剂，按前述步骤进行空白试验。

（4）结果表示

①预处理二级吸收的硫化物含量 C_i（mg/L）按下式计算：

$$C_i = \frac{C(V_0 - V_i)\times 16.03\times 1000}{V}(i=1,\ 2)$$

式中：V_0——空白试验中，硫代硫酸钠标准溶液用量（ml）；

V_i——滴定二级吸收硫化物含量时，硫代硫酸钠标准溶液用量（ml）；

V——试样体积（ml）；

16.03——硫离子（1/2 S^{2-}）摩尔质量（g/mol）；

C——硫代硫酸钠标准溶液浓度（mol/L）。

②试样中硫化物含量 C（mg/L）按下式计算：

$$C=C_1+C_2$$

式中：C_1——一级吸收硫化物含量（mg/L）；

C_2——二级吸收硫化物含量（mg/L）。

8. 精密度和准确度

四个实验分析含硫（S^{2-}）12.5mg/L 的统一样品，其重复性相对标准偏差为 3.20%；再现性相对标准偏差为 3.92%；加标回收率为 92.4%～96.6%。

9. 注意事项

①上述吹气速度仅供参考，必要时可通过硫化物标准溶液的回收率测定，以确定合适的吹气速度。

②若水样 SO_3^{2-} 浓度较高，需将现场采集且已固定的水样用中速定量滤纸过滤，并将硫化物沉淀连同滤纸转入反应瓶中，用玻璃棒捣碎，加水 200ml，转入预处理装置进行处理。

③当加入碘标准溶液后溶液为无色，说明硫化物含量较高，应补加适量碘标准溶液，使呈淡黄色为止。空白试验亦应加入相同量的碘标准溶液。

（三）间接火焰原子吸收法（B）

1. 方法原理

水和废水中的硫化物，是指水体中可溶解的氢硫酸盐、硫化物及酸可溶性的金属硫化物，以及非离解的硫化氢。将水样酸化后转化成硫化氢，用氮气带出，被含有定量且过量的铜离子吸收液吸收。分离沉淀后，通过测定上清液中剩余的铜离子，对硫进行间接定量。本方法着重对《水和废水监测分析方法》（第三版）中规定的预处理、吹气条件以及吸收、测定方法进行了改进，使地面水的吸收率提高到97%左右；较复杂的工业废水也可达到90%以上。

铜离子与硫化氢反应如下：

$$Cu^{2+}+H_2S \longrightarrow CuS（黑色）\downarrow +2H^+$$

在反应中加适量的醋酸-醋酸钠缓冲溶液，以调节吸收液的酸度；加适量乙醇调节吸收液表面张力，改善吸收液中气泡的均匀性，从而可以提高该方法的回收率。

2. 干扰及消除

当样品基体成分较为简单（如地下水、饮用水等），可不用吹气，直接采用间接法测定。由于方法实际上测定铜的浓度，而火焰原子吸收测定铜有较强的抗干扰能力，故本方法无明显干扰。

当样品污染严重，不仅含有不溶性物质及影响测定的还原性物质，并且浊度高，或水样含硫极低时，应采用经改进后的吹气装置，不仅可以分离基体，消除干扰，也可起到一定的富集作用。此时，本方法也不存在基体干扰问题。

3. 方法的适用范围

本方法适用于水和污水中硫化物的测定。

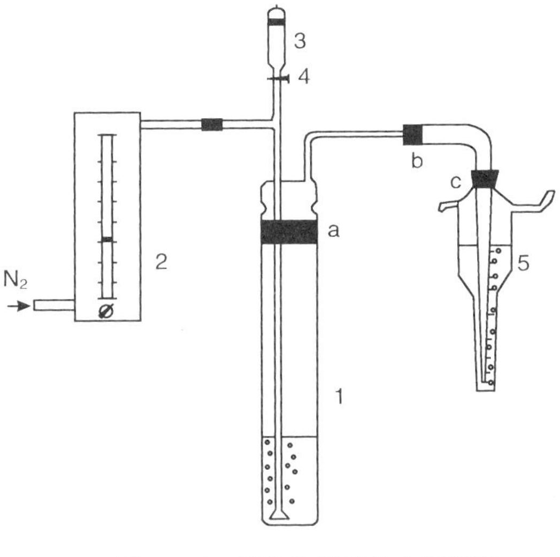

图 3-2-2　硫化物测定的吹气装置

1—反应瓶，装待测水样用；2—流量计；3—加酸漏斗；4—阀门；5—吸收管；a、b、c—三处均为磨口玻璃连接

4. 仪器

①吹气装置（如图 3-2-2 所示）。

②原子吸收分光光度计。

③铜单元素空心阴极灯。

④离心机。

⑤容量瓶。

⑥离心管 10～15ml 均可。原子吸收分光光度计的工作条件，可根据不同型号的仪器自

行设置。

5. 试剂

实验用水均为除氧水，见（二）5。

①硫的标准贮备液：取一定量结晶硫化钠（$Na_2S \cdot 9H_2O$），按下述（四）亚甲蓝法试剂 9）方法配制成标准贮备液，并标定。

②硫标准使用液（50～80μg/ml S^{2-}）：吸取一定量刚标定过的硫的标准贮备溶液，用水稀释成含 S^{2-} 50～80μg/ml，现用现配。

③氮气：纯度＞99.9%。

④乙酸-乙酸钠缓冲溶液：将 50ml 1mol/L NaAc 与 124.1ml lmol/L HAc 混合，加水稀释至 500ml，此即 pH=4.5 缓冲溶液。

⑤铜贮备液：取 1.0000g 铜丝（＞99.9%）置于烧杯中，加 20ml （1+1）硝酸置于电热板上加热至完全溶解，冷却后定容到 1L。此溶液含铜 1mg/ml。

⑥铜使用液：取铜贮备液，用水稀释成 200mg/L 标准溶液，备用。

⑦乙醇：分析纯，95%。

⑧磷酸：分析纯，当水样体积不超过 200ml 时，可用（1+1）磷酸。

6. 步骤

（1）校准曲线的绘制

①按图 3-2-2 装好吹气吸收装置。

②向图 3-2-2 的反应瓶中加入约 200ml 蒸馏水，5 支吸收管中分别加入 3.0ml 铜使用液、4ml pH4.5 的乙酸-乙酸钠缓冲溶液、3ml 95%乙醇溶液，摇匀备用。

③开启钢瓶，吹气 5min，除去反应装置中的空气，停止吹气。

④分别取 0.0、1.0、2.0、3.0、4.0ml 的硫标准使用液（每毫升含硫 50～80μg）于反应锥形瓶中。

⑤自加酸漏斗中加 10ml 磷酸，迅速关闭加液阀。打开氮气开关，调节流量为 50ml/min。轻轻摇动反应瓶，使酸液与样品混匀，连续吹气 40min。

⑥关载气。用蒸馏水冲洗吸收管的毛细管内、外壁，取出吹气管。

⑦将吸收管内吸收液转移至 50ml 容量瓶中，并充分洗涤吸收管内壁，定容，摇匀。

⑧取上述溶液部分，加入干的离心管中，以 2000r/min 离心分离 3～5min。

⑨测定上清液中的铜含量，绘制 Cu 的吸光度-硫含量的校准曲线。

（2）样品分析

按图 3-2-2 安装好吹气吸收装置，取一定体积水样（已加入固定剂）加到反应瓶中，用水加至 200ml 左右，打开载气，吹气 5min，除去反应装置中的空气，停止吹气，按校准曲线的测定步骤⑤～⑨进行操作。由测得 Cu 的吸光度，从校准曲线查得硫的含量。

（3）结果计算

硫化物 S^{2-} 含量（mg/L）=测得硫量（μg）/水样体积（ml）。

7. 精密度和准确度

六个实验室测定含 S^{2-} 66.5mg/L±1.5mg/L 的统一样品，测得平均值为 66.0mg/L，室内相对标准偏差为 3.6%；室间相对标准偏差为 3.8%。

8. 注意事项

①在向反应瓶中加样品时，应注意避免样品沾在磨口处。若不慎沾上，应用水冲洗进反应瓶中。
②装置使用前应注意检查气密性。
③加酸后振摇时，应进行平摇，避免动作过大引起断裂。
④由于吹气管与吸收液接触，内外管都要进行清洗，并转移入容量瓶定容。

（四）对氨基二甲基苯胺光度法（亚甲蓝法）（A）

1. 方法原理

在含高铁离子的酸性溶液中，硫离子与对氨基二甲基苯胺作用，生成亚甲蓝，颜色深度与水中硫离子浓度成正比。

2. 干扰及消除

亚硫酸盐、硫代硫酸盐超过 10mg/L 时，将影响测定。必要时，增加硫酸铁铵用量，则其允许量可达 40mg/L。亚硝酸盐达 0.5mg/L 时，产生干扰。其他氧化剂或还原剂亦可影响显色反应。亚铁氰化物可生成蓝色，产生正干扰。

3. 方法的适用范围

本法最低检出浓度为 0.02mg/L（S^{2-}），测定上限为 0.8mg/L。当采用酸化-吹气预处理法时，可进一步降低检出浓度。酌情减少取样量，测定浓度可达 4mg/L。

4. 仪器

①分光光度计，10mm 比色皿。
②50ml 比色管。

5. 试剂

1）无二氧化碳水：将蒸馏水煮沸 15min 后，加盖冷却至室温。所有实验用水均为无二氧化碳水。

2）硫酸铁铵溶液：取 25g 硫酸高铁铵（$FeNH_4(SO_4)_2 \cdot 12H_2O$）溶解于含有 5ml 硫酸的水中，稀释至 200ml。

3）0.2%对氨基二甲基苯胺溶液：称取 2g 对氨基二甲基苯胺盐酸盐（Dimethyl p-phenylene Diamine 或 p-aminodimetyl-aniline）溶于 700ml 水中，缓缓加入 200ml 硫酸，

（A）本方法与 GB/T 16489—1996 等效。

冷却后，用水稀释至1000ml。

4）（1+5）硫酸。

5）0.1mol/L硫代硫酸钠标准溶液：称取24.8g五水合硫代硫酸钠（$Na_2S_2O_3 \cdot 5H_2O$）和0.2g无水碳酸钠，溶于无二氧化碳水中，转移至1000ml棕色容量瓶内，稀释至标线，摇匀。按本节（二）试剂13）进行标定。

6）2mol/L乙酸锌溶液：同本节（二）试剂9）。

7）0.1mol/L（1/2 I_2）碘标准溶液：准确称取12.69g碘于250ml烧杯中，加入40g碘化钾，加少量水溶解后，转移至1000ml棕色容量瓶中，用水稀释至标线，摇匀。

8）1%淀粉指示液。

9）硫化钠标准溶液：取一定量结晶硫化钠（$Na_2S \cdot 9H_2O$）置布氏漏斗中，用水淋洗除去表面杂质，用干滤纸吸去水分后，称取7.5g溶于少量水中，转移至1000ml棕色容量瓶中，用水稀释至标线，摇匀备测。

标定：在250ml碘量瓶中，加入10ml 1mol/L乙酸锌溶液，10.00ml待标定的硫化钠溶液及20.00ml 0.1mol/L的碘标准溶液，用水稀释至60ml，加入（1+5）硫酸5ml，密塞摇匀。在暗处放置5min，用0.1mol/L硫代硫酸钠标准溶液滴定至溶液呈淡黄色时，加入1ml淀粉指示液，继续滴定至蓝色刚好消失为止，记录标准液用量。

同时以10ml水代替硫化钠溶液，做空白试验。

按下式计算1ml硫化钠溶液中含硫的毫克数：

$$\text{硫化物(mg/ml)} = \frac{(V_0 - V_1) \cdot C \times 16.03}{10.00}$$

式中：V_1——滴定硫化钠溶液时，硫代硫酸钠标准溶液用量（ml）；

V_0——空白滴定时，硫代硫酸钠标准溶液用量（ml）；

C——硫代硫酸钠标准溶液的浓度（mol/L）；

16.03——1/2 S^{2-}的摩尔质量（g/mol）。

10）硫化钠标准使用液的配制：

①吸取一定量刚标定过的硫化钠贮备溶液，用水稀释成1.00ml含5.0μg硫化物（S^{2-}）的标准使用液，临用时现配。

②吸取一定量刚标定过的硫化钠溶液，移入已盛有2ml乙酸锌-乙酸钠溶液和800ml水的1000ml棕色容量瓶中，加水至标线，充分混匀，使成均匀的含硫（S^{2-}）浓度为5.0μg/ml的硫化锌混悬液。该溶液在20℃条件下保存，可稳定1至2周，每次取用时，应充分振摇混匀。

以上两种使用液可根据需要选择使用。

6. 步骤

（1）校准曲线的绘制

分别取0、0.50、1.00、2.00、3.00、4.00、5.00ml的硫化钠标准使用液①或②置50ml比色管中，加水至40ml，加对氨基二甲基苯胺溶液5ml，密塞。颠倒一次，加硫酸铁铵溶液1ml，立即密塞，充分摇匀。10min后，用水稀释至标线，混匀。用10mm比色皿，以水为参比，在665nm处测量吸光度，并作空白校正。

（2）水样测定

将预处理后的吸收液或硫化物沉淀转移至50ml比色管或在原吸收管中，加水至40ml。以下操作同校准曲线绘制，并以水代替试样，按相同操作步骤，进行空白试验，以此对试样作空白校正。

7. 计算

$$硫化物(S^{2-}，mg/L)=\frac{m}{V}$$

式中：m——从校准曲线上查出的硫量（μg）；

V——水样体积（ml）。

8. 精密度和准确度

六个实验室分析含0.029～0.043mg/L的硫化物加标水样，回收率为65%～108%；单个实验室的相对标准偏差不超过12%。单个实验室分析含0.289～0.350mg/L的硫化物加标水样，回收率为80%～97%；相对标准偏差不超过16%。

9. 注意事项

①水样中硫化物浓度波动较大，为此，可先按下述手续进行定性试验：分取25～50ml混匀并已固定的水样，置于150ml锥形瓶中，加水至50ml，加（1+1）硫酸2ml及数粒玻璃珠，立即在瓶口覆盖滤纸，并用橡皮筋扎紧。在滤纸中央滴加10%乙酸铅溶液1滴，置电热板上加热至沸，取下锥形瓶。冷却后，取下滤纸，查看朝液面的斑点是呈淡棕色还是呈黑褐色，从而判断水样中含硫化物的大致含量，以确定水样取用量。

②显色时，加入的两种试剂均含硫酸，应沿管壁徐徐加入，并加塞混匀，避免硫化氢逸出而损失。

③绘制校准曲线时，向反应瓶中加入的水量应与测定水样时的加入量相同。

④本方法的吹气-吸收装置除用50ml包氏吸收管代替锥形瓶外，其它与（二）碘量法相同，可使用10ml乙酸锌吸收液或10ml 2%氢氧化钠溶液作为吸收液。

⑤吹气速度影响测定结果，流速不宜过快或过慢。必要时，应通过硫化物标准溶液进行回收率的测定，以确定合适的载气流速。在吹气40min后，流速可适当加大，以赶尽最后残留在容器中的H_2S气体。

⑥注意载气质量，必要时应进行空白试验和回收率测定。

⑦浸入吸收液部分的导管壁上，常常粘附一定量的硫化锌，难以用热水洗下。因此，无论用碘量法或比色法，均应进行定量反应后，再取出导气管。

⑧当水样中含有硫代硫酸盐或亚硫酸盐时，可产生干扰，这时应采用乙酸锌沉淀过滤－酸化－吹气法。

⑨应注意磷酸质量。当磷酸中含氧化性物质时，可使测定结果偏低。

⑩当水样显色后色度较深，可分取一定量的显色液，用空白试验显色液稀释后，再测量吸光度。此法适用于吸收管显色液中S^{2-}量＜125μg时的水样。

（五）气相分子吸收光谱法（A）

1. 方法原理

水中硫化物包括溶解性的 H_2S、HS^-、S^{2-} 和存在于悬浮物中的可溶性硫化物、酸可溶性金属硫化物以及未电离的有机和无机硫化物。这些硫化物可被较强的酸（5%～10%的磷酸）酸化分解，生成挥发性的 H_2S 气体，用空气将其载入气相分子吸收光谱仪的测量系统，在 200nm 附近测定吸光度来进行水和污水中硫化物的快速测定。若水样基体复杂，含干扰成分多，则采用快速沉淀过滤与吹气分离的双重去除干扰手段来进行测定。

2. 干扰及消除

在磷酸介质中，NO_2^-、SO_3^{2-}、$S_2O_3^{2-}$ 等的分解产物对紫外光也有吸收，产生正干扰，只要在反应瓶中加入过氧化氢，再加入磷酸，即可消除 20mg NO_2^-、35mg SO_3^{2-} 及 45mg $S_2O_3^{2-}$ 对 10μg S^{2-} 的影响。水样中含 I^- 及可产生吸收的挥发性有机物，产生正干扰，CNS^- 产生负干扰。为消除这些干扰，须采用碳酸锌沉淀分离后，再加入过氧化氢和磷酸进行测定。

3. 方法的适用范围

本法最低检出浓度为 0.005mg/L，测定上限 10mg/L。可用于各种水样中硫化物的测定。

4. 仪器

①气相分子吸收光谱仪（或原子吸收分光光度计在原子化器上方附加气体吸收管）。
②锌空心阴极灯。
③具磨口塞的比色管，50ml。
④混合纤维素滤膜，ϕ35mm，孔径 3μm。
⑤减压过滤器，ϕ35mm。
⑥水流减压抽滤泵。
⑦医用不锈钢长柄镊子。
⑧气液分离吸收装置，参照硝酸盐氮的气相分子吸收光谱法。

5. 试剂

①除氧去离子水：将去离子水通入高纯氮（99.99%）15～20min 或加热煮沸 15～20min，冷却后，装入塑料容器密闭保存备用。

②碱性除氧去离子水：将除氧去离子水调至 pH=11±1，临用时配制。

③乙酸锌($Zn(Ac)_2$)+乙酸钠（NaAc）固定液：5g $Zn(Ac)_2 \cdot 2H_2O$ 及 1.25g$NaAc \cdot 3H_2O$ 溶于 100ml 水中，摇匀，备用。

④乙酸锌($Zn(Ac)_2$)+乙酸钠（NaAc）混合洗液：该洗液中含 1%$Zn(Ac)_2 \cdot H_2O$ 及 0.3%$NaAc \cdot 3H_2O$，装入塑料容器中，密闭保存。

（A）本方法与 HJ/T 200—2005 等效。

⑤磷酸：10%水溶液。

⑥碳酸锌沉淀剂：分别配制 3% $Zn(NO_3)_2 \cdot 6H_2O$ 和 1.5% Na_2CO_3 水溶液，用时以等体积混合。

⑦过氧化氢，30%。

⑧乙酸铅($Pb(Ac)_2$)棉：将脱脂棉置于 10% $Pb(Ac)_2 \cdot 3H_2O$ 水溶液中，浸泡 10min 后，取出晾干备用。

⑨硫化钠（Na_2S）标准使用液：准确吸取一定量刚配制并标定好浓度的硫化钠标准贮备液，边摇边滴加含有 0.51ml 醋酸锌+醋酸钠固定液和 80ml 碱性除氧去离子水于 100ml 棕色容量瓶中。加水至标线，充分摇匀，使其成为均匀的含有 S^{2-}浓度为 5.00μg/ml 的混悬液。保存于暗处，可使用 6 个月。

6. 步骤

（1）装置的安装及测定的准备

气液分离吸收装置的净化器及收集器中放入适量乙酸铅棉，干燥管中加入固体大颗粒的高氯酸镁，定量加液器加入适量 10%磷酸溶液。锌灯装在工作灯架上，点燃并设定灯电流，工作波长为 202.6nm。装置的连接及工作条件的设定均参照第三章硝酸盐氮测定方法（五）气相分子吸收光谱法。

（2）校准曲线的绘制

用键盘输入 5.00、10.00、15.00、20.00、25.00μg 的标准系列。然后在反应瓶中依次加入 0.00、1.00、2.00、3.00、4.00、5.00ml 硫化物的标准使用液和水，使体积为 5ml。各加 2 滴过氧化氢，密闭反应瓶盖后，用定量加液器分别加入 5ml 10%的磷酸进行测定（测定的详细步骤参照硝酸盐氮测定方法（五）气相分子吸收光谱法），绘制校准曲线。

（3）一般水样的测定

当水样中无挥发性气体或不需沉淀分离干扰时，将现场固定好的水样充分摇匀，直接吸取不大于 5ml 的水样于反应瓶中，加入 2 滴过氧化氢，盖上反应瓶盖。用定量加液器加入 10%的磷酸，使体积保持在 10ml，参照校准曲线的绘制进行测定。

测定水样前，将上述零标准溶液的吸光度输入计算机即可进行空白校正。

（4）基体复杂水样的测定

水样基体复杂或含有产生吸收的挥发性气体时，将现场固定好的水样充分摇匀，立即吸取 10ml 于 50ml 具塞比色管中，加入 10ml 碳酸锌沉淀剂，加水至标线。充分摇匀，立即吸取 10ml 于预先装好滤膜的过滤器中，开启水流泵进行抽滤，用含有乙酸锌+乙酸钠的洗液洗涤沉淀 8～10 次（不含有机物，洗 5～6 次）。用不锈钢镊子取出滤膜，小心地竖放在反应瓶底部（有沉淀的一面向内），使滤膜紧贴瓶壁，滴入 2 滴过氧化氢，以下的操作同一般水样的测定。但需加入 10ml 10%磷酸，并要竖着旋转摇动反应瓶 1～2min，使滤膜上的硫化锌沉淀完全溶解后再行测定。

7. 计算

①将水样体积输入仪器计算机中，可自动计算分析结果，或按下式计算：

$$硫化物(S^{2-},\ mg/L)=\frac{m}{V}$$

式中：m——根据校准曲线计算出的硫量（μg）；

V——取样体积（ml）。

②经沉淀分离的水样：将水样体积、定容体积及分取量输入仪器计算机中，可自动计算分析结果，或按下式计算：

$$硫化物(S^{2-},\ mg/L)=\frac{m}{V\times\frac{10}{50}}$$

8. 精密度和准确度

对含硫化物 9.36mg/L，相对标准偏差为 2.3%的国家二级标准样品，连续测定 6 次，相对标准偏差为 0.97%。

用某化验室排放水、化工厂排放水及钢铁厂排放水进行加入 20μg 的硫化物标准的回收试验，所得回收率为 100%～102%。

9. 注意事项

①硫化物标准使用液的配制和标定，参照亚甲蓝分光光度法严格配制。标定好的标准母液不能保存起来再行标定使用，应当丢弃。因长期保存会生成部分亚硫酸盐，致使标定的浓度不准确。

②测定硫化物的吸光管、干燥管和输送硫化氢的聚氯乙烯管一定要和测定亚硝酸盐氮、硝酸盐氮、汞等项目的分开使用。

③硫化锌沉淀用磷酸溶解需要时间，特别是室温低于 25℃时，时间需要 2min 以上。硫化物国家二级标样加有稳定剂，溶解时间更要长一些，否则结果偏低。

④长时间测定，吸光管及反应气输送管等残留少量的硫化物，使空白增高，吸光度不稳定。当空白吸光度大于 0.0005 时，要用盐酸浸泡吸光管及输送管等，并用水洗净，干燥备用。

⑤其他注意事项，参照亚硝酸盐氮等的气相分子吸收光谱法。

二、氰化物

氰化物属于剧毒物质，对人体的毒性主要是与高铁细胞色素氧化酶结合，生成氰化高铁细胞色素氧化酶而失去传递氧的作用，引起组织缺氧窒息。

水中氰化物可分为简单氰化物和络合氰化物两种。简单氰化物包括碱金属（钠、钾、铵）的盐类（碱金属氰化物）和其他金属的盐类（金属氰化物）。在碱金属氰化物的水溶液中，氰基以 CN^- 和 HCN 分子的形式存在，二者之比取决于 pH。大多数天然水体中，HCN 占优势。在简单的金属氰化物的溶液中，氰基也可能以稳定度不等的各种金属-氰化物的络合阴离子的形式存在。

络合氰化物有多种分子式，但碱金属-金属氰化物通常用 $A_yM(CN)_x$ 来表示。式中 A 代表碱金属，M 代表重金属（低价和高价铁离子、镉、铜、镍、锌、银、钴或其他），y 代表金属原子的数目，x 代表氰基的数目。每个溶解的碱金属-金属铬合氰化物，最初离解都产生一个络合阴离子，即 $M(CN)_x^{y-}$ 根。其离解程度，要由几个因素而定，同时释放出 CN^- 离子，最后形成 HCN。

HCN 分子对水生生物有很大毒性。锌氰、镉氰络合物在非常稀的溶液中几乎全部离解，这种溶液在天然水体正常的 pH 下，对鱼类有剧毒。虽然络合离子比 HCN 的毒性要小很多，然而含有铜氰和银氰络合阴离子的稀溶液，对鱼类的剧毒性，主要是由未离解离子的毒性造成的。铁氰络合离子非常稳定，没有明显的毒性。但是在稀溶液中，经阳光直接照射，容易发生迅速的光解作用，产生有毒的 HCN。

在使用碱性氯化法处理含氰化物的工业废水时，可产生氯化氰（CNCl），它是一种溶解度有限，但毒性很大的气体，其毒性超过同等浓度的氰化物。在碱性时，CNCl 水解为氰酸盐离子（CNO^-），其毒性不大。但经过酸化，CNO^- 分解为氨，分子氨和金属-氨络合物的毒性都很大。

硫代氰酸盐（CNS^-）本身对水生生物没有多大毒性。但经氯化会产生有毒的 CNC1，因而需要事先测定 CNS^-。

氰化物的主要污染源是小金矿的开采、冶炼，电镀、有机化工、选矿、炼焦、造气、化肥等工业排放废水。氰化物可能以 HCN、CN^- 和络合氰离子的形式存在于水中。由于小金矿的不规范化管理，我国时有发生 NaCN 泄漏污染事故。

1. 方法选择

水中氰化物的测定方法通常有硝酸银滴定法、异烟酸-吡唑啉酮光度法，吡啶-巴比妥酸光度法和电极法。滴定法适用于含高浓度的水样，电极法具有较大的测定范围，但由于电极本身的不稳定性，目前较少使用。由于吡啶本身的恶臭气味对人的神经系统产生影响，目前也使用较少。异烟酸-巴比妥酸分光光度法灵敏度高，是易于推广应用的方法。

2. 水样的采集与保存

采集水样后，必须立即加氢氧化钠固定，一般每升水样加入约 0.5g 固体氢氧化钠。当水样酸度较高时，则酌量增加固体氢氧化钠的加入量，使样品的 pH＞12，并将样品贮于聚乙烯瓶中。

采来的样品应及时进行测定。否则，必须将样品存放约 4℃的暗处，并在采样后 24h 内进行样品测定。

当水样中含有大量硫化物时，应先加碳酸镉（$CdCO_3$）或碳酸铅（$PbCO_3$）固体粉末，除去硫化物后，再加氢氧化钠固定。否则，在碱性条件下，氰离子与硫离子作用而形成硫氰酸离子，干扰测定。

3. 说明

①检验硫化物方法：取 1 滴水样或样品，放在乙酸铅试纸上，若变黑色（硫化铅），说明有硫化物存在。

②水样如含氧化剂（如活性氯等），可使结果偏低，则应在采样时，加入相当量的亚硫酸钠溶液，以除去干扰。

易释放氰化物

易释放氰化物是指在 pH=4 的介质中，在硝酸锌存在下加热蒸馏，能形成氰化氢的氰化物。包括全部简单氰化物（碱金属的氰化物）和在此条件下，能生成氰化氢而被蒸出的部分络合氰化物（如锌氰络合物等）。

预处理

1. 方法原理

向水样中加入酒石酸和硝酸锌，在 pH4 的条件下，加热蒸馏，简单氰化物和部分络合氰化物（如锌氰络合物）以氰化氢形式被蒸馏出，用氢氧化钠溶液吸收。蒸馏装置见图 3-2-3。

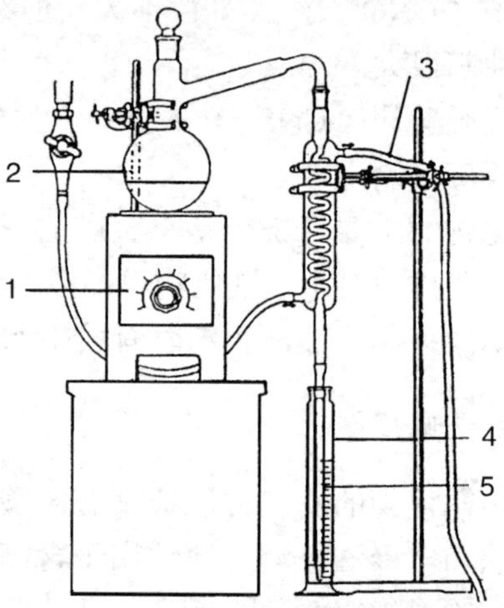

图 3-2-3 氰化物蒸馏装置

1—可调电炉；2—蒸馏瓶；3—冷凝水出水口；4—量筒；5—馏出液导管

2. 干扰及消除

①若样品中存在活性氯等氧化剂，由于蒸馏时氰化物会被分解，使结果偏低，干扰测定。可量取两份体积相同的样品，向其中一份样品投入淀粉-碘化钾试纸 1～3 片，加硫酸酸化，用亚硫酸钠溶液滴定至淀粉-碘化钾试纸由蓝色变至无色，记下用量。另一份样品，不加试纸和硫酸，仅加上述同量的亚硫酸钠溶液。此操作应在采样现场进行。

②若样品中含有大量亚硝酸根离子，将干扰测定，可加入适量的氨基磺酸使之分解。通常每毫克亚硝酸根离子需要加 2.5mg 氨基磺酸。

③若样品中含有少量硫化物（S^{2-} ＜1mg/L），可在蒸馏前加入 2ml 0.02mol/L 硝酸银溶液。当大量硫化物存在时，需调节水样 pH＞11，加入碳酸镉粉末，与硫离子生成黄色硫化镉沉淀。反复操作，直至硫离子除尽（取 1 滴处理后的溶液，放在乙酸铅试纸上，不再变色）。将此溶液过滤，沉淀物用 0.1mol/L 氢氧化钠溶液以倾泻法洗涤。合并滤液与洗涤液，供蒸馏用，要防止碳酸镉用量过多，沉淀处理时间不可超过 1h，以免沉淀物吸附氰化物或络合氰化物。

④其他还原性物质：取 200ml 废水样，以酚酞作指标剂，用（1+1）乙酸中和，然后滴加（$(1/5KMnO_4)$ =0.1mol/L）高锰酸钾溶液至生成二氧化锰棕色沉淀时，过量 1ml。再进行蒸馏，收集馏出液，待测定。所加高锰酸钾溶液的浓度不可超过 0.1mol/L。样品虽经蒸馏分离，仍有无机或有机还原性物质馏出而干扰测定时，可对馏出液进行重蒸馏分离。

⑤碳酸盐：含有高浓度碳酸盐的废水（如煤气站废水、水泥废水、洗气水等），在加酸蒸馏时放出大量的二氧化碳，从而影响蒸馏，同时也会使吸收液中的氢氧化钠含量降低。采集此类废水后，在搅拌下，慢慢加入氢氧化钙，使其 pH 提高到 12～12.5。沉淀后，倾

出上清液进行蒸馏处理后测定。

⑥少量油类对测定无影响，中性油或酸性油大于 40mg/L 时干扰测定，可加入水样体积的 20%量的正己烷，在中性条件下短时间萃取，分离出正己烷相后，水相用于蒸馏测定。

3. 试剂

①15%酒石酸溶液：称取 150g 酒石酸（$C_4H_6O_6$，Tartaric acid）溶于水，稀释至 1000ml。

②0.05%甲基橙指示液。

③10%硝酸锌($Zn(NO_3)_2 \cdot 6H_2O$)溶液。

④乙酸铅试纸：称取 5g 乙酸铅($Pb(C_2H_3O_2)_2 \cdot 3H_2O$)溶于水中，稀释至 100ml。将滤纸条浸入上述溶液中，1h 后，取出晾干，盛于广口瓶中，密塞保存。

⑤碘化钾-淀粉试纸：称取 1.5g 可溶性淀粉，用少量水搅成糊状，加入 200ml 沸水，混匀。放冷，加 0.5g 碘化钾和 0.5g 碳酸钠，用水稀释至 250ml，将滤纸条浸渍后，取出晾干，盛于棕色瓶中密塞保存。

⑥(1+5)硫酸溶液。

⑦1.26%亚硫酸钠（Na_2SO_3）溶液。

⑧氨基磺酸（NH_2SO_2OH，Sulfaminic acid）。

⑨4%氢氧化钠溶液。

⑩1%氢氧化钠溶液。

4. 仪器

由 500ml 全玻璃蒸馏器和 100ml 量筒组成。

5. 步骤

（1）氰化氢释放和吸收

①按图 3-2-3 装置，量取 200ml 样品，移入 500ml 蒸馏瓶中（若氰化物含量较高，可酌量少取，加水稀释至 200ml），加数粒玻璃珠。

②往接收器（以量筒为吸收器）内加入 10ml 1%氢氧化钠溶液作为吸收液。

注：当水样在酸性蒸馏时，若有较多挥发性酸蒸出，则应增加氢氧化钠浓度。制作校准曲线时，所用碱液浓度应相同。

③馏出液导管上端接冷凝管的出口，下端插入接收器的吸收液中，检查连接部位，使其严密。

④将 10ml 硝酸锌液加入蒸馏瓶内，加入 7～8 滴甲基橙指示液，迅速加入 5ml 酒石酸溶液，立即盖好瓶塞，使瓶内溶液保持红色。打开冷凝水，以 2～4ml/min 馏出液速度进行加热蒸馏。

⑤接收器内溶液近 100ml 时停止蒸馏，用少量水洗馏出液导管，取出接收器，用水稀释至标线。此碱性馏出液（A），供测定易释放氰化物用。

（2）空白试验

按步骤①至⑤操作，用实验用水代替样品进行空白试验，得到空白试验馏出液（B），供测定易释放氰化物用。

（一）硝酸银滴定法（A）

1. 方法原理

经蒸馏得到的碱性馏出液（A），用硝酸银标准溶液滴定，氰离子与硝酸银作用形成可溶性的银氰络合离子$(Ag(CN)_2)^-$，过量的银离子与试银灵指示液反应，溶液由黄色变为橙红色，即为终点。

2. 方法的适用范围

当水样中氰化物含量在 1mg/L 以上时，可用硝酸银滴定法进行测定。检测上限为 100mg/L。

本方法适用于受污染的地表水、生活污水和工业废水。

3. 仪器

①10ml 棕色酸式滴定管。

②120ml 具柄瓷蒸发皿或 150ml 锥形瓶。

4. 试剂

1）试银灵指示液：称取 0.02g 试银灵（对二甲氨基亚苄基罗丹宁，Paradime thylaminoben zalrhodanine）溶于 100ml 丙酮中。贮存棕色瓶中，于暗处保存，可稳定一个月。

2）铬酸钾指示液：称取 10g 铬酸钾溶于少量水中，滴加硝酸银溶液至产生橙红色沉淀为止，放置过夜后，过滤，用水稀释至 100ml。

3）0.0100mol/L 氯化钠标准溶液：称取基准试剂氯化钠（经 600℃干燥 1h，在干燥器内冷却）0.5844g 置于烧杯中，用水溶解，移入 1000ml 容量瓶，并稀释至标线，混合摇匀。

4）0.0100mol/L 硝酸银标准溶液：

①称取 1.699g 硝酸银溶于水中，稀释至 1000ml，贮于棕色试剂瓶中，摇匀，待标定后使用。

②硝酸银溶液的标定：吸取 0.0100mol/L 氯化钠标准溶液 10.00ml，于 150ml 锥形瓶中，加 50ml 水。同时另取一锥形瓶，加入 60ml 水做空白试验。

向溶液中加入 3～5 滴铬酸钾指示液，在不断旋摇下，从滴定管加入待标定的硝酸银溶液直至溶液由黄色变成浅砖红色为止，记下读数（V）。同样滴定空白溶液，读数为 V_0，按下式计算：

$$\text{硝酸银标准溶液浓度(mol/L)} = \frac{C \times 10.0}{V - V_0}$$

式中：C——氯化钠标准溶液浓度（mol/L）；

V——滴定氯化钠标准溶液时，硝酸银溶液用量（ml）；

V_0——滴定空白溶液时，硝酸银溶液用量（ml）。

5）氢氧化钠溶液：配制 2%的氢氧化钠溶液。

（A）本方法与 GB 7487—87 等效。

5. 步骤

（1）样品测定

取 100ml 馏出液 A（如试样中氰化物含量高时，可酌量少取，用水稀释至 100ml）于锥形瓶中。加入 0.2ml 试银灵指示液，摇匀。用硝酸银标准溶液滴定至溶液由黄色变为橙红色止，记下读数（V_a）。

（2）空白试验

另取 100ml 空白试验馏出液 B 于锥形瓶，按样品测定（1）进行测定，记下读数（V_0）。

6. 计算

$$\text{氰化物}(\mathrm{CN^-,mg/L})=\frac{C(V_a-V_0)\times 52.04\times\dfrac{V_1}{V_2}\times 1000}{V}$$

式中：C——硝酸银标准溶液浓度（mol/L）；

V_a——测定试样时，硝酸银标准溶液用量（ml）；

V_0——空白试验时，硝酸银标准溶液用量（ml）；

V——样品体积（ml）；

V_1——试样（馏出液 A）的体积（ml）；

V_2——试样（测定时，所取馏出液 A）的体积（ml）；

52.04——氰离子（$2CN^-$）摩尔质量（g/mol）。

7. 注意事项

用硝酸银标准溶液滴定试样前，应以 pH 试纸检查试样的 pH。必要时，应加氢氧化钠溶液调节 pH＞11。

（二）异烟酸-吡唑啉酮光度法（A）

1. 方法原理

在中性条件下，样品中的氰化物与氯胺 T 反应生成氯化氰，再与异烟酸作用，经水解后生成戊烯二醛，最后与吡唑啉酮缩合生成蓝色染料。其色度与氰化物的含量成正比，在 638nm 波长进行光度测定。

2. 方法的适用范围

异烟酸-吡唑啉酮光度法，最低检出浓度为 0.004mg/L；测定上限为 0.25mg/L。

本方法适用于饮用水、地表水、生活污水和工业废水中氰化物的测定。

3. 仪器

①可见分光光度计。

（A）本方法与 GB 7487—87 等效。

②25ml 具塞比色管。

4. 试剂

1）2%氢氧化钠溶液。

2）0.1%氢氧化钠溶液。

3）磷酸盐缓冲溶液（pH=7）：称取 34.0g 无水磷酸二氢钾（KH_2PO_4）和 35.5g 无水磷酸氢二钠（Na_2HPO_4）于烧杯内，加水溶解后，稀释至 1000ml，摇匀。

4）1%氯胺 T 溶液：临用前，称取 0.5g 氨胺 T（$C_7H_7ClNNaO_2S \cdot 3H_2O$，chloramine－T）溶于水，并稀释至 50ml，摇匀。

5）异烟酸-吡唑啉酮溶液：

①异烟酸溶液：称取 1.5g 异烟酸（$C_6H_6NO_2$，iso-nicotinic acid）溶于 24ml 2%氢氧化钠溶液中，加水稀释至 100ml。

②吡唑啉酮溶液：称取 0.25g 吡唑啉酮（3-甲基-1-苯基-5-吡唑啉酮，$C_{10}H_{10}ON_2$（3-methy-1-pheny1-5-pyrazolone））溶于 20ml N, N-二甲基甲酰胺（$HCON(CH_3)_2$，N, N-Dimethyl formamide）。

临用前，将吡唑啉酮溶液②和异烟酸溶液①按（1+5）混合均匀。

6）氰化钾（KCN）标准贮备溶液：称取 0.25g 氰化钾（KCN，**注意剧毒!**）溶于 0.1%氢氧化钠溶液中，并用 0.1%氢氧化钠溶液稀释至 100ml，摇匀。避光贮存于棕色瓶中。

吸取 10.00ml 氰化钾贮备溶液于锥形瓶中，加入 50ml 水和 1ml 2%氢氧化钠溶液，加入 0.2ml 试银灵指示液，用硝酸银标准溶液（0.0100mol/L）滴定，溶液由黄色刚变为橙红色止，记录硝酸标准溶液用量（V_1）。同时另取 10ml 实验用水代替氰化钾贮备液作空白试验，记录硝酸银标准溶液用量（V_0），按下式计算：

$$\text{氰化物（mg/ml）} = \frac{C(V_1 - V_0) \times 52.04}{10.00}$$

式中：C——硝酸银标准溶液浓度（mol/L）；

V_1——滴定氰化钾贮备液时，硝酸银标准溶液用量（ml）；

V_0——空白试验，硝酸银标准溶液用量（ml）；

52.04——氰离子（$2CN^-$）的摩尔质量（g/mol）；

10.00——取用氰化钾贮备液体积（ml）。

7）氰化钾标准中间溶液（1ml 含 10.00μg 氰离子）：先按下式计算出配制 500ml 氰化钾标准中间液所需氰化钾贮备溶液的体积（V）：

$$V = \frac{10.00 \times 500}{T \times 1000}$$

式中：10.00——1ml 氰化钾标准中间溶液含 10.00μgCN^-；

500——氰化钾标准中间液体积（ml）；

T——1ml 氰化钾贮备液含 CN^-数（mg）。

准确吸取 Vml 氰化钾贮备液于 500ml 棕色容量瓶中，用 0.1%氢氧化钠溶液稀释至标线，摇匀。

8）氰化钾标准使用溶液（1ml 含 1.00μg 氰离子）：临用前，吸取 10.00ml 氰化钾标准中间溶液（1ml 含 10.00μgCN^-）于 100ml 棕色容量瓶中，用 0.1%氢氧化钠溶液稀释至标线，摇匀。

5. 步骤

（1）校准曲线的绘制

①取 8 支 25ml 具塞比色管，分别加入氰化钾标准使用溶液 0、0.20、0.50、1.00、2.00、3.00、4.00、5.00ml，各加 0.1%氢氧化钠溶液至 10ml。

②向各管中加入 5ml 磷酸盐缓冲溶液，混匀。迅速加入 0.2ml 氯胺 T 溶液，立即盖塞，混匀，放置 3～5min。

③向管中加入 5ml 异烟酸-吡唑啉酮溶液，混匀。加水稀释至标线，摇匀。在 25～35℃的水浴中放置 40min。

④用分光光度计在 638nm 波长下，用 10mm 比色皿，零浓度空白液管作参比，测量吸光度，并绘制校准曲线。

（2）样品的测定

①分别吸取 10.00ml 馏出液 A 和 10.00ml 空白试验馏出液 B 于具塞比色管中，然后，按校准曲线的绘制步骤②至④进行操作，测量吸光度。

②从校准曲线上查出相应的氰化物含量，或以回归方程计算。

6. 计算

$$\text{氰化物（}CN^-,mg/L\text{）}=\frac{m_a-m_b}{V}\times\frac{V_1}{V_2}$$

式中：m_a——从校准曲线上查出试样的氰化物含量（μg）；

m_b——从校准曲线上查出空白试验（馏出液 B）的氰化物含量（μg）；

V——样品的体积（ml）；

V_1——试样（馏出液 A）的体积（ml）；

V_2——试样（显色时，所取馏出液 A）的体积（ml）。

7. 精密度和准确度

用加标水样，其氰化物浓度为 0.022～0.032mg/L 和 0.205～0.236mg/L，经六个实验室分析，相对标准偏差范围为 7.4%～1.8%；加标回收率为 92%～99%。

8. 注意事项

①当氰化物以 HCN 存在时，易挥发。因此，从加缓冲液后，每一步骤都要迅速操作，并随时盖严塞子。

②为降低试剂空白值，实验中以选用无色的 N, N-二甲基甲酰胺为宜。

③实验室温度低时，磷酸盐缓冲溶液会析出结晶而改变溶液的 pH。因此，需要在 20℃水浴中使结晶溶解，混匀后，方可使用。

④当吸收液用较高浓度的氢氧化钠溶液时，加缓冲液前应以酚酞为指示剂，滴加盐酸溶液至红色褪去。水样和校准曲线均应为相同的氢氧化钠浓度。

⑤氯胺 T 发生结块不易溶解而失败时，可致显色无法进行，必要时可作有效氯含量的测定。

（三）异烟酸-巴比妥酸分光光度法（B）

1. 方法原理

在弱酸性条件下，水样中氰化物与氯胺 T 作用生成氯化氰，然后与异烟酸反应，经水解而成戊烯二醛，最后再与巴比妥酸作用生成一紫蓝色化合物，在一定浓度范围内，其色度与氰化物含量成正比。于 600nm 波长处测其吸光度，与标准系列比较，即可得所测样品中氰化物的含量。

2. 方法的适用范围

异烟酸-巴比妥酸法的最低检出浓度为 0.001mg/L。适用于饮用水、地表水、生活污水和工业废水中氰化物的测定。

3. 仪器

①分光光度计或光度计。
②25ml 具塞比色管。

4. 试剂

①1%氯胺 T 溶液：称取 0.5g 氯胺 T 溶于水，并稀释至 50ml，摇匀。贮于棕色瓶中（置冰箱保存，可使用 1 周）。
②1.5%氢氧化钠溶液。
③1%氢氧化钠溶液。
④0.1%氢氧化钠溶液。
⑤磷酸二氢钾溶液（pH4.0）：称取 136.1g 无水磷酸二氢钾（KH_2PO_4）溶于水，并稀释至 1000ml，加入 2.00ml 冰乙酸摇匀。
⑥异烟酸-巴比妥酸显色试剂：称取 2.50g 异烟酸和 1.25g 巴比妥酸溶于 100ml1.5%氢氧化钠溶液中。
⑦试银灵指示剂：称 0.02g 试银灵（对二甲氨基亚苄基罗丹宁）溶于 100ml 丙酮中，贮于棕色瓶置暗处保存。
⑧0.0100mol/L 硝酸银标准溶液：配制及标定见本节方法（一）硝酸银滴定法试剂 4)。
⑨氰化钾标准使用液（1ml 含 CN^- 1.00μg）：配制方法见本节（二）试剂 6)。

5. 步骤

（1）校准曲线的绘制

①取 8 支 25ml 具塞比色管，分别加入氰化钾标准使用液 0.00、0.20、0.50、1.00、2.00、3.00、4.00、5.00ml，各加 0.1%氢氧化钠溶液至 10ml。

②各管加入 5ml 磷酸二氢钾溶液，混匀，迅速加入 0.30ml1%氯胺 T 溶液，立即盖塞，

徐徐混匀，放置 1～2min。

③各管加入 6.0ml 异烟酸-巴比妥酸显色试剂，用水稀释至标线，盖塞混匀。于 25℃显色 15min（15℃则显色 25min；30℃显色 10min）。

④在分光光度计上，用 10mm 比色皿于 600nm 波长处，以零浓度空白液管作参比，测量各吸光度，绘制校准曲线。

（2）样品测定

①分别吸取 10.00ml 样品馏出液和 10.00ml 空白试验馏出液于 25ml 具塞比色管中，然后按校准曲线绘制步骤②至④进行，测量样品的吸光度。

②从校准曲线查出相应的氰化物含量，或以回归方程计算。

6. 计算

（1）校准曲线查算法

$$\text{氰化物}(CN^-, mg/L) = \frac{(m - m_0) \cdot V_1}{V \cdot V_2}$$

式中：m——从校准曲线上所查出样品的氰化物含量（μg）；

m_0——从校准曲线上所查出空白试验的氰化物含量（μg）；

V——蒸馏预处理所用样品体积（ml）；

V_1——样品馏出液的体积（ml）；

V_2——用于显色所取样品馏出液体积（ml）。

（2）回归方程计算法

$$\text{氰化物}(CN^-, mg/L) = \frac{A - A_0 - a}{b} \times \frac{V_1}{V_2 \cdot V}$$

式中：A——测量样品的吸光度；

A_0——测量空白样品的吸光度；

a——回归方程截距；

b——回归方程斜率；

V、V_1、V_2 含义同上。

7. 精密度和准确度

八个实验室测定了 0.178mg/L±0.015mg/L 的统一试样，得到的平均结果是 0.1779mg/L，室内相对标准偏差是 0.6%；室间相对标准偏差是 4.2%。加标 0.90～20.0μg CN^- 的回收率为 93.4%～102.6%。

（四）催化快速法（B）

本法操作快速，方法灵敏，适用于突发性氰化钾（钠）污染事故现场的快速定性和定量测定。

1. 方法原理

在碱性介质中，利用 CN^- 在苯偶姻缩合（Benzoin condensation）中的催化作用，当加入邻二硝基苯，由所得的紫色很容易地检出苯偶姻的生成，从而达到氰化物的测定目的。

2. 干扰

I^-、Cl^-、Br^-、SO_3^{2-}、CO_3^{2-}、HCO_3^-、氰酸盐、亚磷酸盐、钨酸盐、HSO_4^-、铋酸盐、亚砷酸盐、砷酸盐、过硼酸盐、碘酸盐、钼酸盐、亚铁氰化物、铁氰化物、邻苯二甲酸盐、$S_2O_3^{2-}$、亚氯酸盐、氯酸盐、SCN^-、F^-、硅酸盐、溴酸盐、SO_4^{2-}、过氯酸盐、柠檬酸盐、酒石酸盐、NO_3^-、次氯酸盐、S^{2-}、亚碲酸盐，各种腈和异氰酸盐等各种离子，试验浓度为 0.1mol/L，结果对 CN^-（2ml 试液中含 0.001～0.1μg CN^-）的检出和测定无任何影响，仅重铬酸盐使水样色泽呈紫黑色。

3. 方法的适用范围

本法适用于含 CN^- 0.02～0.5mg/L 的水样测定。

4. 仪器

10ml 具塞比色管。

5. 试剂

①氰化钾标准溶液：用 0.4%氢氧化钠溶液配成含 CN^- 为 0.010，0.020，0.050，0.10，0.50mg/L 的标准溶液。

②显色剂：称取 1.51g 对硝基苯甲醛和 1.26g 邻二硝基苯溶于 100ml 乙二醇甲醚，必要时过滤，贮于棕色瓶中，置冰箱内保存可稳定数周（以上两种试剂也可单独配置，使用前混合）。

③16%氢氧化钠溶液。

④0.4%氢氧化钠溶液。

6. 步骤

①分别移取氰化钾标准溶液系列和 0.4%氢氧化钠溶液各 2.0ml 于具塞比色管中，加入显色剂 4ml，混匀。放置适当时间，以空白溶液为参比，于波长 555nm 处测定吸光度值，或用肉眼观察出现深蓝色色差的时间和顺序。

②样品在测定前用碱液调节至 pH13 左右，然后取 2.0ml 于具塞比色管中，加 1 滴（0.05ml）16%氢氧化钠溶液，混匀，以下操作同上。

7. 目视观察 CN^- 浓度与显色状况关系

①当 $C \geqslant 0.5$mg/L 时，加入显色剂后即刻出现深蓝色，色差非常明显，放置 10min，$A-A_0>0.8$，温度几乎不影响显色。

②当 $C \geqslant 0.050$mg/L 时，加入显色剂后，10min 内全部出现深蓝色，色差也很明显，温度只影响颜色深浅，不影响判断。

③当 $C \geqslant 0.020$mg/L 时，在较高温度（35～40℃）下加入显色剂后，10min 内有较明显色差，而在较低温度下需适当延长时间才会有较明显色差出现。

④当 C<0.020mg/L 时，加入显色剂后，出现色差比较缓慢，放置较长时间，与空白色泽不易区别。

总氰化物

总氰化物是指在磷酸和 EDTA 存在下，pH 小于 2 的介质中，加热蒸馏能形成氰化氢的氰化物。包括全部简单氰化物（多为碱金属和碱土金属的氰化物，铵的氰化物）和绝大部分络合氰化物（锌氰络合物、铁氰络合物、镍氰络合物、铜氰络合物等），不包括钴氰络合物。

预处理

1. 方法原理

向水样中加入磷酸和 Na_2-EDTA，在 pH<2 条件下，加热蒸馏，利用金属离子与 EDTA 络合能力比氰离子络合能力强的特点，使络合氰化物离解出氰离子，并以氰化氢形式被蒸馏出来，并用氢氧化钠溶液吸收。

2. 仪器

①500ml 全玻璃蒸馏器。
②600W 或 800W 可调电炉。
③100ml 量筒或容量瓶。
④仪器装置图，见易释放氰化物的预处理（图 3-2-3）。

3. 试剂

①磷酸：ρ=1.69g/ml。
②1%氢氧化钠溶液。
③10%Na_2-EDTA 溶液。
④乙酸铅试纸：见本节预处理。
⑤碘化钾-淀粉试纸：见本节预处理。
⑥(1+5)硫酸溶液。
⑦1.26%亚硫酸钠溶液。
⑧氨基磺酸（NH_2SO_2H，sulfaminic acid）。
⑨4%氢氧化钠溶液。

4. 步骤

（1）氰化氢的释放和吸收

①量取 200ml 样品，移入 500ml 蒸馏瓶中（若氰化物含量高，可酌量少取，加水稀释至 200ml），加数粒玻璃珠。

②往接收容器内，加入 10ml 1%氢氧化钠溶液，作为吸收液。

③馏出液导管上端接冷凝管的出口，下端插入接收容器的吸收液中，检查连接部位，使其严密。

④将 10ml Na_2-EDTA 溶液加入蒸馏瓶内。

⑤迅速加入 10ml 磷酸，当样品碱度大时，可适当多加磷酸，使 pH<2，立即塞好瓶塞。打开冷凝水，调节可调电炉，由低档逐渐升高，以 2～4ml/min 馏出液速度进行加热蒸馏。

⑥接收瓶内溶液近 100ml 时，停止蒸馏，用少量水洗馏出液导管，取出接收瓶，用水稀释至标线。此碱性馏出液（C），供测定总氰化物用。

（2）空白试验

用实验用水代替样品，按步骤①至⑥操作，得到空白试验馏出液（D），供测定总氰化物用。

硝酸银滴定法测定总氰化物，参见易释放氰化物方法（一）。

异烟酸-吡唑啉酮光度法测定总氰化物，参见易释放氰化物方法（二）。

异烟酸-巴比妥酸光度法测定总氰化物，参见易释放氰化物方法（三）。

三、硫酸盐

硫酸盐在自然界分布广泛，天然水中硫酸盐的浓度可从几毫克/升至数千毫克/升。地表水和地下水中硫酸盐主要来源于岩石土壤中矿物组分的风化和淋溶，金属硫化物氧化也会使硫酸盐含量增大。

水中少量硫酸盐对人体健康无影响，但超过 250mg/L 时有致泻作用，饮用水中硫酸盐的含量不应超过 250mg/L。

1. 方法选择

以下方法各具特色，可供选择：硫酸钡重量法是一经典方法，准确度高，但操作较繁。铬酸钡光度法适于清洁环境水样的分析，精密度和准确度均好。铬酸钡间接原子吸收法，与铬酸钡光度法的优点相似。EDTA 容量法操作比较简单。离子色谱法是一新技术，可同时测定清洁水样中包括SO_4^{2-}在内的多种阴离子。

2. 样品保存

当存在有机物时，某些细菌可以将硫酸盐还原成硫化物。因此，对于严重污染的水样应在 4℃低温保存，防止菌类增殖。

（一）离子色谱法（含SO_4^{2-} HPO_4^{2-}、NO_2^-、NO_3^-、F^-、Cl^-）(B)

1. 方法原理

本法利用离子交换的原理，连续对多种阴离子进行定性和定量分析。水样注入碳酸盐-碳酸氢盐溶液并流经系列的离子交换树脂，基于待测阴离子对低容量强碱性阴离子树脂（分离柱）的相对亲和力不同而彼此分开。被分开的阴离子，在流经强酸性阳离子树脂（抑制柱）室，被转换为高电导的酸型，碳酸盐-碳酸氢盐则转变成弱电导的碳酸（清除背景电导）。

用电导检测器测量被转变为相应酸型的阴离子，与标准进行比较，根据保留时间定性，峰高或峰面积定量。一次进样可连续测定六种无机阴离子（F^-、Cl^-、NO_2^-、NO_3^-、HPO_4^{2-}和SO_4^{2-}）。

2. 干扰及消除

①当水的负峰干扰F^-或Cl^-的测定时，可于100ml水样中加入1ml淋洗贮备液来消除水负峰的干扰。

②保留时间相近的两种离子，因浓度相差太大而影响低浓度阴离子的测定时，可用加标的方法测定低浓度阴离子。

③不被色谱柱保留或弱保留的阴离子干扰F^-或Cl^-的测定。若这种共淋洗的现象显著，可改用弱淋洗液（0.005mol/L $Na_2B_4O_7$）进行洗脱。

3. 方法的适用范围

本方法适用于地表水、地下水、饮用水、降水、生活污水和工业废水等水中无机阴离子的测定。

方法检出限：当电导检测器的量程为10μS，进样量为25μl时，无机阴离子的检出限如下：

阴离子	F^-	Cl^-	NO_2^-	NO_3^-	HPO_4^{2-}	SO_4^{2-}
检出限（mg/L）	0.02	0.02	0.03	0.08	0.12	0.09

4. 试剂

实验用水均为电导率小于0.5μS/cm的二次去离子水，并经过0.45μm微孔滤膜过滤。

1）淋洗液：

①淋洗贮备液：分别称取19.078g碳酸钠和14.282g碳酸氢钠（均已在105℃烘干2h，干燥器中放冷），溶解于水中，移入1000ml容量瓶中，用水稀释到标线，摇匀。贮存于聚乙烯瓶中，在冰箱中保存。此溶液碳酸钠浓度为0.18mol/L；碳酸氢钠浓度为0.17mol/L。

②淋洗使用液：取10ml淋洗贮备液置于1000ml容量瓶中，用水稀释到标线，摇匀。此溶液碳酸钠浓度为0.0018mol/L；碳酸氢钠浓度为0.0017mol/L。

2）再生液 C（$1/2H_2SO_4$）=0.05mol/L：吸取1.39ml浓硫酸溶液于1000ml容量瓶中（瓶中装有少量水），用水稀释到标线，摇匀（使用新型离子色谱仪可不用再生液）。

3）氟离子标准贮备液，1000.0mg/L：称取2.2100g氟化钠（105℃烘干2h）溶于水，移入1000ml容量瓶中，加入10.00ml淋洗贮备液，用水稀释到标线。贮存于聚乙烯瓶中，置于冰箱中冷藏。

4）氯离子标准贮备液，1000.0mg/L：称取1.6485g氯化钠（105℃烘干2h）溶于水，移入1000ml容量瓶中，加入10.00ml淋洗贮备液，用水稀释到标线。贮存于聚乙烯瓶中，置于冰箱中冷藏。

5）亚硝酸根标准贮备液，1000.0mg/L：称取1.4997g亚硝酸钠（干燥器中干燥24h）溶于水，移入1000ml容量瓶中，加入10.00ml淋洗贮备液，用水稀释到标线。贮存于聚乙烯瓶中，置于冰箱中冷藏。

6）硝酸根标准贮备液，1000.0mg/L：称取 1.3708g 硝酸钠（105℃烘干 2h）溶于水，移入 1000ml 容量瓶中，加入 10.00ml 淋洗贮备液，用水稀释到标线。贮存于聚乙烯瓶中，置于冰箱中冷藏。

7）磷酸氢根标准贮备液，1000.0mg/L：称取 1.495g 磷酸氢二钠（干燥器中干燥 24h）溶于水，移入 1000ml 容量瓶中，加入 10.00ml 淋洗贮备液，用水稀释到标线。贮存于聚乙烯瓶中，置于冰箱中冷藏。

8）硫酸根标准贮备液，1000.0mg/L：称取 1.8142g 硫酸钾（105℃烘干 2h）溶于水，移入 1000ml 容量瓶中，加入 10.00ml 淋洗贮备液，用水稀释到标线。贮存于聚乙烯瓶中，置于冰箱中冷藏。

9）混合标准使用液：

①混合标准使用液Ⅰ：分别从六种阴离子标准贮备液 3)～8)项中吸取 5.00ml、10.00ml、20.00ml、40.00ml、50.00ml 和 50.00ml 于 1000ml 容量瓶中，加入 10.00ml 淋洗贮备液，用水稀释到标线。此混合溶液中氟离子、氯离子、亚硝酸根、硝酸根、磷酸氢根和硫酸根的浓度分别为 5.00mg/L、10.0mg/L、20.0mg/L、40.0mg/L、50.0mg/L 和 50.0mg/L。

②混合标准使用液Ⅱ：吸取 20.00ml 混合标准使用液Ⅰ于 100ml 容量瓶中，加入 1.00ml 淋洗贮备液，用水稀释到标线。此混合溶液中氟离子、氯离子、亚硝酸根、硝酸根、磷酸氢根和硫酸根的浓度分别为 1.00mg/L、2.00mg/L、4.00mg/L、8.00mg/L、10.0mg/L 和 10.0mg/L。

10）吸附树脂：50～100 目。

11）阳离子交换树脂：100～200 目。

12）弱淋洗液，C（$Na_2B_4O_7$）=0.005mol/L。

5. 仪器和设备

①离子色谱仪（具电导检测器）。

②色谱柱：阴离子分离柱和阴离子保护柱。

③微膜抑制器或抑制柱。

④记录仪、积分仪（或微机数据处理系统）。

⑤淋洗液或再生液贮存罐。

⑥微孔滤膜过滤器。

⑦预处理柱：预处理柱管内径为 6mm，长 90mm。上层填充吸附树脂（约 30mm 高），下层填充阳离子交换树脂（约 50mm 高）。预处理柱的制备见附录。

6. 样品的采集与保存

①水样采集后应经 0.45μm 微孔滤膜过滤，保存于清洁的玻璃瓶或聚乙烯瓶中。

②水样采集后应尽快分析，否则应在 4℃下存放，一般不加保存剂。

③样品的保存时间：

阴离子	容器材质	保存时间
F^- 和 Cl^-	玻璃瓶	48h

	聚乙烯瓶	1 个月
NO_2^-	玻璃瓶或聚乙烯瓶	48h
NO_3^-	玻璃瓶或聚乙烯瓶	24h
HPO_4^{2-}	玻璃瓶	48h
SO_4^{2-}	玻璃瓶或聚乙烯瓶	1 个月

7. 步骤

（1）色谱条件

①淋洗液浓度：碳酸钠 0.0018mol/L-碳酸氢钠 0.0017mol/L。

②再生液流速：根据淋洗液流速来确定，使背景电导达到最小值。

③电导检测器：根据样品浓度选择量程。

④进样量：25μl 淋洗液流速：1.0～2.0ml/min。

（2）校准曲线的制备

①根据样品浓度选择混合标准使用液 I 或 II，配制 5 个浓度水平的混合标准溶液，测定其峰高（或峰面积）。

②以峰高（或峰面积）为纵坐标，以离子浓度（mg/L）为横坐标，用最小二乘法计算校准曲线的回归方程，或绘制工作曲线。

（3）样品测定

①高灵敏度的离子色谱法一般用稀释的样品，对未知的样品最好先稀释 100 倍后进样，再根据所得结果选择适当的稀释倍数。

②对有机物含量较高的样品，应先用有机溶剂萃取除去大量有机物，取水相进行分析；对污染严重、成分复杂的样品，可采用预处理柱法同时去除有机物和重金属离子。

（4）空白试验

以试验用水代替水样，经 0.45μm 微孔滤膜过滤后进行色谱分析。

（5）标准曲线的校准

用标准样品对校准曲线进行校准。

8. 计算

按下式计算水中阴离子的浓度：

$$\text{阴离子（mg/L）} = \frac{h - h_0 - a}{b}$$

式中：h——水样的峰高（或峰面积）；

h_0——空白峰高测定值；

b——回归方程的斜率；

a——回归方程的截距。

9. 精密度和准确度

①统一样品的测定：七个实验室分别测定三个浓度的统一样品（重复测定次数 n=4），

得到方法的精密度和准确度数据，见表 3-2-1。

②实际样品的测定：七个实验室分别测定了地表水、饮用水、降水、地下水等实际水样和加标回收率。F^-的加标回收率在 88.2%～108.0%，相对标准偏差小于 14.0%；Cl^- 的加标回收率在 94.4%～109.1%，相对标准偏差小于 5.2%；NO_2^- 的加标回收率在 89.6%～113.1%，相对标准偏差小于 9.6%；NO_3^- 的加标回收率在 95.0%～111.5%，相对标准偏差小于 4.6%；HPO_4^{2-} 的加标回收率在 82.4%～118.1%，相对标准偏差小于 16.8%；SO_4^{2-} 的加标回收率在 86.7%～113.0%，相对标准偏差小于 8.1%。

表 3-2-1 方法的精密度和准确度

阴离子	统一样品(mg/L)	测定结果(mg/L)	重现性		再现性		相对误差(%)
			S_r	r	S'_R	R	
F^-	0.349	0.345	0.0071	0.20	0.026	0.074	-1.15
	0.698	0.703	0.013	0.038	0.038	0.107	0.72
	2.00	2.01	0.028	0.078	0.029	0.081	0.50
Cl^-	0.498	0.495	0.0082	0.023	0.012	0.035	-0.60
	0.096	1.00	0.024	0.067	0.025	0.071	0.40
	3.95	4.05	0.073	0.206	0.178	0.499	2.53
NO_2^-	0.381	0.364	0.0066	0.019	0.021	0.060	-4.46
	3.81	3.77	0.72	0.200	0.13	0.367	-1.05
	9.28	9.39	0.56	0.157	0.23	0.652	1.18
NO_3^-	2.01	2.00	0.022	0.063	0.036	0.101	-0.50
	4.02	4.03	0.037	0.103	0.088	0.248	0.25
	26.6	26.9	0.014	0.391	0.84	2.36	1.13
HPO_4^{2-}	1.55	1.53	0.025	0.080	0.035	0.098	-1.29
	7.75	7.66	0.12	0.330	0.19	0.524	-1.16
	38.7	38.5	0.32	0.906	1.27	3.55	-0.52
SO_4^{2-}	6.00	5.97	0.05	0.139	0.11	0.304	-0.50
	12.0	11.91	0.10	0.294	0.26	0.722	-0.75
	30.3	30.2	0.18	0.518	0.48	1.34	-0.33

10. 注意事项

①亚硝酸根不稳定，最好临用前现配。

②样品需经 0.45μm 微孔滤膜过滤，除去样品中颗粒物，防止系统堵塞。

③注意整个系统不要进气泡，否则会影响分离效果。

④不同型号的离子色谱仪可参照本法选择合适的色谱条件。

⑤在与绘制校准曲线相同的色谱条件下测定样品的保留时间和峰高（或峰面积）。

⑥在每个工作日或淋洗液、再生液改变时，或分析 20 个样品后，都要对校准曲线进行校准。假如任何一个离子的响应值或保留时间大于预期值的±10%时，必须用新的校准标样重新测定。如果其测定结果仍大于±10%时，则需要重新绘制该离子的校准曲线。

⑦对于污染严重的成分复杂的样品，预处理柱可有效去除水样中所含的油溶性有机物

和重金属离子，同时对所测定无机阴离子均不发生吸附。

⑧不被色谱柱保留或弱保留的阴离子干扰F^-或Cl^-的测定。如乙酸与F^-产生共淋洗，甲酸与Cl^-产生共淋洗。若这种共淋洗的现象显著，可改用弱淋洗液（0.005mol/L $Na_2B_4O_7$）进行洗脱。

⑨注意器皿的清洁，防止引入污染，干扰测定。

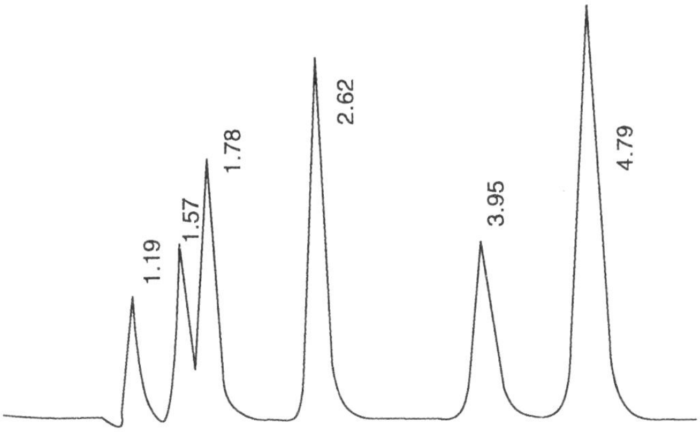

图 3-2-4 离子色谱标准谱图

保留时间单位	1.19	1.57	1.78	2.62	3.95	4.79
阴离子种类	F^-	Cl^-	NO_2^-	NO_3^-	HPO_4^{2-}	SO_4^{2-}
浓度(mg/L)	1.25	2.5	5.0	10.0	12.5	12.5

附录

1 样品预处理柱的制备

1.1 吸附树脂的净化

用丙酮浸泡吸附树脂（YXA05，50～100 目）24h，抽干后用甲醇盐酸溶液（1+1）浸泡 4h，过滤后用甲醇洗涤，再用去离子水洗至无氯离子。

1.2 阳离子交换树脂的净化

用甲醇浸泡阳离子交换树脂（Y2X8，100～120 目）24h，抽干后用 5%的盐酸溶液浸泡 4h，然后用去离子水洗至无氯离子。

1.3 装柱

首先在预处理柱的下部装入阳离子交换树脂(约 50mm 高)，然后再装入吸附树脂（约 30mm 高），柱床的两端和两层树脂之间填加一小团玻璃棉，用去离子水冲洗预处理柱，直至流出液无氯离子为止。

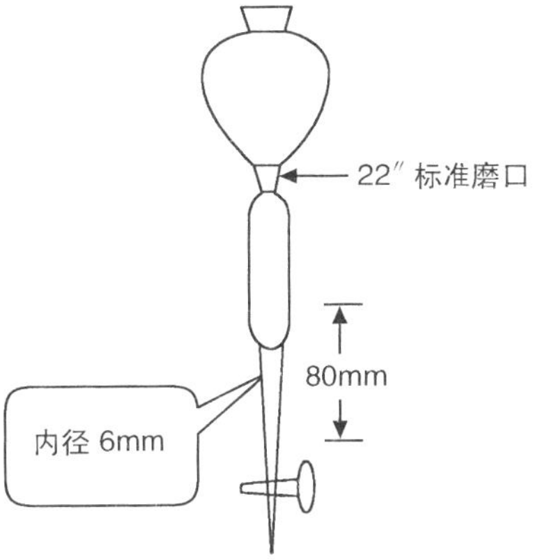

附图 1 预处理柱

2 预处理柱的再生

预处理柱可以连续处理水样，当吸附容量接近饱和时，用甲醇盐酸溶液（9+1）洗涤，再用去离子水洗净后又可继续使用。

（二）重量法（A）

1. 方法原理

硫酸盐在盐酸溶液中，与加入的氯化钡形成硫酸钡沉淀。在接近沸腾的温度下进行沉淀，并至少煮沸 20min，使沉淀陈化之后过滤，洗沉淀至无氯离子为止。烘干或者灼烧沉淀，冷却后，称硫酸钡的重量。

2. 干扰及消除

样品中包含悬浮物、硝酸盐、亚硫酸盐和二氧化硅可使结果偏高。碱金属硫酸盐，特别是碱金属硫酸氢盐常使结果偏低。铁和铬等能影响硫酸盐的完全沉淀，使测定结果偏低。

硫酸钡的溶解度很小，在酸性介质中进行沉淀，虽然可以防止碳酸钡和磷酸钡沉淀。但是酸度较大时也会使硫酸钡沉淀溶解度增大。

3. 方法的适用范围

本方法可用于测定地表水、地下水、咸水、生活污水及工业废水中硫酸盐。水样有颜色不影响测定。

本方法可测定硫酸盐含量 10mg/L（以 SO_4^{2-} 计）以上的水样。测定上限为 5000mg/L。

4. 仪器

①蒸汽浴或水浴。

②烘箱。

③马福炉。

④滤纸：酸洗并经过硬化处理、能阻留微细沉淀的致密无灰分滤纸（即慢速定量滤纸）。

⑤滤膜：孔径为 0.45μm。

⑥熔结玻璃坩锅 G4：约 30ml。

⑦铂蒸发皿：75ml。

5. 试剂

①（1+1）盐酸。

②100g/L 氯化钡溶液：将 100g±1g 二水合氯化钡（$BaCl_2 \cdot 2H_2O$）溶于约 800ml 水中，加热有助于溶解，冷却并稀释至 1L。此溶液能长期保持稳定，1ml 可沉淀约 40mg SO_4^{2-}。

③0.1%甲基红指示液。

④硝酸银溶液（约 0.1mol/L）：将 0.17g 硝酸银溶解于 80ml 水中，加 0.1ml 硝酸，稀释至 100ml。贮存于棕色试剂瓶中，避光保存。

⑤无水碳酸钠。

⑥（1+1）氨水。

（A）本方法与 GB 11899—89 等效。

6. 步骤

（1）沉淀

①移取适量经 0.45μm 滤膜过滤的水样（测可溶性硫酸盐）置于 500ml 烧杯中，加 2 滴甲基红指示液，用盐酸或氨水调至试液呈橙黄色，再加 2ml 盐酸，然后补加水使试液的总体积约为 200ml。加热煮沸 5min（此时若试液出现不溶物，应过滤后再进行沉淀），缓慢加入约 10ml 热的氯化钡溶液，直到不再出现沉淀，再过量 2ml。继续煮沸 20min，放置过夜，或在 50～60℃下保持 6h 使沉淀陈化。

②如果要回收和测定不溶物中的硫酸盐，则取适量混匀水样，经定量滤纸过滤。将滤纸转移到铂蒸发皿中，在低温燃烧器上加热灰化滤纸，并将 4g 无水碳酸钠同皿中残渣混合，于 900℃使混合物熔融。放冷，用 50ml 热水溶解熔融混合物，并全量转移到 500ml 烧杯中（洗净蒸发皿），将溶液酸化后再按前述方法进行沉淀。

③如果水样中二氧化硅及有机物的浓度能引起干扰（如 SiO_2 浓度超过 25mg/L），则应除去。方法是将水样分次置于铂蒸发皿中，在水浴上蒸发至近干，加 1ml 盐酸，将皿倾斜并转动使酸和残渣完全接触，并继续蒸发至干。再放入 180℃的炉内完全烘干（如果水样中含有机质，就在燃烧器的火焰上或者马福炉中加热使之炭化。然后用 2ml 水和 1ml 盐酸把残渣浸湿，再在蒸汽浴上蒸干）。加入 2ml 盐酸，用热水溶解可溶性的残渣，过滤。用几份少量的热水反复洗涤不溶的二氧化硅，将滤液和洗液合并，弃去残渣。滤液和洗液按上述方法进行沉淀。

（2）过滤

①用已经恒重过的烧结玻璃坩埚（G4）过滤沉淀。用带橡皮头的玻璃棒将烧杯中的沉淀完全转移到坩埚中去，用热水少量多次地洗涤沉淀直到没有氯离子为止。

②在含约 5ml 硝酸银溶液的小烧杯中检验洗涤过程中氯化物。收集约 5ml 的过滤洗涤水，如果没有沉淀生成或者不变浑浊，即表明沉淀中已不含氯离子。

③检验坩埚下侧的边沿上有无氯离子。

（3）干燥和称重

取下坩埚并在 105℃±2℃干燥 1～2h。然后将坩埚放在干燥器中，冷却至室温后，称重。再将坩埚放在烘箱中干燥 10min，冷却，称重，直到前后两次的重量差不大于 0.0002g 为止。

7. 计算

$$SO_4^{2-}(\text{mg/L}) = \frac{m \times 0.4115 \times 1000}{V}$$

式中：m——从试样中沉淀出来的硫酸钡的质量（mg）；

V——试液的体积（ml）；

0.4115——$BaSO_4$ 重量换算为 SO_4^{2-} 的系数。

要得到试样中硫酸盐的总浓度（即可溶以及不可溶态的），可将不溶物中的硫酸盐加上可溶态硫酸盐。

8. 注意事项

①使用过的烧结玻璃坩埚清洗：可用每升含 8g Na_2-EDTA 和 25ml 乙醇胺的水溶液将坩埚浸泡过夜，然后将坩埚在抽滤情况下用水充分洗涤。

②用少量无灰滤纸的纸浆与硫酸钡混合，能改善过滤效果并防止沉淀产生蠕升现象。在此种情况下，应将过滤并洗涤好的沉淀放在铂坩埚中，在 800℃灼烧 1h，放在干燥器中冷却至恒重。

③使用铂蒸发皿或铂坩埚前，应先查阅铂器皿使用的注意事项。

（三）铬酸钡光度法（B）

1. 方法原理

在酸性溶液中，铬酸钡与硫酸盐生成硫酸钡沉淀，并释放出铬酸根离子。溶液中和后多余的铬酸钡及生成的硫酸钡仍是沉淀状态，经过滤除去沉淀。在碱性条件下，铬酸根离子呈现黄色，测定其吸光度可知硫酸盐的含量。

2. 干扰及消除

水样中碳酸根也与钡离子形成沉淀。在加入铬酸钡之前，将样品酸化并加热以除去碳酸盐。

3. 方法的适用范围

本法适用于测定硫酸盐含量较低的清洁水样。

经取 13 个河、湖水样品进行检验，测定浓度范围为 8～85mg/L；相对标准偏差 0.15%～7%；加标回收率 97.9%～106.8%。

4. 仪器

①比色管：50ml。

②锥形瓶：250ml。

③加热及过滤装置。

④分光光度计。

5. 试剂

①铬酸钡悬浊液：称取 19.44g 铬酸钾（K_2CrO_4）与 24.44g 氯化钡（$BaCl_2 \cdot 2H_2O$），分别溶于 1L 蒸馏水中，加热至沸腾。将两溶液倾入同一个 3L 烧杯内，此时生成黄色铬酸钡沉淀。待沉淀下降后，倾出上层清液，然后每次用约 1L 蒸馏水洗涤沉淀，共需洗涤 5 次左右。最后加蒸馏水至 1L，使成悬浊液，每次使用前混匀。每 5ml 铬酸钡悬浊液可以沉淀约 48mg 硫酸根（SO_4^{2-}）。

②(1+1)氨水。

③2.5mol/L 盐酸溶液。

④硫酸盐标准溶液：称取 1.4786g 优级纯无水硫酸钠（Na_2SO_4）或 1.8141g 无水硫酸钾（K_2SO_4），溶于少量水，置 1000ml 容量瓶中，稀释至标线。此溶液 1.00ml 含 1.00mg 硫酸根（SO_4^{2-}）。

6. 步骤

①分取 50ml 水样，置于 150ml 锥形瓶中。

②另取 150ml 锥形瓶八个，分别加入 0、0.25、1.00、2.00、4.00、6.00、8.00 及 10.00ml 硫酸根标准溶液，加蒸馏水至 50ml。

③向水样及标准溶液中各加 1ml 2.5mol/L 盐酸溶液，加热煮沸 5min 左右。取下后再各加 2.5ml 铬酸钡悬浊液，再煮沸 5min 左右。

④取下锥形瓶，稍冷后，向各瓶逐滴加入（1+1）氨水至呈柠檬黄色，再多加 2 滴。

⑤待溶液冷却后，用慢速定性滤纸过滤，滤液收集于 50ml 比色管内（如滤液浑浊，应重复过滤至透明）。用蒸馏水洗涤锥形瓶及滤纸三次，滤液收集于比色管中，用蒸馏水稀释至标线。

⑥在 420nm 波长，用 10mm 比色皿测量吸光度，绘制校准曲线。

7. 计算

$$\text{硫酸盐}\ (SO_4^{2-},\text{mg/L}) = \frac{M}{V} \times 1000$$

式中：M——由校准曲线查得的 SO_4^{2-} 量（mg）；

V——取水样体积（ml）。

8. 精密度和准确度

硫酸盐浓度 93.83mg/L 的标准混合样品，经五个实验室分析，室内相对标准偏差为 0.52%；室间相对标准偏差为 3.17%，相对误差为 1.24%；加标回收率为 101.5%±12.4%。

（四）铬酸钡间接原子吸收法（A）

1. 方法原理

在弱酸性介质中，硫酸根与铬酸钡反应，释放出铬酸根，反应式如下：

$$SO_4^{2-} + BaCrO_4 = BaSO_4\downarrow + CrO_4^{2-}$$

然后往试液中加氨水和乙醇，进一步降低硫酸钡的溶解度。用 0.45μm 微孔滤膜过滤，取滤液用火焰原子吸收法测定铬，可间接求算硫酸根的含量。

2. 干扰及消除

在 10ml 水样中，K^+、Na^+、Ca^{2+}、NO_3^-、CO_3^{2-}(各 1000μg)，Mg^{2+}、Cu^{2+}、Cd^{2+}、Zn^{2+}、Fe^{3+}、Sr^{2+}、Ni^{2+}、NO_2^-、F^-(各 100μg)，$S_2O_3^{2-}$(50μg)，Al^{3+}(20μg)，Ag^+、S^{2-}(各 10μg)，

（A）本方法与 GB 13196—91 等效。

Ba^{2+}(5μg)，Cl^- (2000μg)不干扰 200μg SO_4^{2-} 的测定。

Pb^{2+}对SO_4^{2-}的测定产生负干扰，但 10μg 以下 Pb^{2+}的干扰可忽略。PO_4^{3-} 对SO_4^{2-} 的测定产生正干扰，但 10μg 以下 PO_4^{3-} 未见明显干扰。

3. 方法的适用范围

本法的最低检出浓度为 0.2mg/L，测定范围为 0.2～12mg/L，用于地表水、饮用水及较清洁工业废水中SO_4^{2-} 的分析。

4. 仪器及工作条件

①原子吸收分光光度计。
②铬空心阴极灯。
③抽滤装置。
④工作条件如下：
波长：359.3nm。
通带宽度：1.3nm。
火焰种类：空气-乙炔，富燃焰（黄色）。

5. 试剂

①硫酸根标准溶液：准确称取无水硫酸钠（Na_2SO_4，优级纯，在 105℃烘 2h）0.0740g，用水溶解，定容至 500ml。此溶液每毫升含SO_4^{2-} 100μg。

②铬酸钡悬浊液：称 0.5g 铬酸钡（$BaCrO_4$）溶于 200ml 混酸中，得悬浊液，贮于聚乙烯瓶中。

③混酸：浓盐酸 0.42ml，冰乙酸 14.7ml，混合，用水稀释至 200ml。

④氯化钙（$CaCl_2$）溶液：称 0.28g 氯化钙溶于 100ml 水中，此溶液每毫升含 Ca^{2+} 1mg。

⑤(1+1)氨水(新配制)。

⑥无水乙醇。

6. 步骤

（1）试液的制备

采样后立即用 0.45μm 滤膜抽滤除去悬浮物，贮于聚乙烯瓶中。视 SO^{2-}含量取 0.5～10ml 水样（SO_4^{2-}不超过 300μg）于 25ml 比色管中，加铬酸钡悬浊液 2ml，摇匀。放置 5min，加（1+1）氨水 1ml，氯化钙溶液 1ml，无水乙醇 8ml，加水至刻度，摇匀。放置 30min 后，用 0.45μm 滤膜抽滤于 10ml 干燥比色管中，待测。

（2）试液的测定

按仪器使用说明书调节仪器至最佳工作条件，测定试液的吸光度。

（3）校准曲线的绘制

于七支 25ml 比色管中，加入SO_4^{2-}标准溶液 0、0.50、1.00、1.50、2.00、2.50、3.00ml，以下操作同试液的制备。按试液的测定条件测定吸光度，并绘制吸光度-硫酸根量的校准曲线。

7. 计算

$$硫酸根（SO_4^{2-},mg/L）=\frac{m}{V}$$

式中：m——由校准曲线上查得SO_4^{2-}的量（μg）；

V——取水样的体积（ml）。

8. 精密度和准确度

八个实验室共测定了 21 种江、河、湖、库水和饮用水，SO_4^{2-}含量在 3.92～247mg/L 之间，六次平行测定的相对标准偏差小于 4.49%，回收率为 93.8%～110%。

用蒸馏水配制含硫酸根 4.83、10.5 和 25.7mg/L 的统一样品，经八个实验室分析，得室内相对标准偏差分别为 4.32%、3.88%、2.58%；室间相对标准偏差分别为 8.75%、5.71%、4.65%；相对误差分别为+3.21%、–2.86%、–1.95%。

9. 注意事项

所用（1+1）氨水应当天配制，否则会使空白值增大。

四、硼

硼（B）是植物生长的营养元素。植物种类不同，需硼量有很大差异。对一般作物来说，硼缺乏的临界浓度是 0.50mg/L，但灌溉用水含硼量超过 2.0mg/L 时，对某些植物又是有害的。天然水中含硼很少，其量一般不超过 1.0mg/L，这种浓度对人体是无害的，而在盐湖水、卤水及某些矿泉水中有少量或较高量的硼存在。作为饮用水要求硼含量不超过 1mg/L，因为人摄入大量硼会影响中枢神经系统，长期摄入可引起硼中毒的临床综合症状。

1. 方法选择

水中的硼含量低于 1mg/L，常采用光度法：姜黄素光度法，适用于 0.10～1.0mg/L 硼浓度范围（相当于 0.50～5.0mg/L HBO_2）。甲亚胺-H 酸光度法，适用于 0.10～5.0mg/L 硼浓度范围（相当于 0.50～10.0mg/L HBO_2）。在有条件的情况下，亦可选用简便、快速的等离子体发射光谱法。这里只对姜黄素光度法进行介绍。

2. 样品保存

水样应贮存在聚乙烯瓶中。

姜黄素光度法（B）

1. 方法原理

姜黄素（Curcumin）是由植物中提取的黄色色素，以酮型和烯醇型存在。

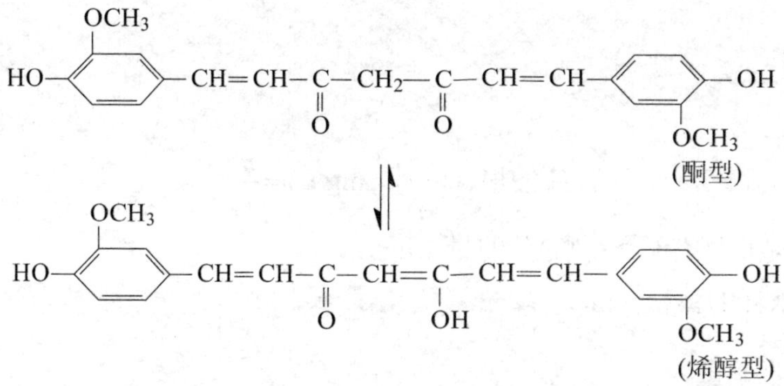

(酮型)

(烯醇型)

姜黄素不溶于水，但能溶于甲醇、丙酮和冰乙酸中呈黄色。在酸性介质中，与硼结合呈玫瑰红色的络合物，因反应条件不同可形成两种有色络合物，即玫瑰花青苷（Rosocyanin）和红色姜黄素（Rubrocurcumin）。前者是两个姜黄素分子和一个硼原子络合而成，检出灵敏度高（其摩尔吸光系数 $\varepsilon=1.80\times10^5$），最大吸收峰在 555nm，结构式如下：

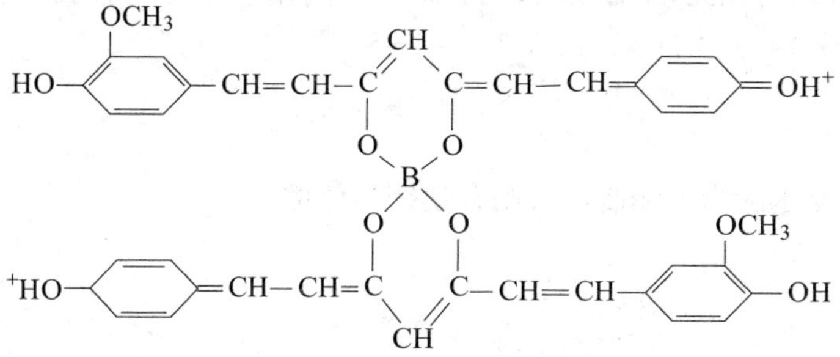

红色姜黄素则为一个姜黄素分子、一个草酸分子与硼的络合物，灵敏度较低（$\varepsilon=4.0\times10^4$），最大吸收峰在 540nm。玫瑰花青苷溶于乙醇后，在室温下 1～2h 稳定。

2. 干扰及消除

硝酸盐氮含量大于 20mg/L 时，产生干扰，必须除去。可取适量水样，加氢氧化钙使呈碱性后，在水浴上蒸发至干，再慢慢灼烧以破坏硝酸盐。再用一定量的 0.1mol/L 盐酸溶解残渣，并定容，吸取 1.00ml 溶液进行测定。当钙和镁的硬度超过 100mg/L（以 $CaCO_3$ 计）时，分析结果可能偏高，可将样品通过阳离子交换树脂消除去。经试验，10mg 的 Al^{3+}、Cu^{2+}、Fe^{3+}、K^+、Na^+、Mg^{2+}、Mn^{2+}、PO_4^{3-} 等对 1mg 的硼未见干扰。

3. 方法的适用范围

本方法的最低检出浓度为 0.02mg/L，测定上限为 1.0mg/L（相当于 5.0mg/L HBO_2），适用于饮用水、地表水、生活污水和废水中硼的测定。

4. 仪器

①分光光度计，10mm 比色皿。

②恒温水浴锅：温度为 55℃±3℃。

③聚乙烯烧杯：50ml。标准系列和水样所用全部蒸发皿，其大小、形状均应用相同，为塑料容器。

④搅棒：塑料棒或在玻璃棒外套以聚乙烯管，并使管端封闭，其长短和蒸发皿相适应。

5. 试剂

①硼标准贮备溶液：准确称取 1.4111g 硼酸（H_3BO_3）溶于去离子水中，转入 1000ml 容量瓶中并稀释至标线。此溶液每毫升含 1.00mg 的 HBO_2。

②硼标准使用溶液：由上述标准贮备溶液稀释 200 倍，即得每毫升含 0.005mg HBO_2，移入聚乙烯瓶中贮存。

③姜黄素-草酸溶液：称取 0.040g 姜黄素（$C_{21}H_{20}O_6$）和 5.0g 草酸（$H_2C_2O_4 \cdot 2H_2O$）于小烧杯内，用 95%乙醇分次溶于 100ml 容量瓶中，加入 4.2ml 6mol/L 盐酸溶液，以 95%乙醇定容，贮存在暗冷处。姜黄素容易分解，最好当天配制。

④95%乙醇。

6. 步骤

（1）样品预处理

对于含硼量为 0.10～1.0mg/L 的水样，取 1.00ml，若水样含硼量过高，则应先行稀释。若含硼量过低，可吸取较多的水样，移入蒸发皿中，加少许饱和氢氧化钙溶液，使之呈碱性后，在水浴上蒸发至干。加入适当体积（例如 5ml）的 0.1mol/L 盐酸溶液使溶解，吸取 1.00ml 进行测定。若水样浑浊，可过滤。

（2）样品测定

①显色：吸取 1.00ml 水样于 50ml 聚乙烯杯内，加入 4.0ml 姜黄素-草酸溶液，轻轻旋动聚乙烯杯使之混合，在 55℃±3℃的水浴上蒸发至完全干后，继续在水浴上保留 15min，取出冷却。用 95%乙醇将杯内固体物溶解，并用塑料棒擦洗杯壁，将溶液移入 25ml 容量瓶内，用 95%乙醇稀释至标线。

②测量：用 10mm 比色皿，在 540nm 波长处，以蒸馏水代替水样，以相同操作步骤进行的空白试液为参比，测量吸光度。用乙醇稀释至标线后，在 1h 内进行测定。

（3）校准曲线的绘制

分别吸取相当于每毫升含 HBO_2 0.005mg 的标准溶液 0、0.10、0.20、0.30、0.40、0.60、0.80、1.00ml 于 50ml 聚乙烯杯内，补加水至 1.0ml，以下按样品测定步骤进行显色和测量。

7. 计算

$$\text{硼（}HBO_2, mg/L) = \frac{m}{V} \times 1000$$

式中：m——由校准曲线查得的 HBO_2 量（mg）；

V——水样体积（ml）。

8. 精密度和准确度

对含 HBO_2 1.00mg/L 的天然水样，经五个实验室分析，得室内相对标准偏差为 1.91%；室间相对标准偏差为 5.84%，相对误差为 0.12%；加标回收率为 99.1%±14.6%。

9. 注意事项

①用本法测定硼时，应严格控制显色条件，姜黄素与硼结合形成玫瑰花青苷，需要在无水条件下进行，有水残存会使络合物颜色强度降低。显色时的蒸发条件，如蒸发速度和蒸发时的温度等因素都必须保持一致，否则重现性变差。蒸发至干后继续在同一温度下保持 15min，使脱水完全。蒸发和脱水时的常用温度是 55℃±3℃，温度更高时，可能导致硼的损失。

②硬质玻璃中常含有硼，试样的预处理和显色操作不能用含硼的玻璃器皿。所使用的玻璃器皿不应与试样溶液作长时间接触。用其他玻璃器皿时，应先进行全程序空白试验，用扣除空白的方法以消除玻璃器皿的影响。

③配制试剂用的水均需用石英蒸馏器重蒸馏过的水或用去离子水。

④蒸发皿从水浴上取下后，擦干皿外壁水迹，随即放于干燥器内，加乙醇定容，比色时再取出。蒸发皿不应长时间暴露在空气中，以免玫瑰花青苷因吸收空气中的水分而发生水解，使测定结果不准确。

⑤显色测定中，最好不要中途停顿，否则会使结果不准确。比色过程中，由于乙醇的蒸发损失，使溶液的吸光度值发生改变，故测定应尽可能迅速，或使用带盖的比色皿。

五、游离氯和总氯

游离氯又称为游离余氯（活性游离氯、潜在游离氯），以次氯酸、次氯酸盐离子和单质氯的形式存在于水体中。总氯又称为总余氯，即游离氯和氯胺、有机氯胺类等化合氯的总称。

氯以单质或次氯酸盐形式加入水中后，经水解生成游离氯，包括含水分子氯、次氯酸和次氯酸盐离子等形式，其相对比例决定于水的 pH 和温度，在一般水体的 pH 下，主要是次氯酸和次氯酸盐离子。

游离氯与铵和某些含氮化合物起反应，生成化合氯。氯与铵反应生成氯胺：一氯胺、二氯胺和三氯化氮。游离氯与化合氯二者能同时存在于水中。经氯化过的污水和某些工业废水的出水，通常只含有化合氯。

水中氯的来源主要是饮用水或污水中加氯以杀灭或抑制微生物；电镀废水中加氯分解有毒的氰化物。

氯化作用产生不利的影响是可使含酚的水产生氯酚，还可生成有机氯化合物，对人体十分有害，并可因存在化合氯而对某些水生物产生有害作用。

1. 方法选择

碘量滴定法适用于测定总氯含量＞1mg/L 的水样。以 DPD 为指示剂，用硫酸亚铁铵溶液进行滴定，可分别测定游离氯、一氯胺、二氯胺和三氯化氮。当含量较低时，还可采用 DPD（N, N-二乙基-1, 4-苯二胺）比色法。

2. 水样的采集与保存

氯在水中很不稳定，尤其含有有机物或其他还原性无机物时，更易分解而消失。因此，应在采集现场进行测定。

（一）碘量法（C）

1. 方法原理

氯在酸性溶液中与碘化钾作用，释放出定量的碘，再用硫代硫酸钠标准溶液滴定。

$$2KI+2CH_3COOH \longrightarrow 2CH_3COOK+2HI$$

$$2HI+HOCl \longrightarrow I_2+HCl+H_2O$$

$$（或者\ 2HI+Cl_2 \longrightarrow 2HCl+I_2）$$

$$I_2+2Na_2S_2O_3 \longrightarrow 2NaI+Na_2S_4O_6$$

本法测定值为总氯，包括 HOCl、OCl^-、NH_2Cl 和 $NHCl_2$ 等。

2. 干扰及消除

水中如含有亚硝酸盐（如水中有游离氯则不可能存在，如采用氯胺消毒则可能存在）、高铁和锰，能在酸性溶液中与碘化钾作用，并释出碘而产生正干扰。由于本法采用乙酸盐缓冲液，酸度为 pH3.5～4.2 时，可减低上述物质的干扰作用。此时，亚硝酸盐和高铁含量高达 5mg/L 也不干扰测定。

3. 方法的适用范围

本法适用于生活用水的测定。

4. 仪器

碘量瓶：250～300ml。

5. 试剂

①碘化钾（要求不含游离碘及碘酸钾）。

②（1+5）硫酸溶液。

③重铬酸钾标准溶液（1/6 $K_2Gr_2O_7$=0.0250mol/L）：称取 1.2259g 优级纯重铬酸钾，溶于水中，移入 1000ml 容量瓶中，用水稀释至标线。

④0.05mol/L 硫代硫酸钠标准溶液：称取约 12.5g 硫代硫酸钠（$Na_2S_2O_3 \cdot 5H_2O$），溶于已煮沸放冷的水中，稀释至 1000ml。加入 0.2g 无水碳酸钠，贮于棕色瓶内，溶液可保存数月。

标定：用无分度吸管吸取 20.00ml 重铬酸钾标准溶液于碘量瓶中，加入 50ml 水和 1g 碘化钾，再加 5ml（1+5）硫酸溶液混匀。静置 5min 后，用硫代硫酸钠标准溶液滴定至淡黄色时，加入 1ml 1%淀粉溶液，继续滴定至蓝色消失为止（注意：此时应带淡绿色，因为含有 Cr^{3+}），记录用量。

硫代硫酸钠标准溶液浓度按下式计算：

$$\frac{C \times 20.00}{V}$$

式中：C——重铬酸钾标准溶液浓度（mol/L）；

20.00——吸取重铬酸钾标准溶液的体积（ml）；

V——待标定硫代硫酸钠标准溶液用量（ml）。

⑤0.0100mol/L 硫代硫酸钠标准溶液：把已标定的 0.05mol/L 硫代硫酸钠标准溶液，用煮沸放冷的水稀释 5 倍。

⑥1%淀粉溶液。

⑦乙酸盐缓冲溶液（pH4）：称取 146g 无水乙酸钠溶于水中，加入 457ml 冰乙酸，用水稀释至 1000ml。

6. 步骤

①移取 100ml 水样（如含量小于 1mg/L 时，可取 200ml 水样）于 300ml 碘量瓶内，加入 0.5g 碘化钾和 5ml 乙酸盐缓冲溶液。

②自滴定管加入 0.0100mol/L 硫代硫酸钠标准溶液至变成淡黄色，加入 1ml 淀粉溶液，继续滴定至蓝色消失，记录用量。

7. 计算

$$总氯(Cl_2, mg/L) = \frac{C \cdot V_1 \times 35.46 \times 1000}{V}$$

式中：C——硫代硫酸钠标准滴定溶液浓度（mol/L）；

V_1——硫代硫酸钠标准滴定溶液用量（ml）；

V——水样体积（ml）；

35.46——总余氯（Cl_2）摩尔质量（g/mol）。

8. 注意事项

水样加入 5ml 乙酸盐缓冲溶液后，pH 应为 3.5～4.2。如大于此 pH，应继续调 pH 至 4，然后再进行滴定。

（二）N, N-二乙基-1, 4-苯二胺　硫酸亚铁铵滴定法（A）

1. 方法原理

游离氯在 pH 为 6.2～6.5 与 N, N-二乙基-1, 4-苯二胺（DPD）直接反应生成红色化合物。用硫酸亚铁铵标准滴定液滴定至红色消失。

2. 干扰及消除

①氧化锰和化合氯都有干扰，可单独测定，并在结果计算中予以校正。

（A）本方法与 GB 11897—89 等效。

②其他氧化剂也有干扰，如溴、碘、溴化铵、碘化铵、臭氧、过氧化氢、铬酸盐、亚硝酸盐、三价铁离子和铜离子。常会遇到的二价铜离子（>8mg/L）和三价铁离子（>20mg/L）的干扰，可被配入缓冲液和DPD试液中的Na_2-EDTA所掩蔽，铬酸盐的干扰可加入氯化钡消除。

3. 方法的适用范围

本方法可应用的含游离氯（Cl_2）浓度范围为0.03～5mg/L，在较高浓度时需稀释样品。若测定总氯可在过量碘化钾存在时进行滴定。

本方法适用于经加氯（或漂白粉等）处理的饮用水、医院污水、造纸废水、印染废水等的测定。

4. 仪器

①微量滴定管：全量5ml和0.02ml分度。

②无分度吸管：100ml。

5. 试剂

分析中使用的试剂均为分析纯级。

1）水，不含氯和还原性物质的水：去离子水或蒸馏水经氯化至约0.14m mol/L（10mg/L）的水平，储存在密闭的玻璃瓶中约16h，再暴露于紫外线或阳光下数小时，或用活性炭处理使之脱氯，按下述步骤检验其质量。

将待检查的水加入到两个250ml锥形瓶中。

①第一个，100ml待测水和约1g碘化钾[下述4）]，混匀。1min后，加入5.0ml缓冲溶液[下述2）]和5.0ml DPD试液[下述3）]；

②第二个，100ml待测水和2滴次氯酸钠溶液[下述8）]。2min后，加入5.0ml缓冲溶液和5.0ml DPD试液。

第一个瓶中不应显色，第二个瓶中应显粉红色。

2）缓冲溶液，pH6.5：在水中依次溶解24g无水磷酸氢二钠（Na_2HPO_4），或60.5g十二水合磷酸氢二钠（$Na_2HPO_4 \cdot 12H_2O$）和46g磷酸二氢钾（KH_2PO_4）。加入100ml浓度为8g/L的二水合EDTA二钠（$C_{10}H_{14}N_2O_8Na_2 \cdot 2H_2O$）或0.8g固体。必要时，加入0.020g氯化汞防霉菌繁殖及试剂内痕量碘化物对游离氯检验的干扰。稀释至1000ml，混匀。

注意：汞盐剧毒，应安全处理。

3）N，N-二乙基-1，4-苯二胺硫酸盐（DPD）（$NH_2-C_6H_4-N(C_2H_5)_2 \cdot H_2SO_4$）溶液，1.1g/L：将250ml水，2ml硫酸（ρ=1.84g/ml）和25ml的8g/L的二水合EDTA二钠溶液（或0.2g固体）混合，溶解1.1g无水DPD硫酸盐（或1.5g五水合物），或1g DPD草酸盐于此混合液中，稀释至1000ml，混匀。试液装在棕色瓶内，于冰箱内保存。一个月后，如溶液变色，应重配。

4）碘化钾：晶体。

5）硫酸亚铁铵贮备液：$C((NH_4)_2Fe(SO_4)_2 \cdot 6H_2O)$=56m mol/L。

配制：溶解22g六水合硫酸亚铁铵于含有5ml硫酸（ρ=1.84g/ml）的水中，移入1000ml

容量瓶内，加水至标线，混匀。存放在棕色瓶中。经常按下述步骤标定此溶液。如需大量测定，应每天标定一次。

标定：向 250ml 锥形瓶中，放入 50.0ml 贮备液，50ml 水，5ml 正磷酸（ρ=1.71g/ml）和 4 滴二苯胺磺酸钡指示液。用重铬酸钾标准参考溶液滴定到出现深紫色，再加入重铬酸钾溶液后颜色保持不变时为终点。此溶液的浓度以每升含氯（Cl_2）毫摩尔数表示，按下式计算：

$$C_1 = \frac{C_2 V_2}{2V_1}$$

式中：C_2——重铬酸钾标准参考溶液[下述 10）]的浓度（m mol/L）；

V_2——滴定消耗重铬酸钾标准参考溶液[下述 10）]的体积（ml）；

V_1——硫酸亚铁铵贮备溶液的体积（ml）；

2——2mol Fe^{2+}还原 1mol Cl_2 的化学计量系数。

注：如 V_2 小于 22ml，应重配一新鲜的贮备液。

6）硫酸亚铁铵标准滴定溶液，$C((NH_4)_2Fe(SO_4)_2 \cdot 6H_2O)$=2.8m mol/L：取 50.0ml 新标定的贮备液于 1000ml 容量瓶内，加水至标线，混匀，存于棕色瓶内。应每月标定一次。如需大量测定，应每天配制。

以每升含氯（Cl_2）毫摩尔数表示，此溶液的浓度 C_3 按下式计算：

$$C_3 = \frac{C_1}{20}$$

7）亚砷酸钠（$NaAsO_2$）溶液 2g/L，或硫代乙酰胺（CH_3CSNH_2）溶液 2.5g/L。

8）次氯酸钠溶液（商品名，安替福民），含 Cl_2 约 0.1g/L 由浓溶液稀释而成。

9）二苯胺磺酸钡指示液，3g/L：溶解 0.3g 二苯胺磺酸钡($(C_6H_5-NH-C_6H_4-SO_3)_2Ba$)于 100ml 水中。

10）重铬酸钾标准参考溶液，C（1/6 $K_2Cr_2O_7$）=100mmol/L：准确称取（在 105℃烘干 2h 以上）4.904g 研细的重铬酸钾，溶于水，移入 1000ml 容量瓶中，加水至标线，混匀。

6. 步骤

（1）试样

采样后，立即测定，自始至终避免强光、振摇和温热。

测定水样：取试样 100ml 两个作为测定水样（V_0），如总氯（Cl_2）超过 70μ mol/L（5mg/L）需取较小体积试样，用水稀释至 100ml。

（2）游离氯的测定

在 250ml 锥形瓶中，迅速依次加入 5.0ml 缓冲液，5.0ml DPD 试剂和第一个测定水样，混匀。立即用硫酸亚铁铵标准溶液滴定至无色为终点。记录滴定消耗溶液体积 V_3 的毫升数。

注：对于酸性或碱性很强，或者高盐类水样，应增加缓冲液用量，使水样达到 pH6.2～6.5。为准确取得结果，控制 pH 十分重要。在 pH6.2～6.5，产生的红色可准确地表现游离氯的浓度。如 pH 太低，往往使总氯中一氯胺在游离氯测定时出现颜色；又如 pH 太高，会由于溶解氧产生颜色。

（3）总氯的测定

在 250ml 锥形瓶中，迅速加入 5.0ml 缓冲液，5.0ml DPD 试液，加入第二个测定水样和约 1g 碘化钾，混匀。2min 后，用硫酸亚铁铵标准溶液至无色为终点，如在 2min 内观察到粉红色再现，继续滴定到无色作为终点。记录滴定消耗溶液体积 V_4 的毫升数。

注：对于酸性或碱性很强，或者高盐类水样，应增加缓冲液用量，使水样 pH 达到 6.2～6.5。

（4）校正氧化锰及六价铬的干扰

①进行补充测定，向测定水样中预先加入亚砷酸钠或硫代乙酰胺溶液，消除不包括氧化锰和六价铬的所有氧化物，以便确定氧化锰和六价铬的影响。

②取 100ml 测定水样于 250ml 锥形瓶中，加入 1ml 亚砷酸钠或硫代乙酰胺溶液，混匀。再加入 5.0ml 缓冲液和 5.0ml DPD 溶液，在氧化锰干扰的情况下，立即用硫酸亚铁铵标准滴定溶液滴定至无色为终点。30min 后，滴定六价铬的干扰。记录滴定消耗溶液体积 V_5 的毫升数，相当于氧化锰和六价铬的干扰。

7. 计算

（1）游离氯的计算

以毫摩尔/升表示的游离氯浓度 C（Cl_2）按下式计算：

$$C(Cl_2)=\frac{C_3(V_3-V_5)}{V_0}\times\frac{1}{2}$$

式中：C_3——硫酸亚铁铵标准溶液的浓度以 Cl_2 表示（m mol/L）；

V_0——测定水样的体积（ml）；

V_3——在测定游离氯时消耗硫酸亚铁铵标准溶液的体积（ml）；

V_5——校正氧化锰和六价铬干扰时消耗硫酸亚铁铵标准滴定溶液的体积（ml），如不存在氧化锰和六价铬时，V_5=0 ml。

（2）总氯的计算

以毫摩尔/升表示的总氯浓度 C（Cl_2）按下式计算：

$$C(Cl_2)=\frac{C_3(V_4-V_5)}{V_0}\times\frac{1}{2}$$

式中：V_4——在测定总氯时消耗硫酸亚铁铵标准溶液的体积（ml）。

（3）物质的浓度换算

以 m mol/L 表示的氯（Cl_2）浓度，乘以 70.91 换算为 mg/L。

8. 精密度和准确度

本方法测定 5 份含游离氯 60.06～13.9mmol/L 的饮用水，相对标准偏差是 0.9%～1.5%；测定游离氯含量为 4.80～33.1mmol/L 的医院污水、造纸和印染废水，相对标准偏差在 0.8%～3.1%。八个实验室对 42 种饮用水和废水的加标回收率范围是 91.1%～104.0%。

9. 注意事项

①在标定硫酸亚铁铵贮备液时，当被滴定液由无色变绿色再变亮绿色时，即表示已近滴定终点。此时，应暂停滴定并用力摇动被滴定液后，再继续滴定至显现灰紫色（或灰绿色）为终点。

②样品中的游离氯极不稳定，测定应在采样现场立即进行，并自始至终避免强光、振

摇和温热。

③滴定至终点后的无色样品，如在放置短时间后又显红色，则可能是溶液的 pH 偏高而使 DPD 被溶解氧所氧化。此时应检查缓冲液是用量不够还是已经变质，并作相应处理。若因样品中含有较高浓度的一氯胺逐渐分解起反应所致，在这种情况下，对于 1min 后的再次显色将不影响测定结果。

④由于温度较高时会促使氯胺起反应，并加快指示剂的褪色过程，滴定应避免在较高的室温下进行，必要时可将试样置冰水中预先冷却，并加快滴定速度，整个滴定过程在 2min 内完成为宜。

附录 A

一氯胺、二氯胺和三氯化氮三种形式化合氯的分别测定

A1 适用范围

本附录规定区分一氯胺、二氯胺和三氯化氮三种形式化合氯的方法。本法适用范围与游离氯和总氯浓度相同。

A2 原理

在测定游离氯和总氯后，滴定另外两个水样：

①在第三个水样中，加少量碘化钾，反应局限于游离氯和化合氯中的一氯胺。

②在第四个水样中，加入缓冲液和 DPD 试液前，先加少量碘化钾。此时，游离氯、化合氯中的一氯胺及三氯化氮的一半发生反应。

化合氯中的二氯胺在上述两种情况下都不反应。计算化合氯中一氯胺、二氯胺和三氯化氮的浓度。

A3 试剂

碘化钾溶液，5g/L。临用的当天配制，装在棕色瓶中，其余试剂同本节的方法（二）。

1. 步骤

（1）游离氯和化合氯中一氯胺的测定

向 250ml 锥形瓶中迅速依次加入 5.0ml 缓冲液，5.0ml DPD 溶液，第三个水样和 2 滴（约 0.1ml）碘化钾溶液或很小一粒碘化钾晶体（约 0.5mg），混匀，立即用硫酸亚铁铵标准溶液滴定至无色为终点。记录消耗溶液体积 V_6 的毫升数。

（2）游离氯、化合氯中一氯胺和三氯化氮一半的测定

向 250ml 烧杯中，依次加入第四个水样，2 滴（约 0.1ml）碘化钾溶液或很小一粒碘化钾晶体（约 0.5mg），混匀。在 1min 内，把烧杯中溶液倒入含 5.0ml 缓冲液和 5.0ml DPD 试液的 250ml 锥形瓶中，立即用硫酸亚铁铵标准溶液滴定至无色为终点。记录消耗溶液体积 V_7 的毫升数。

2. 计算

（1）一氯胺的计算

以 mmol/L 表示的化合氯中一氯胺浓度 $C(Cl_2)$按下式计算：

$$C(Cl_2)=\frac{C_3(V_6-V_3)}{V_0}$$

式中：V_6——在测定中消耗硫酸亚铁铵标准溶液的体积（ml）。

（2）二氯胺的计算

以 mmol/L 表示的化合氯中二氯胺浓度 $C(Cl_2)$按下式计算：

$$C(Cl_2)=\frac{C_3(V_4-V_7)}{V_0}$$

式中：V_7——在测定中消耗硫酸亚铁铵标准溶液的体积（ml）。

（3）三氯化氮的计算

以 mmol/L 表示的化合氯中三氯化氮浓度 $C(Cl_2)$按下式计算：

$$C(Cl_2)=\frac{2C_3(V_7-V_6)}{V_0}$$

（4）以 mmol/L 表示的氯（Cl_2）浓度乘以 70.91 即换算为 mg/L。

（三）N, N-二乙基-1, 4-苯二胺光度法（A）

1. 方法原理

游离氯在 pH6.2～6.5 与 N, N-二乙基-1, 4-苯二胺（DPD）直接反应生成红色化合物，用光度法进行测定。

2. 干扰及消除

见本节方法（二）的干扰及消除。

3. 方法的适用范围

本方法可测定的含氯浓度范围为 0.05～1.5mg/L 游离氯。超过上限浓度的样品可稀释后测定。

本方法适用于经加氯（或漂白粉等）处理的饮用水、医院污水、造纸废水、印染废水等的监测。

4. 仪器

①容量瓶：100ml。

②分光光度计：适用于 510nm 和配备有光程长 10mm 或更长的比色皿。

5. 试剂

1）硫酸溶液（H_2SO_4=1mol/L）：取 800ml 水，并于不断搅拌下小心地加入 54ml 硫酸（ρ=1.84g/ml），冷至室温并稀释至 1000ml。

2）氢氧化钠溶液（2mol/L）：称取 80g 氢氧化钠颗粒加至锥形烧瓶内的 800ml 水中。不断搅拌至所有颗粒完全溶解，待溶液冷至室温后稀释至 1000ml。

（A）本方法与 GB 11898—89 等效。

3）碘酸钾贮备液（1.006g/L）：称取于120～140℃烘干2h的优级纯碘酸钾1.006g，溶解于水，移入1000ml容量瓶内，加水至标线，混匀。

4）碘酸钾标准溶液（10.06mg/L）：吸取10.00ml贮备液置1000ml容量瓶中，加入约1g碘化钾并加水至标线。使用当天配制此溶液，置棕色瓶中备用。

1ml此标准溶液含10.06μg碘酸钾，相当于10.0μg氯（Cl_2）。

5）缓冲溶液（pH6.5）、DPD溶液、碘化钾晶体、次氯酸钠溶液、二苯胺磺酸钡指示剂分别与本节方法（二）中试剂2）～4）、8）和9）相同。

6. 步骤

（1）试样的制备

检查水样是否近中性，如偏酸或偏碱，用稀碱液或稀酸液中和，或在下一步操作中增大缓冲液的用量。

（2）校准曲线的绘制

向一系列100ml比色管中，分别加入碘酸钾标准溶液0、0.50、1.00、3.00、5.00、10.00、15.00ml，加水至50ml。加入1.0ml硫酸溶液，并于1min后加入1.0ml氢氧化钠溶液，用水稀释至标线。各管分别转移至在不超过1min前加入5ml缓冲液和5ml DPD试剂的第二个100ml比色管中，混匀（见注）。然后将各配制好的标准溶液相继移入10mm比色皿，并在2min内，以水为参比，于510nm波长下测量吸光度。最后绘制校准曲线。

注：分别制备各个标准溶液并立即测量，以免缓冲液和DPD的混合液在操作过程中放置过久而出现虚假的红色。

（3）测量

取试样100ml（如游离氯浓度超过1.5mg/L则取较小体积试样，并稀释至100.0ml），移至预先加入5ml缓冲液和5ml DPD试剂的100ml比色管中，混匀。将此溶液注入比色皿，并立即按与校准曲线相同条件测量吸光度。记录从校准曲线上读取的浓度（C_1）。

（4）干扰校正

为校正氧化锰的干扰，置100ml试样于250ml锥形瓶中，加入1ml亚砷酸钠溶液或硫代乙酰胺溶液，混匀，再加入5.0ml缓冲液和5.0ml DPD试剂，混匀。将此溶液注入比色皿，并立即按与校准曲线相同条件进行测量。记录从校准曲线读取的氧化锰相当于氯的浓度（C_2）。

7. 计算

$$\text{游离氯}（Cl_2, mg/L）= \frac{(C_1 - C_2)V_0}{V_1}$$

式中：C_1——测定试样所得氯的浓度（mg/L）；

C_2——氧化锰相当于氯的浓度（mg/L），如不存在氯化锰，C_2=0；

V_0——试样最大体积（V_0=100ml）；

V_1——试样中含原水样体积（ml）。

上述以毫克/升（mg/L）表示的氯（Cl_2）浓度，可乘以转换系数0.0141而表示为毫摩尔/升（mmol/L）。

8. 精密度和准确度

①室内精密度：八个实验室共10个组分析7种类型共81个含量范围在0.055～1.35mg/L的样品，所得实验室内相对标准偏差在0.4%～8.5%范围内。

②加标回收率：八个实验室共10个组分析包括饮用水、医院污水、造纸废水、印染废水等在内的、浓度范围为0.055～1.44mg/L的49种样品的加标回收率为92.0%～110.6%；平均回收率为100.0%；其95%的置信区间为88.1%～111.7%。

9. 注意事项

①当样品混浊或有色将影响光度法测定时，不可过滤或脱色，以免游离氯损失。此时可采用补偿法，即以纯水代替DPD试剂加入试样作为空白，或者以水样作参比将光度计调零后再测试样，以补偿其干扰影响。

②当样品含游离氯浓度较高时，加入的DPD试剂所显深红色很快就褪尽，这是因为被氧化而显色的试剂随即又被游离氯漂白，此时应将样品稀释后再测定。

③含有机物较多的样品如医院污水等，测定时其显色完全时间较长，操作时除非使用记录式光度计，应相继进行多次测量，以便选取显色相对稳定后的测量值。

④盛过显色液的比色皿必要时应处理，常用处理方法是先用（1+1）的乙醇-10%盐酸荡洗，再用水充分洗涤干净。

⑤测量波长除510nm外，经用记录式光度计对显色液进行自动扫描，发现在550nm处另有一相似吸收峰，而在325nm紫外线下有大约高出一倍的吸收峰，这特别适合于测定浓度较低和有一定底色的样品。

⑥水样中游离氯极不稳定，应在采样现场立即测定，并自始至终避免强光、振摇和温热。

⑦应使用不含氯和还原性物质的纯净水。

六、氯化物

氯化物（Cl^-）是水和废水中一种常见的无机阴离子。几乎所有的天然水中都有氯离子存在，它的含量范围变化很大。在河流、湖泊、沼泽地区，氯离子含量一般较低，而在海水、盐湖及某些地下水中，含量可高达数十克/升。在人类的生存活动中，氯化物有很重要的生理作用及工业用途。正因为如此，在生活污水和工业废水中，均含有相当数量的氯离子。

若饮水中氯离子含量达到250mg/L，相应的阳离子为钠时，会感觉到咸味；水中氯化物含量高时，会损害金属管道和构筑物，并妨碍植物的生长。

1. 方法选择

测定氯化物的方法较多，其中：离子色谱法是目前国内外最为通用的方法，简便快速。硝酸银滴定法、硝酸汞滴定法所需仪器设备简单适合于清洁水测定，但硝酸汞滴定法使用的汞盐剧毒，因此这里不作推荐。电位滴定法和电极流动法适合于测定带色或污染的水样，在污染源监测中使用较多。同时把电极法改为流通池测量，可保证电极的持久使用，并能提高测量精度。

2. 样品保存

采集代表性水样，置于玻璃瓶或聚乙烯瓶内。存放时不必加入特别的保存剂。

（一）离子色谱法（B）

见硫酸盐的测定方法（一）。

（二）硝酸银滴定法（A）

1. 方法原理

在中性或弱碱性溶液中，以铬酸钾为指示剂，用硝酸银滴定氯化物时，由于氯化银的溶解度小于铬酸银，氯离子首先被完全沉淀后，铬酸根才以铬酸银形式沉淀出来，产生砖红色物质，指示氯离子滴定的终点。沉淀滴定反应如下：

$$Ag^{+}+Cl^{-}\longrightarrow AgCl\downarrow$$

$$2Ag^{+}+CrO_4^{2-}\longrightarrow Ag_2CrO_4\downarrow$$

铬酸根离子的浓度与沉淀形成的快慢有关，必须加入足量的指示剂。且由于有稍过量的硝酸银与铬酸钾形成铬酸银沉淀的终点较难判断，所以需要以蒸馏水作空白滴定，以作对照判断（使终点色调一致）。

2. 干扰及消除

饮用水中含有的各种物质在通常的数量下不产生干扰。溴化物、碘化物和氰化物均能起与氯化物相同的反应。

硫化物、硫代硫酸盐和亚硫酸盐干扰测定，可用过氧化氢处理予以消除。正磷酸盐含量超过 25mg/L 时发生干扰；铁含量超过 10mg/L 时使终点模糊，可用对苯二酚还原成亚铁消除干扰；少量有机物的干扰可用高锰酸钾处理消除。

废水中有机物含量高或色度大，难以辨别滴定终点时，采用加入氢氧化铝进行沉降过滤法去除干扰。

3. 方法的适用范围

本法适用于天然水中氯化物测定，也适用于经过适当稀释的高矿化废水（咸水、海水等）及经过各种预处理的生活污水和工业废水。

本法适用的浓度范围为 10～500mg/L。高于此范围的样品，经稀释后可以扩大其适用范围。低于 10mg/L 的样品，滴定终点不易掌握，建议采用离子色谱法。

4. 仪器

①锥形瓶，150ml。

②棕色酸式滴定管，50ml。

（A）本方法与 GB 11896—89 等效。

5. 试剂

①氯化钠标准溶液（NaCl=0.0141mol/L）：将基准试剂氯化钠置于坩埚内，在500～600℃加热40～50min。冷却后称取8.2400g溶于蒸馏水，置1000ml容量瓶中，用水稀释至标线。吸取10.0ml，用水定容至100ml，此溶液每毫升含0.500mg氯化物（Cl^-）。

②硝酸银标准溶液（$AgNO_3$≈0.0141mol/L）：称取2.395g硝酸银，溶于蒸馏水并稀释至1000ml，贮存于棕色瓶中。用氯化钠标准溶液标定其准确浓度，步骤如下：

吸取25.0ml氯化钠标准溶液置锥形瓶中，加水25ml。另取一锥形瓶，取50ml水作为空白。各加入1ml铬酸钾指示液，在不断摇动下用硝酸银标准溶液滴定，至砖红色沉淀刚刚出现。

③铬酸钾指示液：称取5g铬酸钾溶于少量水中，滴加上述硝酸银至有红色沉淀生成，摇匀。静置12h，然后过滤并用水将滤液稀释至100ml。

④酚酞指示液：称取0.5g酚酞，溶于50ml 95%乙醇中，加入50ml水，再滴加0.05mol/L氢氧化钠溶液使溶液呈微红色。

⑤硫酸溶液（1/2 H_2SO_4）：0.05mol/L。

⑥0.2%氢氧化钠溶液：称取0.2g氢氧化钠，溶于水中并稀释至100ml。

⑦氢氧化铝悬浮液：溶解125g硫酸铝钾($KAl(SO_4)_2 \cdot 12H_2O$）于1L蒸馏水中，加热至60℃，然后边搅拌边缓缓加入55ml氨水。放置约1h后，移至一个大瓶中，用倾泻法反复洗涤沉淀物，直到洗涤液不含氯离子为止。加水至悬浮液体积约为1L。

⑧30%过氧化氢（H_2O_2）。

⑨高锰酸钾。

⑩95%乙醇。

6. 步骤

（1）样品预处理

若无以下各种干扰，此预处理步骤可省去。

①水样带有颜色，则取150ml水样，置于250ml锥形瓶内，或取适当的水样稀释至150ml。加入2ml氢氧化铝悬浮液，振荡过滤，弃去最初20ml滤液。

②水样有机物含量高或色度大，用①法不能消除其影响时，可采用蒸干后灰化法预处理。取适量废水样于坩埚内，调节pH至8～9，在水浴上蒸干，置于马福炉中在600℃灼烧1h。取出冷却后，加10ml水使溶解，移入锥形瓶中，调节pH至7左右，稀释至50ml。

③水样中含有硫化物、亚硫酸盐或硫代硫酸盐，则加氢氧化钠溶液将水调节至中性或弱碱性，加入1ml 30%过氧化氢，摇匀。1min后，加热至70～80℃，以除去过量的过氧化氢。

④水样的高锰酸盐指数超过15mg/L，可加入少量高锰酸钾晶体，煮沸。加入数滴乙醇以除去多余的高锰酸钾，再进行过滤。

（2）样品测定

①取50ml水样或经过处理的水样（若氯化物含量高，可取适量水样用水稀释至50ml）置于锥形瓶中；另取一锥形瓶加入50ml水作空白。

②如水样的pH在6.5～10.5时，可直接滴定。超出此范围的水样应以酚酞作指示剂，

用 0.05mol/L 硫酸溶液或 0.2%氢氧化钠溶液调节至 pH 为 8.0 左右。

③加入 1ml 铬酸钾溶液，用硝酸银标准溶液滴定至砖红色沉淀刚刚出现即为终点。同时作空白滴定。

7. 计算

$$氯化物(Cl^-, mg/L) = \frac{(V_2 - V_1) \cdot M \times 35.45 \times 1000}{V}$$

式中：V_1——蒸馏水消耗硝酸银标准溶液体积（ml）；

V_2——水样消耗硝酸银标准溶液体积（ml）；

M——硝酸银标准溶液浓度（mol/L）；

V——水样体积（ml）；

35.45——氯离子（Cl^-）摩尔质量（g/mol）。

8. 精密度和准确度

氯化物浓度为 88.29mg/L 的标准混合样品，经六个实验室分析，室内相对标准偏差为 0.27%；室间相对标准偏差为 1.24%，相对误差为 0.57%；加标回收率为 100.2%±0.32%。

曾选取有代表性江、河、湖、库水样检验本法对地表水的适用性。13 个样品测定结果统计表明，氯离子浓度范围 2～290mg/L 时，相对标准偏差为 0%～3.18%；加标回收率为 96.6%～102%。

9. 注意事项

1）本法滴定不能在酸性溶液中进行。在酸性介质中 CrO_4^{2-} 按下式反应而使浓度大大降低，影响等当点时 Ag_2CrO_4 沉淀的生成。

$$2CrO_4^{2-} + 2H^+ \longrightarrow 2HCrO_4^- \longrightarrow Cr_2O_7^{2-} + 2H_2O$$

本法也不能在强碱性介质中进行，因为 Ag^+ 将形成 Ag_2O 沉淀。其适应的 pH 范围为 6.5～10.5，测定时应注意调节。

2）铬酸钾溶液的浓度影响终点到达的迟早。在 50～100ml 被滴定液中加入 5%铬酸钾溶液 1ml，使 CrO_4^{2-} 为 2.6×10^{-3}～5.2×10^{-3}mol/L。在滴定终点时，硝酸银加入量略过终点，误差不超过 0.1%，可用空白测定消除。

3）对于矿化度很高的咸水或海水的测定，可采取下述方法扩大其测定范围：

①提高硝酸银标准溶液的浓度至每毫升标准溶液可作用于 2～5mg 氯化物。

②对样品进行稀释，稀释度可参考表 3-2-2。

表 3-2-2 高矿化度样品稀释度

比重(g/ml)	稀释度	相当取样量(ml)
1.000～1.010	不稀释，取 50ml 滴定	50
1.010～1.025	不稀释，取 25ml 滴定	25
1.025～1.050	25ml 稀释至 100ml，取 50ml	12.5
1.025～1.090	25ml 稀释至 100ml，取 25ml	6.25
1.090～1.120	25ml 稀释至 500ml，取 25ml	1.25
1.120～1.150	25ml 稀释至 1000ml，取 25ml	0.625

(三)离子选择电极　流动注射法(B)

1. 方法原理

①工作流程：见图 3-2-5。

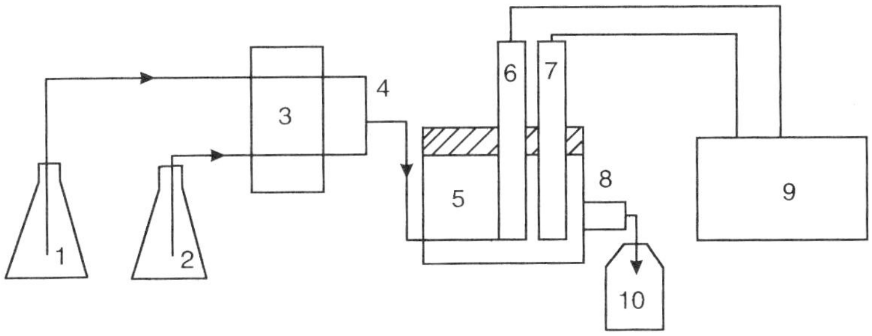

图 3-2-5　工作流程示意图

1、2—贮液瓶；3—蠕动泵；4—三通管；5—流通池；6—指示电极；7—参比电极；8—流动液出口；9—离子计；10—废液瓶

②工作原理：试液与离子强度调节剂分别由蠕动泵引入系统，经过一个三通管混合后进入流通池，由流通池喷嘴口喷出，与固定在流通池内的离子选择性电极接触，该电极与固定在流通池内的参比电极即产生电动势，该电动势随试液中氯离子浓度的变化而变化(遵守能斯特方程 E=常数$-RT\lg C_{Cl^-}/(nF)$。记录稳定电位值（每分钟变化不超过 1mV）。由浓度的对数（$\lg C_{Cl^-}$）与电位值（E）的校准曲线计算出 Cl^- 含量（mg/L）。

2. 干扰及消除

Br^-、S^{2-}对本法有明显干扰，I^-超过 0.36 倍时干扰测定。K^+、Na^+、Cu^{2+}、Zn^{2+}、Ca^{2+}、Mg^{2+}、Pb^{2+}、Fe^{3+}、Al^{3+}、NH_4^+、Ac^-、HCO_3^-均不干扰测定。其中 S^{2-}的干扰可用加入少量的硝酸铅消除。Br^-、I^-的干扰可从测得的总卤素离子的含量中扣除 Br^-、I^-含量的方法消除。

3. 方法的适用范围

本方法适用于地表水、饮用水、生活污水及一般工业废水中 Cl^-含量的测定。检出限为 0.9mg/L，线性范围是 9.0～1000mg/L。

4. 仪器

①电极流动注射分析仪。

②217 型双液接参比电极（外盐桥充饱和 KNO_3 溶液）。

5. 试剂

①Cl^-标准贮备溶液：称取 1.6500g 经 150℃烘干、恒重的基准试剂 NaCl 溶于水中，移入 1000ml 容量瓶中，用水稀释至标线，摇匀。此溶液每升含 1000mgCl^-。

②Cl^-标准使用溶液：取 Cl^-标准贮备溶液，用逐级稀释法配制 100、10.0、1.00mg/L Cl^-浓度的溶液。

③离子强度调节剂：0.05mol/L KNO_3 溶液。

④1%氢氧化钠溶液。

⑤1%硝酸溶液。

6. 步骤

（1）实验准备

首先将两根泵管连接好，推上压紧板，再将电极套入流通池的电极盖中，调节好离喷嘴口的距离，将电极接口与仪器连接好。接通电源，打开仪器开关，将套在泵管上的两根聚四氟乙烯管插入去离子水中。

（2）校准曲线的绘制

将一根聚四氟乙烯管插入离子强度调节剂中，另一根依次（从稀到浓）插入不同浓度（C）的标准液中，读取稳定电位值（E），绘制 E-lg$C$ 的校准曲线。

（3）水样测定

①用 pH 试纸检查水样 pH，控制水样 pH 在 4.0～8.5（用 1% HNO_3 或 1% NaOH 调节）。

②将聚四氟乙烯管分别插入离子强度调节剂与待测水样中，记录稳定电位值（每分钟变化不超过 1mV）。由校准曲线查得水样中 Cl^-含量（mg/L）。

7. 结果表示

由 E-lg$C$ 校准曲线直接查得 Cl^-含量（mg/L）。

8. 精密度和准确度

测定了 Cl^-含量在 31.0～144mg/L 的地表水、污水、酸洗废水、电镀废水、生化处理废水、彩管厂废水及三种浓度水平的标准溶液和国家二级标样，相对标准偏差在 2.1%～4.4%。对以上水样进行了两种不同浓度水平的加标试验，回收率在 94%～105%。

9. 注意事项

①电极使用前，必须先活化。活化方法：在 10^{-3}mol/L NaCl 溶液中浸泡 1h。

②测定过程中，如遇气泡聚积在电极表面，应去除，否则影响测定。

③如果发现敏感膜表面磨损或沾污，应在细金相砂纸上抛光。

④电极使用完毕后，应清洗到空白电位值，用滤纸吸干，避光保存。

⑤水样盛放于塑料容器中以 2～5℃冷藏的保存方法，最长保存 28d。

（四）电位滴定法（B）

1. 方法原理

电位滴定法测定氯化物，是以氯电极为指示电极，以玻璃电极或双液接参比电极为参比，用硝酸银标准溶液滴定，用毫伏计测定两电极之间的电位变化。在恒定地加入少量硝酸银的过程中，电位变化最大时仪器的读数即为滴定终点。

2. 干扰及消除

溴化物、碘化物能与银离子形成溶解度很小的化合物，干扰测定；氰化物为电极干扰物质；高铁氰化物会使结果偏高；高铁的含量如果显著地高于氯化物也引起干扰；六价铬应预先使其还原成三价，或者预先去除。重金属、钙、镁、铝、二价铁、铬、HPO_4^{2-}、SO_4^{2-}等均不干扰测定。硫化物、硫代硫酸盐和亚硫酸盐等的干扰可用过氧化氢处理予以消除。Br^-、I^-的干扰，可用加入定量特制的 Ag 粉末，或者从测得的总卤量中扣除 Br^-、I^-含量的方法消除。

3. 方法的适用范围

本方法可用于测定地表水、地下水和工业废水中氯化物。水样有颜色、浑浊均不影响测定。温度影响电极电位和电离平衡，须注意调节仪器的温度补偿装置，并使标准溶液与水样的温度一致。

方法的检测下限可达 10^{-4} mol/L Cl^-（即 3.45mg/L Cl^-）。

4. 仪器

①指示电极：银-氯化银电极或者氯离子选择性电极。

②参比电极：玻璃电极或者双液接参比电极。

③电位计。

④电磁搅拌器；覆盖聚乙烯或玻璃的搅拌子。

⑤棕色滴定管：10ml、25ml。

5. 试剂

①氯化钠标准溶液（0.0141mol/L）：称取 0.8240g 基准氯化钠（经 140℃干燥过），溶于水中，移入 1000ml 容量瓶中，用水稀释至标线，摇匀。此溶液每毫升含 500μg 氯离子。

②硝酸银标准溶液（0.0141mol/L）：称取 2.395g 硝酸银，溶于水中，加 2ml 浓硝酸，移入 1000ml 容量瓶中，用水稀释至标线，摇匀。贮存在棕色瓶中，避光保存。用氯化钠标准溶液进行标定。

③浓硝酸：ρ=1.42g/ml。

④(1+1)硫酸。

⑤30%过氧化氢。

⑥1mol/L 氢氧化钠溶液。

6. 步骤

仪器和电极的准备按使用说明进行。

（1）硝酸银标准溶液的标定

①吸取 10.00ml 氯化钠标准溶液，置于 250ml 烧杯中，加 2ml 硝酸，稀释至 100ml。

②放入搅拌子，将烧杯放在电磁搅拌器上，使电极浸入溶液中，开启搅拌器，在中速搅拌下（不溅失，无气泡产生），每次加入一定量硝酸银标准溶液，每加一次，记录一次平衡电位值。

③开始时，每次加入硝酸银标准溶液的量可以大一些，接近终点时，则每次加入 0.1ml 或 0.2ml，并使间隔时间稍大一些，以便电极达到平衡得到准确终点。在逐次加入硝酸银标准溶液的过程中，仪器读数变化最大一点即为终点。

④可根据绘制的微分滴定曲线的拐点，或者用二次微分的方法（二次微分为零）确定滴定终点，见图 3-2-6。然后计算出硝酸银标准溶液的浓度。

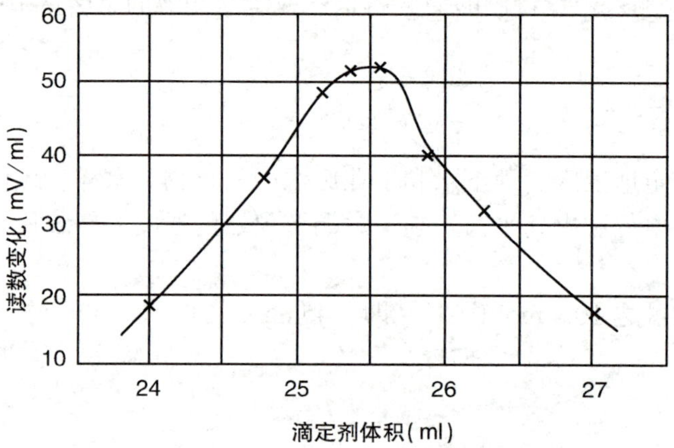

图 3-2-6 微分滴定曲线示意图

（2）水样的测定

①水样如果比较清洁，可取适量水样（氯化合物含量不超过 10mg）置于 250ml 烧杯中，加硝酸使 pH 为 3～5，按标定硝酸银标准溶液的方法进行电位滴定。

②污染较小的水样可加硝酸处理。如果水样中含有机物、氰化物、亚硫酸盐或者其他干扰物，可于 100ml 水样中加入（1+1）硫酸，使溶液呈酸性，煮沸 5min 除去挥发物。必要时，再加入适量硫酸使溶液保持酸性，然后加入 3ml 过氧化氢煮沸 15min，并经常添加蒸馏水使保持溶液体积在 50ml 以上。加入氢氧化钠溶液使呈碱性，再煮沸 5min，冷却后过滤，用水洗沉淀和滤纸，洗涤液和滤液定容后供测定用。亦可在煮沸冷却后定容，静置后取上清液进行测定。

③取适量经预处理的水样，加硝酸使呈酸性，并过量 0.5ml（约 10 滴），然后按标定硝酸银标准溶液的方法进行电位滴定。

与水样滴定的同时，用不含氯化物的蒸馏水做空白滴定。

7. 计算

$$氯化物（Cl^-, mg/L）= \frac{(A-B)\times M\times 35.45\times 1000}{V}$$

式中：A——滴定样品时消耗的硝酸银标准溶液体积（ml）；

B——空白试验消耗硝酸银标准溶液体积（ml）；

M——硝酸银标准溶液的浓度（mol/L）；

V——滴定所取水样体积（ml）；

35.45——氯离子（Cl^-）摩尔质量（g/mol）。

8. 注意事项

①由于是沉淀反应，故必须经常检查电极表面是否被沉淀沾污，并及时清洗干净。

②氯电极有光敏作用。硝酸银易被还原成黑色银粉，即受强热或阳光照射时逐渐分解所致，故应在避光处进行测定。

七、氟化物

氟化物（F^-）是人体必需的微量元素之一，缺氟易患龋齿病，饮水中含氟的适宜浓度为 0.5～1.0mg/L（F^-）。当长期饮用含氟量高于 1～1.5mg/L 的水时，则易患斑齿病，如水中含氟量高于 4mg/L 时，则可导致氟骨病。

氟化物广泛存在于天然水体中。有色冶金、钢铁和铝加工、焦炭、玻璃、陶瓷、电子、电镀、化肥、农药厂的废水及含氟矿物的废水中常常都存在氟化物。

1. 方法选择

水中氟化物的测定方法主要有：离子色谱法、氟离子选择电极法、氟试剂比色法、茜素磺酸锆比色法和硝酸钍滴定法。离子色谱法已被国内外普遍使用，其方法简便、快速、相对干扰较少，测定范围是 0.06～10mg/L。电极法选择性好，适用范围宽，水样浑浊、有颜色均可测定，测量范围为 0.05～1900mg/L。比色法适用于含氟较低的样品，氟试剂法可以测定 0.05～1.8mg/L F^-。茜素磺酸锆目视比色法可以测定 0.1～2.5mg/L F^-，由于是目视比色，误差比较大。氟化物含量大于 5mg/L 时可以用硝酸钍滴定法。对于污染严重的生活污水和工业废水，以及含氟硼酸盐的水样均要进行预蒸馏。

2. 水样的采集与保存

必须用聚乙烯瓶采集和贮存水样。

（一）预蒸馏

通常采用预蒸馏的方法，主要有水蒸气蒸馏和直接蒸馏法两种。直接蒸馏法的蒸馏效率较高，但温度控制较难，排除干扰也较差，在蒸馏时易发生暴沸，不安全。水蒸气蒸馏法温度控制较严格，排除干扰好，不易发生爆沸，比较安全。

1. 水蒸气蒸馏法

水中氟化物在含高氯酸（或硫酸）的溶液中，通入水蒸气，以氟硅酸或氢氟酸形式而被蒸出。

（1）仪器

蒸馏装置，如图 3-2-7 所示。

（2）试剂

高氯酸：70%～72%。

（3）步骤

①取 50ml 水样（氟浓度高于 2.5mg/L 时，可分取少量样品，用水稀释到 50ml）于蒸馏瓶中，加 10ml 高氯酸，摇匀。按图 3-2-7 连接好装置，加热，待蒸馏瓶内溶液温度升到约 130℃时，开始通入蒸汽，并维持温度在 130～140℃，蒸馏速度约为 5～6ml/min。待接收瓶中馏出液体积约为 200ml 时，停止蒸馏，并用水稀释到 200ml，供测定用。

②当样品中有机物含量高时，为避免与高氯酸作用而发生爆炸，可用硫酸代替高氯酸（酸与样品的体积为（1+1））进行蒸馏。控制温度在 145℃±5℃。

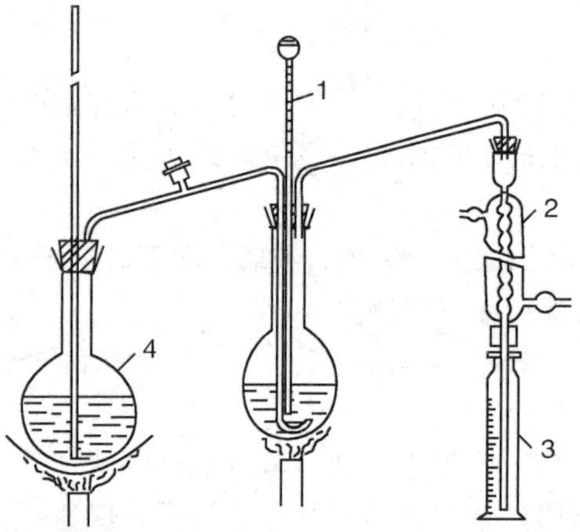

图 3-2-7 氟化物水蒸气蒸馏装置图

1—温度计；2—冷凝器；3—接收器；4—蒸汽

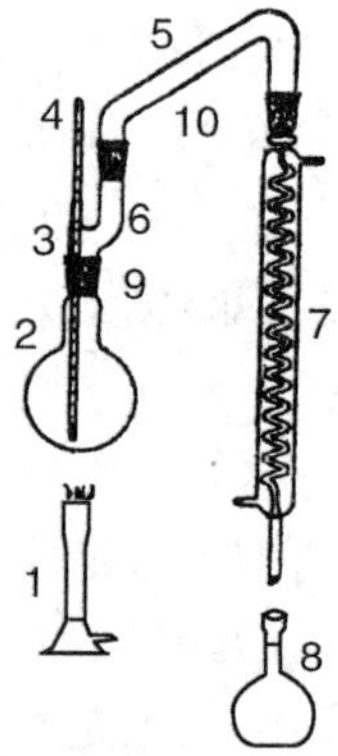

图 3-2-8 氟化物直接蒸馏装置

1—喷灯；2—1L 烧瓶；3—橡胶套管；
4—温度计；5—内径 12mm 的连接管；
6—连接器；7—冷凝器；8—300ml 量瓶；
9—ST24/40 接头；10—ST24/40 接头

2. 直接蒸馏法

在沸点较高的酸溶液中，氟化物以氟硅酸或氢氟酸被蒸出，使与水中干扰物分离。

（1）仪器

蒸馏装置，如图 3-2-8 所示（尺寸以 mm 计）。

（2）试剂

①硫酸：ρ=1.84g/ml。

②硫酸银。

（3）步骤

①取 400ml 蒸馏水于蒸馏瓶中，在不断摇动下缓慢加入 200ml 浓硫酸，混匀。放入 5～10 粒玻璃珠，按图 3-2-8 进行连接。开始宜缓慢升温，然后逐渐加快升温速度，至温度达 180℃时停止加热，弃去接收瓶中馏出液。此时蒸馏瓶中酸与水的比例为（2∶1），此操作的目的是除去蒸馏装置和酸液中氟化物的污染。待蒸馏瓶中的溶液冷至 120℃以下，加入 250ml 样品，混匀。按上述加热方式加热至 180℃时止（不得超过 180℃，以防带出硫酸盐）。此时接收瓶中馏出液体的体积约为 250ml，用水稀释至 250ml 标线，混匀。供测定用。

②当样品中氯化物含量过高时，可于蒸馏前加入适量固体硫酸银（每毫克氯化物可加入 5mg 硫酸银），再进行蒸馏。

注：应注意蒸馏装置连接处的密合性。

（二）离子色谱法（B）

见硫酸盐的测定方法（一）。

（三）离子选择电极法（A）

1. 方法原理

当氟电极与含氟的试液接触时，电池的电动势（E）随溶液中氟离子活度的变化而改变（遵守能斯特方程）。当溶液的总离子强度为定值且足够时，服从下述关系式：

$$E = E_0 - \frac{2.303RT}{F}\log C_{F^-}$$

E 与 $\log C_{F^-}$ 成直线关系，$\frac{2.303RT}{F}$ 为该直线的斜率，亦为电极的斜率。

工作电池可表示如下：

$Ag|Cl,Cl^-(0.33mol/L),F^-(0.001mol/L)|LaF_3||$试液$||$外参比电极

2. 干扰及消除

本法测定的是游离的氟离子浓度，某些高价阳离子（例如三价铁、铝和四价硅）及氢离子能与氟离子络合而有干扰，所产生的干扰程度取决于络合离子的种类和浓度、氟化物的浓度及溶液的 pH 等。在碱性溶液中氢氧根离子的浓度大于氟离子浓度的 1/10 时影响测定。其他一般常见的阴阳离子均不干扰测定。测定溶液的 pH 为 5～8。如果水样含有氟硼酸盐或者污染严重，应预先进行蒸馏。

通常，加入总离子强度调节剂以保持溶液的总离子强度，并络合干扰离子，保持溶液适当的 pH，就可以直接进行测定。

（A）本方法与 GB 7484—87 等效。

3. 方法的适用范围

本方法适用于测定地表水、地下水和工业废水中的氟化物。

水样有颜色、浑浊不影响测定。温度影响电极电位和电离平衡，须使试液和标准溶液的温度相同，并注意调节仪器的温度补偿装置使之与溶液的温度一致。每次要检查电极的实际斜率。

本法的最低检出浓度为 0.05mg/L 氟化物（以 F^- 计）；测定上限可达 1900mg/L 氟化物（以 F^- 计）。

电极的实际斜率：温度在 20～25℃，氟离子浓度每改变 10 倍，电极电位变化 58 mV ±2mV。

4. 仪器

①氟离子选择电极。

②饱和甘汞电极或氯化银电极。

③离子活度计、毫伏计或 pH 计，精确到 0.1mV。

④磁力搅拌器，具聚乙烯或聚四氟乙烯包裹的搅拌子。

⑤聚乙烯烧杯：100ml，150ml。

5. 试剂

所用水为去离子水或无氟蒸馏水。

1）氟化物标准贮备液：称取 0.2210g 基准氟化钠（NaF）（预先于 105～110℃干燥 2h，或者于 500～600℃干燥约 40min，冷却），用水溶解后转入 1000ml 容量瓶中，稀释至标线，摇匀。马上转移入干燥洁净的聚乙烯瓶中贮存。此溶液每毫升含氟离子 100μg。

2）氟化物标准溶液：用无分度吸管吸取氟化钠标准贮备液 10.00ml，注入 100ml 容量瓶中，稀释至标线，摇匀。此溶液每毫升含氟离子 10μg。

3）乙酸钠溶液：称取 15g 乙酸钠（CH_3COONa）溶于水，并稀释至 100ml。

4）总离子强度调节缓冲溶液（TISAB）：

①0.2mol/L 柠檬酸钠-1mol/L 硝酸钠（TISAB Ⅰ）：称取 58.8g 二水合柠檬酸钠和 85g 硝酸钠，加水溶解，用盐酸调节 pH 至 5～6，转入 1000ml 容量瓶中，稀释至标线，摇匀。

②总离子强度调节缓冲溶液（TISAB Ⅱ）：量取约 500ml 水置于 1000ml 烧杯内，加入 57ml 冰乙酸，58g 氯化钠和 4.0g 环己二胺四乙酸（Cyclohexylene dinitrilo tetraacetic acid, 简称 CDTA），或者 1, 2－环己撑二胺四乙酸（1, 2－diaminocyclohexane N, N, N－tertraacetic acid），搅拌溶解，置烧杯于冷水浴中，慢慢地在不断搅拌下加入 6mol/L 氢氧化钠溶液（约 125ml）使 pH 达到 5.0～5.5，转入 1000ml 容量瓶中，稀释至标线，摇匀。

③1mol/L 六次甲基四胺-1mol/L 硝酸钾-0.03mol/L 钛铁试剂（TISAB Ⅲ）：称取 142g 六次甲基四胺($(CH_2)_6N_4$)和 85g 硝酸钾，9.97g 钛铁试剂（$C_6H_4Na_2O_8S_2 \cdot H_2O$）加水溶解，调节 pH 至 5～6，转移到 1000ml 容量瓶中，用水稀释至标线，摇匀。

5）盐酸溶液：2mol/L 盐酸溶液。

6. 步骤

（1）仪器的准备

按测量仪器及电极的使用说明书进行。在测定前应使试液达到室温，并使试液和标准溶液的温度相同（温差不得超过±1℃）。

（2）测定

用无分度吸管吸取适量试液，置于50ml容量瓶中，用乙酸钠或盐酸溶液调节至近中性，加入10ml总离子强度调节缓冲溶液，用水稀释至标线，摇匀。将其移入100ml聚乙烯杯中，放入一只塑料搅拌子，插入电极，连续搅拌溶液待电位稳定后，在继续搅拌下读取电位值（E_x）。在每一次测量之前，都要用水充分洗涤电极，并用滤纸吸去水分。根据测得的毫伏数，由校准曲线上查得氟化物的含量。

（3）空白试验

用水代替试液，按测定样品的条件和步骤进行测定。

（4）校准

①校准曲线法：用无分度吸管分别取1.00、3.00、5.00、10.00、20.00ml氟化物标准溶液，置于50ml容量瓶中，加入10ml总离子强度调节缓冲溶液，用水稀释至标线，摇匀。分别移入100ml聚乙烯杯中，各放入一只塑料搅拌子，以浓度由低到高的顺序分别依次插入电极，连续搅拌溶液，待电位稳定后，在继续搅拌下读取电位值（E）。在每一次测量之前，都要用水将电极冲洗净，并用滤纸吸去水分。在半对数坐标纸上绘制E（mV）$-\log C_{F^-}$（mg/L）校准曲线。浓度标于对数分格上，最低浓度标于横坐标的起点线上。

②一次标准加入法：当样品组成复杂或成分不明时，宜采用一次标准加入法，以便减小基体的影响。

先按步骤（2）所述测定出试液的电位值（E_1），然后向试液中加入一定量（与试液中氟的含量相近）的氟化物标准溶液，在不断搅拌下读取平衡电位值（E_2）。

7. 计算

$$C_x = \frac{C_s \cdot \left(\dfrac{V_s}{V_x + V_s}\right)}{10(E_2 - E_1)/S - \left(\dfrac{V_x}{V_x + V_s}\right)}$$

令：

$$Q(\Delta E) = \frac{\dfrac{V_s}{V_x + V_s}}{10(E_2 - E_1)/S - \left(\dfrac{V_x}{V_x + V_s}\right)}$$

则

$$C_x = C_s \cdot Q(\Delta E)$$

式中：C_s——加入标准溶液的浓度（mg/L）；

C_x——待测试液的浓度（mg/L）；

V_s——加入标准溶液的体积（ml）；

V_x——测定时所取待测试液的体积（ml）；

E_1——测得试液的电位值（mV）；

E_2——试液加入标准后测得的电位值（mV）；

S——电极的实测斜率；$\Delta E = E_2 - E_1$。

当固定 V_s 和 V_x 的比值，可事先将 $Q\cdot(\Delta E)$ 用计算机算出，并制成表供查用。实际分析时，按测得的 ΔE 值，由表 3–2–2（见注意事项⑥）中查出相应的 $Q\cdot(\Delta E)$。

8. 精密度和准确度

对含 1.0mg/L F^-，10 倍量的 Al^{3+}；200 倍的 Fe^{3+} 及 SiO_3^{2-} 的合成水样，9 次平行测定的相对标准偏差为 0.3%；加标回收率为 99.4%。

化工厂、玻璃厂、磷肥厂等十几种工业废水，经 23 个实验室的分析，加标回收率在 90%～108%。

9. 注意事项

①电极用后应用水充分冲洗干净，并用滤纸吸去水分，放在空气中，或者放在稀的氟化物标准溶液中。如果短时间不再使用，应洗净，吸去水分，套上保护电极敏感部位的保护帽。电极使用前仍应洗净，并吸去水分。

②当水样成分复杂，偏酸性（pH2 左右）或者偏碱性（pH12 左右）时，用 TISABⅢ，可不调节试液的 pH。

③不得用手指触摸电极的膜表面。如果电极的膜表面被有机物等沾污，必须先清洗干净后才能使用。

④一次标准加入法所加入标准溶液的浓度（C_s），应比试液浓度（C_x）高 10～100 倍，加入的体积为试液的 $1/10 \sim 1/100$，以使体系的 TISAB 浓度变化不大。

⑤表 3–2–3 是在 25℃体积变化 10%时，Q 与 ΔE 的对应值，表中 ΔE 皆为负值。

表 3–2–3 体积变化 10%时 Q 与 ΔE 的对应值（25℃）

ΔE	Q	ΔE	Q	ΔE	Q	ΔE	Q
5.0	0.297	10.0	0.160	20.0	0.0716	30.0	0.0394
5.1	0.293	10.2	0.157	20.2	0.0707	30.2	0.0390
5.2	0.288	10.4	0.154	20.4	0.0698	30.4	0.0386
5.3	0.284	10.6	0.151	20.6	0.0689	30.6	0.0382
5.4	0.280	10.8	0.148	20.8	0.0680	30.8	0.0378
5.5	0.276	11.0	0.145	21.0	0.0671	31.0	0.0374
5.6	0.272	11.2	0.143	21.2	0.0662	31.2	0.0370
5.7	0.268	11.4	0.140	21.4	0.0654	31.4	0.0366
5.8	0.264	11.6	0.137	21.6	0.0645	31.6	0.0362
5.9	0.260	11.8	0.135	21.8	0.0637	31.8	0.0358
6.0	0.257	12.0	0.133	22.0	0.0629	32.0	0.0354
6.1	0.253	12.2	0.130	22.2	0.0621	32.2	0.0351
6.2	0.250	12.4	0.128	22.4	0.0613	32.4	0.0347
6.3	0.247	12.6	0.126	22.6	0.0606	32.6	0.0343
6.4	0.243	12.8	0.123	22.8	0.0598	32.8	0.0340
6.5	0.240	13.0	0.121	23.0	0.0591	33.0	0.0336

ΔE	Q	ΔE	Q	ΔE	Q	ΔE	Q
6.6	0.237	13.2	0.119	23.2	0.0584	33.2	0.0333
6.7	0.234	13.4	0.117	23.4	0.0576	33.4	0.0329
6.8	0.231	13.6	0.115	23.6	0.0569	33.6	0.0326
7.0	0.225	14.0	0.112	24.0	0.0556	34.0	0.0319
7.1	0.222	14.2	0.110	24.2	0.0549	34.2	0.0316
6.9	0.228	13.8	0.113	23.8	0.0563	33.8	0.0323
7.2	0.219	14.4	0.108	24.4	0.0543	34.4	0.0313
7.3	0.217	14.6	0.106	24.6	0.0536	34.6	0.0310
7.4	0.214	14.8	0.105	24.8	0.0530	34.8	0.0307
7.5	0.212	15.0	0.103	25.0	0.0523	35.0	0.0304
7.6	0.209	15.2	0.1013	25.2	0.0517	36.0	0.0289
7.7	0.207	15.4	0.0997	25.4	0.0511	37.0	0.0275
7.8	0.204	15.6	0.0982	25.6	0.0505	38.0	0.0261
7.9	0.202	15.8	0.0967	25.8	0.0499	39.0	0.0249
8.0	0.199	16.0	0.0952	26.0	0.0494	40.0	0.0237
8.1	0.197	16.2	0.0938	26.2	0.0488	41.0	0.0226
8.2	0.195	16.4	0.0924	26.4	0.0482	42.0	0.0216
8.3	0.193	16.6	0.0910	26.6	0.0477	43.0	0.0206
8.4	0.190	16.8	0.0897	26.8	0.0471	44.0	0.0196
8.5	0.188	17.0	0.0884	27.0	0.0466	45.0	0.0187
8.6	0.186	17.2	0.0871	27.2	0.0461	46.0	0.0179
8.7	0.184	17.4	0.0858	27.4	0.0456	47.0	0.0171
8.8	0.182	17.6	0.0846	27.6	0.0450	48.0	0.0163
8.9	0.180	17.8	0.0834	27.8	0.0445	49.0	0.0156
9.0	0.178	18.0	0.0822	28.0	0.0440	50.0	0.0149
9.1	0.176	18.2	0.0811	28.2	0.0435	51.0	0.0143
9.2	0.174	18.4	0.0799	28.4	0.0431	52.0	0.0137
9.3	0.173	18.6	0.0788	28.6	0.0426	53.0	0.0131
9.4	0.171	18.8	0.0777	28.8	0.0421	54.0	0.0125
9.5	0.169	19.0	0.0767	29.0	0.0417	55.0	0.0120
9.6	0.167	19.2	0.0756	29.2	0.0412	56.0	0.0115
9.7	0.165	19.4	0.0746	29.4	0.0408	57.0	0.0110
9.8	0.164	19.6	0.0736	29.6	0.0403	58.0	0.0105
9.9	0.162	19.8	0.0726	29.8	0.0399	59.0	0.0101

（四）氟试剂分光光度法（A）

1. 方法原理

氟离子在 pH4.1 的乙酸盐缓冲介质中，与氟试剂和硝酸镧反应，生成蓝色三元络合物，颜色的强度与氟离子浓度成正比。在 620nm 波长处定量测定氟化物（F^-）。

（A）本方法与 GB 7483—87 等效。

2. 干扰及消除

含 5μg 氟化物的 25ml 显色液中，在下述离子的含量（mg）以下时，对测定不干扰：Cl^- 30；SO_4^{2-} 5.0；NO_3^- 3.0；$B_4O_7^{2-}$ 2.0；Mg^{2+} 2.0；NH_4^+ 1.0；Ca^{2+} 0.5。下述离子含量（μg）亦不干扰测定：PO_4^{3-} 200；SiO_3^{2-} 100；Cr^{6+} 40；Cu^{2+} 10；Pb^{2+} 10；Mn^{2+} 10；Hg^{2+} 5；Ag^+ 5；Zn^{2+} 5；Fe^{3+} 2.5；Al^{3+} 2.5；Co^{2+} 2.5；Ni^{2+} 2.5；Mo^{6+} 2.5。

当干扰离子超过上述含量时，可通过直接蒸馏或水蒸气蒸馏而消除，见本节（一）。

3. 方法的适用范围

水样体积为 25ml，使用光程为 30mm 比色皿，本法的最低检出浓度为 0.05mg/L 氟化物；测定上限为 1.80mg/L。本法适用于地表水、地下水和工业废水中氟化物含量的测定。

4. 仪器

①分光光度计，光程为 30mm 的比色皿。
②pH 计。
③25ml 容量瓶。

5. 试剂

①丙酮（C_2H_6CO）。
②氟化物标准贮备液：见本节（三）。
③氟化物标准使用液：吸取氟化物标准贮备液 20.0ml，移入 1000ml 容量瓶中，用去离子水稀释至标线，贮于聚乙烯瓶中。此溶液每毫升含 2.00μg F^-。
④0.001mol/L 氟试剂溶液：称取 0.1930g 氟试剂（3-甲基胺-茜素-二乙酸，简称 ALC，$C_{14}H_7O_4 \cdot CH_2N(CH_2COOH)_2$），加 5ml 去离子水湿润，滴加 1mol/L 氢氧化钠溶液使其溶解，再加 0.125g 乙酸钠（$CH_3COONa \cdot 3H_2O$），用 1mol/L 盐酸溶液调节 pH 至 5.0，用去离子水稀释至 500ml，贮于棕色瓶中。
⑤0.001mol/L 硝酸镧溶液：称取 0.433g 硝酸镧($La(NO_3)_3 \cdot 6H_2O$)，用少量 1mol/L 盐酸溶液溶解，以 1mol/L 乙酸钠溶液调节 pH 为 4.1，用去离子水稀释至 1000ml。
⑥pH4.1 缓冲液：称取 35g 无水乙酸钠（CH_3COONa）溶于 800ml 去离子水中，加 75ml 冰乙酸，用去离子水稀释至 1000ml，用乙酸或氢氧化钠溶液在 pH 计上调节 pH 为 4.1。
⑦混合显色剂：取氟试剂溶液、缓冲溶液，丙酮及硝酸镧溶液按体积比以 3∶1∶3∶3 混合即得，临用时配制。
⑧1mol/L 盐酸溶液：取 8.4ml 浓盐酸用水稀释至 100ml。
⑨1mol/L 氢氧化钠溶液：称取 4g 氢氧化钠溶于水，稀释至 100ml。

6. 步骤

（1）样品测定

分取适量水样或馏出液置于 25ml 容量瓶中，准确加入 10.0ml 混合显色剂，用去离子水稀释至标线，摇匀。放置 0.5h，用 30mm 比色皿于 620nm 波长处，以试剂空白为参比，测定吸光度。

（2）校准曲线的绘制

于 6 个 25ml 容量瓶中，分别加入氟化物标准溶液 0、1.00、2.00、4.00、6.00、8.00ml，用去离子水稀释至 10ml，准确加入 10.0ml 混合显色剂，用去离子水稀释至标线，摇匀。以下按样品测定步骤进行。

7. 计算

$$\text{氟化物}（F^-, mg/L）= \frac{m}{V}$$

式中：m——由校准曲线查得的氟含量（μg）；

V——水样体积（ml）。

8. 精密度和准确度

三个实验室分析含 0.50mg/L 氟化物的统一标准溶液，实验室内相对标准偏差为 1.2%；实验室间相对标准偏差为 1.2%，相对误差为–0.8%；回收率为 98%。

9. 注意事项

若水样呈强酸性或强碱性，应在测定前用 1mol/L 氢氧化钠溶液或 1mol/L 盐酸溶液调节至中性。

（五）茜素磺酸锆目视比色法（A）

1. 方法原理

在酸性溶液中，茜素磺酸钠与锆盐生成红色络合物，当样品中有氟离子存在时，能夺取该络合物中锆离子，生成无色的氟化锆离子$(ZrF_6)^{2-}$，释放出黄色的茜素磺酸钠。根据溶液由红褪至黄色的色度不同，与标准色列比色定量测定氟。

2. 干扰及消除

当样品中含有氯化物 500mg/L，总碱度（以 $CaCO_3$ 计）400mg/L，硫酸盐 200mg/L，铁 2.0mg/L，磷酸盐 1.0mg/L，铝 0.1mg/L，浊度 25 度，色度 25 度时，需进行预蒸馏消除干扰。

3. 方法的适用范围

取 50ml 试样，直接测定时，本方法的最低检出浓度为 0.05mg/L F^-，测定上限为 2.5mg/L F^-。高含量样品可经稀释后测定。本方法可用于饮用水、地表水、地下水和工业废水中氟化物的测定。

（A）本方法与 GB 7482—87 等效。

4. 仪器

①50ml 具塞比色管。

②分度吸管。

5. 试剂

1）氟化物标准溶液：准确称取基准试剂氟化钠（预先于 105℃烘 2h，在干燥器中冷却）0.2210g 用水溶解，转入 1000ml 容量瓶中，并用水稀释至标线。此溶液每毫升含 100μg F^-。用此溶液制备每毫升含 10.0μg F^-的标准溶液，即为标准使用液，贮于聚乙烯瓶中保存。

2）茜素磺酸锆酸性溶液：

①茜素磺酸锆溶液：称取 0.3g 氯氧化锆（$ZrOCl_2 \cdot 8H_2O$）于 100ml 烧杯中，用 50ml 水溶解后，转入 1000ml 容量瓶中。另称取 0.07g 茜素磺酸钠（又名茜素红 S，$C_{14}H_7NaO_7S \cdot H_2O$），溶于 50ml 水中，在不断搅动下，将此溶液缓慢注入氯氧化锆溶液中，充分摇动后，放置澄清。

②混合酸溶液：量取 101ml 盐酸，用水稀释至 400ml。另量取 33.3ml 硫酸，在不断搅拌下，缓慢加入 400ml 水中。冷却后，将两酸液合并。

③将混合酸②倾入盛有茜素磺酸锆溶液①的容量瓶中，用水稀释到标线，摇匀。此溶液放置 1h 后，即可使用。避光保存，可稳定 6 个月。

3）亚砷酸钠溶液：称取 0.5g 亚砷酸钠（$NaAsO_2$）溶解于水中，并稀释到 100ml。

4）硫酸：ρ=1.84g/ml 的硫酸。

5）盐酸：ρ=1.19g/ml 的盐酸。

6. 步骤

（1）样品预处理

较清洁的地面水、地下水等样品，不需进行预处理，可直接取样显色测定。含较多干扰物质的水样需蒸馏预处理消除干扰。本节方法（一）中所述两种蒸馏预处理方法均可选用。

（2）样品的测定

如果试样中含有余氯，按每毫克余氯加入 1 滴（0.05ml）亚砷酸钠溶液，混匀，将余氯除去。

取 50ml 样品或馏出液于比色管中，加 2.5ml 茜素磺酸锆酸性溶液，摇匀。放置 1h 后，与标准系列比色定量。

（3）标准系列的制备

在一系列比色管中，分别加入不同体积的氟化物标准使用液，并用水稀释至 50ml，以下操作同样品测定。选择的标准溶液中，至少有两个低于和高于试样中氟化物的浓度，通常以 50 或 100μg/L 的氟浓度间隔较合适。

7. 计算

$$\text{氟化物}（F^-, mg/L）= \frac{m}{V}$$

式中：m——由标准色列测得的水样含氟量（μg）；

V——水样的体积（ml）。

注：当取用馏出液显色时，应注意折算馏出液与原水样的比值。

8. 精密度和准确度

20 个实验室测定含氟量为 830μg/L 的无干扰物质的统一水样，室间相对标准偏差为 4.9%；相对误差为 3.6%。

含氟量为 570μg/L 的含有干扰物质的统一水样，室间相对标准偏差为 11.1%。

9.注意事项

①亚砷酸钠为剧毒物质，防止对人体的危害。

②测定时，应调节温度，使试样与标准系列之间的温差不得超过 2℃。

八、碘化物

天然水中碘化物含量极微，一般每升仅含微克级的碘化物。成人每日生理需碘量在 100～300μg，来源于饮水和食物。当水中含碘量＜10μg/L 或平均每人每日碘摄入量＜40μg 时，即可不同程度地流行地方性甲状腺肿。此类地方病，通常山区多于平原。

1. 方法选择

对碘含量极微的水样，一般采用催化还原法；对稍高浓度的水可采用无色结晶紫光度法。

2. 方法的适用范围

催化还原法适用于测定饮用水、地下水和清洁地表水中的碘化物，其最低检出浓度为 1μg/L。

催化比色法（B）

1. 方法原理

在酸性条件下，碘离子对亚砷酸与硫酸铈的氧化还原反应具有催化能力，且此作用与碘离子存在量呈非线性比例。在间隔一定时间后，加入硫酸亚铁铵以终止反应。残存的高铈离子与亚铁反应，成正比例的生成高铁离子，后者与硫氰酸钾生成稳定的红色络合物。

2. 干扰及消除

加入过量的具敏化反应的氯化钠，可降低碘的非催化型的生成和银与汞的抑制作用。

3. 水样保存

水样在采集后应尽快进行测定。必要时，保存于 2～5℃，并在 24h 内完成测定。

4. 仪器

①秒表。

②分光光度计。

③恒温水浴，可控制温度为30℃±0.5℃。

④25ml具塞比色管。

5. 试剂

实验用水应为无碘水。必要时，于每升水中加2g氢氧化钠，并经蒸馏后供用。

①氯化钠溶液：称取200g氯化钠溶于水，稀释至1L。如含碘较高，可用水-乙醇混合液将氯化钠进行重结晶。

②亚砷酸溶液：称取4.946g三氧化二砷（As_2O_3）于少量水中，加入0.2ml浓硫酸使溶解，稀释至1L。

③(1+3)硫酸溶液。

④硫酸铈铵溶液：称取13.38g硫酸铈铵($Ce(NH_4)_4(SO_4)_4 \cdot 4H_2O$)溶于水，加44ml浓硫酸，稀释至1L。

⑤硫酸亚铁铵溶液：称取1.50g硫酸亚铁铵($Fe(NH_4)_2(SO_4)_2 \cdot 6H_2O$)溶于含0.6ml浓硫酸的100ml水中，当天配制。

⑥硫氰酸钾溶液：称取4g硫氰酸钾（KSCN）溶于100ml水中。

⑦碘化物标准贮备液：称取0.6540g碘化钾溶于水，移入500ml容量瓶中，稀释至标线。此溶液每毫升含1.00mg碘离子（I^-）。

⑧碘化物标准使用液：分取上述碘化物标准贮备液，逐级稀释至每毫升含0.010μg碘离子（I^-）的标准使用液。临用前配制。

6. 步骤

（1）校准曲线的绘制

吸取0、1.00、3.00、5.00、7.00和10.0ml碘化物标准使用液于25ml比色管中，加水至10.0ml，顺次加入1.00ml氯化钠溶液、0.50ml亚砷酸溶液和1.00ml（1+3）硫酸溶液，混匀。置于30℃±0.5℃恒温水浴中，待温度达到平衡后，每隔30s（以秒表计）分别加入1.00ml硫酸铈铵酸液。放回水浴中，经15min±5s后取出，按原顺序每隔30s加入1.00ml硫酸亚铁铵溶液，混匀。此时黄色高价铈离子的颜色应消失，随即按顺序每隔30s加入1.00ml硫氰酸钾溶液，混匀。放置15min后，于510nm波长处，以水为参比，用光程长10mm比色皿，继续按顺序每隔30s，测量吸光度。

由测得的吸光度减去空白试验吸光度与对应碘化物量（μg）绘制校准曲线。

（2）水样的测定

取10.0ml水样（或分取适量，加无碘水至10.0ml）于25ml比色管中，按校准曲线绘制相同操作步骤测量吸光度。

（3）空白试验

以无碘水代替水样，以相同操作步骤进行空白测定。

7. 计算

$$碘化物（mg/L）=\frac{m}{V}$$

式中：m——由水样减去空白试验后的吸光度，从校准曲线上查得碘化物量（μg）；

V——分取水样体积（ml）。

8. 注意事项

①催化反应与温度、时间极为有关，故应严格按规定时间操作。在测定水样的同时，绘制校准曲线。

②本法所绘制的校准曲线，碘离子浓度与测得吸光度成反比。但不呈直线关系，而是两端向上弯曲。

第三章 营养盐及有机污染综合指标

一、溶解氧

溶解在水中的分子态氧称为溶解氧。天然水的溶解氧含量取决于水体与大气中氧的平衡。溶解氧的饱和含量和空气中氧的分压、大气压力、水温有密切关系。清洁地表水溶解氧一般接近饱和。由于藻类的生长，溶解氧可能过饱和。水体受有机、无机还原性物质污染时溶解氧降低。当大气中的氧来不及补充时，水中溶解氧逐渐降低，以至趋近于零，此时厌氧菌繁殖，水质恶化，导致鱼虾死亡。

废水中溶解氧的含量取决于废水排出前的处理工艺过程，一般含量较低，差异很大。鱼类死亡事故多是由于大量受纳污水，使水体中耗氧性物质增多，溶解氧很低，造成鱼类窒息死亡，因此溶解氧是评价水质的重要指标之一。

1. 方法选择

测定水中溶解氧常采用碘量法及其修正法、膜电极法和现场快速溶解氧仪法。清洁水可直接采用碘量法测定。水样中有色或含有氧化性及还原性物质、藻类、悬浮物等影响测定。氧化性物质可使碘化物游离出碘，产生正干扰；某些还原性物质可把碘还原成碘化物，产生负干扰；有机物（如腐殖酸、丹宁酸、木质素等）可能被部分氧化产生负干扰。所以大部分受污染的地表水和工业废水，必须采用修正的碘量法或膜电极法测定。

水样中亚硝酸盐氮含量高于 0.05mg/L，二价铁低于 1mg/L 时，采用叠氮化钠修正法。此法适用于多数污水及生化处理水；水样中二价铁高于 1mg/L，采用高锰酸钾修正法；水样有色或有悬浮物，采用明矾絮凝修正法；含有活性污泥悬浊物的水样，采用硫酸铜-氨基磺酸絮凝修正法。

膜电极法和快速溶氧仪法是根据分子氧透过薄膜的扩散速率来测定水中溶解氧。方法简便、快速、干扰少，可用于现场测定。

2. 水样的采集与保存

用碘量法测定水中溶解氧，水样常采集到溶解氧瓶中。采集水样时，要注意不使水样曝气或有气泡残存在采样瓶中。可用水样冲洗溶解氧瓶后，沿瓶壁直接倾注水样或用虹吸法将细管插入溶解氧瓶底部，注入水样至溢流出瓶容积的 1/3～1/2。

水样采集后，为防止溶解氧的变化，应立即加固定剂于样品中，并存于冷暗处，同时记录水温和大气压力。

（一）碘量法（A）

1. 方法原理

水样中加入硫酸锰和碱性碘化钾，水中溶解氧将低价锰氧化成高价锰，生成四价锰的氢氧化物棕色沉淀。加酸后，氢氧化物沉淀溶解并与碘离子反应释放出游离碘。以淀粉做指标剂，用硫代硫酸钠滴定释放出的碘，可计算溶解氧的含量。

2. 仪器

250～300ml 溶解氧瓶，见图 3-3-1。

3. 试剂

①硫酸锰溶液：称取 480g 硫酸锰（$MnSO_4 \cdot 4H_2O$）或 364g $MnSO_4 \cdot H_2O$ 溶于水，用水稀释至 1000ml。此溶液加至酸化过的碘化钾溶液中，遇淀粉不得产生蓝色。

②碱性碘化钾溶液：称取 500g 氢氧化钠溶解于（300～400）ml 水中，另称取 150g 碘化钾（或 135gNaI）溶于 200ml 水中，待氢氧化钠溶液冷却后，将两溶液合并，混匀，用水稀释至 1000ml。如有沉淀，则放置过夜后，倾出上清液，贮于棕色瓶中。用橡皮塞塞紧，避光保存。此溶液酸化后，遇淀粉不应呈蓝色。

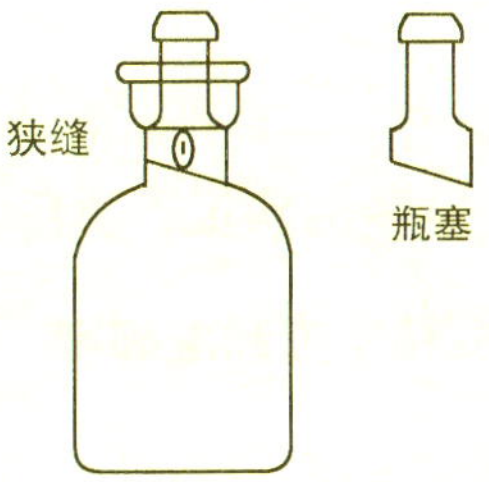

图 3-3-1　溶解氧瓶

③(1+5)硫酸溶液。

④1%淀粉溶液：称取 1g 可溶性淀粉，用少量水调成糊状，再用刚煮沸的水冲稀至 100ml。冷却后，加入 0.1g 水杨酸或 0.4g 氯化锌防腐。

⑤重铬酸钾标准溶液 C（$1/6K_2Cr_2O_7$）0.0250mol：称取于 105～110℃烘干 2h 并冷却的优级纯重铬酸钾 1.2258g，溶于水，移入 1000ml 容量瓶中，用水稀释至标线，摇匀。

⑥硫代硫酸钠溶液：称取 3.2g 硫代硫酸钠（$Na_2S_2O_3 \cdot 5H_2O$）溶于煮沸放冷的水中，加入 0.2g 碳酸钠，用水稀释至 1000ml。贮于棕色瓶中，使用前用 0.0250mol/L 重铬酸钾标准溶液标定，标定方法如下：

于 250ml 碘量瓶中，加入 100ml 水和 1g 碘化钾，加入 10.00ml 0.0250mol/L 重铬酸钾标准溶液、5ml （1+5）硫酸溶液，密塞，摇匀。于暗处静置 5min 后，用硫代硫酸钠溶液滴定至溶液呈淡黄色，加入 1ml 淀粉溶液，继续滴定至蓝色刚好褪去为止，记录用量。

$$M = \frac{10.00 \times 0.0250}{V}$$

式中：M——硫代硫酸钠溶液的浓度（mol/L）；

V——滴定时消耗硫代硫酸钠溶液的体积（ml）。

（A）本方法与 GB 7489—87 等效。

4. 步骤

（1）溶解氧的固定

用吸管插入溶解氧瓶的液面下，加入 1ml 硫酸锰溶液、2ml 碱性碘化钾溶液，盖好瓶塞，颠倒混合数次，静置。待棕色沉淀物降至瓶内一半时，再颠倒混合一次，待沉淀物下降到瓶底。一般在取样现场固定。

（2）析出碘

轻轻打开瓶塞，立即用吸管插入液面下加入 2.0ml 硫酸。小心盖好瓶塞，颠倒混合摇匀至沉淀物全部溶解为止，放置暗处 5min。

（3）滴定

移取 100.0ml 上述溶液于 250ml 锥形瓶中，用硫代硫酸钠溶液滴定至溶液呈淡黄色，加入 1ml 淀粉溶液，继续滴定至蓝色刚好褪去为止，记录硫代硫酸钠溶液用量。

5. 计算

$$溶解氧(O_2, mg/L) = \frac{M \cdot V \times 8 \times 1000}{100}$$

式中：M——硫代硫酸钠溶液浓度（mol/L）；

V——滴定时消耗硫代硫酸钠溶液体积（ml）。

6. 精密度和准确度

经不同海拔高度的四个实验室分析于 20℃含饱和溶解氧 6.85～9.09mg/L 的蒸馏水，单个实验室的相对标准偏差不超过 0.3%；分析含 4.73～11.4mg/L 溶解氧的地表水，单个实验室的相对标准偏差不超过 0.5%。

7. 注意事项

①如果水样中含有氧化性物质（如游离氯大于 0.1mg/L 时），应预先于水样中加入硫代硫酸钠去除。即用两个溶解氧瓶各取一瓶水样，在其中一瓶加入 5ml （1+5）硫酸和 1g 碘化钾，摇匀，此时游离出碘。以淀粉作指示剂，用硫代硫酸钠溶液滴定至蓝色刚褪，记下用量（相当于去除游离氯的量）。于另一瓶水样中，加入同样量的硫代硫酸钠溶液，摇匀后，按操作步骤测定。

②如果水样呈强酸性或强碱性，可用氢氧化钠或硫酸液调至中性后测定。

A. 叠氮化钠修正法

1. 试剂和仪器

①碱性碘化钾-叠氮化钠溶液：溶解 500g 氢氧化钠于 300～400ml 水中；溶解 150g 碘化钾（或 135gNaI）于 200ml 水中；溶解 10g 叠氮化钠于 40ml 水中。待氢氧化钠溶液冷却后，将上述三种溶液混合，加水稀释至 1000ml，贮于棕色瓶中。用橡皮塞塞紧，避光保存。

②40%氟化钾溶液：称取 40g 氟化钾（KF · $2H_2O$）溶于水中，用水稀释至 100ml，贮

于聚乙烯瓶中。

③其他试剂及使用的仪器同（一）碘量法。

2. 步骤

同（一）碘量法。仅将试剂碱性碘化钾溶液改为碱性碘化钾-叠氮化钠溶液。如水样中含有 Fe^{3+}干扰测定，则在水样采集后，用吸管插入液面下加入 1ml 40%氟化钾溶液，1ml 硫酸锰溶液和 2ml 碱性碘化钾-叠氮化钠溶液，盖好瓶盖，混匀。以下步骤同碘量法。

3. 计算

同（一）碘量法。

4. 精密度和准确度

经不同海拔高度的四个实验室分析于 20℃含饱和溶解氧 6.85～9.09mg/L 的水样，单个实验室相对标准偏差小于 0.4%；分析 4.73～11.4mg/L 溶解氧的地表水，单个实验室的相对标准偏差小于 1%。

5. 注意事项

叠氮化钠是一种剧毒、易爆试剂，不能将碱性碘化钾-叠氮化钠溶液直接酸化，否则可能产生有毒的叠氮酸雾。

B. 高锰酸钾修正法

1. 试剂

①0.63%高锰酸钾溶液：称取 6.3g 高锰酸钾溶于水并稀释至 1000ml，贮于棕色瓶中。1ml 此溶液能氧化 1mgFe^{2+}。

②2%草酸钾溶液：称取 2g 草酸钾（$K_2C_2O_4 \cdot H_2O$）或 1.46g$Na_2C_2O_4$溶于水并稀释至 100ml。1ml 此溶液可还原大约 1.1ml 高锰酸钾溶液。

③其他试剂同 A.叠氮化钠修正法的试剂。

2. 步骤

水样采集到溶解氧瓶后，用吸管于液面下加入 0.7ml 硫酸、1ml 0.63%高锰酸钾溶液、1ml 40%氟化钾溶液，盖好瓶盖，颠倒混匀，放置 10min。如紫红色褪尽，需再加入少许高锰酸钾溶液使 5min 内紫红色不褪。然后用吸管于液面下加入 0.5ml 2%草酸钾溶液，盖好瓶盖，颠倒混合几次，至紫红色于 2～10min 内褪尽。如不褪，再加入 0.5ml 草酸钾溶液，直至紫红色褪尽。以下步骤同 A.叠氮化钠修正法。

3. 计算

$$\text{溶解氧}(O_2, \text{mg/L}) = \frac{V_1}{V_1 - R} \times \frac{M \cdot V \times 8 \times 1000}{100}$$

式中：M——硫代硫酸钠溶液浓度（mol/L）；

V——滴定时消耗硫代硫酸钠溶液体积（ml）；

V_1——溶解氧瓶容积（ml）；

R——加到溶解氧瓶内各种试剂总量（ml）。

4.精密度和准确度

四个实验室分析含饱和溶解氧（20℃）6.85～9.09mg/L 的蒸馏水，单个实验室的相对标准偏差小于 0.4%；分析含溶解氧 4.73～11.4mg/L 的地表水，单个实验室的相对标准偏差小于 0.92%。

5.注意事项

①加入草酸盐还原过量的高锰酸钾时，草酸盐溶液过量 0.5ml 以下对测定无影响，如果量多于 0.5ml，使结果偏低。

②当水样温度高于 10℃时，应在加入草酸盐溶液前加入 0.1ml 稀释的硫酸锰溶液（取 1ml 作固定剂的硫酸锰溶液稀释至 100ml），以加速草酸盐还原过量的高锰酸钾。

C.明矾絮凝修正法

1.试剂

①10%硫酸铝钾溶液：称取 10g 硫酸铝钾($AlK(SO_4)_2 \cdot 12H_2O$)溶于水并稀释至 100ml。

②浓氨水。

③其他试剂同 A.叠氮化钠修正法。

2.步骤

于 1000ml 具塞细口瓶中，用虹吸法注满水样并溢出 1/3 左右。用吸管于液面下加入 100ml 硫酸铝钾溶液，加入 1～2ml 浓氨水，盖好瓶塞，颠倒混匀。放置 10min，待沉淀物下沉后，将其上清液虹吸至溶解氧瓶内（防止水样中有气泡），选择适当的修正法进行测定。

D.硫酸铜-氨基磺酸絮凝修正法

1.试剂

①硫酸铜-氨基磺酸抑制剂：溶解 32g 氨基磺酸（NH_2SO_2OH）于 475ml 水中；溶解 50g 硫酸铜（$CuSO_4 \cdot 5H_2O$）于 500ml 水中，将两液混合，并加入 25ml 冰乙酸，混匀。

②其他试剂同 A.叠氮化钠修正法。

2.步骤

于 1000ml 具塞细口瓶中，用虹吸法注满水样并溢出 1/3 左右。用吸管于液面下加入 10ml 抑制剂，盖好瓶塞，颠倒混匀。静置，等沉淀物下沉后，将其上清液虹吸至溶解氧瓶内（防止水样中有气泡），选择适当的修正法尽快测定。

（二）膜电极法（A）

1. 方法原理

本方法所采用的电极由一小室构成，室内有两个金属电极并充有电解质，用选择性薄膜将小室封闭住。实际上水和可溶解物质离子不能透过这层膜，但氧和一定数量的其他气体及亲水性物质可透过这层薄膜。将这种电极浸入水中进行溶解氧测定。

因原电池作用或外加电压使电极间产生电位差。这种电位差，使金属离子在阳极进入溶液，而透过膜的氧在阴极还原。由此所产生的电流直接与通过膜与电解质液层的氧的传递速度成正比，因而该电流与给定温度下水样中氧的分压成正比。

因膜的渗透性明显地随温度而变化，所以必须进行温度补偿。可采用数学方法（使用计算图表、计算机程序）；也可使用调节装置；或者利用在电极回路中安装热敏元件加以补偿。某些仪器还可对不同温度下氧的溶解度的变化进行补偿。

2. 方法的适用范围

本方法适用于天然水、污水和盐水，如果用于测定海水或港湾水这类盐水，须对含盐量进行校正。

本方法不仅可以用于实验室内测定，还可用于现场测定和自动在线连续监测。

根据所采用电极的不同类型，可测定氧的浓度（mg/L），或氧的饱和百分率（%溶解氧），或者二者皆可测定。本方法可测定水中饱和百分率为0%至100%的溶解氧。大多数仪器能测定高于100%的过饱和值。一般仪器仅适用于溶解氧大于0.1mg/L的水样测定。

本方法适于测定色度高及混浊的水，还适于测定含铁及能与碘作用的物质的水，而上述物质会干扰碘量法测定。一些气体和蒸气如氯、二氧化硫、硫化氢、胺、氨、二氧化碳、溴和碘能扩散并通过薄膜，如果上述物质存在，会影响被测电流而产生干扰。样品中存在其他物质，会因引起薄膜阻塞、薄膜损坏或电极被腐蚀而干扰被测电流。这些物质包括溶剂、油类、硫化物、碳酸盐和藻类等。

3. 仪器

测量仪器由以下部件组成：

①测量电极：原电池型（例如铅/银）或极谱型（例如银、金），如果需要，电极上附有温度灵敏补偿装置。

②仪表：刻度直接显示溶解氧的浓度和（或）氧的饱和百分率或电流的微安数。

③温度计：刻度分度为0.5℃。

④气压表：刻度分度为10Pa。

（A）本方法与GB 11913—89等效。

4. 试剂

①无水亚硫酸钠（Na_2SO_3）或七水合亚硫酸钠（$Na_2SO_3 \cdot 7H_2O$）。

②二价钴盐，例如六水合氯化钴（Ⅱ）（$CoCl_2 \cdot 6H_2O$）。

5. 步骤

使用测量仪器时，应遵照制造厂的说明书正确调整和测量，一般仪器的使用和校正步骤如下：

（1）测量技术和注意事项

①不得用手触摸膜的活性表面。

②在更换电解质和膜之后，或当膜干燥时，都要使膜湿润，只有在读数稳定后，才能进行校准，见下述（2）。所需时间取决于电解质中溶解氧消耗所需要的时间。

③当将电极浸入样品中时，应保证没有空气泡截留在膜上。

④样品接触电极的膜时，应保持一定的流速，以防止与膜接触的瞬间将该部位样品中的溶解氧耗尽，而出现虚假的读数。应保证样品的流速不致使读数发生波动，在这方面要参照仪器制造厂家的说明。

⑤对于分散样品，测定容器应能密封以隔绝空气并带有搅拌器（例如电磁搅拌棒）。将样品充满容器至溢流，密闭后进行测量。调整搅拌速度使读数达到平衡后保持稳定，并不得夹带空气。

⑥对流动样品，例如河道，要检验是否可保证有足够的流速。如不够，则需在水样中往复移动电极，或者取出分散样品按上段叙述的方法测定。

（2）校准

校准步骤在下述①至③中叙述，但必须参照仪器制造厂家的说明书。

①调节：调整仪器的电零点，有些仪器有补偿零点，则不必调整。

②检验零点：检验零点（如需调整零点）时，可将电极浸入每升已加入 1g 亚硫酸钠和约 1mg 钴盐（Ⅱ）的蒸馏水中，进行校零。10min 内应得到稳定读数。

注：有的仪器只需 2～3min。

③接近饱和值的校准：在一定温度下，向水中曝气，使水中氧的含量达到饱和或接近饱和。在这个温度下保持 15min 再测定溶解氧的浓度，例如用碘量法测定。

④调整仪器：将电极浸没在瓶内，瓶中完全充满按上述步骤制备并标定好的样品。让探头在搅拌的溶液中稳定 10min 以后（有的仪器只需约 2min）。如果必要，调节仪器读数至样品已知的氧浓度。

当仪器不能再校准，或仪器响应变得不稳定或较低时（见厂家说明书），应更换电解质或（和）膜。

注：①如过去的经验已给出空气饱和样品需要的曝气时间和空气流速，则可查表 3-3-1 和表 3-3-2 来代替碘量法测定。

②许多仪器可在空气中校准。

（3）测定

按照厂家说明书对水样进行测定。

在电极浸入样品后，使停留足够的时间，待电极与待测水温一致并使读数稳定。由于所用仪器型号不同及对结果的要求不同，必要时要检验水温和大气压力。

（4）结果的表示

①溶解氧的浓度（mg/L）：溶解氧的浓度以每升中氧的毫克数表示，取值到小数点后第一位。

当测量样品时的温度不同于校准仪器时的温度，应对仪器读数给予相应校正。有些仪器可以自动进行补偿。该校正考虑到了在两种不同温度下溶解氧浓度的差值。要计算溶解氧的实际值，需将测定温度下所得读数乘以下列比值（C_m/C_e），C_m为测定温度下的溶解氧浓度；C_e为校准温度下的溶解氧浓度。

例：

校准温度	25℃
25℃溶解氧浓度	8.3mg/L
测量时的温度	10℃
仪器读数	7.0mg/L
10℃时溶解氧浓度	11.3mg/L
10℃时的实测值	$\frac{11.33}{8.3}\times 7.0=9.5\text{mg/L}$

注：上例中以 mg/L 表示的 C_m 和 C_e 值可根据对应的温度由表 3-3-1 中 C_s 栏中查得。

②作为温度和压力函数的溶解氧浓度：表 3-3-1 和表 3-3-2 给出了溶解氧浓度的理论值。表 3-3-1 给出了在标准大气压力下作为温度函数的值。表 3-3-2 则给出作为温度和压力两项函数的值。

③盐水样品经过校正的溶解氧浓度：氧在水中溶解度随盐含量的增加而减少，在实际应用中，当含盐量（以总盐表示）在 35g/L 以下时可合理地认为上述关系呈线性。表 3-3-1 给出每 1g/L 含盐量在校正时减去校正值，即 ΔC_s。所以，当水中含盐量为 Ng/L 时，水中氧的溶解度等于纯水中相应的溶解度减 $N\Delta C_s$。

④以饱和百分率表示的溶解氧浓度：这是以 mg/L 表示的实际溶解氧浓度，必要时需经过温度校正，除以表 3-3-1 和 GB 11913—89 附录 A 中表 A3 给出的理论值而得出的百分率：$C_s(\text{测定值})/C_s(\text{理论值})\times 100$。

附录

水中氧的溶解度与温度、压力和含盐量的关系

1 概述

附录中给出水中氧的溶解度与温度和压力的关系。

2 作为温度和含盐量函数的氧的溶解度（见表 3-3-1）。

①表中第二栏给出纯水中氧的溶解度（C_s），以每升水中氧的毫克数表示，纯水中存在被水蒸气饱和的空气，空气中含有 20.94%的氧，压力为 101.3kPa。

②表中第三栏给出含盐量为 1g/L 时氧溶解度的变化量（ΔC_s）。

表 3-3-1　作为温度和含盐量函数的水中氧的溶解度

温度(℃)	C_s (mg/L)	ΔC_s(mg/L)	温度(℃)	C_s(mg/L)	ΔC_s(mg/L)
0	14.64	0.0925	20	9.08	0.0481
1	14.22	0.0890	21	8.90	0.0467
2	13.82	0.0857	22	8.73	0.0453
3	13.44	0.0827	23	8.57	0.0440
4	13.09	0.0798	24	8.41	0.0427
5	12.74	0.0771	25	8.25	0.0415
6	12.42	0.0745	26	8.11	0.0404
7	12.11	0.0720	27	7.96	0.0393
8	11.81	0.0697	28	7.82	0.0382
9	11.53	0.0675	29	7.69	0.0372
10	11.26	0.0653	30	7.56	0.0362
11	11.01	0.0633	31	7.43	
12	10.77	0.0614	32	7.30	
13	10.53	0.0595	33	7.18	
14	10.30	0.0577	34	7.07	
15	10.08	0.559	35	6.95	
16	9.86	0.0543	36	6.84	
17	9.66	0.0527	37	6.73	
18	9.46	0.0511	38	6.63	
19	9.27	0.496	39	6.53	

注：这些值可通过回归方程计算得到。C_s=14.60307–0.4021469T+0.00768703T^2–0.0000692575T^3。

3 大气压力或海拔高度的校正

如果大气压力 P 不是 101.3kPa，那么溶解度 C_s'' 可由 101.3kPa 的 C_s 值通过下式计算而求得：

$$C_s' = C_s \times \frac{P - P_W}{101.3 - P_W}$$

式中：P_W——在选定温度下和空气接触时，水蒸气的压力（kPa）。

压力在 77.5 和 110kPa 之间，间隔为 0.5kPa。C_s'' 值以每升中氧的毫克数表示，在 GB 11913—89 附录 A 的表 A3 中给出。

作为海拔高度函数的平均大气压值可用下式计算：

$$\lg P_h = \lg 101.3 - \frac{h}{18400}$$

式中：P_h——海拔高度为 h（以 m 表示）时的平均大气压（kPa）。

表 3-3-2 给出海拔高度和平均大气压的部分对应值。

表 3-3-2　海拔高度和平均大气压的对应值

海拔高度 h (m)	P_h (kPa)	海拔高度 h (m)	P_h (kPa)
0	101.3	1100	88.3
100	100.1	1200	87.2
200	98.8	1300	86.1

海拔高度 h (m)	P_h (kPa)	海拔高度 h (m)	P_h (kPa)
300	97.6	1400	85.0
400	96.4	1500	84.0
500	95.2	1600	82.9
600	94.0	1700	81.9
700	92.8	1800	80.9
800	91.7	1900	79.9
900	90.5	2000	78.9
1000	89.4	2100	77.9

（三）便携式溶解氧仪法（B）

1. 方法原理

测定溶解氧的电极由一个附有感应器的薄膜和一个温度测量及补偿的内置热敏电阻组成。电极的可渗透薄膜为选择性薄膜，把待测水样和感应器隔开，水和可溶性物质不能透过，只允许氧气通过。当给感应器供应电压时，氧气穿过薄膜发生还原反应，产生微弱的扩散电流，通过测量电流值可测定溶解氧浓度。

2. 仪器

便携式溶解氧仪。

3. 水样测定

（1）电极准备

所有新购买的溶解氧探头都是干燥的，使用之前必须加入电极填充液，再与仪器连接。连接步骤如下：

①按仪器说明书装配电极。

②在电极中加入电极填充液。

③将薄膜轻轻旋到电极上。

④用指尖轻击电极的边缘，确保电极内无气泡，为避免损坏薄膜，不要直接拍击薄膜的底部。

⑤确保橡胶 O 型环准确地位于膜盖内。

⑥将感应器面朝下，顺时针方向旋拧膜盖，一些电解液将会溢出。

当不使用时，套上随机提供的薄膜保护盖。

（2）电极极化校准过程

电极在处于大约 800mV 固定电压的强度下极化。电极极化对测量结果的重现性是很重要的，随着电极被适当地极化，通过感应器膜的氧气将溶解于电极中的电解液，并被不断的消耗。如果极化过程中断，电解质中的氧就会不断地增加，直到与外部溶液中的溶解氧达到平衡，如果使用未极化的电极，测量值将是外部溶液和电解质的溶质中溶解氧之和，这个结果是错误的。在电极极化时，要盖上白色塑料保护盖（在校准和测量时去掉）。

①按 ON/OFF，打开仪器。

②字母“COND”出现在显示屏上，表示电极进行自动调整（极化）。

③等待 20min，确保电极达到稳定。

④仪器将自动使自身极化为精确的饱和值，大约 1min 后，显示屏将显示“100%”和小字“SAMPLE”，表示极化校准已完成。

注：当电极、薄膜或电解液发生变化时，一定要重新进行极化校准。

⑤如果在校准过程中，想要退出校准模式，再次按下 CAL 键即可。

⑥按 RANGE 键，可将仪器从饱和百分比（%）转换到 mg/L 状态（不须再重新校准）。

（3）样品测量

仪器校准完毕后，将电极浸入被测水样中，同时确保温度感应部分也浸入到水样中，如果要显示饱和百分比（%），按 RANGE 键转换到饱和百分比（%）状态。为进行精确的溶解氧测量，要求水样的最小流速为 0.3m/s，水流将会提供一个适当的循环，以保证消耗的氧持续不断地得到补充。当液体静止时，不能得到正确的结果。在进行野外测量时，可用手平行摇动电极进行。在实验室进行测量时，建议使用磁力搅拌器，以保证水样有一个固定的流速（有些仪器的电极带有搅拌器，打开即可）。这样就可将由空气中的氧气扩散到水样中引起的误差减少到最小。在每次测量过程中，电极和被检测水样之间必须达到热平衡，这个过程需要一定的时间（如果温差只有几度，一般需几分钟）。

4. 注意事项

①mg/L 状态下可以直接以 mg/L（ppm）为单位读取溶解氧的浓度。

②氧的饱和百分比读数（%）表示的是氧气的饱和比率，以 1 个大气压下氧的饱和百分比为 100%参照。

③温度读数：显示屏的右下部显示的是所测得水样的温度，在进行测量之前，电极必须达到热平衡。热平衡一般需要几分钟，环境与样品的温差越大，需要的时间越长。

二、化学需氧量

化学需氧量（COD），是指在强酸并加热条件下，用重铬酸钾作为氧化剂处理水样时所消耗氧化剂的量，以氧的 mg/L 来表示。化学需氧量反映了水中受还原性物质污染的程度，水中还原性物质包括有机物、亚硝酸盐、亚铁盐、硫化物等。水被有机物污染是很普遍的，因此化学需氧量也作为有机物相对含量的指标之一，但只能反映能被氧化的有机物污染，不能反映多环芳烃、PCB，二噁英类等的污染状况。COD_{Cr} 是我国实施排放总量控制的指标之一。

水样的化学需氧量，可由于加入氧化剂的种类及浓度，反应溶液的酸度，反应温度和时间，以及催化剂的有无而获得不同的结果。因此，化学需氧量亦是一个条件性指标，必须严格按操作步骤进行。

对于污水，我国规定用重铬酸钾法，其测得的值称为化学需氧量。国外也有用高锰酸钾、臭氧、羟基作氧化剂的方法体系。如果使用，必须与重铬酸钾法做对照实验，做出相关系数，以重铬酸钾法上报监测数据。

（一）重铬酸钾法（A）

1. 方法原理

在强酸性溶液中，用一定量的重铬酸钾氧化水样中还原性物质，过量的重铬酸钾以试亚铁灵作指示剂，用硫酸亚铁铵溶液回滴。根据硫酸亚铁铵的用量算出水样中还原性物质消耗氧的量。

2. 干扰及消除

酸性重铬酸钾氧化性很强，可氧化大部分有机物，加入硫酸银作催化剂时，直链脂肪族化合物可完全被氧化，而芳香族有机物却不易被氧化，吡啶不被氧化，挥发性直链脂肪族化合物、苯等有机物存在于蒸气相，不能与氧化剂液体接触，氧化不明显。氯离子能被重铬酸盐氧化，并且能与硫酸银作用产生沉淀，影响测定结果，故在回流前向水样中加入硫酸汞，使成为络合物以消除干扰。氯离子含量高于 1000mg/L 的样品应先作定量稀释，使含量降低至 1000mg/L 以下，再行测定。

3. 方法的适用范围

用 0.25mol/L 浓度的重铬酸钾溶液可测定大于 50mg/L 的 COD 值，未经稀释水样的测定上限是 700mg/L，用 0.025mol/L 浓度的重铬酸钾溶液可测定 5～50mg/L 的 COD 值，但低于 10mg/L 时测量准确度较差。

4. 仪器

①回流装置：带 250ml 锥形瓶的全玻璃回流装置见图 3-3-2（如取样量在 30ml 以上，采用 500ml 锥形瓶的全玻璃回流装置）。

②加热装置：变阻电炉。

③50ml 酸式滴定管。

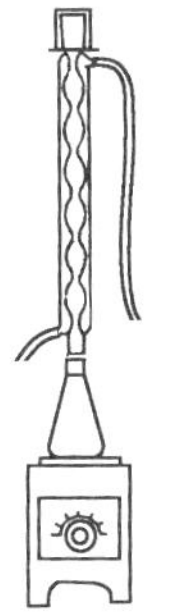

图 3-3-2　重铬酸钾法测定 COD 的回流装置

5. 试剂

①重铬酸钾标准溶液（$1/6K_2CrO_7$=0.2500mol/L）：称取预先在 120℃烘干 2h 的基准或优级纯重铬酸钾 12.258g 溶于水中，移入 1000ml 容量瓶，稀释至标线，摇匀。

②试亚铁灵指示液：称取 1.458g 邻菲啰啉（$C_{12}H_8N_2 \cdot H_2O$，1, 10-phenanthroline），0.695g 硫酸亚铁（$FeSO_4 \cdot 7H_2O$）溶于水中，稀释至 100ml，贮于棕色瓶内。

③硫酸亚铁铵标准溶液[$(NH_4)_2Fe(SO_4)_2 \cdot 6H_2O \approx 0.1$mol/L]：称取 39.5g 硫酸亚铁铵溶于水中，边搅拌边缓慢加入 20ml 浓硫酸，冷却后移入 1000ml 容量瓶中，加水稀释至标线，

（A）本方法与 GB 11914—89 等效。

摇匀。临用前，用重铬酸钾标准溶液标定。

标定方法：准确吸取 10.00ml 重铬酸钾标准溶液于 500ml 锥形瓶中，加水稀释至 110ml 左右，缓慢加入 30ml 浓硫酸，混匀。冷却后，加入 3 滴试亚铁灵指示液（约 0.15ml），用硫酸亚铁铵溶液滴定，溶液的颜色由黄色经蓝绿色至红褐色即为终点。

$$C[(NH_4)_2Fe(SO_4)_2]=\frac{0.2500\times10.00}{V}$$

式中：C——硫酸亚铁铵标准溶液的浓度（mol/L）；

V——硫酸亚铁铵标准滴定溶液的用量（ml）。

④硫酸-硫酸银溶液：于 2500ml 浓硫酸中加入 25g 硫酸银。放置 1～2d，不时摇动使其溶解（如无 2500ml 容器，可在 500ml 浓硫酸中加入 5g 硫酸银）。

⑤硫酸汞：结晶或粉末。

6. 步骤

①取 20.00ml 混合均匀的水样（或适量水样稀释至 20.00ml）置 250ml 磨口的回流锥形瓶中，准确加入 10.00ml 重铬酸钾标准溶液及数粒洗净的玻璃珠或沸石，连接磨口回流冷凝管，从冷凝管上口慢慢地加入 30ml 硫酸-硫酸银溶液，轻轻摇动锥形瓶使溶液混匀，加热回流 2h（自开始沸腾时计时）。

注：a. 对于化学需氧量高的废水样，可先取上述操作所需体积 1/10 的废水样和试剂，于 15mm×150mm 硬质玻璃试管中，摇匀，加热后观察是否变成绿色。如溶液显绿色，再适当减少废水取样量，直到溶液不变绿色为止，从而确定废水样分析时应取用的体积。稀释时，所取废水样量不得少于 5ml，如果化学需氧量很高，则废水样应多次逐级稀释。

b. 废水中氯离子含量超过 30mg/L 时，应先把 0.4g 硫酸汞加入回流锥形瓶中，再加 20.00ml 废水（或适量废水稀释至 20.00ml）、摇匀。以下操作同上。

②冷却后，用 90ml 水从上部慢慢冲洗冷凝管壁，取下锥形瓶。溶液总体积不得少于 140ml，否则因酸度太大，滴定终点不明显。

③溶液再度冷却后，加 3 滴试亚铁灵指示液，用硫酸亚铁铵标准溶液滴定，溶液的颜色由黄色经蓝绿色至红褐色即为终点，记录硫酸亚铁铵标准溶液的用量。

④测定水样的同时，以 20.00ml 重蒸馏水，按同样操作步骤作空白试验。记录滴定空白时硫酸亚铁铵标准溶液的用量。

7. 计算

$$COD_{Cr}(O_2,mg/L)=\frac{(V_0-V_1)\cdot C\times8\times1000}{V}$$

式中：C——硫酸亚铁铵标准溶液的浓度（mol/L）；

V_0——滴定空白时硫酸亚铁铵标准溶液用量（ml）；

V_1——滴定水样时硫酸亚铁铵标准溶液的用量（ml）；

V——水样的体积（ml）；

8——氧（1/2O）摩尔质量（g/mol）。

8. 精密度和准确度

六个实验室分析 COD 为 150mg/L 的邻苯二甲酸氢钾标准溶液，实验室内相对标准偏差为 4.3%；实验室间相对标准偏差为 5.3%。

9. 注意事项

①使用 0.4g 硫酸汞络合氯离子的最高量可达 40mg，如取用 20.00ml 水样，即最高可络合 2000mg/L 氯离子浓度的水样。若氯离子浓度较低，亦可少加硫酸汞，保持硫酸汞：氯离子=10：1。若出现少量氯化汞沉淀，并不影响测定。

②水样取用体积可在 10.00～50.00ml，但试剂用量及浓度需按表 3-3-3 进行相应调整，也可得到满意的结果。

表 3-3-3 水样取用量和试剂用量表

水样体积(ml)	0.2500mol/L K_2CrO_7 溶液(ml)	H_2SO_4-Ag_2SO_4 溶液(ml)	$HgSO_4$ (g)	$(NH_4)_2Fe(SO_4)_2$ (mol/L)	滴定前总体积(ml)
10.0	5.0	15	0.2	0.050	70
20.0	10.0	30	0.4	0.100	140
30.0	15.0	45	0.6	0.150	210
40.0	20.0	60	0.8	0.200	280
50.0	25.0	75	1.0	0.250	350

③对于化学需氧量小于 50mg/L 的水样，应改用 0.0250mol/L 重铬酸钾标准溶液。回滴时用 0.01mol/L 硫酸亚铁铵标准溶液。

④水样加热回流后，溶液中重铬酸钾剩余量应是加入量的 1/5～4/5 为宜。

⑤用邻苯二甲酸氢钾标准溶液检查试剂的质量和操作技术时，由于每克邻苯二甲酸氢钾的理论 COD_{Cr} 为 1.176g，所以溶解 0.4251g 邻苯二甲酸氢钾（$HOOCC_6H_4COOK$）于重蒸馏水中，转入 1000ml 容量瓶，用重蒸馏水稀释至标线，使之成为 500mg/L 的 COD_{Cr} 标准溶液。用时新配。

⑥COD_{Cr} 的测定结果应保留三位有效数字。

⑦每次实验时，应对硫酸亚铁铵标准滴定溶液进行标定，室温较高时尤其应注意其浓度的变化。标定方法亦可采用如下操作：于空白试验滴定结束后的溶液中，准确加入 10.00ml、0.2500mol/L 重铬酸钾溶液，混匀，然后用硫酸亚铁胺标准溶液进行标定。

⑧回流冷凝管不能用软质乳胶管，否则容易老化、变形、冷却水不通畅。

⑨用手摸冷却水时不能有温感，否则测定结果偏低。

⑩滴定时不能激烈摇动锥形瓶，瓶内试液不能溅出水花，否则影响测定结果。

（二）库仑法（B）

1. 方法原理

水样以重铬酸钾为氧化剂，在 10.2mol/L 硫酸介质中回流氧化后，过量的重铬酸钾用电解产生的亚铁离子作为库仑滴定剂，进行库仑滴定。根据电解产生亚铁离子所消耗的电量、按照法拉第定律进行计算。

$$COD_{Cr}(O, mg/L) = \frac{Q_s - Q_m}{96487} \times \frac{8000}{V}$$

式中：Q_s——标定重铬酸钾所消耗的电量；

Q_m——测定过量重铬酸钾所消耗的电量；

V——水样的体积（ml）。

如仪器具有简单的数据处理装置，最后显示的数值即为 COD_{Cr} 值。

此法简便、快速、试剂用量少，缩短了回流时间，且电极产生的亚铁离子作为滴定剂，减少了硫酸亚铁铵的配制及标定等繁杂的手续。

2. 干扰及消除

同（一）重铬酸钾法。

3. 方法的适用范围

当使用 1ml 0.05mol/L 重铬酸钾溶液进行标定值测定时，本方法的最低检出浓度为 2mg/L（COD）。

当使用 3ml 0.05mol/L 重铬酸钾溶液进行标定值测定时，最低检出浓度为 3mg/L（COD）；测定上限为 100mg/L。

4. 仪器

①化学需氧量测定仪。

②滴定池：150ml 锥形瓶（回流和滴定用）。

③电极：发生电极面积为 $780mm^2$ 铂片。对电极用铂丝做成，置于底部为融熔玻璃的玻璃管（内充 3mol/L 的硫酸）中。指示电极面积为 $300mm^2$ 铂片。参考电极为直径 1mm 钨丝，也置于底部为融熔玻璃的玻璃管（内充饱和硫酸钾溶液）中。

④电磁搅拌器、搅拌子。

⑤回流装置：带磨口 150ml 锥形瓶的回流装置，回流冷凝管长度为 120mm。

⑥电炉（300W）。

⑦定时钟。

5. 试剂

①重蒸馏水：于蒸馏水中加入少许高锰酸钾进行重蒸馏。

②重铬酸钾溶液（$1/6K_2Cr_2O_7$=0.050mol/L）：称取 2.452g 重铬酸钾溶于 1000ml 重蒸馏水中，摇匀备用。

③硫酸-硫酸银溶液：于 2500ml 浓硫酸中加入 25g 硫酸银，使其溶解、摇匀。

④硫酸铁溶液 $1/2Fe_2(SO_4)_3$=1mol/L：称取 200g 硫酸铁[$Fe_2(SO_4)_3$]溶于 1000ml 重蒸馏水中（若有沉淀物需过滤除去）。

⑤硫酸汞溶液：称取 4g 硫酸汞置于 50ml 烧杯中，加入 20ml 3mol/L 的硫酸，稍加热使其溶解，移入滴瓶中。

6. 步骤

（1）标定值的测定

①准确吸取 12ml 重蒸馏水置于锥形瓶中，加 1.00ml 0.050mol/L 的重铬酸钾溶液，慢慢加入 17.0ml 硫酸-硫酸银溶液，混匀。放入 2～3 粒玻璃珠，加热回流。

②回流 15min 后停止加热，用隔热板将锥形瓶与电炉隔开、稍冷，由冷凝管上端加入 33ml 重蒸馏水。

③取下锥形瓶，置于冷水浴中冷却，加 7ml1mol/L 硫酸铁溶液，摇匀，继续冷却至室温。

④放入搅拌子，插入电极、搅拌。按下标定开关，进行库仑滴定。仪器自动控制终点并显示重铬酸钾相对的 COD 标定值。将此值存入仪器的存贮器中。

（2）水样的测定

1）COD 值小于 20mg/L 的水样：

①准确吸取 10.00ml 水样置锥形瓶中，加入 1～2 滴硫酸汞溶液及 0.050mol/L 重铬酸钾溶液 1.00ml，加入 17.00ml 硫酸-硫酸银溶液，混匀。加 2～3 粒玻璃珠，加热回流，以下操作按照"标定值的测定"②、③进行。

②放入搅拌子，插入电极并开动搅拌器，按下测定开关，进行库仑滴定，仪器直接显示水样的 COD 值。

如果水样氯离子含量较高，可以少取水样用重蒸馏水稀释至 10ml，测得该水样的 COD 为：

$$COD_{Cr}(O_2, mg/L) = \frac{10}{V} \times COD$$

式中：V——水样的体积（ml）；

COD——仪器 COD 读数（mg/L）。

2）COD 值大于 20mg/L 的水样：

①准确吸取 10ml 重蒸馏水置锥形瓶中，加入 1～2 滴硫酸汞溶液，加 0.050mol/L 重铬酸钾溶液 3.00ml，慢慢加入 17.0ml 硫酸-硫酸银溶液，混匀。放入 2～3 粒玻璃珠，加热回流。以下操作按"标定值的测定"②、③、④进行标定。

②准确吸取 10.00ml 水样（或酌量少取，加入纯水至 10ml）置锥形瓶中，加入 1～2 滴硫酸汞溶液及 0.050mol/L 重铬酸钾溶液 3.00ml。再加 17.0ml 硫酸-硫酸银溶液，混匀，加入 2～3 粒玻璃珠，加热回流。以下操作按 COD 小于 20mg/L 的水样测定步骤进行。

7. 精密度和准确度

13 个实验室用 COD 测定仪分析 50mg/L（COD）的统一邻苯二甲酸氢钾标准溶液，实验室内相对标准偏差为 1.4%，实验室间相对标准偏差为 2.8%；相对误差为 2%。

17 个实验室分析含 14～25.8mg/L（COD）的加标水样，单个实验室的相对标准偏差不超过 6.2%。

13 个实验室分析含 88.4～105mg/L（COD）的加标水样，单个实验室的相对标准偏差不超过 8.3%。

与方法（一）的可比性：分别选取了石油化工废水、化工废水和地表水三种实际水样，每个水样采用本方法测定 6 次，采用方法（一）测定平行双样。测定结果见表 3-3-4。

表 3-3-4 两种方法测定实际水样的 COD 比较（mg/L）

水样类型	库仑法			方法(一)	$RE(\%)$
石油化工废水	498	476	$\overline{X}=478$	501	−4.6
	498	491	$S_X=18.7$		
	447	468	$RSD=3.9\%$		
化工废水	184	203	$\overline{X}=192$	190	−1.1
	189	196	$S_X=6.9$		
	194	187	$RSD=3.6\%$		
地表水	31	30	$\overline{X}=34$	36	−5.6
	35	41	$S_X=4.2$		
	37	32	$RSD=12.2\%$		

8. 注意事项

①对于浑浊及悬浮物较多的水样，要特别注意取样的均匀性，否则会带来较大的误差。

②当铂电极沾污时，可将电极放入 2mol/L 氨水中浸洗片刻，然后取出并用重蒸馏水洗净。

③切勿用去离子水配制试剂和稀释水样。

④对于不同型号的 COD 测定仪，应按照仪器使用说明书进行操作。

（三）快速密闭催化消解法（含光度法）（B）

1. 方法原理

本方法在经典重铬酸钾-硫酸消解体系中加入助催化剂硫酸铝钾与钼酸铵。同时密封消解过程是在加压下进行的，因此大大缩短了消解时间。消解后测定化学需氧量的方法，既可以采用滴定法，亦可采用光度法。

2. 方法的适用范围

本方法可以测定地表水、生活污水、工业废水（包括高盐废水）的化学需氧量。水样因其化学需氧量值有高有低，因此在消解时应选择不同浓度的重铬酸钾消解液进行消解。参考表 3-3-5 选择消解液。

表 3-3-5 COD 值不同的水样应选择不同浓度重铬酸钾消解液

COD 值(mg/L)	＜50	50～1000	1000～2500
消解液中重铬酸钾浓度(mol/L)	0.05	0.2	0.4

3. 水样的采集与保存

水样采集后，应加入硫酸将 pH 调至＜2，以抑制微生物活动。样品应尽快分析，必要时应在 4℃冷藏保存，并在 48h 内测定。

4. 仪器

①具密封塞的加热管：50ml。

②锥形瓶：150ml。

③酸式滴定管：25ml（或分光光度计）。

④恒温定时加热装置。

5. 试剂

①重铬酸钾标准溶液（$1/6K_2CrO_7$=0.1000mol/L）：称取经 120℃烘干 2h 的基准或优级纯 $K_2Cr_2O_7$ 4.903g，用少量水溶解，移入 1000ml 容量瓶中，用水稀释至标线，摇匀。

②硫酸亚铁铵标准溶液[$(NH_4)_2Fe(SO_4)_2 \cdot 6H_2O$]=0.1mol/L；称取 39.2g 分析纯$(NH_4)_2Fe(SO_4)_2 \cdot 6H_2O$ 溶解于水中，加入 20.0ml 浓硫酸，冷却后移入 1000ml 容量瓶中，用水稀释至标线，临用前用 0.1000mol/L 的 $K_2Cr_2O_7$ 标准溶液标定。

③消解液：称取 19.6g 重铬酸钾，50.0g 硫酸铝钾，10.0g 钼酸铵，溶解于 500ml 水中，加入 200ml 浓硫酸，冷却后，转移至 1000ml 容量瓶中，用水稀释至标线。该溶液重铬酸钾浓度约为 0.4mol/L（$C=1/6K_2Cr_2O_7$）。

另外分别称取 9.8g、2.45g 重铬酸钾（硫酸铝钾、钼酸铵称取量同上），按上述方法分别配制重铬酸钾浓度约为 0.2mol/L、0.05mol/L 的消解液，用于测定不同 COD 值的水样。

④Ag_2SO_4-H_2SO_4 催化剂：称取 8.8g 分析纯 Ag_2SO_4，溶解于 1000ml 浓硫酸中。

⑤邻菲啰啉指示剂：称取 0.695g 分析纯 $FeSO_4 \cdot 7H_2O$ 和 1.4850g 邻菲啰啉溶解于水，稀释至 100ml，贮于棕色瓶中待用。

⑥掩蔽剂：称取 10.0g 分析纯 $HgSO_4$，溶解于 100ml 10%硫酸中。

6. 步骤

准确吸取 3.00ml 水样，置于 50ml 具密封塞的加热管中，加入 1ml 掩蔽剂，混匀。然后加入 3.0ml 消解液和 5ml 催化剂，旋紧密封盖，混匀。然后将加热器接通电源，待温度达到 165℃时，再将加热管放入加热器中，打开计时开关，经 7min，待液体也达到 165℃时，加热器会自动复零计时。待加热器工作 15min 之后会自动报时。取出加热管，冷却后用硫酸亚铁铵标准溶液滴定，同时做空白实验。

7. 计算

$$\mathrm{COD}(\mathrm{O}_2, \mathrm{mg/L}) = \frac{(V_0 - V_1) \cdot C \times 8 \times 1000}{V_2}$$

式中：V_0——滴定空白时硫酸亚铁铵标准溶液用量（ml）；

V_1——滴定水样时硫酸亚铁铵标准溶液用量（ml）；

V_2——水样的体积（ml）；

C——硫酸亚铁铵标准溶液的浓度（mol/L）；

8——1/2 氧的摩尔质量（g/mol）。

8. 精密度和准确度

该方法经过 10 家验证单位测定中国环境监测总站提供的 9.02mg/L，90.2mg/L，301.8mg/L，603.6mg/L 四种水质标准样品后，经数理统计其结果如表 3-3-6。

参加验证工作的 10 个单位，测定了中国环境监测总站提供的四种高氯水样，得到满意的结果，见表 3-3-7。

参加验证的 10 个实验室在各地取不同水样用本方法与标准方法进行对比实验，得到了有可比性的结果。

表 3-3-6 协作实验室测定中国环境监测总站四种标准水样结果

标准水样标定值(COD)(mg/L)	参加协作实验室室内相对标准偏差(%)	参加协作实验室室间相对标准偏差(%)	测定均值(COD)(mg/L)	与水样标准值的相对误差(%)
9.02	2.8～11.1	10.7	9.51	+5.5
90.2	1.0～4.3	4.7	93.0	+3.1
301.8	0.2～2.0	2.0	301	−0.26
603.6	0.2～1.3	1.4	603	−0.1

表 3-3-7 协作实验室测定中国环境监测总站四种高氯水样结果

验证用水样COD值(mg/L)	参加协作实验室室内相对标准偏差范围(%)	参加协作实验室室间相对标准偏差(%)	测定均值(COD)(mg/L)	相对误差(%)
100 Cl^- 2000	1.0～4.3	14	103.0 n=54	+3.6
400 Cl^- 4000	0.3～5.2	4.1	414 n=60	+3.5
800 Cl^- 8000	0.3～1.7	1.4	815 n=54	+1.7
1600 Cl^- 10000	0.03～1.2	1.9	1644 n=60	+2.7

9. 注意事项

1）测定高氯水样时，水样取完后，一定要先加掩蔽剂而后再加其它试剂。次序不能颠倒。若出现沉淀时，说明掩蔽剂使用的浓度不够，适当提高掩蔽剂使用浓度。

2）为了提高分析的精密度与准确度，在分析低 COD 值水样时，滴定用的硫酸亚铁铵标准溶液浓度要进行适当的稀释。本分析方法对于 10mg/L 左右的样品，一般相对标准偏差可保持在 10%左右。对于 5mg/L 的样品，仍可进行分析测定，但相对标准偏差将会超过 15%。

3）对于 50mg/L 以上的样品，若经消解后水样为无色，且没有悬浮物时，也可以用比色法进行测定，手续更为简单，操作方法如下：

①标准曲线的绘制：称取 0.8502g 邻苯二甲酸氢钾（基准试剂）用重蒸水溶解后，转

移至 1000ml 容量瓶中，用重蒸水稀释至标线。此贮备液 COD 值为 1000mg/L。分别取上述贮备液 5ml，10ml，20ml，40ml，60ml，80ml 于 100ml 容量瓶中，加水稀释至标线，可得到 COD 值分别为 50mg/L，100mg/L，200mg/L，400mg/L，600mg/L，800mg/L 及原液为 1000mg/L 标准使用液系列。然后按滴定法操作取样并进行消解。消解完毕后，打开加热管的密封盖，用吸管加入 3.0ml 蒸馏水，盖好盖，摇匀冷却后，将溶液倒入 3cm 比色皿中（空白按全过程操作），在 600nm 处以试剂空白为参比，读取吸光度。绘制标准曲线，并求出回归方程式。

②样品测定：准确吸取 3.00ml 水样，置于 50ml 具密封塞的加热管中，加入 1ml 掩蔽剂，混匀。然后再加入 3.0ml 消解液和 5ml 催化剂。旋紧密封塞，混匀。将加热管置于加热器中进行消解，消解后的操作与标准曲线绘制一节的操作相同，进行测量，读取吸光度，按下式计算 COD 值。

$$\mathrm{COD}\ (\mathrm{O_2},\ \mathrm{mg/L}) = A \cdot F \cdot K$$

式中：A——样品的吸光度；

F——稀释倍数；

K——曲线的斜率，即 A=1 时的 COD 值。

（四）节能加热法（B）

COD 节能加热器是以控温电热器代替电炉加热，用空气冷凝代替水冷凝的一种测定化学耗氧量的回流装置。该装置可广泛地应用于各行业的化学需氧量的分析，它同现行重铬酸钾法（$\mathrm{COD_{Cr}}$）测定化学需氧量的回流装置相比，具体积小、节水、节电、恒温、操作简便等优点。

本方法除加热器外，其方法原理、分析步骤完全同标准分析方法一致。因此，精密度、准确度与标准分析方法无差异。

原理、干扰及其消除、方法的适用范围同方法（一）。

1. 仪器

①节能 COD 恒温加热器。

②与加热器配套的加热管、空气冷凝管、加热管支架。

③电磁搅拌器及配套的搅拌磁子。

④素烧瓷粒。

⑤500ml 锥形瓶。

⑥50ml 酸式滴定管。

⑦温度计：0～200℃。

2. 试剂

同本节方法（一）。

3. 步骤

①接通 COD 节能加热器电源，打开电源开关，将温度计插入孔内，预热 30min，温度

调节在 170～180℃。

②废水中氯离子含量超过 30mg/L 时，应先加入 0.4g 硫酸汞于加热管中。

③取 20.00ml 混合均匀的水样（或适量水样稀释至 20.00ml）于加热管中，并准确加入 10.00ml 重铬酸钾标准溶液及 30ml 硫酸-硫酸银溶液，加入数十粒干燥的瓷粒，轻轻摇动加热管使溶液混匀。

④在加热管上接好冷凝管，置于已恒温的加热孔中加热，从沸腾时计时加热 2h。

⑤沸腾 2h 后，从加热孔取出加热管及冷凝管，置于加热管支架上，自然冷却或流水冷却。

⑥用少量水冲洗冷凝管壁和磨口处，仔细取下冷凝管，用水稀释至约 140ml，加 2～3 滴试亚铁灵指示剂，加入干净的磁子搅拌，在电磁搅拌下用硫酸亚铁铵标准溶液滴定至溶液颜色由黄色经蓝绿色至红褐色即为终点。如没有电磁搅拌器，可将加热管中的溶液定量转移到 500ml 锥形瓶中，用水稀释至约 140ml 滴定至终点。

⑦测定水样的同时，以 20ml 蒸馏水按同样的操作步骤做空白试验，记录滴定空白时硫酸亚铁铵标准溶液的用量。

计算同方法（一）。

4. 精密度和准确度

七个实验室用 COD 节能加热器分析 140mg/L（COD_{Cr}）的实际水样，实验室内相对标准偏差 1.5%；实验室间相对标准偏差 3.1%；加标回收率为 86.0%～97.2%。

分析 870mg/L（COD_{Cr}）的实际水样，实验室内相对标准偏差 2.6%；实验室间相对标准偏差 2.67%；加标回收率 90.9%～96.0%。

5. 注意事项

①对化学需氧量高的水样（或悬浮物含量高的水样）可取适量样品，进行多次稀释后，再取适量分析。稀释时，所取废水原样量不得少于 5ml。

②加热管加热前务必加入干燥的素烧瓷粒（不能直接用在水中浸泡的瓷粒，也不能用玻璃珠代替）将溶液摇匀，以防暴沸。瓷粒用完后，用蒸馏水冲洗干净，烘干，于 300℃的马福炉中灼热 1h 备用。

③操作过程中，应避免将硫酸滴在加热管壁上。

④插入温度计时要注意，以免破碎。达到工作温度后，可将温度计取出。

其余同方法（一）。

（五）氯气校正法（高氯废水）（A）

1. 方法原理

在水样中加入已知量的重铬酸钾溶液及硫酸汞溶液，并在强酸介质中以硫酸银作催化剂，经 2h 沸腾回流后，以 1, 10-邻菲啰啉为指示剂，用硫酸亚铁铵滴定水样中未被还原的

（A）本方法与 HJ/T 70—2001 等效。

重铬酸钾，由消耗的硫酸亚铁铵的量换算成消耗氧的质量浓度，即为表观COD。将水样中未络合而被氧化的那部分氯离子所形成的氯气导出，再用氢氧化钠溶液吸收后，加入碘化钾，用硫酸调节pH为3～2，以淀粉为指示剂，用硫代硫酸钠标准滴定溶液滴定，消耗的硫代硫酸钠的量换算成消耗氧的质量浓度，即为氯离子校正值。表观COD与氯离子校正值之差，即为所测水样真实的COD。

2. 方法的适用范围

本方法适用于氯离子含量小于20000mg/L的高氯废水中化学需氧量（COD）的测定。方法检出限为30mg/L。适用于油田、沿海炼油厂、油库、氯碱厂、废水深海排放等废水中COD的测定。

3. 试剂

1）硫酸（H_2SO_4），ρ=1.84g/ml。

2）硫酸溶液（1+9）。

3）硫酸溶液（1+5）。

4）硫酸溶液 C（$1/2H_2SO_4$）≈2mol/L：取55ml浓硫酸缓慢倒入945ml水中。

5）30%硫酸汞（$HgSO_4$）溶液：称取30.0g硫酸汞溶解于100ml（1+9）硫酸溶液中。

6）硫酸银-硫酸溶液：向1L硫酸1）中加入10g硫酸银（Ag_2SO_4），放置1～2d使之溶解，并混匀，使用前小心摇动。

7）重铬酸钾（K_2CrO_7）标准溶液：见本节方法（一），试剂1）。

8）硫酸亚铁铵[$(NH_4)_2Fe(SO_4)_2$]标准滴定溶液：见本节方法（一）试剂3）。

9）硫代硫酸钠（$Na_2S_2O_3$）标准滴定溶液：

①浓度为 C（$Na_2S_2O_3$）≈0.05mol/L硫代硫酸钠标准滴定溶液：称取12.4g硫代硫酸钠（$Na_2S_2O_3 \cdot 5H_2O$）溶于新煮沸并加盖冷却的水中，加1.0g无水碳酸钠（Na_2CO_3），移入1000ml棕色容量瓶，用水稀释至标线，摇匀。放置一周后标定其准确浓度。溶液如出现混浊，必须过滤。

②标定方法：在250ml碘量瓶中，加1.0g碘化钾（KI）和50ml水，加5.00ml重铬酸钾标准溶液7)，振摇至完全溶解后，加5ml硫酸溶液3)，立即密塞摇匀。于暗处放置5min后，用待标定的硫代硫酸钠标准滴定溶液滴定至溶液呈淡黄色时，加1ml淀粉溶液，继续滴定至蓝色刚好消失为终点。记录硫代硫酸钠标准滴定溶液的用量，同时作空白滴定。

③硫代硫酸钠标准滴定溶液浓度的计算：

$$C(\mathrm{Na_2S_2O_3}) = \frac{0.2500 \times 5.00}{V_1 - V_2}$$

式中：V_1——滴定重铬酸钾标准溶液消耗硫代硫酸钠标准滴定溶液的体积（ml）；

V_2——滴定空白溶液消耗硫代硫酸钠标准滴定溶液的体积（ml）。

10）淀粉溶液（1g/100ml）：称取1.0g可溶性淀粉，用少量水调成糊状，慢慢倒入100ml沸水，继续煮沸至溶液澄清，冷却后贮存于试剂瓶中。临用现配。

11）2%氢氧化钠（NaOH）溶液：取20g氢氧化钠溶于少量水中，稀释至1000ml。

12）1, 10-邻菲啰啉指示剂溶液：溶解0.7g七水合硫酸亚铁（$FeSO_4 \cdot 7H_2O$）于50ml

水中，加入 1.5g 1,10-邻菲啰啉，搅拌至溶解，加水稀释至 100ml。

13）防爆沸玻璃珠：ϕ4mm～ϕ8mm，洗净、烘干备用。

14）氮气：纯度>99.9%。

4. 仪器

常用实验室仪器和下列仪器。

①回流吸收装置：玻璃制，见图 3-3-3。

②加热装置：电炉。

③氮气流量计：流量范围为 5～40ml/min 的浮子流量计。

④25ml 或 50ml 酸式滴定管。

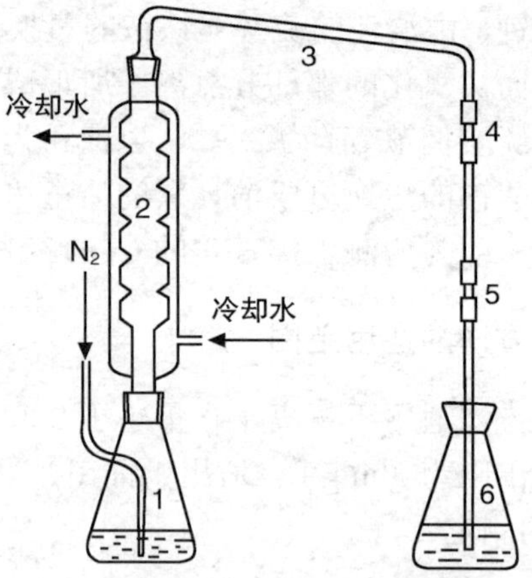

图 3-3-3 回流吸收装置

1—插管三角烧瓶；2—冷凝管；3—导出管；4、5—硅橡胶接管；6—吸收瓶

5. 步骤

①吸取水样 20.0ml（或取适量水样加水至 20.0ml）于 500ml 插管三角烧瓶中，根据水样中氯离子浓度，按 $HgSO_4$∶Cl^-=10∶1 的比例加入不同体积的硫酸汞溶液（详见表 3-3-8），摇匀。加入重铬酸钾标准溶液 10.0ml 及防暴沸玻璃珠 3～5 粒。

②当同时测定氯离子浓度不同的一批水样时，为减少空白值的测定次数，可按氯离子浓度的高低适当进行分组。按分组中最高氯离子浓度决定硫酸汞的加入量，其比例为 $HgSO_4$∶Cl^-=7.5∶1。

③将插管三角烧瓶接到冷凝管下端，接通冷凝水。通过漏斗从冷凝管上端缓慢加入硫酸银–硫酸溶液（加入体积见表 3-3-8），不断旋动插管三角烧瓶使之混合均匀。

④吸收瓶内加入 20.0ml 氢氧化钠溶液，并加水稀释至 200ml。

⑤按图 3-3-3 连接好装置，将导出管插入吸收瓶液面下。

⑥通入氮气 5～10ml/min，加热，自溶液沸腾起回流 2h。停止加热后，加大氮气气流 30～40ml/min，**注意不要使溶液倒吸**。继续通氮气 30～40min。

⑦取下吸收瓶，冷却至室温，加入 1.0g 碘化钾，然后加入 7.0ml 硫酸 4），放置 10min，用硫代硫酸钠标准滴定溶液滴定至淡黄色，加入淀粉指示剂继续滴定至蓝色刚好消失为终点。记录硫代硫酸钠标准滴定溶液消耗的毫升数（V_3）。

表 3-3-8 氯离子不同时采用的试剂用量

氯离子浓度 (mg/L)	$HgSO_4$ 溶液加入量 (ml)	Ag_2SO_4–H_2SO_4 加入量 (ml)	回流后加水量 (ml)
3000	2.0	32	85
5000	3.3	33	89
8000	5.3	35	94
10000	6.7	37	99
12000	8.0	38	101
16000	11.0	41	109
20000	13.3	44	115

⑧插管三角烧瓶冷却后，从冷凝管上端加入一定量水。加水量见表 3-3-8。取下插管三角烧瓶。溶液冷却至室温后，加入 3 滴，1, 10-邻菲啰啉指示剂溶液，用硫酸亚铁铵标准滴定溶液滴定至溶液的颜色由黄色经蓝绿色变成红褐色即为终点。记录下硫酸亚铁铵标准滴定溶液消耗的毫升数（V_2）。

⑨空白试验：按相同步骤以 20.0ml 水代替试样进行空白试验，其余试剂和试样测定相同，记录下空白滴定时消耗硫酸亚铁铵标准滴定溶液的毫升数（V_1）。

6. 计算

水样化学需氧量 COD（以 mg/L 计）的计算公式如下：

$$\text{表观COD(mg/L)} = \frac{C_1(V_1 - V_2) \times 8000}{V_0}$$

$$\text{氯离子校正值(mg/L)} = \frac{C_2 V_3 \times 8000}{V_0}$$

COD（mg/L）=表观 COD−氯离子校正值

式中：C_1——硫酸亚铁铵标准滴定溶液的浓度（mol/L）；

C_2——硫代硫酸钠标准滴定溶液的浓度（mol/L）；

V_1——空白试验所消耗的硫酸亚铁铵标准滴定溶液的体积（ml）；

V_2——试样滴定所消耗的硫酸亚铁铵标准滴定溶液的体积（ml）；

V_3——吸收液测定所消耗的硫代硫酸钠标准滴定溶液的体积（ml）；

V_0——试样的体积（ml）；

8000——$1/2O_2$ 的摩尔质量以 mg/L 为单位的换算值。

测定结果保留三位有效数字，当计算出 COD 值小于 30mg/L 时，应表示为“COD＜30mg/L”。

7. 方法的精密度

10 个实验室对 COD 含量为 75.5～208mg/L，氯离子浓度为 3000～16000mg/L 的四个统一样品进行测定，实验室内相对标准偏差在 2.8%～3.6%；实验室间相对标准偏差在 3.2%～7.8%。

8. 本方法中几个术语的定义

①高氯废水：氯离子含量大于 1000mg/L，小于 20000mg/L 的废水。

②表观 COD：在一定条件下，由水样所消耗的重铬酸钾的量，换算成相对应的氧的质量浓度。

③氯离子校正值：水样中被氧化的氯离子生成的氯气所对应的氧的质量浓度。

三、高锰酸盐指数

高锰酸盐指数，是指在酸性或碱性介质中，以高锰酸钾为氧化剂，处理水样时所消耗的量，以氧的 mg/L 来表示。水中的亚硝酸盐、亚铁盐、硫化物等还原性无机物和在此条件下可被氧化的有机物，均可消耗高锰酸钾。因此，高锰酸盐指数常被作为地表水体受有机污染物和还原性无机物质污染程度的综合指标。

我国规定了环境水质的高锰酸盐指数的标准。

高锰酸盐指数，亦被称为化学需氧量的高锰酸钾法。由于在规定条件下，水中有机物只能部分被氧化，并不是理论上的需氧量，也不是反映水体中总有机物含量的尺度。因此，用高锰酸盐指数这一术语作为水质的一项指标，以有别于重铬酸钾法的化学需氧量（应用于工业废水），更符合于客观实际。

为了避免Cr（Ⅵ）的二次污染，日本、德国等也用高锰酸盐作为氧化剂测定废水中的化学需氧量，但其相应的排放标准也偏严。

（一）酸性法（A）

1. 方法原理

水样加入硫酸使呈酸性后，加入一定量的高锰酸钾溶液，并在沸水浴中加热反应一定的时间。剩余的高锰酸钾，用草酸钠溶液还原并加入过量，再用高锰酸钾溶液回滴过量的草酸钠，通过计算求出高锰酸盐指数值。

显然，高锰酸盐指数是一个相对的条件性指标，其测定结果与溶液的酸度、高锰酸盐浓度、加热温度和时间有关。因此，测定时必须严格遵守操作规定，使结果具可比性。

2. 方法的适用范围

酸性法适用于氯离子含量不超过300mg/L的水样。

当水样的高锰酸盐指数值超过10mg/L时，则酌情分取少量试样，并用水稀释后再行测定。

3. 水样的采集与保存

水样采集后，应加入硫酸使pH调至<2，以抑制微生物活动。样品应尽快分析，并在48h内测定。

4. 仪器

①沸水浴装置。

②250ml锥形瓶。

③50ml酸式滴定管。

④定时钟。

5. 试剂

①高锰酸钾贮备液（$1/5KMnO_4$=0.1mol/L）：称取3.2g高锰酸钾溶于1.2L水中，加热煮沸，使体积减少到约1L，在暗处放置过夜，用G-3玻璃砂芯漏斗过滤后，滤液贮于棕

（A）本方法与GB 11892—89等效。

色瓶中保存。使用前用 0.1000mol/L 的草酸钠标准贮备液标定，求得实际浓度。

②高锰酸钾使用液（$1/5KMnO_4$=0.01mol/L）：吸取一定量的上述高锰酸钾溶液，用水稀释至 1000ml，并调节至 0.01mol/L 准确浓度，贮于棕色瓶中。使用当天应进行标定。

③（1+3）硫酸。配制时趁热滴加高锰酸钾溶液至呈微红色。

④草酸钠标准贮备液（$1/2Na_2C_2O_4$=0.1000mol/L）：称取 0.6705g 在 105～110℃烘干 1h 并冷却的优级纯草酸钠溶于水，移入 100ml 容量瓶中，用水稀释至标线。

⑤草酸钠标准使用液（$1/2Na_2C_2O_4$=0.0100mol/L）：吸取 10.00ml 上述草酸钠溶液移入 100ml 容量瓶中，用水稀释至标线。

6. 步骤

①分取 100ml 混匀水样（如高锰酸盐指数高于 10mg/L，则酌情少取，并用水稀释至 100ml）于 250ml 锥形瓶中。

②加入 5ml（1+3）硫酸，混匀。

③加入 10.00ml 0.01mol/L，高锰酸钾溶液，摇匀，立即放入沸水浴中加热 30min（从水浴重新沸腾起计时）。沸水浴液面要高于反应溶液的液面。

④取下锥形瓶，趁热加入 10.00ml 0.0100mol/L 草酸钠标准溶液，摇匀。立即用 0.01mol/L 高锰酸钾溶液滴定至显微红色，记录高锰酸钾溶液消耗量。

⑤高锰酸钾溶液浓度的标定：将上述已滴定完毕的溶液加热至约 70℃，准确加入 10.00ml 草酸钠标准溶液（0.0100mol/L），再用 0.01mol/L 高锰酸钾溶液滴定至显微红色。记录高锰酸钾溶液的消耗量，按下式求得高锰酸钾溶液的校正系数（K）。

$$K=\frac{10.00}{V}$$

式中：V——高锰酸钾溶液消耗量（ml）。

若水样经稀释时，应同时另取 100ml 水，同水样操作步骤进行空白试验。

7. 计算

（1）水样不经稀释

$$\text{高锰酸盐指数}(O_2,\text{mg/L})=\frac{[(10+V_1)K-10]\times M\times 8\times 1000}{100}$$

式中：V_1——滴定水样时，高锰酸钾溶液的消耗量（ml）；

K——校正系数；

M——草酸钠溶液浓度（mol/L）；

8——氧（1/2 O）摩尔质量。

（2）水样经稀释

高锰酸盐指数（O_2，mg/L）

$$=\frac{\{[(10+V_1)K-10]-[(10+V_0)K-10]\times C\}\times M\times 8\times 1000}{V_2}$$

式中：V_0——空白试验中高锰酸钾溶液消耗量（ml）；

V_2——分取水样量（ml）；

C——稀释的水样中含水的比值，例如：10.0ml 水样，加 90ml 水稀释至 100ml，则 C=0.90。

8. 精密度和准确度

五个实验室分析高锰酸盐指数为 4.0mg/L 的葡萄糖标准溶液，实验室内相对标准偏差为 4.2%；实验室间相对标准偏差为 5.2%。

9. 注意事项

①在水浴中加热完毕后，溶液仍应保持淡红色，如变浅或全部褪去，说明高锰酸钾的用量不够。此时，应将水样稀释倍数加大后再测定，使加热氧化后残留的高锰酸钾为其加入量的 1/2～1/3 为宜。

②在酸性条件下，草酸钠和高锰酸钾的反应温度应保持在 60～80℃，所以滴定操作必须趁热进行，若溶液温度过低，需适当加热。

（二）碱性法（A）

当水样中氯离子浓度高于 300mg/L 时，应采用碱性法。

1. 方法原理

在碱性溶液中，加一定量高锰酸钾溶液于水样中，加热一定时间以氧化水中的还原性无机物和部分有机物。加酸酸化后，用草酸钠溶液还原剩余的高锰酸钾并加入过量，再以高锰酸钾溶液滴定至微红色。

2. 仪器

同本节（一）酸性法。

3. 试剂

50%氢氧化钠溶液，其余同本节（一）酸性法试剂。

4. 步骤

①分取 100ml 混匀水样（或酌情少取，用水稀释至 100ml）于锥形瓶中，加入 0.5ml 50%氢氧化钠溶液，加入 10.00ml 0.01mol/L 高锰酸钾溶液。

②将锥形瓶放入沸水浴中加热 30min（从水浴重新沸腾起计时），沸水浴的液面要高于反应溶液的液面。

③取下锥形瓶，冷却至 70～80℃，加入（1+3）硫酸 5ml 并保证溶液呈酸性，加入 0.0100mol/L 草酸钠溶液 10.00ml，摇匀。

④迅速用 0.01mol/L 高锰酸钾溶液回滴至溶液呈微红色为止。

高锰酸钾溶液校正系数的测定与本节（一）酸性法相同。

（A）本方法与 GB 11892—89 等效。

5. 计算

同本节（一）酸性法。

6. 精密度和准确度

三个实验室分析高锰酸盐指数为 4.0mg/L 的葡萄糖标准溶液，实验室内相对标准偏差为 4.0%；实验室间相对标准偏差为 6.3%。

7. 注意事项

同本节（一）酸性法。

四、生化需氧量

生活污水与工业废水中含有大量各类有机物。当其污染水域后，这些有机物在水体中分解时要消耗大量溶解氧，从而破坏水体中氧的平衡，使水质恶化，因缺氧造成鱼类及其它水生生物的死亡。这样的污染事故在我国时有发生。

水体中所含的有机物成分复杂，难以一一测定其成分。人们常常利用水中有机物在一定条件下所消耗的氧来间接表示水体中有机物的含量，生化需氧量即属于这类的重要指标之一。

生化需氧量的经典测定方法是稀释接种法；日本 1990 年颁布了微生物电极法（JISK 3602—1990），其中使用了微生物膜传感器，每次测定仅需 20min。我国也研制出以微生物电极为核心的相关快速 BOD 测定仪，其方法已通过多家试验室验证，实际水样测定及与标准稀释接种法对照，取得了良好的效果。

测定生化需氧量的水样，采集时应充满并密封于瓶中，在 0～4℃下进行保存。一般应在 6h 内进行分析。若需要远距离转运，在任何情况下，贮存时间不应超过 24h。

（一）稀释接种法（A）

1. 方法原理

生化需氧量是指在规定条件下，微生物分解存在水中的某些可氧化物质，特别是有机物所进行的生物化学过程中消耗溶解氧的量。此生物氧化全过程进行的时间很长，如在 20℃培养时，完成此过程需 100 多天。目前国内外普遍规定 20℃±1℃培养 5d，分别测定样品培养前后的溶解氧，二者之差即为 BOD_5 值，以氧的毫克/升表示。

对某些地表水及大多数工业废水，因含较多的有机物，需要稀释后再培养测定，以降低其浓度和保证有充足的溶解氧。稀释的程度应使培养中所消耗的溶解氧大于 2mg/L，而剩余溶解氧在 1mg/L 以上。

为了保证水样稀释后有足够的溶解氧，稀释水通常要通入空气进行曝气（或通入氧气），使稀释水中溶解氧接近饱和。稀释水中还应加入一定量的无机营养盐和缓冲物质（磷酸盐、

（A）本方法与 GB 7488—87 等效。

钙、镁和铁盐等），以保证微生物生长的需要。

对于不含或少含微生物的工业废水，其中包括酸性废水、碱性废水、高温废水或经过氯化处理的废水，在测定 BOD 时应进行接种，以引入能分解废水中有机物的微生物。当废水中存在着难于被一般生活污水中的微生物以正常速度降解的有机物或含有剧毒物质时，应将驯化后的微生物引入水样中进行接种。

2. 方法的适用范围

本方法适用于测定 BOD_5 大于或等于 2mg/L，最大不超过 6000mg/L 的水样。当水样 BOD_5 大于 6000mg/L，会因稀释带来一定的误差。

3. 仪器

①恒温培养箱（20℃±1℃）。

②5～20L 细口玻璃瓶。

③1000～2000ml 量筒。

④玻璃搅棒：棒的长度应比所用量筒高度长 200mm。在棒的底端固定一个直径比量筒底小、并带有几个小孔的硬橡胶板。

⑤溶解氧瓶：250～300ml，带有磨口玻璃塞并具有供水封用的钟形口。

⑥虹吸管，供分取水样和添加稀释水用。

4. 试剂

1）磷酸盐缓冲溶液：将 8.5g 磷酸二氢钾（KH_2PO_4），21.75g 磷酸氢二钾（K_2HPO_4），33.4g 七水合磷酸氢二钠（$Na_2HPO_4 \cdot 7H_2O$）和 1.7g 氯化铵（NH_4Cl）溶于水中，稀释至 1000ml。此溶液的 pH 应为 7.2。

2）硫酸镁溶液：将 22.5g 七水合硫酸镁（$MgSO_4 \cdot 7H_2O$）溶于水中，稀释至 1000ml。

3）氯化钙溶液：将 27.5g 无水氯化钙溶于水，稀释至 1000ml。

4）氯化铁溶液：将 0.25g 六水合氯化铁（$FeCl_3 \cdot 6H_2O$）溶于水，稀释至 1000ml。

5）盐酸溶液（0.5mol/L）：将 40ml（ρ=1.18g/ml）盐酸溶于水，稀释至 1000ml。

6）氢氧化钠溶液（0.5mol/L）：将 20g 氢氧化钠溶于水，稀释至 1000ml。

7）亚硫酸钠溶液（$1/2Na_2SO_3$=0.025mol/L）：将 1.575g 亚硫酸钠溶于水，稀释至 1000ml。此溶液不稳定，需每天配制。

8）葡萄糖-谷氨酸标准溶液：将葡萄糖（$C_6H_{12}O_6$）和谷氨酸（$HOOC-CH_2-CH_2-CHNH_2-COOH$）在 103℃干燥 1h 后，各称取 150mg 溶于水中，移入 1000ml 容量瓶内并稀释至标线，混合均匀。此标准溶液临用前配制。

9）稀释水：在 5～20L 玻璃瓶内装入一定量的水，控制水温在 20℃左右。然后用无油空气压缩机或薄膜泵，将吸入的空气先后经活性炭吸附管及水洗涤管后，导入稀释水内曝气 2～8h，使稀释水中的溶解氧接近于饱和。曝气亦可导入适量纯氧。瓶口盖以两层经洗涤晾干的纱布，置于 20℃培养箱中放置数小时，使水中溶解氧含量达 8mg/L 左右。临用前每升水中加入氯化钙溶液、氯化铁溶液、硫酸镁溶液、磷酸盐缓冲溶液各 1ml，并混合均匀。

稀释水的 pH 应为 7.2 ，其 BOD_5 应小于 0.2mg/L。

10）接种液：可选择以下任一方法，以获得适用的接种液。

①城市污水，一般采用生活污水，在室温下放置一昼夜，取上清液供用。

②表层土壤浸出液，取 100g 花园或植物生长土壤，加入 1L 水，混合并静置 10min。取上清液供用。

③用含城市污水的河水或湖水。

④污水处理厂的出水。

⑤当分析含有难于降解物质的废水时，在其排污口下游适当距离处取水样作为废水的驯化接种液。如无此种水源，可取中和或经适当稀释后的废水进行连续曝气，每天加入少量该种废水，同时加入适量表层土壤或生活污水，使能适应该种废水的微生物大量繁殖。当水中出现大量絮状物，或检查其化学需氧量的降低值出现突变时，表明适用的微生物已进行繁殖，可用作接种液。一般驯化过程需要 3～8d。

11）接种稀释水：分取适量接种液，加于稀释水中，混匀。每升稀释水中接种液加入量为：生活污水 1～10ml；或表层土壤浸出液 20～30ml；或河水，湖水 10～100ml。

接种稀释水的 pH 应为 7.2，BOD_5 值以在 0.3～1.0mg/L 为宜。接种稀释水配制后应立即使用。

5. 步骤

（1）水样的预处理

①水样的 pH 若超出 6.5～7.5 范围时，可用盐酸或氢氧化钠稀溶液调节 pH 近于 7，但用量不要超过水样体积的 0.5%。若水样的酸度或碱度很高，可改用高浓度的碱或酸液进行中和。

②水样中含有铜、铅、锌、镉、铬、砷，氰等有毒物质时，可使用经驯化的微生物接种液的稀释水进行稀释，或提高稀释倍数以减少毒物的浓度。

③含有少量游离氯的水样，一般放置 1～2h，游离氯即可消失。对于游离氯在短时间不能消散的水样，可加入亚硫酸钠溶液除去。其加入量由下述方法决定。

取已中和好的水样 100ml，加入（1+1）乙酸 10ml，10%碘化钾溶液 1ml，混匀。以淀粉溶液为指示剂，用亚硫酸钠溶液滴定游离碘。由亚硫酸钠溶液消耗的体积，计算出水样中应加亚硫酸钠溶液的量。

④从水温较低的水域或富营养化的湖泊中采集的水样，可遇到含有过饱和溶解氧，此时应将水样迅速升温至 20℃左右，在不使满瓶的情况下，充分振摇，并时时开塞放气，以赶出过饱和的溶解氧。

从水温较高的水域或废水排放口取得的水样，则应迅速使其冷却至 20℃左右，并充分振摇，使与空气中氧分压接近平衡。

（2）不经稀释水样的测定

①溶解氧含量较高、有机物含量较少的地表水，可不经稀释而直接以虹吸法将约 20℃的混匀水样转移入两个溶解氧瓶内，转移过程中应注意不使产生气泡。以同样的操作使两个溶解氧瓶充满水样后溢出少许，加塞。瓶内不应留有气泡。

②其中一瓶随即测定溶解氧，另一瓶的瓶口进行水封后，放入培养箱中，在 20℃±1℃

培养 5d。在培养过程中注意添加封口水。

③从开始放入培养箱算起，经过五昼夜后，弃去封口水，测定剩余的溶解氧。

（3）需经稀释水样的测定

①稀释倍数的确定：根据实践经验，提出下述计算方法，供稀释时参考。

地表水：由测得的高锰酸盐指数与一定的系数的乘积，即求得稀释倍数，见表 3-3-9。

表 3-3-9 由高锰酸盐指数与一系数的乘积求得的稀释倍数

高锰酸盐指数(mg/L)	系数	高锰酸盐指数(mg/L)	系数
<5	—	10～20	0.4、0.6
5～10	0.2、0.3	>20	0.5、0.7、1.0

工业废水：由重铬酸钾法测得的 COD 值来确定，通常需作三个稀释比。

使用稀释水时，由 COD 值分别乘以系数 0.075，0.15，0.225，即获得三个稀释倍数。

使用接种稀释水时，则分别乘以 0.075，0.15 和 0.25 三个系数。

注：COD_{Cr} 值可在测定 COD 过程中，加热回流至 60min 时，用由校核试验的邻苯二甲酸氢钾溶液按 COD 测定相同操作步骤制备的标准色列进行估测。

②稀释操作：

一般稀释法：按照选定的稀释比例，用虹吸法沿筒壁先引入部分稀释水（或接种稀释水）于 1000ml 量筒中，加入需要量的均匀水样，再加入稀释水（或接种稀释水）至 800ml，用带胶板的玻棒小心上下搅匀。搅拌时勿使搅棒的胶板露出水面，防止产生气泡。

按不经稀释水样的测定相同操作步骤进行装瓶、测定当天溶解氧和培养 5d 后的溶解氧。

另取两个溶解氧瓶，用虹吸法装满稀释水（或接种稀释水）作为空白试验。测定 5d 前后的溶解氧。

直接稀释法：直接稀释法是在溶解氧瓶内直接稀释。在已知两个容积相同（其差<1ml）的溶解氧瓶内，用虹吸法加入部分稀释水（或接种稀释水），再加入根据瓶容积和稀释比例计算出的水样量，然后用稀释水（或接种稀释水）使刚好充满，加塞，勿留气泡于瓶内。其余操作与上述一般稀释法相同。

BOD_5 测定中，一般采用叠氮化钠改良法测定溶解氧。如遇干扰物质，应根据具体情况采用其他测定法（详见第三章一、溶解氧）。

6. 计算

（1）不经稀释直接培养的水样

$$BOD_5\text{（mg/L）}=C_1-C_2$$

式中：C_1——水样在培养前的溶解氧浓度（mg/L）；

C_2——水样经 5d 培养后，剩余溶解氧浓度（mg/L）。

（2）经稀释后培养的水样

$$BOD_5(\text{mg/L})=\frac{(C_1-C_2)-(B_1-B_2)f_1}{f_2}$$

式中：B_1——稀释水（或接种稀释水）在培养前的溶解氧（mg/L）；

B_2——稀释水（或接种稀释水）在培养后的溶解氧（mg/L）；

f_1——稀释水（或接种稀释水）在培养液中所占比例；

f_2——水样在培养液中所占比例。

注：f_1，f_2的计算：例如培养液的稀释比为3%，即3份水样，97份稀释水，则f_1=0.97，f_2=0.03。

7. 精密度和准确度

三个实验室分析含5mg/L葡萄糖的统一标准液的BOD_5值，实验室内相对标准偏差为5.6%；实验室间相对标准偏差为32%。

三个实验室分析含300mg/L葡萄糖（BOD_5为210mg/L）的统一标准液的BOD_5值，实验室内相对标准偏差为2.1%；实验室间相对标准偏差为2.1%。

8. 注意事项

①水中有机物的生物氧化过程，可分为两个阶段。第一阶段为有机物中的碳和氢，氧化生成二氧化碳和水，此阶段称为碳化阶段。完成碳化阶段在20℃大约需20d。第二阶段为含氮物质及部分氨，氧化为亚硝酸盐及硝酸盐，称为硝化阶段。完成硝化阶段在20℃时需要约100d。因此，一般测定水样BOD_5时，硝化作用很不显著或根本不发生硝化作用。但对于生物处理池的出水，因其中含有大量的硝化细菌。因此，在测定BOD_5时也包括了部分含氮化合物的需氧量。对于这样的水样，如果我们只需要测定有机物降解的需氧量，可以加入硝化抑制剂，抑制硝化过程。为此目的，可在每升稀释水样中加入1ml浓度为500ml/L的丙烯基硫脲（ATU，$C_4H_8N_2S$）或一定量固定在氯化钠上的2-氯代-6-三氯甲基吡啶（TCMP，$Cl—C_5H_3N—C—CH_3$），使TCMP在稀释样品中的浓度大约为0.5mg/L。

②玻璃器皿应彻底洗净。先用洗涤剂浸泡清洗，然后用稀盐酸浸泡，最后依次用自来水、蒸馏水洗净。

③在两个或三个稀释比的样品中，凡消耗溶解氧大于2mg/L和剩余溶解氧大于1mg/L，计算结果时，应取其平均值。若剩余的溶解氧小于1mg/L，甚至为零时，应加大稀释比。溶解氧消耗量小于2mg/L，有两种可能，一种是稀释倍数过大；另一种可能是微生物菌种不适应，活性差，或含毒物质浓度过大。这时可能出现在几个稀释比中，稀释倍数较大的消耗溶解氧反而较多的现象。

④为检查稀释水和接种液的质量，以及化验人员的操作水平，可将20ml葡萄糖-谷氨酸标准溶液用接种稀释水稀释至1000ml，按测定BOD_5的步骤操作。测得BOD_5的值应在180～230mg/L。否则应检查接种液、稀释水的质量或操作技术是否存在问题。

⑤水样稀释倍数超过100倍时，应预先在容量瓶中用水初步稀释后，再取适量进行最后稀释培养。

（二）微生物传感器快速测定法（A）

1. 方法原理

测定水中 BOD 的微生物传感器是由氧电极和微生物菌膜构成，其原理是当含有饱和溶解氧的水样进入流通池中与微生物传感器接触，水样中溶解性可生化降解的有机物受到微生物菌膜中菌种的作用，使扩散到氧电极表面上氧的质量减少。当水样中可生化降解的有机物向菌膜扩散速度（质量）达到恒定时，此时扩散到氧电极表面上氧的质量也达到恒定，因此产生了一个恒定电流。由于恒定电流与水样中可生化降解的有机物浓度的差值与氧的减少量存在定量关系，据此可换算出水样中生物化学需氧量。

2. 干扰及消除

当水样中的氰化物和亚硫酸根离子分别超过 20mg/L 和 1000mg/L 以上时，使测定结果产生较大误差。

水样中含 Co^{2+}：10mg/L 以下；Mn^{2+}：5mg/L 以下；Zn^{2+}：10mg/L 以下；Fe^{2+}：5mg/L 以下；Cu^{2+}：2mg/L 以下；Hg^{2+}：5mg/L 以下；Pb：5mg/L 以下；Cd：5mg/L 以下对本方法测定结果不产生明显的干扰。对微生物膜内菌种有毒害作用的高浓度杀菌剂、农药类、游离氯废水，用本方法测定会产生较大误差，可减少取样量或适当稀释试样以减少这类影响。

3. 方法的适用范围

本方法适用于测定 BOD 浓度为 2～500mg/L 的水样，当 BOD 较高时可经适当稀释后测定。适用于测定地表水、生活污水、工业废水中的 BOD。

4. 仪器

使用的玻璃仪器及塑料容器要认真清洗，不能有可生物降解的化合物，操作中应防止污染。

①BOD 快速测定仪：按说明书使用并选择测量条件。

②微生物菌膜：微生物菌膜可在室温干燥条件下保存。

③微生物菌膜的活化与安装：将微生物菌膜放入 0.005mol/L 缓冲溶液中活化 48h，然后将其安装在微生物传感器上（如果间断测量时间超过 7d，则应重新更换新的菌膜，按操作步骤③中要求进行）。

④稀释容器：容量瓶、吸管、比色管，其容积大小取决于稀释样品的体积。

⑤10L 聚乙烯塑料桶。

5. 试剂

①磷酸盐缓冲溶液，0.5mol/L：将 68g 磷酸二氢钾和 71g 磷酸氢二钠溶于蒸馏水中，稀释至 1000ml，备用。

（A）本方法与 HJ/T 86—2002 等效。

②磷酸盐缓冲溶液使用液：0.005mol/L，用①稀释制得。

③盐酸（HCl）溶液：0.5mol/L。

④氢氧化钠（NaOH）溶液：20g/L。

⑤亚硫酸钠（Na_2SO_3）溶液：1.575g/L，此溶液不稳定，需当天配制。

⑥葡萄糖-谷氨酸（BOD）标准溶液：称取在 103℃下干燥 1h 并冷却至室温的无水葡萄糖（$C_6H_{12}O_6$）和谷氨酸（$HOOC-CH_2-CH_2-CHNH_2-COOH$）各 1.705g，溶于磷酸盐缓冲溶液 2）中，并用此溶液稀释至 1000ml，混合均匀，即得 2500mg/L 的 BOD 标准溶液。

6. 步骤

（1）样品的贮存

样品需充满并密封于瓶中，置于 2～5℃下保存，一般应在采样后 6h 之内进行检验，若需远距离转运，在任何情况下贮存皆不得超过 24h。

（2）水样的预处理

①水样的 pH 超出 5.5～9.0 时，可用盐酸或氢氧化钠溶液调节 pH 约为 7，但调节溶液的用量不要超过水样体积的 0.5%。若水样的酸度或碱度很高，可改用高浓度的碱或酸液进行中和。应注意操作中不要带入气泡。

②水样浑浊时，可将水样静置澄清 30min，然后取上层非沉降部分进行测定。

③从水温较高的水域或废水排放口取得的水样，则应迅速使其冷却至 20℃左右，并充分振摇，使与空气中氧分压接近平衡。

④从水温较低的水域或富营养化的湖泊中采集的水样，可遇到含有过饱和溶解氧，此时应将水样迅速升温至 20℃左右。在水样瓶未充满的情况下，充分振摇，并时时开塞放气，以赶出过饱和的溶解氧。

⑤测定样品中含游离氯或结合氯时，向被测样品中加入相当质量的亚硫酸钠溶液使样品中游离氯或结合氯除去，注意避免亚硫酸钠加过量。

（3）测定

①每次测定前应将电极电位洗至相对稳定。

②用标准溶液 6）配制成含 BOD 0mg/L、5mg/L、10mg/L、25mg/L、50mg/L 的标准系列，按由低到高的顺序依次进行测量，制备工作曲线（贮存在仪器中）。然后进行被测水样的测定。微处理器根据内存曲线、样品信号，可直接计算出测量结果。

7. 精密度和准确度

四个实验室分析 BOD 含量为 25.3mg/L 和 10.3mg/L 的统一标准溶液，其分析结果如下：

①重复性：实验室内相对标准偏差分别为 2.9%、2.6%。

②再现性：实验室间相对偏差分别为 3.4%、2.7%。

③准确度：四个实验室测定浓度为 50.6mg/L 的统一已知 BOD 样品，相对误差为 0.4%。

8. 注意事项

①进样时应避免输液管路进入气泡。

②勿使其他溶液漏入电极内参比溶液中，以免造成污染。

③测量过程中的进样浓度应从低到高，以减少回复到空白电位所需的时间。

④关机后再开机至少间隔 15s，否则仪器不能正常工作。

（三）活性污泥曝气降解法（B）

1. 方法原理

在温度为 30～35℃，用活性污泥强制曝气降解样品 2h，经重铬酸钾消解生物降解前、后的样品，测定生物降解前和生物降解后的化学需氧量，其差值即为 BOD，可根据与标准方法的对比实验结果换算为 BOD_5。

2. 干扰及消除

能使活性污泥中毒的物质，如杀菌剂、农药等，会抑制生物氧化作用，使生化需氧量测定结果偏低。挥发性有机物含量高时测定 BOD_5 结果偏低。

3. 方法的适用范围

本方法适用于城市污水和组成成分较稳定的工业废水中生化需氧量的测定。取 50ml 水样不稀释可测定 8～2000mg/L 范围的生化需氧量。

4. 仪器

①BOD 培养器：可自动恒温 30～50℃，连续曝气 48h 以上，并能对活性污泥进行曝气培养。

②BOD 降解管：与 BOD 培养器配套使用，容积为 150ml。

③活性污泥培养器：恒温 25～30℃可与 BOD 培养器连接连续曝气。

④高速离心机：最高转速可达到 16000r/min。

⑤低速离心机：转速 400～4000r/min。

⑥离心管：20ml，具刻度。

5. 试剂

1）营养盐溶液：

①磷酸盐缓冲溶液：将 8.5g 磷酸二氢钾（KH_2PO_4），21.75g 磷酸氢二钾（K_2HPO_4），33.4g 磷酸氢二钠（Na_2HPO_4）和 1.7g 氯化铵溶于 500ml 水中，用水稀释至 1000ml。

②硫酸镁溶液：将 22.5g 硫酸镁（$MgSO_4$）溶于水中，用水稀释至 1000ml。

③氯化钙溶液：将 27.5g 氯化钙（$CaCl_2$）溶于水中，用水稀释至 1000ml。

④氯化铁溶液：将 0.25g 氯化铁（$FeCl_3$）溶于水中，用水稀释至 1000ml。

2）活性污泥：

①采集与保存：将生化处理厂曝气池活性污泥装入塑料桶中（不要超过容积的 2/3），并用 2～3 层纱布罩在桶口上。在实验室保存活性污泥，可连接在生物培养器装置上，曝气保存；也可将污泥澄清，弃去上清液，装于塑料瓶中，在 0～4℃冰箱中保存。使用时将污

泥倒入培养器中，加入葡萄糖 5～10g，待测废水 10～50ml，磷酸盐缓冲溶液 10ml，在 25～35℃曝气培养 24h。活性污泥也可以用废水，加营养液、葡萄糖曝气培养，生长出絮状胶体，即活性污泥。

②活性污泥的预处理：取约 18ml 污泥倒入 20ml 刻度离心管中，在 1400r/min 下，离心 3min，弃去上清液。再加入活性污泥，反复几次，待刻度离心管中的污泥约为 3ml，用水洗 5～6 次，备用。检查活性污泥是否洗净，采用紫外扫描方法，即将活性污泥洗涤 6 次，取离心后的上清液在 220～370nm 扫描，并同时与水空白比较，两条吸收曲线相近即可。

6. 步骤

①取 2.00ml 混合均匀的水样（或经稀释后的水样 2.00ml），测定 $COD_{前}$值。

②取 50ml 混合均匀的水样（或经稀释后的水样 50ml）于 BOD 降解管中。

③加入洗净的活性污泥 3ml，氯化钙溶液 1ml，硫酸镁溶液 1ml，三氯化铁溶液 1ml，缓冲溶液 5ml。

④将 BOD 降解管置于 BOD 培养器中，连接气路。在 30～35℃连续曝气 2h。如液面降低，需加水至原体积摇匀，静置。

⑤取上层清液 3～5ml 在高速离心机上，以 14000r/min 的速度，离心分离 3min，然后迅速取 2.00ml 上层清液，测定 $COD_{后}$值。

7. 计算

生化需氧量 BOD 由下式计算：

$$BOD（O_2，mg/L）=（COD_{前}-COD_{后}）$$

$$BOD_5（O_2，mg/L）=bx+a$$

式中：$COD_{前}$——降解前 COD 值（mg/L）；

$COD_{后}$——降解后 COD 值（mg/L）；

x——本方法测得的 BOD_5 值（mg/L）；

b——稀释接种法与本方法测定结果回归曲线的斜率；

a——稀释接种法与本方法测定结果回归曲线的截距。

8. 精密度和准确度

不同类型废水 BOD 的加标回收率在 90%～110%，标准样品的协同试验结果见表 3-3-10。

表 3-3-10　方法的精密度

标准溶液 BOD_5 值(mg/L)	实验室数	室内相对标准偏差(%)	室间相对标准偏差(%)
134	5	1.6	4.1
210	4	5.2	9.5

9. 注意事项

①活性污泥的性状是试验成功的关键，在培养活性污泥时，要掌握好污泥生长的条件：

即温度在25～30℃；曝气量充分，并能不断搅拌；使碳、氮、磷有适当比例；只用废水驯化污泥，可以测定各种不同的工业废水。

②曝气时间可以通过对降解进程中水样的直接扫描来确定。如0、1、1.5、2、2.5、2.8h，波长为220～380nm。如降解前后两条扫描曲线几乎重合，即可认为：在相应条件下，水样降解已达到终点。此时间为2.5h，则今后对于这种废水降解时间定为2.5h。

③高速离心活性污泥测定$COD_{后}$，吸样时，不能带进污泥，否则$COD_{后}$高，测定结果偏低。

④从经过验证的印染、造纸、毛纺、制革、石化、焦化、冶炼、城市污水、油田、电厂、制药、麻纺的废水BOD_5与BOD的测定值经统计回归，其斜率0.45～0.69，平均0.558，其产生的误差为+10.8%～13.2%。正负未超过25%。因此，规定其换算系数为b=0.558。截距最大值3.6，最小值0.51，平均为2.06，规定截距为a=2则在一般情况下，上述已验证过的工业废水，其换算公式为：$BOD_5=0.558x+2$（$x=BOD_5$，单位为mg/L）。

对于未经验证的废水，需用同一水样做BOD_5和BOD经统计回归，再进行换算。

⑤在测定标样时，由于葡萄糖、谷氨酸在规定条件下，可降解90%以上，因此换算系数从0.655～0.75，平均为0.703。

五、总有机碳（TOC）

总有机碳（TOC），是以碳的含量表示水体中有机物质总量的综合指标。由于TOC的测定采用燃烧法，因此能将有机物全部氧化，它比BOD_5或COD更能直接表示有机物的总量，因此常常被用来评价水体中有机物污染的程度。

1. 方法选择

近年来，国内外已研制成各种类型的TOC分析仪。按工作原理不同，可分为燃烧氧化-非分散红外吸收法、电导法、气相色谱法、湿法氧化-非分散红外吸收法等。其中燃烧氧化-非分散红外吸收法只需一次性转化，流程简单、重现性好、灵敏度高，因此这种TOC分析仪广为国内外所采用。

2. 水样的采集与保存

水样采集后，必须贮存于棕色玻璃瓶中。常温下水样可保存24h，如不能及时分析，水样可加硫酸调至pH为2，并在4℃冷藏，则可以保存7d。

燃烧氧化 非分散红外吸收法（A）

1. 方法原理

（1）差减法测定总有机碳

将试样连同净化空气（干燥并除去二氧化碳）分别导入高温燃烧管和低温反应管中，经高温燃烧管的水样受高温催化氧化，使有机化合物和无机碳酸盐均转化成为二氧化碳；

（A）本方法与GB 13193—91等效。

经低温反应管的水样受酸化而使无机碳酸盐分解成二氧化碳；其所生成的二氧化碳依次引入非色散红外检测器。由于一定波长的红外线可被二氧化碳选择吸收，在一定浓度范围内二氧化碳对红外线吸收的强度与二氧化碳的浓度成正比，故可对水样总碳（TC）和无机碳（IC）进行定量测定。总碳与无机碳的差值，即为总有机碳（TOC）。

（2）直接法测定总有机碳

将水样酸化后曝气，将无机碳酸盐分解生成二氧化碳驱除，再注入高温燃烧管中，可直接测定总有机碳。但由于在曝气过程中会造成水中挥发性有机物的损失而产生测定误差，因此其测定结果只是不可吹出的有机碳，而不是TOC。

2. 测定范围

本方法适用于工业废水、生活污水及地表水中总有机碳的测定，测定浓度范围为0.5～100mg/L，高浓度样品可进行稀释测定，检测下限为0.5mg/L。

3. 干扰

地表水中常见共存离子超过下列含量（mg/L）时，对测定有干扰，应作适当的前处理，以消除对测定的干扰影响：SO_4^{2-} 400；Cl^- 400；NO_3^- 100；PO_4^{3-} 100；S^{2-} 100。水样含大颗粒悬浮物时，由于受水样注射器针孔的限制，测定结果往往不包括全部颗粒态有机碳。但目前已有大进样孔的仪器出售，使用这类仪器水体颗粒物对测量精度和准确度有影响。

4. 仪器

1）非色散红外吸收TOC分析仪。工作条件：

①环境温度：5～35℃。

②工作电压：仪器额定电压，交流电。

③总碳燃烧管温度及无机碳反应管温度选定：按仪器说明书规定的仪器条件设定。

④载气流量：150～180ml/min。

2）单笔记录仪或微机数据处理系统：与仪器匹配。工作条件：

①工作电压：仪器额定电压，直流电。

②记录纸速：2.5mm/min。

3）微量注射器：50.0μl（具刻度）。

5. 试剂

除另有说明外，均为分析纯试剂，所用水均为无二氧化碳蒸馏水。

①无二氧化碳蒸馏水：将重蒸馏水在烧杯中煮沸蒸发（蒸发量10%）稍冷，装入插有碱石灰管的下口瓶中备用。

②邻苯二甲酸氢钾（$KHC_8H_4O_4$）：优级纯。

③无水碳酸钠（Na_2CO_3）：优级纯。

④碳酸氢钠（$NaHCO_3$）：优级纯，存放于干燥器中。

⑤有机碳标准贮备溶液：C=400mg/L：称取邻苯二甲酸氢钾（预先在110～120℃干燥2h，置于干燥器中冷却至室温）0.8500g，溶解于水中，移入1000ml容量瓶内，用水稀释

至标线，混匀。在低温（4℃）冷藏条件下可保存48d。

⑥有机碳标准溶液：C=100mg/L：准确吸取25.00ml有机碳标准贮备溶液，置于100ml容量瓶内，用水稀释至标线，混匀。此溶液用时现配。

⑦无机碳标准贮备溶液：C=400mg/L：称取碳酸氢钠（预先在干燥器中干燥）1.400g和无水碳酸钠（预先在270℃干燥2h，置于干燥器中，冷却至室温）1.770g溶解于水中，转入1000ml容量瓶内，稀释至标线，混匀。

⑧无机碳标准溶液：C=100mg/L：准确吸取25.00ml无机碳标准贮备溶液，置于100ml容量瓶中，用水稀释至标线，混匀。此溶液用时现配。

6. 步骤

（1）仪器的调试

按说明书调试TOC分析仪及记录仪或微机数据读取系统。选择好灵敏度、测量范围档、总碳燃烧管温度及载气流量，仪器通电预热2h，至红外线分析仪的输出、记录仪上的基线趋于稳定。

（2）干扰的排除

水样中常见共存离子含量超过干扰允许值时，会影响红外线的吸收。这种情况下，必须用无二氧化碳蒸馏水稀释水样，至诸共存离子含量低于其干扰允许浓度后，再行分析。

（3）进样

①差减测定法：经酸化的水样，在测定前应以氢氧化钠溶液中和至中性，用50.00μl微量注射器分别准确吸取混匀的水样20.0μl，依次注入总碳燃烧管和无机碳反应管，测定记录仪上出现的相应的吸收峰峰高或峰面积，下同。

②直接测定法：将用硫酸已酸化至pH≤2的约25ml水样移入50ml烧杯中（加酸量为每100ml水样中加0.04ml（1+1）硫酸，已酸化的水样可不再加），在磁力搅拌器上剧烈搅拌几分钟或向烧杯中通入无二氧化碳的氮气，以除去无机碳。吸取20.0μl经除去无机碳的水样注入总碳燃烧管，测量记录仪上出现的吸收峰峰高。

（4）空白试验

按（3）中①或②所述步骤进行空白试验，用20.0μl无二氧化碳水代替试样。

（5）校准曲线的绘制

在每组六个50ml具塞比色管中，分别加入0.00、2.50、5.00、10.00、20.00、50.00ml有机碳标准溶液、无机碳标准溶液，用蒸馏水稀释至标线，混匀。配制成0.0、5.0、10.0、20.0、40.0、100.0mg/L的有机碳和无机碳标准系列溶液。然后按（3）的步骤操作。从测得的标准系列溶液吸收峰峰高，减去空白试验吸收峰峰高，得校正吸收峰峰高，由标准系列溶液浓度与对应的校正吸收峰峰高分别绘制有机碳和无机碳校准曲线。亦可按线性回归方程的方法，计算出校准曲线的直线回归方程。

7. 计算

（1）差减测定法

根据所测试样吸收峰峰高，减去空白试验吸收峰峰高的校正值，从校准曲线上查得或由校准曲线回归方程算得总碳（TC，mg/L）和无机碳（IC，mg/L）值，总碳与无机碳之差值，即为样品总有机碳（TOC，mg/L）的浓度：

$$TOC（mg/L）=TC（mg/L）-IC（mg/L）$$

（2）直接测定法

根据所测试样吸收峰峰高，减去空白试验吸收峰峰高的校正值，从校准曲线上查得或由校准曲线回归方程算得总碳（TC，mg/L）值，即为样品总有机碳（TOC，mg/L）的浓度：

$$TOC（mg/L）=TC（mg/L）$$

进样体积为 20.0μl，其结果以一位小数表示。

8. 精密度和准确度

1）取平行双样测定结果（相对偏差小于 10%）的算术平均值为测定结果。

2）六个实验室测定含 TOC 24.0mg/L 的标准溶液结果如下：

①重复性：实验室内相对标准偏差为 9%。

②再现性：实验室间相对标准偏差为 3.9%。

③准确度：相对误差为-2.9%～6.25%。

3）加标回收实验：对如制药厂、造纸厂、食品厂、化工厂、印染厂、钢管厂、医院废水等，以及江水、河水、水库水等地表水进行加标回收试验，结果见表 3-3-11。

表 3-3-11　六个实验室加标回收率

测定 TOC 方法	回收率（%）	测定 TOC 方法	回收率（%）
差减法	91.0～109.0	直接法	93.0～109.0

9. 注意事项

①按仪器厂家说明书规定，定期更换二氧化碳吸收剂、高温燃烧管中的催化剂和低温反应管中的分解剂等。

②根据文献报道，当地表水中无机碳含量远高于总有机碳时，会影响有机碳的测定精度。从对含无机碳和有机碳的合成样品（其中无机碳与总有机碳的倍数关系与我国南北方的某些地表水中的倍数关系相接近，一般为几倍）进行的回收结果（95.9%～103.6%）表明，用差减法测定地表水中总有机碳，对测定精度的影响是可以接受的。

六、元素磷

磷为常见元素，磷在地壳中的重量百分含量约为 0.118%。磷在自然界都以各种磷酸盐的形式出现。磷存在于细胞、骨骼和牙齿中，是动植物和人体所必需的重要组成成分。正常时人每天需要从水和食物中补充 1.4g 磷，但都是以各种无机态磷酸盐或有机磷化合物形式吸收。磷以单质磷形态存在于水和废水中时，将对环境带来危害。

黄磷是重要的化工原料，在其生产过程中，用水喷洗融炉的废气冷却后产生对环境危害极大的“磷毒水”，这种污水含有大量可溶和悬浮态的元素磷。元素磷属剧毒物质，进入生物体内可引起急性中毒，人摄入的致死量为 1mg/kg。因此，元素磷是一种不能忽视的污染物。在我国西南地区曾发生过水污染事故。

1. 方法选择

气相色谱法可直接测定经有机溶剂萃取水样中的元素磷。该方法灵敏度高，再现性好，简便快速，水中各种污染物不干扰测定。

2. 样品的采集与保存

水样采集后，在现场用有机溶剂进行萃取，将萃取液缓缓注入具塞比色管或容量瓶中密封，不留空隙。样品应尽快分析。不能立即分析时，应保存于约4℃的冰箱中7d内分析完毕。

气相色谱法（C）

1. 方法原理

用甲苯为萃取剂，萃取水样中的元素磷。萃取液中的元素磷经色谱柱分离后，在火焰光度检测器（FPD）中被氧化燃烧生成磷的氧化物，然后被富氢火焰的H还原为碎片PHO*（即激发态的PHO碎片）。被火焰高温激发的碎片PHO*释放出特征光谱的能量，其最大检测波长为 526nm。测量发射光谱的强度，从而检测出元素磷的含量。

2. 干扰及消除

水样中的无机物、常见的有机磷农药（乐果、甲基对硫磷、马拉硫磷等）和其它有机化合物不干扰元素磷的测定。

3. 方法的适用范围

本方法的检出浓度为 0.25μg/L（萃取时相比为 2∶1）。当水样与萃取剂相比达 25∶1 时，检出浓度为 0.02μg / L。本方法适用于黄磷生产企业排放的工业废水及受元素磷污染的地表水中元素磷的测定。

4. 仪器

①气相色谱仪，带火焰光度检测器（FPD和磷滤光片，526nm±2nm）。
②60ml、500ml分液漏斗。
③1μl微量进样器。
④容量瓶，5ml。

5. 试剂

①精制黄磷，纯度99.99%。
②甲苯，分析纯。
③无水乙醇，分析纯。
④色谱固定液，SE-30。

⑤色谱载体，Chromsorb W（AW-DMCS）60～80 目。

⑥元素磷标准贮备液：于250ml棕色容量瓶中加入少量甲苯，准确称量（精确到0.1mg）。然后加入 75～125mg 精制黄磷，再准确称量（称准到 0.1mg）。两次称量的质量之差即为元素磷的质量。用甲苯稀释至标线，计算每毫升溶液中元素磷的含量（该贮备液每毫升含元素磷 300～500μg 为宜）。置于 4℃的冰箱内保存，可存放 6 个月。

⑦元素磷标准使用液：吸取 2.00ml 元素磷标准贮备液，移入 100ml 棕色容量瓶中，用甲苯稀释至标线（该标准使用液每毫升含元素磷约 10μg 为宜）。

⑧加标用元素磷标准使用液：吸取 2.00ml 元素磷标准贮备液，移入 100ml 棕色容量瓶中，用无水乙醇稀释至标线，计算出溶液中元素磷的浓度。该溶液贮存于冰箱中，可保存 2 周。

6. 步骤

（1）样品预处理

①水样的萃取必须在采样现场完成。准确移取待测水样 20ml 于 60ml 分液漏斗中，加入 10.0ml 甲苯，密塞，适当用力振摇分液漏斗 5min，静置 5～10min，分层后弃去水相。上层甲苯移入 5ml 容量瓶中，装满，不留空隙。该萃取液带回实验室直接进行气相色谱测定。

②当水样中元素磷浓度低于 0.001mg/L 时，可增加水样采样体积，改变水样与萃取剂的比例，直至取样量达 250ml。

（2）色谱条件

①色谱柱：10%SE-30/Chromosorb W（AW-DMCS）60～80 目，填充于长 2m、内径 3mm 的玻璃柱。

②载气：高纯氮气，流速 40ml/min。

③氢气：高纯氢气，流速 53ml/min。

④空气：流速 83ml/min。

⑤温度：柱温 150℃；气化室温度 200℃；检测器温度 230℃。

⑥记录纸速：5mm/min。

⑦进样量：1μl。

（3）校准曲线

①取七个 25ml 容量瓶，参考表 3-3-12 的数值配制标准系列 I 或标准系列 II，用甲苯稀释至标线。临用现配。表 3-3-12 中的标准系列是以使用 10μg/ml 元素磷标准使用液为实例配制的。参照表 3-3-12 配制标准系列，实际配制的标准系列元素磷的浓度值与表中所示的值相近即可。在色谱条件下，按标液浓度由稀到浓依次进行色谱测定，各标样均作平行测定。经空白校正后，得到元素磷浓度值与色谱峰高测定值对应的线性关系数据，绘制校准曲线。可根据所分析样品的浓度水平，选择配制适合的浓度系列来绘制校准曲线。

②为尽量提高水样中元素磷测定的准确度，应对标准系列进行与水样的萃取操作相同的处理。此时标准使用液用无水乙醇稀释标准贮备液配制，使之能与水相完全相溶。标准使用液配制方法见“5.试剂⑧加标用元素磷标准使用液”。取七个 25ml 容量瓶，参照表 3-3-12 移入标准使用液，以蒸馏水稀释至标线，配制标准系列。依次移取标准系列标样各

10ml 于 60ml 分液漏斗中，然后加入 10ml 分析纯甲苯，盖紧塞子。适当用力振摇 5min，静置 5～l0min，弃去水相。萃取剂进行气相色谱分析，绘制校准曲线。

表 3-3-12 元素磷标准系列

浓度系列	内容	标样编号						
		0	1	2	3	4	5	6
Ⅰ	元素磷标准使用液（ml）	0	0.005	0.01	0.025	0.05	0.10	0.25
	元素磷浓度（μg/L）	0	2.0	4.0	10.0	20.0	40.0	100
Ⅱ	元素磷标准使用液（ml）	0	0.25	0.50	1.00	2.50	5.00	6.00
	元素磷浓度（mg/L）	0	0.10	0.20	0.40	1.00	2.00	2.40

（4）样品测定

按色谱条件对样品进行分析，每个样品均做平行测定。

（5）元素磷标准色谱图

元素磷标准色谱图如图 3-3-4 所示。

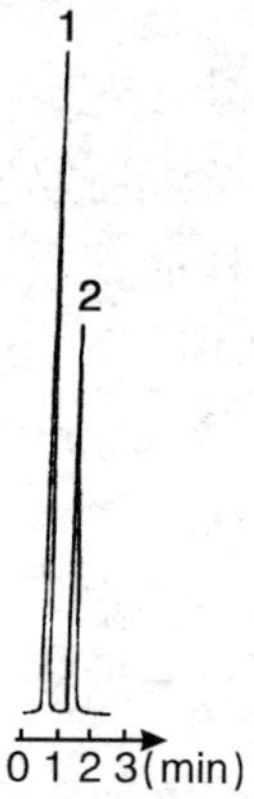

图 3-3-4 元素磷标准色谱图

1—甲苯；2—元素磷

7. 计算

根据样品测定所得色谱峰高的平均值，从校准曲线上查出对应的浓度值，按下式计算出水样中元素磷的浓度。

$$元素磷（\mu g/L或mg/L）=\frac{C_i}{K}$$

式中：C_i——样品进样浓度（μg / L 或 mg/L）；

K——样品萃取浓缩倍数。

也可比较样品和标准系列的平均色谱峰高，计算样品中元素磷的浓度。这时要注意选用标准系列中与样品峰高测定值相近的标准样品的峰高测定结果来进行比较计算，以减少误差。按下式算出样品中元素磷的浓度：

$$元素磷（\mu g/L或mg/L）=\frac{h_i \cdot C}{h \cdot K}$$

式中：h_i——样品峰高测定值（mm 或 μV 等）；

C——标准系列标样浓度（μg/L 或 mg/L）；

h——标准系列标样峰高测定值（mm 或 μV 等）；

K——样品萃取浓缩倍数。

当水样与萃取剂的相比为 2∶1 时，样品萃取浓缩倍数 K=2；当相比为 4∶1 时，K=4；相比为 25∶1 时，K=25。

8. 精密度和准确度

用本方法测定含磷 2.1μg/L 的受污染水样六次，相对标准偏差为 4.3%；加标 1.0μg/L 时的回收率为 92%。

9. 注意事项

①样品萃取过程中不可过于剧烈振摇，以免元素磷被空气中的氧气氧化，而使测定结果偏低。

②若水样悬浮物较多，萃取剂与水相分层不清时，可加入少量无水乙醇加速分层。

③应按所使用的气相色谱仪 FPD 检测器的要求调整氢气和空气的流速，以得到较高的灵敏度和稳定性。

④对进样口在顶端的仪器，进样操作中微量进样器应保持竖直，并且微量进样器针头不可插入太深，避免样品沾附在色谱柱顶端的内壁上，造成色谱峰变形。

⑤配制标准溶液所使用的无水乙醇应用抗坏血酸处理。方法如下：称取 5g 分析纯抗坏血酸加入已盛有 200ml 无水乙醇的 250ml 试剂瓶中，轻轻摇动，使其尽可能溶解，盖上磨口塞放置过夜，用中速定量滤纸过滤后使用。

七、磷（总磷、溶解性磷酸盐和溶解性总磷）

在天然水和废水中，磷几乎都以各种磷酸盐的形式存在，它们分为正磷酸盐，缩合磷酸盐（焦磷酸盐、偏磷酸盐和多磷酸盐）和有机结合的磷（如磷脂等），它们存在于溶液中，腐殖质粒子中或水生生物中。

一般天然水中磷酸盐含量不高。化肥、冶炼、合成洗涤剂等行业的工业废水及生活污水中常含有较大量磷。磷是生物生长必需的元素之一。但水体中磷含量过高（如超过 0.2mg/L），可造成藻类的过度繁殖，直至数量上达到有害的程度（称为富营养化），造成湖泊、河流透明度降低，水质变坏。磷是评价水质的重要指标。

1. 方法选择

水中磷的测定，通常按其存在的形式而分别测定总磷、溶解性正磷酸盐和总溶解性磷，如图 3-3-5 所示。

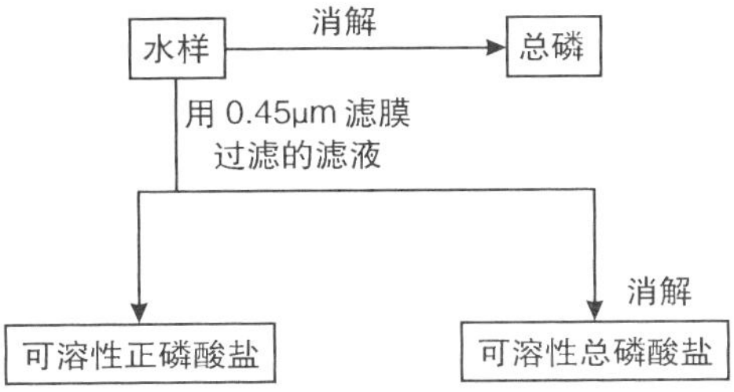

图 3-3-5　测定水中各种磷的流程图

正磷酸盐的测定可采用离子色谱法、钼锑抗光度法、氯化亚锡还原钼蓝法（灵敏度较低，干扰也较多），而孔雀绿-磷钼杂多酸法是灵敏度较高，且容易普及的方法。罗丹明 6G（Rh6G）荧光分光光度法灵敏度最高。

2. 样品的采集与保存

总磷的测定，于水样采集后，加硫酸酸化至 pH≤1 保存。溶解性正磷酸盐的测定，不加任何保存剂，于 2～5℃冷处保存，在 24h 内进行分析。

（一）水样的预处理

采集的水样立即经 0.45μm 微孔滤膜过滤，其滤液供可溶性正磷酸盐的测定。滤液经下述强氧化剂的氧化分解，测得可溶性总磷。取混合水样（包括悬浮物），也经下述强氧化剂分解，测得水中总磷含量。

过硫酸钾消解法

1. 仪器

①医用手提式高压蒸汽消毒器或一般民用压力锅，1～1.5kg/cm^2。
②电炉 2kW。
③调压器，2kVA，0～220V。
④50ml（磨口）具塞刻度管。

2. 试剂

5%过硫酸钾溶液：溶解 5g 过硫酸钾于水中，并稀释至 100ml。

3. 步骤

①吸取 25.0ml 混匀水样（必要时，酌情少取水样，并加水至 25ml，使含磷量不超过 30μg）于 50ml 具塞刻度管中，加过硫酸钾溶液 4ml，加塞后管口包一小块纱布并用线扎紧，以免加热时玻璃塞冲出。将具塞刻度管放在大烧杯中，置于高压蒸汽消毒器或压力锅中加热，待锅内压力达 1.1kg/cm^2（相应温度为 120℃）时，调节电炉温度使保持此压力 30min 后，停止加热，待压力表指针降至零后，取出放冷。如溶液混浊，则用滤纸过滤，洗涤后定容。
②试剂空白和标准溶液系列也经同样的消解操作。

4. 注意事项

①如采样时水样用酸固定，则用过硫酸钾消解前将水样调至中性。
②一般民用压力锅，在加热至顶压阀出气孔冒气时，锅内温度约为 120℃。
③当不具备压力消解条件时，亦可在常压下进行，操作步骤如下：
分取适量混匀水样（含磷不超过 30μg）于 150ml 锥形瓶中，加水至 50ml，加数粒玻璃珠，加 1ml （3+7）硫酸溶液，5ml 5%过硫酸钾溶液，置电热板或可调电炉上加热煮沸，调节温度使保持微沸 30～40min，至最后体积为 10ml。放冷，加 1 滴酚酞指示剂，滴加氢氧化钠溶液至刚呈微红色，再滴加 1mol/L 硫酸溶液使红色褪去，充分摇匀。如溶液不澄清，则用滤纸过滤于 50ml 比色管中，用水洗锥形瓶及滤纸，一并移入比色管中，加水至标线，供分析用。

硝酸-硫酸消解法

1. 仪器

①可调温度的电炉或电热板。
②125ml 凯氏烧瓶。

2. 试剂

①硝酸（ρ=1.40g/ml）
②（1+1）硫酸。
③硫酸（$1/2H_2SO_4$）：1mol/L
④氢氧化钠溶液：1mol/L，6mol/L。
⑤1%酚酞乙醇指示液。

3. 步骤

吸取 25.0ml 水样置于凯氏烧瓶中，加数粒玻璃珠，加 2ml（1+1）硫酸及 2～5ml 硝酸。在电热板上或可调电炉上加热至冒白烟，如液体尚未清澈透明，放冷后，加 5ml 硝酸，再加热至冒白烟，并获得透明液体。放冷后加约 30ml 水，加热煮沸约 5min。放冷后，加 1 滴酚酞指示剂，滴加氢氧化钠溶液至刚呈微红色，再滴加 1mol/L 硫酸溶液使微红正好褪去，充分混匀，移至 50ml 比色管中。如溶液浑浊，则用滤纸过滤，并用水洗凯氏瓶和滤纸，一并移入比色管中，稀释至标线，供分析用。

硝酸-高氯酸消解法

1. 仪器

①可调温度电炉或电热板。
②125ml 锥形瓶。

2. 试剂

①硝酸：ρ=1.40g/ml。
②高氯酸（优级纯）：含量 70%～72%。
③硫酸（$1/2H_2SO_4$）：1mol/L。
④氢氧化钠溶液：1mol/L，6mol/L。
⑤1%酚酞指示剂：0.5g 酚酞溶于 95%乙醇并稀释至 50ml。

3. 步骤

吸取 25.0ml 水样置于锥形瓶中，加数粒玻璃珠，加 2ml 硝酸，在电热板上加热浓缩至约 10ml。冷后加 5ml 硝酸，再加热浓缩至约 10ml，放冷。加 3ml 高氯酸，加热至冒白烟时，可在锥形瓶上加小漏斗或调节电热板温度，使消解液在锥形瓶内壁保持回流状态，直至剩下3～4ml，放冷。加水10ml，加1滴酚酞指示剂，滴加氢氧化钠溶液至刚呈微红色，再滴加1mol/L硫酸溶液使微红正好褪去，充分混匀，移至50ml比色管中。如溶液浑浊，可用滤纸过滤，并用水充分洗锥形瓶及滤纸，一并移入比色管中，稀释至标线，供分析用。

4. 注意事项

1）消解时需在通风橱中进行。

2）视水样中有机物含量及干扰情况，硝酸和高氯酸用量可适当增减。

3）高氯酸与有机物的混合物，经加热可能产生爆炸，应注意防止这种危险的产生：

①不要往可能含有有机物的热溶液中加入高氯酸。

②含有有机物水样的消解总要先用硝酸处理，而后使用高氯酸完成消解过程。

③绝对不可将消解液蒸干。

（二）离子色谱法（B）

见硫酸盐的测定方法（一）。

（三）钼锑抗分光光度法（A）

1. 方法原理

在酸性条件下，正磷酸盐与钼酸铵、酒石酸锑氧钾反应，生成磷钼杂多酸，被还原剂抗坏血酸还原，则变成蓝色络合物，通常即称磷钼蓝。

2. 干扰及消除

砷含量大于2mg/L有干扰，可用硫代硫酸钠除去。硫化物含量大于2mg/L有干扰，在酸性条件下通氮气可以除去。六价铬大于50mg/L有干扰，用亚硫酸钠除去。亚硝酸盐大于1mg/L有干扰，用氧化消解或加氨磺酸均可以除去。铁浓度为20mg/L，使结果偏低5%；铜浓度达10mg/L不干扰；氟化物小于70mg/L也不干扰。水中大多数常见离子对显色的影响可以忽略。

3. 方法的适用范围

本方法最低检出浓度为0.01mg/L（吸光度 A=0.01时所对应的浓度）；测定上限为0.6mg/L。

可适用于测定地表水、生活污水及化工、磷肥、机加工金属表面磷化处理、农药、钢铁、焦化等行业的工业废水中的正磷酸盐分析。

4. 仪器

分光光度计。

（A）本方法与GB 11893—89等效。

5. 试剂

①（1+1）硫酸。

②10%抗坏血酸溶液：溶解 10g 抗坏血酸于水中，并稀释至 100ml。该溶液贮存在棕色玻璃瓶中，在约 4℃可稳定几周。如颜色变黄，则弃去重配。

③钼酸盐溶液：溶解 13g 钼酸铵($(NH_4)_6Mo_7O_{24}\cdot 4H_2O$)于 100ml 水中。溶解 0.35g 酒石酸锑氧钾($K(SbO)C_4H_4O_6\cdot 1/2H_2O$)于 100ml 水中。

在不断搅拌下，将钼酸铵溶液徐徐加到 300ml（1+1）硫酸中，加酒石酸锑氧钾溶液并且混合均匀。贮存在棕色的玻璃瓶中于约 4℃保存。至少稳定两个月。

④浊度-色度补偿液：混合两份体积的（1+1）硫酸和一份体积的 10%抗坏血酸溶液。此溶液当天配制。

⑤磷酸盐贮备溶液：将优级纯磷酸二氢钾（KH_2PO_4）于 110℃干燥 2h，在干燥器中放冷。称取 0.2197g 溶于水，移入 1000ml 容量瓶中。加（1+1）硫酸 5ml，用水稀释至标线。此溶液每毫升含 50.0μg 磷（以 P 计）。

⑥磷酸盐标准溶液：吸取 10.00ml 磷酸盐贮备液于 250ml 容量瓶中，用水稀释至标线。此溶液每毫升含 2.00μg 磷。临用时现配。

6. 步骤

（1）校准曲线的绘制

取数支 50ml 具塞比色管，分别加入磷酸盐标准使用液 0、0.50、1.00、3.00、5.00、10.0、15.0ml，加水至 50ml。

①显色：向比色管中加入 1ml 10%抗坏血酸溶液，混匀。30s 后加 2ml 钼酸盐溶液充分混匀，放置 15min。

②测量：用 10mm 或 30mm 比色皿，于 700nm 波长处，以零浓度溶液为参比，测量吸光度。

（2）样品测定

分取适量经滤膜过滤或消解的水样（使含磷量不超过 30μg）加入 50ml 比色管中，用水稀释至标线。以下按绘制校准曲线的步骤进行显色和测量。减去空白试验的吸光度，并从校准曲线上查出含磷量。

7. 计算

$$\text{磷酸盐}(\text{P},\ \text{mg/L}) = \frac{m}{V}$$

式中：m——由校准曲线查得的磷量（μg）；

V——水样体积（ml）。

8. 精密度和准确度

统一分析 2.06mg/L 的含磷水样，13 个实验室用 $K_2S_2O_8$ 消解时，室间相对标准偏差是 1.33%，相对误差为 1.74%；六个实验室用 HNO_3–$HClO_4$ 消解时，室间相对标准偏差是 1.49%，相对误差为+1.85%。

各实验室分析地表水和工业废水的精密度和准确度，见表3–3–13。

表3-3-13 各实验室测定实际水样的精密度和准确度

水样类型含量(P, mg/L)	实验室数	消解方法	单个实验室相对标准偏差(%)	加标回收率(%)
地表水 0.02～2.54	14	$K_2S_2O_8$	0.3～1.3	90.5～105
工业废水 0.06～6.17	14	$K_2S_2O_8$	0.18～13.7	90～106
地表水 0.07～2.29	6	HNO_3–$HClO_4$	0.9～8.1	97.2～104
工业废水 0.40～1.53	5	HNO_3–$HClO_4$	0.89～2.12	97.4～101

9. 注意事项

①如试样中色度影响测量吸光度时，需做补偿校正。在50ml比色管中，分取与样品测定相同量的水样，定容后加入3ml浊度补偿液，测量吸光度，然后从水样的吸光度中减去校正吸光度。

②室温低于13℃时，可在20～30℃水浴中显色15min。

③操作所用的玻璃器皿，可用（1+5）盐酸浸泡2h，或用不含磷酸盐的洗涤剂刷洗。

④比色皿用后应以稀硝酸或铬酸洗液浸泡片刻，以除去吸附的钼蓝有色物。

（四）孔雀绿　磷钼杂多酸分光光度法（B）

1. 方法原理

在酸性条件下，利用碱性染料孔雀绿与磷钼杂多酸生成绿色离子缔合物，并以聚乙烯醇稳定显色液，直接在水相用分光光度法测定正磷酸盐。其摩尔吸光系数为1×10^5L/（mol·cm）。

2. 干扰及消除

对于含磷2μg/50ml体系，下述离子的含量（mg）：Cl^- 4.2，Mn^{2+} 3.6，Al^{3+} 3.0，Na^+ 2.8，Br^- 2.4，NO_3^- 2.0，K^+，Ca^{2+}，Cu^{2+}，Ni^{2+}和Zn^{2+} 1.2，Fe^{3+} 1.0，Mg^{2+}，NH_4^+ 0.6不影响测定。而100倍以上的硅，75倍以上的As^{3+}和1/4磷含量的As^{5+}均产生正干扰，添加2～3ml 0.5mol/L酒石酸或1～2ml 0.25mol/L柠檬酸均可有效消除磷含量350倍的硅、100倍的砷（Ⅲ）以及0.5倍砷（Ⅴ）的干扰。过量的掩蔽剂会产生负干扰，须加以注意。

3. 方法的适用范围

本方法主要适用于湖泊、水库、江河等地表水及地下水中痕量磷（总磷、溶解性正磷酸盐和溶解性总磷）的测定。最低检出浓度为1μg/L。适用的浓度范围为0～0.3mg/L。

4. 仪器

①分光光度计。

②民用压力锅，1～1.5kg/cm^2。

5. 试剂

①钼酸铵溶液：溶解 176.5g 钼酸铵($(NH_4)_6Mo_7O_{24}\cdot 4H_2O$)于水中，并稀释至 1000ml。

②孔雀绿溶液：溶解 1.12g 孔雀绿（氯化物）于水中，并稀释至 100ml。

③磷酸盐贮备液：将磷酸二氢钾（KH_2PO_4）于 110℃干燥 2h，在干燥器中放冷。称取 0.2197g 溶于水，定量转移入 1000ml 容量瓶中，加（1+1）硫酸 5ml，用水稀释至标线，此溶液每毫升含 50.00μg 磷。

④磷酸盐标准使用溶液：吸取 5.00ml 磷酸盐贮备液于 250ml 容量瓶中，用水稀释至标线。此溶液每毫升含 1.00μg 磷。临用时现配。

⑤聚乙烯醇（PVA）溶液：取工业级 PVA（平均聚合度 500 左右）1g 溶于 100ml 热水中，滤纸过滤后使用。

⑥显色剂：在 40ml 钼酸铵溶液中依次加入 30ml 浓硫酸和 36ml 孔雀绿溶液，混匀、静置 30min 后，经 0.45μm 微孔滤膜过滤。临用时现配并存放在 4℃左右的冰箱内。

⑦5%过硫酸钾溶液：溶解 5g 过硫酸钾于水中，并稀释至 100ml。

⑧硫酸，分析纯。

6. 步骤

（1）样品预处理

取混匀水样 25.0ml 于 50ml 具塞比色管中，加 4ml 5%过硫酸钾溶液，加塞并用纱布包扎好，置于压力锅中，于 120℃下消解 30min，取出放冷，供水中总磷测定。

（2）标准曲线的绘制

取数支 50ml 具塞比色管，分别加入磷酸盐标准使用溶液 0、0.50、1.00、2.00、3.00、4.00、5.00ml，加水至 50ml。用移液管加入 5.0ml 显色剂，再加入 1.0ml 1%PVA 溶液，混匀。放置 10min，用 2cm 比色皿，在 620nm 波长处以零浓度溶液为参比，测量吸光度。

（3）样品测定

取适量经预处理后的水样（含磷量不超过 15μg），用水稀释至标线，以下按绘制标准曲线步骤进行显色和测量，减去空白试验的吸光度，并从校准曲线上查出含磷量。

（4）空白试验

以水代替水样，按相同步骤，进行全程序空白测定。

7. 计算

$$磷酸盐\,(\mathrm{P, mg/L}) = \frac{m}{V}$$

式中：m——由标准曲线查得的磷量（μg）；

V——水样体积（ml）。

8. 精密度和准确度

七个实验室测定总磷和正磷酸盐含量分别为 0.204mg/L 和 0.500mg/L 的统一样品，室内相对标准偏差分别为 2.98%和 1.77%；室间相对标准偏差分别为 7.34%和 7.84%；加标回收率分别为 98.0%±4.1%和 101.0%±7.7%。

五个实验室测定总磷和水溶性磷酸盐含量分别为 0.008～1.03mg/L 和 0.003～0.130mg/L 的湖库、江河及井水，相对标准偏差分别为 1.3%～11.2%和 0.8%～13.2%；加标回收率范围分别为 92%～107%和 83%～102%。

9. 注意事项

①显色剂临用时现配并在 4℃左右冰箱存放。

②过量掩蔽剂会产生负干扰。

③在测量过程中 PVA 的聚合度有影响，应使用同一种 PVA 试剂。

八、凯氏氮

凯氏氮是指以凯氏（Kjeldahl）法测得的含氮量。它包括了氨氮和在此条件下能被转化为铵盐而测定的有机氮化合物。此类有机氮化合物主要是指蛋白质、氨基酸、核酸、尿素以及大量合成的、氮为负三价态的有机氮化合物。它不包括叠氮化合物、联氮、偶氮、腙、硝酸盐、亚硝酸盐、腈、硝基、亚硝基、肟和半卡巴腙类的含氮化合物。由于一般水中存在的有机氮化合物多为前者，因此，在测定凯氏氮和氨氮后，其差值即称为有机氮。将凯氏氮称为有机氮是不合理的。

测定凯氏氮或有机氮，主要是为了了解水体受污染状况，尤其是在评价湖泊和水库的富营养化时，是一个有意义的指标。

凯氏氮测定的最后测量方法与氨氮相同，当含量低时使用分光光度法（氨氮方法（二）），含量高时使用滴定法（氨氮方法（四）），亦可采用气相分子吸收法。

（一）蒸馏　光度法或滴定法（A）

1. 方法原理

水样中加入硫酸并加热消解，使有机物中的胺基氮转变为硫酸氢铵，游离氨和铵盐也转为硫酸氢铵。消解时加入适量硫酸钾以提高沸腾温度，增加消解速率，并加硫酸铜为催化剂，以缩短消解时间。

消解后液体，使成碱性蒸馏出氨，用硼酸溶液吸收，然后以滴定法或光度法测定氨含量。

2. 方法的适用范围

当凯氏氮含量较低时，可取较多量的水样，并用光度法测定氨量。含量较高时，则减少取样量，并用酸滴定法测氨。

3. 水样保存

水样不能及时测定时，应加入足够量的硫酸，使 pH＜2，并在 4℃保存。

（A）本方法与 GB 11891—89 等效。

4. 仪器

凯氏定氮装置：参见氨氮方法（一）预处理蒸馏法。或配有100ml凯氏定氮烧瓶的半微量水蒸气蒸馏定氮装置，见图3-3-6。

5. 试剂

实验用水均用无氨水。

①硫酸（ρ=1.84g/ml）。

②硫酸钾（K_2SO_4）。

③硫酸铜溶液：称取5g硫酸铜（$CuSO_4 \cdot 5H_2O$）溶于水，稀释至100ml。

④氢氧化钠溶液：称取500g氢氧化钠溶于水，稀释至1L。

⑤硼酸溶液：称取20g硼酸溶于水，稀释至1L。

⑥硫酸溶液（$1/2H_2SO_4$）：0.01mol/L。

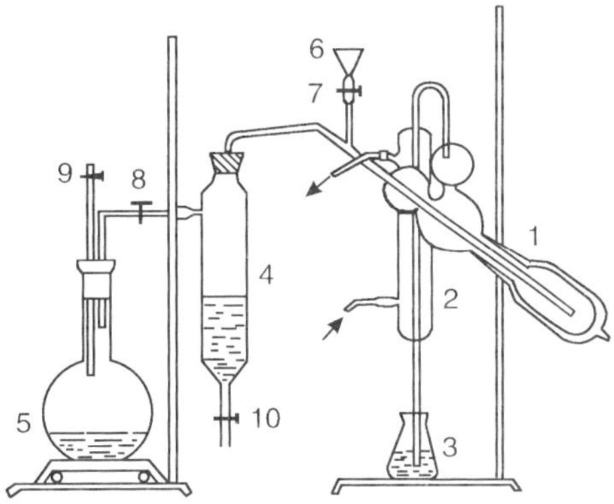

图3-3-6　微量蒸馏装置

1—蒸馏瓶；2—冷凝器；3—承受瓶；4—分水筒；5—蒸汽发生器；6—加碱小漏斗；7、8、9—螺旋夹；10—开关

6. 步骤

（1）常量法

①取样体积的确定：按表3-3-14分取适量水样，移入500ml凯氏瓶中。

表3-3-14　凯氏氮含量与相应取样量

水样中凯氏氮含量(mg/L)	水样体积(ml)	水样中凯氏氮含量(mg/L)	水样体积(ml)
0～10	250	20～50	50.0
10～20	100	50～100	25.0

②消解：加10ml浓硫酸，2ml硫酸铜溶液，6g硫酸钾和数粒玻璃珠，混匀。置通风柜内加热煮沸，至冒三氧化硫白烟，并使溶液变清（无色或淡黄色），调节热源（可用调压变压器连接电炉）使继续保持微沸30min，放冷，加250ml水，混匀。

③蒸馏：将凯氏瓶成45°斜置，缓缓沿壁加入40ml氢氧化钠溶液，使在瓶底形成碱液层。迅速连接氮球和冷凝管，以50ml硼酸溶液为吸收液，导管管尖伸入吸收液液面下约1.5cm。摇动凯氏瓶使溶液充分混合，加热蒸馏，至收集馏出液达200ml时，停止蒸馏。

④氨的测定：参见氨氮的测定方法（二）或（四）。

⑤空白试验：用水代替水样，与水样测定相同步骤操作，进行空白测定。

（2）半微量法

①取样体积的确定：参见表3-3-15，移入100ml凯氏瓶中。

表3-3-15　凯氏氮含量与相应取样量

水样中凯氏氮含量(mg/L)	取样体积(ml)	水样中凯氏氮含量(mg/L)	取样体积(ml)
0～40	50	80～200	10
40～80	25	200～400	5

②消解：加 2.5ml 硫酸，0.4ml 硫酸铜溶液，1.2g 硫酸钾和数粒玻璃珠，混匀。置通风柜内，加热煮沸至冒三氧化硫白烟，并使溶液变清，调节热源使继续保持微沸 30min，放冷。用少量水使消解后溶液定量移入半微量定氮蒸馏装置，其总量不超过 30ml。

③蒸馏：加入 10ml 氢氧化钠溶液，通入水蒸气蒸馏，用 20ml 硼酸溶液吸收蒸出的氨，接取馏出液至 50ml。

④氨的测定：参见氨氮的测定方法（二）或（四）。

⑤空白试验：用水代替水样，与水样测定相同操作步骤进行空白测定。

7. 计算

参见氨氮的测定方法（二）或（四），测得的氨氮量，即为凯氏氮量。

8. 精密度和准确度

五个实验室用本方法测定凯氏氮为 986.9mg/L 的统一样品，室内相对标准偏差小于 1.0%；室间相对标准偏差 4.3%；相对误差-0.6%。

9. 注意事项

①如采用水杨酸法测氨时，则应改用 0.01mol/L 硫酸溶液为吸收液。

②蒸馏装置应注意使连接处不漏气。

③蒸馏时应避免暴沸，否则，可致使吸收液温度增高，造成吸收不完全而使测定结果偏低；注意加热温度，防止倒吸；冷却水不能有温感，否则会影响氨的吸收。

④蒸馏时必须保持蒸馏瓶内溶液呈碱性，如在蒸馏期间，瓶内液体仍为清澈透明，则在蒸馏结束后，滴加酚酞指示液测试。必要时，添加适量水和氢氧化钠溶液，重新蒸馏。

⑤对难消解的有机氮化合物，可增加消解时间，亦可改用硫酸汞为催化剂。硫酸汞溶液的制备如下：

硫酸汞溶液：称取 2g 红色氧化汞（HgO）溶于 40ml（1+5）硫酸溶液中。

常量法加入量为 2ml，半微量法加入 0.4ml。

蒸馏时改用每毫升含 0.5g 氢氧化钠和 25mg 硫代硫酸钠的混合碱液代替单一的氢氧化钠溶液。

（二）气相分子吸收光谱法（A）

1. 方法原理

水样中加入硫酸加热消解，使游离氨和铵盐及有机物中的胺转变为硫酸氢铵。消解时，加入适量硫酸钾以提高沸腾温度，增加消解速率，并加入硫酸铜或硫酸汞为催化剂，以缩短消解时间。

消解后的溶液调至中性，加入次溴酸钠氧化剂，将铵盐氧化成亚硝酸盐，然后以亚硝酸盐氮的气相分了吸收光谱法测定水样中凯氏氮含量。

（A）本方法与 HJ/T 196—2005 等效。

2. 方法的适用范围

该法可测定 0.1mg/L 以上的凯氏氮。适用于湖泊、水库和江河水中凯氏氮的测定。

3. 仪器及工作条件

①气相分子吸收光谱仪　（或原子吸收的燃烧器部位附加气体测量管）。

②锌及铅空心阴极灯（原子吸收用）。

③气液分离吸收装置及其安装与连接、灯电流以及工作条件的设定和测定的准备，参照亚硝酸盐氮的气相分子吸收光谱法。

4. 试剂

①无氨去离子水的制备，参照氨氮的（五）气相分子吸收光谱法。

②盐酸：5mol/L，优级纯。

③硫酸钾（K_2SO_4）：分析纯。

④硫酸铜溶液：称取 5g 硫酸铜（$CuSO_4 \cdot 5H_2O$）溶于无氨去离子水中，稀释至 100ml。

⑤40%氢氧化钠、次溴酸钠氧化剂贮备液及使用液、无水乙醇和溴百里酚蓝指示剂，均按照氨氮的（五）气相分子吸收光谱法配制。

⑥亚硝酸盐氮标准贮备液及使用液均参照亚硝酸盐氮的（五）气相分子吸收光谱法配制。

5. 步骤

（1）取样体积的确定

参见表 3-3-16。

表 3-3-16　凯氏氮含量与相应取样量

凯氏氮的含量(mg/L)	取样体积(ml)	凯氏氮的含量(mg/L)	取样体积(ml)
0～1	50	5～20	10
1～5	25	20～100	5

（2）样品的消解

取样于 150ml 凯氏瓶中，加入 2.5ml 硫酸、0.4ml 硫酸铜溶液、1.2g 硫酸钾及 0.3ml 无水乙醇，摇匀。盖上表面皿，加热煮沸至冒白烟，并使溶液变清。降低加热温度，保持溶液微沸状态 30min。冷却后移入 100ml 容量瓶中，加水稀释至标线，摇匀。

吸取该溶液 10ml 于 50ml 容量瓶中，加水至 30ml，加入 1 滴溴百里酚蓝指示剂，缓慢滴加 40%氢氧化钠至溶液变蓝。加入 12ml 次溴酸钠使用液，立即密塞，缓慢摇匀，放置氧化 30min，加水稀释至标线，摇匀。

（3）校准曲线的绘制

按照亚硝酸盐氮的（三）气相分子吸收光谱法所设定的标准溶液浓度和操作步骤绘制校准曲线。

（4）样品的测定

参照校准曲线的绘制，依次于反应瓶中测定空白及各种样品溶液（空白和样品溶液均吸取 2.00ml）。

6. 计算

将实测水样体积（取样体积和首次定容体积与分取量比值的乘积）及第二次定容体积和分取量输入仪器计算机，可自动计算分析结果，或按下式计算：

$$凯氏氮（mg/L）=\frac{m}{V\times\frac{10}{100}\times\frac{2}{50}}$$

式中：m——根据校准曲线计算出的氮量（μg）；

V——取样体积（ml）。

7. 精密度和准确度

对含凯氏氮 1.0mg/L±0.05mg/L 的标准样品进行测定，测得结果为 0.99～1.03mg/L，平均值 1.00mg/L，极差＜0.05mg/L。

对地表水样加入 10μg 凯氏氮标样，测得回收率为 98.0%～100%。

8. 注意事项

①对于难消解的有机氮化合物，可增加消解时间或改用硫酸汞为催化剂。

硫酸汞溶液的配制：称取 2g 红色氧化汞（HgO）溶于 40ml（1+5）硫酸溶液中。消解样品时，加入 0.4ml 硫酸汞溶液。

②第一次定容至 100ml 后，分取量应使氨氮含量不大于 40μg，因此分取量并非固定为 10ml，低含量可取至 30ml。

③其它注意事项参照亚硝酸盐氮的（三）气相分子吸收光谱法。

九、总氮

大量生活污水、农田排水或含氮工业废水排入水体，使水中有机氮和各种无机氮化物含量增加，生物和微生物类的大量繁殖，消耗水中溶解氧，使水体质量恶化。湖泊、水库中含有超标的氮、磷类物质时，造成浮游植物繁殖旺盛，出现富营养化状态。因此，总氮是衡量水质的重要指标之一。

1. 方法选择

总氮测定方法通常采用过硫酸钾氧化，使有机氮和无机氮化合物转变为硝酸盐后，再以紫外法、偶氮比色法，以及离子色谱法或气相分子吸收法进行测定。

2. 样品保存

水样采集后，用硫酸酸化到 pH＜2，在 24h 内进行测定。

（一）过硫酸钾氧化 紫外分光光度法（A）

1. 方法原理

在 60℃以上的水溶液中，过硫酸钾按如下反应式分解，生成氢离子和氧。

$$K_2S_2O_8+H_2O \longrightarrow 2KHSO_4+\frac{1}{2}O_2$$

$$KHSO_4 \longrightarrow K^+ + HSO_4^-$$

$$HSO_4^- \longrightarrow H^+ + SO_4^{2-}$$

加入氢氧化钠用以中和氢离子，使过硫酸钾分解完全。

在 120～124℃的碱性介质条件下，用过硫酸钾作氧化剂，不仅可将水样中的氨氮和亚硝酸盐氮氧化为硝酸盐，同时将水样中大部分有机氮化合物氧化为硝酸盐。而后，用紫外分光光度法分别于波长 220nm 与 275nm 处测定其吸光度，按 $A=A_{220}-2A_{275}$ 计算硝酸盐氮的吸光度值，从而计算总氮的含量。其摩尔吸光系数为 1.47×10^3L/（mol·cm）。

2. 干扰及消除

①水样中含有六价铬离子及三价铁离子时，可加入 5%盐酸羟胺溶液 1～2ml 以消除其对测定的影响。

②碘离子及溴离子对测定有干扰。测定 20μg 硝酸盐氮时，碘离子含量相对于总氮含量的 0.2 倍时无干扰；溴离子含量相对于总氮含量的 3.4 倍时无干扰。

③碳酸盐及碳酸氢盐对测定的影响，在加入一定量的盐酸后可消除。

④硫酸盐及氯化物对测定无影响。

3. 方法的适用范围

该法主要适用于湖泊、水库、江河水中总氮的测定。方法检测下限为 0.05mg/L；测定上限为 4mg/L。

4. 仪器

①紫外分光光度计。

②压力蒸汽消毒器或民用压力锅，压力为 1.1～1.3kg/cm^2，相应温度为 120～124℃。

③25ml 具塞玻璃磨口比色管。

5. 试剂

1）无氨水：每升水中加入 0.1ml 浓硫酸，蒸馏。收集馏出液于玻璃容器中或用新制备的去离子水。

2）20%氢氧化钠溶液：称取 20g 氢氧化钠，溶于无氨水中，稀释至 100ml。

3）碱性过硫酸钾溶液：称取 40g 过硫酸钾（$K_2S_2O_8$），15g 氢氧化钠，溶于无氨水中，稀释至 1000ml。溶液存放在聚乙烯瓶内，可贮存一周。

（A）本方法与 GB 11894—89 等效。

4)(1+9)盐酸。

5)硝酸钾标准溶液:

①标准贮备液:称取 0.7218g 经 105～110℃烘干 4h 的优级纯硝酸钾(KNO_3)溶于无氨水中,移至 1000ml 容量瓶中,定容。此溶液每毫升含 100μg 硝酸盐氮。加入 2ml 三氯甲烷为保护剂,至少可稳定 6 个月。

②硝酸钾标准使用液:将贮备液用无氨水稀释 10 倍而得。此溶液每毫升含 10μg 硝酸盐氮。

6. 步骤

(1)校准曲线的绘制

①分别吸取 0、0.50、1.00、2.00、3.00、5.00、7.00、8.00ml 硝酸钾标准使用溶液于 25ml 比色管中,用无氨水稀释至 10ml 标线。

②加入 5ml 碱性过硫酸钾溶液,塞紧磨口塞,用纱布及纱绳裹紧管塞,以防迸溅出。

③将比色管置于压力蒸汽消毒器中,加热 0.5h,放气使压力指针回零。然后升温至 120～124℃开始计时 (或将比色管置于民用压力锅中,加热至顶压阀吹气开始计时),使比色管在过热水蒸气中加热 0.5h。

④自然冷却,开阀放气,移去外盖,取出比色管并冷至室温。

⑤加入(1+9)盐酸 1ml,用无氨水稀释至 25ml 标线。

⑥在紫外分光光度计上,以无氨水作参比,用 10mm 石英比色皿分别在 220nm 及 275nm 波长处测定吸光度。用校正的吸光度绘制校准曲线。

(2)样品测定步骤

取 10ml 水样,或取适量水样(使氮含量为 20～80μg)。按校准曲线绘制步骤②至⑥操作。然后按校正吸光度,在校准曲线上查出相应的总氮量,再用下列公式计算总氮含量。

$$总氮(mg/L)=\frac{m}{V}$$

式中:m——从校准曲线上查得的含氮量(μg);

V——所取水样体积(ml)。

7. 精密度和准确度

①21 个实验室对三种含总氮 1.15～2.64mg/L 的统一样品进行了测定,室内相对标准偏差为 1.6%～2.5%;室间相对标准偏差为 1.9%～4.9%。

②21 个实验室,共测定 64 种水样(水库、湖水、河水等地表水 55 种,井水两种,废水七种)。每种水样重复测定六次。相对标准偏差一般小于 5%,最大为 7%;平均回收率在 95%～105%,仅两种水样回收率为 90%。

8. 注意事项

①参考吸光度比值 $A_{275}/A_{220}\times100\%$ 大于 20%时,应予鉴别(参见硝酸盐氮测定中的(四)紫外分光光度法)。

②玻璃具塞比色管的密合性应良好。使用压力蒸汽消毒器时,冷却后放气要缓慢;使

用民用压力锅时，要充分冷却方可揭开锅盖，以免比色管塞蹦出。

③玻璃器皿可用10%盐酸浸洗，用蒸馏水冲洗后再用无氨水冲洗。

④使用高压蒸汽消毒器时，应定期校核压力表；使用民用压力锅时，应检查橡胶密封圈，使不致漏气而减压。

⑤测定悬浮物较多的水样时，在过硫酸钾氧化后可能出现沉淀。遇此情况，可吸取氧化后的上清液进行紫外分光光度法测定。

（二）气相分子吸收光谱法（A）

1. 方法原理

在120～124℃的碱性介质中，用过硫酸钾作氧化剂，将水样中的氨、铵盐和亚硝酸盐以及大部分的有机氮化合物氧化成硝酸盐，然后用硝酸盐氮的（四）气相分子吸收光谱法进行总氮的测定。

2. 方法的适用范围

本法最低检出浓度为0.01mg/L，测定上限为10mg/L。主要适用于湖泊、水库、江河水中总氮的测定。

3. 仪器及工作条件

①气相分子吸收光谱仪（或原子吸收的燃烧器部位附加气体测定管）。

②镉空心阴极灯（原子吸收用）。

③气液分离吸收装置及其安装与连接，灯电流、波长及工作条件的设定，参照硝酸盐氮的（四）气相分子吸收光谱法。

④高压蒸汽灭菌器或民用压力锅，压力为1.1～1.3kg/cm，相应温度为120～124℃。

⑤恒温水浴，双孔或四孔，加热并控温至70℃±2℃。

⑥不锈钢反应管加热架。

4. 试剂

①无氨去离子水：参照氨氮的（五）气相分子吸收光谱法制备。

②碱性过硫酸钾溶液：称取40g过硫酸钾（$K_2S_2O_8$）及15g氢氧化钠，溶解于无氨去离子水中，稀释至1000ml。溶液存放于聚乙稀瓶中，可使用一周。

③3mol/L盐酸（优级纯）。

④溴百里酚蓝指示剂：配制方法见氨氮的（五）气相分子吸收光谱法。

⑤硝酸盐氮标准贮备液和使用液，按照硝酸盐氮的（四）气相分子吸收光谱法配制。

5. 步骤

（1）校准曲线的绘制

（A）本方法与HJ/T 196—2005等效。

按照硝酸盐氮的（四）气相分子吸收光谱法，绘制校准曲线。

（2）水样的测定

取适量无氨水为空白，再取适量水样（总氮量为 50～100μg），各放入 50ml 具塞比色管中，加入 10ml 碱性过硫酸钾溶液，加水至体积为 30ml，密塞，用纱布及纱绳裹紧瓶塞，以防迸溅出。将比色管放入压力蒸汽消毒器中，盖好盖子。加热至蒸汽压力锅的压力达到规定值，开始记录时间，0.5h 后，缓慢放气，使压力指针回零。冷却后，移去外盖，取出比色管，冷却至室温。滴入 1 滴溴百里酚蓝指示剂，用 3mol/L 盐酸缓慢中和至溶液蓝色刚好褪去，加水稀释至标线，摇匀。空白及各样品溶液均吸取 2.5ml 分别放入反应瓶中，各加入 2.5ml 6mol/L 盐酸。同校准曲线绘制的步骤依次进行空白及各样品的测定。

6. 计算

将水样体积、定容体积及分取量输入仪器计算机，可自动计算分析结果，或按下式计算：

$$\text{总氮 (mg/L)} = \frac{m}{V \times \frac{2.5}{50}}$$

式中：m——根据校准曲线计算出的氮量（μg）；

V——取样体积（ml）。

7. 精密度和准确度

对含总氮 3.05mg/L±0.15mg/L 的标准样品进行 6 次测定，结果为 2.95～3.04mg/L，极差小于不确定度±0.15mg/L；相对标准偏差 1.14%。

对地表水样加入 15.25μg 总氮标样，加标回收率为 93.0%～101%。

8. 注意事项

①含铁量多的水样，消解后产生大量的氢氧化铁沉淀，必须向 50ml 比色管中加入 6mol/L 盐酸，使其刚好全部溶解。

②其它注意事项参照硝酸盐氮的（四）气相分子吸收光谱法。

十、硝酸盐氮

水中硝酸盐是在有氧环境下，亚硝氮、氨氮等各种形态的含氮化合物中最稳定的氮化合物，亦是含氮有机物经无机化作用最终的分解产物。亚硝酸盐可经氧化而生成硝酸盐，硝酸盐在无氧环境中，亦可受微生物的作用而还原为亚硝酸盐。

水中硝酸盐氮（NO_3^-—N）含量相差悬殊，从数十微克/升至数十毫克/升，清洁的地表水中含量较低，受污染的水体，以及一些深层地下水中含量较高。

制革废水、酸洗废水、某些生化处理设施的出水和农田排水可含大量的硝酸盐。

摄入硝酸盐后，经肠道中微生物作用转变成亚硝酸盐而出现毒性作用。文献报道，水中硝酸盐氮含量达数十毫克/升时，可致婴儿中毒。

水中硝酸盐的测定方法颇多，常用的有酚二磺酸光度法、镉柱还原法、戴氏合金还原法、离子色谱法、紫外法和电极法等。

酚二磺酸法测量范围较宽，显色稳定。镉柱还原法适用于测定水中低含量的硝酸盐。戴氏合金还原法对严重污染并带深色的水样最为适用。离子色谱法需有专用仪器，但可同时和其他阴离子联合测定。紫外法和电极法常作为在线快速方法使用，尤其是将电极法改为流通池后可保证电极性能良好，不易受检测水体的沾污和损坏。目前的自动在线监测仪多使用紫外法或电极法。由于镉柱还原法和戴氏合金法操作复杂，这里暂不作推荐。

水样采集后应及时进行测定。必要时，应加硫酸使 pH<2，保存在 4℃以下，在 24h 内进行测定。

（一）酚二磺酸光度法（A）

1. 方法原理

硝酸盐在无水情况下与酚二磺酸反应，生成硝基二磺酸酚，在碱性溶液中生成黄色化合物，进行定量测定。

2. 干扰

水中含氯化物、亚硝酸盐、铵盐、有机物和碳酸盐时，可产生干扰。含此类物质时，应作适当的预处理。

3. 方法的适用范围

本法适用于测定饮用水、地下水和清洁地表水中的硝酸盐氮。最低检出浓度为 0.02mg/L；测定上限为 2.0mg/L。

4. 仪器

①分光光度计。

②瓷蒸发皿：75～100ml。

5. 试剂

实验用水应为无硝酸盐水。

①酚二磺酸：称取 25g 苯酚（C_6H_5OH）置于 500ml 锥形瓶中，加 150ml 浓硫酸使之溶解，再加 75ml 发烟硫酸（含 13%三氧化硫（SO_3）），充分混合。瓶口插一小漏斗，小心置瓶于沸水浴中加热 2h，得淡棕色稠液，贮于棕色瓶中，密塞保存。

注：a. 当苯酚色泽变深时，应进行蒸馏精制。

b. 市售发烟硫酸含 SO_3 超过 13%，应以浓硫酸稀释至 13%。

c. 无发烟硫酸时，亦可用浓硫酸代替，但应增加在沸水浴中加热时间至 6h。制得的试剂应注意防止吸收空气中的水气，以免随着硫酸浓度的降低，影响硝基化反应的进行，

（A）本方法与 GB 7480—87 等效。

使测定结果偏低。

②氨水。

③硝酸盐标准贮备液：称取 0.7218g 经 105～110℃干燥 2h 的优级纯硝酸钾（KNO_3）溶于水，移入 1000ml 容量瓶中，稀释至标线，加 2ml 三氯甲烷作保存剂，混匀，至少可稳定 6 个月。该标准贮备液每毫升含 0.100mg 硝酸盐氮。

④硝酸盐标准使用液：吸取 50.0ml 硝酸盐标准贮备液置蒸发皿内，加 0.1mol/L 氢氧化钠溶液使调至 pH8，在水浴上蒸发至干。加 2ml 酚二磺酸，用玻璃棒研磨蒸发皿内壁，使残渣与试剂充分接触，放置片刻，重复研磨一次，放置 10min，加入少量水，移入 500ml 容量瓶中，稀释至标线，混匀。贮于棕色瓶中，此溶液至少稳定 6 个月。该标准使用液每毫升含 0.010mg 硝酸盐氮。

注：本标准溶液应同时制备两份，用以检查硝化完全与否，如发现浓度存在差异时，应重新吸取标准贮备液进行制备。

⑤硫酸银溶液：称取 4.397g 硫酸银（Ag_2SO_4）溶于水，移至 1000ml 容量瓶中，用水稀释至标线。1.00ml 此溶液可去除 1.00mg 氯离子（Cl^-）。

⑥氢氧化铝悬浮液：参照亚硝酸盐氮方法（二）试剂 7)。

⑦高锰酸钾溶液：称取 3.16g 高锰酸钾溶于水，稀释至 1L。

6. 步骤

（1）校准曲线的绘制

于一组 50ml 比色管中，用分度吸管分别加入硝酸盐氮标准使用液 0、0.10、0.30、0.50、0.70、1.00、5.00、7.00、10.0ml（含硝酸盐氮 0、0.001、0.003、0.005、0.007、0.010、0.030、0.050、0.070、0.100mg），加水至约 40ml，加 3ml 氨水使成碱性，稀释至标线，混匀。在波长 410nm 处，以水为参比，以 10mm 0.01～0.10mg 或 30mm 0.001～0.01mg 比色皿测量吸光度。

由测得的吸光度值减去零浓度管的吸光度值，分别绘制不同比色皿光程长的吸光度对硝酸盐氮含量（mg）的校准曲线。

（2）水样的测定

①水样混浊和带色时，可取 100ml 水样于具塞比色管中，加入 2ml 氢氧化铝悬浮液，密塞振摇，静置数分钟后，过滤，弃去 20ml 初滤液。

②氯离子的去除：取 100ml 水样移入具塞比色管中，根据已测定的氯离子含量，加入相当量的硫酸银溶液，充分混合。在暗处放置 0.5h，使氯化银沉淀凝聚，然后用慢速滤纸过滤，弃去 20ml 初滤液。

注：a. 如不能获得澄清滤液，可将已加硫酸银溶液后的试样，在近 80℃的水浴中加热，并用力振摇，使沉淀充分凝聚，冷却后再进行过滤。

b. 如同时需去除带色物质，则可在加入硫酸银溶液并混匀后，再加入 2ml 氢氧化铝悬浮液，充分振摇，放置片刻待沉淀后，过滤。

③亚硝酸盐的干扰：当亚硝酸盐氮含量超过 0.2mg/L 时，可取 100ml 水加 1ml 0.5mol/L 硫酸，混匀后，滴加高锰酸钾溶液至淡红色保持 15min 不褪为止，使亚硝酸盐氧化为硝酸盐，最后从硝酸盐氮测定结果中减去亚硝酸盐氮量。

④测定：取 50.0ml 经预处理的水样于蒸发皿中，用 pH 试纸检查，必要时用 0.5mol/L

硫酸或 0.1mol/L 氢氧化钠溶液调至约 pH8，置水浴上蒸发至干。加 1.0ml 酚二磺酸，用玻璃棒研磨，使试剂与蒸发皿内残渣充分接触，静置片刻，再研磨一次，放置 10min，加入约 10ml 水。

在搅拌下加入 3～4ml 氨水，使溶液呈现最深的颜色。如有沉淀，则过滤。将溶液移入 50ml 比色管中，稀释至标线，混匀。于波长 410nm 处，选用 10mm 或 30mm 比色皿，以水为参比，测量吸光度。

注：a. 如吸光度值超出校准曲线范围，可将显色溶液用水进行定量稀释，然后再测量吸光度，计算时乘以稀释倍数。

b. 当吸光度较低，水样硝酸盐氮浓度低于 1mg/L 时，应考虑分取少量硝酸盐标准贮备液，使分取 50.0ml 浓度为 0.20、0.40、0.80、1.00、1.20mg/L 的溶液，经蒸干、硝基化、显色等操作后，测量吸光度，绘制校准曲线。

（3）空白试验

以水代替水样，按相同步骤进行全程序空白测定。

7. 计算

$$\text{硝酸盐氮(N,mg/L)} = \frac{m}{V} \times 1000$$

式中：m——从校准曲线上查得的硝酸盐氮量（mg）；

V——分取水样体积（ml）。

经去除氯离子的水样，按下式计算：

$$\text{硝酸盐氮(N,mg/L)} = \frac{m}{V} \times 1000 \times \frac{V_1 + V_2}{V_1}$$

式中：V_1——水样体积量（ml）；

V_2——硫酸银溶液加入量（ml）。

8. 精密度和准确度

五个实验室分析含 1.20mg/L 硝酸盐氮的统一标准样，实验室内相对标准偏差小于 5.4%；实验室间相对标准偏差为 9.4%；相对误差-6.7%。

（二）离子色谱法（B）

见硫酸盐的测定方法（一）。

（三）离子选择电极 流动注射法（B）

1. 方法原理

①测量流程：同电极流动注射分析法测定 Cl^-。

②工作原理：试液与离子强度调节剂分别由蠕动泵引入系统，经过一个三通管混合后进入流通池，由流通池喷嘴口喷出，与固定安装在流通池内的离子选择性电极接触，该电极与固定在流通池内的参比电极即产生电动势。该电动势随试液中 NO_3^-—N 浓度的变化遵

守能斯特方程：$E=常数-RT\lg C_{NO_3-N}/(nF)$，记录稳定电位值（每分钟不超过 1mV）。由浓度的对数（log$C$）与电位（E）的校准曲线计算出 NO_3^-—N 含量（mg/L）。

2. 干扰及消除

试验了 SO_4^{2-}、PO_4^{3-}、Cl^-、Br^-、I^-、Ac^-、HCO_3^-、CO_3^{2-}、$C_2O_4^{2-}$、NO_2^-、S^{2-}、K^+、NH_4^+、Al^{3+}、Ca^{2+}、Mg^{2+}、Zn^{2+}、Cu^{2+}、Pb^{2+}、Fe^{2+}、Fe^{3+}对测定的干扰，其中S^{2-}、I^-明显干扰，Br^-大于 57 倍，NO_2^-大于 32 倍，Cl^-大于 250 倍时有干扰，其他均无干扰。其中 NO_2^- 的干扰可用加入少量氨基磺酸消除，Br^-、I^-、Cl^-、S^{2-} 的干扰可在试样中加入少量固体 Ag_2SO_4 粉末消除。

3. 方法的适用范围

本方法适用于地表水、饮用水、污水，电子、电镀、生化等一般工业废水中 NO_3^- N 测定。

本方法的检出限为 0.2mg/L NO_3^-—N。线性测量范围为 1.00～1000mg/L NO_3^-—N。

4. 仪器

①电极流动注射分析仪。

②硝酸根离子选择性电极。

③217 型双液接参比电极（外盐桥用饱和 KCl 琼脂封冻或用 0.5mol/LNa_2SO_4）。

5. 试剂

①硝酸盐氮标准贮备液：称取 6.070g 已在 100～105℃烘干，恒重的优级纯硝酸钠（$NaNO_3$）溶于水中，移入 1000ml 容量瓶中，稀释至标线，摇匀。此溶液每升含 1000mg 硝酸盐氮。

②硝酸盐氮标准使用溶液：取硝酸盐氮标准贮备溶液，用逐级稀释法配制为 0.10、1.00、10 和 100mg/L 硝酸盐氮标准使用溶液。

③离子强度调节剂：0.20mol/L EDTA 二钠盐。

④1%氢氧化钠（NaOH）溶液。

⑤1%硫酸（H_2SO_4）溶液。

6. 步骤

（1）实验准备

首先将两根泵管连接好，推上压紧板，再将电极套入流通池的电极盖中，调节好离喷嘴口的距离，将电极接口与仪器连接好。接通电源，打开仪器开关，将套在泵管上的两根聚四氟乙烯管插入去离子水中。

（2）校准曲线的绘制

将一根聚四氟乙烯管插入离子强度调节剂中，另一根依次（从稀到浓）插入不同浓度（C）的标准液中，读取稳定电位值（E），绘制 E-lg$C$ 的校准曲线。

（3）水样测定

①用 pH 试纸测定水样 pH，控制水样 pH 在 2～8（用 1%H_2SO_4 或 1%NaOH 调节）。

②将聚四氟乙烯管分别插入离子强度调节剂与待测溶液中，记录稳定电位值。由校准曲线查得试样中硝酸盐氮含量（mg/L）。

（4）结果表示

由 E-lg$C$ 校准曲线直接查得硝酸盐氮含量（mg/L）。

7. 精密度和准确度

测定了硝酸盐氮含量在 3.92～25.0mg/L 的地表水、饮用水，电镀、生化、彩管厂废水，酸洗废水以及两种浓度水平的标准溶液和国家二级标样，相对标准偏差在 2.0%～4.1%。对以上水样进行了两种不同浓度水平的加标试验，回收率在 89%～100%。

8. 注意事项

①使用前，旋下电极头，用滴管插入内充液室内，慢慢加入内充溶液至内充液室的 4/5，再旋上电极头。

②电极使用前，必须先活化。活化方法：将电极浸泡在 10^{-3}mol/L $NaNO_3$ 溶液中 30min 以上。

③测定过程中，如遇气泡聚积在电极表面，应去除，否则影响测定。

④电极使用完毕后，应清洗到空白电位值，甩净内充液，用滤纸吸干避光保存。

（四）气相分子吸收光谱法（A）

1. 方法原理

在 2.5～5mol/L 盐酸介质中，于 70℃±2℃温度下，用还原剂将水样中硝酸盐快速还原分解，生成一氧化氮气体，再用空气将其载入气相分子吸收光谱仪的吸光管中，测定该气体对来自镉空心阴极灯在 214.4nm 波长所产生的吸光强度，以校准曲线法直接测定水样中硝酸盐氮的含量。

2. 干扰及消除

在 5ml 3mol/L 盐酸介质中，对含 2μg 硝酸盐氮的测定溶液时，分别加入 200μg Co^{2+}、Zn^{2+}、Cu^{2+}、Pb^{2+}、Ca^{2+}、Mg^{2+}、NH_4^+ 及 MnO_4^-，400μg 的 Fe^{3+}、Cd^{2+}、Ni^{2+}、As^{3+}、Hg^{2+} 及 600μg SO_4^{2-}、PO_4^{3-}、I^-、F^- 离子均不干扰测定。

NO_2^-、SO_3^{2-} 及 $S_2O_3^{2-}$ 对测定产生明显干扰。NO_2^- 的干扰可在加入盐酸前加入 2 滴 10% 氨基磺酸予以分解生成氮气而消除干扰，SO_3^{2-} 及 $S_2O_3^{2-}$ 可预先在弱的硫酸溶液中加入高锰酸钾氧化，使其生成 SO_4^{2-} 而消除干扰。水样中含挥发性的有机物产生吸收时，同测定亚硝酸盐氮一样，用活性炭吸附去除干扰。

（A）本方法与 HJ/T 198—2005 等效。

3. 方法的适用范围

本法最低检出浓度为0.005mg/L，测定上限为10mg/L。可用于地表水、地下水、海水、饮用水及废水中硝酸盐氮的测定。

4. 仪器及工作条件

①气相分子吸收光谱仪（或在原子吸收的燃烧器部位附加图3-3-7中6气体检测管）。
②镉空心阴极灯（原子吸收用）。
③气液分离吸收装置，如图3-3-7所示。
④恒温水浴，双孔或四孔。
⑤圆形不锈钢反应管加热架。
⑥测量条件：
灯电流：灯阴极直径＜2mm时用5mA，直径为2～3mm时使用8～10mA，测量波长214.4nm。
测定方式：峰高，准备时间0s，测定时间15s，读数5位。

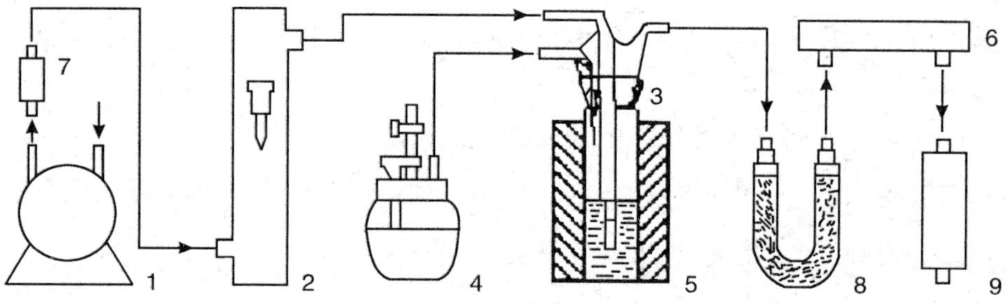

图3-3-7 气液分离吸收装置示意图

1—空气泵；2—流量计；3—反应瓶；4—加液器；
5—水浴；6—检测管；7—净化器；8—干燥器；9—收集器

5. 试剂

①用水均为电导率≤0.7μS/cm的去离子水。
②盐酸5mol/L，优级纯。
③氨基磺酸：10%水溶液。
④还原剂：15%三氯化钛0.5%焦性没食子酸水溶液。
⑤硝酸盐氮标准贮备液：称取预先在105～110℃干燥2h的优级纯硝酸钠（$NaNO_3$）3.0357g，溶解于水，移入500ml容量瓶中定容，摇匀。此溶液每毫升含硝酸盐氮1.00mg。
⑥硝酸盐氮标准使用液：吸取硝酸盐氮标准贮备液，用水逐级稀释至10μg/ml的标准使用液。

6. 步骤

（1）装置的安装及测定的准备

①照图 3-3-7，在净化器及收集器中装入活性炭，干燥器中装入固体大颗粒的高氯酸镁 $Mg(ClO_4)_2$，将各部分用聚氯乙烯软管连接好。

②定量加液器中装入还原剂，用细的硅橡胶管使加液支管与反应瓶盖的加液支管相连接。

③恒温水浴中加入足量的自来水，加热至 70℃±2℃待用。

④镉空心阴极灯装在工作灯架上，点灯并设定灯电流，待灯预热稳定后，调节仪器，使其能量保持在 110%左右。

（2）校准曲线的绘制

①先将反应瓶盖插入到含有约 5ml 水的清洗瓶中，然后用预先挑选出内径和底部形状一致的反应瓶 7 个或 14 个（以满足测定的需要为准）。

②向各反应瓶中分别加入 0.00、0.50、1.00、1.50、2.00、2.50ml 的硝酸盐氮标准使用液，用水稀释至 2.5ml，加入 2 滴 10%氨基磺酸及 2.5ml 5mol/L 盐酸，体积保持在 5ml。然后将各反应瓶放入不锈钢反应管架上于水浴中加热约 10min。同时用键盘输入 5.00、10.00、15.00、20.00、25.00μg 的标准数值。启动空气泵，调节流量为 0.6L/min，净化气路。提起反应瓶盖，关闭空气泵，将进样管放入 0.00ml 标准溶液的反应瓶中，密闭瓶口，用定量加液器加入 0.5ml 还原剂，按下自动调零铵钮调整零点。再次启动空气泵并按下读数按钮，待吸光度读数显示在屏幕上时，提起反应瓶盖，水洗其磨口及砂芯后，再按顺序插入到含有标准溶液的各反应瓶中，与零标准溶液相同的测定步骤，测定各标准溶液，绘制校准曲线。

（3）水样的测定

①根据水样中硝酸盐氮的含量，最多取样 2.5ml，然后与校准曲线绘制相同操作：加入氨基磺酸及 5mol/L 盐酸，浓度保持在 2.5～5.0mol/L，体积为 5ml。在水浴中加热 10min 后，按校准曲线绘制的步骤进行水样的测定。

②测定水样前，将上述零标准溶液的吸光度输入计算机即可进行空白校正。

7. 计算

将取样量输入仪器计算机，可自动计算出分析结果，或按下式计算：

$$\text{硝酸盐氮（mg/L）} = \frac{m}{V}$$

式中：m——根据校准曲线计算出的硝酸盐氮量（μg）；

V——取样体积（ml）。

8. 精密度和准确度

六个实验室分析含 NO_3^-—N 1.25mg/L 的标准样品，结果为 1.25mg/L。室内相对标准偏差 1.13%；室间相对标准偏差 1.69%。

六个实验室对水样进行 2～10μg NO_3^-—N 的加标回收试验，所得回收率 95.5%～102%。

9. 注意事项

①2 滴 10%氨基磺酸可分解消除约 1mg 的亚硝酸盐氮干扰，该试剂可保存约半年。

②为保证测定结果的准确性，每测定一个样品后，须水洗反应瓶盖及磨口，保持一定水分，使下一个反应瓶得到密封，不漏气。

③长期测定废水样，玻璃砂芯易生白色及褐色污垢，影响砂芯透气性，反应瓶壁也会产生白色污垢。此时应将反应瓶的砂芯放入加有 10%磷酸及少量过氧化氢的烧杯中，反应瓶中也加入该两种试剂，一同放在烧杯中，加热煮沸。待砂芯及反应瓶变得透明后再使用。

④其它注意事项，参照亚硝酸盐氮的（三）气相分子吸收光谱测定法。

（五）紫外分光光度法（B）

1. 方法原理

利用硝酸根离子在 220nm 波长处的吸收而定量测定硝酸盐氮。溶解的有机物在 220nm 处也会有吸收，而硝酸根离子在 275nm 处没有吸收。因此，在 275nm 处作另一次测量，以校正硝酸盐氮值。

2. 干扰及消除

溶解的有机物、表面活性剂、亚硝酸盐、六价铬、溴化物、碳酸氢盐和碳酸盐等干扰测定，需进行适当的预处理。本法采用絮凝共沉淀和大孔中性吸附树脂进行处理，以排除水样中大部分常见有机物、浊度和 Fe^{3+}、Cr^{6+}对测定的干扰。

3. 方法的适用范围

本法适用于清洁地表水和未受明显污染的地下水中硝酸盐氮的测定，其最低检出浓度为 0.08mg/L，测量上限为 4mg/L 硝酸盐氮。

4. 仪器

①紫外分光光度计。

②离子交换柱（ϕ1.4cm，装树脂高 5～8cm）。

5. 试剂

①氢氧化铝悬浮液：亚硝酸盐氮方法（二）试剂 7)。

②10%硫酸锌溶液。

③5mol/L 氢氧化钠溶液。

④大孔径中性树脂：CAD–40 或 XAD–2 型及类似性能的树脂。

⑤甲醇。

⑥1mol/L 盐酸（优级纯）。

⑦硝酸盐标准贮备液：每毫升含 0.100mg 硝酸盐氮。参见本节方法（一）试剂③。

⑧0.8%氨基磺酸溶液：避光保存于冰箱中。

6. 步骤

（1）吸附柱的制备

新的树脂先用 200ml 水分两次洗涤，用甲醇浸泡过夜，弃去甲醇，再用 40ml 甲醇分两次洗涤，然后用新鲜去离子水洗到柱中流出液滴落于烧杯中无乳白色为止。树脂装入柱中时，树脂间绝不允许存在气泡。

（2）水样的测定

①量取 200ml 水样置于锥形瓶或烧杯中，加入 2ml 硫酸锌溶液，在搅拌下滴加氢氧化钠溶液，调至 pH7。或将 200ml 水样调至 pH7 后，加 4ml 氢氧化铝悬浮液。待絮凝胶团下沉后，或经离心分离，吸取 100ml 上清液分两次洗涤吸附树脂柱，以每秒 1 至 2 滴的流速流出（**注意各个样品间流速保持一致**）。弃去。再继续使水样上清液通过柱子，收集 50ml 于比色管中，备测定用。树脂用 150ml 水分三次洗涤，备用。

注：树脂吸附容量较大，可处理 50～100 个地表水水样（视有机物含量而异）。使用多次后，可用未接触过橡胶制品的新鲜去离子水做参比，在 220nm 和 275nm 波长处检验，测得的吸光度应接近零。超过仪器允许误差时，需以甲醇再生。

②加 1.0ml 盐酸溶液，0.1ml 氨基磺酸溶液于比色管中（如亚硝酸盐氮低于 0.1mg/L 时，可不加氨基磺酸溶液）。

③用光程长 10mm 石英比色皿，在 220nm 和 275nm 波长处，以经过树脂吸附的新鲜去离子水 50ml 加 1ml 盐酸溶液为参比，测量吸光度。

（3）校准曲线的绘制

于 6 个 200ml 容量瓶中分别加入 0.50、1.00、2.00、3.00、4.00ml 硝酸盐氮标准贮备液，用新鲜去离子水稀释至标线，其浓度分别为 0.25、0.50、1.00、1.50、2.00mg/L 硝酸盐氮。按水样测定相同操作步骤测量吸光度。

7. 计算

$$A_{校}=A_{220}-2A_{275}$$

式中：A_{220}——220nm 波长测得吸光度；

A_{275}——275nm 波长测得吸光度。

求得吸光度的校正值（$A_{校}$）以后，从校准曲线中查得相应的硝酸盐氮量，即为水样测定结果（mg/L）。水样若经稀释后测定，则结果应乘以稀释倍数。

8. 精密度和准确度

四个实验室分析含 1.80mg/L 硝酸盐氮的统一标准样，实验室内相对标准偏差为 2.6%；实验室间总相对标准偏差为 5.1%；相对误差为 1.1%。

9. 注意事项

①为了解水受污染程度和变化情况，需对水样进行紫外吸收光谱分布曲线的扫描，如无扫描装置时，可用手动在 220～280nm、每隔 2～5nm 测量吸光度，绘制波长-吸光度曲线。水样与近似浓度的标准溶液分布曲线应类似，且在 220nm 与 275nm 附近不应有肩状

或折线出现。

参考吸光度比值（A_{275}/A_{220}）×100%应小于20%，越小越好。超过时应予以鉴别。

水样经上述方法适用情况检验后，符合要求时，可不经预处理，直接取50ml水样于比色管中，加盐酸和氨基磺酸溶液后，进行吸光度测量。如经絮凝后水样亦达到上述要求，则也可只进行絮凝预处理，省略树脂吸附操作。

②含有有机物的水样，而且硝酸盐含量较高时，必须先进行预处理后再稀释。

③大孔中性吸附树脂对环状、空间结构大的有机物吸附能力强；对低碳链、有较强极性和亲水性的有机物吸附能力差。

④当水样存在六价铬时，絮凝剂应采用氢氧化铝，并放置0.5h以上再取上清液供测定用。

十一、亚硝酸盐氮

亚硝酸盐（NO_2^-—N）是氮循环的中间产物，不稳定。根据水环境条件，可被氧化成硝酸盐，也可被还原成氨。亚硝酸盐可使人体正常的血红蛋白（低铁血红蛋白）氧化成为高铁血红蛋白，发生高铁血红蛋白症，失去血红蛋白在体内输送氧的能力，出现组织缺氧的症状。亚硝酸盐可与仲胺类反应生成具致癌性的亚硝胺类物质，在pH较低的酸性条件下，有利于亚硝胺类的形成。

水中亚硝酸盐的测定方法通常采用重氮-偶联反应，使生成红紫色染料。方法灵敏、选择性强。所用重氮和偶联试剂种类较多，最常用的，前者为对氨基苯磺酰胺和对氨基苯磺酸，后者为N-（1-萘基）-乙二胺和α-萘胺。此外，还有目前国内外普遍使用的离子色谱法和新开发的气相分子吸收法。这两种方法虽然须使用专用仪器，但方法简便、快速，干扰较少。

亚硝酸盐在水中可受微生物等作用而很不稳定，在采集后应尽快进行分析，必要时冷藏以抑制微生物的影响。

（一）离子色谱法（含NO_2^-、NO_3^-、F^-、Cl^-、Br^-、PO_4^{3-}和SO_4^{2-}）（B）

1. 方法原理

本法利用离子交换的原理，连续对多种阴离子进行定性和定量分析。水样注入碳酸盐-碳酸氢盐溶液并流经系列的离子交换树脂，基于待测阴离子对低容量强碱性阴离子树脂（分离柱）的相对亲和力不同而彼此分开。被分离的阴离子，在流经强酸性阳离子树脂（抑制柱）或抑制膜时，被转换为高电导的酸型，碳酸盐-碳酸氢盐则转变成弱电导的碳酸（清除背景电导）。用电导检测器测量被转变为相应酸型的阴离子与标准进行比较，根据保留时间定性，峰高或峰面积定量。

2. 干扰及消除

任何与待测阴离子保留时间相同的物质均干扰测定。待测离子的浓度在同一数量级可以准确定量。淋洗位置相近的离子浓度相差太大，不能准确测定。当Br^-和NO_3^-离子彼此间浓度相差10倍以上时不能定量。采用适当稀释或加入标准等方法可以达到定量的目的。

高浓度的有机酸对测定有干扰。水能形成负峰或使峰高降低或倾斜，在F^-和Cl^-间经常出现，采用淋洗液配制标准和稀释样品可以消除水负峰的干扰。

3. 方法的适用范围

本方法可以连续测定饮用水、地表水、地下水、雨中水的F^-、Cl^-、Br^-、NO_2^-、NO_3^-、PO_4^{3-}和SO_4^{2-}。

方法的测定下限一般为0.1mg/L。当进样量为100μl，用10μS满刻度电导检测器时，F^-为0.02mg/L（以下均用mg/L），Cl^- 0.04、NO_2^- 0.05、NO_3^- 0.10、Br^- 0.15、PO_4^{3-} 0.20、SO_4^{2-} 0.10。

4. 仪器

①离子色谱仪（具分离柱、抑制柱或抑制膜、抑制器）。

②检测器，记录仪或数据处理系统。

③进样器。

④淋洗液及再生液贮罐。

5. 试剂

实验用水均为电导率小于0.5μS/cm的二次去离子水，并经0.45μm的微孔滤膜过滤。所用试剂均为优级纯试剂。

①淋洗贮备液：分别称取25.44g碳酸钠和26.04g碳酸氢钠（均已在105℃烘干2h，干燥器中放冷），溶解于水，移入1000ml容量瓶中，用水稀释到标线，摇匀。贮存于聚乙烯瓶中，在冰箱中保存。碳酸钠浓度（Na_2CO_3）为0.24mol/L；碳酸氢钠为0.31mol/L。

②淋洗使用液：取20.00ml淋洗贮备液置于2000ml容量瓶中，用水稀释到标线，摇匀。此溶液碳酸钠浓度为0.0024mol/L；碳酸氢钠为0.0031mol/L。

③氟离子标准贮备液：称2.2100g氟化钠（105℃烘2h）溶于水，移入1000ml容量瓶中，加入10.00ml淋洗贮备液，用水稀释至标线，贮于聚乙烯瓶中，置于冰箱。此溶液每毫升含1.00mg氟离子。

④氯离子标准贮备液：称1.6484g氯化钠（105℃烘2h）溶于水，移入1000ml容量瓶中，加入10.00ml淋洗贮备液，用水稀释到标线，贮于聚乙烯瓶中，置于冰箱。此溶液每毫升含1.00mg氯离子。

⑤溴离子标准贮备液：称1.2879g溴化钠（105℃烘2h）溶于水，移入1000ml容量瓶中，加入10.00ml淋洗贮备液，用水稀释到标线，贮于聚乙烯瓶中，置于冰箱。此溶液每毫升含1.00mg溴离子。

⑥亚硝酸根离子标准贮备液：称1.4998g亚硝酸钠（干燥器中干燥24h）溶于水，移入1000ml容量瓶中，加入10.00ml淋洗贮备液，用水稀释到标线，贮于聚乙烯瓶中，置于冰箱。此溶液每毫升含1.00mg亚硝酸根。

⑦磷酸根标准贮备液：称 1.495g 磷酸氢二钠（干燥器中干燥 24h）溶于水，移入 1000ml 容量瓶中，加入 10.00ml 淋洗贮备液，用水稀释到标线，贮于聚乙烯液中，置于冰箱。此溶液每毫升含 1.00mg 磷酸根。

⑧硝酸根标准贮备液：称 1.3703g 硝酸钠（干燥器中干燥 24h）溶于水，移入 1000ml 容量瓶中，加入 10.00ml 淋洗贮备液，用水稀释到标线，贮于聚乙烯瓶中，置于冰箱。此溶液每毫升含 1.00mg 硝酸根。

⑨硫酸根标准贮备液：称 1.8142g 硫酸钾（105℃烘 2h）溶于水，移入 1000ml 容量瓶中，加入 10.00ml 淋洗贮备液，用水稀释到标线，贮于聚乙烯瓶中，置于冰箱。此溶液每毫升含 1.00mg 硫酸根。

⑩混合标准使用液：可根据被测样品的浓度范围配制混合标准使用液。如：吸取 F^- 3.00ml，Cl^- 4.00ml，Br^- 10.0ml，NO_2^- 10.00ml，NO_3^- 30.00ml，PO_4^{3-} 50.00ml，SO_4^{2-} 50.00ml 于 1000ml 容量瓶中，加入 10.00ml 淋洗贮备液，用水稀释到标线。F^-、Cl^-、Br^-、NO_2^-、NO_3^-、PO_4^{3-}、SO_4^{2-} 浓度分别为 3mg/L、4mg/L、10mg/L、10mg/L、30mg/L、50mg/L、50mg/L。

⑪再生液：取硫酸 1.39ml 于 2000ml 容量瓶中（瓶中装有少量水），用水稀释到标线。

6. 步骤

仪器操作按仪器的使用说明书进行。

（1）样品保存及预处理

样品采集后均经 0.45μm 微孔滤膜过滤，保存于聚乙烯瓶，置于冰箱中，使用前将样品和淋洗贮备液按（99+1）体积混合，以除去负峰干扰。

（2）校准曲线

分别取 2.00、5.00、10.00、50.00ml 混合标准溶液于 100ml 容量瓶中，再分别加 1.00ml 淋洗贮备液，用水稀释到标线，摇匀。用测定样品相同的条件进行测定，绘制校准曲线。

（3）样品测定

①色谱条件：淋洗使用液流速为 2.5ml/min，进样量为 100μl，电导检测器灵敏度根据仪器情况选择。

②定性分析：根据各离子的出峰保留时间确定离子种类。

③定量分析：测定未知样的峰高，从校准曲线查得其浓度。

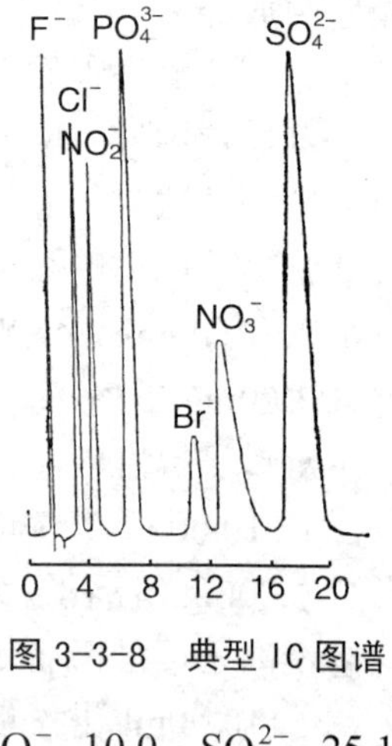

图 3-3-8 典型 IC 图谱

7. 精密度和准确度

统一样品含（单位均为 mg/L）：F^- 1.00，Cl^- 2.00，NO_2^- 5，NO_3^- 10，PO_4^{3-} 28，Br^- 5.00，SO_4^{2-} 25。15 个实验室测定的平均值分别是 F^- 1.08，Cl^- 1.97，NO_2^- 5.08，Br^- 4.68，NO_3^- 10.0，SO_4^{2-} 25.15，PO_4^{3-} 27.73。室内相对标准偏差为：F^- 3.3%，Cl^- 2.6%，NO_2^- 2.0%，NO_3^- 1.8%，Br^- 2.6%，PO_4^{3-} 0.9%，SO_4^{2-} 2.2%；室间相对标准偏差为：F^- 10.6%，Cl^- 3.8%，NO_2^- 10.2%，NO_2^- 3.6%，Br^- 5.3%，PO_4^{3-} 8.4%，SO_4^{2-} 3.2%。还分析了多种实际水样，其精密度和准确度均为良好。

8. 注意事项

①用淋洗液配制标准溶液和稀释样品，可除去水的负峰干扰，使定量更加准确。

②样品经 ϕ25mm、0.45μm 滤膜过滤，用以除去样品中颗粒物，以防沾污色谱柱。

③淋洗液经 ϕ150mm、0.45μm 微孔滤膜过滤，用 5000ml 滤瓶承接，这样过滤速度快，时间短。

④整个系统不能有气泡，否则会影响分离效果。

⑤其他型号的离子色谱仪可参照本方法自行选择色谱条件。试液中离子浓度更低或更高，可选择电导检测器的不同灵敏度档。

⑥作校准曲线和测定样品应在同一灵敏度下进行。

⑦因试剂、器皿或者样品的预处理可引入污染干扰测定，因此要特别注意防止污染。

（二）N-（1-萘基）-乙二胺光度法（A）

1. 方法原理

在磷酸介质中，pH 为 1.8±0.3 时，亚硝酸盐与对-氨基苯磺酰胺反应，生成重氮盐，再与 N-（1-萘基）-乙二胺偶联生成红色染料。在 540nm 波长处有最大吸收。

2. 干扰及消除

氯胺、氯、硫代硫酸盐、聚磷酸钠和高铁离子有明显干扰。水样呈碱性（pH≥11）时，可加酚酞溶液为指示剂，滴加磷酸溶液至红色消失。水样有颜色或悬浮物，可加氢氧化铝悬浮液并过滤。

3. 方法的适用范围

本法适用于饮用水、地表水、地下水、生活污水和工业废水中亚硝酸盐的测定。最低检出浓度为 0.003mg/L；测定上限为 0.20mg/L 亚硝酸盐氮。

4. 仪器

分光光度计。

5. 试剂

实验用水均为不含亚硝酸盐的水。

1）无亚硝酸盐的水：于蒸馏水中加入少许高锰酸钾晶体，使呈红色，再加氢氧化钡（或氢氧化钙）使呈碱性。置于全玻璃蒸馏器中蒸馏，弃去 50ml 初馏液，收集中间约 70%不含锰的馏出液。亦可于每升蒸馏水中加 1ml 浓硫酸和 0.2ml 硫酸锰溶液（每 100ml 水中含 36.4g$MnSO_4 \cdot H_2O$），加入 1～3ml 0.04%高锰酸钾溶液至呈红色，重蒸馏。

2）磷酸 ρ=1.70g/ml。

3）显色剂：于 500ml 烧杯内，加入 250ml 水和 50ml 磷酸，加入 20.0g 对-氨基苯磺

（A）本方法与 GB 7493—87 等效。

酰胺，再将 1.00g N-（1-萘基）-乙二胺二盐酸盐（$C_{10}H_7NHC_2H_4NH_2 \cdot 2HCl$）溶于上述溶液中，转移至 500ml 容量瓶中，用水稀释至标线，混匀。

此溶液贮于棕色瓶中，保存在 2～5℃，至少可稳定一个月。

注意：本试剂有毒性，避免与皮肤接触或摄入体内。

4）亚硝酸盐氮标准贮备液：称取 1.232g 亚硝酸钠（$NaNO_2$）溶于 150ml 水中，转移至 1000ml 容量瓶中，用水稀释至标线。每毫升含约 0.25mg 亚硝酸盐氮。

本溶液贮于棕色瓶中，加入 1ml 三氯甲烷，保存在 2～5℃，至少稳定一个月。贮备液的标定如下：

①在 300ml 具塞锥形瓶中，加入 50.00ml 0.050mol/L 的高锰酸钾标准溶液，5ml 浓硫酸，用 50ml 无分度吸管，使下端插入高锰酸钾溶液面下，加入 50.00ml 亚硝酸钠标准贮备液，轻轻摇匀。置于水浴上加热至 70～80℃，按每次 10.00ml 的量加入足够的草酸钠标准液，使红色褪去并过量，记录草酸钠标准溶液用量（V_2）。然后用高锰酸钾标准溶液滴定过量草酸钠至溶液呈微红色，记录高锰酸钾标准溶液总用量（V_1）。

②再以 50ml 水代替亚硝酸盐氮标准贮备液，如上操作，用草酸钠标准溶液标定高锰酸钾溶液的浓度（C_1）。按下式计算高锰酸钾标准溶液浓度：

$$C_1(1/5\text{KMnO}_4) = \frac{0.0500 \times V_4}{V_3}$$

按下式计算亚硝酸盐氮标准贮备液的浓度：

$$\text{亚硝酸盐氮}(\text{N, mg/L}) = \frac{(V_1C_1 - 0.0500 \times V_2) \times 7.00 \times 1000}{50.00}$$
$$= 140V_1C_1 - 7.00 \times V_2$$

式中：C_1——经标定的高锰酸钾标准溶液的浓度（mol/L）；

V_1——滴定亚硝酸盐氮标准贮备液时，加入高锰酸钾标准溶液总量（ml）；

V_2——滴定亚硝酸盐氮标准贮备液时，加入草酸钠标准溶液量（ml）；

V_3——滴定水时，加入高锰酸钾标准溶液总量（ml）；

V_4——滴定空白时，加入草酸钠标准溶液总量（ml）；

7.00——亚硝酸盐氮（1/2N）的摩尔质量（g/mol）；

50.00——亚硝酸盐标准贮备液取用量（ml）；

0.0500——草酸钠标准溶液浓度（$1/2Na_2C_2O_4$，mol/L）。

5）亚硝酸盐氮标准中间液：分取 50.00ml 亚硝酸盐标准贮备液（使含 12.5mg 亚硝酸盐氮），置于 250ml 容量瓶中，用水稀释至标线。此溶液每毫升含 50.0μg 亚硝酸盐氮。

中间液贮于棕色瓶内，保存在 2～5℃，可稳定一周。

6）亚硝酸盐氮标准使用液：取 10.00ml 亚硝酸盐标准中间液，置于 500ml 容量瓶中，用水稀释至标线。每毫升含 1.00μg 亚硝酸盐氮。此溶液使用时，当天配制。

7）氢氧化铝悬浮液：溶解 125g 硫酸铝钾($KAl(SO_4)_2 \cdot 12H_2O$)或硫酸铝铵($NH_4Al(SO_4)_2 \cdot 12H_2O$)于 1000ml 水中，加热至 60℃，在不断搅拌下，徐徐加入 55ml 浓氨水，放置约 1h 后，移入 1000ml 量筒内，用水反复洗涤沉淀，最后至洗涤液中不含亚硝酸盐为止。澄清后，把上清液尽量全部倾出，只留稠的悬浮物，最后加入 100ml 水，使用前应振荡均匀。

8）高锰酸钾标准溶液（$1/5KMnO_4$）=0.050mol/L：溶解1.6g高锰酸钾于1200ml水中，煮沸0.5～1h，使体积减少到1000ml左右，放置过夜。用G-3号玻璃砂芯滤器过滤后，滤液贮存于棕色试剂瓶中避光保存，按上述方法标定。

9）草酸钠标准溶液（$1/2Na_2C_2O_4$）=0.0500mol/L：溶解经105℃烘干2h的优级纯无水草酸钠3.350g于750ml水中，移入1000ml容量瓶中，稀释至标线。

6. 步骤

（1）校准曲线的绘制

在一组6支50ml比色管中，分别加入0、1.00、3.00、5.00、7.00和10.0ml亚硝酸盐氮标准使用液，用水稀释至标线。加入1.0ml显色剂，密塞，混匀。静置20min后，在2h以内，于波长540nm处，用光程长10mm的比色皿，以水为参比，测量吸光度。

从测得的吸光度，减去零浓度空白管的吸光度后，获得校正吸光度，绘制以氮含量（μg）对校正吸光度的校准曲线。

（2）水样的测定

当水样pH≥11时，可加入1滴酚酞指示液，边搅拌边逐滴加入（1+9）磷酸溶液至红色刚消失。

水样如有颜色和悬浮物，可向每100ml水中加入2ml氢氧化铝悬浮液，搅拌、静置、过滤，弃去25ml初滤液。

分取经预处理的水样于50ml比色管中（如含量较高，则分取适量，用水稀释至标线），加1.0ml显色剂，然后按校准曲线绘制的相同步骤操作，测量吸光度。经空白校正后，从校准曲线上查得亚硝酸盐氮量。

（3）空白试验

用水代替水样，按相同步骤进行测定。

7. 计算

$$亚硝酸盐氮（N, mg/L）= \frac{m}{V}$$

式中：m——由水样测得的校正吸光度，从校准曲线上查得相应的亚硝酸盐氮的含量（μg）；

V——水样的体积（ml）。

8. 精密度和准确度

三个实验室分析含0.0257～0.0816mg/L亚硝酸盐氮的加标水样，单个实验室的相对标准偏差不超过9.3%；加标回收率为90%～114%。

五个实验室分析含0.083～0.18mg/L亚硝酸盐氮的加标水样，单个实验室的相对标准偏差不超过2.8%；加标回收率为96%～102%。

9. 注意事项

①如水样经预处理后，还有颜色时，则分取两份体积相同的经预处理的水样，一份加1.0ml显色剂，另一份改加1ml（1+9）磷酸溶液。由加显色剂的水样测得的吸光度，减去

空白试验测得的吸光度，再减去改加磷酸溶液的水样所测得的吸光度后，获得校正吸光度，以进行色度校正。

②显色试剂除以混合液加入外，亦可分别配制和依次加入，具体方法如下：

对氨基苯磺酰胺溶液：称取5g对氨基苯磺酰胺（磺胺），溶于50ml浓盐酸和约350ml水的混合液中，稀释至500ml。此溶液稳定。

N-（1-萘基）乙二胺二盐酸盐溶液：称取 500mg N-（1-萘基）乙二胺二盐酸盐溶于500ml水中，贮于棕色瓶内，置冰箱中保存。当色泽明显加深时，应重新配制，如有沉淀，则过滤。

于50ml水样（或标准管）中，加入1.0ml对氨基苯磺酰胺溶液，混匀。放置2～8min，加入1.0ml N-（1-萘基）乙二胺二盐酸盐溶液，混匀。放置10min后，在540nm波长测量吸光度。

（三）气相分子吸收光谱法（A）

1. 方法原理

在0.15～0.3mol/L柠檬酸介质中，加入无水乙醇将水样中亚硝酸盐迅速分解，生成二氧化氮气体，用空气载入气相分子吸收光谱仪的吸光管中，测定该气体对来自锌空心阴极灯213.9nm波长产生的吸光强度，以校准曲线法直接测定水样中亚硝酸盐氮的含量。

2. 干扰及消除

在含有0.2μg亚硝酸盐氮的5ml 0.2mol/L柠檬酸介质中，分别加入1000μg K^+、Na^+、Ca^{2+}、Mg^{2+}、Cu^{2+}、Pb^{2+}、Zn^{2+}、Fe^{3+}、Ni^{2+}、Cd^{2+}、Mn^{2+}、Sn^{2+}，500μg As^{3+}、Hg^{2+}、NH_4^+、F^-、Br^-、I^-及大量的NO_3^-和分别加入500μg MnO_4^-、IO_3^-及10μg S^{2-}，均不干扰测定。水样的颜色及小于100的混浊度不影响测定。水样中含挥发性产生吸收的有机物时，在水样中加入适量细颗粒的活性炭，搅拌吸附约30min，然后吸取上清液进行测定，可消除干扰。

3. 方法的适用范围

本法最低检出浓度0.0005mg/L，测定上限达2000mg/L（用铅灯283.3nm波长）。可用于地表水、地下水、海水、饮用水及某些废水中亚硝酸盐氮的测定。

4. 仪器及工作条件

①气相分子吸收光谱仪（或原子吸收的燃烧器部位附加吸收管）。

②锌空心阴极灯（原子吸收用）。

③气液分离吸收装置，如图3-3-9所示（清洗时，连入3）。

（A）本方法与HJ/T 197—2005等效。

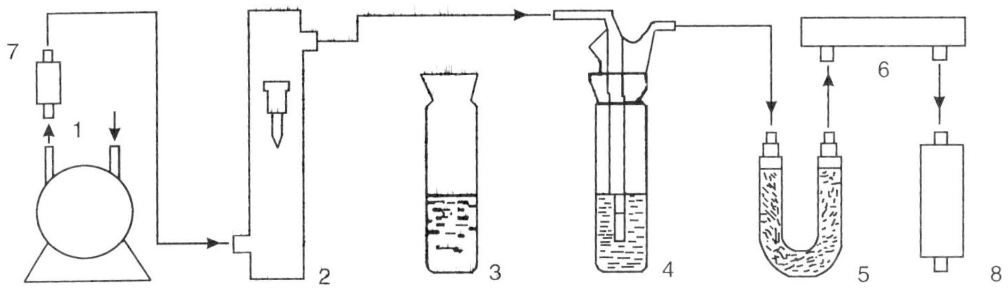

图 3-3-9　气液分离吸收装置示意图

1—空气泵；2—流量计；3—清洗瓶；4—反应瓶；
5—干燥管；6—吸光管；7—净化器；8—收集器

④工作条件：灯电流：灯的阴极直径<2mm 时用 5mA；2～3mm 时用 8～10mA，工作波长 213.9nm。测定方式：峰高，准备时间 0s，测定时间 15s，读数 5 位。

5. 试剂

①本法用水，均为电导率≤0.7μS/cm 的去离子水。

②0.3mol/L 柠檬酸溶液：称取优级纯柠檬酸 32g 溶解于去离子水，定容至 500ml。

③无水乙醇，分析纯。

④亚硝酸盐氮标准贮备液：称取预先在 105～110℃干燥过 4h 的优级纯亚硝酸钠($NaNO_2$)2.463g，溶解于水中，于 1000ml 容量瓶中定容，摇匀。此溶液每毫升含 0.500mg 亚硝酸盐氮。

⑤亚硝酸盐氮标准使用液：吸取 0.500mg/L 亚硝酸盐氮标准贮备液，用水逐级稀释成 2.00μg/ml 的标准使用液。

6. 步骤

（1）装置的安装与测定的准备

照图 3-3-9，在干燥管中装入固体大颗粒的高氯酸镁 $Mg(ClO_4)_2$，净化器及收集器中装入活性炭，然后将各部分用聚氯乙烯软管连接好。

锌灯装在工作灯架上，点灯并设定灯电流，待预热稳定后，调节仪器，使仪器能量保持在 110%左右。

（2）校准曲线的绘制

用键盘输入 1.00、2.00、3.00、4.00、5.00μg 的标准。然后将反应瓶盖插入到含有 3ml 水和数滴乙醇的清洗瓶中，启动空气泵，设定流量为 0.7L/min，清洗管路。然后洗净样品反应瓶，加入 4.5ml 0.3mol/L 柠檬酸溶液，将反应瓶盖从清洗瓶中取出，关闭空气泵，向样品反应瓶中加入 0.5ml 乙醇，立即密闭反应瓶盖。按下自动调零按钮，调至零点，再次启动空气泵，按下读数按钮。待 20s 倒计时至 0 时，屏幕上即显示出零标准溶液的吸光度。然后取出反应瓶盖，用水洗涤上盖磨口及砂芯后，将其放入清洗瓶中，清洗管路。洗净样品反应瓶，再按顺序吸取 0.00、0.50、1.00、1.50、2.00、2.50ml 亚硝酸盐氮标准使用液，分别加入 0.3mol/L 柠檬酸溶液，使浓度在 0.15～0.30mol/L，体积为 4.5ml。按照零标准溶液的测定步骤依次测定各标准溶液的吸光度，绘制出校准曲线。

（3）水样的测定

根据水样中亚硝酸盐氮的含量，吸取不超过 2ml 的水样，加入 0.3mol/L 柠檬酸，浓度保持在 0.15～0.3mol/L，体积为 4.5ml，加入 0.5ml 乙醇，按校准曲线绘制的步骤进行测定。

测定水样前，将上述零标准溶液的吸光度输入计算机即可进行空白校正。

7. 计算

将水样体积输入仪器的计算机，可自动计算出分析结果，或按下式计算：

$$\text{亚硝酸盐氮(mg/L)} = \frac{m}{V}$$

式中：m——根据校准曲线计算出的亚硝酸盐氮量（μg）；

V——取样体积（ml）。

8. 精密度和准确度

六个实验室分析含 NO_2^-—N 0.208mg/L 的标准样品，测定结果 $\bar{x}$=0.208mg/L。室内相对标准偏差 2.0%；室间相对标准偏差 1.5%。

六个实验室对水样进行 0.20～0.80μg NO_2^-—N 的加标回收试验，回收率为 96.8%～105%。

9. 注意事项

①亚硝酸盐氮标准溶液易受空气氧化和微生物作用，浓度发生改变。0.5mg/ml 的标准溶液于冰箱冷藏室可保存半年。2μg/ml 标准液，常温下应每周重配。

②柠檬酸易发霉产生污垢，应及时更新。

③高氯酸镁应选用颗粒大的试剂，吸收水分后，其变湿部分超过 2/3 应及时更换。新装的高氯酸镁应进行约 10min 的空白样品通气，待吸光度稳定后方可测定样品。

④锌空心阴极灯 213.9nm 波长适于测定低浓度亚硝酸盐氮，浓度大于 10mg/L，应使用其它灯，如铅灯（283.3nm）等。

⑤测定过程中仪器能量应保持在 110%左右，超过 120%时，读数溢出，仪器不能正常工作。

⑥长时间测定高浓度样品后，应使用 10%磷酸加入少量过氧化氢，清洗吸光管及干燥管并水洗烘干，以除去残留的氮氧化物，必要时可用洗涤剂清洗吸光管。连接在反应瓶出气支管的管路应酌情用经乙醇湿润的棉花清洗，使空白溶液吸光度小于 0.0004，以利于低浓度亚硝酸盐氮的测定。

十二、氨氮

氨氮（NH_3—N）以游离氨（NH_3）或铵盐（NH_4^+）形式存在于水中，两者的组成比取决于水的 pH 和水温。当 pH 偏高时，游离氨的比例较高。反之，则铵盐的比例高，水温则相反。

水中氨氮的来源主要为生活污水中含氮有机物受微生物作用的分解产物，某些工业废水，如焦化废水和合成氨化肥厂废水等，以及农田排水。此外，在无氧环境中，水中存在的亚硝酸盐亦可受微生物作用，还原为氨。在有氧环境中，水中氨亦可转变为亚硝酸盐，甚至继续转变为硝酸盐。

测定水中各种形态的氮化合物，有助于评价水体被污染和“自净”状况。

鱼类对水中氨氮比较敏感，当氨氮含量高时会导致鱼类死亡。

1. 方法选择

氨氮的测定方法，通常有纳氏比色法、气相分子吸收法、苯酚-次氯酸盐（或水杨酸-次氯酸盐）比色法和电极法等。纳氏试剂比色法具操作简便、灵敏等特点，水中钙、镁和铁等金属离子、硫化物、醛和酮类、颜色，以及混浊等均干扰测定，需做相应的预处理。苯酚-次氯酸盐比色法具有灵敏、稳定等优点，干扰情况和消除方法同纳氏试剂比色法。电极法具有通常不需要对水样进行预处理和测量范围宽等优点，但电极的寿命和再现性尚存在一些问题。气相分子吸收法比较简单，使用专用仪器或原子吸收仪都可达到良好的效果。氨氮含量较高时，可采用蒸馏-酸滴定法。

2. 水样保存

水样采集在聚乙烯瓶或玻璃瓶内，并应尽快分析，必要时可加硫酸将水样酸化至 pH＜2，于 2～5℃下存放。酸化样品应注意防止吸收空气中的氨而沾污。

（一）水样的预处理

水样带色或浑浊以及含其他一些干扰物质，影响氨氮的测定。为此，在分析时需作适当的预处理。对较清洁的水，可采用絮凝沉淀法；对污染严重的水或工业废水，则用蒸馏法消除干扰。

絮凝沉淀法

加适量的硫酸锌于水样中，并加氢氧化钠使呈碱性，生成氢氧化锌沉淀，再经过滤除去颜色和浑浊等。

1. 仪器

100ml 具塞量筒或比色管。

2. 试剂

①10%硫酸锌溶液：称取 10g 硫酸锌溶于水，稀释至 100ml。
②25%氢氧化钠溶液：称取 25g 氢氧化钠溶于水，稀释至 100ml，贮于聚乙烯瓶中。
③硫酸，ρ=1.84。

3. 步骤

取 100ml 水样于具塞量筒或比色管中，加入 1ml10%硫酸锌溶液和 0.1～0.2ml 25%氢氧化钠溶液，调节 pH 至 10.5 左右，混匀。放置使沉淀，用经无氨水充分洗涤过的中速滤纸过滤，弃去初滤液 20ml。

蒸馏法

调节水样的 pH 使在 6.0～7.4 的范围，加入适量氧化镁使呈微碱性*，蒸馏释放出的氨被吸收于硫酸或硼酸溶液中。采用纳氏比色法或酸滴定法时，以硼酸溶液为吸收液；采用水杨酸-次氯酸盐比色法时，则以硫酸溶液作吸收液。

1. 仪器

带氮球的定氮蒸馏装置：500ml 凯氏烧瓶、氮球、直形冷凝管和导管，装置如图 3-3-10 所示。

2. 试剂

水样稀释及试剂配制均用无氨水。

1）无氨水制备：

①蒸馏法：每升蒸馏水中加 0.1ml 硫酸，在全玻璃蒸馏器中重蒸馏，弃去 50ml 初馏液，接取其余馏出液于具塞磨口的玻璃瓶中，密塞保存。

②离子交换法：使蒸馏水通过强酸性阳离子交换树脂柱。

2）1mol/L 盐酸溶液。

3）1mol/L 氢氧化钠溶液。

4）轻质氧化镁（MgO）：将氧化镁在 500℃下加热，以除去碳酸盐。

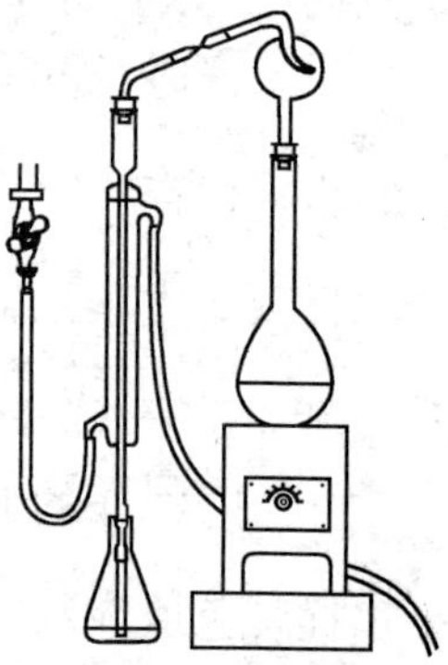

图 3-3-10 氨氮蒸馏装置

5）0.05%溴百里酚蓝指示液（pH6.0～7.6）。

6）防沫剂，如石腊碎片。

7）吸收液：

①硼酸溶液：称取 20g 硼酸溶于水，稀释至 1L。

②硫酸（H_2SO_4）溶液：0.01mol/L。

3. 步骤

①蒸馏装置的预处理：加 250ml 水样于凯氏烧瓶中，加 0.25g 轻质氧化镁和数粒玻璃珠，加热蒸馏至馏出液不含氨为止，弃去瓶内残液。

②分取 250ml 水样（如氨氮含量较高，可分取适量并加水至 250ml，使氨氮含量不超过 2.5mg），移入凯氏烧瓶中，加数滴溴百里酚蓝指示液，用氢氧化钠溶液或盐酸溶液调节至 pH7 左右。加入 0.25g 轻质氧化镁和数粒玻璃珠，立即连接氮球和冷凝管，导管下端插入吸收液液面下。加热蒸馏，至馏出液达 200ml 时，停止蒸馏，定容至 250ml。

---

*也可加入 pH9.5 的 $Na_2B_4O_7$-NaOH 缓冲溶液使呈弱碱性进行蒸馏；pH 过高能促使有机氮的水解，导致结果偏高。

③采用酸滴定法或纳氏比色法时，以 50ml 硼酸溶液为吸收液；采用水杨酸-次氯酸盐比色法时，改用 50ml 0.01mol/L 硫酸溶液为吸收液。

4. 注意事项

①蒸馏时应避免发生暴沸，否则可造成馏出液温度升高，氨吸收不完全。
②防止在蒸馏时产生泡沫，必要时可加少许石蜡碎片于凯氏烧瓶中。
③水样如含余氯，则应加入适量 0.35%硫代硫酸钠溶液，每 0.5ml 可除去 0.25mg 余氯。

（二）纳氏试剂光度法（A）

1. 方法原理

碘化汞和碘化钾的碱性溶液与氨反应生成淡红棕色胶态化合物，此颜色在较宽的波长内具强烈吸收。通常测量用波长在 410～425nm 范围。

2. 干扰及消除

脂肪胺、芳香胺、醛类、丙酮、醇类和有机氯胺类等有机化合物，以及铁、锰、镁和硫等无机离子，因产生异色或浑浊而引起干扰，水中颜色和浑浊亦影响比色。为此，须经絮凝沉淀过滤或蒸馏预处理，易挥发的还原性干扰物质，还可在酸性条件下加热以除去。对金属离子的干扰，可加入适量的掩蔽剂加以消除。

3. 方法的适用范围

本法最低检出浓度为 0.025mg/L（光度法），测定上限为 2mg/L。采用目视比色法，最低检出浓度为 0.02mg/L。水样做适当的预处理后，本法可适用于地表水、地下水、工业废水和生活污水中氨氮的测定。

4. 仪器

①分光光度计。
②pH 计。

5. 试剂

配制试剂用水均应为无氨水。
1）纳氏试剂：可选择下列一种方法制备。
①称取 20g 碘化钾溶于约 100ml 水中，边搅拌边分次少量加入二氯化汞（$HgCl_2$）结晶粉末（约 10g），至出现朱红色沉淀不易溶解时，改为滴加饱和二氯化汞溶液，并充分搅拌，当出现微量朱红色沉淀不易溶解时，停止滴加氯化汞溶液。
另称取 60g 氢氧化钾溶于水，并稀释至 250ml，充分冷却至室温后，将上述溶液在搅拌下，徐徐注入氢氧化钾溶液中，用水稀释至 400ml，混匀。静置过夜。将上清液移入聚

（A）本方法与 GB 7479—87 等效。

乙烯瓶中，密塞保存。

②称取16g氢氧化钠，溶于50ml水中，充分冷却至室温。

另称取7g碘化钾和10g碘化汞（HgI_2）溶于水，然后将此溶液在搅拌下徐徐注入氢氧化钠溶液中，用水稀释至100ml，贮于聚乙烯瓶中，密塞保存。

2）酒石酸钾钠溶液：称取50g酒石酸钾钠（$KNaC_4H_4O_6 \cdot 4H_2O$）溶于100ml水中，加热煮沸以除去氨，放冷，定容至100ml。

3）铵标准贮备溶液：称取3.819g经100℃干燥过的优级纯氯化铵（NH_4Cl）溶于水中，移入1000ml容量瓶中，稀释至标线。此溶液每毫升含1.00mg氨氮。

4）铵标准使用溶液：移取5.00ml铵标准贮备液于500ml容量瓶中，用水稀释至标线。此溶液每毫升含0.010mg氨氮。

6. 步骤

（1）校准曲线的绘制

①吸取0、0.50、1.00、3.00、5.00、7.00和10.0ml铵标准使用液于50ml比色管中，加水至标线，加1.0ml酒石酸钾钠溶液，混匀。加1.5ml纳氏试剂，混匀。放置10min后，在波长420nm处，用光程20mm比色皿，以水为参比，测量吸光度。

②由测得的吸光度，减去零浓度空白的吸光度后，得到校正吸光度，绘制以氨氮含量（mg）对校正吸光度的校准曲线。

（2）水样的测定

①分取适量经絮凝沉淀预处理后的水样（使氨氮含量不超过0.1mg），加入50ml比色管中，稀释至标线，加1.0ml酒石酸钾钠溶液。以下同校准曲线的绘制。

②分取适量经蒸馏预处理后的馏出液，加入50ml比色管中，加一定量1mol/L氢氧化钠溶液以中和硼酸，稀释至标线。加1.5ml纳氏试剂，混匀。放置10min后，同校准曲线步骤测量吸光度。

（3）空白试验

以无氨水代替水样，做全程序空白测定。

7. 计算

由水样测得的吸光度减去空白试验的吸光度后，从校准曲线上查得氨氮含量（mg）。

$$\text{氨氮（N, mg/L）} = \frac{m}{V} \times 1000$$

式中：m——由校准曲线查得的氨氮量（mg）；

V——水样体积（ml）。

8. 精密度和准确度

三个实验室分析含1.14～1.16mg/L氨氮的加标水样，单个实验室的相对标准偏差不超过9.5%；加标回收率范围为95%～104%。

四个实验室分析含1.81～3.06mg/L氨氮的加标水样，单个实验室的相对标准偏差不超过4.4%；加标回收率范围为94%～96%。

9. 注意事项

①纳氏试剂中碘化汞与碘化钾的比例，对显色反应的灵敏度有较大影响。静置后生成的沉淀应除去。

②滤纸中常含痕量铵盐，使用时注意用无氨水洗涤。所用玻璃器皿应避免实验室空气中氨的沾污。

（三）水杨酸-次氯酸盐光度法（A）

1. 方法原理

在亚硝基铁氰化钠存在下，铵与水杨酸盐和次氯酸离子反应生成蓝色化合物，在波长697nm具最大吸收。

2. 干扰及消除

氯铵在此条件下均被定量地测定。钙、镁等阳离子的干扰，可加酒石酸钾钠掩蔽。

3. 方法的适用范围

本法最低检出浓度为0.01mg/L，测定上限为1mg/L。适用于饮用水、生活污水和大部分工业废水中氨氮的测定。

4. 仪器

①分光光度计。

②滴瓶（滴管流出液体，每毫升相当于20滴±1滴）。

5. 试剂

所有试剂配制均用无氨水。

①铵标准贮备液：见本节方法（二）试剂3）。

②铵标准中间液：吸取10.00ml铵标准贮备液移入100ml容量瓶中，稀释至标线。此溶液每毫升含0.10mg氨氮。

③铵标准使用液：吸取10.00ml铵标准中间液移入1000ml容量瓶中，稀释至标线。此溶液每毫升含1.00μg氨氮。临用时配制。

④显色液：称取50g水杨酸($C_6H_4(OH)COOH$)，加入约100ml水，再加入160ml 2mol/L氢氧化钠溶液，搅拌使之完全溶解。另称取50g酒石酸钾钠溶于水中，与上述溶液合并稀释至1000ml。存放于棕色玻瓶中，加橡胶塞，本试剂至少稳定一个月。

注：若水杨酸未能全部溶解，可再加入数毫升氢氧化钠溶液，直至完全溶解为止，最后溶液的pH为6.0～6.5。

⑤次氯酸钠溶液：取市售或自行制备的次氯酸钠溶液，经标定后，用氢氧化钠溶液稀释成含有效氯浓度为0.35%，游离碱浓度为0.75mol/L（以NaOH计）的次氯酸钠溶液。存

（A）本方法与GB 7481—87等效。

放于棕色滴瓶内，本试剂可稳定一周。

⑥亚硝基铁氰化钠溶液：称取 0.1g 亚硝基铁氰化钠($Na_2(Fe(CN)_6NO)\cdot 2H_2O$)置于 10ml 具塞比色管中，溶于水，稀释至标线。此溶液临用前配制。

⑦清洗溶液：称取 100g 氢氧化钾溶于 100ml 水中，冷却后与 900ml 95%乙醇混合，贮于聚乙烯瓶内。

6. 步骤

（1）校准曲线的绘制

吸取 0、1.00、2.00、4.00、6.00、8.00ml 铵标准使用液于 10ml 比色管中，用水稀释至约 8ml，加入 1.00ml 显色液和 2 滴亚硝基铁氰化钠溶液，混匀。再滴加 2 滴次氯酸钠溶液，稀释至标线，充分混匀。放置 1h 后，在波长 697nm 处，用光程为 10mm 的比色皿，以水为参比，测量吸光度。

由测得的吸光度，减去空白管的吸光度后得到校正吸光度，绘制以氨氮含量（μg）对校正吸光度的校准曲线。

（2）水样的测定

分取适量经预处理的水样（使氨氮含量不超过 8μg）至 10ml 比色管中，加水稀释约 8ml，与校准曲线相同操作，进行显色和测量吸光度。

（3）空白试验

以无氨水代替水样，按样品测定相同步骤进行显色和测量。

7. 计算

由水样测得的吸光度减去空白试验的吸光度后，从校准曲线上查得氨氮含量（μg）。

$$\text{氨氮（N, mg/L）}=\frac{m}{V}$$

式中：m——由校准曲线查得的氨氮量（μg）；

V——水样体积（ml）。

8. 注意事项

水样采用蒸馏预处理时，应以硫酸溶液为吸收液，显色前加氢氧化钠溶液使其中和。

（四）滴定法（A）

1. 方法原理

滴定法仅适用于已进行蒸馏预处理的水样。调节水样至 pH6.0～7.4，加入氧化镁使呈微碱性。加热蒸馏，释出的氨被硼酸溶液吸收，以甲基红-亚甲蓝为指示剂，用酸标准溶液滴定馏出液中的铵。

当水样中含有在此条件下可被蒸馏出并在滴定时能与酸反应的物质，如挥发性胺类等，

（A）本方法与 GB 7478—87 等效。

则将使测定结果偏高。

2. 试剂

①混合指示液：称取 200mg 甲基红溶于 100ml 95%乙醇；另称取 100mg 亚甲蓝（methylene blue）溶于 50ml 95%乙醇。以两份甲基红溶液与一份亚甲蓝溶液混合后供用（可使用一个月）。

注：为使滴定终点明显，必要时添加少量甲基红溶液或亚甲蓝溶液于混合指示液中，以调节二者的比例至合适为止。

②硫酸标准溶液（$1/2H_2SO_4$=0.020mol/L）：分取 5.6ml（1+9）硫酸溶液于 1000ml 容量瓶中，稀释至标线，混匀。按下述操作进行标定。

称取经 180℃干燥 2h 的基准试剂级无水碳酸钠（Na_2CO_3）约 0.5g（称准至 0.0001g），溶于新煮沸放冷的水中，移入 500ml 容量瓶中，稀释至标线。移取 25.00ml 碳酸钠溶液于 150ml 锥形瓶中，加 25ml 水，加 1 滴 0.05%甲基橙指示液，用硫酸溶液滴定至淡橙红色为止。记录用量，用下式计算硫酸溶液的浓度。

$$\text{硫酸溶液浓度}(1/2H_2SO_4, \text{mol/L}) = \frac{W \times 1000}{V \times 52.995} \times \frac{25}{500}$$

式中：W——碳酸钠的重量（g）；

V——硫酸溶液的体积（ml）；

52.995——（$1/2Na_2CO_3$）摩尔质量（g/mol）。

③0.05%甲基橙指示液。

3. 步骤

（1）水样的测定

于全部经蒸馏预处理、以硼酸溶液为吸收液的馏出液中，加 2 滴混合指示液，用 0.020mol/L 硫酸溶液滴定至绿色转变成淡紫色为止，记录硫酸溶液的用量。

（2）空白试验

以无氨水代替水样，同水样处理及滴定的全程序步骤进行测定。

4. 计算

$$\text{氨氮（N, mg/L）} = \frac{(A - B) \times M \times 14 \times 1000}{V}$$

式中：A——滴定水样时消耗硫酸溶液体积（ml）；

B——空白试验消耗硫酸溶液体积（ml）；

M——硫酸溶液浓度（mol/L）；

V——水样体积（ml）；

14——氨氮（N）摩尔质量。

（五）气相分子吸收光谱法（A）

1. 方法原理

水样中加入次溴酸钠氧化剂，将氨及铵盐氧化成亚硝酸盐。然后按亚硝酸盐氮的气相分子吸收光谱法测定水样中氨氮的含量。

2. 干扰及消除

由于本法是将氨和铵盐氧化成亚硝酸盐进行测定的，故水样中所含亚硝酸盐，应事先测定出结果进行扣除。另外次溴酸钠氧化能力极强，水中有机胺也将全部或部分被氧化成亚硝酸盐，故水样含有机胺时，应根据需要进行蒸馏予以分离。

3. 方法的适用范围

本法最低检出浓度为 0.005mg/L，测定上限 100mg/L。可用于地表水、地下水、海水等样品的测定。

4. 仪器及工作条件

①气相分子吸收光谱仪（或原子吸收的燃烧器部位附加吸收管）。

②锌空心阴极灯（原子吸收用）。

③气液分离吸收装置及其安装与连接，灯电流、波长以及工作条件的设定和测定的准备，均参照亚硝酸盐氮的（三）气相分子吸收光谱法。

5. 试剂

①无氨去离子水：将去离子水用硫酸酸化至 pH<2 后进行蒸馏，弃去最初 100ml 馏出液，收集后面的馏出液，密封保存在塑料桶中，本法用水均为此水。

②盐酸，3mol/L，优级纯。

③40%的氢氧化钠水溶液：称取 200g 氢氧化钠（NaOH），溶解于 1L 水中，加热煮沸，蒸发至原体积的一半，冷却后装入塑料瓶中保存。

④溴百里酚蓝指示剂，称取 0.1g 溴百里酚蓝，加 2ml 乙醇，搅拌成湿盐状，加入 100ml 水，混匀。

⑤次溴酸盐氧化剂：称取 2.5g 分析纯溴酸钾及 20g 分析纯溴化钾，溶解于 1000ml 水中，此溶液为贮备液，常年稳定。

⑥次溴酸盐使用液：吸取 1ml 上述贮备液于 100ml 棕色容量瓶中，加入 50ml 水及 3ml 6mol/L 盐酸，立即塞上瓶塞，摇匀，于暗处放置 5min，加入 50ml 50%氢氧化钠溶液，摇匀。此溶液可使用 2d。

⑦亚硝酸盐氮标准贮备液及使用液：均参照亚硝酸盐氮的（三）气相分子吸收光谱法配制。

（A）本方法与 HJ/T 195—2005 等效。

6. 步骤

（1）校准曲线的绘制

先用键盘输入 1.00、2.00、3.00、4.00、5.00μg 的标准。然后参照亚硝酸的（三）气相分子吸收光谱法绘制校准曲线。

（2）水样的测定

取适量水样（氨氮含量不大于 40μg）于 50ml 容量瓶中，加水至体积约 30ml，加入 15ml 次溴酸盐使用液，摇匀后，放置氧化 30min，用水稀释至标线，摇匀。吸取 1.00ml 于反应瓶中，加入 4ml 3mol/L 盐酸及 0.5ml 乙醇，参照校准曲线的绘制，先测定用水制备的空白样，再进行各样品的测定。

7. 计算

将水样体积、稀释体积和分取量输入仪器计算机，可自动计算出分析结果，或按下式计算：

$$氨氮（mg/L）=\frac{m}{V\times\frac{1}{50}}$$

式中：m——根据校准曲线计算出的氨氮量（μg）；

V——水样体积（ml）。

8. 精密度和准确度

对含有 3.0mg/L±0.12mg/L 氨氮的标准样品，进行 6 次测定，结果平均值为 3.06mg/L。相对标准偏差为 3.2%；对含有 20.0mg/L 氨氮的标准样品进行 6 次测定，结果平均值为 20.0mg/L；相对标准偏差为 0.8%。

对地表水样加入 6.5～39μg 氨氮标准样品的回收试验，回收率 97.4%～106%。

9. 注意事项

①50ml 容量瓶中含 0～40μg 氨氮，可 100%氧化成亚硝酸盐氮，因此校准曲线可按照亚硝酸盐氮的（三）气相分子吸收光谱法绘制。

②当水样酸性较强时，加入 2 滴溴百里酚蓝指示剂，缓慢滴加 40%氢氧化钠溶液至水样刚好变蓝，再加入次溴酸盐使用液。

③测定氨氮最易受环境污染，要求实验室空气新鲜、流通，室内人员不宜多，不得有任何氨和铵盐的化学试剂存放。

④氨氮标准溶液要用新鲜的无氨去离子水配制，并密封瓶口保存。

⑤其它注意事项，参照亚硝酸盐氮的（三）气相分子吸收光谱法。

第四章　金属及其化合物

一、银

银（Ag）是人体非必需的微量元素。银或银盐被人摄入后，会在人的皮肤、眼睛及粘膜沉着，使这些部位产生一种永久性的、可怕的蓝灰色色变。由于银及其盐类具有很强的杀菌性，其痕迹量也足以阻止细菌的生长，且毒性较汞弱，故一直被看成是水的一种消毒剂。如果大量咽下可溶性银盐，由于局部收敛作用，在口腔内有刺激、疼痛感，甚至有呕吐、强烈胃痛、出血性胃炎等症状，最终导致急性死亡。浓度范围在 0.4～1mg/L 的银能使老鼠的肾、肝和脾发生病变。

银的主要污染来源是感光材料生产、胶片洗印、印刷制版、冶炼、金属及玻璃镀银等行业排放废水。由于回收，感光材料及洗印废水一般含银低于 1mg/L。

1. 方法选择

有两个灵敏度相近，选择性相似的分光光度法可供选择，它们是镉试剂 2B 法和 3, 5-Br_2-PADAP 法，由于前者干扰因素较多，这里只推荐后者和快速、简便的原子吸收分光光度法。

2. 样品保存

样品采集后，即用硝酸酸化至 pH<2，废水试样应加硝酸至 1%，贮存于棕色玻璃瓶中或避光保存，且应尽快分析。如果废水样品含有颗粒物和有机物，则应取混匀样品，地表水自然沉降 30min 取上层非沉降部分进行酸消解处理。

（一）原子吸收分光光度法（A）

1. 方法原理

用本方法测定地表水和污水中的银、具有操作简便，快速灵敏的优点。其特征谱线波长为 328.1nm，火焰类型为空气/乙炔，氧化型。在上述条件下，银的特征浓度为 0.1mg/L/1% 吸收，测定范围为 0.1～3.0mg/L。

（A）本方法与 GB 11907—89 等效。

2. 干扰及消除

本方法测定银基本没有阴、阳离子的干扰，8000mg/L Fe，6000mg/L Al、Ca、Mg，4000mg/L Na，3000mg/L K、Zn，1000mg/L Cu，6mg/L Au，3400mg/L SO_4^{2-}，7000mg/L PO_4^{3-}、Cl^-、NO_3^-对银的测定无干扰。大量$S_2O_3^{2-}$、CN^-、Br^-对测定有干扰，但样品经消解处理后，这些离子均可被分解，从而消除了干扰。

3. 方法的适用范围

本法的最低检测限为 0.03mg/L，测定上限为 3.0mg/L。可用于电镀废水、制镜废水、金矿废水、冶炼厂废水、制片车间废水、洗像废水及电影制片厂废水中银的测定。

4. 仪器

①原子吸收分光光度计。
②银空心阴极灯。

5. 试剂

①银标准贮备液：准确称取硝酸银（$AgNO_3$）0.1575g，溶于（1+1）硝酸溶液 10ml 中，移入 100ml 容量瓶内，用水稀释至标线，摇匀。贮于棕色细口瓶中。此溶液每毫升含银 1.00mg。
②银标准使用液：由标准贮备液稀释成每毫升含银 50μg 的使用液。
③（1＋1）硝酸。
④30%过氧化氢。
⑤硫酸，优级纯。

6. 步骤

（1）样品预处理

取含银（≤150μg）水样，置 150ml 烧杯中，加入硝酸 10ml，硫酸 1ml，30%过氧化氢 1ml，在电热板上蒸发至冒白烟。冷却后，加入 2ml 高氯酸，加盖表面皿，继续加热至冒白烟，并蒸发至近干。冷却后，加（1＋1）硝酸 2ml 溶解残渣，然后小心洗入 50ml 容量瓶中，加水定溶，备测。

（2）样品测定

调节仪器至最佳工作条件，以获得被测元素的最高灵敏度，测定试液的吸光度。

（3）校准曲线

取 0、0.50、1.00、1.50、2.00、2.50、3.00ml 银标准使用液分别置于 7 个 50ml 容量瓶中，加（1＋1）硝酸 2ml，加水至标线，摇匀。按样品测定条件测其吸光度，并绘制吸光度-浓度曲线。

7. 计算

$$银（Ag,mg/L）=\frac{m}{V}$$

式中：m——由校准曲线查得的银量（μg）；

V——取水样的体积（ml）。

8. 精密度和准确度

用蒸馏水配制的含银 1.00mg/L 的统一样品（加氨水和碘化氰保存），经四个实验室分析，结果室内相对标准偏差为 1.2%，室间相对标准偏差为 2.7%；相对误差为 1.1%，加标回收率为 98.8%±3.0%。废水中含银量为 0.05～5.00mg/L，六次平行测定变异系数小于 5%，回收率在 92%～104%。

9. 注意事项

①样品在消解过程中不宜蒸至干涸，否则银有损失。当样品成分复杂时，应用硝酸-高氯酸反复消解几次，直至溶液澄清为止。

②样品采集后应尽快进行分析，否则银会吸附于容器壁上，使测定结果偏低。

③含银量低于 0.20mg/L 的样品可用双硫腙-甲基异丁酮（MIBK）萃取后以火焰原子吸收法测定。该法最低检出浓度为 0.6μg/L（相对于水相）。

具体步骤是将消解后的样品（含银≤20μg）转移至 100ml 比色管中，加入 1 滴 0.1% 甲基橙指示剂，用 2mol/L NaOH 调节溶液酸度，使指示剂刚刚变黄。加入 10% EDTA 溶液 5ml，pH4.5 的乙酸-乙酸钠缓冲溶液 5ml，0.05%双硫腙-MIBK 溶液 5.0ml，振摇 1min，静置分层。喷有机相入火焰，测其吸光度。在同样条件下绘制校准曲线。

（二）3,5-Br_2-PADAP 法（B）

1. 方法原理

在十二烷基硫酸钠存在时，于 pH4.5～8.5 的乙酸盐缓冲介质中，银（I）与 3, 5-Br_2-PADAP（2-（(3，5-二溴）-2-吡啶偶氮）-5-二乙氨基酚）反应生成稳定的络合比为 1∶2 的红色络合物。当反应介质控制在 pH5 时，此络合物的最大吸收峰在 576nm 处，而试剂的最大吸收峰为 470nm。试剂和络合物均很稳定，其摩尔吸光系数为 7.6×10^4（$L\cdot mol^{-1}\cdot cm^{-1}$）。

2. 干扰及消除

在 pH5 的乙酸盐缓冲介质中，3, 5-Br_2-PADAP 能与许多金属离子生成有色络合物，其选择性较差。但加入适量的 Na_2-EDTA 和柠檬酸钠溶液可掩蔽这些干扰离子，使试剂对银的反应具有很好的选择性。相对于银含量 1000 倍的铝（Ⅲ），铀（Ⅵ），钙（Ⅱ），镁（Ⅱ），锌（Ⅱ）和碱金属离子；100 倍的铁（Ⅱ，Ⅲ）；400 倍的磷酸根、氟离子、亚硝酸根、亚硫酸根、高氯酸根、碳酸根、硫酸根、草酸根和六偏磷酸根；40 倍的铜（Ⅱ）、镉（Ⅱ）、汞（Ⅱ）、镍（Ⅱ）、铅（Ⅱ）、锰（Ⅱ）、钒（Ⅴ）、镱（Ⅲ）和锶（Ⅱ）；10 倍的铋（Ⅲ），钍（Ⅳ）、20倍的钡（Ⅱ）、铬（Ⅲ）；50倍的钴（Ⅱ）；20倍的铬（Ⅵ）对测定5μg的银均无干扰。氯离子、溴离子、碘离子、硫氰酸根、硫代硫酸钠和氰根对测定有严重干扰，它们可通过消解样品时予以除去。

3. 方法的适用范围

本方法测银的最低检出浓度为0.02mg/L（吸光度 A=0.010时所对应的银浓度），测定上限为1.4mg/L。可用于镀银，电影及照相洗印，感光材料生产，冶炼等各行业废水中痕量银的测定。

4. 仪器

分光光度计，10mm比色皿。

5. 试剂

①银标准溶液：参见本节方法（一）。

②0.02% 3, 5-Br_2-PADAP乙醇溶液：溶解0.020g 3, 5-Br_2-PADAP于100ml无水乙醇中。

③十二烷基硫酸钠溶液：1%水溶液。

④pH5.0乙酸-乙酸钠缓冲溶液：用1mol/L乙酸和1mol/L乙酸钠溶液在pH计指示下，适量混合至所需pH。

⑤柠檬酸钠溶液：5%水溶液。

⑥0.1mol/L Na_2-EDTA溶液。

⑦1%甲基橙溶液。

⑧30%过氧化氢。

6. 步骤

（1）试样制备

同本节方法（一）。

（2）测量

①显色：于已制备的试液中加入5%柠檬酸钠溶液1ml，滴加1%甲基橙溶液1滴，以1mol/L氢氧化钠溶液滴至指示剂由红色变为黄色。依次加入pH5的乙酸-乙酸钠缓冲溶液2ml，0.1mol/L Na_2-EDTA溶液1ml，1%十二烷基硫酸钠溶液2ml，0.02% 3，5-Br_2-PADAP溶液2ml，每加入一种试剂后要摇匀。用去离子水稀释至刻度，摇匀。放置20min。

②测量：用10mm比色皿于576nm波长处，以空白试验样作参比，测量吸光度。

（3）校准曲线

于八个25ml比色管中，分别加入0，0.50，1.00，2.00，3.00，4.00，5.00，6.00ml银标准使用液（4.0μg/ml）。以下按试样操作步骤（2）进行显色和测量。

7. 计算

$$银（Ag, mg/L）= \frac{m}{V}$$

式中：m——由校准曲线查得的银量（μg）；

V——水样体积（ml）。

8. 精密度和准确度

用蒸馏水配制的含银 1.00mg/L 的统一样品（样品加氨水和碘化氰保存），经五个实验分析，测得室内相对标准偏差为 1.68%；室间总相对标准偏差为 1.75%；平均值的相对误差为 0.3%；加标回收率为 94%～101%。实际样品测定的精密度和准确度见表 3-4-1。

表 3-4-1 实际样品测定的精密度和准确度

样品种类	浓度值(mg/L)	相对标准偏差(%)	加标回收率(%)
照像废水	0.98	2.49	97.4
	1.06	1.51	91.9～96.0
	2.50	2.53	95.0～97.0
	5.56	1.38	96.5～97.3
	8.83	2.14	95.6～94.0
	10.93	0.38	100
电影洗印厂废水	0.62	4.32	92.0～102
	0.76	2.28	95.1～101.8
	1.25	3.74	95～97
电镀废水	0.22	3.53	94.6
	1.02	1.79	90.0
	5.76	0.58	98.6～98.0
印刷厂废水	7.53	0.69	99.0～102
制镜及银手饰厂废水	0.81，2.38	1.69，2.20	96.9，98.0

9. 注意事项

①3, 5-Br_2-PADAP〔2-（3, 5-dibromo-2-pyridylazo）-5-diethy aminophenol〕结构式为：

是一种针状橙红色结晶，熔点 159～160℃。在阴离子表面活性剂十二烷基硫酸钠存在下，该试剂与银（I）有灵敏的显色反应，而非离子表面活性剂和阳离子表面活性剂无显著的增色作用。

②十二烷基硫酸钠质量较差时，显色灵敏度较低，且不稳定，应更换质量较好的试剂。

③废水中如含有大量有机物时，应反复多次用硝酸-高氯酸或硫酸进行消解，直至试液

澄清无色为止。

④含银试样不易保存，采集后应尽快测定，否则结果易偏低。

⑤样品在消解过程中不能蒸干，否则测定结果偏低。

二、铝

铝是自然界中的常量元素，正常人每天摄入量为 10～100mg，由于铝的盐类不易被肠壁吸收，所以在人体内含量不高。铝的毒性不大，过去曾列为无毒的微量元素并能拮抗铅的毒害作用。后经研究表明，过量摄入铝能干扰磷的代谢，对胃蛋白酶的活性有抑制作用，且对中枢神经有不良影响。因此，对洁净水中铝的含量世界卫生组织（WHO）的控制值为 0.2mg/L，日本的管理目标值为 0.2mg/L，美国环境保护局（USEPA）暂定为 0.05～0.2mg/L。

天然水中铝的含量变化幅度较大，一般为每升几毫克到零点几毫克范围。冶金工业、石油加工、造纸、罐头和耐火材料、木材加工、防腐剂生产、纺织等工业排放废水中都含较高量的铝。氯化铝、硝酸铝、乙酸铝毒性较大。当铝含量不高时可促进作物生长和增加其中维生素 C 的含量。当大量铝化合物随污水进入水体时，可使水体自净作用减慢。例如，硝酸铝浓度达到 1.0mg/L 时，水生生物繁殖会受到抑制，硫酸铝达到 15mg/L 时，水体自净作用受到抑制。

铝的测定方法有分光光度法和原子吸收法，前者受共有成分铁及碱金属、碱土金属元素干扰。火焰原子吸收法由于铝在空气-乙炔火焰中形成耐高温氧化物，灵敏度很低，N_2O-乙炔火焰在国内尚未普及应用。在石墨炉原子吸收法中，铝也难以形成基态原子，适用性不强。

络合物交换反应间接原子吸收法通过测定 Cu 达到定量测定铝，方法虽然操作复杂，但灵敏度较高。ICP-AES 法在发达国家已列入标准方法系列。

（一）电感耦合等离子发射光谱法（ICP-AES）（B）

铝（含砷、钡、铍、钙、镉、钴、铬、铜、铁、钾、镁、锰、钠、镍、铅、锶、钛、钒、锌）

电感耦合等离子体原子发射光谱法（Inductively Coupled Plasma-Atomic Emission Spectrometry，ICP-AES），是以电感耦合等离子矩为激发光源的一类光谱分析方法。由于具有检出限低、准确度及精密度高、分析速度快、线性范围宽等优点，因此在国外 ICP-AES 法已发展成为一种极为普遍、适用范围广的常规分析方法，并已广泛用于环境试样、岩石、矿物、生物医学、金属与合金中数十种元素的测定。

日本 JIS 标准方法中，已把 ICP-AES 法测定 B、Mn、Pb、Cd、Cr、Ni、Mo 等方法列入标准系列，同时用氢化物发生 ICP 法测定 As 、Se 和 Sb。美国 EPA 也把用 ICP-AES 测定 Al、Sb、As、Ba、Be、Cd、Cr、Co、Cu、Pb、Mn、Ni、Ag、Tl、Zn 等列入标准方法系列。由于 ICP 商品仪器的发展十分迅速并日趋完善，与其他分析技术如单道原子吸收光谱、X-射线荧光光谱等方法相比，显示了较强的竞争能力。国际标准化组织拟将此种分析技术列入水质分析方法的国际标准（文件号：ISO/TC 147/SC 2N 234）。

ICP-AES 法在我国的研究始于 1974 年，到目前为止，已有上千个科研单位、高等院校和工厂等部门，采用了此种分析手段，在高纯物质、环境监测、化学探矿与商品检验等多种领域中获得广泛应用。ICP-AES 法也已成为我国分析测试领域中发展最快的手段之一。ICP-AES 法应用于地表水和污水中多元素的同时测定，有着快速、简便、线性范围宽等优越性。

1. 方法原理

等离子体发射光谱法可以同时测定样品中多元素的含量。当氩气通过等离子体火炬时，经射频发生器所产生的交变电磁场使其电离、加速并与其他氩原子碰撞。这种链锁反应使更多的氩原子电离，形成原子、离子、电子的粒子混合气体，即等离子体。等离子体火炬可达 6000～8000K 的高温。过滤或消解处理过的样品经进样器中的雾化器被雾化并由氩载气带入等离子体火炬中，气化的样品分子在等离子体火炬的高温下被原子化、电离、激发。不同元素的原子在激发或电离时可发射出特征光谱，所以等离子体发射光谱可用来定性测定样品中存在的元素。特征光谱的强弱与样品中原子浓度有关，与标准溶液进行比较，即可定量测定样品中各元素的含量。

2. 干扰及消除

ICP-AES 法通常存在的干扰大致可分为两类：一类是光谱干扰，主要包括了连续背景和谱线重叠干扰，另一类是非光谱干扰，主要包括了化学干扰、电离干扰、物理干扰以及去溶剂干扰等，在实际分析过程中各类干扰很难截然分开。在一般情况下，必须予以补偿和校正。

此外，物理干扰一般由样品的粘滞程度及表面张力变化而致；尤其是当样品中含有大量可溶盐或样品酸度过高，都会对测定产生干扰。消除此类干扰的最简单方法是将样品稀释。

①基体元素的干扰：优化实验条件选择出最佳工作参数，无疑可减少 ICP-AES 法的干扰效应，但由于废水成分复杂，大量元素与微量元素间含量差别很大，因此来自大量元素的干扰不容忽视。表 3-4-2 列出了待测元素在建议的分析波长下的主要光谱干扰。

②干扰的校正：校正元素间干扰的方法很多，化学富集分离的方法效果明显并可提高元素的检出能力，但操作手续繁冗且易引入试剂空白；基体匹配法（配制与待测样品基体成分相似的标准溶液）效果十分令人满意。此种方法对于测定基体成分固定的样品，是理想的消除干扰的方法，但存在高纯试剂难于解决的问题，而且废水的基体成分变化莫测，在实际分析中，标准溶液的配制工作将是十分麻烦的；比较简便并且目前经常采用的方法是背景扣除法（凭实验，确定扣除背景的位置及方式）及干扰系数法，当存在单元素干扰时，可按公式 $K_i = \frac{Q'-Q}{Q_i}$ 求得干扰系数。式中 K_i 是干扰系数；Q' 是干扰元素加分析元素的含量；Q 是分析元素的含量；Q_i 是干扰元素的含量。通过配制一系列已知干扰元素含量的溶液在分析元素波长的位置测定其 Q'，根据上述公式求出 K_i，然后进行人工扣除或计算机自动扣除。鉴于水的主要成分为 K、Na、Ca、Mg、Fe 及 Al 等元素。因此，可依据所用仪器的性能及待测废水的成分选择适当的元素谱线和适当的修正干扰的方法予以消除。

表 3-4-2　元素间干扰

测定元素	测定波长(nm)	干扰元素	测定元素	测定波长(nm)	干扰元素
Al	308.21	Mn、V、Na	Cr	202.55	Fe、Mo
	396.15	Ca、Mo		267.72	Mn、V、Mg
As	193.69	Al、P		283.56	Fe、Mo
Be	313.04	Ti、Se	Cu	324.7	Fe、Al、Ti
	234.86	Fe	Mn	257.61	Fe、Mg、Al
Ba	233.53	Fe、V	Ni	231.60	Co
Ca	315.89	Co	Pb	220.35	Al
	317.93	Fe	V	290.88	Fe、Mo
Cd	214.44	Fe		292.40	Fe、Mo
	226.50	Fe		311.07	Ti、Fe、Mn
	228.80	As	Zn	213.86	Ni、Cu
Co	228.62	Ti	Ti	334.94	Cr、Ca

3. 方法的适用范围

本方法适用于地表水和污水中 Al、As、Ba、Be、Ca、Cd、Co、Cr、Cu、Fe、K、Mg、Mn、Na、Ni、Pb、Sr、Ti、V 及 Zn 等 20 种元素溶解态及元素总量的测定。

①溶解态元素：未经酸化的样品中，能通过 0.45μm 滤膜的元素成分。

②元素总量：未经过滤的样品，经消解后测得的元素浓度。即样品中溶解态和悬浮态两部分元素浓度的总和。

表 3-4-3　测定元素推荐波长及检出限

测定元素	波长(nm)	检出限(mg/L)	测定元素	波长(nm)	检出限(mg/L)
Al	308.21	0.1	Cu	327.39	0.01
	396.15	0.09	Fe	238.20	0.03
As	193.69	0.1		259.94	0.03
Ba	233.53	0.004	K	766.49	0.5
	455.40	0.003	Mg	279.55	0.002
Be	313.04	0.0003		285.21	0.02
	234.86	0.005	Mn	257.61	0.001
Ca	317.93	0.01		293.31	0.02
	393.37	0.002	Na	589.59	0.2
Cd	214.44	0.003	Ni	231.60	0.01
	226.50	0.003	Pb	220.35	0.05
Co	238.89	0.005	Sr	407.77	0.001
	228.62	0.005	Ti	334.94	0.005
Cr	205.55	0.01		336.12	0.01
	267.72	0.01	V	311.07	0.01
Cu	324.75	0.01	Zn	213.86	0.006

根据《水和废水监测分析方法》（第三版）的有关规定，把 20 次以上全程序空白值标

准偏差的3倍作为方法的检出限。ICP-AES法一般地把元素检出限的5倍作为方法定量浓度的下限，其校准曲线有较大的线性范围，在多数情况下可达3～4个数量级，这就可以用同一条校准曲线同时分析样品中从痕量到较高浓度的各种元素。表3-4-3给出了一般仪器宜采用的元素特征谱线波长及检出限。

4. 仪器及主要工作参数

①仪器：电感耦合等离子发射光谱仪和一般实验室仪器以及相应的辅助设备。常用的电感耦合等离子发射光谱仪通常分为多道式及顺序扫描式两种。

②主要工作参数：影响ICP-AES法分析特性的因素很多，但主要工作参数有三个，即：高频功率、载气流量及观测高度。对于不同的分析项目及分析要求，上述三项参数存在一定差异。表3-4-4列出了一般仪器采用通用的气动雾化器时，同时测定多种元素的工作参数折衷值范围，供使用时参考。

表3-4-4 工作参数折衷值范围

高频功率(kW)	反射功率(W)	观测高度(mm)	载气流量(L/min)	等离子气流量(L/min)	进样量(ml/min)	测量时间(s)
1.0～1.4	<5	6～16	1.0～1.5	1.0～1.5	1.5～3.0	1～20

5. 试剂

除非另有说明，分析时均使用符合国家标准或专业标准的分析纯试剂、去离子水或同等纯度的水。所用试剂对被测元素浓度的影响应小至忽略不计。

1）硝酸（HNO_3）：ρ＝1.42g/ml，优级纯。

2）盐酸（HCl）：ρ＝1.19g/ml，优级纯。

3）（1＋1）硝酸溶液：用硝酸1）配制。

4）氩气：钢瓶气，纯度不低于99.9%。

5）标准溶液：

①单元素标准贮备液的配制：ICP-AES法所用的标准溶液，一般采用高纯金属（＞99.99%）或组成一定的盐类（基准物质）溶解配制成1.00mg/ml的标准贮备液。市售的金属有板状、线状、粒状、海绵状或粉末状等。为了称量方便，需将其切屑（粉末状除外），切屑时应防止由于剪切或车床切削带来的沾污，一般先用稀HCl或稀HNO_3迅速洗涤金属以除去表面的氧化物及附着的污物，然后用水洗净。为干燥迅速，可用丙酮等挥发性强的溶剂进一步洗涤，以除去水分，最后用纯氩或氮气吹干。贮备溶液配制酸度保持在0.1mol/L以上（见表3-4-5）。

②单元素中间标准溶液的配制：分取上述（表3-4-5）单元素标准贮备液，将Cu、Cd、V、Cr、Co、Ba、Mn、Ti及Ni等10种元素稀释成0.10mg/ml；将Pb、As及Fe稀释成0.50mg/ml；将Be稀释成0.01mg/ml的单元素中间标准溶液。稀释时，补加一定量相应的酸，使溶液酸度保持在0.1ml/L以上。

表 3-4-5　单元素标准贮备液配制方法

元素	浓度 (mg/ml)	配制方法
Al	1.00	称取 1.0000g 金属铝，用 150ml HCl (1+1)加热溶解，煮沸，冷却后用水定容至 1L
Zn	1.00	称取 1.0000g 金属锌，用 40ml HCl 溶解，煮沸，冷却后用水定容至 1L
Ba	1.00	称取 1.5163g 无水 $BaCl_2$(250℃烘 2h)，用 20ml (1+1) HNO_3 溶解，用水定容至 1L
Be	0.10	称取 0.1000g 金属铍，用 150ml HCl (1+1)加热溶解，冷却后用水定容至 1L
Ca	1.00	称取 2.4972g $CaCO_3$(110℃干燥 1h)，溶解于 20ml 水中，滴加 HCl 至完全溶解，再加 10ml HCl，煮沸除去 CO_2，冷却后用水定容至 1L
Co	1.00	称取 1.000g 金属钴，用 50ml HNO_3 (1+1)加热溶解，冷却，用水定容至 1L
Cr	1.00	称取 1.0000g 金属铬，加热溶解于 30ml HCl (1+1)中，冷却，用水定容至 1L
Cu	1.00	称取 1.0000g 金属铜，加热溶解于 30ml HNO_3 (1+1)中，冷却，用水定容至 1L
Fe	1.00	称取 1.0000g 金属铁，用 150ml HCl (1+1)溶解，冷却，用水定容至 1L
K	1.00	称取 1.9067g KCl(在 400～450℃灼烧到无爆裂声)溶于水，用水定容至 1L
Mg	1.00	称取 1.0000g 金属镁，加入 30ml 水，缓慢加入 30ml HCl，待完全溶解后，煮沸，冷却后用水定容至 1L
Na	1.00	称取 2.5421gNaCl(在 400～450℃灼烧到无爆裂声)溶于水，用水定容至 1L
Ni	1.00	称取 1.0000g 金属镍，用 30ml HNO_3 (1+1)加热溶解，冷却，用水定容至 1L
Pb	1.00	称取 1.0000g 金属铅，用 30ml HNO_3 (1+1)加热溶解，冷却，用水定容至 1L
Sr	1.00	称取 1.6848g $SrCO_3$ 用 60ml HCl (1+1)溶解并煮沸，冷却，用水定容至 1L
Ti	1.00	称取 1.0000g 金属钛，用 100ml HCl (1+1)加热溶解，冷却，用 HCl (1+1)定容至 1L
V	1.00	称取 1.000g 金属钒，用 30ml 水加热溶解，浓缩至近干，加入 20ml HCl，冷却后用水定容至 1L
Cd	1.00	称取 1.0000g 金属镉，用 30ml HNO_3 溶解，用水定容至 1L
Mn	1.00	称取 1.0000g 金属锰，用 30ml HCl (1+1)加热溶解，冷却，用水定容至 1L
As	1.00	称取 1.3203gAs_2O_3，用 20ml 10%的 NaOH 溶解(稍加热)，用水稀释以 HCl 中和至溶液呈弱酸性，加入 1+1 HCl 5ml，再用水定容至 1L

表 3-4-6　多元素混合标准溶液分组情况

Ⅰ		Ⅱ		Ⅲ	
元素	浓度(mg/L)	元素	浓度(mg/L)	元素	浓度(mg/L)
Ca	50	K	50	Zn	1.0
Mg	50	Na	50	Co	1.0
Fe	10	Al	50	Cd	1.0
		Ti	10	Cr	1.0
				V	1.0
				Sr	1.0
				Ba	1.0
				Be	0.1
				Ni	1.0
				Pb	5.0
				Mn	1.0
				As	5.0

③多元素混合标准溶液的配制：为进行多元素同时测定，简化操作手续，必须根据元素间相互干扰的情况与标准溶液的性质，用单元素中间标准溶液，分组配制成多元素混合标准溶液。由于所用标准溶液的性质及仪器性能以及对样品待测项目的要求不同，元素分组情况也不尽相同。表 3-4-6 列出了本方法条件下的元素分组表供工作时参考。

混合标准溶液的酸度应尽量保持与待测样品溶液的酸度一致。

6. 步骤

（1）样品预处理

①测定溶解态元素：样品采集后立即通过 0.45μm 滤膜过滤，弃去初始的 50～100ml 溶液，收集所需体积的滤液并用（1＋1）硝酸把溶液调节至 pH＜2。废水试样加入硝酸至含量达到 1%。

②测定元素总量：取一定体积的均匀样品（污水取含悬浮物的均匀水样，地表水自然沉降 30min 取上层非沉降部分），加入（1＋1）硝酸若干毫升（视取样体积而定，通常每 100ml 样品加 5.0ml 硝酸）置于电热板上加热消解，确保溶液不沸腾，缓慢加热至近干（**注意：防止把溶液蒸至干涸**）取下冷却，反复进行这一过程，直到试样溶液颜色变浅或稳定不变。冷却后，加入硝酸若干毫升，再加入少量水，置电热板上继续加热使残渣溶解。冷却后用水定容至原取样体积，使溶液保持 5%的硝酸酸度。

③空白溶液：取与样品相同体积的水按相同的手续制备试剂空白溶液。

（2）样品测定

将预处理好的样品及空白溶液，在仪器最佳工作参数条件下，按照仪器使用说明书的有关规定，两点标准化后，做样品及空白测定。扣除背景或以干扰系数法修正干扰。

7. 计算

①扣除空白值后的元素测定值即为样品中该元素的浓度。

②如果试样在测定之前进行了富集或稀释，应将测定结果除以或乘以一个相应的倍数。

③测定结果最多保留三位有效数字。单位以 mg/L 计。

8. 精密度和准确度

①三个试验室对同一个（EPA—6）质控样各进行 11 次重复测定。各元素测定结果的室内相对标准偏差低于 5.5%，室间相对标准偏差低于 10.2%（见表 3-4-7）。

②三个实验室对同一种实际废水进行 11 次重复测定，各元素测定结果的室内相对标准偏差均在 7.9%以下，室间相对标准偏差低于 16.0%；回收率在 88.0%～110%。结果列于表 3-4-8。

③三个实验室分别对冶金、化工、焦化、食品加工、木材加工、石化、化肥、制药、造纸、日化、含磷农药、电镀、有机染色、荆马河及奎河 15 种实际水样进行了多次重复测定，各元素的室内相对标准偏差＜20%。

表 3-4-7 三个实验室对 EPA 质控标样测定结果统计

元素		Fe	Al	Cu	Mn	Zn	V	Cr	Ni	Cd	Co	Pb	Be
标准值(mg/L)		0.898	0.819	0.346	0.495	0.396	0.844	0.242	0.301	0.066	0.599	0.399	0.894
测定均值($\bar{x}$)		0.895	0.842	0.343	0.507	0.394	0.841	0.249	0.310	0.064	0.593	0.420	0.860
相对误差(%)		−0.33	+2.8	−0.87	+2.4	−0.51	−0.36	+2.9	+3.0	−3.0	−1.0	+5.3	+3.8
室内	标准偏差(mg/L)	0.021	0.046	0.015	0.014	0.009	0.021	0.005	0.012	0.003	0.016	0.018	0.025
	相对偏差(%)	2.3	5.5	4.4	2.8	2.3	2.5	2.0	3.9	4.7	2.7	4.3	2.9
室间	标准偏差(mg/L)	0.021	0.084	0.018	0.026	0.010	0.033	0.007	0.017	0.006	0.20	0.042	0.042
	相对偏差(%)	2.3	10.2	5.2	5.1	2.5	3.9	5.5	5.5	9.4	3.4	10.0	4.9

表 3-4-8 三个实验室对同一个实际废水重复 11 次测定结果统计

元素		Fe	Al	Cu	Mn	Zn	V	Cr	Ni	Cd	Co
测定均值($\bar{x}$)		0.475	0.567	0.185	0.066	0.186	<0.05	<0.05	<0.05	<0.06	<0.06
室内	标准偏差(mg/L)	0.014	0.045	0.011	0.003	0.012	—	—	—	—	—
	相对标准偏差(%)	2.9	7.9	5.9	4.5	6.4	—	—	—	—	—
室间	标准偏差(mg/L)	0.018	0.087	0.015	0.007	0.027	—	—	—	—	—
	相对标准偏差(%)	3.8	15.8	8.4	10.6	14.5	—	—	—	—	—
平均回收率(%)		91.8	103	105	99.7	101	104	93.1	93.4	99.0	94.0

元素		Pb	Be	K	Na	Ca	Mg	Ba	Sr	Ti	As
测定均值($\bar{x}$)		<0.5	0.002	13.8	99.6	81.6	26.2	0.05	1.19	<0.05	<0.5
室内	标准偏差(mg/L)	—	—	0.32	2.90	1.76	0.45	0.03	0.037	—	—
	相对标准偏差(%)	—	—	2.3	2.9	2.2	1.7	6.0	3.1	—	—
室间	标准偏差(mg/L)	—	—	0.38	3.1	3.9	1.2	0.008	0.12	—	—
	相对标准偏差(%)	—	—	2.8	3.1	4.8	4.5	16.0	10.0	—	—
平均回收率(%)		103	99.0	88.0	96.1	94.5	90.0	93.2	96.0	92.3	110

9. 注意事项

①仪器要预热 1h，以防波长漂移。

②测定所使用的所有容器需清洗干净后，用 10%的热硝酸荡洗后，再用自来水冲洗、去离子水反复冲洗，以尽量降低空白背景。

③若所测定样品中某些元素含量过高，应立即停止分析，并用 2%硝酸＋0.05%Triton

X-100 溶液来冲洗进样系统。将样品稀释后，继续分析。

④B、Li、Mo、Ag、La、P、S、Si 及 Zr 等元素也可采用 ICP-AES 法测定。由于受参加验证单位仪器性能及实验条件所限，本方法未能包括上述元素。

⑤Se、Sn、Sb、Bi、Te、Ge、As 及 Pb 等易于氢化的元素可采用氢化物发生 ICP-AES 法测定，用以降低该元素的检出限。

⑥谱线波长＜190nm 的元素，宜选用真空紫外通道测定，可获得较高的灵敏度。

⑦含量太低的元素，可浓缩后测定。

⑧如测定非溶解态元素，可把未通过 0.45μm 滤膜的元素残存物，经 HNO_3+HCl 混酸消解后，按本方法测定，亦可由元素总量减去可溶态元素含量而得。

⑨成批量测定样品时，每 10 个样品为一组，加测一个待测元素的质控样品，用以检查仪器的漂移程度。当质控样品测定值超出允许范围时，需用标准溶液对仪器重新调整，然后再继续测定。

⑩铍和砷为剧毒致癌元素，配制标准溶液及测定时，防止与皮肤直接接触并保持室内有良好的排风系统。

（二）间接火焰原子吸收法（B）

1. 方法原理

在 pH4.0～5.0 的乙酸-乙酸钠缓冲介质中及在 PAN 存在的条件下，Al^{3+} 与 Cu(Ⅱ)-EDTA 发生定量交换，反应式如下：

$$\text{Cu（Ⅱ）-EDTA+PAN+}Al^{3+} \longrightarrow \text{Cu（Ⅱ）-PAN+Al（Ⅲ）-EDTA}$$

生成物 Cu（Ⅱ）-PAN 可被氯仿萃取，用空气-乙炔火焰测定水相中剩余的铜，从而间接测定铝的含量。

2. 干扰及消除

K^+、Na^+（各 10mg），Ca^{2+}、Mg^{2+}、Fe^{2+} （各 200μg），Cr^{3+}（125μg），Zn^{2+}、Mn^{2+}、Mo^{6+}（各 50μg），PO_4^{3-}、Cl^-、NO_3^-、SO_4^{2-}（各 1mg）不干扰 20μg Al^{3+}的测定。

Cr^{6+}超过 125μg 稍有干扰，Cu^{2+}、Ni^{2+}干扰严重，但在加入 Cu（Ⅱ）-EDTA 前，先加入 PAN，则 50μgCu^{2+}及 5μgNi^{2+}无干扰。Fe^{3+}干扰严重，加入抗坏血酸可使 Fe^{3+}还原为 Fe^{2+}，从而消除干扰。F^-与 Al^{3+}形成很稳定的络合物，加入硼酸可消除其干扰。

3. 方法的适用范围

本方法的最低检出浓度为 0.1mg/L，测定范围为 0.1～0.8mg/L，可用于地表水、地下水、饮用水及污染较轻的废水中铝的测定。

4. 仪器及工作条件

①原子吸收分光光度计。

②铜空心阴极灯。

③工作条件：按仪器使用说明书调节仪器至测定 Cu 的最佳工作状态。波长：324.7nm，

火焰种类：空气-乙炔，贫燃焰。

5. 试剂

①铝标准贮备液：准确称取预先磨细并在硅胶干燥器中放置 3d 以上的 $KAl(SO_4)_2 \cdot 12H_2O$（AR）1.759g，用 0.5% H_2SO_4 溶液溶解，并定容至 100ml，此液含铝 1.000mg/ml。

②铝标准使用液：临用前，用 0.05% H_2SO_4 溶液将铝标准贮备液逐级稀释，使成为含铝 10μg/ml 的标准使用液。

③0.01mol/L 乙二胺四乙酸（EDTA）溶液：称取乙二胺四乙酸二钠 0.372g，溶于 100ml 水中（使用时稀释 10 倍）。

④0.1mg/ml 铜溶液：称取预先磨细并在硅胶干燥器中放置 3d 以上的 $Cu(NO_3)_2 \cdot 3H_2O$ 0.039g 溶于 100ml 水中。

⑤1-（2-吡啶偶氮）-2-萘酚（PAN）：0.1%乙醇溶液。

⑥乙酸-乙酸钠缓冲溶液，pH4.5：称取 $NaCH_3COO \cdot 3H_2O$ 32g，溶于适量水中，加入冰乙酸 24ml，稀释至 500ml，用 pH 计加以校准。

⑦Cu（Ⅱ）-EDTA 溶液：吸取 0.001mol/LEDTA 溶液 50ml 于 250ml 锥形瓶中，加乙酸-乙酸钠缓冲溶液（pH4.5）5ml，0.1%PAN 乙醇溶液 5 滴，加热至 60～70℃，用 0.1mg/ml 铜溶液滴定，至颜色由黄变紫红，过量三滴，待溶液冷至室温，用 20ml 三氯甲烷萃取，弃去有机相。水相即为 Cu（Ⅱ）-EDTA 溶液，备用。

⑧95%乙醇，分析纯。

⑨三氯甲烷，分析纯。

⑩0.1%百里香酚蓝 20%的乙醇溶液。

⑪2%硼酸溶液。

⑫5%抗坏血酸溶液（临用时现配）。

6. 步骤

（1）样品的预处理

取水样 100ml 于 250ml 烧杯中，加入 $HNO_3$5ml，置于电热板上消解，待溶液约剩 10ml 时，加入 2%硼酸溶液 5ml，继续消解，蒸至近干。取下稍冷，加入 5%抗坏血酸 10ml，转至 100ml 容量瓶中，用水定容。

（2）试液的制备

准确转移试样 0.5～30ml（使 $Al^{3+} \leqslant 50\mu g$）于 50ml 比色管中，加入 1 滴百里香酚蓝指示剂，用（1＋1）氨水调至刚刚变黄，然后依次加入 pH4.5 的 HAc-NaAc 缓冲溶液 5ml，95%乙醇 6ml，0.1%PAN 溶液 1ml，摇匀。准确加入 Cu（Ⅱ）-EDTA 溶液 5ml，用水定容至刻度，摇匀。在约 80℃水浴中加热 10min，冷却至室温，用 10ml 三氯甲烷萃取 1min，静置分层，水相待测。

（3）试液的测定

按仪器使用说明书调节仪器至最佳工作状态，测定水相中铜的吸光度。测定波长为 324.7nm，通带宽度 1.3nm，空气-乙炔火焰。

（4）校准曲线的绘制

于 7 支 50ml 比色管中，加入铝标准使用液 0、0.5、1.0、2.0、3.0、4.0ml，以下操作同试液制备。按试液的测定条件测其吸光度，并绘制铜的吸光度-铝的量（μg）曲线。

7. 计算

$$铝(Al, mg/L) = \frac{m}{V}$$

式中：m——从校准曲线上查得样品中铝的微克数（μg）；

V——取样的体积（ml）。

8. 精密度和准确度

六个实验室对含 Al^{3+}0.5mg/L 的统一样品进行分析，结果为 0.50mg/L，室内相对标准偏差为 4.95%；室间相对标准偏差为 4.95%。

9. 注意事项

①配制铝标准溶液前，应先将 $KAl(SO_4)_2 \cdot 12H_2O$ 在玛瑙研钵中研碎，平铺于培养皿中，在硅胶干燥器中放置 3d，以除去湿存水，再进行称量。

②需挑选刻线和塞之间空间较大的比色管，以便于萃取。

③如水样含量低，在消解水样时，可将样品适当浓缩。

④消解到最后时，应当将酸尽量赶掉，否则在下一步调酸度时会因加入的氨水太多，使体积增大，超出 50ml 刻度线。

三、砷

砷（As）是人体非必需元素，元素砷的毒性较低而砷的化合物均有剧毒，三价砷化合物比五价砷化合物毒性更强，且有机砷对人体和生物都有剧毒。砷通过呼吸道、消化道和皮肤接触进入人体。如摄入量超过排泄量，砷就会在人体的肝、肾、肺、脾、子宫、胎盘、骨骼、肌肉等部位，特别是在毛发、指甲中蓄积，从而引起慢性砷中毒，潜伏期可长达几年甚至几十年。慢性砷中毒有消化系统症状、神经系统症状和皮肤病变等。砷还有致癌作用，能引起皮肤癌。在一般情况下，土壤、水、空气、植物和人体都含有微量的砷，对人体不会构成危害。砷是我国实施排放总量控制的指标之一。

地表水中含砷量因水源和地理条件不同而有很大差异。淡水为 0.2～230μg/L，平均为 0.5μg/L，海水为 3.7μg/L。砷的污染主要来源于采矿、冶金、化工、化学制药、农药生产、纺织、玻璃、制革等部门的工业废水。

1. 方法选择

测定砷的两个比色法，其原理相同，具有类似的选择性。但新银盐分光光度法测定快速、灵敏度高，适合于水和废水中砷的测定，特别对天然水样，是一值得选用的方法。而二乙氨基二硫代甲酸银光度法是一经典方法，适合分析水和废水，但使用三氯甲烷，会污染环境。

氢化物发生原子吸收法是将水和废水中的砷以氢化物形式吹出，通过加热产生砷原子，从而进行定量。原子荧光法是近几年发展起来的新方法，其灵敏度高、干扰少，简便快速，同时还可测定 Hg、Se、Sb、Bi、Ge、Te 等，是目前测砷最好的方法之一。

2. 样品保存

样品采集后，用硫酸将样品酸化至 pH<2 保存。废水样品须酸化至含酸达 1%。

（一）新银盐分光光度法（B）

1. 方法原理

硼氢化钾（或硼氢化钠）在酸性溶液中产生新生态的氢，将水中无机砷还原成砷化氢气体，以硝酸-硝酸银-聚乙烯醇-乙醇溶液为吸收液。砷化氢将吸收液中的银离子还原成单质胶态银，使溶液呈黄色，颜色强度与生成氢化物的量成正比。黄色溶液在 400nm 处有最大吸收，峰形对称。颜色在 2h 内无明显变化（20℃以下）。化学反应如下：

$$BH_4^- + H^+ + 3H_2O \longrightarrow 8[H] + H_3BO_3$$

$$As^{3+} + 3[H] \longrightarrow AsH_3$$

$$6Ag^+ + AsH_3 + 3H_2O \longrightarrow 6Ag + H_3AsO_3 + 6H^+$$

2. 干扰及消除

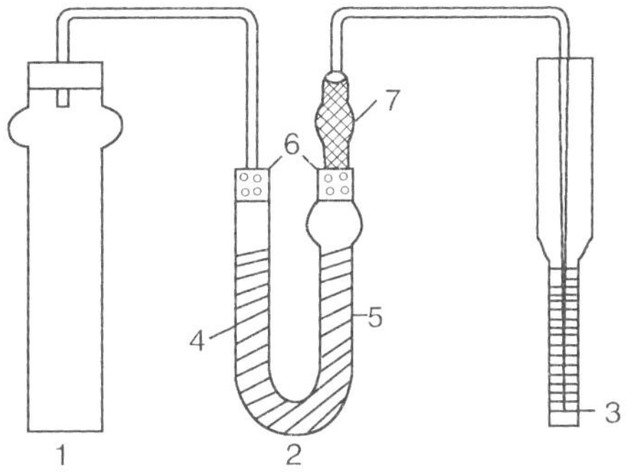

图 3-4-1　砷化氢发生与吸收装置

1—250ml 反应管（ϕ30mm，液面高约为管高的 2/3 或 100ml、50ml 反应管）；2—U 形管；3—吸收管；4—0.3g 醋酸铅棉；5—0.3g 吸有 1.5ml DMF 混合液的脱脂棉；6—脱脂棉；7—内装吸有无水硫酸钠和硫酸氢钾混合粉（9+1）的脱脂棉耐压聚乙烯管

本方法对于砷的测定具有较好的选择性。但在反应中能生成与砷化氢类似氢化物的其它离子有正干扰，如锑、铋、锡、锗等；能被氢还原的金属离子有负干扰，如镍、钴、铁、锰、镉等；常见阴阳离子没有干扰。

在含 2μg 砷的 250ml 试样中加入 15%的酒石酸溶液 20ml，可消除为砷量 800 倍的铝、锰、锌、镉，200 倍的铁，80 倍的镍、钴，30 倍的铜，2.5 倍的锡（Ⅳ），1 倍的锡（Ⅱ）的干扰。用浸渍二甲基甲酰胺（DMF）脱脂棉可消除为砷量 2.5 倍的锑、铋和 0.5 倍的锗的干扰。用乙酸铅棉可消除硫化物的干扰。水体中含量较低的碲、硒对本方法无影响。

3. 方法的适用范围

取最大水样体积 250ml，本方法的检出限为 0.0004mg/L，测定上限为 0.012mg/L。本方法适用于地表水和地下水中痕量砷的测定。

4. 仪器

①分光光度计，10mm 比色皿。

②砷化氢发生与吸收装置，见图 3-4-1。

5. 试剂

①硫酸。

②硝酸。

③高氯酸。

④乙醇（95%或无水）。

⑤硼氢化钾片。

⑥0.2%聚乙烯醇水溶液：称取 0.4g 聚乙烯醇（平均聚合度为 1750±50）置于 250ml 烧杯中，加入 200ml 去离子水，在不断搅拌下加热溶解，待全溶后，盖上表面皿，微沸 10min。冷却后，贮于玻璃瓶中，此溶液可稳定一周。

⑦15%碘化钾-硫脲溶液：15%碘化钾水溶液 100ml 中含 1g 硫脲。

⑧硝酸-硝酸银溶液：称取 2.040g 硝酸银置 100ml 烧杯中，加入约 50ml 去离子水，搅拌溶解后，加 5ml 硝酸，用去离子水稀释到 250ml，摇匀，于棕色瓶中保存。

⑨硫酸-酒石酸溶液：于 0.5mol/L 硫酸 400ml 中，加入 60g 酒石酸（一级）溶解。

⑩二甲基甲酰胺混合液（简称 DMF 混合溶液）：将二甲基甲酰胺与乙醇胺，按体积比（9+1）进行混合。此溶液于棕色瓶中可保存 30d。

⑪ 乙酸铅棉：将 10g 脱脂棉浸于 10%的乙酸铅溶液 100ml 中。0.5h 后取出，拧去多余水分，在室温下自然晾干，装入磨口瓶备用。

⑫ 吸收液：将硝酸银、聚乙烯醇、乙醇按体积比（1+1+2）进行混合，临用时现配。

⑬ 砷标准溶液：称取三氧化二砷（于 110℃烘 2h）0.1320g 置 50ml 烧杯中，加 20%氢氧化钠溶液 2ml，搅拌溶解后，再加 1mol/L 硫酸 10ml，转入 100ml 容量瓶中，用水稀释到标线，混匀。此溶液每毫升含 1.00mg 砷。

取上述溶液稀释成每毫升含 1.0μg 砷的标准使用液。临用时现配。

6. 步骤

（1）样品的预处理

清洁的地下水、地表水、可直接取样进行测定。否则应按下述步骤进行预处理。

①取适量样品（不超过 3μg 砷）置 250ml 烧杯中，加 6.0ml 盐酸，2.0ml 硝酸和 2.0ml 高氯酸，在电热板上加热至冒白烟，并蒸至近干。冷后，用 0.5mol/L 盐酸 1.5ml 溶解，再加热至沸。取下冷却，加入 20～30mg 抗坏血酸，15%碘化钾硫脲溶液 2.0ml，放置 15min 后，再加热并微沸 1min。

②取下冷却，用少量水冲洗表面皿与杯壁，加 2 滴甲基橙指示剂，用（1+1）氨水调至黄色，再用 0.5mol/L 盐酸调到溶液刚微红，加入硫酸-酒石酸溶液（或 20%酒石酸溶液）5ml，将此溶液移入 50ml 反应管中，用水稀释到标线待测。

（2）样品测定

①反应：清洁水样取 250ml（砷浓度较高时，可取少量样品用水稀释到 250ml，砷含量不超过 3μg）置 250ml 反应管中，加入硫酸-酒石酸溶液 20ml，混匀。向各干燥吸收管中加入 3.0ml 吸收液，按图 3-4-1 连接好导气管。将两片硼氢化钾（或硼氢化钠）分别放于反应管的小泡中，盖好塞子，先将小泡中的硼氢化钾片倒一片于溶液中，待反应完（约 5min），再将另一片倒入溶液中，反应 5min，显色液待测。若试液体积小于 50ml，可用 50ml 反应管，加 1 片硼氢化钾反应。样品和校准曲线均用 50ml 反应管进行。

②测量：用 10mm 比色皿，以空白吸收液为参比，于 400nm 处测量上述吸收液吸光度。

③校准曲线：于七支 250ml 反应管中，分别加入砷标准使用溶液 0、0.50、1.00、1.50、2.00、2.50、3.00ml，以下操作同样品测定，并绘制相应的校准曲线。

7. 计算

$$砷(As, mg/L) = \frac{m}{V}$$

式中：m——由校准曲线上查得的砷量（μg）；

V——被测水样的体积（ml）。

8. 精密度和准确度

由 16 个实验室测定用自来水配制的统一水样，其中砷浓度为 5μg/L，并加入硫酸镁 55mg/L，硝酸钾 9.4mg/L，碳酸钠 20mg/L，氯化钙 45mg/L。室内相对标准偏差为 4.5%；室间相对标准偏差为 18.2%；相对误差为 0；加标回收率为 99.9%±7.2%。

本方法已测定了各种类型的地表水和地下水，结果为含砷 0.0009～0.0097mg/L 的地表水、0.0008～0.0156mg/L 的地下水和 0.0310～0.0960mg/L 的废水试样，相对标准偏差分别为 4.0%～12.3%、3.7%～7.5%和 2.1%～3.3%；加标回收率分别是 96%～102%、90%～106%和 97%～104.2%。

9. 注意事项

①三氧化二砷为剧毒药品（俗称砒霜），用时小心。

②砷化氢为剧毒气体，故在硼氢化钾（或硼氢化钠）加入溶液之前，必须检查管路是否连接好，以防漏气或反应瓶盖被崩开。有条件的可放在通风柜内反应。

③吸收液的配制：最好按前后顺序加入试剂，以免溶液出现混浊。如出现混浊时，可放于热水（70℃左右）浴中，待透明后取出，冷却后装入瓶中。

④U 型管中乙酸铅棉和脱脂棉的填充必须松紧适当和均匀一致。加入 DMF 混合液后，可用洗耳球慢慢吹气约 1min，使溶液均匀分布于脱脂棉上。

⑤DMF 棉可反复使用 30 次，但如果发现空白试验值高时，即应更换。新换 DMF 棉后，在测样品之前，先用中等浓度的砷样，按操作程序反应一次，以免样品测定结果偏低。

⑥在反应时，若反应管中有泡沫产生，加入适量乙醇即可消除。

⑦硼氢化钾片的制备：将硼氢化钾和氯化钠分别研细后，按（1＋4）的量混合。充分混匀后，在医用压片机上压成直径为 1.2cm 的片剂，每片重为 1.5g±0.1g。

⑧二甲基甲酰胺混合液也可按二甲基甲酰胺、三乙醇胺、乙醇胺的体积比（5+3+2）进行混合而得，经有关实验室比较，效果很好。

⑨硼氢化钾是强还原剂，对皮肤有强腐蚀性，不可用手触模。

（二）二乙氨基二硫代甲酸银光度法（A）

1. 方法原理

锌与酸作用，产生新生态氢。在碘化钾和氯化亚锡存在下，使五价砷还原为三价，三价砷被新生态氢还原成气态砷化氢（胂）。用二乙氨基二硫代甲酸银-三乙醇胺的三氯甲烷溶液吸收胂，生成红色胶体银，在波长510mm处测吸收液的吸光度。

2. 干扰及消除

铬、钴、铜、镍、汞、银或铂的浓度高达5mg/L时也不干扰测定，只有锑和铋能生成氢化物，与吸收液作用生成红色胶体银干扰测定。按本方法加入氯化亚锡和碘化钾，可抑制30μg锑盐和铋盐的干扰。

硫化物对测定有干扰，可通过乙酸铅棉去除。

3. 方法的适用范围

取试样量为50ml，最低检出浓度为0.007mg/L砷，测定上限浓度为0.50mg/L砷。本方法可测定地表水和废水中的砷。

4. 仪器

①分光光度计，10mm比色皿。

②砷化氢发生装置，见图3-4-2。

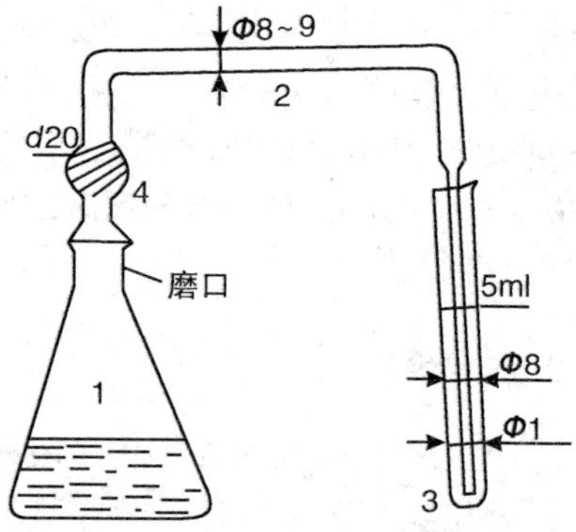

图3-4-2　砷化氢发生与吸收装置图

1—锥形瓶；2—导气管；3—吸收管；4—乙酸铅棉

5. 试剂

①砷标准溶液：配制方法见本节方法（一）。

②吸收液：将0.25g二乙氨基二硫代甲酸银用少量三氯甲烷调成糊状，加入2ml三乙醇胺，再用三氯甲烷稀释到100ml，用力振荡尽量溶解。静置暗处24h后，倾出上清液或用定性滤纸过滤于棕色瓶内，贮存于冰箱中。

③40%氯化亚锡溶液：将40g氯化亚锡（$SnCl_2 \cdot 2H_2O$）溶于40ml浓盐酸中，加微热，使溶液澄清后，用水稀释到100ml。加数粒金属锡保存。

④15%碘化钾溶液：将15g碘化钾溶于水中，稀释到100ml。贮存在棕色玻璃瓶内，此溶液至少可稳定一个月。

（A）本方法与GB 7485—87等效。

⑤乙酸铅棉：制备见本节方法（一）。

⑥无砷锌粒（10～20 目）。

⑦硝酸。

⑧硫酸。

6. 步骤

（1）试样制备

除非证明试样的消解处理是不必要的，可直接取样进行测量。否则，应按下述步骤进行预处理。

①取 50ml 样品或适量样品稀释到 50ml（含砷量小于 25μg），置砷化氢发生瓶中，加 4ml 硫酸和 5ml 硝酸。在通风橱内消解至产生白色烟雾，如溶液仍不澄清，可再加 5ml 浓硝酸，继续加热至产生白色烟雾，直至溶液澄清为止（其中可能存在乳白色或淡黄色酸不溶物）。

②冷却后，小心加入 25ml 水，再加热至产生白色烟雾，驱尽硝酸。冷却后，加水使总体积为 50ml，备测量用。

（2）试样的测量

①显色：于上述砷化氢发生瓶中，加入 4ml 碘化钾溶液和 2ml 氯化亚锡溶液（未经消解的水样应先加 4ml 硫酸），摇匀，放置 15min。

取 5.0ml 吸收液置干燥的吸收管中，插入导气管。于砷化氢发生瓶中迅速加入 4g 无砷锌粒，并立即将导气管与发生瓶连接（保证连接处不漏气）。在室温下反应 1h，使胂完全释出，加三氯甲烷将吸收液体积补足到 5.0ml。

注：砷化氢（胂）剧毒，整个反应在通风橱内或通风良好的室内进行。

②测量：用 10mm 比色皿，以三氯甲烷为参比在 510nm 波长处测量吸收液的吸光度，并作空白校正。

③校准曲线

于 8 个砷化氢发生瓶中，分别加入 0、1.00、2.50、5.00、10.00、15.00、20.00、25.0μg 砷标准溶液，加水至 50ml。分别加入 4ml 浓硫酸，以下步骤按试样的操作进行显色和测量。

7. 计算

$$砷(\mathrm{As, mg/L}) = \frac{m}{V}$$

式中：m——由校准曲线查得的砷量（μg）；

V——取样品体积（ml）。

8. 精密度和准确度

七个实验室分析统一的含砷 0.100mg/L 标准溶液。实验室内相对标准偏差为 2%；实验室间相对标准偏差为 3%；平均值的相对误差为-1%。

9. 注意事项

①硝酸浓度为 0.01mol/L 以上时有负干扰，故不适合作保存剂。若试样中有硝酸，分析前要加硫酸，再加热至冒白烟予以驱除。

②锌粒的规格（粒度）对砷化氢的发生有影响，表面粗糙的锌粒还原效率高，规格以 10～20 目为宜。粒度大或表面光滑者，虽可适当增加用量或延长反应时间，但测定的重现性较差。

③吸收液柱高应保持 8～10cm，导气毛细管口直径以不大于 1mm 为宜。因吸收液中的三氯甲烷沸点较低，在吸收胂的过程中可挥发损失，影响胂的吸收。当室温较高时，建议将吸收管降温，并不断补加三氯甲烷于吸收管中，使之尽可能保持一定高度的液层。

④夏天高温季节，还原反应激烈，可适当减少浓硫酸的用量，或将砷化氢发生瓶放入冷水浴中，使反应缓和。

⑤在加酸消解破坏有机物的过程中，勿使溶液变黑，否则砷可能有损失。

⑥除硫化物的乙酸铅棉若稍有变黑，即应更换。

⑦吸收液以吡啶为溶剂时，生成物的最大吸收峰为 530mm，但以三氯甲烷为溶剂时，生成物的最大吸收峰则为 510nm。

（三）氢化物发生　原子吸收法（B）

1. 方法原理

硼氢化钾或硼氢化钠在酸性溶液中，产生新生态氢，将水样中无机砷还原成砷化氢气体，将其用 N_2 气载入石英管中，以电加热方式使石英管升温至 900～1000℃。砷化氢在此温度下被分解形成砷原子蒸气，对来自砷光源的特征电磁辐射产生吸收。将测得水样中砷的吸光度值和标准吸光度值进行比较，确定水样中砷的含量。

2. 干扰及消除

本方法对砷的测定选择性好、灵敏度高。但反应过程中能产生液相和气相两大类干扰。液相干扰是指共存金属离子被硼氢化钾先还原成金属吸附了砷化氢并与之共沉淀。气相干扰主要是碲、铋和硒的氢化物对砷化氢的干扰。对于 5μg/L 砷的测定，100mg/LCu^{2+}、Mn^{2+}、Sr^{2+}、20mg/L Fe^{3+}、0.04mg/L Co^{2+}、10mg/L Bi^{3+}无明显干扰。20mg/L Zn^{2+}、40mg/L Fe^{3+}、10mg/L Se^{4+}、0.02mg/L Cr^{6+}产生负干扰。20mg/L Pb^{2+}、Ca^{2+}、Ni^{2+}、Mg^{2+}，10mg/L Al^{3+}、V^{5+}，30mg/L Bi^{3+}，0.5mg/L Sb^{3+}和 0.02mg/L Ge^{4+}是正干扰。加入碘化钾溶液可消除 Zn^{2+}、Ca^{2+}、Mg^{2+}、Sb^{3+}、Ge^{4+}和 Cr^{6+}的干扰。加入抗坏血酸溶液能消除 Se^{4+}和 V^{5+}以外的上述离子的干扰。加入硫脲溶液几乎可消除全部离子的干扰，并起到了将 As^{5+}预先还原成 As^{3+}的作用。抗坏血酸和硫脲对砷有明显的增感效应，可考虑同时使用这三种试剂。

3. 方法的适用范围

本方法适用于测定地下水、地表水和基体不复杂的废水样品中的痕量砷。适用浓度范围与仪器特性有关，一般装置检出限为 0.25μg/L。适用的浓度范围为 1.0～12μg/L。

4. 仪器

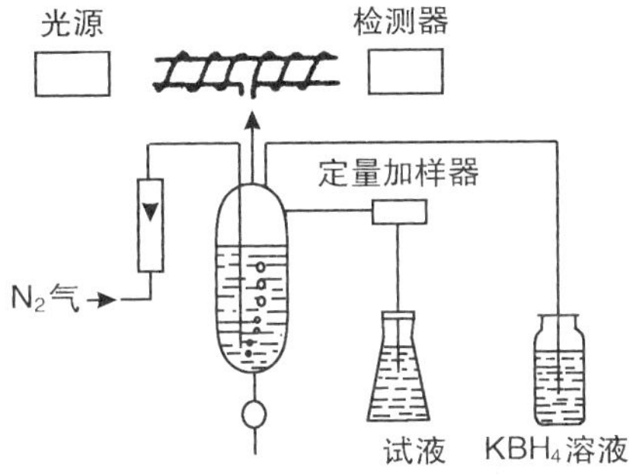

图 3-4-3　氢化物发生装置

①单光束原子吸收分光光度计。

②台式自动平衡记录仪（或数据处理微机）。

③砷原子光谱灯（以无极放电灯为宜）。

④氢化物发生装置，见图 3-4-3。石英管 ϕ8mm×160mm，电热丝功率 600W。

5. 试剂

①去离子水。

②工业氮气。

③盐酸、硝酸、高氯酸，均为优级纯。

④砷标准贮备溶液：将三氧化二砷在硅胶上预先干燥至恒重，准确称取 0.1320g，溶于 2ml 20%氢氧化钠溶液中，用 2%盐酸溶液中和，然后再加 2ml，移至 100ml 容量瓶中，摇匀。此溶液每毫升含 1mg 砷。

⑤砷标准使用溶液：吸取 1.00mg/ml 砷标准贮备溶液，逐级稀释成每毫升含 1.0μg 砷。

⑥1%硼氢化钾溶液：称取 1g 硼氢化钾于 100ml 烧杯中，加入 1～2 粒固体氢氧化钠，加入 100ml 水溶解，过滤。

⑦3%碘化钾–1%抗坏血酸和硫脲混合溶液：称取 3g 碘化钾，1g 抗坏血酸和 1g 硫脲，溶于 100ml 水中，摇匀。

6. 步骤

（1）样品预处理

①清洁的水样取 25ml 置于 50ml 容量瓶中，加入盐酸（1+1）8ml，3%碘化钾-1%抗坏血酸和硫脲混合溶液 1ml，定容后摇匀，放置 30min 测定。同时配制空白溶液。

②废水取适当体积（视砷含量而定）于 50ml 烧杯中，加入硝酸 5ml，高氯酸 0.5ml，加热消化并蒸至冒白烟，冷却，加入盐酸（1+1）8ml 煮沸，冷却。加入 3%碘化钾–1%抗坏血酸和硫脲混合溶液 1ml，移入 50ml 容量瓶中，用水稀释至刻度，摇匀，放置 30min 测定。同时配制空白溶液。

（2）校准曲线溶液配制

①吸取 1μg/ml 砷标准使用溶准 0、0.1、0.2、0.3、0.4 和 0.5ml，分别置于 6 支 50ml 容量瓶中，各加入盐酸（1+1）8ml，3%碘化钾-1%抗坏血酸和硫脲混合溶液 1ml，用水稀释至刻度，摇匀。

②放置 30min 测定，绘制砷校准曲线。此校准曲线浓度分别含砷 0、2.0、4.0、6.0、8.0、10.0μg/ml。

（3）样品测定

①砷的仪器工作条件：表 3-4-9 列出的仪器操作参数仅供参考。

表 3-4-9 工作条件

波长 (mm)	灯电流 (mA)	通带宽度 (nm)	石英管温度 (℃)	氮气流量 (L/min)
193.7	10	0.9	950	0.5

②仪器操作：按表 3-4-9 工作条件调好仪器，预热 30min，将空白溶液，校准曲线系列溶液和预处理过的水样分别定量加入 2ml 于氢化物发生器中。用定量加液器迅速加入 1% 硼氢化钾溶液 1.5ml，测定砷的吸收峰值，然后排出废液。完成一个样品测定后，应用水冲洗氢化物发生器二次，再进行下一个样品测定。

7. 计算

$$砷(As，mg/L) = \frac{m}{V} \times 10^{-3}$$

式中：m——由校准曲线上查得砷的量（ng）；

V——测定水样的体积（ml）。

8. 精密度和准确度

对水样中 5ng/ml 砷连续测定 11 次，相对标准偏差不大于 8%。向水样加入砷浓度为 1.0、2.0、3.0、5.0ng/ml 的标准溶液，回收率在 92%～100%。

9. 注意事项

①三氧化二砷为剧毒药品，用时要注意安全。

②砷化氢为剧毒气体，故管道不能漏气，并要在排风良好的条件下操作，温度到达 300℃时砷化氢便开始分解，其毒性相对减小。

③氮载气流量不应过大，过大会导致水样冲进高温石英管，使其骤然冷却炸裂。

④载气流量过高还会降低检测灵敏度。

⑤水样酸度不能太低或太高。如酸度太低形成砷化氢不完全，而太高则会产生过多氢气在高温下着火，引起严重的分子吸收，干扰砷的测定。

（四）ICP-AES 法（B）

见本章铝测定方法（一）。

（五）原子荧光法（含砷、硒、锑、铋）（A）

1. 方法原理

在消解处理水样后加入硫脲，把砷、锑、铋还原成三价，硒还原成四价。

在酸性介质中加入硼氢化钾溶液，三价砷、锑、铋和四价硒分别形成砷化氢、锑化氢、

本方法与 SL 327.1—2005 等效。

铋化氢和硒化氢气体，由载气（氩气）直接导入石英管原子化器中，进而在氩氢火焰中原子化。基态原子受特种空心阴极灯光源的激发，产生原子荧光，通过检测原子荧光的相对强度，利用荧光强度与溶液中的砷、锑、铋和硒含量呈正比的关系，计算样品溶液中相应成分的含量。

2. 干扰及消除

该方法存在的主要干扰元素是高含量的Cu^{2+}、Co^{2+}、Ni^{2+}、Ag^{2+}、Hg^{2+}以及形成氢化物元素之间的互相影响等。一般的水样中，这些元素的含量在本方法的测定条件下，不会产生干扰。其它常见的阴阳离子没有干扰。

3. 方法的适用范围

方法每测定一次所需溶液为2～5ml。方法检出限砷、锑、铋为0.0001～0.0002mg/L；硒为 0.0002～0.0005mg/L。本方法适用于地表水和地下水中痕量砷、锑、铋和硒的测定。水样经适当稀释后亦可用于污水和废水的测定。

4. 仪器及测量条件

①砷、锑、铋、硒高强度空心阴极灯。

②原子荧光光谱仪、工作条件如表3-4-10所示。

表3-4-10 测定条件

元素	灯电流(mA)	负高压(V)	氩气流量(ml/min)	原子化温度(℃)
砷	40～60	240～260	1000	200
锑	60～80	240～260	1000	200
铋	40～60	250～270	1000	300
硒	90～100	260～280	1000	200

5. 试剂

①硝酸，优级纯。

②高氯酸，优级纯。

③盐酸，优级纯。

④氢氧化钾或氢氧化钠，优级纯。

⑤0.7%硼氢化钾溶液：称取7g硼氢化钾于预先加有2g KOH的200ml去离子水中，用玻璃棒搅拌至溶解后，用脱脂棉过滤，稀释至1000ml。此溶液现用现配。

⑥10%硫脲溶液：称取10g硫脲微热溶解于100ml去离子水中。

⑦砷标准贮备溶液：称取0.1320g经过105℃干燥2h的优级纯As_2O_3，溶于5ml 1mol/L NaOH溶液中，用1mol/L HCl中和至酚酞红色褪去，稀释至1000ml。此溶液1.00ml含0.1mgAs。

⑧砷标准工作溶液：移取砷标准贮备溶液5.00ml于500ml容量瓶中，以1mol/L HCl溶液定容，摇匀。此溶液1.00ml含1.00μg As，再移取此溶液10ml于100ml容量瓶中，用1mol/L HCl定容，摇匀。此溶液1.00ml含0.10μg As。

⑨锑标准贮备溶液：称取 0.1197g 经过 105℃干燥 2h 的 Sb_2O_3 溶解于 80ml HCl 中，转入 1000ml 容量瓶中，补加 HCl120ml，用水稀释至刻度，摇匀。此溶液 1ml 含 0.1mg Sb。

⑩锑标准工作溶液：移取锑标准贮备溶液 5.00ml 于 500ml 容量瓶中，以 1mol/L HCl 溶液定容，摇匀。此溶液 1.00ml 含 1.00μg Sb，再移取此溶液 10ml 于 100ml 容量瓶中，用 1mol/L HCl 溶液定容，摇匀。此溶液 1.00ml 含 0.10μg Sb。

⑪铋标准贮备溶液：称取高纯金属铋 0.1000g 于 250ml 烧杯中，加入 20ml（1+1）HCl，于电热板上低温加热溶解，加入 3ml $HClO_4$ 继续加热至冒白烟，取下冷却后转移入 1000ml 容量瓶中，加入浓 HCl 50ml 后，用去离子水定容。此溶液 1.00ml 含 0.1mg Bi。

⑫铋标准工作溶液：移取铋标准贮备溶液 5.00ml 于 500ml 容量瓶中，以 1mol/L HCl 溶液定容，摇匀。此溶液 1.00ml 含 1.00μg Bi。再移取 10ml 于 100ml 容量瓶中，用 1mol/L HCl 定容，摇匀。此溶液 1.00ml 含 0.10μg Bi。

⑬硒标准贮备溶液：称取 0.1000g 光谱纯硒粉于 100ml 烧杯中，加 10ml HNO_3，低温加热溶解后，加 3ml $HClO_4$ 蒸至冒白烟时取下，冷却后用去离子水吹洗杯壁并蒸至刚冒白烟，加水溶解，移入 1000ml 容量瓶中，并稀释至刻度，摇匀。此溶液 1ml 含 0.1mg Se。

⑭硒标准工作溶液：用硒的标准贮备溶液逐级稀释至 1ml 含 10μg，1ml 含 1μg，1ml 含 0.10μg Se 的标准工作溶液，并保持 4mol/L HCl 浓度。

6. 步骤

（1）样品预处理

清洁的地下水和地表水，可直接取样进行测定。污水等按下述步骤进行预处理。

取 50ml 污水样于 100ml 锥形瓶中，加入新配制的 HNO_3-$HClO_4$（1+1）5ml，于电热板上加热至冒白烟后，取下冷却，再加 5ml HCl（1+1）加热至黄褐色烟冒尽，冷却后用水转移到 50ml 容量瓶中，定容，摇匀。

（2）样品测定

移取 20ml 清洁的水样或经过预处理的水样于 50ml 烧杯中，加入 3ml HCl，10%硫脲溶液 2ml，混匀。放置 20min 后，用定量加液器注入 5.0ml 于原子荧光仪的氢化物发生器中，加入 4ml 硼氢化钾溶液，进行测定，或通过蠕动泵进样测定（调整进样和进硼氢化钾溶液流速为 0.5ml/s），但须通过设定程序保证进样量的准确性和一致性，记录相应的相对荧光强度值。从校准曲线上查得测定溶液中砷（或硒、锑、铋）的浓度。

（3）校准曲线的绘制

用含 As、Sb、Si 和 Se 0.1μg/ml 的标准工作溶液制备标准系列，在标准系列中各种金属元素的浓度如表 3-4-11 所示。

表 3-4-11 标准系列各元素的浓度（μg/L）

元素	标准系列						
As	0.0	1.0	2.0	4.0	8.0	12.0	16.0
Sb	0.0	0.5	1.0	2.0	4.0	6.0	8.0
Bi	0.0	0.5	1.0	2.0	4.0	6.0	8.0
Se	0.0	1.0	2.0	4.0	8.0	12.0	16.0

准确移取相应量的标准工作溶液于 100ml 容量瓶中，加入 12ml HCl、8ml 10%硫脲溶液，用去离子水定容，摇匀后按样品测定步骤进行操作。记录相应的相对荧光强度，绘制校准曲线。

7. 计算

由校准曲线查得测定溶液中各元素的浓度，再根据水样的预处理稀释体积进行计算。

$$砷（锑、铋、硒，\mu g/L）=\frac{V_1 C}{V_2}$$

式中：C——从校准曲线上查得相应测定元素的浓度（μg/L）；

V_1——测量时水样的总体积（ml）；

V_2——预处理时移取水样的体积（ml）。

8. 精密度

用本方法六次测定含 As、Sb、Bi、Se 分别为 4.3 μg/L，3.0 μg/L，2.8 μg/L，2.6 μg/L 的地表水试样，相对标准偏差分别为 3.4%，2.8%，3.2%和 4.1%。按水样含量的 1 倍加入标准的回收率均高于 95.0%。

9. 注意事项

①分析中所用的玻璃器皿均需用（1+1） HNO_3 溶液浸泡 24h，或热 HNO_3 荡洗后，再用去离子水洗净后方可使用。对于新器皿，应作相应的空白检查后才能使用。

②对所用的每一瓶试剂都应作相应的空白实验，特别是盐酸要仔细检查。配制标准溶液与样品应尽可能使用同一瓶试剂。

③所用的标准系列必须每次配制，与样品在相同条件下测定。

四、钡

钡（Ba）广泛存在于环境中，土壤中约含 500mg/kg，地表水中一般是 0.01mg/L，海水中约为 0.013mg/L。钡对人体的毒害尚未见报导，也许对哺乳动物是必须的元素，在体内起到结构和重力传感器的作用。但人的摄入量达到 200mg/d 会产生中毒，当农灌水中钡超过 500mg/L 也对农作物有害。

钡的测定方法有铬酸盐间接分光光度法、电位滴定法和等离子发射光谱法，原子吸收法也可测定钡。但钡在空气-乙炔火焰气氛中生成难解离的氧化物，在石墨炉中易生成耐高温的碳化物，测定的灵敏度较低。

测定钡的地表水和废水试样一般加入硝酸酸化保存。

（一）铬酸盐间接分光光度法（B）

1. 方法原理

钡离子在铬酸盐的中性或氨性溶液中生成铬酸钡沉淀。该沉淀不溶于乙酸，而溶于稀无机酸，以此特点将沉淀分离出来，用稀的无机酸溶解，将释放出的铬酸根离子用二苯碳酰二肼显色测铬，间接测定钡离子。

2. 干扰及消除

本方法对于钡的测定有较好的选择性，但铅离子有正干扰。在溶液中加入 EDTA-Ca 可消除其干扰。

3. 方法的适用范围

用 10mm 比色皿最低检出浓度为 0.06mg/L 钡，测定上限浓度为 3.0mg/L。本方法可测定水和废水中的钡。

4. 仪器

①分光光度计，10mm 比色皿。

②抽滤装置，滤膜（直径 25mm，孔径 0.45μm）。

5. 试剂

①钡标准溶液：称取氯化钡（$BaCl_2 \cdot 2H_2O$） 0.1779g（预先在干燥器中放置 2d，除去湿存水）置于 50ml 烧杯中，加少量水，搅拌溶解后加 1mol/L 盐酸 5ml，转移至 100ml 容量瓶中，加水至标线并混匀。此标准溶液每毫升含 1.00mg 钡。

取上述溶液稀释成每毫升含 10.0μg 钡的标准使用液，临用时现配。

②1%铬酸钾溶液。

③乙酸铵缓冲溶液：称取 77g 乙酸铵（NH_4Ac），溶于 500ml 水中（pH 约为 7）。

④乙醇（95%或无水）。

⑤0.5%二苯碳酰二肼（又名二苯氨基脲）溶液：用丙酮配制，色变深后不能使用。

⑥0.5mol/L 盐酸。

⑦EDTA-Ca 溶液：称取 0.62g EDTA-Na_2 和 0.72g $CaCl_2$，溶解于 50ml 水中，并用（1+1）氨水调 pH 为中性。

6. 步骤

（1）样品预处理

①一般较清洁水样可直接取样测定。

②若含有大量悬浮物，可先离心澄清后用 0.45μm 微孔滤膜过滤。

③对于含还原性物质（如含 S^{2-}，Fe^{2+}）和有机污染严重的水样，应采用硝酸消解。每 100ml 水样加 5.0ml 浓硝酸，置于电热板上在近沸状态下将样品蒸至近干。如溶液仍有色，再加入 5.0ml 硝酸，重复上述操作，至溶液清澈。用水稀至 10ml 左右，用氢氧化铵中和至中性，定容后供测定。

（2）样品测定

①取 1～10ml 水样（含钡不超过 30μg）于 25ml 比色管中，用（1＋1）氨水调至中性，加 1%铬酸钾溶液 0.5ml，摇匀后加入乙酸铵缓冲溶液（pH7）2.0ml，乙醇 10.0ml，用水稀

释至刻度，摇匀。在冷水中放置 0.5h 左右，用孔径 0.45μm 的滤膜抽滤。

②用 40%的乙醇溶液洗比色管及沉淀物（将沉淀洗入滤器中）数次，弃去滤液。用 0.5mol/L 盐酸溶液 4.0ml 分两次（每次 2ml）溶解沉淀，直接抽滤于 10.0ml 比色管中（慢抽，使沉淀充分溶解）。再用少量水洗 3～5 次滤器，其总体积不得超过 9.0ml。取出 10ml 比色管，加 0.5%二苯碳酰二肼溶液 1.0ml，加水定容，摇匀。放置 10min，用 10mm 比色皿，以试剂空白为参比，于 545nm 处测定吸光度，并作空白校正，从校准曲线上查得钡含量。

（3）校准曲线的绘制

分别吸取 0、0.50、1.00、1.50、2.00、3.00ml 钡标准使用液于 25ml 比色管中，以下按样品测定步骤操作。

7. 计算

$$钡(\mathrm{Ba, mg/L}) = \frac{m}{V}$$

式中：m——从校准曲线查得钡含量（μg）；

V——用于测定的水样体积（ml）。

8. 精密度和准确度

六个实验室测定钡含量为 4.60mg/L 的统一样品，室内相对标准偏差为 2.14%；室间相对标准偏差为 6.65%；相对误差为-0.65%；加标回收率为 105.6%±3.1%。

对钡含量为 0.063～2981mg/L 的河水、井水及七种废水的测定表明，相对标准偏差为 1.6%～8.8%，加标回收率为 90%～109.7%。

9. 注意事项

①氯化钡为有害物质，小心使用，注意安全。

②酸化样品切不可用硫酸。

③过滤分离沉淀时，沉淀不得损失。

④沉淀中过剩的 CrO_4^{2-} 必须洗净，否则测试结果偏高。

⑤显色剂溶液贮于棕色瓶中，于冰箱中可存放一周。

（二）ICP-AES 法（B）

见铝测定方法（一）。

（三）火焰原子吸收法（A）

1. 方法原理

从钡空心阴极灯辐射出的特征波长（553.6nm）的光，通过火焰（乙炔-空气）原子化

（A）本方法与 GB/T 15506—1995 等效。

系统产生的样品蒸气，被蒸气中钡元素的基态原子所吸收，测量553.6nm处的吸光度便可定量测出样品中钡的浓度。

2. 方法的适用范围

①本方法适用于化工、机械制造行业等排放工业废水中可滤性钡的测定。

②测量范围：本方法检测限为1.7mg/L，测定上限为500mg/L。若样品浓度大于测定上限，可于分析前将样品适当稀释。

③干扰：当试样中共存有5000mg/L钾、钠、镁、锶、铁，500mg/L铬，100mg/L锂及10%硝酸、4%高氯酸、2%盐酸时对钡的测定无显著影响。100mg/L钙的存在所产生的背景吸收的影响也可忽略。

3. 仪器

1）通用实验室设备：所用玻璃器皿、聚乙烯容器、过滤器等均先后用洗涤剂和硝酸清洗，并用水冲洗干净后备用。

2）原子吸收分光光度计及钡空心阴极灯：仪器操作参数可根据仪器说明书进行选择，下列参数供参考：

①测量波长（nm）：553.6。

②灯电流（mA）：10。

③通带宽度（nm）：0.5。

④燃烧器高度（mm）：12。

⑤火焰种类：乙炔-空气，富燃还原型。

注：a. 乙炔-空气火焰点燃后，必须使燃烧器温度达到热平衡后方可进行测量，否则将影响测定的灵敏度和精密度。

b. 钡测定灵敏度还强烈地依赖于火焰类型和观察高度，因此必须仔细地控制乙炔和空气的比例，恰当地调节燃烧器高度。

4. 试剂和材料

除非另有说明，分析时均使用符合国家标准的分析纯试剂，去离子水或同等纯度的水。

①硝酸（HNO_3）：ρ＝1.42g/ml，优级纯。

②高氯酸（$HClO_4$）：ρ＝1.67g/ml，优级纯。

③硝酸溶液：（1＋1）。

④硝酸溶液：（1＋99）。

⑤钡标准贮备液：10.0mg/ml，称取1.9030g硝酸钡〔$Ba(NO_3)_2$，光谱纯〕，用硝酸④溶解，必要时加热，直至溶解完全，然后用硝酸④稀释定容至100ml。

⑥燃气：乙炔，用钢瓶气或乙炔发生器供给，纯度不低于99.6%。

⑦助燃气：空气，一般由空气压缩机供给，进入燃烧器以前应经过适当过滤，以除去其中的水、油和其他杂质。

⑧滤膜：孔径0.45μm。

5. 步骤

（1）水样制备

用聚乙烯塑料瓶采集样品。样品采集后立即（或尽快）通过 0.45μm 滤膜过滤，得到的滤液用硝酸①酸化至 pH1～2，废水应加酸至含量为 1%，并注入聚乙烯塑料瓶保存。

（2）工作标准溶液的制备

用硝酸溶液④稀释标准贮备液⑤，至少制备四个工作标准溶液，其浓度范围应包括试样中待测钡元素的浓度。

（3）试样的制备

水样的稀释采用硝酸溶液，如果水样含较多有机物需要消解，则取 100ml 水样置于烧杯中，加 5ml 硝酸，在电热板上加热至大部分有机物分解。取下稍冷，加入 2ml 高氯酸继续加热至开始冒白烟。如果消解不完全，应再补加 5ml 硝酸和 2ml 高氯酸继续消解，直至冒浓厚白烟将尽（**注意：切不可蒸至干涸**）。取下稍冷，加 20ml 硝酸溶液③温热溶解残渣，移入 100ml 容量瓶中，用硝酸④稀释至标线。

（4）空白的制备

将去离子水通过滤膜过滤，得到的滤液用硝酸①酸化至 pH1～2，该滤液即为空白。如果试样经消解处理，则空白也需经同样的消解处理。

（5）校准和测定

参照仪器操作参数调节仪器至最佳工作状态。依次吸入空白、工作标准溶液、试样，记录各自的吸光度。

用测得的工作标准溶液的吸光度与其相对应的浓度绘制校准曲线。根据扣除空白吸光度后的试样吸光度，在校准曲线上查出试样中钡的浓度。

注：装有内部存贮器的仪器，一般输入四个工作标准浓度，存入一条标准曲线，测定试样时可直接读出浓度。

（6）验证试验

验证试验目的是检验试样中是否存在不可忽略的基体干扰或背景吸收。

测定加标回收率来判断基体干扰的程度。如果存在基体干扰，则用标准加入法进行试样测定并计算结果。此外也可使用样品稀释法降低或排除基体干扰。

注：标准加入法：分别吸取等量的待测试样溶液四份，配制总体积相同的四份溶液。1 份不加标准溶液；2、3、4 份分别按比例加入不同浓度标准溶液，溶液浓度通常分别为 C_x、C_x+C_0、C_x+2C_0、C_x+3C_0；加入标准溶液 C_0 的浓度应约等于 0.5 倍量的试样浓度即 $C_0\approx0.5C_x$。用空白溶液调零，在相同测定条件下依次测定吸光度，用加入标准溶液浓度为横坐标，相应的吸光度为纵坐标绘制校准曲线，曲线反向延伸与浓度轴的交点即为试样溶液中待测元素的浓度。该方法只适用于浓度和吸光度成线性的区域。

（7）背景校正

采用仪器背景校正装置或非吸收线背景校正法判断背景吸收的大小并进行校正。

用作背景校正的非吸收线可采用 553.3nm（钼）。此外也可使用样品稀释法降低或排除背景吸收。

6. 计算

样品中钡（可滤性的）浓度按下式计算：

$$钡（Ba，mg/L）= f \cdot C$$

式中：f——稀释比〔＝定容体积（ml）/样品体积（ml）〕；

C——校准曲线法：由校准曲线查得的试样中钡浓度（mg/L），或标准加入法：外延标准加入法的校准曲线与横坐标（浓度坐标）相交，相应于原点至交点的距离即为被测试样中的钡浓度（mg/L）。

7. 精密度和准确度

六个实验室使用本方法测定了含钡 200mg/L 的质控样，测得平均值为 201.3mg/L，相对标准偏差为 1.06%～0.85%。

（四）电位滴定法（A）

1. 原理

聚乙二醇及其衍生物与钡离子形成阳离子，该离子能与四苯硼钠定量反应。以四苯硼酸根离子电极指示终点，用四苯硼钠溶液做滴定剂进行电位测定，到达终点时电位产生突跃。

2. 方法的适用范围

本方法适用于化工、机械制造、颜料等行业工业废水中可溶性钡的测定。

本方法的测量范围为 47.1～1180μg，最低检出限为 28μg。

3. 干扰

锶离子含量超过钡含量 2 倍时，钙离子含量超过钡含量 150 倍时，对测定有干扰，且使终点电位突跃不明显。锂、钾、铵离子含量超过钡含量 50 倍时，产生干扰。

4. 仪器

常用实验室仪器和以下仪器：

①四苯硼酸根离子电极。

②217 型双液接参比电极（外盐桥充 0.1mol/L 的硝酸钠溶液）。

③离子计或电位滴定仪。

④电磁搅拌器。

⑤滴定管：2ml，分刻度至 0.01ml。

5. 试剂

本标准所用试剂除另有说明外，分析时均使用符合国家标准或行业标准的试剂和去离子水或同等纯度的水。

（A）本方法与 GB/T 14671—93 等效。

1）硫化钠（$Na_2S \cdot 9H_2O$）：使用前将硫化钠用水清洗干净，用滤纸吸干，放玻璃瓶内备用。

2）聚乙二醇 1000 溶液：10mg/ml。将 10g 聚乙二醇 1000〔$HO(CH_2CH_2O)nCH_2CH_2OH$〕溶于 1000ml 水中，存放在聚乙烯瓶中（也可用聚乙二醇 1500）。

3）钡标准溶液，0.500mg/ml：将 0.7581g 光谱纯氯化钡（$BaCl_2$）溶于水中，移入 1000ml 容量瓶，用水稀释至标线，混匀。

4）四苯硼钠滴定溶液，0.0100mol/L：

①配制：将 3.4205g 四苯硼钠〔$(C_6H_5)_4BNa$〕溶解于水中，移入 1000ml 容量瓶，用水稀释至标线，混匀。

②标定：取 1.00ml 钡标准溶液于 50ml 烧杯中，加入 20ml 聚乙二醇 1000 溶液，放入搅拌子，将烧杯放在电磁搅拌器上，插入四苯硼酸根电极和 217 型双液接参比电极，搅拌下，用四苯硼钠滴定液滴定，根据电位突跃判断终点。

四苯硼钠滴定度 T 由下式求出：

$$T = \frac{1 \times 0.500}{V}$$

式中：T——四苯硼钠滴定度，每毫升四苯硼钠相当于钡的质量（mg）；

V——四苯硼钠滴定量（ml）。

5）氢氧化钠（NaOH）溶液：1%。

6）硝酸（HNO_3）溶液：1%。

7）硝酸钠（$NaNO_3$）溶液：0.1mol/L。

8）碳酸氢钠（$NaHCO_3$）溶液：0.01mol/L。

9）四苯硼酸根离子电极内充液：四苯硼钠滴定溶液和碳酸氢钠溶液等体积混合。

6. 步骤

（1）试样的制备

本法测定可溶性钡，水样采集后，立即用 0.45μm 微孔滤膜过滤，然后用氢氧化钠溶液或硝酸溶液调节 pH 至 6，并将该水样存放于聚乙烯瓶中，室温下保存。

（2）试样体积的选择

视试样中含钡量而定，最低可检测至 28μg。

（3）空白试验

取试样同样量的纯水，以试样测定完全相同的步骤、试剂和用量进行平行操作。

（4）干扰的消除

一般试样不需预处理，如试样中存在铅离子时，取 100ml 试样于烧杯中，加入少许固体硫化钠，数分钟澄清后过滤，弃去最初的 20ml 滤液后，其余滤液备测。

（5）电极的准备

按说明书分别将电极内充液 9）、7）加入到四苯硼酸根电极和 217 型双液接参比电极的套管中，并将电极组装好，浸入盛有去离子水的烧杯中清洗至空白电位。电极的插头与离子计的插孔连接好。

（6）测定

用移液管吸取一定量的试样于 50ml 烧杯中，加入 20ml 聚乙二醇 1000 溶液，放入搅拌子，将烧杯放在电磁搅拌器上，插入四苯硼酸根电极和 217 型双液接参比电极，在搅拌下用四苯硼钠滴定溶液滴定。根据电位突跃判断终点。

7. 计算

钡含量 C（mg/L）用下式计算：

$$C=\frac{T\cdot V_t}{V}\times 1000$$

式中：T——滴定度，每毫升四苯硼钠相当于钡的质量（mg）；

V_t——四苯硼钠滴定液用量（ml）；

V——水样体积（ml）。

8. 精密度和准确度

六个实验室分析统一的 365mg/L 钡标准溶液，五个实验室稀释后分析统一的 36.5mg/L 钡标准溶液结果如下：

①重复性：相对标准偏差分别为 1.78%和 1.13%。

②再现性：相对标准偏差分别为 1.84%和 1.51%。

③准确度：相对误差分别为 0.27%和 0.27%。

五、铍

铍（Be）及其化合物毒性极强，即使是极少量也会由于局部刺激而伤害皮肤、粘膜，使结膜、角膜发生炎症，引起肺气肿、肺炎等。因为铍的毒性极强而持续作用又强，即使是痕迹量也可使人中毒，吸入较高量铍会中毒致死。

铍及化合物可用于制造特种钢材，用于核动力工程、火箭和飞机的制造。铍合金也广泛用于电子工业和仪表零件的生产。因此，铍的工业污染主要来自冶炼、采矿以及特种材料、无线电器材和仪表零件的生产废水。而天然水中含铍极低。

据报道，美国饮用水中铍的浓度范围是 0.01～0.7μg/L，平均值为 0.013μg/L。

1. 方法选择

石墨炉原子吸收分光光度法灵敏度较高，但基体干扰比较复杂，适合分析清洁水。活性炭吸附分离-铬天菁 S 分光光度法适合分析工业废水和受铍污染的水，等离子发射光谱法灵敏度较高，干扰也小，适合于水和废水的测定。

2. 样品保存

水样采集后，即用硝酸将水样酸化至 pH＜2，废水应加硝酸至含 1%。

（一）石墨炉原子吸收法（A）

1. 方法原理

水样中的铍在热解石墨管中被加热原子化，以铍空心阴极灯作光源，在 234.9nm 波长进行定量分析。

2. 干扰及消除

较多的阳离子对本方法有不同程度的干扰。铝的浓度为 1000mg/L，硫酸含量为 2%时背景吸收严重，应在水样中加入相应的钙和硫酸进行基体校正。本方法允许存在干扰离子的浓度（mg/L）为：钾 700，钠 1600，镁 700，钙 80，锰 100，铬 50，铁 5。

3. 方法的适用范围

本方法的最低检测浓度为 0.04μg/L，测定上限为 4μg/L。可用于含铍的水及工业废水的分析。

4. 仪器

①原子吸收分光光度计，带石墨炉和背景校正器。

②热解石墨管。

③仪器参数：灯电流 12.5mA，波长 234.9nm，通带宽度 1.3nm。

④石墨炉加热程序，如表 3-4-12 所示。

表 3-4-12　石墨炉加热程序

阶段	温度(℃)	时间(s)	阶段	温度(℃)	时间(s)
干燥	80～120	20	原子化	2600～2600	5
灰化	600～600	10	清除	2800～2800	2

5. 试剂

①硫酸：优级纯。

②铍标准贮备溶液：在含有 2ml 硫酸的蒸馏水中溶解 19.656g 四水硫酸铍（$BeSO_4 \cdot 4H_2O$），溶解后移入 1000ml 容量瓶中，用水稀释至标线，摇匀。此溶液每毫升含 1.000mg 铍。取该贮备溶液稀释成含铍 0.10μg/ml 的标准溶液。

③铝溶液：溶解 13.9g 硝酸铝($Al(NO_3)_3 \cdot 9H_2O$)于 100ml 蒸馏水中。此溶液含铝浓度为 1.0×10^4mg/L。

6. 步骤

（1）试样制备

清洁水样和一般废水样品可直接进行分析。取适量含铍样品（<0.04μg）置 10ml 比色

（A）本方法与 HJ/T 59—2000 等效。

管中，加入 1.0×10^4mg/L 铝溶液 1.0ml，硫酸 0.2ml，稀释至标线。

（2）试样的测量

选择最佳仪器参数，将上述试液 10μl 注入石墨炉内进行测量，记下吸光度，并作空白校正。

（3）校准曲线的绘制

于 6 个 10ml 比色管中，分别加入 0.10μg/ml 铍标准溶液 0、0.05、0.10、0.20、0.30、0.40ml。以下按试样步骤操作，以吸光度对其浓度绘制校准曲线。

7. 计算

$$铍（Be，mg/L）=\frac{m}{V}$$

式中：m——校准曲线查得的铍量（μg）；

V——取水样体积（ml）。

8. 精密度和准确度

三个实验室分析用蒸馏水配制的 1.00mg/L 铍的统一样品，室内相对标准偏差为 5.9%；室间相对标准偏差为 6.0%；相对误差为−2.1%；加标回收率为 101%±8.8%。

本方法用于受污染河水中 0.30μg/L 铍的测定，回收率为 96%；用于铍含量为 0.78～1.15μg/L 的废水测定，相对标准偏差为 6.4%～9.0%；加标回收率为 94.3%～107.2%。

9. 注意事项

1）工业废水中钾、钠、钙、镁、锰等金属离子的浓度一般不超过本方法允许浓度，而铁和钴的浓度往往较高。如果试样中铁和钴的浓度分别超过 5mg/L 和 50mg/L 而干扰铍的测定时，可按下述步骤制备试样。

①将 717 强碱型阴离子树脂洗净后，用乙醇浸泡 24h。用蒸馏水洗净，再用 1mol/L 盐酸浸洗数次。在 25ml 滴定管的下端放一层玻璃棉，装入树脂，高度为 11cm，用 6mol/L 盐酸溶液 25ml 流过树脂。

②取适量样品配成 6mol/L 盐酸溶液，将该溶液以 2.0ml/min 的流速流过阴离子树脂柱。弃去初流出液 10ml 左右，再收集流出液，供测定用。

③用 6mol/L 盐酸溶液稀释铍标准溶液，配制标准系列。依次测定其吸光度，绘制校准曲线。

2）铍化合物为剧毒物，操作时应小心。在测定时，仪器上的抽风装置应开足。

3）当铝的含量为 1000mg/L 时，有一定的背景吸收，必须进行背景校正。

（二）活性炭吸附 铬天菁 S 光度法（A）

1. 方法原理

铍在碱性溶液中与铬天菁 S、氯化十六烷基吡啶（Cetyl pyridinium chloride，CPC）生

（A）本方法与 HJ/T 59—2000 等效。

成胶束络合物，以 EDTA 作掩蔽剂，用活性炭吸附分离富集。热盐酸将铍由活性炭上解吸，在 pH5 的六次甲基四胺缓冲介质中，铬天菁 S、氯化十六烷基吡啶与铍生成蓝色络合物。该络合物的最大吸收波长在 618nm 处，其摩尔吸光系数为 $9.0\times10^4 L\cdot mol^{-1}\cdot cm^{-1}$。

2. 干扰及消除

不经活性炭分离，在测定条件下，可允许 0.5mg 钙（Ⅱ）、镁（Ⅱ），0.3mg 钴（Ⅱ）、铅（Ⅱ）、铝（Ⅲ）、镉（Ⅱ），0.1mg 镍（Ⅱ）、铜（Ⅱ）、钒（Ⅴ），36mg 氯离子，48mg 硫酸根存在；用活性炭吸附分离，可允许 20mg 镁（Ⅱ）、锌（Ⅱ），15mg 钴（Ⅱ）、镍（Ⅱ）、铅（Ⅱ），10mg 钙（Ⅱ）、镉（Ⅱ）、钼（Ⅵ），5mg 铁（Ⅲ）、银（Ⅰ），3mg 铜（Ⅱ）、铝（Ⅲ）、砷（Ⅲ），2mg 铬（Ⅲ、Ⅵ），1mg 汞（Ⅱ），0.5mg 钒（Ⅴ）及 5mg 磷酸根，0.05mg 氟离子存在。

3. 方法的适用范围

本方法测铍的检出限，直接显色测定为 0.001mg/L（A=0.010），测定上限为 0.028mg/L；经活性炭富集，方法的检出限可达 0.0001mg/L（取水样量按 500ml 计）。

4. 仪器

①分光光度计。

②抽气过滤装置，见图 3-4-4。

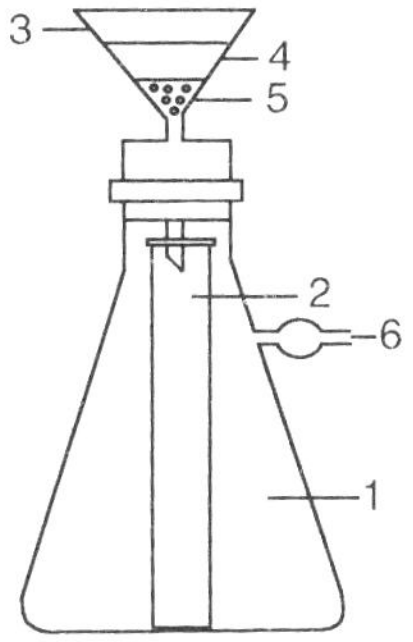

图 3-4-4 抽气过滤装置

1—1000ml 抽滤瓶；2—25ml 比色管；3—漏斗；4—定量滤纸；5—滤纸托膜（由聚乙烯塑料袋角部剪制而成）；6—接水泵处

5. 试剂

①盐酸，优级纯。

②粉状活性炭，分析纯。

③2mol/L 盐酸溶液：用优级纯盐酸稀释而成。

④（1+1）氨水。

⑤0.1mol/L Na_2-EDTA 溶液。

⑥5%硫酸镁溶液。

⑦0.1%铬天菁 S（CAS）溶液。

⑧0.25%氯化十六烷基吡啶（CPC）溶液。

⑨酚酞溶液：0.1%乙醇溶液。

⑩氨缓冲溶液：每升溶液含氨水 230ml，氯化铵 83g（pH 约为 10）。

⑪六次甲基四胺缓冲溶液：取 1mol/L 的六次甲基四胺溶液用盐酸调 pH 为 5.0（酸度计校准）。

⑫铍标准溶液：配制见本节方法（一）。

6. 步骤

（1）样品预处理

含铍适量且无干扰的清洁水样，可将其 pH 调至弱酸性后直接显色测定。含大量有机物的水样采用硝酸-硫酸消解。有干扰或铍含量极低的水样，需按下述方法用活性炭分离富集后测定。

①取适量水样（铍含量低于 0.7μg）置 250ml 烧杯中，如水样不够 100ml，加纯水至约 100ml。用盐酸或氨水将水样 pH 调至弱酸性，向水样中依次加入 Na_2-EDTA 溶液 2ml，CAS 溶液 2ml，氨缓冲溶液 5ml，CPC 溶液 1ml，搅匀。然后加入 150mg 活性炭，搅匀。放置 5～10min，以大约 10ml/min 的速度抽气过滤，弃去滤液。

②将 25ml 比色管放入抽滤瓶中，用 2mol/L 沸热盐酸 6ml 分三次滴加淋洗活性炭，少量水淋洗活性炭，每加一次后予以抽滤。取出比色管，向管内加入酚酞溶液 1 滴，用（1+1）氨水中和至溶液显微红色，以 2mol/L 盐酸回滴至红色刚消失。

（2）样品测定

于上述比色管中依次加入 Na_2-EDTA 溶液 1ml，硫酸镁溶液 0.5ml，CAS 溶液 0.5ml，六亚甲基四胺缓冲液 5ml，CPC 溶液 0.5ml，沿比色管壁加水至刻度。在 60℃水浴中加热 5min，取出放置 30min。以相同步骤作空白试验，以空白试液为参比，用 20mm 比色皿在 618nm 处测量吸光度。

（3）校准曲线

取铍标准溶液（0.10μg/ml）0、1.00、2.00、3.00、4.00、5.00、6.00ml，分别置于 250ml 烧杯中，加入 100ml 水，以下步骤按水样活性炭分离富集及显色测定方法进行。

7. 计算

$$铍（Be, mg/L）= \frac{m}{V}$$

式中：m——由校准曲线查得的铍量（μg）；

V——水样体积（ml）。

8. 精密度和准确度

由蒸馏水配制的含铍 0.0140mg/L 的统一样品，经三个实验室分析，得室内相对标准偏差为 2.23%；室间相对标准偏差为 13.7%；相对误差为零；加标回收率为 103.2%±5.1%。

本方法已用于含铍 0.0069～0.0071mg/L 工业废水的测定，最大相对标准偏差为 7.2%；加标回收率范围为 92.5%～97.3%。用于含铍 0.00095mg/L 的电镀废水测定，相对标准偏差为 19.2%；加标回收率为 95.7%。

9. 注意事项

①为使铍能全部从活性炭上解吸下来，淋洗时必须用煮沸的热盐酸。如盐酸温度下降，需及时加热至沸后再使用。

②大量强酸阴离子存在，会对反应体系产生“盐效应”，引起吸光度的波动，降低精密度。因此，用盐酸淋洗活性炭时，对每一比色管中加入盐酸的量应尽量保持一致，应以滴管逐滴加入。

③为降低空白试验值，当六次甲基四胺试剂中含过多的氨时，需将试剂提纯或将其水溶液静置，使游离氨挥发后（至 pH8.5 以下），再用盐酸调节 pH 配制缓冲溶液。

④取样量达 400ml 时，仍可采用在 100ml 水内经活性炭吸附制作的校准曲线。

（三）ICP-AES 法（B）

见铝测定方法（一）。

六、铋

铋是环境中的稀有分散元素，在地壳中的丰度约为 0.2mg/kg，海水和天然水中的浓度是 0.02μg/L 左右，一般对水生生物和人体不会产生影响。

铋是人体非必需的有毒元素，主要累积在哺乳动物的肾脏，造成病变，经白鼠试验表明 1.5mg/d 有中毒症状，160mg/d 中毒致死，用含铋 27mg/L 的废水浇灌作物，会使作物中毒枯死。有色金属的矿山开采及金属冶炼废水中常有高浓度的铋排放，造成环境污染。在矿物中铋常以 Bi_2O_3 和 Bi_2S_3 的形态存在，其性能稳定，不易释放到水环境中。一般海水铋含量仅为 0.02μg/L，地表水含量与海水相近，有色金属冶炼废水中铋可高达几十倍。

1. 方法选择

铋和砷、硒等元素相同，能够在酸介质中被硼氢化钠（钾）还原，形成气态氢化物，用等离子发射光谱、原子吸收或原子荧光法检测。

以原子荧光法最为简便，且灵敏度高。

2. 水样保存

地表水试样采集后用盐酸酸化至 $pH<2$，废水试样须加入盐酸至 1%。

原子荧光法（B）

见砷测定方法（五）。

七、镉

镉（Cd）不是人体的必需元素。镉的毒性很大，可在人体内积蓄，主要积蓄在肾脏，引起泌尿系统的功能变化。水中含镉 0.1mg/L 时，可轻度抑制地表水的自净作用。镉对白鲢鱼的安全浓度为 0.014mg/L。用含镉 0.04mg/L 的水进行农灌时，土壤和稻米受到明显污染；农灌水中含镉 0.007mg/L 时，即可造成污染。日本的痛痛病即镉污染所致，我国也有受镉污染稻米的报导。镉是我国实施排放总量控制的指标之一。

绝大多数淡水含镉量低于 1μg/L，海水中镉的平均浓度为 0.15μg/L。镉的主要污染源有电镀、采矿、冶炼、染料、电池和化学工业等排放的废水。

方法选择

直接吸入火焰原子吸收分光光度法测定镉快速、干扰少，适合分析废水和受污染的水。萃取或离子交换浓缩火焰原子吸收分光光度法，适用于分析清洁水和地表水。石墨炉原子吸收分光光度法灵敏度高，但基体干扰比较复杂，适合分析清洁水。不具备原子吸收分光光度仪的单位，可选用双硫腙分光光度法、阳极溶出伏安法或示波极谱法。等离子发射光谱法是镉及多种元素同时测定的方法，简便、快速、干扰较少，适合于地表水和废水的测定。

（一）直接吸入火焰原子吸收法测定镉、铜、铅和锌（A）

1. 方法原理

将水样或消解处理好的试样直接吸入火焰，火焰中形成的原子蒸气对光源发射的特征电磁辐射产生吸收。将测得的样品吸光度和标准溶液的吸光度进行比较，确定样品中被测元素的含量。

2. 干扰及消除

地下水和地表水中的共存离子和化合物，在常见浓度下不干扰测定。当钙的浓度高于1000mg/L 时，抑制镉的吸收，浓度为 2000mg/L 时，信号抑制达 19%。在弱酸性条件下，样品中六价铬的含量超过 30mg/L 时，由于生成铬酸铅沉淀而使铅的测定结果偏低，在这种情况下需要加入 1%抗坏血酸将六价铬还原成三价铬。样品中溶解性硅的含量超过20mg/L 时干扰锌的测定，使测定结果偏低，加入 200mg/L 钙可消除这一干扰。铁的含量超过 100mg/L 时，抑制锌的吸收。当样品中含盐量很高，分析波长又低于 350nm 时，可能出现非特征吸收。如高浓度钙，因产生非特征吸收，即背景吸收，使铅的测定结果偏高。

基于上述原因，分析样品前需要检验是否存在基体干扰或背景吸收。一般通过测定加标回收率，判断基体干扰的程度。通过测定分析线附近 1nm 内的一条非特征吸收线处的吸收，可判断背景吸收的大小。根据表 3-4-13 选择与选用分析线相对应的非特征吸收谱线。

表 3-4-13 背景校正用的邻近线波长

元素	分析线波长(nm)	非特征吸收谱线(nm)
镉	228.8	229(氘)
铜	324.7	324(锆)
铅	283.3	283.7(锆)
锌	213.8	214(氘)

根据检验的结果，如果存在基体干扰，可加入干扰抑制剂，或用标准加入法测定并计算结果。如果存在背景吸收，用自动背景校正装置或邻近非特征吸收谱线法进行校正。后一种方法是从分析线处测得的吸收值中扣除邻近非特征吸收谱线处的吸收值，得到被测元素原子的真实吸收。此外，也可通过螯合萃取或样品稀释、分离或降低产生基体干扰或背景吸收的组分。

3. 方法的适用范围

本法适用于测定地下水、地表水和废水中的镉、铅、铜和锌。适用浓度范围与仪器的

（A）本方法与 GB/T 7475—1987 等效。

特性有关，表 3-4-14 列出一般仪器的适用浓度范围。

表 3-4-14　适用浓度范围

元素	适用浓度范围(mg/L)	元素	适用浓度范围(mg/L)
镉	0.05～1	铅	0.2～10
铜	0.05～5	锌	0.05～1

4. 仪器

原子吸收分光光度计、背景校正装置，所测元素的元素灯及其他必要的附件。

5. 试剂

①硝酸，优级纯。

②高氯酸，优级纯。

③去离子水。

④燃气：乙炔，纯度不低于 99.6%。

⑤助燃气：空气，由空气压缩机供给，经过必要的过滤和净化。

⑥金属标准贮备溶液：准确称取经稀酸清洗并干燥后的 0.5000g 光谱纯金属，用 50ml（1+1）硝酸溶解，必要时加热直至溶解完全。用水稀释至 500.0ml，此溶液每毫升含 1.00mg 金属。

⑦混合标准溶液：用 0.2%硝酸稀释金属标准贮备溶液配制而成，使配成的混合标准溶液每毫升含镉、铜、铅和锌分别为 10.0、50.0、100.0 和 10.0μg。

6. 步骤

（1）样品预处理

取 100ml 水样放入 200ml 烧杯中，加入硝酸 5ml，在电热板上加热消解（不要沸腾）。蒸至 10ml 左右，加入 5ml 硝酸和 2ml 高氯酸，继续消解，直至 1ml 左右。如果消解不完全，再加入硝酸 5ml 和高氯酸 2ml，再次蒸至 1ml 左右。取下冷却，加水溶解残渣，用水定容至 100ml。

取 0.2%硝酸 100ml，按上述相同的程序操作，以此为空白样。

（2）样品测定

按表 3-4-15 所列参数选择分析线和调节火焰。仪器用 0.2%硝酸调零，吸入空白样和试样，测量其吸光度。扣除空白样吸光度后，从校准曲线上查出试样中的金属浓度。如可能，也可从仪器上直接读出试样中的金属浓度。

表 3-4-15　分析线波长和火焰类型

元素	分析线波长(nm)	火焰类型
镉	228.8	乙炔-空气，氧化型
铜	324.7	乙炔-空气，氧化型
铅	283.3	乙炔-空气，氧化型
锌	213.8	乙炔-空气，氧化型

（3）校准曲线

吸取混合标准溶液 0，0.50，1.00，3.00，5.00 和 10.00ml，分别放入六个 100ml 容量瓶中，用 0.2%硝酸稀释定容。此混合标准系列各金属的浓度见表 3-4-16。接着按样品测定的步骤测量吸光度，用经空白校正的各标准的吸光度对相应的浓度作图，绘制校准曲线。

表 3-4-16 标准系列的配制和浓度

混合标准使用溶液体积(ml)		0	0.50	1.00	3.00	5.00	10.00
标准系列各金属浓度 (mg/L)	镉	0	0.05	0.10	0.30	0.50	1.00
	铜	0	0.25	0.50	1.50	2.50	5.00
	铅	0	0.50	1.00	3.00	5.00	10.00
	锌	0	0.05	0.10	0.30	0.50	1.00

注：定容体积 100ml。

7. 计算

$$被测金属（mg/L）=\frac{m}{V}$$

式中：m——从校准曲线上查出或仪器直接读出的被测金属量（μg）；

V——分析用的水样体积（ml）。

8. 精密度和准确度

精密度和准确度，如表 3-4-17 所示。

表 3-4-17 精密度和准确度

元素	参加实验室数目	质控样品金属浓度(μg/L)	平均测定值(μg/L)	实验室内相对标准偏差(%)	实验室间相对标准偏差(%)
铜	7	100	96	6.1	6.9
铜	5	500	480	3.1	7.1
锌	8	100	99.9	2.4	3.1
锌	4	500	507	1.6	2.2

（二）APDC-MIBK 萃取火焰原子吸收法测定镉、铜和铅（A）

1. 方法原理

被测金属离子与吡咯烷二硫代氨基甲酸铵或碘化钾络合后，用甲基异丁基甲酮萃取后吸入火焰进行原子吸收分光光度测定。

2. 干扰及消除

采用吡咯烷二硫代氨基甲酸铵-甲基异丁基甲酮（APDC-MIBK）萃取体系时，如果样品的化学需氧量超过 500mg/L，可能影响萃取效率。含铁量低于 5mg/L 时不干扰测定。当

（A）本方法与 GB 7475—87 等效。

水样中的铁量较高时，采用碘化钾-甲基异丁基甲酮（KI-MIBK）萃取体系的效果更好。如果样品中存在的某类络合剂与被测金属离子形成络合物，比与吡咯烷二硫代氨基甲酸铵或碘化钾形成的络合物更稳定，则必须在测定前将其氧化分解。

3. 方法的适用范围

本法适用于地下水和清洁地表水。分析生活污水、工业废水和受污染的地表水时，样品需预先消解。适用浓度范围与仪器的特性有关，表 3-4-18 列出了一般仪器的适用浓度范围。

表 3-4-18　适用浓度范围

元素	镉	铜	铅
适用浓度范围(μg/L)	1～50	1～50	10～200

4. 仪器

原子吸收分光光度计，所测元素的元素灯及其他必要的附件。

5. 试剂

①甲基异丁基甲酮（$C_6H_{12}O$）。

②水饱和的甲基异丁基甲酮：在分液漏斗中放入甲基异丁基甲酮和等体积的水，摇动 30s，分层后弃去水相，有机相备用。

③10%氢氧化钠溶液：用优级纯试剂配制。

④盐酸溶液：（1+49），用优级纯试剂配制。

⑤2%吡咯烷二硫代氨基甲酸铵（$C_5H_{12}N_2S_2$）溶液：将 2.0g 吡咯烷二硫代氨基甲酸铵溶于 100ml 水中。必要时用以下方法进行纯化：将配好的溶液放入分液漏斗中，加入等体积的甲基异丁基甲酮，摇动 30s，分层后放出水相备用，弃去有机相。此溶液用时现配。

⑥1mol/L 碘化钾溶液：将 166.7 碘化钾溶于水中，稀释至 1L。

⑦5%抗坏血酸溶液。

⑧去离子水：金属含量应尽可能低。

⑨燃气：乙炔，纯度不低于 99.6%。

⑩助燃气：空气，由空气压缩机供给，经过必要的过滤和净化。

⑪金属标准贮备溶液：见本节方法（一）。

⑫混合标准溶液：用 0.2%硝酸稀释金属标准贮备溶液配制而成。配成的溶液每毫升含镉、铜和铅分别为 0.500，0.500 和 2.00μg。

6. 步骤

（1）样品预处理

如果样品需要消解，按本节（一）（即直接吸入火焰原子吸收法）中的样品预处理程序进行消解。

（2）APDC-MIBK 萃取法

1）样品测定：

①萃取：取 100ml 水样或消解好的试样置于 200ml 烧杯中，同时取 0.2%硝酸 100ml 作为空白样。用 10%氢氧化钠或（1+49）盐酸溶液调上述各溶液的 pH 为 3.0（用 pH 计指示）。将溶液转入 200ml 容量瓶中，加入 2%吡咯烷二硫代氨基甲酸铵溶液 2ml，摇匀，准确加入甲基异丁基甲酮 10.0ml，剧烈摇动 1min。静止分层后，小心地沿容量瓶壁加入水，使有机相上升到瓶颈中进样毛细管可达到的高度。

②测量：点燃火焰，吸入水饱和的甲基异丁基甲酮，按本节（一）法中表 3-4-13 的参数选择分析线和调节火焰，并将仪器调零。吸入空白样和试样的萃取有机相，测量吸光度。扣除空白样吸光度后，从校准曲线上查出有机相中被测金属的含量。如可能，也可从仪器上直接读出金属的含量。

2）校准曲线：吸取 0、0.50、1.00、2.00、5.00 和 10.00ml 混合标准溶液，分别放入 200ml 具刻度的烧杯中，用 0.2%硝酸稀释至 100ml。此标准系列各被测金属的量，见表 3-4-19。然后按样品测定步骤进行萃取和测量。用经过空白校正的各标准液吸光度对相应的金属量作图，绘制校准曲线。

表 3-4-19 标准系列配制和浓度

混合标准使用溶液体积(ml)		0	0.50	1.00	2.00	5.00	10.00
标准系列金属含量(μg)	镉	0	0.25	0.50	1.00	2.50	5.00
	铜	0	0.25	0.50	1.00	2.50	5.00
	铅	0	1.00	2.00	4.00	10.00	20.00

注：定容体积为 100ml。

（3）KI-MIBK 萃取法

1）样品测定：

①萃取：取水样或消解好的试样 50ml，放入 125ml 分液漏斗中。加入 1mol/L 碘化钾溶液 10ml，摇匀后加入 5%抗坏血酸溶液 5ml，再摇匀。准确加入甲基异丁基甲酮 10.0ml，摇动 1～2min，静止分层后弃去水相，用滤纸吸干分液漏斗颈管中的残留液，将有机相转入 10ml 具塞试管，盖严待测。

②测量：按上面 APDC-MIBK 萃取法中的步骤进行测量。扣除空白样吸光度后，从校准曲线上查出试样萃取有机相中的金属量。

2）校准曲线：吸取 0、0.50、1.00、2.00、5.00、10.00ml 混合标准溶液，分别置于 125ml 分液漏斗中，用水稀释至 50ml，溶液中的被测金属量，如表 3-4-19 所示。然后，按上述样品测定步骤进行萃取和测量。最后用经过空白校正的标准系列吸光度对相应的金属量作图，绘制校准曲线。

7. 计算

$$被测金属（\mu g/L）=\frac{m}{V}\times 1000$$

式中：m——从校准曲线上查出或仪器直接读出的被测金属量（μg）；

V——分析用的水样体积（ml）。

8. 精密度和准确度

精密度和准确度数据，如表 3-4-20 所示。

表 3-4-20 精密度和准确度

	参加实验室数目	质控样金属浓度(μg/L)	平均测定值(μg/L)	实验室内相对标准偏差(%)	实验室间相对标准偏差(%)
APDC-MIBK 萃取法					
镉	6	4.9	5.1	5.9	8.3
铜	14	40	40.6	4.2	14.6
铅	6	50	49.9	3.6	5.7
KI-MIBK 萃取法					
镉	7	4.9	5.0	6.7	7.0
铅	7	50	49.7	4.4	5.0

9. 注意事项

①APDC-MIBK 单独萃取铅的最佳 pH 为 2.3±0.2。

②若样品中存在强氧化剂，萃取前应除去，否则会破坏吡咯烷二硫代氨基甲酸铵。

③萃取时避免日光直射并远离热源。

（三）在线富集流动注射 火焰原子吸收法测定镉、铜、铅、锌（B）

1. 方法原理

在 pH5.5～6.5 的 HAc-NaAc 缓冲介质中，Cu^{2+}、Zn^{2+}、Pb^{2+}、Cd^{2+}与 NP 多胺基磷酸树脂螯合，在强酸性条件下，又重新被释放出来。根据这一原理，利用蠕动泵与原子吸收的提升作用，让试液先通过树脂柱再进入火焰，调节试液的酸度为 pH5.7，使试液中痕量的 Cu、Pb、Zn、Cd 富集在树脂柱上，然后让 1.5mol/L HNO_3 溶液通过树脂柱，将 Cu、Pb、Zn、Cd 快速洗脱并喷入火焰中，记录仪记录瞬时峰高。

在一定的流速下，控制试样流经树脂柱的时间，从而控制富集量。本方法的富集倍率可达 2 个数量级，接近石墨炉原子吸收的灵敏度，具有较好的精密度。

2. 方法的适用范围

本法适用于测定地下水、地表水、饮用水等水中的 Cu、Zn、Pb、Cd。最低检出浓度 Cu：2μg/L，Zn：2μg/L，Pb：5μg/L，Cd：2μg/L。

3. 仪器

①原子吸收分光光度计。

②所测元素的空心阴极灯。

③记录仪。

④蠕动泵，吸液速度 4～5ml/min。

⑤树脂柱：NP 多胺基磷酸盐柱。

⑥秒表。

4. 试剂

①Cu、Zn、Pb、Cd 标准贮备液：Cu 0.5mg/ml、Zn 0.5mg/ml、Pb 0.5mg/ml、Cd 0.1mg/L（用方法（一）的贮备液配制）。

②Cu、Zn、Pb、Cd 混合标准使用液：将 Cu、Zn、Pb、Cd 标准贮备液逐级稀释，至含 Cu、Zn、Pb 各 1000μg/L, Cd 500μg/L。

③HAc-NaAc 缓冲溶液，pH 5.7：称取 $CH_3COONa \cdot 3H_2O$ 100g，溶于适量水中，加冰乙酸 4.6ml，稀释至 500ml，并用 pH 计检查 pH。

④1.5mol/L HNO_3 溶液。

5. 步骤

（1）试液的制备

取来水样立即用 0.45μm 滤膜抽滤除去悬浮物，贮存于聚乙烯瓶中。于 250ml 容量瓶中准确加入待测水样 50～200ml，加入 pH5.7 的 HAc-NaAc 缓冲溶液 20ml，用纯水定容，摇匀备测。

（2）试液的测定

①按装置图 3-4-5 接好蠕动泵、树脂柱、记录仪，按仪器使用说明书调整仪器至最佳工作条件。以秒表计时进样，定时富集后（时间应由实际样品的含量而定，富集 1～5min），用 1.5mol/L HNO_3 洗脱 30s，记录仪记下峰高，用纯水清洗管路 30～60s 使记录仪回零。

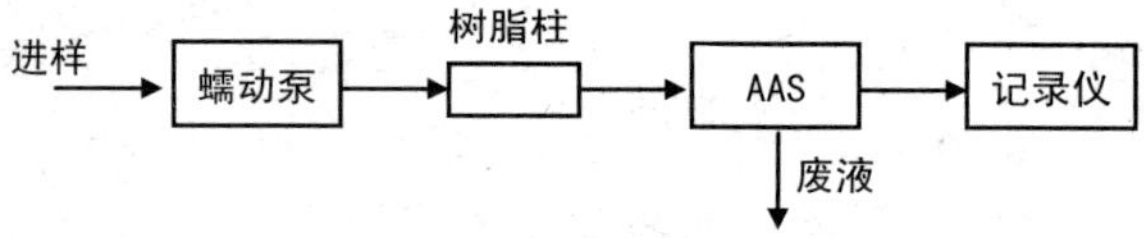

图 3-4-5 装置图

②分析波长和火焰类型：

元素	分析波长（nm）	火焰类型
Cu	324.7	乙炔-空气，氧化型
Zn	213.8	乙炔-空气，氧化型
Pb	283.3	乙炔-空气，氧化型
Cd	228.8	乙炔-空气，氧化型

（3）校准曲线

吸取混合标准溶液（见表 3-4-21）：0、1.00、3.00、5.00、7.00、10.00ml，置于六个 250ml 容量中，以下操作同试液的制备与测定，并绘制峰高-浓度曲线。

表 3-4-21　标准系列的配制和浓度

混合标准使用溶液体积(ml)		0	1.00	3.00	5.00	7.00	10.00
标准系列各金属浓度(μg/L)	Cu	0	4	12	20	28	40
	Zn	0	4	12	20	28	40
	Pb	0	4	12	20	28	40
	Cd	0	2	6	10	14	20

6. 计算

$$被测元素（\mu g/L）=\frac{C}{V}\times 250$$

式中：C——从曲线上查得的浓度（μg/L）；

V——实际样品的体积（ml）；

250——容量瓶的体积（ml）。

7. 精密度和准确度

六个实验室分析含 Cu、Zn、Pb、Cd 分别为 36.5μg/L、30.0μg/L、43.0μg/L 和 21.0μg/L，其精密度和准确度如表 3-4-22 所示。

表 3-4-22 方法的精密度和准确度

元素	参加实验室数目	平均测定值(μg/L)	实验室内相对标准偏差(%)	实验室间相对标准偏差(%)
Cu	6	36.6	1.9	1.9
Zn	6	29.4	3.6	4.0
Pb	6	42.6	2.7	2.7
Cd	6	20.9	2.9	4.4

用本方法测定了北京、山东、辽宁、云南等地的地表水和饮用水中的 Cu、Zn、Pb、Cd，加入 0.10～0.24μg Cu 的回收率为 90.5%～108%；0.20μg Zn 的回收率为 102%～105%；0.40～0.80μg Pb 的回收率为 88.6%～96.8%；加入 0.05～0.10μg Cd 的回收率为 89.4%～92.4%。

8. 注意事项

①绘制校准曲线和样品测定的富集时间要一致。

②仪器的标尺扩展倍数要根据不同元素及与记录仪匹配情况来定。

③由于富集倍数大，所用水的纯度一定要高，否则杂质也会同时富集，影响测定结果。

④由于 Pb 的灵敏度低，Cd 的含量低，故这两个元素的富集时间要长些（5min），而 Cu、Zn 只要 2～3min 即可。

（四）石墨炉原子吸收法测定镉、铜和铅（B）

1. 方法原理

将样品注入石墨管，用电加热方式使石墨炉升温，样品蒸发离解形成原子蒸气，对来自光源的特征电磁辐射产生吸收。将测得的样品吸光度和标准吸光度进行比较，确定样品中被测金属的含量。

2. 干扰及消除

石墨炉原子吸收分光光度法的基体效应比较显著和复杂。在原子化过程中，样品基体蒸发，在短波长范围出现分子吸收或光散射，产生背景吸收。可以用连续光源背景校正法，或塞曼偏振光校正法、自吸收法进行校正，也可采用邻近的非特征吸收线校正法，或通过样品稀释降低样品中的基体浓度。另一类基体效应是样品中基体参加原子化过程中的气相反应，使被测元素的原子对特征辐射的吸收增强或减弱，产生正干扰或负干扰。如氯化钠对镉、铜、铅的测定，硫酸钠对铅的测定均产生负干扰。在一定的条件下，采用标准加入法可部分补偿这类干扰。此外，也可使用基体改良剂。测铜时，20μl 水样加入 40%硝酸铵溶液 10μl；测铅时，20μl 水样加入 15%钼酸铵溶液 10μl；测镉时，20μl 水样加入 5%磷酸钠溶液 10μl。以上基体改良剂对于抑制基体干扰均有一定作用，1%磷酸溶液也可作为镉、铅测定的基体改良剂。而硝酸钯是用于镉、铜、铅最好的基体改进剂，同时使用 La、W、Mo、Zn 等金属碳化物涂层石墨管测定，既可提高灵敏度，也能克服基体干扰。

3. 方法的适用范围

本法适用于地下水和清洁地表水。分析样品前要检查是否存在基体干扰并采取相应的校正措施。测定浓度范围与仪器的特性有关，表 3-4-23 列出一般仪器的测定浓度范围。

4. 仪器

原子吸收分光光度计，石墨炉装置、背景校正装置及其他有关附件。

表 3-4-23 分析线波长和适用浓度范围

元素	分析线(nm)	适用浓度范围(μg/L)
镉	228.8	0.1～2
铜	324.7	1～50
铅	283.3	1～5

5. 试剂

①硝酸，优级纯。

②硝酸（1+1），0.2%。

③去离子水：金属含量应尽可能低，最好用石英蒸馏器制备的蒸馏水。

④硝酸钯溶液：称取硝酸钯 0.108g 溶于 10ml （1+1）硝酸，用水定容至 500ml，则含 Pd10μg/ml。

⑤金属标准贮备溶液：见本节方法（一）。

⑥混合标准溶液：由标准贮备溶液稀释配制，用 0.2%硝酸进行稀释。制成的溶液每毫升含镉、铜、铅 0，0.1，0.2，0.4，1.0，2.0μg，含基体改进剂钯 1μg 的标准系列。

6. 步骤

（1）试样的预处理

同方法（一），但在试样消解时不能使用高氯酸，用 10ml 过氧化氢代替。在过滤液中加入 10ml 硝酸钯溶液，定容至 100ml。

（2）样品测定

①直接法：将 20μl 样品注入石墨炉，参照表 3-4-24 的仪器参数测量吸光度。以零浓

度的标准溶液为空白样，扣除空白样吸光度后，从校准曲线上查出样品中被测金属的浓度。如可能也可用浓度直读法进行测定。

表 3-4-24　仪器工作参数

工作参数	元素		
	Cd	Pb	Cu
光源	空心阴极灯	空心阴极灯	空心阴极灯
灯电流(mA)	7.5	7.5	7.0
波长(nm)	228.8	283.3	324.7
通带宽度(nm)	1.3	1.3	1.3
干燥	80～100℃/5s	80～180℃/5s	80～180℃/5s
灰化	450～500℃/5s	700～750℃/5s	450～500℃/5s
原子化	2500℃/5s	2500℃/5s	2500℃/5s
清除	2600℃/3s	2700℃/3s	2700℃/3s
Ar 气流量	200ml/min	200ml/min	200ml/min
进样体积(μl)	20	20	20

②标准加入法：一般用三点法。第一点，直接测定水样；第二点，取 10ml 水样，加入混合标准溶液 25μl 后混匀；第三点，取 10ml 水样，加入混合标准溶液 50μl 后混匀。以上三种溶液中的标准加入浓度，镉依次为 0、0.5 和 1.0μg/L；铜和铅依次为 0、5.0 和 10μg/L。以零浓度的标准溶液为空白样，参照表 3-4-24 的仪器参数测量吸光度。用扣除空白样吸光度后的各溶液吸光度对加入标准的浓度作图，将直线延长，与横坐标的交点即为样品的浓度（加入标准的体积所引起的误差不超过 0.5%）。

7. 精密度和准确度

全国范围七个实验室用直接法分析实际水样的精密度和准确度数据，如表 3-4-25 所示。

表 3-4-25　精密度和准确度

元素	浓度范围(μg/L)		相对标准偏差范围(n=7，%)		回收率范围(%)	
	地下水	地表水	地下水	地表水	地下水	地表水
镉	0.1～1.3	0.1～1	1.4～17	1.9～15	75～105	75～108
铜	2.5～11	2.4～15	2.1～10	2.3～10	85～106	92～109
铅	1～16	1.9～29	1.4～9.3	1.2～9.5	81～109	75～107

8. 注意事项

1）因 Pb、Cd 和 Cu 在一般地表水中含量差别较大，测定 Cu 时可将水样适当稀释后测定。

2）因仪器设备不同，工作条件差异也较大，如果使用横向塞曼扣除背景的仪器，可将灰化、原子化和清除温度降低 100～200℃。

3）如果测定基体简单的水样可不使用硝酸钯做基体改进剂。

4）硝酸钯亦可用硝酸镧代替，但其空白较高，必须注意扣除。

5）如果使用涂层石墨管亦可不必加入基体改进剂。常用的金属碳化物涂层处理石墨管的方法有两种：

①涂层溶液注入法：在待测样品溶液和标准溶液注入石墨管前，先将 La、W、Mo 等易生成碳化物元素的溶液（一般浓度是含涂层金属约为 5%）注入石墨管中，按一般石墨炉操作程序经过干燥、灰化和原子化，使其在高温下形成金属碳化物涂层，反复进行几次则得到较厚的涂层。用 Ta 处理的研究报导较多，由于 TaC 升华点高达 3880℃，适合于耐高温元素的测定，能大大提高这类元素的灵敏度，且石墨管寿命也能明显延长。涂 Ta 石墨管对 Cd、Pb 的增感效果分别为 1.46 和 1.06。

这种涂层方法简单易行，但对测定精度改善不甚明显，形成的碳化物涂层膜也不够均匀，一次只能处理一支管，效率不高。

②浸渍法：本方法适合于成批处理，也是本书推荐使用的方法。

一般用含金属元素 5%左右的金属盐溶液，例如：$La(NO_3)_3 \cdot 6H_2O$，$ZrOCl_6$，NH_4VO_3 等，也可用 Ta、Ti 等金属，经溶解后作为涂层溶液。为了改善涂层效果，有时涂层溶液中需加入 1%～2%的草酸。

这里推荐的涂 La 手续为：将 5～10 支普通石墨管垂直浸泡于盛有 $La(NO_3)_3$25ml（高型）小烧杯中，将烧杯置于真空干燥器内，用真空泵减压 1.5～2h，并经常摇动干燥器以便驱赶从石墨微孔排出的小气泡，使溶液更好地渗入石墨管壁。取出凉干后在 105℃烘干 2h，再重复上述过程一次。用滤纸擦去石墨管两端析出的固体盐类（防止与石墨锥接触不良，而放电烧毁石墨锥、管）后，置于原子化器上，按干燥、灰化、原子化程序处理（涂 La 时：干燥 180℃/20s，灰化 800℃/30s，原子化 2700℃/5s）2～3 次，一般可在管的内表面形成 0.1mm 左右的片状涂层膜。

（五）阳极溶出伏安法测定镉、铜、铅、锌（B）

1. 方法原理

阳极溶出伏安法又称反向溶出伏安法，其基本过程分为二步：先将待测金属离子在比其峰电位更负一些的恒电位下，在工作电极上预电解一定时间使之富集。然后，将电位由负向正的方向扫描，使富集在电极上的物质氧化溶出，并记录其氧化波。根据溶出峰电位确定被测物质的成分，根据氧化波的高度确定被测物质的含量。其全过程可表示为：

$$M^{n+}+ne(+Hg) \underset{\text{溶出}}{\overset{\text{富集}}{\rightleftharpoons}} M(Hg)$$

电解还原是缓慢的富集，溶出是突然的释放，因而作为信号的法拉第电流大大增加，从而使方法的灵敏度大为提高。采用差分脉冲伏安法，可进一步消除干扰电流，提高方法的灵敏度。

2. 干扰及消除

Fe（Ⅲ）干扰测定，加入盐酸羟胺或抗坏血酸使其还原为 Fe（Ⅱ）以消除其干扰。氰化物亦干扰测定，可加酸消除，加酸应在通风橱中进行（因氰化物剧毒）。

3. 方法的适用范围

适用于测定饮用水、地表水和地下水。
方法的适用范围为 1～1000μg/L，在 300s 的富集时间条件下，检测下限可达 0.5μg/L。

4. 水样保存

用硝酸或高氯酸作固定剂，酸化至 pH＜2。

5. 仪器

①极谱分析仪（具有示差、导数、脉冲或半微分功能）。
②工作电极：悬汞电极。
③参比电极：银-氯化银电极或饱和甘汞电极。
④对电极、铂辅助电极。
⑤电解池：聚乙烯杯或硼硅玻璃杯。
⑥电磁搅拌器。

6. 试剂

实验用水为去离子水，最好再经石英蒸馏器蒸馏。试剂为优级纯。

1）镉、铜、铅、锌四种离子的标准贮备溶液：各称取 0.500g 金属（纯度在 99.99%以上），分别溶于（1+1）硝酸（优级纯）中，在水浴上蒸至近干后，以少量稀高氯酸（或者盐酸）溶解，转移到 500ml 容量瓶中，用水稀释至标线。摇匀，贮存在聚乙烯瓶或者硼硅玻璃瓶中。此溶液每毫升含 1.00mg 金属离子。

四种金属离子的标准溶液，由上述各标准贮备溶液适当稀释而成。低浓度的标准溶液用前现配。

2）支持电介质：

①0.1mol/L 高氯酸。

②0.2mol/L 酒石酸铵缓冲溶液（pH9.0）：称取 15g 酒石酸溶解在 400ml 水中，加适量的氨水（ρ_{20}=0.90g/ml）使 pH=9.0±0.2，加水稀释至 500ml，摇匀。贮存于聚乙烯瓶中。

③0.2mol/L 柠檬酸铵缓冲溶液（pH3.0）：称取 21g 柠檬酸溶解在 400ml 水中，加适量氨水（ρ_{20}=0.90g/ml），使 pH 为 3.0±0.2，加水稀释至 500ml，摇匀。

④0.2mol/L 乙酸铵-乙酸缓冲溶液（pH4.5）：量取 6.7ml 乙酸（36%）于 100ml 烧杯中，加水 20ml，滴加（1+1）的氨水，使 pH 为 4.5，再用水稀释至 200ml，摇匀。

⑤1mol/L 六次甲基四胺-盐酸缓冲溶液（pH5.4）：称取 5.61g 六次甲基四胺，置于 100ml 烧杯中，加水溶解后，用 1mol/L 盐酸调至 pH5.4，稀释至 200ml，摇匀。

3）高纯氮或者高纯氢。

4）抗坏血酸或者盐酸羟胺。

7. 步骤

仪器和电极的准备按使用说明书进行。

（1）水样预处理

水样如果酸度或者碱度较大时，应预先调节至近中性。比较清洁的水可直接取样分析。含有机质较多的地表水，应采用硝酸-高氯酸消化的方法。取 100ml 已酸化的水样加入 5ml 浓硝酸，在电热板上加热消解到约 10ml。冷却后，加入浓硝酸和高氯酸各 10ml，继续加热消解蒸至近干。冷却，用水溶解至约 50ml，煮沸，以驱除氯气或氮氧化物。定容，摇匀。

（2）校准曲线的绘制

分别各取一定体积的标准溶液置于 10ml 比色管中，加 1ml 支持电解质，用水稀释至标线，混合均匀。倾入电解杯中，将电位扫描范围选择在-1.30～+0.05V。通氮除氧，在-1.30V 富集 3min，静置 30s 后，由负向正方向进行扫描。富集时间可根据浓度水平选择，低浓度宜选择较长的富集时间。记录伏安曲线，对峰高作空白校正后，绘制峰高-浓度曲线。

注：a. 以选用 C_{HClO_4} =0.01mol/L 高氯酸支持电解质，进行四种离子的连测最佳。酒石酸盐、柠檬酸盐体系对水样有少量铁（Ⅲ）等干扰离子的消除比较合适。乙酸铵和六次甲基四胺体系有比较大的缓冲容量，加酸保存的水样一般不需要预先中和便可直接取样分析。

b. 可以在硝酸支持电解质中测铜，扫描电位范围是-0.2～-0.8mV。也可在用硝酸酸化的水样中直接测铜。

典型的微分脉冲阳极溶出伏安曲线，见图 3-4-6。

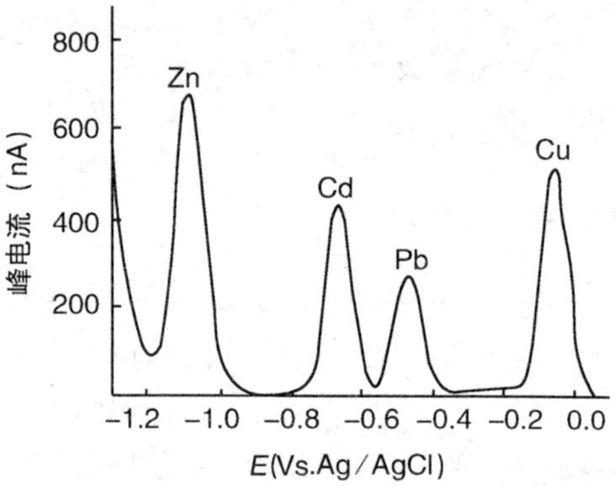

图 3-4-6 微分脉冲阳极溶出伏安曲线

（3）样品的测定

取一定体积的水样加 1ml 同类支持电解质，用水稀释到 10ml，其他操作步骤与标准溶液相同。根据经空白校正后的峰电流高度，在校准曲线上查出待测成分的浓度。

（4）标准加入法

当样品成分比较复杂，分析样品的数量不多时，可采用标准加入法。其操作如下：

准确吸取一定量的水样置于电解池中，加入 1ml 支持电解质溶液，用水稀释至 10ml，按测定标准溶液的方法先测出样品的峰高，然后再加入与样品量相近的标准溶液，依相同的方法再次进行峰高测定。

8. 计算

$$C_x = \frac{h \cdot C_s \cdot V_s}{(V + V_s)H - V \cdot h}$$

式中：h——水样的峰高；

H——水样加标液后的峰高；

C_s——加入标准溶液的浓度（μg/L）；

V_s——加入标准溶液的体积（ml）；

V——测定所取水样的体积（ml）。

注：可根据需要配制 100～1000μg/L，10～100μg/L 或 1～10μg/L 的单标，或几种金属离子的混合标准溶液。

9. 精密度和准确度

①在 0.01mol/L 高氯酸底液中，含铜、铅、锌、镉浓度均为 20μg/L，10 次测定结果的相对标准偏差小于 9.1%。

②在 0.01mol/L 高氯酸底液中，测定了北京自来水，长江水，汉江水，东湖水中铜、铅、锌、镉的含量，其结果与原子吸收法基本一致，回收率在 91%～110%。

③含 Pb 0.04mg/L、Cd 0.00404mg/L 的人工合成水样，经四个实验室各自用 0.2mol/L NH_4Cl，0.01mol/L $HClO_4$ 和 0.1 及 0.2mol/L KCl 为底液，用悬汞电极和汞膜电极进行分析，测得室内相对标准偏差 Pb 为 0.28%，Cd 为 0.28%；室间相对标准偏差 Pb 为 0.44%，Cd 为 0.54%；相对误差 Pb 为 10%，Cd 为 15.8%。

④用于河水（长江、江苏省区河水、京密运河水）、矿泉水、水库水等 11 种水样的分析，其含 Pb 浓度范围 0.0019～0.016mg/L，加标回收率为 90.14%～121.0%；其含 Cd 浓度范围 0.011～0.173μg/L，加标回收率为 87.72%～125.0%。

10. 注意事项

①当四种离子的浓度差别较大时，宜采用不同的富集电位和富集时间分别测定。为了避免铜、锌间生成金属间化合物，一般采取铜、铅、镉连测，锌单独测定。

②由于高含量氯化物对铜测定有影响，为了能准确测铜，宜选用高氯酸等底液。

③为了使测定结果的精密度和准确度都比较好，测定条件如：汞滴大小、电解电压、富集时间、氮气的流速、溶液的搅拌速度等均应保持一致。同时，应使测定时温差不要太大。

④如果使用玻璃碳电极，必须十分注意做好同位镀汞及使用后对电极膜表面的处理；应对能同时测定离子的浓度上限进行试验，以保证测定有较好的重现性，否则测定结果的精密度、准确度不好。

⑤在硝酸支持电解质中，对锌峰的前波影响较大，影响锌的测定；铜、镉两峰分不开，波形变坏；铜峰峰形好，灵敏度高，可用于定量分析。

⑥由于用阳极溶出伏安法测定的浓度比较低（痕量或超痕量），应十分注意可能来自环境、器皿、水或试剂的污染。对汞的纯度也应加以保证（99.99%以上）。

⑦几种底液峰电位的参考值，如表 3-4-26 所示。

表 3-4-26　不同支持电介质中四种离子的近似峰电位（V）

底液 pH	Cd	Cu	Pb	Zn
0.01mol/L 高氯酸	−0.67	−0.08	−0.48	−1.07
0.2mol/L 酒石酸铵，pH9	−0.69	−0.36	−0.52	−1.24
0.2mol/L 柠檬酸铵，pH3	−0.63	−0.06	−0.48	−1.05
0.2mol/L 醋酸铵-醋酸，pH4.5	−0.65	−0.07	−0.50	−1.10

条件：悬汞电极、银-氯化银参比电极，铂辅助电极。

⑧建议使用具有时间程序控制及微分功能的阳极溶出伏安仪，以提高测定的精密度和准确度。

⑨在中性或碱性底液中可加亚硫酸钠除氧。

⑩如所用仪器为一般线性扫描仪器且无微分功能，如要测锌，以选择酒石酸铵支持电介质为好，此时的富集电位应调到-1.5V。

（六）示波极谱法测定镉、铜、铅、锌和镍（A）

1. 方法原理

将速度变化很快的极化电压（一般约为250mV/s），施加在滴汞电极的后2s中，在电极面积变化很小的时间内，进行快速线性电位扫描以减小充电电流的影响。用阴极射线滤波器作为测量工具，对于电极反应为可逆的物质，在长余辉示波管上，可以观察到电极反应的伏安曲线为不对称的峰形曲线，或经电子线路处理后用记录仪记录伏安曲线。其峰高与电极反应物质的浓度成正比，可用于定量分析。

电化学反应可表示为：

$$M^{n+}+ne(Hg^{2+}) \rightleftharpoons M(Hg)$$

只有铜在某些支持电介质中会产生两阶段还原而出现两个峰。它们的峰电位随底液中所含电介质不同而有所变化。

2. 干扰及消除

本法在氨性支持电介质中测定镉、铜、镍和锌，在盐酸支持电解质中测定铅。铁（Ⅲ）、钴、铊对测定有干扰。钴、铊在环境样品中含量很低，可以忽略不计。铁（Ⅲ）可用盐酸羟胺、抗坏血酸等还原而消除干扰。锡的干扰可用氢溴酸或浓盐酸和过氧化氢处理使锡挥发分离。硝酸存在影响锌的测定，故测锌的样品应除尽硝酸。

3. 方法的适用范围

方法适用于测定工业废水和生活污水。对于饮用水、地表水和地下水，需富集后方可测定。

本方法的检测下限可达10^{-6}mol/L。

4. 仪器

①极谱分析仪（单扫描示波极谱，最好能作导数或微分）。

②工作电极：滴汞电极、铂碳电极。

③参比电极：银-氯化银电极或饱和甘汞电极。

④铂辅助电极。

⑤电解池。

（A）本方法与GB/T 13896—1992等效。

5. 试剂

1）镉、铜、铅、镍、锌五种离子的标准贮备溶液：与本节（五）阳极溶出伏安法相同。镍亦配制成 1.00mg/ml 标准贮备液。

2）支持电介质：

①1.0mol/L 氨性支持电介质（pH10）：称取 54g 氯化铵，溶于 500ml 水中，加浓氨水 250ml，加 100g 无水 Na_2SO_3，溶解后用水稀释至 1L，摇匀。如果用惰性气体除氧，可不加 Na_2SO_3。

镉、铜、锌、镍与氨形成稳定的络离子均有良好的极谱性能，其峰电位值（相对于饱和甘汞电极）如表 3-4-27 所示。在实际工作中测铜用 $Cu^+ \rightarrow Cu^0$ 的还原波。

表 3-4-27 镉、铜、锌、镍的峰电位值

元素	Cd^{2+}	$Cu^+ \rightarrow Cu^0$	$Cu^{2+} \rightarrow Cu^+$	Zn^{2+}	Ni^{2+}
峰电位(V)	-0.8	-0.55	-0.25	-1.35	-1.1

②1.0mol/L 盐酸支持电介质：在盐酸底液中镉、铅与氯离子络合，形成的稳定络离子有良好的还原波，峰电位分别为：Cd^{2+}，-0.61V；Pb^{2+}，-0.40V。

③1.0mol/L 高氯酸支持电介质（使用时适当稀释）。

④乙酸铵-乙酸支持电解质：1.0mol/L（pH4.5）。

⑤柠檬酸铵支持电解质：1.0mol/L（pH3.0）。

3）极大抑制剂：0.1%曲通（Triton X-100）水溶液，水溶性聚乙烯醇或者明胶。

4）纯氮或纯氢。

5）盐酸羟胺或抗坏血酸。

6. 步骤

仪器和电极的准备，按使用说明书进行。

（1）水样预处理

经高氯酸或硝酸酸化的水样如为清液，不含有机质、氰化物，先用氨水调节 pH 至近中性，如未出现沉淀，可直接取样分析。

废水或者污水可取适量，例如 100ml（被测物不少于 15μg）置于烧杯中，加入 5ml 浓硝酸，在电热板上加热消解到约 10ml。冷却后，加入浓硝酸和高氯酸各 10ml，继续加热消解至冒高氯酸白色浓烟，冷却，用水溶解至 50ml。煮沸以驱除氯气或氮氧化物，冷却后用快速定量滤纸过滤，用水洗涤二次，滤液和洗涤液定容到 100ml，摇匀。

（2）测定方法

1）在氨性底液中测定镉、铜、锌、镍。

①校准曲线的绘制：分别取含量为 0、10.0、20.0、50.0、100.0、150.0、200.0μg 的上述四种离子的标准溶液于 10ml 比色管中，加入氨性支持电解质 1ml，0.1%极大抑制剂水溶液 0.5ml，少量盐酸羟胺。溶解后用水稀释至标线，摇匀，转入电解池中，分段进行扫描。

铜、镉、镍、锌的起始电位可分别选用：-0.25V、-0.5V、-0.85V、-1.1V，然后绘制峰高-浓度校准曲线。

②样品的测定：移取适量（含金属 10～100μg）已处理好的水样于 10ml 比色管中，如有必要应先调到中性，按测定标准溶液的程序加入试剂进行极谱测定。在校准曲线上查出样品含量。

③标准加入法：先按上述程序测定出样品的峰高（h），然后加入与样品含量相近的标准溶液，再次测定峰高（H），再按阳极溶出伏安法（五）中的标准加入法公式进行计算。

2）在盐酸底液中测定铅、镉。

①校准曲线的绘制：分别取含量为 0、10.0、20.0、50.0、100.0、150.0、200.0μg 的铅及镉标准溶液于 10ml 比色管中，加入（1＋1）盐酸 1ml，0.1%极大抑制剂水溶液 0.5ml，抗坏血酸（或盐酸羟氨）0.05g 溶解后，加水稀释到标线，摇匀。转入电解池中，在-0.25～-1.0V 间测铅、镉 （在-0.25V 起始电位时测铅；-0.45V 起始电位时测镉）。绘制峰高-浓度校准曲线。

②样品的测定：移取适量（含金属 10～100 μg）已处理好的水样于 10ml 比色管中，按测标准的程序加入试剂进行极谱测定。在校准曲线上查出样品含量。

③标准加入法：先按上述程序测定出水样的峰高（h），加入与样品含量相近的被测离子的标准溶液，再次进行测定，测出峰高（H）。按阳极溶出伏安法（五）中的标准加入法的公式进行计算。

7. 注意事项

①在盐酸支持电解质中，铅的峰电位约为-0.4V，镉的峰电位约为-0.6V。如仅测定铅可以不加极大抑制剂。

由于大量铅的存在对镉的测定有影响，宜用导数或微分法消除其前峰的影响。

②氨性底液中铅干扰铜的测定，如果水样消解后含铁、铝较多或为除去铅的干扰而加入了铁盐使铅完全进入沉淀，为减少沉淀的吸附导致结果偏低的影响，建议采用小体积沉淀法进行分离。即，在样品预处理的最后一次蒸至近干后，不用 0.01mol/L 盐酸加热溶解提取，而是用少量 0.01mol/L 盐酸将残渣全部润湿后，加入 300mg 固体氯化铵。搅拌均匀后，加入 15ml 浓氨水，搅匀后再加入约 20ml 水，充分搅拌后转移入 50ml 容量瓶，并将烧杯的洗涤液也并入容量瓶，加水至标线，摇匀供测定用。这样所得铁、铝沉淀不呈絮状，不会有吸附损失的问题。

③若水样中几种离子含量相差较大，为了结果的准确度，宜采用微分测定技术，选用不同灵敏度档分别进行测定。例如，锌和镍由于峰电位比较接近，最好能分别测定。

④当水样中几种离子的浓度比较接近，则几种元素可同时测定。钴干扰锌的测定。锌氰络合物是非极谱活性物质，测定前应在通风橱中加盐酸煮沸以除去 HCN。高浓度铜对测镍不利，可加入氰化物络合铜、锌而测镍。高浓度镉的干扰可加入硫化物除去。

⑤如果氯化铵含较多重金属离子，在配制氨性支持电解质时，可以在经过计算后，直接用盐酸和氨水混合配制。

⑥纯汞表面不要加水，以免加快表面的氧化，而导致纯汞无法使用。用过的废汞可集中放在表面有水层的瓶中，以便集中提纯。

（七）ICP-AES 法（B）

见铝测定方法（一）。

八、钴

钴是人体和植物所必需的微量元素之一，在人体内钴主要通过形成维生素 B_{12} 发挥生物学作用及生理功能。此外钴对铁的代谢、血红蛋白合成、细胞发育及酶的功能等均有重要生理作用。

天然水中钴含量很低，浓度多数为每升 0.02～1μg。这样的浓度对人、动植物不会产生毒害作用。

有色金属冶炼厂和加工厂等企业的废水中常含高浓度的钴，例如铅锌工厂废水钴的浓度可达 0.5～1.0mg/L。制备次氯酸盐的工厂废水钴浓度可达 1.3mg/L。灌溉用水中钴的浓度为 0.1～0.27mg/L 时，对西红柿等植物产生毒害作用，硫酸钴浓度为 2mg/L 可使农作物生长减缓，甚至枯萎。钴对人体的毒害作用报导不多，水中含钴超过一定量会对水的色、嗅、味等性状产生影响，并有中毒和致癌作用，含钴 7.0～15.0mg/L 水将导致鱼类死亡。钴对水体自净的致害作用浓度为 0.9mg/L。

钴的测定方法有原子吸收法、等离子发射光谱法和分光光度法，都可用于水和废水的常规监测。

测定钴的水样保存同镉，地表水须酸化到 pH＜2，若基体复杂的废水样品应加入硫酸或盐酸，使酸度约为 1%。

（一）ICP-AES 法（B）

见铝测定方法（一）。

（二）5-Cl-PADAB 分光光度法（B）

1. 方法原理

在 pH5～6 的乙酸-乙酸钠缓冲介质中，钴与 5-氯-2-（吡啶偶氮）-1, 3-二氨基苯（简称 5-Cl-PADAB）反应生成紫红色络合物（在加热条件下反应更迅速）。该络合物的吸收波长为 530nm 和 570nm，试剂的吸收波长为 440nm。采用测定波长为 570nm 时，由此计算出摩尔吸光系数为 1.03×10^5L/（mol·cm）。钴浓度在 0.02～0.16mg/L 范围内服从比尔定律。

当水中铁含量高时，用焦磷酸钠掩蔽。水中钴含量低于 0.02mg/L 时，用巯基棉或 Ambrelite XAD-2 型大孔网状树脂预富集后，再进行显色测定，其灵敏度可提高 5～10 倍。

2. 干扰及消除

不经预富集处理，碱金属及碱土金属不干扰测定，其余金属离子也大都不干扰测定，仅 Fe^{3+}（大于 0.006mg），Cr^{3+}（大于 0.001mg）产生正干扰，当超过允许量时，Fe^{3+}的干扰可在 pH5～6 时加入适量焦磷酸钠溶液（至铁棕色消失后，再加入 2.5ml）来掩蔽。Cr^{3+} 可通过 HNO_3-HCl-$HClO_4$ 消解挥发除去。某些重金属离子与 5-Cl-PADAB 显色干扰钴的测定，但在显色完成后，加 HCl 至呈强酸性的可分解褪色而消除其干扰，而此时钴铬合物十分稳定，不受影响。

大量 Fe^{2+}、Cr^{6+}存在会产生负干扰，也可用 HNO_3-HCl-$HClO_4$ 消解、氧化、掩蔽和挥发分别除去。

硫酸根、氯离子、磷酸根、酒石酸根、硝酸根、高氯酸根、溴离子等不干扰测定。柠檬酸根使钴显色不完全。

若用巯基棉进行预富集，加入适量酒石酸盐可以防止锰、铁在 pH9 时水解形成胶体，其余金属离子都可分离除去，不产生干扰。柠檬酸、半胱氨酸等有机络合剂不影响 Co^{2+} 的吸附。

若用 Ambrelite XAD-2 型大孔网状树脂预富集，其干扰和消除方法与不经预富集处理相同。

3. 方法的适用范围

不经预富集，方法检测限为 0.02mg/L，测定上限为 0.16mg/L。经预富集后方法检测限可降低至 0.002mg/L。

本法可测定河水、湖水等地表水中的钴，也可测定钢厂、冶炼厂、电镀厂、电热厂、汽车制造厂等排放废水中的钴。

4. 仪器

①分光光度计。

②酸度计。

③富集装置：见图 3-4-7。该装置也可用 25ml 酸式滴定管或 500ml 分液漏斗代替。

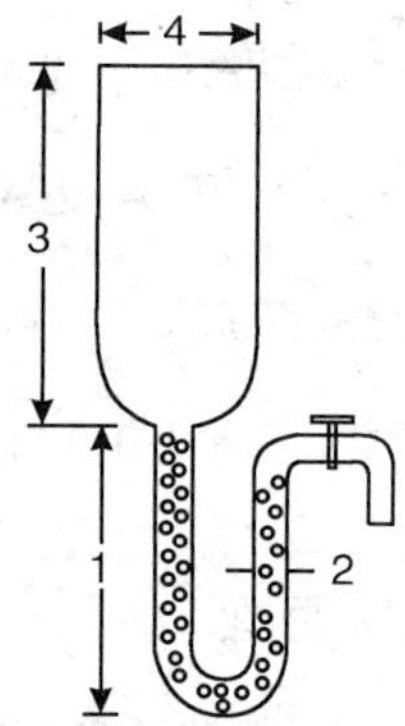

图 3-4-7 富集装置示意图

1—柱长 160mm（放置巯基棉或树脂）；2—柱径 10mm；3—贮液器长 120mm；4—贮液器直径 80mm

5. 主要试剂

①0.1%5-Cl-PADAB 乙醇溶液：称取 0.10g 5-氯-（2 吡啶偶氮）-1, 3-二氨基苯（简称 5-Cl-PADAB），溶解于 95%的乙醇溶液中，并稀释至 100ml。贮存于棕色瓶中。

②乙酸-乙酸钠缓冲溶液：称取 21.0g 无水乙酸钠，溶解于少量水中，加入乙酸调节 pH 至 5～6，用水稀释至 1000ml。

③氯化铵-氨水缓冲溶液（pH10）：称取 20.0g 氯化铵（NH_4Cl），溶解于 100ml 浓氨水中，密塞，置于冰箱中保存。

④0.2%对硝基酚溶液：称取 0.20g 对硝基酚，溶解于水，稀释至 100ml。

⑤5%焦磷酸钠溶液：称取 5.0g 焦磷酸钠，溶解于水，稀释至 100ml。

⑥（1＋1）盐酸溶液。

⑦硫酸：分析纯。

⑧钴标准贮备液：称取 35.15mg 基准试剂三氧化二钴，加入 2.5ml 盐酸溶解，移入 250ml 容量瓶中，用水稀释至标线。该溶液每毫升含 0.1000mg 钴。

⑨钴标准使用液：吸取 10.00ml 钴标准贮备液，移入 500ml 容量瓶中，用水稀释至标线，该溶液每毫升含 2.0μg 钴。

⑩巯基棉：于磨口瓶中依次加入分析纯巯基乙酸 100ml、乙酐 60ml、(36%) 乙酸 40ml、硫酸 0.3ml，充分混合。冷却至室温后加入 30g 脱脂棉使其完全浸没，加盖，置于 40℃烘箱中 2～4d 后取出，抽滤，用蒸馏水洗至中性，在 30℃烘干。放入磨口瓶中，加盖避光低温贮存。有效期为三个月。

巯基棉也可按下列方法制备：在小广口瓶中加入 70ml 巯基乙酸，0.4ml 硫酸，摇匀。加入 10g 脱脂棉使其完全浸没，加盖，于室温下放置 24h。以下步骤同上法。

⑪Ambrelite XAD-2 型大孔网状树脂（进口）：将 XAD-2 型树脂用甲醇浸泡 24h（淹没树脂），然后过滤，用 3mol/L 盐酸溶液洗涤数次，再用氨水（pH10）冲洗数次，最后用蒸馏水洗至中性。取 0.5g 装柱。

6. 步骤

（1）校准曲线的绘制

分别吸取每毫升含钴量为 2.0μg 的标准使用液 0、0.25、0.50、1.00、1.50、2.00ml 于 25ml 容量瓶中，依次加入 5.0ml HAc-NaAc 缓冲溶液，0.50ml 5%焦磷酸钠溶液，1.0ml 5-Cl-PADAB 溶液，用水稀释至 10ml 左右，摇匀。置于沸水浴上加热 5min，取下，冷却至室温后加入（1＋1）HCl 溶液 10ml，用水稀释至标线，摇匀。用 20mm 比色皿于波长 570nm 处，以试剂空白溶液为参比，测定吸光度。

（2）样品分析

1）清洁地表水：吸取水样 2～10ml（视水样中钴离子含量而定），于 25ml 容量瓶中，以下步骤同校准曲线的绘制。若水样中含铁量高，应适当多加焦磷酸钠溶液，此种情况下制备校准曲线时焦磷酸钠溶液的用量应与测定水样相同。

2）对于含有机质较高的地表水和工业废水：吸取水样 2～20ml（视水样中钴离子含量而定）于 100ml 烧杯中，加入 2ml 硝酸，盖上表面皿，于电热板上加热煮沸 1～5min，取下稍冷，加入 1～2ml 高氯酸（视有机质含量多少而定），继续加热至冒浓白烟，并持续至溶液无黑色残渣透明为止。取下冷却后，转移至 25ml 容量瓶中，加入 1～2 滴对硝基酚指示剂，滴加 20%氢氧化钠至溶液呈现黄色，以下步骤同校准曲线的绘制。

3）对于含钴量在 0.02mg/L 以下的地表水或工业废水，按下列方法进行预富集。

①巯基棉法：分取水样 500ml（视水样中钴离子含量而定），加入 10%酒石酸铵溶液 2.5ml、20%硫代硫酸钠 2.5ml，调节 pH 至 8.5～9.5，加入 pH10 的氯化铵-氨水缓冲溶液 10ml，以 1～4ml/min 的流速通过吸附装置富集，待水样流完后，用 1mol/L 4ml 盐酸以 1～4ml/min 的流速分两次进行洗脱，洗脱液用 25ml 容量瓶承接，向洗脱液中加入 1～2 滴对硝基酚，滴加 20%氢氧化钠至溶液呈现黄色，以下步骤同校准曲线的绘制。

②Ambrelite XAD-2 型树脂预富集：取水样 500ml（视水样中钴离子含量而定），调节 pH 至 5～6，加入 pH5～6 的乙酸-乙酸钠缓冲溶液 10ml，5-Cl-PADAB 溶液 1.5ml，在沸

水浴上加热（或直接加热至近沸）5min。冷却后用 20%NaOH 溶液调节 pH 至 10，以 1～2ml/min 的流速通过吸附装置富集，用 95%的乙醇溶液 10ml 分两次洗脱，洗脱液用 50ml 烧杯承接。洗脱完毕，将其放在水浴或低温电热板上，蒸发至 5ml 左右，取下冷却。加入（1＋1） HCl 溶液 10ml，转移至 25ml 容量瓶中，用水稀释至标线，摇匀。以下步骤同校准曲线绘制。若钴含量更低时，可改用 10ml 容量瓶或比色管显色，在显色时，各种试剂用量应按比例减小。制备校准曲线的条件亦应与样品测定条件相同。

若水样中含有机质或其它杂质以及悬浮物等，应事先进行消解或过滤，再进行预富集。

7. 计算

$$钴(Co,mg/L)=\frac{测得钴含量(\mu g)}{取水样体积(ml)}$$

8. 精密度和准确度

经六个实验室测定相同水样，相对标准偏差为 0.2%～23.0%；加标回收率为 90%～120%，详细结果见表 3-4-28。

表 3-4-28 六个实验室方法验证结果

水样种类	钴浓度范围(μg/L)	相对标准偏差(%)	加标回收率(%)	富集方法
河水	<3.0	0.5～21.0	90～98	巯基棉法
湖水	<6.0	<10.0	80～120	同上
地下水	1～10.0	0.2～23.0	90～100.7	树脂法
电镀、冶炼、化工废水	<10.0	1.0～15.0	90～104	同上
焦化废水	10.0	0.2～4.0	95～102	同上
汽车厂废水	20.0	<9.0	95～100	未富集
汽车厂废水	80.0	<2.0	95～105	同上
电化废水	130.0	<1.0	95—108	同上
统一标样	99.0	<3.0	95—102	同上

注：以上测定结果除加标回收率外，均为平行测定六份的数据。

九、铬

铬（Cr）的化合物常见的价态有三价和六价。在水体中，六价铬一般以 CrO_4^{2-}、$Cr_2O_7^{2-}$、$HCrO_4^-$ 三种阴离子形式存在，受水中 pH、有机物、氧化还原物质、温度及硬度等条件影响，三价铬和六价铬的化合物可以互相转化。

铬是生物体所必需的微量元素之一。铬的毒性与其存在价态有关，通常认为六价铬的毒性比三价铬高 100 倍，六价铬更易为人体吸收而且在体内蓄积。导致肝癌。因此我国已把六价铬规定为实施总量控制的指标之一。但即使是六价铬，不同化合物的毒性也不相同。当水中六价铬浓度为 1mg/L 时，水呈淡黄色并有涩味；三价铬浓度为 1mg/L 时，水的浊度明显增加，三价铬化合物对鱼的毒性比六价铬大。

铬的污染来源主要是含铬矿石的加工、金属表面处理、皮革鞣制、印染等行业。

1. 方法选择

铬的测定可采用二苯碳酰二肼分光光度法、原子吸收分光光度法、等离子发射光谱法和滴定法。清洁的水样可直接用二苯碳酰二肼分光光度法测六价铬。如测总铬，用高锰酸钾将三价铬氧化成六价铬，再用二苯碳酰二肼分光光度法测定。水样含铬量较高时，用硫酸亚铁铵滴定法。

2. 样品保存

水样应用瓶壁光洁的玻璃瓶采集。如测总铬，水样采集后，加入硝酸调节 pH 小于 2；如测六价铬，水样采集后，加入氢氧化钠调节 pH 约为 8。均应尽快测定，如放置，不得超过 24h。

（一）火焰原子吸收法（总铬的测定）（B）

1. 方法原理

将试样溶液喷入空气-乙炔富燃火焰（黄色火焰）中，铬的化合物即可原子化，于波长 357.9nm 处进行测量。

2. 干扰及消除

共存元素的干扰受火焰状态和观测高度的影响很大，在实验时应特别注意。因为铬的化合物在火焰中易生成难于熔融和原子化的氧化物，因此一般在试液中加入适当的助熔剂和干扰元素的抑制剂，如 NH_4Cl（或 $K_2S_2O_7$，NH_4F 和 NH_4ClO_2 等）。加入 NH_4Cl 可增加火焰中的氯离子，使铬生成易于挥发和原子化的氯化物，而且 NH_4Cl 还能抑制 Fe、Co、Ni、V、Al、Pb、Mg 的干扰。

3. 方法的适用范围

本方法可用于地表水和废水中总铬的测定，用空气-乙炔火焰的最佳定量范围是 0.1～5mg/L。最低检测限是 0.03mg/L。

4. 仪器及工作参数

①原子吸收分光光度计。
②工作条件：
光源：铬空心阴极灯。
测量波长：357.9nm。
通带宽度：0.7nm。
火焰种类：空气-乙炔，富燃还原型。

5. 主要试剂

①铬标准贮备液：准确称取于 120℃烘干 2h 并恒重的基准重铬酸钾 0.2829g，溶解于少量水中，移入 100ml 容量瓶中，加入 3mol/L HCl 20ml，再用水稀释至刻度，摇匀。此溶液含 1.00mg/ml Cr。

②铬标准使用液：准确移取铬标准贮备液 5.00ml 于 100ml 容量瓶中，加入 3mol/L HCl 20ml，再用水定容。此溶液含 50μg/ml Cr。

③标准系列：分别移取标准使用液 0，0.5、1.0、2,0、3.0ml 于 50ml 容量瓶中，各加入 10% NH_4Cl 2ml，3mol/L HCl 10ml 用水定容。

④10%氯化铵水溶液。

⑤3mol/L 盐酸。

⑥消解水样用浓硝酸、浓盐酸或过氧化氢。

6. 步骤

（1）试样的预处理

①按镉的测定方法（一）消解水样，但不能使用高氯酸（因为易导致铬以 CrOCl 形式挥发损失），可用过氧化氢代替。定容前加入 10% NH_4Cl 2ml 和 3mol/L HCl 10ml。

②同时用蒸馏水做空白试验。

（2）测量

①用 2.0mg/L 铬标准溶液调节仪器至最佳工作条件。将标准系列和试液顺次喷入火焰，测量吸光度。试液吸光度减去全程序试剂空白的吸光度，从校准曲线上求出铬的含量。

②再根据水样消解时的稀释或浓缩体积计算其中总铬的浓度。

7. 精密度和准确度

用本方法测定铬含量为 0.21～0.43mg/L 的地表水和铬含量为 5.70～9.83mg/L 的废水试样，室间相对标准偏差分别为 2.0%～3.9%和 7.8%～8.3%；加标回收率在 88.1%～102.0%之间。

（二）ICP-AES 法（总铬的测定）（B）

见铝测定方法（一）。

（三）二苯碳酰二肼分光光度法（六价铬的测定）（A）

1. 方法原理

在酸性溶液中，六价铬与二苯碳酰二肼反应，生成紫红色化合物，其最大吸收波长为 540nm，摩尔吸光系数为 $4\times10^4 L\cdot mol^{-1}\cdot cm^{-1}$。

（A）本方法与 GB 7466—87 等效。

2. 干扰及消除

铁含量大于 1mg/L 水样显黄色，六价钼和汞也和显色剂反应生成有色化合物，但在本方法的显色酸度下反应不灵敏。钼和汞达 200mg/L 不干扰测定。钒有干扰，其含量高于 4mg/L 即干扰测定。但钒与显色剂反应后 10min，可自行褪色。

氧化性及还原性物质，如：ClO^-、Fe^{2+}、SO_3^{2-}、$S_2O_3^{2-}$ 等，以及水样有色或混浊时，对测定均有干扰，须进行预处理。

3. 方法的适用范围

本方法适用于地表水和工业废水中六价铬的测定。当取样体积为 50ml，使用 30mm 比色皿，方法的最小检出量为 0.2μg 铬，方法的最低检出浓度为 0.004mg/L；使用 10mm 比色皿，测定上限浓度为 1mg/L。

4. 仪器

分光光度计，10mm、30mm 比色皿。

5. 试剂

1）丙酮。

2）（1+1）硫酸：将硫酸（ρ=1.84g/ml）缓缓加入到同体积水中，混匀。

3）（1+1）磷酸：将磷酸（ρ=1.69g/ml）与等体积水混合。

4）0.2%氢氧化钠溶液：称取氢氧化钠 1g，溶于 500ml 新煮沸放冷的水中。

5）氢氧化锌共沉淀剂

①硫酸锌溶液：称取硫酸锌（$ZnSO_4 \cdot 7H_2O$）8g，溶于水并稀释至 100ml。

②2%氢氧化钠溶液：称取氢氧化钠 2.4g，溶于新煮沸放冷的水至 120ml，同时将①、②两溶液混合。

6）4%高锰酸钾溶液：称取高锰酸钾 4g，在加热和搅拌下溶于水，稀释至 100ml。

7）铬标准贮备液：称取于 120℃干燥 2h 的重铬酸钾（$K_2Cr_2O_7$，优级纯）0.2829g，用水溶解后，移入 1000ml 容量瓶中，用水稀释至标线，摇匀。每毫升溶液含 0.100mg 六价铬。

8）铬标准溶液（Ⅰ）：吸取 5.00ml 铬标准贮备液，置于 500ml 容量瓶中，用水稀释至标线，摇匀。每毫升溶液含 1.00μg 六价铬，使用时当天配制。

9）铬标准溶液（Ⅱ）：吸取 25.00ml 铬标准贮备液；置于 500ml 容量瓶中，用水稀释至标线，摇匀。每毫升溶液含 5.00μg 六价铬，使用时当天配制。

10）20%尿素溶液：将尿素($(NH_2)_2CO$)20g 溶于水并稀释至 100ml。

11）2%亚硝酸钠溶液：将亚硝酸钠 2g 溶于水并稀释至 100ml。

12）显色剂（Ⅰ）：称取二苯碳酰二肼（$C_{13}H_{14}N_4O$）0.2g，溶于 50ml 丙酮中，加水稀释至 100ml，摇匀。贮于棕色瓶置冰箱中保存。色变深后不能使用。

13）显色剂（Ⅱ）：称取二苯碳酰二肼 1g，溶于 50ml 丙酮中，加水稀释至 100ml，摇匀。贮于棕色瓶置冰箱中保存。色变深后不能使用。

6. 步骤

（1）样品预处理

①样品中不含悬浮物，低色度的清洁地表水可直接测定。

②色度校正：如水样有色但不太深，则另取一份水样，在待测水样中加入各种试液进行同样操作时，以 2ml 丙酮代替显色剂，最后以此代替水作为参比来测定待测水样的吸光度。

③锌盐沉淀分离法：对混浊、色度较深的水样可用此法预处理。取适量水样（含六价铬少于 100μg）置 150ml 烧杯中，加水至 50ml，滴加 0.2%氢氧化钠溶液，调节溶液 pH 为 7～8。在不断搅拌下，滴加氢氧化锌共沉淀剂至溶液 pH 为 8～9。将此溶液转移至 100ml 容量瓶中，用水稀释至标线。用慢速滤纸干过滤，弃去 10～20ml 初滤液，取其中 50.0ml 滤液供测定。

④二价铁、亚硫酸盐、硫代硫酸盐等还原性物质的消除：取适量水样（含六价铬少于 50μg）置于 50ml 比色管中，用水稀释至标线，加入 4ml 显色剂（Ⅱ），混匀。放置 5min 后，加入（1+1）硫酸溶液 1ml，摇匀。（5～10）min 后，于 540nm 波长处，用 10 或 30mm 的比色皿，以水作参比，测定吸光度。扣除空白试验吸光度后，从校准曲线查得六价铬含量。用同法作校准曲线。

⑤次氯酸盐等氧化性物质的消除：取适量水样（含六价铬少于 50μg）置于 50ml 比色管中，用水稀释至标线，加入（1+1）硫酸溶液 0.5ml，（1+1）磷酸溶液 0.5ml，尿素溶液 1.0ml，摇匀。逐滴加入 1ml 亚硝酸钠溶液，边加边摇，以除去过量的亚硝酸钠与尿素反应生成的气泡，待气泡除尽后，以下步骤同样品测定（免去加硫酸溶液和磷酸溶液）。

（2）样品测定

①取适量（含六价铬少于 50μg）无色透明水样或经预处理的水样，置于 50ml 比色管中，用水稀释至标线，加入（1+1）硫酸溶液 0.5ml 和（1+1）磷酸溶液 0.5ml，摇匀。

②加入 2ml 显色剂（Ⅰ），摇匀。5～10min 后，于 540nm 波长处，用 10 或 30mm 的比色皿，以水作参比，测定吸光度并作空白校正，从校准曲线上查得六价铬含量。

（3）校准曲线的绘制

①向一系列 50ml 比色管中分别加入 0、0.20、0.50、1.00、2.00、4.00、6.00、8.00 和 10.00ml 铬标准溶液（Ⅰ）（如用锌盐沉淀分离须预加入标准溶液时，则应加倍加入标准溶液），用水稀释至标线。然后按照和水样同样的预处理和测定步骤操作。

②从测得的吸光度经空白校正后，绘制吸光度对六价铬含量的校准曲线。

7. 计算

$$\text{六价铬}(\mathrm{Cr}, \mathrm{mg/L}) = \frac{m}{V}$$

式中：m——由校准曲线查得的六价铬量（μg）；

V——水样的体积（ml）。

8. 精密度和准确度

用蒸馏水配制的含六价铬 0.08mg/L 的统一样品，经七个实验室分析，室内相对标准偏差为 0.6%；室间相对标准偏差为 2.1%；相对误差为 0.13%。

9. 注意事项

①所有玻璃仪器（包括采样的），不能用重铬酸钾洗液洗涤，可用硝酸、硫酸混合液或洗涤剂洗涤，洗涤后要冲洗干净。玻璃器皿内壁要求光洁，防止铬被吸附。

②铬标准溶液有两种浓度，其中每毫升含 5.00μg 六价铬的标准溶液适用于高含量水样的测定，测定时使用显色剂（Ⅱ）和 10mm 比色皿。

③六价铬与二苯碳酰二肼反应时，显色酸度一般控制在 0.05～0.3mol/L（$1/2H_2SO_4$），以 0.2mol/L 时显色最好。显色前，水样应调至中性。显色时，温度和放置时间对显色有影响，在温度 15℃，5～15min，颜色即可稳定。

④如测定清洁地表水，显色剂可按下法配制：溶解 0.20g 二苯碳酰二肼于 95%乙醇 100ml 中，边搅拌边加入（1+9）硫酸 400ml。存放于冰箱中，可用一个月。用此显色剂在显色时直接加入 2.5ml 显色剂即可，不必再加酸。加入显色剂后要立即摇匀，以免六价铬可能被乙醇还原。

⑤水样经锌盐沉淀分离预处理后，仍含有机物干扰测定时，可用酸性高锰酸钾氧化法破坏有机物后再测定。即取 50.0ml 滤液置于 150ml 锥形瓶中，加入几粒玻璃珠，加入（1+1）硫酸溶液 0.5ml，（1+1）磷酸溶液 0.5ml，摇匀。加入 4%高锰酸钾溶液 2 滴，如紫红色消褪，则应添加高锰酸钾溶液保持紫红色。加热煮沸至溶液体积约剩 20ml，取下稍冷，用中速定量滤纸过滤，用水洗涤数次，合并滤液和洗液至 50ml 比色管中。加入 1ml 尿素溶液，摇匀。用滴管滴加亚硝酸钠溶液，每加一滴充分摇匀，至高锰酸钾的紫红色刚好褪去。稍停片刻，待溶液内气泡逸出，用水稀释至标线，直接加入显色剂后测定。

（四）硫酸亚铁铵滴定法（总铬的测定）（C）

1. 方法原理

在酸性溶液中，以银盐作催化剂，用过硫酸铵将三价铬氧化成六价铬。加入少量氯化钠并煮沸，除去过量的过硫酸铵及反应中产生的氯。以苯基代邻氨基苯甲酸作指示剂，用硫酸亚铁铵溶液滴定，使六价铬还原为三价铬，溶液呈绿色为终点。根据硫酸亚铁铵溶液的用量，计算出水样中总铬的含量。

2. 干扰

钒对测定有干扰，但在一般含铬废水中，钒的含量在容许限以下。

3. 方法的适用范围

本方法适用于废水中高浓度（＞1mg/L）总铬的测定。

4. 试剂

1）（1+19）硫酸溶液：取硫酸 50ml，缓慢加入到 950ml 水中，混匀。

2）硫酸-磷酸混合液：取 150ml 硫酸缓慢加入到 700ml 水中，冷却后，加入 150ml 磷酸，混匀。

3）25%过硫酸铵溶液：称取25g过硫酸铵溶于水中，稀释至100ml，用时配制。

4）重铬酸钾标准溶液：称取120℃干燥2h的重铬酸钾（$K_2Cr_2O_7$，优级纯）0.4903g，用水溶解后，移入1000ml容量瓶中，加水稀释至标线。摇匀。此溶液的浓度（$1/6K_2Cr_2O_7$）=0.01000mol/L。

5）硫酸亚铁铵亚标准滴定溶液：称取硫酸亚铁铵($(NH_4)_2Fe(SO_4)_2 \cdot 6H_2O$)3.95g，用（1+19）硫酸溶液500ml溶解，过滤至2000ml容量瓶中，用（1+19）硫酸溶液稀释至标线。临用时，用重铬酸钾标准溶液标定。

①标定：吸取25.00ml重铬酸钾标准溶液，置500ml锥形瓶中，用水稀释至200ml左右。加入20ml硫酸-磷酸混合液，用硫酸亚铁铵标准滴定溶液滴定至淡黄色。加入3滴苯基代邻氨基苯甲酸指示液，继续滴定至溶液由红色突变为亮绿色为终点。

②记录用量（V_0ml），计算如下：

$$C[(NH_4)_2Fe(SO_4)_2 \cdot 6H_2O] = 0.01000 \times \frac{25.00\text{ml}}{V_0}$$

式中：C——硫酸亚铁铵标准滴定液的浓度（mol/L）。

6）1%硫酸锰溶液：将硫酸锰（$MnSO_4 \cdot 2H_2O$）1g溶于水，稀释至100ml。

7）0.5%硝酸银溶液：将硝酸银0.5g溶于水，稀释至100ml。

8）5%碳酸钠溶液：将无水碳酸钠5g溶于水，稀释至100ml。

9）（1+1）氨水：取氨水（ρ=0.90g/ml）加入等体积水中，摇匀。

10）1%氯化钠溶液：将氯化钠1g溶于水，稀释至100ml。

11）苯基代邻氨基苯甲酸指示液：称取苯基代邻氨基苯甲酸（Phenylen thranilic Acid）0.27g，溶于5%碳酸钠溶液5ml中，用水稀释至250ml。

5. 步骤

①吸取适量水样于150ml烧杯中，经酸消解后转移至500ml锥形瓶中（如水样清澈、无色，可直接取适量水样于500ml锥形瓶中）。用氨水中和溶液pH为1～2。加入20ml硫酸-磷酸混合液，1～3滴硝酸银溶液，0.5ml硫酸锰溶液，25ml过硫酸铵溶液，摇匀。加入几粒玻璃珠，加热至出现高锰酸盐的紫红色，煮沸10min。

②取下稍冷，加入5ml氯化钠溶液，加热微沸10～15min，除尽氯气。取下迅速冷却，用水洗涤瓶壁并稀释至250ml左右。加入3滴苯基代邻氨基苯甲酸指示液，用硫酸亚铁铵标准滴定溶液滴定至溶液由红色突变为绿色即为终点，记下用量（V_1），同时取同体积纯水代替水样进行测定，记下用量（V_2）。

6. 计算

$$\text{总铬(Cr, mg/L)} = \frac{(V_1 - V_2)}{V_3} \times C \times 17.332 \times 1000$$

式中：V_1——滴定水样时，硫酸亚铁铵标准滴定溶液用量（ml）；

V_2——滴定空白样时，硫酸亚铁铵标准滴定溶液用量（ml）；

V_3——水样的体积（ml）；

C——硫酸亚铁铵标准滴定溶液的浓度（mol/L）；

17.332——1/3Cr 的摩尔质量（g/mol）。

7. 注意事项

①应注意掌握加热煮沸时间，若加热煮沸时间不够，过量的过硫酸铵及氯气未除尽，会使结果偏高；若煮沸时间太长，溶液体积小，酸度高，可能使六价铬还原为三价铬，使结果偏低。

②苯基代邻氨基苯甲酸指示液在测定水样和空白溶液时加入量要保持一致。

十、铜

铜（Cu）是人体必需的微量元素，成人每日的需要量估计为 20mg。水中铜达 0.01mg/L 时，对水体自净有明显的抑制作用。铜对水生生物毒性很大，有人认为铜对鱼类的起始毒性浓度为 0.002mg/L，但一般认为水体含铜 0.01mg/L 对鱼类是安全的。铜对水生生物的毒性与其在水体中的形态有关，游离铜离子的毒性比络合态铜要大得多。灌溉水中硫酸铜对水稻的临界危害浓度为 0.6mg/L。世界范围内，淡水平均含铜 3μg/L，海水平均含铜 0.25μg/L。铜的主要污染源有电镀、冶炼、五金、石油化工和化学工业等企业排放的废水。

方法选择

直接吸入火焰原子吸收分光光度法快速、干扰少，适合分析废水和受污染的水。分析清洁水可选用萃取或离子交换浓缩火焰原子吸收分光光度法，也可选用石墨炉原子吸收分光光度法。但后一种方法基体干扰比较复杂，要注意干扰的检验和校正。没有原子吸收分光光度计的单位可选用二乙氨基二硫代甲酸钠萃取光度法、新亚铜灵萃取光度法、阳极溶出伏安法或示波极谱法。等离子发射光谱法是简便、快速、干扰少、准确度高的新方法，但仪器比较昂贵。

（一）二乙氨基二硫代甲酸钠萃取光度法（A）

1. 方法原理

在氨性溶液中（pH9～10），铜与二乙氨基二硫代甲酸钠作用，生成摩尔比为 1∶2 的黄棕色络合物。

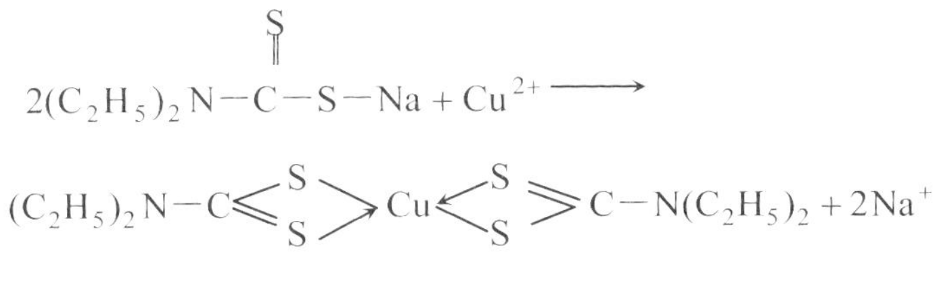

（A）本方法与 GB 7474—87 等效。

该络合物可被四氯化碳或三氯甲烷萃取，其最大吸收波长为440nm。在测定条件下，有色络合物可稳定1h，其摩尔吸光系数为$1.4 \times 10^4 L \cdot mol^{-1} \cdot cm^{-1}$。

2. 干扰及消除

在测定条件下，二乙氨基二硫代甲酸钠也能与铁、锰、镍、钴和铋等离子生成有色络合物，干扰铜的测定，除铋外均可用EDTA和柠檬铵掩蔽消除。

3. 方法的适用范围

本方法的测定范围为0.02～0.60mg/L，最低检出浓度为0.01mg/L，经适当稀释测定上限可达2.0mg/L。已用于地表水、各种工业废水中铜的测定。

4. 仪器

分光光度计，20mm比色皿。

5. 试剂

①盐酸、硝酸、高氯酸、氨水：优级纯。

②四氯化碳、三氯甲烷。

③（1+1）氨水。

④0.2%二乙氨基二硫代甲酸钠溶液：称取0.2g试剂溶于水中并稀释100ml，用棕色玻璃瓶贮存，放在暗处可以保存两周。

⑤0.4g/L甲酚红指示液：称取0.02g试剂溶于95%乙醇50ml中。

⑥EDTA-柠檬酸铵溶液：称取5g EDTA和20g柠檬酸铵溶于水中并稀释至100ml，加入4滴甲酚红指示液，用（1+1）氨水调至pH8～8.5（由红色变为浅紫色），加入少量0.2%二乙氨基二硫代甲酸钠溶液，用四氯化碳萃取提纯。

⑦氯化铵-氢氧化铵缓冲溶液：称取70g氯化铵溶于适量水中，加入570ml氨水，用水稀释至1000ml。

⑧铜标准贮备溶液：准确称取1.000g金属铜（99.9%）置于150ml烧杯中，加入（1+1）硝酸20ml，加热溶解后，加入（1+1）硫酸10ml并加热至冒白烟。冷却后，加水溶解并转入1000ml容量瓶中，用水定容至标线。此溶液1.00ml含1.00mg铜。

铜标准使用溶液由上述标准贮备溶液稀释成每毫升含5.0μg铜。

6. 步骤

（1）试样制备

①清洁地表水可直接进行测定。

②含悬浮物和有机物较多的地表水或废水，可吸取50ml酸化的水样置150ml烧杯中，加入5ml硝酸，在电热板上加热消解并蒸发到10ml左右。稍冷再加入5ml硝酸和1ml高氯酸，继续加热消解，蒸至近干，加水40ml，加热煮沸3min，冷却。将试液转入50ml容量瓶中，用水稀释至标线（若有沉淀，应过滤除去）。

（2）显色萃取

①吸取适量的试样（含铜量低于 30μg，体积不大于 50ml）置 125ml 分液漏斗中，加水至 50ml。

②清洁水样可加入 10ml EDTA-柠檬酸铵溶液，5ml 氯化铵-氢氧化铵缓冲溶液，摇匀。

对消解后的试样可加入 10ml EDTA-柠檬酸铵溶液，2 滴甲酚红指示液，用（1+1）氨水调至由红色经黄色变成紫色。

③加入 0.2%二乙氨基二硫代甲酸钠溶液 5ml，摇匀，静置 5min。

④准确加入 10ml 四氯化碳，用力振荡不少于 2min（若用振荡器振荡，应不少于 4min），静置待分层。

⑤测量：用滤纸吸去漏斗颈部的水分，塞入一小团脱脂棉，弃去最初流出的有机相 1～2ml，然后将有机相放入 20mm 干燥的比色皿中，于 440nm 波长处，以四氯化碳作参比，测量吸光度。

⑥用 50ml 水代替试样，按上述步骤同时进行空白试验，以试样的吸光度减去空白试验的吸光度后，从校准曲线查出铜含量。

（3）校准曲线

①于八个分液漏斗中，分别加入 0、0.20、0.50、1.00、2.00、3.00、5.00、6.00ml 铜标准使用溶液，加水至体积为 50ml，配成一组标准系列溶液。

②按上述操作步骤进行显色萃取和测量，将测得的吸光度作空白校正后，再与相应的铜含量绘制校准曲线。

7. 计算

$$\text{铜}(\mathrm{Cu, mg/L}) = \frac{m}{V}$$

式中：m——由校准曲线查得的铜量（μg）；

V——萃取用的水样体积（ml）。

8. 精密度和准确度

用蒸馏水配制的含铜 0.075mg/L 的统一标准溶液，经五个实验室分析，室内相对标准偏差为 6.0%；室间相对标准偏差为 7.0%；相对误差为-4.0%。

注意事项

①为了防止铜离子吸附在采样容器壁上，采样后样品应尽快进行分析。如果需要保存，样品应立即酸化至 pH＜2，通常每 100ml 样品加入（1+1）盐酸 0.5ml。

②分液漏斗的活塞不得涂抹油性润滑剂，因润滑剂溶于有机溶剂影响铜的测定。

③水样中铜含量高时，也可直接在水相中进行比色，并用明胶或淀粉溶液作稳定剂，不必用四氯化碳萃取，但校准曲线要按同样操作步骤进行。

④萃取和比色时，避免日光直射，以免铜-DDTC 络合物分解。

（二）火焰原子吸收法（A）

见镉测定方法（一）。

（三）APDC-MIBK 萃取火焰原子吸收法（B）

见镉测定方法（二）。

（四）在线富集流动注射 火焰原子吸收法（B）

见镉测定方法（三）。

（五）石墨炉原子吸收法（A）

见镉测定方法（四）。

（六）阳极溶出伏安法（B）

见镉测定方法（五）。

（七）示波极谱法（B）

见镉测定方法（六）。

（八）ICP-AES 法（B）

见镉测定方法（一）。

十一、汞

汞（Hg）及其化合物属于剧毒物质，可在体内蓄积。进入水体的无机汞离子可转变为毒性更大的有机汞，经食物链进入人体，引起全身中毒。天然水中含汞极少，一般不超过0.1μg/L。仪表厂、食盐电解、贵金属冶炼、温度计及军工等工业废水中可能存在汞。汞是我国实施排放总量控制的指标之一。

1. 方法选择

冷原子吸收法、冷原子荧光法和原子荧光法是测定水中微量、痕量汞的特效方法，干扰因素少，灵敏度较高。双硫腙分光光度法是测定多种金属离子的通用方法，如能掩蔽干扰离子和严格掌握反应条件，也能得到满意的结果。但手续繁杂，为了防止废水测定中大量稀释引入的误差可采用这种方法。

2. 水样的保存与处理

采样时，每采集 1L 水样应立即加入 10ml 硫酸或 7ml 硝酸，使水样 pH 低于或等于 1。若取样后不能立即进行测定，向每升样品中加入 5%高锰酸钾溶液 4ml，必要时多加一些，使其呈现持久的淡红色。样品贮存于硼硅玻璃瓶中，废水样品应加酸至 1%。

（一）冷原子吸收法（A）

1. 方法原理

汞原子蒸气对波长253.7nm的紫外光具有选择性吸收作用，在一定范围内，吸收值与汞蒸气浓度成正比。

在硫酸-硝酸介质和加热条件下，用高锰酸钾和过硫酸钾将试样消解，或用溴酸钾和溴化钾混合试剂，在20℃以上室温和0.6～2mol/L的酸性介质中产生溴，将试样消解，使所含汞全部转化为二价汞。

用盐酸羟胺将过剩的氧化剂还原，再用氯化亚锡将二价汞还原成金属汞。

在室温下通入空气或氮气，将金属汞气化，载入冷原子吸收测汞仪，测量吸收值，求得试样中汞的含量。

2. 干扰

碘离子浓度高于或等于3.8mg/L时，明显影响高锰钾酸钾-过硫酸钾消解法的回收率与精密度。

当阴离子洗涤剂浓度高于或等于0.1mg/L时，采用溴酸钾-溴化钾消解法，汞的回收率小于67.7%。

若有机物含量较高，规定的消解试剂最大用量不足以氧化样品中有机物时，则本法不适用。

3. 方法的适用范围

视仪器型号与试样体积不同而异，本方法最低检出浓度为0.1～0.5μg/L汞；在最佳条件下（测汞仪灵敏度高，基线噪声极小及空白试验值稳定），当试样体积为200ml时，最低检出浓度可达0.05μg/L汞。

本方法适用于地表水、地下水、饮用水、生活污水及工业废水中汞的测定。

4. 仪器

一般实验室仪器和以下专用仪器：

①测汞仪。

②台式自动平衡记录仪或微机数据处理系统。

③汞还原器，容积分别为50、100、250、500ml，具磨口、带莲蓬形多孔吹气头的翻泡瓶。

④U形管，ϕ15mm×10mm，内填变色硅胶60～80mm。

⑤三通阀。

⑥汞吸收塔：250ml玻璃干燥塔，内填经碘化钾处理的柱状活性炭。

仪器的载气净化系统，可根据不同测汞仪的特点及具体条件进行连接。

所有玻璃仪器及盛样瓶均用洗液浸泡过夜，用去离子水冲洗干净。

（A）本方法与GB 7468—87等效。

5. 试剂

①硫酸，ρ_{20}=1.84g/ml，优级纯。

②硝酸，ρ_{20}=1.42g/ml，优级纯。

③盐酸，ρ_{20}=1.19g/ml，优级纯。

④重铬酸钾，优级纯。

⑤5%高锰酸钾溶液：将 50g 高锰酸钾（优级纯，必要时重结晶精制）用水溶解并稀释至 1000ml。

⑥5%过硫酸钾溶液：将 5g 过硫酸钾用水溶解并稀释至 100ml。使用时当天配制。

⑦0.1mol/L 溴酸钾-溴化钾溶液（简称溴化剂）：称取 2.784g 溴酸钾（优级纯），用水溶解，加入 10g 溴化钾并用水稀释至 1000ml，置棕色细口瓶中保存。若有溴释出，则应重新配制。

⑧20%盐酸羟胺溶液：将 20g 盐酸羟胺用水溶解并稀释至 100ml。

⑨20%氯化亚锡溶液：将 20g 氯化亚锡加入 20ml 盐酸中，微热助溶，冷后用水稀释至 100ml。以 2.5L/min 的流速通氮气或干净空气约 2min 除汞，加几颗锡粒密塞保存。

⑩汞标准固定液（简称固定液）：将 0.5g 重铬酸钾溶于 950ml 水，再加 50ml 硝酸。

⑪汞标准贮备溶液：称取在硅胶干燥器中放置过夜的 0.1354g 氯化汞，用固定液溶解后转移至 1000ml 容量瓶中，再用固定液稀释至标线，摇匀。此溶液每毫升含 100μg 汞。

⑫汞标准中间溶液：吸取汞标准贮备溶液 10.00ml，移入 1000ml 容量瓶，用固定液稀释至标线，摇匀。此溶液每毫升含 10.0μg 汞。

⑬汞标准使用溶液：吸取汞标准中间溶液 10.00ml，移入 1000ml 容量瓶，用固定液稀释至标线，摇匀。于室温下阴凉处保存，可稳定 100 天左右。此溶液每毫升含 0.100μg 汞。

⑭稀释液：将 0.2g 重铬酸钾溶于 900ml 水，加入 28ml 硫酸，再用水稀释至 1L。

⑮经碘化钾处理的活性炭：称取一份重量碘、二份重量碘化钾和 20 份重量水，在烧杯中配成溶液，加入约 10 份重量柱状活性炭（工业用，ϕ3mm，长 3～7mm）。用力搅拌至溶液脱色后，用 G1 号砂芯漏斗滤出活性炭，在 100℃左右烘干 1～2h。

⑯洗液：将 10g 重铬酸钾溶于 9L 水中，加入 1000ml 硝酸。

若所用的试剂导致空白试验值偏高，应改用级别更高的试剂，或自行提纯精制。

配制试液或试样稀释定容，均使用无汞去离子水。

6. 步骤

（1）试样制备

试样制备方法可根据样品特性，从以下两种消解法中选择使用。

1）高锰酸钾-过硫酸钾消解法：

①近沸保温法：适用于一般废水、地表水或地下水。

将样品摇匀，取 10～50ml 废水（或 100～200ml 地表水或地下水），移入 125ml（或 500ml）锥形瓶中，补充适量无汞去离子水至约 50ml。

依次加 1.5ml 硫酸（对地表水或地下水应加 2.5～5.0ml，使 H_2SO_4 约为 0.5mol/L）、（1+1）硝酸溶液 1.5ml（对地表水或地下水，应加 2.5～5.0ml）、5%高锰酸钾溶液 4ml（如不能在

15min 内维持紫色，再补加适量高锰酸钾溶液使维持紫色，但总量不超过 30ml）、5%过硫酸钾溶液 4ml，插入小漏斗，置沸水浴中使样液在近沸状态保温 1h，取下冷却。

临近测定时，边摇边滴加 20%盐酸羟胺溶液，直至刚好使过剩的高锰酸钾褪色及二氧化锰全部溶解为止。转入 100ml 容量瓶，用稀释液稀至刻度（地表水或地下水不稀释定容）。

②煮沸法：对消解含有机物、悬浮物较多、组分复杂的废水，本法效果比近沸保温法好。

按上法取样和加入试剂后，向样液中加数粒玻璃珠或沸石，插入小漏斗，擦干瓶底，置电炉或电热板上加热煮沸 10min，取下冷却，同上法进行还原和定容。

2）溴酸钾-溴化钾消解法：本法适用于清洁地表水、地下水或饮用水，也适用于含有机物（如洗涤剂）较少的生活污水或工业废水。

将样品摇匀，取 10～50ml 移入 100ml 容量瓶，取样少于 50ml 时补加适量水。加 2.5ml 硫酸、2.5ml 溴化剂，加塞摇匀，于 20℃以上室温下放置 5min 以上。样液中应有橙黄色溴释出，否则可适当补加溴化剂（但每 50ml 水样中用量不应超过 8ml，若仍无溴释出，则本法不适用，可改用方法 1）②的煮沸法进行消解）。

临测定前，边摇边滴加 20%盐酸羟胺溶液还原过剩的溴，用稀释液稀释至标线。

3）空白试样：每分析一批试样，应同时用无汞去离子水代替样品，按试样制备步骤 1）或 2）相同操作制备二份空白试样，并把采样时加的试剂量考虑在内。

（2）校准曲线

①取 100ml 容量瓶八个，准确吸取每毫升含 0.100μg 汞的汞标准使用溶液 0、0.50、1.00、1.50、2.00、2.50、3.00 和 4.00ml 移入容量瓶中，每个容量瓶中加入适量固定液补足至 4.00ml，加稀释液至标线，摇匀。按下述测量试样步骤逐一进行测量。

②以经过空白校正的各测量值为纵坐标，以相应标准溶液的汞浓度（μg/L）为横坐标，绘制出校准曲线。

（3）测量

①连接好仪器，更换 U 形管中的硅胶，按说明书调试好测汞仪及记录仪（数据处理系统），选定灵敏度档及载气流速。将三通阀旋至“校零”端。

②取出汞还原器吹气头，逐个吸取 10.00ml 试样或空白溶液注入汞还原器中，加入 20%氯化亚锡溶液 1ml，迅速插入吹气头，将三通阀旋至“进样”端，使载气通入汞还原器，记下最高读数或记录纸上的峰高。待读数或记录笔重新回零后，将三通阀旋回“校零”端，取出吹气头，弃去废液，用水洗汞还原器二次，再用稀释液洗一次（氧化可能残留的二价锡），然后进行另一试样的测量。

7. 计算

根据经空白校正的试样测量值，从校准曲线上查得汞浓度，再乘以样品被稀释的倍数，即得样品中汞含量。其计算公式如下：

$$汞（Hg，\mu g/L）= C \times \frac{V_0}{V} \times \frac{V_1 + V_2}{V_1}$$

式中：C——试样测量所得汞浓度（μg/L）；

V——试样制备所取水样体积（ml）；

V_0——试样制备最后定容体积（ml）；

V_1——最初采集水样时的体积（ml）；

V_2——采样时加入试剂总体积（ml）。

如果对采样时加入试剂的体积忽略不计，则上列公式中，等号后的第三项$\frac{V_1+V_2}{V_1}$可略去。

8. **精密度和准确度**

采用高锰酸钾-过硫酸钾消解法，使用 A、B 两样品进行了实验室间测试，其中样品 B 含有 1.5mg/L 碘化物离子。

采用溴消化法，使用 C、D、E 三样品进行实验室间测试，其中 D、E 样均系用苯基乙酸汞配制，且 E 样中含 150mg/L 碘化物离子。

将测试结果进行统计分析所得数据，如表 3-4-29 所示。

表 3-4-29 测汞的精密度与准确度

样品	参加实验室数	剔除实验室数	标准值 (μg/L)	测试平均值 (μg/L)	标准偏差			
					室内		室间	
					绝对值(μg)	相对(%)	绝对值(μg)	相对(%)
A	47	3	0.58	0.5803	0.050	8.6	0.166	28.6
B	47	5	0.67	0.5609	0.057	10.2	0.326	58.0
C	47	5	2.272	2.418	0.121	5.0	0.259	10.7
D	48	6	2.033	2.018	0.097	4.8	0.231	11.5
E	48	7	2.168	2.205	0.077	3.5	0.235	10.7

9. **注意事项**

①当室温低于 10℃时，应采取增高操作间环境温度的办法来提高汞的气化效率。

②汞还原器的大小应根据试样体积选定，以气相与液相体积比为 2∶1～3∶1 最佳；当采用关闭气路振摇操作时，则以 3∶1～8∶1 时灵敏度最高。吹气头形状以莲蓬形最佳，且与底部距离越近越好。

③加入氯化亚锡溶液后，先在关闭气路条件下用手或振荡器充分振荡 30～60s，待完全达到气液平衡后才将汞蒸气抽入（或吹入）测量池。试验证实，在相同条件下，采取此操作与不振荡的相比，视温度、载气流速、汞还原器翻泡效率的不同，可使信号值读数高 80%～110%。

④载气流速太大会使进入测量池的汞蒸气浓度降低；流速过小又会使气化速度减慢，选用 0.8～1.2L/min 较好。若采用抽气法，将吹气头上的吹气管截去一部分，使之离液面约 5～10mm。在加入氯化亚锡溶液后，先关闭气路振摇 1min，再将汞蒸气抽入测量池。这样，不仅灵敏度高，而且零点稳定（缺点是残留在废液中的汞将污染室内空气）。

⑤盐酸羟胺溶液的提纯也可使用“巯基棉纤维管除汞法”：在内径 6～8mm、长约 100mm，一端拉细的玻璃管中，或在 500ml 分液漏斗的放液管中，填充 0.1～0.2g 巯基棉纤维，将待净化试液以 10ml/min 速度流过 1～2 次即可除尽汞。

巯基棉纤维制法：于棕色磨口广口瓶中，依次加入硫代乙醇酸（$CH_2SHCOOH$，分析纯）100ml、乙酸酐($(CH_3CO)_2O$)60ml、36%乙酸 40ml、硫酸 0.3ml，充分混匀并冷却至室温后，加入长纤维脱脂棉 30g。铺平，使之完全浸泡于溶液内，用水冷却，待反应热散去后加盖，放入 40℃±2℃烘箱中 4～4d 后取出。用耐酸过滤漏斗抽滤，以无汞去离子水充分洗涤至中性后，摊开，于 30～35℃下烘干。放入棕色磨口广口瓶中，避光和较低温下保存。

（二）冷原子荧光法（B）

1. 方法原理

水样中的汞离子被还原剂还原为单质汞，再气化成汞蒸气。其基态汞原子受到波长 253.7nm 的紫外光激发，当激发态汞原子去激发时便辐射出相同波长的荧光。在给定的条件下和较低的浓度范围内，荧光强度与汞的浓度成正比。

2. 干扰及消除

激发态汞原子与其它分子，如 O_2、CO_2、CO 等碰撞而发生能量传递，造成荧光猝灭，从而降低汞的测定灵敏度，本方法采用高纯氩气和氮气作载气。为避免在测量操作过程中进入空气，采用密封式还原瓶进样技术。

3. 方法的适用范围

本方法检出限为 1.5ng/L，测定上限为 1μg/L，适用于地表水、地下水和含氯离子较低的其他水样。

4. 仪器

①数字荧光测汞仪。
②记录仪或显示器、计算机等数据处理系统。
③远红外辐射干燥箱（烘箱）。该烘箱体积小，适用于含汞水样的消化。
④1.0ml 和 10μl 微量进样器。
⑤高纯氩气。

5. 试剂

①蒸馏水，当天蒸馏。
②硫酸：ρ_{20}＝1.84g/ml，优级纯。
③硝酸：ρ_{20}＝1.42g/ml，优级纯。
④盐酸：ρ_{20}＝1.18g/ml，优级纯。
⑤洗涤溶液：将 2g 优级纯的高锰酸钾溶解于 950ml 水中，加入 50ml 硫酸。
⑥固定溶液：称取 0.5g 优级纯的重铬酸钾溶解于水中，并用水稀释至 1000ml。
⑦5%高锰酸钾溶液：将 50g 优级纯的高锰酸钾溶解于水中，并用水稀释至 1000ml。
⑧10%盐酸羟胺溶液：称取 10g 分析纯的盐酸羟胺用水溶解，并稀释至 100ml。将此溶液每次加入 10ml 含 20mg/L 双硫腙的苯溶液萃取 3～5 次。

⑨10%氯化亚锡溶液：将 10g 分析纯的氯化亚锡，在无汞污染的通风橱内加入 20ml 盐酸，微微加热助溶，溶后继续加热几分钟除汞。或者将此溶液用经洗涤溶液洗涤的空气以 2.5L/min 流速曝气约 1h 除汞，然后用水稀释至 100ml。

⑩汞标准贮备溶液：称取在硅胶干燥器中放置过夜的氯化汞 0.1354g，用固定溶液溶解，移入 1000ml 容量瓶中，再用固定液稀释至刻度，摇匀。此溶液每毫升含 100μg 汞。

⑪ 汞的中间溶液：吸取汞标准贮备溶液适当体积，用固定溶液稀释至每毫升含 10μg 汞，摇匀。

⑫ 汞标准使用溶液：吸取汞的中间溶液，用固定溶液逐级稀释至每毫升含 100ng 汞。

⑬ 测汞所用的玻璃器皿，均应用洗涤溶液浸泡煮沸 1h。为避免玻璃壁有可能出现褪色二氧化锰斑点，须趁热取出玻璃器皿，用水冲洗干净备用。

6. 步骤

（1）仪器工作条件

表 3-4-30 列出的仪器工作参数供参考。

表 3-4-30 工作条件

元素	光电管负压 (V)	载气 Ar 流量 ml/min	屏蔽 Ar 流量 ml/min	仪器测量 (档)	记录仪 (mV)	进样量 (ml)
Hg	550	120	500	×5	10	1.0

（2）水样消解

分别取 10ml 水样于 10ml 具塞比色管中，加入 0.1ml 硫酸（用滴管加 4 滴），0.1ml 5% 高锰酸钾溶液（用滴管加 1～2 滴，以能保持水样呈紫红色为准），加塞摇匀。排列于金属架上，放于烘箱内，在比色管上加一个瓷盘盖，防止水样受热管塞跳出，于 105℃消解 1h，取出冷却。向消解水样加入 10%盐酸羟胺溶液（做一细长塑料滴管，用其加 1 滴）经摇动使高锰酸钾刚好褪色。取 1.0ml 测定。

（3）测量

按表 3-4-30 工作条件调好仪器，预热 1h，将控制阀（简称阀）转至准备档，用 1ml 注射器向进样口注入 1.0ml 蒸馏水，按动氯化亚锡按钮，即加入 0.2ml 10%氯化亚锡溶液，以清扫汞发生器及其管道。反复测定直到水读数值最低时，才可对试剂空白、汞标准曲线系列溶液和水样进行测定。绘制汞的标准曲线，计算水样中汞的含量。

（4）校准曲线

①标准曲线法：取六支 10ml 具塞比色管，加入 10ml 蒸馏水，用 10μl 微量注射器分别加入 100ng/ml 汞标准使用溶液 0、2、4、6、8、10μl，摇匀。分别加入 4 滴硫酸，1 滴 5% 高锰酸钾，摇匀。再用 10%盐酸羟胺溶液 1 滴还原后测定。

②标准加入法：于七支 10ml 具塞比色管，其中一支加入蒸馏水作空白，其余六支分别加入 10ml 含汞量低的水样，加入 100μg/L 汞标准使用溶液 0、2、4、6、8 和 10μl，摇匀。以下按水样消解步骤操作和测定。

7. 精密度和准确度

对地表水和地下水的样品，其汞含量 10～100ng/L 浓度进行 11 次测定，其相对标准偏差小于 3%。向水样加入汞标准使最终浓度为 20～100ng/L；回收率在 90%～110%。

8. 注意事项

①测定 ng/L 量级汞，要求实验用的水和试剂的纯度较高，而且其用量应尽可能地少，以降低空白值。

②水样在消解过程中，高锰酸钾的紫红色若褪至红褐色，应适当补加高锰酸钾溶液至紫红色不褪。

③滴加盐酸羟胺溶液时，应小心勿过量。因过量的盐酸羟胺会还原汞离子，导致汞的损失。

④实验室环境及通风橱和消解水样的烘箱应无汞污染。

⑤测定汞的废气应通到酸性高锰酸钾吸收液内，以防污染环境。

⑥氯化亚锡按钮易发生堵塞，要及时用稀酸清洗。

（三）双硫腙光度法（A）

1. 方法原理

在 95℃用高锰酸钾和过硫酸钾将试样消解，把所含汞全部转化为二价汞。

用盐酸羟胺将过剩的氧化剂还原，在酸性条件下，汞离子与双硫腙生成橙色螯合物，用有机溶剂萃取，再用碱溶液洗去过剩的双硫腙，分光光度计测量。

2. 干扰及消除

在酸性条件下测定，常见干扰物主要是铜离子。在双硫腙洗脱液中加入 1% EDTA 二钠盐，至少可掩蔽 300μg 铜离子的干扰。

3. 方法的适用范围

本方法适用于生活污水、工业废水和受污染的地表水测定。

取 250ml 水样测定，汞的最低检出浓度为 2μg/L，测定上限为 40μg/L。

4. 仪器

①分光光度计。

②所有玻璃器皿在两次操作之间不应让其干燥，而应充满 0.8mol/L 硝酸溶液，临用前倾出硝酸溶液，再用无汞去离子水冲洗干净。

③第一次使用的玻璃器皿应预先进行下述处理：用（1+1）硝酸溶液浸泡过夜，临用前以四份体积硫酸加一份体积 5%高锰酸钾溶液的混合液清洗，再用 10%盐酸羟胺溶液洗除所有沉积的二氧化锰，最后用无汞去离子水冲洗数次。

（A）本方法与 GB 7496—87 等效。

5. 试剂

①硫酸，ρ_{20}=1.84g/ml，优级纯。

②硝酸，ρ_{20}=1.42g/ml，优级纯。

③0.8mol/L 硝酸溶液：将 50ml 硝酸用水稀释至 1000ml。

④三氯甲烷：重蒸馏并于每 100ml 中加入优级纯无水乙醇 1ml 作保存剂。

⑤5%高锰酸钾溶液：将 50g 高锰酸钾（优级纯，必要时重结晶精制）溶于水并稀释至 1000ml，贮存在棕色细口瓶中。

注意：制备操作要小心，避免未溶解颗粒沉淀或悬浮于溶液中（必要时可加热助溶）。

⑥5%过硫酸钾溶液：将 25g 过硫酸钾溶于水并稀释至 500ml，使用时当天配制。

⑦10%盐酸羟胺溶液：将 10g 盐酸羟胺溶于水并稀释至 100ml。每次用 5ml 双硫腙-三氯甲烷使用液萃取，至双硫腙不变色为止，再用少量三氯甲烷洗二次。

⑧20%亚硫酸钠溶液：将 20g 亚硫酸钠溶液于水并稀释至 100ml。

⑨0.2%双硫腙-三氯甲烷溶液：称取 0.5g 双硫腙（$C_{13}H_{12}N_4S$）溶于 250ml 三氯甲烷，贮于棕色瓶中，置冰箱内（5℃）保存。如双硫腙试剂不纯，可用下述步骤提纯。

称取 0.5g 双硫腙溶于 100ml 三氯甲烷中，滤去不溶物，滤液置分液漏斗中，每次用（1+100）氨水 20ml 提取，共提取 5 次，此时双硫腙进入水层。合并水层，然后用 6mol/L 盐酸中和，再用 250ml 三氯甲烷分三次提取，合并三氯甲烷层，将此双硫腙三氯甲烷溶液放入棕色瓶中，保存于 5℃冰箱内备用。

⑩双硫腙-三氯甲烷使用液：透光率约为 70%（波长 500nm，10nm 比色皿），将 0.2% 双硫腙三氯甲烷溶液用重蒸三氯甲烷稀释而成。

⑪双硫腙洗脱液：将 8g 氢氧化钠（优级纯）溶于煮沸放冷的水中，加入 10g EDTA 二钠，稀释至 1000ml，贮于聚乙烯瓶中，密塞。

⑫0.4%酸性重铬酸钾溶液：将 4g 重铬酸钾（优线纯）溶入 500ml 水中，缓慢加入 500ml 硫酸或硝酸。

⑬汞标准贮备溶液：每毫升含 100μg 汞，配制方法见本节方法（一）。

⑭汞标准中间溶液：将 25.0ml 的汞标准贮备溶液转移到 250ml 容量瓶内，用 0.8mol/L 硝酸溶液稀释至标线并混匀。此标准溶液 1.00ml 含 10.0μg 汞。当天配制。

⑮汞标准使用溶液：将 10.0ml 汞标准中间溶液置 100ml 容量瓶内，用 0.8mol/L 硝酸溶液稀释至标线并混匀。此标准溶液 1.00ml 含 1.00μg 汞。使用前配制。

6. 步骤

（1）试样制备

①向加有高锰酸钾的全部样品中加入 10%盐酸羟胺溶液，使所有二氧化锰完全溶解。然后，立即取所需份数试样，每份 250ml。取时应仔细，使得到具有代表性的试样。

注：如样品中含汞或有机物的浓度较高，试样体积可以减小（含汞不超过 10μg），用水稀释成 250ml。

②将试样放入 500ml 具磨口塞锥形瓶，小心地加入 10ml 硫酸和 2.5ml 硝酸，每次加后均混合均匀。加入 5%高锰酸钾溶液 15ml，如不能在 15min 内维持深紫色，则混合后再加

15ml 以使颜色能持久。然后加入 5%过硫酸钾溶液 8ml 并在水浴上加热 2h*，温度控制在 95℃。冷却至约 40℃。

逐滴加入 10%盐酸羟胺溶液还原过剩的氧化剂，直至溶液的颜色刚好消失和所有锰的氧化物都溶解为止，开塞放置 5～10min。将溶液转移至 500ml 分液漏斗中，以少量水洗锥形瓶二次，一并移入分液漏斗中。

注：如加入 30ml 高锰酸钾溶液还不足以使颜色持久，则需要或者减小试样体积，或者考虑改用其它消解方法。在这种情况下，本法就不再适用了。

③空白试样：按上述②的规定制备空白试样，用水代替试样，并加入相同体积的试剂。应把采样时加的试剂量考虑在内。

（2）校准曲线

取六个 500ml 分液漏斗，分别加入临用前配制的汞标准使用溶液 0、0.50、1.00、2.50、5.00 和 10.00ml，加水至 250ml。然后完全按照下述测量试样的步骤，立即对其逐一进行测量。

最后分别对测量的各吸光度作空白校正后，和对应的汞含量绘制校准曲线。

（3）测量

分别向各份试样或空白试样加入 20%亚硫酸钠溶液 1ml，混匀后再加入 10.0ml 双硫腙-三氯甲烷使用液，缓缓旋摇并放气，再密塞振摇 1min，静置分层。

将有机相转入已盛有 20ml 双硫腙洗脱液的 60ml 分液漏斗中，振摇 1min，静置分层。必要时再重复洗涤 1～2 次，直至有机相不显绿色。

用滤纸条吸去分液漏斗放液管内的水珠，塞入少许脱脂棉，将有机相放入 20mm 比色皿中，在 485nm 波长下，以三氯甲烷作参比测吸光度。

以试样的吸光度减去空白试样的吸光度后，从校准曲线上查得汞含量。

当在接近检出限的浓度下进行测定时，必须控制空白试样的吸光度不超过 0.01，否则要检查所用纯水、试剂和器皿等，换掉含汞量太高的试剂和（或）水并重新配制，或对沾污严重的器皿重新处理，以确保测得值有意义。

7. 计算

$$汞（Hg，\mu g/L）=\frac{m}{V}\times 1000$$

式中：m——试样测得含汞量（μg）；

V——测定用试样体积（ml）。

如果考虑采样时加入的试剂体积，则应按下式计算：

$$汞（Hg，\mu g/L）=\frac{m\times 1000}{V_0}\times\frac{V_1+V_2+V_3}{V_1}$$

式中：m——试样测得含汞量（μg）；

V_0——测定用试样体积（ml）；

V_1——采集的水样体积（ml）；

---

*含悬浮物和(或)有机物较少的水，可把加热时间缩短为 1h，对不含悬浮物的较清洁水可缩短为 30min。

V_2——水样加硝酸体积（ml）；

V_3——水样加高锰酸钾溶液体积（ml）。

8. 精密度和准确度

四个实验室测定含汞 5.00μg/L 的统一标准溶液结果为：实验室内相对标准偏差 2%；实验室间相对标准偏差 6%；相对误差-6%；地表水加 1μg 汞，回收率在 89.0%～111%；地表水加 9μg 汞回收率在 93.6%～106%。

9. 注意事项

①三氯甲烷在贮存过程中往往会生成光气，它会使双硫腙生成氧化产物，不仅失去与汞螯合的功能，还溶于三氧甲烷（不能被双硫腙洗脱液除去）显橙黄色，用分光光度计测量时有一定吸光度。故所用三氯甲烷应予重蒸馏精制，加乙醇作保存剂，装满经过处理并干燥的棕色细口瓶中（少留空间），避光、避热密闭保存。

②用盐酸羟胺还原样品中的高锰酸钾时，二氧化锰沉淀溶解，使所吸附的汞返回溶液中，以便均匀取出试样。消解后亦按上述同样操作。注意在此操作中，所加盐酸羟胺勿过量，并且立即继续以后的操作，切勿长时放置，以防在还原状态下汞挥发损失。

③多数资料报道，双硫腙汞对光敏感，因此强调要避光或在半暗室里操作，或加醋酸防止双硫腙汞见光分解；也有资料报道"采用不纯的双硫腙时，双硫腙汞分解的很快，而采用纯的双硫腙时，双硫腙可在室内光线下稳定数小时以上"。因此，双硫腙的纯化对提高双硫腙汞的稳定性以及分析的准确度是很重要的。

④双硫腙洗脱液有用氨水配制的，是为了去除铜的干扰。但氨水的挥发性大，微溶于有机相而容易出现"氨雾"影响光度测量。改用含 1%EDTA 二钠的 0.2mol/L 氢氧化钠溶液作为双硫腙洗脱液，就不会出现上述现象而比较理想。但应注意必须使用含汞量极低的优级纯氢氧化钠。

⑤分液漏斗的活塞若涂抹凡士林防漏，因凡士林溶于三氯甲烷可引进正误差；若不涂抹凡士林或改涂"甘油淀粉润滑剂"（溶于水相），则易使被萃取液漏失而引入负误差。为此，可改为直接在具磨口塞锥形瓶中振摇萃取（先缓缓旋摇并多次启塞放气，再密塞振摇）后，倾去大部水分，转移入具塞比色管内分层，用抽气泵吸出水相。以后洗脱过剩双硫腙的操作亦可很方便地在比色管中同样时行。实践证明，这样操作不仅省时、省力，还减少了用分液漏斗反复转移溶液而引进的误差，使精密度和准确度都得到提高。

⑥鉴于汞的毒性，双硫腙汞的三氯甲烷溶液切勿丢弃，经加入硫酸处理以破坏有色物，并与其它杂质一起随水相分离后，用氧化钙中和残存于三氯甲烷中的硫酸并去除水分，将三氯甲烷重蒸回收，可反复利用。含汞废液可加入氢氧化钠溶液中和至呈微碱性，再于搅拌下加入硫化钠溶液至重金属硫化物完全沉淀为止，沉淀物予以回收或进行其它处理。

（四）原子荧光法（A）

见砷测定方法（五），但水样消解时必须加入 $KMnO_4$ 保持紫红色不褪。

（A）本方法与 SL 327.2—2005 等效。

十二、铁

地壳中含铁量（Fe）约为5.6%，分布很广，但天然水体中含量并不高。

实际水样中铁的存在形态是多种多样的，可以在真溶液中以简单的水合离子和复杂的无机、有机络合物形式存在。也可以存在于胶体，悬浮物的颗粒物中，可能是二价，也可能是三价的。而且水样暴露于空气中，二价铁易被迅速氧化为三价，样品pH＞3.5时，易导致高价铁的水解沉淀。样品在保存和运输过程中，水中细菌的增殖也会改变铁的存在形态。样品的不稳定性和不均匀性对分析结果影响颇大，因此必须仔细进行样品的预处理。

铁及其化合物均为低毒性和微毒性，含铁量高的水往往带黄色，有铁腥味，对水的外观有影响。我国有的城市饮用水用铁盐净化，若不能沉淀完全，影响水的色度和味感。如作为印染、纺织、造纸等工业用水时，则会在产品上形成黄斑，影响质量，因此这些工业用水的铁含量必须在0.1mg/L以下。水中铁的污染源主要是选矿、冶炼、炼铁、机械加工、工业电镀、酸洗废水等。

1. 方法选择

原子吸收法和等离子发射光谱法操作简单、快速，结果的精密度、准确度好，适用于环境水样和废水样的分析；邻菲啰啉光度法灵敏、可靠，适用于清洁环境水样和轻度污染水的分析；污染严重，含铁量高的废水，可用EDTA络合滴定法以避免高倍数稀释操作引起的误差。

2. 水样的保存与处理

测总铁，在采样后立刻用盐酸酸化至pH＜2保存；测过滤性铁，应在采样现场经0.45μm的滤膜过滤，滤液用盐酸酸化至pH＜2；测亚铁的样品，最好在现场显色测定，或按方法（二）操作步骤处理。

（一）火焰原子吸收法（包括锰）(A)

1. 方法原理

在空气-乙炔火焰中，铁、锰的化合物易于原子化，可分别于波长248.3nm和279.5nm处，测量铁、锰基态原子对铁、锰空心阴极灯特征辐射的吸收进行定量。

2. 干扰及消除

影响铁、锰原子吸收法准确度的主要干扰是化学干扰。当硅的浓度大于20mg/L时，对铁的测定产生负干扰，当硅的浓度大于50mg/L时，对锰的测定也出现负干扰。这些干扰的程度随着硅浓度的增加而增加。如试样中存在200mg/L氯化钙时，上述干扰可以消除。一般来说，铁、锰的火焰原子吸收分析法的基体干扰不太严重，由分子吸收或光散射造成的背景吸收也可忽略。但对于含盐量高的工业废水，则应注意基体干扰和背景校正。此外，

（A）本方法与GB/T 11911—1989等效。

铁、锰的光谱线较复杂，例如，在 Fe 线 248.3nm 附近还有 248.8nm 线；在 Mn 线 279.5nm 附近还有 279.8nm 和 280.1nm 线，为克服光谱干扰，应选择最小的狭缝或光谱通带。

3. 方法的适用范围

本法的铁、锰检出浓度分别是 0.03mg/L 和 0.01mg/L，测定上限分别为 5.0mg/L 和 3.0mg/L。本法适用于地表水、地下水及化工、冶金、轻工、机械等工业废水中铁、锰的测定。

4. 仪器

①原子吸收分光光度计。
②铁、锰空心阴极灯。
③乙炔钢瓶或乙炔发生器。
④空气压缩机，应备有除水、除油装置。
⑤仪器工作条件：不同型号仪器的最佳测试条件不同，可由各实验室自己选择，表 3-4-31 的测试条件供参考。

表 3-4-31 原子吸收测定铁、锰的条件

光源	Fe 空心阴极灯	Mn 空心阴极灯
灯电流(mA)	12.5	7.5
测定波长(nm)	248.3	279.5
光谱通带(nm)	0.2	0.2
观测高度(mm)	7.5	7.5
火焰种类	空气-乙炔，氧化型	空气-乙炔，氧化型

5. 试剂

①铁标准贮备液：准确称取光谱纯金属铁 1.000g，用 60ml （1+1）硝酸溶解完全后，加 10ml （1+1）硝酸，用去离子水准确稀释至 1000ml，此溶液含 1.00mg/ml 铁。

②锰标准贮备液：准确称取 1.0000g 光谱纯金属锰（称量前用稀硫酸洗去表面氧化物，再用去离子水洗去酸，烘干。在干燥器中冷却后尽快称取），用 10ml （1+1）硝酸溶解。当锰完全溶解后，用 1%硝酸准确稀释至 1000ml，此溶液每毫升含 1.00mg 锰。

③铁锰混合标准使用液：分别准确移取铁和锰标准贮备液 50.00ml 和 25.00ml，置 1000ml 容量瓶中，用 1%盐酸稀释至标线，摇匀。此液每毫升含 50.0μg 铁，25.0μg 锰。

6. 步骤

（1）样品预处理

对于没有杂质堵塞仪器吸样管的清澈水样，可直接喷入火焰进行测定。如测总量或含有机质较高的水样时，必须进行消解处理。处理时先将水样摇匀，分取适量水样置于烧杯中，每 100ml 水样加 5ml 硝酸，置于电热板上在近沸状态下将样品蒸至近干。冷却后，重

复上述操作一次。以（1+1）盐酸 3ml 溶解残渣，用 1%盐酸冲洗杯壁，用经（1+1）盐酸洗涤干净的快速定量滤纸滤入 50ml 容量瓶中，以 1%盐酸稀释至标线。

每分析一批样品，平行测定两个试剂空白样。

（2）校准曲线的绘制

分别取铁锰混合标准液 0、1.00、2.00、3.00、4.00、5.00ml 于 50ml 容量瓶中，用 1%盐酸稀释至刻度，摇匀。用 1%盐酸调零点后，在选定的条件下测定其相应的吸光度，经空白校正后绘制浓度-吸光度校准曲线。

（3）试样的测定

在测定标准系列溶液的同时，测定试样及空白样的吸光度。由试样吸光度减去空白样吸光度，从校准曲线上求得试样中铁、锰的含量。

7. 计算

$$铁（Fe, mg/L）= \frac{m}{V} \qquad 锰（Mn, mg/L）= \frac{m}{V}$$

式中：m——由校准曲线查得铁、锰量（μg）；

V——水样体积（ml）。

8. 精密度和准确度

用 1%盐酸配制含铁 2.00mg/L、锰 1.04mg/L 的统一样品，经 13 个实验室分析，铁、锰室内相对标准偏差为 0.86%和 0.85%；室间相对标准偏差为 2.64%和 1.88%；相对误差为 +0.18%和-12.5%；加标回收率为 100.4%±2.1%和 99.9%±3.9%。

全国 12 个省 13 个市的实验室对本地区 42 种不同类型的实际水样进行六次平行测定和加标回收实验，获得的精密度和准确度良好，表 3-4-32、表 3-4-33 列出了部分结果。

表 3-4-32　部分水样铁的分析结果（mg/L）

实验室号	样品名称	六次测定均值	相对标准偏差(%)	加标回收率(%)
1	铜厂废水	1.35	3.0	102.0
2	机械厂废水	8.46	0.2	100.4
4	钢铁厂废水	3.88	1.08	99.3
5	化工厂废水	1.49	1.2	101.1
10	自来水	0.153	2.6	98.6
11	地下水	0.50	0.0	100.0
12	湖水	0.312	1.5	99.2

表 3-4-33　部分水样锰的分析结果（mg/L）

实验室号	样品名称	六次测定均值	相对标准偏差(%)	加标回收率(%)
2	机械厂废水	0.838	1.8	98.2
5	化工厂废水	2.37	0.2	98.0
6	河水	0.17	0.0	104.0
11	地下水	0.39	1.32	101.0
12	湖水	0.109	1.6	101.0
13	冶炼废水	11.16	0.93	100.8

9. 注意事项

①各种型号的仪器，测定条件不尽相同，因此，应根据仪器使用说明书选择合适条件。

②当样品的无机盐含量高时，采用塞曼效应扣除背景，无此条件时，也可采用邻近吸收线法扣除背景吸收。在测定浓度容许条件下，也可采用稀释方法以减少背景吸收。

③硫酸浓度较高时易产生分子吸收，以采用盐酸或硝酸介质为好。

④铁和锰都是多谱线元素，在选择波长时要注意选择准确，否则会导致测量失败。

⑤为了避免稀释误差，在测定含量较高的水样时，可选用次灵敏线测量。

（二）邻菲啰啉分光光度法（B）

1. 方法原理

亚铁离子在 pH3～9 的溶液中与邻菲啰啉生成稳定的橙红色络合物，其反应式为：

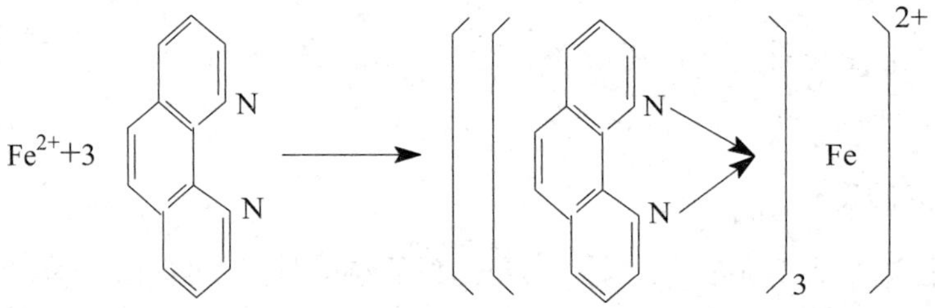

此络合物在避光时可稳定半年。测量波长为 510nm，其摩尔吸光系数为 $1.1\times10^4L\cdot mol^{-1}\cdot cm^{-1}$。若用还原剂（如盐酸羟胺）将高铁离子还原，则本法可测高铁离子及总铁含量。

2. 干扰及消除

强氧化剂、氰化物、亚硝酸盐、焦磷酸盐、偏聚磷酸盐及某些重金属离子会干扰测定。经过加酸煮沸可将氰化物及亚硝酸盐除去，并使焦磷酸、偏聚磷酸盐转化为正磷酸盐以减轻干扰。加入盐酸羟胺则可消除强氧化剂的影响。

邻菲啰啉能与某些金属离子形成有色络合物而干扰测定。但在乙酸-乙酸铵的缓冲溶液中，不大于铁浓度 10 倍的铜、锌、钴、铬及小于 2mg/L 的镍，不干扰测定，当浓度再高时，可加入过量显色剂予以消除。汞、镉、银等能与邻菲啰啉形成沉淀，若浓度低时，可加过量邻菲啰啉来消除；浓度高时，可将沉淀过滤除去。水样有底色，可用不加邻菲啰啉的试液作参比，对水样的底色进行校正。

3. 方法的适用范围

此法适用于一般环境水和废水中铁的测定，最低检出浓度为 0.03mg/L，测定上限为 5.00mg/L。对铁离子大于 5.00mg/L 的水样，可适当稀释后再按本方法进行测定。

4. 仪器

分光光度计，10mm 比色皿。

5. 试剂

①铁标准贮备液，准确称取 0.7020g 硫酸亚铁铵($(NH_4)_2Fe(SO_4)_2\cdot 6H_2O$)，溶于（1+1）硫酸 50ml 中，转移至 1000ml 容量瓶中，加水至标线，摇匀。此溶液每毫升含 100μg 铁。

②铁标准使用液：准确移取标准贮备液 25.00ml 置 100ml 容量瓶中，加水至标线，摇匀。此溶液每毫升含 25.0μg 铁。

③（1+3）盐酸。

④10%盐酸羟胺溶液。

⑤缓冲溶液：40g 乙酸铵加 50ml 冰乙酸用水稀释至 100ml。

⑥0.5%邻菲啰啉（1, 10-phenanthroline）水溶液，加数滴盐酸帮助溶解。

6. 步骤

（1）校准曲线的绘制

依次移取铁标准使用液 0、2.00、4.00、6.00、8.00、10.0ml 置 150ml 锥形瓶中，加入蒸馏水至 50.0ml，再加（1+3）盐酸 1ml，10%盐酸羟胺 1ml，玻璃珠 1～2 粒。加热煮沸至溶液剩 15ml 左右，冷却至室温，定量转移至 50ml 具塞比色管中。加一小片刚果红试纸，滴加饱和乙酸钠溶液至试纸刚刚变红，加入 5ml 缓冲溶液、0.5%邻菲啰啉溶液 2ml，加水至标线，摇匀。显色 15min 后，用 10mm 比色皿，以水为参比，在 510nm 处测量吸光度，由经过空白校正的吸光度对铁的微克数作图。

（2）总铁的测定

采样后立即将样品用盐酸酸化至 pH＜1，分析时取 50.0ml 混匀水样于 150ml 锥形瓶中，加（1+3）盐酸 1ml，盐酸羟胺溶液 1ml，加热煮沸至体积减少到 15ml 左右，以保证全部铁的溶解和还原。若仍有沉淀应过滤除去。以下按绘制校准曲线同样操作，测量吸光度并作空白校正。

（3）亚铁的测定

采样时将 2ml 盐酸放在一个 100ml 具塞的水样瓶内，直接将水样注满样品瓶，塞好瓶塞以防氧化，一直保存到进行显色和测量（最好现场测定或现场显色）。分析时只需取适量水样，直接加入缓冲溶液与邻菲啰啉溶液，显色 5～10min，在 510nm 处以水为参比测量吸光度，并作空白校正。

（4）可过滤铁的测定

在采样现场，用 0.45μm 滤膜过滤水样，并立即用盐酸酸化过滤水至 pH＜1，准确吸取样品 50ml 置于 150ml 锥形瓶中，以下操作与步骤（1）相同。

7. 计算

$$\text{铁}\ (\mathrm{Fe, mg/L}) = \frac{m}{V}$$

式中：m——由校准曲线查得的铁量（μg）；

V——水样体积（ml）。

8. 精密度和准确度

一个实验室测定铁离子的浓度为 0.5、2.5、4.5mg/L 的水样，相对标准偏差分别为 1.0%、0.44%和 0.33%。

对于 0.5、2.5mg/L 浓度的铁溶液按 1∶1 的比例加标进行回收试验，回收率分别为 102.6%和 97.4%。

9. 注意事项

①各批试剂的铁含量如不同，每新配一次试液，都需重新绘制校准曲线。

②含 CN^- 或 S^{2-} 离子的水样酸化时，必须小心进行，因为会产生有毒气体。

③若水样含铁量较高，可适当稀释；浓度低时可换用 30mm 或 50mm 的比色皿。

（三）ICP-AES 法（B）

见铝测定方法（一）。

十三、锰

锰（Mn）有钢铁样的金属光泽，锰的化合物有多种价态，主要有二价、三价、四价、六价和七价。锰是生物必需的微量元素之一。

地下水中由于缺氧，锰以可溶态的二价锰形式存在，而在地表水中还有可溶性三价锰的络合物和四价锰的悬浮物存在。在环境水样中锰的含量在数微克/升至数百微克/升，很少有超过 1mg/L 的。锰盐毒性不大，但水中锰可使衣物、纺织品和纸呈现斑痕，因此一般工业用水锰含量不允许超过 0.1mg/L。锰的主要污染源是黑色金属矿山、冶金、化工排放的废水。

1. 方法选择

原子吸收法和等离子发射光谱法，简便、快速、干扰少，且灵敏度高，可直接用于水中锰的测定。

测量高锰酸盐的紫红色的光度法选择性较好，经常被采用。

甲醛肟光度法为 ISO 的标准方法，灵敏度比高锰酸盐法高，但不如原子吸收法或等离子发射光谱法。

2. 样品保存

水样中的二价锰在中性或碱性条件下，能被空气氧化为更高的价态而产生沉淀，并被容器壁吸附。因此，测定总锰的水样，应在采样时加硝酸酸化至 pH＜2；测定可过滤性锰的水样，应在采样现场用 0.45μm 有机微孔滤膜过滤，再用硝酸酸化至 pH＜2 保存，废水样品应加入 HNO_3 至 1%。

（一）原子吸收光度法（A）

见铁测定方法（一）。

（二）高碘酸钾氧化光度法（A）

1. 方法原理

用高碘酸钾氧化低价锰为紫红色的高锰酸盐，于波长525nm处进行光度测定。在酸性介质中，用高碘酸钾氧化需长时间加热煮沸才能完成；而本方法在中性（pH7.0～8.6）溶液中，有焦磷酸钾-乙酸钠存在时，高碘酸钾可于室温下瞬间将低价锰氧化为高锰酸盐，且色泽稳定16h以上。

2. 干扰及消除

水样中常见的金属离子和阴离子均不干扰锰的测定。含有强还原剂或氧化剂的污水，或含有悬浮物的废水，应预先加入硝酸和硫酸（或高氯酸）加热消解后测定。

3. 方法的适用范围

本方法测锰的最低检出浓度为0.05mg/L（吸光度 A 为0.01时，所对应的锰浓度）。使用50mm比色皿时，50ml水中锰量低于125μg时，符合比尔定律。本方法适用于环境水样和废水样中锰的测定。

4. 仪器

分光光度，50mm比色皿。

5. 试剂

①焦磷酸钾-乙酸钠缓冲溶液：称取焦磷酸钾230g和结晶乙酸钠136g溶于热水中，冷却后定容到1000ml。此溶液浓度焦磷酸钾为0.6mol/L，乙酸钠为1.0 mol/L。

②2%高碘酸钾溶液：用（1+9）硝酸配制。

③锰标准溶液：称取约0.5000g（准确到0.0001g）纯度不低于99.9%的电解锰，溶于（1+1）硝酸10ml中，加热溶解后移入500ml容量瓶中，冷却后用水稀释至标线，摇匀。此贮备液每毫升含1.00mg锰，再定量移取部分溶液到另一支容量瓶中，用水稀释成每毫升含50.0μg锰的使用溶液。

6. 步骤

（1）校准曲线的绘制

分别吸取0、0.50、1.00、1.50、2.00、2.50ml锰标准使用液置于六支50ml比色管中，加水至约25ml，加入10ml焦磷酸钾-乙酸钠缓冲溶液，摇匀后再加入2%高碘酸钾溶液3ml，用水稀释至刻度，摇匀。放置10min后，用50mm比色皿在525nm处，以水作参比测量吸

（A）本方法与GB/T 11906—1989等效。

光度，由所测得吸光度经空白校正后对锰的量绘制校准曲线（或进行相应的回归计算）。

（2）样品的测定

悬浮物较多或色度较深的废水样，取25.00ml混匀样两份置于100ml烧杯中，加入5ml硝酸和（1+1）硫酸（或高氯酸）2ml，加热消解直至冒白烟（若试液色深，还可补加硝酸继续消解），蒸发至近干（勿干涸），取下。稍冷，加少量水，微热溶解，定量移入50ml比色管中，用（1+9）氨水调pH至近中性，其中一份按校准曲线绘制的相同步骤显色，另一份用纯水代替水样按同样操作作为参比溶液，在525nm处测量吸光度。

对于清洁的环境水样可省去消解操作，直接取25ml水样置50ml比色管中，按所述步骤直接显色和测量。

7. 计算

$$锰(Mn,mg/L)=\frac{m}{V}$$

式中：m——由校准曲线查得或用回归方程算出的锰量（μg）；

V——试样体积（ml）。

8. 精密度和准确度

八个实验室分析了三种不同浓度的地表水和工业废水，结果如表3-4-34所示。

此外，七个省（市、区）分析了本地区的地下水、地表水、工业废水共16个样，回收率在91.7%～105%。

表3-4-34 八个实验室分析三个统一样品的结果

样品名称	测定均值(mg/L)	室内相对标准偏差(%)	室间相对标准偏差(%)	平均加标回收率(%)
地表水	0.226	3.94	14.2	99.2
铁厂总排污水	0.792	1.54	5.93	100.7
转炉废水	34.9	0.94	2.55	101.2

9. 注意事项

①酸度是发色完全与否的关键条件，pH应控制在7～8.3，方法选用pH为7.3～7.8。若pH<6.5，则发色速度减慢，影响测定结果。加入的焦磷酸钾-乙酸钠溶液具有一定的缓冲容量，酸性保存的样品，当硝酸浓度不大于0.5%时，无须调节酸度，可直接发色。酸度太大的样品分析前应调节pH至弱酸性或近中性。

②试样加热消解，切不可蒸至干涸，否则铁、锰氧化物析出后，便难被稀酸溶解，易导致测定结果偏低。

（三）ICP-AES法（B）

见铝测定方法（一）。

十四、镍

镍盐易引起过敏性皮炎。某些报告认为镍（Ni）具有致癌性，对水生生物有明显毒害作用。清洁地表水中镍的浓度很低，在1μg/L左右。镍的主要工业污染来源是采矿、冶炼、电镀等工业排放的废水和废渣。

水中镍的测定可采用原子吸收法或等离子发射光谱法，这两种方法灵敏度高、简便、快速、干扰较少。在测定含镍较高的废水试样时，为了避免稀释引入的误差，亦可使用丁二酮肟光度法。

水样采集后，即用硝酸将水样酸化至 pH<2，保存于聚乙烯瓶中，废水样品加 HNO_3 至1%。

（一）火焰原子吸收光度法（A）

1. 方法原理

将试液喷入空气-乙炔贫燃火焰中，在高温下，镍化合物解离成基态原子，其原子蒸气对锐线光源（镍空心阴极灯）发射的特征谱线232.0nm产生选择性吸收。在一定条件下吸光度与试液中镍的浓度成正比，即可定量。

2. 干扰及消除

测定5μg/ml镍时，下列离子均无明显干扰：硫酸根5000μg/ml；钙（Ⅱ）、镁（Ⅱ）、铜（Ⅱ）、铬（Ⅲ）、锰（Ⅱ）、铁（Ⅲ）、镉（Ⅱ）、钾（Ⅰ）、硅酸根、氟离子各1000μg/ml；铅（Ⅱ）、锌Ⅱ）、磷酸根各500μg/ml；银（Ⅰ）、锡（Ⅱ）、锑（Ⅲ）各100μg/ml。

使用232.0nm作吸收线，由于存在相距很近的镍三线，为消除光谱干扰应尽可能选择窄的光谱通带。

3. 方法的适用范围

本方法最低检出限为0.01μg/ml，镍浓度在0.03～8μg/ml范围遵守比尔定律。本方法已应用于地表水和电镀、冶炼、机械制造、化工等厂矿含镍废水中镍的测定。

4. 仪器

①原子吸收分光光度计。

②镍空心阴极灯。

③乙炔钢瓶或乙炔发生器。

④空气压缩机（应备有除水、除油的净化装置）。

⑤仪器工作参数：可根据仪器使用说明书自行选择，下面所列条件仅供参考。

测量波长：232.0nm；灯电流：12.5mA；光谱通带：0.2nm；观测高度：8mm；乙炔流量：2.2L/min；空气流量：9.4L/min。

（A）本方法与GB/T 11912—1989等效。

5. 试剂

①1%硝酸：取10ml优级纯硝酸，用水稀释至1000ml。

②镍标准贮备液：称取99.9%或光谱纯金属镍0.1000g，溶解在（1+1）硝酸溶液10ml中，加热蒸发至近干，加1%硝酸溶解并定容至1000ml。此溶液每毫升含100.0μg镍。

③镍标准使用液：取镍贮备液10.00ml置于100ml容量瓶中，加（1+1）硝酸2ml，用水定容。此溶液每毫升含10.0μg镍。

6. 步骤

（1）校准曲线绘制

分别吸取镍标准使用液0、1.00、2.00、4.00、6.00、8.00ml置于10ml容量瓶中，用1%硝酸溶液定容。按所选择的仪器工作参数调好仪器，测量每份溶液的吸光度，绘制吸光度-浓度曲线。

（2）样品测定

视试样镍含量，直接喷雾或使用经1%硝酸溶液适当稀释后的样品溶液，按校准曲线绘制的步骤进行测量。以测得的吸光度作空白校正后，从校准曲线上求出镍的含量。

7. 计算

$$镍（Ni, mg/L）= \frac{m}{V}$$

式中：m——从校准曲线上查得镍量（μg）；

V——水样体积（ml）。

8. 精密度和准确度

12个实验室分析含镍1.017mg/L的合成水样，测得总平均值1.012mg/L，室内相对标准偏差1.76%；室间相对标准偏差1.76%；相对误差-0.45%。本方法还用于矿山、冶炼、电镀、机械行业41种废水样品的分析，其浓度范围为0.072～5.45mg/L；加标回收率为92.0%～109.0%。

表3-4-35列出了部分结果，表明方法的精密度和准确度均良好。

表3-4-35 部分样品镍的分析结果

实验室号	样品名称	六次测定均值(mg/L)	相对标准偏差(%)	加标回收率(%)
1	铜带厂废水	0.500	1.4	99.0
2	电信器材废水	3.17	1.3	95.0
6	自行车厂废水	1.87	0.95	101.0
9	电镀废水	2.46	0.8	99.5
11	电解铜废水	1.63	3.18	102.0
13	冶炼厂废水	20.12	0.63	99.8
13	光电工厂废水	16.34	1.89	95.3

9. 注意事项

①当样品无机盐含量高时，采用自吸收法或塞曼效应扣背景。无此条件时，也可采用邻近吸收线法扣除背景吸收，在测量浓度许可时，也可采用稀释方法减少背景吸收。

②硫酸浓度较高易产生分子吸收，以采用硝酸或盐酸介质为好。

（二）丁二酮肟光度法（B）

1. 方法原理

在氨性溶液中，有氧化剂碘存在时，镍与丁二酮肟作用，形成组成比为 1∶4 的酒红色可溶性络合物。络合物在 440 及 530nm 处有两个吸收峰，摩尔吸光系数分别为 1.5×10^4 和 $6.6\times10^3 L\cdot mol^{-1}\cdot cm^{-1}$。为了消除柠檬酸铁等的干扰，可选择灵敏度稍低的 530nm 波长进行测定。

2. 干扰及消除

与丁二酮肟生成络合物的金属离子（铜、钴等）和不溶于氨水的离子（铁、铝、铬等）都干扰测定。测定 50μg 镍时，加入 50%柠檬酸铵 2ml，下列离子均无明显干扰：铅（Ⅱ）、锌（Ⅱ）、钙（Ⅱ）、镁（Ⅱ）、铬（Ⅵ）各 5mg，铝（Ⅲ）3mg，汞（Ⅱ）1mg，钯（Ⅱ）、银（Ⅰ）和铬（Ⅲ）各 50μg。若加入 5%Na_2-EDTA 溶液 2ml，可消除铁（Ⅲ）3mg，钴（Ⅱ）1mg，铜（Ⅱ）和锰（Ⅱ）各 0.5mg 的影响。当铜含量超过 0.5mg，钴含量超过 1mg 时，可采用丁二酮肟-正丁醇萃取分离除去。氰化物干扰测定，测定前加次氯酸钠并加热除去。

3. 方法的适用范围

本方法测镍的最低检出浓度为 0.1mg/L（吸光度 A=0.010 时所对应的镍浓度），测定上限为 4mg/L。已用于电镀、冶炼等行业处理前或处理后的含镍废水测定。

4. 仪器

分光光度计，10mm 比色皿。

5. 试剂

①硝酸。

②镍标准贮备溶液：配制方法见本节方法（一）。

镍标准使用液由上述标准贮备溶液稀释而成，每毫升溶液含 20.0μg 镍。

③50%柠檬酸铵溶液。

④0.05mol/L 碘溶液：称取 12.7g 碘，加到含有 25g 碘化钾的适量水中，用水稀释至 1000ml。

⑤5%Na_2-EDTA 水溶液。

⑥0.5%丁二酮肟溶液：称取 0.5g 丁二酮肟溶解于 50ml 氨水中，用水稀释至 100ml。

6. 步骤

（1）校准曲线

①显色：于一组 25ml 具塞比色管中，分别加入镍标准使用液 0、1.00、2.00、3.00、4.00、5.00ml，加 50%柠檬酸铵 2.0ml，0.05mol/L 碘溶液 1.0ml，加水至 20ml，摇匀。加 0.5%丁二酮肟溶液 2.0ml 摇匀。加 5%Na_2-EDTA 溶液 2.0ml，加水至刻度，摇匀。

②测量：放置 5min 后，用 10mm 比色皿，于 530nm 波长处，以水作参比，测量吸光度，并作空白校正，绘制吸光度-浓度曲线。

（2）样品测定

①取水样 1～10ml（含镍 10～100μg）置 25ml 具塞比色管中，用氢氧化钠溶液调至中性，然后按上述校准曲线的步骤进行显色和测量。

②若废水含有悬浮物及有机络合剂，应取适量水样，加 HNO_3 消解后，再按本方法显色测定。

7. 计算

$$镍（Ni, mg/L）= \frac{m}{V}$$

式中：m——由校准曲线查得的镍量（μg）；

V——水样体积（ml）。

8. 精密度和准确度

用含镍废水配制两个统一样品，分别含镍 7.18mg/L 和 5.74mg/L。九个实验室测得平均值分别是 7.21 和 5.77mg/L；室内相对标准偏差为 0.79%和 1.16%；室间相对标准偏差为 2.06%和 2.05%。还分析了 29 种不同废水样，其精密度和准确度均良好，见表 3-4-36。

表 3-4-36 部分废水样品的分析结果

实验室编号	废水名称	六次测定均值 (mg/L)	相对标准偏差 (%)	加标回收率二次均值 (%)
1	电工厂废水	16.72	1.59	98.2
2	电镀洗涤水	31.4*	2.30	104.8
3	自行车厂处理后水	9.14	0.64	98.7
4	电冶厂总排口废水	6.14	2.70	97.6
5	制锰厂废水	19.56	0.17	99.9
6	钢卷尺厂废水	43.24	0.13	99.6
7	表厂废水	2.21	0.86	105.9
8	电炼厂废水	18.73	0.66	97.9

*经丁二酮肟-正丁醇萃取分离后测定的结果。

9. 注意事项

1）在显色操作中，加入氧化剂碘溶液后应加水至 20ml 并摇匀，否则加入氨性丁二酮肟后，不能正常显色。可选用其它氧化剂，如过硫酸铵和溴水，用过硫酸铵作氧化剂需在强碱性(pH＞12）溶液中进行，腐蚀性较大，但稳定性和选择性较好。用溴作氧化剂则毒性较大。

2）Na_2-EDTA 掩蔽剂应在加入显色剂并摇匀后再加入，否则 EDTA 先掩蔽镍，而使镍不能显色。

3）在低于 20℃室温下显色时，络合物吸光度至少在 1h 内不变。温度高时络合物欠稳定，在此情况下须在较短时间内测量完毕，并应在相同测定条件下绘制校准曲线，显色时间应尽量一致。测量波长选 530nm，黄色柠檬酸铁几乎无吸收，不再干扰镍的定量。

4）铜、钴等离子用丁二酮肟-正丁醇萃取分离的操作步骤：

①取适量水样（含镍 0.05mg 以下）置于 100ml 分液漏斗中，加 20%柠檬酸铵 5.0ml，1%丁二酮肟乙醇溶液 2.0ml，摇匀。加 0.1%酚酞指示液 1 滴，滴加（1+1）氨水使溶液出现红色，再加入 pH 为 10.0 的氨水-氯化铵缓冲液 1.0ml，加水至约 30ml，摇匀。

②用正丁醇 10ml 萃取 1～2min，静止分层后，弃尽水相。

③用 0.5mol/L 氨溶液（即（1+26）氨水）5ml 振摇 30s，洗涤有机相一次，弃尽水相。

④加入 0.5mol/L 盐酸溶液（即（1+23）盐酸）5ml 振摇 1～2min，反萃取镍。分层后，将水相完全转入 25ml 具塞比色管中，再用水 5ml，洗涤有机相一次，合并水相。

⑤加 1mol/L 氢氧化钠溶液 1.5ml，20%柠檬酸铵 0.5ml，0.05mol/L 碘溶液 1.0ml，加水至约 20ml，摇匀。加 0.5%丁二酮肟 2.0ml，摇匀。加 5% Na_2-EDTA 溶液 2ml，加水至刻度，摇匀。用 10mm 比色皿，于波长 440mm 处，以水作参比测量吸光度，并作空白校正。

⑥标准系列溶液按上述同样的萃取操作步骤进行，从校准曲线上求出样品中镍的含量。

（三）ICP-AES 法（B）

见铝测定方法（一）。

（四）示波极谱法（B）

见镉测定方法（六）。

十五、钼

钼是一切固氮植物所必需的营养成分，对植物内维生素 C 的合成、含量与分解具有一定作用。钼也是人体黄呤氧化酶、醛氧化酶、亚硫酸氧化酶等多种酶的重要成分，是人体必需的微量元素。

天然水中钼的含量为每升数微克。冶金、电子、石油加工、陶瓷和纺织等工业废水中常含钼，有的铜冶炼厂废水含钼浓度可达 0.047mg/L，有色金属加工厂废水钼浓度约为 0.057mg/L。可见废水中钼的含量一般比较低。

人和动物体内含钼过多可使钙、磷和铜的代谢受到影响，发生病变。钼酸铵浓度达 10mg/L 时，可使水的涩味加重；钼浓度为 5mg/L 时对水体的生物自净作用有抑制效应，并对某些植物（如莴苣）生长有害。日本规定钼的环境水质标准为 0.07mg/L。

使用 ICP-AES 或石墨炉原子吸收法测定。但钼在石墨管中易生成耐高温的碳化物，导致测量灵敏度降低。催化极谱法灵敏度较高，仪器相对简单，在我国便于普及应用。

催化极谱法（B）

1. 方法原理

在硫酸-二苯羟乙酸-氯酸盐体系中，钼在-0.40V 左右（对 Ag/AgCl）处产生一灵敏的催化波，该波选择性好，灵敏度高，峰形稳定清晰。大量其他元素共存均不干扰测定。由于方法在底液中引入了一定量的硫酸盐组成缓冲体系（$HSO_4^- - SO_4^{2-}$），从而稳定了体系中的 pH，使方法精密度、准确度进一步改善。

2. 方法的适用范围

钼浓度在 0.2～20μg/L 的范围内与峰电流成线性关系，方法的最低检测限为 0.08μg/L，可用于地表水、地下水及多种废水中钼的测定。

3. 仪器

①极谱分析仪。
②三电极系统。
③记录仪。

4. 试剂

所用试剂除注明外均为优级纯，水为二次蒸馏水。

①钼标准溶液：准确称取 $Na_2MoO_4 \cdot 2H_2O$（于 90～95℃烘干 1h）0.2522g，加水溶解，转入 100ml 容量瓶中，加水定容，摇匀，即转入聚乙烯瓶中贮存。此溶液钼含量为 1.00mg/ml，用时逐级稀释成标准使用溶液。
②（1+1）硫酸。
③二苯羟乙酸溶液：0.05%水溶液。
④饱和氯酸钾溶液。
⑤硫酸铵溶液：50%水溶液。

5. 步骤

（1）试样制备

取一定量水样（经硝酸酸化至 pH＜2 进行样品保存）于小烧杯中，加入适量浓 HNO_3（若取 10ml 水样加 1ml HNO_3）于电热板上加热消解至近干，加少许水，转入 25ml 比色管中，再以少量水冲洗烧杯几次，一并洗入比色管中，摇匀待测。

（2）校准曲线的绘制

分别取一定体积的标准溶液置于 10ml 比色管中，加入 0.2ml（1+1）H_2SO_4，0.8ml 0.05%二苯羟乙酸溶液，1.0ml 饱和 $KClO_3$ 溶液，2.0ml 50%$(NH_4)_2SO_4$ 溶液，用水稀释至标线，摇匀，配成标准系列。倾入电解杯中，在-0.10～-0.70V 范围内进行电位扫描，记录峰电流值，对峰高作空白校正后，绘制峰高-浓度曲线。

（3）样品测定

取一定体积已消解好的水样于 10ml 比色管中，其他操作步骤与标准溶液相同。根据经空白校正后的峰电流高度，在校准曲线上查出待测成分的浓度。

（4）标准加入法

当样品成分比较复杂时，可采用标准加入法。操作如下：

准确吸取一定量水样置 10ml 比色管中，按标准溶液测定步骤先测出样品的峰高，然后再加入与样品含量相近的标准溶液，依相同的方法再次进行峰高测定。

6. 计算

$$C_x = \frac{h \cdot C_s \cdot V_s}{(V + V_s)H - V \cdot h}$$

式中：h——水样峰高；

H——水样加标后峰高；

C_s——加入标准溶液的浓度（μg/L）；

V_s——加入标准溶液的体积（ml）；

V——测定所取水样的体积（ml）。

7. 精密度和准确度

经六个实验室验证，对本方法测定上限 0.1，0.5 及 0.9 倍浓度水平的实际水样进行六次平行测定，所得相对标准偏差均小于 5%。

对含钼 0.10mg/L 的统一样品，五个实验室进行重复测定，室内相对标准偏差为 2.5%。室间相对标准偏差为 3.7%，加标回收率为 99.8%～102%。

对含量为 0.2～2.0μg/L 的地表水样进行测定，加标回收率在 90%～110%；对经稀释后含钼 2～20μg/L 的多种工业废水（化工、冶炼、五金、制革、油漆、制药、染织等行业废水）进行测定，加标回收率为 80%～110%。

十六、铅

铅（Pb）是可在人体和动物组织中蓄积的有毒金属。铅的主要毒性效应是导致贫血症、神经机能失调和肾损伤。铅对水生生物的安全浓度为 0.16mg/L。用含铅 0.1～4.4mg/L 的水灌溉水稻和小麦时，作物中含铅量明显增加。

世界范围内，淡水中含铅 0.06～120μg/L，中值为 3μg/L；海水含铅 0.03～13μg/L，中值为 0.03μg/L。铅的主要污染源是蓄电池、冶炼、五金、机械、涂料和电镀工业等排放的废水。铅是我国实施排放总量控制的指标之一。

方法选择

分析方法的选择可参阅本章镉的有关叙述。在测定含铅较高的废水试样时，为了避免大量稀释引入的误差，可使用双硫腙光度法。

（一）双硫腙分光光度法（A）

1. 方法原理

在 pH 为 8.5～9.5 的氨性柠檬酸盐-氰化物的还原性介质中，铅与双硫腙形成可被三氯甲烷（或四氯化碳）萃取的淡红色的双硫腙铅螯合物，其反应式为：

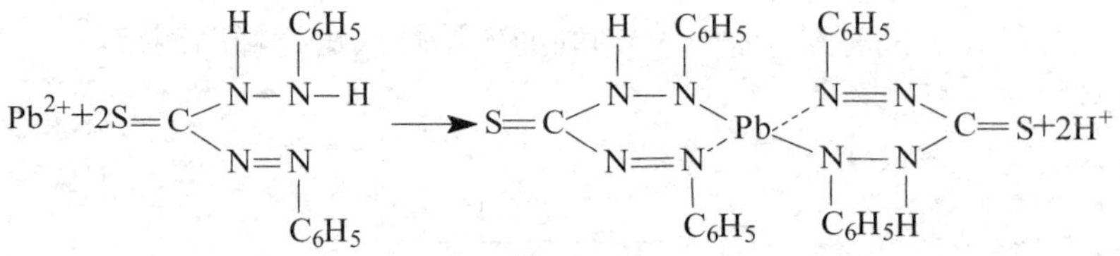

双硫腙（绿色）　　　　铅-双硫腙螯合物（淡红色）

有机相可于最大吸光波长 510nm 处测量，铅-双硫腙螯合物的摩尔吸光系数为 $6.7\times10^4 L\cdot mol^{-1}\cdot cm^{-1}$。

2. 干扰及消除

在 pH8～9 时，干扰铅萃取测定的元素有铋（Ⅲ）、亚锡和铊，但一般水样中含铊很少，可不必考虑，而铋（特别是锡）经常存在，应特别注意。一般是在 pH2～3 时，先用双硫腙三氯甲烷萃取除去，同时被萃取除去的干扰离子还有铜、汞、银等离子。然后在 pH8.5～9.5 的柠檬酸盐-氰化钾-盐酸羟胺还原性溶液中，以双硫腙-三氯甲烷萃取铅。加入盐酸羟胺的目的是用于还原一些氧化性物质，如三价铁和可能存在的其它氧化性物质，防止双硫腙被氧化。氰化钾可掩蔽铜、锌、镍、钴等多种金属。柠檬酸盐是三元羧酸盐，在广泛的 pH 范围内具有较强络合能力的掩蔽剂，它的主要作用是络合钙、镁、铝、铬、铁等阳离子，防止在碱性溶液中形成这些金属的氢氧化物沉淀。

本法测定 0～75μg 铅时，有 100μg 下列各离子存在不干扰：银、汞、铋、铜、砷、锑、锡、铁、铬、镍、钴、锰、锌、钙、锶、钡、镁等离子。

3. 方法的适用范围

当使用 10mm 比色皿、试样体积为 100ml，用 10ml 双硫腙-三氯甲烷溶液萃取时，铅的最低检出浓度可达 0.01mg/L，测定上限为 0.3mg/L。本方法适用于测定地表水和废水中痕量铅。

4. 仪器

分光光度计，10mm 比色皿。

所用玻璃仪器，包括采样容器，在使用前需用稀硝酸荡洗，并用自来水和无铅水冲洗洁净。

（A）本方法与 GB 7470—87 等效。

5. 试剂

本法所用试剂除另有说明外，均为公认的分析纯试剂。

配制试液应使用不含铅的去离子水。

①三氯甲烷。

②高氯酸：ρ=1.67g/ml 优级纯。

③硝酸：ρ=1.42g/ml。

④20%硝酸溶液：取 200ml 硝酸用水稀释到 1000ml。

⑤0.2%硝酸溶液：取 2ml 硝酸用水稀释到 1000ml。

⑥0.5mol/L 盐酸溶液：取 42ml 盐酸（ρ=1.19g/ml）用水稀释到 1000ml。

⑦氨水：ρ=0.90g/ml。

⑧（1+9）氨溶液：取 10ml 氨水加 90ml 水。

⑨（1+100）氨溶液：取 10ml 氨水加 1000ml 水。

⑩柠檬酸盐-氰化钾还原性溶液：将 400g 柠檬酸氢二铵，20g 无水亚硫酸钠，10g 盐酸羟胺和 40g 氰化钾（**注意剧毒!**）溶解在水中，并稀释到 1000ml，将此溶液和 2000ml 氨水混合（**此溶液剧毒，不可用嘴吸取**）。

⑪ 亚硫酸钠溶液：将 5g 无水亚硫酸钠，溶解在 100ml 无铅去离子水中。

⑫* 0.05mol/L 碘溶液：将 20g 碘化钾溶解在 25ml 去离子水中，加入 6.35g 升华碘，然后用水稀释到 500ml。

⑬铅标准贮备溶液：称取 0.1599g 硝酸铅（纯度≥99.8%），溶解在约 200ml 水中，加入 10ml 硝酸，定量移入 1000ml 容量瓶，最后用水稀释到标线（或将 0.1000g 纯金属铅（纯度≥99.9%）溶解在 20ml （1+1）硝酸中，然后用水稀释到 1000ml）。此溶液每毫升含 100.0μg 铅。

⑭铅标准使用溶液：取 20.00ml 铅标准贮备溶液置于 1000ml 容量瓶中，用水稀释到标线，摇匀。此溶液每毫升含 2.0μg 铅。

⑮双硫腙贮备溶液：称取 100mg 纯净双硫腙（$C_6H_5NNCSNHNHC_6H_5$），溶解于 1000ml 三氯甲烷中，贮于棕色瓶，放置在冰箱内备用。此溶液每毫升含 100μg 双硫腙。如双硫腙试剂不纯可滤去不溶物，滤液置分液漏斗中，每次用（1+100）氨水 20ml 提取，共提取五次，此时双硫腙进入水相。合并水相，然后用 6mol/L 盐酸中和，再用 250ml 三氯甲烷分三次提取，合并三氯甲烷相，将此双硫腙三氯甲烷溶液放入棕色瓶中，保存于 5℃冰箱内备用。

此液的准确浓度可按下述方法测定：即取一定量上述双硫腙-三氯甲烷溶液，置 50ml 容量瓶中，以三氯甲烷稀释定容，使其浓度小于 0.001%。然后将此溶液置于 10mm 比色皿中，于 606nm 波长测量其吸光度，将此吸光度除以摩尔吸光系数 4.06×10，即可求得双硫腙的准确浓度。

⑯双硫腙工作溶液：取 100ml 双硫腙贮备溶液置于 250ml 容量瓶中，用三氯甲烷稀释到标线。此溶液每毫升含 40μg 双硫腙。

---

*在采集水样后，除将水样用硝酸酸化至 pH＜2 外，要加入 5ml 该溶液，以避免挥发性有机铅化合物在水样处理及消解过程中损失。

⑰双硫腙专用溶液：将250mg双硫腙溶解在150ml三氯甲烷中，此溶液不需要纯化，专用于萃取提纯试液。

6. 步骤

（1）样品预处理

除非证明水样的消化处理是不必要的，例如不含悬浮物的地下水和清洁地表水可直接测定，否则要按下述二种情况进行预处理。

①比较浑浊的地表水，每100ml水样加入1ml硝酸，置于电热板上微沸消解10min，冷却后用快速滤纸过滤，滤纸用0.2%硝酸溶液洗涤数次，然后用此酸稀释到一定体积，供测定用。

②含悬浮物和有机物较多的地表水或废水，每100ml水样加入5ml硝酸，置电热板上加热，消解到10ml左右，稍冷却，再加入5ml硝酸和2ml高氯酸，继续加热消解，蒸至近干。冷却后用0.2%硝酸溶液温热溶解残渣，冷却后，用快速滤纸过滤，滤纸用0.2%硝酸洗涤数次，滤液用此酸稀释定容后，供测定用。每分析一批试样要平行做两个空白试验。

③准确量取含不超过30μg铅的适量试样放入250ml分液漏斗中，用水补充至100ml，加入3滴0.1%百里酚蓝指示液，用6mol/L氢氧化钠溶液或6mol/L盐酸溶液调节到刚好出现稳定的黄色，此时溶液的pH为2.8，备作测定用。

（2）样品测定

①显色萃取：向置于250ml分液漏斗中的试样（含铅量不超过30μg，最大体积不大于100ml）加入20%硝酸10ml，柠檬酸盐-氰化钾还原性溶液50ml，塞紧摇匀并冷却到室温，加入10ml双硫腙工作溶液后，加塞密闭，剧烈摇动分液漏斗30s，放置分层。

②测量：在分液漏斗的颈管内塞入一小团无铅脱脂棉，然后放出下层有机相，弃去1～2ml三氯甲烷层后，再注入10mm比色皿中。以三氯甲烷为参比，在510nm处测量萃取液的吸光度，扣除空白试验吸光度，再从校准曲线上查出铅量。

③空白试验：取无铅水代替试样，其它试剂用量均相同，按上述步骤进行处理。

（3）校准曲线的绘制

向一系列250ml分液漏斗中，分别加入铅的标准使用溶液0、0.50、1.00、5.00、7.50、10.00、12.50、15.00ml，补加适量无铅去离子水至100ml，以下按样品测定步骤进行显色和测量。

7. 计算

$$铅（\mathrm{Pb, mg/L}）= \frac{m}{V}$$

式中：m——从校准曲线上查得的铅量（μg）；

V——水样体积（ml）。

8. 精密度和准确度

当铅含量为0.026mg/L时，测定的相对标准偏差为4.8%。

9. 注意事项

1）本法的成败关键在于所用的器皿和试剂以及去离子水是否含痕量铅。因此，在进行实验室测定之前，应先用稀硝酸浸泡、或用稀热硝酸荡洗所用器皿，然后用无铅水冲洗几次。

2）三氯甲烷放置过久受光和空气作用，易产生氧化物质而使双硫腙被氧化，故应检查三氯甲烷的质量，不合格的应重蒸馏提纯。

3）调节酸度时可用 0.1%甲基百里酚蓝作指示剂（当 pH 为 1.2～2.8，其变色区由红色变成黄色；pH8.0～9.6 由黄色变成蓝色）。

4）干扰的检查和消除方法：

①过量干扰物的消除：铋、锡和铊的双硫腙盐与双硫腙铅的最大吸收波长不同，在 510nm 和 465nm 分别测量试样的吸光度，可以检查上述干扰是否存在。从每个波长位置的试样吸光度中，扣除同一波长位置空白试验的吸光度，得出试样吸光度的校正值，计算 510nm 吸光度校正值与 465nm 处吸光度校正值的比值。此比值对双硫腙铅盐为 2.08，而对双硫腙铋盐为 1.07。如果比值明显小于 2.08，即表明存在干扰，这时需要另取 100ml 试样按以下步骤处理：

②对未经消解处理的试样，加入 5%亚硫酸钠溶液 5ml，以还原残留的碘（采样时加入的碘溶液是为避免挥发性有机铅化合物在水样消解处理过程中损失）。必要时，在 pH 计上，用 20%硝酸溶液或（1+9）氨水溶液，将试样的 pH 调为 2.5，将试样转入 250ml 分液漏斗中，每次用 0.1%双硫腙专用溶液 10ml 萃取，至少萃取三次，或者萃取到三氯甲烷层呈绿色不变，然后每次用 20ml 三氯甲烷萃取，以除去双硫腙（绿色消失）。水相备作测定用。

（二）火焰原子吸收法（A）

见镉测定方法（一）。

（三）APDC-MIBK 萃取火焰原子吸收法（B）

见镉测定方法（二）。

（四）在线富集流动注射　火焰原子吸收法（B）

见镉测定方法（三）。

（五）石墨炉原子吸收法（B）

见镉测定方法（四）。

（六）阳极溶出伏安法（B）

见镉测定方法（五）。

（七）示波极谱法（B）

见镉测定方法（六）。

（八）ICP-AES 法（B）

见铝测定方法（一）。

十七、锑

锑（Sb）为银白色金属。在自然界中主要以 Sb^{3+}、Sb^{5+}和 Sb^{3-}形式存在，负三价锑的氢化物毒性剧烈，在自然界中不稳定，易氧化分解为金属和水。而 Sb^{3+}和 Sb^{5+}在弱酸至中性介质中易水解沉淀，所以在天然水中锑的浓度极低，平均约为 0.2μg/L。日本的水环境质量标准规定锑必须在 0.002mg/L 以下。水中锑的污染主要来自选矿、冶金、电镀、制药、铅字印刷、皮革等行业排放的废水。

1. 方法选择

含锑废水测定，可根据实验室具体条件选用下述方法：5-Br-PADAP 光度法；原子吸收光度法或原子荧光法。

2. 样品保存

锑盐易水解析出沉淀，取样后应立即加盐酸酸化至 pH≤1，保存于聚乙烯塑料瓶中。

（一）5-Br-PADAP 光度法（B）

1. 方法原理

以丙酮作增溶剂，在碘化钾存在下，于 0.02～0.1mol/L 盐酸介质中，锑（Ⅲ）与 2-（5-溴-2-吡啶偶氮）-5-二乙氨基酚（简称 5-Br-PADAP）生成稳定的紫红色络合物，可于波长 600nm 处测量吸光度，其摩尔吸光系数为 $5.0\times10^4 L\cdot mol^{-1}\cdot cm^{-1}$，试剂的最大吸收峰在 420nm 处。试剂和络合物均很稳定。

2. 干扰及消除

在 25ml 显色液中存在 2000mg F^-，400mg Al^{3+}，100mg K^+、Na^+、Cl^-，20ng Mn^{2+}、Zn^{2+}，10mg NH_4^+，4mg Ca^{2+}，2mg NO_3^-、SO_4^{2-}，0.5mg Cd^{2+}、Hg^{2+}、Pb^{2+}、PO_4^{3-}、AsO_3^{3-}不干扰测定。与锑等量的 Fe^{3+}、Cu^{2+}、Sn^{4+}、Co^{2+}产生正干扰，Cr^{3+}产生负干扰。在有酒石酸及硫脲存在的酸性试液中，加入硼氢化钾，使它与酸作用产生新生态的氢，并与锑（Ⅲ）生成挥发性的 SbH_3 而与 Fe^{3+}、Cu^{2+}、Sn^{4+}、Co^{2+} Cr^{3+}等离子分离，消除了它们对显色测定的干扰。在还原分离中，相当于 3 倍锑量的铋（Ⅲ）不产生干扰。

3. 方法的适用范围

本方法测锑的最低检出浓度为 0.05mg/L（吸光度为 0.01 时所对应的锑浓度），测定上限为 1.2mg/L。适合于选矿、冶金、印刷、涂料、制药等行业废水中锑的测定。

4. 仪器

①分光光度计，10mm 比色皿。

②锑化氢分离装置，如图 3-4-8 所示。

5. 试剂

①锑标准贮备溶液：准确称取纯金属锑（≥99.9%）0.5000g 置 50ml 烧杯中，加入 12.5ml 硫酸（ρ_{20}=1.84g/ml），于电热板上加热至完全溶解。冷却后，移入 500ml 容量瓶中，用（1+1）硫酸洗净烧杯，加入 5%酒石酸 12.5ml，再用（1+1）硫酸稀释至标线，摇匀后备用。此溶液每毫升含 1.00mg 锑。

②锑标准溶液：准确吸取适量贮备液，用 6mol/L 盐酸逐级稀释至每毫升含 10.0μg 锑。该溶液可保存 1 个月。

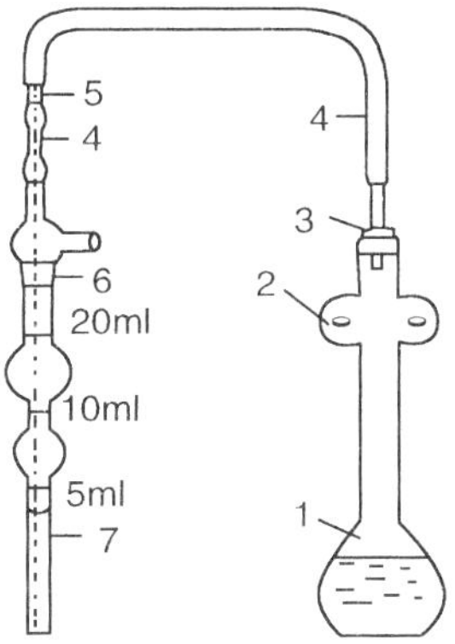

图 3-4-8　锑化氢发生吸收装置

1—100ml 容积发生瓶；2—硼氢化钾存放处；3—橡皮塞；4—乳胶软管；5—塑料管（一端拉成毛细管状，出气口内径小于 1mm）；6—14mm 标准磨口；7—吸收液，高度不低于 5cm

③2-（5-溴-2-吡啶偶氮）-5-二乙氨基酚（简称 5-Br-PADAP）：2×10^{-3}mol/L 乙醇溶液（约 0.07%）。

④硼氢化钾（片剂）。

⑤吸收液：0.015mol/L 硫酸溶液中含 0.03%高锰酸钾。

⑥25%酒石酸溶液。

⑦5%硫脲溶液。

⑧20%碘化钾溶液。

⑨（1+1）盐酸溶液。

⑩0.5mol/L 盐酸溶液。

6. 步骤

（1）校准曲线

①于 8 只发生瓶中，分别加入 0、0.50、1.00、1.50、2.00、2.50、3.00、3.50ml 锑标准溶液，加入 25%酒石酸 4ml，5%硫脲 4ml，（1+1）盐酸 12ml，用水稀释至 25ml，摇匀。

②于吸收管中加入 5ml 吸收液，按图 3-4-8 所示，在"硼氢化钾存放处"放入 2 粒硼氢化钾片剂，装好导气管，塞紧橡皮塞，轻轻将发生瓶向一侧倾斜，让其中一片"片剂"落入溶液中，待反应停止后，再将另一片剂落入溶液，以驱赶残余气。

③反应停止后，用少量水洗涤导气管，于吸收液中加入 0.5mol/L 盐酸 2.5ml，5%硫脲 3 滴，摇匀。待紫色褪去后，加入 20%碘化钾 0.5ml，丙酮 12ml，准确加入 2×10^{-3}mol/L 5-Br-PADAP 乙醇溶液 2ml，用水稀释至标线，摇匀。

④用 10mm 比色皿，在 600nm 波长处，以空白为参比，测量吸光度，绘制吸光度-浓度校准曲线。

（2）样品测定

①分取水样2～10ml（视锑含量而定）于发生瓶中，加入1～2滴酚酞指示液，用20%氢氧化钠溶液中和至紫红色出现，加入（1+1）盐酸8ml，5%硫脲4ml，用水稀释至25ml，摇匀。

②以下按校准曲线进行挥发分离和显色测定。

7. 计算

$$锑（Sb，mg/L）=\frac{m}{V}$$

式中：m——由校准曲线查得的锑量（μg）；

V——分取水样的体积（ml）。

8. 精密度和准确度

经七个实验室分别测定锑含量为0.12mg/L，0.6mg/L，10.8mg/L的锑标准溶液，其相对标准偏差分别为1%～7%，0.7%～2%，0.6%～3%；测定八种实际样品的加标回收率在85%～102%，如表3-4-37所示。

表3-4-37 测定实际水样精密度和准确度

编号	废水名称	六次平行测定结果(mg/L)	相对标准偏差(%)	加标回收率(%)
1	印刷厂废水	0.761	2.1	92.0
2	金矿废水	0.977	2.0	99.4
3	719矿废水	0.855	2.4	91.9
4	矿井水	7.00	4.0	96.0
5	火柴厂废水	0.05	40.3	102.5
6	冶炼厂废水	12.48	3.7	85.0
7	锑循环水	26.16	2.1	—

9. 注意事项

①还原装置必须严密不漏气，否则漏泄出SbH_3，不但有毒还影响测定结果。

②导气管出口的口径不能大于1mm，吸收液高度不能低于5cm，否则吸收不完全，结果偏低。

③在用硼氢化钾还原分离之前，加入硫脲，除作掩蔽剂外，还有预还原锑（V）为锑（Ⅲ）的作用。这一步很重要，否则锑（V）还原不完全，结果显著偏低。

（二）火焰原子吸收法（B）

1. 方法原理

锑的化合物在微富燃的空气-乙炔火焰中原子化，具有较好的灵敏度，用火焰中锑的基态原子，对其空心阴极灯发射的特征谱线217.6nm的吸收进行定量。

2. 干扰及消除

试液中存在的一般阴、阳离子不干扰锑的测定，试液中存在低于20%盐酸或硝酸也无影响，只有硫酸浓度大于2%，对锑的吸收信号有抑制作用。在波长217.6nm测量锑，大量铜和铅有光谱干扰，使吸收信号增加。为此，可选择较小的光谱通带予以克服。铜的浓度小于20mg/L，铅的浓度小于1000mg/L没有干扰。

3. 方法的适用范围

本方法的最低检测浓度为0.2mg/L，测定上限为40mg/L。本方法可适用于有色冶金、化工、制药、含锑矿开采的工业废水的测定。

4. 仪器及工作条件

①原子吸收分光光度计。

②工作条件（此为参考，可根据仪器说明书进行选择）。

光源：锑空心阴极灯；灯电流：10mA。

测量波长：217.6nm；光谱通带：0.4nm。

观测高度：6.5～7.0mm；火焰类型：空气-乙炔火焰，微富燃。

5. 试剂

①锑标准贮备液：准确称取光谱纯三氧化二锑0.2995g，溶于50ml盐酸，定量移入250ml容量瓶，加水至标线，摇匀。此溶液每毫升含1.00mg锑。

②锑标准使用液：准确移取锑标准贮备液10.00ml置100ml容量瓶中，加水至标线，摇匀。此溶液每毫升含100.0μg锑。

6. 步骤

（1）校准曲线

①于6支25ml容量瓶中，准确加入锑标准使用液0、1.00、2.00、4.00、6.00、8.00ml，加入（1+1）盐酸2ml，加水至标线，摇匀。

②按仪器使用说明书选好最佳参数，顺次喷入试液，测量吸光度。绘制吸光度-锑含量曲线。

（2）样品测定

①准确移取适量水样（含锑5～1000μg）置25ml容量瓶中，加（1+1）盐酸2ml，加水至标线，摇匀。

②以下测量与校准曲线相同。将测得的吸光度作空白校正后，从校准曲线上查出锑含量。

7. 计算

$$锑（Sb，mg/L）= \frac{m}{V}$$

式中：m——从校准曲线上查得的锑含量（μg）；

V——分取水样的体积（ml）。

8. 注意事项

对于含盐浓度较高的废水样需用标准加入法检查有无基体干扰，用背景校正器检查有无背景吸收。若有基体干扰，要采用标准加入法定量；若有背景吸收，则应用背景校正器扣除。

（三）原子荧光法（B）

见砷测定方法（五）。

十八、硒

水中硒以无机的六价、四价、负二价及某些有机硒的形式存在，也可能有极微量的元素硒附着在悬浮颗粒物上。一般天然水中主要含有六价或四价硒，含量大多数在 1μg/L 以下，个别水体流经含硒量高的地层或受含硒废水污染，硒含量可高达百微克/升。含硒废水主要来源于硒矿山开采、冶炼、炼油、精炼铜、制造硫酸及特种玻璃等行业。废水中常含有各种价态硒，含量为几十至数百微克/升。日本的水环境质量标准规定小于 0.01mg/L。

微量硒是生物体必需的营养元素，但其有用性和致毒性之间界限很窄，过量的硒能引起中毒，使人脱发、脱指甲、四肢发麻甚至偏瘫等病症。

1. 方法选择

2,3-二氨基萘荧光光度法灵敏、准确，可测定含硒量在 10μg/L 以下的水样。二氨基联苯胺光度法灵敏度低，适合于测定含硒量在 5μg/L 以上的水样，合成该试剂的原料有致癌性，试剂很难购得且稳定性差。原子荧光法是灵敏度高、准确度好，且仪器设备简单、价廉的方法。火焰原子吸收法可以测定硒，但其测量波长（196.0nm）处火焰背景吸收严重，测定效果较差。石墨炉原子吸收法可测定 0.015～0.2mg/L 水和废水中的硒。

2. 样品保存

水样采集后，最好尽快分析，否则必须贮于经（1+1）盐酸或（1+1）硝酸荡洗，然后用大量清洁水、纯水冲洗干净的玻璃瓶或塑料瓶中，特别是新塑料瓶一定要经酸处理后才能使用，否则硒损失较大。一般天然水及饮用水可于室内阴凉处保存，工业废水最好置于冰箱内，勿加酸保存（水中含有六价或四价硒时，加与不加酸保存均影响不大；但工业废水成分复杂，含有各种价态硒，有的以负二价硒为主，若加酸保存时可生成硒化氢气体逸散，使总硒含量损失很大）。

（一）原子荧光法（A）

见砷测定方法（五）。

（A）本方法与 SL 327.3—2005 等效。

（二）石墨炉原子吸收法（A）

1. 方法原理

将试样或消解处理过的试样直接注入石墨炉，在石墨炉中形成的硒基态原子对特征电磁辐射（196.0nm）产生吸收，将测定的试样吸光度与标准溶液的吸光度进行比较，确定试样中被测元素硒的浓度。

2. 干扰

废水中的共存离子和化合物在常见浓度下不干扰测定。当硒的浓度为 0.08mg/L 时，锌（或镉、铋）、钙（或银）、镧、铁、钾、铜、钼、硅、钡、铝（或锑）、钠、镁、砷、铅、锰的浓度达 7500mg/L、6000mg/L、5000mg/L、2750mg/L、2500mg/L、2000mg/L、1000mg/L、750mg/L、450mg/L、350mg/L、300mg/L、150mg/L、100mg/L、75mg/L、20mg/L，以及磷酸根、氟离子、硫酸根、氯离子的浓度达 550mg/L、225mg/L、150mg/L、125mg/L 时，对测定无干扰。

3. 方法的适用范围

本方法的检测限为 0.003mg/L，测定范围是 0.015～0.2mg/L。

适合于地表水和废水中硒的测定。如果试样经过 0.45μm 滤膜过滤，测得的是溶解态硒。若未经过滤直接消解水样后测定，测定结果是溶解态和悬浮态硒的总和，即总硒。

4. 仪器

常用实验室仪器。

原子吸收分光光度计及相应的辅助设备，配有石墨炉和背景校正器，光源选用空心阴极灯或无极放电灯，仪器操作参数见表 3-4-39 和表 3-4-40，或参照厂家的说明进行选择。

5. 试剂

除非另有说明，分析时均使用符合国家标准的分析纯试剂，去离子水或同等纯度的水。

①硝酸（HNO_3）：ρ=1.42g/ml，优级纯。

②载气：氩气，纯度不低于 99.9%。

③（1+1）硝酸溶液：用硝酸①配制。

④（1+49）硝酸溶液：用硝酸①配制。

⑤（1+499）硝酸溶液：用硝酸①配制。

⑥硒粉：高纯，99.999%。

⑦硒标准贮备液：1000mg/L。称取硒粉 1.0000g 用 5ml 硝酸①溶解，必要时加热直到完全溶解，转移入 1000ml 容量瓶中，用去离子水稀释至 1000ml。

⑧硒标准使用液：0.4mg/L。用硝酸溶液⑤稀释硒标准贮备液配制。

⑨硝酸镍：$Ni(NO_3)_2 \cdot 6H_2O$。

（A）本方法与 GB/T 15505—1995 等效。

⑩硝酸镍溶液：16g/L 镍。称取硝酸镍 79.251g，溶于适量水中，用水稀释至 1000ml。

6. 步骤

（1）试样制备

①总硒：用聚乙烯塑料瓶采集样品，分析硒总量的样品，采集后立即加硝酸①酸化至含酸约 1%。正常情况下，每 1000ml 样品加入 10ml 硝酸①。常温下，可保存半年。

②溶解态硒：分析溶解态硒时，样品采集后立即用 0.45μm 滤膜过滤，滤液酸化后贮存于聚乙烯瓶中。

③试样消解：取均匀混合的试样 50～200ml，加入 5～10ml 硝酸①在电热板上加热蒸发至 1ml 左右。若试液混浊不清，颜色较深，再补加 2ml 硝酸①，继续消解至试液清澈透明，呈浅色或无色，并蒸发至近干。取下稍冷，加入 20ml 硝酸④，温热，溶解可溶性盐类，若出现沉淀，用中速滤纸滤入 50ml 容器中，用去离子水稀释至标线，待测。

（2）空白试验溶液的制备

①在测定试样的同时，测定空白。

②取适量去离子水代替试样置于 250ml 烧杯中，视需要按测定溶解态硒或总硒的步骤处理，再按试样消解和测定步骤测定。

（3）标准溶液系列的制备

①参照表 3-4-38，在 10ml 具塞比色管中，加入硒标准液配制至少五个工作标准溶液，加入 0.1ml 硝酸③和 0.5ml 硝酸镍溶液⑩，用去离子水定容至 10ml。

②试样被测元素的浓度应在标准系列浓度范围内。

表 3-4-38 标准系列

硒标准使用液加入体积(ml)	0	1.00	2.00	3.00	4.00	5.00
工作标准溶液浓度(mg/L)	0	0.040	0.080	0.120	0.160	0.200

（4）校准和测定

①绘制校准曲线：表 3-4-39 和表 3-4-40 是仪器测试的各项参数。

表 3-4-39 仪器使用条件

元素	波长(nm)	灯电流(mA)	通带宽度(nm)	载气
硒	196.0	8	1.3	氩气

表 3-4-40 升温程序

阶段	温度(℃)	时间(s)	阶段	温度(℃)	时间(s)
干燥	120	20	原子化	2400	5
灰化	400	10	清洗	2600	2

②根据表 3-4-39 和表 3-4-40 选择波长等条件以及设置石墨炉升温程序，空烧至石墨炉空白值稳定。向石墨管内注入所制备的空白、工作标准溶液和试样溶液。记录吸光度。

③用测得的吸光度与相对应的浓度绘制校准曲线。

④根据扣除空白吸光度后的试样吸光度，在校准曲线中查出试样中硒的浓度。

注：a. 在测量时，应确保硒空心阴极灯有 1h 以上的预热时间。

b. 在每次测定前，须重复测定空白和工作标准溶液，及时校正仪器和石墨炉灵敏度的变化。

7. 计算

硒的浓度按下式计算：

$$C = C' \times \frac{V'}{V}$$

式中：C——试样中硒的浓度（mg/L）；

C'——校准曲线上查得的硒浓度（mg/L）；

V——试样的体积（ml）；

V'——测定时定容体积（ml）。

报告结果中，要指明测定的是溶解硒还是硒总量。

8. 精密度和准确度

见表 3-4-41。

表 3-4-41 方法的精密度和准确度

实验室数目	统一试样浓度(mg/L)	重复性		再现性		加标回收率(%)
		标准偏差(mg/L)	相对标准偏差(%)	标准偏差(mg/L)	相对标准偏差(%)	
4	0.020	0.0018	8.8	0.0001	0.5	
5	0.100	0.0030	3.0	0.0011	1.1	102
4	0.180	0.044	2.4	0.0013	0.7	

十九、锌

锌（Zn)是人体必不可少的有益元素。碱性水中锌的浓度超过 5mg/L 时，水有苦涩味，并出现乳白色。水中含锌 1mg/L 时，对水体的生物氧化过程有轻微抑制作用。锌对白鲢鱼的安全浓度为 0.1mg/L。农灌水中含锌量低于 1mg/L 时，对水稻、小麦的生长无影响。

美国天然水中的平均含锌量为 64μg/L，海水中的最高含锌量为 10μg/L。锌的主要污染源是电镀、冶金、颜料及化工等部门排放的废水。

方法选择

直接吸入火焰原子吸收分光光度法测定锌，具有较高的灵敏度，干扰少，适合测定各类水中的锌。不具备原子吸收光谱仪的单位，可选用双硫腙比色法、阳极溶出伏安法或示波极谱法。对污水中高含量的锌，为了避免高倍稀释引入的误差，可选用双硫腙法。高盐度的废水或海水中微量锌的测定可选用阳极溶出伏安法或示波极谱法，这两种方法抗干扰能力较强。

锌是极易受沾污的元素之一，采样瓶必须用酸荡洗，采样时须做现场空白。地表水可酸化至 pH<2 保存，污水应加入酸，使酸度达到约 1%。

（一）双硫腙分光光度法（A）

1. 方法原理

在 pH 为 4.0～5.5 的乙酸盐缓冲介质中，锌离子与双硫腙形成红色螯合物，其反应为：

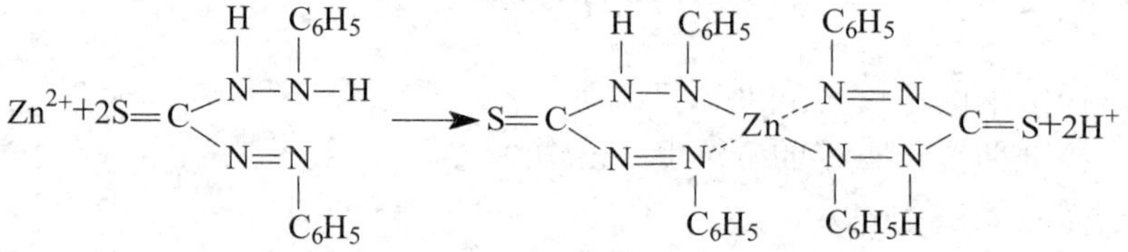

该螯合物可被四氯化碳（或三氯甲烷）定量萃取，以混色法完成测定。

用四氯化碳萃取，锌-双硫腙螯合物的最大吸收波长为 535nm，其摩尔吸光系数约为 $9.3\times10^{4}L\cdot mol^{-1}\cdot cm^{-1}$。

2. 干扰及消除

在本法规定的实验条件下，天然水中正常存在的金属离子不干扰测定。水中存在少量铋、镉、钴、铜、金、铅、汞、镍、钯、银和亚锡等金属离子时，对本法均有干扰，但可用硫代硫酸钠掩蔽剂和控制溶液的 pH 消除这些干扰。三价铁、余氯和其它氧化剂会使双硫腙变成棕黄色。由于锌普遍存在于环境中，而锌与双硫腙反应又非常灵敏，因此需要采取特殊措施防止污染。

3. 方法的适用范围

当使用 20mm 比色皿，试样体积为 100ml 时，锌的最低检出浓度为 0.005mg/L。本法适用于测定天然水和轻度污染的地表水中的锌。

4. 仪器

①分光光度计，应用 10mm 或更长光程的比色皿。

②分液漏斗：容量为 125 和 60ml，最好配有聚四氟乙烯活塞。

③玻璃器皿：所有玻璃器皿均先后用（1+1）硝酸荡洗和无锌水清洗。

5. 试剂

1）无锌水：将普通蒸馏水通过阴阳离子交换柱以除去水中痕量锌，用于配制试剂。

2）四氯化碳（CCl_4）。

3）高氯酸：ρ=1.75g/ml。

4）盐酸：ρ=1.18g/ml。

（A）本方法与 GB 7472—87 等效。

5）6mol/L 盐酸：取 500ml 浓盐酸用水稀释至 1000ml。

6）2mol/L 盐酸：取 100ml 浓盐酸用水稀释至 600ml。

7）0.02mol/L 盐酸：取 2mol/L 盐酸 10ml 用水稀释到 1000ml。

8）乙酸（含量 36%）。

9）氨水：ρ=0.90g/ml。

10）（1+100）氨溶液：取氨水 10ml 用水稀释至 1000ml。

11）硝酸：ρ=1.42g/ml。

12）2%硝酸溶液：取硝酸 20ml 用水稀释至 1000ml。

13）0.2%硝酸溶液：取 2ml 硝酸用水稀释至 1000ml。

14）乙酸钠缓冲溶液：将 68g 三水合乙酸钠（$CH_3COONa\cdot 3H_2O$）溶于水中，并稀释至 250ml，另取乙酸一份与七份水混合。将上述两种溶液按等体积混合，混合液再用 0.1%双硫腙四氯化碳溶液重复萃取数次，直到最后的萃取液呈绿色不变。然后再用四氯化碳萃取，以除去残留的双硫腙。

15）硫代硫酸钠溶液：将 25g 五水合硫代硫酸钠（$Na_2S_2O_3\cdot 5H_2O$）溶于 100ml 水中，每次用 0.05%双硫腙四氯化碳溶液 10ml 萃取，直到双硫腙溶液呈绿色不变为止。然后再用四氯化碳萃取以除去多余的双硫腙。

16）0.05%双硫腙四氯化碳贮备溶液：称取 0.10g 双硫腙（$C_6H_5NNCSNHNH\cdot C_6H_5$）溶解于 200ml 四氯化碳，贮于棕色瓶中，放置在冰箱内。如双硫腙试剂不纯，可按下述步骤提纯：

①将上述双硫腙四氯化碳溶液滤去不溶物，滤液置分液漏斗中，每次用（1+100）氨水 20ml 提取，共提取五次，此时双硫腙进入水层，合并水层。然后用 6mol/L 盐酸中和，再用 200ml 四氯化碳分三次提取，合并四氯化碳层。

②将此双硫腙四氯化碳溶液放入棕色瓶中，保存于冰箱内备用。

17）0.01%双硫腙四氯化碳中间溶液：临用前将 0.05%双硫腙四氯化碳溶液用四氯化碳稀释 5 倍。

18）0.0004%双硫腙四氯化碳溶液：量取 0.01%双硫腙四氯化碳溶液 10ml，用四氯化碳稀释至 250ml（此溶液的透光度在 500nm 波长处用 10mm 比色皿测量时应为 70%）。当天配制。

19）柠檬酸钠溶液：将 10g 二水合柠檬酸钠（$C_6H_5O_7Na_2\cdot 2H_2O$）溶解在 90ml 水中，按上面介绍方法用双硫腙四氯化碳溶液萃取纯化，此试液用于玻璃器皿的最后洗涤。

20）锌标准贮备溶液：准确称取 0.1000g 锌粒（纯度 99.9%）溶于 2mol/L 盐酸溶液 5ml，移入 1000ml 容量瓶，用水稀释至标线。此溶液每毫升含 100μg 锌。

21）锌标准溶液：取锌标准贮备溶液（100μg/ml）10.00ml 置于 1000ml 容量瓶中，加 2mol/L HCl 5ml，用水稀释至标线。此溶液每毫升含 1.00μg 锌。

6. 步骤

（1）样品预处理

见本章十六铅测定方法（一）双硫腙光度法，按步骤（1）的操作进行。

（2）试样

如果水样中锌的含量太高而不在测定范围内，可将试样作适当的稀释或减少取样量。如锌的含量太低，也可取较大量试样置于石英蒸发皿中进行浓缩。如果取加酸保存的试样，则要取一份试样放在石英蒸发皿中，蒸发至干，以除去过量酸（**注意：不要用氢氧化物中和，因为此类试剂中的含锌量往往过高**）。然后加无锌水，加热煮沸 5min，用稀盐酸或经提纯的氨水调节试样的 pH2～3，最后以无锌水定容。

（3）样品测定

①显色萃取：取 10.0ml（含锌量在 0.5～5μg）试样置于 125ml 分液漏斗中，加入乙酸钠缓冲溶液 5ml 及硫代硫酸钠溶液 1ml，混匀后，再加 0.0004%双硫腙四氯化碳溶液 10.0ml。振摇 4min，静置分层后，将四氯化碳层通过少许洁净脱脂棉过滤入 20mm 比色皿中。

②光度测量：立即在 535nm 波长处测量溶液的吸光度，参比皿中放入四氯化碳。由测量所得吸光度扣去空白试验吸光度之后，从校准曲线上查出锌量，然后按公式计算样品中锌的含量。

③空白试验：用适量无锌水代替试样，其它试剂用量均相同，按上述步骤进行处理。

④校准曲线的绘制：向一系列 125ml 分液漏斗中，分别加入锌标准溶液（1.00μg/ml）0、0.50、1.00、2.00、3.00、4.00、5.00ml，各加适量无锌水补充到 10ml，向各分液漏斗中加入乙酸钠缓冲溶液 5ml 和硫代硫酸钠溶液 1ml。混匀后，以下按样品测定步骤进行显色萃取和测量。

7. 计算

$$锌（Zn, mg/L）= \frac{m}{V}$$

式中：m——从校准曲线上查得锌量（μg）；

V——用于测定的水样体积（ml）。

8. 精密度和准确度

46 个实验室曾用本法分析过一个合成水样，其中含 0.650mg/L 锌，其它离子含量以 mg/L 计为：铝 0.50，镉 0.050，铬 0.110，铜 0.470，铁：0.30，铅 0.070，锰 0.12 和银 0.15，得到的相对标准偏差为 18.2%；相对误差为 25.9%。

9. 注意事项

①本法的成败关键在于所用的器皿和试剂以及去离子水，均应不含痕量锌。因此，在进行实验测定之前应先用硝酸荡洗所用器皿，用水冲洗净表面所吸附的锌，然后用无锌的水冲洗几次。

②所用试液需用无锌水配制。

③实验中如出现高而无规律的空白值，这种现象往往是来源于含氧化锌的玻璃，或表面被锌所污染的玻璃器皿。因此，须用酸彻底浸泡或用热酸荡洗后清洗干净，并保留一套专供测定锌用的玻璃器皿，单独存放。

④橡胶制品、活塞润滑剂、试剂级化学药品或蒸馏水，亦常常含有相当量的锌，因此

要特别注意。

（二）火焰原子吸收法（A）

见镉测定方法（一）。

（三）在线富集流动注射　火焰原子吸收法（B）

见镉测定方法（三）。

（四）阳极溶出伏安法（B）

见镉测定方法（五）。

（五）示波极谱法（B）

见镉测定方法（六）。

（六）ICP-AES 法（B）

见镉测定方法（一）。

二十、钒

钒具有生物活性，是人体所必需的微量元素之一。钒可减少龋齿发病率，对造血过程有一定的积极作用，并减弱合成胆固醇的作用，使血管收缩，增强心室肌的收缩力，还有降低血压的作用。

天然水中钒含量很低，大约浓度为 1～10μg/L，对人和动植物一般不会产生毒害作用。

钒常作为合金钢的添加剂和化学工业中的催化剂使用，因此钢铁、石油、化工、染料、纺织、陶瓷、照相、电子等工业废水中钒含量较多，往往造成污染。

钒能抑制合成胆固醇的某些酶的作用，增加肝内磷脂的氧化。吸入体内会影响消化及神经系统，损害心脏及肾脏。当钒浓度为 0.8mg/L 时，水有异味；10mg/L 可抑制氨化作用和硝化作用，并使污水的自净能力降低；当浓度为 10～20mg/L 时可抑制大豆等作物的生长。

钒的测定方法有石墨炉原子吸收法，可测定 0.05～1.0mg/L 的钒；钽试剂萃取分光光度法灵敏度较低，也可用于废水和含钒 0.05mg/L 以上地表水的测定；催化极谱法灵敏度最高，且仪器简便，可测定地表水中 0.0002～0.016mg/L 的钒。

地表水试样可用硝酸酸化至 pH＜2，废水试样最好加酸至 1%。

（一）石墨炉原子吸收法（A）

1. 方法原理

将试样或消解处理过的试样直接加入石墨炉，在石墨炉中形成的基态原子对特征电磁

（A）本方法与 GB/T 14673—93 等效。

辐射（318.4nm）产生吸收，将测得的试样吸光度和标准溶液的吸光度进行比较，确定试样中被测元素的浓度。

2. 方法的适用范围

本方法可用于地表水和废水中钒的测定。测定范围与所用仪器的特性有关。一般仪器的测定范围为 0.05～1.0mg/L。

3. 干扰

地表水中常见成分元素不产生干扰。

废水中的共存离子和化合物在常见浓度下也不干扰测定，但当钒的浓度为 1mg/L，而铅、钼的浓度超过 300mg/L，铁的浓度超过 200mg/L，砷、锑、铋的浓度超过 100mg/L，硝酸的浓度超过 6%时，将会抑制钒的吸收信号，使钒的测定结果偏低。

4. 仪器

常用实验室仪器。

原子吸收分光光度计及相应的辅助设备，配有石墨炉和背景校正器，光源选用空心阴极灯或无极放电灯。仪器操作参数见表 3-4-43、表 3-4-44 或参照厂家的说明书进行选择。

5. 试剂

除非另有说明，分析时均使用符合国家标准或行业标准的分析纯试剂，去离子水或同等纯度的水。

①硝酸（HNO_3）：ρ=1.42g/ml，优级纯。

②硝酸（HNO_3）：ρ=1.42g/ml，分析纯。

③载气：氩气，纯度不低于 99.99%。

④（1+1）硝酸溶液。

⑤（1+49）硝酸溶液：用硝酸①配制。

⑥（1+499）硝酸溶液：用硝酸①配制。

⑦偏钒酸铵（NH_4VO_3）：光谱纯。

⑧钒标准贮备液：1.0000g/L。称取偏钒酸铵 2.2960g（精确至 0.0002g），用 5ml 硝酸①溶解。必要时加热，直到完全溶解，用水稀释至 1000ml。

⑨钒标准使用液：1.00mg/L。用硝酸溶液⑥稀释钒标准贮备液配制。

6. 步骤

（1）试样制备

①测定溶解性钒时，采样后立即用 0.45μm 滤膜过滤，再加硝酸酸化至 pH＜2，待测。

②测定金属总量时，若样品不需消解，取 10ml 试样测定。若样品需消解，混匀后取 100.0ml 实验室样品置于 200ml 烧杯中，按下述消解后测定。

③取均匀混合的水样 50～200ml，加入 5～10ml 硝酸①，在电热板上加热煮沸，蒸发至 1ml 左右。若试液混浊不清，颜色较深，再补加硝酸①继续消解至试液清澈透明，呈浅

色或无色，继续蒸至近干。取下稍冷。加 20ml 硝酸⑤，温热溶解可溶性盐类。若出现沉淀，用中速滤纸滤入 50ml 容量瓶中，用水稀释定量。

（2）空白试验溶液的制备

在测定试样的同时，测定空白。取 100.0ml 硝酸溶液⑥代替试样，置于 200ml 烧杯中，与试样同时测定。

（3）校准溶液系列的制备

参照表 3-4-42，在 10ml 具塞比色管中，加入钒标准使用液配制至少五个工作标准溶液，用去离子水定容至 10ml，其浓度范围应包括试样被测元素的浓度。

表 3-4-42

钒标准使用液加入体积(ml)	0.00	2.00	4.00	6.00	8.00	10.0
工作标准溶液浓度(mg/L)	0.00	0.20	0.40	0.60	0.80	1.00

(4) 测量

①表 3-4-43 和表 3-4-44 是仪器测试的各项参数。

表 3-4-43 仪器使用条件

元素	波长(nm)	灯电流(mA)	通带宽度(nm)	载气
钒	318.4	12.5	1.3	氩气

表 3-4-44 升温程序

阶段	温度(℃)	时间(s)	阶段	温度(℃)	时间(s)
干燥	80～120	20	原子化	2800～2800	5
灰化	900～900	10	清洗	2900～2900	3

②根据表 3-4-43 和表 3-4-44 选择波长等条件以及设置石墨炉升温程序，空烧至石墨炉空白稳定。依次向石墨管内加入空白、工作标准溶液或试样，记录吸光度。

③根据扣除空白吸光度后的样品吸光度，在校准曲线中查出样品中的金属浓度。

（5）绘制校准曲线

①将所制备的标准系列，按步骤（4）进行测定。

②用测得的吸光度与相对应的浓度绘制校准曲线。

注：a. 将相应的数值存入贮存器内，在存入的该校准曲线上，可直接读出待测样品的浓度。

b. 在每次测定前，须重复测定空白和工作标准溶液，及时校正仪器和石墨管的灵敏度。

7. 计算

钒的浓度按下式计算：

$$C = \frac{W}{V} \times 1000$$

式中：C——试样中钒的浓度（mg/L）；

W——从校准曲线查得试样中钒的含量（mg）；

V——试样的体积（ml）。

报告结果中，要指明测定的是溶解的金属还是金属总量。

8. 精密度和准确度

见表 3-4-45。

表 3-4-45　精密度和准确度

实验室数目	统一试样浓度(mg/L)	重复性		再现性		加标回收率(%)
		标准偏差(mg/L)	相对标准偏差(%)	标准偏差(mg/L)	相对标准偏差(%)	
6	1.403	0.038	3.6	0.050	4.8	99.1

（二）钽试剂（BPHA）萃取分光光度法（A）

1. 方法原理

钽试剂（N-苯酰-N-苯胲，BPHA）为弱酸，在强酸性质中可与五价钒形成一种微溶于水的桃红色螯合物，反应方程式如下：

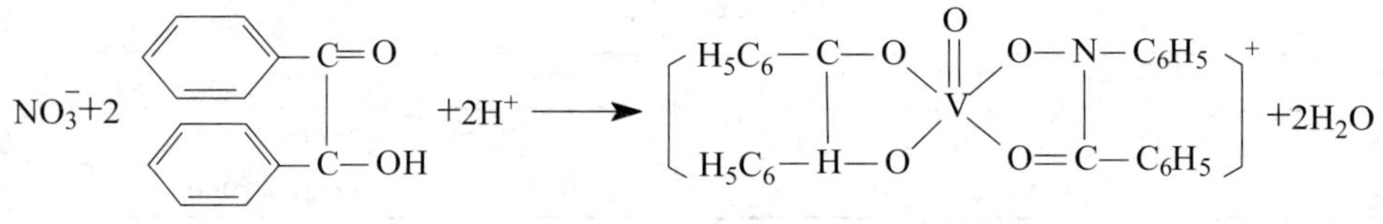

该螯合物能定量地被三氯甲烷和乙醇混合液搅拌萃取，在 440nm 处用分光光度法测定。

2. 方法的适用范围

本方法适用于水和废水中钒的测定。

测定范围：当使用 10mm 比色皿时，本方法检测限为 0.018mg/L，测定上限 10.0mg/L。若测定浓度大于上限，分析前可将样品适当稀释。

3. 干扰

地表水和污水中常见成分对本方法不产生干扰。

4. 仪器

①分光光度计：光程为 10mm 的比色皿。

②电磁搅拌器。

（A）本方法与 GB/T 15503—1995 等效。

③具玻塞锥形瓶：100ml。

④容量瓶：100ml、1000ml 各数支。

5. 试剂

除非另有说明，分析时均使用符合国家标准的分析纯试剂，去离子水或同等纯度水。

①硫酸（H_2SO_4）：ρ=1.84g/ml。

②磷酸（H_3PO_4）：ρ=1.69g/ml。

③硫酸：（1+1）。

④0.5%高锰酸钾溶液：称取 0.5g 高锰酸钾，溶于 100ml 水中

⑤40%尿素溶液：称取 40g 尿素，溶于 100ml 水中。

⑥0.5%亚硝酸钠溶液：称取 0.5g 亚硝酸钠，溶于 100ml 水中。

⑦钒标准贮备液：0.1000mg/ml。准确称取偏钒酸铵 0.2296g，溶于水中，加入硫酸③2ml，溶解后移入 1000ml 溶量瓶中，用水稀释至刻度，摇匀。

⑧钒标准使用液：10.0μg/ml。量取 100ml 钒标准贮备液于 1000ml 溶量瓶中，用水稀释至刻度。

⑨钽试剂-三氯甲烷、乙醇混合萃取剂：称取 0.5g 钽试剂于 50ml 乙醇和 200ml 三氯甲烷的溶液中，贮于干燥的 250ml 试剂瓶中。

6. 步骤

（1）试样的制备

①取定量地表水或废水于具玻塞锥形瓶中，滴加高锰酸钾溶液至出现粉红色，静置 1min。

②加入尿素溶液 2ml，在不断摇动下，滴加亚硝酸钠溶液至粉红色消退，并过量 2 滴。加磷酸 1ml。以去离子水稀释至体积约为 20ml。

（2）校准曲线

①于五支 100ml 锥形瓶中，分别加入 0，1.0，2.0，5.0，10.0ml 钒标准使用液，各加入硫酸③2ml，按试样制备的方法处理试液。然后用单标线吸管各加入钽试剂混合萃取液⑨10.0ml，加入搅拌子，加塞，于电磁搅拌器上搅拌 1min。

②经搅拌的两相混合物倒入 60ml 分液漏斗中，静置 1min，有机相经脱脂棉过滤于 10mm 比色皿中，于 440nm 处，以三氯甲烷作参比，进行测定。以钒含量对吸光度作图。

（3）试样测定

按上述（1）制备的水样，按（2）校准曲线的方法进行测定，在校准曲线上查得所测含量。

7. 计算

试样中钒的浓度 C（mg/L）按下式计算：

$$C=\frac{m}{V}$$

式中：m——由校准曲线得到的钒含量（μg）；

V——分析时所取试样体积（ml）。

8. 精密度和准确度

六个实验室对含钒 6.00mg/L 的统一标准溶液进行分析，得实验室内相对标准偏差为 0.78%；实验室间相对标准偏差为 0.99%；平均加标回收率为 99.3%。

（三）催化极谱法（B）

1. 方法原理

在乙酸-乙酸钠体系中，钒与辛可宁和铜铁试剂的络合物产生一个灵敏的络合催化波，峰电位为-0.85V 左右（对 Ag/AgCl 电极）。该波峰形清晰，具有较高的灵敏度和选择性，大量其他元素共存亦不干扰测定。

2. 方法的适用范围

钒在 0.2～16μg/L 范围内与峰电流呈线性关系，最低检测限可达 0.05μg/L。方法可用于地下水、地表水及多种废水中钒的测定。

3. 仪器

①极谱分析仪。
②三电极系统。
③记录仪。

4. 试剂

所用试剂除注明者外均为分析纯，水为二次重蒸馏水。

①钒标准溶液：准确称取基准偏钒酸铵（NH_4VO_3，优级纯）0.2296g 溶于 10ml HCl，转移至 100ml 容量瓶中，加水定容，摇匀。此溶液钒含量为 1.00mg/ml，用时可逐渐稀释。
②铜铁试剂：0.5%水溶液。
③辛可宁：0.02%乙醇溶液（用 95%乙醇配制）。
④缓冲溶液：1.5mol/L NaAc 与 2.0mol/L HAc 按 8∶1 比例混合。

5. 步骤

（1）试样制备

取一定量水样（经硝酸酸化至 pH＜2 或加入硝酸至 1%进行样品保存）于烧杯中，加入适量浓 HNO_3（取 10ml 水样加 1ml HNO_3）于电热板上加热消解至近干。加少许水，转入 25ml 比色管中，再以少量水冲洗烧杯几次，一并洗入比色管中，摇匀。

（2）校准曲线的绘制

分别各取一定体积的标准溶液置于 10ml 比色管中，加入 2.0ml 0.5%铜铁试剂溶液，0.1ml 0.02%辛可宁溶液，以缓冲溶液定容，配成含钒 0、0.10、0.50、1.00、3.00μg/L 的标准系列。依次分别倾入电解杯中，在-0.50～-1.10V 的范围内进行电位扫描，记录峰电流值，对峰高作空白校正后，绘制峰高-浓度曲线。

（3）样品测定

取一定体积已消解好的水样于10ml比色管中，其他操作步骤与校准曲线的绘制相同。根据经空白校正后的峰电流高度，在校准曲线上查出待测成分的浓度。

（4）标准加入法

当样品成分比较复杂时，可采用标准加入法。操作如下：

准确吸取一定量水样置10ml比色管中，按标准溶液测定步骤先测出样品的峰高，然后再加入与样品量相近的标准溶液，依相同的方法再次进行峰高测定。

6. 计算

$$C_x = \frac{h \cdot C_s \cdot V_s}{(V + V_s)H - V \cdot h}$$

式中：h——水样峰高；

H——水样加标后峰高；

C_s——加入标准溶液的浓度（μg/L）；

V_s——加入标准溶液的体积（ml）；

V——测定所取水样的体积（ml）。

7. 精密度和准确度

经五个实验室验证，对本方法测定上限的0.1、0.5、0.9倍浓度水的实际水样进行六次平行测定，所得相对标准偏差均小于5%。

对含钒0.24mg/L的统一样品，经四个实验室进行重复测定，室内相对标准偏差为1.0%；室间相对标准偏差为4.0%。

对含量为1～3μg/L的地表水进行测定，加标回收率在95%～110%之间；对经稀释后含钒3～20μg/L的多种工业废水（化工、冶炼、染织、制药、鞣革及油漆等行业废水）进行测定，加标回收率为80%～110%。

8. 注意事项

铜铁试剂不稳定，长期保存易失效，购买时要注意生产日期，其溶液在临用时现配，如发现颜色发黄或浑浊即失效，应重配。

（四）ICP-AES法（B）

见铝测定方法（一）。

二十一、铟和铊

铟和铊都不是动植物及人体所必需的微量元素，它们在动植物体内的生理作用尚不清楚。铊的毒性大于铟，经动物试验铊能引起肝、肾、心脏等软组织病变。铊和砷、铅类似而有剧毒，摄入铊盐会导致动物大量脱毛，因误用146mg乙酸铊使10岁儿童中毒死亡已有报导。土壤铊含量与植物含量有一定相关性，铊污染的土壤使硝化菌的形成受到抑制。植物中高含量的铊对动物会造成毒害。

铟的白鼠试验表明，30mg/d 产生中毒，200mg/d 致死；铊除导致动物脱毛（发）外，对人 600mg/d 会致死，1mg/L 会使植物中毒甚至死亡。

铟在地壳中的丰度值为 0.1mg/kg。世界土壤铟的范围值为 0.7～3mg/kg；中位值为 1mg/kg。中国 853 个表土样品铟的实测值为 0.001～0.25mg/kg；中位值为 0.064mg/kg；海水中铟的浓度约为 0.00011mg/L。

铊在地壳中的丰度值为 0.48mg/kg。世界土壤铊的范围值为 0.1～0.8mg/kg；中位值为 0.2mg/kg。中国 853 个表土样品铊的实测值为 0.036～2.38mg/kg；中位值为 0.58mg/kg；海水中的浓度约为 0.019mg/L。在有色金属矿山开采及冶炼过程中常有大量铟、铊排放到水环境中，从而造成污染事故。

铟和铊的测定方法有等离子发射光谱法和原子吸收法，灵敏度不如石墨炉原子吸收法高，但一般环境水中铟、铊含量很低，仍须萃取浓缩后测定，这样也可在废水测定时消除基体干扰。

地表水采样后加入硫酸至 pH＜1，废水试样加入硫酸使其含量达到 1%，常温下可保存 1 个月。

萃取石墨炉原子吸收法（B）

1. 方法原理

在硫酸-溴化钾介质中有 Fe^{3+}存在时，Tl^{+}可以氧化为 Tl^{3+}。In^{3+}、Tl^{3+}与 Br^{-}形成络阴离子$[InBr_4]^{-}$、$[TlBr_4]^{-}$，和 MIBK 作用形成离子缔合物而被 MIBK 萃取，直接将有机相进石墨炉作原子吸收测定。

2. 方法的适用范围

本方法的铟、铊检出限分别为 1.08μg/L 和 2.72μg/L，测定上限分别为 80μg/L 和 160μg/L。适用于地表水和废水的测定。如果地表水含量很低，可增加取样量，提高浓缩倍数。

3. 干扰及消除

用 H_2SO_4-KBr 体系萃取效果较好，绝大多数共存元素经一次萃取对铟、铊测定已无影响。

4. 仪器

①原子吸收分光光度计，带石墨炉及背景校正器。

②涂 Mo 或涂 La 石墨管。见镉测定方法（四）。

③仪器参数如表 3-4-46 所示。

表 3-4-46　铟、铊的测定条件

元素	In	Tl
波长(nm)	325.6	276.8
通带宽度(nm)	0.4	0.4
干燥(℃/s)	80～120/30	80～120/20
灰化(℃/s)	700/30	500/20
原子化(℃/s)	2600/5	2500/5
清除(℃/s)	2800/3	2600/3
进样量(μl)	40	10
Ar 气流量(ml/min)	200	200

5. 试剂

①铟标准贮备液：准确称取 1.000g 光谱纯金属铟，溶于 20ml（1+1）硝酸中，当铟完全溶解后，移入 1000ml 容量瓶中，用水稀释至标线；摇匀。此溶液含 1.00mg/ml 铟。

②铊标准贮备液：准确称取 1.3020g 硝酸铊（分析纯）溶于 20ml（1+1）硝酸中，移入 1000ml 容量瓶中，用水稀释至标线，摇匀。此溶液含 1.00mg/ml 铊。

③铟、铊混合标准溶液：分别准确移取铟、铊标准贮备液 1.00ml 和 2.00ml 于 100ml 容量瓶中，用 1%硝酸定容。此溶液含铟 10.0μg/ml，含 20.0μg/ml 铊。

④铟、铊混合标准操作液：准确移取铟铊混合标准溶液 10.00ml 于 1000ml 容量瓶中，用 1%硝酸稀释至标线，摇匀。此溶液含铟 1.00μg/ml，含 2.00μg/ml 铊。

⑤50%溴化钾溶液。

⑥三氯化铁溶液：称取 241g$FeCl_3 \cdot 6H_2O$ 溶于 500ml 水中，Fe^{3+}含量为 100mg/ml。

6. 步骤

（1）水样消解

①准确移取适量水样（铟、铊含量应小于 0.4μg）于烧杯中（视水样的量可选用 100～250ml 的烧杯），加入三氯化铁溶液 0.5ml，浓盐酸 5ml，在电热板上蒸发至约剩 5ml 时，加入 15ml （1+1）硫酸微热溶解可能产生的残渣。转入 50ml 具塞比色管中，冷却至室温，加纯水 15ml，溴化钾溶液 2ml，放置 5min，加入 5ml 磷酸，加水定容至 50ml。准确加入甲基异丁基酮（MIBK）5ml，振摇 3min，静置分层。

②有机相待测，同时以纯水代替水样，进行空白试验。

（2）校准曲线的绘制

①于六个 50ml 的烧杯中，分别加入 0、0.05、0.10、0.20、0.30、0.40ml 铟、铊混合标准操作溶液，再加入三氯化铁溶液 0.5ml 及浓盐酸 1ml。置电热板上蒸至近干后，加入 15ml（1+1）硫酸微热溶解，转入 50ml 具塞比色管中，冷至室温，加水至约 35ml，再加入溴化钾溶液 2ml，摇匀。以下操作同（1）水样消解。

②取有机相进石墨炉测定铟、铊的吸光度，经空白校正后绘制吸光度-浓度曲线。

③同时测定水样消解后经萃取的有机相。由试样的吸光度减去全程序空白的吸光度，从校准曲线上查出试样中铟、铊的含量，计算出水样中铟、铊的浓度。

7. 精密度和准确度

用本方法测定水样中 0.043～0.12mg/L 的铟，相对标准偏差为 5.56%～10.4%；0.21～0.94mg/L 铊的相对标准偏差为 3.85%～10.7%，加标回收率为 90%～105%。

8. 注意事项

①各种型号的仪器，测定条件不尽相同，因此应根据仪器说明书选择合适条件。

②普通原子吸收测铟使用最灵敏的 303.9nm 线，本方法选用 325.6nm 线。这是由于塞曼效应使铟在波长为 325.6nm 处产生最大的吸光度，因而最灵敏的分析线不同于普通原子吸收。

③使用纵向塞曼原子吸收时灰化温度和原子化温度可降低约 100～150℃。

④涂层石墨管可使铟、铊的灵敏度提高 4 倍以上，若水样含量较高，可选用普通热解石墨管。

二十二、钍

钍（Th）是一种天然放射性元素，海洋藻类、鱼类都有蓄积作用，影响哺乳动物的骨骼发育，对人体危害很大，它既有化学毒性，又有辐射损伤。一般天然水中含量约为 0.03μg/L，海水含量较低，约为 0.001μg/L。钍污染主要来源于含钍矿山及钍和稀土工业废水。

1. 方法选择

废水中微量钍的测定方法较多。其中，CL-TBP 萃淋树脂分离-铀试剂Ⅲ分光光度法灵敏度较高，选择性好，测定结果精度好。

2. 样品保存

采集水样用聚乙烯瓶。使用前用 2%硝酸溶液浸泡 24h 或用（1+1）硝酸荡洗，然后用去离子水冲洗干净。采样时，用水样洗涤容器 2～3 次。水样采集后，立即加入硝酸至溶液含硝酸浓度为 1mol/L。水样澄清后过滤，滤液可保存半年。

铀试剂Ⅲ光度法（B）

1. 方法原理

在（1+2）硝酸介质中，酒石酸存在下，用磷酸三丁酯萃淋树脂（简称 CL-TBP 萃淋树脂）吸附钍与其它元素分离。再用 4mol/L 盐酸溶液解吸钍，在草酸、尿素等掩蔽剂存在下，钍与铀试剂Ⅲ形成稳定的绿色络合物。该络合物最大吸收波长为 668nm，摩尔吸光系数为 $1.27\times10^5 L\cdot mol^{-1}\cdot cm^{-1}$。该络合物至少可稳定 2.5h。

2. 干扰及消除

经 CL-TBP 萃淋树脂分离后，在测定 2.0μg 钍时，钾、钠、铁（Ⅲ）各 100mg，氯离子、高氯酸根各 80mg，钙 60mg，硫酸根、铝各 50mg，锰（Ⅱ）、铜（Ⅱ）、镁、锌各 20mg，钴、钼（Ⅵ）各 10mg，镍、磷酸根、汞（Ⅱ）、镉各 5mg，铬（Ⅵ）、铅各 2.5mg，锶、锂、铋、镧、钒（Ⅴ）、硅酸根各 1mg，砷（Ⅴ）0.6mg，铀（Ⅵ）、铌（Ⅴ）、银、钨（Ⅵ）各 0.5mg，钛 0.3mg，锆（Ⅳ）0.25mg，总稀土、锑（Ⅴ）、金（Ⅲ）、铈（Ⅵ）各 0.1mg，氟 0.01mg 不干扰测定。

3. 方法的适用范围

本方法适用于铀矿开采及冶炼排放废水中微量钍的测定。当取水样 20ml 时，方法的最低检出浓度为 0.008mg/L（在吸光度 A=0.01 时所对应的钍浓度），测定上限为 3.0mg/L（取样 1ml 时）。

4. 仪器

①分光光度计，30mm 比色皿。
②沙浴。

5. 试剂

①50%酒石酸水溶液。
②5%草酸水溶液。
③抗坏血酸-尿素溶液：称取 5g 抗坏血酸，20g 尿素用水溶解后，稀释至 100ml。
④0.05%铀试剂Ⅲ溶液：称取 0.05g 铀试剂Ⅲ用水溶解后稀释至 100ml。
⑤钍标准贮备溶液：准确称取光谱纯二氧化钍 1.1379g 于 100ml 聚四氟乙烯烧杯中，加入硝酸 20ml 和（1+9）氢氟酸 1～2 滴，在沙浴上加热溶解，在加热过程中要不断补加硝酸，直至二氧化钍完全溶解。转入 1000ml 容量瓶中，用水稀释至标线，摇匀后贮存于干燥的聚乙烯瓶中。此溶液每毫升含 1.00mg 钍。
⑥钍标准溶液：准确吸取钍贮备溶液，用 1mol/L 硝酸稀释成每毫升含 1.00μg 钍的标准液。
⑦CL-TBP 萃淋树脂（60～80 目）。

6. 步骤

（1）色层柱的制备

①称取 2gCL-TBP 萃淋树脂，装入已充满水的净化柱中（柱底部和上部装少量脱脂棉）。
②用 5%碳酸钠溶液 10ml，（1+2）硝酸溶液 10ml 先后分别洗色层柱一次。然后用水洗至中性，使用前用 4mol/L 盐酸 10ml 洗色层柱，再用 10ml 水、（1+2）硝酸 10ml 洗净化柱（净化柱：内径 ϕ 8mm×170mm，流速：1～1.5ml/min）备用。

（2）样品预处理

①取滤液 1～20ml（视钍含量而定）置 50ml 烧杯中，加硝酸 5ml 在沙浴上蒸干，再加高氯酸 2ml，在沙浴上蒸至冒白烟。取下烧杯，加（1+2）硝酸 10ml，稍加热待固体溶解后，取下烧杯稍冷，加 50%酒石酸溶液 1ml，搅拌均匀后转入已制备好的净化柱中。
②用（1+2）硝酸 10ml 分三次洗烧杯，过柱，然后用（1+2）硝酸 5ml 洗净化柱两次，

用 1ml 水洗净化柱一次，弃去。

③用 4mol/L 盐酸 15ml 分三次解吸钍，收集解吸液于 25ml 容量瓶中，备待测用。

（3）样品测定

①显色：于上述 25ml 容量瓶中，加抗坏血酸-尿素溶液 1ml，5%草酸溶液 1ml，无水乙醇 2ml，0.05%铀试剂Ⅲ 2ml，用 4mol/L 盐酸稀释至标线，摇匀。

②测量：静置 10min 后，用 30mm 比色皿，于 668nm 波长处，以校准曲线的空白为参比，测量吸光度。

（4）校准曲线

取 0、0.50、1.00、1.50、2.00、2.50、3.00ml 钍标准溶液，分别置于 50ml 烧杯中，以下按样品预处理和样品测定步骤显色和测量。

7. 计算

$$钍（Th, mg/L）= \frac{m}{V}$$

式中：m——由校准曲线查得的钍量（μg）；

V——水样体积（ml）。

8. 精密度和准确度

取含钍 0.15mg/L 铀矿冶炼排放废水作为统一样品（1mol/L 硝酸溶液保存），经七个实验室分析，室内相对标准偏差为 1.2%；室间相对标准偏差为 21.2%；加标回收率为 99.6%±9.1%。

9. 注意事项

①CL-TBP 萃淋树脂装柱后可使用 15 次，如使用次数过多，会使测定结果偏低。

②每次装柱后必须重作校准曲线。

二十三、铀

铀（U）是一种天然放射性元素，自然界中铀的分布很广。一般地表水浓度约为 0.4μg/L，海水约为 3.2μg/L。铀污染主要来源于含铀矿山、冶炼及核燃料工业废水。

铀对人的毒性很大，铀的化合物进入体内，主要蓄积在肝、肾脏和骨骼中，根据剂量大小，可引起急性或慢性中毒。鼠类喂食量达 36mg/d 会致死。

1. 方法选择

废水中铀的测定方法，一般采用铀试剂Ⅲ或 5-Br-PADAP 分光光度法及固体荧光法。

三烷基氧磷萃取-（2-（5-溴-2-吡啶偶氮）-5-二乙氨基酚）光度法（简称 TRPO 萃取-（5-Br-PADAP）光度法）与固体荧光法相比，选择性好、准确、快速。

2. 样品保存

同二十二、钍的采样。

TRPO-5-Br-PADAP 光度法（B）

1. 方法原理

在酸性介质中，铀（Ⅵ）与三烷基氧磷（简称 TRPO）形成的络合物被环己烷萃取，以达到富集和分离杂质的目的。有机相中的铀（Ⅵ）再用混合络合剂反萃取，当 pH=7.8 时，在水-丙酮混合溶剂中，铀（Ⅵ）与 5-Br-PADAP、氟离子形成稳定的 1∶1∶1 红色三元络合物。该络合物最大吸收波长为 578nm 摩尔吸光系数为 $7.4\times10^4L\cdot mol^{-1}\cdot cm^{-1}$，至少可稳定 6h。主要反应如下：

萃取：$UO_2(NO_3)_2+2TRPO \rightleftharpoons UO_2(NO_3)_2\cdot 2TRPO$

显色：$UO_2^{2+}+(Br\text{-}PADAP)+F^- \rightleftharpoons (UO_2\text{-}(Br\text{-}PADAP)F)$

2. 干扰及消除

按本方法萃取分离和显色测定 1μg 铀时，硫酸根 250mg，抗坏血酸 160mg，钾、铝、铁（Ⅲ）、氯、高氯酸根、磷酸根各 100mg，钙 90mg，镁 50mg，钠 40mg，镉 30mg，铜（Ⅱ）20mg，锰（Ⅱ）、铋、钴、镍、铅、钼（Ⅵ）、锌各 10mg，汞（Ⅱ），砷（Ⅴ）、钨（Ⅵ）、锡（Ⅱ）各 5mg，硅酸根 4mg，汞（Ⅰ）、铼（Ⅶ）各 2mg，锆（Ⅳ）、锶、钍、银、镧、锂、锑、硒各 1mg，亚硝酸根 0.7mg，铈（Ⅳ）、铬（Ⅵ）各 0.2mg，铌（Ⅵ）0.17mg，钒（Ⅴ）、总稀土、金（Ⅲ）、镓、钽（Ⅴ）各 0.1mg，钛（Ⅳ）0.06mg 不干扰测定。加入 100mg 抗坏血酸，铬（Ⅵ）可允许存在 5mg。氟离子大于 14mg 对铀的萃取分离有影响。

3. 方法的适用范围

本方法适用于铀矿山及冶炼排放废水中微量铀的测定。取水样 100ml，方法的最低检出浓度为 0.0013mg/L（在吸光度 A=0.01 时所对应的铀浓度），测定上限为 1.6mg/L（取水样 1ml）。

4. 仪器

①分光光度计，30mm 比色皿。
②125ml 分液漏斗。

5. 试剂

①铀标准贮备溶液：称取 0.2358g 基准的八氧化三铀（预先在 850～900℃灼烧 2h），置于 100ml 烧杯中，加入盐酸 10ml，硝酸 0.5ml，加热蒸至近干。加入 1mol/L 硝酸 10ml，转移至 200ml 容量瓶中，用 1mol/L 硝酸溶液稀释至标线，摇匀。此溶液 1.00ml 含 1.00mg 铀。

②铀标准溶液：准确吸取铀贮备溶液，用 1mol/L 硝酸稀释成每毫升含 1.00μg 铀的使用液。

③4%TRPO-环己烷溶液：量取 40ml TRPO（烷基为 C_6H_{15}-C_8H_{17}），溶解于环己烷中，并稀释至 1000ml。

④混合络合剂溶液：称取 5g 1, 2-环己二胺四乙酸（简称 CYDTA），5g 氟化钠置于盛有 800ml 水的聚乙烯烧杯中，加 20%氢氧化钠至 CYDTA 溶解，再以 1mol/L 盐酸溶液和 20%氢氧化钠溶液调 pH 为 7.8，然后加水稀释至 1000ml。

⑤三乙醇胺溶液：量取 200ml 三乙醇胺置 600ml 水中，用盐酸中和至 pH 为 7.8，加水稀释至 1000ml，摇匀备用。

⑥0.015%5-Br-PADAP 乙醇溶液：称取 0.015g 5-Br-PADAP 用乙醇溶解并稀释至 100ml。

⑦丙酮。

⑧3%氟化钠溶液：称取 3g 氟化钠于聚乙烯烧杯中，用水溶解并稀释至 100ml 贮存于聚乙烯瓶中。

6. 步骤

（1）样品预处理

①取滤液 1～100ml 于 125ml 分液漏斗中，加 3%氟化钠溶液 0.5ml，补加 1mol/L 硝酸溶液至 100ml，4% TRPO-环己烷溶液 2ml。萃取 2min，待分层后弃去水相，将有机相转入 20ml 分液漏斗中，用 1mol/L 硝酸溶液约 5ml 洗 125ml 分液漏斗一次，将有机相合并于 20ml 分液漏斗中，弃去水相。

②向有机相中加混合络合剂 5ml，反萃取 2min，分层后，将水相转入 10ml 容量瓶中，再用 0.5ml 水洗有机相一次，水相并入 10ml 容量瓶中。

（2）样品测定

①显色：在上述容量瓶中加入酚酞 1 滴，以（1+1）氨水调至出现红色，再以 1mol/L 盐酸溶液调至无色。加入三乙醇胺缓冲溶液 1ml，0.015% 5-Br-PADAP 乙醇溶液 1ml，用丙酮稀释至标线，摇匀。

②测量：静置 40min 后用 30mm 比色皿，于 578nm 波长处，以校准曲线的空白为参比，测量吸光度。

（3）校准曲线

①取 0、0.40、0.60、0.80、1.00、1.20、1.60ml（铀的标准溶液分别置于 125ml 分液漏斗中）各加 3%氟化钠溶液 0.5ml。

②以下按试样预处理和样品测定进行显色和测量。

7. 计算

$$\text{铀}\ (\text{U, mg/L}) = \frac{m}{V}$$

式中：m——由校准曲线查得的铀量（μg）；

V——分取水样的体积（ml）。

8. 精密度和准确度

取含铀 0.0161mg/L 的铀矿冶炼排放废水作为统一样品（1mol/L 硝酸溶液保存），经五个实验室分析，室内相对标准偏差为 3.54%；室间相对标准偏差为 3.55%；相对误差为零；加标回收率为 100.4%±4.5%。

用于铀矿冶炼排放废水含 0.0033～0.298mg/L 铀的测定，六次平行测定相对标准偏差最大为 5.0%；加标回收率为 98%～109%。

9. 注意事项

①反萃取液中要避免混入有机相。

②分液漏斗要严格检查以防漏溶液。

二十四、钾和钠

钾（K）是植物的基本营养元素，它存在于所有的天然水中。尽管钾盐在水中有较大的溶解度，但因受土壤岩石的吸附及植物吸收与固定的影响，使得水中钾离子的含量为钠离子的 4%～10%左右。在大多数饮用水中，它的浓度很少达到 20mg/L。在某些溶解性固体总量高的水与温泉中，钾的含量每升可达到几十至几百毫克。

钠（Na）存在于大多数天然水中，其含量从小于 1mg/L 到大于 500mg/L 不等。供高压锅炉用的水中，钠的推荐极限浓度为 2～3mg/L，含钠过高是不利的。因为这种水加热后，会产生大量二氧化碳而形成泡沫。作为灌溉用水，钠盐含量过高，容易引起土壤的盐渍化，直接危害植物的生长。高血压病人、浮肿病人要控制钠的摄入量，一般食用氯化钾代替氯化钠，因为钠离子有固定水分的作用。

1. 方法选择

测定钾的方法主要有两种：火焰原子吸收分光光度法和火焰原子发射法。使用的仪器有火焰光度计和备有火焰发射工作方式的原子吸收分光光度计。两种都是测定快速、灵敏且准确的方法。但火焰原子发射法所使用的仪器目前各级监测站还不具备。

2. 样品保存

水样应贮于聚乙烯瓶中，用硝酸调至 pH<2。不宜用玻璃瓶，特别不能用软质玻璃瓶贮存中性和碱性水样，否则样品会受到钾、钠的沾污。

（一）火焰原子吸收法（A）

1. 方法原理

钾和钠在空气-乙炔火焰中易于原子化，可在其灵敏线 766.5nm（K）和 589.0mm（Na）处进行原子吸收测定。对于钾和钠含量较高样品，可选用次灵敏线 404.4nm（K）、330.2nm

（A）本方法与 GB 11904—89 等效。

（Na）进行测定。

2. 干扰及消除

在高温火焰中，钾和钠易发生电离而产生电离干扰，可在分析试样中加入一定量更易电离的铯盐 1000～2000mg/L 作消电离剂予以消除。由于铯盐难以购得纯品，亦可用锶盐代替。

无机酸对钾和钠的测定有影响，硝酸大于 8%，硫酸大于 2%时，吸光度均偏低，盐酸和高氯酸随酸量增加使吸光度明显下降，因此应保持标准系列和样品的酸度一致。一般选用 2%盐酸。

3. 方法的适用范围

本方法可用于一般环境水样中钾、钠的测定，测定的适宜浓度范围，如表 3-4-47。

表 3-4-47　钾、钠测定的适宜浓度范围

元素	波长(nm)	最低检出浓度(mg/L)	适宜浓度(mg/L)
钾	766.5	0.03	0.05～4.0
	404.4	0.4	1.0～300
钠	589.0	0.010	0.05～2.0
	330.3	0.1	0.5～200

4. 仪器

①原子吸收分光光度计及其附件。

②钾、钠空心阴极灯。

③仪器工作参数参见表 3-4-48。可根据仪器说明书选择，此表所列仅是参考值。

5. 试剂

①钾标准溶液：称取在 150℃烘干 2h 的基准氯化钾（优级纯）0.9534g，以去离子水或重蒸馏水溶解，加入（1+1）硝酸 2ml，用去离子水或重蒸馏水于容量瓶中稀释至 500ml，摇匀。其浓度为每毫升含 1.000mg 钾。

②钠标准溶液：称取在 150℃烘干 2h 的基准氯化钠（优级纯）1.2711g，以下操作同钾标准溶液配制，其浓度为每毫升含 1.000mg 钠。

③钾、钠混合标准使用液：浓度范围见表 3-4-47。

④消电离剂：1%硝酸铯（$CsNO_3$）水溶液。

表 3-4-48　仪器参数

元素	光源	灯电流(mA)	测量波长(nm)	通带宽度(nm)	观测高度(mm)	火焰种类
钾	空心阴极灯	10.0	766.5	2.6	7.5	空气－乙炔氧化型
钠	空心阴极灯	10.0	589.0	0.4	7.5	空气－乙炔氧化型

6. 步骤

（1）样品的预处理

如水样有大量泥沙、悬浮物，必须及时离心或澄清，再通过 0.45μm 有机微孔滤膜（ϕ25mm）过滤后的清水用硝酸调至 pH<2。对于有机物污染严重的水样可经硝酸加热消解后测定。

（2）样品测定

①准确移取处理过的水样 2～25ml（含钾不超过 200μg，含钠不超过 100μg）置 50ml 容量瓶中，加（1+1）硝酸 2ml，1%硝酸铯 3ml，加水至标线，摇匀。

②选择仪器最佳测量参数，与标准系列同时测量各份试液的吸光度，经空白校正后，从校准曲线上求出钾、钠的浓度。

（3）校准曲线绘制

于 50ml 容量瓶中，加入适量的标准溶液（建议值见表 3-4-49），（1+1）硝酸 2ml，1%硝酸铯 3ml，用去离子水稀释至标线，摇匀。以下测量与样品操作相同。

表 3-4-49　用灵敏线测定钾、钠标准系列的配制

元素	0	1	2	3	4	5
钾(mg/L)	0	1.00	2.00	3.00	4.00	5.00
钠(mg/L)	0	0.25	0.50	1.00	1.50	2.00

7. 计算

$$钾（K，mg/L）= f \cdot C$$

$$钠（Na，mg/L）= f \cdot C$$

式中：f——稀释比，$f = \dfrac{定容量(ml)}{水样量(ml)}$；

C——由校准曲线查得的钾、钠浓度（mg/L）。

8. 精密度和准确度

人工合成水样含 K^+ 9.82mg/L，Na^+ 46.55mg/L，Ca^{2+} 40.64mg/L，Mg^{2+} 8.39mg/L，Cl^- 88.29mg/L，SO_4^{2-} 93.83mg/L，总碱度 77.58mg/L（以 $CaCO_3$ 计），经五个实验室分析测定，室内相对标准偏差钾为 0.50%，钠为 0.68%；室间相对标准偏差钾为 2.4%，钠为 0.94%；相对误差钾为–1.8%，钠为+0.58%。

还用本方法对珠江、黄河、淮河、海河水及地下水、矿泉水、自来水、雨水等 21 种样品进行分析，其含钾浓度为 0.5～91.7mg/L，含钠浓度为 1.2～177mg/L，加标回收率钾为 97.1%～105.3%，钠为 95.5%～104.1%。

9. 注意事项

①钾、钠为常量元素，原子吸收又是灵敏度很高的分析方法，器皿、试剂及尘埃等均会带来污染，因此必须认真仔细操作。

②为避免稀释倍数过大带来误差，在高浓度情况下，最好使用次灵敏线测定或将燃烧器转动一个小角度，减小吸收光程。

③为了得到更准确的分析结果，可用插入法测量，具体方法是：选择和配制两个相近的标准点，使水样的浓度恰好位于这两个标准点之间，与水样同时测量吸光度，并重复测量求其平均值，然后按下式计算分析结果。

$$钾（或钠）(mg/L) = \left[\frac{(B-A)(S-a)}{(b-a)} + A\right] \cdot f$$

式中：B——上端点标准溶液浓度；

A——下端点标准溶液浓度；

b——上端点吸光度；

a——下端点吸光度；

S——水样吸光度；

f——稀释比。

（二）ICP-AES 法（B）

见铝测定方法（一）。

二十五、钙、镁（含总硬度）

钙（Ca）广泛地存在于各种类型的天然水中，浓度为每升含零点几毫克到数百毫克不等。它主要来源于含钙岩石（如石灰岩）的风化溶解，是构成水中硬度的主要成分。钙是构成动物骨骼的主要元素之一。硬度过高的水不适宜工业使用，特别是锅炉作业。由于长期加热的结果，会使锅炉内壁结成水垢，这不仅影响热的传导，而且还隐藏着爆炸的危险，所以应进行软化处理。此外，硬度过高的水也不利于人们生活中的洗涤及烹饪，饮用了这些水还会引起肠胃不适。但水质过软也会引起或加剧某些疾病。因此，适量的钙是人类生活中不可缺少的。

镁（Mg）是天然水中的一种常见成分，它主要是含碳酸镁的白云岩以及其它岩石的风化溶解产物。镁在天然水中的浓度为每升零点几到数百毫克不等。镁是动物体内所必需的元素之一，人体每日需镁量约为 0.3～0.5g，浓度超过 125mg/L 时，还能起导泻和利尿作用。镁盐也是水质硬化的主要因素，硬度过高的水不适宜工业使用，它能在锅炉中形成水垢，故应对其进行软化处理。

1. 方法选择

①EDTA 络合滴定法简单快速，是一般最常用的方法。

②原子吸收法测定钙、镁，简单、快速、灵敏、准确，干扰易于消除。当采用 EDTA 法有干扰时，最好改用原子吸收法。

③等离子发射光谱法快速、灵敏度高、干扰少，且可同时测定多种元素，也是较为理想的方法之一。

2. 样品保存

采集水样贮存于聚乙烯瓶中，将水样用硝酸或盐酸调节到 pH<2。

（一）火焰原子吸收法（A）

1. 方法原理

将试液喷入空气-乙炔火焰中，使钙、镁原子化，并选用 422.7nm 共振线的吸收定量钙，用 285.2nm 共振线的吸收定量镁。

2. 方法的适用范围

本方法适用于测定地下水、地表水和废水中的钙、镁。

本方法适用的校准溶液浓度范围（见表 3-4-50）与仪器的特性有关，随着仪器的参数变化而变化。通过样品的浓缩和稀释还可使测定实际样品浓度范围得到扩展。

表 3-4-50　测定范围及最低检出浓度（mg/L）

元素	最低检出浓度	测定范围	元素	最低检出浓度	测定范围
钙	0.02	0.1～6.0	镁	0.002	0.01～0.6

3. 干扰

原子吸收法测定钙镁的主要干扰有铝、硫酸盐、磷酸盐、硅酸盐等，它们能抑制钙、镁的原子化，产生干扰，可加入锶、镧或其它释放剂来消除干扰。火焰条件直接影响着测定灵敏度，必须选择合适的乙炔量和火焰观测高度。试样需检查是否有背景吸收，如有背景吸收应予以校正。

4. 仪器

①原子吸收分光光度计及其附件。

②钙、镁空心阴极灯。

③仪器工作参数如表 3-4-51 所示。因仪器不同而异，可根据仪器说明书选择，此表所列仅供参考。

表 3-4-51　仪器工作参数

元素	光源	灯电流(mA)	测量波长(nm)	通带宽度(nm)	观测高度(mm)	火焰种类
钙	空心阴极灯	10.0	422.7	2.6	12.5	空气—乙炔化学计量火焰
镁	空心阴极灯	7.5	285.2	2.6	7.5	空气—乙炔化学计量火焰

（A）本方法与 GB 11905—89 等效。

5. 试剂

除另有说明外，分析时均使用符合国家标准或专业标准的分析纯试剂，去离子水或同等纯度的水。

①硝酸（HNO_3）：ρ=1.40g/ml。

②高氯酸（$HClO_4$）：ρ=1.68g/ml，优级纯。

③硝酸溶液：（1+1）。

④燃气：乙炔，用钢瓶气供给，也可用乙炔发生器供给，但要适当纯化。

⑤助燃气：空气，一般由空气压缩机供给，进入燃烧器以前应经过适当过滤，以除去其中的水、油和其他杂质。

⑥镧溶液，0.1g/ml：称取氧化镧（La_2O_3）23.5g，用少量硝酸溶液③溶解，蒸至近干，加 10ml 硝酸溶液及适量水，微热溶解，冷却后用水定容至 200ml。

⑦钙标准贮备液，1000mg/L：准确称取 105～110℃烘干过的碳酸钙（$CaCO_3$，优级纯）2.4973g 于 100ml 烧杯中，加入 20ml 水，小心滴加硝酸溶液至溶解，再多加 10ml 硝酸溶液加热煮沸，冷却后用水定容至 1000ml。

⑧镁标准贮备液，100mg/L：准确称取 800℃灼烧至恒重的氧化镁（MgO，光谱纯）0.1658g 于 100ml 烧杯中，加入 20ml 水，滴加硝酸溶液至完全溶解，再多加 10ml 硝酸溶液，加热煮沸，冷却后用水定容至 1000ml。

⑨钙、镁混合标准溶液，钙 50mg/L、镁 5.0mg/L：准确吸取钙标准贮备液和镁标准贮备液各 5.0ml 于 100ml 容量瓶中，加入 1ml 硝酸溶液，用水稀释至标线。

6. 步骤

（1）试样的制备

①分析可滤态钙、镁时，如水样有大量的泥沙，悬浮物，样品采集后应及时澄清，澄清液通过 0.45μm 有机微孔滤膜过滤，滤液加硝酸①酸化至 pH 为 1～2。

②分析钙、镁总量时，采集后立即加硝酸酸化至 pH 为 1～2。如果样品需要消解，则校准曲线溶液，空白溶液也要消解。

③消解步骤如下：取 100ml 待处理样品，置于 200ml 烧杯中，加入 5ml 硝酸，在电热板上加热消解，蒸至 10ml 左右，加入 5ml 硝酸和 2ml 高氯酸，继续消解，蒸至 1ml 左右，取下冷却，加水溶解残渣，通过用酸洗涤后的中速滤纸，滤入 50ml 容量瓶中，用水稀释至标线（**注意：消解中使用的高氯酸易爆炸，要求在通风柜中进行**）。

（2）测定试样溶液

准确吸取经预处理的试样 1.00～10.00ml（含钙不超过 250μg，镁不超过 25μg）于 50ml 容量瓶中，加入 1ml 硝酸溶液和 1ml 镧溶液用水稀释至标线，摇匀。

（3）空白试验

在测定的同时应进行空白试验。空白试验时用 50ml 水取代试样。所用试剂及其用量、步骤与试样完全相同。

（4）标准系列

参照表 3-4-52，在 50ml 容量瓶中，依次加入适量的钙、镁混合标准溶液，以下按步骤（2）至少配制五个标准溶液（不包括零点）。

表 3-4-52　钙、镁标准系列的配制

元素	序号							
	1	2	3	4	5	6	7	8
混合标准溶液体积(ml)	0	0.50	1.00	2.00	3.00	4.00	5.00	6.00
钙含量(mg/L)	0	0.50	1.00	2.00	3.00	4.00	5.00	6.00
镁含量(mg/L)	0	0.05	0.10	0.20	0.30	0.40	0.50	0.60

（5）测定

①根据表 3-4-51 选择波长等参数并调节火焰至最佳工作状态，依次从稀至浓测定标准系列和水样的吸光度。

②根据试样扣除空白后的吸光度，在校准曲线上查出（或用回归方程计算出）试样中的钙、镁浓度。

7. 计算

$$X = f \cdot C$$

式中：X——钙或镁含量，以 Ca 或 Mg 计（mg/L）；

f——试样定容体积与试样体积之比；

C——由校准曲线查得的钙、镁浓度（mg/L）。

8. 精密度和准确度

五个实验室分析统一的合成水样结果。水样中含钙 40.64mg/L，含镁 8.39mg/L。

①重复性：重复性相对标准偏差：钙为 1.29%，镁为 1.52%。

②再现性：再现性相对标准偏差：钙为 1.72%，镁为 1.70%。

③准确度：相对误差：钙为+0.05%，钾为-0.30%。

（二）ICP-AES 法（B）

见铝测定方法（一）。

（三）EDTA 滴定法（钙和镁的总量、总硬度）（A）

1. 原理

在 pH10 的条件下，用 DETA 溶液络合滴定钙和镁离了。铬黑 T 作指示剂，与钙和镁生成紫红色或紫色溶液。滴定中，游离的钙和镁离子首先与 EDTA 反应，与指示剂络合的钙和镁离子随后与 EDTA 反应，到达终点时溶液的颜色由紫变为天蓝色。

（A）本方法与 GB 7477—87 等效。

2. 方法的适用范围

本方法用 EDTA 滴定法测定地下水和地表水中钙和镁的总量。不适用于含盐量高的水，诸如海水。本方法测定的最低浓度为 0.05mmol/L。

3. 干扰及消除

如试样含铁离子≤30mg/L，可在临滴定前加入 250mg 氰化钠或数毫升三乙醇胺掩蔽，氰化物使锌、铜、钴的干扰减至最小，三乙醇胺能减少铝的干扰。加氰化钠前必须保证溶液呈碱性。

试样含正磷酸盐超出 1mg/L，在滴定的 pH 条件下可使钙生成沉淀。如滴定速度太慢，或钙含量超出 100mg/L 会析出磷酸钙沉淀。如上述干扰未能消除，或存在铝、钡、铅、锰等离子干扰时，需改用火焰原子吸收法或等离子发射光谱法测定。

4. 仪器

常用的实验室仪器及 50ml 滴定管，分刻度至 0.10ml。

5. 试剂

分析中只使用公认的分析纯试剂和蒸馏水或纯度与之相当的水。

1）缓冲溶液（pH10）：

①称取 1.25gEDTA 二钠镁（$C_{10}G_{12}N_2O_8Na_2Mg$）和 16.9g 氯化铵（NH_4Cl）溶于 143ml 浓氨水（$NH_3 \cdot H_2O$）中，用水稀释至 250ml。因各地试剂质量有差别，配好的溶液应按下述②方法进行检查和调整。

②如无 EDTA 二钠镁，可先将 16.9g 氯化铵溶于 143ml 氨水。另取 0.78g 硫酸镁（$MgSO_4 \cdot 7H_2O$）和 1.179g EDTA 二钠二水合物（$C_{10}H_{14}N_2O_8Na_2 \cdot 2H_2O$）溶于 50ml 水，加入 2ml 配好的氯化铵、氨水溶液和 0.2g 左右铬黑 T 指标剂干粉。此时溶液应显紫红色，如出现天蓝色，应再加入极少量硫酸镁使变为紫红色。逐滴加入 EDTA 二钠溶液直至溶液由紫红转变为天蓝色为止（切勿过量）。将两溶液合并，加蒸馏水定容至 250ml。如果合并后，溶液又转为紫色，在计算结果时应减去试剂空白。

2）EDTA 二钠标准溶液（≈10mmol/L）：

①制备：将一份 EDTA 二钠二水合物在 80℃干燥 2h，放入干燥器中冷却至室温，称取 3.725g 溶于水，在容量瓶中定容至 1000ml，盛放在聚乙烯瓶中，定期校对其浓度。

②标定：按步骤 6（2）用钙标准溶液标定 EDTA 二钠溶液。取 20.0ml 钙标准溶液稀释至 50ml 后滴定。

③浓度计算：EDTA 二钠溶液的浓度 C_1（mol/L）用下式计算：

$$C_1 = \frac{C_2 \cdot V_2}{V_1}$$

式中：C_2——钙标准溶液 3）的浓度（mmol/L）；

V_2——钙标准溶液的体积（ml）；

V_1——标定中消耗的 EDTA 二钠溶液体积（ml）。

3）10mmol/L 钙标准溶液：

①将一份碳酸钙（$CaCO_3$）在 150℃ 干燥 2h，取出放在干燥器中冷至室温，称取 1.000g 于 50ml 锥形瓶中，用水润湿。

②逐滴加入 4mol/L 盐酸至碳酸钙全部溶解，避免滴入过量酸。加 200ml 水，煮沸数分钟赶除二氧化碳，冷至室温，加入数滴甲基红指示剂溶液（0.1g 溶于 100ml 60%乙醇），逐滴加入 3mol/L 氨水至变为橙色，在容量瓶中定容至 1000ml。此溶液 1.00ml 含 0.4008mg（0.01mmol/L）钙。

4）铬黑 T 指标剂：

①将 0.5g 铬黑 $T(HOC_{10}H_6N:N_{10}H_4(OH)(NO_2)SO_3Na)$，溶于 100ml 三乙醇胺 $(N(CH_2CH_2OH)_3)$，可最多用 25ml 乙醇代替三乙醇胺以减少溶液的粘性，盛放在棕色瓶中。

②或者配成铬黑 T 指标剂干粉，称取 0.5g 铬黑 T 与 100g 氯化钠（NaCl），充分混合，研磨后通过 40～50 目筛，盛放在棕色瓶中，紧塞。

5）2mol/L 氢氧化钠溶液：将 8g 氢氧化钠（NaOH）溶于 100ml 新鲜蒸馏水中。盛放在聚乙烯瓶中，避免空气中二氧化碳的污染。

6）氰化钠（NaCN）。

注：氰化钠是剧毒品，取用和处置时必须十分谨慎小心，采取必要的防护。含氰化钠的溶液不可酸化。

7）三乙醇胺$((CH_2CH_2OH)_3)$。

6. 步骤

（1）试样的制备

①一般样品不需预处理。如样品中存在大量微小颗粒物，需在采样后尽快经 0.45μm 孔径滤膜过滤。样品经过滤，可能有少量钙和镁被滤除。

②试样中钙和镁总量超出 3.6mmol/L 时，应稀释至低于此浓度，记录稀释因子 F。

③如试样经过酸化保存，可用计算量的氢氧化钠溶液中和。计算结果时，应把样品或试样由于加酸或碱的稀释考虑在内。

（2）测定

①用移液管吸取 50.0ml 试样于 250ml 锥形瓶中，加 4ml 缓冲溶液和 3 滴铬黑 T 指示剂溶液或约 50～100mg 指示剂干粉，此时溶液应呈紫红或紫色，其 pH 应为 10.0±0.1。

②为防止产生沉淀，应立即在不断振摇下，自滴定管加入 EDTA 二钠溶液，开始滴定时速度宜稍快，接近终点时应稍慢，并充分振摇，最好每滴间隔 2～3s，溶液的颜色由紫红或紫色逐渐转变蓝色，在最后一点紫的色调消失，刚出现天蓝色时即为终点，整个滴定过程应在 5min 内完成。

③在临滴定前加入 250mg 氰化钠或数毫升三乙醇胺掩蔽。氰化物使锌、铜、钴的干扰减至最小。加氰化物前必须保证溶液呈碱性。

④试样如含正磷酸盐和碳酸盐，在滴定的 pH 条件下，可能使钙生成沉淀，一些有机物可能干扰测定。如上述干扰未能消除，或存在铝、钡、铅、锰等离子干扰时，需改用火焰原子吸收法或等离子发射光谱法测定。

7. 计算

钙和镁总量 C（mmol/L）用下式计算：

$$C=\frac{C_1 \cdot V_1}{V_0}$$

式中：C_1——EDTA 二钠溶液浓度（mmol/L）；

V_1——滴定中消耗 EDTA 二钠溶液的体积（ml）；

V_0——试样体积（ml）。

如试样经过稀释，采用稀释因子 F 修正计算。

关于硬度的计算，见附录。1mmol/L 的钙镁总量相当于 100.1mg/L 以 $CaCO_3$ 表示的硬度。

8. 精密度

本方法的重复性偏差为±0.04mmol/L，约相当于±2 滴 EDTA 二钠溶液。

附录

水硬度的概念及换算

硬度在不同国家有不同的定义，如总硬度、碳酸盐硬度、非碳酸盐硬度。

1. 定义

（1）总硬度——钙和镁的总浓度。

（2）碳酸盐硬度——总硬度的一部分，相当于跟水中碳酸盐及重碳酸盐结合的钙和镁所形成的硬度。

（3）非碳酸盐硬度——总硬度的另一部分，当水中钙和镁含量超出与它们结合的碳酸盐和重碳酸盐含量时，多余的钙和镁就跟水中氯化物、硫酸盐、硝酸盐结成非碳酸盐硬度。

2.硬度的表示方法

（1）德国硬度——1 德国硬度相当于 CaO 含量为 10mg/L 或为 0.178mmol/L。

（2）英国硬度——1 英国硬度相当于 $CaCO_3$ 含量为 1 格令/英加仑，或为 0.143mmol/L。

（3）法国硬度——1 法国硬度相当于 $CaCO_3$ 含量为 10mg/L 或为 0.1mmol/L。

（4）美国硬度——1 美国硬度相当于 $CaCO_3$ 含量为 1mg/L 或为 0.01mmol/L。

3.硬度换算表

		mmol/L	德国 DH	英国 Clark	法国 degreeF	美国 mg/L
	mmol/L	1	5.61	7.02	10	100
德国	DH	0.178	1	1.25	1.78	17.8
英国	Clark	0.143	0.08	1	1.43	14.3
法国	degreeF	0.1	0.56	0.70	1	10
美国	mg/L	0.01	0.056	0.070	0.1	1

第五章　水质自动监测系统

水质自动监测系统分为地表水和废水监测系统。

水质自动监测系统可以自动、连续地测定几个项目，做到及时掌握水质变化情况，控制污染物的总量排放，为实施污染物总量控制制度提供技术支持。

从1999年9月开始，国家环保总局开始对我国部分主要河流开展地表水自动监测工作，地方也开始建立水质自动监测站。测定项目有水温、pH、溶解氧（DO）、电导率、浊度、高锰酸盐指数、氨氮和总有机碳（TOC）等。

对污染源实施污染物排放总量控制，强化重点污染源达标后的现场监督管理，准确及时地记录和掌握污染源排放情况，预防和及时发现污染事故，提高环境监督的管理水平。实施自动在线监测的项目主要是COD，另外监测的项目还有pH、水温等。

一、地表水水质自动监测系统

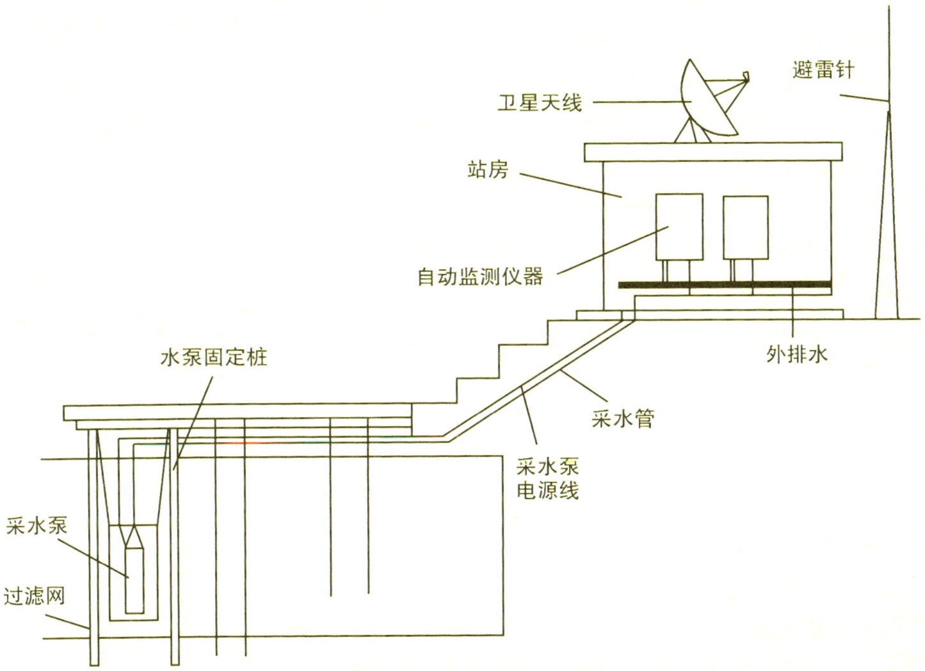

图 3-5-1　地表水水质自动监测站示意图

地表水水质自动监测系统包括提水系统（采水部分、送水管、排水管及调整槽等）、配水系统、水质自动监测仪、自动操作控制系统、数据采集及传输。

自动站应包括站房、自动监测系统、避雷系统等。

典型水质自动监测站示意图见图 3-5-1。

（一）自动监测仪基本功能的要求

①仪器基本参数和监测数据的贮存、断电保护和自动恢复。

②时间设置功能，可任意设定监测频次。

③定期自动清洗。

④定期自动校准。

⑤监测数据的输出，0～5V、4～20mA 或 RS-232 等。

⑥仪器故障时自动报警。

（二）常规五参数

常规五参数有水温、pH、溶解氧、电导率和浊度。这些项目可通过探头直接给出各参数值，不需要复杂的操作过程，可以实时地显示。

（1）水温

测量原理：利用热电偶（或热电阻）进行测量。

主要性能指标：

①测量范围：0～40℃。

②重现性：±0.1℃以内。

③漂移：±0.1℃以内（24h）。

（2）pH

测量原理：玻璃电极法，带温度补偿。

主要性能指标：

①测量范围：pH 2～12，0～40℃。

②重现性：±0.1 以内。

③漂移：±0.1 以内（24h）。

④响应时间：<0.5min。

（3）溶解氧（DO）

测定原理：膜电极法，带温度补偿。

主要性能指标：

①测定范围：0～20mg/L。

②最小刻度：0.5mg/L。

③重现性：±0.3mg/L 以内。

④漂移：±0.3mg/L 以内（24h）。

⑤稳定性：零点±0.2mg/L 以内；满量程±0.3mg/L 以内。

⑥响应时间：2min 以内。

（4）电导率

测定原理：电极法，带温度补偿。

主要性能指标：

①测量范围：0～5000μS/cm。

②重现性：±1%以内。

③漂移：±1%满量程以内（24h）。

（5）浊度

测定原理：透过散射方式和表面散射方式。

主要性能指标：

①测量范围：0～100/500/1000FTU。

②重现性：±5%以内。

③漂移：±5%满量程以内（24h）。

（三）高锰酸盐指数

（1）测定原理：水样中加入高锰酸钾和硫酸，在100℃下加热30min，水样中的某些有机物和无机还原性物质被氧化，然后加入过量的草酸钠还原剩余的高锰酸钾，再用高锰酸钾溶液滴定过量的草酸钠，达到滴定终点后，给出水样的高锰酸盐指数值。

特点：采用微量滴定技术，将国标分析方法自动化。

（2）仪器主要性能指标：

①测定范围：0～20/200mg/L。

②重现性：±5%以内。

③漂移：±5%满量程以内（24h）。

④测定周期：1h。

（3）方法适用范围

本方法适用于地表水中高锰酸盐指数的监测。方法的检测限为0.3mg/L。

（4）试剂

①0.02mol/L 高锰酸钾溶液：称取3.2g高锰酸钾溶于1.2L水中，加热煮沸，使体积减少到约1L，放置过夜，用G-3玻璃砂芯漏斗过滤后，滤液贮于棕色瓶中保存。

②0.002mol/L 高锰酸钾溶液：吸取100ml上述高锰酸钾溶液，用水稀释至1000mL，贮于棕色瓶中。使用当天应进行标定，并调节至0.002mol/L准确浓度。

③2mol/L 硫酸。

④0.050mol/L 草酸钠标准溶液：称取0.6705g在105～110℃烘干1h并冷却的草酸钠溶于水，移入100ml容量瓶中，用水稀释至标线。

⑤0.0050mol/L 草酸钠标准溶液：吸取10.00ml ④中所配草酸钠溶液，移入100ml容量瓶中，用水稀释至标线。

⑥间苯二酚标准贮备液制备：称取0.3g间苯二酚溶于水中，移入500ml容量瓶，用水稀释至标线。

或按仪器说明书给出的试剂配制方法进行配制。

（5）步骤

先将仪器置于标定档，用标准样品标定仪器。标定好后将仪器置于测量档待机。启动控制系统后，开始采集水样并启动仪器进行测定，给出测定结果。

（6）数据传输

测定结束后，数据采集系统自动将测定数据读入，并存贮。中央控制系统可以通过卫星或电话线路将测定结果下载。

（7）方法的精密度和准确度

对 5mg/L 的标准样品进行重复测定，相对标准偏差为 1.7%，对河水水样的加标回收率为 92.8%。

（四）氨氮

（1）纳氏试剂分光光度法

1）测定原理：水样中的氨与碘化汞和碘化钾的碱性溶液反应生成淡红棕色胶态化合物，在 410～425nm 范围内进行检测。

2）仪器主要性能指标：

①测定范围：0.05～50mg/L。

②重现性：±10%以内。

③漂移：±10%满量程以内（24h）。

④测定周期：1h。

3）方法的适用范围

本方法适用于地表水和污水中氨氮的测定。

方法的检测限为 0.08mg/L。

4）试剂

按仪器说明书给出的试剂配制方法进行配制。

5）步骤

仪器标定：先将仪器置于标定档，用标准样品标定仪器。标定好后将仪器置于测量档待机。启动控制系统后，开始采集水样并启动仪器进行测定，给出测定结果。

6）数据传输

测定结束后，数据采集系统自动将测定数据读入，并存贮。中央控制系统可以通过卫星或电话线路将测定结果下载。

7）方法的精密度和准确度

对 0.55mg/L 的标准样品进行重复测定，相对标准偏差为 1.0%，对河水水样的加标回收率为 95.5%。

（2）电极法

1）测定原理：将水样加入强碱溶液提高 pH 后，使铵盐转化为氨，通过氨气敏电极检测，经数据计算处理后显示出氨氮的含量。

特点：带温度补偿，使用试剂少，减小运行成本，有电极自动清洗功能。

2）主要性能指标：

①测定范围：0.05～100mg/L。

②重现性：±5%以内。
③漂移：±5%满量程以内（24h）。
④测定周期：5min。
（3）膜浓缩-电导率法
与电极法相比，提高了零点和满量程的稳定性。
主要性能指标：
①测定范围：0～5mg/L至0～100mg/L。
②重现性：±5%量程以内。
③测定周期：60min。

（五）总有机碳（TOC）

（1）燃烧氧化-红外吸收法

采用燃烧水样中的有机物，生成的CO_2用非分散红外分析仪测量，并计算出TOC浓度的方法。水中一般存在有CO_3^{2-}、HCO_3^-等形态的无机碳（IC）和有机化合物形态的总有机碳（TOC）。测定方式也有两种，一种是先测量出试样中的总碳（TC）和无机碳（IC），总有机碳（TOC）即为总碳和无机碳的差值（TC－IC）；另一种是事先酸化试样并通过曝气除去试样中的IC，然后测量试样中的TC，即为TOC。该种方法测量流程简单，测量时间较短，因此TOC在线自动监测仪器一般采用该种方法。

1）测定原理：试样在进样装置中酸化后（加入盐酸或硝酸），将无机碳变成二氧化碳，通过氮气（或纯净空气）除去二氧化碳；有机物在燃烧管里燃烧氧化后生成二氧化碳，用非分散红外分析仪测量，求出试样中的TOC浓度。图3-5-2是一种燃烧氧化-红外吸收法的自动在线TOC监测仪流程图，水样酸化曝气后（除去无机碳），有机物在680℃下低温密封燃烧氧化成二氧化碳，用红外检测器检测计算出水样中的TOC。

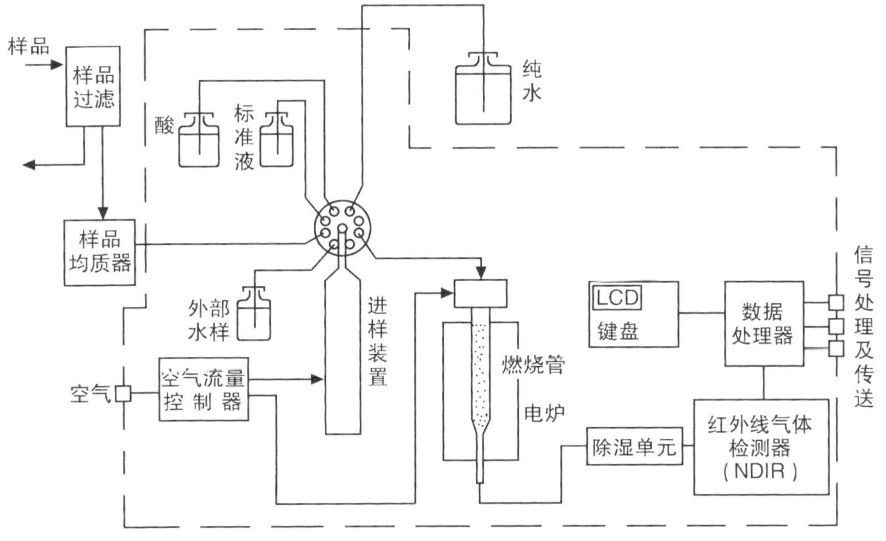

图3-5-2 燃烧氧化-红外吸收法的自动在线TOC监测仪流程图

特点：氧化效率高。

2）仪器主要性能指标：

①测定范围：0～25mg/L 至 0～250mg/L。

②重现性：±2%量程以内。

③测定周期：4min。

3）方法的适用范围

本方法适用于地表水和废水中 TOC 的测定。

方法检测限为 2mg/L。

4）试剂

按仪器说明书给出的试剂配制方法进行配制。

5）步骤

仪器标定：先将仪器置于标定档，用标准样品标定仪器。标定好后将仪器置于测量档待机。启动控制系统后，开始采集水样并启动仪器进行测定，给出测定结果。

6）数据传输

测定结束后，数据采集系统自动将测定数据读入，并存贮。中央控制系统可以通过卫星或电话线路将测定结果下载。

（2）紫外催化氧化-红外吸收法

1）测定原理：水样经过酸化处理后曝气除去无机碳，水中有机物在紫外光的照射下催化氧化成二氧化碳，用红外检测器检测，计算出总有机碳的浓度。该方法的原理见图 3-5-3，紫外催化氧化-红外吸收仪的测量流程见图 3-5-4。

特点：

①可以大量进样，提高了仪器的灵敏度。

②可采用间歇式（分次采集水样进行检测）或连续式（水样按一定流量通过仪器，实现完全连续）检测。

③可测定海水水样。

2）仪器主要性能指标：

①测定范围：0～25mg/L 至 0～250mg/L。

②重现性：±2%量程以内。

③漂移：±5%量程以内（24h）。

④测定周期：4min。

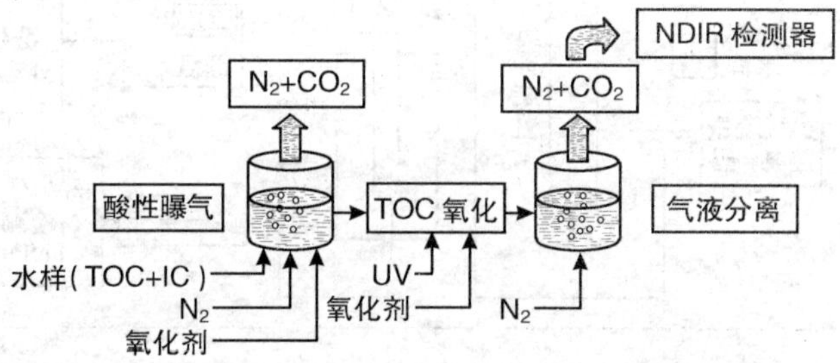

图 3-5-3 紫外催化氧化-红外吸收法的原理图

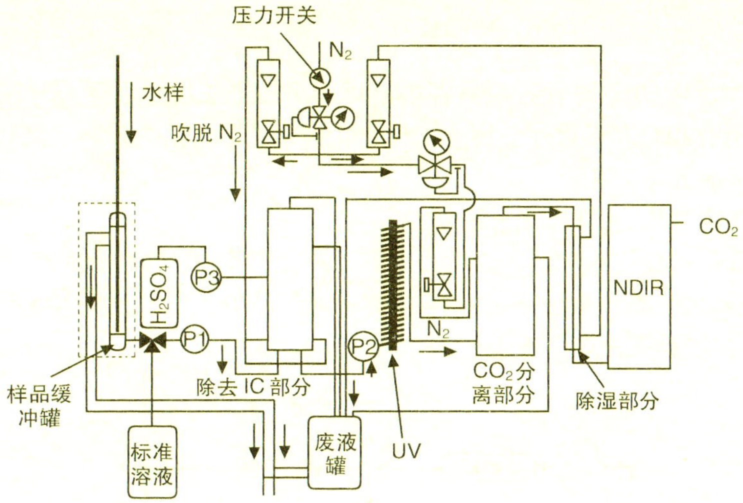

图 3-5-4　紫外催化氧化-红外吸收仪的流程图

3）方法的适用范围

本方法适用于地表水和污水中 TOC 的测定，当水样中悬浮物较多时，有干扰，测量值会偏低。

方法的检测限为 2mg/L。

4）试剂

按仪器说明书给出的试剂配制方法进行配制。

5）步骤

仪器标定：先将仪器置于标定档，用标准样品标定仪器。标定好后将仪器置于测量档待机。启动控制系统后，开始采集水样并启动仪器进行测定，给出测定结果。

6）数据传输

测定结束后，数据采集系统自动将测定数据读入，并存贮。中央控制系统可以通过卫星或电话线路将测定结果下载。

（六）总磷

（1）测定原理

将水样用过硫酸钾氧化分解后，用钼锑抗分光光度法测定。氧化分解方式主要有三种：水样在 120℃、30min 加热分解；水样在 120℃以下紫外分解；水样在 100℃以下氧化电分解。

（2）仪器主要性能指标

①测定范围：0～50mg/L。

②重现性：±10%。

③漂移：±10%量程以内（24h）。

④测定周期：1h。

⑤输出信号：4～20mA。

（七）总氮

（1）光度法

测定原理：水样中加入碱性过硫酸钾溶液可用下述方法消解水样，即在120℃加热分解30min；水样在120℃以下紫外分解；水样在100℃以下氧化电分解。氧化分解生成的NO_3^-可用紫外分光光度计测量。

（2）密封燃烧氧化-化学发光分析法

1）测定原理：水样注入密闭、温度为750℃的反应管中，在催化剂的作用下，样品中含氮化合物燃烧氧化生成一氧化氮（NO），然后通过载气（空气）将NO导入化学发光检测器进行测定。仪器框图见图3-5-5。

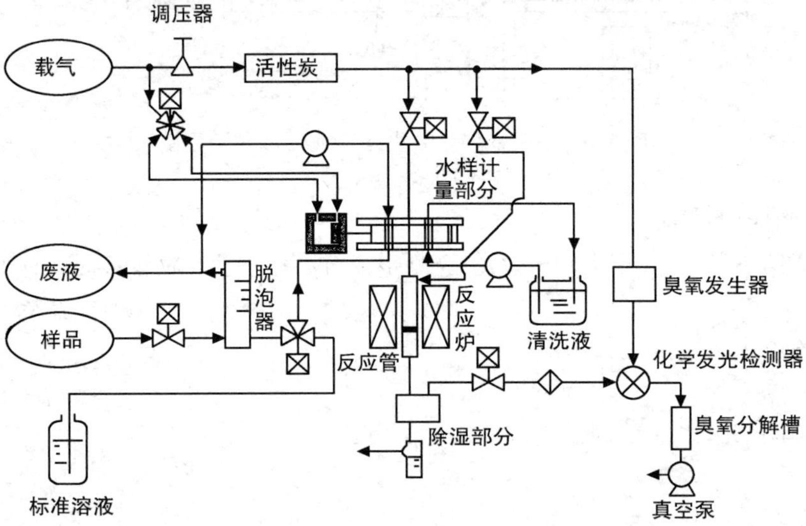

图3-5-5 TN自动测定仪的流程图

2）特点：

①低温可以测定含高氯的水样，如海水。

②测定时间短，一般为8min。

③不用试剂，消耗品少，操作简单。

④自动校准。

⑤自动清洗。

3）主要性能指标：

①测定范围：0～2/5/10/20mg（N）/L，0～20/50/100/200mg（N）/L。

②重现性：±3%（量程）以内。

③线性：±3%（量程）以内。

④漂移：±3%（量程）以内（24h）。

⑥测定周期：8min。

⑦输出信号：4～20mA。

二、污水自动监测系统

国家总量控制项目为COD、石油类、氰化物、砷、汞、六价铬、铅和镉。其他项目根据环境管理的需要可增加氨氮、总氮和总磷。相关指标有pH、水温、浊度、电导率以及污水流量测量等。

1. 水流量及常规五参数

水流量计有管道式和堰板式。可根据不同需要进行选定。具体请参阅第二篇第三章有关采样的流量测量部分。

常规五参数见本章一（二）常规五参数。

2. 化学需氧量（COD）自动监测仪

（1）测定原理

在酸性条件下，将水样中有机物和无机还原性物质被重铬酸钾氧化的方法，检测方法有光度法、化学滴定法、库仑滴定法等。

COD在线自动监测仪是由溶液输送系统、计量、加热回流、冷却、脱气、光度测定（或用硫酸亚铁滴定及指示，或用库仑滴定及指示）、自动控制、数据控制、数据显示、数据打印等部分组成。

（2）水样及试剂的输送

水样和试剂的输送如浓硫酸（含硫酸银）、硫酸铁溶液、重铬酸钾溶液等，可采用气体压力法、注射器法和蠕动泵等方式。

气体压力法为比较成熟的方法，在以前的工业控制中也常采用。但该方法要求整个气压回路具有较高的气密性，当气路中有漏点时，仪器将不能工作。回路接点多检查也比较困难。

注射器法可采用耐腐蚀的玻璃制品，不存在怕腐蚀的问题。缺点是控制装置比较复杂，机加工精度要求较高，导致成本也较高。

蠕动泵输液法是目前使用较多的一种方法，由于它是采用负压式吸取溶液，所以管路连接比较容易，实施也比较简单。缺点是价格较高，溶液不同对泵管的要求也有所差别，如浓硫酸因其具有很强的腐蚀性需选用特殊材质的泵管，一般性能的泵管很容易被腐蚀。

（3）水样和试剂计量

为提高COD在线自动监测仪测定的精密度和准确度，需准确量取水样和重铬酸钾溶液，可采用定体积的量取方法，即采用计量管测量体积的方法，计量管见图3-5-6所示。其测量原理是水样通过蠕动泵输送到计量管中，多余的水样则从溢流口流出，并通过溢流口排出，在计量管中保证有一定体积的水样，达到计量水样体积的目的。同样可以量取一定体积的重铬酸钾溶液。另外计量管每量取一次都用纯水清洗，消除水样及溶液之间的相互影响，保证废水中悬浮物不会堵塞进样管路。

（4）氧化体系

采用重铬酸钾的氧化方式。

（5）检测方法

分光光度法和库仑滴定法已广泛应用于 COD 的快速检测，如美国 HACH 公司的 COD 快速测定仪采用了分光光度法，日本 CKC 公司采用了库仑滴定法。下面重点介绍一下库仑滴定法。此方法简便、试剂用量少，简化了用标准溶液标定的步骤，缩短了加热回流时间，适合于现场 COD 自动测定的要求。

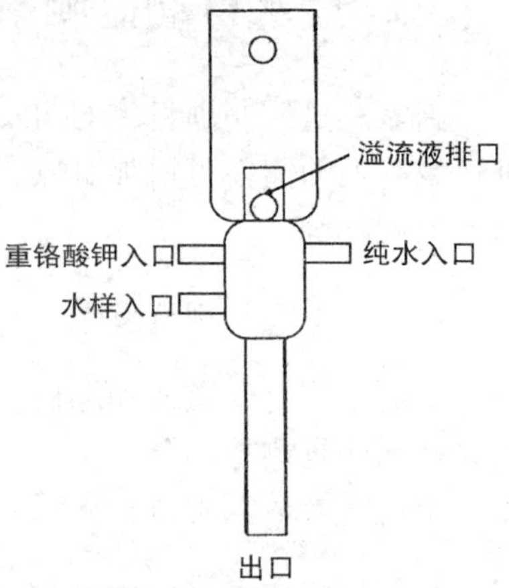

图 3-5-6 计量管示意图

（6）COD 计算方法

水样中有机污染物在硫酸介质中加热氧化后，过量的重铬酸钾用电解产生的亚铁离子作库仑滴定剂，进行库仑滴定。根据电解产生亚铁离子所消耗的电量，按照法拉第定律计算 COD_{Cr}：

$$COD_{Cr}(O, mg/L) = \frac{Q_s - Q_m}{96487} \times \frac{8 \times 1000}{V}$$

式中：Q_s——标定重铬酸钾所消耗的电量；

Q_m——测定过量重铬酸钾所消耗的电量；

V——水样体积（ml）；

8——氧（1/2 O）的摩尔质量（g/mol）。

（7）操作控制

COD 在线自动监测仪的流程图如图 3-5-7 所示。

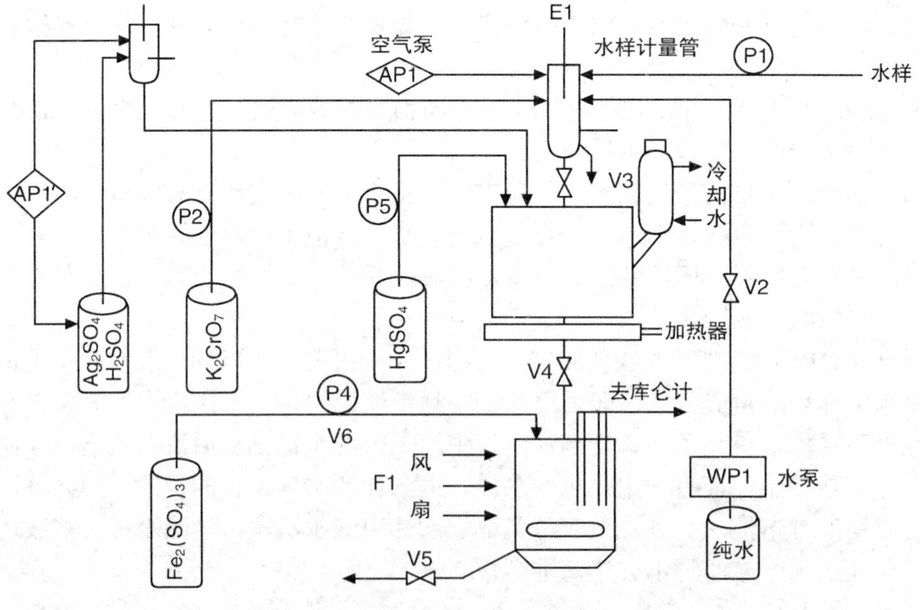

图 3-5-7 COD 在线自动监测仪的流程图

（8）仪器性能指标

①测定范围：0～1000mg/L。

②重现性：±5%量程以内。

③测定周期：1h。

④输出信号：4～20mA DC。

3. TOC自动监测

燃烧氧化-红外吸收法见本章一（五）燃烧氧化-红外吸收法。

4. 石油类

（1）红外法

1）测定原理：采用有机溶剂（四氯化碳、四氯乙烯等）萃取水样后，用三波长红外光度法或非分散红外法测定。

2）性能指标：

①测定范围：0～20mg/L至0～100mg/L。

②重现性：±10%以内。

③测定周期：10min。

④输出信号：DC 0～5V；4～20 mA DC。

（2）荧光法

测定原理：水中石油类的测定也可采用荧光法，主要测定水中含苯环的化合物。该方法采用直接测定水样的方法。不需试剂，降低运行成本。采用与手工油类测定方法的比对实验，可间接得到水中的石油类浓度。

5. UV自动监测仪

（1）测定原理

利用紫外吸光度法测定排放污水中的有机污染物的装置（见图3-5-8）。适合于部分行业的污水排放自动监测。

通过紫外吸收仪测定的吸光光度值与COD有某种相关关系，即只有在水质组成成分恒定或变化很小的水样，才存在一定的相关关系，此时可通过大量测定找出两者之间的关系。目前在国外多采用这种系统控制排放废水的紫外吸光度，若超过某一吸光度值就算超标，不强调与COD之间的换算。

（2）特点

①价格低。

②运行成本低，易维护。

③操作简单。

④性能稳定。

⑤排水中悬浮物和光源变化的影响可通过紫外和可见光双光路双波长方式进行自动校正。

⑥池污染可通过特殊的清洗器进行清洗。

（3）主要技术指标

①测定范围：0～0.5/0～1.0吸光度值。

②测定方式：双光路双波长。

③测定波长：紫外，254nm；可见光，546nm。

④重现性：±1%量程以内。

⑤输出信号：吸光度输出信号（UV-活力，UV，活力）；DC 0～1V；4～20mA DC。

⑥样品条件：流量 2～10L/min，温度 2～40℃，压力 0.3～2kg/cm^2。

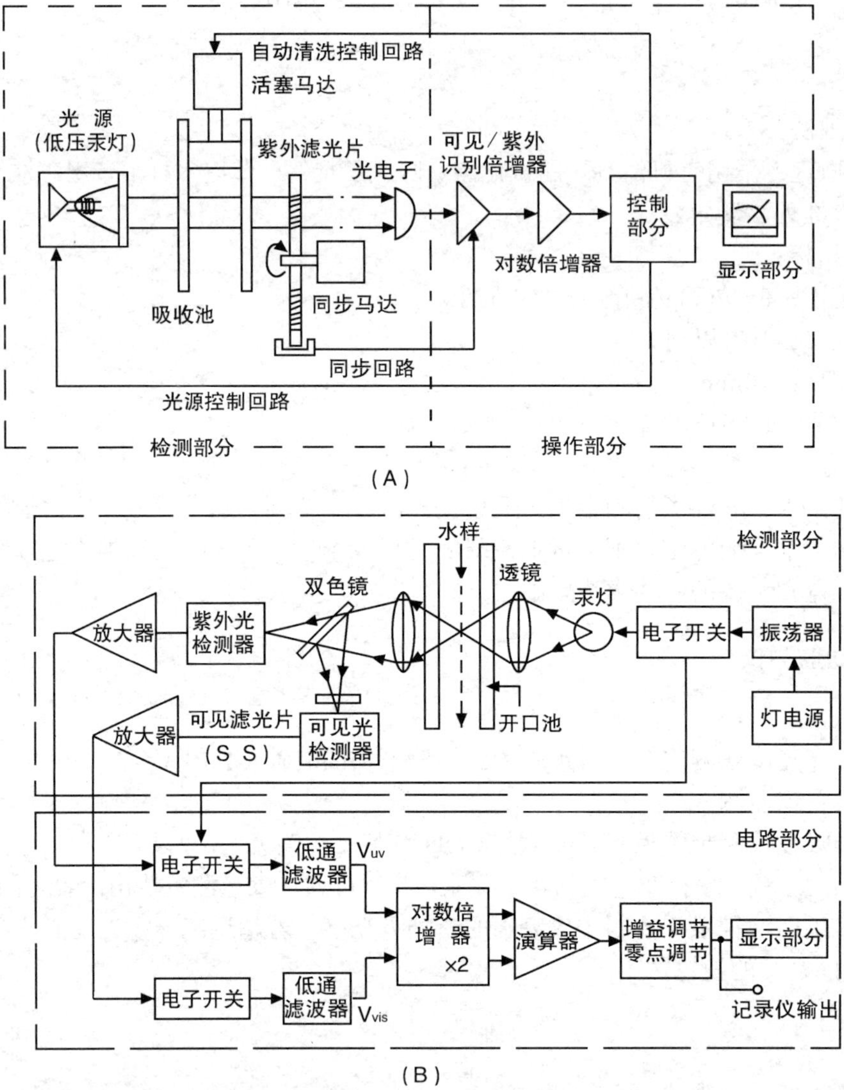

图 3-5-8 两种 UV 自动监测仪的测定流程图

三、质量控制与质量保证

1. 自动监测仪

①自动监测仪必须经过国家环保总局的鉴定和各级计量检定部门的测试。

②在使用之前，必须通过国家标准监测分析方法的对比试验。满足自动监测仪器的技术要求。

③必须取得计量合格证书。

④运行期间必须按规定定期校验。

2. 仪器运行

①要保证水和试剂的纯度要求，并在有效期内使用。

②各种计量器具要按规定定期检定。

③要注意标准溶液的准确性和有效期限。

④每天应自动进行仪器的空白试验和仪器校标。对比较稳定的仪器可适当延长仪器校准时间。对红外法 TOC 仪器和光度法仪器要每次校零。

⑤测定值有疑义时，应进行质控样的分析和水样的实验室内的比对试验，其相对误差应在±10%以内。

3. 水流量测量

①污水流量计必须符合国家颁布的污水流量计技术要求。

②流量计应具有足够的测量精度，要选用测定范围内的流量计进行测量。

③流量计必须定期校准。

第六章　底质监测

本章所指“底质”系指江、河、湖、库、海等水体底部表层沉积物质。

由于我国部分流域水土流失较为严重，水中的悬浮物和胶态物质往往吸附或包藏一些污染物质，如辽河中游悬浮物中吸附的COD_{Cr}值达水样的70%以上，此外还有许多重金属类污染物。由于底质中所含的腐殖质、微生物、泥沙及土壤微孔表面的作用，在底质表面发生一系列的沉淀、吸附、释放、化合、分解、络合等物理化学和生物转化作用，对水中污染物的自净、降解、迁移、转化等过程起着重要作用。因此，水体底部沉积物即底质是水环境中的重要组成部分。

一、底质监测的意义、目的与任务

1. 底质监测的意义

底质监测是水环境监测的一部分，作为水环境监测的补充，在水环境监测中占据着特别重要的地位。

①通过底质监测，不仅可以了解水系污染现状，还可以追溯水系的污染历史，研究污染物的沉积规律，污染物归宿及其变化规律。

②根据各水文因素，能研究并预测水质变化趋势及沉积污染物质对水体的潜在危害。

③从底质中可检测出因浓度过低而在水中不易被检测出的污染物质，特别是能检测出因形态、价态及微生物转化而生成的某些新的污染物质，为发现、解释和研究某些特殊的污染现象提供科学依据。

因此，底质监测对于研究水系中各种污染物的沉积转化规律，确定水系的纳污能力，研究水体污染对水生生物特别是底栖生物的影响，制定污染物排放标准及环境预测等均具有重要价值。

2. 底质监测的目的与任务

①通过采集并研究表层底质样品中污染物含量，查明底质中污染物质的种类、形态、含量水平、分布范围及状况，为评价水体质量提供依据。

②通过特别采集的柱状底质样品并分层测定其中的污染物质含量，查明污染物质浓度的垂直分布状况，追溯水域污染历史，研究随年代变化的污染梯度及规律。

③为一些特殊研究目的进行底质监测，为水环境保护的科研和管理工作提供基础资料。

3. 底质监测的范围

本章底质监测不包括工厂废水沉积物及污水处理厂污泥的监测，但包括工业废水排污河（沟）道的底部表层沉积物。

二、底质采样

1. 采样点位

①底质采样点位通常为水质采样点位垂线的正下方。当正下方无法采样时，可略作移动，移动的情况应在采样记录表上详细注明。

②底质采样点应避开河床冲刷、底质沉积不稳定、水草茂盛表层及底质易受搅动之处。

③湖（库）底质采样点一般应设在主要河流及污染源排放口与湖（库）水混合均匀处。

2. 采样量及容器

底质采样量通常为1～2kg，一次的采样量不够时，可在周围采集几次，并将样品混匀。样品中的砾石、贝壳、动植物残体等杂物应予以剔除。在较深水域一般常用掘式采泥器采样。在浅水区或干涸河段用塑料勺或金属铲等即可采样。样品在尽量沥干水分后，用塑料袋或玻璃瓶盛装；供测定有机物的样品，用金属器具采样，置于棕色磨口玻璃瓶中，瓶口不要沾污，以保证磨口塞能塞紧。所采底质样品的外观性状，如泥质状态、颜色、嗅味、生物现象等，均应填入采样记录表，一并送交实验室，亦应有交接手续。

3. 底质采样

①底质采样点应尽量与水质采样点一致。

②水浅时，因船体或采泥器冲击搅动底质，或河床为砂卵石时，应另选采样点重采。采样点不能偏移原设置的断面（点）太远。采样后应对偏移位置作好记录。

③采样时应装满抓斗。采样器向上提升时，如发现样品流失过多，必须重采。

4. 采样记录

样品采集后，及时将样品编号，并贴上标签。将底质的外观、性状等情况填入采样记录表，并将样品和记录表一并交实验室，亦应有交接手续（见表3-6-1、3-6-2和3-6-3）。

5. 样品的保存及运输

底质采样一般与水质采样同时进行，当在同一点位采集完水样后再采集底质样品，其保存与运输方法同第二篇第三章所述。

表3-6-1 底质样品采样记录表

河流________ 断面________ 水深________ 采样工具________

层次	样品瓶号		底质类型	颜色	底质厚度	嗅味	生物现象	其它特征	监测项目	备注

采样日期________ 采样者________ 记录者________

表 3-6-2　底质样品送样单

河流		送样单位		送样人		送样日期	
序号	断面	层次	瓶号	箱号	采样日期	监测项目	备注
1							
2							
3							
4							
收样单位		收样人		收样日期			

表 3-6-3　柱状底质样品采样记录表及送样单

河流			断面			采样点			水深				
采样工具			采样管入泥深度				样品长度			采样日期			
层次	柱状剖面	厚度		样品类型	颜色	嗅味	其它特征	样品处理情况				备注
			分段					监测项目	瓶号	箱号	保存情况	
采样者			记录者									

三、底质样品的预处理

底质样品送交实验室后，应在低温冷冻条件下保存，并尽快进行处理和分析。如放置时间较长，则应在约-20℃冷冻柜中保存。处理方法应视待测污染物组分性质而定。处理过程应尽量避免沾污和污染物损失。

1. 底质的脱水

底质中含大量的水分应采用下列方法之一除去，不可直接置于日光下曝晒或高温烘干。

①自然风干：待测组分较稳定，样品可置于阴凉、通风处晾干。

②离心分离：待测组分如为易挥发或易发生各种变化的污染物（如硫化物、农药及其他有机污染物），可用离心分离脱水后立即取样进行分析，同时另取一份烘干测定水分，对结果加以校正。

③真空冷冻干燥：适用于各种类型样品，特别适用于含有对光、热、空气不稳定的污染物的样品。

④无水硫酸钠脱水：适用于油类等有机污染物的测定。

2. 底质样品的筛分制备

将脱水干燥后的底质样品平铺于硬质白纸板上，用玻璃棒等压散（勿破坏自然粒径）。剔除大小砾石及动植物残体等杂物（必要时取此样品作泥砂颗粒粒径分布分析）。样品过

20 目筛，直至筛上物不含泥土，弃去筛上物，筛下物用四分法缩分，至获得所需量样品（四分法弃去的那部分样品，也应在另一瓶分装备查）。用玛瑙研钵（或玛瑙粉碎机）研磨至样品全部通过 80～200 目筛（粒度要求按项目分析方法确定，但对 Hg、As 等易挥发元素和需要测低价铁、硫化物等时，样品不可用粉碎机粉碎），装入棕色广口瓶中，贴上标签后取样分析或冷冻保存待用。

所用筛网材质在测定金属时应使用尼龙制品，测定有机污染物时使用铜或不锈钢制品。

3. 柱状样品处理

柱状样品从管式泥芯采样器中小心挤出时，尽量不要使其分层状态破坏，按表 3-6-3 要求填写好记录，经干燥后，用不锈钢小刀刮去样柱表层，然后按上述表层底质方法处理。如为了了解各沉积阶段污染物质的成分及含量变化，可将柱状样品用不锈钢制小刀沿横断面截取不同部位（如泥质性状分层明显，按性状相同段截取；分层不明显，可分段截取。一般上部段间距小，下部段间距大）样品分别进行预处理及测定。

4. 底质样品含水量的测定与监测结果的表示

底质样品脱水后，都需要测定其含水量，以便获得计算底质中各种成分时按烘干样为基准的校正值。底质样品含水量测定方法如下：

从风干后的底质样品称出 5.00～30.00g 样品 2～3 份，于已恒重的称量瓶或铝盒中，放入 105℃±2℃烘箱中烘 4h 后取出，置于干燥器中冷却 0.5h 后称重。重复烘干 0.5h，干燥至恒重。按下式计算含水量。

$$\text{含水量}(\%)=\frac{\text{风干样重}-\text{烘干样重}}{\text{风干样重}}$$

除 pH、温度（℃）、氧化还原电位（mV）以及颗粒粒径（mm）等外，其余项目均以 mg/kg 表示。

四、底质样品的分解与浸提

1. 选择样品分解方法的原则

（1）监测目的

样品分解方法随监测目的的不同而异。例如要调查底质中元素含量水平及随时间的变化和空间的分布，一般宜用全量分解方法；要了解底质受污染的状况，用硝酸分解法就可使水系中由于水解和悬浮物吸附而沉淀的大部分重金属溶出；要摸清底质对水体的二次污染，如要评价底质向水体中释放出重金属的量，则用蒸馏水按一定的固液比做溶出（或浸出）试验；要监测底质中元素存在的价态和形态则要用特殊的溶样方法。

（2）元素的性质

分解样品中的砷，由于有卤化物存在，加热时，As^{3+}易挥发损失（$AsCl_3$沸点 130.2℃），因此最好的选择是用 HNO_3-$HClO_4$-H_2SO_4 体系，使砷保持在五价状态（As^{5+}），即不易挥发损失。用 HNO_3-HF-H_2SO_4 和 HNO_3-HF-$HClO_4$ 体系分解样品中锌、锰、钴等，获得结果相近。但对于铅则不然，因为Pb^{2+}与Ca^{2+}、Sr^{2+}、Ba^{2+}硫酸盐产生共沉淀，用HNO_3-HF-$HClO_4$体系分解会使铅的结果严重偏低，铬、镍、铜、铅等元素的一部分存在于矿物晶格中，用不含氢氟酸的混合酸分解时，结果普遍偏低，而镉和锌易从底质中溶出，采用王水或王水-高氯酸体系也能得到与全量分解法相似的结果。若用HNO_3-HF-$HClO_4$体系分解样品中铬，会导致测定结果偏低，因为铬会挥发损失，应选用HNO_3-HF-H_2SO_4体系。

（3）试液介质对测定的影响

经过样品分解制备的试液必须对以后的测定没有干扰，或干扰很小，且易于消除。例如碱熔融法是全量分解的经典方法，但由于引入大量碱金属盐，对以后原子吸收测定会产生基体干扰，因此一般不采用碱熔法。相反用HNO_3-HF-$HClO_4$分解样品，除去了大量的硅，对原子吸收测定是有利的。

2. 全分解方法

（1）HNO_3-HF-$HClO_4$分解法

称取0.1000～0.5000g样品，置于聚四氟乙烯坩埚中，用少量水冲洗内壁润湿试样后，加入硝酸10ml（若底质呈黑色，说明含有机质很高，则改加（1+1）硝酸，防止剧烈反应，发生迸溅）。待剧烈反应停止后，在低温电热板上加热分解。若反应还产生棕黄色烟，说明有机质还多，要反复补加适量的硝酸，加热分解至液面平静，不产生棕黄色烟。取下，稍冷，加入氢氟酸5ml，加热煮沸10min。取下，冷却，加入高氯酸5ml，蒸发至近干。然后再加高氯酸2ml，再次蒸发至近干（不能干涸），残渣为灰白色。冷却，加入1%HNO_3 25ml，煮沸溶解残渣，移至50～100ml容量瓶中，加水至标线，摇匀备测。

（2）王水-HF-$HClO_4$分解法

称取0.5000～1.000g样品，置于聚四氟乙烯烧杯中，加少量水润湿，加王水10ml盖好盖子，在室温下放置过夜。置120℃电热板上分解1h，待溶液透明，液面平稳后（否则应补加适量的王水继续分解），取下稍冷，加$HClO_4$ 5ml，逐渐升温至200℃加热至冒浓厚白烟，残液剩0.5ml左右，取下冷却。再加HF 5ml，去盖，在120℃加热挥发除去硅，蒸至近干，冷却。再加$HClO_4$ 1ml，继续加热蒸至近干（但不要干涸），以驱除HF。加1%HNO_3 10ml，温热溶解，定容至50ml。立即移入干燥洁净的聚四氟乙烯瓶中，保存备用。

以上两种分解方法制得的试液可用于底质中全量Cu、Pb、Zn、Cd、Ni、Mn等的分析。

（3）高压釜酸分解法

称取1.000～2.000g试样于内套聚四氟乙烯坩埚中，加少量水润湿试样，再加入HNO_3、$HClO_4$各5ml，摇匀后把坩埚放入不锈钢套筒中，拧紧。放在180℃的烘箱中分解2h。取出，冷却至室温后，取出坩埚，用水冲坩埚盖的内壁，加入3ml HF，置于电热板上，在100～120℃加热飞硅，待坩埚内剩下约2～3ml分解物溶液时，调高温度至150℃，蒸至冒浓白烟后再蒸至近干，用1% HNO_3定容后进行测定。

注：高压釜耐压是有一定限度的，且一般加热温度不要超过180℃，烘箱温度要在加热前进行校正，一旦超过180℃，高压釜有爆炸的可能，聚四氟乙烯内筒也会变形，导致密封不严，造成试样损失或污染。在分解含有机质较多的试样时，可先在80～90℃加热2h，使有机质充分分解，再升温至150～180℃，以免有机质和$HClO_4$发生强烈反应。在分解红壤等含铝较高的底质试样时，可适当延长加热时间。聚四氟乙烯坩埚内的试样及消解用酸

的总体积不得超过坩埚容积的2/3，分解完后要放置冷却30min以上。如果聚四氟乙烯内筒带电，称取干燥试样时容易飞散，可用金属电极放电处理。

（4）微波酸分解法

称取0.1000～0.2000g试样于洗净的Teflon-PFA消解罐中，用少量水润湿后加入9ml HCl、3ml HNO_3和2ml HF盖上压力释放阀和瓶盖，用锁盖机将容器盖锁紧，将容器放到有排气管与中央接收器相连的旋转台上，用Teflon-PFA排气管与消解罐相连。设置微波消解功率和时间参数（如240～450W，3～30min）进行消解，同时打开转盘开关，使试样均匀消解。消解程序完成后，关闭转盘开关，打开微波炉门，将消解罐从转盘上取下，冷却后放入锁盖机中拧松瓶盖。向罐内加入10ml 4%的硼酸后，将消解液移入50ml容量瓶中，用蒸馏水定容至刻度（如减压阀内有少量试液，应用少量水冲洗罐内壁，以免损失试液）。

注：①若仅称取0.10g试样，可不用加入HF，在定容前也不必加入硼酸。

②微波消解过程中严禁打开炉门，以避免对操作人员造成伤害的可能。

3. 浸溶法

（1）硝酸浸溶法

称取0.5000g样品于50ml校正过的硼酸玻璃管中，加4～5粒沸石（防止受热暴沸），加1ml水润湿样品，加浓硝酸6ml，待剧烈反应停止后，徐徐加热至沸并回流15min。取下冷却，加水至50ml，摇匀，放置过液，令其澄清。取上清液进行分析。

（2）0.1mol/L HCl浸提法

称取约10.00g风干过筛的试样放入150ml硬质玻璃三角瓶中，加入50.0ml 0.1mol/L HCl提取液，用水平振荡器振荡1.5h，干滤纸过滤，滤液用于分析测定。

（3）DTPA浸提

①DTPA浸提液可测定有效态（即易于释放于水体中）Cu、Zn、Fe等。

浸提液的配制：其成分为0.005mol/L DTPA-0.01mol/L $CaCl_2$-0.1mol/L 1.492% TEA。称取1.967g DTPA（二乙三胺五乙酸）溶于14.92g TEA（三乙醇胺）和少量水中，再将1.47g $CaCl_2 \cdot 2H_2O$溶于水，一并转入1000ml容量瓶中。加水至约950ml，用6mol/L HCl调节pH至7.30（每升提取液约需加6mol/L HCl 8.5ml），最后用水定容。贮存于塑料瓶中，三个月内不会变质。

②浸提手续：称取约25.00g风干过筛的试样放入150ml硬质玻璃三角瓶中，加入50.0ml DTPA浸提剂，在25℃用水平振荡机振荡提取2h。干滤纸过滤，滤液用于分析。

（4）水浸法

称取5.00～10.00g样品置于150ml磨口锥形瓶中，加水50ml，密塞。置于往复式振荡器上，于室温下振摇4h，放置0.5h，用干滤纸过滤，滤液供各成分测定用。

4. 其它消解方法

因汞和砷在用前述方法消解试样时容易挥发损失，须用专门的试样预处理方法。

（1）测汞的试样消解

①硫硝混酸-$KMnO_4$法：称取经粉碎过筛（80目）的样品0.1000～2.000g于150ml锥形瓶中，加硫酸、硝酸（1+1）混合酸2ml，待剧烈反应停止后，加水20ml，2%高锰酸钾

溶液 5ml，在瓶口插一三角漏斗，在低温电热板上加热分解，并煮沸 5min。若紫红色褪去，应及时补加高锰酸钾溶液，以保持有过量高锰酸钾的存在。取下冷却，在临测定前，滴加盐酸羟胺溶液至高锰酸钾和二氧化锰褪色，移入 100ml 容量瓶中，加水稀释至标线，混匀。

②HNO_3-H_2SO_4-V_2O_5法：称取风干底质样品 1.000～3.000g 于 150ml 锥形瓶中，加入 V_2O_5 约 50mg，瓶口插一小漏斗。加入硝酸 10ml，摇匀，置于 145℃电热板上加热，保持微沸 5min，冷却。加入硫酸 10ml，继续加热煮沸 15min，此时试样为浅灰白色（若试样色深应适当补加硝酸再进行分解）。冷却后，用水冲洗漏斗及瓶壁，煮沸溶液片刻以驱除氮氧化物，试液为蓝绿色。冷却，将试液移入 100ml 容量瓶中，用少量水洗残渣几次，洗涤液并入容量瓶中，滴加 5%$KMnO_4$ 数滴至紫色不褪，加水定容。在临测定前用盐酸羟胺还原。

（2）测砷的试样消解

称取样品 0.2000～1.000g 于 150ml 锥形瓶中，加（1+1）H_2SO_4 7ml，浓 HNO_3 10ml，高氯酸 2ml，置电热板上加热分解，破坏有机物（若试液颜色变深，应及时补加硝酸）。蒸至冒浓厚高氯酸白烟，取下放冷，用水冲洗瓶壁，再加热至冒浓白烟，以驱尽硝酸。取下锥形瓶，瓶底仅剩下少量白色残渣（若有黑色颗粒物应补加 HNO_3 继续分解），加水至 50ml，全量用于分光光度法测定。若用原子荧光法测定须准确定容至 100ml。

五、底质样品的分析

底质试样中所含污染物的分析，一般可分为金属成分、无机成分和有机成分的分析测定。

用“四”中所述的分解与浸提方法制备的试样，不适合于测定有机污染成分，当需要测定有机物时，可参照第四篇的相关部分。

当分析金属成分时，根据监测目的选择全分解方法或酸浸溶法制备试样后，使用第三篇第四章“金属及重金属”所述的方法进行分析。

当需分析非金属类无机污染成分时，可用水浸法制备试样后，选用第三篇第二章“无机阴离子”或第三章“营养盐及污染综合指标”所述方法进行测定。

一般底质试样往往比污水和地表水基体复杂，在选择分析方法后，应先进行加标回收试验，检查是否存在基体干扰成分，否则须选择适当方法消除共存成分干扰或选择可行的基体改良方法。

六、底质中有机污染物的分析

（一）样品的处理和保存

本节分别论述挥发性和半挥发性有机物。关于样品容器、样品保存及保存时间，见表 3-6-4 和表 3-6-5。

表 3-6-4　容器保存条件和贮存时间

名称	容器	保存条件	最大贮存时间
细菌实验			
粪便、大肠菌和总粪便链球菌	P，G	低温 4℃，0.008%　$Na_2S_2O_3$	6h
无机实验			
酸度	P，G	低温 4℃	14d
碱度	P，G	低温 4℃	14d
氨	P，G	低温 4℃，H_2SO_4 调至 1%	28d
生化需氧量	P，G	低温 4℃	48h
溴化物	P，G	无要求	28d
生化需氧量，含碳的	P，G	低温 4℃	48h
化学需氧量	P，G	低温 4℃，H_2SO_4 调至 1%	28d
氯化物	P，G	无要求	28d
氯化物，总残渣	P，G	无要求	即时分析
色度	P，G	低温 4℃	48h
氰化物，总量和可氯化的	P，G	低温 4℃，NaOH 调 pH＞12，0.6g 抗坏血酸	14d
氟化物	P	无要求	28d
硬度	P，G	HNO_3 调至 1%，H_2SO_4 调至 1%	6 个月
氢离子（pH）	P，G	无要求	即时分析
凯氏氮和有机氮	P，G	低温 4℃，H_2SO_4 调至 1%	28d
金　属			
铬（Ⅵ）	P，G	低温 4℃	24h
汞	P，G	HNO_3 调至 1%	28d
金属类，除去铬（Ⅵ）和汞	P，G	HNO_3 调至 1%	6 个月
硝酸盐	P，G	低温 4℃	48h
硝酸盐-亚硝酸盐	P，G	低温 4℃，H_2SO_4 调至 1%	28d
亚硝酸盐	P，G	低温 4℃	48h
油和脂	P，G	低温 4℃，H_2SO_4 调至 1%	28d
有机碳	P，G	低温 4℃，HCl 或 H_2SO_4 调至 1%	28d
正磷酸盐	P，G	即时过滤，低温 4℃	48h
溶解氧	G	无要求	即时分析
Winkler 法	do	现场固定，保存在暗处	8h
酚类	G	低温 4℃，H_2SO_4 调至 1%	28d
磷（元素）	G	低温 4℃	48h
磷，总量	P，G	低温 4℃，H_2SO_4 调至 1%	28d
残渣，总量	P，G	低温 4℃	7d
残渣，可过滤	P，G	低温 4℃	7d
残渣，不可过滤	P，G	低温 4℃	7d
残渣，可沉降	P，G	低温 4℃	48h
残渣，挥发性	P	低温 4℃	7d
硅	P，G	低温 4℃	28d
电导率	P，G	低温 4℃	28d
硫酸盐	P，G	低温 4℃	28d
硫化物	P，G	低温 4℃，加醋酸锌和 NaOH 调 pH＞9	7d
亚硫酸盐	P，G	无要求	即时分析
表面活性剂	P，G	低温 4℃	48h

名称	容器	保存条件	最大贮存时间
温度	P，G	无要求	即时分析
浊度	P，G	低温 4℃	48h
有机实验			
可吹脱卤代烃类	G，聚四氟乙烯密封垫	低温 4℃，0.008% $Na_2S_2O_3$	14d
可吹脱芳香烃类	G，聚四氟乙烯密封垫	低温 4℃，0.008% $Na_2S_2O_3$ HCl 调 pH=2	14d
丙烯醛和乙腈	G，聚四氟乙烯密封垫	低温 4℃，0.008% $Na_2S_2O_3$ 调 pH4～5	14d
酚类	G，聚四氟乙烯盖	低温 4℃，0.008% $Na_2S_2O_3$	7d 内萃取，萃取后可存 40d
联苯胺类	G，聚四氟乙烯盖	低温 4℃，0.008% $Na_2S_2O_3$	7d 内萃取
酞酸酯类	G，聚四氟乙烯盖	低温 4℃	7d 内萃取，萃取后可存 40d
亚硝胺类	G，聚四氟乙烯盖	低温 4℃，暗处，0.008% $Na_2S_2O_3$	萃取后可存 40d
PCB，乙腈	G，聚四氟乙烯盖	低温 4℃	萃取后可存 40d
硝基芳香类和异佛尔酮	G，聚四氟乙烯盖	低温 4℃，暗处，0.008% $Na_2S_2O_3$	萃取后可存 40d
多环芳烃类	G，聚四氟乙烯盖	低温 4℃，暗处，0.008% $Na_2S_2O_3$	萃取后可存 40d
卤代醚类	G，聚四氟乙烯盖	低温 4℃，0.008% $Na_2S_2O_3$	萃取后可存 40d
氯代烃类	G，聚四氟乙烯盖	低温 4℃	萃取后可存 40d
四氯二苯二噁英（TCDD）	G，聚四氟乙烯盖	低温 4℃，0.008% $Na_2S_2O_3$	萃取后可存 40d
总有机卤化物	G，聚四氟乙烯盖	低温 4℃，H_2SO_4 调 pH＜2	7d
农药实验			
农药	G，聚四氟乙烯盖	低温 4℃，pH5～9	萃取后可存 40d
放射性实验			
α、β 和镭	P，G	HNO_3 调 pH＜2	6 个月

注：聚乙烯（P）或玻璃（G）。

（1）挥发性有机物

标准 40 ml 玻璃螺旋盖 VOA 小瓶，具聚四氟乙烯表面涂有硅酮的垫片，可用于液体或固体基质。小瓶和垫片应用肥皂和水洗涤，并用蒸馏去离子水冲洗。彻底洗净小瓶和垫片后，将其放入马弗炉中在 105℃干燥约 1 h（注意 ：不要加热垫片时间过长，例如多于 1 h，因为硅酮在 105℃时开始缓慢降解）。

当采集样品时，须将液体和固体慢慢地导入到小瓶中，这样可减少由于搅动而引起挥发性化合物的逸出。液体样品应倒入小瓶中，当小瓶装样时不要将空气泡引入小瓶中。如果倒得过猛会导致起泡，则需将样品倒出，再重新装满小瓶。每个 VOA 小瓶须装满至小瓶口上有一弯月面处。然后将带有垫片（聚四氟乙烯的一面对着样品）的螺旋盖旋紧在小瓶上。在旋紧盖后，应将小瓶颠倒并轻敲以检查是否有气泡。若有气泡存在，必须重新取样。每一取样地点应装两个 VOA 小瓶。

VOA 小瓶用于采集含有固体或半固体（泥浆）基质样品时，应尽可能完全填满容器，当装满小瓶后，应稍微敲击以试验并尽可能消除更多的自由空间，每一取样地点也应装两个小瓶。装满 VOA 小瓶后需在取样地点立刻贴上标签。不能在运转着的马达或任何类型的尾气排放系统附近进行装样，因为排放的烟气会污染样品。从每个采样点所取的两瓶样品，应分别用塑料袋封上，以防止样品之间的交叉污染，尤其是当采取的废物被怀疑含有大量的挥发性有机物时（在袋中也可放入活性炭以防止严重污染样品的交叉沾污）。VOA 小瓶样品在运输和贮存过程中也会被通过垫片扩散的挥发性有机物所污染。为了监控可能的污染，在整个采样、贮存和运输过程中同时带一个由蒸馏去离子水配制的运输空白。

（2）半挥发性有机物（包括杀虫剂和除草剂）

测定半挥发性有机物用的采样容器应用肥皂和水洗涤，然后用甲醇（或异丙醇）冲洗。样品容器应是玻璃或聚四氟乙烯制的，并带有聚四氟乙烯衬垫的螺旋盖。在聚四氟乙烯不易获得的情况下，溶剂冲洗过的铝箔可用作衬垫，高酸性或碱性样品会和铝箔反应，使样品可能发生污染。塑料容器或盖不能用来贮存样品，因为样品污染的可能性来自塑料中的酞酸酯和其它碳氢化合物，应小心填装样品容器，以防止所采集的样品的任何部分接触到采样者的手套而引起的污染。不能在有尾气存在的地方采集或贮存样品。如果样品与采样器接触（例如，使用自动采样器），用试剂水通过采样器并用作现场空白。

表 3-6-5　推荐的样品容器、保存技术和保留时间

参数		容器	保存方法	保留时间（d）
挥发性有机物	浓缩的废物样品	240 ml 广口玻璃瓶，具聚四氟乙烯衬垫	无	14
	液体样品无残余氯存在	2 个 40 ml 小瓶，具聚四氟乙烯衬里垫片的瓶盖	4 滴浓盐酸，冷却至 4℃	14
	有残余氯存在	2 个 40 ml 小瓶，具聚四氟乙烯衬里垫片的瓶盖	将样品收集在 4oz 土壤 VOA 容器中，此容器用 4 滴 10％硫代硫酸钠预保存。轻轻混合样品并转移至预先用 4 滴浓盐酸保存的 40 ml VOA 小瓶中，冷却至 4℃	14
	丙烯醛和丙烯腈	2 个 40 ml 小瓶，具聚四氟乙烯衬里垫片的瓶盖	调节到 pH 4～5，冷却至 4℃	14
	土壤或（和）沉积物和污泥	120 ml 广口玻璃瓶，具聚四氟乙烯衬里	冷却至 4℃	14
半挥发性有机物	浓缩废物样品	240ml 广口玻璃瓶，具聚四氟乙烯衬里	无	14
	液体样品无残余氯存在	具聚四氟乙烯衬里的（1 加仑*或 2.5 加仑）棕色玻璃瓶	4℃冷却	样品需在 7 d 内提取并在 40 d 内分析提取物
	有残余氯存在	具聚四氟乙烯衬里的（1 加仑或 2.5 加仑）棕色玻璃瓶	每加仑加 3 ml 10％硫代硫酸钠，4℃冷却	样品需在 7 d 内提取并在 40 d 内分析提取物
	土壤或（和）沉积物和污泥	具聚四氟乙烯衬里的 240 ml 广口玻璃瓶	4℃冷却	14

* 1 加仑=4.546 09 L。

（3）玻璃器皿的清洗

在分析组分含量在 ppb 级的样品时，小心仔细地清洗玻璃器皿的准备工作是必须遵循的。不这样做会导致在最后色谱图的解释中出现无数的问题，这是由于污染而产生额外的色谱峰。对于像索氏提取器、K-D 蒸发浓缩器、采样系统组件或任何其它的与要蒸发至较小体积的提取物相接触的玻璃器皿，须特别仔细地进行处理。在此操作中浓缩欲测定化合物的过程同样会浓缩污染物质，这些污染物会使结果严重失真。

基本清洗步骤如下：

① 用毕应立即清除表面残留物；

② 用热浸泡使细粒物松动和漂浮；

③ 热水清洗以冲除漂浮的细颗粒物；

④ 用氧化剂浸泡以破坏痕量的有机化合物；

⑤ 热水清洗以冲除掉那些被深度渗透浸渍所松散的物质；

⑥ 蒸馏水清洗以除去自来水中的金属沉积物；

⑦ 甲醇清洗以冲除最后的痕量有机物和除去水；

⑧ 在使用之前立即用将在分析中使用的溶剂冲洗器皿。

以上 8 个基本步骤将按出现的顺序逐个讨论：

① 当玻璃器皿（即烧杯、移液管、烧瓶或瓶）接触到样品或标样后，尽快用甲醇冲洗玻璃器皿，然后再浸泡在热的洗涤剂中，若不这样做，则浸泡浴会使浸泡在其中的所有其它玻璃器皿受到污染。

② 热浸泡是在含适当的洗涤剂的 50℃或更高温度的水中所组成的一种浴槽中进行浸泡。洗涤剂（粉状或液体），应该完全是合成的，而不是脂肪酸碱。可能有很少数地区的水硬度是低至足够防止由钙和镁盐与脂肪酸皂的作用而形成的一些硬水水垢。这种硬水水垢或凝乳状物质对于许多氯化的化合物特别具有亲和力，它们几乎完全不溶于水，并会在浸泡浴槽中以一种薄膜形式沉积在所有的玻璃器皿上。

③ 不需评述。

④ 用于除去痕量有机化合物的最通用和最有效的氧化剂是传统的铬酸洗液，由硫酸和重铬酸钾或钠配制的。欲达最大效果，需将浸泡液加热（40～50℃）。在使用此溶液时，须严格遵守安全规则。规定的安全装备包括：安全防护镜、橡皮手套和围裙。进行这些操作的工作台部分需用氟碳布覆盖，因为溅出液会腐蚀未保护的表面。

使用铬硫酸混合液的潜在危险是很大的，这已有详细报道。现在已有了商业化的具有操作安全优点的代用品。这些是生物可降解的浓缩剂，具有与铬酸同样的清洗力。它们是碱性的，当稀释时相当于大约 0.1 mol/L 氢氧化钠，能清除凝血、硅酮润滑脂、蒸馏残渣及不溶的有机残渣等。它们能除去放射性示踪物，并且不会侵蚀玻璃或对皮肤、衣服有腐蚀作用。

⑤～⑦ 不需评述。

⑧ 在冲洗器皿和下次使用之间的这段时间内，玻璃器皿可能会受到一些污染，不论是空气中的或直接沾上的。为了避免这样的污染，应在使用之前立刻用分析中要使用的同一溶剂来冲洗这些玻璃器皿。洗净的玻璃器皿的干燥和保存是非常重要的。不推荐木钉板晾干是因为污染物可能被引入到干净器皿的内部。有氯丁二烯橡胶涂层的金属架适用于像烧杯、容量瓶、色谱管之类的器皿及任何能翻转悬挂起来干燥的玻璃器皿。小物件像搅拌棒、

玻璃塞和瓶盖可用铝箔包裹，如烘箱有空处可烘干片刻。在任何情况下，绝不将这些小件物品不加保护遮盖而敞开于外面。每日打扫实验室地板所扬起的灰尘最可能重新污染这些干净的玻璃器皿。

作为空气干燥的另一方法，玻璃器皿可加热到至少300℃以使所有有机物挥发。

（二）样品的制备方法

有机物的提取和样品的制备概述

1. 方法的适用范围

本方法是从各种样品基体中定量地提取非挥发性或半挥发性有机化合物的方法。净化和（或）分析制成的提取物将分别在后面加以叙述。

2. 方法摘要

本方法用溶剂提取已知体积或重量的污泥样品。提取物经干燥，然后在K-D装置中浓缩。如果能符合测定方法的质量控制要求，其它浓缩装置或技术可用来代替K-D浓缩器。

3. 干扰及消除

① 需要分析挥发性有机化合物的样品，在运输和贮存过程中挥发性有机化合物（特别是氯氟烃、二氯甲烷），通过样品容器衬垫的扩散可使样品受到污染。用试剂水配制现场空白经过采样和随后的贮存及处理过程，可用以检查这种污染。

② 溶剂、试剂和玻璃器皿及其它样品处理器皿会对样品分析产生人为因素及（或）干扰，所有这些材料必须在分析条件下用分析方法空白来证明其无干扰。可能需要特殊选择试剂并在全玻璃系统中蒸馏纯化溶剂。

③ 从样品中共提取的干扰物会因来源不同而相差很大。若被提取样品的分析因干扰而受到阻碍，可能需要进一步净化样品提取物。

④ 酞酸酯类污染实验室中常见的许多种类的用品，特别是塑料制品必须避免使用。因为酞酸酯通常用作增塑剂，容易从塑料材料中提取出来。如果不实行始终如一的质量控制，任何时候都会发生严重的酞酸酯污染。

⑤ 待测物降解造成玻璃器皿污染。玻璃器皿上的肥皂残留物将引起某些待测物的降解。特别是艾氏剂、七氯及大多数有机磷农药会在此情况下降解。这种问题对于那些难于冲洗的玻璃器皿（如500 ml K-D烧瓶）尤为突出。这些器皿应该非常小心地用手工清洗以避免这一难题。

4. 仪器和设备

参见第四篇相关方法。

5. 试剂

（1）参见有关的具体方法中对于所需溶剂的说明

（2）标准贮备溶液

贮备溶液可用纯的标准品配制或购买经定值的溶液。

1）可气提的贮备标准：使用分析过的液体或气体，配制贮备标准的甲醇溶液。因为一些有机卤化物的毒性，这些物质的首次稀释须在通风橱中进行。

① 在 10 ml 称重过的带磨口玻璃塞的容量瓶中，加入大约 9.8 ml 甲醇，不加瓶盖放置约 10 min，或放至所有甲醇湿润的表面干后，称量该瓶至近 0.1 mg。

② 用 100 μl 注射器，立即向瓶中加入 2 滴或更多滴分析过的参考物质，然后再称量。液体须直接滴入甲醇中，不要接触到容量瓶的颈部。

③ 重新称量，稀释至刻度，盖好塞，然后颠倒瓶数次混匀。从净增重量计算浓度，以每微升中的微克数（μg/μl）表示浓度。若化合物的纯度分析值为 96%或更高，则此重量不必校正就可用于计算贮备标准的浓度。商业制备的贮备标准如果是经过厂家定值或有独立的原始资料，则可用于任何浓度。

④ 将贮备标准溶液移入一个聚四氟乙烯密封的具有螺旋盖的瓶中。以最小液上空间在－20～－10℃避光贮存。

⑤ 所有标准溶液一个月后必须更换，或如与校核标准比较有问题时，应立刻更换。

2）半挥发性贮备标准：碱或中性和酸性贮备标准配于甲醇中，有机氯农药标准配于丙酮中。

贮备标准溶液应在 4℃时贮存于聚四氟乙烯密封的容器中，这些溶液应经常校核其稳定性。这些溶液 6 个月后必须交换，或如果与质量控制校核样品比较表明有问题时，则应立即更换。

（3）代用标准

在提取或处理之前应将代用标准（即一种在化学上惰性的化合物，在环境样品中不会存在）加到每一个样品、空白和基本加标样品中。代用标准的回收率用于监控异常的基本效应，整个样品处理的误差等。代用标准的回收是为了评价确定测量的浓度是否落在验收标准界限内。对于不同待测组推荐的代用化合物如下。但是，这些化合物或其它比较适合于待测组同样可用于其它待测组，对于每个待测组分通常加入 3 个或更多的标准物。

1）碱或中性和酸性代用加标溶液：所推荐的代用标准化合物如下：

① 碱或中性：2-氟联苯、硝基苯-d_5、三联苯-6_{14}；

② 酸性：2-氟苯酚、2,4,6-三溴苯酚、苯酚-d_6。

配制一种代用标准加标溶液于甲醇中，含碱或中性化合物浓度为 100 μg/ml，酸性化合物浓度为 200 μg/ml。用于水和底质（或）及土壤样品（低和中等水平）。对于废物样品，碱或中性化合物的浓度应为 500 μg/ml，酸性为 1000 μg/ml。

2）有机氯农药代用加标溶液：对于有机氯农药所推荐的代用标准如下：

有机氯农药：二丁基氯丹、2,4,5,6-四氯-间二甲苯。

对于水和沉积物或土壤样品配制浓度为 1 μg/ml 代用标准加标溶液于丙酮中。对于废物样品，浓度应为 5 μg/ml。

3）可气提的代用加标溶液：对于挥发性有机物推荐下面几种代用标准品：

可气提的有机物：对-溴氟苯、1,2-二氯乙烷-d_4、甲苯-d_8。

配制代用加标溶液于甲醇中，含有代用标准化合物的浓度为 25μg/ml。

（4）基本加标标准

从每个待测组中选择5个或更多的待测物，在一个加标溶液中应用。对于少数一些待测物组，推荐下列基体加标标准混合物。这些化合物或其它较好地与待测物保持一致的混合物同样也可以应用于其它待测组。

1）碱或中性和酸性基体加标溶液：在甲醇中制备一个加标溶液，对于水和底质或土壤样品，含有下列每一种碱或中性化合物的浓度为100 μg/ml，含酸性化合物的浓度为200 μg/ml。对于各种废物样品，这些化合物的浓度应再高5倍。

① 碱或中性物质：1,2,4-三氯苯、苊、2,4-二硝基甲苯、芘、*N*-亚硝基-二正丙胺、1,4-二氯苯；

② 酸性物质：五氯苯酚、苯酚、2-氯苯酚、4-氯-3-甲基苯酚、4-硝基苯酚。

2）有机氯农药基体加标溶液：配制加标溶液于丙酮或甲醇中，对于水和沉积物或土壤含有下列规定浓度的农药。对于废物样品的浓度应再高5倍。农药浓度（μg/ml）：林丹（0.2）；七氯（0.2）；艾氏剂（0.2）；狄氏剂（0.5）；异狄氏剂（0.5）；滴滴涕（0.5）。

3）可气提基体加标溶液：配制加标溶液于甲醇中，含有下列化合物，浓度为25μg/ml。可气提的有机物：1,1-二氯乙烯、三氯乙烯、氯苯、甲苯、苯。

6. 样品的采集、保存和处理

见本节“（一）样品的处理和保存”。

7. 步骤

（1）半挥发性有机样品的提取

水、土壤或底质、污泥和废物样品，需要分析碱或中性和酸性可提取物和（或）有机氯农药，必须在分析之前进行溶剂提取。本书包括4个可用于此目的方法，对于具体样品应采取的方法是由该样品的物理性质决定的。因此，在选择方法之前应先考察一下这4种方法。在所有这4种方法的提取之前如有需要，将合适的代用标准及基体加标溶液加到样品中。

1）应用于从水样中提取和浓缩的水不溶的和水微溶的有机物。使用分液漏斗将量好体积的样品进行溶液提取。将提取物干燥、浓缩，必要时将其更换为与以后进一步分析相一致的溶剂。如在溶剂与样品两相之间形成乳浊液而用机械方法不能破乳时，应用方法2。

2）本法应用于从水样中提取和浓缩水不溶的和水微溶的有机物。在连续液-液提取器中用有机溶剂提取量好体积的样品。溶剂比重必须大于样品的比重。将提取物干燥、浓缩，必要时，将其更换为与进一步分析相一致的溶剂。方法1）中关于溶剂-样品相分离的局限性应用此法就没有影响。

3）本法是用来从固体如土壤、污泥和废物中提取非挥发性和半挥发性有机物。将固体样品和无水硫酸钠混合，放入一个萃取套管或两个玻璃棉塞子之间，在索氏提取器中用合适的溶剂进行提取。将提取物干燥、浓缩，必要时将其更换为与进一步分析相一致的溶剂。

4）本方法采用声波作用（sonication）技术应用于从固体如土壤、污泥和废物中提取非挥发性和半挥发性有机物。根据有机物在样品中的估计浓度有两个具体方法：低浓度和高浓度法。在两个方法中，都是将已知重量的样品与无水硫酸钠混合，使用声波作用技术进行溶剂提取。将提取物干燥、浓缩，必要时，更换为与进一步分析相一致的溶剂。

5）本法介绍了非水废物样品的溶剂稀释技术。它是为废物样品内有机化合物的含量可能大于2万mg/kg，且可溶于稀释溶剂中的样品而设计的。

（2）挥发性有机样品的制备

有三种方法用于挥发性样品的制备。下面方法是分析挥发性有机物应用最广泛的方法，而直接进样技术对于水基体适用性范围可能有限。

1）本法介绍了将可气提的有机物导入气相色谱仪中的气提和捕集技术。本法可直接应用于水溶液样品和经适当处理后的固体、废物、土壤或底质及与水混溶的液体。用一种惰性气体鼓泡通过样品，可有效地将可气提的有机物从水相转移至气相。气相流经一个内含吸附剂的捕集器，用以收集气提物。气提完成后，将捕集器加热且用惰性气体反冲洗以解吸气提物进入气相色谱柱。在应用气提及捕集方法之前，所有的样品（包括空白、加标物和平行双样）应当添加代用标准，需要时用基本加标化合物。

2）本方法可应用于研究来自挥发性有机物采样系统（VOST）的吸附剂管。

3）直接注射进样。

（3）样品分析

在用以上介绍的数种方法之一制备样品后，该样品就可以作进一步分析。对于需要分析挥发性有机物的样品，经过上述任一种方法处理后，即可直接用气相色谱法分析也可用气相色谱-质谱分析。

8. 质量控制

1）在处理任何样品之前，分析者应通过试剂水空白的分析来证明所有的玻璃器皿和试剂均无干扰物。每次处理一套样品时，应做一个方法空白实验以作为防止经常的实验室污染的措施。在样品制备和测量的所有阶段都应进行空白样品实验。

2）在合适的测量方法中规定应将代用标准加到所有的样品中。

3）每批分析样品中（最多达20个样品）必须进行试剂空白、基体加标样和平行双样或基体加标平行双样的分析。

4）对于GC或GC-MS分析，分析系统的性能必须用分析质量控制（QC）校核样品来验证。

① 挥发性有机物质量控制校核样品：将含有每种欲测定的分析物的质量控制校核样品的浓溶液添加至试剂水中（规定为QC校核样品），并用气提-捕集方法分析，见（二）7（2）1）。质量控制校核样品中每个待测物的浓度为20 μg/L。

② 半挥发性有机物质量控制校核样品：为了评价分析方法的性能，QC校核样品必须用与实际样品完全相同的方法处理。因此在4个1 L试剂水中（现称为QC校核样品）各添加1.0 ml QC校核样品浓溶液。提取，然后用QC分析。可用QC分析的各种半挥发性待测物，QC校核样品浓溶液的浓度对于本书中的不同分析方法，其浓度是不同的。不同的方法，QC校核样品浓溶液的浓度如下：

a．测定酚类：QC校核样品浓溶液应含有各个待测物，其浓度为100 μg/ml的2-丙醇溶液。

b．测定酞酸酯：QC校核样品浓溶液应含下列各种待测物的丙酮溶液，其浓度为：丁基苄基酞酸酯 10 μg/ml；双（2-乙基己基）酞酸酯 50 μg/ml；二正-辛基酞酸酯 50 μg/ml

和 25μg/ml 的其它酞酸酯。

c. 测定有机氯农药和多氯联苯 PCBs：QC 校核样品浓溶液应含有每一单组分的待测物，在丙酮中的浓度如下：4,4′-DDD 10 μg/ml；4,4′-DDT 10 μg/ml；硫丹 II 10 μg/ml；硫丹硫酸盐 10 μg/ml；任何其它单组分农药的浓度为 2 μg/ml。若方法只用来分析 PCBs、氯丹或毒杀芬，QC 校核样品浓溶液应含有最有代表性的多组分物质，浓度为 50 μg/ml 的丙酮溶液。

d. 测定硝基芳烃类和环酮类：QC 校核样品浓溶液应含有下列每一种待测物配在丙酮中的浓度如下：20 μg/ml 每一种二硝基甲苯；100 μg/ml 异佛尔酮（isophorone）和硝基苯。

e. 测定多环芳烃：QC 校核样品的浓溶液应含有每一种待测物，在乙腈中的浓度如下：萘 100 μg/ml；苊烯 100 μg/ml；苊 100 μg/ml；芴 100 μg/ml；菲 100 μg/ml；蒽 100 μg/ml；苯并（k）荧蒽 5 μg/ml；任何其它 PAH 10μg/ml。

f. 测定氯代烃：QC 校核样品浓溶液应含有每一种待测物。在丙酮中的浓度如下：六氯取代烃类 10 μg/ml；任何其它的氯代烃 100 μg/ml。

9. 方法性能

① 代用标准的回收是用来监控非正常的基体效应及样品处理问题等。基体加标化合物的回收可指明非正常基体效应的存在与否。

② 本法的性能将由样品制备结合分析测定方法的全部性能所决定。

分液漏斗液-液萃取

1. 方法适用范围

本法介绍从水溶液样中或经制备后的底质水溶液中分离有机化合物的步骤。本方法也为相应测定方法所制备的提取液提出了适用的浓缩技术。

在准备用各种色谱方法时，本法可应用于水不溶和水微溶的有机物的分离和浓缩。

2. 方法摘要

取量好体积的样品，通常为 1 L，在规定的 pH（见表 3-6-6）下，在分液漏斗中用二氯甲烷进行逐次提取，提取物干燥、浓缩后，必要时，更换为与用于净化或测定步骤相一致的溶剂。

3. 干扰及消除

参见“有机物的提取和样品的制备概述”。

4. 仪器和设备

1）分液漏斗。2 L，具聚四氟乙烯活塞。

2）干燥柱。20 mm 内径，硬质玻璃色谱柱在底部带有硬质玻璃棉和聚四氟乙烯活塞（注意：烧结玻璃圆盘在高度污染的提取物通过之后很难脱污，可购买无烧结圆盘的柱子）。用一个小的硬质玻璃棉垫保持吸附剂。在用吸附剂装柱之前，用 50 ml 丙酮预先洗玻璃小垫，然后用 50 ml 的洗提溶液洗净。

3）K-D 装置。

① 浓缩管：10 ml，具刻度。磨口玻璃塞用于防止提取物的挥发。

② 蒸发烧瓶：500 ml，用弹簧连接在浓缩管上。

③ Snyder 柱：三球常量。

④ Snyder 柱：二球微量。

4）沸石。溶剂提取过的，大约 10/40 目（碳化硅或同等物）。

5）水浴。加热用的，带同心圆圈盖。可控温度（±5℃）。水浴应在通风橱中使用。

6）小瓶。玻璃制，2 ml 容量，具聚四氟乙烯衬里的螺旋盖。

7）pH 试剂。pH 范围包括所要提取的 pH。

8）锥形烧瓶。250 ml。

9）注射器。5 ml。

10）量筒。1 L。

表 3-6-6 不同测定方法的具体提取条件

测定成分	初始提取 pH	第二次提取 pH	分析要求更换溶剂	净化要求更换溶剂	净化要求提取物体积（ml）	分析要求最终提取物体积（ml）	
酚类	＜2	无	2-丙醇	己烷	1.0	1.0	10.0[a]
酞酸酯类	同收集的 pH	无	己烷	己烷	2.0		10.0
有机氯农药、PCB 类	5～9	无	己烷	己烷	10.0		10.0
硝基芳烃类和环酮类	5～9	无	己烷	己烷	2.0	1.0	
多环芳烃类	同收集的 pH	无	无	环己烷	2.0	1.0	
氯代烃类	同收集的 pH	无	己烷	己烷	2.0	1.0	
有机磷农药类	6～8	无	己烷	己烷	10.0	10.0	
半挥发性有机物（GC-MS，填充柱）	＞11	＜2	无	—	—	1.0	
半挥发性有机物（GC-MS，毛细柱）	＞11	＜2	无	—	—	1.0	
二噁英类和多环芳烃类	同收集的 pH	无	乙腈	—	—	1.0	

注：a. 酚类的具体分析方法参见《固体废弃物试验分析评价手册》8040 方法。用 1.0 ml 2-丙醇提取液用于作 GC（FID）法测定。方法 8040 也包括用于酚类的供选择的衍生方法，所得衍生物萃入 10ml 己烷，用 GC（ECD）分析。

b.GC-MS 的特性是提取液可以不需要净化。如果要求净化，可参见本节“（三）样品的净化方法”中关于净化方法的指导。

5. 试剂

① 试剂水。试剂水定义为在欲测定化合物的方法检测限内观测不到干扰物的水。

② 氢氧化钠溶液，10 mol/L。溶解 40 g 氢氧化钠于试剂水中，并稀释至 100 ml。

③ 硫酸钠，粒状，无水（置于浅盘中在 400℃加热 4 h 进行纯化）。

④ 硫酸溶液（1∶1）：慢慢地将 50 ml H_2SO_4（比重 1.84）加到 50 ml 试剂水中。

⑤ 提取或更换溶剂：二氯甲烷、已烷、2-丙醇、环己烷、己腈（农药级或相当规格）。

6. 样品的采集、保存和处理

参见本节“（一）样品的处理和保存”。

7. 步骤

① 用1L量筒，量取1 L样品并移入分液漏斗中。加入1.0 ml代用标准至所有的样品、加标溶液和空白中。每批分析中选作加标的样品，加入1.0 mL基体加标标准。对于碱或中性-酸性分析，所加入的代用标准和基体加标化合物的量，应使其在欲分析的提取液中（假定注射 1 μl）的最终浓度为：每个碱或中性待测物为 100 ng/μl，每个酸性待测物为200 ng/μl。若使用凝胶渗透净化，应加2倍体积的代用标准和基体加标化合物，因为有一半的提取物由于GPC柱的载荷而损失。

② 用广范围pH试纸检查样品的pH，必要时，将pH值调至表3-6-6所示用于分析提取物的具体测定方法所需的pH。

③ 在分液漏斗中加入60 ml 二氯甲烷。

④ 密闭分液漏斗，用力振摇1～2 min，并间歇地排气以放出过大的压力。

注意：二氯甲烷很快地产生过大的压力；因此初次排气应在分液漏斗密闭并摇动一次后立即进行。

⑤ 让有机层次水相分离至少需10 min，若两层间的乳浊液界面大于溶剂层的1/3，分析者需采用机械技术来完成相分离。最佳技术依样品而定，可能包括搅拌、通过玻璃棉过滤乳浊液、离心或其它物理方法。收集溶剂提取物至锥形烧瓶中。若乳浊液不能破坏（二氯甲烷的回收率<80%，校正二氯甲烷在水中的溶解度），转移样品、溶剂及乳浊液至一个连续萃取器的萃取室中，并按连续液-液萃取方法进行操作。

⑥ 用一份新的溶剂再重复萃取二次（见步骤③～⑤），合并3次溶剂提取液。

⑦ 若需进一步调节pH并提取，将水相的pH调节至表3-6-6所示的pH。如③～⑤所述，用60 ml二氯甲烷连续提取三次，收集并合并提取液，并适当地标明合并的提取液。

⑧ 若进行GC-MS分析，酸性及碱性或中性提取物可在浓缩之前合并。但在某些情况下，分别浓缩和分析酸性及碱性或中性提取物更为可取（例如，若为法规目的，必须测定低浓度的特殊酸性或碱性或中性化合物的存在与否，用分别萃取分析可能是正确的）。

⑨ 将10 ml 浓缩管连接在500 ml 蒸发烧瓶上组装成K-D浓缩器。

⑩ 将提取液通过装有约 10cm 高的无水硫酸钠干燥柱干燥。将干燥的提取液收集在K-D 浓缩器中，用 20～30ml 的二氯甲烷洗涤含有溶剂提取物的锥形烧瓶，并将其定量地转移至柱中。

⑪加一两粒干净的沸石至烧瓶中，装上一支三球 Snyder 柱。加大约 1 ml 的二氯甲烷至柱顶上以预湿 Snyder 柱。将 K-D 装置放在热水浴上（80～90℃）使浓缩管部分浸于热水之中，并使整个烧瓶的下部表面可被热蒸汽加热。按需要，调整装置的垂直位置和水温，以使其能在10～20 min内完成浓缩，在合适的蒸馏速度下，柱球中有大量液体流动，但球室不注满液体。当液体的表观体积达到1 ml时，将K-D装置从水浴上移出，让液体流下，冷却至少10 min。

⑫ 若需要更换溶剂（如表 3-6-6 示）立即取下 Snyder 柱，加 50 ml 更换的溶剂，和新的沸石。重新装上 Snyder 柱，浓缩提取物，必要时提高水浴温度以保持正常的蒸馏。

⑬ 取下 Snyder 柱，用 1～2 ml 二氯甲烷或更换溶剂冲洗烧瓶及其下部接头，溶剂流入浓缩管中。若硫结晶成为难题，可按硫的净化方法进行净化。

⑭ 若在表 3-6-6 中表明需要进一步浓缩，则另加干净的沸石至浓缩管中，并装上二球微量的 Snyder 柱。加 0.5 ml 二氯甲烷或更换溶剂至柱顶上以预湿柱子。将 K-D 装置放在热水浴中以使浓缩管部分浸入热水中。按需要，调整装置的垂直位置和水温，以使在 5～10 min 内完成浓缩。在正常的蒸馏速度下，柱球将有大量液体流动，但球室不会注满液体。当液体表观体积达到 0.5 ml 时，将 K-D 装置从水浴中移出，并让液体流下，冷却至少 10min。卸下 Snyder 柱，用 0.2 ml 的提取溶剂冲洗烧瓶及其下部接头，溶剂流入浓缩管。按表 3-6-6 所示，用溶剂最后体积至 1.0～2.0 ml。

⑮ 从⑬～⑮所得的提取液现在即可用各种有机分析技术来分析待测物的含量。若不立即分析提取液，盖紧浓缩管，冷冻贮存。若提取液要存放 2d 以上，则应将其转入一个具聚四氟乙烯密封的螺旋盖的小瓶中，并作适当地标明。

8．质量控制

①任何试剂空白或基体加标样品所用的分析方法，与实际样品所用的那些步骤完全相同。

②质量控制步骤同“有机物提取和样品制备概述”中关于提取和样品制备步骤。

9．方法性能

性能数据的测定方法参见第四篇的相关内容。

连续液-液萃取方法

1．方法的适用范围

本方法是为萃取溶剂的比重大于样品而设计的，连续萃取装置适用于比重比样品小的萃取溶剂。分析者在应用此法萃取样品前，必须证明任一种这样的自动萃取装置的有效性。

2．方法摘要

将量好体积的样品，一般是 1L，放于连续液-液萃取器中，如需要，调节到规定的 pH（见表 3-6-6），用有机溶剂提取 18～24h。提取液干燥、浓缩，如果需要，更换为与所用测定方法相一致的溶剂。

3．干扰及消除

参见“有机物的提取和样品的制备概述”。

4．仪器和设备

① 连续液-液萃取器。配以聚四氯乙烯或玻璃活塞，要求不涂油。

②～⑦ 见前述“有机物的提取和样品的制备概述”中的相关内容。

⑧ 加热套，用变阻器控制。
⑨ 注射器，5ml。
⑩ 量筒，1L。

5. 试剂

见前述“分液漏斗液-液萃取”的5.试剂一节。

6. 样品的采集、保存和处理

参见前述“（一）样品的处理和保存”的内容。

7. 步骤

① 用1L量筒量取1L（标称）样品或底质的提取液，转移到连续萃取器中，用广范围pH试纸校核并调节样品的pH，必要时，按表3-6-6所示调节pH。吸取1.0ml代用标准加标溶液至每一试样，放入萃取器中充分混匀（参见“有机物提取和样品的制备概述”中关于代用标准液和基体加标溶液的说明）。对于选择用作加标的每一批分析样品，加入1.0ml的基体加标标准。对于碱或中性-酸性的分析，加入样品中的代用标准和基体加标化合物的量应使欲分析提取液的（假设进样1μl）最终浓度为：每一种碱或中性待测物为100ng/ml，提取物中每一种酸性待测物为200ng/ml。若应用凝胶渗透净化法，则加2倍体积的代用标准和基体加标化合物，因为一半的提取物会因GPC柱的载荷而损失。

② 加300～500ml二氯甲烷至蒸馏烧瓶中，加几粒沸石至烧瓶中。

③ 加足够的试剂水至萃取器中，以保证正确的连续提取18～24h。

④ 让其冷却；然后取下烧瓶。

⑤ 一边搅拌，一边小心地用硫酸（1+1）调节水相的pH值到小于2，在连续萃取器上连接一个干净的蒸馏瓶，含有500ml的二氯甲烷，提取18～24h，让其冷却，取下蒸馏瓶。

⑥～⑬ 见“分液漏斗液-液萃取法”7.步骤的⑧～⑮。

8. 质量控制

同“分液漏斗液-液萃取法”的“8.质量控制”。

9. 方法性能

参见性能数据的测定方法。

索氏提取

1. 方法的适用范围

① 本方法是从固体样品如土壤、污泥和废物中提取非挥发性和半挥发性有机化合物的方法。索氏提取法保证了样品基体与提取溶液的密切接触。

② 在制备各种色谱方法中用的样品时，本法可用于分离和浓缩水不溶性和水微溶性有机物。

2．方法摘要

固体样品与无水硫酸钠混合，置于提取套筒或 2 个玻璃棉塞之间，在索氏提取器中用适当的溶剂提取，提取液干燥后，浓缩，必要时，更换溶剂使与净化或测定步骤所用的相一致。

3．干扰及消除

参见“有机物的提取和样品的制备概述”。

4．仪器和设备

① 索氏提取器。40mm 内径，带 500ml 圆底烧瓶。
②～⑥ 见“分液漏斗液-液萃取”法的 4.②～⑥。
⑦ 玻璃或纸套筒或玻璃棉：无污染物质。
⑧ 加热套：可控制的变阻器。
⑨ 注射器：5ml。
⑩ 测定水分百分率的仪器：
烤箱：烘干用。
干燥器。
坩埚：瓷制的。
⑪ 研磨仪器：若样品不能通过 1mm 标准筛或不能从 1mm 孔道流出，则需通过研磨器研磨均匀后以满足这些要求。

5．试剂

① 试剂水。试剂水定义为：在欲测定化合物的方法检测限内检测不出干扰物的水。
② 硫酸钠。粒状，无水（用二氯甲烷洗涤，然后置浅盘中在 400℃加热 4h 进行纯化）。
③ 提取溶剂：土壤或沉积物和水性污泥样品应采用以下溶剂体系的任一种进行提取：
a.甲苯：甲醇，10∶1（体积比），农药级或相当规格。
b.丙酮：己烷，1∶1（体积比），农药级或相当规格。
其它样品应采用二氯甲烷（农药级或相当规格）溶剂提取。
④更换溶剂：己烷、2-丙醇、环己烷、乙腈（农药级或相当规格）。

6．样品的采集、保存和处理

见前述“（一）样品的处理和保存”。

7．步骤

1）样品处理。
① 沉积物或土壤样品：倾泻弃去沉积物样品上面的水层。充分混合样品，尤其是复合样品，弃去任何异物如树枝、叶片和岩石。
② 废物样品：样品若包含多相，应在萃取前按相分离方法进行制备。本操作步骤只用

于固体。

③ 适合于研磨的干燥废物样品：研磨或再细分废物，使其能通过 1mm 筛目或能通过一个 1mm 孔流出。将足够样品倒入研磨器中，使经研磨后至少能得到 10g 样品。

2）测定水分百分率。在某些情况下样品结果是要求以干重计，若需要这种数据，则应在称取做分析测定用的样品的同时称取一份样品和水分测定。

在称取用于提取的样品之后，立即称取 5～10g（准确至 0.001g）的样品于一个称重过的坩埚中，在 105℃烘干过夜以测定其水分百分率。在称重前放于干燥器中冷却。

$$\text{水分}(\%)=\frac{\text{样品重}(g)-\text{干燥样品重}(g)}{\text{样品重}(g)}\times 100$$

3）将 10g 固体样品和 10g 无水硫酸钠混合，放于提取套管中。在提取过程中套管须自由地沥干。在索氏提取器中，样品的上下两端装有玻璃棉塞可以代替提取套管。加 1.0ml 的代用标准加标溶液于样品上（见“有机物提取和样品制备概述”中关于代用标准和基体加标溶液的介绍）。在每批分析样品选作加标的样品中，加入 1.0ml 的基体加标标准。对于碱或中性-酸性的分析，所加入的代用标准和基体加标化合物的量，应使其在欲分析的提取液中（假定注射 1μl）的最终浓度为：每个碱性或中性待测物为 100ng/μl，每个酸性待测物为 200ng/μl。若使用凝胶渗透净化方法，需加入 2 倍体积的代用标准和基体加标化合物，因为有一半的提取物由于 GPC 柱载荷而损失。

4）在含有 1～2 粒干净沸石的 500ml 圆底烧瓶中加入 300ml 提取溶剂，将烧瓶连接在提取器上，提取样品 16～24h。如果是鱼类等生物样品须延长提取时间。

5）在提取完成后让提取液冷却。

6）～12）见“分液漏斗液-液萃取”方法中的相关部分。但是用 100～125ml 的提取溶剂洗涤提取器烧瓶和硫酸钠柱，以完成定量转移。

8. 质量控制

见“分液漏斗液-液萃取”的 8.质量控制。

9. 方法性能

参见性能数据的测定方法。

超声波提取法

1. 方法的适用范围

① 本方法是从固体如土壤、污泥和废物中提取非挥发性和半挥发性有机化合物的方法。声波作用过程保证了样品基体和提取溶剂的密切接触。

② 基于样品中有机物的预计浓度本法分为两部分。低浓度方法（单个有机组分≤20mg/kg）用较大的样品量和更严格的提取步骤（浓度较低提取更难）。高浓度方法（单个有机组分＞20mg/kg）简单得多，因而提取比较快速。

2．方法摘要

① 低浓度方法。30g 样品和无水硫酸钠混合使形成自由流动的粉末。用超声波作用进行溶剂提取 3 次。用真空过滤或离心使提取液与样品分离。提取液即可用于净化和（或）浓缩后分析。

② 高浓度方法。2g 样品与无水硫酸钠混合使形成自由流动的粉末。使用声波作用进行一次溶剂萃取。取出一份提取液作净化和（或）分析。

3．干扰及消除

参见“有机物的提取和样品的制备概述”。

4．仪器和设备

① 研磨仪器。
② 超声波器：应采用喇叭形带金属钛探头的超声波器，也可应用超声波细胞破碎器。
③ 声呐箱：用以降低空化声。
④ 测定水分百分率的仪器。见方法“索化提取”4⑩。
⑤ 巴斯德玻璃移液管：一次性使用的，1ml。
⑥ 烧杯：400ml。
⑦ 真空过滤装置、布氏漏斗和滤纸。
⑧～⑩ 见方法“分液漏斗液-液萃取”法的 4③～⑤。
⑪ 天平。最大负荷，能准确称量到 0.01g。
⑫ 小瓶和盖：2 ml 用于 GC 自动进样器。
⑬ 玻璃闪烁小瓶：至少 20 ml，带螺旋盖和聚四氯乙烯或铝箔衬里。
⑭ 刮勺：不锈钢或聚四氟乙烯制。
⑮ 干燥管：见“分液漏斗液-液萃取”法中的 4②。
⑯ 注射器：5 ml。

5．试剂

① 硫酸钠：无水，试剂级，在 400℃加热 4 h，置干燥器中冷却，贮存于玻璃瓶中。
② 提取溶剂：二氯甲烷：丙酮（1:1，体积比）；二氯甲烷、己烷（农药级或相当规格）。
③ 更换溶剂：己烷、2-丙醇、环己烷、乙腈（农药级或相当规格）。

6．样品的采集、保存和处理

见前述“（一）样品的处理和保存”。

7．步骤

1）样品处理。见“索氏提取法”中的 7.1）。
2）含水百分率的测定。见“索氏提取法”中的 7.2）。
3）测定 pH（如若需要）。将 50g（准确至 0.01g）样品放入 100ml 烧杯中。加 50 ml

水搅拌 1h。边搅拌边用玻璃电极和 pH 计测定样品 pH。弃去这份样品。

4）预计含有低浓度有机物和农药（≤20mg/kg）样品的提取方法。

① 下列步骤应迅速操作以避免较多挥发性可提取物损失。称取约 30g 的样品于 400ml 烧杯中。记录重量至近 0.1g。非多孔的或湿样品（胶状或粘土型），即非自由流动的沙状结构必须用一支刮铲将样品与 60g 无水硫酸钠混合。样品在此时应该是自由流动的。加 1ml 的代用标准至所有的样品、加标物和空白（见“有机物的提取和样品的制备概述”中 5（3）关于代用标准液和基体加标溶液的说明）。在每批分析样品选作加标的样品中，加入 1.0ml 基体加标标准。对于碱或中性-酸性的分析所加入的代用标准和基体加标化合物的量，应使其在欲分析的提取液中（假定进样 1μl）的最终浓度为每个碱或中性待测物为 100ng/μl，每个酸性待测物为 200ng/μl。而使用凝胶渗透净化方法，加入 2 倍体积的代用标准和基体加标化合物，因为一半的提取液由于 GPC 柱的载荷而损失。立即加入 100ml 1∶1 二氯甲烷∶丙酮。

② 将 207 3/4in* 破碎器喇叭尖端的下部表面放于溶剂表面以下约 1/2in，但在沉积层之上。

③ 超声震荡 3min，将输出控制键调至 10，方式键放于脉冲档，且百分功率循环键置于 50%。不要使用微型尖探头。

④ 用真空过滤法通过将提取液倾析至滤纸上过滤或用离心法倾泻提取溶剂。

⑤ 用另外两份 100ml 溶剂重复提取 2 次或更多次。在每次声荡之后，倾泻出提取溶剂。在最后一次声荡，将整个样品倒入布氏漏斗中，并用提取溶剂冲洗。

⑥～⑪ 见“方法分液漏斗液-液萃取”中的 7⑨～⑪。但是用 100～125ml 的提取溶剂洗涤萃取器的烧瓶和硫酸钠柱以达到定量转移。

⑫ 将浓缩的提取液转移至一个干净的螺旋盖小瓶中。用聚四氟乙烯衬垫的盖密封小瓶，在小瓶上对水平面做记号，表明样品号和提取物的部分，在 4℃ 下贮存于暗处，直到分析或净化。

5）预计含有高浓度有机物（>20mg/kg）样品的提取方法。

① 转移大约 2g（记录重量准确至 0.001g）的样品至 20 ml 小瓶中。用一块薄纸擦净小瓶口，以除去任何样品。记录所取样品的准确重量。在进行下一个样品之前盖上小瓶以避免任何交叉污染。

② 向置于 20ml 小瓶中的样品加入 2g 无水硫酸钠，充分混匀。

③ 将代用标准加至所有的样品加标物和空白之中（见“有机物的提取和样品的制备概述”中 5（3）关于代用标准溶液和基体加标溶液的详细介绍）。加 2.0ml 的基体加标标准至混合样中。对于选作加标的每批分析样品中加入 2.0ml 的基体加标标准。对于碱或中性-酸性的分析，在被分析的提取液中（假定进样 1μl）所加入的代用标准和基体加标化合物的量，应使每个碱或中性待测物的最后浓度为 200ng/μl，每个酸性待测物为 400ng/μl。若使用凝胶渗透净化方法，加入 2 倍体积的代用标准和基体加标化合物，因为有一半的提取物由于 GCP 柱的载荷而损失。

④ 考虑代用标准和基体加标物所加的体积，立即加入所需的溶剂的量以调整最终体积为 10.0ml。采用 1/8 in 锥形的微型尖头超声探头破碎样品约 2min，输出控制调在 5，波型

---

* 1in=2.54cm。

转换开关放在脉冲档上和 50%占空因素。萃取溶剂为：非极性化合物，即有机氯农药和多氯联苯的萃取溶剂为己烷；可提取的优先污染物为二氯甲烷。

⑤ 用 2～3cm 硬质玻璃棉塞疏松地填充在一次性使用巴斯德移液管中，通过玻璃棉以过滤提取液，若要求进一步浓缩，收集 5.0ml 于浓缩管中。按“分液漏斗液-液萃取”法中浓缩步骤的介绍，通常将 5.0ml 萃取液浓缩至 1.0ml。

⑥ 根据共萃取的干扰程度，决定提取液是否可以用作净化或分析。

8. 质量控制

见“分液漏斗液-液萃取”法中的 8.质量控制一节。

9. 方法性能

参见第四篇的相关测定方法。

底质等固体试样稀释

1. 方法的适用范围

① 本法介绍了在净化和（或）分析之前的非水固体样品的溶剂稀释。它是为含有机化学药品的，含量大于 20000mg/kg，且可溶于稀释溶剂中的废物而设计的。

② 推荐取一部分稀释的样品用于净化。所用净化方法见后述。

2. 方法摘要

称取 1g 样品于一个具盖的试管中，用合适的溶剂将样品稀释至 10.0ml。

3. 干扰及消除

参见“有机物的提取和样品制备概述”方法。

4. 仪器和设备

① 闪烁计数用玻璃小瓶：至少 20ml，带聚四氟乙烯或铝箔衬里的螺旋盖。

② 刮勺：不锈钢或聚四氟乙烯制。

③ 天平：能够称量 100g，准确到 0.001g。

④ 小瓶和盖：2ml 用于 GC 自动进样。

⑤ 一次性使用的移液管。

⑥ 试管架。

⑦ 硬质玻璃棉。

⑧ 容量瓶：10ml（任选）。

5. 试剂

① 硫酸钠：粒状，无水（在浅盘中于 400℃加热 4h 纯化过）。

② 溶剂：二氯甲烷和己烷（农药级或相当规格）。

6．样品的采集、保存和处理

参见“（一）样品的处理和保存”。

7．步骤

① 多相组成的样品应在提取前用相分离方法进行制备。

② 样品稀释可在10ml容量瓶中进行。最好用一次性使用的玻璃器皿，20ml闪烁计数用小瓶，可校正后使用。只要吸取10.0ml的萃取溶剂于闪烁计数小瓶中，并在弯月面的底部做记号。放出此溶液。

③ 每相转移约1g（记录重量准确至0.001g）样品，转移至各个20ml小瓶或10ml容量瓶中。用薄纸擦净小瓶口，以除去任何样品物质。在进行下一个样品之前盖上小瓶盖以避免交叉污染。

④ 在所有的样品和空白中加入代用加标溶液。对于每批选作加标的样品，加入2.0ml基体加标标准，对于碱或中性-酸性分析，在被分析的提取液中（假定进样1μl）加入代用标准和基体加标化合物的量应使每个碱或中性待测物的最后浓度为200ng/μl，每个酸性待测物为400ng/μl。若使用凝胶渗透净化法，应加入2倍体积的代用标准和基体加标化合物，因为有一半的提取物由于GPC柱的载荷而损失。参见“有机物的提取和样品的制备概述”关于代用标准和基体加标溶液的说明。

⑤ 立即用合适的溶剂稀释至10ml。对于利用GC（ECD）法分析的化合物，例如有机氯农药和多氯联苯类，稀释溶剂应该是已烷。对于碱或中性和酸性半挥发性优先监测污染物，应用二氯甲烷，若稀释液要用凝胶渗透色谱法净化，使用二氯甲烷作为所有化合物的稀释溶剂。

⑥ 加2.0g的无水硫酸钠至样品中。

⑦ 加盖并振摇样品2min。

⑧ 用2～3cm玻璃棉塞疏松地填塞在一次性使用的巴斯德移液管中。通过玻璃棉过滤提取液，收集5ml的提取液于试管或小瓶中。

⑨ 制备好的提取液用于净化或分析取决于共萃取的干扰程度。

8．质量控制

见“分液漏斗液-液萃取”方法的8.质量控制一节。

9. 方法性能

参见第四篇相关的测定方法。

气提和捕集

1．方法的适用范围

① 本法介绍了用气提和捕集方法分析挥发性有机物的制备和提取样品，制备好的试样用气相色谱或气相色谱-质谱法分析。

② 本方法可用于沸点低于 200℃，并不溶或微溶于水的大多数挥发性有机化合物。挥发性的水溶性化合物可包括在这一分析技术中，但气提较差，定量限（GC 或 GC-MS）约高 10 倍多。本法也局限于那些从涂有少量 Carbowax 的石墨化碳所装填的色谱柱以尖锐的峰洗脱的化合物。这类化合物包括低分子量的卤代烃类、芳香族、酮类、腈类、乙酸酯类、丙烯酸酯类、醚类和硫化物。

③ 水样可直接用气提和捕集提取，并用气相色谱分析挥发性有机物。水中较高浓度的这些待测物可用直接注射样品至色谱系统来测定。

④ 本法也介绍了用气提和捕集方法分析与水可混溶的液体、底质、固体、废弃物和土壤等样品的制备。

2．方法摘要

① 气提和捕集过程。将一种惰性气体在环境温度下鼓泡通入溶液中，将挥发性组分从液相有效地转移至气相。使蒸气通过一个吸附剂柱，挥发性组分在柱中被吸附。在完成气提后，加热吸附剂柱并用惰性气体反冲洗，以解吸吸附的组分至气相色谱柱上。

② 若上述样品导入技术不适用，可将样品的一部分浸于甲醇中以溶解挥发性有机组分。取一份甲醇溶液与水在一个专门设计的气提室内混合。然后按正常水分析方法以气提和捕集 GC 法来分析。

3．干扰及消除

① 气提气体中和从捕集器的管道头通出的有机物中的杂质是主要的污染问题原因。必须在分析条件下用实验室试剂空白证明分析系统没被污染。在气提装置中应该避免使用非四氟乙烯塑料涂层、非四氟乙烯螺纹密封带或带橡皮成分的流量控制器。

② 在运输和贮存过程中，挥发性有机物（尤其是二氯甲烷和碳氟化合物）通过样品小瓶的密封垫的扩散可能使样品污染。从试剂水制备一个现场试剂空白，经历采样和处理的完整记录作为对这类污染的一种校核。

③ 在连续地分析高含量样品和低含量样品时，通过前一样品的遗留造成的沾污会随时发生。当分析非一般浓度样品时，应在分析之后作试剂水的分析以检查交叉沾污。捕集器和系统的其它部分受到污染，需要经常加热除污和以气体冲洗整个系统。

④ 进行挥发物分析的实验室应当做到完全没有溶剂。

4．仪器和设备

1）微量注射器：10μl、25μl、100μl、250μl、500μl 和 1000μl，这些注射器应当装备一个 20 号（0.006in 内径）的针，这些针的长度应足够从样品入口一直到气提装置中的玻璃烧结板 1cm 以内。针的长度取决于所用气提装置的大小。

2）注射阀：两通，若用于气提装置，带 Luer 末端（3 个）。

3）注射器：5ml，带气密的关闭阀。

4）天平：分析用，能够准确称量 0.0001g，最大负荷天平能够称量 0.1g。

5）闪烁计数用玻璃小瓶：20ml，带螺旋盖和聚四氟乙烯衬垫，或玻璃培养管带螺旋盖和聚四氟乙烯衬垫。

6）容量瓶：10ml 和 100ml，A 级带磨口玻璃塞。

7）小瓶：2ml，用于 GC 自动取样器。

8）刮勺：不锈钢制。

9）一次性使用的移液管：巴斯德移液管。

10）气提和捕集装置：气提和捕集装置包括 3 个分开的装置：样品气提、捕集器和解吸器，各个完整的装置均有售。

① 所推荐的气提室设计成能够承受具有至少 3cm 深水柱的 5ml 样品。在水柱和捕集器之间的气态上空必须小于 15ml 的总体积。气提气体应以细小气泡形式通过水柱，其气泡开始处的直径应小于 3mm，导入的气提气体距水柱底部不超过 5mm。图 3-6-1 列举的样品气提器，符合这些设计标准。假若证明有同等的性能，可应用其它的样品气提装置。

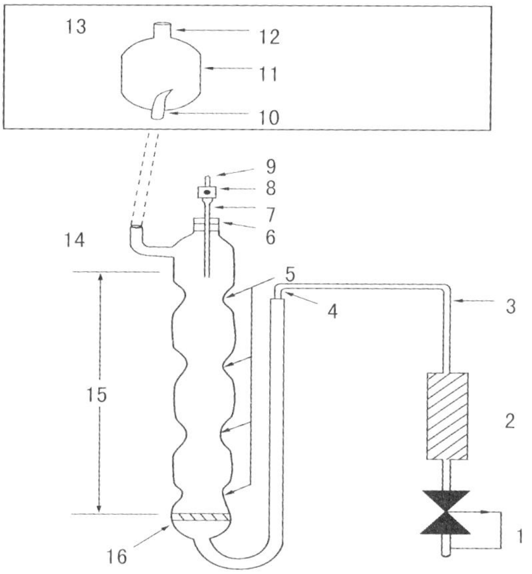

图 3-6-1　气提室

1—气提气体流量控制；2—13X 分子筛气提气体过滤器；3—不锈钢管，外径 1/16in；4—入口外径 1/4in；5—外径 10mm；6—外径 6mm 橡胶垫片；7—17cm，20 号注射针头；8—两通注射阀；9—进样口；10—入口外径 1/4in；11—外径 14mm；12—出口外径 1/4in；13—附加泡沫捕集器；14—出口外径 1/4in；15—10cm，14cm 外径；16—10mm 玻璃烧结板，中等孔度

② 捕集器必须至少 25cm 长，至少有 0.105in 的内径。从入口开始。捕集器必须含有的吸附剂量如下：1/3 的 2,6-联苯抱氧聚合物，1/3 的硅胶，1/3 的椰子炭。建议将 1.0cm 高的涂以甲基硅酮的填充剂放在入口处，以延长捕集器的寿命（见图 3-6-2 和图 3-6-3）。若不需要分析二氯二氟甲烷或其它类似的挥发性碳氟化合物，可省略木炭，并增加聚合物装填到捕集器的 2/3。如果只分析沸点高于 35℃的化合物，则可省略硅胶和木炭，增加高聚物量以装满整个捕集器。在开始使用之前，应该在 180℃以至少 20ml/min 的惰性气体流速反冲洗捕集器。过夜以使获得良好的状态。捕集器流出物排放至通风橱中，而不是通到分析柱中。在每日使用之前，捕集器应当在 180℃反冲洗 10min。捕集器每日反冲洗时流出物可通入分析柱；但在分析样品之前，分析柱必须经过程序升温。

③ 解吸器应能迅速加热捕集器至 180℃以解吸吸附物。捕集器的聚合物部分不能在高

于180℃加热。并且当烘烤时，其余部分不应超过220℃，示于图3-6-2和3-6-3中的解吸器设计符合这些指标。

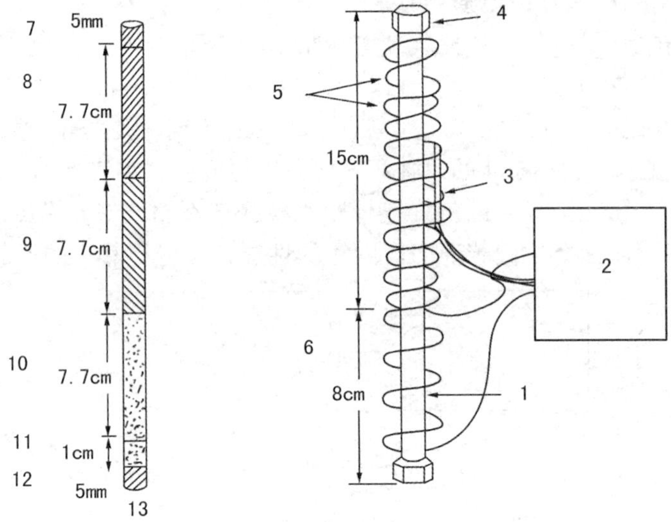

图3-6-2 捕集器装填和结构

（用于卤代挥发性有机物的测定）

1—25cm 不锈钢管，外径0.125in，内径0.105in；2—电子温度控制和高温计；3—热电偶/控制传感器；4—压缩接头螺帽和垫圈；5—绕在固体上的7Ω/in电阻丝（双层）；6—绕在固体上的7Ω/in电阻丝（单层）；7—玻璃棉；8—活性炭；9—15级硅胶；10—Tenax；11—3%OV-l；12—玻璃棉；13—捕集器入口

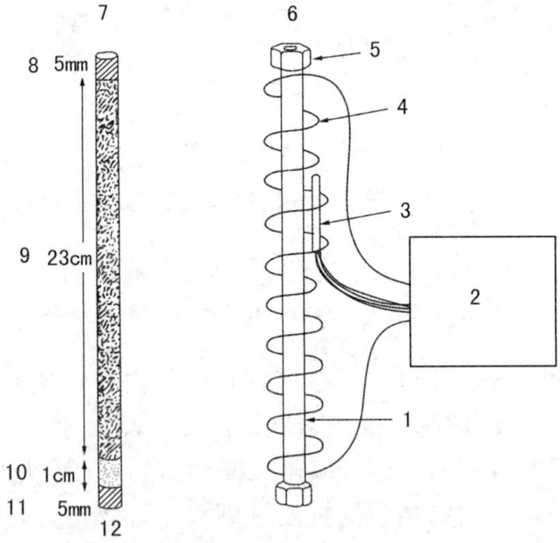

图3-6-3 捕集器装填和结构

（用于芳香族挥发性有机物和丙烯醛、丙烯腈及乙腈的测定）

1—25cm 不锈钢管，外径0.125in，内径0.105in；2—电子温度控制和高温计；3—热电偶/控制传感器；4—绕在固体上的14英尺7Ω/in的电阻丝；5—压缩接头螺母和垫圈；6—结构；7—填充步骤；8—玻璃棉；9—Tenax；10—3%OV-1；11—玻璃棉；12—捕集器进口

④ 气提和捕集装置可以组装为独立单元或可以联结在气相色谱仪上，如图 3-6-4 和 3-6-5 所示。

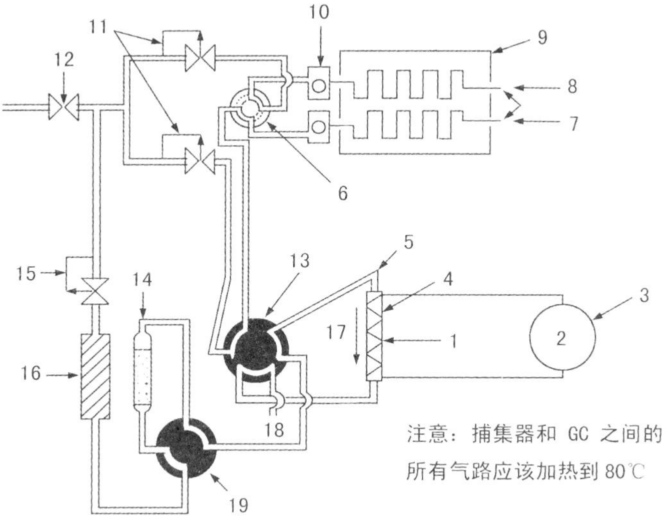

图 3-6-4　气提和捕集系统

（气提吸附式）

1—捕集器；2—关闭；3—加热器控制；4—电阻丝；5—捕集器进口（Tenax 端）；6—闭 3,4 通柱选择阀；7—分析柱；8—确证柱至检测器；9—柱烘箱；10—液体进样口；11—载气流量控制；12—压力调解器；13—阀 1；14—气提装置；15—气提气体流量控制；16—13X 分子筛过滤器；17—捕集器气路；18—出口；19—阀 2

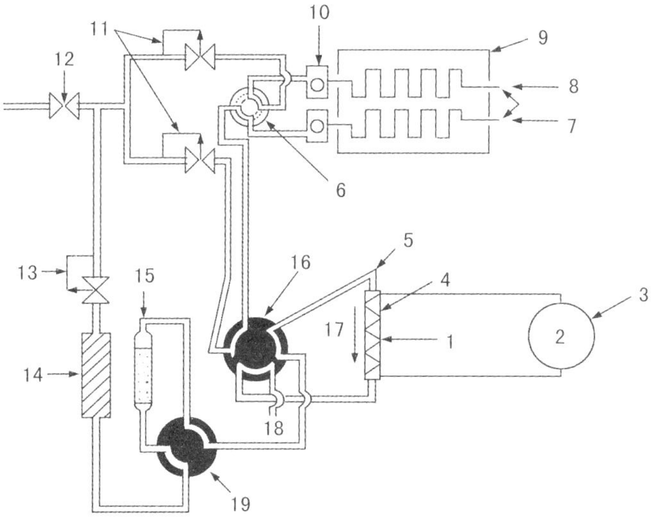

图 3-6-5　气提和捕集系统

（解吸式）

1—捕集器；2—关闭；3—加热器控制；4—电阻丝；5—捕集器进口（Tenax 端）；6—阀 3，4 通柱选择阀；7—分析柱；8—确证柱至检测器；9—柱烘箱；10—液体进样口；11—载气流量控制；12—压力调节器；13—气提气体流量控制；14—13X 分子筛过滤器；15—气提装置；16—阀 1；17—捕集器气路；18—出口；19—阀 2

⑤ 捕集器的填料：

a. 2,6-联苯抱氧聚合物：60 或 80 目，色谱级（Tenax GC 或类似物）。

b. 甲基硅酮填充剂：OV-1（3%）涂于 Chromosorb-W 上，60 或 80 目或类似物。

c. 硅胶：35 或 60 目，Davison，15 级或相等规格。

d. 椰子炭：压碎通过 26 目筛子。

11） 加热器或加热油浴。在室温至 100℃温度范围间应该能保持气提室的温度波动在 1℃之内。

5．试剂

1）试剂水：试剂水的定义为在欲测定化合物的方法检测限内检测不出干扰物的水。

① 可借捕集水通过一个含有大约 500g 活性炭的滤床来制备试剂水。

② 水纯化系统：微孔超滤膜或类似物，可用以生产试剂水。

③ 也可将水煮 15min 制备试剂水。然后，在保持水温 90℃时，将无污染的惰性气体鼓泡通入水中 1h，趁热将水转入细口螺旋盖的瓶中，并用聚四氟乙烯衬里的垫片和帽盖密封。

2） 甲醇：农药级或相当规格，远离其它溶剂贮存。

6．样品的采集、保存和处理

参见前述“（一）样品的处理和保存”。

7．步骤

（1） 初始校准

在介绍此技术应用于任何气相色谱方法或气相色谱-质谱法之前，系统必须校准。一般校准步骤在第四篇中已有介绍。

1）装备一个符合本法 4.1）节规定的气提和捕集装置。将捕集器在气提方式下于 180℃以至少为 20ml/min 的流速通惰性气体过夜，使处于良好状态。使用前，在柱温为 220℃时于 180℃反冲洗捕集器 10min 以使处于良好状态。

2）将气提和捕集装置与气相色谱连接。

3）直接在气提装置中配制最后的溶液，含有所要求的校准标准的浓度，包括代用标准。加 5.0ml 试剂水至气提装置中，用一支 5ml 玻璃注射器装有 15cm 20 号针将试剂水加到气提装置中。如图 3-6-1 所示将针头通过样品入口处插入。组成样品入口的 14 号针的内径可允许插入 20 号针。然后使用带有长针的 10μl 或 25μl 微量注射器，取一体积含有适当浓度的校准标准的二级稀释溶液。在气提装置中将针从样品入口处插入，直接向试剂水中加入一份校准溶液。当排出微量注射器中的内容物时，要保证注射针头的末端恰好在试剂水表面的下面。同样方式加入 10μl 内标溶液。关闭样品入口处的两通注射阀。

4）用表 3-6-7 中给出的规定条件进行气提和捕集分析操作。

表 3-6-7　气提和捕集操作参数

	测定化合物			
	挥发性卤代有机物	挥发性非卤代有机物	挥发性芳烃	丙烯醛、丙烯腈、乙腈
气提气体	氮气或氦气	氮气或氦气	氮气或氦气	氮气或氦气
气提气体流速（ml/min）	40	20	40	20
气体时间（min）	11.0±0.1	15.0±0.1	12.0±0.1	15.0±0.1
气提温度（℃）	室温	85±2	室温	85±2
解吸温度（℃）	180	180	180	180
反冲洗惰性气体流速（ml/min）	20～60	20～60	20～60	20～60
解吸时间（min）	4	1.5	4	1.5

5）用气相色谱法中介绍的步骤计算每一种欲测定的待测物的响应因子或校正因子。

外标校准步骤：

① 对每一欲分析的物质，配制至少 5 个浓度水平的校准标准，加一定体积的一个或数个贮备标准至容量瓶中，用适当溶剂稀释定容。外标中的一个浓度应当接近但是要高于方法的检测限。其它浓度应相当于实际样品中预计的浓度范围或者限定在检测器的工作范围。

② 采取欲用于实际样品的导至气相色谱仪的进样技术，注射每一个校准标准（如 2～5μl 注射样，气提及捕集等）。将峰高或峰面积的响应值对样品注射量列表。此结果可用于绘制每一分析物的校准曲线。对于用注射器将样品导入气相色谱仪的，也可用另一种方法，将响应值和注射量的比率定为校正因子（*CF*），可以在每一标准浓度计算每一分析物的含量。如果校正因子的百分相对标准偏差 *RSD*%在工作范围内低于 20%，则可以假定为通过原点的直线，校正因子的平均值可以用来代替校准曲线。

$$校正因子=\frac{色谱峰的总面积*}{注射量(ng)}$$

*对于多响应的农药/（PCBs），采用所有用于定量的色谱峰的总面积。

③ 必须在每个工作日用注射 1 个或数个校准标准来检查确定工作校准曲线或校正因子。检查的次数取决于检测器。如 ECD 检测器在亚纳克范围工作时，由于 GC 柱和样品的影响较易使检测器响应值变化，因此需要更多次的检查校准曲线。FID 检测器灵敏度低得多，不需多检查校正。如果任一分析物质的响应值和预计的响应差别大于±15%，则必须对那种分析物质绘制一新的校准曲线。

$$百分差=\frac{R_1-R_2}{R_1}\times100$$

式中：R_1——第一次分析的校正因子；R_2——以后分析的校正因子。

内标校准步骤：

① 用此方法时，分析人员必须选择一个或数个与预分析化合物的化学性质相似的内标物质。分析人员必须进一步证明内标物质的测量不受方法或基体干扰的影响。由于这些限

制，所以不可能推荐一种可用于所有样品的内标物。

② 加一定体积的一个或数个贮备溶液至容量瓶中配制至少 5 个浓度水平的各个欲分析物质的校准标准。对每一个校准标准加已知的恒定量的一个或数个内标物质，用适当溶剂稀释定容。其中一个标准的浓度应接近但要大于方法的检测限，其它浓度应相当于实际样品的预计浓度范围。

③ 用和实际样品欲采用的相同的导入方法（如 2～5μl 注射量或气提及捕集法等），注射每一个校准标准。将峰高或峰面积响应值对每一化合物或内标的浓度列表。按下式计算每一化合物的响应因子（*RF*）：

$$RF=A_sC_{is}/(A_{is}\cdot C_s)$$

式中：A_s——待测分析物质的响应值；A_{is}——内标的响应值；C_{is}——内标的浓度（μg/L）；C_s——待测分析物质的浓度（μg/L）。

如果 *RF* 值在工作范围内是恒定的（<20% *RSD*），则可以假定 *RF* 值不变，*RF* 的平均值可以用于计算。或者也可以将结果绘制响应值比率（A_s/A_{is}）对 *RF* 值的校准曲线。

④ 必须在每个工作日测量一个或数个校准标准以检查工作校准曲线或 *RF* 值。检查的次数取决于检测器。如 ECD 检测器，在亚纳克级工作范围时，由于 GC 柱和样品的影响较容易使响应值变化，因此需要比较多次的校准。FID 检测器灵敏度很低，要求检查的次数则可少些。如果任一分析物质的响应值和预计的响应值的差别大于±15%，必须对该化合物绘制一新的校准曲线。

6）对于每个化合物必须计算平均 *RF*，在使用这一校正曲线之前，应校核系统性能。若气提和捕集方法与挥发性卤代有机物 GC 法一起使用，要校核如下 5 种化合物的最小平均响应因子：氯甲烷、1,1-二氯乙烷、三溴甲烷、1,1,2,2-四氯乙烷和氯苯。这些化合物的最小可容许的平均 *RF* 应为 0.300（三溴甲烷为 0.250）。这些化合物一般的 *RF* 在 0.4～0.6 之间，并用以校核化合物的不稳定性和校核因系统中污染管路或活性位置所造成的降解。这些现象的例子如下：

① 氯甲烷：若气提流速太快，此化合物最易损失。

② 三溴甲烷：若气提流速太慢，此化合物是那些最不易被气提的化合物之一。在输送管路中冷的部位和（或）活性位置对响应可能有不利影响。

③ 四氯乙烷和 1,1-二氯乙烷：这些化合物会因气提和捕集系统中污染了的输送管路和（或）在捕集材料中的活性位置而降解。

（2）运行中的校准（略）

（3）样品制备

1）水样：

① 在气提和捕集分析之前样品的筛选对于样品是否需要稀释和防止气提和捕集系统的污染将提供指导。可采用的两个筛选技术是：用自动顶上空间进样器连接在 GC 上装配有 PID 检测器，与一个 ECD 检测器串联；用十六烷萃取样品并在 GC 上用 FID 和（或）ECD 分析萃取物。

② 在分析之前所有样品和标准溶液必须让其升至室温。

③ 安装气提和捕集装置。GC 的操作条件在所用特定测定方法中“气提和捕集”7.步

骤给出。

④ 在分析样品之前，每日应作 GC 校准标准。

⑤ 调整气提器流速（氮气或氦气）至表 3-6-7 所示，在气提和捕集装置中，选择最佳流速以为氯甲烷和三溴甲烷提供最佳响应。若这些化合物是待测物。过大的流速会降低氯甲烷的响应，而较小的流速会降低三溴甲烷的响应。

⑥ 从一支 5ml 注射器取下柱塞并装上一个关闭的注射阀。打开已恢复到室温的样品或标准瓶，小心将样品倒入注射筒至刚不溢出。把注射器柱塞放回原处并压紧样品。打开注射阀并排出任何残留空气同时调节样品体积至 5.0ml。这种取一份试样的方法会对以后的分析破坏液体样品的真实性；因此，如果只有一个 VOA 小瓶，分析者应在此时装满第二个注射器以防止样品完整性的可能损失，此第二个样品应保存至分析者确定了第一个样品已被正确分析之时。装入一个 20ml 注射器将只允许使用一个注射器。若需要从注射器中作第二次分析，则必须在 24h 内分析。须小心操作以防空气从不密闭处进入注射器。

⑦下列步骤适合于稀释可气提的样品。所有的步骤都要迅速进行直至稀释的样品放入气密的注射器。

a. 可在容量瓶中进行稀释（10～100ml）。选择容量瓶将考虑到需要稀释的容积。对于极大的稀释可能需要中间稀释。

b. 计算要加至所选容量瓶中的试剂水的大约体积，然后向容量瓶加入略少于此量的试剂水。

c. 以注射器注入按（1）5）节配制的适量样品于容量瓶中，不推荐少于 1ml 的试样量。用试剂水稀释样品至刻度。盖上瓶盖，翻转，振摇 3 次。进一步稀释则重复上述操作。

d. 按（1）5）节用稀释的样品装满一支 5ml 的注射器。

⑧ 加入 10μl 的代用加标溶液，若用内标，将 10μl 内标加标溶液通过注射器的阀孔加入；然后关闭阀。代用标准和内标可被混合，并作为一个单独的加标溶液加入。如所指出用基体加标溶液，应在此时向该样品中加入 10μl。

⑨ 将注射器-注射阀组合件安装在气提装置中的注射阀上。打开注射阀并将样品注入气提室中。

⑩ 关闭两个阀并按表 3-6-7 中所规定的时间和温度气提样品。

⑪ 在气提时间结束时，将捕集器连接到色谱仪上，调节装置至解吸方式，开始气相色谱程序升温和 GC 数据获得，在表 3-6-7 所规定的时间以 20～60ml/min 的惰性气体反冲洗捕集器的同时，快速加热捕集器至 180℃，使新捕集的物质导入气相色谱柱。

⑫ 当捕集器被解吸进入气相色谱仪时，排空气提室。用至少 2 个 5ml 注满的试剂水（或甲醇、继用试剂水）洗涤气提室以避免污染物转移至以后的分析之中。

⑬ 在解吸样品之后，将气提和捕集装置调回至气提方式，以重新处理捕集器。等待 15s；然后关闭气提装置上的注射阀以使气体开始流过捕集器。捕集器的温度测定挥发性卤代有机物或挥发性芳烃时应保持在 180℃；在测定挥发性非卤代有机物或丙烯醛、丙烯腈和乙腈时应保持在 210℃。捕集器的温度高达 220℃也可使用，但较高的温度会缩短捕集器的使用寿命。在大约 7min 后，关闭捕集器的加热器并打开注射阀以停止气体流过捕集器。冷却后，捕集器就可备作下一个样品的处理。

⑭ 若一个样品或一个样品的稀释液初始分析时，其待测物的浓度超出初始的校准曲线

范围，则样品须再进一步稀释以后重新分析。当分析的样品具有一个最大响应的化合物时，此分析完成后应进行一个空白试剂水分析。若空白分析有干扰，系统必须进行去污处理。只有当空白分析不出现干扰以后方可重新开始样品分析。

⑮ 所有稀释应使主要组分（上述的最大峰）的响应在曲线的线性范围的上半部分，按（1）5）节和特定测定方法关于计算待测物响应的说明进行计算。

2）与水混溶液体：

① 水混溶液体首先用试剂水稀释至少 50 倍后作为水样来分析。

② 初始的和系列的稀释溶液可配制如下：吸取 2ml 的样品至 100ml 容量瓶中，用试剂水稀释至标线。立即转移至 5ml 气密注射器中。

③ 另外也可在一个盛有试剂水的 5ml 注射器中，加入至少 20μl 但不多于 100μl 的液体样品，以直接配制稀释溶液。此样品即可加入代用标准，如适用，加入内标和基体加标标准。

3）底质、污泥或土壤和废弃物样品：建议对此类型的所有样品在作气提和捕集 GC 分析之前筛选。这些样品可能含有百分含量的可气提的有机物，那就会污染气提和捕集系统，而需要进行彻底净化和长时间的仪器停机。使用筛选数据以决定是否使用低含量方法（0.005～1mg/kg）或高含量方法（＞1mg/kg）。

①低含量方法：这是为含有＜1mg/kg 的单个可气提化合物的样品而设计的。本法限于那些具有相似密度（粒状的和多孔的）的沉积物或土壤样品和废弃物样品。低含量方法是基于气提一个已加热过的，并用含有代用标准、内标和基体加标标准的试剂水混合的沉积物或土壤样品。在与样品相同的条件下分析所有试剂空白和标准。

a. 如果预计浓度＜0.1mg/kg 时，使用 5g 样品，或预计浓度在 0.1 和 1mg/kg 之间时，使用 1g 样品。

b. 应按 7.步骤中的特定测定方法设定 GC 系统。此步应当在制备样品之前完成，以避免挥发物从标准和样品中损失。必须绘制一条加热的气提校准曲线用于以低含量方法分析的所有样品的定量。

c. 从一个装有注射阀的 5ml 注射器上取下柱塞，用试剂水注满至溢出，把柱塞放回注射器中，压挤水以排出其中的空气。调整体积至 5.0ml，通过阀向注射器，各加 10μl 代用加标溶液和内标溶液（代用加标溶液和内标溶液可以混合在一起）。基体加标溶液，如指明应在此时加（10μl）至该样品。

d. 样品（对挥发性有机物）包括样品容器中的全部组分，不要弃去任何上层清液。用一支细的金属刮铲混合样品容器的内容物。称取①a.中规定的量至一个称重过的气提装置（注意：记录实际重量，准确至 0.1g）。

e. 在某些情况下，样品结果要求以干重表示。当需要此数据时，在称量用于分析测定用的样品的同时，应称量一份用于水分测定的样品。在称取用于萃取的样品之后，立即称取 5～10g 的样品至一个称重过的坩埚。在 105℃干燥过夜以测定其水分百分率。在称量前令其在干燥器中冷却。

$$水分（\%）=\frac{样品重(g)-干燥样品重（g）}{样品重(g)}\times 100$$

f. 将加标的试剂水加至含有已称重的样品的气提装置中，将此装置连接于气提和捕集系统。

注意：在装上气提装置之前，应迅速而不间断地按 d 和 f 的步骤进行，以避免挥发性有机物的损失。应在一个无溶剂蒸气的实验室中进行这些操作。

g. 加热样品至 40±1℃或加热至 85±2℃，按表 3-6-7 所示的时间气提样品。

h. 如（3）1）⑪～⑮所述进行分析。用 5ml 相同的试剂水作为试剂空白。当分析 1g 样品时，如果出现或即将出现最大的峰时，应采用高含量的方法。

② 高含量方法：本法基于用甲醇提取沉积物或土壤，根据废物样品在甲醇中的溶解度来决定是采用提取或稀释。加一份提取液至含有代用标准和内标和基体加标标准（若能适用）的试剂水中，并按表 3-6-6 中所示温度进行气提，预计浓度＞1.0mg/kg 的所有样品应用此法分析。

a. 样品（对挥发性有机物）包括了样品容器中的全部组分，不要弃去任何上层清液，用一支细的金属刮铲混合样品容器的内容物。对不溶于甲醇的沉积物或土壤和废物，称量 4g（湿重）样品至一个已称重的 20ml 小瓶中。使用托盘天平（**注意：记录实际重量准确至 0.1g，并用 3）①e 的步骤测定样品的水分百分率**）。对于可溶解于甲醇的废物。称量 1g（湿重）放入一个已称重的闪烁计数用的小瓶或培养管或 10ml 容量瓶中（若用小瓶或培养管，须在使用前进行校准。移取 10.0ml 的甲醇至小瓶中，并在弯液面的底部做记号，弃去此溶剂）。

b. 迅速加入 9.0ml 的甲醇，然后向小瓶中加入 1.0ml 的代用加标溶液。加瓶盖并振摇 2min。

注意：步骤 a 和 b 必须迅速而不间断地进行操作，以避免挥发性有机物的损失。应在一个无溶剂蒸气的实验室中进行这些操作。

c. 用一支一次性使用的移液管。移取约 1ml 提取液至 GC 小瓶中贮存，剩余物可弃去，转移约 1ml 的试剂纯甲醇至另一个 GC 小瓶中作为对每组样品的方法空白。在分析之前，这些提取液可在 4℃时置于暗处贮存。

d. 应该按第四篇中的测定方法设定好 GC 系统。此步应当在将甲醇提取液加到试剂水中之前完成。

e. 表 3-6-8 可用于确定加至 5.0ml 分析用的试剂水中的甲醇提取液的体积。如果随后进行筛选操作，使用估计浓度以确定适当的体积。另外，从低含量分析中估计样品的浓度范围以确定适当的体积。若样品被作为高含量的样品，用 100μl 作为开始，所有稀释液都应使主要成分（上述的最大峰）的响应在曲线的线性范围的上半部。

表 3-6-8 高含量土壤或沉积物分析所需的甲醇提取液的用量

大约浓度范围（μg/kg）	甲醇提取液体积[a]（μl）
500～10000	100
1000～20000	50
5000～1000000	10
25000～5000000	100μl 的 1/50 稀释液[b]

注：超出此表所示的浓度要计算相应的稀释因数。

a. 向 5ml 被气提的水中所加入甲醇的体积应保持不变。因此加至 5ml 注射器的甲醇的体积应保证有 100μl 的体积加入到注射器中。

b. 稀释一等分部分的甲醇萃取物，然后取 100μl 作分析。

f. 从装有注射阀的5ml注射器上取下柱塞，并用试剂水注满至溢出。将柱塞放回注射器中，并压紧水以排出其中的空气。调整体积至4.9ml，将柱塞拉回到5.0ml以容许加入样品提取液和标准的体积。加入10μl内标溶液，再加入按3）②e中规定的甲醇提取液的体积和一体积的甲醇溶剂至总量为100μl（不包括标准中的甲醇）。

g. 把注射器-注射器阀组件装在气提装置的注射器阀上，开启注射器阀门，并把水-甲醇样品注射到气提室中。

h. 按特定的测定方法中所述进行分析。在用于分析样品的同一仪器上分析所有的试剂空白。标准和空白也应包含100μl的甲醇以模拟样品条件。

i. 对高含量沉积物或土壤样品中的基体加标，加入8.0ml甲醇、1.0ml代用加标溶液和1.0ml基体加标溶液。加100μl这种提取液至5ml水中用于气提（如3）②f各段）。

（4）样品分析

可用第四篇中的相应分析方法测定，参见这些方法中合适的分析条件。

8．质量控制

① 参见“有机物的提取和样品的支配概述”中关于样品制备的步骤。

② 在处理任何样品之前，分析者应当通过分析试剂水方法空白来证明所有的玻璃器皿和试剂没有干扰。每当一组样品被提取时或改变试剂时，作为经常的实验室污染的安全保证应进行方法空白实验。空白样品应该同样品制备和测量的所有步骤一起进行。

③ 标准质量保证实验应与此法一起使用。应采集现场双份样品以证实采样技术的精密性。实验室应分析双份样品以证实分析的精密性。确证样品应通过样品制备和测量的所有步骤来完成。它们应当被分析以证实分析的灵敏度和准确度。如确证的样品不能表示足够的灵敏度以检测样品中<1μl/g的待测物，则应增加仪器的灵敏度，或该样品须经进一步净化。

9．方法性能

参见第四篇中测定方法的性能数据。

（三）样品的净化方法

由于底质、污泥、固体废物等试样基体比较复杂，使用（二）中论述的方法制备试样后，一般还需要净化后测定，才能消除基体成分干扰，得出准确的分析数据。

净化

1．方法的适用范围

（1）概述

将萃取液注射到气相或液相色谱仪中会造成无关的色谱峰，峰的分辨率和柱效的恶化，及检测器灵敏度的下降，并能严重地缩短昂贵的色谱柱的寿命。下述技术已应用于萃取液的净化：在不相混溶的溶剂之间的分配；吸附色谱法；凝胶渗透色谱法；用酸、碱或氧化剂进行干扰物质的化学破坏；以及蒸馏法。根据共萃取物的性质和范围可以单独地使用或以不同的组合方式使用这些技术。

如果萃取物未经进一步处理就能直接测定，例如对于一些水样，这是很少见的情况。底质、污泥、土壤和废弃物提取液经常需要几个净化方法的组合。例如当分析有机氯农药和 PCBs 时，就有必要使用凝胶渗透色谱（GPC）以除去高沸点物质和用微型氧化铝柱或硅酸镁载体柱以消除在 GC（ECD）上待测物色谱峰的干扰。

（2）方法专述

① 吸附柱色谱法：氧化铝、硅酸镁载体和硅胶，对于将极性范围比较窄的待测物与不同极性的无关干扰峰分离是有用的。

② 酸-碱分配：对于从中性有机物分离酸性或碱性有机物是有用的。此法已应用于诸如氯苯氧除草剂和酚类等分析物。

③ 凝胶渗透色谱法（GPC）：对于广泛范围的半挥发性有机物和农药是最通用的净化技术。此法能够从样品待测物中分离高分子量物质。并已成功地应用于与美国环境保护局主要污染物和特级危害性物质目录有关的所有半挥发性碱性、中性和酸性化合物。GPC 通常不适用于消除色谱图上干扰欲测物质的无关色谱峰。

④ 硫净化：从样品萃取液中清除硫对欲测定物质所造成色谱的干扰是有用的。

⑤ 表 3-6-9 列出了用于各化合物组所推荐的净化技术。此资料也可以作为那些未列出的化合物的指导。在化学性质上与这些化合物组类似的化合物应该有类似的洗脱图形。

表 3-6-9 推荐用于各种化合物组的净化技术

分析物组	测定方法[a]	供选择的净化方法
酚类	8040	3630[b]、3640、3650、8040[c]
酞酸酯类	8060	3610、3620、3640
亚硝胺类	8070	3610、3620、3640
有机氯农药和 PCBs	8080	3620、3640、3660
硝基芳族类和环酮类	8090	3620、3640
多环芳烃类	8100	3611、3630、3640
氯化烃类	8120	3620、3640
有机磷农药类	8140	3620、3640
氯化除草剂类	8150	8150[d]
优先考虑的半挥发性污染物	8250、8270	3640、3650、3660
石油废弃物	8250、8270	3611、3650

注：a. GC-MS 方法对所有待测物组也是合适的测定方法，除非需要较低的检测限。
b. 净化可用于衍生的酚类。
c. 包括一个衍生技术，继续以 GC（ECD）分析，若遇到干扰应用 GC（FID）分析。
d. 结合酸碱净化步骤作为方法的整体部分。

2. 方法摘要

参见具体净化方法关于操作步骤的摘要。

3. 干扰及消除

① 溶剂、试剂、玻璃器皿和其它处理样品的器件中的污染物可能会引起分析的干扰。必须在分析条件下，通过做实验室试剂空白的实验，经常地证明所有这些物质无干扰。

② 除已述方法外，可能需要其它更多的方法用于试剂纯化。

4. 仪器和设备

参见具体的净化方法所需的仪器和材料。

5. 试剂

参见具体净化方法所需的试剂。

6. 样品的采集、保存和处理

见前述“（一）样品的处理和保存”。

7. 步骤

① 在使用净化操作步骤之前，样品应进行溶剂萃取。根据底质、污泥或废弃物的物理组成和基体中欲测定的分析物可选择合适的萃取方法。对于一些有机液体，在净化之前可能不需要萃取。

② 在多数情况下，可用一种测定方法分析所萃取的样品。若欲测定的分析物，由于干扰而不能测定，就要进行净化。

③ 许多测定方法规定了当测定特定分析物时应使用的净化方法。例如：酞酸酯的气相色谱法，若干扰物妨碍分析时，推荐使用氧化铝柱净化或硅酸镁载体柱净化。但在测定中需要净化方法时，分析者的经验是非常宝贵的。为了保证正确的分析测定，许多基体可能需要结合多种净化方法。

④ 净化的原则将在以下各方法中予以阐述。在最终测定之前净化所需的萃取物的量取决于萃取步骤和测定方法的选择性以及所要求的检测限。

⑤ 净化之后，样品将浓缩至测定方法所需要的体积。

8. 质量控制

① 净化方法用于实际样品之前，分析者必须证明欲测定的化合物通过净化技术被定量地回收。

② 对于要进行净化的样品萃取物，连同质量控制样品（例如加标物、空白样和双样）也应通过相同的净化步骤进行处理。

③ 使用每一种测定方法（GC、GC-MS、HPLC）分析规定仪器校正方法用贮备标准。建议对一系列的同类标准也应进行净化以证实欲测定化合物的色谱洗脱图并证明各种试剂中不存在干扰。

9. 方法性能

关于性能数据参见具体的净化方法。

氧化铝柱净化

1. 方法的适用范围

1）范围：氧化铝是一种多孔的粒状物质。可在3个pH范围（碱性、中性、酸性）应用于柱色谱法中。它可用于从不同化学极性的干扰化合物中分离出待测物。

2）一般应用。

① 碱性（B）pH（9～10）：用途：碱性和中性化合物，对于碱、醇类、烃类、甾族化合物类、生物碱类、天然颜料等是稳定的。缺点：可引起聚合、缩合和脱水反应；不能用丙酮或乙酸乙酯作为洗脱液。

② 中性（N）：用途：醛类、酮类、醌类、酯类、内酯类、配糖物。缺点：比碱性形式活性小很多。

③ 酸性（A） pH（4～5）：用途：酸性颜料（天然的和合成的）、强酸类（在不同情况下对中性和碱性氧化铝有化学吸附）。

④ 活性等级：酸性、碱性或中性氧化铝根据 Brockmann 标准，通过向第Ⅰ级中（在400～450℃加热至不再失水来制备）加水可以制备成不同的活性等级（Ⅰ～Ⅴ）。

Brockmann 标准要求:

a. 加入水量（重量%）：0、3、6、10、15；

b. 活性等级：Ⅰ、Ⅱ、Ⅲ、Ⅳ、Ⅴ；

c. *RF*（对氨基偶氮苯）：0.0、0.13、0.25、0.45、0.55。

3）特殊应用。本法包括净化含有酞酸酯类和亚硝胺类的样品提取物的指导。对于用氧化铝柱净化石油废物，参见方法氧化铝柱净化和分离石油废物方法部分。

2. 方法摘要

用所需量的吸附剂装填柱。上部装填吸水剂，然后负载待分析的样品。待测物的洗脱用合适的溶剂以实现，使干扰化合物留于柱上，然后浓缩洗脱液。

3. 干扰及消除

①在使用此方法之前，对欲测定的化合物应作试剂空白。在将此法应用于实际样品之前，干扰量必须低于方法检测限。

②除本法中所述之外的其它更多的方法对试剂纯化可能是需要的。

4. 仪器和设备

① 色谱柱：300mm×10mm 内径，底部有硬质玻璃棉和聚四氟乙烯活塞。

注意：烧结的玻璃圆盘在通过严重污染的提取物之后是很难去污的。可购买无烧结圆盘柱，用一个硬质玻璃棉小垫来保护吸附剂。在用吸附剂填充柱之前，先用50ml 丙酮，然后用 50ml 的洗脱溶剂预洗玻璃棉垫。

② 烧杯：500ml。

③ 试剂瓶：500ml。

④ 马弗炉。

⑤～⑧ 见“分液漏斗液-液萃取”法中的 4 ③～⑥。

⑨ 锥形烧瓶：50 和 250ml。

5. 试剂

1）硫酸钠（ACS）：粒状，无水（在浅盘中于 400℃加热 4h 予以纯化）。

2）洗脱溶剂。

① 二乙醚：农药级或相当规格。

a. 必须无过氧化物，用 EM Quant 检验条。

b. 清除过氧化物所推荐的方法配有检验条。净化之后，必须在每升醚中加入 20ml 乙醇保存。

② 甲醇、戊烷、己烷、二氯甲烷：农药等级或相当规格。

3）氧化铝。

① 酞酸酯提取液的净化：中性氧化铝，活性为 Super Ⅰ。为使用作准备，将 100g 的氧化铝放入 500ml 烧杯中，并在 400℃加热大约 16h。在加热后，转入 500ml 试剂瓶中。密封并冷却至室温。当冷却时，加 3ml 试剂水。摇荡或转动 10min 使其充分混合，令其放置至少 2h。使瓶紧密地封闭。

② 亚硝胺提取液的净化：碱性氧化铝，活性为 Super Ⅰ。为使用作准备，将 100g 的氧化铝放入一个 500ml 试剂瓶中并加 2ml 试剂水，摇荡或转动 10min 使其充分混合，令其放置至少 2h。在使用之前，制备应均匀。使瓶紧密地封闭以确保原来的活性。

4）试剂水。试剂水定义为在欲测定化合物的方法检测限内检测不到干扰物的水。

6. 样品的采集、保存和处理

参见“（一）样品的处理与保存”。

7. 步骤

（1）酞酸酯类

① 在净化之前，将样品提取液的体积减少至 2ml。萃取溶剂必须为己烷。

② 将 10g 氧化铝放入色谱柱中装实氧化铝；加 1cm 的无水硫酸钠至顶部。

③ 用 40ml 己烷预先洗提柱。所有的洗脱速度应约为 2ml/min，弃去洗脱液，并在硫酸钠层刚要暴露于空气之前，定量的转移 2ml 样品提取液至柱上，使用另外的 2ml 乙烷使全部转移。在硫酸钠层刚好暴露于空气之前，加 35ml 的己烷继续洗提柱子。弃去此己烷洗脱液。

④ 然后，用 140ml 20%乙醚己烷溶液（体积比）洗脱柱子，流入一个装配一支 10ml 浓缩管的 500ml K-D 瓶中。浓缩收集到的级分。不需要更换溶剂。调整净化的提取液的体积至所需的体积并分析。在此级分中洗脱的化合物如下：双（2-乙基己基）酞酸酯；丁基苄苯基酞酯；二-正-丁基酞酸酯；二乙基酞酸酯；二甲基酞酸酯；二-正-辛基酞酸酯。

（2）亚硝胺类

① 在净化之前，将样品提取液减少至 2ml。

② 二苯胺若存在于原始样品的提取液中，必须将其从亚硝胺类中分离出来，以便应用此方法测定 *N*-亚硝基二苯胺。

③ 将 12g 氧化铝制剂装入 10mm 内径色谱柱中。轻敲柱以填实氧化铝，并加 1～2cm 的无水硫酸钠至柱顶。

④ 用 10ml 乙醚-戊烷（3∶7，体积比）预洗脱柱。弃去洗脱液（约 2ml），并在硫酸钠层刚好暴露于空气之前，定量转移 2ml 样品提取液至柱上，用另外 2ml 戊烷完成定量转移。

⑤ 在硫酸钠层刚好暴露于空气之前，加 70ml 乙醚-戊烷（3∶7），弃去最先的 10ml 洗脱液，收集以后的洗脱液于装有 10ml 浓缩管的 500ml K-D 瓶中。这级分含有 *N*-亚硝基-二-正丙胺。

⑥ 然后，用 60ml 乙醚-戊烷（1∶1，体积比）洗脱柱，收集洗脱液于第二个装有 10ml 浓缩管的 500ml K-D 瓶中。加 15ml 甲醇至 K-D 瓶中。本级分将含 *N*-亚硝基二甲胺、绝大部分 *N*-亚硝基-二-正丙胺和存在的任何二苯胺。

⑦ 浓缩这两部分，但使用戊烷来预湿 Snyder 柱，当仪器冷却后，移开 Snyder 柱并用 1～2ml 的戊烷冲洗瓶和它的下部接头流入浓缩管中。调整最终体积至合适的测定方法所需之体积。分析此部分。

8．质量控制

① 分析者在应用此法于实际样品之前，应证明欲测定的化合物已被定量地回收。

② 对于应用此法进行净化的样品提取液，有关的质量控制样品也必须通过此净化方法进行处理。

9．方法性能

关于性能数据参见测定方法。

氧化铝柱净化和分离石油废物

1．方法的适用范围

① 范围：“氧化铝柱净化”1.1）。

② 一般应用。“氧化铝柱净化”1.2）。

③ 特殊应用：本法包括将石油废物分离为脂肪族、芳香族和极性部分的指导。

2．方法摘要

见“氧化铝柱净化”2。

3．干扰

①～② 见“氧化铝柱净化”3①～②。

③ 必须小心防止色谱柱的超负荷。当任何这些类型的废物的柱负载达到 300mg 可提取有机物时，分离的回收将受损。如果怀疑会造成超负载，应在净化之前称量一等分碱-中性提取物并蒸发至干，此等分重量测定将表明样品中可提取有机物的重量。

4. 仪器和设备

见“氧化铝柱净化”4.仪器与设备。

5. 试剂

① 硫酸钠：（AC）粒状，无水（在浅盘中于 400℃加热 4h 予以纯化）。

② 洗脱溶剂：甲醇、己烷、二氯甲烷（农药级或相当规格）。

③ 氧化铝：中性 80～325MCB 色谱级或相当规格。使用前在 130℃将氧化铝干燥过夜。

④ 试剂水：试剂水定义为：在欲测定的化合物方法检测限内，检测不出干扰物的水。

6. 样品的采集、保存和处理

见本节前述“（一）样品的处理与保存”。

7. 步骤

① 建议在氧化铝净化之前，按酸-碱分配净化方法对样品提取物进行酸-碱分配净化。

② 用己烷装入玻璃色谱柱至大约 20cm。称出 10.0g 氧化铝并将氧化铝加至柱中。轻敲此柱使氧化铝均匀分布（使色谱空体积达最小）。另外氧化铝的己烷悬浮液也可用于填充柱。

③ 让氧化铝沉下，然后加 1.0g 无水硫酸钠于氧化铝的顶部。

④ 用 50ml 己烷洗脱柱。让溶剂流过柱直至柱中液面刚好在硫酸钠层之上。关闭活塞以停止溶剂流出。

⑤ 转移 1.0ml 的样品提取物至柱上。用 1ml 己烷洗净提取瓶并立刻将其加至柱上。为了避免柱超负荷，建议置于柱上可提取的有机物不超过 300mg（参见 3.③-节）。

⑥ 当硫酸钠层将暴露于空气之前，用总体积为 15ml 的己烷洗脱柱子。若提取物在 1ml 的己烷中，而且若用 1ml 己烷清洗，则须再另加 13ml 的己烷。收集流出物于 50ml 瓶中，并标明这部分为：碱或中性脂肪族化合物。调节流速为 2ml/min。

⑦ 用 100ml 二氯甲烷洗脱柱，并收集流出物于 250ml 瓶中。标明这部分为：碱或中性芳香族化合物。

⑧ 用 100ml 甲醇洗脱柱子，并收集流出物于 250ml 瓶中。标明这部分为：碱或中性极性物。

⑨ 用标准 K-D 技术浓缩提取物至在合适的测定方法中所需的体积（1～10ml）。分析任一份含欲测定的分析物。

8. 质量控制

见“氧化铝柱净化”8.质量控制。

9. 方法性能

① 方法的精密度和准确度将取决于样品的制备和分析的全部操作性能。

② 一种 RAG 油样品已被许多实验室按照此法所介绍的操作步骤分析过。在 RAG 油中被选择的组分的分析结果列于表 3-6-10 中。

表 3-6-10　RAG 油中所选择的成分的分析结果

化合物	平均浓度（μg/g）[a]	标准偏差	RSD[b]（%）
萘	216	42	19
芴	140	66	47
菲	614	296	18
2-甲基萘	673	120	18
硫芴	1 084	286	26
甲基菲	2 908	2 014	69
甲基硫芴	2 200	1 017	46
代用标准平均回收率			
硝基苯-d_5	58.6	11	
三联苯-d_{14}	83.0	2.6	
酚-d_6	80.5	27.6	
萘-d_8	64.5	5.0	

a. 基于 3 个实验室的 5 次测定。

b. 百分相对标准偏差。

硅酸镁载体柱净化

1. 方法的适用范围

① 硅酸镁载体是一种带酸性的硅酸镁。在用气相色谱进行样品分析之前，作为一种净化方法用于普通的柱色谱。

② 一般应用。净化农药残留和其它的氯代烃类；从烃类中分离氮化合物；从脂肪族-芳香族的混合物中分离芳香化合物；及对于脂肪类、油类和蜡类的类似的应用。另外，在分离甾族化合物、酯类、酮类、甘油酯类、生物碱类和一些糖类方面，硅酸镁载体被认为是很有用的。

③ 特定应用。本法包括如下待测物组：酞酸酯类、亚硝胺类、有机氯农药类、硝基芳香化合物、卤代醚类、氯代烃类和有机磷农药等的样品提取液的净化指导。

2. 方法摘要

见“氧化铝柱净化”2.。

3. 干扰及消除

见“氧化铝柱净化”3.。

4. 仪器和设备

见“氧化铝柱净化”4.。

5．试剂

1） 硅酸镁载体。农药残留物（PR）级（60 或 100 目）：购买 1250℉（677℃）活化的产品，贮存于带磨口玻璃塞或衬箔的螺旋盖的玻璃容器中。

① 硅酸镁载体的脱活：对酞酸酯类净化，为使用作准备。放入 100g 硅酸镁载体于 500ml 烧杯中，并在 40℃加热大约 16h。加热后，转移至 500ml 试剂瓶中。密封并冷却至室温。冷却后，加 3ml 试剂水。摇荡或转动 10min 以充分混合，放置至少 2h，将瓶密封严紧。

② 硅酸镁载体的活化：对于亚硝胺、有机氯农药和多氯联苯类（PCBs）、硝基芳香化合物卤代醚类、氯代烃类和有机磷农药的净化。在即要使用前，用铝箔浸盖严的玻璃容器在 130℃时活化各批物料至少 16h。或者在 130℃时于烘箱中保存硅酸镁载体。使用之前在干燥器中冷却硅酸镁载体（从不同的批料或不同来源的硅酸镁载体，其吸附能力可能不同。将所使用的合成硅酸镁载体的量标准化，建议使用月桂酸值，参考方法测定每克硅酸镁载体吸附己烷溶液中月桂酸的量（mg）。

2） 硫酸钠：粒状，无水（在浅盘中于 400℃加热 4h 纯化）。

3） 洗脱溶剂。

① 二乙醚：见氧化铝柱净化 5.2）①a。

② 丙酮、己烷、二氯甲烷、戊烷、石油醚（沸程 30～60℃），农药级或相当规格。

6. 样品的采集、保存和处理

见本节前述“（一）样品的处理与保存”。

7. 步骤

1） 酞酸酯类。

① 在净化之前，将样品提取液体积减至 2ml，萃取溶剂应为己烷。

② 将 10g 的硅酸镁载体加入到 10mm 内径的色谱柱中。轻敲柱子以填实硅酸镁载体并加 1cm 的无水硫酸钠至柱子顶端。

③ 用 40ml 己烷预洗脱柱。所有洗脱速度应大约为 2ml/min。弃去洗脱液，正当硫酸钠层刚要暴露于空气之前，定量转移 2ml 样品提取液至柱上，用另外 2ml 己烷来完成转移，正当硫酸钠层刚要暴露于空气之前，加 40ml 己烷并继续洗脱柱子，弃去此己烷洗脱液。

④ 然后，用 100ml 20%乙醚-己烷液（体积比）洗脱柱子，流入带有 10ml 浓缩管的 500ml K-D 瓶里。浓缩收集到的级分，不需要更换溶剂。调整净化提取物的体积至所需体积，并用气相色谱法分析，此级分中所洗提的化合物有：双（2-乙基己基）酞酸酯；丁基苄基酞酸酯；二-正-丁基酞酸酯；二乙基酞酸酯；二甲基酞酸酯；二-正-辛基酞酸酯。

2） 亚硝胺类。

① 在净化之前，将样品提取的体积减少至 2ml。

② 将 22g 活化的硅酸镁载体放入一支 20mm 内径的色谱柱，轻敲柱子以填实合成硅酸镁载体，并加大约 5mm 的无水硫酸钠至柱顶部。

③ 用 40ml 乙醚-戊烷（15∶85）（体积比）预洗脱柱子，弃去洗脱液，正当硫酸钠层

要暴露于空气之前定量地转移 2ml 样品提取物至柱上，应用另外 2ml 戊烷以完成定量转移。

④ 用 90ml 乙醚-戊烷（15∶85）（体积比）洗脱柱子，并弃去洗脱液。此级分将包含二苯胺，若其存在于提取物中。

⑤ 然后，用 100ml 丙酮-乙醚（5∶95）（体积比）洗脱柱流入一个装有 10ml 浓缩管的 500ml K-D 瓶中。此级分将包含该方法范围中所列出的全部亚硝胺类。

⑥ 加 15ml 甲醇至收集的级分中，用戊烷预湿 K-D 柱来浓缩，并将水浴调在 70～75℃。当装置冷却后，取下 Snyder 柱，并用 1～2ml 戊烷冲洗瓶及其下部的接头流入浓缩管内，用气相色谱分析。

3）有机氯农药、卤代醚类和有机磷农药（见表 3-6-11 和 3-6-12 关于所检测化合物的分布）。

表 3-6-11 氯化农药、PCBs 和卤代醚类进入硅酸镁载体柱的成分的分布

化合物	级分的百分回收率（%）[a]		
	1	2	3
艾氏剂	100		
α-BHC	100		
β-BHC	97		
δ-BHC	98		
γ-BHC	100		
氯丹	100		
4,4′-DDD	99		
4,4′-DDE	98		
4,4′-DDT	100		
狄氏剂	0	100	
硫丹 I	37	64	
硫丹 II	0	7	91
硫丹硫酸盐	0	0	106
异狄氏剂	4	96	
乙醛异狄氏剂	0	68	26
卤代醚类	R		
七氯	100		
七氯环氧化物	100		
毒杀芬	96		
PCB-1016	97		
PCB-1221	97		
PCB-1232	95	4	
PCB-1242	97		
PCB-1248	103		
PCB-1254	90		
PCB-1260	95		

注：a.洗脱液成分：级分 1：6%乙醚己烷溶液；级分 2：15%乙醚己烷溶液；级分 3：50%乙醚己烷溶液。R=回收（未列出百分回收数据）。

资料来源：U.S.EPA 和 FDA 数据。

表 3-6-12 有机磷农药进入硅酸镁载体柱的组分的分布

化合物	级分的百分回收率（%）[a]			
	1	2	3	4
益棉磷			20	80
Bolstar（Sulprofos）	ND	ND	ND	ND
毒死蜱	＞80			
绳毒磷	NR	NR	NR	
一O五九（内吸磷）	100			
二嗪农（地亚农）		100		
敌敌畏	NR	NR	NR	
乐果	ND	ND	ND	ND
乙拌磷	25～40			
邻-乙基-邻-对硝基苯基硫代磷酸酯（EPN）		＞80		
灭克磷	V	V	V	
丰索磷	ND	ND	ND	ND
倍硫磷	R	R		
马拉松（四O四九）		5	95	
脱叶亚磷	V	V	V	
速灭磷	ND	ND	ND	ND
久效磷	ND	ND	ND	ND
二溴磷	NR	NR	NR	
对硫磷（一六O五）		100		
甲基对硫磷		100		
甲拌磷（3911）	0～62			
皮绳磷	＞80			
杀虫畏	ND	ND	ND	ND
硫特普	V	V		
特普（焦磷酸四乙酯）	ND	ND	ND	ND
Tokution（Prothiofos）	＞80			
壤虫磷	＞80			

注：a.洗脱液成分：级分 1：200ml 6%乙醚的己烷溶液；级分 2：200ml 15%乙醚的己烷溶液；级分 3：200ml 50%乙醚的己烷溶液；级分 4：200ml 100%乙醚。

R=回收（未给出百分回收率资料）（U.S.FDA）。NR=没有回收（U.S.FDA）。V=变动的回收（U.S.FDA）。ND=未测定。

资料来源：EPA 和 FDA 数据。

① 在净化之前，将样品提取物的体积减少至 10ml，提取溶剂必须为己烷。

② 取一定量硅酸镁载体（通常 20g），利用校准预测，加至一支 20mm 内径的色谱柱中。轻敲柱子以填实硅酸镁载体。加无水硫酸钠至硅酸镁载体的顶上以形成 1～2cm 厚层。加 60ml 己烷润湿和冲洗硫酸钠和硅酸镁载体。当硫酸钠刚要暴露于空气之前，关闭色谱柱上的活塞以停止己烷的洗脱，弃去洗脱液。

③ 用己烷调整样品提取物体积至 10ml，并将其从 K-D 浓缩管转移至硅酸镁载体柱子

上，用1～2ml己烷冲洗管2次，将每次冲洗液加入柱中。

④ 将一个500ml K-D瓶和干净的浓缩管放于色谱柱之下。排出柱子进入瓶中，直至硫酸钠层几乎露出，用200ml 6%乙醚的己烷溶液（体积比）（第一级分）以大约5ml/min的流速洗脱柱子。所有的卤代醚都在此级分中。移走K-D瓶并放于一边以备作以后的浓缩。用200ml 15%乙醚的己烷溶液（体积比）（第二级分）再洗脱柱子，进入第二个K-D瓶中。用200ml 50%乙醚的己烷溶液（体积比）（第三级分）进行第三次洗脱，用200ml 100%乙醚（第四级分）进行最后一次洗脱，移入单独的K-D瓶中。

⑤ 以标准K-D技术在水浴温度大约为85℃（对于第四级分为75℃）时浓缩洗脱物。调整最后体积至所需的体积（1～10ml），用气相色谱分析。

4）硝基芳香化合物和异佛尔酮。

① 在净化之前，将样品提取物的体积减少至2ml。

② 在二氯甲烷-己烷（1∶9）（体积比）中制备10g活化的硅酸镁载体悬浮液，并将其放入一支10mm内径的色谱柱中。轻敲柱子以填实硅酸镁载体，并加1cm无水硫酸钠至顶部。调整洗脱速度至大约2ml/min。

③ 正当硫酸钠层将暴露于空气之前，用另外2ml己烷定量地转移样品萃取物至柱上；在硫酸钠层将暴露于空气之前，加30ml二氯甲烷-己烷（1∶9）（体积比）并继续洗脱柱子，弃去洗脱液。

④ 然后，用30ml丙酮-二氯甲烷（1∶9）（体积比）洗脱柱流入一个装配10ml浓缩管的500ml K-D瓶中。浓缩收集的级分，并将溶剂更换为己烷。为了更换溶剂，将洗脱溶剂减少至大约10ml。加50ml己烷、一粒新沸石，并将重装好的K-D装置放回到热水浴中。调整净化萃取物的最后体积至所需的体积（1～10ml），在本级分所洗脱的化合物为：2,4-二硝基甲苯；2,6-二硝基甲苯；异佛尔酮；硝基苯（用气相色谱分析）。

5）氯代烃类。

① 在净化之前，将样品萃取液的体积减少至2ml；提取溶剂必须是己烷。

② 将12g硅酸镁载体放入一支10mm内径的色谱柱中。轻敲柱子以填实硅酸镁载体，并加1～2cm无水硫酸钠至顶端。

③ 用100ml石油醚预洗脱柱。弃去洗脱液，正当硫酸钠层将暴露于空气之前用倾注法，继用石油醚洗涤，定量转移样品提取液至柱中，弃去洗出液。正当硫酸钠层将暴露于空气之前，用200ml石油醚洗脱柱，并收集洗出液于一个装配有10ml浓缩管的500ml K-D瓶中。本级分将包含所有氯代烃类：2-氯萘；1,2-二氯苯；1,3-二氯苯；1,4-二氯苯；六氯苯；六氯丁二烯；六氯环戊二烯；六氯乙烷；1,2,4-三氯苯。

④ 浓缩该级分，用己烷预湿柱子。当装置冷却后，移走Snyder柱，并用己烷冲洗瓶及其底部接头、流入浓缩管中，调整净化萃取液的最后体积至所需体积（1～10ml）。用气相色谱分析。

8．质量控制

见“氧化铝柱净化”8.质量控制。

9．方法性能

① 表 3-6-11 表明了在不同的硅酸镁载体柱分离级分中氯代农药、多氯联苯和卤代醚类的分配。

② 表 3-6-12 表明在不同的硅酸镁载体柱分离级分中有机磷农药的分配。

硅胶净化

1．方法的适用范围

1）硅胶是一种具有弱酸性的无定形二氧化硅的可再生吸附剂。它可从硅酸钠和硫酸制备而获得。硅胶可用作柱色谱并可从不同化学极性的干扰化合物中分离待测物。

2）一般应用。

① 活化：在 150～160℃加热数小时，用于碳氢化合物的分离。

② 脱活：含有 10%～20%水，用作具有离子或非离子特性的大多数功能团的吸附剂，包括生物碱类、糖酯、配糖类、染料、碱金属阳离子、类脂化合物、甘油酯类、甾族化合物、萜烯化合物和增塑剂类。去活硅胶的缺点是甲醇和乙醇溶剂会降低吸附剂活性。

3）特定应用。本方法包括含多环芳烃化合物和衍生的酚类化合物的样品提取液的净化指南。

2．方法摘要

见“氧化铝柱净化”2.。

3．干扰及消除

见“氧化铝柱净化”3. 。

4．仪器和设备

见“氧化铝柱净化”4. 。

5．试剂

① 硅胶：100 和 200 目干燥剂。在使用之前，在一个浅玻璃盘中于 130℃活化至少 16h，用金属箔松松地覆盖盘。

② 硫酸钠：粒状，无水（在浅盘中于 400℃加热 4h 纯化）。

③ 洗脱溶剂：环己烷、己烷、2-丙醇、甲苯、二氯甲烷、戊烷（农药级或类似规格）。

6．样品的采集、保存和处理

见前述“（一）样品的处理和保存”。

7．步骤

1）多环芳烃。

① 在可用硅胶净化技术之前，萃取溶剂必须更换成环己烷。加 1～10ml 的样品提取物（在二氯甲烷中）和加沸石至一个干净的 K-D 浓缩管中。加 4ml 的环己烷并装上一个二球微量 Snyder 柱。向顶部加 0.5ml 二氯甲烷预湿柱上部。将微量 K-D 装置放于沸水浴（100℃）中以使浓缩管部分浸于热水中。调节装置的垂直位置和所需水温，以使在 5～10min 内完成浓缩。在正常的蒸馏速度下，柱球内有大量液体流动，但室内不会注满液体。当液体表观体积达 0.5ml 时，取出 K-D 装置，让其沥干并冷却至少 10min ，取下微量 Snyder 柱，并用少量的环己烷冲洗其底部接头，流入浓缩管内。调整提取物体积至约 2ml。

② 用二氯甲烷制备 10g 活性硅胶悬浮液，将其放入一支 10mm 内径色谱柱中。轻敲柱子以填实硅胶，流出二氯甲烷，加 1～2cm 的无水硫酸钠至硅胶之上。

③ 用 40ml 戊烷预洗脱柱。所有的洗脱速度应约为 2ml/min，弃去洗脱液，正当硫酸钠层将暴露于空气之前，定量转移 2ml 环己烷样品提取物至柱上，使用另外 2ml 环己烷来完成转移。在硫酸钠层刚好暴露于空气之前，加 25ml 戊烷并继续洗脱柱。弃去此戊烷洗脱液。

④ 然后，用 25ml 二氯甲烷-戊烷（2∶3）（体积比）洗脱柱流入一支装配 10ml 浓缩管的 500ml K-D 瓶中。浓缩所收集的级分至所需体积（1～10ml）。用 HPLC 或 GC 进行分析。本级分中所洗脱的液体组成为：苊、苊烯、蒽、苯并（*a*）蒽、苯并（*a*）芘、苯并（*b*）荧蒽、二萘嵌苯、苯并（*k*）荧蒽、䓛、二苯并（*a,h*）蒽、荧蒽、芴、茚并（1,2,3-*cd*）芘、萘、菲、芘。

2）衍生的酚类。

① 本硅胶净化步骤进行处理的样品萃取物是已经过五氟苄基溴衍生化的萃取液。

② 将 4.0g 的活化硅胶放入一支 10mm 内径的色谱柱中。轻敲柱子以填实硅胶并加入约 2g 的无水硫酸钠于硅胶上。

③ 用 6ml 的已烷预洗脱柱。所有的洗提速度应约为 2ml/min。弃去洗出液，并在硫酸钠层刚好暴露于空气之前，吸移 2ml 含有衍生样品或标准的已烷溶液于柱上。用 10.0ml 的已烷洗脱柱并弃去此洗脱液。

④ 按顺序用如下溶液洗提柱：10.0ml 15%甲苯的已烷溶液（第 1 级分）；10.0ml 40%甲苯的已烷溶液（第 2 级分）；10.0ml 75%甲苯的已烷溶液（第 3 级分）和 10.0ml 15%异丙醇的甲苯溶液（第 4 级分）。所有的洗脱混合物都按体积比配制。酚类衍生物的洗脱模式列于表 3-6-13 中。根据欲测定的特定酚类或干扰物浓度，这些级分可以按需要混合，用气相色谱进行分析。

8．质量控制

见“氧化铝柱净化”8.。

9．方法性能

表 3-6-13 提供了关于应用此法于分离酚类衍生物的性能信息。

表 3-6-13 PFBB 衍生物的硅胶分离

化合物	级分*的百分回收率（%）			
	1	2	3	4
2-氯苯酚		90	1	
2-硝基苯酚			9	90
苯酚		90	10	
2,4-二甲基苯酚		95	7	
2,4-二氯苯酚		95	1	
2,4,6-三氯苯酚	50	50		
4-氯-3-甲基苯酚		84	14	
五氯苯酚	75	20		
4-硝基酚			1	90

*洗脱物成分：级分 1：15%甲苯的己烷溶液；级分 2：40%甲苯的己烷溶液；级分 3：75%甲苯的己烷溶液；级分 4：15%异丙醇的甲苯溶液。

凝胶渗透净化

1．方法的适用范围

① 凝胶渗透色谱法（GPC）是在合成的大分子的分离中采用有机溶剂和疏水凝胶的尺寸大小排阻方法。该填充凝胶是多孔的，并以孔度大小的范围或均一度（排阻范围）所表征。在选择凝胶时，排阻范围必须大于那些被分离的分子的范围。

② 一般应用。凝胶渗透色谱法被推荐用于从样品中除去各种类脂化合物、聚合物、共聚物、蛋白质、天然树脂和聚合物、细胞组分、病毒、甾族化合物和分散的高分子量化合物。

③ 特定应用。本法包括酚类和有机酸类、酞酸酯类、硝基芳香类、多环芳烃类、氯代烃类、碱或中性化合物、有机磷杀虫剂、有机氯杀虫剂、含氯除草剂等各种化合物的样品提取物的净化指南。

2．方法摘要

用所需量的预胀的吸附剂填充柱子，长时间用溶剂冲洗。柱经过校正后，负载以被分析样品。洗脱是用合适的溶剂以实现，随后浓缩洗脱物。

3．干扰及消除

见“氧化铝柱净化”3.。

4．仪器和设备

1）凝胶渗透色谱系统：

① 色谱柱：600～700mm×25mm 内径玻璃柱，适于向上流动操作。

② 聚苯乙烯凝胶珠 S-X3（Bio-beads S-X3）：每根柱 70g。

③ 泵：在达 100 磅/in^2 压力下有 0.1～5ml/ min 的恒流能力。

④ 进样器：用 5ml 进样管。

⑤ 紫外检测器：254nm（可选择的）。

⑥ 长图记录仪（可选择的）。

⑦ 注射器：10ml。

⑧ 注射过滤器支架和过滤器：5μm 孔径过滤器或等同规格。

2）烧杯：400ml。

5．试剂

1）二氯甲烷：农药级或相当规格。

2）GPC 校准溶液。

① 玉米油：200mg/ml 配在二氯甲烷中。

② 双（2-乙基己基）酞酸酯和五氯苯酚溶液：4.0mg/ml 配在二氯甲烷中。

③ 若使用紫外检测器，用酞酸酯-苯酚溶液与玉米油混合。浓度必须保持相同。

6．样品的采集、保存和处理

参见本节前述（一）。

7．步骤

1）填充柱。将约 70g 聚苯乙烯凝胶珠放在 400ml 烧杯中，用二氯甲烷覆盖微球；让微球膨胀过夜（在装填柱之前）。转移膨胀的微球至柱中，并开始以 5.0ml/min 的速度将溶剂从底部至顶部泵入柱中。在约 1h 后，调整柱上压力至 7～10PSi，并继续抽 4h，以除去柱中空气。定期调节所需柱压以保持 7～10PSi，压力不容许超过 25PSi。

2）柱的校准。柱可用重量法或 GC（FID）技术手动地或自动地（若应用带流动池的记录式紫外检测器）进行校准。

① 手动校准：装 5ml 玉米油溶液至第一号样品管中，装 5 ml 酞酸酯-苯酚溶液至第二号样品管中。注射入玉米油并收集 10 ml 级分（即在 2 min 间隔改变级分）达 36 min。注射入酞酸酯-苯酚溶液并在 60 min 内收集 15 ml 级分。将各级分蒸发至干，然后用重量法测定残渣以测定玉米油洗脱图。用 GC（FID）测定酞酸酯-苯酚级分，使用 DB-5 毛细管柱，紫外分光光度计，或 GC-MS 系统。绘出每一级分中各组分的浓度对从进样点算起的总洗脱体积（时间）。选择一个清除时间使≥85%的玉米油得以除去，并使≥85%的双（2-乙基己基）酞酸酯得以回收。在洗脱五氯苯酚后，选择收集时间以延长至少 10 min。在两个样品之间用二氯甲烷洗涤柱子至少 15 min。选择的典型参数是：清除时间 30 min（150 ml）；收集时间 36 min（180 ml）和洗涤时间 15 min（75 ml）。

② 自动校准：也可用一个 254nm 检测器代替级分的重量法和 GC 分析。用紫外检测器时，应使用玉米油-酞酸酯-苯酚混合物。装 5ml 至第一号样品管中，使用与手动校准同样的标准来选择清除时间和收集时间。

③ 聚苯乙烯凝胶珠柱可反复使用数月，即使发生褪色仍可继续使用。每周重新校准系统一次。

3）GPC 提取物净化。提取物必须在二氯甲烷中或最初就在二氯甲烷中。所有其它的溶剂都必须浓缩至 1 ml，并用二氯甲烷稀释至 10.0 ml。通过过滤器支架预过滤或负载所有的提取物以防止微粒可能造成流路中断或阀门损坏。装 5.0 ml 一等分的提取物于 GPC 柱上，装样时不要用过高压力。在两个提取物之间要用溶剂彻底地清洗装样管。对于特别脏的提取物，应作一个 GPC 空白（二氯甲烷）以作遗留物的校正。从校准中确定用清除、收集和洗涤参数来处理提取物。收集干净的提取物于 400ml 烧杯中，并用铝箔紧密覆盖。

注意：在 GPC 的装样期间，10.0ml 提取液的一半会损失。因此，当计算待测物浓度时，将样品量除以 2。

4）用标准 K-D 技术来浓缩萃取液。参见第四篇测定方法中关于所需的最后体积。

8．质量控制

见“氧化铝柱净化”8.。

9．方法性能

参见测定方法的性能数据。

酸-碱分配净化

1．方法的适用范围

这是一个液-液分配方法，应用调节 pH 从碱或中性待测物中分离出酸性待测物。本法可用于在氧化铝净化前作石油废物的净化。

2．方法摘要

溶剂提取物用强碱性的水振摇。酸性待测物即分配进入水层中，而碱性和中性化合物乃存于有机溶剂中。碱或中性部分被浓缩备作进一步净化，如需要或分析，将水层酸化并用有机溶剂萃取。将此提取液浓缩，备作酸性待测物的分析。

3．干扰及消除

见“氧化铝柱净化”3.。

4．仪器和设备

① 分液漏斗：125ml，带聚四氟乙烯活塞。

②～⑦ 见“分液漏斗液-液萃取”法的 4.2）～7）。

⑧ 锥形瓶：125ml。

5．试剂

① 试剂水：试剂水的定义为其干扰物在欲测定的化合物的方法检测限内不被检测到的水。

② 氢氧化钠溶液 10 mol/L。40g 氢氧化钠溶于试剂水中，并稀释至 100ml。

③ 硫酸钠粒状，无水（在浅盘中于 400℃加热 4h 进行纯化）。

④ 硫酸溶液（1∶1）：缓慢加入 50ml 硫酸（比重 1.84）至 50ml 试剂水中。

⑤ 溶剂：丙酮、甲醇、乙醚、二氯甲烷（农药级或相当规格）。

6. 样品的采集、保存和处理

参见本节（一）。

7. 步骤

① 向分液漏斗中放入欲净化的 10 ml 萃取物或有机废液。

② 加 20 ml 二氯甲烷至分液漏斗中。

③ 加 20 ml 试剂水并用氢氧化钠调节 pH 至 12～13。

④ 密封并振摇分液漏斗约 1～2 min，并不时放气以释放过高压力。

注意：二氯甲烷会迅速产生过高的压力，因此，第一次放气应在分液漏斗密封磨口塞并摇荡一次后立即进行。

⑤ 让有机层与水层分离至少放置 10 min。若两层之间的乳浊液界面多于溶剂层量的 1/3，分析者必须使用机械技术来完成相分离。最佳技术依据样品而定，可能包括搅拌、乳浊液通过玻璃棉过滤、离心或其它物理方法。

⑥ 分离水相并转移至一个 125 ml 锥形瓶中，用每份 20 ml pH 为 12～13 的新的试剂水，重复萃取 2 次以上。合并水相萃取液。

⑦ 此时待测物可能在有机相及（或）水相中。有机酸类和酚类将在水相中，而碱或中性待测物将在有机溶剂中。若待测物只在水相中。弃去有机相并按下述⑧操作。若待测物在有机相中，弃去水相并按下述⑩操作。

⑧ 转移水相至一个干净的分液漏斗中。用硫酸调节水层至 pH 1～2。加 20ml 的二氯甲烷至分液漏斗中，并摇荡 2 min。让溶剂从水相中分离并收集溶剂于锥形烧瓶中。

⑨ 加第二份 20 ml 体积的二氯甲烷至分液漏斗中，在 pH1～2 时重新萃取第二次，将萃取物合并于锥形烧瓶中。按同样操作方式进行第三次萃取。

⑩在 500 ml 蒸发瓶上连接 10 ml 浓缩管以装配 K-D 浓缩器。

⑪ 将萃取物通过一个含有大约 10 cm 无水硫酸钠的干燥管以干燥萃取物。收集干燥的萃取物于 K-D 浓缩器中。用 20 ml 二氯甲烷洗净含溶剂萃取物的锥形烧瓶和柱子，以完成定量转移。

⑫ 向瓶中加 1～2 块沸石，并装上一个三球常量 Snyder 柱。加约 1 ml 二氯甲烷至柱顶预湿 Snyder 柱。将 K-D 装置放于热水浴（60～65℃）上，使浓缩管部分浸于热水之中，并且瓶的整个底圆表面可被热蒸汽加热。调节装置的垂直位置和所需水温，以使浓缩在 15～20min 内完成。在合适的蒸馏速度下，柱球将有液体不断流动，但球室内将不会充满液体。当液体的表观体积达 1 ml 时，从水浴上移出 K-D 装置，让液体流下，冷却至少 10 min。取下 Snyder 柱，并用 1～2 ml 的萃取溶剂洗净瓶及其下部接头流入浓缩管中。

⑬ 加另 1～2 块沸石至浓缩管中并装上一支二球微量 Snyder 柱。向柱顶加 0.5 ml 二氯甲烷预湿柱子。将 K-D 装置放于热水浴上（95～100℃）从而使浓缩管部分浸于热水中。调整装置的垂直位置和所需水温，以使浓缩在 5～10 min 内完成。在合适的蒸馏速度下，柱球将有液体不断流动，但球室内将不会充满液体。当液体的表观体积达 0.5 ml，移出 K-D 装置，让液体流下，冷却至少 10 min。取下 Snyder 柱并用 0.2 ml 的萃取溶剂洗净瓶及其下

部接头流入浓缩管中。用溶剂调整最后体积至 1.0 ml。

⑭ 该酸级分现在即可用作分析。若碱或中性萃取物将用氧化铝柱净化法进一步净化石油废物，该萃取物必须更换为己烷。在 1 ml 碱或中性萃取物，应加入 5 ml 己烷（溶剂更换），应用微量 K-D 装置，将此混合物重新浓缩至 1 ml。若碱或中性萃取物不需要作进一步的净化，也就可以用作分析。

8. 质量控制

见“氧化铝柱净化”8.。

9. 方法性能

参见测定方法关于性能数据。

硫的净化

1. 方法的适用范围

① 元素硫存在于许多沉积物样品（通常在一个国家中为不同区域特有的）、海洋藻类和一些工业废物中。硫在不同溶剂中的溶解度与有机氯和有机磷农药很相似。因此在正常萃取和净化技术中，硫的干扰常与农药相伴随。一般说来，硫通常在硅酸镁载体净化的第一级分中完全洗脱。

② 在气相色谱中，从 ECD 检测器和使用 FPD 检测器及用硫式的电导检测器所获得硫的响应是十分明显的。若在正常条件下用气相色谱进行农药分析，硫的干扰可以完全掩蔽（从溶剂峰至艾氏剂的区域）。

③ 在此方法中详述了 3 种消除硫干扰的技术：应用铜粉；应用汞；应用四丁基铵-亚硫酸盐。四丁基铵-亚硫酸盐对大部分农药和有机化合物引起的降解作用是很少的，而铜和汞会降解有机磷和一些有机氯农药。

2. 方法摘要

进行净化的样品和铜、汞或四丁基铵（TBA）-亚硫酸盐混合。摇荡混合物，并从硫净化试剂中分去萃取物。

3. 干扰及消除

① 应用铜除硫。铜必须具有很强的活性，因此，须除所有的氧化铜，使铜具有一个光亮的外观。

② 样品萃取物应与活性铜剧烈混合搅拌至少 1 min。

4. 仪器和设备

① 机械摇荡器或混合器。

② 移液管：一次性使用的，巴斯德移液管。

③ 离心管：校准的，12 ml。

④ 玻璃瓶或小瓶：10 ml 和 50 ml，具有聚四氟乙烯衬里的螺旋盖。

5．试剂

① 试剂水：试剂水定义为在欲测定的化合物的方法检测限内检测不出干扰物的水。

② 稀硝酸。

③ 丙酮、己烷、异丙醇：农药级或相当规格。

④ 铜粉：用稀硝酸处理以除去氧化物，用蒸馏水冲洗以除去所有的痕量酸，用丙酮冲洗并在氮气流下干燥（铜，细粒）。

⑤ 汞：3 次蒸馏。

⑥ 四丁基铵-亚硫酸盐试剂。溶解 3.39 g 硫酸氢四丁基铵于 100 ml 试剂水中。为了除去杂质，用 20 ml 一份的己烷萃取此溶液 3 次。弃去此己烷萃取液，加入 25 g 亚硫酸钠至水溶液中。所得的溶液，用亚硫酸钠饱和后，保存在带聚四氟乙烯衬里的螺旋盖的棕色瓶中。此溶液可在室温下保存至少 1 个月。

6. 样品的采集、保存和处理

参见前述（一）。

7. 步骤

（1）用铜粉除去硫

① 在 Kuderna-Danish 管中浓缩样品至刚好 1.0 ml。

② 若浓缩硫时，会造成结晶，则进行离心以使晶体沉下来，用一支一次性使用的移液管，小心地吸出样品萃取液，使过量的硫留在 K-D 管中。转移萃取液至一个校准的离心管中。

③ 加大约 2g 干净的铜粉（至 0.5ml 刻度）至离心管中。在机械振荡器上混合至少 1min。

④ 用一支一次性使用的移液管，将萃取液吸出，使其与铜分离，并将其转移至一个干净的小瓶中。剩余的体积仍代表 1.0 ml 的萃取物。

注意：此分离操作必须做，用以防止农药的进一步降解。

（2）用汞除去硫

注意：汞是一种极毒的金属，因此，须非常小心使用。在使用汞之前，建议分析者应熟悉与此金属有关的正确处理和净化技术。

① 浓缩样品萃取液至刚好 1.0ml。

② 移取 1.0 ml 的萃取物至一个干净的浓缩管或聚四氟乙烯密封的小瓶中。

③ 加 1～3 滴汞至小瓶并密封。搅动小瓶中的内含物 15～30 s，可能需要延长振荡（2h）。若如此，使用一个机械振荡器。

④ 用一支一次性使用的移液管将萃取液抽出，使样品与汞分离，并将其转移至一个干净的小瓶中。

（3）用 TBA-亚硫酸盐除去硫

① 浓缩样品萃取液至刚好 1.0 ml。

② 转移 1.0 ml 至一个 50 ml 干净玻璃瓶或带聚四氟乙烯衬里的螺旋盖的小瓶中。用 1

ml 的己烷冲洗浓缩管。将冲洗液加至 50 ml 瓶中。

③ 加入 1.0 ml 四丁基铵-亚硫酸盐和 2 ml 异丙醇，盖上瓶盖，摇动至少 1 min，若样品是无色的或未改变初始颜色，且若观察到清晰的晶体（沉淀的亚硫酸钠），则存在有足够的亚硫酸钠。若沉淀的亚硫酸钠消失了，加入更多的晶体亚硫酸钠，每次约 100 mg，直到重复摇荡后还有固体沉淀存在。

④ 加入 5 ml 蒸馏水并摇荡至少 1 min，让样品放置 5～10 min。转移己烷层（上部）至浓缩管中并使用 K-D 技术将萃取物浓缩至 1.0 ml。

（4）用气相色谱分析净化后的萃取物。

8. 质量控制

①参见（三）关于净化的论述及 8.质量控制一节。

②所有的试剂在使用前都要检查以证实没有干扰物存在。

9. 方法性能

表 3-6-14 列出了使用铜和汞除硫对某些农药的回收的影响。

表 3-6-14 汞和铜对各种农药的影响

农 药	百分回收率[a]（%）	
	汞	铜
亚老哥尔 1254（Aroclor 1254）	97.10	104.26
六氯化苯	75.73	94.83
七氯	39.84	5.39
艾氏剂	95.52	93.29
七氯环氧化物	69.13	96.55
二氯二苯二氯乙烯（DDE）	92.07	102.91
DDT	78.78	85.10
BHC	81.22	98.08
狄氏剂	79.11	94.90
异狄氏剂	70.83	89.26
氯代二（对溴苯基）乙醇酸酯	7.14	0.00
马拉硫磷	0.00	0.00
二嗪农（地亚农）	0.00	0.00
对硫磷	0.00	0.00
乙硫磷（1240）	0.00	0.00
三硫磷	0.00	0.00

注：a. 列出的百分回收率，除艾氏剂和六氯化苯之外所有化合物都是 2 次分析的平均值。对于艾氏剂用汞和铜分别为 4 次和 3 次测定所得结果的平均值。六氯化苯应用铜的回收率为 1 次分析的结果。

主要参考文献

1. 国家环保局《水和废水监测分析方法》编委会编. 水和废水监测分析方法（第三版）. 北京：中国环境科学出版社，1989
2. 中国标准出版社第二编辑室.中国环境保护标准汇编（水质分析方法）. 北京：中国标准出版社，2001
3. 刘京，齐文启，彭继宁. 间接火焰原子吸收法测定铝. 见：水和废水监测分析方法指南（中册）. 北京：中国环境科学出版社，1994，424～427

4. 李绍南. 氢化物发生-原子吸收分光光度法测砷. 见：水和废水监测分析方法指南（中册）.北京：中国环境科学出版社，1994，427～429
5. 芮葵生，刘廷良. 铬酸盐间接分光光度法测定钡. 见：水和废水监测分析方法指南（中册）. 北京：中国环境科学出版社，1994，430～432
6. 冷文宣. 5-Cl-PADAP 分光光度法测定钴. 见：水和废水监测分析方法指南（中册）. 北京：中国环境科学出版社，1994，432～436
7. 李绍南. 冷原子荧光法测定汞. 见：水和废水监测分析方法指南（中册）. 北京：中国环境科学出版社，1994，436～438
8. 贺铭，王素芳. 催化极谱法测定钼. 见：水和废水监测分析方法指南（中册）. 北京：中国环境科学出版社，1994，439～441
9. 贺铭，王素芳. 催化极谱法测定砜. 见：水和废水监测分析方法指南（中册）. 北京：中国环境科学出版社，1994，441～443
10. 谭昆森. 异烟酸-巴比妥酸分光光度法测定氰化物. 见：水和废水监测分析方法指南（中册）. 北京：中国环境科学出版社，1994.3，444～446
11. 程秉珂. 催化快速法测定 COD_{Cr}；密封催化消解法测定 COD_{Cr}；节能加热法测定 COD_{Cr}. 见：水和废水监测分析方法指南（中册）. 北京：中国环境科学出版社，1994，446～453
12. 华秀，张志强. 电极-流动法测定 Cl^-. 见：水和废水监测分析方法指南（中册）. 北京：中国环境科学出版社，1994，454～456
13. 华秀，张志强. 电极-流动法测定 NO_3^-—N .见：水和废水监测分析方法指南（中册）. 北京：中国环境科学出版社，1994，456～458
14. 陈亚雷，齐文启，彭继宁. 间接火焰原子吸收法测定硫化物. 水和废水监测分析方法指南（中册）. 北京：中国环境科学出版社，1994，458～461
15. 孙文舜. ICP-AES 法测定铝、砷、钡、铍等 20 个元素. 见：水和废水监测分析方法指南（中册）. 北京：中国环境科学出版社，1994，467～474
16. 刘京，齐文启. 在线富集流动注射-火焰原子吸收法测定地面水中痕量 Cu、Pb、Zn、Cd. 中国环境监测，1995，11（3）：6～8
17. J.A.Oppenheimer, EPA/600/2-84/190, U.S.EPA Cincinnati, 1984
18. J.D.Pfaff, U.S.EPA, Revised August, 1991
19. 臧平安. 气相分子吸收法测定 NO_2^- 离子的方法研究分析化学，1991，19（2）：1364
20. 臧平安. 气相分子吸收光谱法测定水中 NO_2^-—N . 中国环境监测，1995，11（3），3
21. 臧平安. 气相分子吸收光谱法测定 NO_3^- 的方法研究. 宝钢技术，1995，3，24
22. 臧平安. 气相分子吸收光谱法测定水中 NO_3^-—N . 中国环境监测总站，1995，11（3），4
23. 臧平安. 气相分子吸收法测定水中氨氮. 宝钢技术，1996，1，49
24. 臧平安. 气相分子吸收光谱法测定水中硫化物，宝钢技术，1997，4，33
25. 李建国. 离子色谱法测定水中 F^-、Cl^-、NO_3^- 及 SO_4^{2-}. 上海环境监测，1992，4，21
26. 刘廷良，齐文启. 土壤环境监测现存问题与展望. 中国环境监测，1997，13（1）：46
27. 齐文启，曹杰山. 锑的土壤环境背景值研究. 土壤通报，1991，22（5）：209
28. 齐文启，曹杰山. 萃取石墨炉原子吸收法测定土壤中微量 In 和 Tl. 中国环境监测，1990，6（1）：83
29. 齐文启，曹杰山. 火焰原子吸收法测定西沙群岛土壤中 Pb、Cd、Mn、Co、Ni、Cu、Zn 的问题分析. 中国环境监测，1990，6（1）：107
30. 齐文启，曹杰山. 无火焰原子吸收中石墨管的涂层处理. 中国环境监测，1990，6（4）：13
31. 韩伟明. 孔雀绿-磷钼杂多酸分光光度法测定水中痕量 PO_4^{3-}. 中国环境监测，1995，11（3）：8
32. 郭小伟. 氢化物发生-无色散原子荧光分析法进展及在环境分析中的应用. 上海环境科学，1995，14

（7）：28
33. 齐文启，曹杰山，戴文红. 不同酸溶方法对三类土壤中 Pb、Cr、Ni、Cd、Mn、Cu、Zn 的溶出比较. 中国环境监测，1991，7（3）：47
34. 齐文启等. 废水样品中 Cu、Pb、Zn、Cd 的保存和预处理方法研究. 中国环境监测，1995，11（4）：41
35. 朱瑞芝等. 离子色谱法同时测定蔬菜中 F^-、Cl^-、NO_2^-、NO_3^-、PO_4^{3-}、SO_4^{2-} 无机阴离子. 中国环境监测，1991，7（6）：54
36. 中国环境监测总站等译. 固体废气物实验分析评价手册. 北京：中国环境出版社. 1992.

第四篇　有机污染物

第一章　概述

一、预处理方法

（一）样品提取方法

1. 水中有机物的萃取

按照化合物的沸点分类可将有机污染物分为挥发性有机物和半挥发性有机物。从环境水样中富集分离半挥发性物质的方法有许多，主要有液-液萃取、液-固萃取及固相微萃取等三种方法；对挥发性有机物的预处理方法主要有吹脱捕集法、顶空法和液-液萃取法。

（1）液-液萃取法

液-液萃取法选择疏水性溶剂做萃取剂，利用被测组分在水与溶剂之间的溶解度差进行萃取。为了选择性地萃取被测组分，以使用极性接近于被测组分的溶剂为好。从水中萃取有机物时，一般使用正己烷、苯、醚、乙酸乙酯、二氯甲烷等挥发性溶剂。正己烷对脂肪族碳氢化合物等非极性物质的萃取、苯对芳香族化合物的萃取、醚及乙酸乙酯等对极性大的含氧化合物的萃取较为合适。此外，二氯甲烷对非极性到极性的宽范围的化合物都有较高的萃取率。而且由于其沸点低，萃取后易于浓缩，密度比水大，分液操作也容易。另外二氯甲烷还有不易燃等优点，所以适用于多组分同时分析。但是，由于二氯甲烷与苯同样有致癌性，从发展方向上来看，是属于控制使用的溶剂。

在液-液萃取中，有时不改变萃取溶剂，而是改变样品性质来选择性地进行萃取，例如，改变样品的pH，可选择性地萃取酸性或碱性物质。如pH在2以下时，碱性物质在水中以离子形式存在，不能被溶剂萃取，只有酸性及中性物质可以被萃取。

萃取易溶于水的物质时，可以采取盐析法。这是用添加盐来减小水的活度，从而降低有机化合物溶解度的方法。它不仅适用于液-液萃取，对于顶空法和液-固萃取等同样也有效。

液-液萃取有许多局限性，例如需要大量的有机溶剂、样品处理步骤复杂、样品回收率和精密度有时不理想、处理过程中有乳化现象发生以及溶剂蒸发时产生的样品损失等。

（2）固相萃取法

固相萃取（SPE）方法采用高效、高选择性的固定相，与溶剂萃取法相比能显著减少溶剂用量，简化样品预处理过程。一般来说，固相萃取所需时间为液-液萃取的1/2。固相萃取能用于气相色谱（GC）、液相色谱（HPLC）、红外光谱（FTIR）、质谱（MS）、核磁、紫外和原子吸收（AAS）等分析方法的样品预处理。因为固相萃取法的独特性能，自70年代以来，其全球需求量迅速增长。

固相萃取主要用于样品分析前的净化和富集。其一般步骤是：液态或溶解后的固态样品导入活化过的固相萃取柱中，然后利用真空、加压或离心等方式使样品进入固定相。一般来说，固相萃取将保留所需的组分和类似的其它组分，并尽量减少不需要的样品组分的保留。弱保留的样品组分可用某种溶剂淋洗掉，然后用另一种溶剂把待测组分从固定相上洗脱下来。有时，也可以让待测组分（分析物）直接通过固定相而不被保留，同时大部分干扰物被保留在固定相上，从而得到分离。在大多数情况下，使分析物得到保留更有利于样品净化。因此固相萃取法也具有样品组分的预分离过程。

固相萃取法使用的固相，是一次性使用的固相，分为圆筒型固相和圆盘形固相两类。其中，圆筒型固相是将固相填料填充到圆筒中，主要是用聚苯乙烯等材料制成的多孔质板制成的。圆筒型中有注射圆筒型（图4-1-1）及Plus型（图4-1-2），筒壁为树脂材料的圆筒型固相很多。但是最近市场上也在出售用于分析树脂添加剂的玻璃材料的产品。

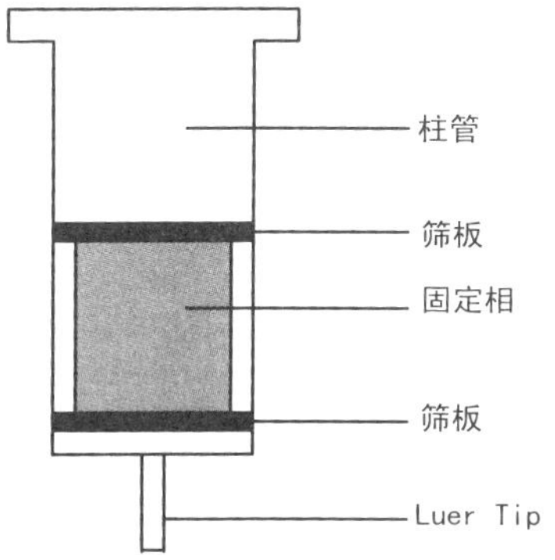

图4-1-1　注射筒型固相萃取柱

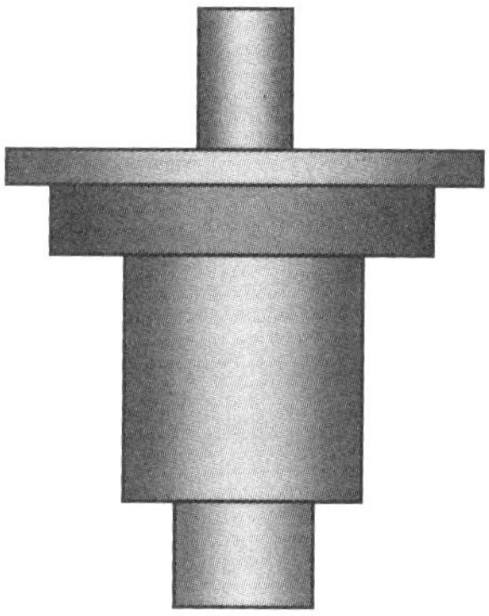
图4-1-2　Plus型固相小柱

固定相是固相萃取柱中重要的组成部分，最常见的固定相是键合的硅胶材料。一般采用孔径60Å不规则形状的40μm硅胶微粒作为原料，然后将各种官能团键合上去。也有一些为非硅胶基的固相。

固定相的分离选择决定于可被保留组分的保留强度，所以固定相的选择将取决于分析物质、样品基体和样品溶剂的性质。固相萃取采用的固定相与液相色谱常用的固定相相同，以Waters公司的固相萃取小柱为例，其种类如表4-1-1所示。CN、DIOL、Si、NH_2都可以作为正相的固定相。正相的固定相都是极性的，用来保留（萃取）极性物质。对于正相和反相来说，组分在固定相上的保留或洗脱直接与溶剂极性有关，溶剂的极性决定溶剂的强度。在洗脱被保留组分时，强溶剂的用量比弱溶剂少。图4-1-3给出了固相萃取常用的几种溶剂，实际工作中还经常使用一些混合溶剂来改善溶剂强度，以得到最佳的样品净化和分析回收率。

表 4-1-1 圆筒型固相（固相萃取小柱）的种类

填充剂	表面特性	应用范围
C_{18}	亲水性、非极性键合硅胶相	分离水溶液中的亲水组分；环境水样中的痕量有机物
tC_{18}	亲水性、非极性键合硅胶相	分离水溶液中亲水性组分；GC 特别是在 GC-MS 分析方法中；用于酸性水溶液(pH＜3)；水环境样品中的多环芳烃、碳氢化合物、农药、除草剂
C_8	亲水性、非极性键合硅胶相	分离水溶液中的亲水性组分；保留小于 C_{18} 的方法
tC_2	亲水性、非极性键合硅胶相	分离水溶液中的亲水性组分；保留小于 C_8 的方法
硅胶	极性、中性相	分离非水溶液中的低极性到中等极性的组分；净化；农药
Florisil	极性、偏碱性	分离非水溶液中中等极性的组分；法定 AOAC 和 EPA 方法；食品、种子中的农药、除草剂、变压器油中的 PCBs
氧化铝 A	亲水性、极性酸性相	由非水性溶液中分离亲水性组分；酸性氧化铝开管柱净化的替代品；法定 AOAC 和 EPA 的选用品
氧化铝 N	亲水性、极性中性相	由非水性溶液中分离亲水性组分；中性氧化铝开管柱和 TLC 净化的替代品；法定 AOAC 和 EPA 的选用品
氧化铝 B	亲水性、极性碱性相	由非水性溶液中分离亲水性组分；碱性氧化铝开管柱和 TLC 净化的替代品；法定 AOAC 和 EPA 的选用品；农药、除草剂和优先污染物分离
Accell Plus CM	亲水性、极性酸性阳离子交换相	分离水性和非水性溶液中的阳离子组分
Accell Plus QMA	亲水性、极性碱性阴离子交换相	分离水性和非水性溶液中的阴离子组分；分离酚类化合物
氨丙基(NH_2)	亲水性、中等极性偏碱性	低容量弱阴离子交换剂；苯酚类
氰丙基(CN)	亲水性、中等非极性中性	分离水溶液或有机溶液中的分析物；分离农药
Diol Tan	亲水性、中等非极性中性	用于水溶液或有机溶剂中的分析物；水中的痕量元素
DNPH-硅胶	试剂涂渍	富集空气中的甲醛及其它醛类、酮类

C_{18}（ODS）、C_8、C_2、CH、pH 都是反相固定相，用来保留（萃取）非极性的分析物。对于反相固定相，溶剂强度随其非极性的增加而增加。通常使用水、甲醇、异丙醇和乙腈作为反相分离的溶剂。有些时候，对强保留物质也用丙酮和二氯甲烷洗脱。

离子交换固定相上的行为更多地取决于溶剂的 pH、离子强度和反离子强度，而与溶剂强度关系不大。

圆盘型固相是用丝状的 PTFE（聚四氟乙烯）（Teflon）来固定填充剂，将形成的 0.5mm 厚的膜状物做成圆形。其中 90%是填充剂，10%是 PTFE。目前，市场上出售有内径为 25mm、47mm、90mm 的不同种类填充剂的产品。另外，也有将此膜状物做成圆筒型的产品。圆筒型固相与圆盘型固相的特点如表 4-1-2 所示。很明显，圆盘型固相由于在进行环境水样固相萃取时允许样品流速快（200～300ml/min）、萃取时间短等优点，因此，越来越多地得到广泛应用。

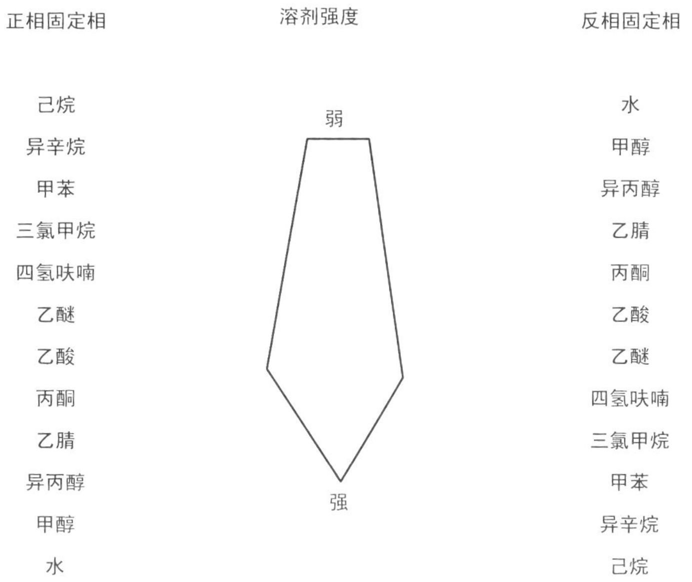

图 4-1-3 溶剂强度

表 4-1-2 圆筒型固相与圆盘型固相的特点

	圆筒型固相	圆盘型固相
填充剂的种类	种类多(特别是硅胶类柱，硅藻土的正相填料较多)，可用于水样的纯化	种类有限
填充量及口径种类	C_{18}：50mg～10g 苯乙烯二苯乙烯树脂：265g	C_{18}：树脂：内径 25mm、47mm、90mm
萃取方式	加压或减压	减压
萃取流速	最大 50ml/min(专用浓缩仪)，通常 10～20ml/min	通常：200～300ml/min
固相萃取的时间	比较长	比较短
固相萃取时有无堵塞问题	容易堵	不易堵
使用是否简易	使用方便	使用时易变形

①圆盘型固相的种类：由于圆盘型固相膜的厚度只有 0.5mm，固相中的溶液流量均匀，而且与水样的接触表面积增大，因此，即使在短时间内流经大量的水样，也可以得到很高的萃取率。市场上出售的圆盘型固相的种类如表 4-1-3 所示。

由于圆盘形固相可以有效地应用于环境水及食品等的固相提取，因此，美国环保局（EPA）的标准方法体系也引用了其中的几种方法（表 4-1-4）。

表 4-1-3　圆盘型固相的种类

填充剂	主要成分	备注
C_{18}HD	C_{18}键合硅胶(平均粒径 10μm)	
C_{18}FF	C_{18}键合硅胶(平均粒径 40μm)	不易堵塞
C_8	C_8键合硅胶	
SDB-XC	树脂	
SDB-XD	树脂	对水溶性农药的吸附能力强
ANION-SR	阴离子交换树脂	
CATION-SR	阳离子交换树脂	
SDB-RPS	磺化苯乙烯-二乙烯苯树脂	
Chelate	亚氨基二乙酸螯合树脂	金属离子的萃取
Carbon	活性炭	

表 4-1-4　美国 EPA 采用的圆盘型固相的方法

USEPA 方法	分析物质	样品类型	分析方法
506	邻苯二甲酸二乙酯、乙二酸二乙酯	饮用水	GC-PID
550.1	多环芳烃	饮用水、水源水	HPLC-UV，FD
525.1	有机化合物	饮用水、水源水	GC-MS
513	二噁英	饮用水	GC-MS
515.2	氯代酸类	饮用水、水源水	GC-ECD
548.1	草藻灭	饮用水、水源水	GC-MS
549.1	敌草快、百草枯	饮用水、水源水	HPLC-UV
552.1	卤代乙酸	饮用水、水源水	GC-ECD
553	联苯胺、含氮农药	饮用水	HPLC-PBMS
554	醛类	饮用水、水源水	HPLC
555	氯代酸类	饮用水、水源水	HPLC-DAD
8061	邻苯二甲酸二乙酯	废液，固体废弃物	GC-ECD
525.2	有机化合物	饮用水、水源水	GC-MS
508.1	有机氯农药	饮用水、水源水	GC-ECD
608	有机氯农药，PCB	废水	GC-ECD
1613	二噁英	环境水	同位素，GC-MS
1664	油类、脂类、碳氢化合物	环境水	重量法
507.1	含氮、含磷农药	饮用水、水源水	GC-NPD

②圆盘型固相萃取：固相萃取一般有五个基本步骤，即固定相活化、水样萃取、淋洗、干燥和分析物洗脱。使用圆盘型固相进行固相提取的操作过程如图 4-1-4 所示。

（3）固相微萃取法（SPME）

固相微萃取（SPME）是 90 年代发展起来的一种新型、高效的样品预处理技术。它克服了以往预处理方法的诸多不足，集采集、浓缩于一体。固相微萃取法是在注射器的针头部位涂上一层相当于气相色谱（GC）固定液的物质后，直接将其浸入液体样品或液体、固体的顶上空间，萃取、浓缩有机物后，随即将注射器插入 GC 进样口加热，脱附有机物质，使被提取的物质进入色谱柱。它是利用涂有吸附剂的熔融石英纤维吸附样品中的有机物质而达到萃取浓缩的目的，由于无需使用任何高纯有机溶剂，从而减少了环境污染及处理有机废液的成本，可以直接进样，操作简便快捷，因此，正在引起人们的关注。由于这种富集方法不受样品基体（气体、液体、半液体和固体）的限制，目前已被广泛用于多种环境样品（水、空气、土壤）、生化样品、烟草行业以及制药行业的样品，尤其是含有痕量有机物样品的分析。许多国家已将这种预处理方法制定为标准方法。

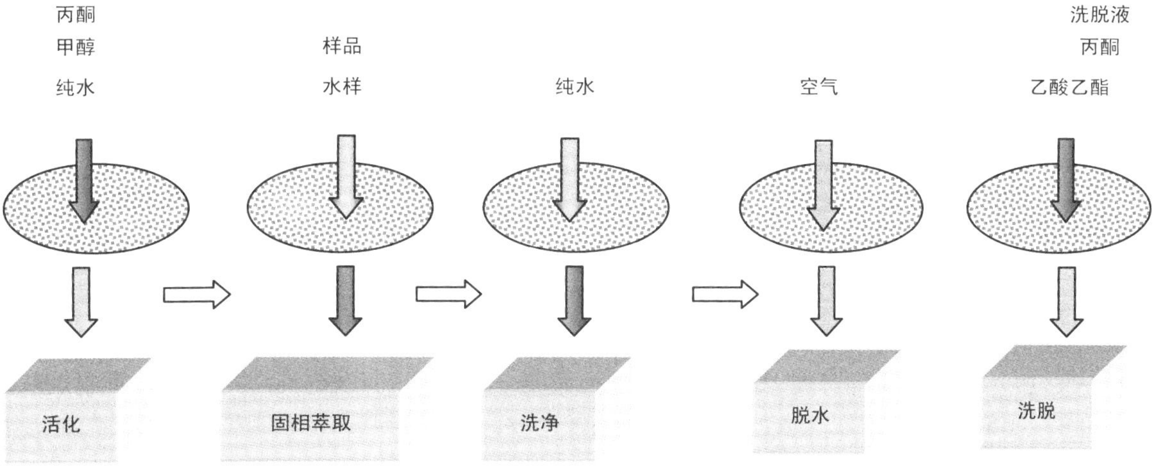

图 4-1-4 使用圆盘型固相进行固相萃取的操作过程

SPME 对多种有机化合物的萃取程度各不相同，分析结果除与纤维头本身的性质，如极性、膜厚有关外，还与操作条件，如萃取时间、温度、萃取头浸入深度和样品瓶体积有关，所以严格控制操作条件是获得可靠结果的必要保证。

（4）吹脱捕集法和静态顶空法

由于挥发性有机物（VOCs）的沸点较低、挥发性高，而且在地表水、地下水和饮用水中的含量较低，因此需要合适的富集浓缩，目前各国通用的方法是吹脱捕集（purge-and-trap，简称为 P&T 法）和直接顶空进样技术。

吹脱捕集法是向样品中通入 He、N_2 等惰性气体，再用捕集剂捕集被气体吹脱出的挥发性物质的方法，也称为动态顶空法。向捕集剂中通入 GC 载气并加热，挥发性物质则可从捕集剂上脱附出来，再导入 GC 或 GC-MS 测定。捕集剂常用多孔聚合物微球、活性炭、硅胶、GC 色谱柱填料等。在实际测定中，从样品中将挥发性物质吹脱，到用捕集剂捕集、热脱附，以及向 GC 或 GC-MS 导入等这一系列操作均已有自动化装置。

这种方法有以下的特点和注意事项：

①在原理上，可分析水中全部挥发性有机化合物，响应适于痕量分析（ppt～ppb 级）；

②气体通过样品时，有许多水分含在气体中，有可能干扰 GC-MS 测定，因此需要除去水分；

③加热脱附吸附于捕集剂中的物质时，有必要以窄峰宽导入 GC 色谱柱。用大口径 GC 柱时载气流量大一些，可不必采取其他特殊方法。但用常规口径 GC 柱时，必须用液氮等将柱前冷却至－100℃以下，进行冷柱头进样，峰宽变窄使各组分得到很好分离；

④水中挥发性物质在测定时，易被吹脱气或周围的气体污染。特别是 P&T 法的灵敏度很高，防止污染关系到测定的成败。因此，在精制气体与防止分析系统受到污染的同时，采样时要取空白样，以证实样品未受到污染。

顶空法（静态顶空法）是将样品加入到管形瓶等封闭体系中，在一定温度下放置，达到气液平衡后，用气密性注射器抽取存在于上部空间中的被测组分，注入到 GC 或 GC-MS 中进行测定。与 P&T 法相比灵敏度较低（ppb 级），但操作简便，成本低，且易于自动化。

2. 底质和污泥中有机污染物的提取

底质和污泥样品中有机污染物的提取、预处理方法也有许多，常用的有溶剂振荡萃取、超声波萃取、微波萃取和索氏抽提等。针对不同待测目标物的化学稳定性及酸碱性，还可以在溶剂萃取之前先进行碱分解，除去基体中的干扰物质，简化样品预处理过程（如底质和污泥样品中多氯联苯分析）。

（1）索氏提取法

用于萃取固体，如土壤、污泥和废弃物中的非挥发性和半挥发性有机化合物，索氏抽提过程能够保证样品基体与萃取溶剂完全接触。固体样品与无水硫酸钠混合，放入专用套筒中，加入适当的溶剂（如丙酮-正己烷混合溶剂、二氯甲烷-丙酮混合溶剂、二氯甲烷、甲苯-甲醇混合溶剂等），在索氏提取器中完成提取。

（2）超声波提取法

这种方法也是从固体如土壤、污泥和废弃物中提取非挥发性和半挥发性有机化合物的方法，超声波作用过程保证了样品基体与萃取溶剂的密切接触。固体样品与无水硫酸钠混合形成自由流动的粉末，用超声波作用进行溶剂萃取三次，用真空过滤或离心使提取液与样品分离。提取液即可用于进一步的净化或浓缩后直接分析。

（3）超临界流体抽提法

超临界流体具有比液体高的扩散速度和比液体黏度低的特点，同时超临界流体的密度比正常气体的大。超临界流体可以在相对低的温度下溶解分析物，因此，它有利于减少样品由于热而引起的分解作用。近年来超临界流体抽提（SFE）之所以受到人们的重视和应用的主要原因，是它可以不用具有污染的有害溶剂，而采用超临界流体 CO_2 作为萃取溶剂，同时，又能在相对低的温度下进行快速有效的抽提。从发展趋势可以估计 SFE 将成为一个有效的样品预处理方法。其主要特点是萃取时间较短（少于 1h），有萃取选择性，可以通过调节超临界流体的密度、温度、流速和加入溶剂来控制萃取能力。

（4）微波辅助提取法

微波辅助提取法（MAE）是利用微波能量，快速和有选择地提取纤维（包括植物和动物）、土壤、水、化妆品等中的待测物质的方法，涉及的应用领域有环保、农业、食品、生物医学、药物以及加工过程的检测和控制。微波辅助提取过程的基本原理是基于溶剂随着化学性能的不同而具有不同的吸收微波的能力。MAE 的主要参数是物质的介电常数，物质的介电常数越高，吸收微波能量也越高，同时还与微波频率有关。分析化学中常用的微波频率为 2450MHz，在 MAE 液相提取中常采用具有较小介电常数和微波透明的溶剂。由于被抽提物是由具有不同介电常数的不同化学种类所组成的，因此用 MAE 法提取时就具有选择性。与经典的索氏抽提法比较，MAE 无论在溶剂用量和提取时间上都具有明显的优越性。MAE 节省溶剂和工作时间的优点，使环境分析以及常规使用索氏抽提和超声波抽提的工作者很感兴趣。

（二）样品净化方法

对从水、底质和污泥中萃取出来的样品溶液的净化方法有多种，一般可以分为如表

4-1-5 所列出的几种类型。按照目标化合物的性质及使用的分析方法不同，可以针对性地应用其中的一种或多种净化方法（如表 4-1-6 所示)。表 4-1-7 至表 4-1-9 分别介绍了各种净化方式的使用条件以及净化目标物，供广大分析工作者在实际应用中参考。

表 4-1-5 样品净化方法

净化方法	净化类型	净化方法	净化类型
氧化铝净化	吸附	酸-碱分配净化	酸-碱分配
佛罗里硅土净化	吸附	硫净化	氧化-还原
硅胶净化	吸附	浓硫酸-高锰酸盐净化	氧化-还原
凝胶渗透色谱净化	分子大小分离		

表 4-1-6 各类有机污染物适用的净化技术

目标分析物组	测定分析方法	净化方法
苯酚类	气相色谱	硅胶净化、凝胶渗透色谱净化、酸碱分配净化
邻苯二甲酸酯	气相色谱-电子捕获检测器	氧化铝净化、佛罗里硅土净化、凝胶渗透色谱净化
亚硝胺类	气相色谱	氧化铝净化、佛罗里硅土净化、凝胶渗透色谱净化
有机氯农药	气相色谱	佛罗里硅土净化、凝胶渗透色谱净化、硫净化
多氯联苯	气相色谱	佛罗里硅土净化、硅胶净化、酸-碱分配净化
硝基芳烃和环酮	气相色谱	佛罗里硅土净化、凝胶渗透色谱净化
多环芳烃	气相色谱	氧化铝净化和分离石油废物、硅胶净化、凝胶渗透净化
卤代醚	气相色谱	佛罗里硅土净化、凝胶渗透净化
氯代碳氢化合物	毛细管柱气相色谱	佛罗里硅土净化、凝胶渗透净化
苯胺及其衍生物	气相色谱	佛罗里硅土净化、凝胶渗透净化
有机磷农药	毛细管柱气相色谱	佛罗里硅土净化
氯代除草剂	气相色谱	佛罗里硅土净化
半挥发性有机物	气相色谱-质谱	凝胶渗透净化、酸-碱分配净化、硫净化
石油废物	气相色谱-质谱	氧化铝净化及分离石油废物

表4-1-7 氧化铝净化方法

氧化铝	酸碱性	净化目标物	洗脱溶剂
中性氧化铝	pH6～8	邻苯二甲酸酯类 邻苯二甲酸(2-乙基己基)酯 邻苯二甲酸(二乙基酯) 邻苯二甲酸(二甲基酯) 邻苯二甲酸(丁基苯基酯) 邻苯二甲酸(二正丁基酯) 邻苯二甲酸(二正辛基酯)	柱色谱： 乙醚-正己烷(20/80，*V/V*) 固相萃取小柱： 丙酮-正己烷(20/80，*V/V*)
碱性氧化铝	pH9～10	亚硝胺类 N-亚硝基二正丙胺 N-亚硝基二甲胺	乙醚-戊烷(30/70，*V/V*) 乙醚-戊烷(50/50，*V/V*)

表4-1-8 佛罗里硅土净化方法

目标化合物组	目标化合物	净化条件
邻苯二甲酸酯类	邻苯二甲酸(2-乙基己基酯) 邻苯二甲酸(二乙基酯) 邻苯二甲酸(二甲基酯) 邻苯二甲酸(丁基苯基酯) 邻苯二甲酸(二正丁基酯) 邻苯二甲酸(二正辛基酯)	柱色谱： 乙醚-正己烷(20/80，*V/V*) 固相萃取小柱： 丙酮-正己烷(10/90，*V/V*)
亚硝胺类	N-亚硝基二甲胺 N-亚硝基二苯胺 N-亚硝基二正丙胺	乙醚-戊烷(15/85，*V/V*)除去二苯胺 丙酮-乙醚(595，*V/V*)洗脱
卤代醚类 有机氯农药 有机磷农药		柱色谱： Fr.1：乙醚-正己烷(6/94，*V/V*) Fr.2：乙醚-正己烷(15/85，*V/V*) Fr.3：乙醚-正己烷(50/50，*V/V*) Fr.4：100%乙醚
有机氯农药 多氯联苯		固相萃取小柱： 丙酮-正己烷(10/90，*V/V*)(不分离有机氯农药和PCBs) Fr.1：正己烷 Fr.2：二氯甲烷-正己烷(26/74，*V/V*) Fr.3：丙酮-正己烷(10/90，*V/V*)
硝基芳烃类	2,4-二硝基甲苯 2,6-二硝基甲苯 异佛尔酮 硝基苯	柱色谱： 二氯甲烷-戊烷(10/90，*V/V*)淋洗 二氯甲烷-戊烷(15/80，*V/V*)淋洗 丙酮-乙醚(5/95，*V/V*)洗脱 丙酮-乙醚(10/90，*V/V*)洗脱
苯胺及苯胺类衍生物	苯胺 2-氯苯胺 3-氯苯胺 4-溴苯胺 3,4-二氯苯胺	柱色谱： 正己烷淋洗 Fr.1：二氯甲烷-正己烷（50/50，*V/V*） Fr.2：2-丙醇-正己烷（5/95，*V/V*） Fr.3：甲醇-正己烷（5/95，*V/V*）

目标化合物组	目标化合物	净化条件
	2,4,6-三氯苯胺	
	2,4,5-三氯苯胺	
	2-硝基苯胺	
	3-硝基苯胺	
	4-硝基苯胺	
	2,4-二硝基苯胺	
	4-氯-2-硝基苯胺	
	4-氯-4-硝基苯胺	
	2,6-二氯-4-硝基苯胺	
	2,6-二溴-4-硝基苯胺	
	2-氯-4,6-二硝基苯胺	
	2-溴-4,6-二硝基苯胺	
氯代碳氢化合物	2-氯萘 1,2-二氯苯 1,3-二氯苯 1,4-二氯苯 1,2,4-三氯苯 六氯苯 六氯丁二烯 六氯环戊二烯 六氯乙烷	柱色谱： 石油醚 固相萃取小柱： 丙酮-正己烷（10/90，*V/V*）
有机磷酸酯		柱色谱： Fr.1：乙醚-正己烷（30/70，*V/V*） Fr.2：乙醚-正己烷（40/60，*V/V*）

表 4-1-9　硅胶净化方法

目标化合物组	目标化合物	净化条件
多环芳烃(16 种)	萘、苊、二氢苊、菲、芴、蒽、荧蒽、芘 苯并[*a*]蒽、芘 苯并[*b*]荧蒽 苯并[*k*]荧蒽 苯并[*a*]芘 苯并[*ghi*]芘 二苯并[*a*, *h*]蒽 茚并[1, 2, 3-*cd*]芘	柱色谱： Fr.1：戊烷，淋洗 Fr.2：二氯甲烷-戊烷(2：3，*V/V*)
衍生化的酚类(五氟卞溴衍生物)	2-氯苯酚 2-硝基苯酚 苯酚 2,4-二甲基苯酚 2,4-二氯苯酚	柱色谱： Fr.1：正己烷淋洗 Fr.2：15%甲苯-正己烷 Fr.3：40%甲苯-正己烷 Fr.4：75%甲苯-正己烷

目标化合物组	目标化合物	净化条件
	2,4,6-三氯苯酚 4-氯-3-甲基苯酚 五氯酚 4-硝基酚	Fr.5：15%二丙醇-甲苯 固相萃取小柱： Fr.1：正己烷，淋洗 Fr.2：甲苯-正己烷(25/75，*V/V*)
有机氯农药和 PCBs	BHCs、艾氏剂、七氯 Aroclor 1016 Aroclor 1221 Aroclor 1232 Aroclor 1242 Aroclor 1248 Aroclor 1264	柱色谱： Fr.1：正己烷 Fr.2：正己烷 Fr.3：二氯甲烷 固相萃取小柱： Fr.1：正己烷 Fr.2：50%乙醚-正己烷

另外，还有酸-碱分配净化方法，它是通过调节 pH，将酸性化合物，如有机酸、酚类等与碱-中性化合物，如胺、芳香烃和卤代有机物等分离。将被萃取的有机物溶液重新分配在碱性水中，酸性化合物进入到水相中，碱-中性化合物保留在有机相中，经浓缩后作进一步净化或分析。水相再次酸化并用有机溶剂萃取，萃取物再浓缩后备分析用。

元素硫是在监测底质、污泥、土壤和一些工业废物时常常遇见的干扰物，硫在各种有机溶剂中的溶解度类似于有机氯农药和有机磷农药。因此，在农药分析中常常会有硫干扰。硫净化方法有两种：铜粉和亚硫酸四丁基铵。

浓硫酸和高锰酸盐净化法主要用于 PCBs 分析，由于这种净化方法会破坏绝大多数有机化合物，包括许多有机氯农药，因此，不适用于其他目标化合物。

二、色谱柱的选用

气相色谱法是当今环境有机分析化学领域中应用最广泛也是最有成效的方法之一。除少数情况外，绝大多数有机污染物的分析都离不开气相色谱法。我国已在 1990 年将其定为水和废水、空气和废气中多种有机化合物的分析方法。由于色谱柱是气相色谱仪的关键组成部分，某一多组分混合物能否分离完全，关键在于色谱柱的效能，而色谱柱的效能取决于色谱柱各项参数（固定液、担体、柱材料、长度、内径、固定液涂覆厚度等）及色谱操作条件的选择。因此，选择合适的色谱柱就成了色谱分析的关键。

填充色谱柱以其柱容量大、重现性好等特点，早在 70 年代初，就已应用于环境样品中有机物的分析。目前，虽有分离能力更高的毛细管柱问世，但在某些方面，填充柱仍在发挥着其特有的作用。另一方面，由于毛细管柱在分离能力、分析速度和灵敏度等方面表现出的突出优点，将其用在分析成分复杂的天然产物、环境中的污染物以及生物医学样品所得到的结果，远比用填充柱测定时效果要好得多，所以当前毛细管气相色谱就成为最重要的分析手段。

根据环境样品中有机污染物的特点，要求气相色谱柱应具有如下性能：

①选择性好（对不同组分有不同的溶解和解析能力）；

②极性范围广（可分析多种类型的样品）；

③化学稳定性强（不与样品反应）；

④液态黏度小（组分在其中快速完全溶解和解析，以便实现高效快速分析）；

⑤热稳定性高（有较宽的工作温度范围，能承受较高的工作温度和较低的凝固点，以便完成对沸程较宽样品的分离分析）；

⑥附着力强（在载体表面上形成的薄膜不易脱落，以利于提高柱效）；

⑦蒸气压低（流失少、基线稳定、柱寿命长）。表 4-1-10 中列出了常用的色谱固定相、商品色谱柱和应用范围等，可供实际使用时参考。

表 4-1-10 毛细管色谱柱及其应用范围

固定相	特性	商品色谱柱名称	使用温度范围	应用范围
100%聚二甲基硅氧烷	最常用的非极性色谱柱	DB-1、OV-1、HP-1、Rtx-1、SPB-1、SE-30、CPSil5CB、MDN-1	(-60~325)/300℃	脂肪酸甲酯、挥发油、轻烃、乙醇、芳香烃、胺类、烃类、杀虫剂、PCBs、酚类、硫化物等的分析
5%二苯基-95%二甲基聚硅氧烷	非极性、低流失，分析未知样品时首选色谱柱	DB-5MS、HP-5MS、Rtx-5MS、(适用于质谱分析的高温低流失的色谱柱) DB-5、HP-5、Rtx-5、SPB-5、SE-54、MDN-5、XP-Sil 8CB	(-60~325)/300℃	生物碱、药物、脂肪酸甲酯、氯代化合物等痕量分析及GC-MS分析
50%二苯基-50%二甲基聚硅氧烷	中等极性	HP-50、CP-Sil 24CB、Rtx-50、SPB-50、DB-17、BPX-50	30~280℃	脂肪酸甲酯、磷苯二甲酸酯、游离苯酚、氯代杀虫剂、碱性药物等
35%二苯基-65%二甲基聚硅氧烷	中等极性	DB-35、Rtx-35、HP-35、SPB-35、SPB-608	40~300℃	Aroclor类、胺、杀虫剂、除草剂、药物等分析
50%氰丙基苯基-50%二甲基聚硅氧烷		HP-225、DB-225、Rtx-225、CP-Sil 43CB、SP-233、RSL-50		多用于食品及香料工业，分析脂肪酸甲酯的顺、反异构体
聚乙二醇键和固定相	极性	HP-WAX、DB-WAX、Rt-WAX、Carbowax 20M	20~250℃	特别适合于工业溶剂的分析、醇类、芳香烃、基础油等
6%氰丙基苯基-94%二甲基聚硅氧烷	中等偏低极性	HP-1301、DB-1301、DB-624、Rtx-1301	－20~280℃	挥发性卤代有机化合物、除草剂、杀虫剂、醇类、含氧化合物等分析
14%氰丙基苯基-86%二甲基聚硅氧烷	中等偏低极性	HP-1701、DB-1701、Rtx-1701、OV-1701、CB-Sil 19CB、SPB-1701	25～280℃	药物、杀虫剂、除草剂、TMS糖的分析
分子筛	吸附柱	HP-PLOT、J&W GS Molesieve、Rt-Misieve 13X、Mol Sieve 5A-PLOT、CP Molesive 5A		永久性气体、稀有气体

三、仪器的选用

1. 气相色谱仪（GC）

与其他分析分离法相比，气相色谱法的优点是：分离效率高、速度快，可以采用多种灵敏度高、选择性好、线性范围宽的检测器，容易和其他仪器联用。它对低分子量化合物分析有无可比拟的优势。

检测器是色谱分离过程的眼睛，目前可以用于气相色谱的检测器已有几十种。这些检测器很多都可以用于其他色谱分离模式，如超临界流体色谱（SFC）、高效液相色谱（HPLC）和薄层色谱（TLC）等。

（1）火焰离子化检测器

火焰离子化检测器（flame ionization detector，FID）是利用氢火焰作电离源，使有机物电离，产生微电流而响应的检测器，又称氢火焰电离检测器。它是众多的气相电离检测器之一，是破坏性的、典型的质量型检测器。

FID 的突出优点是对几乎所有的有机物均有响应，特别是对烃类灵敏度高且响应值与碳原子数呈正比。它对 H_2O、CO_2和 CS_2等无机物不灵敏，对气体流速、压力和温度变化不敏感。它的特点是灵敏度高，最小检出限约 10^{-12}g/s，线性范围广，达 10^7，结构简单，操作方便。

（2）电子捕获检测器

电子捕获检测器（electron capture detector，ECD）是灵敏度最高的气相色谱检测器之一，同时又是最早出现的选择性检测器。它仅对那些能俘获电子的化合物，如卤代烃、含 N、O 和 S 等杂原子的化合物有响应。由于它灵敏度高、选择性好，多年来已广泛用于环境样品中痕量农药、多氯联苯等的分析。ECD 是气相电离检测器之一，但它的信号不同于 FID 等其它电离检测器，FID 等信号是基流的增加，ECD 信号是高背景基流的减小。ECD 的不足之处是线性范围较小，通常仅 10^2～10^4。

（3）氮磷检测器

氮磷检测器（nitrogenphosphorus detector，NPD）又称热离子检测器（thermionic detector，TID）等，是气相色谱检测器的后起之秀。它是电离型检测器之一，检测低基流背景下信号电流的增加。NPD 对氮磷化合物灵敏度高，专一性好，专用于痕量氮、磷化合物的检测。目前使用的 NPD 是用非挥发性的硅酸铷玻璃珠作热电离源，硅酸铷玻璃珠被熔融在一根螺旋铂丝上，用电加热铷珠，氢气流每分钟仅几毫升，为“冷氢焰”。由于有了这些改进，NPD 使用寿命长，稳定性、重复性好，且背景基流由以前的 10^{-9}A 降到 10^{-13}A，最小检测限大大降低。操作方便易控制，使该检测器跃为最常用的检测器之一。

氮是有机化学中第二大类杂原子，有机磷化合物也是十分重要的有机物。NDP 最适于对复杂样品中痕量氮磷化合物的检测。

NPD 与其它气相色谱检测器相比，其性能特征是：灵敏度高、专一性强；其响应值与 N、P 原子流速成正比；但对某些 NPD，氮化合物的响应还与其分子结构有关。

（4）火焰光度检测器

火焰光度检测器（flame photometric detector，FPD）是利用富氢火焰使含硫、磷杂原子的有机物分解，形成激发态分子，当它们回到基态时，发出一定波长的光。此光强度与被测组分量成正比，所以，它是以物质与光的相互关系为机理的检测方法，属于光度法。近年来出现的脉冲火焰光度检测器使灵敏度和选择性有了很大提高，还扩大了检测元素的范围。

FPD 是一种高灵敏度和高选择性的检测器，其特征是对磷为线性响应，对硫为非线性响应。它是六个最常用的气相色谱检测器之一，主要用于含硫、磷化合物，特别是硫化物的痕量检测。近年来也用于有机金属化合物（如有机锡化合物）或其它杂原子化合物的痕量检测。

2. 气相色谱-质谱联用仪（GC-MS）

气相色谱法对未知化合物定性能力差，而质谱（mass spectrometry，MS）对未知化合物具有独特的鉴定能力，将 GC 与 MS 联用，无疑是复杂混合物分离和检测的有力工具。GC-MS 既可对未知化合物定性，又可以对痕量组分定量。它灵敏度高、使用范围广，是应用最早、最多的联用技术。自 80 年代初出现小型或台式四极杆 GC-MS 后，特别是进入 90 年代，由于 MS 外形尺寸变小、成本和复杂性降低，以及稳定性和耐用性的提高，已使它成为 GC 常用的检测器之一，被称为质谱检测器（MSD）或质量选择性检测器。

MSD 系统主要由四部分组成：接口、质谱检测器、计算机系统和真空系统。毛细管色谱柱出口通过接口直接插入离子源内，被测组分被电离成分子离子和碎片离子，经加速、聚焦后进入四极杆质量分析器，将各离子按质荷比分离后，在离子检测器上变成电流信号输出。该信号经计算机收集、处理和检索后，可打印出各种质谱图和鉴定结果。

在 MS 中，离子源的作用是将被测组分电离成离子，并使这些离子加速和聚集成离子束。离子源有多种，一般常用的有电子轰击离子源（EI）和化学离子源（CI）。EI 源的特点是结构简单、温控和操作较方便；电离效率高，所形成的离子动能分散小；性能稳定，所得谱图是特征的、能够表征组分的分子结构。目前，大量的有机物标准质谱图均是用 EI 源得到的。CI 源是通过反应离子与被测组分分子反应而使组分分子电离的一种电离方法。反应气体通常为甲烷或异丁烷。与 EI 源相比，在 CI 源中，离子-分子反应后剩余的内能很小，故分子离子峰大，碎片离子峰较少，谱图简单，易识别，因此，CI 常被称为“软”电离技术。另外，CI 源有选择性，通过选择不同的反应气体，使其仅与样品中的被测组分反应，从而使该组分被电离和检测。CI 源可产生正离子，也可产生负离子，对于一些化合物如卤代芳烃，负离子 CI 有很高的检测灵敏度。

质量分析器是将不同 m/z 离子分开，它是 MS 的核心部件。

3. 高效液相色谱仪（HPLC）

高效液相色谱（HPLC）是 70 年代在经典液相柱色谱和气相色谱基础上发展起来的。它具有分离效能高，分析速度快，样品用量少等优点，同时又不像 GC 那样受样品的沸点、挥发性和热不稳定性的限制。所以，高效液相色谱特别适合于那些沸点高、极性强、热稳定性差的化合物。在已知有机化合物中大约有 70%是不挥发的，因此，高效液相色谱有着广泛的应用潜力。

（1）紫外-可见光检测器

紫外-可见光检测器是液相色谱（LC）中应用最广泛的检测器之一，具有较高的选择性和灵敏度，对周围环境温度、流动相组成及流速波动不甚敏感等优点，可用于梯度淋洗操作，但它只适用于那些能吸收紫外-可见光的物质。一般选择在对被分析物有最大吸收的波长处进行工作，以获得最大的灵敏度和抗干扰能力。

常见的紫外-可见吸收检测器波长在 190～600nm（或 700nm），在此范围内可选定任何波长进行检测，有效光谱宽度为 5nm 左右。80 年代中出现了二级管阵列分光光度检测器，它的主要特点是每一秒钟就能完成一次 200～800nm 波长范围内的扫描。利用它可以在 190～600nm 范围内（波长跨度约为 400nm）仅需一次进样，就可以检测出在这一波长范围内有吸收的所有组分，并计算出在给定波长范围所采集的每一色谱峰的最高吸收 λ_{max}。二极管阵列检测器可以同时在多个波长下检测样品，当被测组分的 λ_{max} 不同时，可在一次进样的条件下进行多信号检测，做到了在最高灵敏度条件下分析各组分。

（2）荧光检测器

荧光检测器在液相色谱中的应用仅次于紫外吸收检测器，它的最大优点是具有极高的灵敏度和良好的选择性。一般来说，它比紫外-可见吸收检测器的灵敏度高 10～1000 倍，所以它需要的样品量很少。荧光检测器应用不如紫外-可见吸收检测器广泛的原因是能产生荧光的化合物比较有限。有些化合物本身不产生荧光，但却含有适当的官能团，与荧光试剂反应衍生出能产生荧光的化合物，也可用此法检测。衍生方法有柱前衍生和柱后衍生两种，前者方法简单，但定量重现性差，后者重现性好，但会造成色谱峰变宽。

4. 液相色谱-质谱仪（LC-MS）

与 GC-MS 不同，LC-MS（液相色谱-质谱）主要用于分析 GC-MS 难以分析的化学物质，难挥发、极性高或热不稳定的化学物质等。早在 20 世纪 70 年代，研究人员就已经开发了 LC-MS 中的 ESI（电喷雾离子化）、APCI 等大气压化学离子化方法。但是，一直到 80 年代，由于仪器的检测灵敏度难以达到要求，LC-MS 在环境分析中的应用迟迟没有进展。近年来，随着对 LC-MS 接口和离子化机理理论化研究的进展，仪器性能有了飞跃性提高。伴随着这一发展，LC-MS 在环境分析中的应用不断扩展，越来越显示出其重要性。

LC-MS 分析系统是由 LC、接口和 MS 三部分构成，其中 MS 部分与 GC-MS 中的 MS 部分原理相同，是根据被离子化的目标物质的质量/电荷比（m/z）进行检测和定性的一种手段。与液相色谱结合的 MS 所得到的信息包括：任意一个 m/z 的强度随时间分布的色谱图；任意时间上各 m/z 的相对强度分布表示的色谱图。另外，还可以得到表示所有离子的强度之和随时间变化的总离子流色谱图（总离子流图，TIC）。

LC 与 MS 接口部分的作用是离子化，离子化方式分汽化法（evaporation）、雾化法（nebulization）和解离法（desorption）三种。汽化法是将被加热、汽化的目标物质引入到离子化室中，因此，多用于以挥发性高、热稳定性好的低分子量化合物为分析对象的 GC-MS 中。雾化法是使目标物质经过雾化喷雾过程脱去溶剂并使其离子化的方法，因此，多用于以难挥发、热不稳定的化合物为检测对象的 LC-MS 中。解离法是在含有目标物质在内的液相或固相上急剧施加高能使其离子化的方法。各种离子化方式有：

汽化法，包括电离子化法（EI）和化学离子化法（CI）；雾化法，包括气体喷雾-离子束法、热喷雾法（TSP）和大气压离子化法（API），后者包括大气压化学离子化法（APCI）和电喷雾离子化法（ESI）；解离法，有快原子轰击法（FAB），细分为二次离子质谱（SIMS）和基体辅助激光解离离子化法。

其中，在作为环境微量分析仪器的 LC-MS 中，主要采用的离子化法是 API 法和 FAB 法。表 4-1-11 为不同离子化方法的特性和使用条件。

表 4-1-11 LC-MS 的主要离子化法的特点

项目		APCI	ESI	CF-FAB
移动相溶液	流量(ml/min)	0.4～2	0.1～0.7	～0.1
	组成	水/有机溶剂：任意	100%非极性溶剂	添加 FAB 基体
	缓冲液	不挥发性不可	不挥发性及高挥发性	不挥发性及挥发性高都不行
	pH	腐蚀性、不挥发性不可 对离子化有影响	腐蚀性、不挥发性不可 对离子化有影响	腐蚀性、不挥发性不可 对离子化有影响
汽化部加热器	温度(℃)	180～500	～130 左右	高速原子和电场
离子化能量供给		辉光放电	强电场	
	样品状态	气体	液体	液体
	生成离子	主要为拟分子离子	主要为拟分子离子、多价离子	主要为拟分子离子
测定目标物质	分子量	～1000	～100000	～3000
	极性	低～中极性	中～高极性	中～高极性
质量分析器		四极杆 MS 离子阱 MS 磁场型 MS 飞行时间 MS	四极杆 MS 离子阱 MS 磁场型 MS 飞行时间 MS	磁场型 MS 飞行时间 MS

第二章　有机污染类别测定

一、挥发酚的测定

根据酚类能否与水蒸气一起蒸出，分为挥发酚和不挥发酚。挥发酚通常是指沸点在230℃以下的酚类，通常属一元酚。

酚类为原生质毒，属高毒物质。人体摄入一定量时，可出现急性中毒症状；长期饮用被酚污染的水，可引起头昏、出疹、瘙痒、贫血及各种神经系统症状。水中含低浓度（0.1～0.2mg/L）酚类时，可使生长鱼的鱼肉有异味，高浓度（＞5mg/L）时则造成中毒死亡。含酚浓度高的废水不宜用于农田灌溉，否则，会使农作物枯死或减产。水中含微量酚类，在加氯消毒时，可产生特异的氯酚臭。

酚类主要来自炼油、煤气洗涤、炼焦、造纸、合成氨、木材防腐和化工等废水。

1. 方法选择

酚类的分析方法较多，而各国普遍采用的为4-氨基安替比林光度法，国际标准化组织颁布的测酚方法亦为此。当水样中挥发酚浓度低于0.5mg/L时采用4-氨基安替比林萃取光度法，浓度高于0.5mg/L时采用4-氨基安替比林直接光度法。高浓度含酚废水可采用溴化容量法，此法适用于车间排放口或未经处理的总排污口废水。

2. 水样保存

用玻璃仪器采集水样。水样采集后应及时检查有无氧化剂存在。必要时加入过量的硫酸亚铁，立即加磷酸酸化至pH4.0，并加入适量硫酸铜（1g/L）以抑制微生物对酚类的生物氧化作用，同时应冷藏（5～10℃），在采集后24h内进行测定。

（一）预蒸馏

水中挥发酚经过蒸馏以后，可以消除颜色、浑浊度等干扰。但当水样中含氧化剂、油、硫化物等干扰物质时，应在蒸馏前先做适当的预处理。

1. 干扰物质的排除

①氧化剂（如游离氯）：当水样经酸化后滴于碘化钾-淀粉试纸上出现蓝色时，说明存

在氧化剂。遇此情况，可加入过量的硫酸亚铁。

②硫化物：水样中含少量硫化物时，用磷酸把水样 pH 调至 4.0（用甲基橙或 pH 计指示），加入适量硫酸铜（1g/L）使生成硫化铜而被除去；当含量较高时，则应用磷酸酸化的水样置于通风柜内进行搅拌曝气，使其生成硫化氢逸出。

③油类：将水样移入分液漏斗中，静置分离出浮油后，加粒状氢氧化钠调节至 pH12～12.5。用四氯化碳萃取（每升样品用 40ml 四氯化碳萃取两次），弃去四氯化碳层，萃取后的水样移入烧杯中，在通风柜中于水浴上加温以除去残留的四氯化碳，用磷酸调节至 pH4.0。当石油类浓度较高时，用正己烷处理较四氯化碳为佳。

④甲醛、亚硫酸盐等有机或无机还原性物质：可分取适量水样于分液漏斗中，加硫酸溶液使水样呈酸性，分次加入 50ml，30ml，30ml 乙醚或二氯甲烷萃取酚，合并二氯甲烷或乙醚层于另一分液漏斗中，分次加入 4ml，3ml，3ml 10%氢氧化钠溶液进行反萃取，使酚类转入氢氧化钠溶液中。合并碱萃取液，移入烧杯中，置于水浴上加热，以除去残余萃取溶剂，然后用水将碱萃取液稀释至原分取水样的体积。

同时以水做空白试验。

注意：乙醚为低沸点、易燃和具麻醉作用的有机溶剂，使用时要小心，周围应无明火，并在通风柜内操作。室温较高时，水样和乙醚应先置于冰水浴中降温后，再进行萃取操作，每次萃取应尽快地完成。

⑤芳香胺类：芳香胺类亦可与 4-氨基安替比林产生显色反应，使结果偏高。可在 pH＜0.5 的介质中蒸馏，以减小其干扰。

2. 仪器

500ml 全玻璃蒸馏器。

3. 试剂

实验用水应为无酚水。

①无酚水：于 1L 水中加入 0.2g 经 200℃活化 0.5h 的活性炭粉末，充分振摇后，放置过夜。用双层中速滤纸过滤，或加氢氧化钠使水呈强碱性，并滴加高锰酸钾溶液至紫红色，移入蒸馏瓶中加热蒸馏，收集馏出液备用。

注：无酚水应贮于玻璃瓶中，取用时应避免与橡胶制品（橡皮塞或乳胶管）接触。

②硫酸铜溶液：称取 50g 硫酸铜（$CuSO_4 \cdot 5H_2O$）溶于水，稀释至 500ml。

③磷酸溶液：量取 50ml 磷酸（ρ_{20}=1.69g/ml），用水稀释至 500ml。

④甲基橙指示液：称取 0.05g 甲基橙溶于 100ml 水中。

4. 步骤

①量取 250ml 水样置于蒸馏瓶中，加数粒小玻璃珠以防暴沸，再加入二滴甲基橙指示液，用磷酸溶液调节至 pH4（溶液呈橙红色），加 5.0ml 硫酸铜溶液（如采样时已加过硫酸铜，则适量补加）。

注：如加入硫酸铜溶液后产生较多量的黑色硫化铜沉淀，则应摇匀后放置片刻，待沉淀后，再滴加硫酸铜溶液，直至不再产生沉淀为止。

②连接冷凝器加热蒸馏，至蒸馏出约 225ml 时，停止加热，放冷。向蒸馏瓶中加入 25ml 水，继续蒸馏至馏出液为 250ml 为止。

注：蒸馏过程中，如发现甲基橙的红色褪去，应在蒸馏结束后，再加 1 滴甲基橙指示液。如发现蒸馏后残液不呈酸性，则应重新取样，增加磷酸加入量，进行蒸馏。

（二）4-氨基安替比林直接光度法（A）

1. 方法原理

酚类化合物于 pH10.0±0.2 介质中，在铁氰化钾存在下，与 4-氨基安替比林反应，生成橙红色的吲哚酚安替比林染料，其水溶液在 510nm 波长处有最大吸收。

研究指出：酚类化合物中，羟基对位的取代基可阻止反应进行；但卤素、羧基、磺酸基、羟基和甲氧基除外，这些基团多半是能被取代下的；邻位硝基阻止反应生成，而间位硝基不完全地阻止反应；氨基安替比林与酚的偶合在对位较邻位多见，当对位被烷基、芳基、酯、硝基、苯酰基、亚硝基或醛基取代，而邻位未被取代时，不呈现颜色反应。

2. 方法的适用范围

用光程长为 20mm 比色皿测量时，酚的最低检出浓度为 0.1mg/L。

3. 仪器

分光光度计。

4. 试剂

1）苯酚标准贮备液：称取 1.00g 无色苯酚（C_6H_5OH）溶于水，移入 1000ml 容量瓶中，稀释至标线。置 4℃冰箱内保存，至少稳定一个月。

2）贮备液的标定：

①吸取 10.00ml 苯酚贮备液于 250ml 碘量瓶中，加水稀释至 100ml，加 10.0ml 0.1mol/L 溴酸钾-溴化钾溶液，立即加入 5ml 盐酸，盖好瓶塞，轻轻摇匀，于暗处放置 10min。加入 1g 碘化钾，密塞，再轻轻摇匀，放置暗处 5min。用 0.0125mol/L 硫代硫酸钠标准溶液滴定至淡黄色，加入 1ml 淀粉溶液，继续滴定至蓝色刚好褪去，记录用量。

②同时以水代替苯酚贮备液做空白试验，记录硫代硫酸钠标准溶液用量。

③苯酚贮备液浓度由下式计算：

$$\text{苯酚(mg/ml)} = \frac{(V_1 - V_2)C \times 15.68}{V}$$

式中：V_1——空白试验中消耗的硫代硫酸钠标准溶液体积（ml）；

V_2——滴定苯酚贮备液时消耗的硫代硫酸钠标准溶液体积（ml）；

V——苯酚贮备液体积（ml）；

C——硫代硫酸钠标准溶液浓度（mol/L）；

（A）本方法与 GB7490—87 等效。

15.68——摩尔质量（$1/6C_6H_5OH$）（g/mol）。

3）苯酚标准中间液：取适量苯酚贮备液，用水稀释至每毫升含 0.010mg 苯酚。使用时当天配制。

4）溴酸钾-溴化钾标准参考溶液 C（$1/6\ KBrO_3$）=0.1mol/L：称取 2.784g 溴酸钾（$KBrO_3$）溶于水，加入 10g 溴化钾（KBr）使溶解，移入 1000ml 容量瓶中，稀释至标线。

5）碘酸钾标准溶液 C（$1/6\ KIO_3$）=0.0250mol/L：称取预先经 180℃烘干的碘酸钾 0.8917g 溶于水，移入 1000ml 容量瓶中，稀释至标线。

6）硫代硫酸钠标准滴定溶液 C（$Na_2S_3O_3 \cdot 5H_2O$）≈0.025mmol/L：

①称取 6.2g 硫代硫酸钠溶于煮沸放冷的水中，加入 0.2g 碳酸钠，稀释至 1000ml，临用前，用碘酸钾溶液标定。

②标定：分取 20.00ml 碘酸钾溶液置于 250ml 碘量瓶中，加水稀释至 100ml，加 1g 碘化钾，再加 5ml（1+5）硫酸，加塞，轻轻摇匀。置暗处放置 5min，用硫代硫酸钠溶液滴定至淡黄色，加 1ml 淀粉溶液，继续滴定至蓝色刚褪去为止，记录硫代硫酸钠溶液用量。

③按下式计算硫代硫酸钠溶液浓度（mol/L）：

$$C(Na_2S_2O_3 \cdot 5H_2O) = \frac{0.0250 \times V_4}{V_3}$$

式中：V_3——硫代硫酸钠标准滴定溶液滴定用量（ml）；

V_4——移取碘酸钾标准溶液量（ml）；

0.0250——碘酸钾标准溶液浓度（mol/L）。

7）淀粉溶液：称取 1g 可溶性淀粉，用少量水调成糊状，加沸水至 100ml，冷却后，置冰箱内保存。

8）缓冲溶液（pH 约为 10）：称取 20g 氯化铵（NH_4Cl）溶于 100ml 氨水中，加塞，置冰箱中保存。

注：应避免氨挥发所引起 pH 的改变，注意在低温下保存和取用后立即加塞盖严，并根据使用情况适量配制。

9）2%4-氨基安替比林溶液：称取 2g 4-氨基安替比林（$C_{11}H_{13}N_3O$）溶于水，稀释至 100ml，置冰箱中保存。可使用一周。

注：固体试剂易潮解、氧化，宜保存在干燥器中。

10）8%铁氰化钾溶液：称取 8g 铁氰化钾｛$K_3[Fe(CN)_6]$｝溶于水，稀释至 100ml，置冰箱内保存，可使用一周。

5. 步骤

（1）校准曲线的绘制

于一组八支 50ml 比色管中，分别加入 0、0.50、1.00、3.00、5.00、7.00、10.00、12.50ml 酚标准中间液，加水至 50ml 标线。加 0.5ml 缓冲溶液，混匀，此时 pH 为 10.0±0.2，加 4-氨基安替比林溶液 1.0ml 混匀。再加 1.0ml 铁氰化钾溶液，充分混匀，放置 10min 后立即于 510nm 波长，用光程为 20mm 比色皿，以水为参比，测量吸光度。经空白校正后，绘制吸光度对苯酚含量（mg）的校准曲线。

（2）水样的测定

分取适量的馏出液放入 50ml 比色管中，稀释至 50ml 标线。用与绘制校准曲线相同步骤测定吸光度，最后减去空白试验所得吸光度。

（3）空白试验

以水代替水样，经蒸馏后，按水样测定相同步骤进行测定，以其结果作为水样测定的空白校正值。

6. 计算

$$挥发酚（以苯酚计，mg/L）=\frac{m}{V}\times 1000$$

式中：m——由水样的校正吸光度，从校准曲线上查得的苯酚含量（mg）；

V——移取馏出液体积（ml）。

注：如水样含挥发酚较高，移取适量水样并加水至 250ml 进行蒸馏，则在计算时应乘以稀释倍数。

7. 精密度和准确度

三个实验室分析含 2.0mg/L 苯酚的统一标准溶液，实验室内相对标准偏差为 0.4%；实验室间相对标准偏差为 2%；相对误差为-2%。

（三）4-氨基安替比林萃取光度法（A）

1. 方法原理

酚类化合物在 pH10.0±0.2 介质中，在铁氰化钾的存在下，与 4-氨基安替比林反应所生成的橙红色安替比林染料可被三氯甲烷所萃取，并在 460nm 波长处具有最大吸收。

2. 方法的适用范围

本方法适用于饮用水、地表水、地下水和工业废水中挥发酚的测定。其最低检出浓度为 0.002mg/L；测定上限为 0.12mg/L。

3. 仪器

①500ml 分液漏斗。

②分光光度计。

4. 试剂

实验用水均为无酚水。除了与 4-氨基安替比林直接光度法所需相同的试剂外，增加下述试剂：

①苯酚标准使用液：取适量苯酚标准中间液，用水稀释至每毫升含 1.00μg 苯酚。配制

（A）本方法与 GB 7490—87 等效。

后在 2h 内使用。

②三氯甲烷。

5. 步骤

（1）校准曲线的绘制

于一组八个分液漏斗中，分别加入 100ml 水，依次加入 0、0.50、1.00、3.00、5.00、7.00、10.00 和 15.00ml 苯酚标准使用液，再分别加水至 250ml，加 2.0ml 缓冲溶液混匀。此时 pH 为 10.0±0.2，加 1.50ml 4-氨基安替比林溶液，混匀，再加 1.5ml 铁氰化钾溶液，充分混匀后，放置 10min。准确加入 10.0ml 三氯甲烷，加塞，剧烈振摇 2min，静置分层。用干脱脂棉或滤纸筒拭干分液漏斗颈管内壁，于颈管内塞一小团干脱脂棉或滤纸，放出三氯甲烷层，弃去最初滤出的数滴萃取液后，直接放入光程为 20mm 的比色皿中，于 460 nm 波长处，以三氯甲烷为参比，测量吸光度。经空白校正后，绘制吸光度对苯酚含量的校准曲线。

（2）水样的测定

分取馏出液于分液漏斗中，加水至 250ml，用与绘制校准曲线相同操作步骤测量吸光度，再减去空白试验吸光度。

（3）空白试验

用水代替水样进行蒸馏后，按水样测定相同步骤进行测定，以其结果作为水样测定的空白校正值。

6. 计算

$$\text{挥发酚（以苯酚计，mg/L）} = \frac{m}{V}$$

式中：m——由水样的校正吸光度，从校准曲线上查得的苯酚含量（μg）；

V——分取馏出液体积（ml）。

注：如水样含挥发酚较高，移取适量水样并加水至 250ml 进行蒸馏，计算时应乘以稀释倍数。

7. 精密度和准确度

三个实验室分析含 0.030mg/L 苯酚的统一标准溶液，实验室内相对标准偏差为 1%；实验室间相对标准偏差为 3.8%；相对误差为 2%。

8. 注意事项

①4-氨基安替比林的纯度对空白试验的吸光度影响较大，必要时做提纯处理。将 4-氨基安替比林置干燥的烧杯中，加约 10 倍量的苯，用玻璃棒充分搅拌，并使块状物粉碎，将溶液连同沉淀移至干燥滤纸上过滤，再用少量苯洗至滤液为淡黄色为止。将滤纸上的沉淀物摊铺于表面皿上，利用通风柜的机械通风，在较短的时间内使残留的苯挥发，去除后，置干燥器内避光保存。

注意：苯有毒性，提纯操作应在通风柜内进行。

②当水样含挥发性酸时，可使馏出液 pH 降低，必要时，应加氨水于馏出液中使呈中性后再加入缓冲溶液。

（四）溴化滴定法（A）

1. 方法原理

在过量溴（由溴酸钾和溴化钾产生）的溶液中，使酚与溴生成三溴酚，并进一步生成溴代三溴酚。在剩余的溴与碘化钾作用释放出游离碘的同时，溴代三溴酚与碘化钾反应生成三溴酚和游离碘，用硫代硫酸钠溶液滴定释出的游离碘，并根据其消耗量，计算挥发酚含量（以苯酚计）。

2. 方法的适用范围

本法可用于测定含高浓度挥发酚的工业废水。

3. 试剂

所用溴酸钾-溴化钾标准参考溶液、硫代硫酸钠标准滴定溶液和淀粉溶液的配制，参见本节（二）中的试剂。

4. 步骤

水样的测定

①分取 100ml 馏出液（如酚含量较高，则酌情减量，用水稀释至 100ml，使含酚量不超过 10mg），置于 250ml 碘量瓶中，加 5ml 盐酸，徐徐摇动碘量瓶，从滴定管中滴加溴酸钾-溴化钾标准参考溶液至呈淡黄色再过量 50%，记录用量。

②迅速盖上瓶塞，混匀，在 20℃放置 15min。加入 1g 碘化钾，加塞，轻轻混匀后置暗处放置 5min，用硫代硫酸钠标准滴定溶液滴定至淡黄色后，加 1ml 淀粉溶液，继续滴定至蓝色刚好褪去，记录用量。

以 100ml 水做空白试验，加入相同体积的溴酸钾-溴化钾标准参考溶液，其余操作同水样的测定。

5. 计算

$$\text{挥发酚（以苯酚计，mg/L）} = \frac{(V_1 - V_2)C \times 15.68 \times 1000}{V}$$

式中：V_1——空白试验滴定时硫代硫酸钠标准滴定溶液用量（ml）；

V_2——水样滴定时硫代硫酸钠标准滴定溶液用量（ml）；

C——硫代硫酸钠溶液浓度（mol/L）；

V——水样取样体积（ml）；

15.68——（1/6 C_6H_5OH）摩尔质量（g/mol）。

（A）本方法与 GB 7491—87 等效。

二、苯胺类

苯胺类化合物微溶于水，易溶于乙醇、乙醚及丙酮。当暴露于空气中，可氧化而使色泽变深。

在这类化合物中，苯胺是常用于染料制造、印染、橡胶、制药、塑料和油漆等的原料。

苯胺可通过呼吸道、消化道摄入人体，亦可通过皮肤吸收进入人体。苯胺对人体具有一定毒害作用，主要是使氧和血红蛋白变为高铁血红蛋白，影响组织细胞供氧而造成内窒息。慢性中毒表现为神经系统症状和血象的变化，某些苯胺类化合物还具有致癌性。

采用偶氮比色法测定工业废水中苯胺类化合物，具有方法简便、试剂稳定、精密度和准确度好的优点。

水样应采集于玻璃瓶内，并在采集后24h以内进行测定。

N-（1-萘基）乙二胺偶氮光度法（A）

1. 方法原理

苯胺类化合物在酸性条件下与亚硝酸盐重氮化，再与盐酸萘乙二胺偶合，生成紫红色染料，根据波长在545nm处的吸收进行定量。以苯胺为例，反应式如下：

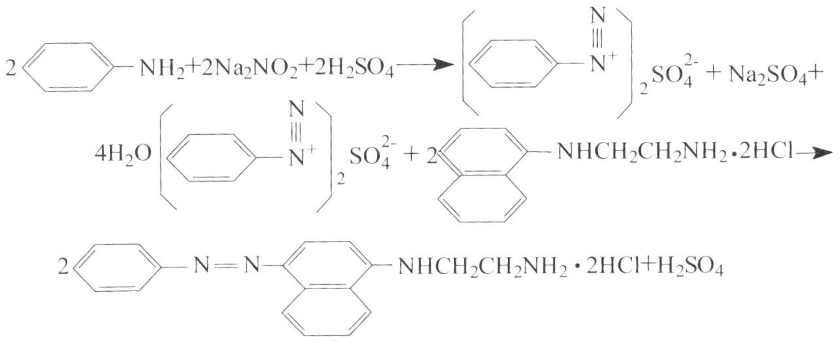

（紫红色染料）

2. 干扰

在酸性条件下测定，当酚含量高于200mg/L时，对本方法有正干扰。

3. 方法的适用范围

本方法适用于测定受芳香族伯胺类化合物污染的地表水，染料、制药等行业的工业废水。

试样体积为25ml使用光程为10mm的比色皿，本方法的检出浓度为0.03mg/L（吸光度A=0.010所对应的苯胺浓度）。测定上限为50mg/L。

（A）本方法与GB 11889—89等效。

4. 仪器

①分光光度计。
②25ml 具塞比色管。

5. 试剂

①硫酸氢钾。
②无水碳酸钠。
③精密 pH 试纸：pH0.5～5.0。
④5%亚硝酸钠水溶液，称取 5g 亚硝酸钠，溶于少量水中，稀释至 100ml（应配少量，贮存于棕色瓶中，置冰箱内保存）。
⑤2.5%氨基磺酸铵水溶液。
⑥0.05mol/L 硫酸溶液。
⑦2%N-（1-萘基）乙二胺盐酸盐（N-（1-Naphthyl）-ethylendiamine-dihydrochloride，简称 NEDA）水溶液。
⑧苯胺标准贮备溶液：于 25ml 容量瓶中加入 0.05mol/L 硫酸溶液 10ml，称量（准确至 0.1mg），然后加入 3～5 滴苯胺（再一次称量）。用 0.05mol/L 硫酸溶液稀释至刻度，摇匀。计算出每毫升溶液中所含苯胺的量，作为贮备液于冰箱内保存。
⑨苯胺标准使用溶液：用 0.05mol/L 硫酸溶液稀释成每毫升含 10.0μg 苯胺的标准使用溶液（用时现配）。

注：①苯胺应为无色透明的液体，如色泽变黄应重新蒸馏后使用。
②萘乙二胺盐酸盐的配制：用颜色很浅的二级品，可直接配制，保存于冰箱中可稳定较长时间。配制时在水浴上温热至溶液清亮并全部溶解，过滤后稀释至所要体积。贮存于棕色玻璃瓶中，冰箱保存。此溶液不宜多配，当溶液浑浊时应重新配制。

6. 步骤

（1）校准曲线的绘制

于七个 25ml 具塞比色管中，分别加入 0、0.25、0.50、1.00、2.00、3.00、4.00ml 苯胺标准使用溶液，各加水至 10ml，摇匀。加 0.6ml 10%硫酸氢钾溶液调节 pH 至 1.5～2.0（用精密 pH 试纸测试），加 1 滴 5%亚硝酸钠溶液，摇匀，放置 3min。加入 2.5%氨基磺酸铵溶液 0.5ml，充分振荡后，放置 3min。待气泡除尽，加入 2%NEDA 溶液 1.0ml，用水稀释至刻度，摇匀，放置 30min。于 545nm 波长处，用 10mm 比色皿，以水为参比测定吸光度。以苯酚含量（μg）对应空白校正吸光度绘制校准曲线。

（2）样品的测定

①水样用中速滤纸过滤后，吸取滤液适量（含苯胺 0.5～30 μg）于 25ml 具塞比色管中，加水稀释至 10ml，按步骤（1）进行操作。
②以蒸馏水代替水样，按相同操作步骤进行空白试验。由水样吸光度减去空白试验吸光度的差值（空白校正吸光度），从校准曲线上查出相应的苯胺含量。

7. 计算

$$苯胺类（以苯胺计，mg/L）=\frac{m}{V}$$

式中：m——由校准曲线查得的苯胺量（μg）；

V——水样体积（ml）。

8. 精密度和准确度

以制药废水为统一样品（加浓 H_2SO_4 调至 pH1～2 保存），经九个实验室分析，当浓度为 0.1mg/L 时获得室内相对标准偏差为 2.7%，0.5mg/L 时为 1.6%，0.9mg/L 时为 1.6%；室间相对标准偏差小于 2.4%；测定值的相对误差小于 0.2%。

9. 注意事项

①显色温度对反应有影响，最佳反应温度在 22～30℃，若室温高于或低于此温度范围，可在恒温水浴中显色，或采用同时绘制校准曲线的办法进行测定。保存在冰箱的水样及试剂，比色前一定放置到室温，以消除温度的影响。

②色度较深的废水，可分取与显色相同体积的水样，按同样的操作步骤，但免去加 1ml 2%NEDA 溶液步骤，测量其吸光度。由水样吸光度减去上述所测得的吸光度的差值，查出相应的苯胺含量。

③对色泽很深或含酚量较高的水样，测定苯胺时，可采用蒸馏法以消除干扰。蒸馏操作步骤为：分取 100ml 水样于蒸馏瓶中，用 4%氢氧化钠溶液调至碱性，加热蒸馏。待蒸出 80ml 时，停止加热，稍冷后，往蒸馏瓶中加入 20ml 水，继续蒸馏至 100ml 馏出液为止。

三、硝基苯类

常见硝基苯类化合物有硝基苯、二硝基苯、二硝基甲苯、三硝基甲苯及二硝基氯苯等。该类化合物均难溶于水，易溶于乙醇、乙醚及其它有机溶剂。

硝基苯类化合物主要存在于染料、炸药和制革等工业废水中。排入水体后，可影响水的感官性状。人体可通过呼吸道吸入或皮肤吸收而产生毒性作用，硝基苯可引起神经系统症状、贫血和肝脏疾患。

废水中一硝基和二硝基类化合物分析较常采用还原-偶氮光度法；三硝基类化合物则采用氯代十六烷基吡啶光度法。单个硝基苯类化合物则需以气相色谱法测定。

水样以玻璃瓶采集，用硫酸调至 pH1～2，并在 4℃下保存，尽快进行分析。

（一）一硝基和二硝基化合物　还原-偶氮光度法（B）

1. 方法原理

在含硫酸铜的酸性溶液中，由锌粉反应产生的初生态氢将硝基苯还原成苯胺，经重氮偶合反应生成紫红色染料，进行比色测定。以硝基苯为例，反应如下：

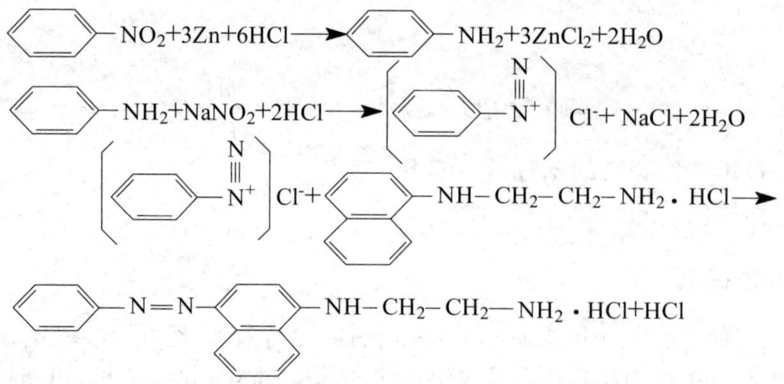

（紫红色染料）

当测定含有苯胺类化合物的废水时，需测定两份样品，一份不经还原测苯胺类含量，另一份按本法将硝基苯类还原成苯胺类测定其总吸光度，在减去苯胺类的吸光度后，计算出硝基苯类化合物的含量。

本法测得结果为一硝基和二硝基类化合物，测定结果均以硝基苯表示。

2. 干扰及消除

酚 200mg/L 以下、乙醇 5%以下、甲醇 2.5%以下、丙酮 10%以下无干扰。

3. 方法的适用范围

本方法适用于测定染料、制药、皮革及印染等行业废水中的硝基苯类化合物，最低检出浓度为 0.2mg/L。

4. 仪器

①分光光度计。

②25ml 具塞比色管。

5. 试剂

①盐酸（ρ=1.18g/ml）。

②锌粉。

③20%硫酸氢钾溶液。

④10%硫酸铜溶液。

⑤10%氢氧化钠溶液。

⑥5%亚硝酸钠溶液：称取 1.0g 亚硝酸钠溶于 20ml 水中，贮存于棕色瓶中，置冰箱内保存，放置时间不要超过三周。

⑦2.5%氨基磺酸铵溶液：称取 2.5g 氨基磺酸铵溶于 100ml 水中，贮存于棕色瓶中，置冰箱内保存，放置时间不要超过三周。

⑧2% N-（1-萘基）乙二胺溶液：称取 1.0g N-（1-萘基）乙二胺盐酸盐溶于水中，在沸水浴上加热使成澄清液，加水至 50ml，贮存于棕色瓶中，置冰箱内保存。当颜色加深或

出现沉淀时，需重新配制。

⑨精密 pH 试纸（pH 范围 0.5～5.0）。

⑩硝基苯标准溶液：取 10ml 乙醇于 25ml 容量瓶中，盖紧瓶塞，精确称重。加入 2～3 滴硝基苯，盖紧瓶塞再称重。用 0.1mol/L 硫酸溶液稀释至标线，摇匀。使用时，再用 0.1mol/L 硫酸溶液稀释，配制成每毫升含 0.100mg 硝基苯的使用液。

6. 步骤

（1）校准曲线的绘制

①吸取 1.00ml 硝基苯使用溶液（每毫升含 0.100mg）于 50ml 锥形瓶中，加水至 20ml，加入浓盐酸 2.0ml，锌粉 0.5g，10%硫酸铜溶液 2 滴，摇匀。放置 15min，过滤，滤液收集于 50ml 容量瓶中，用水洗涤滤纸三次，稀释至标线，混匀。

②吸取 0、1.0、2.0、3.0、4.0、5.0、10.0ml 分别置于 25ml 比色管中，加水至 10ml。加 10%氢氧化钠溶液至出现白色絮凝状沉淀（pH5）加水至标线，摇匀。加 1ml 20%硫酸氢钾溶液混匀，待白色沉淀消失。加 5%亚硝酸钠溶液 1 滴，摇匀。放置 3min，加 2.5%氨基磺酸铵溶液 0.5ml，充分摇匀，放置 3min，待气泡除尽后，加入 2%N-（1-萘基）乙二胺溶液 1.0ml，摇匀。

③放置 30min，用 10mm 比色皿，于 545nm 波长处，以水为参比，测量吸光度。减去零浓度的空白吸光度后，绘制校准曲线。

（2）样品测定

①取适量水样（使硝基苯加苯胺的总吸光度不超过 0.5）于锥形瓶中，加水至 20ml，加浓盐酸 2.0ml，锌粉 0.5g，10%硫酸铜溶液 2 滴，摇匀。放置 15min，过滤并转移至 50ml 容量瓶中，用水洗涤锥形瓶及滤纸三次，稀释至标线，混匀。

②取与①同样量水样于 50ml 容量瓶中，加浓盐酸 2.0ml，10%硫酸铜溶液 2 滴，加水至标线，混匀。

③分取上述①、②溶液各 10.0ml，分别置于 25ml 比色管中，与绘制校准曲线步骤相同，以水为参比，测量吸光度。

④空白试验：取 20ml 水于锥形瓶中，加浓盐酸 2.0ml、锌粉 0.5g，用与样品测定相同操作步骤，测量空白吸光度。

由①、②两份水样所测得的吸光度减去空白吸光度后的差值，分别为水样中的硝基苯类和苯胺类的吸光度。

7. 计算

$$硝基苯类（mg/L）=\frac{m\times 5}{V}$$

式中：m——由硝基苯类的吸光度减去苯胺类吸光度后，在校准曲线上查得硝基苯的含量（μg）；

V——水样体积（ml）。

8. 精密度和准确度

浓度为 3.8mg/L 的制药废水，经六个实验室测定，室内相对标准偏差为 3.5%；室间相对标准偏差为 6.1%；加标回收率为 90.3%～108.6%。

9. 注意事项

①当水样中苯胺类化合物含量（酸化后测得的苯胺含量）是硝基苯类化合物含量 7 倍时，本方法仍适用。若苯胺比例增加，则误差增大。

②由于水样酸化与否对苯胺类测得值有影响，因此测定样品时，①、②一定要同时取样，同时加入盐酸及硫酸铜溶液，待②样还原后，同时进行比色。

③水样经还原操作过滤时，应使用慢速滤纸。

④加 10%氢氧化钠溶液于经还原操作的水样中，当 pH 调至 4～5 时，溶液可能出现絮状沉淀，而不经还原操作的水样则无絮状沉淀。因此，氢氧化钠溶液用量会略多于经还原操作的水样。

⑤本方法最适宜的显色温度在 22～30℃，当低于此温度时，尤应注意校准曲线与水样同时进行操作。

⑥当水样色泽较深时，将同时影响硝基苯类和苯胺类吸光度的测量。必要时，应在减去水样空白吸光度后，查得并计算两者的含量（参见本章二、苯胺类，注意事项③）。

（二）三硝基化合物　氯代十六烷基吡啶光度法（C）

1. 方法原理

2, 4, 6-三硝基甲苯（α-TNT）、三硝基苯（TNB）和 2, 4, 6-三硝基苯甲酸（α-TNBA）等三硝化合物在 Na_2SO_3-CPC-DEAE 溶液中生成灵敏的有色加成化合物。

显色的适宜酸度为 pH6.5～9.5，pH＜5 时，不显色。

2. 干扰及消除

本法能与 α-TNT、s-TNB、α-TNBA 显色，不能与 β-TNT、γ-TNT、2, 4-DNT、2, 6-DNT、MNT、DNSA、m-DNB、o-DNB、DN-p-C（二硝基对甲酸）、DN-o-C（二硝基邻苯甲酸）显色。

铁、钙、镁离子浓度很高时，会产生絮状沉淀，需要离心后再进行光度测定。

3. 方法的适用范围

本法不适用于生化法处理后的废水中三硝基化合物的测定。测定范围在 0.1～70mg/L。

4. 仪器

①分光光度计。

②25ml 具塞比色管。

5. 试剂

①5%无水亚硫酸钠溶液：称取5g无水亚硫酸钠溶于100ml水中（有效期为3d）。

②0.3%氯代十六烷基吡啶（CPC）溶液：称取0.3g CPC溶于100ml水中。

③33%二乙氨基乙醇（DEAE）溶液：量取33ml DEAE，加水稀释至100ml（有效期为2d）。

④硫酸（ρ=1.82g/ml）。

⑤4%硫酸溶液。

⑥α-TNT标准溶液：准确称取标准α-TNT 10.0mg，溶于2～3ml硫酸中，缓慢加水溶解后，移入1000ml容量瓶中，并用水稀释至标线。此溶液1.00ml含10.0μg α-TNT。

6. 步骤

（1）校准曲线的绘制

①吸取α-TNT标准溶液0、0.50、1.00、3.00、5.00、7.00和10.0ml于25ml具塞刻度管中，用水稀释至10ml。加入4%硫酸溶液2ml，摇匀后加入5%亚硫酸钠溶液5ml。振荡均匀后，加入0.3%CPC溶液2ml和33%DEAE溶液2ml，随即用水稀释至标线。

②混匀后，于波长465nm处用10mm比色皿，以水为参比，测量吸光度。在减去空白吸光值后，绘制校准曲线。

（2）水样的测定

①取一定量水样（根据水样浓度确定取样体积，体积小于10ml时，应稀释至10ml），用与绘制校准曲线相同的操作方法加入试剂。

②显色后，测定吸光度，同时用水代替试样做空白试验，并做空白校正。

7. 计算

$$三硝基化合物（以\alpha-TNT，mg/L）=\frac{m}{V}$$

式中：m——从校准曲线上查得的α-TNT的量（μg）；

V——水样体积（ml）。

8. 精密度和准确度

单个实验室九次测定标准系列中各点浓度值，得平均标准偏差为0.22mg/L；加标回收率为103%～105%。

9. 注意事项

①当水样颜色较深时，可取同体积的水样，稀释至25ml作为空白比较，并从水样测得的吸光度值减去该空白吸光度值。

②当水样酸度很大，且取用的水样体积较大时，可减少硫酸的加入量，以保持显色后溶液的pH在7.0～9.0为宜。

③如果水样中三硝基化合物的浓度较高时，可稀释后测定。

④加入CPC溶液后，如果产生乳浊液时，不能用本方法进行测定，因为这时测得的浓

度不是水样的真实含量。

四、可吸附有机卤素（AOX）

（一）微库仑法（A）

1. 方法原理

水样经硝酸酸化后用活性炭吸附水样中有机化合物，再用硝酸钠溶液洗涤分离无机卤化物，将吸附有机物的活性炭在氧气流中燃烧热解，最后用微库仑法测定卤化氢的质量浓度。

2. 干扰及消除

①如水样中溶解的有机碳＞10mg/L，无机氯化物含量＞1g/L 时，分析前必须稀释。

②当水样中存在悬浮物时，其所含有的有机卤素化合物也包括在测定值中。

③为避免从水相中分离活性炭时可能形成的胶体干扰，需加入助滤剂如硅藻土，使炭絮凝克服过滤的困难。

④当水样中含有活性氯时，AOX 的值会偏高，故采样后须立即加入亚硫酸钠。当水样中存在难溶解的无机氯化物、生物细胞（如微生物、藻类）等，样品需要先酸化，放置 8h 后再分析。

⑤无机碘化物可以干扰吸附和检测，有机碘化物会导致非重现性的高结果，高浓度的无机溴化物也有干扰。

3. 方法的适用范围

本法适用于测定饮用水、地下水、地表水、污水中有机卤化物（AOX），其测定范围为 10～400μg/L，如超过上限，可减少取样量。

4. 水样采集与保存

①采样，运输和贮存时使用玻璃器皿。

如样品中含有氧化剂，采样后立即在每 100ml 水样中加入 5ml 亚硫酸钠。

②用硝酸调节水样的 pH 在 1.5～2.0 之间，必要时放置 8h，玻璃瓶内灌满水样，不留气泡。

③采样后应尽快地进行分析，如果需要贮存时，酸化水样，在 4℃下保存，但不能超过 3d。

5. 仪器

（1）可吸附有机卤素测定仪和吹脱器

（A）本方法与 GB/T 15959—1995 等效。

①燃烧热解炉：由长度 30cm，直径 2～3cm 石英管和管式炉组成的热解炉，加热温度可调，至少达 950℃，见图 4-2-1。

②石英舟：石英舟尺寸要与所采用的石英管的内径相匹配。

③微库仑计：能够测定 1μg Cl，相对标准偏差＜10%的微库仑计。

④干燥器：器内注入适量硫酸，用于干燥热解反应气体，并保证干燥器内硫酸不能发生逆流。

⑤气体入口：吹脱时进气口用硅橡胶管与气体洗涤瓶入口连接。

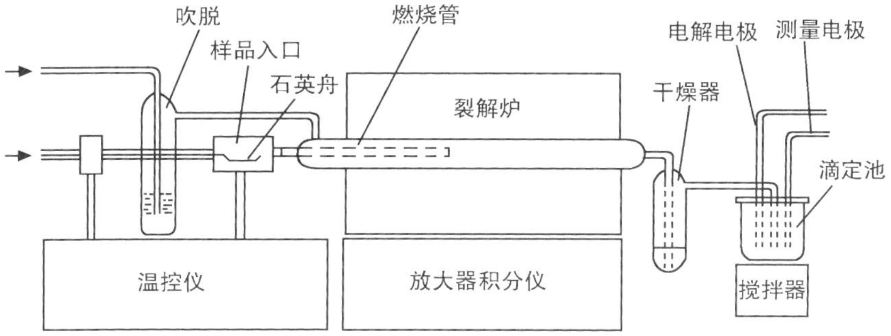

图 4-2-1　燃烧热解炉示意图

（2）柱吸附装置

吸附柱长 40～50mm，内径 2～3mm，内装 40～50mg 活性炭，柱的二端塞入少许玻璃棉。采用两支相同规格的吸附柱串联，再与 110ml 体积的样品管连接，用氮气的压力来调节过滤的流速。

（3）振荡吸附装置

①过滤器：一个过滤漏斗，容量 0.15L，过滤板直径 25mm。滤膜：孔径 0.45μm。

②电动振荡器：载板上附固定锥形瓶夹，振荡箱往返 150～250 次/min，振幅 6～10cm。

6. 试剂

除非另有说明，分析时均使用符合国家标准的分析纯试剂。所用的水、化学药品和气体中 AOX 含量，须经过检测，所得的 AOX 值不影响样品的测定下限。合格的水应贮存在带磨口的玻璃瓶中。

①活性炭：碘值：≥1050；氯化物：＜0.0015%；颗粒度：约 50μm，作为振荡吸附用；颗粒度：约 100μm，作为柱吸附用。

②硝酸（HNO_3）：ρ=1.42g/ml。

③盐酸：C（HCl）=0.100mol/L。

④硫酸（H_2SO_4）：ρ=1.84g/ml。

⑤冰乙酸（CH_3COOH）：优级纯。

⑥氯化钠（NaCl）：基准试剂。

⑦氧气（O_2）。

⑧氮气（N_2）。

⑨硝酸钠贮备溶液：17g/L。称取 17g 的硝酸钠（$NaNO_3$）溶于水中，加入 1.4ml 硝酸，移入 1000ml 容量瓶中，用水稀释至刻度。

⑩硝酸钠洗涤液：0.85g/L。取 50ml 硝酸钠贮备液，移入 1000ml 容量瓶中，用水稀释至刻度。

⑪亚硫酸钠溶液：C（Na_2SO_3）=0.2mol/L。

⑫氯化物标准贮备液：1000μg Cl/ml。称取 0.1648g 已在 140℃烘至恒重的氯化钠溶于水，移入 100ml 容量瓶中，用水稀释至刻度。

⑬氯化物标准使用液：100μg Cl/ml。吸取氯化物标准贮备液 10.0ml 于 100ml 容量瓶中，用水稀释至刻度。

⑭乙酸电解液（7+3）：量取 70ml 冰乙酸加入 30ml 水，混匀。

⑮对氯苯酚贮备溶液：200μgCl/ml。称取 72.5mg 对氯苯酚（C_6H_5ClO）溶于水，移入 100ml 容量瓶中，用水稀释至刻度。

7. 步骤

（1）分离步骤

挥发性卤化物的吹脱和测定：如果水样中含有挥发性卤化物少于 50%，吹脱步骤可以省略。

取 100ml 水样，倒入气体洗涤瓶里，洗涤瓶的进气一端用硅橡胶管与供氧气管连接，另一端出口接到燃烧石英管入口，氧气入口端尽可能深地插入水样的底部。

调节氧气流速 150ml/min，确保气泡均匀分布。当热解炉温度达到 950℃时，将混合气体送入燃烧石英管。

至少吹脱 10min，直到微伏信号显示值不再增加时，反应结束。按微库仑法测定可吹脱有机卤素的含量。

（2）吸附步骤

吸附方式可以选用柱吸附或振荡吸附。

①柱吸附：取 100ml 经过预处理的水样，加入 5ml 硝酸钠贮备液，校核 pH＜2，然后将水样倒入样品管中，盖好盖，调节氮气压力，使流速在 3ml/min 情况下过滤完水样。

再用 10～20ml 硝酸钠洗涤液，以 3ml/min 流速洗涤。将柱内湿活性炭分别移置于石英舟内，按下面（3）燃烧步骤进行测定。

注：第二个吸附柱获得的 AOX 值应该不超过第一个吸附柱 AOX 值的 10%，否则将水样稀释。

②振荡吸附：取经过预处理的 100ml 水样，倒入 250ml 锥形瓶中，加入 5ml 硝酸钠贮备液，校核 pH＜2，再加入 40～50mg 活性炭。将锥形瓶置于振荡器载板上，振荡悬浮液 1h 以上，通过滤膜抽滤，用约 25ml 硝酸钠洗液分数次洗涤滤饼，将湿的滤饼和滤膜一起移置于石英舟内，按燃烧步骤进行测定。

注：①一个恒定的溶解性有机碳（DOC）值将表明吸附已完全，因此通过 DOC 的测量来检验水样中活性炭吸附完全程度。

②取不同体积的水样（例如 50ml 和 100ml）可以检验吸附的完全性。当测得的

AOX 值之差＜10%时，则吸附完全。对于含高分子成分的废水（例如纸浆废水）吸附时间需要超过 1h，因而振荡时间也要延长，甚至过夜。

③如果过滤有困难，悬浮物可以絮凝。在搅拌活性炭悬浮液情况下，加入 0.5ml 硫酸铝（6.3g/L）溶液。再用固体碳酸钠调节悬浮液的 pH 在 6.8～7.2 之间，边搅拌边加入 0.2～0.4ml 部分水解的聚丙烯酰胺水溶液（0.2g/L），继续短时间搅拌，使其絮状物沉降，倾析上清液，絮凝物按上面②振荡吸附步骤进行处理。

（3）燃烧

燃烧热解炉的温度至少达到 950℃，其他操作方法详见仪器生产厂提供的使用说明书。

①将供氧气管与燃烧石英管以及硫酸干燥器和滴定池按照规定的次序连接起来，并核查各个接口，要防止漏气，见图 4-2-1。

注：必须避免当温度和压力降低时，可能引起的硫酸虹吸倒流进入燃烧管。

②调节氧气流速 150ml/min。

③慢慢地将石英舟推入燃烧石英管内预热段，确保活性炭水分逐渐散发出去。

注：炉子的容积、停留时间、温度和气体流速都可能影响测定结果。

（4）校准和验证

微库仑计应该每天校准。

①微库仑计的校准：必须更换滴定池内的电解液约 70ml，待搅拌稳定后，用 10.0μl 氯化物标准使用液来校准。然后依次向滴定池内注入 1μl、2μl、3μl、4μl、5μl、6μl、7μl、8μl、9μl、10μl 的盐酸溶液，测定每一种情况下电荷的迁移量。

按下式将一系列的测量值用线性回归方法作一条回归曲线。

$$Q = a \cdot Q_t + b$$

式中：Q——实测电荷迁移量（C）；

Q_t——已知电荷迁移量（C）；

a——回归曲线斜率（电解电流效率）；

b——回归曲线在纵坐标上的截距（C）。

已知电荷量可从下式求得：

$$Q_t = V \cdot C_{Cl} \cdot F$$

式中：V——盐酸溶液的体积（L）；

C_{Cl}——盐酸溶液实际的浓度（mol/L）；

F——法拉第常数，F=96487C/mol。

②全步骤的验证：测定五个标准溶液 10μl、20μl、40μl、60μl、80μl 和一个空白的 AOX 值，按吸附步骤操作。将测定的结果进行回归分析，其相关系数＞0.999。

为了核查整个步骤，每天要分析一个在工作范围内中等浓度的标准溶液，其实测值和已知值之差不应超过 10%。

（5）空白测定

①全程序空白：全程序空白值应不超过 30μg Cl/L，否则应分别对吸附步骤、燃烧步骤和微库仑的测定进行核查。

化学药品或其他因素可以导致实验室空气有机卤素化合物的污染。假如实验室空气严重污染时，连吹脱装置的死体积都能引起结果偏高。为了防止测定结果的偏高，活性炭滤饼在任何情况下都不要吸干。

假如加入絮凝助剂和过滤助剂，要测定这些材料的空白。

②柱吸附测定空白：用 100ml 实验用水代替水样，按吸附步骤中柱吸附操作步骤进行测定。

③振荡吸附测定空白：取 50ml 硝酸钠洗涤液，加入 40～50mg 活性炭，振荡 1h。按吸附步骤中振荡吸附操作步骤进行过滤和洗涤活性炭，并测定有机卤素的含量。

8. 计算

计算方法：由下式计算可吸附有机卤素的质量浓度（AOX）。

$$C_{\mathrm{Cl}}=(\frac{N_1}{V_1}+\frac{N_2-N_0}{V_2})\times\frac{M\cdot a}{F}$$

式中：C_{Cl}——AOX 的质量浓度（μg Cl/L）；

N_0——空白值（C）；

N_1——可吹脱有机卤素测定值（C）；

N_2——不可吹脱有机卤素测定值（C）；

M——氯化物摩尔质量（M=35.45×10^6μg/mol）；

V_1——可吹脱样品的体积（L）；

V_2——用于不可吹脱样品的体积（L）；

a 和 F——与上面两公式中具有相同含义。如果样品没有吹脱，N_1/V_1 可省略。

注：第二个吸附柱测得值，用来检查吸附完全的程度，不计算在结果中。

9. 精密度和准确度

精密度和准确度见表 4-2-1。

表 4-2-1 精密度和准确度数据

实验室数目	水样的类型	测定次数	水样的浓度(μg/L)	精密度				准确度	注
				重复性		再现性			
				标准偏差(μg/L)	相对标准偏差(%)	标准偏差(μg/L)	相对标准偏差(%)	加标回收率(%)	
24	饮用水	96	19.0	2.22	11.7	3.86	20.3		①
26	地表水	103	69.0	3.02	5.7	8.82	12.8		①
26	污水	104	777.0	24.0	3.1	103	13.3		①
5	饮用水	60	80.5	1.7	2.1	17.4	21.6	96.8	②
5	污水③	60	1198	28	2.3	240	20.0	98.7	②

注：①引用 ISO1985 年实验结果。

②方法验证结果。

③有机氯化物污水，如果污水中含有较多的悬浮物，严重混浊时，则需高速离心分离，取上清液稀释后测定。

10. 注意事项

①购买的活性炭具有适当的吸附能力和低的无机氯化物含量，或色谱纯的活性炭可以

作为测定 AOX 用。

②活性炭容易吸附化合物（包括空气中其他有机卤素化合物），它暴露于空气中 5d 后就失去活性。为了减少炭的空白值，取 1.5～2.0g 合格的活性炭置于封闭的玻璃瓶中备用（当天用量）。密封瓶中的活性炭，一经打开必须当天使用，剩余不能再用。

（二）离子色谱法（A）

可吸附有机卤素（AOX）指在本方法规定的条件下，可被活性炭吸附的结合在有机化合物上的卤族元素（包括氟、氯和溴）的总量（以 Cl 计）。

可吸附有机氯（AOCl）指在本方法规定的条件下，可被活性炭吸附的结合在有机化合物上的氯元素的总量。

可吸附有机氟（AOF）指在本方法规定的条件下，可被活性炭吸附的结合在有机化合物上的氟元素的总量。

可吸附有机溴（AOBr）指在本方法规定的条件下，可被活性炭吸附的结合在有机化合物上的溴元素的总量。

1. 方法原理

用活性炭吸附水中的有机卤素化合物，然后将吸附上有机物的活性炭放入高温炉中燃烧、分解，转化为卤化氢（氟、氯和溴的氢化物），经碱性水溶液吸收，用离子色谱法分离测定。

2. 干扰及消除

①水中的无机卤素离子，在样品富集过程中，也能部分残留在活性炭上，干扰测定。用 20ml 酸性硝酸钠洗涤液淋洗活性炭吸附柱，可完全去除其干扰。

②水样中存在难溶的氯化物、生物细胞（如微生物、藻类）等时，使测定结果偏高，用硝酸调节水样的 pH 在 1.5～2.0 之间，放置 8h 后分析。

③当水样中存在活性氯时，AOCl 的测定结果偏高。采样后立即在 100ml 水样中加入 5ml 亚硫酸钠溶液。

3. 方法的适用范围

当取样体积为 50～200ml 时，可测定水中可吸附有机氯（AOCl）的浓度范围为 15～600μg/L，可吸附有机氟（AOF）的浓度范围为 5～300μg/L，可吸附有机溴（AOBr）的浓度范围为 9～1200μg/L。

4. 试剂

除非另有说明，分析时均使用不含有机物的蒸馏水和符合国家标准的分析纯试剂。

①不含有机物的蒸馏水：去离子水过活性炭柱后用全玻璃蒸馏器蒸馏，临用前现蒸馏。

②活性炭：分析纯，20～60 目。

（A）本方法与 HJ/T 83—2001 等效。

③吸附用纯化活性炭（见 10.注意事项①）。

④氧气（O_2）：99.9%。

⑤5%高锰酸钾溶液。

⑥10%氢氧化钠溶液。

⑦高纯氮（N_2）：99.99%。

⑧亚硫酸钠溶液，C（Na_2SO_3）=0.2mol/L。

⑨（1+1）硝酸（HNO_3）。

⑩硝酸溶液，C（HNO_3）=1mol/L。

⑪硝酸钠（$NaNO_3$）贮备液，17g/L：称 17g 硝酸钠溶于水中，加入 25ml 硝酸溶液，移入 1000ml 容量瓶中并用水稀释至标线。

⑫硝酸钠洗涤液：将硝酸钠贮备液用水稀释 20 倍。

⑬离子色谱淋洗贮备液，C（Na_2CO_3）=0.18mol/L; C（$NaHCO_3$）=0.17mol/L。

⑭离子色谱淋洗使用液，C（Na_2CO_3）=0.0018mol/L; C（$NaHCO_3$）=0.0017mol/L。

⑮氟离子标准贮备液，含氟量 1000mg/L：称取 2.2100g 氟化钠（105℃烘 2h）溶于水，移入 1000ml 容量瓶中，加入 10.0ml 淋洗贮备液并用水稀释至标线。贮于聚乙烯瓶中，在冰箱中冷藏。

⑯氯离子标准贮备液，含氯量 1000mg/L：称取 1.6484g 氯化钠（105℃烘 2h）溶于水，移入 1000ml 容量瓶中，加入 10.0ml 离子色谱淋洗贮备液并用水稀释至标线。贮于聚乙烯瓶中，在冰箱中冷藏。

⑰溴离子标准贮备液，含溴量 1000mg/L：称取 1.2879g 溴化钠（105℃烘 2h）溶于水，移入 1000ml 容量瓶中，加入 10.0ml 离子色谱淋洗贮备液并用水稀释至标线。贮于聚乙烯瓶中，在冰箱中冷藏。

⑱混合标准使用液：根据被测离子的浓度范围配制混合标准使用液。如分别取氯离子标准贮备液 5.00ml、氟离子标准贮备液 2.50ml 和溴离子标准贮备液 10.0ml 于 500ml 容量瓶中，加入 5.00ml 离子色谱淋洗贮备液，用水稀释至标线。此溶液中氯、氟和溴离子的浓度分别为 10.0、5.0 和 20.0mg/L。

⑲硼砂吸收液，C（$Na_2B_4O_7$）=0.0025mol/L。

⑳对氯苯酚校准溶液：

对氯苯酚校准贮备液，含氯量 20.0mg/L：用水溶解 72.5mg 对氯苯酚于 1000ml 容量瓶中。

对氯苯酚校准使用液，含氯量 0.5mg/L：临用时将对氯苯酚校准贮备液用水稀释 40 倍。

5. 仪器

①离子色谱仪。

②燃烧装置：见图 4-2-2。

管式炉：可加热至 1000℃，在 500～1000℃范围内任意调节，温控误差小于满量程的 2%；燃烧管：由石英套管、高纯氧化铝舟和样品输入装置三部分组成，见图 4-2-3。

③氧气净化装置：一个内装 50ml 5%高锰酸钾溶液与两个内装 50ml 10%氢氧化钠溶液的气泡式洗气瓶（图 4-2-6）依次串联。

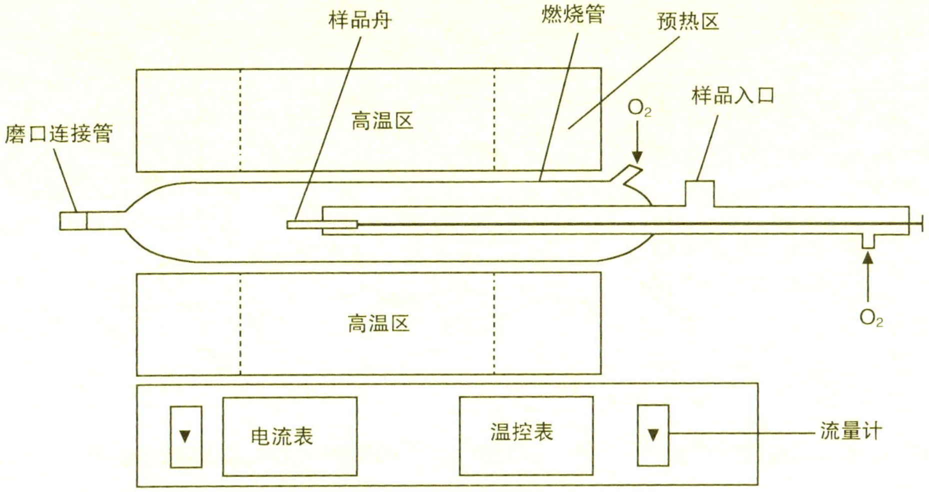

图 4-2-2　燃烧装置示意图

④吸附装置：

氮气加压吸附装置（图 4-2-4）：吸附装置由活性炭吸附柱和样品管两部分组成。活性炭吸附柱为长 40～50mm、内径 2.0～3.0mm 的玻璃管。出口端内径稍细 0.9～1.0mm，内装 40～50mg 吸附用纯化活性炭，两端塞少许石英棉。样品管为体积 110～120ml 的玻璃管。吸附柱入口端与样品管的出口端连接，样品管进气口与氮气瓶相连。靠调节氮气压力控制水流速度。

简易吸附装置：由活性炭吸附柱、用一段胶管套在吸附柱上的硅胶塞和带 9 号针头的 25ml 或 50ml 玻璃注射器组成。

⑤过滤装置：微孔滤膜过滤器；微孔滤膜，孔径为 0.45μm；水抽泵或真空泵。

⑥气泡式吸收管（图 4-2-7），5ml。

⑦多孔玻板吸收瓶（图 4-2-5），50ml。

⑧气泡式洗气瓶（图 4-2-6）。

⑨平顶针头，外径 0.9mm，长 7～8cm。

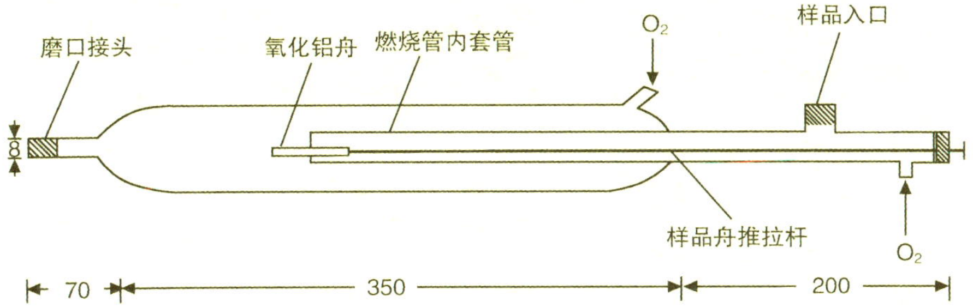

图 4-2-3　燃烧管示意图

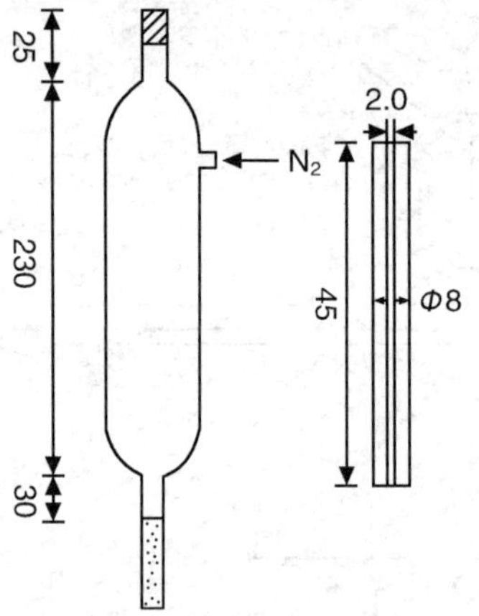

图 4-2-4 N_2加压吸附装置

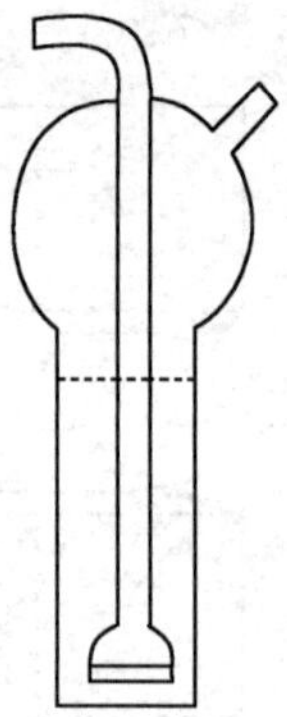

图 4-2-5 多孔玻板吸收瓶（50ml）

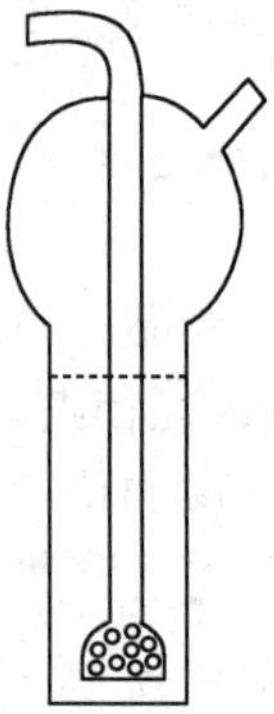

图 4-2-6 气泡式洗气瓶（50ml）

图 4-2-7 气泡式吸收管（5ml）

6. 样品采集与保存

①采样、运输和贮存样品时均使用玻璃器皿。样品瓶内应装满水样不得留有气泡。

②采样后应尽快分析。如必须贮存，用硝酸调节水样的 pH 在 1.5～2.0，于冰箱中冷藏。不得超过 3d。

7. 步骤

（1）标准曲线的绘制

见表 4-2-2。

表 4-2-2 Cl^-、F^-和 Br^-标准系列

管　号	1	2	3	4	5	6	7
混合标准使用液(ml)	0	0.50	1.00	2.00	5.00	7.00	10.00
离子色谱淋洗使用液(ml)	10.0	9.50	9.00	8.00	5.00	3.00	0
Cl^-浓度(mg/L)	0	0.50	1.00	2.00	5.00	7.00	10.0
F^-浓度(mg/L)	0	0.25	0.50	1.00	2.50	3.50	5.00
Br^-浓度(mg/L)	0	1.00	2.00	4.00	10.0	14.0	20.0

各管混匀，用离子色谱仪分离各组分，测量不同浓度标准溶液的峰高，以峰高对应浓度（mg/L），分别绘制 Cl^-、F^-和 Br^-的标准曲线。

（2）样品测定

1）挥发性有机卤素的测定：若样品中挥发性有机卤素化合物的含量少于有机卤素化合物总量的 50%，该步骤可以忽略。

先将燃烧炉升温，并保持在 950℃±10℃。连接内装 3.00ml 硼砂吸收液的气泡式吸收管于燃烧管出口端，用石棉布包裹连接处，防止结露。

取 50ml 水样于多孔玻板吸收瓶中，连接氧气到该吸收瓶的进气口端，连接该吸收瓶的出气口端到燃烧管外套管的氧气入口端，调节氧气压力和流量计，使向燃烧管内套管吹氧的速度为 40～60ml/min，向外管吹氧的速度为 150ml/min。从洗气瓶进气口端通氧气进入已预热至 950℃±10℃的燃烧室中，至少吹气 10min。

从燃烧系统上一并取下吸收管和连接管，用吸耳球从吸收管出口端轻轻吹气（**注意：勿将吸收液从瓶中吹出**）并反复吹，使吸收管入口端和连接管中的雾滴进入吸收管中。

用离子色谱测定吸收瓶中的 Cl^-、F^-和 Br^-的含量。

2）可吸附有机卤素的测定：

①吸附：将活性炭吸附柱连接到吸附装置上，根据样品中有机物的含量取 1.0～100ml 水样于吸附装置的样品管中，若取样体积少，则至少补加水至 50ml，每 100ml 水样中加入 5ml 硝酸钠贮备液。此时水样的 pH 应小于 2，否则加硝酸调节。加盖密封，调节氮气压力，使水样以 2～3ml/min 的速度流过吸附柱。然后加 20ml 硝酸钠洗涤液，以 2～3ml/min 的流速洗涤吸附柱。

若样品浓度较高，取样量少，也可用简易吸附装置替代上述操作。

②燃烧：预先将燃烧炉升温，并保持在 950℃±10℃。

调节氧气压力和流量计，使向燃烧管内套管吹氧的速度为 120～150ml/min。向外管吹氧的速度为 40～60ml/min。

连接内装 3.00ml 硼砂吸收液的气泡式吸收管于燃烧管出口端，用石棉布包裹连接处，防止结露。

打开燃烧管样品入口的硅胶塞，用平顶针头将活性炭吸附柱内吸附了样品的湿活性炭全部移入氧化铝舟中，加塞。

将氧化铝舟推入燃烧管预热区（炉口处），停留 2min，然后慢慢将氧化铝舟推入高温区，3min 后将其拉出到样品入口。继续吹氧 4～5min。

③测量：从燃烧系统上一并取下吸收管和连接管，用吸耳球从吸收管出口端轻轻吹气（**注意：勿将吸收液从管中吹出**）并反复吹，使吸收管入口端和连接管中的雾滴进入吸收管中。用离子色谱测量吸收管中的 Cl^-、F^-和 Br^-的含量。

3）全程序空白样品的测定：用蒸馏水代替样品，按与样品测定相同步骤做全程序空白试验。

4）全分析步骤的验证：分别取 50ml 对氯苯酚校准工作液，按与测定样品相同步骤，测定校准样品的浓度。

8. 计算

①水中可吸附有机氯（AOCl）浓度计算：

$$C_{(AOCl)}=\frac{(C_{Cl}-C_{0Cl})V_2\cdot D}{V_1}$$

式中：$C_{(AOCl)}$——水样中可吸附有机氯（AOCl）的浓度（μg/L）；

C_{Cl}——由标准曲线上查得的样品中 Cl^-的浓度（mg/L）；

C_{0Cl}——由标准曲线上查得的空白样品中 Cl^-的浓度（mg/L）；

V_1——吸附水样的体积（L）；

V_2——吸收管中吸收液的总体积（ml）；

D——吸附前水样的稀释倍数。

②水中可吸附有机氟（AOF）浓度的计算：

$$C_{(AOF)}=\frac{(C_F-C_{0F})V_2\cdot D}{V_1}$$

式中：$C_{(AOF)}$——水样中可吸附有机氟（AOF）的浓度（μg/L）；

C_F——由标准曲线上查得的样品中 F^-的浓度（mg/L）；

C_{0F}——由标准曲线上查得的空白样品中 F^-的浓度（mg/L）。

③水中可吸附有机溴（AOBr）浓度计算：

$$C_{(AOBr)}=\frac{(C_{Br}-C_{0Br})V_2\cdot D}{V_1}$$

式中：$C_{(AOBr)}$——水样中可吸附有机溴（AOBr）的浓度（μg/L）；

C_{Br}——由标准曲线上查得的样品中 Br^-的浓度（mg/L）；

C_{0Br}——由标准曲线上查得的空白样品中 Br^-的浓度（mg/L）。

④水中可吸附有机卤素（AOX）浓度计算：

$$C_{(AOX)}=C_{(AOCl)}+1.866C_{(AOF)}+0.444C_{(AOBr)}$$

式中：$C_{(AOX)}$——水中可吸附有机卤素的浓度（以氯计，μg/L）；

1.866——从氟元素换算为氯元素的系数；

0.444——从溴元素换算为氯元素的系数。

⑤水中挥发性有机卤素浓度计算：

$$C_{(VOX)}=C_{(VOCl)}+1.866C_{(VOF)}+0.444C_{(VOBr)}$$
$$=[(C_{Cl}-C_{0Cl})+1.866(C_F-C_{0F})+0.444(C_{Br}-C_{0Br})]D\cdot V_2/V_3$$

式中：$C_{(VOX)}$——水中挥发性有机卤素的浓度（以氯计，μg/L）；

$C_{(VOCl)}$——水中挥发性有机氯的浓度（μg/L）；

$C_{(VOF)}$——水中挥发性有机氟的浓度（μg/L）；

$C_{(VOBr)}$——水中挥发性有机溴的浓度（μg/L）；

V_3——吹脱水样的体积（L）。

9. 精密度和准确度

六个实验室分别测定四个浓度的统一样品（重复测定次数 n=4），得到方法的精密度和准确度数据列于表 4-2-3。

表 4-2-3　方法的精密度和准确度

测定项目	样品浓度(μg/L)	测定结果(μg/L)	重现性		再现性		相对误差(%)
			S_r	r	S_R	R	
AOCl	49	44	2.8	8	3.2	9	−10.2
	81	75	4.1	11	4.0	11	−7.4
	163	147	8.9	25	10.1	28	−9.8
	342	316	14.9	42	19.0	53	−7.6
AOF	50	35	3.0	8	3.3	9	−30.0
	84	60	4.4	12	6.0	17	−29.6
	167	123	11.4	32	13.7	38	−26.8
	251	189	8.2	23	16.2	45	−24.7
AOBr	97	91	5.9	16	7.1	20	−6.2
	160	144	8.7	24	11.4	32	−10.0
	323	292	14.2	40	23.6	66	−9.6
	485	451	15.7	44	29.9	78	−7.0

六个实验室分别测定了饮用水、地表水或废水两种不同浓度范围的实际水样和加标回收率。AOCl 的平均回收率在 79%～102%之间，相对标准偏差小于 15.2%。AOF 实际样品的平均加标回收率在 62%～79%之间，相对标准偏差小于 14%。AOBr 的平均加标回收率在 84%～101%之间，相对标准偏差小于 12%。

10. 注意事项

①纯化后的活性炭开封后，仅限当日使用，否则须经纯化处理。

纯化活性炭的制备方法：研磨筛取孔网直径为 125～154μm（100～120 目）分析纯活性炭，用 1mol/L 硝酸溶液浸泡 12h 以上，移入微孔滤膜过滤器中，用水洗涤至无硝酸根离子（用二苯胺的硫酸溶液检查至无深蓝色物质生成），烘干，在氮气流保护下，于 450～500℃加热 3h 以上，冷却至室温。在清洁且无有机卤素化合物污染的室内，筛取直径为 88～125μm（120～170 目）的纯化活性炭，分别取当天用量装至 2～5ml 玻璃瓶中，密封保存。临用前拆封。

纯度检验方法：按本方法规定的步骤，测定纯化处理后活性炭的全程序空白值，可吸附有机氯（AOCl）测定值小于 35μg/L，四个实验室重复测定（m=4，n=4）的批内标准偏差小于 5μg/L。AOF 的全程序空白值小于 11μg/L；六个实验室重复测定（m=4，n=4）的批内标准偏差小于 2μg/L。AOBr 的全程序空白测定值为零。

②普通氧和医用氧气中含有微量杂质，干扰测定，使全程序空白值偏高且不稳定。必须通过净化装置净化后方可使用。

③每批样品至少做两个全程序空白实验和分析步骤的验证实验。可吸附有机氯（AOCl）的回收值与标准值之差不应超过标准值的±15%。否则检查水、试剂、燃烧系统及整个分析步骤。

④用氮气加压吸附装置吸附水样时，应先打开排气阀调节氮气流量为 0.1～0.2ml/min，

待气流平稳后再关闭排气阀给水样加压。避免压力过高，吸附管脱落。

⑤用活性炭吸附未知浓度的水样时，可取不同体积的水样（例如 50ml 和 100ml）分别吸附，检查吸附是否完全。若体积较小的样品的实测浓度值比体积较大的样品高 15%以上，应将水样适当稀释后，重新吸附。

⑥使用过的气泡式吸收管，须用（1+2）硝酸浸饱过夜，用水冲洗，再用去离子水清洗干净后方可使用。

五、总有机卤化物（TOX）（C）

1. 方法原理

水样经过吸附系统（图 4-2-8）后，TOX 被吸附在活性炭柱上。冲洗柱子除去捕集的任何无机卤化物，然后在分析系统（图 4-2-9）将吸附的 TOX 燃烧转化为 HX，收集后用微库仑检测器进行电位滴定。

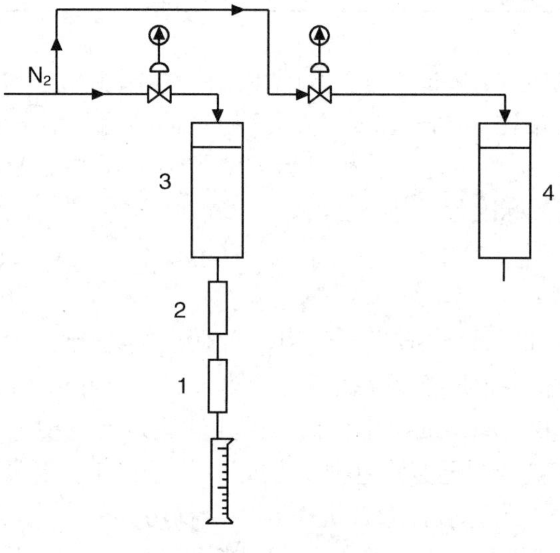

图 4-2-8 吸附系统简图

1—GAC 柱 2；2—GAC 柱 1；3—样品贮存器；4—硝酸盐洗液贮存器

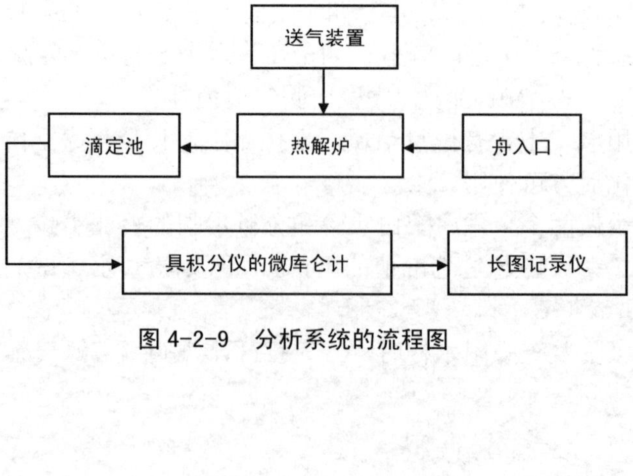

图 4-2-9 分析系统的流程图

2. 干扰及消除

（1）污染物、试剂、玻璃器皿和其它处理样品的设备可以引起对方法的干扰

在常规分析中必须做方法空白，证明所有这些物质在分析的条件下无干扰。

①必须认真清洗玻璃器皿，全部玻璃器皿在用完后用铬酸盐清洗液尽快清洗。随后应用洗涤剂和热水洗；再用自来水和蒸馏水冲洗并烘干；另外将玻璃器皿（不包括容量器皿）在马福炉中于 400℃加热 15～30min。玻璃器皿在干燥和冷却后密封并贮存在清洁的环境中，以防止任何灰尘或其他污染物的沾污。

②应用高纯试剂和气体以利于减少干扰问题。

（2）活性炭的纯度在使用前必须检验

唯有经正式检验小于 1.000ng Cl^-/40mg 的活性炭才可使用。活性炭应以颗粒形式贮存于具有聚四氟乙烯密封条的玻璃容器中，要尽量少暴露于空气中，特别是当研磨和过筛活性炭时，以及研磨和过筛之后更需注意。应预先制备不多于两周使用量的活性炭。自始至终防止活性炭受到所有卤代有机蒸气源的污染。将制备好的炭和填充柱保存在玻璃容器中，用聚四氟乙烯条密封。

（3）颗粒物将会阻碍样品经过吸附柱，所以必须从样品中清除

为了使挥发物的损失减至最少，应小心地处理样品，并尽可能减少样品操作步骤。另外除去颗粒物将使 TOX 的测量有偏差。下述技术可用于除去颗粒物，然而使用者必须知道所应用的技术及它们对数据可能产生的影响。

①使颗粒物在样品容器中沉淀并倾析出上清液至吸附系统。

②离心样品并倾析出上清液至吸附系统。

③分别测量样品的可吹出有机卤化物（POX）（见仪器制造厂的方法说明书）和不可吹出有机卤化物（NPOX），已被吹出挥发物的样品的 TOX，此处 NPOX 样品是经离心或过滤的。

④当水样中含有余氯时，应加入亚硫酸盐还原余氯（每升样品加入 5mg 亚硫酸钠晶体）。

3. 方法的适用范围

本方法适用于测定饮用水和地下水中总有机卤化物（TOX，以 Cl^-计）。本法包括在确定的条件下被活性炭吸附的含氯、溴和碘的全部有机卤化物，不包括含氟有机物。可用于无机卤化物浓度不超过有机卤化物浓度 2 万倍的样品。不能测定水中吸附在固体上的 TOX。

本方法对所有样品要做平行双样。方法的检测限为 5μg/L。

4. 样品保存

样品保存用的玻璃瓶在使用前必须清洗并在马福炉中加热到 400℃以减少污染。全部样品应采集在具有聚四氟乙烯隔膜的玻璃瓶或用衬有聚四氟乙烯瓶盖的 250ml 棕色玻璃瓶中，样品要用硫酸酸化至 pH＜2，并注意玻璃瓶中不应留有气泡。采集后的样品要于 4℃冰箱中避光保存。

5. 仪器

①吸附系统。
②分析系统。
③吸附组件，加压样品和硝酸盐洗液的贮存器（有三种仪器：TOX-10， Coca 仪器公司；DX-20 和 DX-20A，Xertex-Dohrmann 仪器公司）。
④吸附柱，硬质玻璃（Pyrex），长：5mm，外径：6mm，内径：2mm。
⑤活性炭（GAC）：Fitrasorb-400，Calgon-APC 或相当物，碾碎或研磨，并筛选至 100～200 目范围。在 40mg GAC 燃烧时，卤化物应低于 1.000μg Cl^-。
⑥Cerafelt 或相当物。将此物质制成柱状以装配入吸附组件和固定吸附柱中，以容盛 40mg GAC。
注意：不要用手指触摸此物质，防止油污染活性炭。
⑦柱支架。
⑧容量瓶，100ml、50ml。
⑨取样舟，每次用完后在马福炉内加热 800℃至少 2～4min，并用真空清洗残留。

6. 试剂

①纯水，无有机卤化物的干扰。
②浓硝酸（HNO_3）。
③亚硫酸钠（0.1mol/L）：取 12.6g Na_2SO_3 于 1L 容量瓶中，用纯水溶解并稀释至刻度，此溶液为 0.1mol/L 的亚硫酸钠溶液。
④硝酸盐洗液（5.00g NO_3^-/L）：取 8.2g 硝酸钾（KNO_3）于 1L 容量瓶中，并用纯水稀释至刻度，此溶液为硝酸盐洗液。
⑤二氧化碳（CO_2），气体、纯度 99.9%。
⑥氧气（O_2），纯度 99.9%。
⑦氮气（N_2），预净化。
⑧乙酸水溶液（70%），用 3 体积纯水稀释 7 体积冰乙酸。
⑨三氯酚贮备液（10μg Cl^-/μl）：准确称量 1.856g 三氯酚放入 100ml 容量瓶中，用甲醇稀释至刻度，作为三氯酚的贮备液。
⑩三氯酚校准液（500μg/ml）：用甲醇将 5.00ml 三氯酚贮备液稀释至 100ml。
⑪三氯酚仪器校准标准液：首先，按样品分析步骤，用硝酸盐洗液洗涤一个装有 40mg 活性炭单个柱，然后将 10μl 校准液注入柱中。
⑫三氯酚吸附效率标准液（100μl Cl^-/L）：取 10μl 三氯酚贮备液于 1L 容量瓶中，用纯水稀释至刻度，以制备吸附效率标准液。
⑬空白标准液：用配制校准液的甲醇作为空白标准液。

7. 步骤

（1）试样准备
为了使挥发性有机卤化物损失最小，应特别小心处理样品。平行样品应同时进行吸附步骤。

加入亚硫酸盐还原余氯(每升样品加入 5mg 亚硫酸钠晶体)，如果分析是指采样时 TOX 浓度的测定，应在采样时加入亚硫酸盐。在样品贮存时 TOX 可能增加，样品应贮存于 4℃，并且在容器中没有顶部空间。

（2）校准

分析 100ml 用来检验吸附效率的标准液，一式两份，连同两份空白标准液以检验每批新制备的活性炭的吸附效率，净回收率应在标准值的 5%之内。

硝酸盐洗液空白（方法空白）：每天首先分析几个硝酸盐洗液空白确定方法本底的可重现性。每组（八个热解测定物）之间插入硝酸盐洗液空白以监测它的本底。硝酸盐洗液空白值是从装载 40mg 活性炭的单个柱子得到的。

每天在样品开始分析之前热解一式两份仪器校准标准液和空白标准液。校准标准液的净响应应在校准标准值的 3%之内。在每组（八个热解测定物）分析之后和再重新分析样品之前，以及清洗或检修滴定池或热解系统之后，应用标准液重复校准仪器。

（3）吸附步骤

串联连接两个柱子，每个柱子中填有 40mg 100～200 目活性炭。

将样品装入水样贮存器中，再将一定量的样品以流速约为 3ml/min 流经活性炭柱。

注：TOX 的浓度在 5～500μg/L 之间时可选择样品体积为 100ml；在 501～1000μg/L 选 50ml；在 1001～2000μg/L 选 25ml。如果 TOX 的浓度大于 2000μg/L，稀释样品使 100ml 含 TOX 在 1～50μg 之间。

用 2ml 5000mg/L 的硝酸盐溶液，以约 2ml/min 的流速清洗串连柱，以置换无机氯离子。

（4）热解步骤

分别热解柱中每个成分。用硝酸盐溶液冲洗后，应保护好柱子，以防止大气和其它来源的污染，直至准备好进一步分析。

样品的热解在两个阶段完成。挥发组分在低温富 CO_2 的气氛中热解，以保证溴化三卤甲烷转化为可滴定的化合物。然后较少的挥发组分在富氧气氛中高温热解。

转移每个柱中成分至石英舟中分别进行分析。按照仪器的说明书调节气体的流量。

置样品于热解管 200℃区域 2min。2min 后，将样品舟推进热解炉的（中心）800℃区域。此热解的第二和最后阶段需 6～10min 完成。

（5）检测

排出气体，直接在微库仑滴定池中分析。认真按照操作说明书选择最佳池特性参数。

（6）穿透

背景偏差的不可预见性使得识别有机卤化物从一个柱子穿透到另一个柱子的程度非常困难。对于一个正常的操作系统，所有第二个柱子的测量值应不超过两个柱子总测量值的 10%。如果数值超过 10%，可能已经发生下列三种情况之一：

①第一个柱子超负载，在这种情况下需要取更少量的样品；

②柱内有沟流现象或发生其它的事故，在这种情况需要重做；

③发生高的随机偏差，其结果应被剔除，并重做样品。因为不可能确定发生的是哪一种情况，所以应经常做足够的重复分析样品以获得可靠的结果。作为一般规则，被剔除的数据，只要样品足量就应做重复样。经过重复分析显示第二个柱子始终超过 10%数值，同

时第一个柱子被饱和的总卤值又太低，并且无机氯值小于 2 万倍有机氯值，那么应报告这个结果，但数据使用者应知道这一问题。如果第二个柱的测量值等于或小于硝酸盐洗液空白值，第二个柱的值应忽略不计。

8. 计算

用下面公式计算 TOX（以 Cl^- 计）：

$$总有机卤化物（\mu g/L）=\frac{(C_1-C_3)+(C_2+C_3)}{V}$$

式中：C_1——在柱系列中第一个柱上 Cl^- 的数量（μg）；

C_2——在系列中第二个柱上 Cl^- 的数量（μg）；

C_3——每天预测方法空白平均值（用于 40mg 炭柱的硝酸盐洗液空白）；

V——样品体积（L）。

9. 精密度和准确度

一般在分析浓度大于 25μg/L 样品时的相对标准偏差在 20%以内。浓度范围为 10～500μg/L 的蒸馏水、未受污染的地下水及含有机氯化物的废物处理厂的地下水，其回收率在 75%～100%（见表 4-2-4 和表 4-2-5）。

表 4-2-4 方法性能数据

加标化合物	样品	TOX 浓度(μg/L)	回收率(%)
溴苯	蒸馏水	443	95
溴二氯甲烷	蒸馏水	160	98
三溴甲烷	蒸馏水	160	110
三溴甲烷	蒸馏水	238	100
三溴甲烷	地下水	10	140
三溴甲烷	地下水	31	93
三溴甲烷	地下水	100	120
三氯甲烷	蒸馏水	98	89
三氯甲烷	蒸馏水	112	94
三氯甲烷	地下水	10	79
三氯甲烷	地下水	30	76
三氯甲烷	地下水	100	81
二溴二氯甲烷	蒸馏水	155	86
二溴二氯甲烷	蒸馏水	374	73
四氯乙烯	地下水	10	79
四氯乙烯	地下水	30	75
四氯乙烯	地下水	101	78
反式二氯乙烯	地下水	10	84
反式二氯乙烯	地下水	30	63
反式二氯乙烯	地下水	98	60

表 4-2-5 方法性能数据

样品	未加标 TOX (μg/L)	加标水平(μg/L)	回收率(%)
地下水	68、69	100	98、99
地下水	5、12	100	103、110
地下水	5、10	100	95、105
地下水	54、37	100	111、106
地下水	17、15	100	98、89
地下水	11、21	100	97、89

六、石油类

环境水中石油类来自工业废水和生活污水的污染。工业废水中石油类（各种烃类的混合物）污染物主要来自原油的开采、加工、运输以及各种炼制油的使用等行业。石油类碳氢化合物漂浮于水体表面，将影响空气与水体界面氧的交换；分散于水中以及吸附于悬浮微粒上或以乳化状态存在于水中的油，它们被微生物氧化分解，将消耗水中的溶解氧，使水质恶化。

石油类中所含的芳烃类虽较烷烃类少，但其毒性要大得多。

1. 方法选择

本节所述的石油类是指在规定条件下能被特定溶剂萃取并被测量的所有物质，包括被溶剂从酸化的样品中萃取并在试验过程中不挥发的所有物质。因此，随测定方法不同，矿物油中被测定的组分也不同。重量法是常用的分析方法，它不受油品种限制。但操作繁杂，灵敏度低，只适于测定 10mg/L 以上的含油水样。方法的精密度随操作条件和熟练程度的不同差别很大。

红外分光光度法适用于 0.01mg/L 以上的含油水样，该方法不受油品种的影响，能比较准确地反映水中石油类的污染程度。

非分散红外法适用于测定 0.02mg/L 以上的含油水样，当油品的比吸光系数较为接近时，测定结果的可比性较好；但当油品相差较大，测定的误差也较大，尤其当油样中含芳烃时误差要更大些，此时要与红外分光光度法相比较。同时要注意消除其他非烃类有机物的干扰。

2. 水样的采集与保存

油类物质要单独采样，不允许在实验室内再分样。采样时，应连同表层水一并采集，并在样品瓶上做一标记，用以确定样品体积。每次采样时，应装水样至标线。当只测定水中乳化状态和溶解性油类物质时，应避开漂浮在水体表面的油膜层，在水面下 20～50cm 处取样。当需要报告一段时间内油类物质的平均浓度时，应在规定的时间间隔分别采样而后分别测定。

样品如不能在 24h 内测定，采样后应加盐酸酸化至 pH＜2，并于 2～5℃下冷藏保存。

（一）重量法（B）

1. 方法原理

以盐酸酸化水样，用石油醚萃取矿物油，蒸除石油醚后，称其重量。

2. 干扰

①此法测定的是酸化样品中可被石油醚萃取的、且在试验过程中不挥发的物质总量。溶剂去除时，使得轻质油有明显损失，另外由于石油醚对油有选择性地溶解，石油的较重成分中可能含有不为石油醚萃取的物质。

②测定废水中石油类时，若含有大量动、植物性油脂，应取内径 20mm，长 300mm，一端呈漏斗状的硬质玻璃管，填装 100mm 厚活性层析氧化铝（在 150～160℃活化 4h，未完全冷却前装好柱），然后用 10ml 石油醚清洗。将石油醚萃取液通过层析柱，除去动、植物性油脂，收集流出液于恒重的烧杯中。

3. 仪器

①分析天平。
②恒温箱。
③恒温水浴锅。
④1000ml 分液漏斗。
⑤干燥器。
⑥直径 11cm 中速定性滤纸。

4. 试剂

①石油醚：将石油醚（沸程 30～60℃）重蒸馏后使用。100ml 石油醚的蒸干残渣不应大于 0.2mg。
②无水硫酸钠，在 300℃马福炉中烘 1h，冷却后装瓶备用。
③（1+1）硫酸。
④氯化钠。

5. 步骤

①在采样瓶上作一容量记号后（以便测量水样体积），将所收集的大约 1L 已经酸化的水样（pH＜2），全部转移至 1000ml 分液漏斗中，加入氯化钠，其量约为水样量的 8%。用 25ml 石油醚洗涤采样瓶并转入分液漏斗中，充分振摇 3min，静置分层并将水层放入原采样瓶内，石油醚层转入 100ml 锥形瓶中。用石油醚重复萃取水样两次，每次用量 25ml，合并三次萃取液于锥形中。

②向石油醚萃取液中加入适量无水硫酸钠（加入至不再结块为止），加盖后，放置 0.5h 以上，以便脱水。

③用预先以石油醚洗涤过的定性滤纸过滤，收集滤液于 100ml 已烘干至恒重的烧杯中，

用少量石油醚洗涤锥形瓶、硫酸钠和滤纸，洗涤液并入烧杯中。

④将烧杯置于 65℃±5℃水浴上，蒸出石油醚。近干后再置于 65℃±5℃恒温箱内烘干 1h，然后放入干燥器中冷却 30min，称量。

6. 计算

$$油(mg/L)=\frac{(m_1-m_2)\times 10^6}{V}$$

式中：m_1——烧杯加油总重量（g）；

m_2——烧杯重量（g）；

V——水样体积（ml）。

7. 精密度和准确度

两个实验室分析含 22.5mg/L 油的统一标准溶液，实验室内相对标准偏差为 2.0%；实验室间相对标准差为 7.0%；相对误差为-5.0%。

8. 注意事项

①分液漏斗的活塞不要涂凡士林。

②采样瓶应为清洁玻璃瓶，用洗涤剂清洗干净（不要用肥皂）。应定容采样，并将水样全部移入分液漏斗测定，以减少油类附着于容器壁上引起的误差。

（二）红外分光光度法（A）

1. 方法原理

用四氯化碳萃取水中的油类物质，测定总萃取物，然后将萃取液用硅酸镁吸附，去除动、植物油等极性物质后，测定石油类。总萃取物和石油类的含量均由波数分别为 2930cm^{-1}（CH_2 基团中 C—H 键的伸缩振动）、2960cm^{-1}（CH_3 基团中 C—H 键的伸缩振动）和 3030cm^{-1}（芳香环中 C—H 键的伸缩振动）谱带处的吸光度 A_{2930}、A_{2960} 和 A_{3030} 进行计算。动、植物油的含量为总萃取物与石油类含量之差。

2. 干扰及消除

本方法不受油品的影响。

3. 方法的适用范围

本方法适用于地表水、地下水、生活污水和工业废水中石油类和动、植物油的测定。样品体积为 500ml，使用光程为 4cm 的比色皿时，方法的检出限为 0.1mg/L。

（A）本方法与 GB/T 19488—1996 等效。

4. 定义

（1）石油类

在规定的条件下，经四氯化碳萃取而不被硅酸镁吸附，在波数为 2930cm^{-1}、2960cm^{-1}和 3030cm^{-1}全部或部分谱带处有特征吸收的物质。

注：当使用其它溶剂（如三氯三氟乙烷等）或吸附剂（如三氧化二铝、5Å 分子筛等）时，需进行测定值的校正。

（2）动、植物油

在规定的条件下，用四氯化碳萃取，并且被硅酸镁吸附的物质。当萃取物中含有非动、植物油的极性物质时，应在测试报告中加以说明。

5. 仪器

①红外分光光度计，能在 3400～2400cm^{-1}之间进行扫描操作，并配有 1cm 和 4cm 带盖石英比色皿。

②分液漏斗：1000ml，活塞上不得使用油性润滑剂（最好为聚四氟乙烯活塞的分液漏斗）。

③容量瓶：50ml、100ml 和 1000ml。

④玻璃砂芯漏斗：G-1 型 40ml。

⑤采样瓶：玻璃瓶。

6. 试剂

除非另有说明，分析时均使用符合国家标准的分析纯试剂和蒸馏水或同等纯度的水。

①四氯化碳（CCl_4）：在 2600～3300cm^{-1}之间扫描，其吸光度应不超过 0.03（1cm 比色皿、空气池作参比。）

注：四氯化碳有毒，操作时要谨慎小心，并在通风橱内进行。

②硅酸镁（Magnesium Silicate）：60～100 目。取硅酸镁于瓷蒸发皿中，置高温炉内 500℃加热 2h，在炉内冷至约 200℃后，移入干燥器中冷却至室温，于磨口玻璃瓶内保存。使用时，称取适量的干燥硅酸镁于磨口玻璃瓶中，根据干燥硅酸镁的重量，按 6%的比例加适量的蒸馏水，密塞并充分振荡数分钟，放置约 12h 后使用。

③吸附柱：内径 10mm、长约 200mm 的玻璃层析柱。出口处填塞少量用萃取溶剂浸泡并晾干后的玻璃棉，将已处理好的硅酸镁缓缓倒入玻璃层析柱中，边倒边轻轻敲打，填充高度为 80mm。

④无水硫酸钠（Na_2SO_4）：在高温炉内 300℃加热 2h，冷却后装入磨口玻璃瓶中，于干燥器内保存。

⑤氯化钠（NaCl）。

⑥盐酸（HCl）：ρ=1.18g/ml。

⑦盐酸溶液：（1+5）。

⑧氢氧化钠（NaOH）溶液：50g/L。

⑨硫酸铝[($Al_2(SO_4)_3 \cdot 18H_2O$)]溶液：130g/L。

⑩正十六烷[*n*-Hexadecane，$CH_3(CH_2)_{14}CH_3$]。

⑪姥鲛烷（Pristane，2, 6, 10, 14-四甲基十五烷）。

⑫甲苯（Toluene，$C_6H_5CH_3$）。

7. 步骤

（1）萃取

①直接萃取：将一定体积的水样全部倒入分液漏斗中，加盐酸酸化至 pH<2，用 20ml 四氯化碳洗涤采样瓶后移入分液漏斗中，加入约 20g 氯化钠，充分振荡 2min，并经常开启活塞排气。静置分层后，将萃取液经 10mm 厚度无水硫酸钠的玻璃砂芯漏斗流入容量瓶内。用 20ml 四氯化碳重复萃取一次。取适量的四氯化碳洗涤玻璃砂芯漏斗，洗涤液一并流入容量瓶，加四氯化碳稀释至标线定容，并摇匀。

将萃取液分成两份，一份直接用于测定总萃取物，另一份经硅酸镁吸附后，用于测定石油类。

②絮凝富集萃取：水样中石油类和动、植物油的含量较低时，采用絮凝富集萃取法。

向一定体积的水样中加 25ml 硫酸铝溶液并搅匀，然后边搅拌边逐滴加 25ml 氢氧化钠溶液，待形成絮状沉淀后沉降 30min，以虹吸法弃去上层清液，加适量的盐酸溶液溶解沉淀，以下步骤按直接萃取法进行。

（2）吸附

①吸附柱法：取适量的萃取液通过硅酸镁吸附柱，弃去前约 5ml 的滤出液，余下部分接入玻璃瓶用于测定石油类。如萃取液需要稀释，应在吸附前进行。

②振荡吸附法：只适合于通过吸附柱后测得的结果基本一致的条件下采用。本法适合大批量样品的测量。

称取 3g 硅酸镁吸附剂，倒入 50ml 磨口三角瓶。加约 30ml 萃取液，密塞。将三角瓶置于康氏振荡器上，以≥200 次/min 的速度连续振荡 20min。萃取液经玻璃砂芯漏斗过滤，滤出液接入玻璃瓶用于测定石油类。如萃取液需要稀释，应在吸附前进行。

注：经硅酸镁吸附剂处理后，由极性分子构成的动、植物油被吸附，而非极性石油类不被吸附。某些非动、植物油的极性物质（如含有—C—O、—OH 基团的极性化学品等）同时也被吸附，当水样中明显含有此类物质时，可在测试报告中加以说明。

（3）测定

①样品测定：以四氯化碳作参比溶液，使用适当光程的比色皿，在 3400～2400cm^{-1}之间分别对萃取液和硅酸镁吸附后滤出液进行扫描，于 3300～2600cm^{-1}之间划一直线作基线，在 2930cm^{-1}、2960cm^{-1}和 3030cm^{-1}处分别测量萃取液和硅酸镁吸附后滤出液的吸光度 A_{2930}、A_{2960} 和 A_{3030}，并分别计算总萃取物和石油类的含量，按总萃取物与石油类含量之差计算动、植物油的含量。

②校正系数测定：以四氯化碳为溶剂，分别配制 100mg/L 正十六烷、100mg/L 姥鲛烷和 400mg/L 甲苯溶液。用四氯化碳作参比溶液，使用 1cm 比色皿，分别测量正十六烷、姥鲛烷和甲苯三种溶液在 2930cm^{-1}、2960cm^{-1}、3030cm^{-1}处的吸光度 A_{2930}、A_{2960} 和 A_{3030}。正十六烷、姥鲛烷和甲苯三种溶液在上述波数处的吸光度均服从于通用式（1），由此得出的联立方程式经求解后，可分别得到相应的校正系数 X、Y、Z 和 F。

$$C = X \cdot A_{2930} + Y \cdot A_{2960} + Z\ (A_{3030} - A_{2930} / F) \tag{1}$$

式中：C——萃取溶液中化合物的含量（mg/L）；

A_{2930}、A_{2960} 和 A_{3030}——各对应波数下测得的吸光度；

X、Y、Z——与各种 C—H 键吸光度相对应的系数；

F——脂肪烃对芳香烃影响的校正因子，即正十六烷在 2930cm^{-1} 和 3030cm^{-1} 处的吸光度之比。

对于正十六烷（H）和姥鲛烷（P），由于其芳香烃含量为零，即 $A_{3030} - \dfrac{A_{2930}}{F} = 0$，则有：

$$F = A_{2930}\ (\text{H}) / A_{3030}\ (\text{H}) \tag{2}$$

$$C(\text{H}) = X A_{2930}\ (\text{H}) + Y A_{2960}(\text{H}) \tag{3}$$

$$C(\text{P}) = X A_{2930}\ (\text{P}) + Y A_{2960}(\text{P}) \tag{4}$$

由式（2）可得 F 值，由式（3）和（4）可得 X 和 Y 值，其中 C（H）和 C（P）分别为测定条件下正十六烷和姥鲛烷的浓度（mg/L）。

对于甲苯（T），则有

$$C(\text{T}) = X\ A_{2930}(\text{T}) + Y\ A_{2960}(\text{T}) + Z[A_{2930}(\text{T}) - \frac{A_{2930}(\text{T})}{F}] \tag{5}$$

由式（5）可得 Z 值，其中 C（T）为测定条件下甲苯的浓度（mg/L）。

可采用异辛烷代替姥鲛烷、苯代替甲苯，以相同方法测定校正系数。两系列物质，在同一仪器相同波数下的吸光度不一定完全一致，但测得的校正系数变化不大。

③校正系数检验：分别准确量取纯正十六烷、姥鲛烷和甲苯，按 5∶3∶1 的比例配成混合烃。使用时根据所需浓度，准确称取适量的混合烃，以四氯化碳为溶剂配成适当浓度范围（如 5mg/L、40mg/L、80mg/L 等）的混合烃系列溶液。

在 2930cm^{-1}、2960cm^{-1} 和 3030cm^{-1} 处分别测量混合烃系列溶液的吸光度 A_{2930}、A_{2960} 和 A_{3030}，按式（1）计算混合烃系列溶液的浓度，并与配制值进行比较。如混合烃系列溶液浓度测定值和回收率在 90%～110%范围内，则校正系数可采用，否则应重新测定校正系数并检验，直至符合条件为止。

采用异辛烷代替姥鲛烷、苯代替甲苯测定校正系数时，用正十六烷、异辛烷和苯按 65∶25∶10 的比例配制混合烃，然后按相同方法检验校正系数。

（4）空白试验

以水代替试料，加入与测定时相同体积的试剂，并使用相同光程的比色皿，按步骤中（3）①的有关步骤进行空白试验。

8. 计算

（1）总萃取物量

水样中总萃取物量 C_1（mg/L）按式（6）计算：

$$C_1 = [X \cdot A_{1,2930} + Y \cdot A_{1,2960} + Z\ (A_{1,3030} - A_{1,2930} / F)] \times \frac{V_0 \cdot D \cdot l}{V_{\text{W}} \cdot L} \tag{6}$$

式中：X、Y、Z、F——校正系数；

$A_{1,2930}$、$A_{1,2960}$、$A_{1,3030}$——各对应波数下测得萃取液的吸光度；

V_0——萃取溶剂定容体积（ml）；

V_w——水样体积（ml）；

D——萃取液稀释倍数；

l——测定校正系数时所用比色皿的光程（cm）；

L——测定水样时所用比色皿的光程（cm）。

（2）石油类含量

水样中石油类的含量 C_2（mg/L）按式（7）计算：

$$C_2 = [X \cdot A_{2,2930} + Y \cdot A_{2,2960} + Z(A_{2,3030} - A_{2,2930}/F)] \times \frac{V_0 \cdot D \cdot l}{V_W \cdot L} \tag{7}$$

式中：$A_{2,2930}$、$A_{2,2960}$、$A_{2,3030}$——各对应波数下测得硅酸镁吸附后滤出液的吸光度。

（3）动、植物油含量

水样中动、植物油的含量 C_3（mg/L）按式（8）计算：

$$C_3 = C_1 - C_2 \tag{8}$$

9. 精密度和准确度

两个实验室测定石油类含量为 1.44～92.6mg/L 的炼油及石油化工废水，相对标准偏差为 1.36%～9.04%。单个实验室测定石油类和动、植物油含量分别为 0.43mg/L 和 2.17mg/L 的城市生活污水，相对标准偏差分别为 14.6%和 7.80%；测定石油类和动、植物油含量分别为 4.35mg/L 和 19.3mg/L 的食品工业废水，相对标准偏差分别为 8.50%和 1.07%。

单个实验室测定 100～300mg/L 的炼油厂污油，回收率为 72%～88%；测定 100～300mg/L 的成品油，回收率为 75%～90%；测定 80～320mg/L 的混合烃，回收率为 95%～101%；测定石油类含量为 50.0mg/L 的人工水样，当动、植物油（猪油、牛油、豆油和芝麻油）的加标量为 30.2～43.0mg/L 时，回收率为 94%～107%。

（三）非分散红外光度法（A）

1. 方法原理

本方法利用油类物质的甲基（—CH_3）和亚甲基（—CH_2）在近红外区（2930cm^{-1} 或 3.4μm）的特征吸收进行测定。标准油为污染源油（受污染地点水样的溶剂萃取物），或将正十六烷、异辛烷和苯按 65∶25∶10 的比例配制。

2. 干扰

本方法有一定的选择性，所有含甲基、亚甲基的有机物都将引起干扰。对动、植物性油脂以及脂肪酸物质引起的干扰，可采用预分离方法去除，但要加以说明。

当水样中石油类正构烷烃、异构烷烃和芳香烃的比例含量与标准油相差较大时，测定误差也较大，这时要采用红外分光光度法测定。

（A）本方法与 GB/T 19488—1996 等效。

3. 方法的适用范围

本方法适用于地表水、地下水、生活污水和工业废水中石油类和动、植物油的测定。水样体积为 0.5～5L 时，测定范围为 0.02～1000mg/L。

当水样中含有大量芳烃及其衍生物时，需和红外分光光度法进行对比试验。

4. 仪器

①红外分光光度计：能在 3200～2700cm^{-1}之间进行扫描操作，并配有适当光程的带盖石英比色皿。

②非分散红外测油仪：能在 2930cm^{-1} （3.4μm）的近红外区进行操作、测定。

③其他仪器与红外分光光度法相同。

5. 试剂

除非另有说明，分析中均使用符合国家标准的分析纯试剂和蒸馏水或同等纯度的水。

①标准油：污染源油（受污染地点水样的溶剂萃取物），或将正十六烷、异辛烷和苯按 65∶25∶10 的比例配制。

②标准油贮备液：准确称取 0.1000g 标准油，溶于适量的四氯化碳中，移入 100ml 容量瓶，用四氯化碳稀释至标线，该溶液为 1000mg/L 的标准油贮备液。

③标准油使用液：根据测定范围的要求，取适量的标准油贮备液，用四氯化碳稀释成所需浓度。

④其他试剂与红外分光光度法相同。

6. 步骤

1）萃取：同红外分光光度法。

2）吸附：同红外分光光度法。

3）测定：

①红外分光光度法：以四氯化碳作参比溶液，使用适当光程的比色皿，从 3200～2700cm^{-1}分别对标准油使用液、萃取液和硅酸镁吸附后滤出液进行扫描，在扫描区域内划一直线作基线，测量在 2930cm^{-1}处的最大吸收峰值，并用此吸光度减去该点基线的吸光度。以标准油使用液的吸光度为纵坐标、浓度为横坐标，绘制校准曲线。从校准曲线上分别查得萃取液和硅酸镁吸附后滤出液中总萃取物和石油类的含量，按总萃取物与石油类含量之差计算动、植物油的含量。

②非分散红外测油仪：按仪器规定调整校正仪器，根据仪器的测量步骤，分别测定萃取液和硅酸镁吸附后的滤出液中总萃取物的石油类的含量，按总萃取物与石油类含量之差计算动、植物油的含量。

7. 计算

（1）总萃取物量

水样中总萃取的量 C_1（mg/L）按式（9）计算：

$$C_1=\frac{C_t \cdot V_0 \cdot D}{V_w} \tag{9}$$

式中：C_t——萃取溶剂中总萃取物浓度（mg/L）；

V_0——萃取溶剂定容体积（ml）；

V_w——水样体积（ml）；

D——萃取液稀释倍数。

（2）石油类含量

水样中石油类的含量 C_2（mg/L）按式（10）计算：

$$C_2=\frac{C_h \cdot V_0 \cdot D}{V_w} \tag{10}$$

式中：C_h——硅酸镁吸附后滤出液中石油类含量（mg/L）；

V_0——萃取溶液定容体积（ml）；

V_w——水样体积（ml）；

D——萃取液稀释倍数。

（3）动、植物油含量

水样中动、植物油的含量 C_3（mg/L）按式（11）计算：

$$C_3=C_1-C_2 \tag{11}$$

8. 精密度和准确度

七个实验室对石油类含量为 6.13～102mg/L 的七个统一样品进行测定，方法的精密度试验结果见表 4-2-6。

表 4-2-6　方法的精密度

统一样品	参加实验室数目(个)	删除实验室数目(个)	测定平均值(mg/L)	重复性标准偏差(mg/L)	重复性相对标准偏差(%)	再现性标准偏差(mg/L)	再现性相对标准偏差(%)
1	7	0	6.13	0.156	2.54	1.50	24.5
2	7	1	15.1	0.222	1.47	0.24	1.56
3	7	1	26.6	0.654	2.46	2.50	9.40
4	7	0	42.3	0.338	0.80	3.55	8.39
5	7	0	57.5	0.542	0.94	5.14	8.94
6	7	2	79.2	1.19	1.50	1.87	2.36
7	7	1	102	1.61	1.58	8.93	8.79

单个实验室测定 3～20mg/L 的混合烃，平均回收率为 93%。

七、有机质

重铬酸钾容量法（C）

1. 方法原理

在加热的条件下，以过量的 $K_2Cr_2O_7$-H_2SO_4 溶液氧化底质中有机碳，以 $FeSO_4$ 标准溶

液滴定剩余的 $K_2Cr_2O_7$，反应式如下：

$$2K_2Cr_2O_7+3C+8H_2SO_4 \longrightarrow 2K_2SO_4+2Cr_2(SO_4)_3+3CO_2+8H_2O$$

$$K_2Cr_2O_7+6FeSO_4+7H_2SO_4 \longrightarrow K_2SO_4+2Cr_2(SO_4)_3+3Fe_2(SO_4)_3+7H_2O$$

测得有机碳的含量乘上一个经验系数 1.724，即为有机质的含量。在本方法的加热条件下，有机碳的氧化效率约为 90%，故对其结果还要乘一个校正系数 1.08。

2. 干扰及消除

底质中含有硫化物和 Fe^{2+}等还原性物质，干扰有机质的测定，可将底质样品研细后摊成薄层，风干 10d 以上，使 Fe^{2+}等还原性物质充分氧化后，再进行测定。

3. 仪器

①玻璃试管：18mm×180mm。
②油浴锅：装甘油或石蜡作加热介质。
③铁丝笼：消解样品插玻璃试管用。
④温度计：0～300℃。
⑤全自动微量滴定管：10ml。
⑥滴定管：25ml。

4. 试剂

①（1/6 $K_2Cr_2O_7$）=0.4mol/L 的硫酸溶液：称取分析纯重铬酸钾 40.00g 溶于 600ml 水中，加水稀释至 1L，置 3L 烧杯中。另取分析纯浓硫酸 1L，慢慢加入到重铬酸钾水溶液中，不断搅拌，冷却至室温，移入密封玻璃瓶中保存。

②（$FeSO_4$）=0.2000mol/L 标准溶液：称取 $FeSO_4 \cdot 7H_2O$ 56g(或$(NH_4)_2SO_4 \cdot FeSO_4 \cdot H_2O$ 80g）溶于 800ml 水中，加浓硫酸 20ml，搅拌均匀，冷至室温，稀释至 1L。此溶液易被空气氧化而使浓度降低，故用时要每天标定。方法如下：

准确移取 0.2000mol/L $K_2Cr_2O_7$ 标准溶液 20.00ml，于 150ml 锥形瓶中；加入 H_2SO_4 5ml，指示液 2～3 滴，用 $FeSO_4$ 溶液滴定至棕红色即为终点，消耗 $FeSO_4$ 溶液 V_1（ml）。

$$C_{FeSO_4}=\frac{0.2000\times 20.0}{V_1}$$

③（1/6 $K_2Cr_2O_7$）=0.200mol/L $K_2Cr_2O_7$ 标准溶液：称取经过 130℃烘 2～3h 的优级纯 K_2CrO_7 9.8064g，用少量水溶解，移入 1000ml 容量瓶中，加水至标线，摇匀。

④邻菲啰啉指示液：称取分析纯 $FeSO_4$ 0.7g 和邻菲啰啉 1.49g，溶于 100ml 水中。

⑤Ag_2SO_4：研成细粉。

⑥灼烧过的土壤：取土壤 200g 并通过 0.25mm 筛，分装于数个瓷蒸发皿中，在 700～800℃马福炉中灼烧 1～2h，将有机质完全烧尽后备用。

5. 步骤

①准确称取风干样品 0.1000～0.5000g（准确至 0.0001g）放入干燥的硬质玻璃试管中，加入约 0.1g Ag_2SO_4 粉末，用微量滴定管慢慢加入 0.400mol/L $K_2Cr_2O_7$ 硫酸溶液 10.0ml，插

入铁丝笼中，放入预先加热至 185～190℃的甘油浴中，待试液开始沸腾计时，保持沸腾 5min，取出铁丝笼，待试管冷却，擦净外部油液。

②将试液移入 150ml 锥形瓶中，并用水洗涤试管 2～3 次，洗液并入锥形瓶中，使试液总体积为 40～50ml。

③往试液中加指示液 2～3 滴，用 $FeSO_4$ 标准溶液滴定至棕红色即为终点。消耗 $FeSO_4$ 溶液 V（ml）。

④与样品操作的同时，用 0.2g 灼烧过的土壤代替样品作全程序空白试验，消耗 $FeSO_4$ 溶液 V_0（ml）。

6. 计算

$$有机质（\%）=\frac{(V_0-V)C\times0.003\times1.724\times1.08}{W}\times100$$

式中：V_0——空白试验消耗的 $FeSO_4$ 体积（ml）；

V——滴定样品时消耗的 $FeSO_4$ 体积（ml）；

C——$FeSO_4$ 标准溶液的摩尔浓度；

0.03——碳的毫克摩尔（g）；

1.724——由有机碳换算为有机质的经验系数；

1.08——氧化校正系数；

W——风干样品重（g）。

7. 注意事项

①称取样量的多少视样品中含有机质的量而定：含量大于 7%～15%，称样 0.1g；含量为 2%～4%，称样 0.3g；含量小于 2%，可称 0.5g。

②加入 Ag_2SO_4 是为了消除氯化物的干扰。

③消解好的样品试液一般应为黄色或黄绿色。若以绿色为主，则说明 $K_2Cr_2O_7$ 用量不足。在滴定时消耗 $FeSO_4$ 的量小于空白试验用量的 1/3 时，有氧化不完全的危险，应弃去重做（适当少取样品量）。

第三章　挥发性和半挥发性有机污染物的测定

一、挥发性有机物的测定

（一）吹脱捕集　气相色谱法（P&T-GC-FID）（C）

1. 方法原理

通过吹脱管用氮气（或氦气）将水样中的 VOCs 连续吹脱出来，通过气流带入并吸附于捕集管中，待水样中 VOCs 被全部吹脱出来后，停止对水样的吹脱并迅速加热捕集管，将捕集管中的 VOCs 热脱附出来，进入气相色谱仪。气相色谱仪采用在线冷柱头进样，使加热脱附的 VOCs 冷凝浓缩，然后快速加热进样。与其他方法相比，吹脱捕集法具有样品用量少，组分损失小，检测限低，无溶剂污染，操作快捷方便等特点。

2. 干扰及消除

用 P&T-GC-FID 法测定水中挥发性有机物时，水体中的半挥发性有机物不会干扰分析测定。

3. 方法的适用范围

本方法适用于江、河、湖等地表水以及自来水中的挥发性有机物的测定，也适用于污水中挥发有机物的测定，但样品要做适当稀释。最低检出限见表 4-3-1 和表 4-3-2。

表 4-3-1　VOCs1 标样的方法最低检出限（MDL）

化合物	MDL(μg/L)	化合物	MDL(μg/L)	化合物	MDL(μg/L)
乙醚	0.02	丙腈	0.2	4-甲基-2-戊酮	0.06
丙酮	0.2	甲基丙烯腈	0.04	1, 1-二氯丙酮	1.0
氯丙烯	0.07	丙烯酸甲酯	0.07	甲基丙烯酸乙酯	0.02
碘甲烷	0.07	四氢呋喃	0.2	己酮	0.08
二硫化碳	0.006	1-氯丁烷	0.004	反-1, 2-二氯-2-丁烯	0.09
乙腈	0.02	甲基丙烯酸甲酯	0.04	五氯乙烷	0.05
甲基叔丁基醚	0.02	氯乙腈	1	六氯乙烷	0.03
2-丁酮	0.2	2-硝基丙烷	0.2	硝基苯	0.1

表 4-3-2 VOCs2 标样的方法最低检出限（MDL）

化合物	MDL (μg/L)	化合物	MDL (μg/L)	化合物	MDL (μg/L)
1,1-二氯乙烯	0.005	甲苯	0.002	正丙苯	0.002
二氯甲烷	0.02	反-1,3-二氯丙烯	0.01	溴苯	0.05
反-1,2-二氯乙烯	0.005	1,1,2-三氯乙烷	0.03	1,3,5-三甲基苯	0.001
1,1-二氯乙烷	0.006	1,3-二氯丙烷	0.02	2-氯甲苯	0.001
2,2-二氯丙烷	0.01	四氯乙烯	0.009	4-氯甲苯	0.003
顺-1,2-二氯乙烯	0.006	二溴氯甲烷	0.05	叔丁苯	0.002
三氯甲烷	0.02	1,2-二溴乙烷	0.03	1,2,4-三甲苯	0.002
溴氯甲烷	0.03	氯苯	0.003	仲丁苯	0.002
1,1,1-三氯乙烷	0.01	乙苯	0.002	4-异丙基甲苯	0.002
1,1-二氯丙烯	0.004	1,1,1,2-四氯乙烷	0.002	1,3-二氯苯	0.004
四氯化碳	0.03	对二甲苯	0.001	1,4-二氯苯	0.004
1,2-二氯乙烷	0.01	间二甲苯	0.001	正丁苯	0.002
苯	0.002	邻二甲苯	0.002	1,2-二氯苯	0.006
三氯乙烯	0.007	苯乙烯	0.003	1,2-二溴-1-氯丙烷	0.1
1,2-二氯丙烷	0.007	异丙苯	0.002	1,2,4-三氯苯	0.009
溴二氯甲烷	0.03	三溴甲烷	0.08	六氯丁二烯	0.01
二溴甲烷	0.05	1,1,2,2-四氯乙烷	0.08	萘	0.01
顺-1,3-二氯丙烯	0.009	1,2,3-三氯丙烷	0.04	1,2,3-三氯苯	0.01

4. 水样采集与保存

用水样荡洗玻璃采样瓶三次，将水样沿瓶壁缓缓倒入瓶中，滴加盐酸使水样 pH<2，瓶中不留顶上空间和气泡，然后将样品置于 4℃无有机气体干扰的区域保存，在采样后 14d 内分析。

5. 仪器

①气相色谱仪，具氢火焰离子化检测器（FID）。
②吹脱捕集装置。
③吹脱管，5ml，25ml。
④捕集管，Tenax/Silica Gel/Charcoal。
⑤气密性注射器，5ml，25ml。
⑥样品瓶：40ml 棕色螺口玻璃瓶。
⑦微量注射器，1μl，9μl。

6. 试剂

①VOCs 混合标准样品：VOCs1 混标（24 种）和 VOCs2 混标（54 种）（见表 4-3-1 和表 4-3-2）。

根据需要购买不同含量的浓标混合贮备液。

②纯水：二次蒸馏水，在使用前用高纯氮气吹 10min，验证无干扰后方可使用。

③内标：对溴氟苯，浓度为 100μg/ml。

④保护剂：盐酸（1∶1），抗坏血酸（分析纯）。

7. 步骤

（1）色谱条件

毛细管色谱柱：TC-Aquatic，60m×0.25mm（内径），膜厚 1.0μm。

柱温：40℃（1min）→4℃/min→100℃（6min）→10℃/min→200℃（5min）。

进样口温度：180℃；检测器温度：220℃。

载气：高纯 N_2；H_2：35ml/min；空气：350ml/min; N_2：1.7ml/min。

进样方式：不分流进样。

（2）吹脱捕集条件

吹脱时间 8min，捕集温度 35℃，解析温度 180℃，解析时间 6min，烘烤温度 220℃，烘烤时间 25min，吹脱气体为高纯 N_2，吹脱流速 40ml/min。

（3）工作曲线

取适量 VOCs1 混标，用纯水配制浓度为 0.4、0.8、4.0、10.0、50.0μg/L 的标准溶液，另取适量 VOCs2 混标，用纯水配制浓度为 0.1、1.0、5.0、10.0、50.0μg/L 的标准溶液，分别进样，记录峰的保留时间和峰高（或峰面积），绘制工作曲线。

（4）样品测定

用气密性注射器吸取 25ml 水样，加入 1μl 内标（浓度为 4μg/L），注入吹脱管，进行分析测定，记录色谱峰的保留时间和峰高（或峰面积）。

（5）定量计算

记录每个化合物的峰高（或峰面积），通过校准曲线查得水样中各化合物的浓度。

（6）标准样品的色谱图

如图 4-3-1 和图 4-3-2 所示。

8. 精密度和准确度

将浓度为 4.0μg/L 的 VOCs1 混合标样和浓度为 5.0μg/L 的 VOCs2 混合标样分别测定七次，由测定结果计算相对标准偏差和回收率，结果见表 4-3-3 和表 4-3-4。

表 4-3-3 VOCs1 标样相对标准偏差和回收率

化合物	*RSD* (%)	回收率 (%)	化合物	*RSD* (%)	回收率 (%)	化合物	*RSD* (%)	回收率 (%)
乙醚	5.1	105	丙腈	5.8	101	4-甲基-2-戊酮	5.7	102
丙酮	7.3	130	甲基丙烯腈	5.2	101	1,1-二氯丙酮	9.7	78.4
氯丙烯	4.5	103	丙烯酸甲酯	3.9	102	甲基丙烯酸乙酯	5.1	102
碘甲烷	4.5	103	四氢呋喃	5.2	102	己酮	6.1	102
二硫化碳	3.9	100	1-氯丁烷	1.9	98.6	反 1,2-二氯-2-丁烯	5.6	101
乙腈	3.6	103	甲基丙烯酸甲酯	5.2	101	五氯乙烷	9.6	99.0
甲基叔丁基醚	6.4	103	氯乙腈	5.9	37.7	六氯乙烷	2.8	104
2-丁酮	5.4	102	2-硝基丙烷	6.0	84.2	硝基苯	6.8	99.5

表 4-3-4 VOCs2 标样相对标准偏差和回收率

化合物	RSD (%)	回收率(%)	化合物	RSD (%)	回收率(%)	化合物	RSD (%)	回收率(%)
1,1-二氯乙烯	2.3	103	甲苯	4.3	104	*n*-丙苯	2.7	106
二氯甲烷	5.2	143	反 1,3-二氯丙烯	1.0	103	溴苯	2.0	105
反 1,2-二氯乙烯	2.0	102	1,1,2-三氯乙烷	1.6	103	1,3,5-三甲基苯	2.6	106
1,1-二氯乙烷	2.1	102	1,3-二氯丙烷	2.6	104	2-氯甲苯	2.6	106
2,2-二氯丙烷	5.3	98.6	四氯乙烯	9.4	103	4-氯甲苯	2.4	105
顺 1,2-二氯乙烯	2.2	102	二溴氯甲烷	4.5	144	叔-丁苯	2.3	111
三氯甲烷	3.3	107	1,2-二溴乙烷	3.5	112	1,2,4-三甲苯	2.5	107
溴氯甲烷	4.4	112	氯苯	1.7	103	仲-丁苯	4.6	113
1,1,1-三氯乙烷	2.4	101	乙苯	1.6	103	4-异丙基甲苯	4.9	113
1,1,-二氯丙烷	2.4	102	1,1,1,2-四氯乙烷	1.6	103	1,3-二氯苯	3.0	106
四氯化碳	5.0	95.3	对-二甲苯	1.7	103	1,4-二氯苯	3.0	106
1,2-二氯乙烷	5.2	106	间-二甲苯	1.7	103	正-丁苯	7.2	113
苯	3.3	102	邻-二甲苯	1.0	103	1,2-二氯苯	2.5	106
三氯乙烯	1.7	103	苯乙烯	1.0	103	1,2-二溴-1-氯丙烷	3.9	110
1,2-二氯丙烷	2.0	102	异丙苯	1.5	105	1,2,4-三氯苯	6.0	115
溴二氯甲烷	3.3	122	三溴甲烷	26.3	142	六氯丁二烯	5.4	126
二溴甲烷	6.8	116	1,1,2,2-四氯乙烷	13.0	99.5	萘	2.7	108
顺 1,3-二氯丙烯	1.4	102	1,2,3-三氯丙烷	4.1	107	1,2,3-三氯苯	5.0	114

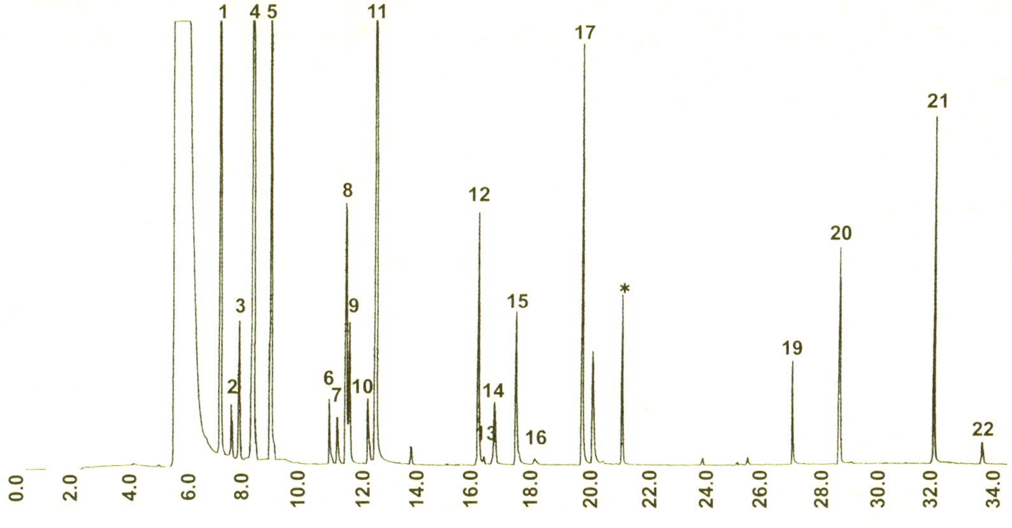

图 4-3-1 VOCs1 混标的气相色谱图

1—乙醚；2—丙酮；3—一氯丙烯，碘甲烷；4—二硫化碳；5—乙腈，甲基叔丁基醚；6—2-丁酮；7—丙腈；8—甲基丙烯腈；9—丙烯酸甲酯；10—四氢呋喃；11—1-氯丁烷；12—甲基丙烯酸甲酯；13—氯乙腈；14—2-硝基丙烷；15—4-甲基-2-戊酮；16—1,1-二氯丙酮；17—甲基丙烯酸乙酯；18—己酮；19—反-1,2-二氯-2-丁烯；20—五氯己烷；21—六氯己烷；22—硝基苯

注：内标物（*）为对溴氟苯。

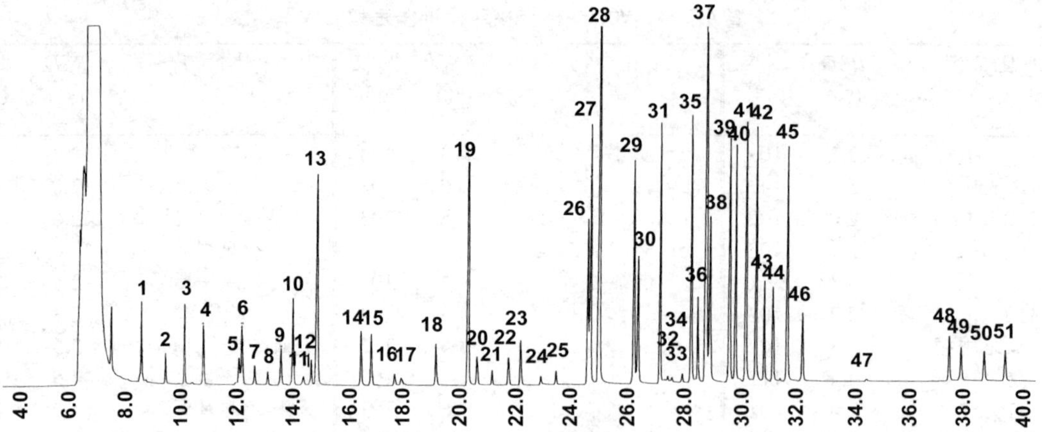

图 4-3-2 VOCs2 混标的气相色谱图

1—1, 1-二氯乙烯；2—二氯甲烷；3—反-1, 2-二氯乙烯；4—1, 1-二氯乙烷；5—2, 2-二氯丙烷；6—顺-1, 2-二氯乙烯；7—三氯甲烷；8—溴氯甲烷；9—1, 1, 1-三氯乙烷；10—1, 1-二氯丙烯；11—四氯化碳；12—1, 2-二氯乙烷；13—苯；14—三氯乙烯；15—1, 2-二氯丙烷；16—溴二氯甲烷；17—二溴甲烷；18—顺-1, 3-二氯丙烯；19—甲苯；20—反-1, 3-二氯丙烯；21—1, 1, 2-三氯乙烷；22—1, 3-二氯丙烷；23—四氯乙烯；24—二溴一氯甲烷；25—1, 2-二溴乙烷；26—氯苯；27—乙苯，1, 1, 1, 2-四氯乙烷；28—间二甲苯，对二甲苯；29—邻二甲苯；30—乙苯；31—异丙苯；32—三溴甲烷；33—1, 1, 2, 2-四氯乙烷；34—1, 2, 3-三氯丙烷；35—正丙苯；36—溴苯；37—1, 3, 5-三甲基苯，2-氯甲苯；38—4-氯甲苯；39—叔丁苯；40—1, 2, 4-三甲苯；41—仲丁苯；42—4-异丙基甲苯；43—1, 3-二氯苯；44—1, 4-二氯苯；45—正丁苯；46—1, 2-二氯苯；47—1, 2-二溴-1-氯丙烷；48—1, 2, 4-三氯苯；49—六氯丁二烯；50—萘；51—1, 2, 3-三氯苯

9. 注意事项

①采样瓶最好为棕色瓶，样品采集后即处于密闭体系，并应尽快分析。

②若样品中含有余氯，在采样时应加入相当于所采水样重量 0.5%的抗坏血酸，将样品中的余氯除去。

③样品采集、分析过程做好质量控制和质量保证工作，保证测试数据的准确性。

④废水样品要采用 5ml 的吹脱管。

（二）吹脱捕集 气相色谱-质谱法（P&T-GC-MS）（C）

1. 方法原理

将惰性气体（氦气或氮气）通入水样，把水样中低水溶性的挥发性有机物及加入的内标、标记化合物吹脱出来，捕集在装有适当吸附剂的捕集管内；吹脱程序完成后，捕集管被加热并以氦气反吹，将所吸附的组分解析入毛细管色谱（GC）柱中，组分经程序升温色谱分离后，用质谱仪（MS）检测。

通过目标组分的质谱图和保留时间与计算机谱库中的质谱图和保留时间作对照进行定性；每个定性出来的组分的浓度取决于其定量离子与内标物定量离子的质谱响应之比。每个样品中含已知浓度的内标化合物，用内标校正程序测量。

2. 干扰及消除

主要的污染源是吹脱气及捕集管路中的杂质。每天在操作条件下分析纯水空白，检查系统中是否有污染（不准从样品检测结果中扣除空白值）；不要使用非聚四氟乙烯的塑料管和密封圈，吹脱装置中的流量计不应含橡胶元件；仪器实验室不应有溶剂污染，特别是二氯甲烷和甲基叔丁基醚（MtBE）。

样品在运输和贮藏过程中可能会因挥发性有机物（尤其是氟代烃和二氯甲烷）渗透过密封垫而受到污染。在采样、加固定剂和运输的全过程中携带纯水作为现场试剂空白来检查此类污染。

高、低浓度的样品交替分析时会产生残留性污染。为避免此类污染，在测定样品之间要用纯水将吹脱管和进样器冲洗两次。在分析特别高浓度的样品后要分析一个实验室纯水空白。若样品中含有大量水溶性物质、悬浮固体、高沸点物质或高浓度的有机物，会污染吹脱管，此时要用洗涤液清洗吹脱管，再用二次水淋洗干净后于105℃烘箱中烘干后使用。吹脱系统的捕集管和其他部位也易被污染，要经常烘烤、吹脱整个系统。

3. 方法的适用范围

本方法适用于测定地下水及地表水中较宽范围的可吹脱有机化合物，测定污水时要稀释后再进行测定。水样为25ml时的方法检测限见表4-3-5。

表 4-3-5 方法的检测限

编号	化合物	保留时间(min)	检出限(μg/L)
1	1, 1-二氯乙烯	7.62	0.17
2	二氯甲烷	8.80	0.07
3	反-1, 2-二氯乙烯	9.46	0.05
4	1, 1-二氯乙烷	10.40	0.04
5	顺-1, 2-二氯乙烯	11.72	0.04
6	2, 2-二氯丙烷	11.72	0.04
7	溴氯甲烷	12.23	0.21
8	三氯甲烷	12.43	0.03
9	1, 1, 1-三氯乙烷	12.84	0.04
10	1, 1-二氯丙烯	13.20	0.03
11	四氯化碳	13.22	0.03
12	苯	13.63	0.01
13	1, 2-二氯乙烷	13.66	0.13
14	氟苯	14.23	0.05
15	三氯乙烯	15.05	0.05
16	1, 2-二氯丙烷	15.52	0.07
17	二溴甲烷	15.76	0.21
18	一溴二氯甲烷	16.11	0.06
19	顺-1, 3-二氯丙烯	17.10	0.05
20	甲苯	17.86	0.02

编号	化合物	保留时间(min)	检出限(μg/L)
21	反-1,3-二氯丙烯	18.32	0.09
22	1,1,2-三氯乙烷	18.75	0.16
23	四氯乙烯	19.12	0.05
24	二溴一氯甲烷	19.66	0.14
25	1,2-二溴乙烷	19.93	0.17
26	氯苯	21.08	0.02
27	1,1,1,2-四氯乙烷	21.27	0.09
28	乙苯	21.33	0.01
29	间、对二甲苯	21.61	0.02
30	邻二甲苯	22.55	0.01
31	苯乙烯	22.56	0.02
32	三溴甲烷	23.01	0.34
33	异丙苯	23.44	0.01
34	4-溴氟苯	23.80	0.03
35	溴苯	24.16	0.07
36	1,2,3-三氯丙烷	24.24	0.17
37	1,1,2,2-四氯乙烷	未检出	-
38	正丙苯	24.43	0.04
39	2-氯甲苯	24.65	0.02
40	1,3,5-三甲苯	24.86	0.01
41	4-氯甲苯	24.90	0.01
42	叔丁苯	25.65	0.02
43	1,2,4-三甲苯	25.77	0.01
44	仲丁苯	26.21	0.03
45	1,3-二氯苯	26.48	0.03
46	4-异丙基甲苯	26.56	0.01
47	1,4-二氯苯	26.71	0.03
48	丁苯	27.68	0.01
49	1,2-二氯苯	27.73	0.04
50	1,2-二溴-3-氯丙烷	30.20	1.39
51	1,2,4-三氯苯	33.38	0.08
52	六氯丁二烯	33.92	0.08
53	萘	34.08	0.15
54	1,2,3-三氯苯	34.69	0.13

4. 样品采集与保存

（1）样品采集

所有样品均采集平行样，每批样品要带一个现场空白，即在实验室中用纯水充满样品瓶，封好后与空的样品瓶一起运至采样点。

采样时，使水样在瓶中溢流出而不留气泡。若从水龙头采样，应先打开龙头放水至水温稳定（一般需 10min）。调节水流速度约为 500ml/min，从流水中采集平行样；若从开放的水体中采样，先用 1L 的广口瓶或烧杯从有代表性的区域中采样，再小心把水样从广口瓶或烧杯中倒入样品瓶中。

对于不含余氯的样品和现场空白，每 40ml 水样中加 4 滴 4mol/L 的盐酸作固定剂，以防水样中发生生物降解。要确保盐酸中不含痕量有机杂质。

对于含余氯的样品和现场空白，在样品瓶中先加入抗坏血酸（每 40ml 水样加 25mg），待样品瓶中充满水样并溢流后，每 20ml 样品中加入 1 滴 4mol/L 盐酸调节样品 pH<2，再密封样品瓶。**注意垫片的 PTFE 面朝下**。

（2）样品保存

样品保存取决于待分析的目标组分和样品基体，采样后须将样品冷却至 4℃，并维持此温度直到分析。现场水样在到达实验室前须用冰块降温以保持在 4℃。样品存放区域须无有机物干扰。

样品在采样后 14d 内分析。

5. 仪器

①吹脱捕集系统：包括吹脱装置、捕集管和解吸系统。

②吹脱装置：能容纳 25ml 水样且水样深度不小于 5cm。若 GC-MS 体系的灵敏度足以达到方法检出限，可使用 5ml 的吹脱管。样品上方气体空间须小于 15ml，吹脱气的初始气泡直径应小于 3mm，吹脱气从距水样底部不大于 5mm 处引入。

③捕集管：25cm×3mm（内径），内填有 1/3 聚 2,6-苯基对苯醚（Tenax）、1/3 硅胶、1/3 椰壳炭。若能满足质控要求，也可使用其他的填充物。

④气相色谱仪：可程序升温，所有的玻璃元件（如进样口插件）均是用硅烷化试剂脱活。

⑤毛细管柱：要保证脱附气流与柱型匹配，可用以下柱子：

柱 1：60m×0.75mm（内径），1.5μm，VOCOL 宽口径毛细柱。

柱 2：30m×0.53mm（内径），3μm，DB-624 大口径毛细柱。

柱 3：30m×0.32mm（内径），1μm，DB-5 毛细柱。

柱 4：30m×0.25mm（内径），1.4μm，DB-624 毛细柱。

也可采其它等效色谱柱。

⑥质谱仪。

⑦气密性注射器：25ml 或 5ml。

⑧微量注射器：10μl。

6. 试剂

①纯水：二次蒸馏水（或购买市售纯净水），于 90℃水浴中（或常温）用氮气吹脱 15min，现用现制。所得的纯水中应无干扰测定的杂质，或其中的杂质含量小于目标组分的检出限。

②捕集管填充材料：聚 2,6-二苯基对苯醚（Tenax），色谱纯，60～80 目；硅胶，35～60 目；椰壳活性炭。

③甲醇：优级纯。

④50%盐酸：将一定体积的浓盐酸倒入等体积的纯水中。

⑤坑坏血酸：分析纯。

⑥标准贮备液：可直接购买包括所有相关分析组分的标准溶液，也可用纯单标制备（称重法），常用浓度为 1～5g/L。将其置于聚四氟乙烯封口的螺口瓶中，尽量减少瓶内的液上顶空，避光于冰箱中保存。

⑦标准中间液：用甲醇稀释标准贮备液，其浓度要便于配制校准溶液，并能囊括校准曲线的浓度范围。将其置于聚四氟乙烯封口的螺口瓶中，尽量减少瓶内的液上顶空，避光于冰箱中保存。经常检查溶液是否变质或挥发。在用它配制校准使用液时要将其回温。

⑧内标和标记物添加液：用甲醇配制内标（氟代苯）、标记物（1, 2-二氯苯-d_4）使其浓度为 5mg/L。该混合液要加入到样品、标样及空白中，例如将 5μl 内标和标记物的甲醇溶液加入到 25ml 水样中，使内标和标记物在水样中的浓度为 1μg/L。在满足方法要求并不干扰目标组分的测定前提下，也可用其它的内标和标记物。

⑨校准使用液：将一定量的标准中间液加入到纯水中，倒转摇动两次，配制至少五个标准曲线点，其中一个接近但高于方法的最低检出限（MDL），或在实际工作范围的最低限处。其余标准曲线点要对应样品的浓度范围。在无液上顶空时将此校准标准置于螺口瓶中，可保存 24h，否则只能留用 1h。也可在 25ml 充满纯水的注射器中直接注入一定量的标准使用液和内标、标记物混合液，然后立即将此校准液注入吹脱捕集装置中。

7. 步骤

（1）仪器条件

①吹脱捕集装置：吹脱温度：室温或恒温；吹脱时间：11min；解吸温度：180℃；解吸时间：4min；烘烤温度：230℃；烘烤时间：10min。

②GC 条件：DB-624 柱：35℃（5min）→6℃/min→160℃（6min）→20℃/min→210℃（2min）；载气：N_2，流量：3.5ml/min。

③MS 条件：离子源：EI；离子源温度：200℃；接口温度：220℃；离子化能量：70eV；扫描范围：35～300amu；扫描时间：0.45s；回扫时间：0.05s。

（2）仪器校准

①GC-MS 性能试验：直接导入 25ng 的 4-溴氟苯（BFB）于 GC 中，或将 1μl 25mg/L 的 BFB 加入到 25ml 纯水中作吹脱捕集，得到的 BFB 质谱在扣除背景后，其 *m/z* 应满足表 4-3-6 的要求，否则要重新调谐质谱仪直至符合要求。

②内标法初始校准：使用氟代苯（或用标记物 1, 2-二氯苯-d_4）作为内标。将内标物直接加入到注射器中，配制至少五个点的校准标准，按样品分析法分析每个校准标准，检查各组分的色谱图和质谱灵敏度，要求色谱峰窄而对称，多数无拖尾，灵敏度高；质谱识别校准溶液中每个化合物在适当保留时间窗口的色谱峰能初步确认，可辨认的化合物不少于 99%。按下式计算响应因子（*RF*）：

$$RF = \frac{A_x \cdot C_{is}}{A_{is} \cdot C_x}$$

式中：A_x——各组分定量离子积分丰度；

A_{is}——内标物定量离子积分丰度；

C_x——各组分的浓度；

C_{is}——内标物的浓度。

表 4-3-6 4-溴氟苯（BFB）离子丰度指标

质荷比(m/z)	相对丰度指标
50	质量为 95 的离子丰度的 15%～40%
75	质量为 95 的离子丰度的 30%～80%。
95	基峰，相对丰度为 100%
96	质量为 95 的离子丰度的 5%～9%
173	小于质量为 174 的离子丰度的 2%
174	大于质量为 95 的离子丰度的 5%
175	质量为 174 离子丰度的 5%～9%
176	在质量为 174 离子丰度的 95%～101%之间
177	质量为 176 离子丰度的 5%～9%

每种组分、标记化合物的平均 *RF* 的 *RSD* 应小于 20%。

③再校正：使用与初始校正相同条件吹脱并分析中间浓度校正溶液，确定内标物和标记物定量离子的峰面积不得比前一次连续校正低 30%以上，或比初始校正时少 50%以上，以再校正测得的数据计算每个组分和标记物的 *RF* 值，该 *RF* 值须在初始校正时测出 *RF* 平均值的 30%以内。

（3）测定

将样品温度恢复至室温，开启样品瓶，用 25ml 注射器抽出略大于 25ml 的水样，倒转注射器，排除空气使水样体积为 25.0ml，通过注射器的顶端加入一定量的内标和标记物，立即注入吹脱捕集装置中，在室温下以 40ml/min 的气流吹脱 11min，然后在 180℃下加热脱附 4min，最后进行 GC-MS 分析。

若进样过高浓度的样品，要用 25ml 的纯水清洗吹脱管两次。

在老化温度下将捕集管重新老化 5～7min，之后将捕集管冷却至室温。当所有样品组分均从色谱柱中流出后，结束数据采集，贮存数据文件并显示全范围的总离子流图和某些提取离子质谱图，如果离子丰度超过了系统的工作范围，需减少水样量。水样注入吹脱管后，再用另一个注射器注入纯水，使总体积达 25.0ml。

（4）标准色谱图

挥发性有机物的标准色谱图见图 4-3-3。

8. 计算

用五种不同浓度的标准样品（其中内标的浓度恒定）绘制校准曲线，该曲线的纵坐标为组分定量离子峰面积 A_x 与其浓度 C_x 之比，横坐标为内标氟代苯的定量离子峰面积 A_{is} 与其浓度 C_{is} 之比。由此求得响应因子 *RF*。

实际样品在测定前加入同样浓度的内标，测得未知物的定量离子峰面积 A_x 后，通过校准曲线并根据下式计算实际样品浓度 C'_x。

$$C'_x = \frac{A_x \cdot C_{is}}{RFA_{is}}$$

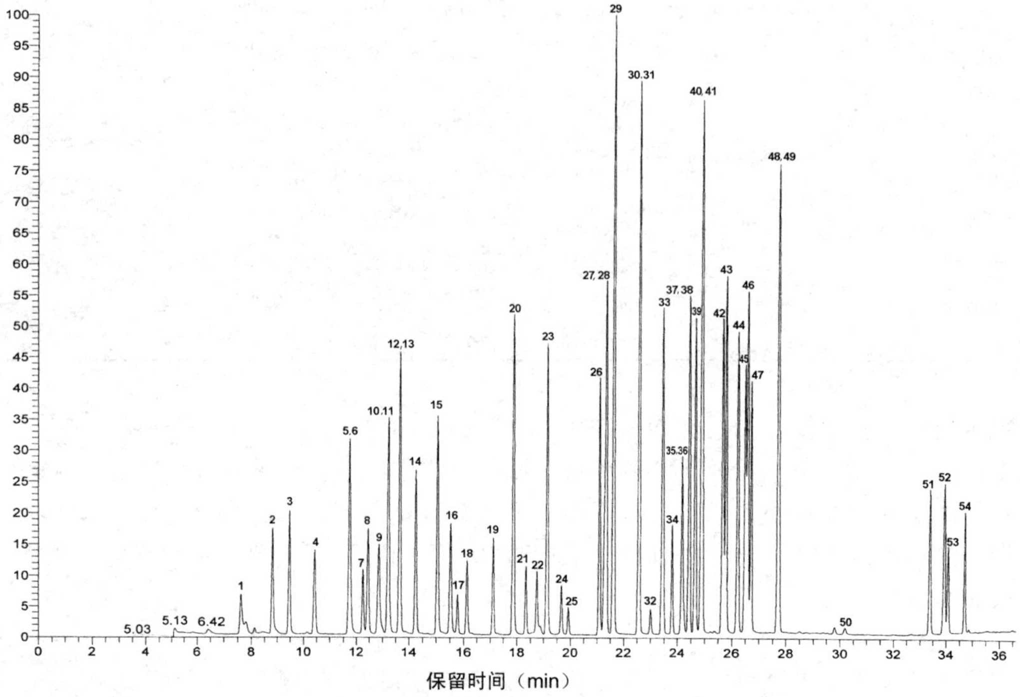

图 4-3-3 VOCs 的标准 TIC（总离子流）图

9. 精密度和准确度

方法的精密度和准确度见表 4-3-7。

表 4-3-7 方法的精密度和准确度

编号	化合物	保留时间 (min)	标准样品 (μg/L)	相对误差 (%)	相对标准偏差 *RSD*(%)
1	1, 1-氯乙烯	7.62	0.4	-15	3.8
2	二氯甲烷	8.80	0.4	10	2.8
3	反-1, 2-二氯乙烯	9.46	0.4	11	3.2
4	1, 1-氯乙烷	10.40	0.4	−3	3.8
5	顺-1, 2-二氯乙烯	11.72	0.4	10	5
6	2, 2-二氯丙烷	11.72	0.4	−3	5
7	溴氯甲烷	12.23	0.4	18	4
8	三氯甲烷	12.43	0.4	1	4
9	1, 1, 1-三氯乙烷	12.84	0.4	2	2

编号	化合物	保留时间 (min)	标准样品 (μg/L)	相对误差 (%)	相对标准偏差 *RSD*(%)
10	1, 1-二氯丙烯	13.20	0.4	-2	5.8
11	四氯化碳	13.22	0.4	-2	2.2
12	苯	13.63	0.4	0	4.8
13	1, 2-二氯乙烷	13.66	0.4	18	4.8
14	氟苯	14.23	1	-2	2.8
15	三氯乙烯	15.05	0.4	2	2.3
16	1, 2-二氯丙烷	15.52	0.4	-2	3.2
17	二溴甲烷	15.76	0.4	6	3
18	一溴二氯甲烷	16.11	0.4	0	4.8
19	顺-1, 3-氯丙烯	17.10	0.4	0	5.5
20	甲苯	17.86	0.4	-6	4
21	反-1, 3-二氯丙烯	18.32	0.4	4	4.5
22	1, 1, 2-三氯乙烷	18.75	0.4	3	4.8
23	四氯乙烯	19.12	0.4	6	5
24	二溴一氯甲烷	19.66	0.4	9	3
25	1, 2-二溴乙烷	19.93	0.4	6	2.5
26	氯苯	21.08	0.4	3	3.2
27	1, 1, 1, 2-四氯乙烷	21.27	0.4	5	3
28	乙苯	21.33	0.4	-4	3
29	间、对二甲苯	21.61	0.4	-2	3.5
30	邻二甲苯	22.55	0.4	0	3.5
31	苯乙烯	22.56	0.4	-1	0.15
32	三溴甲烷	23.01	0.4	12	4.5
33	异丙苯	23.44	0.4	2	4
34	4-溴氟苯	23.80	1	-4	6
35	溴苯	24.16	0.4	5	4.8
36	1, 2, 3-三氯丙烷	24.24	0.4	4	4
37	1, 1, 2, 2-四氯乙烷	未检出	0.4	-	-
38	正丙苯	24.43	0.4	-3	4
39	2-氯甲苯	24.65	0.4	-10	4.2
40	1, 3, 5-三甲苯	24.86	0.4	2	4.5
41	4-氯甲苯	24.90	0.4	-1	4.5
42	叔丁苯	25.65	0.4	-7	4.8
43	1, 2, 4-三甲苯	25.77	0.4	-2	4.8
44	仲丁苯	26.21	0.4	4	5.2
45	1, 3-二氯苯	26.48	0.4	1	4.2
46	4-异丙基甲苯	26.56	0.4	-4	5.8
47	1, 4-二氯苯	26.71	0.4	1	4.2

编号	化合物	保留时间 (min)	标准样品 (μg/L)	相对误差 (%)	相对标准偏差 *RSD*(%)
48	丁苯	27.68	0.4	−2	5
49	1, 2−二氯苯	27.73	0.4	2	4
50	1, 2−二溴−3−氯丙烷	30.20	0.4	11	4
51	1, 2, 4−三氯苯	33.38	0.4	8	5.2
52	六氯丁二烯	33.92	0.4	−5	7.8
53	萘	34.08	0.4	12	4
54	1, 2, 3−三氯苯	34.69	0.4	9	5.2

10. 注意事项

①吹脱捕集装置：第一次使用时要用 20ml/min 惰性气体在 180℃下反吹捕集管 12h，以后在每天使用后老化 10min。

②分析实验室试剂空白：为检查本方法中的被测物或其他干扰物质是否在实验室环境中、试剂中、器皿中存在，用甲醇溶液制备浓度为 5μg/ml 的氟代苯（内标）及 4−溴氟苯（标记物），将 5μl 上述甲醇溶液加入到 25ml 纯水中，得到的浓度为 1μg/L，将此水溶液移到吹脱装置中进行 GC−MS 分析。要求方法组分的本底值低于方法检出限。

③实验室加标空白：为控制该实验室是否有能力在所要求的方法检出限内进行准确而精密的测量，要求各组分及标记化合物的平均准确度应在 80%～120%，相对标准偏差 *RSD* 应小于 20%，出峰较早的组分和最后出峰的高沸点组分的准确度和精密度会低于其他组分；方法检出限须满足各组分所要求的浓度水平。

④内标及标记物的定量离子的峰面积在一段时间内保持相对稳定，内标的漂移不得大于 50%，实验室加标样的峰面积也应相对稳定。

（三）顶空气相色谱−质谱法（HSGC−MS）（C）

1. 方法原理

在恒温的密闭容器中，水样中的挥发性有机物在气、液两相间分配，达到平衡。取液上气相样品进气相色谱−质谱联用仪分析。

2. 方法的适用范围

本方法的检测限见表 4−3−8，但它随仪器和操作条件而变，可用于饮用水、地表水、地下水和废水的监测。

3. 样品采集与保存

取水样时应使样品充满容器，不留空间，并加盖密封。样品应在冰箱冷藏室中保存（4℃左右）。

表 4-3-8 方法的检测限

化合物	*m/z*	分子式	检测限(ng/L)
1, 1-二氯乙烯	96	C_2HCl_2	0.1
二氯甲烷	84	CH_2Cl_2	0.5
反-1, 2-二氯乙烯	96	$C_2H_2Cl_2$	0.2
顺-1, 2-二氯乙烯	96	$C_2H_2Cl_2$	0.2
三氯甲烷	83	$CHCl_3$	0.2
1, 1, 1-三氯乙烷	99	$C_2H_3Cl_3$	0.3
四氯化碳	119	CCl_4	0.2
苯	78	C_6H_6	0.3
1, 2-二氯乙烷	62	$C_2H_4Cl_2$	0.3
三氯乙烯	130	C_2HCl_3	0.3
1, 2-二氯丙烷	63	$C_3H_6Cl_2$	0.3
一溴二氯甲烷	83	$CHCl_2Br$	0.3
顺-1, 3 二氯丙烯	75	$C_3H_4Cl_2$	0.3
甲苯	92	C_7H_8	0.3
反-1, 3-二氯丙烯	75	$C_3H_4Cl_2$	0.3
1, 1, 2-三氯乙烷	97	$C_2H_3Cl_3$	0.3
四氯乙烯	166	C_2Cl_4	0.3
二溴一氯甲烷	129	$CHClBr_2$	0.3
间, 对二甲苯	106	C_8H_{10}	0.4
邻二甲苯	106	C_8H_{10}	0.3
三溴甲烷	173	$CHBr_3$	0.8
对二氯苯	146	$C_6H_4Cl_2$	0.4

4. 仪器

①气相色谱-质谱联用仪，EI 源。

②自动顶空进样器。

③1ml 气密注射器。

④顶空样品瓶，30ml，带聚四氟乙烯（PTFE）密封硅橡胶垫，顶空样品瓶、密封 PTFE 垫在 150℃下加热 3h，冷却后 PTFE 垫保存在干净的玻璃试剂瓶中。

5. 试剂

①甲醇：优级纯。

②氯化钠：优级纯，在 350℃下加热 6h，除去吸附于表面的有机物，冷却后保存于干净的试剂瓶中。

③VOCs 标准贮备溶液：23 种，各化合物浓度为 1000μg/ml（甲醇溶剂）。

④标准使用液：将标准贮备溶液（1000μg/ml）以甲醇稀释至 10 和 100μg/ml。

⑤内标溶液：对溴氟苯，1000μg/ml（甲醇溶剂），再以甲醇稀释至 100μg/ml。

6. 步骤

（1）样品预处理

称取 3g 氯化钠放入 30ml 顶空样品瓶中，缓慢注入 10ml 水样，加入 5μl 浓度为 100μg/ml 的内标溶液，盖上硅橡胶垫和铝盖，用封口工具加封，放入到顶空进样器中待测定。

（2）校准曲线

取五个顶空瓶，分别称取 3g NaCl 于各顶空瓶中，加入 10ml 纯水，再分别加入 5μl 和 10μl 的 10μg/ml 标准使用液及 5μl 和 10μl 的 100μg/ml 标准使用液，各瓶中同时加入 5μl 浓度为 100μg/ml 的内标溶液，加盖密封，放入顶空进样器中待分析，得到的溶液浓度分别为 5、10、50、100ng/ml，内标浓度为 50ng/ml。

（3）分析条件

顶空样品瓶加热温度为 60℃，加热平衡时间 30min。

色谱柱：DB-624 石英毛细管柱 60m×0.32mm（内径）×1.8μm。

色谱条件：柱温 50℃（2min）→7℃/min→120℃→12℃/min→200℃（5min）。

进样口温度：250℃；接口温度：230℃。

进样方式：分流进样，分流比为 1∶10。

进样量：0.8ml。

（4）测定

定性分析：全扫描方式，质量范围为 35～2000amu，扫描速度 0.5s/scan。

定量分析：选择离子检测（SIM），各化合物检测质量数如表 4-3-9 所示。标准溶液和样品的总离子流色谱图见图 4-3-4。

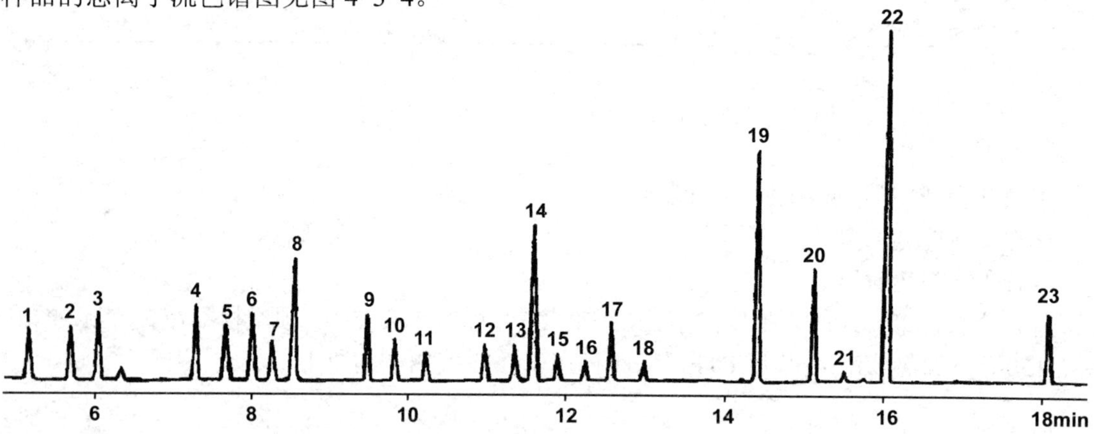

图 4-3-4 VOCs 总离子流色谱图

色谱峰：1—1, 1-二氯乙烯；2—二氯甲烷；3—反-12-二氯乙烯；4—顺-1, 2-二氯乙烯；5—三氯甲烷；6—1, 1, 1-三氯乙烷；7—四氯化碳；8—苯；9—1, 2-二氯乙烷；10—三氯乙烯；11—1, 2-二氯丙烷；12—一溴二氯甲烷；13—顺-1, 3-二氯丙烯；14—甲苯；15—反-1, 3-二氯丙烯；16—1, 1, 2-三氯乙烷；17—四氯乙烯；18—二溴一氯甲烷；19—间、对二甲苯；20—邻二甲苯；21—三溴甲烷；22—对溴氟苯；23—对二氯苯

表 4-3-9 各挥发性有机化合物的分子量和选择离子检测质量数（*m/z*）

化合物	分子式	分子量	定量用目标离子	检测用参考离子
对溴氟苯(内标)	C_6H_4BrF	174	174	176
1, 1-二氯乙烯	C_2HCl_2	96	96	61
二氯甲烷	CH_2Cl_2	84	84	49
反-1, 2-二氯乙烯	$C_2H_2Cl_2$	96	96	61
顺-1, 2-二氯乙烯	$C_2H_2Cl_2$	96	96	61
三氯甲烷	$CHCl_3$	118	83	85
1, 1, 1-三氯乙烷	$C_2H_3Cl_3$	132	99	97
四氯化碳	CCl_4	152	119	117
苯	C_6H_6	78	78	51
1, 2-二氯乙烯	$C_2H_4Cl_2$	98	62	64
三氯乙烯	C_2HCl_3	130	130	132
1, 2-二氯丙烷	$C_3H_3Cl_2$	112	63	62
一溴二氯甲烷	$CHCl_2Br$	162	83	85
顺-1, 3 二氯丙烯	$C_3H_4Cl_2$	110	75	110
甲苯	C_7H_8	92	92	91
反-1, 3-二氯丙烯	$C_3H_4Cl_2$	110	75	110
1, 1, 2-三氯乙烷	$C_2H_3Cl_3$	132	97	83
四氯乙烯	C_2Cl_4	164	166	164
二溴一氯甲烷	$CHClBr_2$	206	129	127
间，对二甲苯	C_8H_{10}	106	106	91
邻二甲苯	C_8H_{10}	106	106	91
三溴甲烷	$CHBr_3$	250	173	175
对二氯苯	$C_6H_4Cl_2$	146	146	148

7. 精密度和准确度

以标准溶液配制了五个 20ng/ml 的模拟样品，其测定结果如表 4-3-10。

表 4-3-10 模拟水样的精密度和准确度测定结果

化合物	*m/z*	*RSD*(%)	加标回收率(%)
1, 1-二氯乙烯	96	2.2	100
二氯甲烷	84	1.6	97.7
反式-1, 2-二氯乙烯	96	2.3	98.8
顺式-1, 2-二氯乙烯	96	3.0	94.6
三氯甲烷	83	2.0	99.7
1, 1, 1-三氯乙烷	99	3.0	98.2
四氯化碳	119	3.4	96.2
苯	78	2.0	103
1, 2-二氯乙烷	62	1.8	92.9
三氯乙烯	130	2.3	99.0
1, 2-二氯丙烷	63	1.7	94.6
一溴二氯甲烷	83	1.2	91.3

化合物	*m/z*	*RSD*(%)	加标回收率(%)
顺式-1,3-二氯丙烯	75	1.2	91.5
甲苯	92	2.2	104
反式-1,3 二氯丙烯	75	3.7	95.5
1,1,2-三氯乙烷	97	3.8	95.0
四氯乙烯	166	3.2	96.5
二溴一氯甲烷	129	1.4	97.2
间，对二甲苯	106	2.3	106
邻二甲苯	106	2.1	99.6
三溴甲烷	173	1.4	97.4
对-二氯苯	146	1.7	99.5

二、半挥发性有机化合物

气相色谱-质谱法（GC-MS）（C）

半挥发性有机化合物系指可在有机溶剂中分配，同时可进行气相色谱分析的一大类化合物。按照萃取条件的不同还可将这一大类有机物区分为碱-中性可萃取有机物和酸性可萃取有机物，包括有机氯农药、PCBs、有机磷农药、多环芳烃类、氯苯类、硝基苯类、硝基甲苯类、邻苯二甲酸酯类、亚硝基胺类、苯胺类和氯代苯胺类、卤代烃类、卤代醚类、联苯胺类、氯代联苯胺类、呋喃类、苯酚类、氯代酚类和硝基酚类等。在工农业生产发展的同时，伴随的环境污染使得这类有机污染物在环境样品中广泛存在。

1. 方法原理

分别在碱性和酸性条件下，以二氯甲烷萃取水和废水中的半挥发性有机化合物，被浓缩后的有机溶液可直接进行 GC-MS 分析，或者经过进一步净化，再以 GC-MS 检测。

2. 方法的适用范围

本方法的检测限见表 4-3-11 和表 4-3-12，但它随仪器和操作条件而变，适用于饮用水、地表水、地下水、海水和工业废水等的监测。

表 4-3-11 碱-中性可萃取有机物

化合物	定量离子(*m/z*)	参考离子(*m/z*)	检测限(μg/L)
萘	128	129、127	1.6
苊	152	151、153	2.5
二氢苊	154	153、153	2.5
芴	166	165、167	2.5
菲	178	179、176	5.4
蒽	178	179、176	2.5
荧蒽	202	101、203	2.2
芘	202	200、203	1.9
苯并[*a*]蒽	228	229、226	7.8

化合物	定量离子(m/z)	参考离子(m/z)	检测限(μg/L)
䓛	228	226、229	2.5
苯并[*b*]荧蒽	252	253、125	4.8
苯并[*k*]荧蒽	252	253、125	2.5
苯并[*a*]芘	252	253、125	2.5
苯并[*ghi*]苝	276	138、277	2.5
茚并[1, 2, 3-*cd*]芘	276	138、277	2.5
二苯并[*a*, *h*]蒽	278	139、279	2.5
二苯并呋喃	168	139	
邻苯二甲酸二乙酯	163	196、164	1.6
邻苯二甲酸二乙酯	149	177、150	1.9
邻苯二甲酸二丁酯	149	150、104	2.5
邻苯二甲酸丁基苯基酯	149	91、206	2.5
邻苯二甲酸二(2-乙基己基)酯	149	167、279	2.5
邻苯二甲酸二正辛酯	149	167、43	2.5
α-BHC	183	181、109	
β-BHC	181	183、109	
γ-BHC	183	181、109	4.2
δ-BHC	183	181、109	3.1
p,p'-DDD	235	237、165	5.6
p,p'-DDE	246	248、176	2.8
p,p'-DDT	235	237、165	4.7
艾氏剂	66	263、220	1.9
狄氏剂	79	263、279	2.5
异狄氏剂	263	82、81	
异狄氏剂醛	67	345、250	
甲氧滴滴涕	227	228、152、274	10
硫丹 I	195	339、341	
硫丹 II	337	339、341	
硫丹硫酸酯	272	387、422	5.6
氯丹	373	375、377	
七氯	100	272、274	1.9
环氧七氯	353	355、351	2.2
毒杀酚	159	231、233	
马拉硫磷	173	125、127、93	50
对硫磷	109	97、291、139	
甲基对硫磷	109	125、263、79	40
倍硫磷	278	125、109、169、153	
敌敌畏	109	185、79、145	10
百治磷	127	67、72、109、193	
久效磷	127	192、67、97、109	
甲拌磷	75	121、97、260	
乐果	87	93、125、143	20
三硫磷	157	97、121、342、159	10
毒虫威	267	269、323、325	20
苯硫磷	157	169、185、141	10

化合物	定量离子(*m/z*)	参考离子(*m/z*)	检测限(μg/L)
伏灭硫磷	218	125、109、217	
伏杀硫磷	362	226、210、364	
二(2-氯乙基)醚	93	63、95	5.7
二(2-氯乙氧基)甲烷	93	95、123	5.3
二(1-氯异丙基)醚	45	77、121	5.7
4-溴苯基苯基醚	248	250、414	1.9
2-氯苯基苯基醚	204	206、141	4.2
4-氯苯基苯基醚	204	206、141	4.2
1, 3-二氯苯	146	148、111	1.9
1, 2-二氯苯	146	148、111	1.9
1, 4-二氯苯	146	148、111	4.4
1, 2, 4-三氯苯	182	182、145	1.9
1, 2, 4, 5-四氯苯	216	214、179、108	
五氯苯	250	252、108、248、215	
六氯苯	284	142、249	1.9
六氯丁二烯	225	223、227	0.9
六氯环戊二烯	237	235、272	
六氯乙烷	117	201、199	1.6
六氯丙烯	213	211、215、117	
1-氯代萘	162	127、164	
2-氯代萘	162	164、127	1.9
硝基苯	77	123、65	1.9
1, 4-二硝基苯	168	75、50、76、93	
1, 3-二硝基苯	168	76、50、75、92	
1, 2-二硝基苯	168	50、63、74	
1, 3, 5-三硝基苯	75	74、213、120	
2, 6-二硝基甲苯	165	89、182	1.9
2, 4-二硝基甲苯	165	63、182	5.7
异佛尔酮	82	95、138	2.2
二苯胺	169	168、167	
苯胺	93	66、65	
2-硝基苯胺	65	92、138	50
3-硝基苯胺	138	108、92	50
4-氯苯胺	127	129、65、92	20
3, 3′-二氯联苯胺	252	254、126	16
N-亚硝基二正丙胺	42	74、44	10
N-亚硝基二苯胺	169	168、167	10
PCB-1016	222	260、292	
PCB-1221	190	224、260	30
PCB-1232	190	224、260	
PCB-1242	222	256、292	
PCB-1248	292	362、326	30
PCB-1254	292	362、326	
PCB-1260	360	362、394	

表 4-3-12 酸性可萃取有机物

化合物	定量离子(m/z)	参考离子(m/z)	检测限(μg/L)
苯酚	94	66、65	1.5
2, 4-二甲基苯酚	122	107、121	2.7
2-氯苯酚	128	64、130	3.3
2, 4-二氯苯酚	162	164、98	2.7
2, 4, 6-三氯苯酚	196	198、200	2.7
2, 4, 5-三氯苯酚	196	198、97、132	10
2, 3, 4, 6-四氯苯酚	232	131、230、166	10
五氯酚	266	264、2368	3.6
4-氯-3-甲基苯酚	142	107、144	3.0
2-硝基苯酚	139	109、65	3.6
4-硝基苯酚	139	109、65	2.4
2, 4-二硝基苯酚	184	63、154	42
2, 6-二硝基苯酚	184	63、154	50
2-甲基-4, 6-二硝基苯酚	198	182、77	24

3. 仪器

①气相色谱-质谱仪，EI 源，带分流/不分流进样口。

②自动进样器，样品瓶 1.5ml。

③旋转蒸发器或 K-D 浓缩器。

④10μl 微量注射器。

⑤2L 分液漏斗。

⑥300ml 具塞三角烧瓶。

⑦300ml 具塞茄型烧瓶（旋转蒸发器用）。

⑧10ml 具塞试管。

⑨10ml 容量瓶。

4. 试剂

①二氯甲烷，残留农药分析纯。

②正己烷，残留农药分析纯。

③丙酮，残留农药分析纯。

④氯化钠，优级纯，在 350℃下加热 6h，除去表面吸附的有机化合物，冷却后保存于干净的试剂瓶中。

⑤无水硫酸钠，优级纯，在 400℃下加热 6h，除去表面吸附的有机化合物，冷却后保存于干净的试剂瓶中。

⑥氢氧化钠，优级纯，配制成 10mol/L 水溶液。

⑦浓硫酸，优级纯，配制成 1∶1 的水溶液。

⑧净化水，用正己烷洗涤过的蒸馏水或纯净水。

5. 标准溶液

①准确称取 0.0100g 的标准纯品（纯度在 96%以上），溶解在丙酮或者其他合适的有机溶剂中，之后定容至 10ml 容量瓶中，作为标准贮备溶液（浓度为 1000mg/L）。或者购置商品标准贮备溶液。

②将标准贮备溶液转移至带聚四氟乙烯密封垫的螺旋盖样品瓶中，在-10℃以下的温度下避光保存。

③推荐的内标和回收率指示物见表 4-3-13，准确称取化合物 0.100g，溶于少量的二硫化碳中，转移至 10ml 容量瓶中并用丙酮稀释至刻度，最终溶液中二硫化碳浓度约为 20%。除苝-d_{12} 外，大多数化合物可溶解于少量的甲醇、丙酮或甲苯中。该溶液中各化合物浓度分别为 1000μg/ml，-10℃以下避光保存。使用时将该溶液用丙酮稀释至 100μg/ml，每 1000ml 水样中加入 1ml 此溶液，样品中每种回收率指示化合物的浓度为 100μg/L。

④GC-MS 校准溶液为 50μg/ml 十氟三苯基膦（DFTPP）的二氯甲烷溶液。

表 4-3-13　推荐的内标和回收率指示物

碱-中性提取组分		酸性提取组分	
化合物	定量离子	化合物	定量离子
1,4-二氯苯-d_4	152、150	苯酚-d_6	99、42、71
萘-d_8	136	2-氟苯酚	112、64
二氢苊-d_{10}	164、162	2,4,6-三溴苯酚	330、332
菲-d_{10}	188	萘-d_8	136
䓛 d_{12}	240、120、236	1,4-二氯苯-d_4	152、150
苝-d_{12}	264、260、265	二氢苊-d_{10}	164、162
硝基苯-d_5	82、128	菲-d_{10}	188
二氟联苯	172、171		
对三联苯-d_{14}	244		

6. 步骤

（1）采样

样品必须采集在玻璃瓶中，在采样之前用样品反复冲洗采样瓶。自采样后到萃取时，所有样品必须在 4℃冷藏，水样充满样品瓶，如果有余氯存在，每 1000ml 样品中需要加入 80mg 硫代硫酸钠。所有样品必须在 7d 之内完成萃取，萃取液在 40d 之内完成分析。

（2）萃取

将 1L 水样加入到 2L 分液漏斗中，加入 1.00ml 回收率指示化合物标准溶液，混合均匀。用广泛 pH 试纸检查样品 pH，加入氢氧化钠溶液调节 pH 大于 11。样品瓶中加入 60ml 二氯甲烷，振摇 30s 冲洗瓶壁，之后转移至分液漏斗中。振动分液漏斗 5min 并周期性放气释放压力，静置 10min，使有机相分层。如果乳化现象严重，需要采用机械手段完成两相分离，包括搅动、离心、用玻璃棉过滤等方法破乳（也可采用冷冻的方法破乳）。将二氯甲烷相收集在 300ml 三角烧瓶中，水相中再加入 60ml 二氯甲烷，重复上述液液萃取过程，将二氯甲烷相结合并到 300ml 三角烧瓶中。以同样的方法重复第三次萃取，将合并的萃取物标明为碱-中性组分。

用硫酸溶液将水相 pH 调至小于 2，分别用 60ml 二氯甲烷萃取酸化的水相三次，合并二氯甲烷相，萃取物标明为酸性组分。

全部二氯甲烷相中加入少量无水硫酸钠，放置 25min 干燥，将二氯甲烷过滤至 300ml 茄形瓶中，用旋转蒸发器浓缩至 2ml（也可用 K-D 浓缩器完成浓缩过程），转移至 10ml 试管中，用 N_2 吹脱至约 1ml 或更少，样品分析前加入适当的内标溶液，使其最终浓度为 1μg/ml，用二氯甲烷定容至 1ml，进行 GC-MS 分析。

在实际样品分析过程中，根据测定目标物不同，有时需要对上述萃取溶液进行净化处理（如表 4-3-14 所示）之后，再进行 GC-MS 分析。

表 4-3-14 目标分析物及净化方法

目标化合物	净化方法			
	氧化铝	佛罗里硅土	硅胶	凝胶渗透
苯胺和苯胺衍生物		√		
苯酚类			√	√
邻苯二甲酸酯类	√	√		√
亚硝基胺类	√	√		√
有机氯农药和 PCBs	√	√	√	
硝基芳烃和环酮类		√		√
多环芳烃	√		√	√
卤代醚		√		√
氯代烃类化合物		√		√
有机磷农药		√		

（3）标准曲线

用标准贮备液配制成至少五个不同浓度的校准曲线用标准溶液，每一浓度的标准溶液中加入已知量的一种或多种内标（表 4-3-13），其中有一个标准溶液浓度接近但高于方法检测限（MDL），其余浓度应当对应实际样品中目标物的浓度。

（4）GC-MS 分析条件

色谱柱：DB-5 或同等石英毛细管色谱柱，柱长 30m，柱内径 0.25mm 或 0.32mm，液膜厚度 1μm。

色谱分离条件：柱温 40℃（4min）→10℃/min→270℃，保持直至苯并[ghi]苝流出。

进样口温度：250～300℃；接口温度：250～300℃。

载气（氦气）流速为 30cm/s，无分流进样，进样时间 2min，进样量 1～2μl。

定性分析为全扫描方式，质量范围为 35～500amu，扫描时间 1s/scan。

定量分析为选择离子检测（SIM），各化合物选择离子质量数（包括定量离子和参考离子）如表 4-3-11 和表 4-3-12 所示，内标和回收率指示物的选择离子质量数如表 4-3-13 所示。

（5）GC-MS 系统性能测试

每天分析运行开始时，都必须以 DFTPP 检查 GC-MS 系统是否达到性能指标要求。性能测试要求仪器参数为：电子能量 70eV，质量范围 35～450amu，扫描时间为每个峰至少有 5 次扫描，但每次扫描不超过 1s。得到背景校正的 DFTPP 质谱后，确认所有关键质量数是否都达到表 4-3-15 的要求。

表 4-3-15 DFTPP 关键离子和离子丰度指标

质量数	离子丰度指标	质量数	离子丰度指标
51	198 质量数的 30%～60%	199	198 质量数的 5%～9%
68	小于 69 质量数的 2%	275	198 质量数的 10%～30%
70	小于 69 质量数的 2%	365	大于 198 质量数的 1%
127	198 质量数的 40%～60%	441	出现，但小于 443 质量数的丰度
197	小于 198 质量数的 1%	442	大于 198 质量数的 40%
198	基峰，相对丰度为 100%	443	442 质量数的 17%～23%

（6）定性分析

本方法中测定的各化合物的定性鉴定是根据保留时间和扣除背景后的样品质谱图与参考质谱图中的特征离子比较完成的。参考质谱图中的特征离子被定义为最大相对强度的三个离子，或者任何相对强度超过 30%的离子。

7. 定量分析及计算

定量方法为内标法，标准曲线为至少五点校正，内标浓度为 1μg/ml。在 SIM 检测方式下，以标准溶液中目标化合物的峰面积与内标的峰面积比对目标化合物的浓度作图，得到该目标化合物的定量校准曲线。校准曲线的线性回归系数至少为 0.9990。样品溶液在与标准溶液相同的分析条件下测定，根据样品溶液中目标物与内标物的峰面积比，由定量校准曲线得到该化合物的浓度。水样中该化合物的浓度计算公式如下：

$$\text{样品中浓度}(\mu g/L)=\frac{\text{测定浓度}(\mu g/ml)\times\text{萃取液体积}(ml)}{\text{水样体积}(L)}$$

8. 精密度和准确度

将标准样品加入到 1L 纯水中，使得每种目标物的浓度为 100μg/L。与样品分析步骤相同，在样品预处理之后进行 GC-MS 测定。计算四次结果的平均回收（单位为 μg/L）和回收结果的标准偏差（*s*，单位为 μg/L），表 4-3-16 为方法的精密度和准确度，可作为实验室质量控制的指标，用来判断实际样品分析的可靠性。

表 4-3-16 方法的精密度和准确度

目标化合物	测试浓度 (μg/L)	标准偏差限值 (μg/L)	平均回收范围 (μg/L)	回收率 (%)
苊	100	27.6	60.1～132.2	47～145
二氢苊	100	40.2	53.5～126.0	33～145
艾氏剂	100	39.0	7.2～152.2	D～166
蒽	100	32.0	43.4～118.0	27～133
苯并[*a*]蒽	100	27.6	41.8～133.0	33～143
苯并[*b*]荧蒽	100	38.8	42.0～140.4	24～159
苯并[*k*]荧蒽	100	32.3	25.2～145.7	11～162

目标化合物	测试浓度 (μg/L)	标准偏差限值 (μg/L)	平均回收范围 (μg/L)	回收率 (%)
苯并[*a*]芘	100	39.0	31.7～148.0	17～163
苯并[*ghi*]苝	100	58.9	D～195.0	D～219
邻苯二甲酸丁基苯基酯	100	23.4	D～139.9	D～152
α-BHC	100	31.5	41.5～130.6	24～149
β-BHC	100	21.6	D～100.0	D～110
二(2-氯乙基)醚	100	55.0	42.9～126.0	12～158
二(2-氯乙氧基)甲烷	100	4.5	49.2～164.7	33～184
二(1-氯异丙基)醚	100	46.3	62.8～138.6	36～166
邻苯二甲酸二(2-乙基己基)酯	100	41.1	28.9～136.8	8～158
4-溴苯基苯基醚	100	23.0	64.9～114.4	53～127
2-氯萘	100	13.0	64.5～113.5	60～118
4-氯苯基苯基醚	100	33.4	38.4～144.7	25～158
䓛	100	48.3	44.1～139.9	17～168
p,*p*′-DDD	100	31.0	D～134.5	D～145
p,*p*′-DDE	100	32.0	19.2～119.7	4～136
p,*p*′-DDT	100	61.6	D～170.6	D～203
二苯并[ah]蒽	100	70.0	D～199.7	D～227
邻苯二甲酸二正丁酯	100	16.7	8.4～111.0	1～118
1, 3-二氯苯	100	30.9	48.6～112.0	32～129
1, 2-二氯苯	100	41.7	16.4～153.9	D～172
1, 4-二氯苯	100	32.1	37.3～105.7	20～124
3, 3′-二氯联苯	100	71.4	8.2～212.5	D～262
狄氏剂	100	30.7	44.3～119.3	29～136
邻苯二甲酸二乙酯	100	26.5	D～100.0	D～114
邻苯二甲酸二甲酯	100	23.2	D～100.0	D～112
2, 4-二硝基甲苯	100	21.8	47.5～126.9	39～139
2, 6-二硝基甲苯	100	29.6	68.1～136.7	50～158
邻苯二甲酸二正辛酯	100	31.4	18.6～131.8	4～146
硫丹硫酸酯	100	16.7	D～103.5	D～107
异狄氏剂醛	100	32.5	D～188.8	D～209
荧蒽	100	32.8	42.9～121.3	26～137
芴	100	20.7	71.6～108.4	59～121
七氯	100	37.2	D～172.2	D～192
环氧七氯	100	54.7	70.9～109.4	26～155
六氯苯	100	24.9	7.8～141.5	D～152
六氯丁二烯	100	26.3	37.8～102.2	24～116
六氯乙烷	100	24.5	55.2～100.0	40～113
茚并[1, 2, 3-*cd*]芘	100	44.6	D～150.9	D～171
异佛尔酮	100	63.3	46.6～180.2	21～196
萘	100	30.1	35.6～119.6	21～133
硝基苯	100	39.3	54.3～157.6	35～180
N-亚硝基正丙胺	100	55.4	13.6～197.9	D～230

目标化合物	测试浓度 (μg/L)	标准偏差限值 (μg/L)	平均回收范围 (μg/L)	回收率 (%)
PCB-1260	100	54.2	19.3～121.0	D～164
菲	100	20.6	65.2～108.7	54～120
芘	100	25.2	69.6～100.0	52～115
1, 2, 4-三氯苯	100	28.1	57.3～129.2	44～142
4-氯-3 甲基苯酚	100	37.2	40.8～127.9	22～147
2-氯苯酚	100	28.7	36.2～120.4	23～134
2, 4-二氯苯酚	100	26.4	52.5～121.7	39～135
2, 4-二甲基苯酚	100	26.1	41.8～109.0	32～119
2, 4-二硝基苯酚	100	49.8	D～172.9	D～191
2-甲基-4, 6-二硝基苯酚	100	93.2	53.0～100.0	D～181
2-硝基苯酚	100	35.2	45.0～166.7	29～182
4-硝基苯酚	100	47.2	13.0～106.5	D～132
五氯酚	100	48.9	38.1～151.8	14～176
苯酚	100	22.6	16.6-100.0	5～112
2, 4, 6-三氯酚	100	31.7	52.4～129.2	37～144

D 为检测出，结果大于 0。

第四章 特定有机物的测定

一、苯系物

苯系物通常包括苯，甲苯，乙苯，邻、间、对位的二甲苯，异丙苯，苯乙烯八种化合物。除苯是已知的致癌物以外，其它七种化合物对人体和水生生物均有不同程度的毒性。苯系物的工业污染源主要是石油、化工、炼焦生产的废水。同时，苯系物作为重要溶剂及生产原料有着广泛的应用，在油漆、农药、医药、有机化工等行业的废水中也含有较高含量的苯系物。

1. 方法选择

根据待测水样中苯系物含量的多少，可用溶剂萃取、顶空和吹脱捕集等预处理方法，用 GC-FID 或 GC-MS 进行分析测定。

2. 样品保存

取水样时应使样品充满容器，不留空间，并加盖密封。样品应在冰箱中保存，采用溶剂萃取法应在 7d 内处理完毕，14d 内分析完。采用顶空和吹脱捕集法应在 7d 内分析完。

（一）顶空气相色谱法（A）

1. 方法原理

在恒温的密闭容器中，水样中的苯系物在气、液两相间分配，达到平衡。取液上气相样品进行色谱分析。

2. 干扰及消除

采用顶空取样、气相色谱法分析苯系物未发现干扰物存在（对复杂样品如有可疑，可采用双柱加以验证）。

3. 方法的适用范围

本方法的最低检出浓度为 0.005mg/L；测定上限为 0.1mg/L。可用于监测石油化工、焦

（A）本方法与 GB 11890—89 等效。

化、油漆、农药、制药等行业排放的废水，也可用于地表水的监测。

4. 仪器

①气相色谱仪，具 FID 检测器。
②带有恒温水槽的振荡器，由康氏电动振荡器、超级恒温水浴等组成或专用恒温装置。
③100ml 全玻璃注射器或气密性注射器，并配有耐油胶帽。
④5ml 全玻璃注射器。
⑤10μl 微量注射器。

5. 试剂

①有机皂土，色谱固定液。
②邻苯二甲酸二壬酯（DNP），色谱固定液。
③101 白色担体，60～80 目。
④苯系物标准物质：苯、甲苯、乙苯、对二甲苯、间二甲苯、邻二甲苯、异内苯和苯乙烯，均为色谱纯。
⑤苯系物标准贮备液，用 10μl 微量注射器抽取色谱纯的苯系物标准物，以配成浓度为 10mg/L 的苯系物混合水溶液作为苯系物的贮备液。该贮备液应于冰箱中保存，一周内有效。也可直接购买商品标准贮备液。
⑥氯化钠，优级纯。
⑦高纯氮气，99.999%。

6. 步骤

（1）顶空样品的制备
①称取 20g 氯化钠，放入 100ml 注射器中，加入 40ml 水样，排出针筒内空气，再吸入 40ml 氮气，然后将注射器用胶帽封好。
②置于振荡器水槽中固定，约恒温在 30℃下振荡 5min，抽取液上空间的气样 5ml 做色谱分析。当废水中苯系物浓度较高时，可适当减少进样量。
（2）校准曲线的绘制
①标准溶液的配制：用贮备液配成苯、甲苯、乙苯、对二甲苯、间二甲苯、邻二甲苯、异丙苯、苯乙烯浓度各为 5、20、40、60、80、100μg/L 的标准系列的水溶液。
②取不同浓度的标准系列溶液，按“顶空样品的制备”方法处理，取 5ml 液上气相样品做色谱分析，并绘制浓度-峰高校准曲线。
（3）色谱条件
色谱柱：长 3m，内径 4mm 螺旋型不锈钢管柱或玻璃色谱柱。
柱填料：（3%有机皂土-101 白色担体）∶（2.5%DNP-101 白色担体）=35∶65。
温度：柱温 65℃；汽化室温度 200℃，检测器温度 150℃。
气体流量：氮气 40ml/min，氢气 40ml/min；空气 400ml/min。应根据仪器型号选用最合适的气体流速。
检测器：FID。

进样量：5ml。

分析结果，如图 4-4-1 所示。

7. 计算

由样品色谱图上量得苯系物各组分的峰高值，从各自的校准曲线上直接查得样品的浓度值。

8. 精密度和准确度

由五个实验室分别配制 0.01、0.05、0.09mg/L 浓度的样品进行了精密度试验，苯、甲苯、乙苯、邻二甲苯、间二甲苯、对二甲苯、异丙苯、苯乙烯八个组分的相对标准偏差均小于 11.9%，平均回收率为 83%～102%。

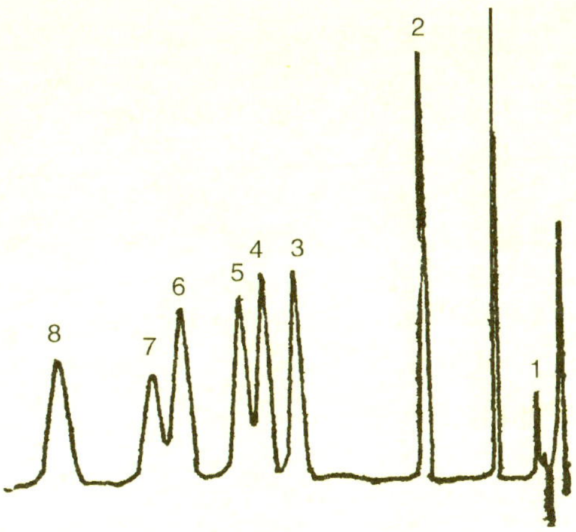

图 4-4-1　苯系物的标准色谱图

1—苯；2—甲苯；3—乙苯；
4—对二甲苯；5—间二甲苯；
6—邻二甲苯；7—异丙苯；8—苯乙烯

9. 注意事项

①配制苯系物标准贮备液时，要在通风良好的情况下进行，以免危害健康。

②如不需要单个分析二甲苯异构体或异丙苯，可适当提高柱温，以缩短分析时间。如样品中不含异丙苯，在装柱时适当增加有机皂土对 DNP 的比例，以提高对二甲苯与间二甲苯的分离度。

③顶空样品制备是准确分析样品的重要步骤之一，如振荡时温度的变化及改变气、液两相的比例等都会使分析误差增大。**如需第二次进样时，应重新恒温振荡**。当温度等条件变化较大时，需对校准曲线进行校正。进样时所用的注射器应预热到稍高于样品温度。

④也可采用自动顶空装置（包括顶空瓶等），使用前要确定方法的检测限、精密度和准确度能达到测定要求。

⑤配制苯系物标准贮备液时，可先将移取的色谱纯苯系物加入到少量甲醇中后，再配制成水溶液。

（二）二硫化碳萃取气相色谱法（A）

1. 方法原理

用二硫化碳萃取废水中的苯系物，取萃取液 5μl 注入色谱仪，用 FID 检测。苯系物的标准色谱图，如图 4-4-1 所示。

2. 干扰及消除

采用二硫化碳溶剂萃取废水中苯系物进行气相色谱法分析，未发现干扰物质。

（A）本方法与 GB 11890—89 等效。

3. 方法的适用范围

本方法的最低检出浓度为 0.05mg/L，检测上限为 1.2mg/L。适用于石油化工、焦化、油漆、制药等行业废水的分析。

4. 仪器

①气相色谱仪，具 FID 检测器。
②250ml 分液漏斗。
③10μl 微量注射器。

5. 试剂

①～④同顶空气相色谱法①～④。
⑤苯系物标准贮备液：同顶空气相色谱法⑤。
⑥二硫化碳，在气相色谱上无苯系物检出。

6. 步骤

（1）校准曲线的制备

①标准溶液的配制：取苯系物标准物质分别配成如下浓度的混合水溶液：苯、甲苯、乙苯、邻二甲苯、间二甲苯、对二甲苯、异丙苯、苯乙烯均为 10、20、40、60、80、100、120mg/L。

②取不同浓度的标准溶液各 100ml，分别置入 250ml 分液漏斗中，加 5ml 二硫化碳（比重 D_4^{15} 1.2700），振摇 2min。静置分层后，分离出有机相，在规定的色谱条件下，取 5μl 萃取液做色谱分析，并绘制浓度-峰高校准曲线。

（2）样品的测定

①取 100ml 水样放入 250ml 分液漏斗中，按上述标准样品处理方法进行萃取。

②如果萃取时发生乳化现象，可在分液漏斗的下部塞一块玻璃棉过滤乳化液，弃去最初几滴，收集余下的二硫化碳溶液，以备测定。

（3）色谱条件

同顶空气相色谱法的色谱条件，进样量为 5μl。

7. 计算

由样品色谱图上量得苯系物各组分的峰高值，从各自的校准曲线上直接查得样品的浓度值。

8. 精密度和准确度

由八个实验室分别配制 1～12mg/L 浓度范围的三组样品做精密度试验，苯、甲苯、乙苯、邻二甲苯、间二甲苯、对二甲苯、异丙苯、苯乙烯八个组分的相对标准偏差均小于 10.5%；平均回收率为 87.4%～100.4%。

9. 注意事项

1）制备标准样品时，也可以先配成较高浓度的甲醇溶液作为贮备液。由于苯系物及甲醇的毒性较强、易燃，必须在通风橱中进行上述操作。标准贮备液也可直接购买商品溶液。

2）如果二硫化碳溶剂中有苯系物检出，应做硝化提纯处理。提纯方法有两种：

①在1000ml吸滤瓶中加200ml二硫化碳，加入50ml浓硫酸，置于电磁搅拌器上。另取盛有50ml浓硝酸的分液漏斗置入吸滤瓶口（用胶塞连接使其不漏气）。打开电磁搅拌器，抽真空升温至45℃±2℃。从分液漏斗向溶液中滴加硝酸（同时剧烈搅拌5min），静置5min。如此交替进行0.5h（直到硝酸加完为止）。将溶液全部转移到500ml分液漏斗中，静置0.5h左右，弃去酸层，水洗。加10%碳酸钾（或钠）溶液中和至pH6.6～8，用水洗至中性，弃去水相。二硫化碳用无水硫酸钠干燥，重蒸后备用。

②取1ml甲醛于100ml的浓硫酸中，混匀后作为甲醛-浓硫酸萃取液。取市售的二硫化碳250ml于500ml分液漏斗中，加入20ml的甲醛-浓硫酸萃取液，振荡5min后分层（注意及时放气）。经多次萃取至二硫化碳呈无色后，加入20%碳酸钠水溶液洗涤（至pH呈微碱性），重蒸馏取46～47℃馏分。

3）在萃取过程中出现乳化现象时，可用无水硫酸钠破乳或采用离心法破乳。

（三）顶空毛细管柱气相色谱-质谱法（C）

见第三章测定方法一（三）。

（四）吹脱捕集法（P&T-GC-FID）（C）

见第三章测定方法一（一）。

二、挥发性卤代烃

挥发性卤代烃主要指三卤甲烷（即三氯甲烷、一溴二氯甲烷、二溴一氯甲烷及三溴甲烷）及四氯化碳等挥发性卤代烃。这些化合物沸点较低，易挥发，微溶于水，易溶于醇、苯、醚及石油醚等有机溶剂。

各种卤代烃均有特殊气味并具有毒性。可通过皮肤接触、呼吸或饮水进入人体。

挥发性卤代烃广泛地用于化工、医药及实验室，其废水排入环境，污染水体。饮用水氯化消毒过程亦产生三卤甲烷，地下水氯化比地表水氯化生成三卤甲烷的量低些。

（一）顶空填充柱气相色谱法（B）

1. 方法原理

将水样置于有一定液上空间的密闭容器中，水中的挥发性组分就会向容器的液上空间挥发，产生蒸气压。在一定条件下，组分在气液两相达成热力学动态平衡（组分分压服从拉乌尔定律）。取气相样品用带有电子捕获检测器（ECD）的气相色谱仪进行分析，外标法定量，可得组分在水样中的含量。

2. 干扰及消除

用顶空气相色谱法测定水中挥发性卤代烃时，环境水体中常见的有机氯农药（六六六、滴滴涕）及碳氢化合物不干扰挥发性卤代烃的测定。

3. 方法的适用范围

本方法适用于江、河、湖等地表水及自来水中沸点低于150℃的挥发性卤代烃的测定。部分挥发性卤代烃的最低检出浓度（μg/L）分别为：$CHCl_3$，0.1；$CHBrCl_2$，0.01；$CHBr_3$，0.3；CCl_4，0.01；$CHBr_2Cl$，0.050。

4. 仪器

①气相色谱仪：具电子捕获检测器。
②恒温水浴：控温精度为±1℃。
③顶空瓶，50ml比色管，也可用自制的顶空瓶或商品顶空瓶，用蒸馏水洗净后于150℃烘4h，置于干燥器中备用。
④0.01mm厚聚四氟乙烯薄膜，剪成小片（约5mm×5mm）于水中煮沸20min，120℃烘2h，置于干燥器备用。
⑤医用反口橡皮塞：用水煮沸20min，晾干后置于干燥器中备用。
⑥注射器：1ml医用注射器；10～100μl微量注射器。

5. 试剂

①抗坏血酸。
②纯水：取未受卤代烃污染的地表水，澄清过滤并煮沸 3min 密塞冷却后用作纯水，或用蒸馏水经活性炭处理除去干扰物的方法制备纯水。
③甲醇，优级纯。
④色谱固定液，OV-101。
⑤色谱担体，Chromosorb W HP 80～100目。
⑥卤代烃标准样品：三氯甲烷、四氯化碳、一溴二氯甲烷、二溴一氯甲烷、三溴甲烷等均为色谱纯。也可直接购买商品标准贮备溶液。

表4-4-1 卤代烃标准贮备液和标准使用溶液的配制

浓度系列	卤代烃	单标贮备液A (mg/L)	混合中间液B (mg/L)	标准使用溶液(μg/L) 1	2	3	4	5	6
Ⅰ	$CHCl_3$	595	2.38	0.238	0.476	0.952	1.43	1.90	2.38
	CCl_4	1276	0.128	0.0128	0.0256	0.0512	0.0768	0.102	0.128
	$CHBrCl_2$	792	0.396	0.0396	0.0792	0.158	0.238	0.317	0.396
	$CHBr_2Cl$	980	0.98	0.098	0.196	0.392	0.588	0.784	0.98
	$CHBr_3$	5780	2.89	0.289	0.578	1.16	1.73	2.31	2.89
Ⅱ	$CHCl_3$	745	29.8	2.98	5.96	11.9	17.9	23.8	29.8
	CCl_4	1276	1.28	0.128	0.256	0.512	0.768	1.02	1.28
	$CHBrCl_2$	792	3.96	0.396	0.792	1.58	2.38	3.17	3.96

⑦卤代烃标准溶液：参照表 4-4-1 所列浓度用甲醇配制Ⅰ、Ⅱ两组浓度系列，各卤代烃单标准贮备液 A（密闭避光，冰箱中 4℃下保存 2 个月）。卤代烃混合中间溶液 B 由卤代烃标准贮备液 A 以甲醇或纯水配制（用时现配）。卤代烃校准使用溶液由混合中间溶液 B 稀释而成。

6. 步骤

（1）样品的制备

①在 50ml 比色管中，加入 0.4g 抗坏血酸（约水样重量的 0.5%），用塞子塞住管口带到现场直接取样。取样时水流平稳，沿管壁流入管内（取自来水时先放水 1min）。

②水样充满后（不留液上空间），用衬有聚四氟乙烯薄膜的医用反口橡皮塞封口，并用铁丝勒紧，带回实验室供测定用（水样应尽快分析，在冰箱内保存一般不要超过 24h）。

（2）校准曲线

①空白测定：取四支 50ml 比色管，加入 0.4g 抗坏血酸，用纯水充满，以衬有聚四氟乙烯薄膜的医用橡皮塞封口，并用铁丝加固。用一长针头穿透橡皮塞插入管内，使针尖至 50ml 刻度线。另插入一短针头，用金属三通将短针头与通气系统连接，向管内通入 0.13MPa 高纯氮气（可用稳压阀准确控制压力），将水从长针头排出。液面降到 50ml 刻度线时，立即拨出长针头，停止通气拔出短针头（气、液体积分别为 25ml 和 50ml，液上气体压力为 0.13MPa）。将比色管先后交替放入 36℃±1℃恒温水浴中平衡 40min，用预热到 36℃±1℃的医用注射器或微量注射器穿透橡皮塞抽取液上气体 1ml 或 60μl 进行色谱分析，做空白平行测定，每个样品管只应取样一次。

②校准曲线的绘制：取若干支 50ml 比色管（总容积为 75ml），各加入 0.4g 抗坏血酸，准确加入 75.0ml 纯水，用微量注射器分别吸取适量两组浓度系列卤代烃中间溶液 B，注入比色管内的纯水中，配成两组系列不同浓度的卤代烃校准使用溶液（见表 4-4-1）。用衬有聚四氟乙烯薄膜的医用橡皮塞封口并用铁丝加固，放置 30min 待校准使用溶液均匀后，按纯水空白测定步骤取得液上空间气体并进行色谱测定。

取 1ml 系列Ⅰ校准使用溶液的液上气体，取 60μl 系列Ⅱ校准使用溶液的液上气体进行色谱测定。所得峰高扣除相同进样量纯水空白峰高后，得到不同进样量的两组浓度对响应（色谱峰高）的线性关系数据。

（3）测定

①按前述纯水空白测定步骤进行实际样品的分析。根据样品中卤代烃含量，分别抽取 1ml 和 60μl 液上气体进行色谱测定。

②对于不同进样量，每个样品均进行平行测定。

（4）色谱条件

色谱柱：10%OV-101/Chromosorb W HP 80～100 目，填充于长 2m，内径 3mm 玻璃柱中。

载气流速：高纯氮气 25ml/min。

温度：柱温 70℃；汽化室 160℃；检测器 160℃。

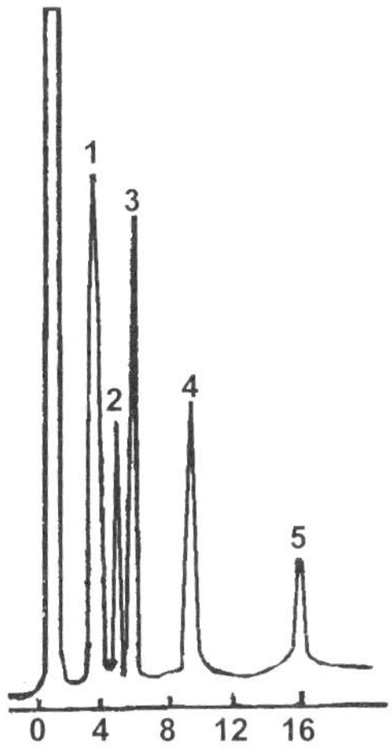

图 4-4-2　卤代烃标准谱图

1—$CHCl_3$；2—CCl_4；3—$CHBrCl_2$；4—$CHBr_2Cl$；5—$CHBr_3$

纸速：2.5mm/min。

进样量：1ml，60μl。

（5）卤代烃标准谱图

五种挥发性卤代烃色谱图，见图4–4–2。

7. 计算

$$卤代烃（\mu g/L）= C_1 \frac{h_2}{h_1}$$

式中：C_1——卤代烃标准使用溶液浓度（μg/L）；

h_2——样品峰高（mm）；

h_1——相同进样量标准使用溶液峰高（mm）。

8. 精密度

六个实验室分别对0.1C、0.5C和0.9C各卤代烃加标水样进行六次平行测定，单个实验室的相对标准偏差：$CHCl_3$在0.3～6.5μg/L浓度范围内未超过20.4%；CCl_4在0.01～0.23μg/L浓度范围内未超过21%；$CHBrCl_2$在0.07～2.6μg/L浓度范围内未超过16%；$CHBr_2Cl$在0.18～9.0μg/L浓度范围内未超过17%；$CHBr_3$在0.54～42μg/L浓度范围内未超过10%。

9. 注意事项

①顶空气相色谱法需要标准化的顶空瓶（在没有标准顶空瓶时，用比色管做顶空瓶）。

②样品采集后即处于密闭体系中，并应尽快进行分析。若于冰箱内保存，一般不要超过24h。

③若样品中含有余氯，在采样时应加入相当于所采水样重量0.5%的抗坏血酸，将样品中余氯除去。否则样品在运送、分析过程中卤代烃含量将增加。

④顶空气相色谱分析，要求严格控制气、液体积比，平衡温度和平衡时间的一致。

⑤液上气体压力对测定结果有明显影响，应准确控制充气压力并应防止充气后漏气。

⑥用相对保留时间法定性，必要时可用5%OV-225/Chromosorb W HP 80～100目，1.5～2m色谱柱进行参照定性。

（二）顶空毛细管柱气相色谱-质谱法（C）

见第三章测定方法一（三）。

（三）吹脱捕集法（P&T-GC-FID）（C）

见第三章测定方法一（一）。

三、酚类化合物

（一）五氯酚　气相色谱法（A）

1. 方法原理

在酸性条件下，将水样中的五氯酚钠转化为五氯酚，用正己烷萃取，再用 0.1mol/L 的碳酸钠溶液反萃取，使五氯酚转化为五氯酚盐进入碱性水溶液中，使五氯酚钠与水样中的氯代烃类（如六六六、滴滴涕等）及多氯联苯分离，消除干扰。然后在碱性溶液中加入乙酸酐与五氯酚盐进行乙酰化反应。最后用正己烷萃取生成的五氯苯乙酸酯，用备有电子捕获检测器的气相色谱仪进行分析测定。

2. 方法的适用范围

本方法规定了测定水中五氯酚及其钠盐的气相色谱法。适用于地表水中五氯酚的分析测定。水样体积为 50ml 时，最小检出浓度为 0.04μg/L。

3. 仪器

①气相色谱仪，具电子捕获检测器，放射源 ^{63}Ni 或 ^{3}H。

②进样器，10μl 微量注射器。

③色谱柱，硬质玻璃填充柱，长 1.5～2.5m，内径 3～4mm；固定液 OV-17（含苯基的聚甲基硅氧烷），最高使用温度 300℃；固定液 QF-1（聚氟代烃基硅氧烷），最高使用温度 250℃；担体 Chromosorb W HP 80～100 目；固定液载荷量 1.5%OV-17+2%QF-1。

④检测器，电子捕获检测器，具有 ^{63}Ni 或 ^{3}H 放射源。

⑤记录仪，能与气相色谱仪匹配的记录仪。

4. 试剂和材料

①载气，高纯氮气（99.999%），用 5Å 分子筛净化。

②正己烷，残留农药分析纯。

③二氯甲烷，残留农药分析纯。

④浓硫酸，优级纯。

⑤碳酸钾，优级纯，使用时配制成 0.1mol/L 的溶液。

⑥氢氧化钾，优级纯。

⑦乙酰酐，分析纯。

⑧五氯酚，色谱纯。

⑨五氯苯乙酸酯，色谱纯。

⑩五氯苯乙酸酯标准贮备液：称取 0.1157g 五氯苯乙酸酯标准物，用正己烷溶解并稀释至 100ml。该溶液浓度相当含五氯酚 1mg/ml。使用时根据测定的线性范围，用正己烷稀

（A）本方法与 GB 8972—88 等效。

释，配成系列浓度的标准溶液。

5. 步骤

（1）采样

所采样品为地表水，待测物五氯酚不稳定，在阳光直接照射下易分解。因此，采样时使用棕色玻璃瓶收集水样，每100ml水样中加入1ml 10%的硫酸溶液和0.5g硫酸铜，放在暗处，4℃保存。如需保存超过24h，可将五氯酚萃取到正己烷中，置于暗处，4℃下保存。

（2）样品预处理

取均匀水样50ml置于250ml分液漏斗中，加入1ml浓硫酸，分别用50ml正己烷萃取两次，合并正己烷相，弃去水相。再用10ml 0.1mol/L碳酸钾溶液，分为5ml、3ml和2ml提取正己烷相三次，合并水相于50ml分液漏斗中，加入0.5ml乙酰酐，振摇2min后再用2ml正己烷萃取生成的五氯苯乙酸酯，有机相收集于5ml离心管中待分析。

（3）测定条件

汽化室温度：220℃；色谱柱温度：180℃，不超过250℃；检测器温度：220℃或250℃，根据不同放射源决定使用温度。

载气流速：40～60ml/min。

记录仪纸速：5mm/min。

（4）校准

采用标准曲线法或单点校准法。

标准曲线的绘制：用五氯苯乙酸酯标准贮备溶液，按标准曲线的线性范围（10^2），用正己烷配制一系列浓度的标准溶液，用微量注射器进样1μl或2μl。以测得的峰高或峰面积为纵坐标，五氯酚浓度为横坐标，绘制标准曲线。

（5）样品测定

进样：按测定条件，将经过预处理的样品用微量注射器进样。

进样量：1～2μl。

色谱图的考察：见图4-4-3。

（6）样品的定性与定量

①定性分析：根据保留时间定性。作为鉴定的辅助方法，用另一根不同的色谱柱进行分析，可以辅助鉴定被测成分。

②定量分析：用标准曲线或单点校法定量。

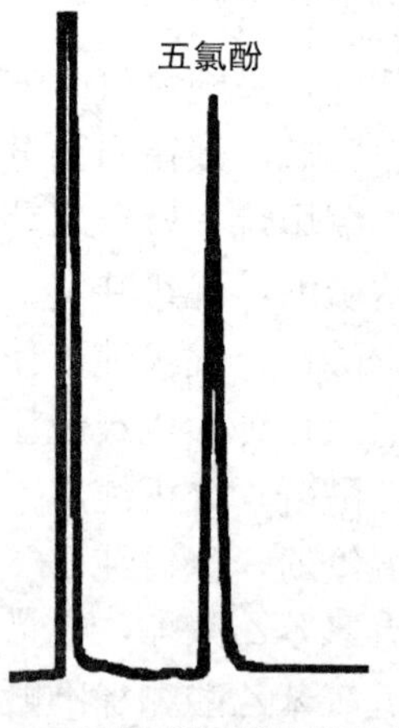

图4-4-3 五氯酚标准溶液色谱图

6. 计算

①标准曲线法：

$$C_{样}=\frac{1}{K}\cdot C_{标}$$

式中：$C_{样}$——水样中五氯酚浓度（μg/L）；

$C_{标}$——由标准曲线查出的五氯酚浓度（μg/L）；

K——水样浓缩倍数（所取水样与水样衍生萃取后体积之比，本方法K=25）。

②单点校准法：

$$C_{样}=\frac{1}{K}\cdot\frac{H_{标}\cdot C_{标}}{H_{标}}$$

式中：$C_{样}$——水样中五氯酚浓度（μg/L）；

$C_{标}$——标准样品五氯酚浓度（μg/L）；

$H_{样}$——水样中五氯酚峰值（峰高或峰面积）；

$H_{标}$——标准样品峰值（峰高或峰面积）；

K——水样浓缩倍数（所取水样与水样衍生萃取后体积之比，本方法 K=25）。

7. 精密度和准确度

样品中五氯酚浓度小于 2μg/L 时，再现相对标准偏差小于 9%，重复性相对标准偏差小于 6%。样品中五氯酚浓度小于 2μg/L 时，回收率大于 90%，相对标准偏差小于 12%。

（二）二氯酚和五氯酚　气相色谱-质谱法（GC-MS）（C）

2, 4-二氯酚和五氯酚，主要用于化工原料和农药，五氯酚还用于木材附腐剂、植物生长调节剂和除草剂等。目前，五氯酚已被美国 EPA 列为内分泌扰乱物质，被疾病控制和预防中心、世界野生动物基金会（加拿大）列为潜在的内分泌修正化学物质；2, 4-二氯酚被世界野生动物基金会（加拿大）列为内分泌扰乱物质。

1. 方法原理

在酸性条件下（pH 为 2～3）用有机溶剂（二氯甲烷）萃取，经干燥、浓缩、衍生化（三甲基硅烷化）之后，进行 GC-MS 分析。

2. 方法的适用范围

本方法适用于地表水、地下水、海水中的二氯酚和五氯酚的分析测定，水样为 1L 时，2, 4-二氯酚和五氯酚的检测限分别为 0.7ng/L 和 1.9ng/L。

3. 仪器

①气相色谱-质谱联用仪。

②自动进样器。

③旋转蒸发器。

④1～2L 分液漏斗。

⑤300ml 三角烧瓶。

⑥300ml 茄形瓶。

4. 试剂

①二氯甲烷：残留农药分析纯。

②正己烷：残留农药分析纯。

③丙酮：残留农药分析纯。

④氯化钠：优级纯，400℃下加热6h后自然冷却，保存在干净的试剂瓶中。

⑤无水硫酸钠：优级纯，400℃下加热6h后自然冷却，保存在干净的试剂瓶中。

⑥浓盐酸：优级纯。

⑦衍生化试剂：N, O-双（三甲基硅）三氟乙酰胺，简称BSTFA。

⑧2, 4-二氯酚和五氯酚标准品，纯度99%。

⑨内标化合物：氘代萘和氘代菲标准品，纯度99%。

⑩标准贮备液（100mg/L）：准确称取10mg各目标物，分别溶于丙酮中并定容至100ml，保存于冰箱中备用。

⑪混合标准使用溶液（1μg/ml）：准确移取上述溶液各100μl，用丙酮定容至10ml。

5. 步骤

（1）样品预处理

取1L水样于2L分液漏斗中，用6mol/L HCl调节pH至2～3，加入30gNaCl（如果为海水，可以不添加），加入50ml二氯甲烷，振荡萃取10min，静置5min后转移出二氯甲烷相，再加入二氯甲烷50ml，重复上述操作。合并有机相，加入少量正己烷，再加入3g无水硫酸钠静置脱水20min，之后过滤转移至茄形瓶中，在旋转蒸发器上浓缩至约1ml。再用二氯甲烷转移至试管中，用N_2吹脱浓缩至0.5ml。加入100μl的衍生化试剂BSTFA，在室温下静置1h，之后加入10μl的内标溶液（100μg/ml），用二氯甲烷定容至1ml，转移至自动进样器用样品瓶中，备GC-MS分析。

（2）GC-MS分析

色谱柱：DB-1石英毛细管柱30m×0.32mm（内径），膜厚0.25μm。

色谱条件：50℃（2min）→20℃/min→100℃→10℃/min→200℃→20℃/min→300℃（5min）；氦气压力：40kPa保持5min，以2kPa/min升至70kPa，保持5min；进样口温度300℃，接口温度270℃；无分流进样，进样时间2min，进样量2μl。

定性分析：全扫描方式，扫描质量范围为35～400amu。

定量分析：选择离子检测，各化合物检测质量数如表4-4-2所示。

表4-4-2 选择离子检测

编号	化合物	分子式	分子量	定量离子	定性离子
1	2, 4-二氯酚	$C_6H_4Cl_2O$	163.00	93.0	219.0、234.0
2	五氯酚	C_5HCl_5O	266.34	93.0	322.9、320.9
IS-1*	氘代萘	C_8D_8	136	136.0	
IS-2	氘代菲	$C_{14}D_{10}$	188	188.0	

注：*内标。

（3）校准曲线

分别移取1、5、10、50、100、500μl的工作混合标准使用液（1μg/ml）于各试管中，再加入100μl衍生化试剂BSTFA，在室温下静置1h，其余同样品预处理。

在SIM检测方式下，以标准溶液中目标化合物的峰面积与内标的峰面积比对目标化合物的浓度作图，得到该目标化合物的定量校准曲线。

6. 计算

根据样品溶液中目标物与内标物的峰面积比，由定量校准曲线得到样品溶液中化合物的浓度。水样中该化合物的浓度计算公式如下：

$$样品中目标化合物浓度（ng/L）=\frac{测定浓度（ng/ml）\times 衍生化后样品溶液体积(ml)}{水样体积（L）}$$

7. 方法特性

（1）衍生化

氯代酚等化合物的分子结构中都含有羟基，极性较大，如果不经过衍生化，很容易出现拖尾峰，并且峰形很宽，影响检测重复性和灵敏度。为了得到尖锐的色谱峰、好的重现性并提高检测灵敏度，本方法中采用了使目标化合物全部生成三甲基硅的取代衍生化反应，衍生化试剂为 N, O-双（三甲基硅）三氟代乙酰胺（BSTFA），衍生化反应如下所示：

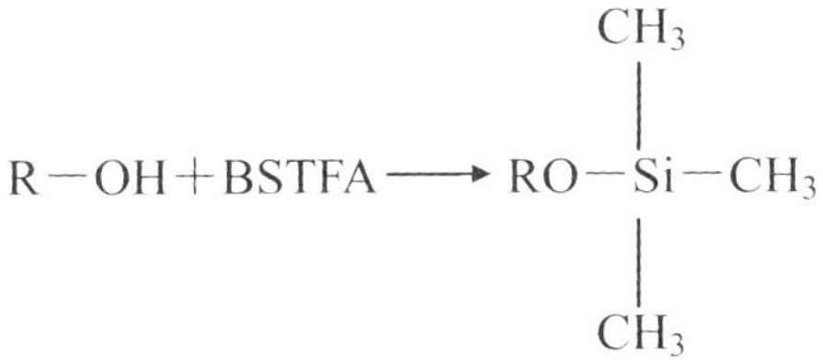

由上反应可见，该反应的关键在于脱水完全，否则会由于少量水分存在而使反应失败。图 4-4-4 为 5ng/ml 的酚类 TMS 衍生物的选择离子色谱图，色谱峰尖脱而且对称，灵敏度很高。

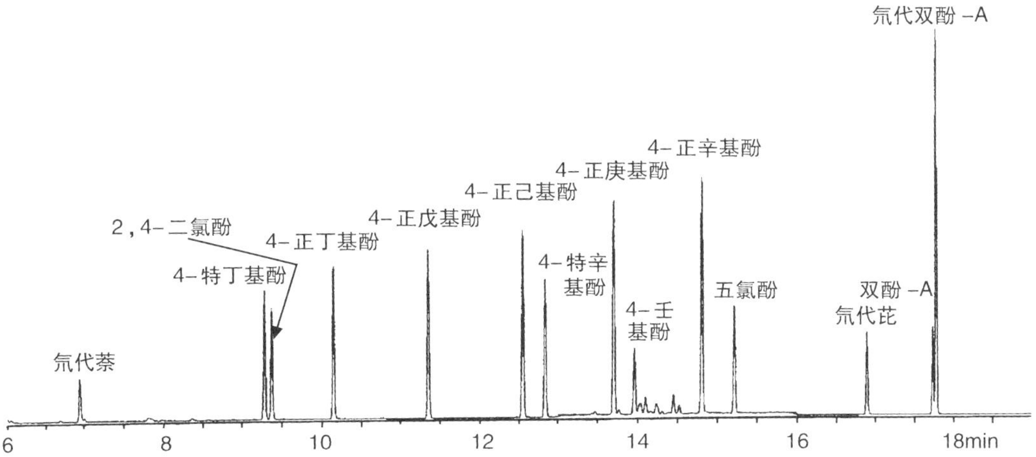

图 4-4-4　TMS 衍生物选择离子色谱图

（2）检测灵敏度、重现性和回收率

配制五个浓度为 10ng/ml 的标准溶液，与样品的 GC-MS 分析相同，进行重复测定，结果见表 4-4-3，检测限的计算是以该测定计算结果的 3*s*（*s* 为标准偏差）得到的。由表 4-4-3 可见，实验的相对标准偏差（*RSD*）为 2.4%～5.5%，最低检测限为 0.67～1.9ng/L（ppt 级）。

表 4-4-3 10ng/ml 的标准溶液测定重现性和检测限

化合物	平均测定浓度(ng/ml)	*RSD*%	检测限(ng/L)
2, 4-二氯酚	11.2	5.5	1.9
五氯酚	9.2	2.4	0.67

回收率实验的目的在于检验分析方法的准确度、可靠性。由于酚类化合物分子中含有羟基，酸化水样可以提高样品中酚类化合物的回收率，从而提高了分析方法的准确度。将50μl 的混合标准使用液加入到 1L 矿泉水中，再转移到 2L 分液漏斗中，其余与样品预处理步骤相同，平行水样的回收率测定见表 4-4-4，平均回收率为 90%～109%，回收率的相对标准偏差为 1.7%～6.7%，完全符合 QA/QC 要求。

表 4-4-4 平行水样中的酚类回收率分析结果

化合物	回收率(%)					*RSD*%
	1	2	3	4	平均	
2,4-二氯酚	97.9	97.3	100.9	103.3	99.8	2.8
五氯酚	108.7	105.2	105.3	99.3	104.6	3.7

（三）酚类化合物　高效液相色谱法（HPLC）（C）

1. 方法原理

在酸性（pH=2）条件下，用 GDX-502 树脂吸附水中的酚类化合物，用碳酸氢钠水溶液淋洗树脂，去除有机酸，然后用乙腈洗脱、定容，液相色谱法分离测定。

2. 干扰及消除

对于含油量较高的工业废水，可预先用正己烷萃取除去干扰。

3. 方法的适用范围

本方法适用于水和废水中酚类化合物的测定。各组分的最低检测量为 1～4ng。当富集水样的体积为 1L、进样体积为 10μl 时，最低检测浓度为 0.6～0.5μg/L，见表 4-4-5。

4. 仪器

①液相色谱：具紫外检测器。
②层析柱：90mm×6.0mm。

5. 试剂

①GDX-502 树脂。
②乙腈：色谱纯。
③甲醇：色谱纯。
④乙酸：分析纯。

表 4-4-5 方法检测限

序号	组分名称	最小检测量**(ng)	最低检测浓度*(μg/L)
1	苯酚	2.6	1.0
2	对硝基酚	2.2	0.9
3	邻氯酚	1.6	0.6
4	2,4-二硝基酚	3.8	1.5
5	邻硝基酚	1.5	0.6
6	2,4-二甲酚	2.2	0.8
7	4-氯间甲酚	2.8	1.1
8	2, 4-二氯酚	2.8	1.1
9	4, 6-二硝基邻甲酚	2.6	1.0
10	2, 4, 6-三氯酚	2.1	0.8
11	五氯酚	5.9	2.4

*最低检测浓度：富集水样体积为 1L、进样体积为 10μl 时的值。

**最小检测量：进样体积为 10μl 时的值。

⑤丙酮：分析纯。

⑥盐酸溶液：C（HCl）=6mol/L。

⑦碳酸氢钠溶液：C（Na_2CO_3）=0.05mol/L。

⑧苯酚、邻氯酚、对硝基酚、2, 4-二硝基酚、邻硝基酚、2, 4-二甲酚、4-氯间甲酚、2, 4-二氯酚、4, 6-二硝基邻甲酚、2, 4, 6-三氯酚和五氯酚标准溶液：先用甲醇为溶剂配制浓度为 500～1000mg/L 的标准贮备溶液，然后再用乙腈将其稀释至 1～10mg/L。

6. 步骤

（1）水样的采集与保存

将水样采集于棕色具塞硬质玻璃瓶中，装满，瓶中不能留有顶上空间和气泡。于冷暗处（4℃）保存。样品必须在 7d 内用树脂吸附，40d 内进行分析。

若水中有残留氯存在，每升水中加入 80mg 硫代硫酸钠，摇匀。

（2）色谱条件

色谱柱：Supelco sil^{TM} LC-18，25cm×4.6mm，5μm。

流动相：A：乙腈（含 1%乙酸），B：水（含 1%乙酸）。

梯度淋洗：流动相 B 70% $\xrightarrow{25min}$ 流动相 B 20%，流速：1.00ml/min。

检测器：UV-280nm、290nm。

进样量：10μl。

（3）标准曲线的绘制

用高效液相色谱测量不同浓度各种酚标准溶液的峰高或峰面积，以各种酚的含量（mg/L）对应其峰高或峰面积绘制标准曲线。

（4）样品测定

①树脂的纯化：树脂使用前应用精制的丙酮浸泡数日，数次更换新溶剂到丙酮无色。再用乙腈回流提取 6h 以上。纯化后的树脂密封保存在甲醇中备用。

②层析柱的准备：首先在层析柱的活塞上部管内放少许干净的玻璃棉，然后湿法加入净化后的树脂，直至树脂床高约 80mm。最后，在其上放一层玻璃棉（晃动以赶出柱中的气泡）。打开活塞放出甲醇，直到液面刚好达到树脂床顶部。用 10ml 乙腈分二次淋洗树脂，再用 10ml 水淋洗树脂，每次淋洗时都不要使液面低于树脂床。

③样品富集：根据水中酚类化合物的含量，取水样 50～1000ml（浓度高的水样，如车间废水，应适当稀释），用 6mol/L 盐酸调至 pH=2。使水样以大约 4ml/min 的流速流经层析柱。当大量水样均流过柱子后，保持液面在树脂高度，用 10ml 碳酸氢钠溶液，分两次淋洗层析柱。将水全部放出，并用吸耳球轻轻加压将柱中水尽量排净。

④样品洗脱：用 2.0ml 乙腈淋洗层析柱，用细不锈钢丝活动树脂，以赶出柱中的气泡，平衡 10min。打开柱活塞，待乙腈自然流动停止再加入 3.0ml，将乙腈全部放出，并定容至 5.0ml。

⑤样品分析：用液相色谱法分离测定样品溶液中的各种酚。色谱图见图 4-4-5。

定性分析：根据各组分的相对保留时间、不同波长下的吸收比及紫外光谱确定酚的种类。

定量分析：根据样品溶液中各组分的峰高或峰面积，由标准曲线得出酚的含量并计算水样中酚的浓度。

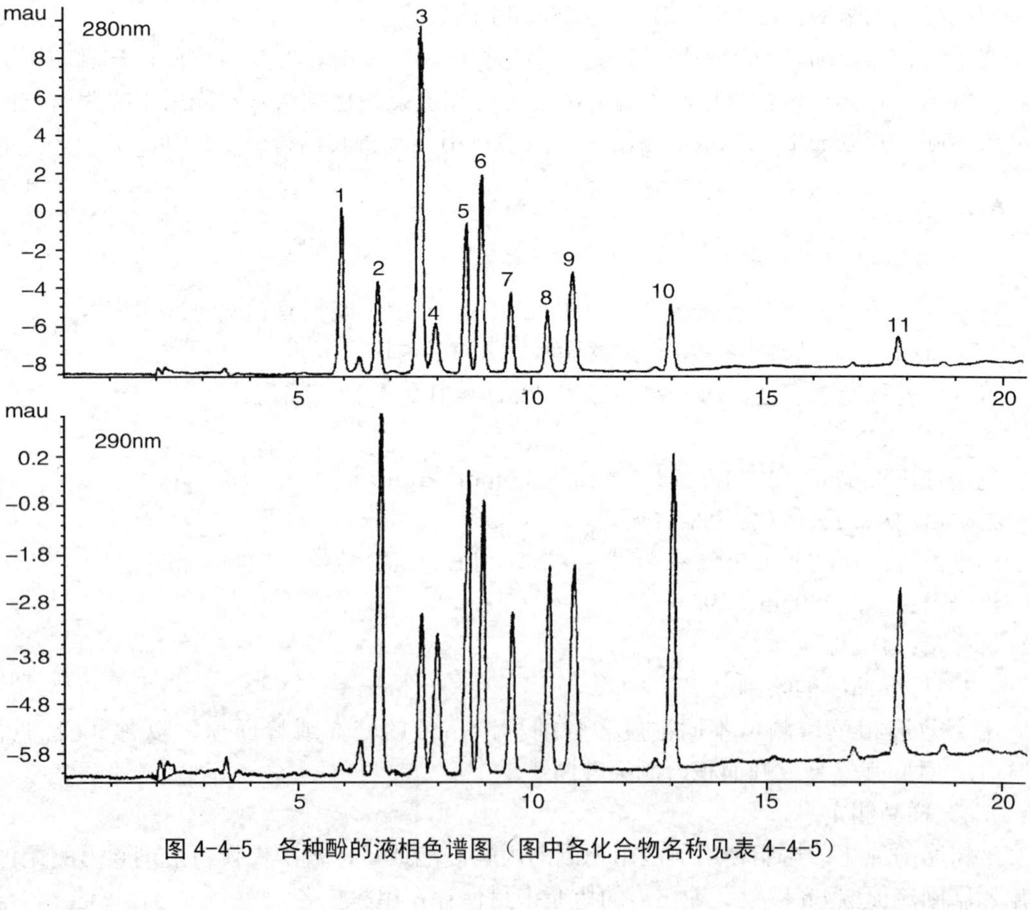

图 4-4-5 各种酚的液相色谱图（图中各化合物名称见表 4-4-5）

7. 计算

$$\text{水样中目标化合物浓度（μg/L）}=\frac{C_i \cdot V_2}{V_1}$$

式中：C_i——由标准曲线上查得的样品溶液中目标化合物浓度（mg/L）；

V_2——洗脱液体积（ml）；

V_1——水样的体积（L）。

8. 精密度和准确度

见表 4-4-6 和表 4-4-7（组分名称同表 4-4-5）。

表 4-4-6　测定标准物质的精密度和准确度

组分	水样浓度(μg/L)			水样体积(ml)			标准值(μg)	回收值(μg)	回收率(%)	相对标准偏差(%)
1	112.8	225.6	451.7	400	200	100	45.1	41.9	92.9	11.3
2	45.0	85.2	179.8	400	200	100	18.0	17.4	96.7	5.7
3	60.2	120.4	240.8	400	200	100	24.1	24.8	102.9	2.7
4	36.2	72.4	144.8	400	200	100	14.5	12.9	89.0	9.2
5	45.6	91.2	182.4	400	200	100	18.2	18.3	100.5	3.1
6	44.9	89.7	179.4	400	200	100	17.9	17.6	98.3	3.6
8	36.5	74.0	145.9	400	200	100	14.6	12.5	85.6	3.9
9	60.8	121.5	243.0	400	200	100	24.3	21.6	88.9	1.9
10	26.0	52.5	104.0	400	200	100	10.4	9.3	89.4	1.2
11	36.0	72.0	144.0	400	200	100	14.4	15.5	104.2	7.3

表 4-4-7　实际样品的加标回收率

组分	分样浓度(μg/L)	本底值(μg)	标准值(μg)	回收值(μg)	回收率(%)	相对标准偏差(%)
1	1289.3	64.5	225.6	210.0	93.1	0.7
2	—	—	16.9	14.8	87.6	6.3
3	—	—	22.6	23.6	104.4	1.9
4	—	—	13.6	16.1	118.4	9.6
5	—	—	17.1	17.6	102.9	2.0
6	132.0	6.6	16.8	19.0	113.1	4.7
7	—	—	16.7	16.0	95.8	6.1
8	—	—	13.7	13.4	97.8	5.8
9	—	—	22.8	20.8	91.2	3.8
10	—	—	8.8	8.8	100.0	5.6
11	—	—	11.6	11.6	86.7	6.0

9. 注意事项

（1）树脂的选择

据有关资料介绍，在中性介质中，XAD-2、XAD-4、GDX-101、GDX-301、GDX-402

和 GDX-502 吸附树脂，对酚类化合物均有较强的富集效果。我们选择了 GDX101、GDX301 和 GDX-502 三种树脂作比较，实验结果表明，在酸性介质中，GDX-101 对酚类的吸附效率较差，GDX-502 和 GDX-301 较好。在本方法规定的实验条件下，GDX-502 的吸附洗脱效果优于 GDX-301。

（2）洗脱剂的选择

乙醚、二氯甲烷、二硫化碳、丙酮等都是使用较普遍的洗脱剂，但使用上述溶剂洗脱时，必须先浓缩蒸干，再用甲醇或乙腈定容后才能测定。由于酚易挥发，在浓缩蒸干过程中损失较大。选用乙腈为洗脱剂，洗脱定容后直接测定，干扰少，回收率较高。

（3）流动相的选择

可能由于甲醇易与酚类化合物形成氢键的缘故，用甲醇作流动相分离效果不好。

四、氯苯类化合物

氯苯类化合物的物理化学性质稳定，不易分解。在水中溶解度小，易溶于有机溶剂中。这类化合物具有强烈气味，对人体的皮肤、结膜和呼吸器官产生刺激，进入人体内有蓄积作用，抑制神经中枢，严重中毒时，会损害肝脏和肾脏。

我国制订的地表水卫生标准中，一氯苯、二氯苯、三氯苯、四氯苯的最高允许浓度均为 0.02mg/L，六氯苯是 0.05mg/L。地表水环境质量标准中也增加了氯苯类项目。氯苯类化合物的主要污染来源是染料、制药、农药、油漆和有机合成等工业排放废水。

采用气相色谱法分析氯苯类化合物，操作简便、快速，灵敏度和准确度均较高，可分别对样品中各个化合物进行定性和定量分析。

采集的水样要尽快进行分析，短期贮存时，应置于 4℃冰箱内或加入 0.1%水样量的浓硫酸，保存期为 4d。

（一）氯苯　气相色谱法（GC-FID）（A）

1. 方法原理

本方法是用二硫化碳萃取水中的氯苯，萃取液经浓缩后，取 1μl 注入气相色谱仪，用 FID 检测。

2. 干扰及消除

采用二硫化碳溶剂萃取水中氯苯进行气相色谱仪分析，未发现干扰物质。

3. 方法的适用范围

本方法的最低检出浓度为 0.01mg/L。可用于地表水、地下水以及废水中氯苯的测定。

4. 仪器

①气相色谱仪，具 FID 检测器。

（A）本方法与 HJ/T 74—2001 等效。

②色谱柱，柱长 2.5m，内径为 3mm，内填 10%SE-30，涂渍在 60～80 目 Chromosorb W（AW-DMCS）担体上。

③K-D 浓缩器，具有 1ml 刻度的浓缩瓶。

④分液漏斗，250ml。

5. 试剂

①氯苯，色谱纯。

②二硫化碳，分析纯或残留农药分析纯，经色谱测定无干扰峰。否则要提纯，提纯方法见本章一（二）9 之 2）。

③无水硫酸钠，在 300℃烘箱中烘烤 4h，放入干燥器中，冷却至室温，装入玻璃瓶中备用。

④氯化钠（NaCl），分析纯，在 300℃烘烤 4h，放入干燥器中，冷却至室温，装入玻璃瓶中备用。

⑤甲醇，优级纯。

⑥乙醇，优级纯。

⑦氯苯贮备液：称取 100mg 氯苯于 100ml 容量瓶中，用甲醇定容并混匀，贮备溶液的浓度为 1.00mg/ml。也可购买商品标准贮备溶液。

⑧净化水，用正己烷（残留农药分析纯级）洗涤过的蒸馏水或纯净水。

6. 步骤

（1）样品预处理

取均匀水样 100ml 置于 250ml 分液漏斗中，加入 3g 氯化钠，用 12ml 二硫化碳做两次（8ml，4ml）萃取，充分振摇 5min，并注意放气，合并的萃取液经无水硫酸钠脱水，收集到浓缩瓶中，再用少量二硫化碳溶剂洗涤分液漏斗和无水硫酸钠层。在 40℃以下用 K-D 浓缩器浓缩至 0.5～1ml，并定容至刻度。

（2）校准曲线

①标准溶液的配制，用移液管量取适量贮备溶液，移至 100ml 容量瓶中，用乙醇稀释至刻度。

②取不同体积的标准溶液，分别放入已加入约 100ml 净化水的 50ml 分液漏斗中，按样品的预处理方法用二硫化碳进行萃取。以氯苯的浓度对应其峰高或峰面积，绘制校准曲线。

（3）色谱测定

色谱条件：柱温 100℃；汽化室及检测器温度：200℃；气体流量：载气：氮气 40ml/min；氢气 50ml/min；空气 500ml/min；进样量：1μl。

7. 计算

外标法定量。选择接近样品浓度的标准萃取溶液，注入色谱仪，记录峰高或峰面积，按以下公式计算：

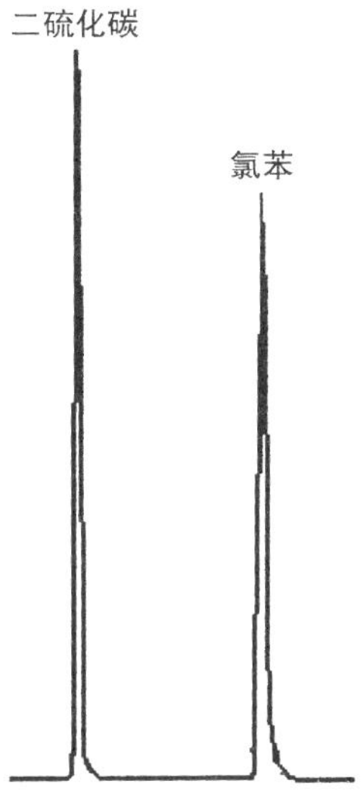

图 4-4-6　氯苯的色谱图

$$C=\frac{A\cdot E\cdot V_1}{A_E\cdot V_2}$$

式中：C——水样中氯苯的浓度（mg/L）；

E——标样中氯苯的浓度（mg/L）；

A_E——标样中测得氯苯的峰高或峰面积；

A——测得萃取液中氯苯的峰高或峰面积；

V_2——萃取水样体积（ml）；

V_1——萃取液的体积（ml）。

8. 精密度和准确度

四个实验室分别对 0.020mg/L 和 0.040mg/L 的氯苯加标水样进行六次平行测定，相对标准偏差分别为 4.8%～10.5%和 3.1%～4.8%。

四个实验室在工业废水中加标 1～50μg，回收率为 83%～105%。

9. 注意事项

样品预处理是准确分析样品的重要步骤之一，标准样品的制备必须和分析水样步骤一致。

（二）氯苯类化合物　填充柱气相色谱法（GC-ECD）（B）

1. 方法原理

本方法是用石油醚萃取水中的氯苯类化合物。萃取液经浓硫酸洗涤净化，消除对待测化合物的干扰，然后用具电子捕获检测器的气相色谱仪进行测定。该检测器对于氯苯类化合物具有较高的响应值。

2. 干扰及消除

在石油醚萃取氯苯类化合物的同时，其他一些化合物也能被萃取出来，其中含氧及不饱和化合物对 ECD 也有响应，对待测化合物产生干扰。这些物质可用浓硫酸净化予以消除。

3. 方法的适用范围

①本方法适用于测定水和废水中的二氯苯、三氯苯、四氯苯、五氯苯和六氯苯。

②本方法的检测限受检测器灵敏度的影响，通常五氯苯、六氯苯可测至 0.5μg/L，二氯苯可测至 2～16μg/L。

4. 仪器

①气相色谱仪，具电子捕获检测器。

②色谱柱：硬质玻璃，柱长 2m，内径为 2～3mm，内填 2%有机皂土+2% DC-200/101 白色硅烷化担体（上海试剂一厂），80～100 目。

③电动振荡机。

④分液漏斗（500ml）。

5. 试剂

①石油醚，沸程 30～60℃。
②浓硫酸，ρ_{20}=1.84。
③无水硫酸钠。
④氯化钠，优级纯。
⑤苯，优级纯。
⑥异辛烷。
⑦氯苯类标准物质：对二氯苯、间二氯苯、邻二氯苯、1, 2, 3-三氯苯、1, 2, 4-三氯苯、1, 3, 5-三氯苯、1, 2, 3, 4-四氯苯，1, 2, 3, 5-四氯苯、1, 2, 4, 5-四氯苯、五氯苯、六氯苯。
⑧氯苯类标准贮备液：各化合物均取 100mg 分别溶于异辛烷中，在容量瓶中稀释至 100ml，贮备液浓度为 1.00mg/ml。难溶化合物可先用少量苯溶解。
⑨2%硫酸钠溶液：20g 硫酸钠溶于 1000ml 纯水中。

6. 步骤

（1）样品预处理

①准确量取 250ml 水样，置于 500ml 分液漏斗中，加入 5～7g 氯化钠，使其溶解，再加入 20ml 石油醚，摇 1min 左右（**注意放气**），然后置于电动振荡器上振荡 10min，取下静置分层后，放出水层，萃取液供净化用。上述过程再重复一次，合并有机相。

②在萃取液中加入 2～2.5ml 浓硫酸，开始轻轻振摇，并不断放气。静置分层后，放出硫酸层。如上反复萃取净化，直至硫酸层清澈为止。加入 2%硫酸钠溶液 25ml，振摇洗涤萃取液中残存硫酸，洗涤后静置分层，放出下部水层。石油醚萃取液通过盛有 5g 左右无水硫酸钠层的漏斗脱水（漏斗下部用玻璃棉支托无水硫酸钠），最后用 5ml 左右石油醚洗涤漏斗。脱水后的萃取液收集于容量瓶中，定容至 25ml，供色谱分析。

（2）绘制校准曲线

以石油醚为溶剂用标准贮备液配制混合标准液，以峰高和浓度为坐标，绘制校准曲线，并确定线性范围。

（3）色谱测定

①色谱条件：载气流速（高纯氮），60ml/min。

色谱柱温度：120℃；汽化室及检测器温度：150℃。

进样量：5μl。

②样品分析：取样品溶液进行色谱分析，记录各化合物的保留时间。如表 4-4-8 所示。混合氯苯类化合物按如下方法配制：对二氯苯，320μg/L；间二氯苯，160μg/L；1, 3, 5-三氯苯，80.0μg/L；邻二氯苯，160μg/L；1, 2, 4-三氯苯，80.0μg/L；1, 2, 3, 5-四氯苯，40.0μg/L，1, 2, 4, 5-四氯苯，80.0μg/L；1, 2, 3-三氯苯，80.0μg/L；1, 2, 3, 4-四氯苯，40.0μg/L；五氯苯，16.0μg/L；六氯苯，20.0μg/L。进样 2μg/L 的标准色谱图，如图 4-4-7 所示。

表 4-4-8 氯苯类化合物的保留时间和最低检测限

峰号	化合物	保留时间(min)	最低检测限*(μg/L)
1	对二氯苯	1.58	5
2	间二氯苯	2.27	3
3	1, 3, 5-三氯苯	3.09	1
4	邻二氯苯	5.08	2
5	1, 2, 4-三氯苯	5.56	1
6	1, 2, 3, 5-四氯苯	9.33	1
7	1, 2, 4, 5-四氯苯	10.02	2
8	1，2，3-三氯苯	14.25	1
9	1，2，3，4-四氯苯	21.27	1
10	五氯苯	28.04	0.5
11	六氯苯	51.04	0.5

*单一实验室按信噪比 2.5 倍计算。

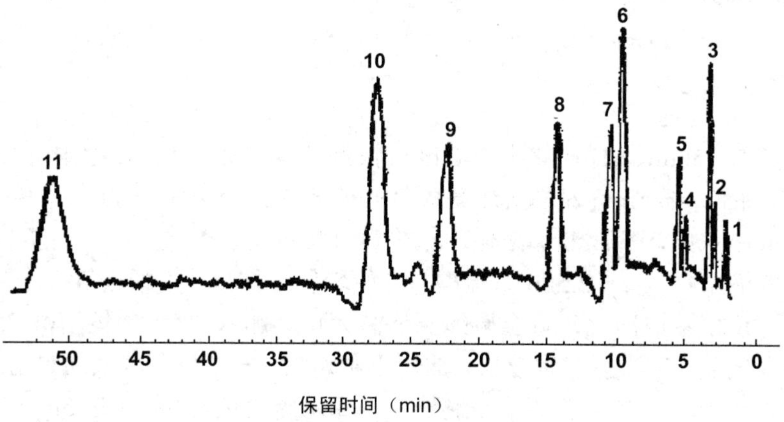

图 4-4-7 氯苯类化合物标准色谱图

1—对二氯苯；2—间二氯苯；3—1, 3, 5-三氯苯；4—邻二氯苯；
5—1, 2, 4-三氯苯；6—1, 2, 3, 5-四氯苯；7—1, 2, 4, 5-四氯苯；
8—1, 2, 3-三氯苯；9—1, 2, 3, 4-四氯苯；10—五氯苯；11—六氯苯

7. 计算

选择接近样品浓度的标准溶液，注入色谱仪，记录峰高，按下式计算：

$$C=\frac{A\cdot B\cdot V_{\mathrm{t}}}{V_{\mathrm{i}}\cdot V_{\mathrm{s}}}$$

式中：C——水样中目标化合物含量（μg/L）；

A——$\frac{\text{标准样品中目标化合物含量(ng)}}{\text{标准样品中目标化合物的峰高}}$；

B——样品溶液中目标化合物的峰高；

V_{i}——注入的样品溶液体积（μl）；

V_t——萃取液体积（μl）；

V_s——萃取水样体积（ml）。

8. 精密度和准确度

三个实验室在工业废水中加入氯苯标准混合物；测得精密度和准确度数据，列于表 4-4-9 和表 4-4-10 中。

9. 注意事项

①萃取液出现乳化时，可加入 3～5 滴浓硫酸破乳，然后放出水层，再净化。出现严重乳化，可采用冰冻破乳。

②地表水中氯苯类化合物含量低，可将萃取液浓缩，以降低方法的检测限。

表 4-4-9　三个实验室的精密度数据

化合物	实验室编号	测定均值*(μg/L)	标准偏差	相对标准偏差(%)
对二氯苯	1	64.2	5.3	8.3
	2	67.8	6.9	10.3
	3	112	4.1	3.6
间二氯苯	1	28.3	1.7	6.6
	2	28.3	2.9	10.2
	3	33.5	8.4	2.5
1, 3, 5-三氯苯	1	13.7	1.2	8.8
	2	16.0	1.5	9.7
邻二氯苯	1	30.3	2.9	9.7
	2	128	7.5	5.9
1, 2, 4-三氯苯	1	14.7	1.6	11.1
	2	16.0	—	—
	3	15.2	0.98	6.5
1, 2, 3, 5-四氯苯	1	7.68	0.33	4.3
	2	7.00	0.89	12.8
	3	6.97	0.37	5.3
1, 2, 4, 5-四氯苯	1	14.2	1.2	8.2
	2	13.8	1.3	9.6
	3	14.7	1.0	7.0
1, 2, 3-三氯苯	1	15.0	1.7	11.2
	2	14.7	1.4	9.3
	3	12.8	0.75	5.9
1, 2, 3, 4-四氯苯	1	7.67	0.28	3.7
	2	7.67	0.82	10.6
	3	8.10	0.15	1.9
五氯苯	1	2.68	0.20	7.6
六氯苯	1	3.53	0.23	6.4
	2	3.85	0.15	3.9
	3	3.03	0.05	1.7

*六次测定平均值。

表 4-4-10 三个实验室的准确数据*

化合物	实验室	加入量(μg)	平均回收量(μg)**	回收率(%)
对二氯苯	1	16	13.7	85.4
	2	40	39.2	98.1
	3	32	30.8	96.2
间二氯苯	1	8.0	7.1	83.8
	2	20	19.2	96.3
	3	16	15.5	97.0
1, 3, 5-三氯苯	1	4.0	3.6	90.8
	2	10	9.9	99.0
邻二氯苯	1	8.0	7.0	87.5
	2	16	15.8	99.0
1, 2, 4-三氯苯	1	4.0	3.1	77.5
	2	10	9.9	99.0
	3	8.0	7.4	92.1
1, 2, 3, 5-四氯苯	1	2.0	1.6	80.0
	2	5.0	4.8	97.3
	3	4.0	3.8	94.2
1, 2, 4, 5-四氯苯	4	4.0	3.8	94.2
	2	10	9.9	99.0
	3	8.0	5.7	72.0
1, 2, 3-三氯苯	1	4.0	3.3	83.3
	2	10	9.7	97.0
	3	8.0	6.9	86.6
1, 2, 3, 4-四氯苯	1	2.0	1.7	86.6
	2	5.0	4.8	96.0
	3	4.0	3.8	95.0
五氯苯	1	0.80	0.71	88.7
六氯苯	1	1.0	0.87	87.0
	2	2.5	2.4	94.7
	3	1.6	15.1	94.2

*水样取 250ml；**三次测定平均值。

五、苯胺类化合物

苯胺类化合物除广泛应用于化工、印染和制药等工业生产外，还是合成药物、染料、杀虫剂、高分子材料、炸药等的重要原料之一。苯胺及其衍生物可以通过吸入、食入或透过皮肤吸收而导致中毒，能通过形成高铁血红蛋白造成人体血液循环系统损害，可直接作用于肝细胞，引起中毒性损害。这类化合物进入肌体后易通过血脑屏障而与大量类脂质的神经系统发生作用，引起神经系统的损害。另外，苯胺类化合物还具有致癌和致突变的作用。苯胺类化合物一般在环境中有残留，因此分析环境样品中的苯胺类化合物是十分重要的。

1. 方法选择

（1）总量测定

萘乙二胺偶氮分光光度法，只能测定苯胺及其芳香苯胺类化合物的总量，不能对每一个苯胺类化合物进行定性、定量分析。

（2）HPLC 测定

可以分别测定各种苯胺类化合物的含量。

2. 样品采集与保存

采集 1000ml 水样，贮存于棕色玻璃瓶中。水样中的苯胺类化合物易于降解，应尽快分析。采集的水样若不能及时测定，应将样品保存在 4℃冰箱中；采样后应在 24h 内进行萃取，萃取后的样品在 40d 内分析完毕。

液相色谱法（C）

1. 方法原理

用二氯甲烷液-液萃取，K-D 浓缩器浓缩，HPLC 定量分析水中的苯胺类化合物。

2. 干扰及消除

水体中的酚类化合物对苯胺类化合物的分析检测有干扰，萃取时控制 pH 在 10～11 之间可消除干扰，其它化合物的干扰可采用硅酸镁（佛罗里硅土）净化消除。

3. 方法的适用范围

本方法可测定环境水体和工业废水中的苯胺类化合物，最低检出限见表 4-4-11。

表 4-4-11　苯胺类化合物的最低检出限

化合物名称	苯胺	对-硝基苯胺	间-硝基苯胺	邻-硝基苯胺	2,4-二硝基苯胺
最低检出限(μg/L)	0.3	1.3	0.4	0.9	0.6

4. 仪器

①高效液相色谱仪，具紫外检测器。

②K-D 浓缩器：具 1ml 刻度的浓缩瓶。

③分液漏斗：250ml，带聚四氟乙烯旋塞。

④硅酸镁净化柱：柱长 35cm，内径 12mm。称量硅酸镁 3g，滴加 5%（0.15g）的异丙醇并在振荡器上振荡 5min。装填层析柱，先将少量玻璃棉填入玻璃层析柱的下端，用 2～3ml 正己烷润湿柱内壁，在小烧杯中用环己烷将硅酸镁制成匀浆，以湿法装柱，柱顶铺少量无水硫酸钠，放出柱中过量的正己烷至填料的界面以上。

⑤恒温水浴锅：温控可调节。

5. 试剂

①甲醇，色谱纯。
②乙酸铵，分析纯。
③乙酸，分析纯。
④无水硫酸钠，分析纯，300℃烘 4h 备用。
⑤氯化钠，分析纯，300℃烘 4h 备用。
⑥二氯甲烷，分析纯。
⑦标准贮备溶液：称取标准试剂各 100mg，分别置于 100ml 容量瓶中，用甲醇定容，贮备溶液中各化合物的浓度为 1000mg/L。也可以购买商品标准贮备溶液。
⑧标准中间溶液：用 10ml 单标线吸管取贮备溶液各 10.0ml，置于 100ml 容量瓶中，用甲醇稀释至刻度，该溶液中各化合物浓度为 100mg/L。
⑨标准校准溶液：根据液相色谱紫外检测器的灵敏度及线性要求，用甲醇分别稀释中间溶液，配制成几种不同浓度的标准溶液，在 2～5℃避光贮存，现用现配。

6. 步骤

（1）样品预处理

取 100ml 水样（地表水和地下水样取 1000ml）用 1mol/L 的氢氧化钠将水样的 pH 调至 11～12，加入 5g 氯化钠。将水样转入 250ml 的分液漏斗中，加入 10ml 二氯甲烷充分振摇，萃取 2min，用无水硫酸钠过滤脱水，收集有机相于鸡心瓶中，重复萃取两次，合并有机相，用 K-D 浓缩器将萃取液浓缩至 0.5ml 左右，用甲醇定容至 1ml，待色谱分析（若样品中有杂质干扰测定，可将浓缩液经硅酸镁柱净化）。

（2）萃取液的净化

将样品移至装有活化的硅酸镁层析柱床的顶部，以适量正己烷洗净浓缩瓶并淋洗层析柱，再用甲醇淋洗层析柱，用浓缩瓶接取 25ml 淋洗液，在 K-D 浓缩器上浓缩至 1ml，待色谱分析用（或将浓缩液转移至自动进样器专用进样小瓶中，封口后待分析）。

（3）色谱条件

色谱柱：Zorbax ODS 250mm×4.6mm （内径）不锈钢柱。
流动相：0.05mol/L 乙酸铵-乙酸缓冲液：甲醇（65∶35）的混合液。流速：0.8ml/min。
紫外检测波长：285nm；进样量 10μl。

（4）HPLC 测定

调试液相色谱仪，使之正常运行并能达到预期的分离效果，预热运行至获得稳定的基线；注入标准样品，记录色谱保留时间和响应值。

（5）校准曲线的绘制

分别取 100mg/L 的苯胺类化合物混合标样 0、10、50、100、250、500、1000μl，用甲醇溶至 1ml，使标样浓度分别为 0、1、5、10、25、50、100mg/L，根据 HPLC 测定结果绘制校准曲线。

（6）色谱图

苯胺类的色谱图见图 4-4-8。

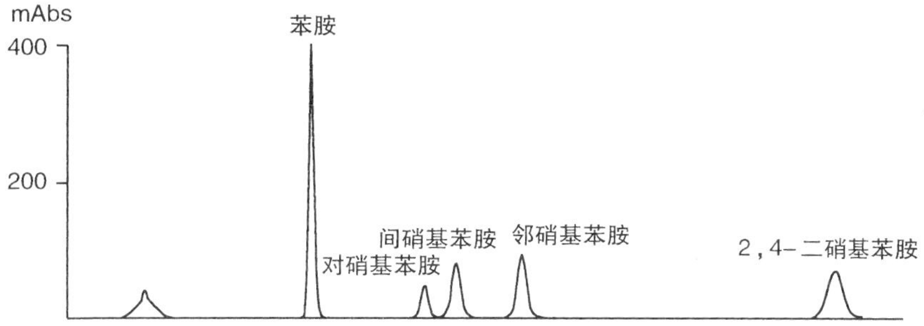

图 4-4-8　苯胺类化合物的标准色谱图

7. 计算

采用标准工作溶液单点外标峰高或峰面积计算法，水样中各组分的浓度按下式计算：

$$X_i = \frac{E_i \cdot A_i \cdot V_2}{A_E \cdot V_1}$$

式中：X_i——水样中组分 i 的浓度（mg/L）；

E_i——标样中组分 i 的浓度（mg/L）；

A_E——标样中组分 i 的峰高或峰面积；

A_i——萃取液中组分 i 的峰高或峰面积；

V_2——萃取液体积（ml）；

V_1——水样体积（ml）。

8. 精密度和准确度

在水中加入五种苯胺类化合物的混合标样，进行样品预处理后，用 HPLC 定量分析。取染料污水样品做加标回收实验，结果见表 4-4-12。

表 4-4-12　精密度和准确度

化合物名称	相对标准偏差(%)		样品含量	加标量	回收率
	0.05mg/L 标准样品	0.5mg/L 标准样品	(μg)	(μg)	(%)
苯胺	8.3	2.7	0.17	1.02	72.5
对-硝基苯胺	15.1	2.0	0.34	2.72	83.1
间-硝基苯胺	6.8	1.3	5.99	1.10	82.7
邻-硝基苯胺	11.2	0.5	0	2.10	91.4
2, 4-二硝基苯胺	10.9	0.5	0	2.21	82.3

9. 注意事项

①苯胺应为无色透明液体，如色泽变黄应重新蒸馏后使用。

②萃取水中苯胺类化合物之前，必须严格将 pH 调至 10～11，加入适量的氯化钠有助于提高苯胺类化合物的回收率，避免严重的乳化现象的发生。

③萃取液在浓缩后的最终容积不要低于 0.5ml，否则苯胺类化合物的回收率较低。

六、硝基苯类

气相色谱法（A）

1. 方法原理

采用有机溶剂萃取，萃取液经净化（或浓缩）后，进行色谱分析。对于某些一硝基苯类，因其能随水蒸气蒸发，可采用先蒸馏再萃取，然后将萃取液注入具电子捕获检测器的气相色谱仪测定。

2. 干扰及消除

在硝基苯的模拟水样中，存在甲苯、二甲苯、氯代苯、邻、间、对二氯苯、1, 2, 3-三氯苯、三氯甲烷、四氯化碳和有机氯农药六六六的异构体，在柱温 160℃时，对本法无明显干扰。

3. 方法的适用范围

本方法适用于地表水、地下水和工业废水的测定。对 13 种在水中残留的硝基苯类化合物可同时分离测定，其检出限如表 4-4-13 所示。

表 4-4-13　13 种硝基苯类化合物的检出限（μg/L）

化合物名称	检出限	化合物名称	检出限
硝基苯	0.12	邻硝基甲苯	0.12
间硝基甲苯	0.12	对硝基甲苯	0.12
间硝基乙苯	0.10	对硝基氯苯	0.10
对硝基乙苯	0.12	间硝基乙苯	0.12
2, 5-二硝基氯苯	0.24	2, 6-二硝基甲苯	0.20
2, 4-二硝基氯苯	0.36	2, 4-二硝基甲苯	0.24

4. 仪器

①气相色谱仪，具电子捕获检测器（ECD，采用 ^{63}Ni 放射源）。

②500ml 全玻璃蒸馏器。

③吸附富集柱：长 12cm，内径 0.6～0.7cm，下端带活塞的玻璃柱，内填装 0.5～1g GDX-502 大孔树脂，柱两端用硅烷化玻璃棉固定，在本法所用色谱分析条件下，用无干扰峰的苯洗脱。

5. 试剂

①固定液：PEGA、DEGA、FFAP、OV-225。

②纯水：蒸馏水用苯洗涤，电炉煮沸 3～5min，冷却装瓶备用。

（A）本方法与 GB 13194—91 等效。

③纯苯：用全玻璃蒸馏器重蒸馏，在色谱分析条件下无干扰峰。

④无水硫酸钠：400℃烘4h，放入干燥器中冷却，装瓶备用。

⑤GDX-502大孔树脂：天津第二试剂厂产品，在脂肪抽提器中，依次经乙腈、乙醚和苯各抽提6h，浸放于甲醇中备用。

⑥硝基苯类多种标准化合物：硝基苯，邻、间、对硝基甲苯，二硝基甲苯各种异构体等，均为色谱纯试剂。

⑦硝基苯类标准溶液：准确称量硝基苯约100mg，放入100ml容量瓶中，加入少许乙醚溶解，加苯至刻度，作为硝基苯标准原液（约1000mg/L）。用同样方法配制其它硝基苯类化合物的标准溶液，再根据需要配成不同浓度的标准混合液。

6. 步骤

（1）样品制备

取样后，用浓盐酸调至pH4左右，最好当天分析。进行色谱分析前，视水样的不同情况，分别进行处理。

①直接萃取法：适用于含硝基苯类化合物浓度较高（1.0μg/L以上），而所含干扰杂质的成分不复杂的工业废水分析。摇匀水样，精确移取一定量待测水样10.0～250ml，放入500ml分液漏斗中，加苯25.0ml，摇动，放出气体，再振摇萃取3～5min。静置分层5～10min，弃去水相，将苯萃取液通过无水硫酸钠柱干燥后，移取出2～3ml苯萃取液，放入事先盛有少许无水硫酸钠的具塞离心管中，备色谱分析用。

②蒸馏-苯萃取法：适用于含杂质较复杂的工业废水和地表水中一硝基化合物或2, 6-DNT、2, 5-DNT的分析。用250ml量筒量取250ml水样，置入500ml蒸馏瓶中，加纯水至约300ml及数粒玻璃珠，装上蛇形冷凝管，在电炉上加热蒸馏，收集最初馏出液160ml于250ml容量瓶中，加入苯5.0ml，振摇3～5min，静置5min。从瓶口加入纯水至液面距瓶口1～1.5cm处，静置分层，然后从瓶口缓缓加入无水硫酸钠1～2g，待其通过苯层沉入水层后，移出苯萃取液（1～2）ml，置入事先盛有少许无水硫酸钠的具塞离心管中，供色谱分析用。

③"吸附富集柱"法：适用于含痕量硝基苯类化合物（μg/L）的地表水的监测分析。取水样500～1000ml以20～30ml/min流速通过GDX-502富集柱。然后通入N_2吹出水液，加入3.0ml苯浸泡树脂5min，吸出苯液放入10ml具塞离心管中，再重复用2ml苯，连续浸泡、洗脱两次，合并苯液，用无水硫酸钠脱水（或转入K-D浓缩器中浓缩并定容）后，供色谱分析用。

（2）气相色谱分析

色谱柱：玻璃柱长2m，内径2～3mm。

载体：Chromosorb WHP 60～80目。

固定相：（柱1）3%PEGA/Chromosorb W HP 60～80目；

（柱2）3%DEGA/Chromosorb W HP 60～80目。

载气：高纯氮，流速50ml/min。

温度：柱老化按120℃（4h）→180℃（6h）→210℃（8h）三阶段进行。

柱温：160℃ （一硝基苯类），200℃（二硝基苯类）。

汽化室 240℃，检测器 240℃。

进样量：5μl。

（3）标准色谱图

七种一硝基苯类化合物气相色谱见图 4–4–9，六种二硝基苯化合物气相色谱见图 4–2–2。

7. 计算

根据样品溶液的色谱峰高，选择接近该浓度的标准溶液注入色谱仪，以外标法定量。计算公式如下：

$$\text{硝基苯类化合物（μg/L）} = \frac{h_2 \cdot C_1 \cdot Q_1}{h_1 \cdot Q_2 \cdot K}$$

式中：C_1——标准溶液浓度（μg/L）；

h_1——标样峰高（mm）；

h_2——样品峰高（mm）；

Q_1——标准溶液进样量（μl）；

Q_2——样品苯溶液进样量（μl）；

K——浓缩系数。

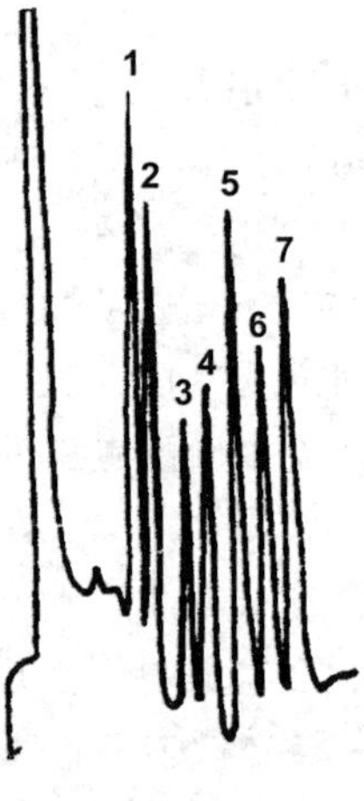

图 4–4–9 七种一硝基苯类化合物标准色谱图

1—硝基苯；2—邻硝基甲苯；3—间硝基甲苯；4—对硝基甲苯；5—间硝基氯苯；6—对硝基氯苯；7—邻硝基氯苯

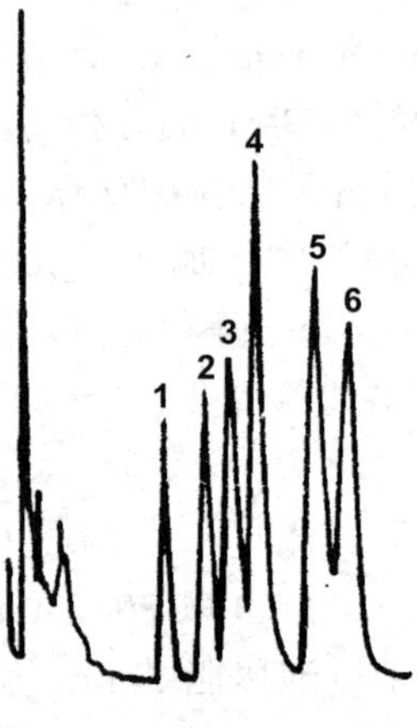

图 4–4–10 六种二硝基苯类化合物色谱图

1—2, 6-DNT；2—2, 5-DNT；3—2, 4-DNT；4—3, 5-DNT；5—2, 4-二硝基氯苯；6—3, 4-DNT

8. 精密度和准确度

①对七种一硝基苯类化合物，六个实验室分别重复测定六次的结果：含量为 0.2～15μg/L 时，标准偏差为 0.05～0.5μg/L，相对标准偏差≤6%；含量为 12～30μg/L 时，标准偏差≤0.04μg/L，相对标准偏差≤4%；含量为 30～60μg/L 时，标准偏差≤0.3μg/L，相对标准偏差≤2%。

对四种二硝基苯类化合物，三个实验室分别进行重复测定六次的结果：含量 0.1～1.8μg/L 时，相对标准偏差≤5%；含量 6.8～200μg/L 时，相对标准偏差≤1.1%。

②本方法对以下 10 种硝基苯类化合物的准确度为：邻、间、对硝基甲苯，邻、间、对硝基氯苯，2，6-DNT，2，4-DNT，2，5-DNT 和 2，4-二硝基氯苯等，加标浓度在 0.15～300μg/L 时，回收率均在 85%～118%的范围内。

9. 注意事项

①样品采集、保存和处理：采集的水样，必须收集在玻璃容器中。从采集到萃取前，必须将样品在 4℃下冷藏。所有样品必须在 7d 内萃取完，并在萃取后 40d 内分析完毕。

②PEGA 柱对多种一硝基苯类和二硝基苯类化合物均有较好的分离效果，固定液最高使用温度为 220℃，国产固定液标明最高使用温度较低些，但“上海试剂”和“北京试剂”产品，经柱老化后，使用效果也较好。DEGA 柱对一硝基苯类化合物的分离效果较好。OV-225 柱对二硝基苯类化合物分离效果较好。FFAP 柱可代替 PEGA 柱使用。

③鉴于色谱法日益飞跃进展，允许分析人员做某些变更以改善分离效果。但要求分析人员必须进行准确度和精密度实验，取得了可接受的准确度和精密度后方可应用。

④用保留时间定性时，应以当天测定标样实际相对保留时间值为准，硝基苯类化合物在 PEGA 柱和 DEGA 柱上的保留时间值见表 4-4-14。

表 4-4-14 硝基苯类在色谱柱上的保留时间值

化合物名称	加标量(ηg/μl)	柱 1 保留时间(min)				柱 2 保留时间(min)	
		160℃	190℃	200℃	210℃	160℃	200℃
氯苯							
间二氯苯						0.93	
邻二氯苯						1.32	
1, 2, 4-三氯苯						1.55	
硝基苯	5×10^{3}	1.59	0.92			2.34	1.20
邻硝基甲苯	5×10^{3}	1.80	1.00			3.225	1.31
间硝基甲苯	5×10^{3}	2.22	1.16			3.7	
对硝基甲苯	5×10^{3}	2.48	1.26			1.125	1.50
间硝基氯苯	2.4×10^{3}	2.64	1.30			1.507	1.65
对硝基氯苯	2.4×10^{3}	2.97	1.45			5.075	
邻硝基氯苯	2.4×10^{3}	3.30	1.57			5.537	1.72
2, 6-DNT	6×10^{3}		1.85	3.83	3.06		1.87
2, 5-DNT	6×10^{3}		5.11	4.38	3.19	6.247	
2, 3-DNT	6×10^{-3}		7.38	6.08	5.02	6.715	2.07
2, 4-DNT	6×10^{-3}		7.90		5.77	7.207	
3, 5-DNT	6×10^{2}		10.10		8.09		
2, 4-二硝基氯苯	1.8×10^{2}		11.58		9.14		
3, 4-DNT	4×10^{2}		12.50		10.01		

⑤本方法灵敏度高，检出限低于 1μg/L，采用简便的“先定容的苯萃取法”或“蒸馏-苯萃取法”预处理，即可满足我国现行地表水中最高允许浓度（50μg/L 硝基氯苯）监测分析的要求。

七、邻苯二甲酸酯类

邻苯二甲酸酯又称酞酸酯。一般为无色透明的油状液体，难溶于水，易溶于甲醇、乙醇、乙醚等有机溶剂。可通过呼吸、饮食和皮肤接触直接进入人和动物体内。其毒性随着分子中醇基碳原子数的增加而减弱。工业上，酞酸酯类主要用作塑料制品的改性添加剂（增塑剂）。随着工业生产的发展及塑料制品的大量使用，酞酸酯已成为全球性的最普遍的一类污染物。美国环保局将六种酞酸酯列入重点控制的污染物名单中，包括邻苯二甲酸二甲酯、邻苯二甲酸二正丁酯、邻苯二甲酸丁基苄基酯、邻苯二甲酸二正辛酯和邻苯二甲酸双（2-乙基己基）酯。我国优先污染物黑名单中包括：邻苯二甲酸二甲酯、邻苯二甲酸二正丁酯和邻苯二甲酸二辛酯。

（一）液相色谱法（A）

1. 方法原理

水样用正己烷萃取，经无水硫酸钠脱水后，用 K-D 浓缩器浓缩，在腈基柱或胺基柱上，以正己烷-异丙醇为流动相将邻苯二甲酸酯分离成单个化合物，用紫外检测器测定各化合物的峰高或峰面积，以外标法进行定量。

2. 干扰及消除

因为邻苯二甲酸酯广泛用于塑料制品中，所以，在采样及测试过程中一定要避免使用塑料制品。

3. 方法的适用范围

本方法适用于水和废水中邻苯二甲酸二甲酯、邻苯二甲酸二丁酯和邻苯二甲酸二辛酯的测定。方法的检出限分别为邻苯二甲酸二甲酯 0.1μg/L、邻苯二甲酸二丁酯 0.1μg/L 和邻苯二甲酸二辛酯 0.2μg/L。

4. 仪器

①高效液相色谱仪，具紫外检测器。

②样品瓶：100ml 具玻璃磨口塞的细口瓶。

③分液漏斗：250ml。

④K-D 浓缩器：具 1ml 刻度的浓缩瓶。

⑤色谱柱：腈基柱或胺基柱均可（如用腈基柱常温即可，胺基柱需要 30℃温度）。

5. 试剂

①正己烷，优级纯。

②异丙醇，分析纯。

（A）本方法与 HJ/T 72—2001 等效。

③丙酮，分析纯。

④无水硫酸钠：用前在马福炉中350℃烘4h。

⑤盐酸，分析纯：配制成1mol/L。

⑥氢氧化钠，分析纯：配制成1mol/L。

⑦甲醇：优级纯。

⑧邻苯二甲酸二甲酯、邻苯二甲酸二丁酯、邻苯二甲酸二辛酯，优级纯。

⑨石油醚，分析纯。

⑩纯水：二次蒸馏水。

⑪标准贮备液：1000mg/L，分别称取每种标准物100mg，准确至0.1mg，溶于优级纯甲醇中，在容量瓶中定容至100ml。也可以购买商品标准贮备液。

⑫中间标准溶液：100mg/L，分别准确移取三种标样的贮备液各10.00ml于同一100ml容量瓶中，用优级纯甲醇定容到100ml。

⑬玻璃棉或脱脂棉（过滤用）：在索氏提取器上用石油醚提取4h，晾干后备用。

6. 步骤

（1）样品预处理

将100ml水样全部置于250ml分液漏斗中，取10ml正己烷，冲洗采样瓶后，倒入分液漏斗中，手动振摇5min（**注意放气!**），静置30min。先将水相放入一干净的烧杯中，再将有机相通过上面装有无水硫酸钠的漏斗，接至浓缩瓶中。将水相倒回分液漏斗中，以同样步骤再萃取一次。弃去水相，有机相通过原装有无水硫酸钠的漏斗仍接到装有第一次萃取液的浓缩瓶中，再用少量正己烷洗涤分液漏斗和无水硫酸钠，接至原浓缩瓶内，在70～80℃水浴下浓缩至1ml以下，定容至1ml，备色谱分析用。

（2）色谱条件

流动相：99%正己烷+1%异丙醇；流速：1.5ml/min。

色谱柱：腈基柱 30cm×4mm。

检测器：紫外检测器，测定波长224nm；进样体积：10μl。

（3）校准曲线

准确移取中间标准溶液1.00ml于100ml容量瓶中，用优级纯甲醇定容至100ml，此溶液即为混合标准使用液，分取七个250ml的分液漏斗分别放入100ml二次蒸馏水，依次加入混合标准使用液0ml、0.5ml、1.5ml、2.0ml、2.5ml、3.0ml按照样品预处理方法进行处理，按照上述色谱条件进行分析。

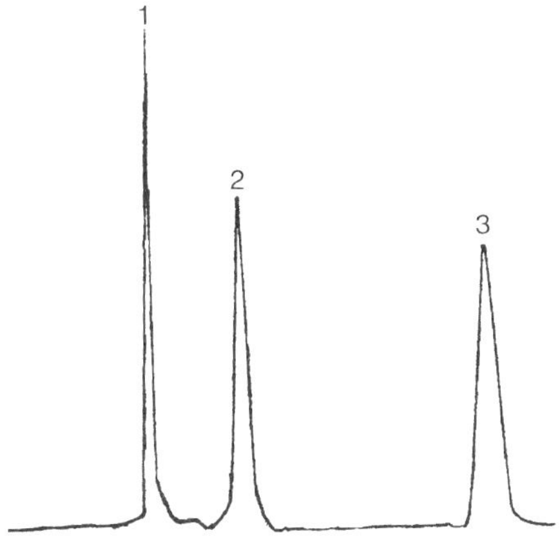

图4-4-11　邻苯二甲酸酯类标准色谱图

1—邻苯二甲酸二辛酯；2—邻苯二甲酸二丁酯；3—邻苯二甲酸二甲酯

（4）测定

预处理后的样品，通过外标法进行定量分析。

（5）标准色谱图

标准色谱图见图 4-4-11。

7. 计算

$$C = \frac{A_i \cdot h_{1i} \cdot V_2}{h_{2i} \cdot V_1}$$

式中：C——样品中邻苯二甲酸酯的浓度（mg/L）；

A_i——标样中组分 i 的浓度（mg/L）；

h_{1i}——样品中组分 i 的峰高（mm）；

V_1——提取液体积（ml）；

h_{2i}——标样中组分 i 的峰高（mm）；

V_2——被提取的样品体积（ml）。

8. 精密度和准确度

重复测定 0.2～0.3mg/L 的统一样品，最大相对标准偏差：邻苯二甲酸二甲酯为 1.5%，邻苯二甲酸二丁酯为 3.1%，邻苯二甲酸二辛酯为 3.5%。

四个实验室分别对几种类型的水样进行加标实验，加标回收率测定结果见表 4-4-15 至表 4-4-17。

表 4-4-15 邻苯二甲酸二甲酯加标回收率结果

实验室	水样类型	样品含量(μg)	加标量(μg)	回收量(μg)	加标回收率(%)
1	自来水	—	9.99	10.95	110
	河水	—	9.99	9.61	96.2
	化工废水	1.17	19.98	21.5	108
2	地下水	—	7.82	7.73	98.9
	煤层气采出水	—	7.82	6.70	85.7
	排污渠废水	—	7.82	7.56	96.7
	印染废水	—	12.4	11.2	90.3
	焦化厂废水	130	12.4	9.0	72.6
3	地下水	—	8.16	7.82	95.8
	化工厂废水	8.0	12.43	9.49	76.4
4	自来水	8.0	12.43	9.49	76.4
	公园湖水	5.8	5.0	3.6	72.0

表 4-4-16 邻苯二甲酸二丁酯加标回收率结果

实验室	水样类型	样品含量(μg)	加标量(μg)	回收量(μg)	加标回收率(%)
1	自来水	0.65	10.04	9.08	90.4
	河水	1.77	10.04	10.32	103
	化工废水	2.69	20.08	19.61	97.6
2	地下水	9.30	8.03	1.29	90.8
	煤层气采出水	8.51	8.03	6.76	84.1
	排污渠废水	10.01	8.03	6.94	86.4
	印染废水	—	12.7	11.3	89.0
	焦化厂废水	32.4	12.7	11.0	86.6

实验室	水样类型	样品含量(μg)	加标量(μg)	回收量(μg)	加标回收率(%)
3	地下水	0.53	14.31	11.95	83.5
	化工厂废水	7.6	8.97	8.65	96.2
4	自来水	0.44	7.16	6.58	91.9
	公园湖水	52.2	25.0	20.6	83.8

表 4-4-17　邻苯二甲酸二辛酯加标回收率结果

实验室	水样类型	样品含量(μg)	加标量(μg)	回收量(μg)	加标回收率(%)
1	自来水	1.85	9.77	10.94	112
	河水	3.63	9.77	11.46	117
	化工废水	2.01	19.54	24.14	124
2	地下水	11.51	7.99	7.47	93.5
	煤层气采出水	10.34	7.99	6.87	85.9
	排污渠废水	11.55	7.99	7.59	94.9
	印染废水	18.2	12.4	10.4	86.3
	焦化厂废水	18.3	12.4	10.3	83.1
3	地下水	0.42	6.76	6.85	101
	化工厂废水	38.0	9.63	8.08	83.9
4	自来水	0.56	6.76	5.29	78.3
	公园湖水	90.3	50.0	52.7	105

9. 注意事项

①在采样及测试过程中一定要避免使用塑料制品。

②样品在浓缩过程中，注意不能将样品蒸干，要仔细冲洗浓缩管壁到预定体积，因为管壁吸附会给测定带来误差。

③在分析完样品后，要用流动相多冲洗一段时间，直到基线走平为止，以免样品沾污柱子，可延长柱子寿命。

（二）固相吸附液相色谱法（C）

1. 方法原理

水中的邻苯二甲酸酯类化合物，经 XAD-2 树脂吸附后，用甲醇和乙腈混合溶剂洗脱，洗脱液经 K-D 浓缩并定容，用醇基柱进行正相色谱分离，紫外检测器（225nm）测定。

2. 方法的适用范围

本方法适用于地表水和废水中邻苯二甲酸酯类的测定。各组分的最低检测量为 3～12ng。当富集水样的体积为 1L、进样体积为 10μl 时，最低检测浓度为 1.5～6.0μg/L，见表 4-4-18。

表 4-4-18 方法检测限

序号	组分名称	保留时间 (min)	最低检出量 (ng)	最低检出浓度 (μg/L)
1	邻苯二甲酸二(2-乙基己基)酯	2.532	3.5	1.8
2	邻苯二甲酸二正辛酯	2.612	3.1	1.5
3	邻苯二甲酸二丁酯	3.120	9.0	4.5
4	邻苯二甲酸二丁基苄酯	3.582	11.6	5.8
5	邻苯二甲酸二乙酯	4.211	3.2	1.6
6	邻苯二甲酸二甲酯	6.310	12	6.0

3. 水样的采集与保存

将水样采集于具塞硬质玻璃瓶中，装满不留气泡，于 4℃冰箱内保存，7d 内吸附预处理，40d 内分析。

4. 仪器

①液相色谱仪：具紫外检测器，醇基正相色谱柱，250mm×4.6mm（内径）×5.0μm。
②层析柱：长 10cm，内径 8mm。
③K-D 浓缩器（或旋转蒸发器）。
④恒温水浴。
⑤索氏提取器。

5. 试剂

①丙酮：分析纯，用前需重新蒸馏。
②二氯甲烷：分析纯，用前需重新蒸馏。
③正己烷：色谱纯。
④甲醇：色谱纯。
⑤乙腈：色谱纯。
⑥异丙醇：色谱纯。
⑦无水硫酸钠：分析纯，于 400～700℃烘 2h。
⑧邻苯二甲酸酯标准贮备液：浓度范围，80～200mg/L。
⑨邻苯二甲酸酯标准使用液：用甲醇溶液将邻苯二甲酸酯标准贮备溶液稀释成浓度为 5～20mg/L 的标准使用液。
⑩XAD-2 树脂：丙酮浸泡过夜，然后依次用正己烷、二氯甲烷和甲醇在索氏提取器上回流提取 8h 以上。处理好的树脂密封保存在甲醇中备用。
⑪XAD-2 树脂柱的制备：在层析柱底部填充少许玻璃棉，用湿法装入 XAD-2 树脂。依次用 10ml 甲醇和 20ml 重蒸水淋洗柱子。始终保持液面不低于树脂床（若树脂中有气泡存在，可用细的不锈钢丝上下搅动赶出气泡，注意不要破坏树脂）备用。

6. 步骤

（1）层析柱的准备

首先在层析柱的活塞上部管内放少许干净的玻璃棉，然后湿法加入净化后的树脂，直至树脂床高约 8cm。最后，在其上放一层玻璃棉（摆动以赶出柱中的气泡）。打开活塞放出甲醇，直到液面刚好达到树脂床顶部。用 10ml 乙腈分二次淋洗树脂，再用 10ml 水淋洗树脂，每次淋洗时都不要使液面低于树脂床。

（2）样品的富集与洗脱

根据水中邻苯二甲酸酯类化合物的含量，取水样 50～1000ml（浓度高的水样，如车间废水，应适当稀释），使水样以大约 4～5ml/min 的流速流经层析柱。当大量水样均流过柱子后，保持液面在树脂床高度，用 10ml 重蒸水淋洗树脂。将水全部放出，吹氮气或空气将柱中水尽量排净。

用 3.0ml（6+4）乙腈-甲醇混合溶剂淋洗层析柱，用细不锈钢丝搅动树脂，以赶出柱中的气泡。打开柱活塞，放出 2ml 洗脱液流经无水硫酸钠小柱至浓缩瓶中，关闭柱活塞，平衡 10min。然后再加入 12ml 乙腈-甲醇混合溶剂分两次淋洗，将洗脱液全部放出，浓缩定容后测定。若样品浓度高，可定容后直接测定。

（3）色谱条件

柱温：室温。

流动相：正己烷∶异内醇＝97∶3

流量：1.0ml/min。

检测器：紫外检测器；检测波长：225nm 和 230nm。

（4）标准样品色谱图

见图 4-4-12。

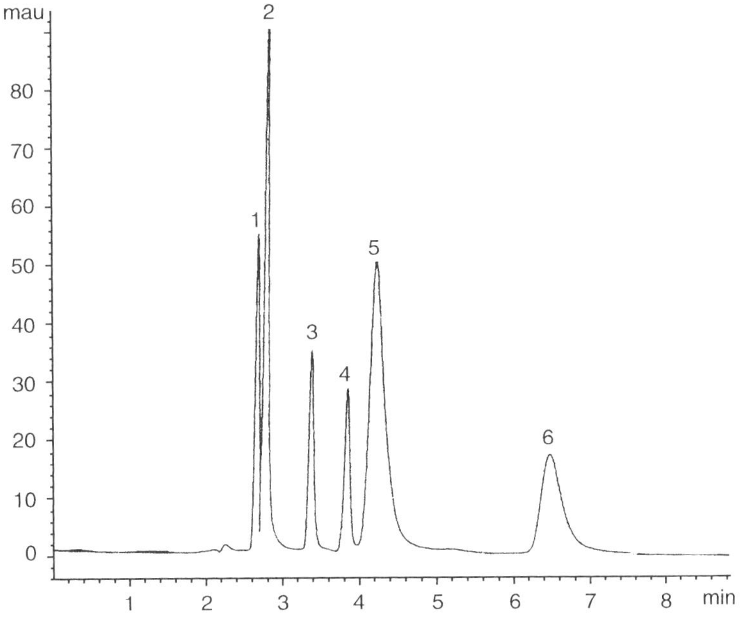

图 4-4-12　邻苯二甲酸酯类标准色谱图

1—邻苯二甲酸二（2-乙基己基）酯；2—邻苯二甲酸二正辛酯；3—邻苯二甲酸二丁酯；4—邻苯二甲酸二丁基苄酯；5—邻苯二甲酸二乙酯；6—邻苯二甲酸二甲酯

7. 计算

外标法定量。选择接近样品浓度的标准溶液，注入色谱仪，按以下公式计算：

$$C_i = \frac{A_i \cdot E \cdot V_1}{A_E \cdot V_2}$$

式中：C_i——水样中各邻苯二甲酸酯类化合物的浓度（mg/L）；

E——标样中各邻苯二甲酸酯类化合物的浓度（mg/L）；

A_E——标样测得各邻苯二甲酸酯类化合物的峰高或峰面积；

A_i——萃取液中各邻苯二甲酸酯类化合物的峰高或峰面积；

V_2——被富集水样体积（ml）；

V_1——洗脱液定容后的体积（ml）。

8. 准确度和精密度

单个实验室测定水中邻苯二甲酸酯类的精密度和加标回收率见表 4-4-19。

表 4-4-19 水中邻苯二甲酸酯类的精密度和加标回收率

序号	组分名称	浓度(mg/L)	回收率(%)	相对标准偏差(%)
1	邻苯二甲酸二(2-乙基己基)酯	0.106	88.0	4.6
2	邻苯二甲酸二正辛酯	0.115	67.3	12.1
3	邻苯二甲酸二丁酯	0.106	124	20.5
4	邻苯二甲酸二丁基苄酯	0.106	92.5	6.8
5	邻苯二甲酸二乙酯	0.124	94.7	7.1
6	邻苯二甲酸二甲酯	0.085	82.5	15.8

9. 注意事项

①实验室操作应使用全玻璃仪器，严格避免使用塑料制器皿。实验室用水应使用蒸馏水，不得使用去离子水。

②实验室、空气、试剂、去离子水、玻璃器皿等都可能存在邻苯二甲酸酯类污染，所有试剂和水在临用前必须经过纯化处理。所有玻璃器皿在临用前必须洗净，可用洗涤剂、水、丙酮、正己烷顺序洗涤。也可将器具在浓硫酸中浸泡数小时，洗净后在烘箱（180℃）中烘烤 2h。

③无水硫酸钠一般装在塑料瓶内，是空白值高的主要原因。无水硫酸钠使用前应在高温 500～700℃下，烘烤数小时，于干燥器中保存。

（三）邻苯二甲酸酯和己二酸酯 气相色谱-质谱法（C）

1. 方法原理

采用有机溶剂（正己烷）萃取，萃取液直接进行 GC-MS 分析。

2. 干扰及消除

由于工业生产及塑料制品的广泛使用，邻苯二甲酸酯不断进入到环境中。因此，实验室内的所有玻璃器皿、有机溶剂、注射器都有被邻苯二甲酸酯污染的可能。

3. 方法的适用范围

本方法对下列邻苯二甲酸酯和己二酸酯可同时分离测定，其检出限如表 4-4-20。

表 4-4-20　邻苯二甲酸酯和己二酸酯的检出限（μg/L）

化合物名称	检出限	化合物名称	检出限
邻苯二甲酸二甲酯	0.1	邻苯二甲酸二(2-乙基己基)酯	0.1
邻苯二甲酸二乙酯	0.1	邻苯二甲酸二正辛酯	0.1
邻苯二甲酸二正丁酯	0.1	己二酸二-2-乙基己酯	0.1
邻苯二甲酸二正己酯	0.1		

4. 仪器

①气相色谱-质谱仪，EI 源。
②100ml 玻璃容量瓶。
③5ml 玻璃移液管。
④1ml 玻璃移液管。
⑤10μl 微量注射器。

5. 试剂

①正己烷：农药残留分析纯。
②丙酮：农药残留分析纯。
③邻苯二甲酸酯标准化合物或标准贮备溶液。
④氘代邻苯二甲酸二丁酯、氘代邻苯二甲酸二（2-乙基己基）酯、氘代邻苯二甲酸二戊酯，浓度为 10μg/ml。其中氘代邻苯二甲酸二丁酯和氘代邻苯二甲酸二（2-乙基己基）酯为内标，氘代邻苯二甲酸二戊酯为回收率指示物。

6. 步骤

（1）采样容器、样品分析用玻璃器皿的处理

为了保证数据的准确性，分析结果的可靠性，所有要使用的玻璃器皿（包括采样用玻璃瓶、容量瓶、玻璃滴管、自动进样器用样品瓶、微量注射器等）都需要洗净。在采样前或样品分析前，将干净的玻璃器皿用农药残留分析纯丙酮洗涤三次，控干后备用。

（2）采样

采样容器为具塞玻璃瓶或具聚四氟乙烯衬垫螺旋瓶盖的玻璃瓶，用锡纸将聚四氟乙烯垫与水样隔开。

（3）样品制备

将水样转移至 100ml 容量瓶中，用 5ml 移液管准确移取 5.0ml 正己烷，再加入 10μl 内标溶液和回收率指示物溶液，盖好瓶盖后摇动 1min，正己烷相直接供 GC-MS 分析。

（4）GC-MS 分析

色谱柱：DB-1 30m×0.32mm（内径），0.25μm。

色谱条件：柱温 70℃（2min）→20℃/min→130℃→5℃/min→200℃→15℃/min→300℃并保持（5min）。

载气压力：20kPa；进样口温度：280℃；进样方式为不分流进样（进样时间 2min），进样体积 2μl。

质谱条件：接口温度 290℃，离子源 EI 70eV；定性分析以全扫描方式，质量扫描范围 35～450amu；定量分析用选择离子检测方式（SIM）。各目标化合物检测质量数如表 4-4-21 所示。

表 4-4-21 邻苯二甲酸酯检测选择离子质量数

化合物	定量离子(*m*/*z*)	定性用离子(*m*/*z*)	
邻苯二甲酸二甲酯	163	194	
邻苯二甲酸二乙酯	177	149	
邻苯二甲酸二正丁酯	149	167	223
邻苯二甲酸二己酯	149	251	223
己二酸二(2-乙基己基)酯	129	147	241
邻苯二甲酸二（2-乙基己基）酯	167	149	279
邻苯二甲酸二正辛酯	149	279	
氘代邻苯二甲酸二戊酯(回收率指示物)	153	241	223
氘代邻苯二甲酸二正丁酯(内标 1)	153	227	
氘代邻苯二甲酸二(2-乙基己基)酯(内标 2)	153	171	

试剂空白、邻苯二甲酸酯 GC-MS（SIM）谱图见图 4-4-13 和 4-4-14。

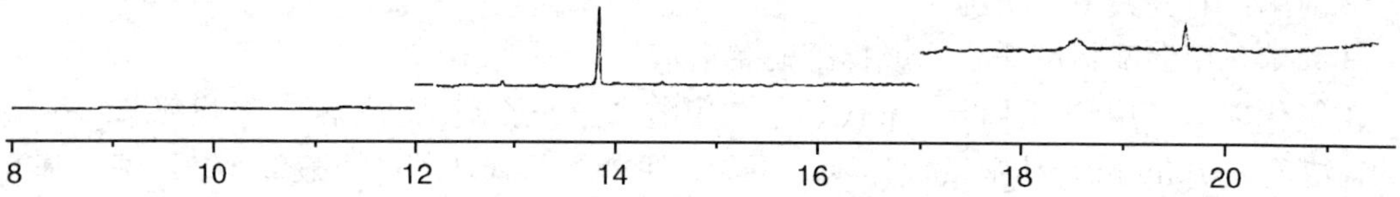

图 4-4-13 正己烷空白 GC-MS SIM 谱图

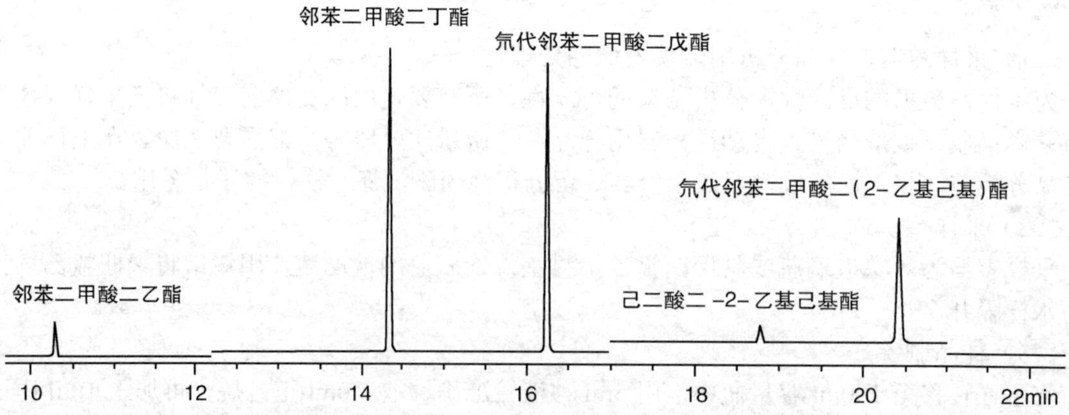

图 4-4-14 20ng/ml 标准溶液的 GC-MS SIM 谱图

7. 计算

定量方法为内标法。配制五点标准曲线用标准溶液，其中各目标化合物的浓度分别为20、50、100、200、400ng/ml，内标和回收率指示物的浓度为100ng/ml。在SIM检测方式下，以标准溶液中目标化合物的峰面积与内标的峰面积比对目标化合物的浓度作图，得到该目标化合物的定量校准曲线。根据样品溶液中目标物与内标物的峰面积比，由校准曲线得到样品溶液中目标化合物的浓度。水样品中目标化合物的浓度计算公式如下：

$$水样中目标化合物浓度(\mu g/L)=\frac{测定浓度(ng/ml)\times 样品溶液体积(ml)}{水样体积(ml)}$$

8. 精密度和准确度

在五个饮用水样品中添加邻苯二甲酸酯类和己二酸酯化合物平行测定，回收率测定结果如表4-4-22所示。

表4-4-22　邻苯二甲酸酯类和己二酸酯化合物回收率

化合物	添加量 (ng)	加标回收率 (%)	平均回收率 (%)	相对标准偏差 (%)
邻苯二甲酸二乙酯	100	92～96	94.4	1.6
邻苯二甲酸二正丁酯	100	89～107	97.6	5.7
己二酸二(2-乙基己基)酯	100	92～97	94.6	1.8
邻苯二甲酸二(2-乙基己基)酯	100	96～116	107.8	6.7
氘代邻苯二甲酸二戊酯(回收率指示物)	100	98～101	99.8	1.0

9. 注意事项

①样品采集、保存和处理：必须使用玻璃容器采集和保存样品，为防止容器瓶口沾污，最好使用锡纸保护。

②样品分析之前，一定要确保容量瓶、移液管、有机溶剂未受酞酸酯类物质污染。

八、甲醛

甲醛（HCHO，分子量30.03）为具有刺激性臭味的无色可燃性液体，易溶于水、醇和醚，其35%～40%的水溶液被称为“福尔马林”。甲醛的还原性很强，易与多种物质结合，且易于聚合。甲醛对人体的皮肤和粘膜具有刺激作用，进入人体后易对人的中枢神经系统及视网膜造成损害。

甲醛的主要污染来源于有机合成、化工、合成纤维、染料、木材加工及制漆等行业排放的废水。含甲醛的废水排入水体后，能消耗水中的溶解氧，影响水的自净能力。

1. 方法选择

水中甲醛的测定多采用乙酰丙酮光度法或变色酸光度法。乙酰丙酮光度法选择性较好、操作简便、准确度高。变色酸光度法具有一定的选择性，准确度较高。但实验室中浓硫酸用量较大，且苯和乙醛对测定的干扰较乙酰丙酮法严重。

2. 样品保存

水样可用玻璃瓶或聚乙烯瓶采集。为抑制甲醛的分解，采样后于每 500ml 水样中加入 1ml 浓硫酸酸化，并应在 24h 内测定。

（一）乙酰丙酮光度法（B）

1. 方法原理

在过量铵盐存在下，甲醛与乙酰丙酮生成黄色化合物，该有色化合物在波长 414nm 处有最大吸收。在显色条件下表观摩尔吸光系数为 $7.2\times10^3 L\cdot mol^{-1}\cdot cm^{-1}$。有色物质在 3h 内吸光度基本不变。化学反应式为：

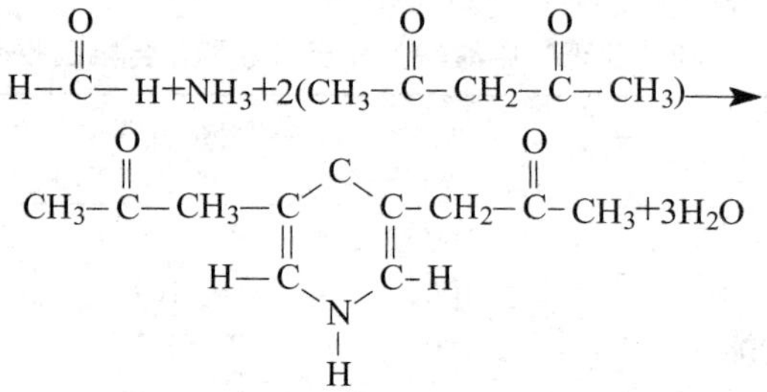

2. 干扰及消除

在测定条件下，水样中含有 5mg/L 的丙醛、丁醛、丙烯醛无干扰。乙醛在 4mg/L 以下无干扰。此外，当甲醛为 20mg/L，苯酚为 50mg/L，游离氯为 1mg/L 时未见干扰。

3. 方法的适用范围

本方法的最低检出浓度为 0.05mg/L 甲醛；测定上限为 3.20mg/L 甲醛。

4. 仪器

①分光光度计。
②恒温水浴。
③0～100℃温度计。

5. 试剂

①4%氢氧化钠溶液。
②（1+5）硫酸溶液；3%硫酸溶液。
③碘标准液（1/2 I_2=0.05mol/L）：称取 20g 碘化钾溶于少量蒸馏水，加入 6.35g 碘，待溶解后，稀释至 1000ml。
④重铬酸钾标准溶液（1/6 $K_2Cr_2O_7$=0.050mol/L）：准确称取经 105～110℃烘干 2h 的重铬酸钾 2.4516g 于烧杯中，用水溶解后移入 1000ml 容量瓶中，稀释至刻度，摇匀。

⑤1%淀粉溶液。

⑥硫代硫酸钠溶液（$Na_2S_2O_3 \cdot 5H_2O$=0.05mol/L）：称取 12.5g 硫代硫酸钠溶于煮沸并放冷的水中，稀释至 1000ml。加入 0.4g 氢氧化钠，贮存于棕色瓶内。标定方法如下：

于 250ml 碘量瓶内，加入约 1g 碘化钾及 50ml 水，加入 0.050mol/L 重铬酸钾标准溶液 20.0ml，（1+5）硫酸溶液 5ml，混匀，于暗处放置 5min。用硫代硫酸钠溶液滴定，待滴至溶液呈淡黄色时，加入淀粉溶液 1ml，继续滴定至蓝色刚好褪去，记录用量，按下式计算硫代硫酸钠的浓度：

$$M_1 = \frac{M_2 \cdot V_2}{V_1}$$

式中：M_1——硫代硫酸钠的摩尔浓度（mol/L）；

M_2——重铬酸钾标准溶液摩尔浓度（0.050mol/L）；

V_1——滴定时消耗硫代硫酸钠溶液的体积（ml）；

V_2——重铬酸钾标准溶液的体积（ml）。

⑦甲醛，分析纯。

⑧乙酰丙酮溶液：将 50g 乙酸铵，6ml 冰乙酸及 0.5ml 乙酰丙酮试剂溶解于 100ml 水中。此溶液放置冰箱内可稳定一个月。

⑨甲醛标准贮备溶液：吸取 2.8ml 甲醛溶液（内含甲醛 36%～38%），用水稀释至 1000ml，此溶液每毫升约含甲醛 1mg。标定方法如下：

吸取甲醛贮备溶液 20.00ml 于 250ml 碘量瓶中，加入 0.05mol/L 碘标准溶液 50ml，4%氢氧化钠溶液 15ml，加塞，混匀放置 15min。加 3%硫酸 20ml，混匀，再放置 15min。以硫代硫酸钠溶液滴定至溶液呈淡黄色时，加淀粉溶液 1ml，继续滴定至蓝色刚好褪去。同时用水代替甲醛溶液，以相同步骤做空白试验，按下式计算甲醛的浓度：

$$\text{甲醛（HCHO, mg/L} = \frac{(V_1 - V_2)M \times 15 \times 1000}{20.0}$$

式中：V_1——空白消耗硫代硫酸钠溶液（ml）；

V_2——标定甲醛消耗硫代硫酸钠溶液（ml）；

M——硫代硫酸钠溶液的摩尔浓度；

15——甲醛（1/2 HCHO）摩尔质量。

另外也可购买商品甲醛标准贮备液。

⑩甲醛标准使用液：用水将一定量的甲醛标准贮备溶液逐级稀释成每毫升含甲醛 10.0μg 的标准使用液。临用时配制。

6. 步骤

（1）样品预处理

①对无色、不浑浊的清洁地表水调至中性后，可直接测定。

②受污染的地表水和工业废水需按下述方法进行蒸馏：取 100ml 水样于蒸馏瓶内，另外补加约 15ml 水，加 3～5ml 浓硫酸及数粒玻璃珠，加热蒸馏。用 100ml 容量瓶收集馏出液，加热，待蒸出约 95ml 的馏出液时，调节加热温度，直到馏出液接近 100ml 刻度时取下容量瓶，并用水将馏出液补足到 100ml，摇匀后备用。

（2）校准曲线的绘制

①取数支25ml比色管，分别加入0、0.20、0.50、1.00、3.00、5.00、8.00ml甲醛标准使用液，加水至标线。加入2.50ml乙酰丙酮溶液，混匀。于45～60℃水浴中加热30min，取出冷却。

②于波长414nm处以水为参比，用10mm比色皿测量吸光度。

（3）水样测定

①取25.0ml水样或馏出液于25ml比色管中（必要时，可酌情少取，用水稀释至刻度）。以下按绘制校准曲线的操作步骤进行显色和测量。

②以水代替水样，按相同操作步骤进行空白试验，同时做空白校正。

7. 计算

$$甲醛（HCHO, mg/L）=\frac{m}{V}$$

式中：m——由校准曲线查得的甲醛量（μg）；

V——水样体积（ml）。

8. 精密度和准确度

用水配制的含甲醛1.81mg/L的统一样品，经七个实验室分析，实验室内相对标准偏差为0.8%；实验室间相对标准偏差为2.4%；相对误差为-0.4%。

八个实验室用本方法分别测定了化工、木材加工、合成纤维、有机合成、制漆、炼油、制革、制药、染料化工、橡胶等多种行业废水中的甲醛，六次平行测定的相对标准偏差为0.3%～7.6%；加标回收率为92%～105%。

9. 注意事项

①对某些不适于在酸性条件下蒸馏的特殊水样，如染料、制漆废水或含氰较高的废水等，可改加4%氢氧化钠溶液将水样调至弱碱性（pH8左右），再进行蒸馏。

②乙酰丙酮的纯度对空白试验吸光度有影响。乙酰丙酮应当无色透明，必要时需进行蒸馏精制。

（二）变色酸光度法（B）

1. 方法原理

在酸性条件下，甲醛与变色酸反应生成紫红色化合物，该有色化合物的最大吸收波长区间为560～575nm，本法采用570nm。在显色条件下表观摩尔吸光系数为$2.1\times10^3L\cdot mol^{-1}\cdot cm^{-1}$。

化学反应式为：

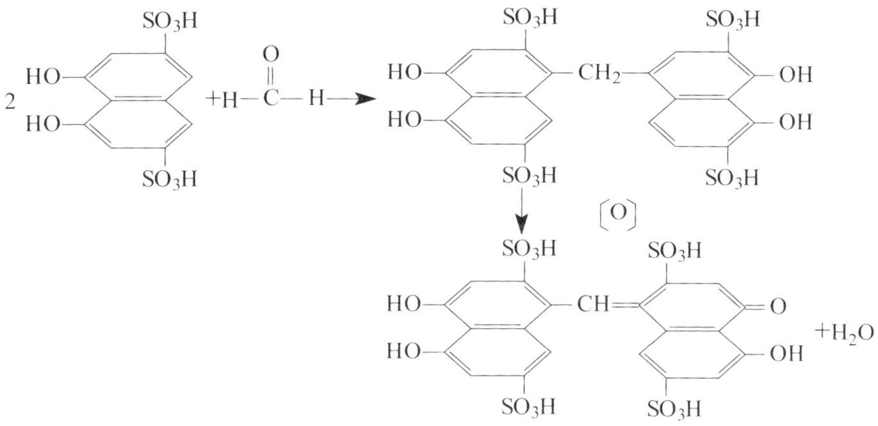

2. 干扰及消除

水样中丙醛、丁醛、乙二醛等无干扰，甲醇在 100mg/L 时未见干扰。当苯酚含量大于 5mg/L，乙醛含量大于 0.5mg/L 时，对显色有影响。铜（Ⅱ）对测定有影响，样品经预蒸馏后可消除干扰。

3. 方法的适用范围

本方法的最低检出浓度为 0.1mg/L 甲醛；测定上限为 3.33mg/L 甲醛。

4. 仪器

同方法（一）。

5. 试剂

①硫酸（ρ_{20}=1.84mg/L）。

②2%变色酸溶液：称取 2g 变色酸溶于水，稀释至 100ml，临用前现配。该溶液的透光率应在 90%以上。当不能达到此要求时，需按下述方法进行纯化：取 10g 变色酸粉末溶于 90ml 水中，加入 2～3g 活性炭，过滤。于滤液中加入 10g 左右的氯化钠，于 4℃放置过夜，变色酸即析出。过滤后用乙醇或乙醚洗涤沉淀物 3～5 次，并于 60℃以下烘干，备用。

③甲醛标准溶液：同方法（一）。

6. 步骤

（1）样品预处理

样品的预处理步骤同方法（一），但不得在弱碱性条件下蒸馏。

（2）样品测定

①显色：取 3.0ml 馏出液于 25ml 比色管中（如甲醛含量高时，可酌情少取样品，补加水至 3.00ml）。加入 2%变色酸溶液 0.5ml，摇匀。沿壁缓缓加入硫酸 6.0ml，摇匀。将比色管放入沸水浴中 20min，取出冷却，用水稀释至刻度。

②测量：于波长 570nm 处，用 20mm 比色皿，以水为参比，测定吸光度。

以水代替水样，按相同操作步骤进行空白试验，并做空白校正。

（3）校准曲线的绘制

取数支 25ml 比色管，分别加入甲醛标准使用液 0.00、0.10、0.30、0.50、0.70、1.00ml，补加水至 3.00ml。以下按样品测定步骤进行显色和测定。

7. 计算

同方法（一）。

8. 精密度和准确度

用水配制的含甲醛 1.81mg/L 的统一水样，经六个实验室分析，实验室内相对标准偏差为 1.4%；实验室间相对标准偏差为 3.3%；相对误差为-0.4%。

八个实验室用本方法测定化工、木材加工、有机合成、制药、制革、橡胶等多种类型废水中的甲醛，六次平行测定的相对标准偏差为 0.6%～9.6%；加标回收率为 83%～110%。

9. 注意事项

①浓硫酸的质量和浓度对吸光度有影响，不同批号的浓硫酸有时也会引起吸光度的波动。因此，绘制校准曲线与测定样品应使用同一瓶硫酸。

②在加热条件下显色，有利于显色反应的进行。但在夏季高温季节可不经加热煮沸，利用加入硫酸后放出的热量，在室温下放置（显色）0.5h，然后将样品稀释至刻度，冷却后进行比色测定，并在相同条件下绘制校准曲线。

③本方法中所用的浓硫酸要注意不可被硝酸污染，如浓硫酸中含硝酸，则显色后呈黄色，干扰测定。

九、有机氯农药（六六六、滴滴涕）

六六六、滴滴涕（DDT）物理化学性质稳定，不易分解，且难溶于水。水体中六六六和 DDT 易沉淀富集在底质中，监测底质对于了解其污染状况和过程有重要意义。

（一）土壤和底泥中有机氯农药　气相色谱法（B）

1. 方法原理

本方法用丙酮和石油醚在索氏提取器上提取底泥中的六六六、DDT。提取液经水洗、净化后用具电子捕获检测器的气相色谱仪测定，用外标法定量。

2. 干扰及消除

样品中的有机磷农药、不饱和烃以及邻苯二甲酸酯类等有机化合物均能被丙酮和石油醚提取，且干扰六六六、DDT 的测定，这些干扰物质可用浓硫酸洗涤除去。

3. 方法的适用范围

本方法适用于土壤、底泥中六六六、DDT 的测定。当所用仪器不同时，方法的检出范围不同；γ'-六六六通常检测至 4ng/L，DDT 可检测至 200ng/L。

4. 样品的采集与保存

采集样品要用玻璃采样器或金属器械。样品装入玻璃瓶，并在到达实验室之前使它不变质或受到污染。样品到达实验室之后应尽快进行风干操作。

5. 仪器

①气相色谱仪，具电子捕获检器，检测器的放射源可采用 ^{63}Ni。
②色谱柱：填充柱 1～2 支（硅质玻璃）；长度为 1.8～2.0m，内径 2～3.5mm。
③样品瓶：1L 玻璃广口瓶。
④索氏提取器：100ml。
⑤K-D 浓缩器：50ml 梨形瓶下部连接具有 1ml 刻度管的底瓶，或相当型式的仪器。
⑥分液漏斗：250ml。
⑦量筒：25ml。
⑧微量注射器：5μl、10μl。
⑨玻璃棉（过滤用）：在索氏提取器上用丙酮提取 4h，晾干后备用。

6. 试剂和材料

①载气：氮气，纯度 99.9%，氧的含量小于 5ppm，用装 5Å 分子筛净化管净化。
②石油醚：沸程 30～60℃或 60～90℃。浓缩 50 倍后，色谱测定无干扰峰。如有干扰需用全玻璃蒸馏器重新蒸馏。
③浓硫酸。
④无水硫酸钠，优级纯。
⑤丙酮，分析纯。
⑥20g/L 硫酸钠（$Na_2SO_4 \cdot 10H_2O$）溶液：使用前用石油醚提取三次，溶液与石油醚之比为 10∶1。
⑦异辛烷：色谱进样无干扰峰。
⑧六六六、DDT 标准物质：α-六六六、γ-六六六、β-六六六、δ-六六六、p,p'-DDE、o,p'-DDT、p,p-DDD、p,p'-DDT；纯度为 95%～99%。
⑨贮备溶液：称取每种标准物 100mg，精确至 1mg，溶于异辛烷（β-六六六先用少量苯溶解）。在容量瓶中定容至 100ml，在 4℃下可贮存一年。也可购买商品标准贮备液。
⑩中间溶液：用移液管量取八种贮备溶液至 100ml 容量瓶中，用异辛烷稀释至标线。八种贮备液量取的体积比为 $V_{\alpha—六六六}:V_{\gamma—六六六}:V_{\beta—六六六}:V_{\delta—六六六}:V_{p,p'—DDE}:V_{o,p'—DDT}:V_{p,p'—DDD}:V_{p,p'—DDT}$=1∶1∶3.5∶1∶3∶5∶3∶8。
⑪标准使用溶液：根据检测器的灵敏度及线性要求，用石油醚稀释中间溶液，配制几种浓度的标准使用溶液，在 4℃可贮存两个月。

⑫色谱柱担体：Chromosorb W AW DMCS 80～100 目。

⑬色谱柱固定液：（含 50%的苯基）甲基硅酮（OV-17），最高使用温度 350℃；氟代烷基硅氧烷聚合物（QF-1），最高使用温度 250℃。

⑭硅藻土（Celite）。

7. 步骤

（1）样品处理

①将采集的样品全部倒在玻璃板上，铺成薄层，经常翻动，在阴凉处使其自然风干。风干后的样品，用玻璃棒碾碎后，过 2mm 筛（铜网筛）除去 2mm 以上的砂砾和植物残体。

②将上述样品反复按四分法缩分，最后留下足够分析的样品，再进一步用玻璃研钵予以磨细，全部通过 60 目金属筛。过筛的样品，充分摇匀，装瓶备分析用。在制备样品时，必须注意样品不要受到污染。

（2）提取

①称取 60 目试样 20.00g（同时另称量 20.00g 以测定试样水分含量），置于小烧杯中，加 2ml 水，加 4g 硅藻土，充分混匀后全部移入滤纸筒内。上部盖上一片滤纸（或将试样用滤纸包好）移入索氏提取器中，将 40ml 石油醚和 40ml 丙酮混合后倒入提取器中，使滤纸刚刚浸泡，剩余的混合溶剂倒入底瓶中。

②将试样浸泡 12h 后，再提取 4h，待冷却后将提取液移入 250ml 分液漏斗中。用 20ml 石油醚分三次冲洗提取器底瓶，将洗涤液并入分液漏斗中，向分液漏斗中加入 150ml 2%硫酸钠水溶液，振摇 1min，静置分层后，弃去下层丙酮水溶液，上层石油醚提取液供净化用。

（3）净化

①在盛有石油醚提取液分液漏斗中，加入 6ml 浓硫酸，开始轻轻振摇，**注意放气**。然后激烈振摇 5～10s，静置分层后弃去下层硫酸。重复上述操作数次，至硫酸层无色为止。向净化的有机相中加入 5.0ml 硫酸钠水溶液洗涤有机相两次，弃去水相，有机相通过铺有 5～8mm 厚无水硫酸钠的三角漏斗（无水硫酸钠用玻璃棉支托），使有机相脱水。有机相流入具 1ml 刻度管的 K-D 浓缩器，用 3～5ml 石油醚洗涤分液漏斗和无水硫酸钠层，洗涤液收集至 K-D 浓缩器中。

（4）样品的浓缩

①将 K-D 浓缩器置于水浴锅内，水浴温度 40～70℃，若使用沸程范围 60～90℃石油醚时，控制水浴温度为 70～100℃，当表观体积达到 0.5～1ml 时，取下 K-D 浓缩器。

②冷却至室温，用石油醚冲洗玻璃接口并定容至一定体积，备色谱分析用。

（5）色谱条件

气化室温度：200℃；柱温：180℃；检测器温度：220℃。

载气流速：60ml/min（高纯氮）。

固定液：1.5%OV-17，1.95%QF-1。

纸速：5mm/min。

（6）定性定量分析

①定性分析：根据标准谱图各组分的保留时间，确定被测试样中出现的组分数目和组分名称。

②定量分析：将各种浓度标准溶液注入色谱仪，确定电子捕获检测器线性范围，在线性范围内配制一系列浓度的标准使用溶液。

注入 5μl（或 10μl）样品溶液，并注入相同体积的响应值接近试样响应值的标准溶液，比较样品和标准溶液峰高，计算样品溶液含量。

$$C_2=\frac{h_2\cdot C_1\cdot Q_1\cdot V}{h_1\cdot Q_2\cdot W}$$

式中：C_2——土样或底泥样品中目标化合物浓度（μg/kg）；

h_2——样品中目标化合物峰高（mm）；

Q_2——样品的进样量（μl）；

C_1——标准溶液中目标化合物浓度（μg/L）；

h_1——标准溶液中目标化合物峰高（mm）；

Q_1——标准溶液进样量（μl）；

V——样品提取液最终体积（ml）；

W——土样或底泥样品重量（g）。

8. 精密度和准确度

九个实验室测定统一的土壤样品，实验室内、实验室间相对标准偏差和相对误差测试结果，如表 4-4-23 所示。

表 4-4-23 相对标准偏差和相对误差测试结果

组成和浓度(μg/L)	α-六六六	γ-六六六	β-六六六	δ-六六六	p, p'-DDE	o, p'-DDT	p, p-DDD	p, p'-DDT
统计指标	59	51	160	49	160	253	152	398
室内相对标准偏差(%)	12.6	10.6	22.4	17.2	13.1	12.9	14.9	12.7
室间相对标准偏差(%)	17.8	17.5	22.4	17.2	13.8	28.2	14.9	12.7
相对误差(%)	23.7	21.6	10.6	16.2	13.6	13.1	18.9	24.6

9. 注意事项

①新装填的色谱柱在通氮气条件下，连续老化至少 48h，老化时要注入六六六、DDT 的标准使用溶液，待色谱柱对农药的分离及检测响应恒定后方能进行定量分析。

②检出限的确定：当气相色谱仪灵敏度最高时，以噪声的 2.5 倍作为仪器的检出限。本方法要求仪器的灵敏度不低于 10^{-11}g。

③样品预处理使用的有机溶剂有毒性、且易挥发燃烧，预处理操作需注意通风。

（二）有机氯农药 填充柱气相色谱法（GC-ECD）（A）

1. 方法原理

本方法用石油醚萃取水中六六六、滴滴涕，萃取液用浓硫酸处理，处理后的石油醚萃取液经水洗、静置分层、脱水后用具电子捕获检测器的气相色谱仪测定。

2. 干扰及消除

同本节（一）之 2。

3. 方法的适用范围

本方法适用于地表水、地下水及部分污水的测定。本方法的检出范围因仪器不同而异。γ-六六六通常可检测至 4μg/L，滴滴涕可检测至 200μg/L。

4. 样品的采集与保存

采集样品要求在到达实验室之前不使其变质或受到污染，需用玻璃瓶采集样品。在采样前要用待测水洗涤采样瓶 2～3 次。

水样采集后应尽快分析，如不能及时分析，可在 4℃冰箱中贮存，但不得超过 7d。

5. 仪器

①具 ECD 的气相色谱仪，检测器的放射源可用 ^{63}Ni 源或耐高温氚钪源。

②色谱柱：硬质玻璃填充柱，长 1.8～2m，内径 2～3.5mm。

③样品瓶：1000ml 玻璃细口瓶。

④K-D 浓缩器，50ml 梨形瓶下部联接有 1ml 刻度管的浓缩瓶。

⑤500ml 分液漏斗。

⑥玻璃棉（过滤用），在索氏提取器上用石油醚萃取 4h，晾干后备用。

⑦振荡器，每分钟振荡次数不小于 200 次，备有分液漏斗固定架。

6. 试剂和材料

①载气（氮气）：纯度 99.9%，用装有 5Å 分子筛的净化管净化，氧的含量小于 5ppm。

②石油醚，沸程 30～60℃或 60～90℃。浓缩 50 倍后，色谱测定无干扰峰。如有干扰，需用全玻璃蒸馏器重新蒸馏。

③浓硫酸：$\rho_{20}=1.84$。

④无水硫酸钠：在 300℃烘 4h，放入干燥器中冷至室温，装入玻璃瓶备用。

⑤异辛烷：优级纯。

⑥苯：优级纯。

⑦色谱标准物：α-六六六、β-六六六、γ-六六六、δ-六六六、p,p'-DDE、o,p'-DDT、p,p'-DDD、p,p'-DDT，纯度为 95%～99%。

（A）本方法与 GB 7492—87 等效。

⑧贮备溶液：称各种标准物 100mg，准确至 1mg。溶于异辛烷（β-六六六先用少量苯溶解），在容量瓶中定容至 100ml。在 4℃可贮存一年。

⑨中间溶液：用移液管按下列比例量取八种贮备溶液，移至 100ml 容量瓶中：α-六六六：γ-六六六：β-六六六：δ-六六六：p,p'-DDE：o,p'-DDT：p,p'-DDD：p,p'-DDT =1：1：3.5：1：3：5：3：8，加异辛烷至标线。

⑩标准使用溶液：根据检测器灵敏度及测定浓度线性范围要求，用石油醚稀释中间溶液，配制各种浓度的标准使用溶液，在 4℃冰箱中可贮存两个月。

⑪色谱柱担体：Chromosorb W AW DMCS 80～100 目。

⑫固定液：OV-17，QF-1，两种固定液的配比为 15%和 1.95%。

⑬丙酮：分析纯。

7. 步骤

（1）水样的萃取

摇匀水样，用量筒量取 250ml，放入 500ml 分液漏斗中，再加入 25ml 石油醚，振摇分液漏斗（**注意放气**）。然后将分液漏斗置于振荡器上，振摇 5～10min，取下分液漏斗，静置 10～30min，分层后弃去水相，上层石油醚供净化用。

（2）萃取液的净化

将 2～2.5ml 硫酸注入石油醚萃取液中，开始轻轻振摇分液漏斗（**注意放气，以防受热不匀引起爆裂**），然后激烈振摇 5～10s，静置分层后弃去下层硫酸。重复上述操作数次，至硫酸层无色为止。向净化后的有机相中加 25ml 2%硫酸钠水溶液，洗涤有机相两次（振摇分液漏斗时注意放气）。弃去水相，有机相通过铺有 5～8mm 厚无水硫酸钠的漏斗脱水后，放入 K-D 浓缩器中，再用 3～5ml 石油醚洗涤分液漏斗和无水硫酸钠层。洗涤液亦收集在 K-D 浓缩器中。

（3）样品的浓缩

将 K-D 浓缩器置于水浴锅内，水浴温度（40～70）℃，若使用沸程范围 60～90℃的石油醚时，水浴温度为 70～100℃，当浓缩样品体积接近 0.5～1ml 时取下 K-D 浓缩器，冷却至室温。用石油醚冲洗玻璃接口并定容至 1ml，备色谱分析用。

（4）色谱条件

载气流速：60ml/min；柱温：180℃；汽化室温度：200℃；检测器温度：220℃。

记录仪纸速：2.5～5mm/min。

（5）定性定量分析

定性分析：根据标准谱图中各组分的保留时间，确定被测试样中色谱峰的组分名称。

定量分析：在色谱 ECD 检测的线性范围内，配制一系列浓度的标准使用溶液。注入 5μl 或 10μl 样品溶液，样品组分色谱峰出完后注入相同体积的标准使用溶液，标准使用溶液的响应值要接近样品的响应值。比较样品和标准使用溶液中目标化合物的色谱峰高，计算样品含量。

8. 计算

$$C_2 = \frac{h_2 \cdot C_1 \cdot Q_1}{h_1 \cdot Q_2 \cdot K}$$

式中：C_2——水样中目标化合物的浓度（mg/L）；

h_2——样品溶液中目标化合物峰高（mm）；

Q_2——样品的进样量（μl）；

C_1——标准溶液中目标化合物的浓度（mg/L）；

h_1——标准溶液中目标化合物的峰高（mm）；

Q_1——标准溶液进样量（μl）；

K——样品体积与萃取液体积之比。

9. 精密度和准确度

12 个实验室分析下列加标水样的室内精密度，见表 4-4-24。

表 4-4-24 加标水样的室内精密度

样品	浓度(μg/L)	相对标准偏差(%)	加标回收率(%)
α-666	0.4～0.6	＜19.4	96.7
γ-666	0.4～0.6	＜16.7	94.4
-666	0.4～0.6	＜22.5	96.3
-666	1.2～2.0	＜14.7	97.8
p, *p*′-DDE	1.2～2.0	＜12.2	96.5
o, *p*′-DDT	1.2～2.0	＜27.6	99.7
p, *p*′-DDD	2.0～3.0	＜18.0	96.8
p, *p*′-DDT	2.0～3.0	＜16.6	96.5

（三）有机氯农药 毛细柱气相色谱法（GC-ECD）（B）

本方法利用毛细柱气相色谱-电子捕获检测器分离测定水中的有机氯农药，具有分离效率高、检出限低（均小于 0.50μg/L）、分析时间短、回收率高、精密度好等优点，并可同时用于分析 16 种有机氯农药，取得了令人满意的结果。

1. 方法原理

本方法用正己烷做萃取剂，在中性条件下，萃取水中的有机氯农药。根据基体干扰性质的不同，采取相应的净化处理方法。用具电子捕获检测器的毛细管气相色谱仪进行分离测定。

2. 干扰及消除

本方法的干扰可能来自污染的溶剂、试剂、提纯样品时使用的器具及污染的气相色谱载气、部件、柱表面、检测器表面等，以及同样对检测器有响应的从样品中提取的其它一些化合物。为此，在样品处理过程中应避免使用塑料制品以消除邻苯二甲酸酯对测定的干扰，所使用的玻璃器皿必须经过认真的清洗，有必要的话可使用铬酸洗液清洗和高温灼烧，并使用高纯度（99.999%）的载气，尽可能避免仪器及其部件本身产生的干扰。其它一些能同时被萃取的卤代类农药、有机磷农药、不饱和烃、邻苯二甲酸酯等和工业化学品，对 ECD 也有响应，可用浓硫酸将其除去或采取其他适当的方法加以去除，来消除干扰。

3. 方法的适用范围

本方法适用于地表水、地下水和废水的测定，并能够检测多种有机氯农药，方法的检测限见表 4-4-25。

表 4-4-25 方法检出限

编号	样品名称	方法检出限(μg/L)	编号	样品名称	方法检出限(μg/L)
1	α-六六六	0.005	9	硫丹 I	0.010
2	六氯苯(HCB)	0.005	10	*p,p'*-DDE	0.015
3	β-六六六	0.020	11	狄氏剂	0.010
4	γ-六六六	0.010	12	异狄氏剂	0.015
5	δ-六六六	0.010	13	硫丹 II	0.020
6	七氯	0.005	14	*p,p'*-DDD	0.020
7	艾氏剂	0.005	15	*o,p'*-DDT	0.030
8	环氧七氯	0.05	16	*p,p'*-DDT	0.050

4. 样品的采集与保存

①样品采集：用玻璃瓶采样，在采样前要把采样瓶用待采水样荡洗 2～3 次。采样时不得留有顶上空间和气泡。

②样品贮存：水样采集后应尽快分析，若不能及时分析，应在 4℃冰箱中贮存，但不能超过 7d。

5. 试剂

①正己烷，分析纯。用全玻璃蒸馏器加碱重蒸，色谱测定无干扰峰存在。

②苯，分析纯。用全玻璃蒸馏器加碱重蒸。

③浓硫酸：$\rho_{20}=1.84$。

④无水硫酸钠：在 700℃下烘 4h，放入干燥器中冷却至室温，装入玻璃瓶中备用。

⑤标准物质：α-六六六，β-六六六，γ-六六六，δ-六六六，*p,p'*-DDE，*p,p'*-DDD，*o,p'*-DDT，*p,p'*-DDT，六氯苯（HCB），七氯（Heptachlor），艾氏剂（Aldrin），环氧七氯（Heptachlor epoxide），硫丹 I（Endosulfan I），狄氏剂（Dieldrin），异狄氏剂（Endrin），硫丹 II（Endosulfan II），均为色谱纯。

⑥贮备溶液：分别准确称取 0.1000g 各有机氯农药纯物质，用正己烷溶解，定容于 100ml 容量瓶中，配制成浓度为 1.000g/L 的贮备液，在 4℃下可保存一年。其中，β-六六六、六氯苯，硫丹 I、硫丹 II 和异狄氏剂不易溶于正己烷，需用一定量的苯助溶。各取 50μl 上述溶液于 10ml 容量瓶中，用正己烷稀释至标线，配制成浓度为 0.0050g/L 的标准中间液。

⑦混合标准溶液：用 100μl 微量进样器按比例取 16 种有机氯农药的标准中间液，移至 10ml 容量瓶中，其中 α-六六六：六氯苯：β-六六六：γ-六六六：δ-六六六：七氯：艾氏剂：环氧七氯：硫丹 I：p,p'-DDE：狄氏剂：异狄氏剂：硫丹 II：p,p'-DDD：o,p'-DDT：p,p'-DDT＝1：1：4：1：1：2：2：2：2：3：4：6：4：3：5：5，加正己烷稀释至标线。

⑧气相色谱用标准使用溶液：根据检测器的灵敏度及测定浓度范围要求，用正己烷稀释混合标准液，配制成各种浓度的标准使用液，在 4℃冰箱中可保存两个月。

⑨载气：氮气，纯度为 99.99%。

6. 仪器

①气相色谱仪，具 ECD 检测器（^{63}Ni）和自动进样器。

②色谱柱：HP-5（交联 5%苯甲基硅酮）25m×0.32mm，0.52μm 石英毛细管柱。

③样品瓶：1000ml 玻璃细口瓶。

④250ml 分液漏斗。

⑤10ml 容量瓶。

⑥脱脂棉（过滤用）。

⑦玻璃漏斗。

⑧2ml 自动进样小瓶。

7. 步骤

（1）色谱条件

进样口温度：240℃；检测器温度：300℃；柱温：100℃（2.0min）→20.0℃/min→210℃→2.0℃/min→230℃（4.0min）。

分流进样，分流比 1：10；分流时间：1.2min。

载气流速：2.0ml/min；柱压：64kPa→5.0kPa/min→70kPa（2.0min）→0.5kPa/min→75kPa（2.0min）。

进样体积：1μl。

（2）仪器校准

由于 ECD 的灵敏度高，在分析之前应确保进样口和色谱柱清洁，无污染。开机后，打开 ECD 检测器，待基线平稳后，测定基线斜率，以确保在要求范围之内（一般应小于 2000）方可分析。在样品分析前，应先分析标准物，以校准保留时间和标准曲线。

（3）样品测定

①萃取：取 100ml 水样于 250ml 分液漏斗中，加入 10ml 正己烷，振荡萃取 10min，静置分层。有机相用无水硫酸钠干燥过滤后，取 2ml 加入进样小瓶中备用。

②萃取液的纯化：若萃取液颜色较深，含有较多的油脂类化合物，则萃取液需纯化。将 2～2.5ml 浓硫酸注入正己烷萃取液中，开始轻轻振摇（**注意放气**），然后激烈振摇 5～10s，静置分层后弃去下层硫酸。重复上述操作数次，至硫酸层无色为止。净化后的有机相中加入 25ml 2%硫酸钠水溶液洗涤两次，弃水相。有机相经无水硫酸钠脱水后转入 10ml 容量瓶中，用正己烷定容。若浓度较低可浓缩至 1ml，然后转入 2ml 的进样小瓶中，备色谱分析用。

（4）标准色谱图

见图 4-4-15。

8. 计算

在 ECD 检测器分析的线性范围内，配制一系列浓度的标准使用溶液，每一浓度水平重复分析三次，根据标准曲线对样品进行定量。

$$C_2 = \frac{H_2 \cdot C_1 \cdot Q_1}{H_1 \cdot Q_2 \cdot K}$$

式中：C_2——水样中目标化合物的浓度（mg/L）；

H_2——样品中目标化合物的峰高；

Q_2——样品的进样量（μl）；

C_1——标准溶液中目标化合物的浓度（mg/L）；

H_1——标准溶液中目标化合物峰高；

Q_1——标准溶液的进样量（μl）；

K——样品体积与萃取体积液体之比。

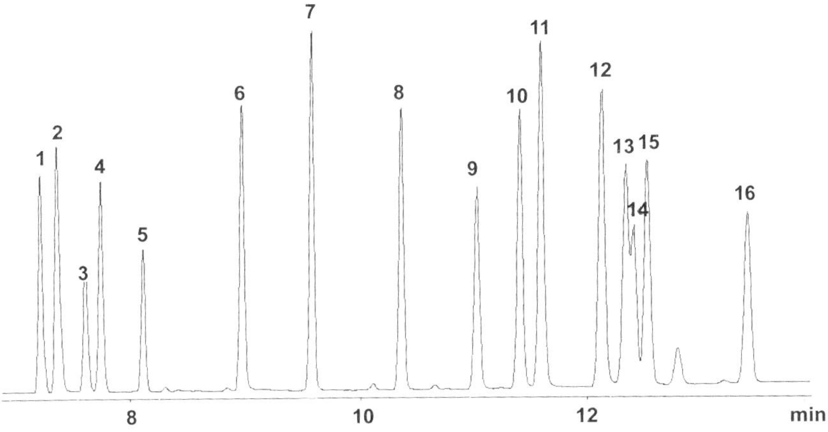

图 4-4-15　有机氯农药的标准色谱图

9. 精密度和准确度

对样品进行了 10 次重复测定，计算其相对标准偏差，结果见表 4-4-26。在空白水样中分别加入不同量的 16 种农药，进行回收率实验，重复三次，由分析结果得到的平均加标回收率见表 4-4-27。

10. 注意事项

①有机氯农药标样均为色谱纯固体标样，称量时应仔细准确。β-六六六、六氯苯、硫丹 I、硫丹 II 和异狄氏剂不易溶于正已烷，需用一定量的苯助溶。

②ECD 检测器灵敏度很高，所进样品浓度不宜过高。若萃取液颜色较深或较浑浊，含有较多的油脂类化合物，则萃取液需净化。

③ECD 检测器的重现性不如 FID 检测器，做校准曲线时有一定难度，不一定 16 种化

合物中的每一个化合物的相关系数都能达到 0.999 以上，在 0.995 以上也可以定量。

④新安装的毛细管色谱柱及使用结束后均需在通氮气条件下老化数小时。

⑤若水样混浊或乳化，可加入少量氯化钠破乳，但所用的氯化钠须在 340℃灼烧处理 4h。

表 4-4-26 方法的精密度

编号	样品名称	相对标准偏差 *RSD*(%)	保留时间的 *RSD*(%)	编号	样品名称	相对标准偏差 *RSD*(%)	保留时间的 *RSD*(%)
1	*α*-六六六	1.82	0.08	9	硫丹 I	2.58	0.06
2	六氯苯(HCB)	1.70	0.05	10	*p*, *p*'-DDE	5.12	0.06
3	*β*-六六六	4.02	0.07	11	狄氏剂	3.62	0.04
4	*γ*-六六六	2.33	0.06	12	异狄氏剂	3.98	0.06
5	*δ*-六六六	3.76	0.06	13	硫丹 II	4.60	0.06
6	七氯	2.64	0.05	14	*p*, *p*'-DDD	4.85	0.06
7	艾氏剂	1.34	0.05	15	*o*, *p*'-DDT	4.63	0.07
8	环氧七氯	3.23	0.06	16	*p*, *p*'-DDT	4.12	0.07

表 4-4-27 加标回收率

编号	样品名称	加入量 (μg/L)	平均回收率 (%)	编号	样品名称	加入量 (μg/L)	平均回收率 (%)
1	*α*-六六六	30	102	9	硫丹 I	60	100
2	六氯苯(HCB)	30	98.6	10	*p*, *p*'-DDE	90	107
3	*β*-六六六	120	97.2	11	狄氏剂	120	103
4	*γ*-六六六	30	100	12	异狄氏剂	180	103
5	*δ*-六六六	30	98.6	13	硫丹 II	120	104
6	七氯	60	106	14	*p*, *p*'-DDD	90	102
7	艾氏剂	60	103	15	*o*, *p*'-DDT	150	105
8	环氧七氯	60	103	16	*p*, *p*'-DDT	150	104

（四）有机氯农药　毛细柱气相色谱-质谱法（C）

1. 方法原理

本方法采用液-液萃取和液-固萃取两种方法，从环境水样中提取出多种有机氯农药，如 BHCs、DDT 及其降解产物 DDE 和 DDD、艾氏剂、狄氏剂等，经 GC-MS 的选择离子检测法（SIM）分析测定。

2. 方法的适用范围

用于环境水样（包括地表水、地下水和海水等）的监测，方法检测限由仪器和操作条件而定，测量范围在每升几纳克到几百纳克数量级。

3. 干扰及消除

通过固相萃取用硅胶小柱分离、GC-MS 选择离子检测法消除共存成分的干扰。

4. 仪器

①气相色谱-质谱联用仪（GC-MS），EI 源。
②自动进样器。
③固相萃取浓缩装置（加压型或减压型）。
④旋转蒸发器。
⑤1～2L 分液漏斗。
⑥300ml 三角烧瓶。
⑦300ml 茄形瓶。

5. 试剂

①丙酮：残留农药分析纯。
②正己烷：残留农药分析纯。
③乙酸乙酯：残留农药分析纯。
④氯化钠：优级纯，在 350℃下加热 6h，除去吸附在表面的有机物，冷却后保存于干净的试剂瓶中。
⑤无水硫酸钠：分析纯，在 350℃下加热 6h，除去水分及吸附于表面的有机物，冷却后保存于干净的试剂瓶中。
⑥硅胶小柱：Bond Elut JR SI Silica Gel，Varian 或 Waters Sep-Pak Plus Silica Cartride（美国）。
⑦固相萃取小柱：PS-2（Waters，Sep-Pak Plus PS-2，Nihon Waters K.K）。
⑧六六六农药标准溶液，含 α-BHC、β-BHC、γ-BHC、δ-BHC，浓度分别为 1000μg/ml。
⑨滴滴涕农药标准溶液，含 p,p'-DDT、o,p-DDT、p,p'-DDE 和 p,p'-DDD，浓度分别为 100μg/ml。
⑩艾氏剂标准溶液，浓度为 100μg/ml。
⑪狄氏剂标准溶液，浓度为 100μg/ml。
⑫异狄氏剂标准溶液，浓度为 100μg/ml。
⑬氘代蒽（内标），1000mg/ml，用正己烷稀释至 10μg/ml。
⑭氘代苯并[a]蒽（内标），1000μg/ml，用正己烷稀释至 10μg/ml。

6. 步骤

（1）采样

见方法（三）4。

（2）样品预处理

1）溶剂萃取：将 1000ml 水样放到 2L 分液漏斗中，加入 30gNaCl，溶解后加入 50ml 正己烷，振荡 10min，静置 5min 后，将正己烷转移至三角烧瓶中。再向分液漏斗中加入 50ml 正己烷，振荡 10min，静置分层后，转移并合并正己烷相。向正己烷相中加入 3g 无水硫酸钠，稍稍摇动后放置 20min，然后过滤转移至浓缩瓶中，经旋转蒸发器浓缩至约 3ml，转移到试管中，以 N_2 吹脱浓缩至 1ml。硅胶小柱预先用 10%丙酮-正己烷 10ml、正己烷 10ml

活化后，将上述预处理溶液加入到硅胶柱上，用 10ml 10%的丙酮-正己烷淋洗，淋洗液浓缩约 1ml，加入 10μl 内标氘代蒽和氘代苯并[*a*]蒽（各 10μg/ml），定容后进行 GC-MS 测定。

2）固相萃取：

①活化：分别用 5ml 丙酮、5ml 甲醇和 5ml 纯水活化固相萃取小柱。之后，安装在固相萃取装置上。

②萃取：样品量 1～2L，水样速度为 10ml/min，加样结束后，再用 10ml 纯水淋洗小柱。抽真空 30min 除去小柱中的水分。

③洗脱：分别用 6ml 丙酮、3ml 正己烷和 3ml 乙酸乙酯淋洗洗脱，洗脱液经少量无水硫酸钠干燥后过滤，再用 N_2 吹脱浓缩至约 1ml，加入 10μl 内标氘代蒽和氘代苯并[*a*]蒽（各 10μg/ml），定容后进行 GC-MS 测定。

（3）GC-MS 分析

色谱柱：DB1 30m×0.32mm（内径）×0.25μm（膜厚）。

色谱条件：柱温 70℃（→2min）→20℃/min→130℃→5℃/min→200℃→15℃/min→300℃（5min）。

载气压力：20kPa；进样口温度：280℃；进样方式为无分流方式（进样时间 2min），进样体积 2μl。

质谱条件：接口温度 280℃，质量扫描范围 35～450amu，扫描间隔 0.5s，选择离子数据采样速度 0.2s。选择离子检测质量数如表 4-4-28 所示。

表 4-4-28 有机氯农药检测选择离子质量数

化合物	定量离子质量数	参考离子质量数		
α-六六六	180.95	218.90	216.90	109.00
β-六六六	180.95	218.90	216.90	109.00
γ-六六六	180.95	218.90	216.90	109.00
δ-六六六	180.95	218.90	216.90	
艾氏剂	262.90	260.90	293.00	
狄氏剂	79.00	262.90	260.90	
o, *p*'-DDT	246.00	248.00	348.90	
异狄试剂	67.00	262.90	260.90	316.95
p, *p*'-DDD	235.00	237.00	165.00	
p, *p*'-DDT	235.00	237.00	165.00	
氘代蒽(I.S.)	188.00			
氘代苯并[*a*]蒽(I.S.)	240.00			

I.S.为内标。

7. 方法特性

（1）方法的回收率

向纯净水或矿泉水中添加有机氯农药标准溶液，使其浓度为 50ng/L，与样品分析过程相同，测定回收率，结果如表 4-4-29 所示，加标回收率均在 80%以上，而且回收率的重现性较好。

（2）方法重现性、检测限及最低检测浓度

用 GC-MS 测定标准曲线最低浓度（接近定量限值）的标准溶液（5ng/L）五个，根据五个样品测定的标准偏差（*s*）计算出检测限和最低定量浓度。即：检测限=3*s*（ng/L），最低定量浓度=10*s*（ng/L）。结果如表 4-4-30 所示。

表 4-4-29　农药分析的回收率

化合物	*m/z*	平均回收率(%)	标准偏差(ng/L)	相对标准偏差(%)
α-六六六	218.9	97.6	4.9	5.0
β-六六六	218.9	97.0	5.3	5.5
γ-六六六	218.9	95.2	2.9	3.1
δ-六六六	218.9	95.4	2.7	2.9
艾氏剂	188.0			
狄氏剂	262.9	85.9	1.6	1.9
o, *p*'-DDT	248.0	85.9	4.6	5.4
异狄试剂	262.9	92.2	5.0	5.4
p, *p*'-DDD	262.9	91.7	3.4	3.7
p, *p*'-DDT	235.0	93.1	4.4	4.7
氘代蒽(I.S.)	235.0	92.5	4.4	4.7
氘代苯并[*a*]蒽(I.S.)	240.0			

I.S.为内标。

表 4-4-30　农药的重现性（ng/L）

化合物	*m/z*	平均值	标准偏差	相对标准偏差(%)	3*s*	10*s*
α-六六六	218.9	5.12	0.242	4.7	0.7	2.4
β-六六六	218.9	4.9	0.541	11.0	1.6	5.4
γ-六六六	218.9	5.5	0.487	8.8	1.5	4.9
δ-六六六	218.9	5.12	0.182	3.5	0.5	1.8
艾氏剂	188.0	5.2	0.262	5.1	0.8	2.6
狄氏剂	262.9	5.0	0.231	4.6	0.7	2.3
o, *p*'-DDT	248.0	5.2	0.385	7.4	1.2	3.8
异狄试剂	262.9	6.2	0.374	6.0	1.1	3.7
p, *p*'-DDD	262.9	5.5	0.170	3.1	0.5	1.7
p, *p*'-DDT	235.0	5.1	0.154	3.0	0.5	1.5

8. 注意事项

①样品采集、保存和处理：必须使用玻璃容器采集和保存样品。另外，有机氯农药容易吸附在瓶壁上，因此，在样品预处理时，最好用少量丙酮淋洗玻璃容器表面，并加入到要处理的水样中。

②为了保证分析数据的准确性，尽量使用残留农药分析纯有机溶剂。

③萃取后的正己烷溶液如果无干扰物质，可省略用硅胶小柱净化步骤。

十、有机磷农药

有机磷农药因药效高、残留期短的特点而成为农药中品种最多、使用最广的杀虫剂。但是有些有机磷农药对人、畜毒性较大，易发生急性中毒，有些品种在环境中仍有一定的残留期。有机磷农药生产厂排放的废水常含有较高浓度的有机磷农药原体和中间产物、降解产物等，当排入水体或渗入地下后，极易造成环境污染。有机磷农药大多不溶于水，而易溶于有机溶剂中。

（一）有机磷农药　填充柱气相色谱法（GC-FPD）（B）

1. 方法原理

采用极性有机溶剂分三次萃取，用具火焰光度检测器（FPD）的气相色谱测定有机磷农药含量。火焰光度检测器对含硫磷的物质有较高的选择性，当含硫磷的化合物进入燃烧的火焰中时，将发出一定波长的光，用适当的滤光片，滤去其它波长的光，然后由光电倍增管将光转变为电信号放大后记录或显示出结果。

2. 干扰及消除

当水体中有机物质含量较多，萃取时激烈震荡会产生严重的乳化现象，影响预处理的操作，造成农药的损失。添加适量的氯化钠可以避免产生严重的乳化现象，以消除干扰。

3. 方法的适用范围

本方法适用于有机磷农药厂排放的废水和地表水、地下水中乐果、甲基对硫磷、马拉硫磷和乙基对硫磷等有机磷农药的测定。

方法的最低检出浓度为：乐果 0.02mg/L；甲基对硫磷 0.01mg/L；马拉硫磷 0.02mg/L；乙基对硫磷 0.01mg/L。

4. 仪器

①气相色谱仪，具火焰光度检测器。
②500ml 分液漏斗。
③具塞玻璃柱：长 10cm，内径 1cm 硬质玻璃柱。

5. 试剂

①丙酮。
②三氯甲烷。
③氯化钠。
④无水硫酸钠：300℃烘 4h 备用。
⑤色谱固定液：OV-101、OV-210。
⑥载体：Chromosorb W HP 80～100 目。
⑦有机磷农药标准贮备溶液：将色谱纯乐果、甲基对硫磷、马拉硫磷和乙基对硫磷用

丙酮配制成 300mg/L 的单标贮备液（冰箱内 4℃保存 6 个月），再分别以三氯甲烷为溶剂，将贮备液稀释 30～300 倍，配成适当浓度的标准使用溶液（冰箱内 4℃保存 1 个月至 2 个月）。

6. 步骤

（1）样品预处理

首先将水的 pH 调至 7，取 250ml 的水样置于 500ml 的分液漏斗中，向漏斗中加入 8～10g 的氯化钠，轻摇使之溶解。加入 8ml 三氯甲烷，适度振荡 3min（**注意放气**），静置分层后，将下层的三氯甲烷萃取液分出。同前操作，再用三氯甲烷萃取水样两次。

将全部的三氯甲烷萃取液合并，并通过装有 5cm 高的无水硫酸钠玻璃柱，脱水干燥。用少量的三氯甲烷淋洗层析柱，收集萃取液于适当的容器中，加三氯甲烷定容后，供色谱测定用。

（2）测定

将有机磷农药贮备液按表 4-4-31 比例，用三氯甲烷稀释配制成混合标准使用溶液。

将各种浓度的有机磷农药标准使用溶液注入色谱仪，以确定火焰光度检测器的线性范围。

表 4-4-31　有机磷农药标准使用溶液的配制

农药名称	浓　度(mg/L)				
	1	2	3	4	5
乐果	1.8	3.6	5.4	7.2	9.0
甲基对硫磷	0.6	1.2	1.8	2.4	3.0
马拉硫磷	1.5	3.0	4.5	6.0	7.5
乙基对硫磷	0.9	1.8	2.7	3.6	4.5

将定容后的样品萃取溶液注入色谱仪进行分析，记录峰高。根据样品溶液的峰高，选择接近样品浓度的标准使用溶液，在相同色谱条件下注入色谱仪，记录峰高。

（3）色谱条件

色谱柱：3.5%OV-101+3.25%OV-210/Chromosorb W HP 80～100 目；玻璃柱：长 2m，内径 3mm，也可以使用性能相近的其它色谱柱。

载气流速：氮气，50ml/min；氢气，60ml/min；空气，60ml/min。

柱温：190℃；进样口温度：220℃；检测器温度：220℃。

纸速：2.5ml/min。

进样量：2μl。

（4）标准色谱图

有机磷农药的标准色谱图见图 4-4-16。

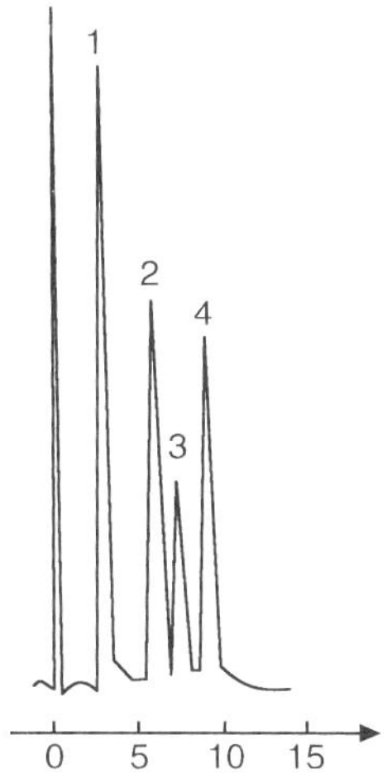

图 4-4-16　有机磷农药标准色谱图

1—乐果；2—甲基对硫磷；3—马拉硫磷；4—乙基对硫磷

7. 计算

$$有机磷农药(mg/L)=\frac{h_2 \cdot C_1}{h_1 \cdot K}$$

式中：h_2——样品中目标化合物的峰高（mm）；

C_1——标准溶液中目标化合物的浓度（mg/L）；

h_1——标准溶液中目标化合物的峰高（mm）；

K——浓缩倍数（本方法为 10）。

8. 精密度和准确度

两个实验室分别对 0.1C、0.5C 和 0.9C 的有机磷农药加标水样进行六次平行测定，单个实验室的相对标准偏差为：乐果在 0.12～1.2mg/L 的浓度范围内，未超过 6.0%；甲基对硫磷在 0.24～2.2mg/L 浓度范围内，未超过 6.0%；马拉硫磷在 0.36～3.4mg/L 浓度范围内，未超过 5.0%；乙基对硫磷在 0.39～3.6mg/L 浓度范围内，未超过 6.0%。

四种有机磷农药加标量在几微克至几百微克范围内（加标后水样浓度为 0.03～0.9mg/L），两个实验室测定四种农药的加标回收率在 95%～111%之间。

9. 注意事项

①采集后的样品应尽快分析，冰箱低温保存一般不超过 2d。

②萃取时适度振荡可减轻乳化，若乳化严重，可用冷冻方法破乳。

③新填色谱柱在老化过程中应注入较高浓度的有机磷农药标准样品，以饱和色谱柱。

④FPD 检测器重现性差，测定过程中样品和标样交替注入，连续进样三次，取峰高平均值，有利于提高分析的精密度和测定的准确度。

（二）有机磷农药　气相色谱法（A）

1. 方法原理

本方法采用三氯甲烷萃取水中有机磷农药，用具火焰光度检测器的气相色谱仪测定。在测定敌百虫时，由于极性大，水溶性强，用三氯甲烷萃取的提取率为零，故采用将敌百虫转化为敌敌畏后再进行测定的间接测定法。

2. 干扰及消除

当水体中有机物质含量较多，萃取时激烈震荡，会产生严重的乳化现象，影响预处理的操作，造成农药的损失。添加适量的氯化钠可以避免产生严重的乳化现象，以消除干扰。

3. 方法的适用范围

本方法适用于地表水、地下水及工业废水中甲基对硫磷、对硫磷、马拉硫磷、乐果、敌敌畏、敌百虫的测定。

（A）本方法与 GB 13192—91 等效。

本方法对甲基对硫磷、对硫磷、马拉硫磷、乐果、敌敌畏、敌百虫的检出限为 10^{-9}～10^{-10}g，检测下限通常为 5×10^{-4}～10^{-5}mg/L，见表 4-4-32。当所用仪器不同时，方法的检出限范围有所不同。

表 4-4-32 各农药的检出浓度

农药	检出限(g)	检测下限(mg/L)	农药	检出限(g)	检测下限(mg/L)
敌敌畏	4.0×10^{-10}	6.0×10^{-5}	马拉硫磷	2.8×10^{-9}	4.2×10^{-4}
乐果	3.4×10^{-10}	5.1×10^{-5}	对硫磷	4.3×10^{-9}	6.4×10^{-4}
甲基对硫磷	3.8×10^{-9}	5.7×10^{-4}	敌百虫	3.6×10^{-9}	5.4×10^{-4}

4. 仪器

①气相色谱仪，具火焰光度检测器（采用磷滤光片）。

②500ml 分液漏斗。

③具塞玻璃柱：长 10cm，内径 1cm 硬质玻璃柱。

④微量注射器：10μl。

5. 试剂

1）色谱标准物：甲基对硫磷、对硫磷、马拉硫磷、乐果、敌敌畏、敌百虫，纯度为 95%～99%。

2）三氯甲烷，分析纯。

3）氢氧化钠，分析纯。

4）盐酸，分析纯。

5）无水硫酸钠：300℃烘 4h 备用。

6）色谱固定液：二甲基硅油（DC-200），聚氟戊烷基硅氧烷（QF-1），最高使用温度 250℃。

7）载体：白色酸洗硅烷化硅藻土担体（0.15～0.20mm）。

8）标准样品的制备：

①贮备溶液：以三氯甲烷为溶剂，准确称取一定量的色谱纯标准样品，准确至 0.2mg。分别配制浓度为 2.5mg/ml 的甲基对硫磷、对硫磷、马拉硫磷贮备溶液；浓度为 0.75mg/ml 的敌敌畏贮备溶液；浓度为 5.0mg/ml 的乐果贮备溶液。敌敌畏贮备溶液在 4℃可存放两个月，其余可存放半年。

②中间溶液的配制：移取一定量的贮备溶液以三氯甲烷为稀释溶剂，分别配制成浓度为 50μg/ml 的甲基对硫磷、对硫磷、马拉硫磷中间溶液；浓度为 7.5μg/ml 的敌敌畏中间溶液；浓度为 100μg/ml 的乐果中间溶液。

③标准工作溶液的配制：根据检测器的灵敏度及所测水样浓度，分别等体积移取中间溶液于同一容量瓶中，用三氯甲烷作溶剂，配制所需浓度的标准工作溶液，在 4℃可存放半个月。

6. 步骤

（1）甲基对硫磷、对硫磷、马拉硫磷、乐果、敌敌畏的测定

摇匀样品并经玻璃滤膜过滤去除机械杂质，取试样 100ml（或视水质而定）于 250ml 烧杯中调节 pH 至 6.5，然后将试样转移至 250ml 的分液漏斗中，用三氯甲烷萃取三次，每次三氯甲烷的用量为 5ml（相比为 1∶20），振摇 5min，静置分层。合并三氯甲烷，收集水层。将合并后的三氯甲烷经无水硫酸钠柱脱水后，供测定用。无水硫酸钠柱内径 1cm，长 15cm，无水硫酸钠段为 8cm。

如三氯甲烷层中的有机磷农药含量太低，在最小检出限以下，则需经 K-D 浓缩器浓缩至所需体积后再进行测定。如三氯甲烷层中的有机磷农药含量太高，则需少取水样或将原水用水稀释后再进行萃取。

（2）敌百虫的测定

将上面（1）中收集的水层调 pH 至 9.6 后，倒入 250ml 的锥形瓶中，盖好瓶塞并置于 50℃的水浴锅中进行碱解，不断摇动锥形瓶。15min 后取出锥形瓶冷至室温后，调 pH 至 6.5，将此溶液转移至 250ml 分液漏斗中，以下操作同（1）。

注：在试样预处理时，仅用 pH 计调节，不能用 pH 试纸代替。

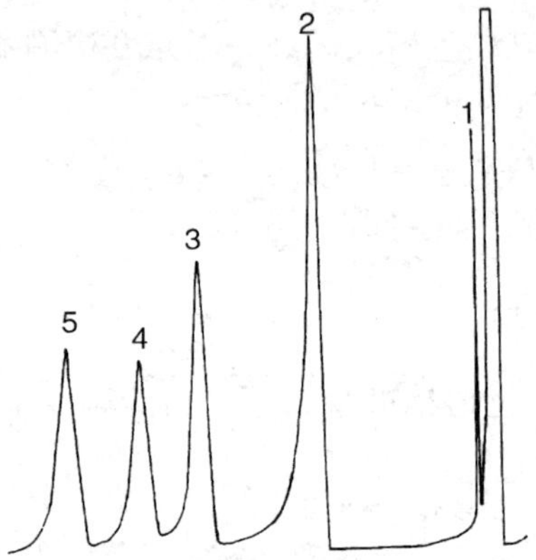

图 4-4-17　标准色谱图

1—敌敌畏(敌百虫)；2—乐果；3—甲基对硫磷；4—马拉硫磷；5—对硫磷

（3）色谱条件

色谱柱：5% DC-200+7.5% QF-1 涂覆于白色酸洗硅烷化硅藻土担体；玻璃柱：长 2m，内径 3mm，也可以使用性能相近的其它色谱柱。

进样口温度：240℃；柱箱温度：170℃；检测器温度：230℃。

载气流速：60ml/min；氢气流速：160ml/min；记录器纸速：4mm/min；纸速：2.5mm/min。

进样量：2μl。

（4）标准色谱图

见图 4-4-17。

（5）定性分析

①组分的出峰次序：敌敌畏（敌百虫）、乐果、甲基对硫磷、马拉硫磷、对硫磷。

②保留时间：敌敌畏：1min；乐果：10min；甲基对硫磷：13min 8s；马拉硫磷：20min；对硫磷：24min 15s。

（6）定量分析

以峰的起点和终点连线为峰底，从峰高极大值对时间轴作垂线，从峰顶至峰底间的线段即为峰高。

7. 计算

①水样中甲基对硫磷、对硫磷、马拉硫磷、乐果、敌敌畏浓度的计算：

$$C_i = \frac{C_{i标} \cdot h_i \cdot V_1 \cdot V_2}{h_{i标} \cdot V_3 \cdot V_4} \times K$$

式中：C_i——萃取液中农药 i 的含量（mg/L）；

$C_{i标}$——标样中农药 i 的含量（mg/L）；

h_i——萃取液中农药 i 的峰高（mm）；

$h_{i标}$——标样中农药 i 的峰高（mm）；

V_1——标样进样体积（ml）；

V_2——萃取液体积（ml）；

V_3——萃取液进样体积（ml）；

V_4——水样体积（ml）；

K——水样稀释倍数。

②水样中敌百虫浓度的计算：

$$C = \frac{C_1}{0.86}$$

式中：C——试样中敌百虫含量（mg/L）；

C_1——试样中由敌百虫转化生成敌敌畏的含量（mg/L）；

0.86——敌敌畏、敌百虫分子量之比。

8. 精密度和准确度

五个实验室分析含敌敌畏、乐果、甲基对硫磷、对硫磷、马拉硫磷的统一样品，其重复性相对标准偏差和再现性相对标准偏差分别列于表 4-4-33。

表 4-4-33　精密度和准确度

农药	样品浓度(mg/L)	精密度				准确度
		重复性		再现性		加标回收率(%)
		标准偏差	相对标准偏差(%)	标准偏差	相对标准偏差(%)	
敌敌畏	0.1	0.18	4.8	0.22	5.4	101
乐果	1.29	0.60	4.3	0.82	2.7	92.2
甲基对硫磷	0.78	0.50	3.2	1.22	3.4	99.0
马拉硫磷	1.21	0.48	4.3	0.76	5.2	97.2
对硫磷	0.77	0.42	3.8	0.51	1.1	99.8
敌百虫						98.1

（三）水和土壤中有机磷农药的测定 气相色谱法（A）

1. 方法原理

本方法采用丙酮加水提取、二氯甲烷萃取、凝结法净化、气相色谱氮磷检测器测定。

2. 干扰及消除

当水体中有机物含量较多，萃取时激烈振荡会产生严重的乳化现象，影响预处理的操作，造成农药的损失。添加适量的氯化钠可以避免产生严重的乳化现象，以消除干扰。

3. 方法的适用范围

本方法适用于地表水、地下水、土壤中速灭磷、甲拌磷、二嗪磷、异稻瘟净、甲基对硫磷、杀螟硫磷、溴硫磷、水胺硫磷、稻丰散、杀扑磷等多组分残留量的测定。

本方法对土壤的最低检测浓度为0.0001～0.0029mg/kg。当气相色谱仪仪器的灵敏度最大时，以噪声的2.0倍作为仪器的检测限，本方法要求仪器的最低检测限低于10^{-11}g（见表4-4-34）。

表4-4-34 有机磷农药的检测限

农药种类	最低检出限(g)	农药种类	最低检出限(g)
速灭磷	3.4×10^{-12}	杀扑磷	1.7×10^{-11}
甲拌磷	3.9×10^{-12}	甲基对硫磷	7.6×10^{-12}
二嗪磷	5.7×10^{-12}	杀螟硫磷	9.5×10^{-12}
异稻瘟净	1.0×10^{-12}	溴硫磷	1.1×10^{-11}
稻丰散	1.8×10^{-11}	水胺硫磷	2.3×10^{-11}

4. 仪器

①气相色谱仪，具氮磷检测器。

②500ml分液漏斗。

③色谱柱：长2m，内径2～3mm硬质玻璃柱。

④色谱柱的类型：螺旋状填充柱。

⑤玻璃柱的预处理：经水冲洗后，在玻璃柱管内注满热洗液60～70℃，浸泡4h。然后用水冲洗至中性，再用蒸馏水冲洗，烘干后进行硅烷化处理：将6%～10%的二氯甲烷、硅烷、甲醇溶液注满玻璃管柱，浸泡2h，然后用甲醇清洗至中性，烘干备用。

⑥担体：Chrom Q，80～100目。

⑦固定液：OV-17（苯基甲基硅酮），最高使用温度300～350℃。液相载荷量为5%或3%。涂渍固定液的方法：根据担体的重量称取一定量的固定液，溶在三氯甲烷中，待完全溶解后倒入盛有担体的烧杯中，再向其中加入三氯甲烷至液面高出1～2cm，摇匀后浸2h，然后在红外灯下将溶剂蒸干或在旋转蒸发器上慢速蒸干，再置于120℃的烘箱中，放置4h

（A）本方法与GB/T 14552—93等效。

备用。

注：①色谱柱的填充方法：将色谱柱的尾端（接检测器的一端）用硅烷化玻璃棉塞住，接真空泵，另一端接一漏斗，开动真空泵后将固定相徐徐倾入色谱柱内，并轻轻拍打色谱柱，使固定相在色谱柱内填充紧密，至固定相不再抽入柱内为止，装填完毕后用硅烷化玻璃棉塞住色谱柱的另一端。

②色谱柱的老化：将填充好的色谱柱进口按正常接在汽化室上，出口空着不接检测器，先用较低载气流速和略高于实际使用温度而不超过固定液的最高使用温度下处理4～6h，然后逐渐提高载气流速，老化 24～48h，再降低至使用温度，接上检测器后，如基线稳定方可使用。

⑧蒸发浓缩器。

⑨振荡器。

⑩布氏漏斗，直径 9cm。

⑪水浴锅。

⑫微量注射器：5μl、10μl。

5. 试剂

①二氯甲烷（CH_2Cl_2）。

②三氯甲烷（$CHCl_3$）。

③丙酮（CH_3COCH_3）。

④石油醚：60～90℃沸程。

⑤乙酸乙酯（$CH_3COOC_2H_5$）。

⑥磷酸（H_3PO_4）：85%。

⑦氯化铵（NH_4Cl）。

⑧氯化钠（NaCl）。

⑨无水硫酸钠（Na_2SO_4）：300℃烘 4h 备用。

⑩助滤剂 Celite 545。

⑪凝结液：20g 氯化铵和 85%磷酸 40ml 溶于 400ml 蒸馏水，用蒸馏水定容至 2000ml 备用。

⑫农药标准物质：速灭磷、甲拌磷、二嗪磷、异稻瘟净、甲基对硫磷、杀螟硫磷、溴硫磷、水胺硫磷、稻丰散、杀扑磷含量 95%～99%。

⑬标准样品的制备：准确称取一定量的农药标准物质，以丙酮为溶剂，分别配制浓度为 0.5mg/ml 的速灭磷、甲拌磷、二嗪磷、水胺硫磷、甲基对硫磷、稻丰散；浓度为 0.7mg/ml 杀螟硫磷、异稻瘟净、溴硫磷、杀扑磷贮备液，在 4℃下中存放 6 个月至 12 个月。

⑭中间溶液的配制：用移液管准确量取一定量的上述 10 种贮备液于 50ml 的容量瓶中，用丙酮定容至刻度，配制成浓度为 50.0μg/ml 的速灭磷、甲拌磷、二嗪磷、水胺硫磷、甲基对硫磷、稻丰散和 100μg/ml 的杀螟硫磷、异稻瘟净、溴硫磷、杀扑磷中间溶液。

⑮标准工作液的配制：分别用移液管吸取上述中间溶液 10ml 于 100ml 容量瓶中，用丙酮定容至刻度，得到混合标准工作溶液。标准工作液在 4℃下可存放 3 个月至 6 个月。

6. 步骤

（1）样品的采集

①水样：取具有代表性的地表水或地下水，用玻璃磨口瓶采集。装水样之前用水样冲洗样品瓶2～3次。

②土样：在田间采集土样，充分混匀，取500g装入样品瓶中，另取20g测定含水量。

（2）样品的保存

①水样：采集后应尽快分析，如不能及时分析，可在4℃冰箱中保存1～3d。

②土样：采集后能在-18℃冷冻箱中可保存3～7d。

（3）试样的预处理

①水样的提取及净化：取100ml水样于分液漏斗中，加入50ml丙酮振摇30次，取出100ml，相当于样品量的2/3，移入另一分液漏斗中。加入10～15ml（用 *C*（KOH）=0.5mol/L的KOH溶液调至pH为4.5～5.0）的凝结液和1g助滤剂，振摇20次，静置3min，过滤入另一500ml的分液漏斗中，加入3g的氯化钠，分别用50、50、30ml二氯甲烷萃取三次，合并有机相。经过装有 1g 无水硫酸钠和 1g 助滤剂的筒形漏斗过滤并脱水，收集滤液于250ml平底烧瓶中，加0.5ml乙酸乙酯，先用旋转蒸发器浓缩至10ml，移入K-D浓缩器浓缩到1ml，在室温下用氮气吹至近干，用丙酮定容至5ml，供色谱测定。

②土样的提取及净化：准确称取土样20g置于300ml具塞锥形瓶中，加水，使加入的水量与20g样品中水分含量之和为20ml，摇匀后静置10min，加100ml含20%水分的丙酮浸泡6～8h后，振荡1h。将提取液倒入铺有二层滤纸及一薄层助滤剂的布氏漏斗减压抽滤，取80ml滤液（相当于2/3样品），以下步骤除凝结2～3次外，其余操作同水样预处理。

（4）色谱条件

色谱柱：5%OV-17/Chrom Q 80～100目；玻璃柱：长2m，内径3mm。

进样口温度：230℃；柱温：200℃；检测器温度：250℃。

载气流速：36～40ml/min；氢气流速：4.5～6.0ml/min；空气流速：60～80ml/min。

记录仪纸速：5ml/min。

进样量：3～6μl。

（5）标准色谱图

见图4-4-18。

（6）定性分析

组分的出峰顺序：速灭磷、甲拌磷、二嗪磷、异稻瘟净、甲基对硫磷、杀螟硫磷、溴硫磷、水胺硫磷、稻丰散、杀扑磷，用相对保留时间进行定性。

（7）检验可能存在的干扰

用5%OV-17/Chrom Q，80～100目的色谱柱测定后，再用5%OV-101/Chromsorb WHP，100～120目的色谱柱在相同条件下进行确证检验色谱分析，便可确定各组分及有无干扰。

（8）定量分析

记录峰高或峰面积用外标法定量。

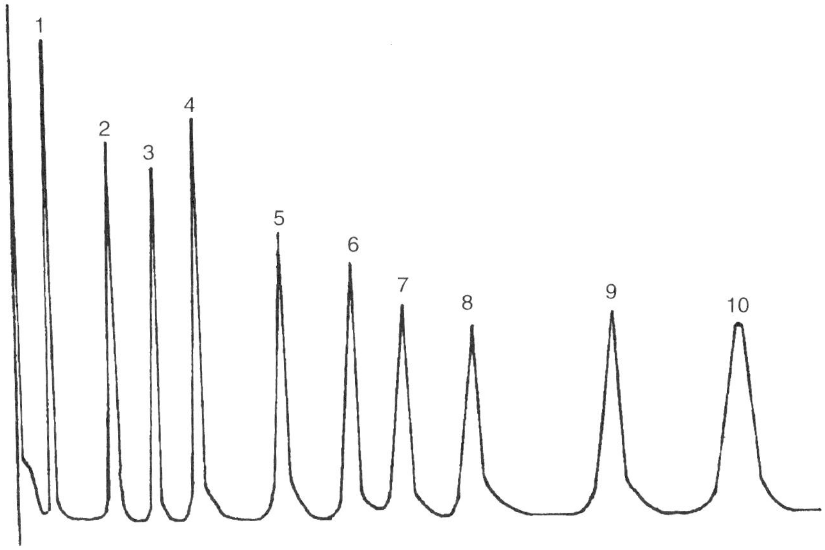

图 4-4-18 10 种有机磷气相色谱图

1—速灭磷；2—甲拌磷；3—二嗪磷；4—异稻瘟净；5—甲基对硫磷；6—杀螟硫磷；7—溴硫磷；8—水胺硫磷；9—稻丰散；10—杀扑磷

7. 计算

$$R_i = \frac{h_i \cdot W_{is} \cdot V}{h_{is} \cdot V_i \cdot G}$$

式中：R_i——样品中 i 组分农药的含量（mg/kg）；

h_i——注入色谱仪 i 组分农药的峰高（或峰面积）；

W_{is}——注入色谱仪标样中 i 组分农药的绝对量（ng）；

V——G（g）样品的定容体积（ml）；

h_{is}——注入色谱仪标样中 i 组分农药的峰高（或峰面积）；

V_i——样品的进样量（μl）；

G——样品的干基（即扣除失水后）重量（g）（水样 ml 相当于 g），这里只用提取液的 2/3，应乘以 2/3。

8. 精密度和准确度

精密度和准确度见表 4-4-35 至表 4-4-38。

表 4-4-35 精密度（水样重复性和再现性）（mg/L）

项目		速灭磷 H=0.0560 M=0.0056 L=0.0011	甲拌磷 H=0.0920 M=0.0092 L=0.0018	二嗪磷 H=0.0920 M=0.0092 L=0.0018	异稻瘟净 H=0.1260 M=0.0126 L=0.0026	甲基对硫磷 H=0.1420 M=0.0142 L=0.0028
重复性	H	0.0026	0.0043	0.0039	0.0063	0.0068
	M	0.0002	0.0004	0.0004	0.0007	0.0007
	L	0.0001	0.0001	0.0001	0.0001	0.0001
再现性	H	0.0040	0.0056	0.0041	0.0061	0.0069
	M	0.0002	0.0005	0.0004	0.0009	0.0009
	L	0.0001	0.0001	0.0001	0.0001	0.0001
协作实验室数量		5	5	5	5	5
项目		杀螟硫磷 H=0.1660 M=0.0166 L=0.0034	溴硫磷 H=0.2000 M=0.0200 L=0.0040	水胺硫磷 H=0.2860 M=0.0286 L=0.0058	稻丰散 H=0.2860 M=0.0286 L=0.0058	杀扑磷 H=0.5720 M=0.0572 L=0.0114
重复性	H	0.0075	0.0100	0.0130	0.0135	0.0258
	M	0.0010	0.0014	0.0014	0.0014	0.0030
	L	0.0002	0.0002	0.0002	0.0002	0.0005
再现性	H	0.0076	0.0105	0.0126	0.0133	0.0275
	M	0.0010	0.0014	0.0020	0.0019	0.0035
	L	0.0002	0.0002	0.0002	0.0003	0.0006
协作实验室数量		5	5	5	5	5

注：H 为高浓度；M 为中浓度；L 为低浓度。

表 4-4-36 准确度（水样加标回收率）（加入量单位：mg/L）

项目		速灭磷 H=0.0560 M=0.0056 L=0.0011	甲拌磷 H=0.0920 M=0.0092 L=0.0018	二嗪磷 H=0.0920 M=0.0092 L=0.0018	异稻瘟净 H=0.1260 M=0.0126 L=0.0026	甲基对硫磷 H=0.1420 M=0.0142 L=0.0028
H	回收率(%)	92.3	92.4	95.0	96.2	96.3
M	回收率(%)	94.6	90.2	95.7	98.4	96.5
L	回收率(%)	90.9	88.9	94.4	92.3	92.9
协作实验室数据		5	5	5	5	5
项目		杀螟硫磷 H=0.1660 M=0.0166 L=0.0034	溴硫磷 H=0.2000 M=0.0200 L=0.0040	水胺硫磷 H=0.2860 M=0.0286 L=0.0058	稻丰散 H=0.2860 M=0.0286 L=0.0058	杀扑磷 H=0.5720 M=0.0572 L=0.0114
H	回收率(%)	95.8	94.6	93.0	96.1	96.7
M	回收率(%)	95.2	94.5	92.3	92.7	93.4
L	回收率(%)	91.2	92.5	91.4	93.1	93.9
协作实验室数据		5	5	5	5	5

表 4-4-37　精密度（土壤样品重复性和再现性）（mg/kg）

项目		速灭磷 H=0.2800 M=0.0280 L=0.0058	甲拌磷 H=0.4600 M=0.0460 L=0.0092	二嗪磷 H=0.4600 M=0.0460 L=0.0092	异稻瘟净 H=0.6250 M=0.0625 L=0.0125	甲基对硫磷 H=0.7100 M=0.0710 L=0.0142
重复性	H	0.0140	0.0180	0.0120	0.0180	0.0320
	M	0.0015	0.0170	0.0002	0.0042	0.0028
	L	0.0002	0.0003	0.0004	0.0005	0.0006
再现性	H	0.0220	0.0310	0.0310	0.0280	0.0400
	M	0.0017	0.0013	0.0030	0.0068	0.0037
	L	0.0004	0.0004	0.0005	0.0008	0.0009
协作实验室数量		5	5	5	5	5
项目		杀螟硫磷 H=0.8300 M=0.0830 L=0.0166	溴硫磷 H=1.0000 M=0.1000 L=0.0200	水胺硫磷 H=1.4300 M=0.1430 L=0.0286	稻丰散 H=1.4300 M=0.1430 L=0.0286	杀扑磷 H=2.8600 M=0.2860 L=0.0572
重复性	H	0.0360	0.0380	0.0540	0.0600	0.0780
	M	0.0043	0.0004	0.0004	0.0006	0.0110
	L	0.0008	0.0001	0.0001	0.0001	0.0027
再现性	H	0.0410	0.0710	0.0920	0.0670	0.1090
	M	0.0051	0.0064	0.0007	0.0080	0.0130
	L	0.0014	0.0014	0.0020	0.0022	0.0038
协作实验室数量		5	5	5	5	5

注：H 为高浓度；M 为中浓度；L 为低浓度。

表 4-4-38　准确度（土壤样品加标回收率）（加入量单位：mg/kg）

项目		速灭磷 H=0.2800 M=0.0280 L=0.0056	甲拌磷 H=0.4600 M=0.0460 L=0.0092	二嗪磷 H=0.4600 M=0.0460 L=0.0092	异稻瘟净 H=0.6250 M=0.0625 L=0.0125	甲基对硫磷 H=0.7100 M=0.0710 L=0.0142
H	回收率(%)	90.9	90.6	93.1	97.6	95.7
M	回收率(%)	92.5	89.8	92.8	96.3	92.4
L	回收率(%)	88.9	86.5	90.6	92.9	90.8
协作实验室数量		5	5	5	5	5
项目		杀螟硫磷 H=0.8300 M=0.0830 L=0.0166	溴硫磷 H=1.0000 M=0.1000 L=0.0200	水胺硫磷 H=1.4300 M=0.1430 L=0.0286	稻丰散 H=1.4300 M=0.1430 L=0.0286	杀扑磷 H=2.8600 M=0.2860 L=0.0572
H	回收率(%)	96.4	92.3	92.9	95.2	96.8
M	回收率(%)	92.2	93.5	88.5	89.1	95.5
L	回收率(%)	91.6	90.5	89.9	92.3	94.2
协作实验室数量		5	5	5	5	5

（四）有机磷农药 毛细柱气相色谱法（GC-FPD）（C）

1. 方法原理

采用二氯甲烷分三次萃取水样，用毛细柱 GC-FPD 分析测定有机磷农药含量。

2. 干扰及消除

当水体中含有较多的有机物质时，萃取时激烈振荡会产生严重的乳化现象，影响预处理操作，造成损失，添加适量的氯化钠可以避免产生严重的乳化现象，以消除干扰。

3. 方法的适用范围

本方法适用于有机磷农药厂排放的废水、地表水以及地下水中 12 种有机磷农药的测定，本方法的最低检出限为 0.01μg/L。

4. 仪器

①气相色谱仪，具火焰光度检测器。

②色谱柱：HR-1701 石英毛细管色谱柱，25m×0.25mm（内径），0.25μm。

5. 试剂

①二氯甲烷、丙酮，分析纯，色谱测定无干扰峰存在，否则需重蒸。

②无水硫酸钠、氯化钠，分析纯，450℃加热 4h，无水硫酸钠冷却后保存在干燥器内。

③有机磷农药标准溶液，敌敌畏、二嗪农、异稻瘟净、乐果、甲基对硫磷、马拉硫磷、杀螟松、对硫磷、水胺硫磷、稻丰散、杀扑磷、乙硫磷标准溶液浓度均为 100mg/L。

④实验用水为二次蒸馏水。

6. 步骤

（1）样品的采集与保存

采集 1000ml 水样，贮存于棕色玻璃瓶，调节 pH 至 6～7。采集的水样若不及时测定，应置于 4℃冰箱内保存。大部分地表水中的有机磷会在 14d 内发生降解，因此在采样后 7d 内应对样品进行萃取，萃取液至多能保存 14d，且应置于 4℃冰箱内保存。

（2）样品的预处理

取 500ml 水样于 1000ml 分液漏斗中，调节 pH6～7，加入 25g 氯化钠溶解后，加入 60ml 二氯甲烷，振荡萃取 10min，静置分层。回收有机相，再用 60ml 二氯甲烷萃取一次，合并有机相。有机相用无水硫酸钠干燥后，在旋转蒸发器内浓缩至 4ml，再用高纯氮气吹至 0.5ml。

（3）色谱条件

色谱柱温度：170℃→15℃/min→210℃（1min）→10℃/min→220℃→15℃/min→240℃（5min）。

进样口温度：240℃；检测器温度：250℃。

载气：高纯氮气，柱前压 0.25kgf*/cm^2；尾吹气 1.4kgf/cm^2；氢气 1.5kgf/cm^2；氧气 0.3kgf/cm^2。分流比：10∶1。

进样量：1.0μl。

（4）有机磷农药标准色谱图

有机磷农药标准色谱图，如图 4-4-19 所示。

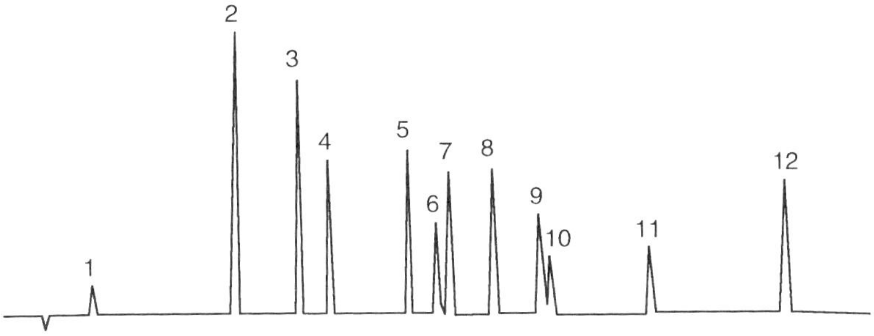

图 4-4-19　有机磷农药标准色谱图

1—敌敌畏；2—二嗪农；3—异稻瘟净；4—乐果；5—甲基对硫磷；6—马拉硫磷；7—杀螟松；8—对硫磷；9—水胺硫磷；10—稻丰散；11—杀扑磷；12—乙硫磷

7. 计算

$$有机磷农药(mg/L)=\frac{h_2 \cdot C_1}{h_1 \cdot K}$$

式中：h_2——样品中目标化合物的峰高（mm）；

C_1——标准溶液中目标化合物的浓度（mg/L）；

h_1——标准溶液中目标化合物的峰高（mm）；

K——浓缩倍数。

8. 精密度和准确度

分别在 500ml 蒸馏水和 500ml 环境水样中加入一定量有机磷混合标样，按操作步骤重复测定六次，分别计算其精密度和准确度，结果见表 4-4-39。

表 4-4-39　方法的精密度和准确度

化合物	空白加标		水样加标	
	回收率(%)	相对标准偏差(%)	回收率(%)	相对标准偏差(%)
敌敌畏	110	10.6	114	11.3
二嗪农	97.5	7.4	94	8.6
异稻瘟净	103	8.4	104	11.3
乐果	105	10.5	103	12.3
甲基对硫磷	106	9.2	104	10.4
马拉硫磷	101	6.4	96	7.6
杀螟松	105	9.5	102	10.2

*1kgf=9.80665N。

化合物	空白加标		水样加标	
	回收率(%)	相对标准偏差(%)	回收率(%)	相对标准偏差(%)
对硫磷	104	9.9	100	7.0
水胺硫磷	110	6.7	106	11.4
稻丰散	93	4.5	92	8.2
杀扑磷	111	10.3	102	12.1
乙硫磷	97	7.4	96	9.0

9. 注意事项

①采集后的样品应尽快分析，有机磷农药较易降解，冰箱低温保存一般不超过 2d。
②萃取时适度振荡，加入适量的氯化钠，均可减轻乳化。

十一、阿特拉津

阿特拉津是广泛应用的化学除草剂之一，是一种适用于旱地的广谱除草剂，我国目前也大量采用。阿特拉津的残留物在世界许多国家和地区的地表水和地下水中已有检出。

阿特拉津，又名莠去津、园去尽等，化学名称为：2-氯-4-乙胺基-6-异丙氨基-1, 3, 5-三氮苯。分子式 $C_8H_{14}ClN_5$，分子量为 215.69，结构式如下：

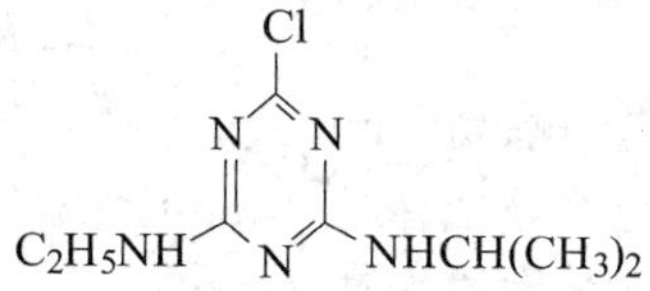

阿特拉津为无色晶体：熔点 173～175℃；蒸气压 40.00μPa（20℃）；溶解度 33mg/L（20℃）；可防除一年生禾本科杂草和阔叶杂草，对某些多年生杂草也有一定的抑制作用。阿特拉津易在土壤或沉积物中向下迁移而进入地下水，从而造成地下水污染。

1. 方法选择

阿特拉津的测定一般采用气相色谱法（NPD），对污染源样品也可采用高效液相色谱法。

2. 样品保存

水样采集后应尽快分析，否则应在 4℃冰箱中保存，保存时间不能超过 7d。

（一）毛细柱气相色谱法（GC-NPD）（C）

1. 方法原理

用三氯甲烷萃取水中的阿特拉津，经浓缩、定容后用气相色谱仪测定。

2. 干扰及消除

采用毛细柱分离后，用 NPD 检测器测定，未发现对阿特拉津测定的干扰物质。

3. 方法的适用范围

本方法适用于地表水和废水中阿特拉津的测定。方法的最低检测浓度可达 0.05μg/L。

4. 仪器

①气相色谱仪，具氮磷检测器（NPD）。
②色谱柱，HP-5，30m×0.25mm，0.25μm，或其他同类型毛细柱。
③旋转蒸发器。
④K-D 浓缩器。
⑤分液漏斗，500ml，具聚四氟乙烯活塞。
⑥微量注射器，1μl、5μl。

5. 试剂

①阿特拉津，色谱纯。
②丙酮，优级纯。
③甲醇，优级纯。
④三氯甲烷，分析纯，有干扰时须进行蒸馏。
⑤无水硫酸钠，分析纯，在 300℃温度下加热 4h，冷却后装入磨口玻璃瓶中，在干燥器内保存。
⑥氯化钠，分析纯。
⑦阿特拉津标准贮备溶液：称取 0.0100g 阿特拉津标准样品，用少量三氯甲烷溶解后，再用丙酮准确定容至 100ml，该溶液为 100μg/ml 贮备溶液。在 4℃冰箱中保存。

6. 步骤

（1）样品预处理

取 200ml 水样于 500ml 分液漏斗中，分三次加入 60ml 三氯甲烷萃取，每次振摇 1min，静置分层后，分离出下层有机相，合并三氯甲烷相。用无水硫酸钠脱水，然后用旋转蒸发器浓缩至 5ml，再用 K-D 浓缩器浓缩至近干，用丙酮定容至 1ml 后，供气相色谱测定用。

（2）标准曲线的绘制

用移液管分取 0.25ml、0.50ml、1.00ml、2.00ml、4.00ml 阿特拉津贮备溶液于 100ml 容量瓶中，用丙酮定容至刻度，配制成的标准溶液浓度分别为 0.25μg/ml、0.50μg/ml、1.00μg/ml、2.00μg/ml 和 4.00μg/ml。取 1μl 标准溶液注入气相色谱仪进行测定。

（3）色谱条件

柱温：80℃（1min）→30℃/min→175℃（4.5min）。
进样口温度：250℃；检测器温度：290℃。
载气：氢气：3ml/min；空气：60ml/min。

7. 计算

采用外标法定量。选择接近样品浓度的标准溶液，注入色谱仪，记录峰高或峰面积，按下式计算：

$$C = \frac{A \cdot V_1}{A_E \cdot V_2} \times E$$

式中：C——水样中阿特拉津的浓度（mg/L）；

A——测得萃取液中阿特拉津的峰高或峰面积；

E——标样中阿特拉津的浓度（mg/L）；

A_E——测得标样中阿特拉津的峰高或峰面积；

V_1——萃取液定容后的体积（ml）；

V_2——被萃取水样的体积（ml）。

8. 精密度和准确度

对 0.005mg/L 的水样进行重复测定六次，相对标准偏差为 7.6%。加标浓度为 0.005～0.5mg/L 时，加标回收率为 92.6%～101%。

9. 注意事项

萃取溶剂也可采用二氯甲烷。

（二）液相色谱法（HPLC）（C）

1. 方法原理

用二氯甲烷萃取水中的阿特拉津，浓缩、定容后用液相色谱仪测定。

2. 干扰及消除

有干扰时可用硅酸镁柱进行净化。干扰物质较多时，应采用气相色谱测定。

3. 方法的适用范围

本方法适用于废水中阿特拉津的测定。方法的最低检测限为 0.02μg/L。

4. 仪器

①液相色谱仪：具紫外检测器。
②色谱柱，ODS。
③旋转蒸发器。
④K-D 浓缩器。
⑤分液漏斗：500ml，具聚四氟乙烯旋塞。
⑥硅酸镁净化柱：200mm×10mm，具旋塞。
⑦微量注射器，1μl、5μl。

5. 试剂

①阿特拉津，色谱纯。

②丙酮，优级纯。

③甲醇，优级纯。

④二氯甲烷，分析纯，有干扰时须进行蒸馏。

⑤无水硫酸钠，分析纯，在 300℃温度下加热 4h，冷却后装入磨口玻璃瓶中，在干燥器内保存。

⑥氯化钠，分析纯。

⑦阿特拉津标准贮备溶液：称取 0.0100g 阿特拉津标准样品，用少量二氯甲烷溶解后，再用甲醇准确定容至 100ml，该溶液为 100μg/ml 贮备溶液。在 4℃冰箱中保存。

6. 步骤

（1）样品预处理

取 100ml 水样于 250ml 分液漏斗中，加入 5%的氯化钠，溶解后加入 10ml 二氯甲烷萃取 1min，**注意及时放气**，静置分层后，转移出有机相，再加入 10ml 二氯甲烷萃取，分层，合并有机相，有机相经过无水硫酸钠脱水后转入浓缩瓶中。用 K-D 浓缩器将萃取液浓缩至近干，取下浓缩瓶，用高纯氮气将其刚好吹干，用甲醇定容至 1ml，供色谱分析用。测定有干扰时，采用硅酸镁柱净化。

（2）净化

①净化柱的制备：取活化过的硅酸镁吸附剂填入净化柱，轻轻敲打，使硅酸镁填实，然后填入一层大约 1cm 厚的无水硫酸钠。

②将浓缩至干的样品用 10ml 正己烷溶解。

③用适量石油醚预淋洗净化柱，弃去淋洗液，当硫酸钠刚要露出，将样品萃取液定量倾入柱中，随即用 20ml 石油醚冲洗。将洗脱速度调至 5ml/min，用 20ml 50%的乙醚-石油醚洗脱液洗脱。

④将洗脱液用 K-D 浓缩器浓缩至近干后，用氮气刚好吹干，最后用甲醇定容至 1ml，供 HPLC 分离测定用。

（3）校准曲线的绘制

分别移取 100ml 蒸馏水于六个 250ml 分液漏斗中，依次加 100μg/ml 的阿特拉津标准贮备液 0、0.5、1、5、10、50μl，使水样浓度分别为 0、0.0005、0.001、0.005、0.01、0.05mg/L。各加入 5%的氯化钠，分别用 10ml 二氯甲烷萃取两次，合并有机相，用无水硫酸钠脱水，经浓缩、定容至 1.0ml。供 HPLC 测定。

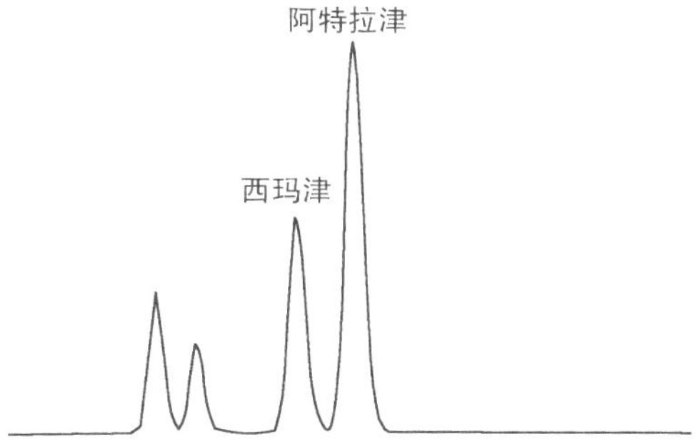

图 4-4-20　阿特拉津标准色谱图

（4）色谱条件

色谱柱：Zorbax ODS；柱温：40℃。

淋洗液：甲醇∶水=5∶1；淋洗液流速：0.5ml/min。

检测波长：254nm。

（5）标准色谱图

见图 4-4-20。

7. 计算

用外标法定量，按下式计算：

$$C = \frac{A \cdot E}{A_E}$$

式中：C——水样中阿特拉津的浓度（mg/L）；

A——测得水样萃取液中阿特拉津的峰高或峰面积；

E——标准水样中阿特拉津的浓度（mg/L）；

A_E——测得标准水样萃取液中阿特拉津的峰高或峰面积。

8. 精密度和准确度

三个实验室对 2μg/L 和 20μg/L 的统一样品进行测定，其相对标准偏差为 1.4%～7.6%，加标回收率为 82.4%～94.1%。

对地表水和几种工业废水的加标回收率为 81.8%～103%。采用净化方法时的加标回收率为 72.0%～96.4%。

9. 注意事项

水样萃取时，要加入 5%的氯化钠，加入量过多也会降低阿特拉津的萃取率。萃取液浓缩时，要用氮气吹干，然后马上停止，否则阿特拉津会有较大损失。

十二、丙烯腈和丙烯醛

丙烯腈是重要的有机原料，主要用于橡胶合成（如丁腈橡胶），塑料合成（如 ABS，AS 树脂，聚丙烯酰胺等），有机合成，制造腈纶、尼龙 66 等合成纤维，杀虫剂，抗水剂，粘合剂等；丙烯醛一般用于合成树脂和药物等。

丙烯腈，剧毒，为已知致癌物，毒性与氰化物类似。丙烯腈蒸气毒性极大，可抑制细胞呼吸酶。它可由皮肤吸收，并可能伴随氰化物在组织内形成。

丙烯腈为无色、易挥发、易燃、易爆、有刺激气味的液体。在水中溶解度为 7.3%（20℃），溶于所有普通有机溶剂，纯品易聚合。丙烯醛有特别辛辣刺激性气味，溶于水、乙醇和乙醚，氧化时变成丙烯酸。

1. 方法选择

测定丙烯醛、丙烯腈一般采用气相色谱法。对含量较高的工业废水采用直接进样气相色谱法，对含量较低的水样要采用吹脱捕集气相色谱法。

2. 样品保存

用玻璃瓶采集样品，样品应充满瓶子，并加盖瓶塞，不得有气泡。
采集水样后应尽快分析。如不能及时分析，可在4℃冰箱中保存，不得超过24h。
若将水样调节至pH4～5，于4℃冰箱中保存，可保存14d。

（一）丙烯腈 直接进样气相色谱法（GC-FID）（A）

1. 方法原理

本法采用直接吸取水样，导入填充柱GC中，用FID检测器进行测定。

2. 干扰及消除

本法测定时未发现干扰。

3. 方法的适用范围

本法适用于废水中丙烯腈的测定，方法检测限为0.6mg/L。

4. 仪器

①气相色谱仪，具FID检测器。
②微量注射器，5μl、100μl。
③容量瓶，50ml、100ml。

5. 试剂

①固定相，GDX-502 （60～80目）。
②丙烯腈，分析纯。
③乙腈，色谱纯。
④蒸馏水。
⑤丙烯腈标准贮备液：先称重盛有部分体积蒸馏水的100ml容量瓶，然后迅速用移液管向容量瓶注入近0.1ml丙烯腈，再称重（**注意在转移过程中，丙烯腈液体应直接滴入水中，不能和瓶颈接触**）。最后用蒸馏水稀释至刻度，盖好并把容量瓶翻转几次混匀。此时该贮备液的浓度接近1mg/ml，并准确计算。也可购买商品丙烯腈标准溶液。

6. 步骤

（1）校准曲线

分别用移液管移取0.1、0.2、0.4、0.6、0.8ml标准贮备液至盛有部分体积蒸馏水的50ml容量瓶中，再用蒸馏水稀释至刻度，直接进样测定。

（2）色谱条件

色谱柱：1m×3mm玻璃柱；固定相：GDX-502（60～80目）；进样口：180℃；柱温：

（A）本方法与HJ/T 73—2001等效。

140℃。

载气：氮气：30ml/min；氢气：0.6kg/cm²；空气：0.5kg/cm²。

检测器：FID；进样量：1μl。

（3）色谱柱的老化

在较低的载气流速下，在 1h 内升至 140℃，在此温度老化 8h，在老化过程中注入较浓的标准样品。

（4）水样测定

用微量注射器取 1μl 水样直接注入 GC 测定。

（5）标准色谱图

见图 4-4-21。

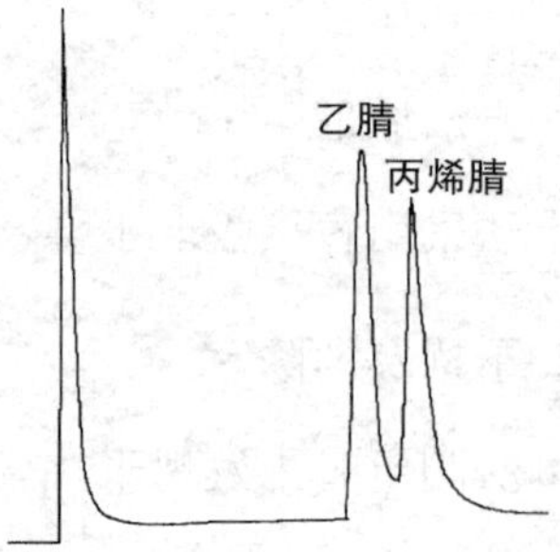

图 4-4-21 水中丙烯腈的气相色谱图

7. 计算

根据测得水样中丙烯腈的峰高（或峰面积），从校准曲线上直接查得丙烯腈的浓度。

水样中丙烯腈的浓度按下式计算：

$$C = \frac{A}{A_E} \times E$$

式中：C——水样中丙烯腈的浓度（mg/L）；

E——标样中丙烯腈的浓度（mg/L）；

A_E——测得丙烯腈标样的峰高或峰面积；

A——测得水样丙烯腈的峰高或峰面积。

8. 精密度和准确度

四个实验室在地表水和工业废水中加入丙烯腈的标准溶液，测定平均值为 0.9～116mg/L 的相对标准偏差为 1.9%～6.7%。

四个实验室分别对工业废水进行加标回收率测定，测定平均值为 0.9～177mg/L 的加标回收率为 83.2%～118%。

9. 注意事项

①试验中所配制的丙烯腈贮备液，最好现用现配。若保存于冰箱中，可以保留 2～3d。

②采集实际样品时，应将样品瓶灌到刚刚溢出，不要让空气泡通过样品，密封好，应尽快进行分析。若于冰箱内保存，一般不要超过 24h。

（二）丙烯醛和丙烯腈 吹脱捕集气相色谱法（C）

1. 方法原理

本方法采用吹脱捕集方法分析水中的丙烯腈和丙烯醛，采用气相色谱程序升温法分离有机化合物，用 FID 检测器检测。

本方法提供了两种色谱柱，有助于丙烯腈和丙烯醛进一步定性和消除可能产生的干扰物质。

2. 干扰及消除

选择适当的色谱柱进行分离，可以消除干扰物的影响。

3. 方法的适用范围

本方法适用于地表水、地下水和工业废水中丙烯醛和丙烯腈的测定。方法检测限见表 4-4-40。

表 4-4-40　方法检测限

化合物	保留时间(min)		方法检测限(μg/L)
	柱 1	柱 2	
丙烯醛	10.2	8.2	0.7
丙烯腈	12.7	9.8	0.5

注：方法检测限根据在自来水中加入 5μg/L 添加量进行测定得出。

4. 仪器

①气相色谱仪：具 FID 检测器。

②色谱柱：

柱 1：10ft×0.1in* （内径）不锈钢柱或玻璃柱，装填 PorapakQS（80～100 目）或类似填充剂。

柱 2：6ft×0.1in（内径）不锈钢柱或玻璃柱，装填 Chromosorb 101（60～80 目）或类似填充剂。

③吹脱捕集装置。

④捕集管：Tenax。

5. 试剂

①纯水，确认无干扰物质存在。

②丙烯腈，优级纯。

③丙烯醛，优级纯。

④试剂水，用盐酸（1∶1）和氢氧化钠（10mol/L）将纯水调节至 pH4～5。

⑤标准贮备溶液 I，取丙烯腈和丙烯醛标准物质于盛有少量甲醇的容量瓶中，用甲醇定容，配制成甲醇溶液。也可购买商品丙烯腈标准溶液。

⑥标准贮备溶液 II，加 9.8ml 纯水至已称重的 10ml 具磨口玻璃塞的容量瓶中（对于丙烯醛标准溶液，如有需要，要用试剂水）。称量容量瓶重量准确至 0.1mg。立即用 10μl 注射器将 2 滴或多滴标准物质加入至容量瓶中，再称重。用纯水稀释至刻度，盖好瓶塞，然后颠倒容量瓶充分混合，计算水样中的浓度。将该贮备溶液转入具聚四氟乙烯密封垫旋塞的

*1ft=0.3048m，1in=0.0254m。

瓶中。以最小液上空间，在4℃避光贮存。

注意，因为丙烯腈和丙烯醛是催泪毒气，所以贮备液应在通风橱内配制。液体必须直接滴入溶剂中，不要沾在瓶颈上。

⑦标准溶液：用标准贮备溶液根据实验要求进行配制，现用现配。

6. 步骤

（1）测定

用气密性注射器取水样，排出其中的气体，并准确至 5ml。然后将水样注入吹脱管中，进行自动吹脱捕集分析。

（2）色谱条件

载气：氦气。

柱 1：流速为 30ml/min，柱温 110℃（1.5min），快速加热到150℃并保持20min。

柱 2：流速为40ml/min，柱温80℃（4min）→5℃/min→120℃（12min）。

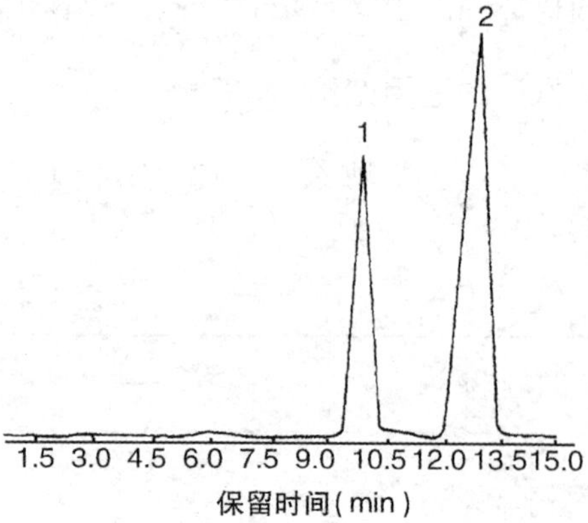

图 4-4-22　丙烯醛和丙烯腈的气相色谱图

1—丙烯醛；2—丙烯腈

色谱柱：PorapakQS；程序升温：110℃（1.5min），快速升温至150℃

（3）吹脱捕集装置条件

吹脱气：氦气或氮气；流速：20min/ml；吹脱管体积：5ml；吹脱管温度：85℃±2℃。吹脱时间：15min，脱附温度：100℃；脱附时间：2min。

（4）标准色谱图

丙烯醛和丙烯腈的色谱图见图 4-4-22。

7. 精密度和准确度

单个实验室吹脱捕集法得到的相对标准偏差和回收率见表 4-4-41。每个加标浓度，平行分析七个样品。

表 4-4-41　单个实验室准确度和精密度

化合物	样品类型*	添加浓度(μg/L)	平均回收量(μg/L)	标准偏差(μg/L)	平均回收率(%)
丙烯醛	RW	5.0	5.2	0.2	104
	RW	50.0	51.4	0.7	103
	POTW	5.0	4.0	0.2	80
	POTW	50.0	44.4	0.8	89
	POTW	100	101	1.5	101
	IW	5.0	0.1	0.1	2
	IW	100	9.3	1.1	9
丙烯腈	RW	5.0	4.2	0.2	84
	RW	50.0	51.4	1.5	103
	POTW	20.0	20.1	0.8	100
	IW	10.0	9.1	0.8	91
	IW	100	104	3.2	104

注：*RW——纯水；POTW——城市污水处理厂预氯化二级处理出水；IW——含有未鉴定的丙烯醛反应物的工业废水。

8. 注意事项

本方法为美国 EPA 8030A 方法，选用时需做方法验证，符合后方可使用。

十三、三氯乙醛

三氯乙醛为无色液体，有刺激性气味，溶于水。易吸收水分形成固体水合物，能与乙醇、乙醚等混溶。环境中的三氯乙醛在微生物和化学作用下可以转化为三氯乙酸或分解。

三氯乙醛是生产某些农药、医药和其它有机合成产品的原料，主要存在于农药厂排放的污水中。它影响植物细胞的正常分裂，使植物生长畸形，尤其对小麦等农作物的危害最为严重，轻则导致减产，重则毁苗绝产。人类饮用受三氯乙醛轻度污染的水后，中枢神经系统受到抑制作用，出现嗜睡、乏力等症状。

1. 方法选择

测定水合三氯乙醛的方法有吡唑啉酮比色法、气相色谱法等。

吡唑啉酮比色法，具有显色稳定的特点，并避免了吡啶碱法中试剂的恶臭。本法最低检出浓度为 0.02mg/L，甲醛、滴滴畏等对测定有干扰；此法适用于地表水中三氯乙醛的测定。

气相色谱法灵敏度高，重现性好，在方法测定条件下，一些共存有机物不干扰测定。本法适用于废水中三氯乙醛的测定。

2. 样品保存

取水样后，立即用 20%稀硫酸或碳酸钠将 pH 调为 7，并在低温（4℃）下保存。

（一）气相色谱法（C）

1. 方法原理

水样先以石油醚萃取除掉油溶性化合物，然后以石油醚-乙醚混合溶剂（2+1）萃取，萃取液供色谱测定。

使用涂渍 10%甲基苯基硅油（硅油 I）的填充柱，在合适的色谱操作条件下，能够将待测组分与干扰物质分离。

三氯乙醛具有强电负性，使用电子捕获检测器测定，灵敏度很高。

2. 干扰及消除

高沸点有机物及某些含氯的有机干扰物，可在样品中预先加入石油醚萃取除去。

3. 方法的适用范围

本方法适用于农药厂污水测定，最低检出量为 $3\times10^{-5}\mu g$（全程序试剂空白信号的 5 倍标准差所对应的绝对量）。

4. 仪器

①气相色谱仪，具电子捕获检测器。
②振荡器。
③分液漏斗。

5. 试剂

所用试剂均为分析纯。
①石油醚：沸程 60～90℃或其它类似的有机溶剂，对三氯乙醛出峰位置不得有干扰。
②乙醚：对三氯乙醛出峰位置不得有干扰。
③石油醚-乙醚混合溶剂，按（2+1）体积比混匀。
④无水硫酸钠：使用前于 110℃烘烤 2h。
⑤氯化钠。
⑥硅油 I（甲基苯基硅油），色谱固定液。
⑦101 酸洗白色担体，80～100 目。
⑧水合三氯乙醛（$CCl_3CHO \cdot H_2O$）。
⑨水合三氯乙醛标准贮备液：准确称取 100.0mg 水合三氯乙醛，用石油醚-乙醚混合溶剂溶解，并于 100ml 容量瓶中定容，摇匀。该溶液浓度为 1000mg/L，低温保存。
⑩水合三氯乙醛标准使用液：由上述标准贮备液逐级稀释成浓度为 1mg/L 的使用液。用时现配。

5. 步骤

（1）样品预处理
分析前将污水样品稀释至三氯乙醛浓度为 0.1～1mg/L，若低于此浓度时则不稀释。
（2）样品测定
①萃取：取稀释后水样 100ml，置于 250ml 分液漏斗中，加入 20ml 石油醚，在振荡器上振荡 2min，静置分层弃去石油醚层，用无分度吸管自水层吸取 10ml 溶液放入 125ml 分液漏斗中。加入 4g 氯化钠，以 15ml 石油醚-乙醚混合溶剂萃取 2min，分出溶剂层。水层再以上述溶剂萃取两次。合并三次萃取液，使其通过装有 10g 无水硫酸钠的玻璃柱脱水，最后定容至 50ml 容量瓶内，摇匀待测定。
②色谱测定：在选定的色谱条件下，从上述容量瓶中吸取 1μl 溶液，注入色谱仪并测量峰高。
（3）校准曲线的绘制
于七个 50ml 容量瓶中分别加入不同体积的（浓度为 1mg/L）标准使用液，用石油醚-乙醚混合溶剂稀释，使浓度分别为 0.2、0.1、0.05、0.02、0.01、0.005、0.002、0.001mg/L 的标准系列。用微量注射器分别吸取 1μl 进样，记录色谱峰峰高，绘制校准曲线。色谱条件如下：
固定相：10%硅油 I，101 酸洗白色担体（80～100 目）。
色谱柱：长 2m，内径 2～3mm 玻璃柱。

温度：柱温 105℃；汽化室温度 120℃；检测器温度 180℃（氚钪源）或 250～300℃（镍源）。

载气：高纯氮气，流速 30～35ml/min，辅助气 35ml/min。

（4）萃取率测定

另配制水合三氯乙醛标准水溶液系列，取标准水样按上步骤进步分析，用外标法求出各浓度下的萃取率。

6. 计算

用外标峰高法定量：

$$\text{水合三氯乙醛（mg/L）} = \frac{C_1 \cdot V_1 \cdot h_2 \cdot W}{V_2 \cdot h_1 \cdot R}$$

式中：C_1——标准溶液浓度（mg/L）；

V_1——标准溶液进样体积（ml）；

V_2——水萃取液进样体积（ml）；

h_1——标准溶液水合三氯乙醛峰高（mm）；

h_2——水样萃取液水合三氯乙醛峰高（mm）；

R——石油醚-乙醚混合溶剂对水合三氯乙醛的萃取率；

W——水样稀释及萃取过程稀释的总倍数。

7. 精密度和准确度

对水合三氯乙醛含量为 0.014mg/L 的废水样品，测定 10 次的相对标准偏差为 7.1%；三种不同浓度的三氯乙醛废水样品的加标回收率在 95%～102%之间。

8. 注意事项

①水合三氯乙醛的水溶液不稳定，保存的标准溶液浓度一般在 100mg/L 以上为好。测定萃取率时所用标准系列浓度较低，用时现配。水合三氯乙醛的石油醚-乙醚溶液比水溶液稳定，可在冰箱内贮存两周以上。

②为了防止检测器污染，每次实验结束后，应当提高检测器温度，继续通入载气进行吹洗或注入一定量溶剂进行清洗。

③当标准水样的实测萃取率在 85%～100%之间时，计算公式中的 R 值可忽略。

④采集污水样品宜用玻璃器皿，采样后应及时进行分析。

（二）吡唑啉酮光度法（C）

1. 方法原理

1-苯基-3-甲基-5-吡唑啉酮在弱碱性条件下能和三氯乙醛反应，生成棕红色的化合物，在 480nm 处有最大吸收峰。当水合三氯乙醛含量在 0～5.6μg/ml 时，浓度和吸光度的关系遵守比尔定律。

2. 干扰及消除

在测定条件下，于 25ml 比色管中加入 10mg/L 水合三氯乙醛标准液 5ml，再分别加入三氯甲烷 30000μg，四氯化碳 32000μg，丙酮 7898μg，甲醇 159000μg，异丙醇 7850μg，Cl^- 710μg，Mg^{2+} 228μg，Pb^{2+} 112μg，Zn^{2+} 123μg 等，实验证明以上各种物质存在时对测定无明显影响。其它离子如 20μg Cu^{2+}，40μg Fe^{3+}，60μg Fe^{2+}，70μg Hg^{2+}，80μg Ca^{2+}，140μgMn^{2+}，50μg 甲醛等的存在，不干扰上述浓度水合三氯乙醛的测定，但敌敌畏有严重干扰。对小于 150μg 的 Mn^{2+}，100μg 的 Cu^{2+}、Hg^{2+}、Ca^{2+}的干扰，可加入 1ml 2%氟化钠溶液去除。

3. 方法的适用范围

本方法适用于地表水的测定。最低检出浓度为 0.02μg/ml；测定上限为 5.6μg/ml。

4. 仪器

①分光光度计。
②恒温水浴。

5. 试剂

1）10mg/L 水合三氯乙醛标准液：

①标准贮备液：称取水合三氯乙醛 0.1g 左右（准确至 0.1mg），溶于水后移入 100ml 容量瓶中，用水稀释至刻度，摇匀备用。其浓度按下式计算：

$$贮备液浓度（mg/L）=\frac{m\times10^3\times10^3}{100}$$

式中：m——称取三氯乙醛的重量（g）。

②标准溶液：取标准贮备液数毫升配制成浓度为 10mg/L 的溶液，其取用量按下式计算：

$$贮备液用量(ml)=\frac{10\times V}{C}$$

式中：V——欲配制标准溶液的体积（ml）；

C——贮备液的浓度（mg/L）。

2）磷酸盐缓冲溶液：称取 22.69g 磷酸氢二钠（$Na_2HPO_4\cdot12H_2O$）与 0.46g 磷酸二氢钾，溶于水后移入 1000ml 容量瓶中，用水稀释至刻度，摇匀。此溶液 pH 为 8.0。

3）0.5%显色剂：称取 0.5g1-苯基-3-甲基-5-吡唑啉酮溶于 5ml 二甲基酰胺中，加水稀释至 100ml。

因吡唑啉酮中可能残留有苯肼，使溶液呈黄色，放置时间过久会因氧化而加深。可加 10ml 四氯化碳萃取除去，使空白降低。试剂保存在冰箱中，半个月内稳定。

6. 步骤

（1）样品预处理

①水样如有颜色和悬浮物质存在，可于 50ml 水样中加入氢氧化铝悬浮液 1ml，搅拌过滤，弃去最初滤液。

②取调至中性的水样 5～10ml（使水合三氯乙醛含量在 140μg 以下），于 25ml 比色管中加入 4～5ml 磷酸盐缓冲液，摇匀，加入 0.5%显色剂 5ml，加水至标线，摇匀。在 80℃±2℃水浴中加热 40min 或在沸水浴中加热 15min，用冷水冷却后，用 10mm 比色皿以空白试液为参比，在 480nm 处测其吸光度。从校准曲线中求得水合三氯乙醛含量。

（2）校准曲线的绘制

分别吸取 10mg/L 水合三氯乙醛标准溶液 1.0、3.0、5.0、7.0、10.0、12.0、14.0ml 于 25ml 比色管中，以下按样品测定步骤进行显色和测量。

7. 计算

$$\text{水合三氯乙醛}(CCl_3CHO \cdot H_2O,\ mg/L) = \frac{m}{V}$$

式中：m——测得水合三氯乙醛含量（μg）；

V——水样体积（ml）。

8. 精密度和准确度

实验室内 10 次测定的 2μg/ml 统一标准样品，相对标准偏差最大为 2.2%；回收率为 96.5%～97.1%；实验室间七次测定结果，相对标准偏差最大为 6.0%；回收率为 94.6%～106%。

9. 注意事项

如果定容显色后的溶液中有轻微浑浊，或有少量絮状沉淀（在 pH 为 8 的溶液中生成的氢氧化物），可用快速定量滤纸过滤于干燥的试管中，取清液比色。

十四、多环芳烃

（一）六种特定多环芳烃高效液相色谱法（A）

1. 方法原理

本方法用环己烷萃取水中多环芳烃（PAH），萃取液通过佛罗里硅土柱，PAH 被吸附在柱上，用丙酮与二氯甲烷的混合溶剂洗脱 PAH，之后用具荧光或紫外检测器的高效液相色谱仪测定。本方法对六种 PAH 通常可检测到 ng/L 水平。

2. 方法的适用范围

本方法适用于饮用水、地下水、湖库水、河水及焦化厂和油毡厂的工业污水中荧蒽、苯并[*b*]荧蒽、苯并[*k*]荧蒽、苯并[*a*]芘、苯并[*ghi*]苝、茚并[1, 2, 3-*cd*]芘等六种多环芳烃的测定。

（A）本方法与 GB 13198—91 等效。

3. 干扰及消除

水样中若存在可被共萃取并能产生荧光信号或熄灭荧光的物质对本法也有干扰。本法用佛罗里硅土柱层析净化分离，可降低荧光背景。

4. 仪器

1）高效液相色谱仪：具荧光和紫外检测器的高效液相色谱仪。

①恒流梯度泵系统。

②反相柱：填料为 Zorbax 5μODS，柱长 250mm，内径 4.6mm。

③荧光检测器：荧光分光光度计检测器，激发波长 280nm，发射光波长（即测量波长）大于 389nm 截止点；荧光光度计检测器应有激发用的色散光系统和可用滤光片或色散光学系统的荧光发射部分。

④紫外-可见光检测器：可调波长紫外检测器或固定波长 254nm 的紫外检测器，可单独使用，也可以与荧光检测器联用。

⑤记录仪：与检测器匹配。

⑥微量注射器：5、10、50、100、500μl。

⑦恒温水浴（或恒温柱箱）。

2）采样瓶：1L 具磨口玻璃塞的棕色玻璃细口瓶。

3）振荡器：调速，配备自动间歇延时控制仪。

4）玻璃器皿：

①分液漏斗：1000ml，玻璃活塞不要涂润滑油。

②碘量瓶：200ml。

③层析柱：

净化环己烷层析柱：长 500mm，内径 25mm，玻璃活塞不涂润滑油的玻璃柱。

样品预处理层析柱：长 250mm，内径 10mm，玻璃活塞不涂润滑油的玻璃柱。

④K-D 浓缩瓶：25ml，具刻度，容积必须进行标定，具磨口玻璃塞。

⑤K-D 蒸发瓶：500ml。

⑥K-D Snyder 柱：三球，常量。

⑦K-D Snyder 柱：二球，微量。

⑧量筒：500ml。

5）玻璃棉或玻璃纤维滤纸：在 400℃加热 1h。冷却后，保存在具磨口塞的玻璃瓶中。

6）沸石：在 100℃加热 1h。冷却后，保存在具磨口塞的玻璃瓶中。

5. 试剂

1）高效液相色谱流动相为水和甲醇的混合溶液。

①甲醇：HPLC 分析纯。

②纯水：电渗析水或蒸馏水，加高锰酸钾在碱性条件下重蒸。在测定的化合物检测波长处未观察到干扰。

2）二氯甲烷：优级纯，用全玻璃蒸馏器重蒸馏，在测定化合物检测波长处不出现色谱干扰为合格。

3）丙酮：同上。

4）环己烷：同上。

5）无水硫酸钠：分析纯，在 400℃加热 2h。

6）硫代硫酸钠（$Na_2S_2O_3 \cdot 5H_2O$）：分析纯。

7）佛罗里硅土（Florisil）：60～100 目，色层分析用。在 400℃加热 2h。冷却后，用纯水调至含水量为 11%。

8）碱性氧化铝：层析用，50～200μm，活度为 Brockmann Ⅰ级。达到Ⅰ级的制备方法如下：

将氧化铝加热至 550℃±20℃至少 2h，冷却至 200～250℃，移入放有高氯酸镁的干燥器内，继续冷却，即得活度为 Brockmann Ⅰ级的氧化铝。在干燥器内可存放 5d。

9）硅胶：柱层析用，100 目，在 300℃干燥 4h。

10）浓硫酸：优级纯。

11）色谱标准物：固体多环芳烃标准物为荧蒽、苯并[*k*]荧蒽、苯并[*b*]荧蒽、苯并[*a*]芘、茚并[1, 2, 3-*cd*]芘及苯并[*ghi*]苝等六种，纯度在 96%以上。采用固体标准物配制标准贮备液，亦可采用经证实为合格的市售多环芳烃标准溶液配置标准贮备液。

12）用固体多环芳烃配制标准贮备液：分别称量各种多环芳烃 20mg±0.1mg，分别溶解于 50～70ml 环己烷中，再以环己烷稀释至 100ml，配成浓度为 200μg/ml 单个化合物的标准贮备液。若用市售溶液配制标准贮备液，可在容量瓶中用环己烷稀释，使标准贮备液的浓度各为 200μg/ml 的单化合物溶液。贮备液保存在 4℃冰箱中。

13）混合多环芳烃标准溶液的配制：在 10ml 容量瓶中加入各种 PAH 贮备液 1ml±0.01ml，用甲醇稀释至标线，使标准溶液中各种多环芳烃的浓度为 20μg/ml。标准液保存于 4℃冰箱中。

14）标准工作溶液：根据仪器灵敏度及线性范围的要求，取不同量的混合多环芳烃标准溶液，用甲醇稀释，配制成几种不同浓度的标准工作溶液。

注意：有些多环芳烃是强致癌物，因此操作时必须极其小心。不允许人体与多环芳烃固体物质、溶剂萃取物、多环芳烃标准品接触。多环芳烃可随溶剂一起挥发而沾附于具塞瓶子的外部，因此处理含多环芳烃的容器及实验操作过程必须使用抗溶剂的手套。被多环芳烃污染的容器可用紫外灯在 360nm 紫外线下检查，并置于重铬酸钾-浓硫酸洗液中浸泡 4h。标准溶液应在有适当设备（如合适的毒气橱、防护衣服、防尘面罩等）的实验室中配制。用固体化合物配多环芳烃标准品，在没有合适的安全设备及尚未正确掌握使用技术之前，不能进行。

6. 步骤

（1）水样的采集与保存

样品必须采集在玻璃容器中，采样前不能用水样预洗瓶子，以防止样品的沾染或吸附。防止采集表层水，保证所采样品具有代表性。在采样点采样及盖好瓶塞时，样品瓶要完全注满，不留空气。若水中有残余氯存在，要在每升水中加入 80mg 硫代硫酸钠除氯。水样应放在暗处，在 4℃冰箱中保存；采样后应尽快在 24h 内进行萃取。萃取后的样品在 40d

内分析完毕。

（2）水样萃取

摇匀水样，用500ml量筒量取500ml水样（萃取所用水样体积视具体情况而定，可增减），加入50ml环己烷，手摇分液漏斗，放气几次后，安装分液漏斗于振荡器架上，振摇5min进行萃取。取下分液漏斗，静置约15～30min（静置时间视两相分开情况而定），分出下层水相留待进行第二次萃取，上层环己烷相放入200ml碘量瓶中，再用50ml环己烷对水样进行第二次萃取，水相弃去，环己烷萃取液并入同一碘量瓶中，加无水硫酸钠至环己烷萃取液清澈，至少放置30min，脱水干燥。

（3）萃取液的净化

饮用水的环己烷萃取液可以不经柱层析净化，浓缩后直接进行HPLC分析。

地表水及工业污水环己烷萃取液的净化：

①层析柱的装填：在玻璃层析柱的下端，放入少量玻璃棉或玻璃纤维滤纸以支托填料，加入3ml环己烷润湿柱子。称4～6g佛罗里硅土于小烧杯中，用环己烷制成均浆，以湿式装柱法填入上述柱中。净化地表水的柱内填充4g佛罗里硅土；净化污水的柱，填充6g佛罗里硅土。放出柱中过量的环己烷至填料的界面。

②萃取液的净化：从层析柱的上端加入已脱水的环己烷萃取液，全部溶液以1～2ml/min流速通过层析柱，用环己烷洗涤碘量瓶中的无水硫酸钠三次，每次（5～10）ml，环己烷洗涤液亦加入到层析柱上，回收通过柱的环己烷。被吸附在柱上的PAH用丙酮和二氯甲烷的混合溶液洗脱。地表水用100ml（88ml丙酮+12ml二氯甲烷）洗脱；污水用75ml（15ml丙酮+60ml二氯甲烷）洗脱。洗脱液收集于已联接K-D蒸发瓶的K-D浓缩瓶中，加入两粒沸石，安装好三球Snyder柱待浓缩。

（4）样品的浓缩

将K-D浓缩装置的下端浸入通风橱中的水浴锅中，在65～70℃的水温下浓缩至约0.5ml，从水浴锅上移下K-D浓缩装置，冷却至室温，取下三球Snyder柱，用少量丙酮洗柱及其玻璃接口，洗涤液流入浓缩瓶中。加入一粒新沸石，装上二球Snyder柱，在水浴锅中如上述浓缩至0.3～0.5ml，留待HPLC分析。

注：甲醇、环己烷、二氯甲烷及丙酮等易燃有机溶剂，应在通用橱中操作。

（5）HPLC分析条件

①柱温：35℃。

②流动相组成：A泵：85%水+15%甲醇；B泵：100%甲醇。

③洗脱：视色谱柱的性能可采用恒溶剂洗脱，即以92% B泵和8% A泵流动相组成，等浓度洗脱。梯度洗脱，即以60% B泵+40% A泵的组成洗脱，保持20min；以3% B/min增量至成为96% B+4% A泵的组成，保持至出峰完；以8% B/min减量至成为60%B泵+40% A泵的组成，保持15min，使流动相组成恒定，为下一次进样准备好条件。

④流动相流量：30ml/h恒流或按柱性能选定流量。

⑤检测器波长的选择：六种多环芳烃在荧光分光光度计特定条件下最佳的激发和发射波长如表4-4-42。

表 4-4-42　六种多环芳烃最佳的荧光激发和发射波长

化合物	激发波长(λ_{ex}, nm)	发射波长(λ_{em}, nm)
荧蒽	365	462
苯并[b]荧蒽	302	452
苯并[k]荧蒽	302	431
苯并[a]芘	297	450 或 430
苯并[ghi]苝	302	149 或 407
茚并[1, 2, 3-cd]芘	300	500

水样中含茚并[1, 2, 3-cd]芘时选 λ_{ex}=340nm，λ_{em}=450nm 较好，在此波长下茚并[1, 2, 3-cd]芘的荧光强度较高；否则选 λ_{ex}=286nm，λ_{em}=430nm 对苯并[a]芘灵敏度较高。

⑥荧光计检测器：单色光荧光计使用 λ_{ex}=300nm，λ_{em}=460nm 为适宜；滤光器荧光计在 λ_{ex}=300nm，λ_{em}>370nm 下测定。

⑦紫外检测器：在 254nm 下检测 PAH。

⑧进样方式：以注射器人工进样（或采用自动进样器进样）；进样量：5～25μl。

⑨定性分析：化合物在不同填料的色谱柱上出峰顺序有所不同，下图为两种不同检测器串联的 16 种 PAHs 标准色谱图。图 4-4-23 为紫外检测器在波长 254nm 下的色谱图；图 4-4-24 为荧光检测器在 λ_{ex}=286nm，λ_{em}=430nm 下的色谱图。多环芳烃标样各化合物浓度为 2μg/ml，进样量 10μl。各组分的出峰次序为：1.萘，2.二氢苊，3.苊+芴，4.菲，5.蒽，6.荧蒽，7.芘，8.苯并[a]蒽+䓛，9.苯并[b]荧蒽，10.苯并[k]荧蒽，11.苯并[a]芘，12.二苯并[a, h]蒽，13.苯并[ghi]苝，14.茚并[1, 2, 3-cd]芘。以试样的保留时间和标样的保留时间相比较来定性。用作定性的保留时间窗口宽度以当天测定标样的实际保留时间变化为基准。用一个化合物保留时间标准偏差的三倍计算设定的窗口宽度。

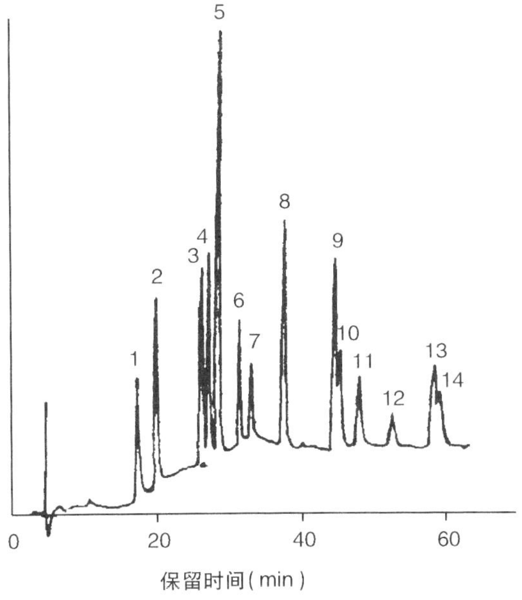

图 4-4-23　16 种 PAH 标样的 HPLC 紫外谱图

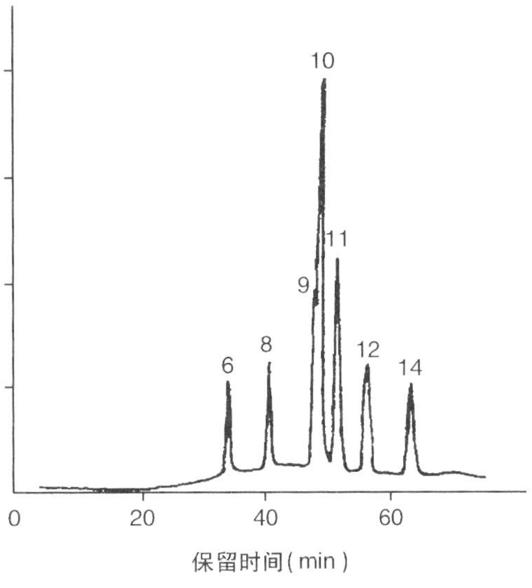

图 4-4-24　16 种 PAH 标样的 HPLC 荧光谱图

⑩定量分析：用外标法定量，在线性范围内用混合 PAH 标准溶液配制几种不同浓度的标准溶液，其中最低浓度应稍高于最低检测限。

⑪HPLC 中使用标准样品的条件：标准样品与样品进样体积最好相同，两者的响应值也要相近；在工作范围内，相对标准偏差＜10%；标准样品与试样应尽可能同时进行分析。

⑫每个工作日必须测定一种或几种浓度的标准溶液来检验校准曲线或响应因子。如果某一化合物的响应值与标准值间的偏差大于 10%，则必须用新的标准对该化合物绘制新的校准曲线或求出新的响应因子。

7. 计算

用外标法计算试样中的浓度。

$$X_i = \frac{A_i \cdot B_i \cdot V_t}{V_i \cdot V_s}$$

式中：X_i——试样中组分 i 的含量（μg/L）；

A_i——标样中组分 i 进样量对其峰高（或峰面积）的比值（ng）；

B_i——样品中组分 i 的峰高（或峰面积）；

V_t——萃取液浓缩后的总体积（μl）；

V_i——注射样品的体积（μl）；

V_s——水样体积（ml）。

8. 精密度和准确度

①精密度，见表 4-4-43。

表 4-4-43 不同实验室测定的精密度（再现性）

PAH	项目	实验室编号						
		1	2	3	4	5	6	7
荧蒽	测定平均值(ng/L)	2.4	1.4	72.4	4.9μg/L	16.9	42.8	15.2
	相对标准偏差(%)	2	6	4	10	15	13	3
	测定次数	3	6	3	6	6	6	6
苯并[*b*]荧蒽	测定平均值(ng/L)	5.3	1.4	8.8	2.9μg/L	36.0	24.2(1)	40.1(1)
	相对标准偏差(%)	16	12	7	8	22	11	3
	测定次数	3	6	3	6	6	6	6
苯并[*k*]荧蒽	测定平均值(ng/L)	3.5	1.5	4.6	3.3μg/L	31.8		
	相对标准偏差(%)	3	6	7	10	16		
	测定次数	3	6	3	6	6		
苯并[*a*]芘	测定平均值(ng/L)	5.5	2.2	6.0	3.9μg/L	42.6	3.3	23.7
	相对标准偏差(%)	5	8	6	4	15	17	3
	测定次数	3	6	3	6	6	6	6
茚并[1, 2, 3-*cd*]芘	测定平均值(ng/L)	34.8						10.3
	相对标准偏差(%)	10						6
	测定次数	4						6
苯并[*ghi*]]苝	测定平均值(ng/L)	2.7	4.3	59.7	3.1μg/L	63.5	48.3	24.7
	变异系数(%)	4	9	7	4	12	19	8
	测定次数	3	6	3	6	6	6	6

注：（1）为苯并[*b*]荧蒽+苯并[*k*]荧蒽数据；（2）空格表示未检出或分不开，按苯并[*ghi*]苝算。

②准确度：见表 4-4-44。

③检出限：以 HPLC 最灵敏档噪声的五倍作为仪器的检出限。

表 4-4-44　各实验室准确度（地表水加标回收率）

PAH	项目	实验室编号						
		1	2	3	4	5	6	7
荧蒽	加标量(ng/L)	48	0.82	64.5	2.5	11	109	11.0
	平均回收率(%)	70	67	92.3	98	59	90	94
苯并[*b*]荧蒽	加标量(ng/L)	34.2	1.5	12.5	5.6	20	150	39.1
	平均回收率(%)	98	81.7	101	86	109	106	94
苯并[*k*]荧蒽	加标量(ng/L)	46.8	1.4	12	4.5	19.1		
	平均回收率(%)	91	86	97	82	84		
苯并[*a*]芘	加标量(ng/L)	72.0	1.9	21.1	7.2	25.4	117	25.4
	平均回收率(%)	80	90	93	93	72	62	93
茚并[1, 2, 3-*cd*]芘(1)	加标量(ng/L)	34.8						28.8
	平均回收率(%)	83						86
苯并[*ghi*]苝	加标量(ng/L)	55.2	98	69.0	1.9	38.8	300	10.8
	平均回收率(%)	96	91	87	79	93	86	95

注：空格表示未检出或分不开，按苯并[*ghi*]苝算。

（二）多环芳烃　气相色谱-质谱法（GC-MS）（C）

1. 方法原理

多环芳烃易溶于环己烷、二氯甲烷、正己烷等有机溶剂，本方法采用二氯甲烷萃取水样中 16 种多环芳烃，经硅胶或佛罗里硅土小柱净化后，样品浓缩液进行 GC-MS 的选择离子检测。

2. 方法的适用范围

本方法适用范围较广，可以测定 16 种多环芳烃化合物，可适用于饮用水、地下水、湖库水、河水及工业污水等。方法检测限由仪器和操作条件而定，检测范围在 10^{-12}～10^{-9}g。各化合物检测限如表 4-4-45 所示。

表 4-4-45　16 种多环芳烃的检测限

化合物	检测限(ng/L)	化合物	检测限(ng/L)
萘	1.0	苯并[*a*]蒽	1.0
苊	1.0	䓛	1.0
二氢苊	1.0	苯并[*b*]荧蒽	1.0
芴	1.0	苯并[*k*]荧蒽	1.0
菲	1.0	苯并[*a*]芘	1.0
蒽	1.0	茚并[1, 2, 3-*cd*]芘	1.0
荧蒽	1.0	二苯并[*a, h*]蒽	1.0
芘	1.0	苯并[*ghi*]苝	1.0

3. 仪器

①气相色谱-质谱联用仪，EI源。
②自动进样器。
③旋转蒸发器。
④1～2L 分液漏斗。
⑤300ml 三角烧瓶。
⑥300ml 茄形瓶。

4. 试剂

①二氯甲烷：残留农药分析纯。
②正己烷：残留农药分析纯。
③氯化钠：优级纯，在350℃下加热6h，除去吸附在表面的有机物，冷却后保存于干燥的试剂瓶中。
④无水硫酸钠：分析纯，在350℃下加热6h，除去水分及吸附于表面的有机物，冷却后保存于干净的试剂瓶中。
⑤固相萃取用硅胶小柱：Bond Elut JR SI Silica Gel, Varian 或 Waters Sep-Pak Plus Silica。
⑥固相萃取用佛罗里硅土小柱：Waters Sep-Pak Plus Florisil。
⑦16种多环芳烃标准溶液：萘、苊、二氢苊、芴、菲、蒽、荧蒽、芘、苯并[*a*]蒽、䓛、苯并[*b*]荧蒽、苯并[*k*]荧蒽、苯并[*a*]芘、茚并[1, 2, 3-*cd*]芘、二苯并[*a, h*]蒽和苯并[*ghi*]苝，各化合物浓度为2000μg/ml。
⑧氘代标记多环芳烃：氘代萘、氘代二氢苊、氘代䓛、氘代菲和氘代荧蒽，各化合物浓度为100μg/ml。

5. 步骤

（1）样品的采集与保存
同本节方法（一）6（1）。
（2）样品预处理
将1000ml水样放入到2L分液漏斗中，加入30gNaCl，溶解后加入50ml二氯甲烷，振荡10min。静置5min后，将二氯甲烷转移至三角烧瓶中。再向分液漏斗中加入50ml二氯甲烷，振荡10min，静置分层后，转移合并二氯甲烷相。向二氯甲烷相中加入3g无水硫酸钠，稍稍摇动后放置20min，之后过滤转移至茄形瓶中，经旋转蒸发器浓缩至约3ml，转移到试管中，以N_2吹脱浓缩至1ml。再加入10ml正己烷，以N_2吹脱浓缩至1ml。

硅胶小柱预先用10%丙酮-正己烷10ml、正己烷10ml活化后，将上述预处理溶液加入到硅胶柱上，用10ml 10%的丙酮-正己烷淋洗，淋洗液浓缩至约1ml，加入10μl内标氘代萘、氘代二氢苊、氘代䓛、氘代菲和氘代荧蒽（各10μg/ml），定容至1.0ml后进行GC-MS测定。

（3）GC-MS 分析

色谱柱：DB-5 石英毛细柱 30m×0.32mm，0.25μm。

色谱条件：柱温 80℃（2min）→6℃/min→290℃（5min）。

进样口温度：290℃；接口温度：280℃；不分流进样，进样时间 2min。

定性分析：全扫描方式，扫描范围为 35～400*m/z*。

定量分析：选择离子检测 SIM，多环芳烃标准溶液的总离子色谱图如图 4-4-25 所示，各化合物检测质量数如表 4-4-46 所示。

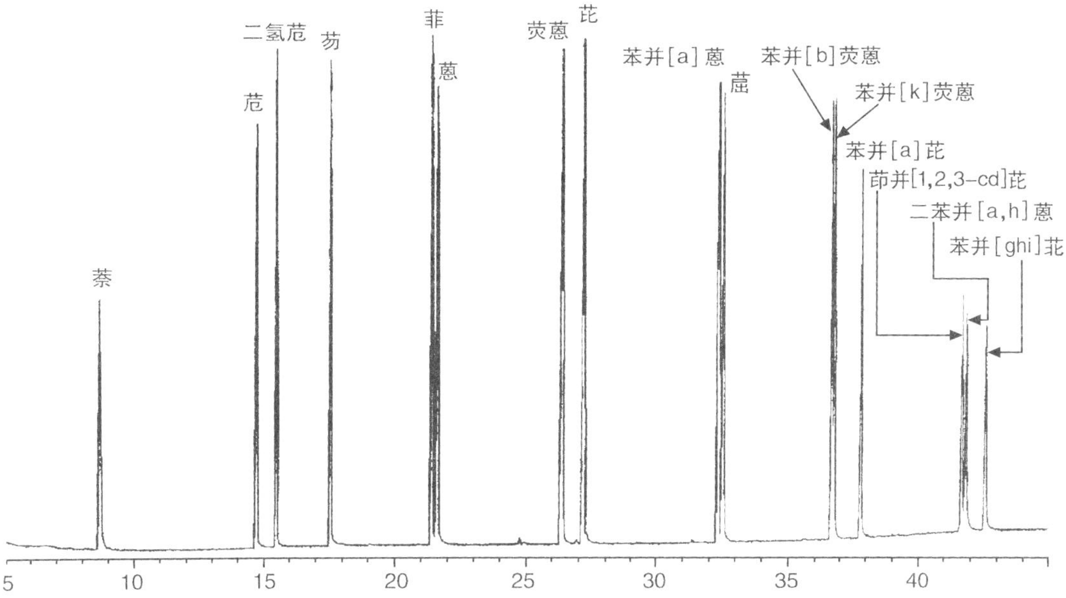

图 4-4-25　多环芳烃标准溶液全扫描色谱图

6. 计算

定量方法为内标法，如果没有合适的内标化合物，也可以采用外标定量方法。将多环芳烃标准溶液(2000μg/ml)以正己烷稀释至 10μg/ml，之后再稀释至 50、100、500、1000ng/ml。内标溶液（氘代多环芳烃溶液）以正己烷稀释至 1μg/ml。

在 SIM 检测方式下，以标准溶液中目标化合物的峰面积与内标的峰面积比对目标化合物的浓度作图，得到该目标化合物的定量校准曲线。根据样品溶液中目标物与内标物的峰面积比，由定量曲线得到样品溶液中该化合物的浓度。水样品中该化合的浓度计算公式如下：

$$样品中多环芳烃浓度(ng/L)=\frac{测定浓度(ng/ml)\times 样品溶液体积(ml)}{水样品体积(L)}$$

表 4-4-46　选择离子检测

化合物名称	分子量	定量离子质量数	定性离子质量数
萘	128	128	129，127
苊	152	152	151，153
二氢苊	154	153	154，152

化合物名称	分子量	定量离子质量数	定性离子质量数
芴	166	165	166，167
菲	178	178	176，179
蒽	178	178	176，179
荧蒽	202	202	201，203
芘	228	202	201，203
苯并[*a*]蒽	228	228	226，229
䓛	228	228	226，229
苯并[*b*]荧蒽	252	252	250
苯并[*k*]荧蒽	252	252	250
苯并[*a*]芘	252	252	250
茚并[1, 2, 3-*cd*]芘	276	276	277
二苯并[*a, h*]蒽	278	278	279
苯并[*ghi*]苝	276	276	274

7. 精密度和准确度

取 1L 纯水，加入 50ng 的氘代 PAH 标准溶液（溶剂为丙酮），之后与样品预处理和分析步骤相同。测定回收率为 85%～95%；本方法的相对标准偏差在 4%～8%之间。

（三）苯并[a]芘 乙酰化滤纸层析-荧光分光光度法（A）

苯并[a]芘简称 BaP，是一种由五个苯环构成的多环芳烃。分子式为 $C_{20}H_{12}$，分子量为 252，结构式如下：

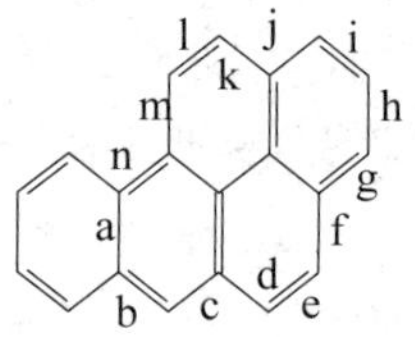

BaP 是一种有代表性的强致癌物质，由于它对人体的严重危害，引起了世界各国卫生及环境组织的高度重视，所以它已列为环境污染致癌物检测工作中常规检测项目之一。

水中的 BaP 以吸附于某些固体颗粒上、溶解于水中和呈胶体状态等三种形式存在。其中大部分吸附在颗粒物质上。它们主要来自洗刷大气的雨水，工业排污和船舶油污等。而以焦化、炼油、沥青、塑料等工业污水含量较高。

检测 BaP 的方法，一般包括有机溶剂萃取，吸附柱层析分离，薄层分离，再经高压液相色谱法、气相色谱法、荧光分光光度法进行定量测定。由于 BaP 在水中含量很低，一般都是 ppb 级，所以采样时要取大量水样进行富集、浓缩、分离后再用上述分析方法测定。本方法采用乙酰化滤纸、纸层析法直接分离 BaP，然后再用荧光分光光度计测量，具有分析手续简单、操作方便、污染小、灵敏度高、成本低、适于普及等特点。

水样保存除应在玻璃瓶中避光外，并于当日用环己烷萃取。环己烷萃取液可放入冰箱中保存。

（A）本方法与 GB/T 11895—1989 等效。

1. 方法原理

BaP 易溶于环己烷、咖啡因水溶液、苯、三氯甲烷等有机溶剂。

本方法将水中 BaP 等多环芳烃及其它环己烷可溶物萃取到环己烷中，萃取液用无水硫酸钠脱水，K-D 浓缩器浓缩，浓缩物经乙酰化滤纸分离。BaP 斑点用丙酮溶解后，以荧光分光光度法定量测定。

2. 干扰及消除

对含油污水必须用二甲基亚砜（DMSO）去油后才能在纸层析上分离。

3. 方法的适用范围

本方法适用于饮用水、地表水、生活污水、工业废水。最低检出浓度为 0.004μg/L。对含 BaP 0.2μg/L 的沥青加工污水回收率可达到 80%～93%，相对标准偏差是 4%～13%。含 BaP 0.1μg/L 的焦化污水回收率 73%～120%，相对标准偏差 3%～18%。

4. 仪器

①具紫外激发和荧光分光的荧光分光光度计，光程为 10mm 的石英比色皿。

②紫外分析仪（带 365nm 或 254nm 滤光片）。

③康氏振荡器。

④磁力恒温搅拌器。

⑤立式离心机转速为 4000r/min。

⑥分液漏斗，1L、3L、100ml。活塞上禁用油性润滑剂。

⑦K-D 浓缩器。

⑧250ml 具塞锥形瓶。

⑨5ml 具塞刻度离心管。

⑩恒温水浴锅。

⑪层析缸。

⑫点样用玻璃毛细管（自制）。

5. 试剂

①BaP 标准溶液的配制：准确称取约 5.00mg 固体标准 BaP 于 50ml 容量瓶中，用少量苯溶解后，加环己烷定容至标线，其浓度为 100μg/ml。将此贮备液用环己烷稀释成 10μg/ml，避光贮于冰箱中。

注意：BaP 是一种由五个环构成的多环芳烃，它是多环芳烃类的强致癌代表物。因此实验中必须戴抗有机溶剂的手套，操作应在搪瓷盘中进行（如溶液转移、定容、点样等）。室内应避免阳光直接照射，通风良好。

②乙酰化滤纸的制备：把 15cm×30cm 的层析滤纸 15～20 张，松松卷成高 15cm 圆筒状，逐张放入 1000ml 高型烧杯中，杯壁与靠杯第一张纸间插入一根玻璃棒，杯中间放一枚玻璃熔封的电磁搅拌铁芯。在通风橱中，沿杯壁慢慢倒入乙酰化剂（750ml 苯，250ml 乙酸酐，0.5ml 硫酸混合液），在磁力恒温搅拌器上保持 50℃±1℃，连续反应 6h，取出乙酰化

滤纸，用自来水漂洗 3～4 次，再用蒸馏水漂洗 2～3 次，晾干。次日用无水乙醇浸泡 4h，取出乙酰化滤纸，晾干压平，备用。

③环己烷，分析纯，重蒸用荧光分光光度计检查：在荧光激发波长 367nm，狭缝 10nm；荧光发射狭缝 2nm，波长 405nm 处应无峰出现。

④丙酮，分析纯，重蒸。

⑤甲醇，分析纯。

⑥乙醚，分析纯。

⑦苯，分析纯，重蒸。

⑧乙酸酐，分析纯。

⑨硫酸，分析纯，ρ=1.84g/ml。

⑩无水硫酸钠，分析纯。

⑪二甲基亚砜（DMSO）：用前只用环己烷萃取两次（500ml 二甲基亚砜加 50ml 环己烷萃取）。弃去环己烷后备用。

6. 步骤

（1）样品预处理

①取均匀的水样于分液漏斗中（清洁水和地表水取 2000ml 于 3000ml 分液漏斗中，工业废水取 1000ml 于 2000ml 分液漏斗中），用环己烷萃取两次，每次用 50ml。在康氏振荡器上振荡 3min，取下放气，静置 0.5h，待分层后，收集两次萃取的环己烷于具塞锥形瓶中，弃去水相。

②在环己烷萃取液中加入无水硫酸钠（约 20～50g），静置至完全脱水（约 1～2h，至锥形瓶底部无水为止）。如果环己烷萃取液颜色较深，则将脱水后的环己烷定容至 100ml，再取其一定体积浓缩。如环己烷萃取液颜色较浅，则全部浓缩。水浴温度控制在 70～75℃，用 K-D 浓缩器减压浓缩近干，用苯洗涤浓缩管管壁三次，每次 3 滴，再浓缩至 0.05ml，以备纸层析用。

③取 15cm×30cm 预先制备好的乙酰化滤纸，在长 30cm 的下端 3cm 处，用铅笔轻轻画一横线，横线两端各留出 1.5cm，以 2.4cm 的间隔将标准 BaP 与样品浓缩液用玻璃毛细管交叉点样。点样斑点直径不要超过 3～4mm。点样过程中用冷风吹干。每个浓缩管洗两次，每次用 1 滴苯，全部点在纸上。将点过样的层析滤纸挂在层析缸内架上，加入展开剂（甲醇+乙醚+蒸馏水=4+4+1），直到纸上端浸入 1cm 为止。加盖，用透明胶纸密封，于暗室中展开 2～16h（可根据工作安排，灵活选择展开时间）。取出层析滤纸，在紫外分析仪下用铅笔画出标准 BaP 斑点以及样品中与其高度相同的紫蓝色斑点范围。

④剪下用铅笔圈出的斑点，剪成小条，分别放入 5ml 具塞离心管中，在 105～110℃烘箱中烘 10min（或在干燥器中晾干，也可在清洁空气中晾干）。在干燥器内冷却后，加入丙酮至标线，用手振荡 1min 后，以 3000r/min 的速度离心 2min。上清液留待测量用。

（2）样品测定

将标准 BaP 斑点和样品斑点的丙酮洗脱液分别倒入 10mm 的石英池中，在激发、发射狭缝分别为 10nm 和 2nm，激发波长为 367nm 处，测其发射波长 402、405、408nm 处的相对荧光强度（F），如图 4-4-26 所示。

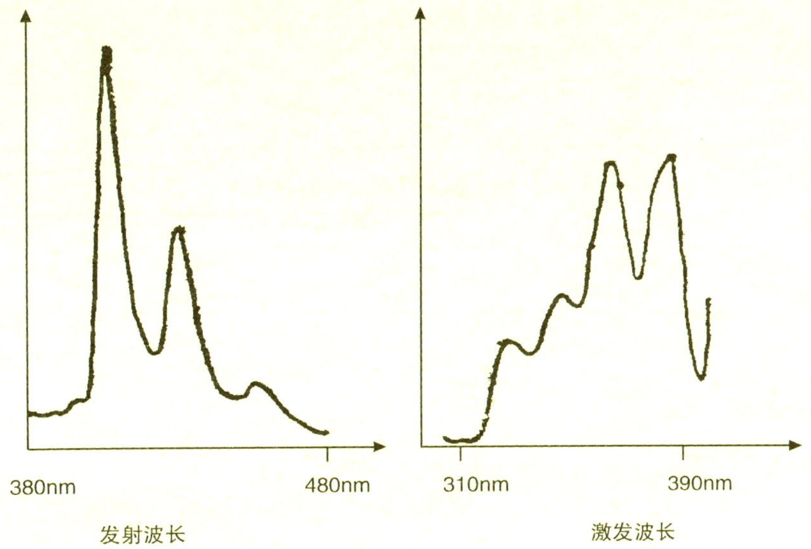

图 4-4-26　激发波长 367nm，发射波长 402、405、408nm 处的相对荧光强度

7. 计算

用窄基线法按下列公式计算出标准 BaP 和样品中 BaP 的相对荧光强度（F），再计算水样中 BaP 的含量（相对比较计算法）。

$$F = F_{405\text{nm}} - \frac{F_{402\text{nm}} + F_{408\text{nm}}}{2}$$

$$C = \frac{M \cdot F_2}{F_1 \cdot V} \times R$$

式中：C——水样中 BaP 含量（μg/L）；

M——标准 BaP 点样量（μg）；

F_1、F_2——标准 BaP 和样品斑点的相对荧光强度；

V——水样体积（L）；

R——环己烷萃取液总体积与浓缩时所取的环己烷萃取液的体积之比值。

8. 精密度和准确度

（1）精密度

五个实验室自行配制的含有 BaP 约 0.2μg/L 的焦化废水的精密度见表 4-4-47。

表 4-4-47　精密度

实验室编号	1	2	3	4	5
测得平均值(μg/L)	0.230	0.199	0.213	0.202	0.179
相对标准偏差(%)	6.9	8.0	13.0	6.6	

（2）准确度

两种工业废水的加标回收率见表 4-4-48、表 4-4-49。

表 4-4-48 焦化废水加标回收结果

实验室编号	1	2	3	4	5
回收率(%)	107.0	93.3	121.0	99.0	6.6
相对标准偏差(%)	6.9	8.0	13.0	73.3	4.2

表 4-4-49 沥青废水加标回收结果

实验室编号	1	2	3	4
回收率(%)	79.8	83.0	81.4	93.3
相对标准偏差(%)	4.4	12	7.6	6.2

9. 注意事项

①石油、含油污水为去除干扰物需按下述操作进行：

将上述 100ml 环己烷萃取液定容后取出 30ml，放入 100ml 分液漏斗中用二甲基亚砜（DMSD）（先用环己烷饱和）萃取两次，每次 10ml，手摇 2min，**注意放气**。静置 0.5h，待分层后收集两次萃取的 DMSO 液于另一个 100ml 分液漏斗中，弃去环己烷液。于已放入 10ml DMSO 的 100ml 分液漏斗中，加入事先用冰冷却过的（1+1）HCl 15ml，冷却至室温，再用环己烷反萃取两次，每次 5ml，手摇 2min，**注意放气**。合并两次环己烷萃取液 10ml 于 100ml 分液漏斗中，加 5ml 15% NaOH 溶液洗 1 次，摇 2min，弃去 NaOH 水相，再用水洗 2～3 次，直至洗涤后的水 pH 为 7 时，弃去水相。将环己烷萃取液加无水硫酸钠脱水后，在 K-D 浓缩器上浓缩。以下步骤包括乙酰化滤纸层析分离，荧光分光光度法测量，计算等同上。

②测量后的 BaP 丙酮洗脱液切勿随意丢弃，可放入通风柜中的专用大烧杯中，统一处理。

③本实验应在避免阳光直接照射下进行。

④所有玻璃器皿必须用洗液浸泡 4h 以后洗涤。

十五、二噁英类

气相色谱-质谱法（GC-MS）（C）

多氯代二苯并对二噁英（polychlorinated dibenzo-p-dioxins，简称 PCDDs）和多氯代二苯并呋喃（polychlorinated dibenzofurans，简称 PCDFs）通常被称为二噁英类化合物（dioxins）。它们都是三环氯代芳香化合物，并且侧位（2, 3, 7, 8-位）被氯取代的那些化合物具有很强的毒性，其中 2, 3, 7, 8-四氯代二苯并二噁英（TCDD）是目前已发现的最毒的有机化合物之一，有“世纪之毒”之称。世界各国科学家们通过对动物的暴露实验一致认为：二噁英类化合物有很强的致癌、致畸、致突变效应和生殖毒性，已被列入干扰内分泌的环境激素类物质。二噁英的来源极为广泛，氯碱工业的电解废渣、垃圾焚烧产生的飞灰、纸浆漂白的废水、有机氯生产及钢铁工业生产过程中都会产生大量的二噁英。

由于二噁英类异构体有 210 种之多，而且需要常规监测的异构体也超过了 15 种，为了达到较好的分离度和测定效果，高分离度气相色谱-高分辨质谱法（HRGC-HRMS）是最为有效的方法。

水环境中的二噁英类除了有水中溶解的部分外，还很容易被水中的悬浮物吸附并沉降，另外受到紫外线照射还会部分分解。因此，采样后要避光保存，并尽快测定，否则须在 4℃左右暗处冷藏，最多不能超过 48h。

1. 方法原理

在水样中加入同位素净化内标后，用液-液萃取或硅胶柱、氧化铝柱净化，加入进样内标。使用毛细管色谱（GC）和双聚焦质谱（MS）即 GC-MS 测定。要求分辨率在 10000 以上，对内标物分辨率要求在 12000 以上。为了区别出各种异构体，须将校正质量用的内标物质和测定样品同时导入离子源，用锁定质量方式选择离子检测（SIM）法进行测定，以校正检测选择离子附近质量离子的质量微小变化。用保留时间及离子强度之比定性鉴定二噁英，以内标法定量。

该方法的基本流程如图 4-4-27。

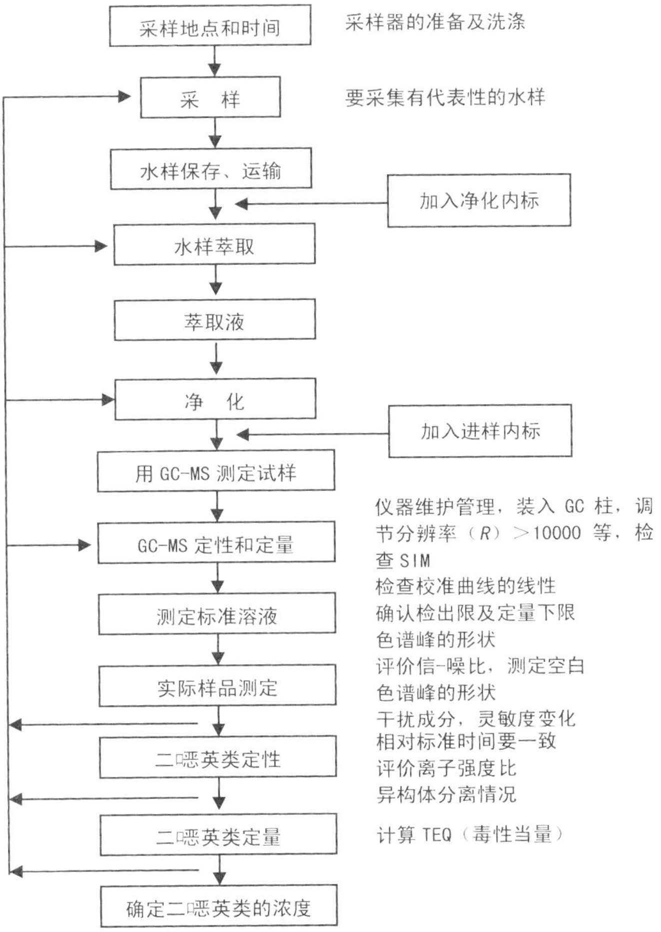

图 4-4-27 水中二噁英类的分析方法流程示意图

2. 方法的适用范围

本方法可测定地表水、生活污水和工业废水中含4～8个氯原子的多氯二苯并对二噁英和多氯二苯并呋喃（以下简称为二噁英类）。在GC-MS装置中，GC采用毛细管色谱柱，MS采用分辨率在10000以上的双聚焦质谱仪。本方法中GC-MS的检出下限，根据使用的仪器设备及测量条件的变化有所不同，但必须达到以下检出限指标：四氯和五氯化合物在0.1pg以下，六氯和七氯化合物在0.2pg以下，八氯化合物在0.5pg以下。

3. 试剂

①甲醇：残留农药分析纯。
②丙酮：残留农药分析纯。
③甲苯：残留农药分析纯。
④二氯甲烷：残留农药分析纯。
⑤正己烷，壬烷：残留农药分析纯。
⑥无水Na_2SO_4：优级纯。
⑦HCl：优级纯。
⑧H_2SO_4：优级纯。
⑨KOH：优级纯。
⑩$AgNO_3$：优级纯。
⑪正己烷净化水：将纯水用正己烷萃取洗净三次。
⑫含二氯甲烷的正己烷：二氯甲烷与正己烷按2∶98的体积比混合；二氯甲烷与正己烷按5∶95的体积混合；二氯甲烷与正己烷按1∶1的体积比混合。

4. 器具

①硅胶：将色谱柱用硅胶（63～212μm）放入烧杯中用甲醇洗净，使甲醇挥发后将硅胶放入烧杯或蒸发皿中，厚度不超过10mm，于130℃加热18h，之后于真空干燥器中放置冷却，然后放入密闭磨口瓶中，置于干燥器中保存备用。

②2% KOH硅胶：将100g硅胶加入40ml 50g/L的KOH水溶液中，在50℃下减压脱水，待水分完全除去后升温至50～80℃继续减压脱水1h成粉末状。密封后在干燥器中保存备用。

③22%硫酸硅胶：在100g硅胶中加入28.2g H_2SO_4，充分振荡成粉末状后密封保存于干燥器中。

④44%硫酸硅胶：在100g硅胶中加入78.6g H_2SO_4，其余同上。

⑤10%硝酸银硅胶：在100g硅胶中加入28ml 400g/L的$AgNO_3$水溶液，减压脱水至水分完全除去，放入棕色瓶中密封、遮光，在干燥器中保存。

⑥氧化铝：色谱柱用氧化铝（碱性，活度I），最好购买经活化后的产品直接使用。当须活化时，活化步骤是在烧杯中加入厚度不大于10mm的氧化铝，130℃加热干燥8h（或500℃，8h），置于干燥器中约30min，冷却后密封保存，经活化后应尽快使用。

⑦玻璃纤维滤膜：0.6μm粒径的颗粒物不能穿过的滤膜。

⑧萃取用固相圆盘（或柱）：具有十八烷基（ODS）化学键合硅胶圆盘或具有同等萃取性能的萃取柱。

⑨氮气：高纯氮。

⑩玻璃器皿：全玻璃制品，使用前用甲醇（或丙酮）、甲苯（或二氯甲烷）充分洗净。

⑪固相萃取装置：由固相萃取圆盘、漏斗、支撑过滤网、垫圈、底管、弹簧夹、橡胶栓、吸管及抽吸泵等部分组成。

⑫索氏提取器：连接部分不能使用润滑油（脂）等密封。

⑬浓缩器：K-D 浓缩器或旋转蒸发器，连接部分不能使用润滑油（脂）。

⑭布氏漏斗。

5. 标准物质及标准溶液

①质量校正用的标准物质：PFK（全氟煤油）等质谱分析用的高沸点物质。

②标准样品：内标法中对二噁英类定性和定量分析用的标准物质列于表 4-4-50。

③内标准物质：净化内标和进样内标常使用 ^{13}C 或 ^{37}Cl 标记的同位素化合物，如 ^{13}C-2, 3, 7, 8-TeCDF/TeCDD，或 ^{37}Cl-2, 3, 7, 8-TeCDD 等。

④校准曲线：将标准样品和净化内标及进样内标混合，在 GC-MS 定量范围内以 GC-MS 检测下限的三倍为最低浓度，用壬烷稀释制备五个不同浓度的标准溶液，配制成的标准溶液浓度如表 4-4-51 所示。

表 4-4-50　二噁英类标准物质

	PCDDs	PCDFs	
四氯化物	2, 3, 7, 8-TeCDD	2, 3, 7, 8-TeCDF	
五氯化物	1, 2, 3, 7, 8-PeCDD	1, 2, 3, 7, 8-PeCDF	2, 3, 4, 7, 8-PeCDF
六氯化物	1, 2, 3, 4, 7, 8-HxCDD 1, 2, 3, 6, 7, 8-HxCDD 1, 2, 3, 7, 8, 9-HxCDD	1, 2, 3, 4, 7, 8-HxCDF 1, 2, 3, 7, 8, 9-HxCDF	1, 2, 3, 6, 7, 8-HxCDF 2, 3, 4, 6, 7, 8-HxCDF
七氯化物	1, 2, 3, 4, 6, 7, 8-HpCDD	1, 2, 3, 4, , 6, 7, 8-HpCDF	1, 2, 3, 4, 7, 8, 9-HpCDF
八氯化物	1, 2, 3, 4, 6, 7, 8, 9-OCDD	1, 2, 3, 4, 6, 7, 8, 9-OCDF	

表 4-4-51　校准曲线用的标准溶液配制

标准物质	浓　度(μg/L)				
2, 3, 7, 8-TeCDD 1, 2, 3, 7, 8-PeCDD	0.4	2.0	10	40	200
1, 2, 3, 4, 7, 8-HxCDD 1, 2, 3, 6, 7, 8-HxCDD 1, 2, 3, 7, 8, 9-HxCDD 1, 2, 3, 4, 6, 7, 8-HpCDD	1.0	5.0	25	100	500
OCDD	2.0	10	50	200	1000
2, 3, 7, 8-TeCDF 1, 2, 3, 7, 8-PeCDF 2, 3, 4, 7, 8-PeCDF	0.4	2.0	10	40	200

标准物质	浓 度(μg/L)				
1, 2, 3, 4, 7, 8-HxCDF	1.0	5.0	25	100	500
1, 2, 3, 6, 7, 8-HxCDF					
1, 2, 3, 7, 8, 9-HxCDF					
2, 3, 4, 6, 7, 8-HxCDF					
1, 2, 3, 4, 6, 7, 8-HpCDF					
1, 2, 3, 4, 7, 8, 9-HpCDF					
OCDF	2.0	10	50	200	1000
$^{13}C_{12}$-2, 3, 7, 8-TeCDD	100	100	100	100	100
$^{13}C_{12}$-1, 2, 3, 4-TeCDD					
$^{13}C_{12}$-1, 2, 3, 7, 8-PeCDD					
$^{13}C_{12}$-1, 2, 3, 4, 7, 8-HxCDD					
$^{13}C_{12}$-1, 2, 3, 6, 7, 8-HxCDD					
$^{13}C_{12}$-1, 2, 3, 7, 8, 9-HxCDD					
$^{13}C_{12}$-1, 2, 3, 4, 6, 7, 8-HpCDD					
$^{13}C_{12}$-OCDD	200	200	200	200	200
$^{13}C_{12}$-2, 3, 7, 8-TeCDF	100	100	100	100	100
$^{13}C_{12}$-1, 2, 3, 7, 8-PeCDF					
$^{13}C_{12}$-2, 3, 4, 7, 8-PeCDF					
$^{13}C_{12}$-1, 2, 3, 4, 7, 8-HxCDF					
$^{13}C_{12}$-1, 2, 3, 6, 7, 8-HxCDF					
$^{13}C_{12}$-1, 2, 3, 7, 8, 9-HxCDF					
$^{13}C_{12}$-2, 3, 4, 6, 7, 8-HxCDF					
$^{13}C_{12}$-1, 2, 3, 4, 6, 7, 8-HpCDF					
$^{13}C_{12}$-1, 2, 3, 4, 7, 8, 9-HpCDF					
$^{13}C_{12}$-OCDF	200	200	200	200	200

6. 仪器及测量条件

（1）气相色谱仪（GC）

①进样部分：不分流进样或柱上进样方式。最高使用温度为 250～280℃。

②色谱柱：内径 0.25～0.32mm，长 25～60m 的熔融石英毛细柱。

当测定二噁英类时，为了使 2, 3, 7, 8-氯取代的各种异构体得到良好的分离，要选用对各种异构体的出峰顺序能够清楚判别的色谱柱，尽可能选择两种以上不同极性的色谱柱并用。

分析二噁英类推荐使用 SP-2331、HP-5、DB-17、CP-Sil88 等色谱柱。

③载气：高纯氦，99.999%以上。

④柱温：50～350℃，并能通过程序升温达到待测物质的最佳分离温度。

（2）质谱仪（MS）

①双聚焦型。

②分辨率：10000 以上，当使用 $^{13}C_{12}$-OCDF 作为内标物时，通过选择毛细柱分辨率要

达到约 12000。

③离子检测方式：选择离子检测（SIM）。

④离子化方式：电子轰击离子化（EI）。

⑤离子源温度：250～300℃。

⑥离子化电流：0.5～1mA。

⑦电子加速电压：30～70V。

⑧离子加速电压：5～10kV。

（3）测定条件

GC-MS 测定条件的设定：

1）GC：在测定二噁英类时，须使 2, 3, 7, 8-氯取代的各异构体的色谱峰与其它异构体的色谱峰得到良好的分离，为了使各种氯代化合物在保留时间的范围内得到稳定的响应，选择色谱柱温度、进样口温度、载气流量等，推荐条件见表 4-4-53 和表 4-4-54。

2）质谱仪（MS)：质谱仪应满足以下条件：

①分辨率：分辨率在 10000 以上，以 $^{13}C_{12}$-OCDF 为内标物时，选择 GC 柱条件使分辨率达 12000。

②测定方式：用质量校正标准物质的锁定质量方式选择离子检测（SIM）法。

③测定质量数：样品和内标物质中各种氯化物分别各设定两个以上的选择离子及锁定质量用的质量数。二噁英类的质量数见表 4-4-52。

毛细管色谱柱得到的峰宽约为 5～10s，为了确保每个峰具有足够的数据采集量，必须使选择离子检测的采样周期在 1s 以下。一次测定设置的通道数必须兼顾所要求的灵敏度。

考虑到色谱图上各个峰的保留时间，最好以时间分割组合方式测定。这样必须对每组成分及内标物质设定适当测定条件(见表 4-4-53 和表 4-4-54)。

表 4-4-52 测定二噁英类的质量设定数（即检测离子）

分类	氯置换体	M^+	$(M+2)^+$	$(M+4)^+$
待测物质	TCDDs	319.8965	321.8936	
	pentaCDDs	353.8576	355.8546	357.8517[1)]
	hexaCDDs	387.8186	389.8156	391.8127[1)]
	heptaCDDs		423.7767	425.7737
	OCDD		457.7377	459.7348
	TCDFs	303.9016	305.8987	
	pentaCDFs		339.8597	341.8568
	hexaCDFs		373.8207	375.8178
	heptaCDFs		407.7818	409.7788
	OCDF	439.7457	441. 7428	443.7398

分类	氯置换体	M^+	$(M+2)^+$	$(M+4)^+$
内标物质	$^{13}C_{12}$-TCDDs	331.9368	333.9339	
	$^{37}Cl_4$-TCDDs	327.8847		
	$^{13}C_{12}$-pentaCDDs	365.8978	367.8949	369.8919
	$^{13}C_{12}$-hexaCDDs	399.8589	401.8559	403.8530
	$^{13}C_{12}$-heptaCDDs	315.9419	435.8169	437.8140
	$^{13}C_{12}$-OCDD		469.7779	471.7750
	$^{13}C_{12}$-TCDFs		317.9389	
	$^{13}C_{12}$-pentaCDFs		351.9000	353.8970
	$^{13}C_{12}$-hexaCDFs	451.7860	385.8610	387.8580
	$^{13}C_{12}$-heptaCDFs		419.8220	421.8191
	$^{13}C_{12}$-OCDF		453.7830	455.7801
质量校正用标准物质（PFK）		330.9792（4, 5 位氯化物定量）		
		380.9760（5, 6 位氯化物定量）		
		430.9729（7, 8 位氯化物定量）		
		442.9729（7, 8 位氯化物定量）		

二噁英的测定可能受多氯联苯类的干扰。

表 4-4-53　二噁英类的 GC-MS 测定条件

GC	1.测定目标物质 TeCDDs～HxCDDs、TeCDFs～HxCDFs 的同系物及 2, 3, 7, 8-氯取代异构体 色谱柱：SP-2331，内径 0.25mm，长 60m，膜厚 0.2μm。 色谱柱温度：100℃(1min)→(20℃/min)→200℃→(2℃/min)→260℃ 进样口温度：260℃ 进样方式：不分流进样(60s) 进样量：1μl 2.测定目标物质 HpCDDs、OCDD、HpCDFs、OCDF 的同系物及 2, 3, 7, 8-氯取代异构体 色谱柱：HP-5，内径 0.20mm，长 30m，膜厚 0.15μm 色谱柱温度：100℃(1min)→(20℃/min)→200℃→(5℃/min)→300℃ 进样口温度：300℃ 进样方式：不分流进样方式(60s) 进样量：1μl
MS	分辨率：10000 以上 电子加速电压：70V 离子化电流：1mA 离子源温度：270℃ 测定方法：离子锁定方式的 SIM 法

表 4-4-54　二噁英类的 GC-MS 测定条件

GC	1.测定目标物质 TeCDDs～OCCDDs、TeCDFs～OCDFs 的所有同系物及主要的 2, 3, 7, 8-氯取代异构体 色谱柱：SP-2331，内径 0.25mm，长 60m，膜厚 0.2μm 色谱柱温度：180℃(3min)→(3℃/min)→230℃→(3min)→(3℃/min)→260℃(30min) 进样口温度：170～300℃(100℃/min) 进样方式：柱上进样 进样量：1μl
MS	2.测定目标物质 离子源温度：270℃ 测定方法：离子锁定方式的 SIM 法 TeCDDs～OCDDs、TeCDFs～OCDFs 的所有同系物及一部分 2, 3, 7, 8-位的同系物及 2, 3, 7, 8-氯取代异构体 色谱柱：DB-17，内径 0.32mm，长 30m，膜厚 0.25μm。 色谱柱温度：150℃(3min)→20℃/min→200℃→3℃/min→280℃ 进样口温度：150～300℃(100℃/min) 进样方式：柱上进样(60s) 进样量：1μl 分辨率：10000 以上 电子加速电压：35～40V 离子化电流：0.5mA

6. 样品预处理

（1）固相萃取

水样中加入净化内标后，根据水样量、共存有机干扰物的量和种类选取使用固相萃取或液液萃取。固相萃取的步骤为：

①过滤：将已加入净化内标的水样通过 0.45μm 玻璃纤维滤膜过滤，将颗粒物与水相分开。当水样中悬浮物较多时，滤膜容易堵塞，可用不同孔径的滤纸（或膜）多次过滤后，再用 0.45μm 玻璃纤维滤膜过滤。

②固相萃取圆盘的安装：将固相萃取圆盘置于抽滤芯的滤网上，用甲苯浸润后在上方安置漏斗，用夹子夹紧，组装成固相萃取装置。加入约 15ml 甲苯，当甲苯自然滴落时开始抽滤，缓缓抽滤 1min 以上保证除尽甲苯，加入 15ml 丙酮，操作同前。加入 15ml 甲醇浸泡约 1min，抽滤至圆盘表面约剩 1mm 甲醇时停止抽吸。再分别用 50ml 纯水（用（1+1）正己烷净化水）洗涤二次，注意不能将圆盘抽干。

③萃取：将过滤后的水样注入上述的漏斗中，以约 100ml/min 的流速抽滤（注意防止固相萃取圆盘吸附饱和，一般一个约 90mm 圆盘只能用于 5L 以下水样）。漏斗内水样抽滤完之前，用少量纯水洗涤水样瓶内壁，抽滤至漏斗无水为止，将圆盘取出、风干。

干燥之后将固相萃取圆盘与玻璃纤维滤膜一起用甲苯索氏提取 16h。

水样容器内壁用甲苯或二氯甲烷洗涤，洗涤液经无水硫酸钠脱水后与索氏提取后的溶液合并。

用浓缩器将提取液浓缩后置于 10ml（或 50ml）容量瓶中，用甲苯定容。

（2）液-液萃取

①过滤：同上①。

②萃取：将滤液放入分液漏斗中，以每升滤液加入 100ml 萃取剂甲苯或二氯甲烷的比例加入萃取剂，振荡萃取约 20min。用甲苯萃取 10 次，若用二氯甲烷则需萃取三次，用无水硫酸钠脱水后将萃取液合并。

玻璃纤维滤膜上的颗粒物经风干后，用甲苯进行索氏提取 16h 以上，将提取液和萃取液合并。

水样容器内壁用甲苯或二氯甲烷洗涤，洗涤液经无水硫酸钠脱水后与上述合并溶液合并。

（3）硫酸处理-硅胶净化柱或多层硅胶净化柱

将固相萃取或溶剂萃取后的萃取液经过分离、净化，除去干扰物质。

硫酸-硅胶净化柱：如果须除硫化物时，要先经 $AgNO_3$ 处理后再用硫酸处理，即将 $AgNO_3$ 硅胶填于柱中，使萃取液通过该柱。

①分取适量萃取液用浓缩器浓缩至约 5ml，再通入 N_2 浓缩至 500μl（**注意 N_2 不能吹得太快，防止待测成分损失或干涸。以下同**）。

②将此溶液用 50～150ml 甲苯边洗边放入 300ml 的分液漏斗中，加入 5ml 硫酸，缓缓振摇，静置后除去硫酸层，再加入硫酸重复 3～4 次，直至硫酸层颜色很浅为止（当加入硫酸时，硫酸与有机物反应激烈，要注意安全）。

③用甲苯洗涤过的纯水反复洗涤甲苯层，直到洗涤水为中性为止。用无水硫酸钠脱水再用浓缩器浓缩至约 2ml。

④在净化柱的底部填入玻璃棉，用 10ml 甲苯洗涤柱管，玻璃棉上应留有少许甲苯。取 3g 硅胶与 10ml 甲苯放入烧杯中，用玻璃棒轻轻搅拌混匀，并除去气泡。用湿法将硅胶装入净化柱中。使甲苯流过柱管，待硅胶层填实后，在上面装入约 10mm 厚的无水硫酸钠，用数毫升甲苯洗下柱管壁可能粘附的硫酸钠。

⑤使硅胶柱中流过 50ml 正己烷，并使液面正好在硫酸钠层的表面，将③中的溶液慢慢移入柱中，并用 1ml 正己烷多次洗涤容器后移入柱中，放出柱中溶液使液面降至硫酸钠层以下。将装有 150ml 正己烷的分液漏斗置于净化柱上，以约 2.5ml/min 的流速（约每秒 1 滴）使正己烷流过硅胶柱淋洗。

⑥用浓缩器将正己烷淋洗液浓缩至约 5ml，再进行氧化铝柱净化。

（4）多层硅胶净化柱

①净化柱的制备：在净化柱管（内径 15mm）的底部填入玻璃棉后，顺次填入 0.9g 硅胶，2%氢氧化钾硅胶 3g，硅胶 0.9g，硫酸（44%）硅胶 4.5g，硫酸（22%）硅胶 6g，硅胶 0.9g，硝酸银（10%）硅胶 3g 及无水硫酸钠 6g。

②使 50ml 正己烷流过多层硅胶柱，并使液面保留至刚好在硫酸钠层以上。

③分取适量经固相或液-液萃取后的样品，用浓缩器浓缩至约 5ml，吹 N_2 使甲苯挥发后约剩 500μl，将此溶液缓慢倒入净化柱中。

④用 1ml 正己烷洗涤萃取液容器，将洗涤液缓缓过柱，此操作反复进行 2～3 次。

⑤在净化柱上方安装盛有 120ml 正己烷的分液漏斗，以 2.5ml/min（约每秒 1 滴）流速使正己烷流下。

⑥将正己烷流出液浓缩至约 5ml，以此作为下述氧化铝净化柱的操作溶液。若净化柱

颜色较深，则须重复上述①～⑤步骤。

（5）氧化铝柱净化

①在净化管底部装入玻璃棉，用 10ml 正己烷洗净管内壁，在玻璃棉中要残存有少许正己烷。取 10g 氧化铝放于烧杯中，加入 10ml 正己烷，用玻璃棒搅拌除去气泡后填充入净化管中。使正己烷流过，将氧化铝层压紧。从上方再放入约 10mm 厚的无水硫酸钠，用数毫升正己烷洗脱可能附着于管内壁的硫酸钠。再用 50ml 正己烷流过氧化铝柱，液面保持在刚好到达硫酸钠层的上方。

②小心加入适量经前述（3）⑥或（4）⑥制备的样品，并用 1ml 正己烷洗涤数次，当正己烷液面降至硫酸钠表面下之后，以 2.5ml/min（约每秒 1 滴）的流速流过含 2%二氯甲烷的正己烷 100ml。这样得到第一组分试样，密闭，冷藏保存。

③将 150ml 含 50%二氯甲烷的正己烷以 2.5ml/min（约每秒 1 滴）的流速过氧化铝柱，得到第二组分试样，该试样中含有二噁英类。

④将第二组分试样用浓缩器浓缩至约 5ml，并用 N_2 吹脱，使溶剂挥发至约 500μl 后加入进样内标，并使该内标物浓度与校准曲线浓度大致相同，加入 0.5ml 壬烷（亦可加入甲苯、癸烷或 2, 2, 4-三甲基戊烷），再用 N_2 吹至 20～100μl，此为测定二噁英类的试样。

7. 测定

（1）质谱仪的调整

调整完仪器运行状态及必要的测定条件后，导入质量校正用的标准物质，用质量校正程序校正。质量标准和分辨率（10000 以上）等应根据测定目的校正所需要的值，特别是在整个测定质量范围内必须调整分辨率都在 10000 以上。一般在测定之初进行质量校正，校正结果要一直保存。

（2）SIM 测定

①设定 GC-MS 测定条件。

②导入质量校正用标准物质并使其检测通道的响应稳定后，再进行测定。

③记录所设定的各种氯化合物质量数及其色谱图。

④完成测定后在进行数据处理之前，要确定每个试样在质量校正用标准物质的检测通道、有无干扰成分、2, 3, 7, 8-氯取代化合物的异构体分离效果等。

（3）校准曲线的绘制

1）标准溶液的测定：每个浓度的标准溶液至少进样三次，按（2）的 SIM 操作进行测定，全部标准系列得到 15 个以上的数据。

2）峰面积之比的确认：从各种标准物质对应的两个质量数的离子峰面积之比应与氯原子同位素丰度比大体一致。

3）计算相对灵敏度：

①求出各标准物质及内标的峰面积。用各标准物质对应的净化内标的峰面积之比和注入 GC-MS 的标准物质和内标的校准浓度比制作校准曲线，计算出相对灵敏度（RRF_{CS}）。

RRF_{CS} 按下式计算，取每种浓度的平均值，但测定数据的相对标准偏差应小于 5%。用最小二乘法进行线性回归，其斜率即为 RRF_{CS}，若线性好时则截距为零。

$$RRF_{CS} = \frac{Q_{CS}}{Q_S} \times \frac{A_S}{A_{CS}}$$

式中：RRF_{CS}——测定目标物与净化内标的相对灵敏度；

Q_{CS}——标准溶液中净化内标的量（pg）；

Q_S——标准溶液中测定目标物的量（pg）；

A_S——标准溶液中测定目标物的峰面积；

A_{CS}——标准溶液中净化内标的峰面积。

②用净化内标计算的相对灵敏度：

$$RRF_{rS} = \frac{Q_{rS}}{Q_{CS}} \times \frac{A_{CS}}{A_{rS}}$$

式中：RR_{Frs}——净化内标与进样内标的相对灵敏度；

Q_{CS}——标准溶液中进样内标的量（pg）；

Q_{CS}——标准溶液中净化内标质量（pg）；

A_{CS}——标准溶液中净化内标的峰面积；

A_{rS}——标准溶液中进样内标的峰面积。

（4）样品测定

①校准曲线的确认：按 SIM 测定操作，以标准溶液绘制校准曲线，并按与（3）同样的各种异构体及其相应的净化内标计算出相对灵敏度（RRF_{CS}），并且计算出净化内标及其相应的进样内标的相对灵敏度（RRF_{rS}）。

相对灵敏度相差在±20%以内才可使用校准曲线，如果超过±20%须找出原因，重新绘制校准曲线。

②试样的测定：用经萃取、净化程序制备的试样进行 SIM 操作，测量各种含氯化合物质量数的色谱峰。

③灵敏度变化的确认：每天至少一次用校准曲线的中间浓度点计算相对灵敏度（RRF_{CS}），误差必须在±20%，否则查出原因重新测定。

检查保留时间的变化情况，如果 1d 之内保留时间变化超过±5%，与内标物质的相对保留时间之比超过±2%时，必须找出原因，重新测定试样。

（5）色谱峰的检测

①进样内标的确认：测定试样中的进样内标的峰面积必须达到标准溶液中进样内标峰面积的 70%以上，否则找出误差的原因，重新测定。

②色谱峰的检测：在色谱图上，对于基线噪声宽度（N）三倍以上峰高时的色谱峰（即峰高达 S/N=3 时的色谱峰，进行下述定性和定量操作。

噪声宽度（N）及峰高（S）按下述方法求得：首先测定峰附近（在峰半宽约 10 倍的范围内）噪声，测量标准偏差的二倍即为噪声宽度（N）。以操作的中间值为基线，到峰的顶部为峰高（S）。若得到的色谱图基线不高于仪器的零点则不能测量噪声，因此测量前应先确认基线，必要时重新启动仪器，重新调整后再进行测量。

③峰面积的计算：以②中所测的峰计算其面积。

（6）二噁英类的定性测量

①二噁英类定性：测量两个以上离子的色谱峰面积之比并与相应的标准对照。如表

4-4-55 中所示，若误差在±15%以内（检出限三倍以下浓度时放宽误差至 25%），该峰即为相应的二噁英类。当定性检测没有标准物质的异构体时只能查阅文献资料。

②2, 3, 7, 8-氯取代异构体定性检测：定性检测二噁英类中 2, 3, 7, 8-氯取代异构体时，色谱峰的保留时间和标准物质大致相同，对应的内标及其保留时间和标准物质一致时，即可定性。

表 4-4-55 二噁英类的离子丰度比

	M	M+2	M+4	M+6	M+8	M+10	M+12	M+14
TeCDDs	77.43	100.00	48.74	10.72	0.94	0.01		
PeCDDs	62.06	100.00	64.69	21.08	3.50	0.25		
HxCDDs	51.79	100.00	80.66	34.85	8.54	1.14	0.07	
HpCDDs	44.43	100.00	96.64	52.03	16.89	3.32	0.37	0.02
OCDD	34.54	88.80	100.00	64.48	26.07	6.78	1.11	0.11
TeCDFs	77.55	100.00	48.61	10.64	0.92			
PeCDFs	62.14	100.00	64.57	21.98	3.46	0.24		
HxCDFs	51.84	100.00	80.54	34.72	8.48	1.12	0.07	
HpCDFs	44.47	100.00	96.52	51.88	16.80	3.29	0.37	0.02
OCDF	34.61	88.89	100.00	64.39	25.98	6.74	1.10	0.11

（7）二噁英类的定量测量

①各异构体的定量：萃取液中定性检测后的 2, 3, 7, 8-氯取代的量（Q_i），是以对应的净化内标的加入量为基准，使用内标法（下式）定量求得。其他异构体也用同样的方法。

$$Q_i = \frac{A_i}{A_{CSi}} \times \frac{Q_{CSi}}{RRF_{CS}}$$

式中：Q_i——全部试样萃取液中各异构体的量（pg）；

A_i——色谱图上异构体的峰面积；

A_{CSi}——对应的净化内标的峰面积；

Q_{CSi}——对应的净化内标的加入量（pg）（若分取部分萃取液进行测定时，要校正）；

RRF_{CS}——对应净化内标的相对灵敏度（在测定不是 2, 3, 7, 8-氯取代异构体时，使用 2, 3, 7, 8-氯取代异构体相对灵敏度的平均值）。

②浓度的计算：从测得各种异构体的量按下式计算试样中的浓度，有效数字只要求保留两位。

$$C_i = (Q_i - Q_t) \times \frac{1}{V}$$

式中：C_i——水样中各异构体的浓度（pg/L）；

Q_i——萃取液总量中异构体的量（pg）；

Q_t——异构体的空白量（pg）；

V——取样量（L）。

8. 结果的表示和报告

在二噁英类的测定结果中，要记录 2, 3, 7, 8-氯取代的各种异构体浓度（根据需要对

1, 3, 6, 8-TeCDD、1, 2, 7, 8-TeCDF 等异构体的浓度也要定量记录)、4～8 氯取代化合物(TeCDDs～OCDD 及 TeCDFs～OCDF)及异构体浓度，并计算其总和。

当各种异构体浓度在试样的定量下限以上时，如实记录；而在检出限以上定量下限以下时，为了表示出与其它值的区别及精密度难以保证时，以括号注明。

1)浓度单位：以 pg/L 表示。

2)毒性当量(TEQ)的换算：以测定浓度和毒性等价系数(TEF，2, 3, 7, 8-TeCDD Toxicity Equivalency Factor)相乘，以 pg-TEQ/L 表示。

3)毒性等价系数(TEF)：表 4-4-56 所列出两组的 TEF 有所不同。两种都可以使用，但必须注明使用的是哪一种。

表 4-4-56 二噁英类的毒性等价系数

	异构体	TEF(1988)*	TEF(1997)**
PCDDs	2, 3, 7, 8-TeCDD	1	1
	1, 2, 3, 7, 8-PeCDD	0.5	1
	1, 2, 3, 4, 7, 8-HxCDD	0.1	0.1
	1, 2, 3, 6, 7, 8-HxCDD	0.1	0.1
	1, 2, 3, 7, 8, 9-HxCDD	0.1	0.1
	1, 2, 3, 4, 6, 7, 8-HpCDD	0.01	0.01
	1, 2, 3, 4, 6, 7, 8, 9-OCDD	0.001	0.0001
	其它	0	0
PCDFs	2, 3, 7, 8-TeCDF	0.1	0.1
	1, 2, 3, 7, 8-PeCDF	0.05	0.05
	2, 3, 4, 7, 8-PeCDF	0.5	0.5
	1, 2, 3, 4, 7, 8-HxCDF	0.1	0.1
	1, 2, 3, 6, 7, 8-HxCDF	0.1	0.1
	1, 2, 3, 7, 8, 9-HxCDF	0.1	0.1
	2, 3, 4, 6, 7, 8-HxCDF	0.1	0.1
	1, 2, 3, 4, 6, 7, 8-HpCDF	0.01	0.01
	1, 2, 3, 4, 7, 8, 9-HpCDF	0.01	0.01
	1, 2, 3, 4, 6, 7, 8, 9-OCDF	0.001	0.0001
	其它	0	0

注：*WHO/IPCS 于 1988 年提出。**WHO/IPCS 于 1997 年提出。

4)毒性当量(TEQ)的计算：按下述方法计算各种异构体的毒性当量和总毒性当量，同时必须注明所使用的计算方法。

①在没有特殊要求的情况下，直接使用大于定量下限的数据，低于定量下限而高于检出限的数据在计算时以零计，用所有数据之和计算毒性当量。

②根据不同要求，还有以下的计算方法：

小于定量下限但大于检出限的数据可直接使用，当在定量下限以下时，按试样的检出限计算各异构体的毒性当量，以所有数据之和计算毒性当量。

大于和小于定量下限的数据选用检出限以上的数据直接使用，小于检出限的数据用试样检出限的 1/2 计算各异构体的毒性当量，相加计算出毒性当量。

9. 方法的特性及其检验

（1）检测限和定量下限

①仪器的检测限和定量下限：以最低浓度（各种化合物的含量为：4～5 个氯取代的化合物 0.1～0.5pg、6～7 个氯取代的化合物 0.2～1.0pg、8 个氯取代的化合物 0.5～2.5pg）的标准物质制作标准溶液，用 GC-MS 测定，定量测定各种 2, 3, 7, 8-氯取代异构体。反复测定五次以上，用所得测定值计算标准偏差，其三倍为仪器的检测限，10 倍为定量下限。

得到的仪器检出限应为：4～5 个氯取代的化合物 0.1pg、6～7 个氯取代的化合物 0.2pg、8 个氯取代的化合物 0.5pg。如果检出限超过这些值，要详细检查仪器、试剂和器皿等，并调整仪器使检出限低于这些值。由于仪器的检出限和定量下限会因所使用的 GC-MS 运行状态而发生变化，因此在一定的周期内必须进行仪器检出限的检测，保证合格。当使用其它 GC-MS 仪及改变测定条件时也要进行仪器检出限的检测。

②测定方法的检测限和定量下限：在试样测定中，选用加入标准样品并使用相同的萃取溶剂，经过萃取液的浓缩等预处理、GC-MS 定性和定量测定。重复五次实验，计算测定值的标准偏差，其三倍为测定方法的检出限，10 倍为方法的定量下限。

$$Q = Q_L' \times \frac{V}{V_L}$$

式中：Q——标准样品的加入量（pg）；

Q_L'——仪器的定量下限（pg）；

V——测定用试样量（μl）；

V_L——GC-MS 的进样量（μl）。

③水样测定时的检测限和定量下限：在实际水样的测定中，往往测定不出 2, 3, 7, 8-氯取代异构体的色谱峰，在谱图上按下述方法确定检出限和定量下限。

首先测量 2, 3, 7, 8-氯取代异构体色谱峰附近的基线噪声，用标准溶液色谱图推测与三倍噪声相当的峰面积。用该峰面积从校准曲线上计算出数值，即为试样测定时的检出限。同样推测相当于噪声 10 倍高度的峰面积，并从工作曲线上计算出测定试样时的定量下限。

这里计算出的结果必须小于测定方法的检出限及定量下限。当大于测定方法的检出限和定量下限时，必须检查预处理操作及测定操作等全过程，并进行重新测定。

（2）回收率

用净化内标的峰面积与进样内标的峰面积之比及相应的相对灵敏度（RRF_{rS}），用下式计算回收率，确认净化过程的回收率，若回收率不在 50%～120%范围内，须从样品预处理开始重新测定。

$$R_C = \frac{A_{CSi}}{A_{rSi}} \times \frac{Q_{rSi}}{RRF_{rS}} \times \frac{100}{Q_{CSi}}$$

式中：R_C——净化回收率（%）；

A_{CSi}——净化内标的峰面积；

A_{rSi}——进样内标的峰面积；

Q_{rSi}——进样内标的加入量（pg）；

RRF_{CS}——进样内标的相对灵敏度；

Q_{CSi}——净化内标物质的加入量（pg）（当分取部分净化后的试样进行测定时要注意校正）。

十六、多氯联苯（PCBs）

气相色谱-质谱法（GC-MS）（C）

多氯联体（polychlorinated biphenyls，简称 PCBs）系一组化学性质极其稳定的氯代烃类化合物。由于其难降解，可通过食物链富集而直接危害人类的健康，已成为全球性的重要污染物之一。尽管现在各国已停止生产，但是多氯联苯在环境中很难降解，在水和土壤中存在，且容易在生物体内蓄积产生慢性中毒，人体摄入 0.5～2g/kg 时即出现食欲不振、恶心、头晕、肝肿大等中毒现象。目前，多氯联苯属于世界银行规定的"需要进行评价的有害物质"名单中的有毒物质，也是重要的内分泌干扰物。

1. 方法原理

在酸性条件下，采用固相圆盘对水样中 PCBs 进行富集萃取，并以 GC-MS 测定样品中的 PCBs。

2. 方法的适用范围

适用于地表水、地下水及排放废水中的多氯联苯（PCBs）测定，测量范围在 0.01～1000μg/L，单个 PCBs 的检测限如表 4-4-57 所示。

表 4-4-57 多氯联苯异构体的检测限

化合物	检测限(ng/L)	化合物	检测限(ng/L)
2-氯联苯	0.57	2, 2', 3', 4, 6-五氯联苯	1.3
2, 3-二氯联苯	1.2	2, 2', 4, 4', 5, 6'-六氯联苯	1.4
2, 4, 5-三氯联苯	1.1	2, 2', 3, 3', 4, 4', 6-七氯联苯	0.98
2, 2', 4, 4'-四氯联苯	0.62	2, 2', 3, 3', 4, 5', 6, 6'-八氯联苯	1.2

3. 干扰及消除

通过选择合适的固相圆盘富集、佛罗里硅土小柱或硅胶小柱净化来消除干扰。

4. 仪器

①固相萃取圆盘及其装置。
②气相色谱-质谱仪，EI 源。
③自动进样器。

5. 试剂

①丙酮：残留农药分析纯。
②正己烷：残留农药分析纯。
③甲醇：残留农药分析纯级。
④乙酸乙酯：残留农药分析纯。

⑤二氯甲烷：残留农药分析纯。

⑥无水硫酸钠：分析纯（纯度大于 99.0%），在 400℃下烘烤 4h 后自然冷却备用。

⑦氯化钠：优级纯，300℃下烘烤 3h 后自然冷却。之后，配制成 NaCl 饱和溶液。

⑧浓盐酸：优级纯。

⑨C_{18}（Octadecyl）固相萃取用圆盘，直径为 47mm。

⑩多氯联苯标准溶液分别为 Aroclor 1242 （100μg/ml）、1248（100μg/ml）、1254（100μg/ml）、1260（100μg/ml）。以上标样配制成 Aroclor 1242∶Aroclor 1248∶Aroclor 1254∶Aroclor 1260＝1∶1∶1∶1 混合溶液，总浓度为 4μg/ml 作为定性用标准溶液。

6. 步骤

（1）样品预处理

①活化固相萃取圆盘：圆盘用 5ml 丙酮浸泡，然后抽干；依次加入 1∶1 的二氯甲烷和乙酸乙酯混合溶液、甲醇、纯化水，活化圆盘。

②样品萃取：取 2L 水样，用 6mol/L HCl 将 pH 调至约为 2，再将样品以 200ml/min 速度通过圆盘，通水后依次再用纯化水、30%的甲醇洗涤圆盘，抽干 30min。将固相萃取圆盘取下，固相萃取装置用丙酮洗涤干燥。然后将固相萃取圆盘复位，用 1∶1 的 CH_2Cl_2 和乙酸乙酯（淋洗液）浸泡圆盘 10min 后，抽真空缓慢淋洗。用一容器收集淋洗液。淋洗液用无水 Na_2SO_4 脱水、过滤，用 N_2 浓缩至 1ml 左右供 GC-MS 分析用。

（2）GC-MS 分析条件

色谱柱：DB-1 30m×0.32mm，0.25μm。

色谱条件：柱温 110℃（2min）→6℃/min→290℃（5min）。

柱前压 40kPa，载气：氦气流速 1.7ml/min。

进样口温度：290℃；色谱-质谱接口温度：280℃；无分流进样。

质谱条件：离子源 EI 70eV；定性分析以全扫描方式，扫描范围为 35～500*m/z*；定量分析以选择离子检测方式。各氯代联苯检测离子数如表 4-4-58 所示。标准溶液的选择离子色谱图见图 4-4-28。

表 4-4-58 测定物质的检测离子

测定物质	分子式	基础分子量①	平均分子量②	定量离子	定性离子	
二氯联苯	$C_{12}H_8Cl_2$	222.0	223.1	222.0	224.0	226.0
三氯联苯	$C_{12}H_7Cl_3$	256.0	257.6	256.0	258.0	260.0
四氯联苯	$C_{12}H_6Cl_4$	289.9	292.0	291.9	289.9	294.0
五氯联苯	$C_{12}H_5Cl_5$	323.9	326.4	325.9	328.0	324.0
六氯联苯	$C_{12}H_4Cl_6$	357.8	360.1	359.8	361.8	364.0
七氯联苯	$C_{12}H_3Cl_7$	391.8	395.3	393.8	395.8	398.0
八氯联苯	$C_{12}H_2Cl_8$	425.8	429.8	430.0	428.0	432.0

注：①按照 ^{35}Cl（原子量 34.969）、^{12}C（原子量 12.000）和 ^{1}H（原子量 1.0079）计算。

②按照碳、氯和氢的天然同位素丰度计算。

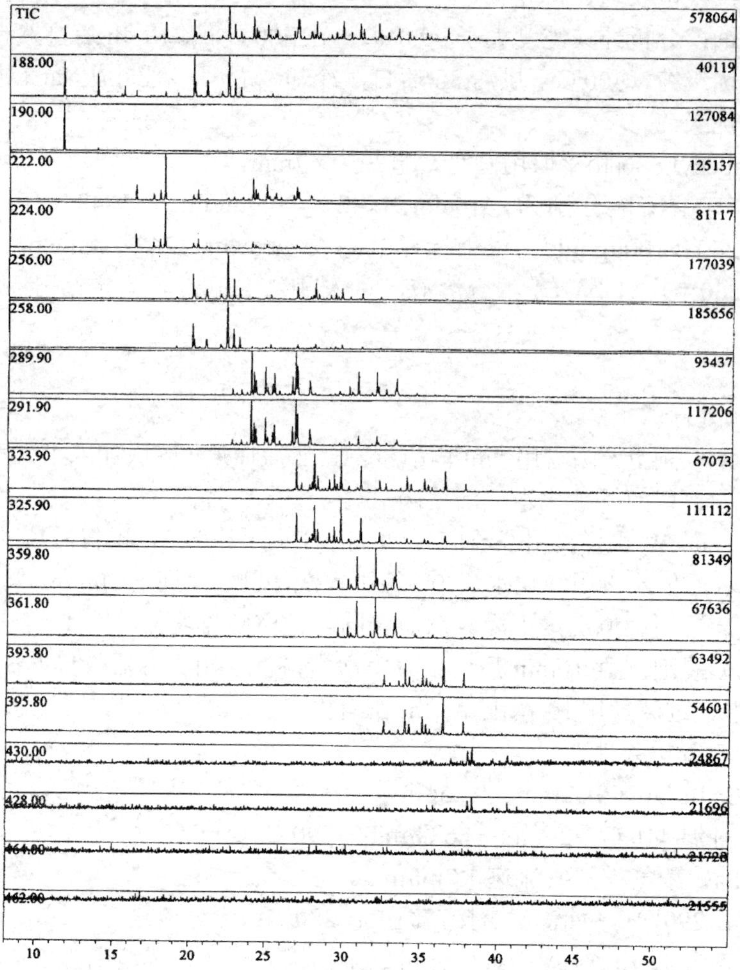

图 4-4-28 1μg/ml 多氯联苯标准溶液的 GC-MS（TIC 和 SIM）谱图

7. 计算

定量方法为外标法，定量校准曲线用标准溶液的浓度分别为 100、400、1000ng/ml（Aroclor1242∶Aroclor1248∶Aroclor1254∶Aroclor126＝1∶1∶1∶1）。在 SIM 检测方式下，以标准溶液中目标化合物的峰面积对该化合物的浓度作图，得到该目标化合物的定量校准曲线。根据样品溶液中目标物的峰面积，由校准曲线得到样品溶液中该化合物的浓度。水样中该化合物的浓度计算公式如下：

$$\text{样品中浓度(ng/L)} = \frac{\text{测定浓度(ng/ml)} \times \text{样品溶液体积(ml)}}{\text{水样品体积（L）}}$$

8. 方法特性

分析方法的回收率：回收率实验目的在于检验分析方法的准确度、可靠性。水样的固相萃取预处理选择酸化和不酸化两种方式，其中酸化水样是以 6mol/L HCl 将水样的 pH 调至2。结果表明水样经过酸化后可以提高样品中PCBs的回收率，从而提高了分析方法的准确度。平行水样回收率测定结果见表4-4-59（高浓度）和表4-4-60（低浓度）。

表4-4-59　水样（1L）中多氯联苯的回收率分析结果

	加入量(μg)	测得量(μg)	回收率(%)	平均回收率(%)
水样1	2.0	1.54	77.1	76.6
水样2	2.0	1.52	76.1	

表4-4-60　水样（1L）中多氯联苯的回收率分析结果

化合物	回收率(%)				平均回收率(%)	
	50ng/L		400ng/L		50ng/L	400ng/L
2-氯联苯	96.9	88.2	81.2	84.9	92.6	83.0
2, 3-二氯联苯	102.6	93.2	81.0	89.5	97.9	85.3
2, 4, 5-三氯联苯	95.0	91.0	82.6	94.1	93.0	88.4
2, 2', 4, 4'-四氯联苯	81.8	82.8	80.7	83.0	82.3	81.8
2, 2', 3', 4, 6-五氯联苯	80.8	83.1	84.6	81.1	81.9	82.9
2, 2', 4, 4', 5, 6'-六氯联苯	85.4	90.8	89.6	83.3	88.1	86.4
2, 2', 3, 3', 4, 4', 6-七氯联苯	101.0	89.4	103.3	103.6	95.2	103.4
2, 2', 3, 3', 4, 5', 6, 6'-八氯联苯	96.6	101.2	99.3	93.9	98.9	96.6

9. 注意事项

固相萃取圆盘的活化和样品萃取操作要领，请参照萃取装置使用说明和固相萃取圆盘所附说明。

十七、有机锡化合物

气相色谱-质谱法　（GC-MS）（C）

有机锡化合物的通式表示为$R_nSnX_{(4-n)}$（$n \leq 4$），R为烷基或苯基，X可以是其他官能团如卤族元素等。它主要作为添加剂而存在于农药、船体外油漆、PVC塑料稳定剂等商品中，其中三丁基锡（TBT）及三苯基锡（TPhT）作为防生物附着剂而用作船体外油漆添加剂。沿海生态中的有机锡主要由船体外涂料释放的TBT及其降解的中间体DBT（二丁基锡）与MBT（单丁基锡），其中TBT、TPhT对许多水生生物有毒害作用，对贝类的毒性强而且可以蓄积在鱼、贝类等生物体中，通过食物链对人类的健康产生影响。

1. 方法原理

淡水、海水中的有机锡（TBT和TPhT）通过溶剂萃取、浓缩、净化分离后，用毛细管色谱-质谱联用时，选择离子检测法测定。

2. 方法的适用范围

用于测定海水、地表水中三丁基锡和三苯基锡的含量。适用浓度范围1～1000ng/L。

3. 干扰及消除

由于海水和港口水中污染物较多，样品基体复杂，采用格氏试剂丙基化、佛罗里硅土小柱分离净化及选择离子检测等方法解决。

4. 仪器

①气相色谱-质谱仪，EI 源。
②自动进样器。
③旋转蒸发器。
④2L 分液漏斗。
⑤1L 和 100ml 量筒。
⑥250ml 具塞三角瓶。
⑦10ml 具塞试管

5. 试剂

①乙酸乙酯：残留农药分析纯。
②正己烷：残留农药分析纯。
③四氢呋喃：分析纯。
④盐酸：优级纯。
⑤甲醇：优级纯。
⑥氯化钠：优级纯，在 350℃下加热 6h，冷却后保存。
⑦浓硫酸：优级纯。
⑧无水硫酸钠：分析纯，在 350℃烘烤 3h 冷却后保存。
⑨佛罗里硅土小柱（Sep--PaK Plus Florisil cartridge）。
⑩格氏试剂：2mol/L 正丙基溴化镁的四氢呋喃溶液。
⑪混合试剂：乙酸乙酯-正己烷（3∶2）。
⑫三丁基和三苯基锡氯化物标准贮备液：准确称取 10mg 于 10ml 容量瓶中，加入正己烷溶解并定容（浓度为 1mg/ml）。
⑬三戊基锡的氯化物（回收率指示物）标准贮备液：准确称取 10mg 于 10ml 容量瓶中，加入正己烷溶解并定容（浓度为 1mg/ml），逐级稀释至 20μg/ml。
⑭四丁基锡（内标）标准贮备液：称取 10mg 于 10ml 容量瓶中，加入正己烷溶解并定容（浓度为 1mg/ml），逐级稀释至 20μg/ml。

6. 步骤

（1）样品预处理

①用 1L 量筒量取 1L 水样，加入 100μl 回收率指示物 （20μg/ml 三戊基锡氯化物，简称 TPeT）、20ml 6mol/L 盐酸、100g 干燥的氯化钠，充分振荡使氯化钠完全溶解后，再加入 100ml 乙酸乙酯-正己烷的混合溶剂（3∶2）萃取。振荡 10min，静置使两相充分分离，收集有机相到 250ml 具塞三角瓶中，水相重复萃取一次，合并有机相，加入无水硫酸钠脱

水后过滤。有机相用旋转蒸发器浓缩约至 1ml 后再加入 100ml 正己烷，再减压浓缩到 1ml 左右。

②在装有浓缩液的棕色样品瓶中加入 500μl 四氢呋喃和 1ml Grignard 试剂（正丙基溴化镁），在室温静置使之反应 30min 之后，将样品瓶置于碎冰块中，向其中缓慢加入 5ml 0.5mol/L 硫酸，分解过量的格氏试剂。用 2ml 正己烷萃取，取上层有机相，重复萃取两次并合并有机相，用 3ml 纯净水洗涤有机相，经无水硫酸钠脱水后，过滤，再浓缩至约 1ml，经佛罗里硅土小柱净化，用 10ml 正己烷洗涤。通氮气吹脱溶剂，浓缩至约 1ml，加入 100μl 内标（20μg/ml 四丁基锡，简称 TeBT）后，用正己烷定容至 2ml 供 GC-MS 分析。

（2）外标溶液配制和衍生化

用标准贮备液配制外标混合溶液的浓度分别为 0.02、0.1、0.2、1.0 和 2μg/ml，其中三戊基锡氯化物的浓度为 2μg/ml，取 1ml 上述溶液按前述（1）②分别进行丙基衍生化，与样品预处理相同，最后加入 100μl 内标溶液（20μg/ml 的 TeBT），定容至 2ml，最终溶液浓度分别为 0.01、0.05、0.1、0.5 和 1μg/ml。

（3）GC-MS 分析

色谱柱：DB-1 30m×0.32mm，0.25μm。

色谱条件：柱温 50℃（2min）→20℃/min→140℃，再以 7℃/min→220℃，最后以 15℃/min→310℃（6min）。

进样口温度：280℃，接口温度：290℃；不分流进样，进样时间：2min。

质谱条件：EI 源，70eV。

定性分析：全扫描方式，质量范围 35～450amu；定量分析：选择离子检测。

检测离子：四丁基锡（TeBT）291，289；三戊基锡（TPeT）305，303；三丁基锡（TBT）277，291；三苯基锡（TPT）351，349，选择离子检测质谱图见图 4-4-29。

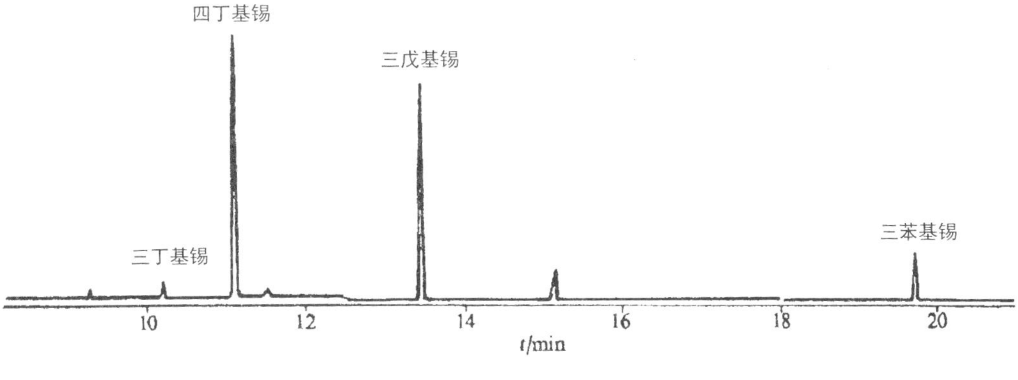

图 4-4-29　250ng/ml 有机锡标准溶液的 GC-MS/SIM 谱图

7. 方法特性

与标准样品的比对：为了检验样品预处理及分析过程的可靠性和准确度，测定了日本环境厅国立环境研究所的认证标准样品 NIST CRM“鱼组织”，预处理与实际样品操作过程相同。结果见表 4-4-61。

本实验所采用的预处理方法比较可靠，对质量控制标准三戊基锡的回收率在 82%～91%范围。

表 4-4-61 准确度考察

目标物	认证标准值(μg/g)	测定值(μg/g)	误差(%)	三戊基锡回收率(%)
三丁基锡	1.3±0.1	1.03	−20.8	89
三苯基锡	6.3	5.42	−14.0	89

十八、阴离子洗涤剂

阴离子洗涤剂主要指直链烷基苯磺酸钠和烷基磺酸钠类物质。洗涤剂的污染会造成水面产生不易消失的泡沫，并消耗水中的溶解氧。

水中阴离子洗涤剂的测定方法，常用的有亚甲蓝分光光度法和液相色谱法，前者操作简便，但选择性较差，后者需有专用设备。

水样应采集在预先用甲醇清洗过的清洁玻璃瓶中，并在 4℃下冷藏。当保存时间超过 24h，则应加水样体积 1%的甲醛溶液（40% HCHO），这样水样可保存 4d。如加适量三氯甲烷于水样中使其达到饱和，则可保存 8d。

亚甲蓝分光光度法(A)

1．方法原理

阳离子染料亚甲蓝与阴离子表面活性剂（包括直链烷基苯磺酸钠、烷基磺酸钠和脂肪醇硫酸钠）作用，生成蓝色的离子对化合物，这类能与亚甲蓝作用的物质统称亚甲蓝活性物质（MBAS）。生成的显色物可被三氯甲烷萃取，其色度与浓度成正比，并可用分光光度计在波长 652nm 处测量三氯甲烷相的吸光度。

2．干扰及消除

本方法的选择性较差，除上述三种物质外，有机硫酸盐、磺酸盐、羧酸盐、酚类以及无机硫氰酸盐、硝酸盐和氯化物等，均对本法产生不同程度的正干扰，通过水溶液反洗可部分去除（有机硫酸盐、磺酸盐除外）。经水溶液反洗仍未能除去的非表面活性物质引起的正干扰，可用气提萃取法将阴离子表面活性剂从水相转移到有机相而消除。一般存在于未经处理或一级处理的污水中的硫化物，能与亚甲蓝生成无色的还原物而消耗亚甲蓝试剂，遇此情况可将试样调至碱性，滴加适量的过氧化氢（30%），避免其干扰。季铵盐类等阳离子化合物和蛋白质能与表面活性剂作用，生成稳定的络合物而不与亚甲蓝反应，因此造成负干扰。这些阳离子类物质在适当条件下可采用阳离子交换树脂去除。在样品中存在的

(A) 本方法与 GB 7494—87 等效。

并可被三氯甲烷萃取的有色物质，也会产生一定程度的干扰。

3. 方法的适用范围

本法适用于测定饮用水、地表水、生活污水及工业废水中溶解态的低浓度亚甲蓝活性物质，亦即阴离子表面活性物质。在实验条件下，主要被测物是直链烷基苯磺酸钠（LAS）、烷基磺酸钠和脂肪醇硫酸钠。但亦可由于含有能与亚甲蓝起显色反应并被三氯甲烷萃取的物质而产生一定的干扰。

当采用 10mm 比色皿，试样为 100ml 时，本方法的最低检出浓度为 0.050mg/L LAS；检测上限为 2.0mg/L LAS。

4. 仪器

① 分光光度计。

② 250ml 分液漏斗（最好用 TFE 活塞）。

③ 索氏抽提器（150ml 平底烧瓶，$\phi35\times160$mm 抽出筒，蛇形冷凝管）。

5. 试剂

① 4%氢氧化钠溶液（分析纯）。

② 3%硫酸（分析纯）。

③ 三氯甲烷（分析纯）。

④ 直链烷基苯磺酸钠标准贮备溶液：称取 0.100g 标准物 LAS（平均分子量 344.4，称准至 0.001g），溶于 50ml 水中，转移到 100ml 容量瓶中，稀释至标线，混匀，每毫升含 1.00mg LAS。保存于 4℃冰箱中。每周配制一次。

⑤ 直链烷基苯磺酸钠标准溶液：准确吸取 10.0ml 直链烷基苯磺酸钠标准贮备液，用水稀释至 1000ml，每毫升含 10.0μg LAS。当天配制。

⑥ 亚甲蓝溶液：称取 50g 一水合磷酸二氢钠（$NaH_2PO_4\cdot H_2O$）置于烧杯中，溶于水，缓慢沿壁加入 6.8ml 浓硫酸，混匀，转移入 1000ml 容量瓶中。另称取 30mg 亚甲蓝（指示剂级），用 50ml 水溶解后也移入容量瓶中，用水稀释至标线，摇匀。此溶液贮存于棕色试剂瓶中。

⑦ 酚酞指示剂溶液：将 1.0g 酚酞溶于 50ml 乙醇，然后边搅拌边加入 50ml 水，滤去沉淀物。

⑧ 玻璃棉或脱脂棉：在索氏抽提器中，用三氯甲烷提取 4h 后，取出干燥，保存在清洁的具塞玻璃瓶中备用。

6. 步骤

（1）校准曲线的绘制

取一组分液漏斗 10 个，分别加入 100、99、97、95、93、91、89、87、85、80ml 水，然后分别移入 0、1.00、3.00、5.00、7.00、9.00、11.00、13.00、15.00、20.00ml 直链烷基苯磺酸钠标准溶液，摇匀。按“水样测定”步骤操作，以测得的吸光度扣除空白试验值（零浓度标准溶液的吸光度）后，与相应的 LAS 量绘制校准曲线。

（2）试样体积

为了直接分析水和废水样，应根据预计的亚甲蓝表面活性物质的浓度选用试样体积，见表 4-4-62。

表 4-4-62 预计选用的试样体积

预计的 MBAS 浓度（mg/L）	试样量（ml）	预计的 MBAS 浓度（mg/L）	试样量（ml）
0.050～2.0	100	10～20	10
2.0～10	20	20～40	5

当预计的 MBAS 浓度超过 2mg/L 时，按上表选取试样量，用水稀释至 100ml。

（3）水样测定

将待测水样（100ml）移入分液漏斗中，以酚酞为指示剂，逐滴加入 4%氢氧化钠溶液至水溶液呈紫红色，再滴加 3%硫酸到紫红色刚好消失。

加入 25ml 亚甲蓝溶液，摇匀后再加入 15ml 三氯甲烷，激烈振摇 30s，注意放气。过分地振摇会发生乳化现象，必要时，可加入少量异丙醇（小于 10ml）以破乳（标准系列亦应加入相同体积的异丙醇）。再慢慢旋转分液漏斗，使滞留在内壁上的三氯甲烷液珠降落，静置分层。将三氯甲烷相经脱脂棉吸水后放入比色皿中。

在 652nm 处，以三氯甲烷为参比，测定样品、标准系列和空白试验的吸光度。测定时应使用相同光程的比色皿。

以样品的吸光度减去空白试验的吸光度后，从校准曲线上查得 LAS 的含量。

（4）空白试验

按“水样测定”步骤进行空白试验，仅用 100ml 水代替试样。在试验条件下，以 10mm 光程比色皿，空白试验的吸光度不应超过 0.02。否则应仔细检查器皿和试剂是否有污染。

7. 计算

本方法用亚甲蓝活性物质报告结果。以 LAS 计（平均分子量为 344.4）。

$$c=\frac{m}{V}$$

式中：c——水样中亚甲蓝活性物质的浓度，(mg/L)；

m——从校准曲线上读取的 LAS 量（μg）；

V——水样体积（ml）。

8. 精密度和准确度

八个实验室分析含 0.305mg/L LAS 的统一分发的标准溶液。实验室内相对标准偏差为 2.3%；实验室间总相对标准偏差为 4.3%；相对误差为－2.0%。

9. 注意事项

① 实验室用玻璃器皿不能用各类洗涤剂清洗。使用前先用水彻底清洗，然后用（1+9）盐酸-乙醇洗涤，最后用水冲洗干净。

② 绘制校准曲线和水样的测定，应使用同一批三氯甲烷、亚甲蓝溶液。

③ 分液漏斗的活塞不得用油脂润滑，可在使用前用三氯甲烷润湿。

④ 经研究发现使用 15ml 三氯甲烷萃取一次与标准方法中的三次萃取测定结果无明显差异。

⑤本方法的空白吸光度有时会超过 0.02，且波动性也较大。此时可多做几个空白试验，取均值扣除。

主要参考文献

1. 国家环保局，水和废水监测分析方法编委会编. 水和废水监测分析方法（第三版）.北京：中国环境科学出版社，1989
2. 王俊，张义生编. 化学污染物与生态效应. 北京：中国环境科学出版社，1993，250～285
3. 中国环境优先监测研究课题组编. 环境优先污染物. 北京：中国环境科学出版社，1989
4. 齐文启，孙宗光等. 痕量有机污染物的监测. 北京：化学工业出版社，2001
5. 中国环境优先监测研究课题组编. 中国环境优先污染物黑名单研究. 北京：1989
6. 中国环境监测总站等. 固体废弃物试验分析评价手册. 北京：中国环境科学出版社，1992
7. EPA Method507.《Determination of nitrogen-and phosphorus-containing pestcides in water by gas chromatography with a nitrogen-phosphorus detector》Revision 3.0, Environmental Monitoring Systems Laboratory Office of Research and DevelopmentCincinnati, OHIO, 45268, 1989
8. EPA METHOD 502.2 Volatile Organic Compounds in Water by Purge and Trap Capillary Column Gas Chromatography with Photo ionization and Electrolytic Conductivity Detectors in Series. Revision 3.0. National Exposure Research Laboratory Office of Research and Development, M.S. Environmental Protection Agency Cincinnati, OHIO 45268, 1989
9. 吴邦灿，费龙.现代环境监测技术. 北京：中国环境科学出版社，1999：71～74
10. J. W. Eichelberger, W. L. Budde-EPA524.4，用毛细管色谱/质谱测定水中挥发性有机物，1989 年第三次修订
11. Mary Ann H. Franson, Standard Methods For Examination of Water and Wasterwater, 20th Edition, 1998
12. 魏复盛等. 水和废水监测分析指南（下册）. 北京：中国环境科学出版社，1997：288～294
13. 王玉平等. 中国环境监测，1998，6：16～17
14. 宋仁元等译. 水和废水标准检验法（第 15 版）. 北京：中国建筑工业出版社，1985
15. Herbst A I, et al. Am J Obseet Gynecol. 1979，135：876～886
16. American Public Health Association elt, Standard Methods for the Examination of Water and Wasterwater, 19th Edition.
17. JIS K 0312-1999 Methods for determination of tetra-through octaChlorodibenzo-p-dioxins. Tetra-through octa-Chlorodibenzofurans and coplanar polychrobiphenyls in industrial water and waste water. 1999-09-20
18. B. Ballesteros, Anal. Chem., 1998，70，4004
19. T. S. Lawruk, E. M.Rubio, Environ. Sci. Technol., 1996，30，695
20. T. Giersch, J. Agric. Food Chem., 1993，41，1006
21. M. Franek, V. Kolar, M. Granatova, and Z. Nevorankova, J. Agri. Food Chem., 1994，42，1369
22. K. Morimune, Y. Yamaguchi, Y. Beppu, S. Mivake. S. Takewaki, M.Kawata, Y. Yuasa, Analytica D. S. Aga, and M. Thurman, Anal, Chem., 1998，65，2894
23. C. S. Hottenstein, F. M. Rubio, D. P. Herzog, J. R. Fleeker, and T. S. Lawruk, J. Agri. Food Chem., 1996，44，3576
24. Y. S. gawarea, S. J. Gee, Aual. Chem., 1998，70，1092
25. H. B. Breasley, T. phonykham, Agric. Food Chem., 1998，46，3339

26. B. E. Watkins, L. H. Stanker, Chemosphere, 1989，19，267－
27. R. J. Bushway, T. S. Fan, B. E. S. Yong, L. R. Paradis, and L. B. Perking, J. Agri. Food Chem., 1994，42，1588
28. J. C. Johnson, J. Agric. Food Chem., 1998，46，3116
29. S. Miyake, Biosci. Biotechnol. Biochem., 1998，62，1001
30. Y. W. Chiu, A. E. Karu, Aual. Chem., 1995，67，3829
31. Chimica Acta, 376, 37(1998)
32. J. H. Skerritt, A. S. Hill, D. P. McAdam, and L. H. Stanker, J. Agri. Food Chem., 1992，40，1287
33. N. Lee, H. L. Breasley, J. H. Skerritt, J. Agri. Food Chem., 1998，46，535
34. G. S. Nunes, M. P. Marco, D. Barcelo', and M. L. Ribeiro, J. Chromatog, 1998，623，109
35. D. L. Brandon, R. G. Binder, A. H. Bates, and W. C. Montague Jr, J. Agri. Food Chem., 1994，42，1588
36. Y. S. gawarea, Anal. Chem., 1998，70，1092
37. B. E. Watkins, Chemoshpere, 1989，19，267
38. Y. W. Chin, Anal Chem., 1995，67，3829
39. C. S. Hottenstein, J. Agri. Food Chem., 1996，44，3576
40. T. Giersch, J Agri. Food Chem., 1993,41,1006
41. H. B. Breasley, Agric. Food Chem., 1998，46，3339
42. H, Sato, Clinic. Biochem., 1996，29，509
43. F. Dancoine, Clinic. Chem., 1997，43，1165
44. D. S. Aga, Anal. Chem., 1993，65，2894
45. J. H. Skerritt, J. Agri. Food Chem., 1992，40，1287
46. T. S. Lawruk, Environ. Sci. Technol., 1996，30，695
47. D. L. Brandon, J. Agri. Food Chem., 1994，42，1588
48. 中田昌伸. ぶんせき. 1999，6，492
49. EPA: Method 8270B, US EPA
50. B. Ballesteros, Anal. Chem., 1998，70，4004
51. N. Lee. J. Agri. Food Chem., 1998，46，535
52. EPA: Method 506, US EPA
53. G. S. Nunes, J. Chromatog., 1998，62，109
54. EPA: Method 525. 2, US EPA
55. M. Franek, J Agri. Food Chem., 1994，42，1396
56. K. Morimune, Analytica chimica Acta, 1998，376，37
57. R. J. Bushway, J Agri. Food Chem., 1994，42，1588

第五篇　水和废水的生物监测方法

生物监测是一门古老而又年轻的技术，既需要传统经典的生物学基础知识的支撑，如生物的分类与鉴定；又需要由科技进步的突破与发展以及环境保护面临的新问题需要注入新鲜活力。前者有如生物工程，后者有如水体富营养化。

生物监测是环境监测的重要组成部分之一。与理化监测分析手段相比，生物监测具有直观、客观、综合和历史可溯源性的特点。利用生物监测，可评价水体的状况和污染物的毒性及其他危害性。可为制定废水排放标准和水环境质量标准提供科学依据。

本篇主要介绍了有关水和废水的生物监测方法与技术。其中第一章和第二章基本保留了第三版的内容；在第三章和第四章中增加了一些新的方法。新增的方法中有国家标准方法，如发光细菌急性毒性测定；也有经过多年实践检验已趋于成熟的方法，如藻类生长抑制试验、紫露草微核试验、蚕豆根尖微核试验等，作为统一方法；还有一些是在环境监测领域中新引入的方法，如植物种子萌发和根伸长试验、Ames 试验的工程菌法、微囊藻毒素测定法，作为推荐的试行方法，需要经过更广泛深入的实践进一步规范化。

关于各章的标题。第一章和第二章沿用了第三版的标题。第三章，因所收入的均是生态毒理学中的急性毒性试验方法，故名为急性生物毒性测定及评价。第四章，内容以遗传毒理学的方法为主，但也有其他方法，涉及目前环境热点问题之一的富营养化，因此暂定名为生物危害性测定及评价。这种划分，并非严格科学。因为急性毒性也是一种危害性，只是由于其特殊，试验周期短，相对简便易行，加之考虑各章的结构平衡，才独立成章。这种划分对各种方法并无实质性影响。

质量保证与质量控制，一直是生物监测中的薄弱环节。其原因很多。本篇试图在此方面做些努力，一是尽可能在方法中提出质量保证与质量控制的要点。二是在供试生物的统一来源上，尽可能提供有关信息。因为对于生物试验，供试生物的作用有如理化分析中的测试系统，其质量直接影响测试数据。

关于实用性与理论性。鉴于本书为方法类的工具书，按照编写原则，方法以实用性为主。方法的系统性和对理论的阐述难免不足。对于所涉方法进一步的理论探讨，需查阅更多的文献。特别需要指出的是第三版中“鱼的毒性试验”，所介绍的概念、试验设计、试验方法等，对生态毒理学的急性、亚慢性和慢性毒性试验均有借鉴作用。由于篇幅和编制体制，此次修订再版中未能保留。第三版中附录中的生物分类检索及图鉴，在此次修订中也割爱没有再版。由此带来的缺憾和不便之处，敬请原谅。读者工作需要可查阅本书第三版。

第一章　水生生物群落的测定

一、浮游生物的测定（B）

浮游生物（plankton）是指悬浮在水体中的生物，它们多数个体小，游泳能力弱或完全没有游泳能力，过着随波逐流的生活。浮游生物可划分为浮游植物和浮游动物两大类。在淡水中，浮游植物主要是藻类，它们以单细胞、群体或丝状体的形式出现。浮游动物主要由原生动物、轮虫、枝角类和桡足类组成。浮游生物是水生食物链的基础，在水生生态系统中占有重要地位。许多浮游生物对环境变化反应很敏感，可作为水质的指示生物，所以在水污染调查中，浮游生物也常被列为主要的研究对象之一。

（一）采样

1. 点位设置

采样点的设置要有代表性，采到的浮游生物要能真正代表一个水体或一个水体不同区域的实际状况。在江河中，应在污水汇入口附近及其上下游设点，以反映受污染和未受污染的状况。在排污口下游则往往要多设点，以反映不同距离受污染和恢复的程度。对整个调查流域，必要时按适当间距设置。在较宽阔的河流中，河水横向混合较慢，往往需要在近岸的左右两边设置。受潮汐影响的河流，涨潮时污水可能向上游回溯，设点时也应考虑。在湖泊或水库中，若水体是圆形或接近圆形的，则应从此岸至彼岸至少设两个互相垂直的采样断面。若是狭长的水域，则至少应设三个互相平行，间隔均匀的断面。第一个断面设在排污口附近，另一个断面在中间，再一个断面在靠近湖库的出口处。此外，采样点的设置尽可能与水质监测的采样点相一致，以便于所得结果相互比较。如若有浮游生物历史资料的，拟设的点位应包括过去的采样点，便于与过去的资料作比较。在一个水体里，要在非污染区设置对照采样点，如若整个水体均受污染，则往往须在邻近找一非污染的类似水体设点作为对照点，在整理调查结果时可作比较。

2. 采样深度

浮游生物在水体中不仅水平分布上有差异，而且垂直分布上也有不同。若只采集表层水样就不能代表整个水层浮游生物的实际情况。因此，要根据各种水体的具体情况采取不同的取样层次。如在湖泊和水库中，水深 5m 以内的，采样点可在水表面以下 0.5、1、2、

3 和 4m 等五个水层采样，混合均匀，从其中取定量水样。水深 2m 以内的，仅在 0.5m 左右深处采集亚表层水样即可，若透明度很小，可在下层加取一样，并与表层样混合制成混合样。深水水体可按 3～6m 间距设置采样层次。变温层以下的水层，由于缺少光线，浮游植物数量不多，浮游动物数量也很少，可适当少采样。对于透明度较大的深水水体，可按表层、透明度 0.5 倍处、1 倍处、1.5 倍处、2.5 倍处、3 倍处各取一水样，再将各层样品混合均匀后再从混合样中取一样品，作为定量样品。在江河中，由于水不断流动，上下层混合较快，采集水面以下 0.5m 左右亚表层样即可，或在下层加采一次，两次混合即可。若需了解浮游生物垂直分布状况、不同层次分别采样后，不需混合。

3. 采样量

采样量要根据浮游生物的密度和研究的需要量而定。一般原则是：浮游生物密度高，采水量可少；密度低采水量则要多。常用于浮游生物计数的采水量：对藻类、原生动物和轮虫，以 1L 为宜；对甲壳动物则要 10～50L，并通过 25 号网过滤浓缩。若要测定藻类叶绿素和干重等，则需另外采样。

采集定性标本，小型浮游生物用 25 号浮游生物网，大型浮游生物用 13 号浮游生物网，在表层至 0.5m 深处以 20～30cm/s 的速度作∞形循回缓慢拖动约 1～3min，或在水中沿表层拖滤 1.5～5.0m^3 水体积。

4. 采样频率

浮游生物由于漂浮在水中，群落分布和结构随环境的变更而变化较大，采样频率一般全年应不少于四次（每季度一次），条件允许时，最好是每月一次。根据排污状况，必要时可随时增加采样次数。

5. 采集工具

在湖泊、水库和池塘等水体中，可用有机玻璃采水器采样。有机玻璃采样器为圆柱形，上下底面均有活门。采水器沉入水中，活门自动开启，沉入哪一深度就能采到哪一水层的水样。采水器内部有温度计，可同时测量水温。有机玻璃采水器现有 1000ml、1500ml、2000ml 等各种容量和不同深度的型号（图 5-1-1）。在河流中采样，要用颠倒式采水器或其他型号采水器。

定性标本用浮游生物网采集。浮游生物网呈圆锥形（图 5-1-2），网口套在铜环上，网底管（有开关）接盛水器。网的本身用筛绢制成，根据筛绢孔径不同划分网的型号。25 号网网孔 0.064mm（200 孔/in）（1in＝0.0254m），用于采集藻类、原生动物和轮虫。13 号网网孔 0.112mm（130 孔/in），用于采集枝角类和桡足类。

（二）固定和浓缩

水样采集之后，马上加固定液固定，以免时间延长标本变质。对藻类、原生动物和轮虫水样，每升加入 15ml 左右鲁哥氏液（Lugols solution）固定保存。可将 15ml 鲁哥氏液事先加入 1L 的玻璃瓶中，带到现场采样。固定后，送实验室保存。鲁哥氏液配制方法：40g

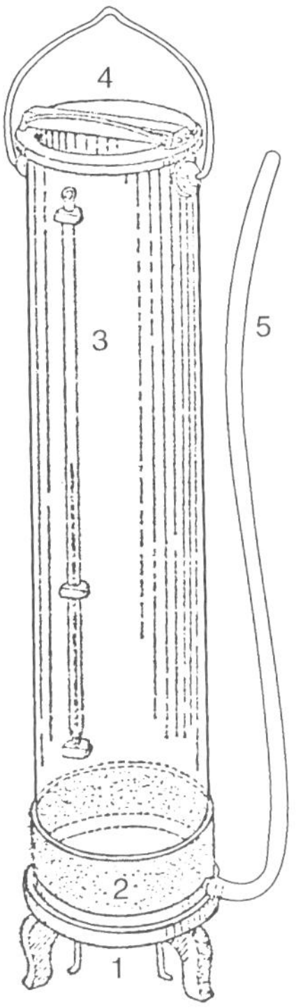

图 5-1-1　有机玻璃采水器

1—进水阀门；2—压重铅圈；

3—温度计；4—溢水门；5—橡皮管

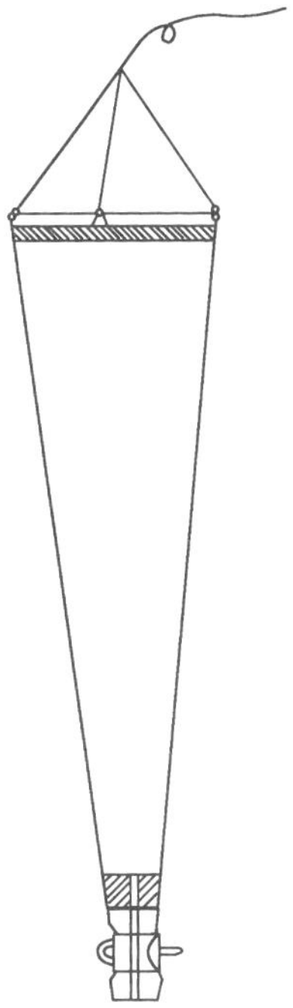

图 5-1-2　浮游生物网

碘溶于含碘化钾 60g 的 1000ml 水溶液中。另一种福尔马林固定液的配制方法是：福尔马林（市售的 40%甲醛）4ml，甘油 10ml，水 86ml。对枝角类和桡足类水样，100ml 加 4～5ml 福尔马林固定液保存。福尔马林固定液也是在现场加入。

从野外采集并经固定的水样，带回实验室后必须进一步沉淀浓缩。为避免损失，样品不要多次转移。1000ml 的水样直接静置沉淀 24h 后，用虹吸管小心抽掉上清液，余下 20～25ml 沉淀物转入 30ml 定量瓶中。为减少标本损失，再用上清液少许冲洗容器几次，冲洗液加到 30ml 定量瓶中。用鲁哥氏液固定的水样，作为长期保存的浮游植物样品，在实验室内浓缩至 30ml 后补加 1ml 40% 的甲醛溶液然后密封保存。浮游动物也可用如图 5-1-3 所示装置进行浓缩。中间带有橡皮吸球的玻璃管用于吸掉滤液，圆柱筒底部的筛网必须足以阻止浮游动物进入。另外可采用医用输液泵、管浓缩浮游动物，该方法比较

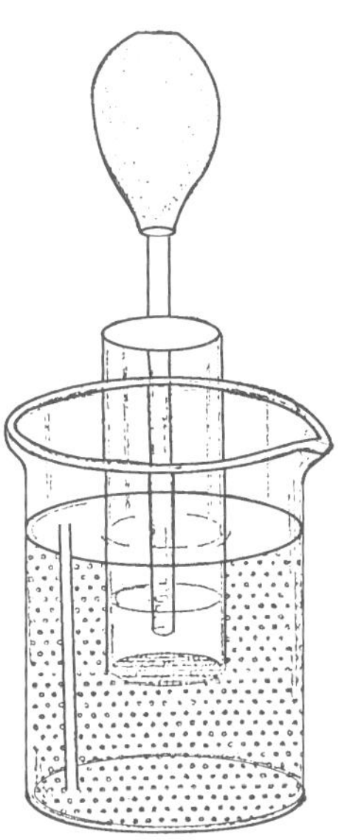

图 5-1-3　浮游生物浓缩装置

简便、适用。浮游动物中的甲壳类动物样品用 5%甲醛溶液固定。

（三）显微镜的校准

将目（测微）尺放入 10 倍目镜内，应使刻度清晰成像（一般刻度面应朝下），将台（测微）尺当作显微玻片标本，用 20 倍物镜进行观察，使台尺刻度清晰成像。台尺的刻度代表标本上的实际长度，一般每小格 0.01mm。转动目镜并移动载物台，使目尺与台尺平行，并且目尺的边沿刻度与台尺的 0 点刻度重合，然后数出目尺 10 格相当于台尺多少格，用这个格数去乘 0.01mm，其积表示目尺 10 格代表标本上的长度多少毫米，作好记录，即某台显微镜 20 倍物镜配 10 倍目镜，某目尺 10 格代表标本上的长度多少。用台尺测出视野的直径，按 πr^2 计算视野面积。

用作测量和计数的其他镜头的每一种搭配，也都应作同样的校准和记录。

（四）计数

个体计数仍是目前常用的浮游生物定量方法。浮游生物计数时，要将样品充分摇匀，将样品置入计数框内，在显微镜或解剖镜下进行计数。常用计数框容量有 0.1ml、1ml、5ml 和 8ml 四种。用定量加样管在水样中部吸液移入计数框内。移入之前要将盖玻片斜盖在计数框上（如图 5-1-4），样品按准确定量注入，在计数框中一边进样，另一边出气，这样可避免气泡产生。注满后把盖玻片移正。计数片子制成后，稍候几分钟，让浮游生物沉至框底，然后计数。不易下沉到框底的生物，则要另行计数，并加到总数之内。

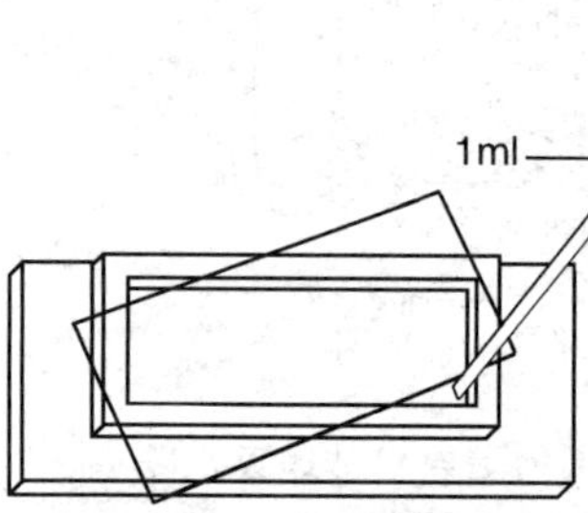

图 5-1-4　S-R 浮游生物计数框
（容积 1ml，图上显示注样方法）

藻类和原生动物的计数：吸取 0.1ml 样品注入 0.1ml 计数框，在 10×40 倍或 8×40 倍显微镜下计数，藻类计数 100 个视野，原生动物全片计数。轮虫则取 1ml 注入 1ml 计数框内，在 10×8 倍显微镜下全片计数。以上各类均计数两片取其平均值。如两片计数结果个数相差 15%以上，则进行第三片计数，取其中个数相近两片的平均值。

藻类计数亦可采用长条计数法，选取两相邻刻度从计数框的左边一直计数到计数框的右边称为一个长条。与下沿刻度相交的个体，应计数在内，与上沿刻度相交的个体，不计数在内，与上、下沿刻度都相交的个体，以生物体的中心位置作为判断的标准，也可在低倍镜下，按上述原则单独计数，最后加入总数之中。一般计数三条，即第 2、5、8 条，若藻体数量太少，则应全片计数。硅藻细胞破壳不计数。

若计数种属的组成，分类计数 200 个藻体以上。用划“正”的方法，则每划代表一个个体，记录每个种属的个体数。

甲壳动物的计数：将浓缩样吸取 8ml（或 5ml），注入计数框，在 10×10 或 10×20 倍倒置显微镜或显微镜下，计数整个计数框内的个体。亦可将 30ml 浓缩样分批按此法计数，再将各次计数相加得到 30ml 样的总个体数。

（五）计算

①把计数所得结果按下式换算成每升水中浮游植物的数量：

$$N=\frac{A}{A_c}\times\frac{V_w}{V}n$$

式中：N——每升水中浮游植物的数量（个/L）；

A——计数框面积（mm^2）；

A_c——计数面积（mm^2），即视野面积×视野数或长条计数时长条长度×参与计数的长条宽度×镜检的长条数；

V_w——1L 水样经沉淀浓缩后的样品体积（ml）；

V——计数框体积（ml）；

n——计数所得的浮游植物的个体数或细胞数。

按上述方法进行采样、浓缩、计数。A 为 400mm^2，V_w 为 30ml，V 为 0.1ml，故 V_w/V=300。

②每升内某计数类群浮游动物个体数 N 可按下式计算：

$$N=\frac{n\cdot V_1}{V_2\cdot V_3}$$

式中：n——计数所得个体数；

V_1——浓缩样体积（ml）；

V_2——计数体积（ml）；

V_3——采样量（L）。

原水样中每升内浮游动物总数等于各类群个体数之和。

（六）结果报告

浮游生物调查后，整理出各类群的种类和数量的数据，如何利用这些数据来说明水体受污染的程度或污染消除的状况，目前尚无统一的表达方式。

水污染指示生物用得较多。由于各种不同污染程度的水体各有其作为特征的生物存在，因此，早就有人提出利用自然出现的生物来指示水体污染的程度。其中最有名的是德国人 Kolkwitz 和 Marson（1908、1909）提出的污水生物系统。他们将受有机物污染的河流，按其污染程度和自净过程，划分几个互相连续的污染带，每一带包含着各自独特的生物。被列入浮游生物种类不少，以后又经许多专家增补和改动。下面列举在我国见到的部分指示种类。

1. 多污带种类

浮游球衣菌（*Sphaerotilus natans*）

白色贝日阿托氏菌（*Beggiatoa alba*）

螺旋鱼腥藻（*Anabaena spiroides*）

方胞螺旋藻（*Spirulina jenneri*）

铜绿微囊藻（*Microcystis aeruginosa*）

小颤藻（*Oscillatoria tenuis*）（多污—α 中污）

绿色裸藻（*Euglena viridis*）（多污—α中污）
镰形纤维藻（*Ankistrodesmus falcatus*）
蛞蝓变形虫（*Amoeba limax*）
污钟虫（*Vorticella putrina*）

2. α中污带种类

巨颤藻（*Oscillatoria princeps*）
小球藻（*Chlorella vulgaris*）
瓜形膜袋虫（*Cyclidium citrullus*）
转轮虫（*Rotaria rotatoria*）
椎尾水轮虫（*Epiphanes senta*）
台氏合甲轮虫（*Diplois daviesiae*）

3. β中污带种类

美丽网球藻（*Dictyosphaerium pulchellum*）
绿草履虫（*Paramoecium bursaria*）
剪形臂尾轮虫（*Brachionus forficula*）
迈压三肢轮虫（*Filinia maior*）
前额犀轮虫（*Rhinoglena frontalis*）
短尾秀体溞（*Diaphanosoma brachyurum*）（β中污—寡污）
蚤状溞（*Daphnia pulex*）（β中污—寡污）
多刺裸腹溞（*Moina macrocopa*）
沟渠异足猛水溞（*Ganthocamptus staphylinus*）

4. 寡污带种类

角甲藻（*Ceratium hirundinella*）
冰岛直链藻（*Melosira islandica*）
圆筒锥囊藻（*Dinobryon cylindricum*）
舞跃无柄轮虫（*Ascomorpha saltans*）
叉爪单趾轮虫（*Monostyla furcata*）
二突异尾轮虫（*Trichocerca bicristata*）
对棘同尾轮虫（*Diurella stylata*）
无常胶鞘轮虫（*Collotheca mutabilis*）
脆弱象鼻溞（*Bosmina fatalis*）
锯尾球果溞（*Streblocerus serricaudatus*）

由于生物的适应性及其与环境之间关系的复杂性，被确定为某一水域带的指示生物却在另一水域带出现，屡有发现，这给指示性带来一定的困难。但在污染带与非污染带生物相的差异是客观存在，所以，长期以来，不断有人利用浮游生物作为水质的指示生物。

多样性指数和各种生物指数早就被应用于水质的生物学评价。浮游藻类方面，已经用

Shannon 多样性指数、Gleason 指数和 Menhinick 指数进行评价。藻类各种群在群落中所占比例也往往作为污染的指标。如果绿藻和蓝藻数量多，甲藻、黄藻和金藻量少，往往是污染的象征，而绿藻和蓝藻数量下降，甲藻、黄藻和金藻数量增加，则反映水质的好转。轮虫方面用 Margalef 多样性指数和 $Q_{B/T}$ 值（臂尾轮虫属种数/异尾轮虫属种数）反映污染状况。甲壳动物方面，严重污染地区枝角类和桡足类种类和数量往往减少。此外，为比较各采样点之间浮游动物种类和数量的分布状况，先将数据正规化，再用欧氏距离计算各采样点的相似系数，然后对相似系数所构成的矩阵进行 Q 形紧邻聚类分析。

二、着生生物的测定（B）

着生生物即周丛生物（periphyton），指生长在浸没于水中的各种基质（substratum）表面上的有机体群落（organisms community）。由于悬浮颗粒也沉淀在基质上，故这些有机体往往被一层粘滑的、甚至毛茸的泥砂所覆盖。基质的不同性质也会影响周丛生物的群落组成。基质有植物的、动物的、树木的、石头的，相应的就有附植生物（epiphyton）、附动生物（epizoon）、附树生物（epidendron）、附木生物（epixylon）和附石生物（epilithon）。周从生物可包括许多生物类别，如细菌、真菌、藻类、原生动物、轮虫、甲壳动物、线虫、寡毛类、软体动物、昆虫幼虫，甚至鱼卵和幼鱼等。但有的水生生物学家，常狭义地用着生生物表示在基质上的藻类，特别是硅藻。近年来，着生生物的研究日益受到重视，除了因其具有较大的初级生产能力以及自来水厂给排水系统中的各种管道常被大量繁殖的着生生物所堵塞，影响正常使用外，主要是在环境保护工作中，用着生生物指示水体污染程度，在河流中应用较多，亦可在湖泊和水库中以及氧化塘中应用。除调查有关水体着生生物生长情况外，在监测中也常应用人工基质法。由于人工基质本身的特点以及人为控制时间等因素的影响，因此，人工基质上的群落不能完全代表自然基质。

（一）采样

1. 采样点及采样频率的确定

采样点的设置及其数量可视被调查水体的形态和大小而定。关键是要有代表性，要顾及水体（或污染水体）的污染源及不同地段。在河流中，上游的采样点可作对照，在湖泊或水库则根据深度和其他形态特征选择断面及采样点，并尽可能与水化学监测断面（或点）相一致，以利于时空同步采样。一般讲，采样（或监测）频率每年不少于两次。建议春秋各一次。

2. 人工基质采样

着生生物采样应用的人工基质有：聚氨酯泡沫塑料（polyuzethanefoam，孔径为 100～150μm，简称 PFU）法、硅藻计-载玻片法和聚酯薄膜等。PFU 块为 50mm×75mm×65mm 的泡沫塑料，用来采集微型生物群落。硅藻计采样器（图 5-1-5）可用有机玻璃或木材制作，包括一个用以固定载玻片 26mm×76mm 的固定架，漂浮装置（可用泡沫塑料或渔网用的浮子、木块等），固定装置（可用绳索绑在其他物体上或用重物固定，或用棍棒插入水底），在江河流水中使用，前端需有挡水板，以分开或疏导水流和阻挡杂物。聚酯薄膜采样器（图 5-1-6），系用 0.25mm 厚的透明、无毒的聚酯薄膜作基质，规格为 4cm×40cm，一端打孔，固定在钓鱼用的浮子上，浮子下端缚上重物作重锤。此采样器轻便，且不易丢失。

PFU、载玻片和聚酯薄膜放置于采样点时，必须固定好，在河流中须避开急流和旋涡。采样器的深度一般为 5～10cm，使之得到合适的光照。放置的时间为 14d，或根据测定目的确定。

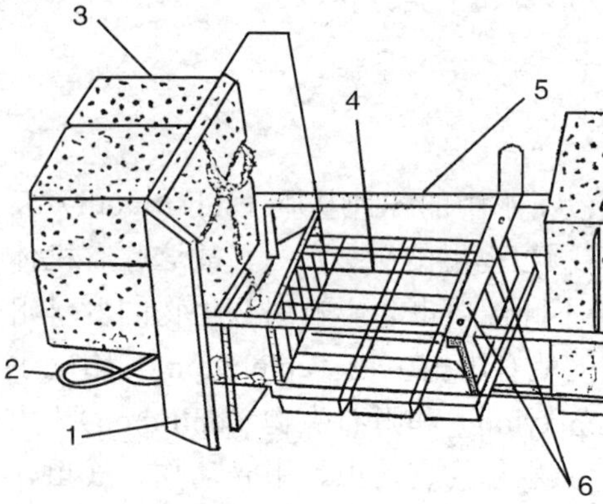

图 5-1-5 硅藻计

1—挡水板；2—系绳；3—浮子；4—玻片

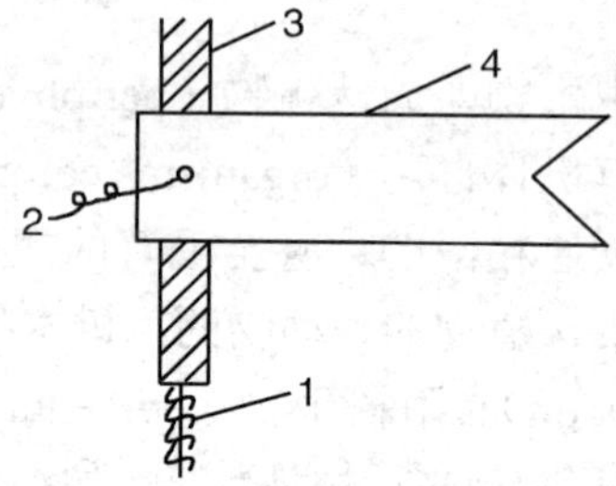

图 5-1-6 聚酯薄膜采样器

1—重物；2—尼龙系绳；3—浮子；4—聚酯薄膜

3. 天然基质采样

水中的动物、植物、石块、木块都是天然基质，从中可采到大量的着生生物。采样时需测量采样面积，作好记录。此方法采样方便、经济实用，实际监测中采用较多，但采样面积不够准确。

（二）样品的保存和制作

1. 着生藻类

（1）定量样品的保存和制作

用毛刷或硬胶皮将基质上所着生的藻类及其他生物（人工基质取玻片三片或聚酯薄膜 4cm×15cm），全部刮到盛有蒸馏水的玻璃瓶中，并用蒸馏水将基质冲洗多次，用鲁哥氏液固定，贴上标签，带回实验室。置沉淀器内经 24h 沉淀，弃去上清液，定容至 30ml 备用，观察后，如需长期保存再加入 1.2ml（4%）福尔马林液保存。取样时，如时间不允许，可在野外将天然基质、玻片或聚酯薄膜放入带水的玻瓶中，带回实验室内刮取，并固定和保存。

（2）定性样品的保存和制作

仍按上述方法，将全部着生生物刮到盛有蒸馏水的玻璃瓶中，用鲁哥氏液固定，带回实验室作种类鉴定。鉴定后，再按 4%浓度加入福尔马林液长期保存。

2. 着生原生动物

将两个盛有该采样点水样的玻璃瓶，分别装入采样质基，其中一瓶立即加入鲁哥氏液和4%福尔马林液固定；另一瓶不加任何试剂，带回实验室作活体鉴定用。

3. PFU 法

PFU 空隙很小，只能容纳微型生物，如细菌、真菌、藻类、原生动物和少量轮虫等。PFU 可浸没于各层水中，收取 PFU 的时间由实验要求而定。采样时，只需把挂 PFU 的绳子剪断，把 PFU 装在食品塑料袋内，不必加水。带回实验室后，最好戴上医用薄膜手套，用手握住 PFU，尽可能把水分挤出于烧杯内。也可以在野外直接把水样挤出来，再把 PFU 留在原处，以待下次采样。样品需进行活体检查鉴定。

（三）种类鉴定和计数

1. 着生藻类

（1）定性鉴定

吸取备用的定性样品适量，在显微镜下进行种类鉴定。一般鉴定到属或种，优势种尽可能鉴定到种。必要时硅藻可制片进行鉴定，以取得较好的效果。在制片时，将定性样品放到表面皿内均匀旋转，去掉沉淀的泥沙颗粒，用小玻璃管吸取少量硅藻样品放入玻璃试管中，加入与样品等量的浓硫酸，然后慢慢滴入与样品等量的浓硝酸，此时即产生褐色气体。在砂浴或酒精灯上加热至样品变白，液体变成无色透明为止。待冷却后将其离心（3000r/min，5min）或沉淀。吸出上层清液，加入几滴重铬酸钾饱和溶液，使标本氧化漂白呈透明，再离心或沉淀。吸出上层清液，用蒸馏水重复洗4～5次，直至中性，加入几滴95%酒精，每次洗时必须使标本沉淀或离心，吸出上层清液可免使藻类丢失。制片时，吸出适量处理好的标本均匀放在盖玻片上，在烘台上烘干或在酒精灯上烤干，然后加上1滴二甲苯，随即加1滴封片胶，将有胶的这一面盖在载玻片中央，待风干后，即可镜检。

（2）定量计数

把已定容到30ml的定量样品充分摇匀后，吸取0.1ml置入0.1ml的计数框里，在显微镜下，横行移动计数框，逐行计平行线内出现的各种（属）藻类数。视藻类密度大小，一般计算10行、20行或40行以至全片。必须使优势种类计数的个体数在100个以上。

2. 着生原生动物（及其他微生物）

收集的定性定量样品，皆应采用活体观察，而且应在最短的时间内鉴定完毕。从理论上讲，载玻片上的周丛生物，如鞭毛虫、硅藻以及着生原生动物，可以直接进行观察，不要把它们刮下来，但往往由于层次过多或蓝藻绿藻的附着，而实际上不可能直接进行玻片观察。用0.1ml计数框，微型生物一般检查3～4片，即可看到80%的种类，其种（属）数量可分为总的、新见的、复见的和消失的种类（多数情况下，着生原生动物仅进行定性检定）。

（四）计数方法

1. 着生藻类

依据下面的公式，将定量计数的各种类的个体数进行计算，并换算为 $1cm^2$ 基质上着生藻类个体数量。

$$N_i = \frac{C_1 \cdot L \cdot n_i}{C_2 \cdot R \cdot h \cdot S}$$

式中：N_i——单位面积 i 种藻类的个体数（个/cm^2）；

C_1——标本定容水量数（ml）；

C_2——实际计数的标本水量（ml）；

L——藻类计数框每边的长度（μm）；

h——视野中平行线间的距离（μm）；

R——计数的行数；

n_i——实际计数所得 i 种藻类个体数；

S——刮取基质的总面积（cm^2）。

2. 着生原生动物

根据定量计数结果，依据下列公式，求出单位面积各种类的个体数，一般以个/cm^2 表示。

$$N_i = \frac{n_i}{S}$$

式中：N_i——单位面积 i 种原生动物的个体数（个/cm^2）；

n_i——在显微镜中数得种（属）的个体数；

S——观察人工基质的面积（cm^2）。

（五）结果报告

着生生物定性的和定量的结果都应汇总分别列成表。着生藻类可按中国科学院水生生物研究所编写的《中国淡水藻类》一书中分类顺序排列。着生原生动物及其他微型动物可按湖北省水生生物研究所第四研究室无脊椎动物区系组编的《废水生物处理微型动物图志》中有关分类顺序排列，并按规定的方法进行结果分析，提出监测和评价的结果。

微型生物评价水质，较早亦是应用指标种类，说明不同污染区的指示生物。但是由于指示生物的特征，特别是和众多的环境毒性关系不易搞明确而产生应用上的问题。用其结构的特征，并以多样性指数的变化来表示，似更合理和可靠。现在又发展为用微型生物群落的功能来评定水质。这样不仅反映种类的差别，更重要的是反映了它们的生命活动。

三、底栖动物的测定（B）

底栖动物，指栖息生活在水体底部淤泥内或石块、砾石的表面或其间隙中，以及附着在水生植物之间的肉眼可见的水生无脊椎动物。一般认为体长超过 2mm，不能通过 40 目分样筛的种类，所以亦称为底栖大型无脊椎动物。它们广泛分布在江、河、湖、水库、海洋和其它各种小水体中。它包括许多动物门类。主要包括水生昆虫（aquatic insecta），大型甲壳类（macrocrus taceans），软体动物（mollusks）、环节动物（annelids）、圆形动物（roundworms）、扁形动物（flatworms）以及其它无脊椎动物（aquatic invertebrates）。

底栖动物不同于浮游生物，它们具有相对稳定的生活环境，本身移动能力差。在未受到干扰的情况下，底栖动物的种群和群落结构是比较稳定的。但由于生活周期的不同，某些种类（如水生昆虫的羽化）的生物量会有较大的变动。在正常环境下比较稳定的水体中，底栖动物的种类比较多，每个种的个体数量适当，群落结构稳定，多样性指数高。某些河口区则是少数种类占优势。另外，瀑布下及山区或丘陵区急流中，则主要是几种适应急湍流水的种类，它们多栖息于砾石或乱石之下。

水体受到污染后，生物的种类和数量发生变化，而底栖动物可以稳定地反应这种变化。可以应用其群落结构的变化来侦察和评价污染。有机物（农药、城市生活排水）污染和重金属等无机有毒物质的污染都能造成底栖动物结构组成的变化。严重的有机污染影响时，水中溶解氧将大幅度降低，以致多数较为敏感的种类和不适应缺氧的种类逐渐消失，而仅保留耐污染的种类。这些种类的密度增加，成为优势种类。另一方面，重金属及其各种盐类在水体中的严重污染，也会影响底栖动物区系组成，乃至底栖动物全部消失。例如化工或冶炼厂的废水直接排入江河，长年累月，底质中重金属含量极高，在相当一段废水流经区域内的底栖动物将濒于绝迹。

应用底栖动物对污染水体进行监测和评价，已被各国广泛应用，尤其在底部基质相似的河流或湖泊。因为底栖动物可以客观地反映环境的变化，并且与对照点相比显示出种类数量和多样性的差异。同时，由于底栖动物可以被动地忍受毒物的刺激，富集有毒物质。因此测定底栖动物体内有毒物质含量，有助于了解该水体的污染历史，也是进行毒理学研究的良好资料。

（一）采样

1. 采样点及频率

在确定采样点的位置时，首先要调查被监测的特定水体的环境状态，如可能，参阅该水体的化学分析数据。一般地讲，在污染地段的上游设置对照点，特别是河流污染监测。如果目的是要确定一个排污口或多个排污口的影响程度，必须在所有排污口的上游设一些对照点，自然在每个排污口都要有点，在下游也必须设若干个点。如果调查的水体是较大的河流，则应在断面上设左、中、右三个采样点。当污染源从左岸（或右岸）沿江边排放时，则断面本身的右岸（或左岸）就可形成参考点，断面本身就能形成对照。但这个点不能代替其上游的对照点。对于湖泊和水库，则应根据水体的形态和大小，设置若干个采样断面，每个断面上有两个点或若干个采样点。各个断面应反映该水体或不同污染源的不同污染程度。在比较“洁净”的地区设对照断面或对照采样点。不论是河流或者湖泊，底栖动物采样断面或采样点要和理化分析的采样断面或点相一致或相接近，以利于样品的分析和保证结果的相关。由于底栖动物生活在水体的底部，与底质的形态、性质（例如砂、岩石、砾石或淤泥等）关系甚大，因此采样点（特别是河流）要选择相似的底质情况，并注意其他水体局部特征的差异。

底栖动物不仅活动范围小，而且多半生活周期长，例如一年一个世代或 2～3 个世代，有的种类个体生存史持续 2～3 年。常年的调查结果证明，有较明显的季节变化。底栖动物群落组成在年度内有着一定程度的优势种类的更替现象，数量也有变动，因此每季度调查或测定一次是适宜的。如果考虑到工作量或人力物力方面的限制，一年两次是必须的，可定为春季（4 月～5 月份）和秋季（9 月～10 月份）。

采集样品时要记录采样点位周围环境，测量水深、水温和流速，测定透明度、溶解氧、水色及底质性质，做好结果分析的原始依据。

2. 定性采样

定性采样可以收集到更多的有代表性的种类，或某些种类的更多的个体。在定量样品中标本数量不多时，定性标本更有意义。常用的工具有三角拖网（图 5-1-7）。应用时将拖网在水体中拖拉一段距离，经过 40 目分样筛，将标本挑出固定。也可用手抄网在水草中或更浅的水体岸边采取底栖动物。手抄网的柄长应大于 1.3m。还可在河流或湖泊水库的浅水区，涉水用手捡出卵石、石块或其他基质，用摄子轻轻取下标本，随即固定保存。这些方法运用得当，都可辅助定量采样，有助于了解水体不同部分的底栖动物的群落结构特征和种类的组成情况，有益于经过分析后相应作出的环境质量评价。

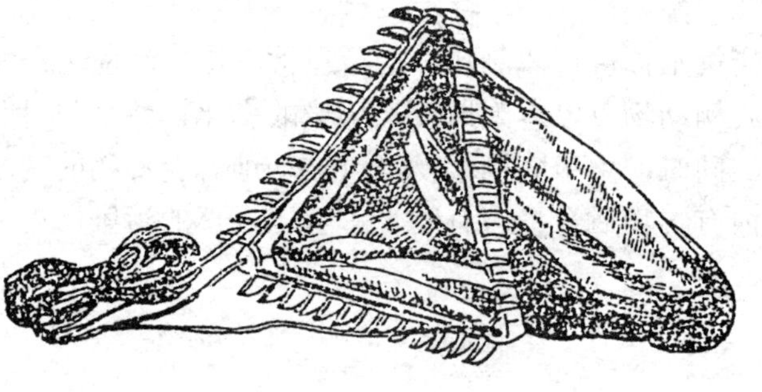

图 5-1-7 三角拖网

3. 定量采样

定量采样可以客观地反映河流、湖泊、水库等水体底部底栖动物的不同部位的种类组成和现存量（standing crop），并以每平方米为单位进行统计和计算。目前常用的底栖动物采样设备主要有彼得逊采泥器和人工基质篮式采样器。

彼得逊采泥器：广泛应用于采集较坚硬的底质和淤泥底质，多用于湖泊、水库及底质非砾石且较松软水流较缓的河流。彼得逊采泥器重 8～10kg，每次采样面积为 1/16m^2。每点采样两次。使用时将采泥器打开，挂好提钩，将采泥器缓慢地放至底部，然后抖脱提钩，轻轻上提 20cm，估计两页闭合后，将其拉出水面，置于桶（或盆）内，用双手打开两页，使底样倾入桶内，经 40 目（每孔为 0.793mm）分样筛筛去污泥浊水后，把筛内剩余物装入塑料袋或其他无毒容器内带回实验室将底栖动物捡出。采泥器拉出后，如发现两页未关闭，则需另行采取。常用的彼得逊采泥器如图 5-1-8。

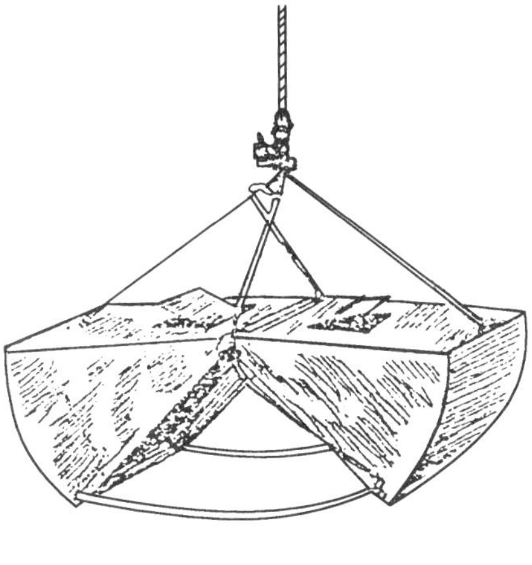

图 5-1-8　彼得逊采泥器图

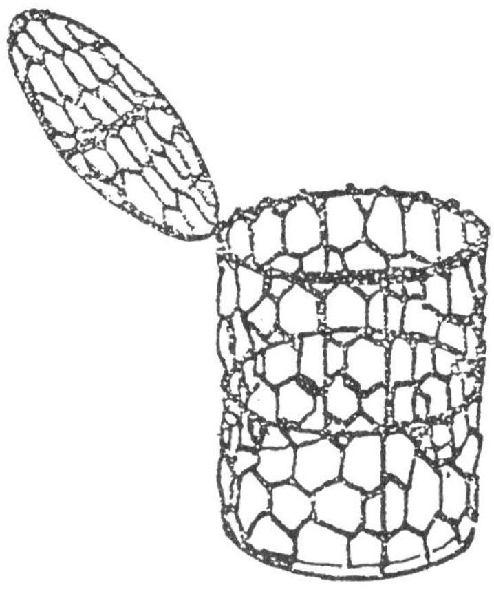

图 5-1-9　人工基质篮式采样器

人工基质篮式采样器：主要应用于河流及溪流中，人工基质的规格可参阅有关资料自行设计制造。近些年来通用的规格直径为 18cm、高 20cm 的圆柱形铁笼，或称篮式采样器。此笼携带方便，不怕碰撞。用 8 号和 14 号铁丝编织，小孔为 4～6cm^2（图 5-1-9）。使用时，笼底铺一层 40 目尼龙筛绢，内装长度为 7～9cm 的卵石，其重量约 6～7kg。在每个采样点的底部放置两个铁笼，用棉蜡绳固定在桥下、码头下或木桩上。经过 14d 后取出，也可根据情况延长时间，但各点取样时间要一致，卵石倒入盛有少量水的桶内，用猪毛刷将每个卵石和筛绢上存在的底栖动物洗下，再经 40 目分样筛洗净，将生物在白解剖盘内用肉眼捡出固定。由于基质（卵石及砾石）取自河流或溪流的岸边，同水中的底质相同，加上 14d 的收集，能恰当地反映该地区底栖动物的群落结构，取得令人满意的结果。

定时采样法：在湖库、河流浅水带，此方法简便易行，节省费用，且无丢失，能有效保证样品采集。该方法需固定 1 至 3 名采样人员，使在各点采样时不因熟练程度差异造成较大误差。各点采样时间保持一致，根据需要，一般采样时间定为 15～30min 即可。采样时人工翻捡石块或用 40 目分样筛筛洗底泥等方法，捡出肉眼可见各类底栖动物（定时法可作为定量采样的有效补充方法）。

4. 样品处理与保存

①样品采集后，为防止加入酒精后脱色，加固定液前要记录好样品色泽。

②根据现场采样种类多少，要将较硬的甲壳类等与软体动物如水栖寡毛类、蛭类水生昆虫的幼虫（稚虫）等分开。分别盛入塑料瓶中，个体较小的放入指管中。

③为防止软体动物断体，脱水、收缩，现场加入 1%福尔马林或 30%酒精固定。

④样品带回实验室后，用 70%酒精或 5%福尔马林液固定或采用混合固定液，长期保存。

⑤摇蚊幼虫分类较复杂，需加甘油制片镜检观察，优势种分类到种，不确定时，用卑瑞斯（Puris）胶封片。可保存 1 年至 3 年。

卑瑞斯胶配方：阿拉伯胶 8g，蒸馏水 10ml，水合氯醛 30g，甘油 7ml，冰乙酸 3ml。

先将阿拉伯胶放入小的烧杯中，加水 10ml，将烧杯放至水浴锅，水加热至 80℃，用玻璃棒搅动，待胶溶后，将水合氯醛加入使溶解，然后再将甘油和冰乙酸加入，用玻璃棒搅拌均匀，再以薄棉过滤即可用。此胶搁置时间越久越好。

（二）样品的检定和计数

底栖动物标本的鉴定多因缺乏系统的资料而有较大的难度。水生昆虫幼虫，例如摇蚊幼虫，要确切鉴定到种，需有生活史资料，应以成虫为根据。这需要进行幼虫的培养。摇蚊幼虫（以及其他水生昆虫幼虫或稚虫）皆以末龄期的形态为种的依据。水栖寡毛类中的颤蚓种类，只有成熟时（形成环带）才能识别。

通常，水生昆虫除摇蚊科及其他少数科属外，皆可在解剖镜下鉴定到属，在低倍镜下确定目、科，在高倍镜下对照资料鉴定到属。摇蚊科幼虫主要依据头部口器结构的差异来定属、种，并需制片，用甘油透明观察。优势种类或其他因有异议而需要观察和研究的种类，可用卑瑞斯胶封片，可保存 1 年至 3 年。

底栖动物包括大型无脊椎动物的众多门类，鉴定过程费时颇多。作为环境监测工作者而非专业分类人员，要求分类到属种是不现实的。多数情况下，软体动物、水栖寡毛类鉴定到种，摇蚊幼虫鉴定到属，水生昆虫（摇蚊幼虫除外）鉴定到科即可较好反映水环境现状，这样做既省时又省力，便于在环境监测中推广应用此项工作。

计数系在鉴定的基础上进行数量统计，除个体较大的软体动物外，其他皆在实体解剖镜下按属或种计数，并按大类统计数量。由于各个种类和其数量将影响分析的结果，在计数时不要漏掉稀有种类。用采泥器取样采得的底栖动物，应推算出每平方米的数量。人工基质则以基质采样器数目相同的情况下，进行种类和数量的比较。生物重量通常以湿重法，用扭力天平或普通天平，称出属、种的重量，每个个体的重量和平均重量。在有机污染较重的河流下游、河流入海口处水流较缓，水草茂盛处往往水丝蚓数量较多，无法计数时，可用称量法，按湿生物量报出结果。对断体的动物个体按头数计数。

（三）结果报告

统计和评价污染调查中收集的数据并说明问题，要有恰当合理的方法。当然数据的变异性不排除各采样点底栖动物种类和数量有来自分布的不均匀性和采样方法方面的一些欠缺。即底栖动物与其所在的环境条件，特别是基质的状态有密切的关系，其他诸如流速、水深、温度等都有影响。应注意存在的这些环境因素的差异造成的底栖动物的种类或多样性的不同，往往可能大于由污染因素造成的影响。再者受污染的河流中游或下游地段和没有受到污染的上游对照时，是否上游水浅且水流湍急。这种上游地段只有适应这种环境的少数毛翅目幼虫或襀翅目稚虫的若干种类栖居着。肉食性的纹石蚕（*Hydropsyche*）和角石蚕（*Stenopsyche*）用筑起的丝网捕捉其他水生昆虫而成为优势种类，这种情况出现的群落结构的多样性比较低或者很低。因此，要进行局部地段的生态学分析，最理想的（也是一个原则）是在选择采样点（包括对照点）时，要求底质、水深等理化因素尽量趋于一致。

多样性指数（diversity index）可用于水质评价。它是根据群落中种数和个体数之间的关系，表现群落结构复杂程度为目的的指数。这种指数的具体数字综合了大量信息，是监测和评价污染的有效方法。常用的有 Shannon 多样性指数和 SCI（连续比较指数）等。为使评价结果更客观，使用多样性指数评价水质时，应当注意所确定的采样点要有足够的代表性。采集的样品要尽可能涵盖评价水域内各种不同生态环境的特点。

将每个采样点的底栖动物种类、数量列入表中，可先列水生昆虫，再列软体动物、水栖寡毛类及其他。各类百分比也可用饼分法（即圆面积百分数分配图）或其他方法表示。将多样性指数值亦列入表内，分别予以说明并进行环境质量评价。

四、鱼类的生物调查（B）

在水生食物链中，鱼类代表着最高营养水平。凡能改变浮游生物和大型无脊椎动物生态平衡的水质因素，也可能改变鱼类种群。因此，鱼类的状况是水的总体质量的结果。此外，由于鱼类和无脊椎动物的生理特点不同，对某些毒物的敏感性也不同。尽管某些污染物对低等生物可能不引起明显的变化，但鱼类却可能受到影响。

鱼类是代表水生食物链中的顶端生物，具有较大的经济价值，又是人所共知的水生生物，所以对社会公众来说，鱼类也是最容易理解的水质标志。搜集污染水体历年来的渔业捕捞资料和经济损失情况，不仅可以获得水体中现存种类及其相对数量的资料，进行现状评价，而且通过历年资料的比较，可以了解鱼类种群变化的历史情况，进行环境质量的回顾评价。然而，渔业生产者所进行的渔业捕捞不能代替生物工作者所进行的鱼类生物调查。因此，鱼类的生物调查对于环境监测具有十分重要的意义。

（一）采样及样品保存

1. 采样点（范围）及采样频率

采样点（范围）的设置力求接近水质监测的采样点，以便于结果的相关分析。同时，还需了解水体的基本水文特征和流域主要污染源，在此基础上统一合理布设。河流，应在每个排污口的上、下游和大支流注入口的上、下游布点；支流进入干流之前的河段也应布点。湖泊，除考虑排污口以外，应在主要入湖河道和出湖河道上布点，同时可按湖流方向，从入湖口起在不同类型水域内布点，如进水区、出水区、深水区、浅水区、渔业保护区、捕捞区、湖心区、岸边区等。采样时，还应兼顾表层鱼、中层鱼和底层鱼。

鱼类的采集工作量较大。一般来说，每年在枯、丰水期各采一次即可。也可枯、丰、平水期各采样一次，或每季度采一次，这可视评价工作所要求的精度和人力物力而定。

2. 采集方法

①结合渔业生产捕捞鱼类标本。

②从鱼市收购站购买标本，但一定要了解其捕捞水域基本情况。

③对非渔业区域可根据监测工作需要进行专门捕捞采集。

国内用于捕捞的渔具和方法多种多样，适用于生物调查的主要网具大体有以下几种。

①拖网类：适于在底质平坦的水域使用，有船拖网、地拉网等多种。

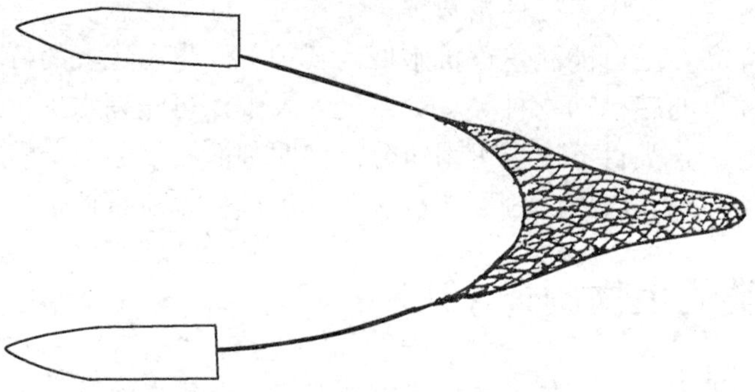

图 5-1-10 船拖网结构

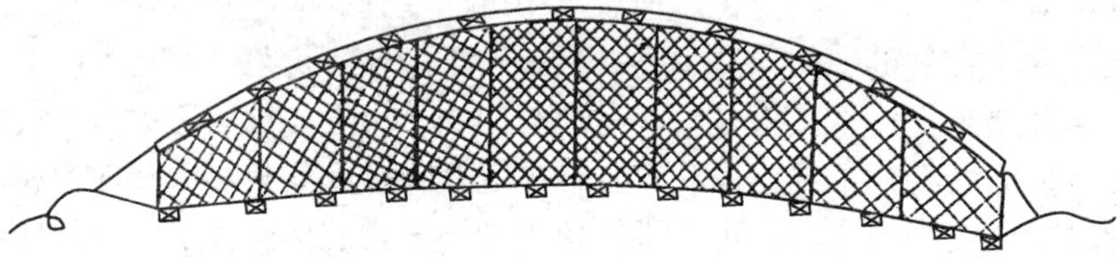

图 5-1-11 地拉网结构图

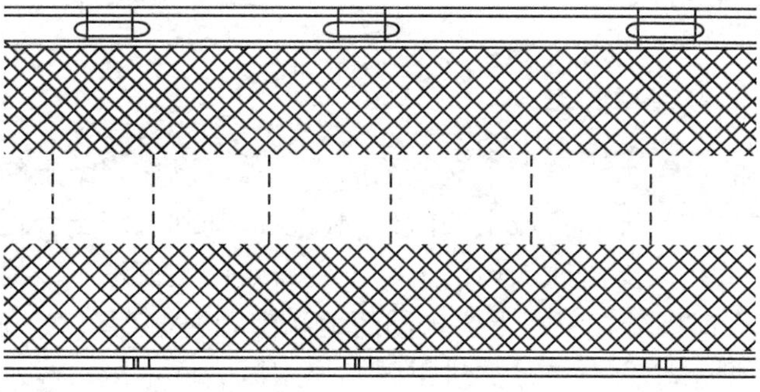

5-1-12 围网网衣结构

②围网类：捕捞中、上层鱼类的效果较好，不受水深和底质限制。

③刺网类：适于捕捞回游或游动性大的鱼类，不受水文条件的限制，操作简便灵活。

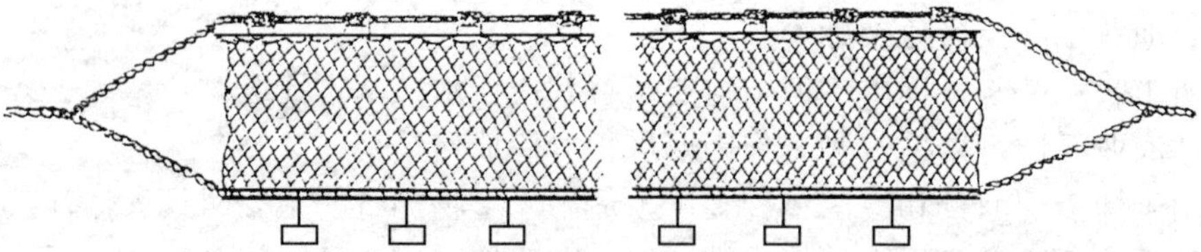

图 5-1-13 刺网结构

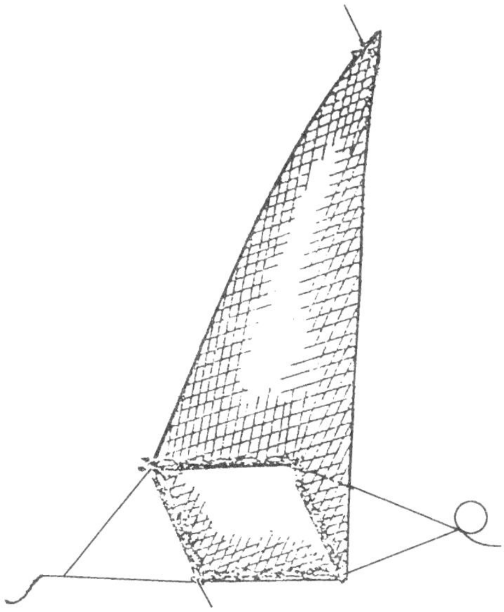

图 5-1-14　张网结构

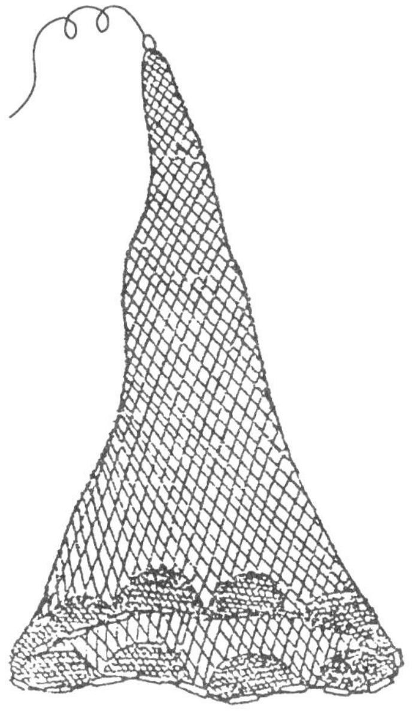

图 5-1-15　撒网结构

④张网：是一种定置渔具，形如一个方锥形的袋子，张设于有一定流水的湖口及江河中鱼类游动的通路上，依靠水流的冲击，迫使游经网口附近的鱼类陷入网中而被捕获。

⑤撒网：是在鱼群密集的地方罩捕鱼类的一种小型网具。这种网具具有成本低，网具轻巧、操作简便的特点，很适于鱼类调查者自备使用。

3. 样品处理与保存

野外采集到鱼样后，应尽快处理和保存。样品鱼要新鲜，体型完整，固定前要详细观察记录鱼体各部分的颜色。如果当天分析，冷冻保存即可，否则须加入 3g 硼砂和 50ml 10% 福尔马林固定溶液。体长超过 7.5cm 的鱼，要打开体腔，使固定剂浸入内脏器官。在鱼体僵硬前，注意摆正鱼体各部及鳍条的形状，最好用纱布包裹后浸入固定液中保存。

固定 1～7d 后（取决于鱼的大小），取出用流水清洗 24h，然后转入 40%异丙醇中保存。

标本瓶或标本箱上都应贴上标签，标明采样点的位置、日期、采集人、所用工具等。如果标签放在容器内，应使用防水墨汁和防水纸。

（二）样品的分析鉴定

1. 个体的鉴定、计数与测量

全部鱼类个体都要鉴定到种，并统计数量。测定每尾鱼的体重和全长。

2. 年龄和丰满度分析

测定年龄的方法有体长频数法、耳石和骨法、鳞片法。使用最广泛的是鳞片法。

鳞片法：测年龄用的鳞片一般取自鱼体中部侧线上方附近的部位，通常取 5～6 片。取后用清水洗净，夹于两块载玻片之间。同时测量被取鳞片鱼的长度和重量，确定性别及其成熟度，并注明日期、地点等。

鳞片上的环片排列一般为两种类型，一为疏密型，如虹鳟鱼等；另一类为切割型，大部分鲤鱼科鱼类属此类型。

切割型：环片切割是由于环片群走向不同而造成的。一年中环片间的配置排列大体上都是平行的，但新的一年形成的第一条环片则与上一年后期形成的若干环片相切割，切割线就是年轮（图 5-1-16a）。

疏密型：所谓疏密，在鳞片上的表示就是环片间的距离宽窄不等，宽区和窄区有规律地相间排列，这种现象是因为鱼类生长具有周期性和速度的季节差异造成的。春、夏温暖季节，食饵充足，摄食量大，消化力强，生长迅速，在鳞上产生的环片间距就宽些，整个区称为宽区；秋末入冬，天气转寒，摄食量减少，生长缓慢，此时鳞片上的环片间距就窄些，产生的环片区就狭小，称为窄区。一年中形成的这两个带，合称为一个生长年带，生长带不是年轮。通常把窄带过渡到宽带之间的分界线看作年轮（图 5-1-16b）。

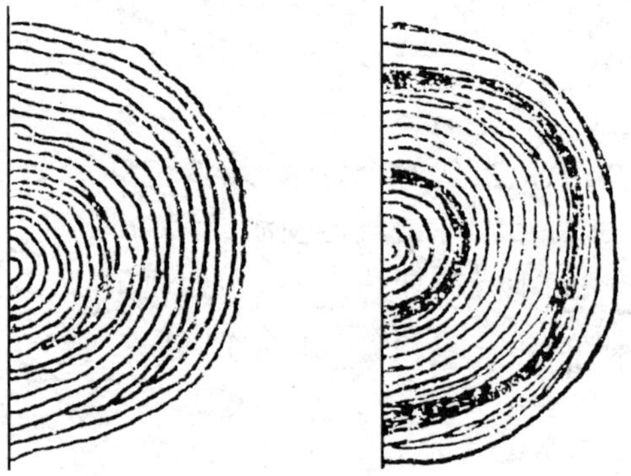

(a) (b)

图 5-1-16 鳞片上的两种年轮类型（均为两龄鱼）

（a）切割型；（b）疏密型

根据鉴定的结果，可把全部鱼样划分成几个年龄群，并分析其年龄组成（各年龄群的个体数与全部个体数的比率），获得种群中老幼个体的分布情况。当进行年龄鉴定有困难时也可以只分析其体长组成（各体长组的个体数与总个体数的比率）。这种方法很有实用意义。

丰满度的含意是指鱼体重量的增加程度，一般用下列体长和体重的关系式表示：

$$K = \frac{W \times 10^5}{L^3}$$

式中：K——丰满系数或称条件系数；

W——体重（g）；

L——体长（mm）。

这个关系式假定鱼类并不随生长而改变体形，因此不管它们的大小如何，丰满度的指标应该是同样的数值，而丰满度系数的改变说明体长与重量之间关系的改变。在体长不变的情况下，丰满度的大小，可表示体重的增减。但在测定体重计算丰满度时，要考虑生殖腺重量和肠胃饱满度等因素。

3. 一般健康检查

鱼体的一般健康状况会影响它对污染的反应，而污染的亚致死水平也会影响鱼的健康及其抵抗疾病的能力。因此，在水质调查中，应预先检查鱼类的一般情况，例如鳃的损伤，寄生虫的感染，以及其他一切可能加重或掩盖污染影响的因素。

大型体外寄生虫，像桡足类或蛭类，附着在体表，一般易于发现。小型体外寄生虫可在较高倍的解剖镜下检查从体表刮下的或鳃周围累积的粘液。体内寄生虫可使用显微镜进行组织学检查。

对于损伤，要报告肿块和发炎面积，鳍的擦伤或腐蚀以及其他残缺。

4. 组织病理检查

当怀疑有慢性中毒或发现鱼体普遍瘦弱，情况不良时，要进行组织学、生理学或生物化学的检查。

5. 残毒分析

针对污染的性质和程度，选择性地进行体内残毒分析。除肌肉外，还应分析鳃、肝、肾等内脏。

6. 产量和生产力分析

在鱼类实际调查工作中，可根据需要和可能选择以下项目进行产量和生产力分析。

①生产力（productivity）：一定水体内产鱼生物量的速率[重量/(单位面积・年)]。

②捕获量：实际捕获的鱼量[重量/(水面面积・年)]。

③现存量（standing crop）：在任意一定时间内存在的鱼量（重量/单位面积）。

（三）死鱼事件的调查

死鱼事件，是指水体中具有一定规模的灾难性的鱼类死亡现象。除废水排放等人为因素引起的死鱼外，还有因自然事件引起的，如水华、温度骤变、暴风雨、天然物质的分解、寄生虫以及细菌和病毒性流行病等。调查死鱼事件的首要目的是找出死鱼的原因。

当发生污染事故时，鱼类常表现出一些急性中毒的症状。如当农药污染时，鱼会出现麻痹，在水中挣扎的现象，直至死亡。死后，鱼的鳞片松散，鱼眼突出，鱼的鳃和眼等部位充血。当有机物（如印染废水）和 NH_3-N、NO_2^--N、S^{2-}等无机还原性物质造成污染事故时，由于水中 DO 降低，鱼体出现缺氧症状，如浮头，乱游，窜跳出水面，导致窒息死亡。死后鳃部呈暗褐色，鳞片紧附于鱼体。形成水华死鱼，往往鱼鳃被水华生物（蓝藻等）堵塞，或水华生物分泌毒素致死。水体缺氧，使鱼窒息死亡。

1. 调查准备工作

分析区域地图，测定死鱼发生面积、死鱼数量，估计废水类型及排放单位，携带温度计、溶氧仪、电导仪、pH 计、水色盘、透明度盘、采水器、生物采样设备（浮游植物网）、样品瓶以及其他标本器材。

2. 调查内容

现场考察：记录水的外观、水流和气象条件。测定温度、pH、溶解氧、电导及其他有关的项目。采集鱼样、水样和其他生物群，如浮游生物、着生生物、大型无脊椎动物等。

除在污染区采集水样和鱼样外，必要时也应从未污染的水域采集，作为对照。

采集即将死亡和近期死亡的鱼类特别重要。采样后，如有可能，应立即取血。血样收集在洁净的带塞的玻璃瓶里，鱼体单条放在有标签的塑料袋里冷冻保存，待测。

对死鱼的鉴定和计数：在大河里，可按定点定时内的死鱼数，推算全部时间内的死鱼数。在大河或湖泊里，也可在沿岸计数，并推算到整个面积的死鱼。在比较小的水体内，可以横过整个断面计算死鱼。

3. 样品分析测试

为确定污染事故的原因，需对受污染的水体和其中的鱼（或其他水生动物）进行分析测定。

水中 CN^- 的测定见第三篇第二章二。NH_3-N 的测定见第三篇第三章十二。S^{2-} 的测定见第三篇第二章一。农药的测定见第四篇第四章相关内容。

鱼体中农药的测定，采样和预处理如下（其他水生动物样品的采集和预处理亦可参考此方法）：

（1）鉴定

捕获鱼类，鉴定种类、年龄，测量体重、体长等。填写采样记录表（见表 5-1-1）。

表 5-1-1 生物残毒分析采样记录表

采样日期________

序号	采样地点	样品名称	年龄	体重（kg）	体长（cm）	生态特点	备注

采样人________ 记录人 ________

注：1. 表中体重指未除内脏的鱼体总重量（kg）。

2. 体长指自吻端至尾椎骨末端的总长度（cm）。

3. 鱼龄一般用鳞片法鉴定。

注意同时选择相对清洁或未发生污染事故的地点采空白对照样。

（2）取样

将受污染的鱼和空白对照的鱼分别做以下处理：鱼类体重在 1kg 以下的较小型鱼，剔除皮、骨，取其全部背部肌肉；较大型鱼，可从鱼鳃盖处起，去皮、骨，取鱼体 1/10 背部肌肉。若是取混合的样品，则以其中最小的鱼为基准，按其全部背部的肌肉量等量称取其他鱼的背部肌肉，并混合均匀。其他水生动物，弃去外壳，取全部可食部分作为样品。

具体做法：将鱼类样品用自来水洗净后，剖腹弃内脏。用蒸馏水淋洗一遍晾至不滴水，用不锈钢刀去鳞去皮。用竹片刮刀刮下背部肌肉。其他水生动物同样洗净控干至不滴水，挖取肌肉部分。切碎，用组织匀浆机或切碎机高速搅拌成均匀的浆状后，装于洗净的塑料食品袋或广口玻璃瓶中，密封后置于－10°C 以下暗处保存，备用。

（3）测定含水率

在某些情况下，样品分析结果要求以干重计。在此情况下，需在称取分析样品的同时另取样品测定含水率。

称取 100～500g 样品于一个已称重的坩埚中，105°C 烘干过夜。在干燥器中冷却恒重后称量。

含水率（%）=（样品重－干燥样品重）×100/样品重

注：重量以 g 计。

（4）分析前预处理

可选用以下方法：

①称取 20g 已匀浆混合均匀的浆状生物样品，加入 100ml 甲醇，振荡提取 10min，用离心机（3000r/min）离心 20min，取上清液。此提取操作重复两次。将上清液合并转移入 300ml 分液漏斗内，加入纯水 5ml，滴入正己烷直至溶液饱和（被甲醇饱和的正己烷约含甲醇 15～30ml。若加入的水量过大会产生乳化现象，此时待测物质向正己烷相转移。当水样中含脂肪类少时可不用添加纯水）。再加入 30ml 正己烷振荡萃取 5min，将甲醇相转移入另一个 300ml 分液漏斗中，再用 30ml 正己烷洗涤。重复一次振荡萃取、分液、洗涤操作。甲醇相中加入 5%NaCl 500ml，转移入 1L 分液漏斗中，加入 1ml 浓 HCl 后用 50ml CH_2Cl_2 振荡萃取 10min。此操作重复二次。合并 CH_2Cl_2 相，用无水 Na_2SO_4 脱水后，用旋转蒸发器浓缩，再吹 N_2 至约 0.5ml。试液备测。

②索氏提取：称取 100～500g 样品与 300g 无水 Na_2SO_4 混合，放入提取套管中。在提取过程中套管需自由沥干。在索氏提取器中，样品的上下两端装有玻璃棉可以代替提取套管。加 1.0ml 的加标溶液于样品上。在每批分析样品选作加标的样品中，加入 1.0ml 的基体加标标准。对于碱或中性—酸性的分析，所加入的标准和基体加标化合物的量，应使其在欲分析的提取液中（假定注射 1μl）的最终浓度为：每个碱或中性待测物为 100ng/μl，每个酸性待测物为 200ng/μl。若使用第四篇中的凝胶渗透净化，需加入 2 倍体积的标准和基体加标化合物，因为有一半的提取物由于 GPC 柱载而损失。

在含有 1～2 粒干净沸石的 500ml 圆底烧瓶中加入 500ml 提取溶剂（如正己烷、环己烷、异丙醇或乙腈），将烧瓶连接在提取器上，提取样品 16～24h。

农药的测定分析方法见第四篇第四章。

测定结果一般以干重表示，如 μg/g（干重）、ng/g（干重）等。

五、初级生产力测定

（一）叶绿素 a 的测定（B）

叶绿素是植物光合作用中的重要光合色素。通过测定浮游植物叶绿素，可掌握水体的初级生产力情况。在环境监测中，可将叶绿素 a 含量作为湖泊富营养化的指标之一。

1. 水样的采集与保存

可根据工作的需要进行分层采样或混合采样。湖泊、水库采样 500ml，池塘 300ml，采样量视浮游植物分布量而定，若浮游植物数量较少，也可采样 1000ml。采样点及采样时间同“浮游植物”。

水样采集后应放在荫凉处，避免日光直射。最好立即进行测定的预处理，如需经过一段时间（4～48h）方可进行预处理，则应将水样保存在低温（0～4℃）避光处。在每升水样中加入 1%碳酸镁悬浊液 1ml，以防止酸化引起色素溶解。水样在冰冻情况下（－20℃）最长可保存 30d。

2. 仪器设备

①分光光度计。
②真空泵。
③离心机。
④乙酸纤维滤膜（孔径 0.45μm）。
⑤抽滤器。
⑥组织研磨器或其他细胞破碎器。
⑦碳酸镁粉末。
⑧90%丙酮。

3. 试验程序

①以离心或过滤浓缩水样，在抽滤器上装好乙酸纤维滤膜。倒入定量体积的水样进行抽滤，抽滤时负压不能过大（约为 50kPa）。水样抽完后，继续抽 1～2min，以减少滤膜上的水分。如需短期保存 1～2d 时，可放入普通冰箱冷冻，如需长期保存（30d），则应放入低温冰箱（－20℃）保存。

②取出带有浮游植物的滤膜，在冰箱内低温干燥 6～8 h 后放入组织研磨器中，加入少量碳酸镁粉末及 2～3ml 90%丙酮，充分研磨，提取叶绿素 a 。用离心机（3000～4000r/min）离心 10min。将上清液倒入 5ml 或 10ml 容量瓶中。

③再用 2～3ml 的 90%的丙酮，继续研磨提取，离心 10min，并将上清液再转入容量瓶中。重复 1～2 次，用 90%的丙酮定容为 5ml 或 10ml，摇匀。

④将上清液在分光光度计上，用 1cm 光程的比色皿，分别读取 750nm、663nm、645nm、630nm 波长的吸光度，并以 90%的丙酮作空白吸光度测定，对样品吸光度进行校正。

4. 计算方法

叶绿素 a 的含量按如下公式计算：

$$\text{叶绿素 a}(mg/m^3)=\frac{[11.64\times(D_{663}-D_{750})-2.16\times(D_{645}-D_{750})+0.10\times(D_{630}-D_{750})]\cdot V_1}{V\cdot\delta}$$

式中：V——水样体积（L）；

D——吸光度；

V_1——提取液定容后的体积（ml）；

δ——比色皿光程（cm）。

（二）黑白瓶测氧法（B）

植物通过光合作用，将太阳能转化为生物能，吸收二氧化碳，转化为有机碳并释放出氧气的过程，称为初级生产。通过比较一段时间内有无光照的条件下，水中氧气浓度的差别，可计算出植物光合作用形成的初级生产量。

1. 仪器设备材料

①玻璃瓶：300ml 具磨口塞完全透明的玻璃瓶或 BOD 瓶。每瓶用酸洗过后，用蒸馏水洗净。黑瓶可用黑布或外涂黑漆等方法进行遮光，使之完全不能透光。

②绳子或支架：悬挂或固定黑白瓶用。应不遮蔽照射到瓶上的光线。

③采水器、水温计、水下照度计或透明度盘。

④测定溶解氧的仪器设备材料试剂等，见第三篇第三章。

2. 水样的采集与挂瓶

采样点及采样时间同浮游植物。每组有三个样品瓶，即黑瓶、白瓶、初始瓶。注意统一编号。

采样前先用水下照度计测定有光层的深度（接受表面照度 1%），按照表面照度 100%、50%、25%、10%、1%的深度分层分组挂瓶。如无水下照度计，可用透明度盘测定水体的深度。然后根据水的透明度和深度选定放置瓶子的深度间隔。可从水面到水底每隔 1～2m 或几米挂一组瓶子。一般浅水湖泊（水深≤3m）可按 0.0m、0.5m、1m、2m、3m 分层。

每组瓶要用同次采集的水样注满瓶，将采水器导管插到样品瓶底部，灌满瓶并溢出三倍体积的水，以保证所有样品瓶中的溶解氧与所采水样的溶解氧完全一致。灌瓶完毕，将瓶盖塞好。立即固定初始瓶的溶解氧，即为“初始氧”。将黑瓶和白瓶悬挂在原采水的深度处放置培养 24h。

3. 溶解氧的固定与测定

培养结束后，立即取出黑、白两瓶，加入 $MnSO_4$ 和碱性碘化钾进行固定。充分摇匀后，测定溶解氧。测定方法见第三篇第三章一。

4. 计算方法

①各挂瓶水层日生产量（mg O_2/L）的计算：

总生产量＝白瓶溶解氧量－黑瓶溶解氧量

净生产量＝白瓶溶解氧量－初始瓶溶解氧量

呼吸作用量＝初始瓶溶解氧量－黑瓶溶解氧量

②水柱日生产力(g O_2/(m^2·d))的计算：

水柱日生产力是指每平方米垂直水柱的生产量。可用算术平均值累计法计算。假定某水体某日 0.0m、0.5m、1.0m、2.0m、3.0m、4.0m 处的总生产量分别为 2、4、2、1、0.5、0.0mg/(L·d)，其水柱的总生产力的计算见表 5-1-2。

表 5-1-2 水柱总生产量计算例表

水层（m）	$1m^2$ 水面下水层体积（L/m^2）	每升平均日产量 mg/（L·d）	每 $1m^2$ 水面下各水层日产量（g O_2/（m^2·d））
0.0～0.5	500	(2+4)/2 = 3	3×500 = 1500mg O_2 /（m^2·d）=1.5
0.5～1.0	500	(4+2)/2 = 3	3×500 = 1500mg O_2 /（m^2·d）=1.5
1.0～2.0	1000	(2+1)/2 = 1.5	1.5×1000 = 1500mg O_2 /（m^2·d）=1.5
2.0～3.0	1000	(1+0.5)/2 = 0.75	0.75×1000 = 750mg O_2 /（m^2·d）= 0.75
3.0～4.0	1000	(0.5+0)/2 = 0.25	0.25×1000 = 250mg O_2 /（m^2·d）= 0.25
0.0～4.0			5.5

5. 质量保证与质量控制

①应在晴天的上午进行采样测定。

②在有机质含量较高的湖泊、水库，可采用每 2～4h 挂瓶一次，连续测定的方法，以免由于溶解氧过低而使净生产力可能出现负值。

③如光合作用很强，形成氧过饱和，在瓶中产生大的气泡。应将瓶微微倾斜，将气泡置于瓶肩处，小心打开瓶塞加入固定液，然后盖上瓶盖充分摇动。为防止产生氧气泡，也可将培养时间缩短为 2～4h，但需在结果报告中注明。

④测定时应同时记录当天的水温、水深、透明度、光照强度，以及水草的分布生长情况。

⑤尽可能对水中主要营养盐，特别是无机磷和无机氮进行分析。

第二章　水中的细菌学测定

水是微生物广泛分布的天然环境，不论是地表水或地下水，甚至雨水或雪水，都含有多种微生物。当水体受到人、畜粪便、生活污水或某些工业废水污染时，水中微生物的数量可大量增加。因此，水的细菌学测定，特别是肠道细菌的检验，在环境质量评价、环境卫生监督等方面具有重要的意义。但是直接检查水中各种病原微生物，方法较复杂，有的难度大，而且检查结果为阴性也不能保证绝对安全。所以，在实际工作中经常以检查水的细菌总数，特别是检查作为粪便污染的指示菌，来间接判断水体污染状况和环境卫生学质量。

水中含有细菌总数与水污染状况有一定的关系，但是不能直接说明是否有病原微生物存在。粪便污染指示菌一般是指如有该指示细菌存在于水体中，即表示水体曾有过粪便污染，也就有可能存在肠道病原微生物。那么该水质在卫生学上是不安全的。

水体的粪便污染指示菌，一般希望能符合下列条件：

①此种指示菌应大量存在于人的粪便内，其数量要比病原微生物多得多。

②如水中有病原微生物存在时，此种指示菌也必然存在。

③此指示菌在水中的数量与水体受粪便污染的程度呈正相关。

④此种指示菌在水中存活的时间略长于病原微生物，对消毒剂及水中不良因素的抵抗力也应比病原微生物略强些。

⑤此种指示菌在水环境中不会自行繁殖增长。

⑥此种指示菌在污染的水环境中分布较均匀，生物性状亦较稳定。

⑦此种指示菌应能在较简单的培养基上生长，检出、鉴定、计数的方法也较简易、迅速、准确。

⑧此种指示菌应可适用于各种水体。

因此，要选择一种指示菌能符合上述全部条件是不太可能的，只能选择相对较为理想的细菌作为指示菌。常见的用作指示细菌或其他指示微生物有：总大肠菌群（*Total coliform*）、粪大肠菌群（*Fecal coliform*）、粪链球菌（*Fecal strepto coccus*），产气荚膜梭菌（*Clostridium perfringens*）、双歧杆菌属（*Bifidobacterium*）、肠道病毒（*Enteroviruses*）、大肠杆菌噬菌体（*Coliphage*）、沙门氏菌属（*Salmonella*）、志贺氏菌属（*Shigella*）、铜绿假单胞菌（*Pseudomonas aeruginosa*）、葡萄球菌属（*Staphylococcus*）、副溶血弧菌（*Vibrio parahaemolyticus*）等。此外，还有水生的真菌、放线菌（*Actinomycetes*）和线虫（*Nematodes*）等。

本章所述的几种细菌学检验方法，多年来，作为环境卫生学和水处理学的例行检验，已经积累了相当的经验并且具备了一定的技术基础，其试验结果已在解释水污染程度和水的环境卫生学质量方面显示出重要的意义。因此，将下述几种细菌学检验方法，用于监测水环境的微生物学指标是可行的。

一、实验室质量保证

实验室质量保证是对水质细菌学监测实行全面的质量管理，确保监测数据准确可靠的一项行之有效的工作程序。包括从采样技术、实验室仪器设备、供应品质量、分析检验方法及检测能力水平直至质量控制等全部监测过程以及辅以相应的所有活动和措施。特别是细菌学监测尚存在缺乏检测标准及定量的标准参考物等特殊问题，往往需要实验人员具有熟练的操作技能、专业知识及丰富的实际经验，以便对结果作出正确的判断。因此，更应严格执行监测全过程中的质量控制程序。

（一）实验室内部的质量控制

1. 对实验室的要求

①细菌监测实验室要求通风良好，又能避免尘埃、过堂风和温度骤变，并保持室内空气高度清洁和实验室用具的整洁。

②实验室空间要合理利用，有专供培养基制备和灭菌以及玻璃器皿和其他器具消毒灭菌用的准备室和供应室，还要有供分装和制备无菌培养基、转移微生物培养的灭菌接种室。

③室内墙壁要刷漆覆盖，地板要使用光滑和防透水材料，以便刷洗和消毒。

④实验室工作台应足够宽敞、高度适宜，台面应使用光滑、防透水、惰性的、抗腐蚀的、具有最少接缝的表面材料，室内照明要求均匀宜人。

2. 实验室业务负责人

应定期或不定期地对化验人员进行实验室基本操作和各项专业技术训练，应掌握样品的采集和存放、培养基和玻璃器具的准备、灭菌过程、实验步骤、细菌计数、数据处理、质量控制等方面，及时排除各类问题以提高实验室工作成效。

3. 实验室器材、设备的校验

①温度计或温度记录仪器：每年至少校准一次，对培养箱、冰箱、恒温水浴所使用的温度计，应按国家标准校验，并将温度检验数据登记造册。

②天平：需使用最大载荷 100g、感量为 0.1g 的药物天平和最大载荷 10g、感量为 0.1mg 的分析天平。要保持天平和载物盘的清洁，砝码应参照标准砝码定期校核。

③pH 计：测定培养液的 pH 时，至少应精确到 0.1pH 单位，使用时至少用两种标准缓冲液进行校准，并标注第一次启用标准缓冲液日期，必要时应作温度校准。pH 标准溶液的制备见表 5-2-1。

④蒸馏水器和去离子水装置：定期用电导仪监测蒸馏水和去离子水质量，每年至少检验痕量金属一次，至少每月监测水中细菌一次，标准平皿计数超过 1000 个菌落/ml，则需

重蒸或更换新的过滤装置。

表 5-2-1　pH 标准溶液的制备[1]

标准溶液(mol/L)	25℃的 pH	每 1000ml 25℃水溶液所需药品重量
基本标准：		
酒石酸氢钾(25℃饱和)	3.557	6.4g$KHC_4H_4O_8$[2]
柠檬酸二氢钾(0.05)	3.776	11.41g$KH_3C_8H_5O_7$
邻苯二甲酸氢钾(0.05)	4.008	10.12g$KHC_8H_4O_4$
磷酸二氢钾(0.025)+磷酸氢二钠(0.025)	6.865	3.388gKH_2PO_4+3.533gNa_2HPO_4[3]
磷酸二氢钾(0.008695)+磷酸氢二钠(0.03043)	7.413	1.179gKH_2PO_4+4.302gNa_2HPO_4[3]
水硼酸钠(硼砂)(0.01)	9.180	3.80g$Na_2B_4O_7 \cdot 10H_2O$[3]
碳酸氢钠(0.025)+碳酸钠(0.025)	10.012	2.092g$NaHCO_3$+2.640gNa_2CO_3
辅助标准：		
二水草酸三氢钾(0.05)	1.679	12.61g$KH_3C_4O_8 \cdot 2H_2O$
氢氧化钙(25℃饱和)	12.454	1.5g$Ca(OH)_2$[2]

注：①Bower，V.E.&R.G.Bates.1957. “60℃至 95℃pH 测定所用标准”。J.Res. Nat.Bur. Standards，59: 261，和 Bates，R.G.，1962. “0℃至 95℃pH 测定修正标准值”。J.Res.Nat.Bur.Standards 66A: 179。

②近似溶解度。

③用新煮沸冷却后的蒸馏水配制（无二氧化碳）。

⑤电热干燥箱：应有足够的空间，能提供均匀适当的 170℃±10℃的灭菌温度，应配备 160～180℃范围内能准确显示的温度计或温度记录装置，每日必须进行温度的稳定性校验。

⑥高压蒸汽灭菌器：每次使用时，要在压力上升之前，必须先用蒸汽将器内的冷空气完全驱尽，要记录温度、气压和灭菌的时间。应能提供均匀的高达 121℃的高压灭菌温度，每月可用芽孢试条和芽孢悬浮液或特制的热变色滤纸条检查灭菌效果。

⑦冰箱：箱内存放物品须标明名称、日期，每天检查和记录冰箱温度，每月清洁和消毒冰箱一次，至少每季清除一次存放过久无用物品。

⑧过滤装置：将过滤器、抽滤瓶及真空泵等部件装配好后，预检查有无渗漏，各部件内壁有无划痕，以便及时更换和补充新的部件。该装置使用后须彻底清洗各种部件，包好经高压灭菌后存放备用。

⑨紫外灭菌灯：每月用浸有乙醇的湿布擦拭一次，每季用紫外光度计测量紫外灯光强度不少于初始值的 70%或用生长有 200～250 个细菌菌落的琼脂平皿暴露于紫外灯下 2min，99%的菌数被杀灭，否则，即应更换新灯。

⑩恒温培养箱：须每天检查二次，记录培养架上使用区的温度是否准确和稳定，温度变化不可超过±0.5℃。

⑪恒温水浴箱：须每天检查和记录箱内温度，箱内存水应至少两周更换一次，并注意洗刷箱内沉积物。

⑫显微镜：应按操作方法使用，使用后用擦镜纸清洁光学玻璃部分和载物台，并罩好套子。

4. 实验室供应品的质量控制

①玻璃器皿：包括培养皿、吸管、量管、稀释瓶、试管、发酵管等均应是硼硅玻璃制品，必须洁净不附着任何残渍，应剔除已破损、有划痕或有气泡的器皿。用于标准平皿计数的培养皿直径为 90～100mm；用于滤膜技术应使用 60mm×15mm 的培养皿，底部要求平整光滑。所有吸管的上端要用少量普通棉花填塞，注意松紧适度，使其快速、准确流出所需体积，试液每批校准误差不可超过 2.5%。发酵试管应视水样量确定，一般取 10ml 水样时，试管为 200mm×25mm；水样量为 1ml 时，试管为 150mm×15mm，在用于检验产酸产气情况时，要在试管内装 35mm×6mm 的小套管，封闭端不得漏气。

②纯水质量：细菌检测实验室用水的原料水应当是蒸馏水或纯水，所用纯水的质量可参考表 5-2-2。

表 5-2-2　细菌监测用纯水的质量

监测项目	监测次数	合格限度
化学项目：		
电导率	每次用前，或连续	25℃时，<5μS/cm
pH	每次用前	5.5～7.5
总有机碳	每月一次	<1.0mg/L
重金属(单项)Cd、Cr、Cu、Ni、Pb 和 Zn	每月一次	<0.05mg/L
总重金属	每月一次	<1.0mg/L
氨或有机氮	每月一次	<0.1mg/L
游离氯	每次用前	<0.1mg/L
生物项目：		
标准平皿计数		
新蒸馏水或超纯水	每月一次	<1000 菌落/ml
经贮存的蒸馏水或去离子水	每月一次	<10000 菌落/ml
水的适宜性	每年一次，或使用新水源时	0.8～3.0 的比率
使用检验	每年一次，或使用新水源时	Student 检验，$t\leqslant 2.78$

③试剂：必须使用纯度合格的试剂，以免试剂中的不纯物质抑制或促进细菌的生长。购入或启用试剂要标明日期，配制好的试液要标明名称、浓度、配制人及配制日期，对任何系列培养试验或生化试验，要同时做阳性和阴性的对照培养。

④染料和着色剂：用于细菌监测的染料或着色剂，要求具有适当的强度和稳定性，常用的商品染料，往往因货品批号不同，其含量、组分及所含的不溶物和惰性材料均有所不同，因此在染色前，宜先对至少一种阳性和阴性的对照培养试行染色，并记录结果。

革兰氏染色是细菌鉴定中最重要的染色方法。可在同一载玻片上用大肠杆菌和金黄色葡萄球菌作为染色阴性和阳性的对照菌。在染色操作中涂片切不可过厚，以免呈假阳性，同时用 95%乙醇作为脱色液为宜，脱色液中水分含量过高会导致脱色力加强，易形成假阴性。复染液宜用 0.5%的番红液或经稀释的石碳酸复红液，可根据具体情况选用。

⑤滤膜和吸收垫：滤膜孔径为 0.45μm±0.02μm，直径根据滤器规格，目前常用的有 35mm 和 47mm 两种。滤膜孔隙必须分布均匀，能定量截留所需细菌，滤膜本身及其标志格线应不含对细菌生长不利的可被沥取的化学物质，并对培养基的 pH 无明显影响。滤膜

和吸收垫必须能耐受高压蒸汽灭菌而不受任何影响，吸收垫应具有一定厚度，以吸收一定量的培养液。在温度和湿度极度反常的环境中不宜存放滤膜，每批滤膜购买的数量不宜超过一年所需，以保证具有一定的柔韧性。

⑥培养基：有关培养基的配制、灭菌及保存等方面的技术见本章三培养基的制备部分。

a. 每批培养基在使用前，需经无菌检验。可将培养基置37℃温箱内培养24h后，证明无菌，同时再用已知菌种检查在此培养基上生长繁殖情况，符合要求后方可使用。标准菌株的观察指标见表5-2-3。

表5-2-3 标准菌株的观察指标

培养基	细菌类别	发育	观察指标
营养琼脂	大肠杆菌	+	
	表皮葡萄球菌	+	
品红亚硫酸钠培养基	大肠杆菌	+	分解乳糖，菌落紫红色，具金属光泽
	肠球菌	−	
伊红美蓝培养基	大肠杆菌	+	菌落深紫黑色，具金属光泽
	肠球菌	−	
乳糖蛋白胨培养液	大肠杆菌	+	产酸产气
	产碱杆菌	−	

b. 对每批培养基，要做阳性和阴性对照培养检查试验，对照培养实例见表5-2-4。

表5-2-4 微生物监测的对照培养

细菌类别	对照培养	
	阳性	阴性
总大肠杆菌类	大肠埃希氏菌(*Escherichia coli*) 产气肠杆菌(*Enterobacter aerogenes*)	金黄色葡萄球菌(*Staphylococcus aureus*) 假单胞菌属(*Pseudomonas* sp.)
粪大肠菌类	大肠埃希氏菌	产气肠杆菌 粪链球菌(*Streotococcus fecalis*)
粪链球菌类	粪链球菌	金黄色葡萄球菌 大肠埃希氏菌

c. 配制每批培养基均要作好记录，登记配制日期，批次，培养基名称、成分、pH、灭菌条件、配制方法及配制人等。

配制好的培养基，不宜存放过久，以少量勤配制为宜，可参照表5-2-5所列的存放时间内能用完的量来制备培养基。

表5-2-5 配制好的培养基的保存时间

培养基	保存时间
在螺盖瓶中的膜滤液态培养基(membrane filter broth，即MF broth)，存放于4℃	96h
在紧皿盖的平皿内的膜滤琼脂培养基(MF agar)，存放于4℃	2星期
在松帽试管内的琼脂或液态培养基，存放于4℃	1星期
在紧帽试管内的琼脂或液态培养基，存放于4℃	3个月
倒入松皿盖的平皿内的琼脂培养基，放入塑料袋中，封好。存放于4℃	2星期
在盖紧螺盖的大瓶中的大量琼脂培养基，存放于4℃	3个月

5. 分析工作的质量控制

（1）无菌性检验

每次试验时，要以无菌水为水样，检查培养基、滤膜、稀释水、冲洗用水、玻璃器皿和其他器具的无菌性。如检查结果表明有杂菌污染，则应弃去水样试验结果，重取水样检验。

（2）精密度检验

在同类同批的水样中，选出最先的 15 个阳性水样由同一实验人员作平行双样分析，试验结果列于表 5-2-6。表中 n_1、n_2 为双样分析的两组数据，如果任一双样结果中有一个为零，则将 n_1、n_2 均加 1，再计算对数值。

表 5-2-6 精密度判断值的计算

水样号	双样试验结果		双样试验结果的对数值		对数值的差距 R_{lg}
	n_1	n_2	$\lg n_1$	$\lg n_2$	$\lvert \lg n_1 - \lg n_2 \rvert$
1	89	71	1.9494	1.8513	0.0981
2	38	34	1.5798	1.5315	0.0483
3	58	67	1.7634	1.8261	0.0627
σ	σ	σ	σ	σ	σ
σ	σ	σ	σ	σ	σ
σ	σ	σ	σ	σ	σ
14	7	6	0.8451	0.7782	0.0669
15	110	121	2.0414	2.0828	0.0414

计算：

$$\sum R_{lg} = 0.0981 + 0.0483 + 0.0627 + \cdots + 0.0669 + 0.0414 = 0.71889$$

$$\overline{R} = \frac{\sum R_{lg}}{n} = \frac{0.71889}{15} = 0.0479$$

$$\text{精密度判断值} = 3.27\overline{R} = 3.27 \times 0.0479 = 0.1566$$

取待测水样中的 10%，做双样分析，按上所述计算结果。当对数值的差值大于 $3.27\overline{R}$（精密度判据）时，表示试验的精密度已失控，须废弃自上一次精密度检查之后的双样试验结果，并找出原因加以纠正后，方可继续监测水样。

定期用最新获得的 15 对双样试验数据计算出最新的精密度判据值 $3.27\overline{R}$，用以比较和检查控制精密度的程度。精密度检验的实例见表 5-2-7。

（3）稀释试验的质量控制

对例行监测，应取 10%的阳性水样做完成试验，如果饮用水的水样没有阳性结果，则至少每季对一个阳性水源水样做完成试验。

对受细菌污染严重的水体样品，如果在初发酵试验中未发现产气，则应将其继续培养到 48h，然后再进一步证实有无大肠菌类细菌。

表 5-2-7　细菌监测双样计数的精密度检验

编号	试验日期	双样试验结果		双样试验结果的对数值		对数值的差距 R_{lg}	差距能否接受	
		n_1	n_2	$\lg n_1$	$\lg n_2$		$3.27\overline{R}_{lg}$	判断
1	8.29	71	65	1.8513	1.8129	0.0384	0.1256	A
2	8.30	110	121	2.0414	2.0828	0.0414	0.1354	A
3	8.31	73	50	1.8633	1.6990	0.1643	0.5373	U

计算：1. 3.27×0.0384=0.1256　　判断：∵$0.1256<3.27\overline{R}<0.1566$

∴可接受（A）

2. 3.27×0.0414=0.1354　　∵$0.1354<3.27\overline{R}<0.1566$

∴可接受（A）

3. 3.27×0.1643=0.5373　　∵$0.5373>3.27\overline{R}>0.1566$

∴不可接受（U）

（4）滤膜试验的质量控制

①对每一类型水样的检验，每人每月应取一已知阳性的水样核实菌落，要对同一阳性水样在同一滤膜上就典型菌落进行计数，以核实滤膜上的菌落，并比较各化验人员的操作。

②核实总大肠菌群时，要从滤膜挑取至少五个新的大肠菌群菌落，接种于乳糖蛋白胨培养液，经 37℃培养 24h 或乳糖蛋白胨半固体培养基经 37℃培养 6～8h，检查有无产气；同时，还应挑取至少 10 个无光泽菌落同样进行确信试验，以证实未发生假阴性结果。若分析的饮用水样无阳性结果，则每季应至少取一个阳性水样做确信试验。

③核实粪大肠菌时，要从滤膜挑取至少 10 个典型的蓝色或蓝绿色单个菌落，接种于 EC 培养液中，经 44.5℃培养 24h，检查有无产气，如有气体产生，即证实为粪大肠菌。

④核实粪链球菌时，需从滤膜挑取至少 10 个典型的蓝色或蓝绿色单个菌落，接种于胆汁-七叶苷-叠氮化物琼脂培养基上，经 44.5℃培养 48h。挑选因水解七叶苷而边缘呈现褐色或黑色的菌落，进行过氧化氢酶试验，不产生氧气泡的菌落为过氧化氢酶阴性反应，即可证实为粪链球菌。

（二）玻璃器皿的洗涤和灭菌

1. 玻璃器皿的洗涤

①新购置的玻璃器皿，因含游离碱，应先在 2%盐酸中浸泡数小时，用自来水冲洗干净，再用蒸馏水冲洗 1～2 次并沥干。

②培养细菌的玻璃器皿，应先经高压蒸汽灭菌，趁热倒出培养基，用热肥皂水或洗涤剂刷洗残渍，再用清水冲洗干净，最后用蒸馏水冲洗 1～2 次，沥干。

③洗涤吸管时，可先置 3%来苏液内浸泡 30min 或高压蒸汽灭菌，再用洗涤剂洗涤，用清水及蒸馏水冲洗干净。

④洗涤染色瓶时，可在 5%漂白粉液中浸泡 24h 后，再按常规方法洗涤干净。

⑤含油脂的玻璃器皿，应单独高压灭菌洗涤，趁热倒出污物，置 100℃干燥箱烘烤 0.5h，再放入 5%碳酸氢钠水中煮沸，先去脂再行常规洗涤。

对新购置的洗涤液，可能因含有抑制或促进细菌生长的化学物质而影响洗涤质量，需进行洗涤效果的检查。

2. 玻璃器皿的灭菌

（1）高压蒸汽灭菌

这是应用最广的灭菌方法，灭菌是用高压蒸汽灭菌锅进行。手提式高压蒸汽灭菌器，使用方便，适用于一般细菌监测实验室使用。其操作方法及注意事项如下：

①打开锅盖或从加水口处向锅内加入适量的水。

②加水后，将待灭菌器皿放入锅内，不要塞得过紧，以使锅内温度均匀，再将锅盖盖好，拧紧螺旋，使其密闭。

③打开放气阀，打开热源加热至水沸腾，让锅内冷空气充分逸出。否则，锅内温度达不到压力表所指示的对应温度，灭菌不彻底。当冷空气由排气孔排尽后，再关紧放气活塞。等锅内蒸汽压上升至所需压力时，控制热源，维持所需时间，一般为 0.10343MPa（121℃）表压，保持 20min。

④灭菌完毕，关闭热源，必须待压力自然降至“0”时，方可启盖取出灭菌物品，否则易发生危险。

（2）干热灭菌

实验室中常用的还有热空气灭菌的方法，即将洗净干燥的待灭菌器皿均匀放入恒温干燥箱内，但不得与内层底板直接接触。关闭箱门，开启电源开关，用恒温调节器，使温度上升至 160～170℃，维持 2h，即可达到灭菌目的。灭菌完毕后，需关闭电源，待温度降至 50℃以下时，方可开门取物，否则玻璃器皿可因骤冷而爆裂。

（三）实验室间的质量控制

实验室间的质量控制是在实验室内部质量控制基础上进行的，用以检验和核实分析方法的可靠性、各实验室是否存在系统误差及其误差来源，从而提高各实验室的细菌监测水平。

“环境监测技术规范”以及本书提供了有关细菌学监测的分析方法。各实验室应实行统一的采样步骤和使用规范化的分析方法，并加强对实验室内部各重要环节的质量控制。同时还要规定合格的实验室操作人员、仪器设备、实验用品、数据处理和质量控制等方面的最低标准。

要做实验室之间的检验，可以随机分配样品的分样，用以比较和评论各实验室的细菌监测结果。但基于细菌样品的特殊性，要在各实验室间对同一样品作再现性测定，不是件容易的事。须创造条件、落实措施，加强对微生物标样的研究，提出切合实际的质控管理办法。

加强对各实验室的调查研究，针对各类问题，开展专业技术培训和技术交流，及时给予必要的技术支持。

二、水样的采集与保存

采集的样品应尽可能地代表所采的环境水体特征，应采取一切预防措施尽力保证从采样到实验室分析这段时间间隔里不受污染和水样成分不发生任何变化。

（一）采样

1. 采水容器

①采样瓶：通常采用以耐用玻璃制成的，带螺旋帽或磨口玻塞的500ml广口瓶，也可用适当大小、广口的聚乙烯塑料瓶或聚丙烯耐热塑料瓶。要求在灭菌和样品存放期间，该材料不应产生和释放出抑制细菌生存能力或促进繁殖的化学物质。螺旋帽必须配以氯丁橡胶衬垫。

②采样瓶的洗涤：一般可用加入洗涤剂的热水洗刷采样瓶，用清水冲洗干净，最后用蒸馏水冲洗1～2次。新的采样瓶必须彻底清洗，先用水和洗涤剂清洁尘埃和包装物质，再用铬酸和硫酸洗涤液洗涤，然后用稀硝酸溶液冲洗，以除去任何一重金属或铬酸盐的残留物，最后用自来水冲洗干净，再用蒸馏水淋洗。对于聚乙烯容器，可先用约1mol/L盐酸溶液清洗，再依次用稀硝酸溶液浸泡，蒸馏水冲洗干净。

③采样瓶的灭菌：将洗涤干净的采样瓶盖好瓶塞（盖），用牛皮纸等防潮纸将瓶塞、瓶顶和瓶颈处包裹好，置干燥箱160～170℃干热灭菌2h，或用高压蒸汽灭菌器，121℃经15min灭菌。不能使用加热灭菌的塑料瓶则应浸泡在0.5%的过氧乙酸溶液中10min或用环氧乙烷气体进行低温灭菌。聚丙烯耐热塑料瓶，可用121℃高压蒸汽灭菌15min。

灭菌后的采样瓶，两周内未使用，需重新灭菌。

2. 去氯

采集加氯处理的水样时，余氯的存在会影响待测水样在采集时所指示的真正细菌含量，因此须经去氯处理。可在洗涤干净的样品瓶内，于灭菌前按500ml采样瓶加入0.3ml 10% $Na_2S_2O_3$溶液。然后盖好瓶盖（塞），如上所述的灭菌方法进行灭菌。

当被测水样含有高浓度重金属时，则须在采样瓶内，于灭菌前加入螯合剂以减少金属毒性，采样点位置较远，须长距离运输的这类水样更为重要。可按500ml采样瓶加入1ml 15%的乙二胺四乙酸二钠盐（$EDTA-Na_2$）溶液。

3. 采样步骤及注意事项

①已灭菌和封包好的采样瓶，无论在什么条件下采样时，均要小心开启包装纸和瓶盖，避免瓶盖及瓶子颈部受杂菌污染，并注意在使用船只或附带的采样缆绳等附加设备采样时可能造成的污染。

②采集江、河、湖、库等地表水样时，可握住瓶子下部直接将已灭菌的带塞采样瓶插入水中，约距水面10～15cm处，拔玻塞，瓶口朝水流方向，使水样灌入瓶内然后盖上瓶塞，将采样瓶从水中取出。如果没有水流，可握住瓶子水平前推，直到充满水样为止。采好水样后，迅速盖上瓶盖和包装纸。

③采集一定深度的水样时，可使用单层采水器（图5 2-1）或深层采水器（图5-2-2）。采样时，将已灭菌的采样瓶放入采水器架内，当采水器下沉到预定深度时，扯动挂绳，打开瓶塞，待水灌满后，迅速提出水面，弃去上层水样，盖好瓶盖，并同步测定水深。

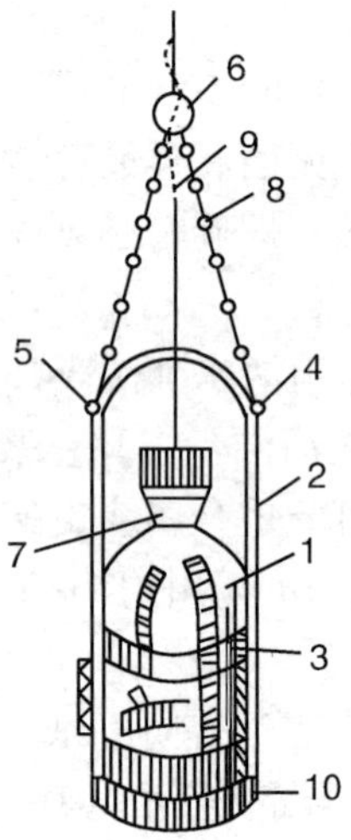

图 5-2-1　单层采水瓶

1—水样瓶；2、3—采水瓶架；
4、5—控制采水瓶平衡的挂钩；
6—固定采水瓶绳的挂钩；7—瓶塞；
8—采水瓶绳；9—开瓶塞的软绳；10—铅锤

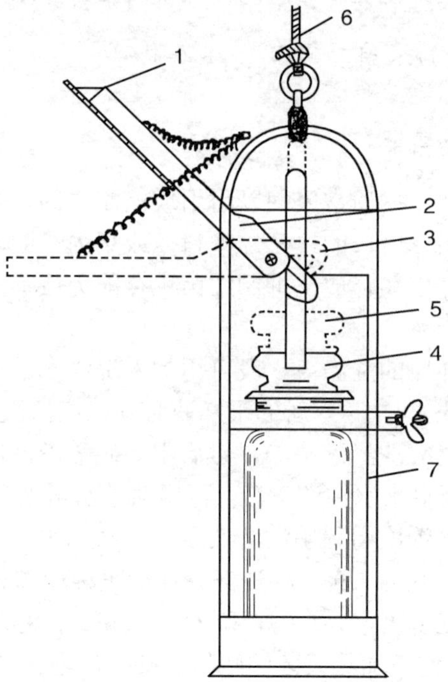

图 5-2-2　深层采水瓶

1—叶片；2—杠杆（关闭位置）；
3—杠杆（开口位置）；4—玻璃塞（关闭位置）；
5—玻璃塞（开口位置）；6—悬挂绳；7—金属架

④从自来水龙头采集样品时，不要选用漏水的龙头，采水前可先将水龙头打开至最大，放水 3～5min；然后将水龙头关闭，用酒精灯火焰灼烧约 3min 灭菌或用 70%的酒精溶液消毒水龙头及采样瓶口；再打开龙头，开足，放水 1min，以充分除去水管中的滞留杂质。采水时控制水流速度，小心接入瓶内。

⑤采样时不需用水样冲洗采样瓶。采样后在瓶内要留足够的空间，一般采样量为采样瓶容量的 80%左右，以便在实验室检查时，能充分振摇混合样品，获得具有代表性的样品。

⑥在同一采样点进行分层采样时，应自上而下进行，以免不同层次的搅扰；同一采样点与理化监测项目同时采样时，应先采集细菌学检验样品。

⑦在危险地点或恶劣气候条件下采样时，必须有防护措施，保证采样安全，并作好记录，以便对检验结果正确解释。

⑧采样完毕，应将采样瓶编号，作好采样记录。将采样日期、采样地点、采水深度、采样方法、样品编号、采样人及水温、气温情况等登记在记录卡上。

（二）样品保存

①各种水体，特别是地表水、污水和废水的水样，易受物理、化学或生物的作用，从采水至检验的时间间隔内会很快发生变化。因此，当水样不能及时运到实验室，或运到实验室后，不能立即进行分析时，必须采取保护措施。

②采好的水样，应迅速运往实验室，进行细菌学检验。一般从取样到检验不宜超过2h，否则应使用10℃以下的冷藏设备保存样品，但不得超过6h。实验室接到送检样后，应将样品立即放入冰箱，并在2h内着手检验。如果因路途遥远，送检时间超过6h者，则应考虑现场检验或采用延迟培养法。

三、培养基的制备

（一）配制培养基注意事项

为了分离和培养微生物，必须有适用于不同微生物的培养基。所有的培养基在配制时要注意以下几点：

①含有可被迅速利用的碳源、氮源、无机盐类以及其他成分。

②含有适量的水分。

③调至适合微生物生长的pH。

④具有合适的物理性能（透明度、固化性等）。

（二）配制方法

配制一般培养基的主要程序可分为：调配、溶化、调整pH、澄清过滤、分装、灭菌、鉴定等步骤。

①调配：按培养基配方准确称取各成分，用少量水溶解。对于肉膏之类粘、胶状物，可盛在小烧杯或表面皿中称量，然后加水移入培养基中。此外，也可放在称量纸上称量后直接放入水中，这时如稍微加热，肉膏便会与称量纸分离，然后立即取出纸片。蛋白胨等极易吸潮物质，在称取时动作要迅速。此外，维生素、氨基酸、无机盐等微量成分，可预先配成高浓度的贮备液，在配制培养基时再按配方比例取一定量加入培养液中即可。

②融化：将各成分混匀于水中，最好以流通蒸汽融化0.5h，如在电炉上融化应随时搅拌，如有琼脂成分时，应注意防止外溢。融化后，应注意补充失去的水分，补足至原体积。

制备大量培养基时，除玻璃器皿外，还可用搪瓷桶、铝锅等容器加热融化，但不可用铜或铁锅，以免金属离子进入培养基中影响细菌生长。

③调整pH：一般细菌用的培养基pH调整在6.8～7.2之间，但也有需要酸性或碱性的培养基。培养基在高压灭菌后，pH约降低0.1～0.2，故调整时应比实际需要的pH高0.1～0.2。但有时也可降低0.4，因所使用的灭菌器不同而稍有不同。调整pH，用盐酸和氢氧化钠，因为在相同pH下有机酸比无机酸更易抑制微生物生长，因此除非特殊情况，最好不用乙酸等有机酸来调节pH。一般用精密pH试纸（精确到0.1pH单位）调整，必要时也可用酸度计。调时需注意逐步滴加，勿使过酸或过碱而破坏培养基中某些组分。

④过滤澄清：培养基配成后，一般都有沉渣或混浊，需过滤，使其清晰透明方可使用。

液态培养基常用滤纸过滤；固态培养基如琼脂培养基，加热后需趁热用脱脂棉或多层纱布过滤。

⑤分装：将调整 pH 后的培养基按需要趁热分装于三角瓶或试管内，以免琼脂冷凝。分装量不宜超过容器的 2/3，以免灭菌时外溢。分装时应注意勿使培养基粘附于管口与瓶口部位，以免沾染棉塞而滋生杂菌。可以通过下边套有橡皮管及管夹的普通漏斗进行分装。

基础培养基一般常分装于三角瓶内，分装的量根据使用目的和要求决定，但必须定量分装，以便灭菌后使用。

琼脂斜面分装量为试管容量的 1/5，灭菌后须趁热放置成斜面，斜面长度约为试管长度的 2/3。

半固体培养基分装量约占试管长度的 1/3，灭菌后趁热直立，待冷却凝固。

高层琼脂分装量约为试管长度的 1/3，灭菌后直立凝固待用。

琼脂平板是将灭菌后的培养基，冷却至 50℃左右，在无菌条件下倾入灭菌平皿内。内径 9cm 的平皿倾注培养基约 15ml 左右，轻摇平皿底，使培养基平铺于皿底部，凝固后即成。倾注培养基时，切勿将皿盖全部启开，以免空气中尘埃及细菌落入。

新制成的平板，表面水分较多，不利于细菌的分离，通常应将平皿倒扣置于 37℃培养箱内约 30min，待平板干燥后使用。

⑥灭菌：加热配制培养基后，在 2h 内进行灭菌处理。不要把未灭菌的培养基冷藏或存放。绝大多数培养基都应在高压灭菌器内于 121℃灭菌，并应在达到这一温度后持续 15min。糖类液态培养基或含有其他特殊成分的培养基，高压蒸汽灭菌会使其分解，要用滤膜过滤灭菌。或者将不耐热物质用其他方法灭菌（如流通蒸汽灭菌）后，再加入已灭菌的培养基中。

⑦检定；每批培养基制成后须经检定后方可使用 （详见本章一、（一）4⑥部分）。

⑧保存：配制好的培养基，不宜保存过久，以少量勤配制为宜。每批应注明制作日期。已灭菌的培养基可在 4～10℃存放 1 个月。存放时应避免阳光直射，并且要避免杂菌侵入和液体蒸发。

当发酵试管中的液体培养基存放在冰箱或者适中的低温下时，可能有空气溶解进去，以致在 37℃培养时，会在管内形成空气泡。因此，凡存放在低温的发酵试管，使用前应先予以培养过夜，弃去有气泡的管子。

液态培养基在室温下存放如超过一周，可能有水分蒸发，如果管内液体损失 10%，应弃去不用。

（三）各种培养基的成分与制备

为减少配制中的误差，尽量选用市售已配好的综合培养基。

（1）营养琼脂培养基

蛋白胨	10g
牛肉浸膏	3g
氯化钠	5g
琼脂	15～20g
蒸馏水	1000ml

将上述成分混合后，调节 pH 为 7.4～7.6，过滤除去沉淀，分装于玻璃容器中，经 121℃高压蒸汽灭菌 15min，贮存于暗处备用。

（2）乳糖蛋白胨培养液

蛋白胨	10g
牛肉浸膏	3g
乳糖	5g
氯化钠	5g
1.6%溴甲酚紫乙醇溶液	1ml
蒸馏水	1000ml

将蛋白胨、牛肉浸膏、乳糖、氯化钠加热溶解于 1000ml 蒸馏水中，调节 pH 为 7.2～7.4，再加入 1.6%溴甲酚紫乙醇溶液 1ml，充分混匀，分装于含有倒置的小玻璃管的试管中，于高压蒸汽灭菌器中，在 115℃灭菌 20min，贮存于暗处备用。

此培养基适用于检验大肠菌群时作发酵试验之用。根据实际需要，也可按上述配方比例（除蒸馏水外）配成二倍、三倍或五倍浓缩的乳糖蛋白胨培养液，制法同上。

（3）品红亚硫酸钠培养基（多管发酵用）

蛋白胨	10g
乳糖	10g
磷酸氢二钾	3.5g
琼脂	20～30g
蒸馏水	1000ml
无水亚硫酸钠	5g 左右
5%碱性品红乙醇溶液	20ml

①贮备培养基：先将琼脂加至 900ml 蒸馏水中，加热溶解，然后加入磷酸氢二钾及蛋白胨，混匀使其溶解，再以蒸馏水补足至 1000ml，调整 pH 为 7.2～7.4。趁热用脱脂棉或多层纱布过滤，再加入乳糖，混匀后定量分装于烧瓶内，置高压蒸汽灭菌器中，在 115℃灭菌 20min。贮存于冷暗处备用。

②平板培养基：将上述贮备培养基加热融化。以无菌操作，根据瓶内培养基的容量，用灭菌吸管按 1∶50 的比例吸取一定量的 5%碱性品红乙醇溶液置于灭菌空试管中；再按 1∶200 的比例称取所需的无水亚硫酸钠置于另一灭菌空试管内，加灭菌水少许使其溶解，再置于沸水浴中煮沸 10min 灭菌。用灭菌吸管吸取已灭菌的亚硫酸钠溶液，滴加于碱性品红乙醇溶液内至深红色褪成淡红色为止（不宜多加）。将此混合液全部加入已融化的贮备培养基内，并充分混匀（防止产生气泡）。立即将此种培养基适量（约 15ml）倾入已灭菌的空平皿内，待其冷却凝固后，倒置冰箱内备用。此种已制成的培养基于冰箱内保存不宜超过两周，如培养基已由淡红色变成深红色，则不能再用。

（4）品红亚硫酸钠培养基（滤膜法用）

蛋白胨	10g
牛肉浸膏	5g
酵母浸膏	5g
乳糖	10g

琼脂	20g
磷酸氢二钾	3.5g
蒸馏水	1000ml
无水亚硫酸钠	约 5g
5%碱性品红乙醇溶液	20ml

制备方法同（3）。

（5）伊红美蓝培养基（EMB 培养基）

蛋白胨	10g
乳糖	10g
磷酸氢二钾	2.0g
琼脂	20g
蒸馏水	1000ml
2%伊红（曙红 eosin）水溶液	20ml
0.5%美蓝（亚甲蓝 methylene bluem）水溶液	13ml

①贮备培养基：先将琼脂加至 900ml 蒸馏水中，加热融化，然后加入磷酸氢二钾及蛋白胨，混匀使之溶解，再以蒸馏水补足至 1000ml，调整 pH 为 7.2～7.4。趁热用脱脂棉或多层纱布过滤，再加入乳糖，混匀后定量分装于烧瓶内，置高压蒸汽灭菌器中，在 115℃灭菌 20min。贮存于冷暗处备用。

②平板培养基的配制：将贮备培养基加热融化。以无菌操作，根据瓶内培养基的容量，用灭菌吸管按比例吸取一定量已灭菌的 2%伊红水溶液及 0.5%美蓝水溶液加入已融化的贮备培养基内，并充分混匀（防止产生气泡）。当混合好的培养基冷至 45℃，便立即适量倾入已灭菌的空平皿内，待其冷却凝固后，倒置于冰箱备用。

（6）乳糖蛋白胨半固体培养基

蛋白胨	10g
牛肉浸膏	5g
酵母浸膏	5g
乳糖	10g
琼脂	5g 左右
蒸馏水	1000ml

将上述成分加热溶解于 1000ml 蒸馏水中，调整 pH 为 7.2～7.4，过滤后分装于小试管内，置高压蒸汽灭菌器，在 115℃灭菌 20min。冷却后置于冰箱内保存。此培养基存放以不超过二周为宜。

（7）M-远藤氏培养基（M-Endo 液态培养基）

胰胨或多胨	10g
蛋白胨	10g
酵母浸膏	1.5g
乳糖	12.5g
氯化钠	5.0g
磷酸氢二钾（K_2HPO_4）	4.375g

磷酸二氢钾（KH_2PO_4）	1.375g
硫酸十二烷基钠	0.050g
去氧胆酸钠	0.10g
亚硫酸钠	2.10g
碱性品红	1.05g

将上述成分置于含有 20ml 95%乙醇的 1000ml 蒸馏水中。将培养基加热煮沸后，立即从热源移开，并冷却到 45℃以下。不可用高压蒸汽灭菌。最后 pH 应在 7.1～7.3。

配好的培养基贮存于 2～10℃的暗处，如存放超过 96h 应弃去。

（8）LES MF 保存性培养基

胰胨	3.0g
M-远藤肉汤 MF	3.0g
磷酸氢二钾（K_2HPO_4）	3.0g
苯甲酸钠（sodium benzoate）	1.0g
磺酰胺（sulfanilamide）	1.0g
对氨基苯甲酸（paraamino benzoic acid）	1.2g
环己亚胺（cycloheximide）	0.5g
蒸馏水	1000ml

将上述成分溶于蒸馏水中，不可加热，最后 pH 应为 7.1±0.1。

（9）LES 远藤氏琼脂培养基

酵母浸膏	1.2g
酪胨或胰酪胨	3.7g
硫胨	3.7g
胰胨	7.5g
乳糖	9.4g
磷酸氢二钾（K_2HPO_4）	3.3g
磷酸二氢钾（KH_2PO_4）	1.0g
氯化钠	3.7g
去氧胆酸钠	0.1g
硫酸十二烷基钠	0.05g
亚硫酸钠	1.6g
碱性品红	0.8g
琼脂	15.0g
蒸馏水	1000ml

将上述成分置于含有 20ml 95%乙醇的 1L 蒸馏水中，加热沸腾后冷却到 45～50℃，以 4ml 的量分装到直径为 60mm 的培养皿底部。如果使用其他大小的培养皿，则应调节分装的量，使其在皿底所占的厚度不变。平皿应放在 2～10℃的暗处，两周后尚未使用应弃去。

（10）EC 培养液

胰胨	20g
乳糖	5g

胆盐三号	1.5g
磷酸氢二钾（K_2HPO_4）	4g
磷酸二氢钾（KH_2PO_4）	1.5g
氯化钠	5g
蒸馏水	1000ml

将上述成分加热溶解，然后分装于含有玻璃倒管的试管中。置高压蒸汽灭菌器中，115℃灭菌 20min。灭菌后 pH 应为 6.9。

（11）M-FC 培养基

胰胨	10g
蛋白胨	5g
酵母浸膏	3.0g
氯化钠	5.0g
乳糖	12.5g
胆盐三号	1.5g
1%苯胺蓝水溶液	10ml
1%玫瑰色酸溶液（溶于 0.2mol/L 氢氧化钠液中）	10ml
蒸馏水	1000ml

将上述培养基中的成分（除苯胺蓝和玫瑰色酸外），置于蒸馏水中加热溶解，调节 pH 为 7.4，分装于小烧瓶内，每瓶 100ml，于 115℃灭菌 20min。贮于冰箱中备用。

临用前，按上述配方比例，用灭菌吸管分别加入已煮沸灭菌的 1%苯胺蓝溶液 1ml 及新配制的 1%玫瑰色酸溶液（溶于 0.2mol/L 氢氧化钠液中）1ml，混合均匀。

加热溶解前，加入 1.2%～1.5%琼脂可制成固体培养基。如培养物中杂菌不多，则培养基中不加玫瑰色酸亦可。

（12）缓冲蛋白胨水

蛋白胨	10g
氯化钠	5.0g
磷酸氢二钠（$Na_2HPO_2 \cdot 12H_2O$）	9.0g
磷酸二氢钾（KH_2PO_4）	1.5g
蒸馏水	1000ml

加热溶解上述各组分，调节 pH 使其灭菌后为 7.0，按需要分装培养基，121℃灭菌 15min。

（13）四磺酸盐培养基（Müller-Kauffmann）

①基础培养基：

牛肉浸膏	5.0g
蛋白胨	10.0g
氯化钠	3.0g
碳酸钙（$CaCO_3$）	45.0g
蒸馏水	1000ml

加热溶解各成分，调节 pH，使其灭菌后为 7.0。121℃灭菌 15min。

②硫代硫酸钠溶液：硫代硫酸钠（$Na_2S_2O_3 \cdot 5H_2O$）50g 溶于少量蒸馏水中，再加蒸馏水至 100ml。121℃灭菌 15min。

③碘溶液：

碘	20g
碘化钾	25g
蒸馏水	加至 100ml

加少量水溶解碘化钾，再加碘，然后振摇使其完全溶解，加蒸馏水至 100ml。贮存于密封的棕色瓶中。

④煌绿溶液：

煌绿	约 0.5g
蒸馏水	100ml

将煌绿加入蒸馏水中振摇使其溶解，加热溶液使其沸腾后持续 30min，冷却后贮存在棕色瓶中，于暗处保存。

⑤牛胆汁溶液：

牛胆汁（脱水）	10g
蒸馏水	100ml

将牛胆汁加入蒸馏水中，煮沸溶解，121℃灭菌 15min。

⑥完成培养基：

基础培养基	900ml
硫代硫酸钠溶液	100ml
碘液	20ml
煌绿溶液	2ml
牛胆汁溶液	50ml

在无菌操作下，依次加入各种培养基，每加入一种成分都要充分混匀。然后将混匀后的培养基分装在已灭菌的试管或瓶中。4℃暗处保存不得超过一周。

（14）孔雀绿-氯化镁培养基（rappaport）

①溶液 A：

胰胨	5.0g
氯化钠	8.0g
磷酸二氢钾（KH_2PO_4）	1.6g
蒸馏水	1000ml

将各成分混合溶解。

②溶液 B：将氯化镁（$MgCl_2 \cdot 6H_2O$）40g 溶解于 100ml 蒸馏水中。

③溶液 C：将孔雀绿 0.4g 溶解于 700ml 蒸馏水中。

④完成培养基：

溶液 A	1000ml
溶液 B	100ml
溶液 C	30ml

混合上述各溶液，分装于试管或烧瓶中，115℃灭菌 20min，贮存于冰箱中，可保存 1

个月。

（15）双倍浓度亚硒酸盐 F 培养基（leifson）

蛋白胨	10.0g
甘露醇	20.0g
磷酸氢二钠（Na_2HPO_4）	8.0g
亚硒酸氢钠	8.0g
蒸馏水	1000ml

依次将上述各成分溶解于水中，调节 pH 到 7.1，过滤灭菌，按需要分装培养基，贮存在 4℃条件下，不宜超过一周。

制备单倍浓度的亚硒酸盐 F 培养基可以加入蒸馏水进行适当的稀释。

（16）煌绿酚红培养基

①基础培养基：

牛肉浸膏	40g
蛋白胨	10g
氯化钠	3.0g
磷酸氢二钠	0.8g
磷酸二氢钠	0.6g
琼脂	12g
酵母浸膏	3.0g
蒸馏水	900ml

加热溶解上述各组分。调节 pH 使其灭菌后为 7.0，然后分装在试管或瓶中，每瓶不得超过 500ml。121℃灭菌 15min。

②糖-酚红溶液：

乳糖	10g
蔗糖	10g
水溶性酚红	0.09g
蒸馏水	100ml

将上述成分溶于水中，70℃水浴上加热 20min，冷却至 55℃立即使用。

③煌绿溶液：同培养基（13）④。

④完成培养基：

基础培养基	900ml
糖-酚红溶液	100ml
煌绿溶液	1ml

在无菌条件下，将煌绿溶液加入到约 55℃的糖-酚红溶液中，在 50～55℃下与基础培养基混合。

（17）亚硫酸铋琼脂培养基

①基础培养基：

牛肉浸膏	5g
蛋白胨	10g

氯化钠	5g
琼脂	20g
蒸馏水	1000ml

加热溶解各成分，按每份 100ml 的量分装于 250ml 三角瓶中，121℃下灭菌 20min。

②亚硫酸铋贮备液：

柠檬酸铋铵	6g
亚硫酸钠（Na_2SO_3）	20g
磷酸氢二钠（Na_2HPO_4）	10g
葡萄糖（$C_6H_{12}O_6 \cdot H_2O$）	10g
蒸馏水	200ml

将柠檬酸铋铵溶解于 50ml 沸水中，同时将亚硫酸钠溶解于 100ml 沸水中，混合两液并煮沸 3min，趁热加磷酸盐搅拌至溶解。冷却后，加入剩余的 50ml 葡萄糖水溶液，贮存于冰箱中。

③柠檬酸铁煌绿贮备液：

柠檬酸铁	2g
煌绿（1%水溶液）	25ml
蒸馏水	200ml

将上述成分溶解于水中，盛于已灭菌的玻璃瓶内，贮存于冰箱。

④完成培养基：

基础培养基	100ml
亚硫酸铋贮备液	20ml
煌绿贮备液	4.5ml

加热融化基础培养基并冷却到 50℃，同时分别加热两种贮备液至 50℃。在无菌操作下将后者加入到前者中去，充分混合，无菌倾入已灭菌的培养皿中。

（18）三铁糖琼脂培养基

牛肉浸膏	3.0g
酵母浸膏	3.0g
蛋白胨	20.0g
氯化钠	5.0g
乳糖	10.0g
蔗糖	10.0g
葡萄糖	1.00g
柠檬酸铁	0.3g
硫代硫酸钠	0.3g
酚红	0.024g
琼脂	12g
蒸馏水	1000ml

煮沸溶解各成分，调整 pH 使其灭菌后为 7.4。将 10ml 培养基分装于 17～18mm 直径的试管中，115℃灭菌 10min。灭菌后将试管内培养基摆成斜面，斜面底部应有 2.5cm 高。

（19）尿素琼脂

①基础培养基：

蛋白胨	1g
葡萄糖	1g
氯化钠	5g
磷酸二氢钾	2g
酚红	0.012g
琼脂	15g
蒸馏水	1000ml

煮沸溶解各成分，121℃灭菌 15min。

②尿素溶液：

尿素	40g
蒸馏水	100ml

将尿素溶解于水中，过滤灭菌。

③完成培养基：

基础培养基	950ml
尿素溶液	50ml

在无菌条件下，将尿素溶液加入基础培养基，调整 pH 为 6.8。将完成培养基 10ml 加入灭菌的试管中。

（20）苯丙氨酸琼脂培养基

酵母浸膏	3g
DL-苯丙氨酸	2g
磷酸氢二钠	1g
氯化钠	5g
琼脂	12g
蒸馏水	1000ml

煮沸溶解各成分，分装在试管中，121℃灭菌 15min。灭菌后将培养基摆成斜面。

氯化铁溶液：制备 10%的氯化铁溶液。溶液放于棕色瓶中，瓶子置于冰箱内。

（21）吲哚反应试剂

①胰蛋白胨色氨酸培养基：

胰蛋白胨	10g
氯化钠	5g
DL-色氨酸	1g
蒸馏水	1000ml

将上述成分溶解于蒸馏水中，再分装于试管，每管约 5ml。121℃灭菌 15min。

②Kovacs 试剂：

对-二甲氨基苯甲醛	5g
盐酸（1.18～1.19）g/ml	25ml
2-甲基丁烷	75ml

将上述各组分混合。

（22）赖氨酸脱羧培养基

L-盐酸赖氨酸	5g
酵母浸膏	3g
葡萄糖	1g
溴甲酚紫	0.015g
蒸馏水	1000ml

煮沸溶解各成分，调整 pH 使其灭菌后为 6.8。以 5ml 的量将培养基分装于直径 8mm 的试管中，培养基高度约为 160mm。121℃灭菌 10min。

（23）β-半乳糖苷酶试剂

①缓冲液：

磷酸二氢钠	6.9g
氢氧化钠（0.1mol/L）	约 3ml
蒸馏水	加至 50ml

将磷酸二氢钠溶解于 45ml 蒸馏水中，用约 3ml 的氢氧化钠溶液调整 pH 为 7.0。最后加水至 50ml，贮存于冰箱中。

②ONPG 溶液：

2-硝基苯-β-D 半乳糖吡喃糖苷（ONPG）溶液	80mg
蒸馏水	15ml

将 ONPG 在 50℃溶解于水中，冷却溶液。

③完成试剂：

缓冲液	5ml
ONPG 溶液	15ml

混合两种溶液。

（24）叠氮化钠葡萄糖肉汤

牛肉浸膏	4.5g
胰蛋白胨	15.0g
葡萄糖	7.5g
氯化钠	7.5g
叠氮化钠	0.2g
溴甲酚紫（也可不加）	0.015g
琼脂	20.0g
蒸馏水	1000ml

将各成分溶解于蒸馏水中，调节 pH 使灭菌后为 7.2±0.1，分装于试管内，每管约 10ml。121℃灭菌 15min。

（25）乙基紫叠氮化钠肉汤

胰胨（或蛋白胨）	20g
葡萄糖	5g
氯化钠	5g

磷酸氢二钾	2.7g
磷酸二氢钾	2.7g
叠氮化钠	0.4g
乙基紫	0.00083g
蒸馏水	1000ml

将上述各成分溶解于蒸馏水中，调节 pH 为 7.0 左右，分装于试管内，每管约 10ml。121℃灭菌 15min。

（26）KF 链球菌琼脂培养基

胰胨（或蛋白胨）	10g
酵母浸膏	10g
氯化钠	5g
甘油磷酸钠	10g
麦芽糖	20g
乳糖	1.0g
叠氮化钠	0.4g
溴甲酚紫（也可不加）	0.015g
琼脂	20g
蒸馏水	1000ml
1% 2, 3, 5-三苯基四唑化氯水溶液	10ml

根据需要，按上述配方比例将各组分（除 2, 3, 5-三苯基四唑化氯水溶液外）加热溶解于蒸馏水中，再煮沸 15min 灭菌。待冷却至 50～60℃时，于每 100ml 培养基内加入已灭菌的 1%2, 3, 5-三苯基四唑化氯水溶液 1ml，混匀。必要时用 10%碳酸钠校正 pH 为 7.2，倾注入灭菌平皿中制成平板待用。制成的平板在 4℃±2℃的暗处可存放 30d。

（27）胆汁-七叶苷-叠氮化物琼脂培养基

蛋白胨	20g
酵母浸膏	5.0g
牛胆汁（脱水的）	10g
氯化钠	5.0g
七叶苷	1.0g
柠檬酸铁（Ⅲ）铵	0.5g
叠氮化钠（NaN_3）	0.15g
琼脂	15g
蒸馏水	加至 1000ml

加热溶解上述各成分，调整 pH 使其灭菌后为 7.1±0.1。121℃灭菌 15min，冷却至 50～60℃，倒入平皿中，其深度至少为 3mm。

四、水中细菌总数的测定（B）

细菌总数测定是测定水中需氧菌、兼性厌氧菌和异养菌密度的方法。因为细菌能以单独个体、成双成对、链状、成簇等形式存在，而且没有任何单独一种培养基能满足一个水样中所有细菌的生理要求。所以，由此法所得的菌落可能要低于真正存在的活细菌的总数。实际上是指1ml水样在营养琼脂培养基中，于37℃培养24h后，所生长细菌菌落的总数。此法主要作为判定饮用水、水源水、地表水等污染程度的标志。

（一）培养基

营养琼脂培养基的制备，见本章三（三）（1）。

（二）水样的稀释

1. 选择稀释度

稀释度要选择适宜，以期在平皿上的菌落总数介于30～300之间。例如，如果认为直接水样的标准平皿计数可高达3000，就应该将水样稀释到1：100后，再进行平皿计数。

大多数饮用水水样，未经稀释直接接种1ml，所得的菌落总数可适于计数。

2. 水样的稀释方法

①将水样用力振摇20～25次，使可能存在的细菌凝团成分散状。

②以无菌操作方法吸取10ml充分混匀的水样，注入盛有90ml灭菌水的三角烧瓶中（可放有适量的玻璃珠）混匀成1：10稀释液。

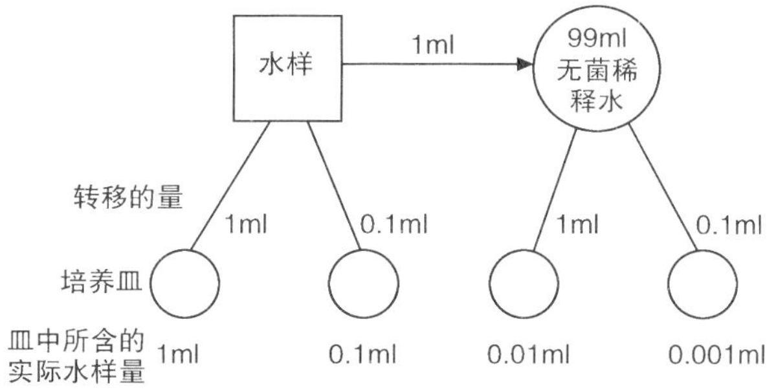

图5-2-3　水样的稀释操作

③吸取1：10的稀释液1ml注入盛9ml灭菌水的试管中，混匀成1：100稀释液。按同法依次稀释成1：1000、1：10000稀释液（稀释倍数按水样污浊程度而定）。**注意：吸取不同浓度的稀释液时，必须更换吸管**。也可按图5-2-3所示的方法进行稀释。

（三）操作方法

①以无菌操作方法用1ml灭菌吸管吸取充分混匀的水样或2～3个适宜浓度的稀释水样1ml，注入灭菌平皿中，倾注约15ml已融化并冷却到45℃左右的营养琼脂培养基，并立即旋摇平皿，使水样与培养基充分混匀。每个水样应倾注两个平皿，每次检验时，另用一个平皿只倾注营养琼脂培养基作空白对照。

②待琼脂冷却凝固后，翻转平皿，使底面向上，置于37℃恒温箱内培养24h，进行菌

落计数。

（四）菌落计数

培养之后，立即进行平皿菌落计数。如果计数必须暂缓进行，平皿需存放于 5～10℃冰箱内，且不得超过 24h。但是不可以使这种做法成为常规的操作方式。

作平皿菌落计数时，可用菌落计数器或放大镜检查，以防遗漏，在记下各平皿的菌落数后，应求出同稀释度的平均菌落数。在求同稀释度的平均数时，如果其中一个平皿有较大片状菌落生长时，则不宜采用，而应以无片状菌落生长的平皿作为该稀释度的菌落数。若片状菌落不到平皿的一半，而其余一半中菌落分布又很均匀，则可将此半皿计数后乘以 2 代表全皿菌落数，然后再求该稀释度的平均菌落数。如果由于稀释等过程中有杂菌污染，或者对照平皿显示出培养基或其他材料染有杂菌，以致平皿无法计数，则应报告“实验事故”。

对那些看来相似，距离相近但却不相触的菌落，只要它们之间的距离不小于最小菌落的直径，便应一一予以计数。那些紧密接触而外观（例如形态或颜色）相异的菌落，也应该一一予以计数。

（五）计算和报告计数结果

细菌总数是以每个平皿菌落的总数或平均数(例如同一稀释度两个重复平皿的平均数）乘以稀释倍数而得来的。各种不同情况的计算方法如下：

①首先选择平均菌落数在 30～300 之间者进行计算，当只有一个稀释度的平均菌落数符合此范围时，即以该平均菌落数乘其稀释倍数报告（见表 5-2-8 例 1)。

②若有两个稀释度，其平均菌落数均在 30～300 之间，则应按二者之比值来决定。若其比值小于 2 应报告两者的平均数，若大于 2 则报告其中较小的数值（见表 5-2-8 例 2、例 3)。

③若所有的稀释度的平均菌落数均大于 300，则应按稀释倍数最大的平均菌落数乘以稀释倍数报告（见表 5-2-8 例 4)。

④若所有稀释度的平均菌落数均小于 30，则应按稀释倍数最小的平均菌落数乘以稀释倍数报告（见表 5-2-8 例 5)。

⑤若所有稀释度的平均菌落数均不在 30～300 之间，则以最接近 300 或 30 的平均菌落数乘稀释倍数报告（见表 5-2-8 例 6)。

表 5-2-8 稀释度选择及菌落总数报告方式

例次	不同稀释度的平均菌落数			两个稀释度菌落数之比	菌落总数(个/ml)	报告方式(个/ml)	备注
	10^{-1}	10^{-2}	10^{-3}				
1	1365	164	20	—	16400	16000 或 1.6×10^4	两位以后的数字采取四舍六入五单双的原则取舍
2	2760	295	46	1.6	37750	38000 或 3.8×10^4	
3	2890	271	60	2.2	27100	27000 或 2.7×10^4	
4	无法计数	1650	513	—	513000	510000 或 5.1×10^5	
5	27	11	5	—	270	270 或 2.7×10^2	
6	无法计数	305	12	—	30500	31000 或 3.1×10^4	

⑥菌落计数的报告：菌落数在100以内时按实有数报告；大于100时，采用二位有效数字，用10的指数来表示。在报告菌落数为“无法计数”时，应注明水样的稀释度。

五、水中总大肠菌群的测定（B）

总大肠菌群是指那些能在37℃ 48h之内发酵乳糖产酸产气的、需氧及兼性厌氧的革兰氏阴性的无芽孢杆菌。主要包括有埃希氏菌属、柠檬酸杆菌属、肠杆菌属、克雷伯氏菌属等菌属的细菌。

总大肠菌群的检验方法中，多管发酵法可适用于各种水样（包括底泥），但操作较繁，需要时间较长；滤膜法主要适用于杂质较少的水样，操作简单快速。

如果是使用滤膜法，则总大肠菌群可重新定义为：所有能在含乳糖的远腾氏培养基上，于37℃ 24h之内生长出带有金属光泽暗色菌落的、需氧的和兼性厌氧的革兰氏阴性无芽孢杆菌。

粪便中存在有大量的大肠菌群（coliform group）细菌，在水体中存活的时间和对氯的抵抗力等与肠道致病菌，如沙门氏菌、志贺氏菌等相似，因此将总大肠菌群作为水体受粪便污染的指示菌是合适的。但在某些水质条件下，大肠菌群细菌在水中能自行繁殖，这是不利之处。

（一）多管发酵法

多管发酵是根据大肠菌群细菌能发酵乳糖、产酸产气以及具备革兰氏染色阴性、无芽孢、呈杆状等有关特性，通过三个步骤进行检验，以求得水样中的总大肠菌群数。

多管发酵法是以最可能数（most probable number）简称MPN来表示试验结果的。实际上它是根据统计学理论，估计水体中的大肠杆菌密度和卫生质量的一种方法。如果从理论上考虑，并且进行大量的重复检定，可以发现这种估计有大于实际数字的倾向。不过只要每一稀释度试管重复数目增加，这种差异便会减少，对于细菌含量的估计值，大部分取决于那些既显示阳性又显示阴性的稀释度。因此在实验设计上，水样检验所要求重复的数目，要根据所要求数据的准确度而定。

1. 培养基

①乳糖蛋白胨培养液：见本章三、（三）（2）。

②三倍乳糖蛋白胨培养液：按本章三、（三）（2）乳糖蛋白胨培养液浓缩三倍配制。

③品红亚硫酸钠培养基：见本章三、（三）（3）。

④伊红美蓝培养基：见本章三、（三）（5）。

2. 步骤

（1）生活饮用水

①初发酵试验：在二个装有已灭菌的50ml三倍浓缩乳糖蛋白胨培养液的大试管或烧瓶中（内有倒管），以无菌操作各加入已充分混匀的水样100ml；在10支装有已灭菌的5ml三倍浓缩乳糖蛋白胨培养液的试管中（内有倒管），以无菌操作加入充分混匀的水样10ml，

混匀后置于37℃恒温箱培养24h。

②平板分离：经初发酵试验培养24h后，发酵试管颜色变黄为产酸，小玻璃倒管内有气泡为产气。将产酸产气及只产酸发酵管，分别用接种环划线接种于品红亚硫酸钠培养基或伊红美蓝培养基上，置37℃恒温箱内培养18～24h，挑选符合下列特征的菌落，取菌落的一小部分进行涂片、革兰氏染色、镜检。

品红亚硫酸钠培养基上的菌落：

紫红色，具有金属光泽的菌落；

深红色，不带或略带金属光泽的菌落；

淡红色，中心色较深的菌落。

伊红美蓝培养基上的菌落：

深紫黑色，具有金属光泽的菌落；

紫黑色，不带或略带金属光泽的菌落；

淡紫红色，中心色较深的菌落。

③复发酵试验：上述涂片镜检的菌落如为革兰氏阴性无芽胞的杆菌，则挑选该菌落的另一部分接种于普通浓度乳糖蛋白胨培养液中（内有倒管），每管可接种分离自同一初发酵管（瓶）的最典型菌落1～3个，然后置于37℃恒温箱中培养24h，有产酸产气者，即证实有大肠菌群菌存在。根据证实有大肠菌群存在的阳性管（瓶）数查表5–2–9，报告每升水样中的大肠菌群数。

（2）水源水

①将水样作1∶10稀释。

②于各装有5ml三倍浓缩乳糖蛋白胨培养液的五个试管中（内有倒管），各加10ml水样；于各装有10ml乳糖蛋白胨培养液的五个试管中（内有倒管），各加1ml水样；于各装有10ml乳糖蛋白胨培养液的五个试管中（内有倒管），各加入1ml 1∶10稀释的水样。共计15管，三个稀释度，将各管充分混匀，置于37℃恒温箱培养24h。

③平板分离和复发酵试验的检验步骤同（1）“生活饮用水”检验方法。

④根据证实总大肠菌群存在的阳性管数查表5–2–10，即求得每100ml水样中存在的总大肠菌群数。

（3）地表水和废水

①地表水中较清洁水的初发酵试验步骤同（2）饮用水源水检验方法。有严重污染的地表水和废水初发酵试验的接种水样应作1∶10，1∶100，1∶1000或更高的稀释，检验步骤同（2）饮用水源水检验方法。

②如果接种的水样量不是10ml，1ml和0.1ml，而是较低的或较高的三个浓度的水样量，也可查表求得MPN指数，再经下面的公式换算成每100ml的MPN值。

$$\text{MPN值} = \text{MPN指数} \times \frac{10(\text{ml})}{\text{接种量最大的一管(ml)}}$$

我国目前以1L为报告单位，MPN值再乘10，即为1L水样中的总大肠菌群数。

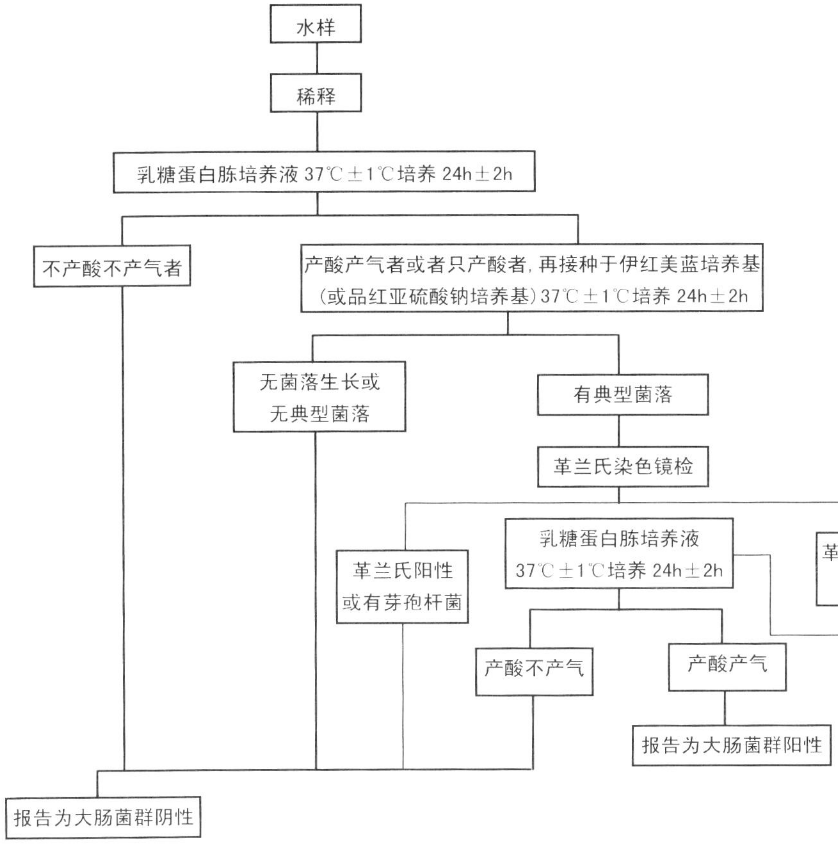

图 5-2-4　总大肠菌群检验流程图

表 5-2-9　大肠菌群检数表

（接种水样 100ml 2 份，10ml 10 份，总量 300ml）

10ml 水量的阳性管数	100ml 水量的阳性瓶数		
	0	1	2
	1L 水样中大肠菌群数	1L 水样中大肠菌群数	1L 水样中大肠菌群数
0	＜3	4	11
1	3	8	18
2	7	13	27
3	11	18	38
4	14	24	52
5	18	30	70
6	22	36	92
7	27	43	120
8	31	51	161
9	36	60	230
10	40	69	＞230

表 5-2-10 最可能数（MPN）表

（接种 5 份 10ml 水样、5 份 1ml 水样、5 份 0.1ml 水样时，不同阳性及阴性情况下 100ml 水样中细菌数的最可能数和 95%可信限值）

出现阳性份数			每 100ml 水样中细菌数的最可能数	95%置信限值		出现阳性份数			每 100ml 水样中细菌数的最可能数	95%置信限值	
10ml 管	1ml 管	0.1ml 管		下限	上限	10ml 管	1ml 管	0.1ml 管		下限	上限
0	0	0	<2			4	2	1	26	9	78
0	0	1	2	<0.5	7	4	3	0	27	9	80
0	1	0	2	<0.5	7	4	3	1	33	11	93
0	2	0	4	<0.5	11	4	4	0	34	12	93
1	0	0	2	<0.5	7	5	0	0	23	7	70
1	0	1	4	<0.5	11	5	0	1	34	11	89
1	1	0	4	<0.5	11	5	0	2	43	15	110
1	1	1	6	<0.5	15	5	1	0	33	11	93
1	2	0	6	<0.5	15	5	1	1	46	16	120
2	0	0	5	<0.5	13	5	1	2	63	21	150
2	0	1	7	1	17	5	2	0	49	17	130
2	1	0	7	1	17	5	2	1	70	23	170
2	1	1	9	2	21	5	2	2	94	28	220
2	2	0	9	2	21	5	3	0	79	25	190
2	3	0	12	3	28	5	3	1	110	31	250
3	0	0	8	1	19	5	3	2	140	37	310
3	0	1	11	2	25	5	3	3	180	44	500
3	1	0	11	2	25	5	4	0	130	35	300
3	1	1	14	4	34	5	4	1	170	43	190
3	2	0	14	4	34	5	4	2	220	57	700
3	2	1	17	5	46	5	4	3	280	90	850
3	3	0	17	5	46	5	4	4	350	120	1000
4	0	0	13	3	31	5	5	0	240	68	750
4	0	1	17	5	46	5	5	1	350	120	1000
4	1	0	17	5	46	5	5	2	540	180	1400
4	1	1	21	7	63	5	5	3	920	300	3200
4	1	2	26	9	78	5	5	4	1600	640	5800
4	2	0	22	7	67	5	5	5	≥2400		

（二）滤膜法

滤膜是一种微孔性薄膜。将水样注入已灭菌的放有滤膜（孔径 0.45μm）的滤器中，经过抽滤，细菌即被截留在膜上，然后将滤膜贴于品红亚硫酸钠培养基上，进行培养。因大肠菌群细菌可发酵乳糖，在滤膜上出现紫红色具有金属光泽的菌落，计数滤膜上生长的此特性的菌落数，计算出每 1L 水样中含有总大肠菌群数。如有必要，对可疑菌落应进行涂片染色镜检，并再接种乳糖发酵管做进一步鉴定。

滤膜法具有高度的再现性，可用于检验体积较大的水样，能比多管发酵技术更快地获得肯定的结果。不过在检验混浊度高、非大肠杆菌类细菌密度大的水样时，有其局限性。

多管发酵法和滤膜法的结果作统计学比较，可显示出后者较为精密。虽然从这两种技术所得到的数据都提供了基本相同的水质情报，但检验结果的数值不同。在做水源水的检验时，可以预期约有 80%的滤膜试验的数据落在多管发酵试验数据 95%的置信界限内。

1. 培养基

①品红亚硫酸钠培养基（滤膜法用）见本章三（三）(4)。

②乳糖蛋白胨培养液见本章三（三）(2)。

③乳糖蛋白胨半固体培养基见本章三（三）(6)。

2. 步骤

(1) 过滤水样

①滤膜及滤器的灭菌：将滤膜放入烧杯中，加入蒸馏水，置于沸水浴中煮沸灭菌三次，每次 15min。前两次煮沸后需更换水洗涤 2～3 次，以除去残留溶剂。也可用 121℃灭菌 10min，10min 一到，迅速将蒸汽放出，这样可以尽量减少滤膜上凝集的水分。

滤器、接液瓶和垫圈分别用纸包好，在使用前先经 121℃高压蒸汽灭菌 30min。

滤器灭菌也可用点燃的酒精棉球火焰灭菌。

②过滤装置安装：以无菌操作把滤器装置依照图 5-2-5 装好。

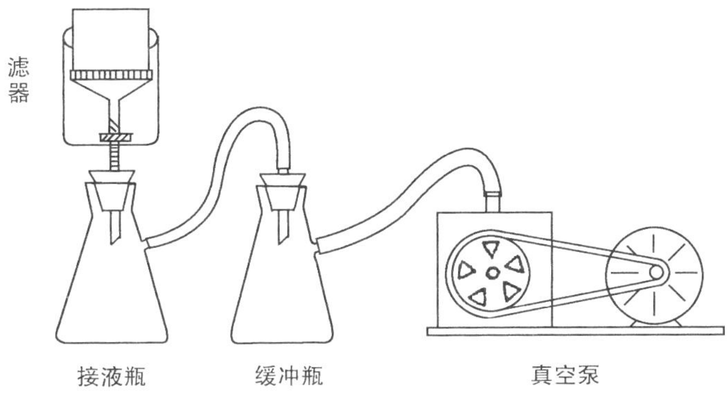

图 5-2-5　过滤装置安装示意图

③水样量的选择：待过滤水样量是根据所预测的细菌密度而定的（见表 5-2-11 对总大肠菌群做滤膜试验应过滤水样的参考体积）。

一个理想的水样体积，可以产生大约 50 个大肠菌群细菌菌落，而全部类别的菌落数则不超过 200 个。当过滤水样（稀释的、或未稀释的）体积少于 20ml 时，应在过滤之前加少量的无菌稀释水到过滤漏斗中，以便水量的增加有助于悬浮的细菌均匀分布在整个过滤表面。

④过滤：用无菌镊子夹取灭菌滤膜边缘，将粗糙面向上，贴放在已灭菌的滤床上，稳妥地固定好滤器。将适量的水样注入滤器中，加盖，开动真空泵即可抽滤除菌。

(2) 培养

水样抽滤完后，再抽约 5s，关上滤器阀门取下滤器，用灭菌镊子夹取滤膜边缘部分，移放在品红亚硫酸钠培养基上，滤膜截留细菌面朝上，滤膜应与培养基完全贴紧，两者间不得留有气泡。然后将平皿倒置，放入37℃恒温箱内培养24h。培养期间，保持充足的湿度（大约90%相对湿度）。

3. 结果观察和报告

挑选符合下列特征的菌落进行革兰氏染色、镜检。

紫红色，具有金属光泽的菌落；深红色，不带或略带金属光泽的菌落；淡红色，中心色较深的菌落。

凡系革兰氏阴性无芽孢杆菌，需再接种于乳糖蛋白胨培养液或乳糖蛋白胨半固体培养基（接种前应将此培养基放入水浴中煮沸排气，冷却凝固后方能使用），经 37℃培养，前者于24h产酸产气；或后者经6～8h培养后产气，则判为总大肠菌群阳性。

表 5-2-11 对总大肠菌群做滤膜试验时应过滤水样的参考体积

水样种类	过滤的体积(ml)							
	100	50	10	1	0.1	0.01	0.001	0.0001
饮用水	×							
游泳池	×							
井水、泉水	×	×	×					
湖泊、水库	×	×	×					
供水的进水			×	×	×			
沙滩浴场			×	×	×			
河水				×	×	×	×	
加氯的污水				×	×	×		
原污水					×	×	×	×

计数滤膜上生长的大肠菌群菌落总数，根据过滤的水样量计算 1L 水样中总大肠菌群数。

$$总大肠菌群数(个/L)=\frac{滤膜上生长的大肠杆菌菌落数\times 1000}{过滤水样量(ml)}$$

滤膜上菌落数以20～60个/片较为适宜。

（三）延迟培养法

延迟培养法可以允许水样经滤膜过滤后，将滤膜装运、输送到实验室，进行培养并完成检验。在常规的检验步骤不能实现时，例如在水样运输的途中不能保证所要求的温度，或者在采样后不能在允许的时间内进行检验等都可应用延迟培养。

延迟培养法和标准的滤膜法比较表明两者的数据可以相符。延迟培养试验基本上是依照检验总大肠菌群的滤膜法进行修正而来的。此法是将水样在现场过滤后，将滤膜置于培养基上，然后运到实验室。这种运送滤膜的培养基能在运输过程中保持大肠菌群细菌的活性，但又不允许它们在运输到实验室的途中长成可见的菌落。

延迟培养试验两种可选择的方法是 M-远腾氏法和 LES 法。

1. 培养基

（1）M-远腾氏法

①M-远腾氏培养基：见本章三、（三）（7）。

②M-远腾氏防腐培养基：按M-远腾氏培养基配制，每升再加3.84g苯甲酸钠。另外，要根据水样情况来决定是否把环己亚胺加到M-远藤氏防腐培养基中。如已发现有蔓生霉菌或真菌的水样，按每100mlM-远藤氏防腐培养基加入50mg环己亚胺。

（2）LES法

①LES-MF保存性培养基：见本章三、（三）（8）。

②LES远藤氏琼脂培养基：见本章三、（三）（9）。

2. 步骤

（1）采样前的准备

①过滤装置：滤膜和滤器的灭菌见（二）滤膜法。

②培养皿：无菌的、密封保湿的塑料培养皿50mm×12mm。这种培养皿重量轻，不易破碎。紧急情况下，也可使用无菌的玻璃培养皿，但要用塑料薄膜或类似的材料包装起来。

（2）水样的保存和运输

①用灭菌镊子把一片灭菌吸收垫放在一个灭菌的培养皿底部，并吸收足够的、已选择好的，在运输过程中可抑制大肠杆菌生长的运输培养基（如M-远腾氏防腐培养基或LES-MF保存性培养基），使垫片浸湿饱和（小心地吸去剩余培养基）。

②用灭菌镊子从过滤设备上取下滤膜（要求同（二）滤膜法），放在已用运输培养基饱和过的吸收垫上。紧闭塑料培养皿就能保持高湿度，防止滤膜损失水分。注意运输途中不使滤膜脱水，但也不要使皿中有过多的液体。把放置有滤膜的培养皿放在适当的容器里送到实验室去做试验。运输时，样品可在此种培养基上保持72h而无明显生长。这种运输培养基可邮递或普通方法运送。当遇到高温时，偶然能在运输培养基上发现有菌落生长。

（3）转移和培养

在实验室里，以无菌操作把滤膜从运输用的塑料培养基皿上移到含有M-远滕氏培养基或LES-远滕氏琼脂培养基的第二个无菌的平皿中。

①M-远腾氏方法：从M-远腾氏防腐培养基上把滤膜转移到含有没有抑菌剂的M-远腾氏培养基的吸收垫平皿中，在37℃±1℃培养20～22h。

②LES法：把滤膜从LES-MF保存性培养基转移到LES-远腾氏琼脂培养基里，在37℃±1℃培养20～22h。

在转移时，如果不用放大镜已可观察到清晰的菌落，则在放进37℃±1℃的温度培养16～18h之前，将含有转移滤膜的培养皿先存放在5～10℃处。缩短培养时间是为检验员提供一种控制细菌生长过度或菌落光泽消散的办法，以免影响对大肠菌群的菌落计数。

3. 总大肠菌群数的估算

见（二）滤膜法。同时要记录采样、过滤和实验室检验的时间，并计算其所延迟的时间。

六、水中粪大肠菌群的测定（B）

粪大肠菌群是总大肠菌群中的一部分，主要来自粪便。在44.5℃温度下能生长并发酵乳糖产酸产气的大肠菌群称为粪大肠菌群。用提高培养温度的方法，造成不利于来自自然环境的大肠菌群生长的条件，使培养出来的菌主要为来自粪便中的大肠菌群，从而更准确地反映出水质受粪便污染的情况。粪大肠菌群的测定可以用多管发酵法或滤膜法。

（一）多管发酵法

1. 培养基

①单倍和三倍乳糖蛋白胨培养液：见本章三（三）（2）。

②EC 培养液：见本章三（三）（10）。

2. 步骤

（1）水样接种量

将水样充分混匀后，根据水样污染的程度确定水样接种量。每个样品至少用三个不同的水样量接种。同一接种水样量要有五管。

相对未受污染的水样接种量为10ml、1ml、0.1ml。受污染水样接种量根据污染程度接种1ml、0.1ml、0.01ml或0.1ml、0.01ml、0.001ml等（见表5–2–12）。

如接种体积为10ml，则试管内应装有三倍浓度乳糖蛋白胨培养液5ml；如接种量为1ml或少于1ml，则可接种于普通浓度的乳糖蛋白胨培养液10ml中。

（2）初发酵试验

将水样分别接种到盛有乳糖蛋白胨培养液的发酵管中。在37℃±0.5℃下培养24h±2h。产酸和产气的发酵管表明试验阳性。如在倒管内产气不明显，可轻拍试管，有小气泡升起的为阳性。

（3）复发酵试验

轻微振荡初发酵试验阳性结果的发酵管，用3mm接种环或灭菌棒将培养物转接到EC培养液中。在44.5℃±0.5℃温度下培养24h±2h（水浴箱的水面应高于试管中培养基液面）。接种后所有发酵管必须在30min内放进水浴中。培养后立即观察，发酵管产气则证实为粪大肠菌群阳性。

3. 计算和报告结果

根据不同接种量的发酵管所出现阳性结果的数目，从MPN表中查得相应的MPN指数，按总大肠菌群的计算方法计算每升水中粪大肠菌群细菌的MPN值。

（二）滤膜法

同总大肠菌群一样，粪大肠菌群的密度也可用滤膜技术来测定。如果这种滤膜技术是用于检验加氯消毒后的水样时，在使用这个技术之前，应先做实验，证实它所得的数据资料与多管发酵试验所得的数据资料具有可比性。

1. 培养基

M-FC 培养基：见本章三、（三）（11）。

2. 步骤

（1）水样过滤

①水样量的选择：水样量的选择根据细菌受检验的特征和水样中预测的细菌密度而定。如未知水样中粪大肠菌的密度，就应按下表所列体积过滤水样，以得知水样的粪大肠杆菌密度。先估计出适合在滤膜上计数所应使用的体积，然后再取这个体积的 1/10 和 10 倍，分别过滤。理想的水样体积是一片滤膜上生长 20～60 个粪大肠菌群菌落，总菌落数不得超过 200 个。使用的水样量可参考表 5-2-12。

表 5-2-12　接种用水量参考表

水样种类	检测方法	接种量(ml)								
		100	50	10	1	0.1	10^{-2}	10^{-3}	10^{-4}	10^{-5}
较清洁的湖水	滤膜法	×	×	×						
井水	多管发酵法			×	×	×				
一般的江水	滤膜法		×	×	×					
河水、塘水	多管发酵法				×	×	×			
城市内的河水	滤膜法				×	×	×			
湖水、塘水	多管发酵法						×	×	×	
城市原污水	滤膜法					×	×	×		
	多管发酵法							×	×	×

②水样的过滤：按总大肠菌群滤膜法水样过滤的步骤和注意事项进行过滤。

（2）培养

使用 M-FC 培养基。培养基含或不含琼脂，不含琼脂的培养基使用已用 M-FC 培养基饱和的无菌吸收垫。将滤过水样的滤膜置于琼脂或吸收垫表面。将培养皿紧密盖好后，置于能准确恒温于 44.5℃±0.5℃的恒温培养箱或恒温水浴中，经 24h±2h 培养。若用恒温水浴培养，则需用防水胶带贴封每个平皿，将培养皿成叠封入防水塑料袋或容器内，浸没在 44.5℃±0.5℃恒温水浴中。在培养时间内，装培养皿的塑料袋必须用重物坠于水面之下，以保持所需的严格温度。所有已制备的培养物都应在过滤后 30min 内浸入水浴内。

3. 计算及报告结果

粪大肠菌群菌落在 M-FC 培养基上呈蓝色或蓝绿色，其他非粪大肠菌群菌落呈灰色、淡黄色或无色。正常情况下，由于温度和玫瑰酸盐试剂的选择性作用，在 M-FC 培养基上很少见到非粪大肠菌菌落。必要时可将可疑菌落接种于 EC 培养液，44.5℃±0.5℃培养 24h±2h，如产气则证实为粪大肠菌群。

计数呈蓝或蓝绿色的菌落，计算出每 1L 水样中的粪大肠菌群数。

$$\text{粪大肠菌群菌落数（个/L）}=\frac{\text{滤膜上生长的粪大肠菌群菌落数}\times 1000}{\text{过滤水样量(ml)}}$$

（三）延迟培养法

粪大肠杆菌的延迟培养步骤类似总大肠菌群的延迟培养。只有在不能对粪大肠杆菌进行滤膜试验时，才可使用延迟培养。其操作步骤为：在野外现场采集水样后，立即进行过滤，将滤膜安放在运输培养基上，再送到实验室；在实验室将滤膜转移到 M–FC 培养基上，于 44.5℃培养 24h±2h，对粪大肠菌群菌落计数。

1. 培养基

①LES–MF 保存性培养基：见本章三（三）（8）。

②M–FC 培养基：见本章三（三）（11）。

2. 步骤

①采样前的准备：采样前的准备同本章五（三）延迟培养法。

②样品的保存和运送：方法及注意事项见本章五（三）延迟培养法。

③转移：在实验室内，从保存培养基内取出滤膜，放置到另一个含有 M–FC 培养基（吸足液态培养基的吸收垫或琼脂培养基）的培养皿中。

④培养：将培养皿放置在防水的塑料袋或容器内，浸没在 44.5℃±0.5℃的恒温水浴中，培养 24h。

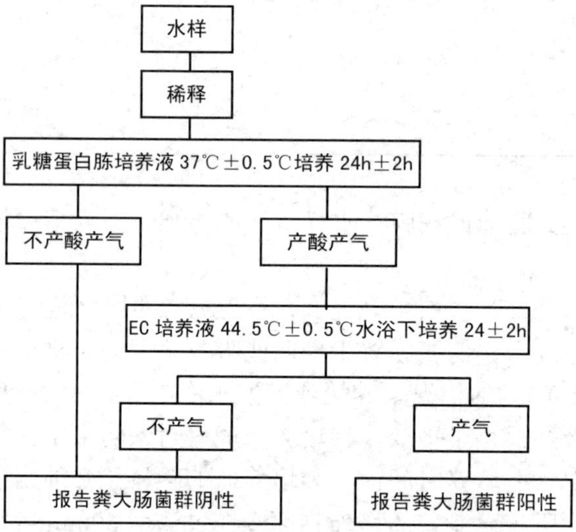

图 5–2–6 粪大肠菌群检验流程图（多管发酵法）

3. 计数及报告方法

同本章六（二）滤膜法。计数时，可以借助双筒解剖镜放大 10～15 倍或其他放大镜。记录采样、过滤和进入实验室检验的时间，并且计算所延迟的时间。

七、水中沙门氏菌属的测定（B）

污水中往往含有一定数量的病原微生物，它们是引起水传播疾病的重要来源。最常见最重要的有：沙门氏菌属（*Salmonella*），志贺氏菌属（*Shigella*），肠道病原性的大肠埃希氏菌（*E.coli*），钩端螺旋体（*Lepfospira*），以及肠道病毒（*enteric viruses*）。沙门氏菌是人、畜患者或带菌者随粪便排出的致病菌。本书仅选具有代表性的沙门氏菌属进行测定。

污水中的病原微生物浓度是很低的，因此检验时必须将水样进行大量浓缩，然后再进行培养，以后再进行平板分离和生化试验及血清学检查。

由于沙门氏菌出现在水中的变异性很大，目前已知沙门氏菌属有 1700 个以上的血清型，再加上分离技术在灵敏度和选择性上都有局限性。因此，利用任何一种方法所得到的阴性结果，并不意味着所有的沙门氏菌属菌种一概不存在，也并不暗示其他的病原微生物不存在于水中。

（一）培养基

（1）缓冲蛋白胨水：见本章三（三）（12）。
（2）四硫磺酸盐培养基：见本章三（三）（13）。
（3）孔雀绿-氯化镁培养基：见本章三（三）（14）。
（4）双倍浓度亚硒酸盐 F 培养基：见本章三（三）（15）。
（5）煌绿酚红培养基：见本章三（三）（16）。
（6）亚硫酸铋琼脂培养基：见本章三（三）（17）。
（7）三糖铁琼脂培养基：见本章三（三）（18）。
（8）尿素琼脂：见本章三（三）（19）。
（9）苯丙氨酸琼脂培养基及试剂：见本章三（三）（20）。
（10）吲哚反应试剂：见本章三（三）（21）。
（11）赖氨酸脱羧培养基：见本章三（三）（22）。
（12）β-半乳糖苷酶试验试剂：见本章三（三）（23）。

（二）步骤

1. 水样浓缩

水样量根据水沙门氏菌浓度而定。一般来说，饮用水 5000ml；饮用水源水 1000ml；污水 1～100ml。水样量在 100ml 以下不必浓缩。大于 100ml 的水样，需用滤膜法浓缩。

水样浊度低时，可将水样通过孔径为 0.45μm，盘面直径为 142mm 的无菌滤膜。如果水样混浊，就宜先用硅藻土将滤膜敷盖。方法是：先做好 1L 的硅藻土悬浮液（5g/L 蒸馏水），以 500ml 过滤。在硅藻土悬浮液过滤接近终点时，迅速将水样注入剩余的悬浮液中，继续过滤。结束后，取出滤膜。

2. 前增菌

将获得的滤膜无菌转入含 100ml 缓冲蛋白胨水瓶中。样品量在 10～100ml，加等体积双倍浓度缓冲蛋白胨水；样品量在 1～10ml，加 10 倍体积的普通浓度缓冲蛋白胨水。在37℃下，培养 16～20h。

3. 增菌

将前增菌样品以 1∶10 的比例转入增菌液，即 10ml 的前增菌样品转入 100ml 增菌液。**注意：在非沙门氏菌密度很高的情况下，以 1∶100 的比例转入为好。**

接种的增菌液四硫磺酸盐培养液在 43℃下培养 22h 和 44h，接种的孔雀绿-氯化镁培养液在 37℃下培养 22h；接种的双倍浓度的亚硒酸盐 F 培养液在 37℃下培养 24h。

注意：如果水样中沙门氏菌密度低或其在环境中受到损伤时（如用消毒剂），推荐用前增菌-四硫磺酸盐增菌液的组合。如果水样中沙门氏菌密度高，使用孔雀绿-氯化镁增菌液。如果为检验水中伤寒沙门氏菌（*S. typhi*），应用前增菌和双倍浓度亚硒酸盐 F 增菌液的组合。

4. 划平板

增菌培养后，将培养物接种到煌绿酚红琼脂和亚硫酸铋琼脂上。煌绿酚红平板在 37℃下培养 24h，亚硫酸铋平板在 37℃下培养 24h 和 48h。

培养后检查典型沙门氏菌落的存在。煌绿酚红平板上沙门氏菌为粉红色，亚硫酸铋平板上为灰黑色周围带有金属光泽，菌落下面的培养基为黑色。

5. 生物化学证实试验

从每种选择平板的每个平皿中选择 2～3 个典型或可疑菌落进行证实试验。使用纯菌落进行试验。

①三糖铁试验：针刺接种培养基底层并在培养基表面划线。37℃下培养 22h，培养基的变化解释如下：

底部	黄色（产酸）	葡萄糖转变
	红色或不变色（碱性或中性不变）	葡萄糖不转变
	黑色	硫化氢形成
	气泡或裂缝	产气
斜面	黄色（产酸）	乳糖和（或）蔗糖转变
	红色或不变色	乳糖和蔗糖均不转变

典型反应（在斜面/底层中 K，A 和 N 分别代表碱性，酸性和中性反应；G 代表产气，H_2S 1＋至 4＋代表由于 H_2S 引起的变黑程度）。

沙门氏菌（*Salmonella*）：K/AG，H_2S 1+至 4+；

伤寒沙门氏菌（*S.typhi*）：K/A，H_2S 微至 1+。

②脲酶试验：在琼脂斜面表面划线，37℃培养 1～2d。反应呈红色为脲酶阳性，反应呈黄色为脲酶阴性。沙门氏菌为脲酶试验阴性。

③苯丙氨酸脱氨试验：重接种在斜面表面，37℃培养 18～24h，滴 4～5 滴 10%的氯化镁溶液在生长的斜面上。在琼脂表面和液体上呈墨绿色为阳性反应，黄或棕色为阴性反应。沙门氏菌为阴性反应。

④吲哚试验：将可疑菌落接种到含 5ml 培养液的试管内，37℃培养 24h，培养后加入 1ml 吲哚试剂，形成红色圆环的为阳性反应，黄褐色圆环的为阴性反应。沙门氏菌为阴性反应。

⑤赖氨酸脱羧试验：接种于液体培养基表面以下，37℃培养 24h。细菌生长以后呈紫色表示阳性反应，黄色为阴性反应。沙门氏菌为赖氨酸脱羧酶阳性。

⑥β-半乳糖苷酶试验：在盛有 0.25ml 盐水（0.85%食盐水溶液）的小试管中，挑一环可疑菌落制成菌悬液，滴一滴甲苯，摇动试管，把试管放入 37℃水浴中几分钟，然后再加 0.25ml β-半乳糖苷酶试剂并混合之，再将试管置于 37℃水浴中 24h，黄色表明反应为阳性。大多数沙门氏菌为阴性，常在 20min 后可观察结果。

6. 血清学证实试验

使用三糖铁琼脂斜面上的纯菌落。去除自身凝集菌株，用多价抗 O 血清、多价抗 H 血清和抗 V_i 血清进行测定。如有凝聚作用，反应为阳性。

7. 证实试验的结果分析

①具有典型生化反应或血清学反应的菌株为沙门氏细菌。

②具有典型生化反应，而多价抗 O 血清、多价抗 H 血清或抗 V_i 血清不为阳性的菌株；或不具有典型生化反应，而具有典型血清学反应的菌株；或具有典型生化反应的自身凝集的菌株可能是沙门氏菌。

③不具有典型生化反应和血清学反应的菌株为非沙门氏细菌。

④被认为是沙门氏菌的菌株或可疑的菌株，应进一步检验其类型。

表 5-2-13　沙门氏菌的生化特征

试验项目	反应	现象
三糖铁		
葡萄糖(产酸)	+	琼脂下部变黄
葡萄糖(产气)	+*	琼脂下部有气泡或开裂
乳糖	−**	琼脂斜面为红色(不变化)
果糖	−	琼脂斜面为红色(不变化)
硫化氢	+*	琼脂下部变黑
尿酶试验	−	黄色(不变化)
苯丙氨酸试验	−	加试剂为褐黄色
吲哚试验	−	加试剂为黄色
赖氨酸脱羧试验	+	紫色
β-半乳糖苷酶试验	−**	不变色

*伤寒沙门氏菌不产气，不形成 H_2S。

**沙门氏菌Ⅲ亚属（亚利桑那菌)乳糖和 β-半乳糖苷酶试验为阳性，Ⅱ亚属乳糖为阴性而 β-半乳糖苷酶试验为阳性。

8. 报告结果

根据实验结果，报告一定体积的检验水样中存在或不存在沙门氏细菌。

9. 沙门氏细菌的定量检验

水样中沙门氏菌的密度也可用 MPN 法进行估计。样品量为：

饮用水：	5×1000ml	
饮用水源水：	5×100ml	
（或其他天然水）	5×10ml	
	5×1ml	
废水或污水：	5×1ml 或	5×0.1ml
	5×0.1ml	5×0.01ml
	5×0.01ml	5×0.001ml

使用的培养基和操作步骤同定性检验。根据出现的阳性管和阴性管数，查 MPN 表，然后计算每升水样中的沙门氏菌数。沙门氏菌测定流程见图 5-2-7。

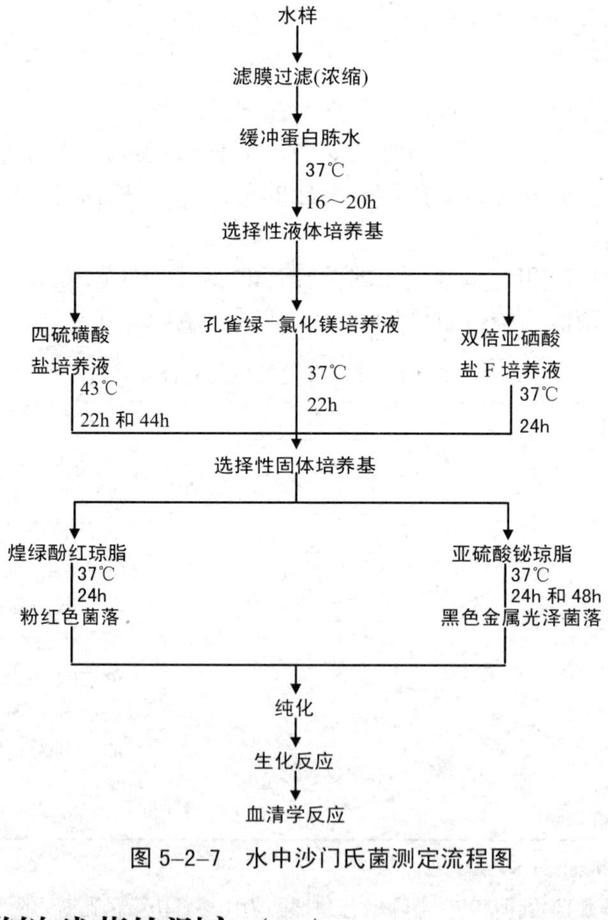

图 5-2-7 水中沙门氏菌测定流程图

八、水中粪链球菌的测定（B）

人和温血动物的粪便都存在有不少的链球菌，通称为粪链球菌（fecal strepfococcus）。粪链球菌是革兰氏阳性、过氧化氢酶（catalase）阴性，呈短链状的球菌，在链球菌的血清学分族中主要属于兰斯菲尔德（Lancefield）D 族。因此，粪链球菌和兰斯菲尔德 D 族链球菌曾被作为同义词使用。

粪链球菌进入水体后，在水中不再自行繁殖，因此可以作为粪便污染的指示菌。由于人粪便中粪大肠菌群数多于粪链球菌，动物粪便中粪链球菌多于粪大肠菌群，因此在水质检验时根据这两种菌菌数的比值（FC/FS）不同可以推测粪便污染的来源。根据对每个动物个体所产生的粪大肠菌群和粪链球菌的数量估计，可以得出 FC/FS 的比值。

表 5-2-14　人与动物粪便中粪大肠菌群与粪链球菌数

动物名称	样品件数	24h 粪便湿重(g)	每克粪内粪大肠菌群平均数（百万）	每克粪内粪链球菌平均数（百万）	24h 粪内粪大肠菌群平均数（百万）	24h 粪内粪链球菌平均数（百万）	粪大肠菌群/粪链球菌比值
人	43	150	13.0	3.0	2000	450	4.4
鸭	8	336	33.0	54.0	11000	18000	0.6
羊	10	1130	16.0	38.0	18000	43000	0.4
鸡	10	180	1.3	3.4	240	620	0.4
牛	11	23600	0.23	1.3	5400	31000	0.2
猪	11	2700	3.3	84.0	8900	230000	0.04

当比值大于或等于 4，则认为污染主要来自人类；如比值小于或等于 0.7，则认为污染主要来自温血动物的粪便；如比值小于 4 而大于 2，则为混合污染但以人粪为主；如比值小于 1 而大于 0.7，则为混合污染但以动物粪便为主；如比值小于或等于 2 而大于或等于 1，则难以判定污染来源。为尽量减小对比值错误的解释，要注意以下几点：

①要测量水样的 pH，因为水中的 pH 在 9.0 以上或 4.0 以下时，链球菌的密度会有急剧地改变；

②尽可能靠近污染源采集水样，因为粪链球菌一离开动物寄主后存活时间不长；

③当各种污染源都存在时，利用比值来判定可能不可靠，此时要调查污染的确切来源；

④当粪链球菌的计数低于 100 个/100ml 时，不要使用比值法。

（一）多管发酵法

水中粪链球菌的密度也可采用 MPN 法估计。此法检测粪链球菌虽然手续较繁杂，但适用于较混浊的水样，或含有有害化学物质（特别是金属物质）或杂菌数过多的水样，但不适用于海水样品。

此法的步骤是将水样接种于叠氮化钠葡萄糖培养液中，叠氮化钠可抑制一般革兰氏阴性细菌的生长，能在此种培养液中生长可认为是粪链球菌推测试验阳性。自推测试验阳性管用接种环接种三环至含有叠氮化钠和乙基紫两种抑制剂的培养液中，如能在此种培养基中生长，表示粪链球菌的证实试验为阳性。

1. 培养基

①叠氮化钠葡萄糖肉汤：见本章三（三）（24）。

②乙基紫叠氮化钠肉汤：见本章三（三）（25）。

2. 步骤

（1）推测试验

①将水样充分混匀后，根据水样污染的程度，接种三个不同量的水样（如 10ml、1ml、0.1ml 或 1ml、0.1ml、0.01ml 等）于叠氮化钠葡萄糖培养液内（如接种水样量为 10ml，则可接种于普通浓度的叠氮化钠葡萄糖培养液内），每一不同量水样分别接种五管，即共接种 15 管。

②混匀后置于 37℃恒温箱中培养 24h。

③如培养管内未见明显混浊生长，则继续再培养 24h。

④经培养 24h 或 48h，在叠氮化钠葡萄糖培养液中呈现混浊有细菌生长，即表示推测试验阳性，需进一步作证实试验。

（2）证实试验

①自推测试验阳性管用接种环（内径 3mm）接种三环（或自制一有三个内径 3mm 环串一起的接种环，则接种一次即可）至乙基紫叠氮化钠培养液中（阳性管继续保留在 37℃恒温箱内）。

②于 37℃培养 24h。

③如于管底部显一紫色沉淀小圆块者，或培养液有明显混浊生长的，表示证实试验阳性，即有粪链球菌存在（凡出现菌膜或絮状生长不应作为阳性）。

④如经 24h 培养后未见有生长，则自保留在恒温箱中原推测试验阳性管再接种三环至此原培养液内，继续再培养 24h，如管底出现紫色沉淀小圆块或呈明显混浊生长的，证实试验亦为阳性。

3. 计数及报告结果

根据证实试验阳性的管数，查 MPN 表，即可得 100ml 水样中的粪链球菌数，乘 10 即为 1000ml 水样中的粪链球菌数。

（二）滤膜法

滤膜法用的 KF 链球菌培养基中含有叠氮化钠可抑制革兰氏阴性细菌的生长，含有的 2, 3, 5-三苯基四唑化氯（TTC）可进入链球菌菌体被还原成为红色，使滤膜上的粪链球菌落呈现红色或粉红色。计数该滤膜上的红色菌落即可推算出水中粪链球菌的数量。每一滤膜上以生长 20～100 个粪链球菌菌落最适于计数。滤膜上生长的红色或粉红色菌落一般皆为粪链球菌，必要时可选取一些菌落加以证实。即粪链球菌过氧化氢酶试验阴性，能在 44.5℃生长，水解七叶苷。滤膜法对含菌稀少的水样检测最为适合。

1. 培养基

①KF 链球菌琼脂培养基：见本章三（三）(26)。

②胆汁-七叶苷-叠氮化物琼脂培养基：见本章三（三）(27)。

2. 步骤

（1）推测试验

①水样过滤：根据水质情况决定过滤水样量（见表 5-2-12），过滤注意事项参见本章五、总大肠菌群测定中的有关部分。

②过滤后将滤膜置于 KF 链球菌琼脂培养基平板上，注意滤膜与平板之间不得有气泡，倒转平板，置 37℃恒温箱中培养 48h。

③粪链球菌菌落在滤膜上呈现大小不等的红色或粉红色菌落，菌落大小随细菌多少和培养时间而有变化，一般为 1～2mm。

（2）证实试验

将推测阳性菌落转种于胆汁-七叶苷-叠氮化物琼脂平板上，在44℃±0.5℃下培养48h。菌落内或菌落周围呈现褐色至黑色，则为粪链球菌。

对确证培养基上菌落有怀疑时，可做过氧化氢酶试验。向胆汁-七叶苷-叠氮化物琼脂平板上生长的典型菌落上滴一滴过氧化氢溶液，产生氧气泡的为过氧化氢酶阳性反应菌，只有过氧化氢酶反应阴性的菌落，才是粪链球菌。

3. 计数及报告结果

可用菌落计数器或放大镜计数滤膜上生长的粪链球菌菌落（其他菌落不计数），求出每 1000ml 水样中的粪链球菌数。

（三）倾注平板培养法

如水样过于混浊或经氯消毒处理的污水样，不适宜用上述滤膜法检验时，可用此法计数生长在培养基内部或表面的典型菌落。但如水样中含粪链球菌数过少，则不宜用此法检测。

1. 培养基

KF 链球菌琼脂培养基，见本章三（三）（26）。

2. 步骤

①测定方法与测定水中细菌总数基本相同。将水样用力混匀，根据水样污染情况用灭菌吸管吸取原水样或各种不同稀释度的水样 1ml 置于已灭菌的平皿的底部（应作平行样品）。

②将已灭菌融化并冷却至 45℃左右的 KF 链球菌琼脂培养基约 12～15ml 倾倒于皿底，并转动平皿使培养基与水样混匀，平置，待凝固。

③将平皿倒置，置 37℃恒温箱中培养 48h。

3. 计数及报告结果

用菌落计数器或低倍双目解剖显微镜（放大 10～15 倍）观察计数培养基内部与表面大小不等的红色或粉红色菌落（其他色泽不计数），以计算出每 1000ml 水样中的粪链球菌数。

九、水中总大肠菌群、粪大肠菌群的快速测定（C）

本方法适用于医院污水、生活污水、垃圾渗滤液，以及其他行业（如餐饮业、食品加工等）排入地表水中的污水，快速测定总大肠菌群或粪大肠菌群。

1. 方法原理

应用灭菌的滤纸吸收选择性培养基，细菌通过滤纸纤维膨胀而被固定并生长繁殖，大肠菌群在发育时伴随产生琥珀酸脱氢酶将纸片上的 TTC（红四碳唑）还原成不可逆的甲臜（Formazane）产生红色色素，即大肠菌在纸片培养基上呈红色菌落，菌落周围产生黄圈是大肠菌分解乳糖产酸使指示剂变色的结果。

2. 水样采集

用采水器或其他灭菌器采集水样 500ml 放入灭菌瓶内，如果是经加氯处理的废水，需加 1.5%硫代硫酸钠 5ml 除去余氯。

3. 方法和步骤

每份预监测水样，接种水样总量为 55.5ml，分别接种大纸片五张，小纸片 10 张。每张大纸片接种 10ml 水样，五张小纸片每张接种 1ml，另五张小纸片接种 1∶10 稀释的水样 1ml。接种水样时要均匀涂布于纸片上，用手轻轻压平，作好标记于铺有湿纱布的搪瓷盘中。测总大肠菌群 37℃±1℃培养 18～24h 观察结果，测粪大肠菌群 44.5℃±1℃培养 18～24h，观察结果。

4. 判定标准

①纸片上出现紫红色菌落，周围有黄圈者为阳性或出现片状红晕周围为黄地者亦为强阳性。

②纸片为一种颜色而无菌落生长者为阴性。

③纸片呈紫红色或紫色，菌落周围无黄圈者为阴性。

④酸性水样接种后纸片变黄，经培养无紫红色菌落者为阴性。

⑤纸片变色并呈不典型菌落结果可疑者，应作复发酵进行验证。

5. 报告结果

根据阳性纸片张数，查 MPN 值表（如水样污染较重可采取适当稀释后接种，查表 5-2-10 MPN 表后乘以稀释倍数，报出结果），报出 1L 水中大肠菌群或粪大肠菌群数。

第三章　急性生物毒性测定及评价

生物暴露于不同剂量或浓度的受试物（test substance）下将有不同的反应（效应），如抑制生长、活性下降，严重时导致死亡。因此，可建立起剂量（浓度）-效应曲线。观察终点（endpoint）或称观察指标常以 LD/LC（致死剂量/浓度）、EC（效应浓度）、NOEL/NOEC（无可观察作用水平/浓度）表示。根据这些指标，可对受试物的毒性进行评估。

一、藻类生长抑制试验（B）

藻类是水体中的初级生产者，也是水生食物链的基础环节。在光的作用下它们吸收水中的无机营养盐类和二氧化碳，制造有机物。它们的存在无论是对水体生产力还是水体污染的自净作用均具有十分重要的意义。因此，在研究毒物或废水对水环境的影响时，都把藻类测试作为一项重要内容。

藻类生长抑制试验的目的是确定受试物对单细胞藻类生长的影响，可用于受试物对藻类短期暴露效应的初评。当暴露使藻类的生长率低于未经暴露的对照组时，称为藻类生长抑制。

单细胞藻类个体小，世代时间以小时计算，采用本方法可以在较短时间内得到受试物（化学品或环境样品）对藻类许多世代及在种群水平上的影响。所得结果可反映受试物对水体中初级生产营养级的影响。

将不同浓度的受试物加到处于对数生长期的藻培养物中，在规定的条件下进行培养，每隔 24h 测定藻类种群浓度或生物量（重量）。试验时间不少于 96h。与对照相比较可确定生长抑制情况。

1. 受试化学品的必备资料

水溶解度	水溶液中的定量分析方法
蒸汽压	在水中和光中的化学稳定性
结构式	正辛醇/水的分配系数
纯度	快速生物降解试验结果

2. 仪器设备

①一般的藻类实验室设备。

②试验容器：如三角瓶等，根据需要可选择一定容量的试验容器，同一批试验的容器应规格一致。为保证CO_2的交换，要有一定的表面积-体积比。125ml的三角瓶中测试液体积应为40～60ml，250ml三角瓶中为70～100ml，500ml三角瓶中为100～150ml。

③照度计：球面照度计和普通照度计。

④培养设备：建议使用温度范围为21～25℃±2℃且连续均匀光照，光谱范围为400～700nm，光通量为0.72×10^{20}光子/（$m^2\cdot s$）的培养箱（用球面测量计测定可产生光强为8000lux的光），光照周期，即光暗比为12∶12或14∶10。

⑤机械振荡器100±10次/min或定时人工摇动若干次。

⑥培养容器应用棉塞、海绵塞、滤纸、纱布（2～3层）、锡箔纸封闭。挥发性化学品试验中，应采用磨口玻璃塞完全密闭。

⑦检测细胞浓度的设备，如电子颗粒计数仪、荧光计、分光光度仪、比色计、显微镜。

在使用分光光度仪测定细胞浓度时，为了有效测定，必须使用至少4cm的吸收池作一曲线。

3. 受试生物

建议使用生长快速的绿藻品种，以便于培养和试验，如羊角月芽藻（*Selenastrum capricormutum*）、斜生栅藻（*Scenedesmus obliquus*）、普通小球藻（*Chlorella Vulgaris*）。若使用其他藻类，应标出拉丁名。

4. 试验程序

准 备

（1）培养基

可用于培养藻类的培养基很多，其成分和浓度各不相同。本方法建议淡水藻类可用表5-3-1中推荐的培养基。经空气平衡后，培养基的pH接近于8。亦可使用其他培养基，但对必要成分限制如下：

P≤0.7mg/L；N≤10mg/L；螯合剂≤10^{-3}mmol/L；硬度（Ca+Mg）≤0.6mmol/L。

表5-3-1 藻类培养基

营养盐	贮备液浓度	测试液中最终浓度
贮备液1：常量营养盐		
氯化铵(NH_4Cl)	1.5g/L	15mg/L
氯化镁($MgCl_2\cdot6H_2O$)	1.2g/L	12mg/L
氯化钙($CaCl_2\cdot2H_2O$)	1.8g/L	18mg/L
硫酸镁($MgSO_4\cdot7H_2O$)	1.5g/L	15mg/L
磷酸二氢钾(KH_2PO_4)	0.16g/L	1.6mg/L
贮备液2：Fe-EDTA		
$FeCl_3\cdot6H_2O$	80mg/L	80μg/L
$Na_2EDTA\cdot2H_2O$	100mg/L	100μg/L
贮备液3：微量元素		
硼酸(H_3BO_3)	185mg/L	185μg/L
氯化锰($MnCl_2\cdot4H_2O$)	415mg/L	415μg/L

营养盐	贮备液浓度	测试液中最终浓度
氯化锌($ZnCl_2$)	3mg/L	3μg/L
氯化钴($CoCl_2 \cdot 6H_2O$)	1.5mg/L	1.5μg/L
氯化铜($CuCl_2 \cdot 2H_2O$)	0.01mg/L	0.01μg/L
钼酸钠($Na_2MoO_4 \cdot 2H_2O$)	7mg/L	7μg/L
贮备液 4：$NaHCO_3$		
$NaHCO_3$	50g/L	50mg/L

配制好的营养盐类贮备液经 0.2μm 滤膜过滤或高压灭菌（120℃，15min）后 4℃避光冷藏保存。贮备液 4 只能用滤膜过滤灭菌。

（2）培养基的配制

配制培养基时可将营养盐类按所需浓度直接加入无菌的蒸馏水或去离子水中。应按顺序逐一加入，待一种盐类完全溶解后再加另一种。为了方便和节省时间，亦可先分别配制各种营养盐类的浓贮备液（如浓缩 1000 倍），经过滤或灭菌后避光冷藏保存。当需要配制培养基时，将一定量的浓贮备液依次摇匀加入到蒸馏水或去离子水中即可。

当保存藻种需要使用固体培养基时，可在灭菌前加入 1.5%～2.0%（重量/体积比）的琼脂到培养基中。

（3）贮备培养

得到纯藻种后，需要加以保存，以备试验时用。

藻种可在试管内固体培养基斜面上保存。在培养基中加入 1.5%～2%的琼脂，灭菌后倒入试管，冷却成斜面，然后接种藻类，棉塞封闭，在较低的光照和温度条件下可保存较长时间。大约每隔 1 个月至 2 个月转接一次。

如果经常进行试验，贮备培养物应在液体培养基中保存。在三角瓶中加入约 100ml 培养基，接种藻类，在试验要求的相同温度和光照条件下培养，7～10d 转接一次，以保持培养物生长良好，随时有足够的数量可用于试验。

应该经常检查贮备培养中藻类的生长情况，包括形态和生长速度，以及有无菌类和其他藻类的污染。

一般当藻类进入停滞生长期时应转接。培养物有畸形生长或受到其他藻类或菌类的污染时应废弃或采取纯化、复壮等措施。

（4）预培养

自贮备培养物中取出一定量的藻液，接种到新鲜的无菌培养基中，接种藻细胞浓度大约为 10^4 个/ml（±25%）。在试验要求和相同条件下培养。应使藻类在 2～3d 内达到对数生长，然后再次转接到新鲜培养基中。如此反复转接培养 2～3 次，经检查藻类生长健壮并正处于对数生长期时即可用来制备试验中需要的藻试验液。

每次试验中的藻试验液必须来自同一个贮备培养物。已经在以前的毒性试验中使用过的藻培养物不得再次使用。

（5）设定平行和对照

正式试验中每个测试浓度至少要设置三个平行样，每一系列设两个对照样。也可根据需要增加浓度或减少平行样的数量。

当使用助溶剂增加受试物的溶解度时，对照组中助溶剂应与测试液中助溶剂浓度最高时一致。

试验操作

（1）预试验（确定浓度范围试验）

为确定正式试验中受试物的浓度范围，可以先进行一次预试验。

预试验的浓度可按对数间距排布，最低浓度应为受试物的检测下限，最高浓度应为饱和浓度。无需设平行样。测定项目和方法可简化，试验时间也可缩短。

如果预试验中在最高浓度测点，藻的生长抑制低于 50%，或者在最低浓度测点中藻的生长抑制高于 50%，可不必再进行正式试验。

如果有必要进行正式试验，可根据预试验的结果确定正式试验时受试物的浓度范围和浓度间距。

（2）易溶于水的化学物质的正式试验

①受试物试验液：用经 0.45μm 滤膜过滤后的培养基配制受试化学品的贮备液，其浓度为测试时所需最高浓度的二倍。

用此贮备液稀释配制成一系列不同浓度的受试物试验液，其浓度也分别为测试时所需浓度的二倍。试验浓度可按 10，n/10 或 $\sqrt[n]{10}$ 的几何级数或等对数间距设计。

试验前应测定受试验液的 pH，必要时用 HCl 或 NaOH 液将 pH 调整为 7.5±0.2。

试验结束时应测定受试物浓度。

②藻试验液：藻试验液是用于进行试验的藻培养物，对藻类进行预培养后，镜检其生长情况，并计数细胞浓度。然后用培养基稀释至藻细胞浓度为 2×10^4 个/ml，即成为可用于试验接种的藻试验液。

③测试液：测试液是正式用于测试的，含有藻试验液和受试物试验液的液体。

先在每个三角瓶（或其他培养容器）中加入 50ml 藻试验液，然后再添加 50ml 受试物试验液。

对照组瓶中不加受试物试验液而只添加 50ml 培养基。将各瓶摇动均匀后放入培养装置，试验正式开始。

④藻类生长状况的测定：试验开始后，每隔 24h，即在 24、48、72h 时，从每个瓶中取样进行生长测定。测定项目包括藻类细胞浓度、光密度或叶绿素。最好同时测定前两项，如果工作量过大，也可只测定细胞浓度。当使用颗粒计数仪或分光光度仪进行测定时，过滤的培养基分别作为背景和空白。试验开始和试验 72h 后，应测定 pH。试验期间溶液 pH 偏差大于 1 个单位是不正常的。

（3）有限水溶性化学物质的正式试验

如果受试物的水溶性低于 1000mg/L，试验操作应作如下修改：

①受试物试验液：用适当的溶剂制备受试物的贮备液，其浓度应是测试时所需最高浓度的 10^4 倍。溶剂应对藻类生长无影响，并且在试验溶液中的含量最高不得超过 100mg/L。

要设置助溶剂对照，其浓度应与试验液中助溶剂的最高浓度一致。

②藻试验液：用培养基将经过预培养的藻培养物配制藻试验液，使细胞浓度为 10^4 个/ml。

③测试液：每个三角瓶中加入 100ml 藻种液，再添加 10μl溶剂。其他步骤同易水溶性化学品。

（4）挥发性化学物质的正式试验

目前，还没有被普遍接受的方法来测试挥发性物质。当已知一种物质有挥发倾向时，应使用密封的磨口烧瓶测试。应设法测定溶液中受试物的量，最后应说明易挥发性化学品的测试结果是在密闭系统中进行的。

（5）废水或环境水样的正式试验

当受试物为废水或环境水样时，水样必须密封、低温存放 0～4℃。样品瓶中应充满水样不留空气，尽量使样品毒性变化较小，而且在试验前的保存时间越短越好。测试废水样品或环境水样之前要预先振摇。可直接用水样作为毒物试验液；如果水样毒性过大，也可使用稀释水配成适当浓度的试验液，对于含有难溶性毒物的水样，同样可以使用助溶剂或乳化剂。

如果水样所含毒物在一段时间内不稳定，必须定期分析。

废水的稀释液浓度可用体积百分比表示。

（6）藻类生长测定方法

测定藻类生长的指标和方法很多，本方法推荐采用以下测定方法：

①细胞计数：在显微镜下，用 0.1ml 计数框或血球数板对藻细胞的数量计数。用计数框时可采用视野法，即对显微镜视野中的所有细胞计数。放大倍数 40×10。每片至少计数 10 个视野，如果藻细胞密度小，则要适当增加计数视野。藻数按视野累加。每次计数（同一批取样的样品）应采用相同方法（视野数目、放大倍数等）。

每一样品至少计数两次，如计数结果相差大于 15%，应予重新计数。如工作量过大，可先取样，用鲁哥氏液固定后保存，留待以后计数。镜检计数工作量较大，有条件时可采用电子颗粒计数仪。

②光密度：取一定量的测试液在分光光度计上测定其光密度，波长可选用 650、663nm 或其他波长，亦可用荧光光度计测定。

③叶绿素：样品经离心或过滤后，用丙酮、乙醇或其他溶剂萃取，进行分光测定，亦可用荧光光度计测定。

5. 质量保证和质量控制

①本方法适用于多种淡水绿藻。

②本方法适用于水溶性且在试验条件下能保留在水中的物质。如果需要使用助溶剂（有机溶剂）来获得所要求的浓度，该助溶剂在水中的浓度不得超过 100mg/L，使用乳化剂或分散剂时，其浓度应不影响光透性。

③当受试物是有限水溶性物质时，不适于对 EC_{50} 进行定量测定。本方法不适用于直接干扰藻类生长测定的物质。

④试验开始的 3d 内，对照组藻细胞浓度至少应增加 16 倍。

⑤因挥发损失的受试物不得超过 20%，如果已（或可能）超过，则应在密闭瓶内，在较低的标准产量下进行试验。

⑥除非受到受试物的理化性质或生物特性的限制，浓度设置应做到，在某一浓度下试验组与对照组相比，生长率没有显著下降，而且另一浓度时，96h 的生长抑制应高于 50%。

⑦在试验时最好使用推荐的藻种类，以利于提高试验结果的可比性和可重复性。若选其他种类应在实验报告中写明方法和说明理由。

6. 数据和报告

（1）数据处理

将测试液和对照组中细胞浓度与受试物浓度、测试时间一起制表。绘制每个受试物浓度和对照组的细胞浓度平均值与时间关系的生长曲线。可用下面所推荐的方法确定浓度效应关系。

①浓度的换算：把显微镜视野计数结果换算为细胞浓度 N：

$$N = \frac{C_S}{F_S \times n} \times P_n \times 10$$

式中：N——每瓶试样中藻的浓度（个/ml）；

C_S——计数框面积（20mm×20mm）；

F_S——πr^2（视野面积）；

r——测量的视野半径值（mm）；

n——视野数；

P_n——n 个视野藻细胞数累加值。

②生长曲线下面所包围面积的比较：生长曲线以下的面积可以按下式计算：

$$A = \frac{N_1 - N_0}{2} \times t_1 + \frac{N_1 + N_2 - 2N_0}{2} \times (t_2 - t_1) + \cdots + \frac{N_{n-1} + N_n - 2N_0}{2} \times (t_n - t_{n-1})$$

式中：A——生长曲线以下的面积；

N_0——t_0 时刻每毫升藻液中的细胞数；

N_1——t_1 时刻每毫升藻液中所测得的细胞数；

N_n——t_n 时刻每毫升藻液中所测得的细胞数；

t_1——试验开始后第一次计数的时间；

t_n——试验开始后第 n 次计数的时间。

每一受试物浓度细胞生长抑制的百分率 I_A 是对照组生长曲线下所包围的面积（A_c）与每个受试物浓度生长曲线下面所包围的面积 A_t 之差计算得到。见下式：

$$I_A = \frac{A_c - A_t}{A_c} \times 100$$

在半对数坐标纸上或半对数概率纸上，绘制 I_A 与相应浓度之间的关系曲线。若在概率纸上绘制的点可以拟合为一条直线，或可假设为一个正态分布时，应给出经计算所得的回归线。

可过 I_A=50%的点画一条过回归线且与横轴平行的直线，该线与回归线的交点所对浓度值为 EC_{50} 值。为了准确表示此值与本计算方法的关系，建议使用符号 E_bC_{50} 表示。在本方法中，指定用 E_bC_{50}（0h～72h）表示在 24h、48h、72h 测定的 E_bC_{50} 值。其他 EC 值如 E_bC_{10} 也可以从绘制的相应浓度曲线得到。

③生长率比较：对数生长期藻类平均特定生长率（μ）用下式计算：

$$\mu = \frac{\ln N_n - \ln N_1}{t_n - t_1}$$

平均特定生长率也可以用 $\ln N$ 对时间的回归线的斜率导出。

用每一受试物浓度与对照组相比所得到的生长率下降百分数对对数浓度作图，可直接

从图上读出 EC_{50}。为了表明此项 EC_{50} 是由该方法求出的，建议采用符号 E_rC_{50} 表示。必须标明相应测定时间，如相对于 24h 和 48h 的试验值用符号 E_rC_{50}（24h～48h）表示。

注意：生长率是一对数项，生长率微小变化可能会导致生物量的较大变化。E_bC 和 E_rC 值在数值上是不可比的。

（2）结果评价

藻类生长抑制毒性评价的分级标准见表 5-3-2。

表 5-3-2 藻类生长抑制毒性分级标准

$96hEC_{50}$(mg/L)	<1	1～10	10～100	>100
毒性分级	极高毒	高毒	中毒	低毒

（3）编写报告

报告应包括试验名称、目的、试验原理、试验的准确起止日期，以及：

1）受试物：名称、来源、成分表达式、批号、纯度等级、理化特性数据。

2）受试生物：名称、来源、室内培养号和株号、培养基、培养方法。

3）试验条件：

①试验开始和结束日期，试验持续时间。

②温度。

③培养基组成。

④试验开始和结束时溶液的 pH，若观察到 pH 偏差大于 1 个单位应给出解释。

⑤用于溶解受试物的溶剂和方法及测试液中溶剂浓度。

⑥光强和光质。

⑦测试浓度（实测值或规定值）。

4）试验结果：

①每一个测试点上每瓶中的细胞浓度和测试细胞浓度的方法。

②细胞浓度的平均值。

③每一浓度的时间-生长曲线图。

④浓度效应曲线图。

⑤EC_{50} 值和计算方法。

⑥无可观察效应浓度（NOEC）。

⑦其他的观察效应（如细胞色泽变化、形态大小变化、粘连或聚结情况、死亡情况、抑藻或杀藻效应等）。

5）结果讨论。

二、溞类活动抑制试验（B）

溞类是枝角类（Cladocera）的通称，在分类上属节枝动物门（Arthropoda），甲壳动物纲（Crustacea），鳃足亚纲（Branchiopoda），双甲目（Diplostraca），枝角亚目（Cladocera）。溞类广泛分布在淡水中，海水中种类较少。据调查，我国共有淡水溞类 136 种。溞类是水体中初级生产者（藻类）和消费者（如鱼类）之间的中间环节，能滤食水中碎屑和菌类，对水体自净起着重要作用，同时又是鱼类的天然饵料。

溞类繁殖快，生活周期短，培养简便，对许多毒物敏感，因此世界各国广泛使用溞类进行水生生态毒理学研究。

1. 受试化学品必备资料

水溶解度	水溶液中的定量分析方法
蒸汽压	在水中和光中的化学稳定性
结构式	正辛醇/水的分配系数
纯度	快速生物降解试验结果

2. 仪器设备

①溶解氧测定仪。

②水硬度计。

③体视显微镜。

④pH 计。

⑤试验容器或装置。试验容器最好是全玻璃制品，或由其他化学惰性材料制成。容积适当，规格一致，便于清洗。

3. 受试生物种

目前世界上用于毒性试验的溞类种类很多。常用的种类是：

大型溞 *Daphnia magna Straus*

蚤状溞 *Daphnia pulex Leydig*

隆线溞 *Daphnia Carinata King*

由于大型氵蚤是氵蚤科中个体最大的种类，体长可达 6mm，生殖量多，是毒性试验使用最广的一种。国际标准 ISO 6341 和我国国家标准 GB/T 16125—1995 都把大型氵蚤为准试验动物。

使用大型溞或其他适宜的溞类，试验开始时，溞龄应不超过 24h。实验室繁殖、表观健康，有明确来历（繁殖方式、预培养）的溞种才可用于试验。

4. 试验程序

（1）准备

①试验用水：适于培养溞类的任何水，不论是天然水或标准稀释水（见附录），都可用于测试试验。建议在试验前使用的培养水应与试验用水相似，以利于溞类的适应。

标准稀释水应容许溞类在其中生存至少 48h，并尽可能检查稀释水中不含有任何已知对溞类有毒的物质，例如氯、重金属、农药、多氯联苯等。

②受试物溶液的配制：取一定体积受试物的贮备液，加入稀释用水，定容，制备成实验要求浓度的试验液。

对于受试化学品贮备液的制备，可将已知量的受试物质溶于一定体积的稀释水中，贮备液应于当天配制。对于高稳定性物质，最多允许配制供2d使用的贮备液。

配制贮备液时，难溶于水的物质可用适当的方法将其溶解或分散，包括采用超声波装置和使用对溞低毒的有机溶剂、乳化剂和分散剂等物质，并应加设助溶剂对照试验。助溶剂对照组的溶剂浓度应为试验溶液中的最高浓度。

对于工业废水，以原水样为试验液（100%），用稀释水按百分数（百分率）配制各浓度。采集废水样品时，应将水样瓶充满水样不留空气，样品采集后应立即进行试验，尽可能缩短水样保存时间，如果样品采集后6h之内不能进行试验，则必须将水样在0～4℃保存。

对于工业固体废物，首先磨碎，按固液1∶10比例加入去离子水，摇匀后浸泡24h，滤纸过滤。其溶解部分为被测工业固体废物的浸出原液（100%），再用稀释水按百分数配制成各浓度。

（2）试验操作

①预试验：在正式试验之前，先进行较大范围浓度系列（如1、10、100mg/L）的初步试验，为正式试验设置受试物的浓度提供依据。预试验中每个浓度放五只幼溞，持续时间24h（或48h）。用静态方式进行，不设平行组。

②正式试验：根据预试验的结果，在包括使溞全部产生活动抑制的最低浓度和未产生活动抑制的最高浓度之间以几何级数设置浓度系列。一般至少设五个浓度组，如2、4、8、16、32mg/L。最高试验浓度不应超过1g/L。必须设置空白对照。若使用助溶剂，尚应增设助溶剂对照组，其助溶剂用量同最高浓度组。

每个浓度组和对照组至少要用20只溞，最好分成四组，每组五只。试验期间不要喂食。最大负荷为1只溞/2ml试验液。试验温度应在（18～22）℃±1℃。光暗周期无特殊要求，建议毒性试验在自然光照或相当于自然光照下进行，每天照明10h左右。

稀释水在加入到受试物中之前曝气。试验开始和结束时，应测定对照组和试验液中溶解氧的浓度。

在试验开始和结束时，应测定对照组和试验液中的pH。不可调节试验液中的pH。如有条件，应测定受试物的实际浓度。

试验期间，经常观察溞类的活动与生存情况，应及时取出死溞。记录24h和48h溞类累计活动抑制数。最好出现0%、<50%、>50%和100%的溞类抑制的试验结果。

5. 质量保证与质量控制

①试验结束时，试验溶液中的溶解氧浓度应高于空气饱和值的60%。

②试验结束时，对照组中活动受抑制溞数应少于10%。

③受试物实测浓度不能低于设置浓度的80%。

④定期测定参比物的24h EC_{50}，以检查供试溞的敏感性。满足参比物重铬酸钾（分析纯）的24hEC_{50}值≤2.0mg/L，溞敏感度符合要求。

6. 数据与报告

（1）数据处理

用表格形式列出24h和48h对照组和各处理组试验溞个数、活动抑制溞个数及百分率。

以受试物处理浓度为横坐标，死亡率为纵坐标，在计算机或对数-概率纸上作图，通过图解内插法或计算法求出 24h 和 48h EC_{50} 估计值，并计算 95%的置信限。

（2）结果评价

溞类的毒性可按以下标准分级（表 5-3-3）。

表 5-3-3　溞类急性活动抑制毒性分级标准

48h EC_{50}(mg/L)	≤1	1～10	10～100	≥100
毒性分级	极高毒	高毒	中毒	低毒

（3）编写报告

报告应包括：试验名称、目的、试验原理、试验的准确起止日期，以及：

1）受试物：对于化学品，其化学名称、其他名称（商品名等）、化学式、成分、来源（制造厂商等）、批号、纯度等级以及理化性质等；对于废水、废渣等环境样品，其来源、采样地点、采样时间等。

2）试验用溞：溞类名称、来源、预培养、繁殖方式（包括食物来源、种类和数量、喂食频次）、溞龄、健康状况等。

3）试验条件：

①使用的助溶剂、添加剂及其浓度。若观察到试验溶液不能保持均一和稳定，对结果的解释应慎重，并注明这些结果不能重复。

②稀释水：来源、理化特性，包括硬度、pH、Ca/Mg、Na/K、碱度等。

③试验温度。

④光、暗周期。

⑤最好用表格列出试验期间 pH 和溶解氧的全部测定值。

⑥若使用参比物，记录其测试结果和数据。

⑦试验容器：容积、质地、密闭方式、溶液体积，每个容器中受试生物的数量，每个浓度测试容器的数量，试验容器的处理，受试物在稀释水中的引入。

⑧试验液的更换情况，更换顺序及方案、流动情况，受试物的输送系统及流速。

⑨受试物的实测浓度与测定日期。

4）试验结果：

①溞类无活动抑制（EC_0）的最高浓度。

②100%溞产生活动抑制（EC_{100}）的最低浓度。

③24h、48h 时的每个浓度的累计死亡率。

④24h、48h 时的 EC_{50}，及其 95%的置信限。

⑤浓度-抑制率曲线图。

⑥对照组抑制率。

⑦试验期间，可能会影响试验结果的隐患。

⑧对照组和浓度组溞类的其他异常反应。

⑨如果进行参比物试验，报告试验结果。

5）结果讨论。

附录

标准稀释水的配制

新配制的标准稀释水 pH 为 7.8±0.2，硬度为 250mg/L±25mg/L（以 $CaCO_3$ 计），Ca/Mg 的比例接近 4∶1，溶解氧浓度在空气饱和值的 80%以上，不含有任何对大型溞有毒的物质。人工稀释水用电导率≤10μS/cm（1mS/m）的蒸馏水或去离子水（以下简称水）按下述方法配制：

①氯化钙溶液：将 11.76g $CaCl_2 \cdot 2H_2O$ 溶解于水中，并稀释至 1L。

②硫酸镁溶液：将 4.93g $MgSO_4 \cdot 7H_2O$ 溶解于水中，并稀释至 1L。

③碳酸氢钠溶液：将 2.59g $NaHCO_3$ 溶解于水中，并稀释至 1L。

④氯化钾溶液：将 0.23g KCl 溶解于去离子水中，并稀释至 1L。

取以上四种溶液各 25ml 加以混合并用水稀释至 1L。必要时可用氢氧化钠溶液或盐酸溶液调节 pH，使其稳定在 7.8±0.2。

三、鱼类急性毒性试验（B）

鱼类是水生食物链的重要环节，也是水体中重要的经济动物。鱼类毒性试验在研究水污染及水环境质量中占有重要地位。通过鱼类急性毒性试验可以评价受试物对水生生物可能产生的影响，以短期暴露效应表明受试物的毒害性。因此在人为控制的条件下，所进行的各种鱼类毒性试验，不仅可用于化学品毒性测定，水体污染程度检测、废水及其处理效果检查，而且也可为制定水质标准、评价水环境质量和管理废水排放提供科学依据。

1. 受试物及必备资料

对于化学受试物，要求以下必备资料：

水溶解度	在水中和光中的稳定性
蒸汽压	pK_a 值
结构式	正辛醇-水的分配系数
纯度	快速生物降解试验结果
水溶液中的定量分析方法	

对于环境样品，采集样品时应将采样瓶充满水样不留顶上空间，样品采集后立即进行试验。如果样品采集后 6h 之内不能进行试验，则必须将水样在 0～4℃下保存，废水稀释浓度可用体积百分比表示。

2. 仪器设备

①溶解氧测定仪。

②水硬度计。

③温度控制仪。

④pH 计。

⑤分析天平。

⑥试验容器或装置：化学惰性材料制成的水族箱或水槽，规格一致，体积适宜。如使

用流水试验装置，应具有控温、充气、流速控制等功能。

⑦抄网：尼龙或其他化学惰性材料制成。对照组和试验组容器分用。

3. 受试生物种或材料

可选用一个或多个鱼种，根据需要自行选择。但建议结合相应的标准来确定鱼种：如全年可得、易于饲养、试验方便、相关的经济、生物或生态因素等。试验用鱼应健康，无明显畸形。还应考虑来源可靠、稳定。建议受试物为化学品时采用表 5-3-4 中的推荐鱼种；受试物为环境样品时，除可采用上述推荐鱼种外，亦可采用当地具有代表性的鱼种。如白鲢（*Hypophthamichthys molitrix*），鳙鱼（*Aristichthys nobilis*），草鱼（*Ctenopharyngodon idellus*），鲤鱼（*Cyprinus carpio*）等。

表 5-3-4 推荐的试验用鱼及条件

鱼 种	试验温度(℃)	试验鱼的全长(cm)
斑马鱼(*Brachydanio rerio*)	21～25	2.0±1.0
稀有鮈鲫(*Gobiocypris rarus*)	21～25	2.0±1.0
剑尾鱼(*Xiphophorus helleri*)	21～25	2.0±1.0

用其他淡水鱼、海洋及半咸水鱼做试验时，试验条件，特别是关于稀释水用量、水质及温度应做相应的改变，并提出相应的试验条件。

4. 试验程序

准备

（1）供试鱼的驯养

①供试鱼用于试验之前，必须在实验室至少暂养 12d。临试验前，应在符合下列条件的环境中至少驯养 7d：

水：与试验用稀释水水质相同；

光：每天 12～16h 光照；

温度：与试验鱼种相适宜；

溶解氧浓度：高于空气饱和值的 80%；

喂养：每周三次或每天投食，至试验开始前 24h 为止。

②驯养开始 48h 后，记录死亡率，并按下列标准处理：

7d 内死亡率小于 5%，可用于试验；死亡率在 5%～10%之间，继续驯养 7d 死亡率超过 10%，该组鱼全部不能使用。

（2）试验用水

使用高质量的自然水或标准稀释水，也可以使用饮用水（必要时应除氯）。水的总硬度为 10～250mg/L（以 $CaCO_3$ 计），pH 为 6.0～8.5。

（3）标准稀释水的配制

配制标准稀释水，所用试剂必须是分析纯，用全玻璃蒸馏水或去离子水配制。

①氯化钙溶液：将 11.76g $CaCl_2 \cdot 2H_2O$ 溶解于水中，稀释至 1L。

②硫酸镁溶液：将 4.93g $MgSO_4 \cdot 7H_2O$ 溶解于水中，稀释至 1L。

③碳酸氢钠溶液：将 2.59g $NaHCO_3$ 溶解于水中，稀释至 1L。

④氯化钾溶液：将 0.23g KCl 溶解于水中，稀释至 1L。

蒸馏水或去离子水的电导率应≤10μS/cm。

将这四种溶液各 25ml 加以混合并用水稀释至 1L。溶液中钙离子和镁离子的总和是 2.5mmol/L。Ca：Mg 的比例为 4：1，Na：K 比为 10：1。

稀释用水需经曝气直到氧饱和为止，储存备用。使用时不必再曝气。

（4）试验溶液

①将受试物贮备液稀释成一定浓度的受试物溶液。低水溶性物质的贮备液可以通过超声分散或其他适合的物理方法配制，必要时可以使用对鱼毒性低的有机溶剂、乳化剂和分散剂来助溶。使用这些物质时应加设助溶剂对照组，其助溶剂含量应为试验组使用助溶剂的最高浓度，且不得超过 100mg/L 或 0.1ml/L。

②不需调节试验溶液的 pH。如果加入受试物后水箱内水的 pH 有明显变化，建议加入前，调节受试物贮备液的 pH，使其接近水箱内水的 pH。调节贮备液的 pH 时不能使受试物浓度明显改变，或发生化学反应或沉淀。最好使用 HCl 和 NaOH 来调节。

（5）暴露条件

时间：96h。

承载量：静态和半静态试验系统最大承载量为 1.0g 鱼/L，流水式试验系统承载量可高一些。

光照：每天 12～16h。

温度：与试验鱼种相适宜（见表 5-3-4），温控范围±2℃，对于较严格的实验温控±1℃范围。

溶解氧：不低于空气饱和值的 60%。曝气时不能使受试物明显受损。

不喂食，并避免会改变鱼行为的干扰。

试验操作

在试验之前，应根据受试物的化学稳定性确定采用的试验方法，即静态、半静态和流水式试验，从而选定需用的容器和装置。

（1）预试验

用以确定正式试验所需浓度范围，可选择较大范围的浓度系列，如 1000、100、10、1、0.1mg/L。每个浓度组放入五条鱼，可用静态方式进行，不设平行组，试验持续 48～96h。每日至少两次记录各容器内的死鱼数，并及时取出死鱼。

如果一次预试验结果无法确定正式试验所需的浓度范围，应另选一浓度范围再次进行预试验。

（2）正式试验

根据预试验得出的结果，在包括使鱼全部死亡的最低浓度和 96h 鱼类全部存活的最高浓度之间至少应设置五个浓度组，并以几何级数排布。浓度间隔系数应≤2.2。

每个试验浓度组应至少设三个平行，每一系列设一个空白对照。如使用了助溶剂，应增设溶剂对照，其浓度与试剂中的最高溶剂浓度相同。每一浓度组和对照组至少使用七尾鱼，条件允许的情况下，建议使用 10 尾鱼。

试验溶液调节至相应温度后，从驯养鱼群中随机取出鱼并随机迅速放入各试验容器中。

转移期间处理不当的鱼均应弃除。同一试验，所有试验用鱼应在30min内分组完毕。

在24h、48h、72h和96h后检查受试鱼的状况。如果没有任何肉眼可见的运动，如鳃的扇动、碰触尾柄后无反应等，即可判断该鱼已死亡。观察并记录死鱼数目后，将死鱼从容器中取出。应在试验开始后3h或6h观察各处理组鱼的状况，并记录试验鱼的异常行为（如鱼体侧翻、失去平衡，游泳能力和呼吸功能减弱，色素沉积等）。

试验开始和结束时要测定pH、溶解氧和温度。试验期间，每天至少测定一次。

至少在试验开始和结束时，测定试验容器中试验液的受试物浓度。

应记录所观察到的亚致死效应。

（3）极限试验

在进行鱼类毒性测定时，可以进行浓度为100mg/L的极限试验。如极限试验结果表明LC_{50}＞100mg/L。可直接给出试验结果及评价：LC_{50}＞100mg/L，属于低毒。极限试验至少使用七尾鱼，与对照组使用的鱼数目相等。

二项式理论表明：使用10尾鱼，无一死亡，那么LC_{50}＞100mg/L的概率为99.9%；使用7～9尾鱼，无一死亡，那么LC_{50}＞100mg/L的概率至少为99%。

如果试验鱼发生死亡，则应按本方法前述试验操作（1）、（2）的试验程序进行试验。

5. 质量保证与质量控制

①试验结束时，对照组鱼死亡率不得超过10%。

②试验期间，试验溶液的溶解氧含量应＞60%的空气饱和值。

③试验期间，受试物实测浓度不能低于设置浓度的80%。如果试验期间受试物实测浓度与设置浓度相差超过20%，则以实测受试物浓度来表达试验结果。

④试验期间，尽可能维持恒定条件。如果有必要，应使用半静态或流水式试验方式。

6. 数据与报告

（1）数据处理

①以暴露浓度为横坐标，死亡率为纵坐标，在计算机或对数-概率坐标纸上，绘制暴露浓度对死亡率的曲线。用直线内插法或常用统计程序计算出24h、48h、72h、96h的LC_{50}值，并计算95%的置信限。

②如果试验数据不适于计算LC_{50}。可用不引起死亡的最高浓度和引起100%死亡的最低死亡浓度估算LC_{50}的近似值，即这两个浓度的几何平均值。

（2）结果评价

鱼类急性毒性可按以下标准分级（表5-3-5）。

表5-3-5 鱼类急性毒性分级标准

96h LC_{50}(mg/L)	<1	1～10	10～100	>100
毒性分级	极高毒	高毒	中毒	低毒

（3）编写报告

试验报告应包括：试验名称、目的、试验原理、试验的准确起止日期，以及：

1）受试物质：对于化学品，其化学名称、其他名称（商品名等）、化学式、成分、制造厂商、批号、纯度等级和理化性质等；对于废水或环境样品，应给出其来源、采样时间、地点、保存条件等。

2）试验用鱼：试验用鱼名称、学名、品系、大小、来源、驯（养）化情况、试验开始时的鱼龄、规格等。

3）试验条件：

①使用的试验方式，如静态、半静态或流水式，以及曝气、承载量等。

②试验溶液配制方法，如果使用助溶剂，应注明使用浓度及对受试物的毒性影响。

③稀释用水，来源、类型、水质（pH、硬度、碱度和温度等）。

④试验容器，质地、规格、体积及清洗情况。

⑤试验溶液，体积、浓度、每个浓度组平行数，试验液更换情况、更换方法、流动情况，以及受试物的加入系统、流速、清洗周期及方法。受试物的规定浓度，实测浓度及测定日期。最好用表格列出试验期间试验温度、pH、溶解氧的全部实测值。

⑥每一试验浓度的用鱼数目。

⑦光照，如光的性质、强度、周期。

4）试验报告：

①无死亡发生（EC_0）的最高浓度。

②导致100%死亡（EC_{100}）的最低浓度。

③24h、48h、72h、96h时的每个浓度的累计死亡率。

④24h、48h、72h、96h的LC_{50}，及其95%的置信限。

⑤浓度-死亡率曲线图。

⑥确定LC_{50}值的统计学方法。

⑦对照组的死亡率。

⑧试验期间，可能会影响试验结果的隐患。

⑨鱼的异常反应。

5）结果讨论。

四、发光细菌的急性毒性试验

发光细菌作为毒性检测的生物学方法，因其简便、快速、灵敏且成本较低而日益受到重视。本试验项目推荐两个方法。一为国家环境保护局于1995年发布的发光细菌法（GB/T 15441－1995），采用的是海洋发光细菌菌种；二为淡水发光菌法，采用的是淡水型发光菌种。

（一）明亮发光杆菌T_3法（A）

本方法适用工业废水、纳污水体及实验室条件下，可溶性化学物质的水质急性毒性监测。

（A）本方法与GB/T 15441—1995等效。

1. 原理

基于发光细菌相对发光度与水样毒性组分总浓度呈显著负相关（$P \leqslant 0.05$），因而可通过生物发光光度计测定水样的相对发光度，以此表示其急性水平。

水质急性毒性水平可按选用相当的参比物氯化汞浓度（以 mg/L 为单位）来表征，或选用 EC_{50} 值（半数有效浓度，以样品液百分浓度为单位）来表征。

2. 样品的采集与保存

①采样瓶使用具聚四氟乙烯衬垫的玻璃瓶，务必清洁、干燥。采集水样时，瓶内应充满水样不留空气。采样后，用塑胶带将瓶口密封。

②毒性测定应在采样后 6h 内进行。否则应在 2～5℃下保存样品，但不得超过 24h。报告中应写明水样采集时间和测定时间。

③对于含固体悬浮物的样品须离心或过滤去除，以免干扰测定。

3. 仪器设备

①生物发光光度计：配置 2ml 或 5ml 测试管。

当氯化汞标准溶液浓度为 0.10mg/L 时，发光细菌的相对发光度为 50%，其误差不超过±10%。

②2ml 或 5ml 测试样品管（具标准磨口塞，为制造比色管的玻璃料制作，由专业玻璃仪器厂制造），分别适用于相应型号的生物发光光度计。

③微量注射器：10μl。

④注射器：1ml。

⑤定量加液瓶：5ml。

⑥吸管：2ml、10ml、25ml。

⑦试剂瓶：100ml。

⑧量筒：100ml、500ml。

⑨棕色容量瓶：50ml、250ml、1000ml。

⑩半微量滴定管（配磨口试液瓶，全套仪器均为棕色）：10ml。

4. 试剂和材料

除另有说明外，本方法所用试剂均应为符合国家标准的分析纯试剂、蒸馏水或同等纯度的水。

①氯化汞 $HgCl_2$。

②氯化钠 NaCl，化学纯。

③明亮发光杆菌 T_3 小种（*Photobacterium phosphoreum* T_3 spp.）冻干粉，安瓿瓶包装，每瓶 0.5g，在 2～5℃冰箱内有效保存期为 6 个月。新制备的发光细菌休眠细胞（冻干粉）密度不低于每克 800 万个细胞；当按 5（3）④步骤将冻干粉复苏 2min 后即发光（可在暗室内检验，肉眼应见微光），稀释成工作液后每毫升菌液不低于 1.6 万个细胞（5ml 测试管）或 2 万个细胞（2ml 测试管）（均为稀释平板法测定）。在生物发光光度计上测出的初始发

光量应在600～1900mV，低于600mV允许将倍率调至“×2”档，高于1900mV允许将倍率调整至“×0.5”档。仍达不到标准者，更换冻干粉。

④氯化钠溶液，3g/100ml：氯化钠3g于玻璃容器内，用量筒加蒸馏水100ml。

⑤氯化钠溶液，2g/100ml：氯化钠2g，加蒸馏水100ml于试剂瓶内，2～5℃保存。

⑥参比物氯化汞标准溶液：0.02、0.04、0.06、0.08、0.10、0.12、0.14、0.18、0.20、0.22、0.24mg/L。

⑦氯化汞母液，ρ=2000mg/L：1/万分析天平精称密封保存良好的无结晶水氯化汞0.1000g于50ml容量瓶中，用3g/100ml氯化钠溶液稀释至刻度，置2～5℃冰箱备用，保存期6个月。

⑧氯化汞工作液，ρ=2mg/L：用移液管吸氯化汞2000mg/L母液10ml于1000ml容量瓶中，用3g/100ml氯化钠溶液定容。再用移液管吸取氯化汞20mg/L液25ml于250ml容量瓶中，用3g/100ml氯化钠溶液定容。将此液倒入配有半微量滴定管的试液瓶，然后用3g/100ml氯化钠溶液将氯化汞2mg/L溶液按表5-3-6稀释成系列浓度（一律采用50ml容量瓶）。氯化汞工作液保存期不能超过24h，超过者务必重配。

表5-3-6　氯化汞工作溶液稀释系列（在50ml容量瓶中）

加氯化汞(2mg/L)数(ml)	0.5	1.0	1.5	2.0	2.5	3.0	3.5	4.0	4.5	5.0	5.5	6.0
稀释定容后氯化汞浓度(mg/L)	0.02	0.04	0.06	0.08	0.10	0.12	0.14	0.16	0.18	0.20	0.22	0.24

5. 试验程序

（1）稀释样品液

①样品液测定前稀释的条件：

样品液预试验：取事先加氯化钠至3g/100ml浓度的样品母液2ml装入样品管，并设一支CK管（氯化钠3g/100ml溶液），按4②～③所述测定相对发光度。

若测得的样品，相对发光度低于50%乃至零，欲以EC_{50}表达结果，则需稀释。

若测得的样品，相对发光度在1%以上，欲以与相对发光度相当的氯化汞浓度表达结果，则不需稀释。

②样品液的稀释液：样品液的稀释液一律用蒸馏水，在定容前一律按构成氯化钠3g/100ml的浓度添加氯化钠或浓溶液（母液只能加固体）。

③样品液稀释浓度的选择：

预试验：按对数系列将样品液稀释成五个浓度：100%、10%、1%、0.1%、0.01%（其对数依次为0、－1、－2、－3、－4），按5（2）和5（3）所述粗测一遍，视1%～100%相对发光度落在哪一浓度范围。

正式试验：在1%～100%相对发光度所落在的浓度范围内增配到6～9个浓度（例如，若落在0.1%～10%之间，则应稀释成0.1%、0.25%、0.5%、0.75%、1%、2.5%、5%、7.5%、10%；若落在1%～10%之间，则应稀释成1%、2%、4%、6%、8%、10%），按5（2）～（3）所述再测一遍；这6～9个浓度，也可通过查对数表，按等对数间距原则自行确定（例如，若落在1%～10%之间，则应稀释成10%、6.31%、3.98%、2.51%、1.58%、1.00%，其对数相应为 1.00、0.80、0.60、0.40、0.20、0.00，对数间距均为 0.2）。

（2）测定条件

①室温：20～25℃。

同一批样品在测定过程中要求温度波动不超过±1℃，且所有测试器皿及试剂、溶液测前 1h 均置于控温的测试室内。

②pH：若需测定包括 pH 影响在内的急性毒性，不应调节待测样品 pH。

若需测定排除 pH 影响在内的急性毒性，需在测定前将待测样品和 CK（氯化钠 3g/100ml）的 pH 调至下值：主要含 Cu 的水样为 4.5，主要含其他金属的水样为 5.4，主要含有机化合物的水样为 7.0。

③溶解氧：本法只能测定包括溶解氧影响在内的急性毒性。

（3）测定步骤

①试管的排列：于塑料或铁制试管架上按以下两种情况排列测试管。

a. 按 5（1）①所述，样品母液相对发光度为 1%以上者，如下排列：

左侧放参比物氯化汞系列浓度溶液管，右侧放样品管。前排放氯化汞溶液和样品管，后一排放对照（CK）管，后二排放 CK 预试验管。每管氯化汞或样品液均配一管 CK（氯化钠 3g/100ml 蒸馏水溶液）。设三次重复。每测一批样品，均需同时配置测定系列浓度氯化汞标准溶液。

表 5-3-7 试管在试管架上的排列

后二排									$CK_{预试1}$ $CK_{预试2}$							
后一排	CK	CK	CK	CK	CK	CK	…	CK	CK	CK	CK	CK	CK	CK	…	CK
前　排	0.02	0.02	0.02	0.04	0.04	0.04	…	0.24	样 1	样 1	样 1	样 2	样 2	样 2	…	样 *n*
管　群	氯化汞(mg/L)								样品							

b. 按 5（1）①所述，样品母液相对发光度为 50%以下乃至零者，如下排列：

左侧仅放氯化汞 0.10mg/L 溶液管（作为检验发光细菌活性是否正常的参比物浓度，其反应 15min 后的相对发光度应在 50%左右），右侧放样品稀释液管（从低浓度到高浓度依次排列）。其他同 a。每测一批样品，均需同时配测氯化汞 0.10mg/L 溶液。

②加 3g/100ml 氯化钠溶液：用 5ml 的定量加液瓶给每支 CK 管加 2ml 或 5ml 氯化钠 3g/100ml（据仪器型号而定）。

③加样品液：用 2ml 或 5ml 吸管给每支样品管加 2ml 或 5ml 样品液（据 5（3）②而定）。每个样品号换一支吸管。

④发光细菌冻干菌剂复苏

从冰箱冷藏室 2～5℃取出含有 0.5g 发光细菌冻干粉的安瓿瓶和氯化钠溶液，投入置有冰块 1～1.5L 保温瓶，用 1ml 注射器吸取 0.5ml 冷的氯化钠 2g/100ml（适用于 5ml 测试管）或 1ml 冷的 2.5%氯化钠（适用于 2ml 测试管）注入已开口的冻干粉安瓿瓶，务必充分混匀。2min 后菌即复苏发光（可在暗室内检验，肉眼应见微光）。备用。

⑤仪器的预热和调零：打开生物发光光度计电源，预热 15min，调零，备用。

⑥检验复苏发光细菌冻干粉质量：另取一空 2ml 或 5ml 测试管加 2ml 或 5ml 氯化钠

3g/100ml（据 5（3）②而定），加 10μl 复发光菌液，盖上瓶塞，用手颠倒五次以达均匀。拔去瓶塞，将该管放入各自型号仪器测试舱内，若发光量立即显示（或经过 5～10min 上升到）600mV 以上，此瓶冻干粉可用于测试，低于者按 4③处理。菌液发光量先缓慢上升，约持续 5～15min，后缓慢下降，约持续 4h。满 4h 的 CK 发光量应不低于 400mV，低于者更换冻干粉。

⑦给各测试管加复苏菌液：在发光菌液复苏稳定（约 0.5h）后，按 5（3）所述，从左到右，按氯化汞或样品管（前）—CK 管（后）—氯化汞或样品管（前）—CK 管（后）……顺序，用 10μl 微量注射器（勿用定量加液器以减少误差）准确吸取 10μl 复苏菌液，逐一加入各管，盖上瓶塞，用手颠倒五次，拔去瓶塞，放回原位（每管加菌液间隔时间勿短于 30s。每管在加菌液的当时务必精确计时，记录到秒，即为样品与发光菌反应起始时间。立即将此时间加 15min，记作各管反应终止（即应该读发光量）的时间。

⑧发光细菌与样品反应达到终止时间的读数：按各管原来加菌液的先后顺序，当某管达到记录的反应终止时间，在不加瓶塞的情况下，立即将测试管放入仪器测试舱，读出其发光量（以光信号转化的电信号-电压毫伏数表示）。

⑨有色样品测定干扰的校正：

a. 拿掉仪器样品舱上的黑色塑料管口；

b. 取一 2ml 测试管（直径 12mm），加氯化钠 3g/ml 溶液 2ml，将该管放进一装有少量氯化钠 3g/100ml 溶液的 5ml 管（直径 20mm）内，要使外管与内管的氯化钠 3g/100ml 液面平齐。此作 CK 管；

c. 另取一 2ml 测试管，加氯化钠 3g/ml 溶液 2ml，放入另一装有少量有色待测样品液的 5ml 管内，要使外管与内管的氯化钠 3g/ml 液面平齐。此作 CK_C 管；

d. 于 CK 和 CK_C 二管的内管中同时加复苏发光菌液 10μl（**注意：必须是本批样品测定所用同一瓶复苏菌液**），立即记时到秒，等反应满 15min，迅速放入仪器测试舱，测定两支带有内管的 5ml 测试管的发光量。分别记下发光量 L_1（CK 管）和 L_2（CK_C 管）；

e. 计算因颜色引起的发光量（mV）校正值 $\Delta L=L_1-L_2$；

f. 按 5（3）⑦和 5（3）⑧所述常规步骤测试带色样品管及其 CK 管（氯化钠 3g/100ml 溶液）的发光量（mV）。所有 CK 管测得之发光量（mV）均须减去校正值 ΔL（mV）后才能作为 CK 发光量（mV）。

有色样品溶液测定干扰的校正示意图见图 5-3-1。

6. 质量保证与质量控制

①每支发光菌的发光强度和稳定性不尽相同，同批样品测定过程中应使用同一支发光菌，如果需做氯化汞标准曲线，也应与样品使用同一支发光菌。如果一支不够用，可采用同批的两支混合后使用。

②国际上一般通用反应时间为 5min 或 15min 两种，鉴于我国目前所用发光杆菌的灵敏度和稳定性，采用 15min。

③三次重复测定结果相对偏差确定为≤15%。

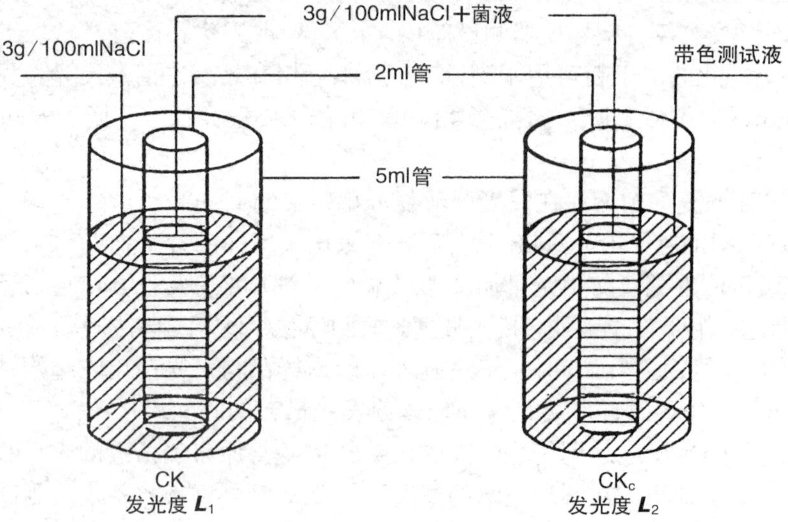

图 5-3-1 有色样品溶液测定干扰的校正

④测定应在采集样品后立即进行，在 6h 内不能测定应低温保存，但不得超过 24h。

⑤关于样品如何稀释的问题，一般根据样品毒性大小决定，但是在试验中至少要选择六个不同浓度。如果六个浓度的相对发光度在 1%～100%之外，可增配若干个浓度，使之落在 1%～100%相对发光度范围内，以求相关方程。

⑥如果样品浓度为最高极限浓度（即 100%）时，其相对发光率都不能使发光强度减少 50%，则对样品的 EC_{50} 值只能示为>100%。

⑦鉴于发光细菌法实验因素的影响，实验结果具有一定误差。在评价毒物的剂量-效应关系时，应确定 95%置信区间，即 $T=a+bC\pm 2S_E$（S_E 为剩余标准差），以此求出的 EC_{50} 也有一定的区间，可根据这些结果确定实验结果的准确性和真实性。对于实验结果的重现性，就大多数而言，一般 EC_{50} 值的变异系数在 6%～10%。

7. 测试结果的表达

1）计算样品相对发光度（%），并算出平均值：

$$相对发光度(\%)=\frac{氯化汞管或样品管发光量(mV)}{CK管发光量(mV)}\times 100$$

$$相对发光度(\%)平均值=\frac{(重复1)(\%)+(重复2)(\%)+(重复3)(\%)}{3}$$

2）符合 5（1）①中样品母液相对发光度在 1%以上者，建立并检验氯化汞浓度（C）与其相对发光度（T，%）均值的相关方程，也可以绘制关系曲线。

①求出一元一次线性回归方程的 a（截距）、b（斜率、回归系数）和 r（相关系数），列出方程：

$$T=a+bC_{氯化汞}$$

查相关系数显著水平（P 值）表，检验所求 r 值的显著水平。若 $P\leqslant 0.01$，且 $EC_{50\,氯化汞}$

$=0.10mg/L\pm0.02mg/L$，则所求相关方程成立；反之，不能成立，必须重测系列氯化汞浓度的发光量。氯化汞溶液配制过夜者，必须重配后再测定。

②也可以据建立的上述方程绘制关系曲线。即指定发光度为10%和90%，代入上式，求出相应的二个氯化汞浓度，在常数坐标纸上，定出二点，画一直线，即为符合该方程的氯化汞浓度与相对发光度的关系曲线。

3）符合5（1）①中样品母液相对发光度低于50%乃至零，欲以EC_{50}表示结果者，建立并检验样品稀释浓度（C）与其相对发光度（T）均值的相关方程，绘制关系曲线。

按7之2）所述方法建立相关方程$T=a+bC_{样}$，并检验相关系数r、显著水平（P值）。若$P\leqslant0.05$，则所求相关方程成立；反之，不能成立，必须重测样品稀释系列浓度的发光量。

8. 结果评价和报告

（1）用氯化汞浓度表达样品毒性

1）适用的条件：符合条件（样品母液相对发光度＞1%）并按7之2）建立了合格（$P\leqslant0.01$、$EC_{50\,氯化汞}=0.10mg/L\pm0.02mg/L$）的氯化汞浓度与其相对发光度相关方程者。

2）表达方法：

①将测得的样品相对发光度，代入7之2）的相关方程，求出与样品急性毒性相当的氯化汞浓度（一般用mg/L）表示。

②测试结果报告同时列举样品相对发光度及其相当的氯化汞浓度值。

3）适用性：适用于相对发光度在1%以上，特别是50%以上（即不可能出现EC_{50}值）但低于100%（即仍有中、低水平毒性）的样品毒性测定。

（2）用EC_{50}值表达样品毒性

1）适用的条件：符合条件（样品母液相对发光度低于50%乃至零）并按7之3）建立了合格（$P\leqslant0.01$）的样品稀释液浓度与其相对发光度相关方程者。

2）表达方法：

①将T代入7之3）建立的相关方程，求出样品的EC_{50}值。这里的EC_{50}值以样品的稀释浓度（一般用百分浓度）表示。

②测试结果报告列举样品的EC_{50}值。

3）适用性：适用于相对发光度在50%以下，特别是零（即毒性水平较高或很高）的样品毒性测定，后者无法以相当的氯化汞浓度表达毒性。

（3）测定记录格式（见表5-3-8）

（4）测定结果报告

①实验室室温。

②采样地点、日期、时间。

③氯化汞浓度或样品稀释百分浓度与相对发光度的相关方程：

$T=a+bC$

$r=$ $P\leqslant$ $EC_{50\,氯化汞}=$ mg/L

$L=a+bC$ $a=$ $b=$

回归方程 $r=$ $P<$

表 5-3-8 发光细菌急性毒性测定实验记录

测定日期　　　　　　　　　　测定人　　　　　　　　　　　　　　提取方式

分析号	加菌液时间 (反应开始，读到秒)	测定时间 (反应 min，读到秒)	发光量 (mV)	相对发光度 L(%) (样品/CK×100%)	均值 $\overline{L}_X$	抑制发光率(%) 1L=100−L	备注

④样品 EC_{50} 值（稀释百分浓度）或相对发光度（%）及相当的氯化汞浓度（mg/L）。

（二）青海弧菌 Q67 法（C）

本方法提供的是淡水型发光菌，它无需 3%的 NaCl 即可正常生长和发光，故而对于一般水体或污染物的检测有其自身的优点。对一般化学品，可配制恰当浓度的水溶液进行检测。

该淡水发光细菌在干净水体中发光恒定，当受到污染毒物影响时，发光受到抑制，受抑制的程度与水体中毒物的总体浓度相关，故可以用生物与化学发光光度计测定其发光强度，评估该水样的毒性。而毒性大小可按本方法规定的方式表征为参比物苯酚的浓度（mg/L），或 EC_{50} 值（能产生抑光率为 50%的受测样品的百分浓度。对化学品而言，则为 mg/L）。

1. 水样的采集与保存

水样采集用预先洗净干燥的 500ml 广口瓶，一般距水面 10～15cm 处取样，并装满水瓶，立即用胶带封口。记录水样名称、地点、时间等项目。应在采集后 6h 内进行毒性测定。如需保存，样品应置于 4℃冰箱内，最多不超过 12h。结果报告中应说明采集时间和测定时间。从采集到测定不得超过 12h。

2. 样品处理

（1）水样的预处理

若样品含有不溶性悬浮物，必须静置后取上清液。有色样品必须稀释至基本无色或使颜色尽量减淡才可用于测试。测试前每 100ml 样品加入 10g 乳糖，使其完全溶解。

（2）化学品的预处理

化学品需配制成水溶液。测试前加入乳糖使其浓度达 10%。

（3）固体废物或污泥样品的预处理

按固体废物：水=1：5 的比例，加入三角烧瓶中，在摇床上振摇 8～10h，静置 10～14h，取上层清液，按（1）的水样方式进行。

污泥应尽可能去除水分再称重，否则需先测定其含水率，然后扣除水分后按固体废物的处理方式进行。

3. 仪器设备

①生物化学发光光度计：原则上一般市售的化学发光光度计均可应用。

②微量加液器：20μl，40μl，50μl，100μl，200μl，500μl，1000μl。

③移液管：1ml，2ml，5ml，10ml。

④容量瓶：50ml，100ml，1000ml。

⑤旋涡混合器。

⑥摇床。

4. 菌种和试剂

（1）菌种

青海弧菌 Q67（*Vibrio qinghaiensis* Q67）冻干粉剂。封存于安瓿中，每安瓿管 0.5g，有效保存期 6 个月（－18℃或更低）。当按本方法之规定将冻干粉复苏后 5min 即可恢复发光，在暗室中肉眼应可见其发出的幽幽绿光。经适当稀释后，可用于检测。

（2）试剂

氯化钠（NaCl），化学纯。乳糖，分析纯。

①0.8%氯化钠溶液：氯化钠 8g 溶于 1000mg/L 蒸馏水中。保存于 4℃，一周内可用。

②10%乳糖溶液：乳糖 100g 溶于 1000ml 蒸馏水中，当天配制使用。

（3）参比物

苯酚，分析纯。

①苯酚母液 1000mg/L：用分析天平快速称取 100mg 苯酚晶体，立即放入事先放好 30～50ml 的 10%乳糖溶液的 100ml 烧杯中，使溶解，然后倒入 100ml 容量瓶中，用 10%乳糖溶液定容，置 4℃冰箱保存备用，保存期 2d。

②苯酚标准溶液 20，40，80，100，120，160，200，250，300mg/L：用上述 1000mg/L 的苯酚母液以移液管按表 5-3-9 吸取苯酚液分别放入 50ml 的容量瓶中，然后以 10%乳糖溶液定容。配制完后应立即进行发光测定。

表 5-3-9 苯酚标准溶液系列的配制

加苯酚母液(ml)	1.0	2.0	4.0	5.0	6.0	8.0	10.0	12.5	15
定容后浓度(mg/L)	20	40	80	100	120	160	200	250	300

5. 试验程序

（1）发光测定的环境条件

室温，18～30℃均可进行，但测试过程中要求温度波动在±1℃内。

（2）测定步骤

1）淡水发光菌冻干粉的菌体复苏：将冻干粉安瓿及复苏液（0.8%的氯化钠）先置于4℃冰箱内约10～15min，然后将该复苏液1ml注入安瓿内，置于旋涡混合器上使之充分混匀、溶化，数分钟后在暗室中肉眼应见绿色荧光。若无绿色荧光，则不能使用。将该菌液倾倒于一干净试管内，再以1ml复苏液注入安瓿，振荡后再倾入试管内，再次在旋涡混合器上充分振荡混匀。一般每安瓿可加复苏液5～6ml，肉眼检视应为乳白色均匀液体，静置后无沉淀即可应用。

2）样品抑光程度的检测：

①样品稀释准备；将水样按下列浓度稀释：100%，50%，以10%乳糖溶液作稀释液，每个浓度设三个平行样，以10%乳糖溶液作为空白对照，也设三个平行样。分别加入测量杯中，每个加量1ml或2ml。

②发光菌液的加入：根据仪器测试每个样品的时间，计算好每个样品间隔时间。例如，若仪器测试1个样品需10s，则按间隔20s或30s一个样品，逐个添加50μl或100μl菌液，以确保检测所得为每个样品与发光菌作用了相同的时间。一般可用15min的作用时间。

③检测估算：上述样品所得发光值，每三个平行样取平均值，然后按7（1）数据处理的规定，计算相对发光强度。如果水样原液（即100%）的相对发光强度＞50%，则因为无法测得其EC_{50}值，结果只能用相应的该相对发光强度之对应苯酚浓度来表示毒性大小。如果水样相对发光强度＜50%，可按下述3）继续进行，测定其EC_{50}。

3）样品的EC_{50}值的检测：

①样品稀释：按检测结果设定3～4个稀释度，最高和最低稀释度应包含预测所得之稀释浓度。例如预测得到样品稀释度在50%时相对发光强度＜50%，则可设定75%，50%，25%和10%等四个浓度。每个浓度仍应设三个平行样。同时设空白对照的三个平行样。

②发光检测：按设定间隔时间，应精确到秒，分别加入50～100μl菌液，15min时检测发光值。按顺序逐一获得数据。

4）参比物苯酚溶液的标准曲线的制作；在每次检测样品时，均应用相同的安瓿内的菌液同时制作苯酚标准曲线（如果样品较多，可以用几支安瓿打开后混合使用）。标准曲线的浓度系列按上述4（3）②制备。其加入发光菌液的操作方式与样品检测相同。

6. 质量保证与质量控制

（1）方法的精密度

样品二次测定的结果其相对误差≤15%。重复测定时应采用第一次测定时使用的发光菌液。即二次测定应采用相同的菌液。

（2）苯酚标准曲线的准确度

按一元一次线性回归方程进行计算，其抑光率（I）与苯酚浓度（C）之间应符合下列关系：

$$I=a+bC$$

回归方程应符合统计学检查要求（$p<0.90$），EC_{50}值应在100～200mg/L之间。

7. 数据与报告

（1）数据处理

相对发光强度（L）和抑光率（I）的计算：

$$L(\%)=\frac{\text{样品发光强度}}{\text{对照发光强度}}\times 100\%$$

$$I(\%)=\frac{\text{对照发光强度}-\text{样品发光强度}}{\text{对照发光强度}}\times 100\%$$

（2）EC_{50}值

EC_{50}是指受试物对发光菌作用后，发光强度下降为对照组的50%时（即相对发光强度为50%或抑光率达到50%时）之受试物浓度。当受试物为水样时，以稀释度（百分浓度）为单位；当受试物为化学品时，以 mg/L 为单位。EC_{50}值越小，表明受试物的毒性越大。例如对于水样，A 样品的EC_{50}=76.5%，表示该样品的稀释度为76.5%时抑光率是50%，B 样品的EC_{50}=26.5%，表示 B 样品的稀释度为26.5%时的抑光率是50%。A 样品与 B 样品相比，显然 B 样品要比 A 样品的毒性大，因为达到相同的抑光率（50%）时，B 样品的浓度更低。

对于化学品，假如 A 样品的EC_{50}=0.1mg/L，B 样品的EC_{50}=10mg/L，显然 A 样品的毒性大于 B 样品，因为同样抑制发光菌50%的发光，A 样品的浓度更小。

（3）样品毒性表达

①用苯酚浓度表示：当未经稀释的样品（即样品稀释度为100%）的抑光率在5%～95%时，也即相对发光强度在95%～5%范围内，可以用相同抑光率时苯酚的浓度来表示样品的毒性。大多数水样均在此范围内。

②用EC_{50}值表示：对水样而言，在样品毒性甚大时，即100%浓度的样品其抑光率大于95%乃至使细菌发光完全猝灭时，必须将样品稀释若干倍之后才能进行检测，然后用抑制50%的发光量时该样品的稀释百分浓度来表示样品的毒性。显然稀释百分度越小，毒性越大。一般实测结果不能直接获得EC_{50}值时，可将所测的样品系列浓度（%）与对应的抑光率作图，再通过图上查对50%抑光率所对应的样品百分浓度，即可求得EC_{50}值。

对化学品，EC_{50}值用 mg/L 的浓度值来表示。显然，EC_{50}值越小，毒性越大。

③毒性表达方式还应注明样品与发光细菌作用的时间，因为作用时间也影响数值大小。如作用15min就与作用20min的数值不同，故还必须表明作用的时间。一般可在数值表达后用括号加注作用时间，例：EC_{50}=0.10%（15min），或抑光率45%（15min），表明是作用15min时实测数据。本方法建议采用15min的作用时间。

（4）测定报告内容

①实验室温度（℃）。

②采样地点、日期、时间。

③测试日期、时间。

④样品的EC_{50}值，或100%浓度的样品的抑光率及其对应的苯酚浓度，注明作用时间（min）。

附：

淡水发光菌急性毒性检测记录

测定日期　　　时间　　　采样日期　　　时间　　　测定人

分析序号	加发光菌液时间(反应开始)	测定时间(反应时间15min)	发光强度(mV 或 pm)	相对发光强度(%) L=样品/CK×100%	发光抑制率(%)，I=1−L
1 2 3					
1 2 3					
1 2 3					
1 2 3					
1 2 3					
1 2 3					

五、种子发芽和根伸长的毒性试验（C）

一般而论，种子植物生长的顺序是：种子萌发、生根、出苗、开花、结果（种）。因此，种子的萌发及生根对于植物具有重要意义。种子的萌发和生根过程，是一个非常活跃的植物胚胎生长发育过程，更是一个生理生化变化过程，其间有许多酶参与。

当种子暴露于污染物或有害环境时，发芽和根伸长常常受到抑制，表现为发芽率低、根长短。种子发芽和根伸长的毒性试验就是根据这一特点，将种子放在含一定浓度受试物的基质中，使其萌发。当对照组种子发芽率达 65%以上，根长（即从胚轴和根之间的转换点到根尖末端）达 20mm 时，结束试验，并测定种子的发芽率和根伸长抑制率。最终评价受试物对植物胚胎发育的影响。

1. 化学受试物必备资料

水溶性　　　　　　　　　在水中和光中的稳定性
蒸汽压　　　　　　　　　pK_a 值

结构式　　　　　　　　　正辛醇-水的分配系数
纯度　　　　　　　　　　快速生物降解试验结果

2. 仪器设备及材料

①种子发芽器或其他环境受控生长箱。
②制备蒸馏水或去离子水的设备，或使用超纯水。
③冷藏防潮容器。
④容器：玻璃培养皿。
⑤基质：滤纸、石英砂、玻璃珠，或其他用于填充的惰性基质。珍珠岩、蛭石或土壤不能用作基质。

3. 受试生物种

可选用进行试验的植物包括：
①西红柿（*Lycopersicum esculemtum*）。
②黄瓜（*Cucumis sativus*）。
③莴苣（*Lactuca sativa*）。
④大豆（*Glycine max*）。
⑤卷心菜（*Brassica oleracea*）。
⑥燕麦（*Avena sativa*）。
⑦黑麦草（*Lolium perenne*）。
⑧洋葱（*Allium cepa*）。
⑨胡萝卜（*Daucus carota*）。
⑩玉米（*Zea mays*）。
也可选用其他对当地农业、生态学或景观具有重要价值或代表意义的经济作物、园林植物等。

4. 试验程序

（1）准备
①清洁和杀菌：在每次试验前，应对所有的玻璃器具和基质进行清洁处理。基质（除滤纸外）应用1.5%硝酸清洗，并用弱碱溶液，以及全玻璃蒸馏水或去离子水漂洗。清洗后基质的pH应接近中性。若玻璃珠是重复使用的，应在酸洗前将它们加温至100℃ 8～12h。清洗玻璃珠或培养皿时不能使用重铬酸盐溶液。石英砂不得重复使用。

若真菌或其他微生物的污染的干扰致使对照组的发芽率低于65%，应在使用前将玻璃器具和（或）种子的表面进行消毒，例如将种子放在10%的次氯酸钠溶液中浸泡10min，然后在全玻璃蒸馏水中漂洗和浸泡1h。

②种子分组：按粒径的大小用标准种子筛网将种子分组。用于试验的种子，应全部来自占优势的粒径组。剔出破损的种子。

（2）试验操作
在培养基中装满石英砂、直径200μm玻璃珠或其他惰性物质的基质，并用去离子水或全玻璃蒸馏水润湿。加入新配制的受试液。将试验用的植物种子置于基质表面，为其发育提供足够的空间。放置种子时，应尽量保持种子胚根末端和生长方向呈一直线。盖好玻璃培养皿，并用胶带封住。

将培养皿置入种子发芽试验器或其他培养仪器中。25℃±1℃下培养，保持黑暗。对照组种子发芽率达到65%以上，根的长度达至少20mm，即可结束试验。

①预试验：即浓度范围选择试验，为了确定是否需要进行正式试验，并为正式试验决定供试溶液的浓度范围。

将种子暴露于一系列浓度的受试物中，如0.01、0.1、1.0、10、100和1000mg/L。其最低浓度应同分析方法的检测限。水溶性受试物的上限浓度应为饱和浓度。

试验由一组包括每种推荐植物或选择的替代植物的试验组成。对于每种植物，每一处理下的种子数至少为15粒。无需设置平行组。当对照组种子发芽率达到65%，根长达到20mm时，可结束试验。若数据可满足正式试验的要求，或正式试验即将进行，可以缩短暴露时间。

若受试物最高浓度处理的种子发芽抑制率或根长下降率低于50%；或受试物最低浓度处理的种子发芽抑制率或根长下降率大于50%，则无必要进行正式试验。

②正式试验：用超过预试验的最少试验确定浓度-效应曲线、每种受试种子发芽率和根伸长的EC_{10}和EC_{50}。

对每种植物的试验，至少应有六个按几何级数设置的不同处理浓度，其处理浓度比率在1.5和2.0之间，如2、4、6、8、16、32和64mg/L。选择的浓度应在种子发芽率和根伸长的EC_{10}和EC_{50}的范围内。在使用前，应分析试验溶液或基质提取物以确定化学浓度。

每一处理浓度组和对照组应设三次以上重复，每一重复至少有10粒种子。

每一试验应包括对照组。若需要载体（溶剂）悬浮或分散受试物，还应设一个单独的载体对照。

对照组种子发芽在65%以上，根长度为20mm时，试验方可结束。当两者都达到条件时，便可确定每一处理（和对照）种子平均发芽的数和平均根长。若得不出发芽率和根伸长的EC_{10}和EC_{50}，应用更高或更低的浓度系列重新进行试验。应确定并报告每一受试植物的浓度反应曲线、发芽率和根伸长的EC_{10}和EC_{50}及其95%置信限。

对于任何不正常的种子发育现象，比如损伤、变色、肿胀及失去膨胀能力等，或测量到有刺激根生长的现象，都应在报告中记录。

在种子发芽器和生长室内应采用完全随机放置的方式。

应按每小时记录发芽设备的温度。在正式试验开始时记录溶液的pH。

③分析与测量：受试物浓度分析。应用全玻璃蒸馏水或去离子水稀释贮备液，以准备供试溶液。如可行，应使用标准的分析方法确定溶液的浓度，并在开始试验前确认。如果受试物的降解产物（如水解物和氧化物）对分析有干扰，就不能接受所采用的分析方法。在使用前应测试上述溶液的pH。

应记数在每种植物的正式试验中发芽的种子，并测量其根长。应按序列测量完一种供试植物的所有根长后再测量下一种供试植物。

5. 质量保证与质量控制

（1）限度

本方法最适用于水溶性受试物。

如果受试物不溶于水，可用水溶性有机溶剂载体，如丙酮、阿拉伯树胶、聚乙二醇、乙醇等。选择有机溶剂载体的原则是：最高用量对植物无毒；少量溶剂即可溶解或悬浮受试物；与受试物无协同或拮抗作用。载体在受试溶液中的浓度不超过 0.1ml/L。

对于某些受试物，无合适的无毒载体可用，可用挥发性的溶剂。将溶于挥发性溶剂中的受试物和基质放在旋转蒸发器内。蒸发后，在基质上留下一层均匀的受试物。在填满容器前应用相同的有机溶剂和待测的受试物抽提称重过的基质。

（2）对种子的要求

对照组的种子发芽率大于 60%。

在一次试验中，只能使用来自同一年份或季节中的同一批未经杀菌剂、驱虫剂等处理过的种子。要求大小一致，饱满度、粒径等级相同。供试植物种子含水率应低于 10%，在 5℃条件下保存。

若试验选用了所推荐 10 种之外的植物种，应调整培养条件以满足其对照组发芽和根长指标的要求。

（3）其他

每次试验，都应设置对照组。水溶性受试物，用全玻璃蒸馏水或去离子水作对照。若需使用有机溶剂作载体，尚需设置溶剂对照。对照的试验条件、程序和方法等，同对照组。

所有试验用的玻璃器皿和基质等须清洁，无污染。

6. 数据和报告

（1）数据处理

统计每一处理及对照的种子发芽率和根伸长的平均值、标准方差。以概率分析计算 EC_{10} 和 EC_{50} 值。采用适当的统计分析对浓度-效应曲线进行拟合优度测定。

（2）结果报告

①受试物：名称、来源、理化特性数据。

②受试植物：种子来源的历史、批号、采集的年份或生长季节、发芽率，以及所用的受试种子粒径大小等级。每种植物每一处理的种子数目、重复次数、载体、培养条件和种子消毒方法。

③浓度：受试物的处理浓度及每一浓度的 pH。

④培养和测量原始记录：培养温度、发芽计数和根长测量的原始数据记录。

⑤分析及其原始记录：所有的分析方法和数据记录，包括方法确认和试剂空白对照。

⑥极限：若在浓度范围选择试验中，受试物的最高处理浓度（不低于 1000mg/L）对试验植物种子发芽率和根伸长无影响，表明该受试物对植物毒性甚微。

若在范围选择试验中，分析方法检测限浓度下受试物的发芽率和根伸长抑制率大于 50%，表明该受试物对种子的 EC_{50} 低于分析方法的检测限。

⑦结果：正式试验中每种植物每一种浓度处理组和对照组发芽率和根长的平均值、标准偏差，以及 95%的置信限下的浓度-效应曲线、拟合优度测定、EC_{10} 和 EC_{50} 值。

第四章　生物危害性测定及评价

一、细菌回复突变试验

（一）鼠伤寒沙门氏菌法（Ames 试验）（C）

1. 目的

鼠伤寒沙门氏菌回复突变试验是以微生物为指示生物的遗传毒理学体外试验，遗传学终点是基因突变，用于检测受试物能否引起鼠伤寒沙门氏菌基因组碱基置换或移码突变。本方法规定了地表水和废水的样品采集、预处理的方法和鼠伤寒沙门氏菌回复突变试验的基本技术要求。

2. 原理

鼠伤寒沙门氏菌的标准试验菌株为组氨酸缺陷型突变型，在无组氨酸的培养基上不能生长，在有组氨酸的培养基上可以正常生长。诱变剂（mutagen），又称为致突变剂或致突变物，可使沙门氏菌组氨酸缺陷突变型回复突变为野生型，在无组氨酸培养基上也能生长。故可根据在无组氨酸的培养基上生成的菌落数量，判断受试物是否为诱变剂。对于间接诱变剂，可用经多氯联苯（PCB）诱导的大鼠肝匀浆制备的 S-9 混合液作为代谢活化系统。

3. 样品的采集

（1）仪器设备条件

采样瓶为棕色、大口玻璃瓶，瓶盖具聚四氟乙烯衬垫，或在样品无腐蚀性条件下使用具铝箔外衬的橡皮塞。

（2）样品采集

用采样瓶手工采集适量样品，地表水和废水样品要完全充满容器，密封，并于 2h 内送至实验室，尽快进行处理。

4. 地表水和废水的样品预处理

（1）仪器设备条件

①分液漏斗。

②贮水器，具下口的玻璃容器。

③树脂柱玻璃管，高不低于10cm，柱管直径与柱长比为1∶4～1∶10之间。

④输液泵。

⑤旋转蒸发器或KD浓缩器。

⑥高纯氮气。

（2）试剂

①纯水：符合GB6682—1192实验室用水规格。可用去离子水经全玻璃蒸馏器蒸馏制得。

②10mol/L氢氧化钠溶液。

③（1∶1）硫酸溶液。

④1mol/L氢氧化钠溶液。

⑤1mol/L盐酸溶液。

⑥二氯甲烷、甲醇、丙酮、正已烷，不低于分析纯级，应在玻璃容器中重蒸馏后方能使用。

⑦二甲基亚砜（DMSO）。

⑧XAD-2树脂或等效的大孔树脂：树脂应经纯水及甲醇漂洗后，在索氏提取器中分别用甲醇、二氯甲烷、正已烷、丙酮提取8h，去除有机物。净化后的树脂浸于甲醇中，置4℃冰箱备用。

（3）样品制备

1）有机物的分离提取：

①有机物分离提取前的样品预处理，将采样瓶于4℃静置24h，使非水液相、水相、沉积固相分离。水相按下述原则处理：地表水中悬浮物的量低于5%时可直接进行有机物的大孔树脂提取；悬浮物的量高于5%地表水及废水进行有机物的液-液提取。

②有机物的液-液提取：取二份1500ml的水样分放到二个2000ml分液漏斗中。用10mol/L氢氧化钠将pH调至11。向每个分液漏斗中加入150ml二氯甲烷，振荡2min，注意放气。静置至少10min，使有机相与水相分层，分出有机相。再各用100ml二氯甲烷提取二次。将三次提取液合并在1000ml烧瓶中。如有机相与水相间的乳化层多于溶剂层的1/3，可离心以达到两相的分层。用（1∶1）硫酸溶液将水相的pH调至2以下。用二氯甲烷150ml、100ml、100ml分三次进行溶剂提取。将这三次提取的有机相也并入1000ml烧瓶中。

③有机物的大孔树脂分离提取：将净化后的树脂连同丙酮一起装入树脂柱，树脂上、下端分别垫、盖玻璃棉。排去柱中丙酮，用纯水洗柱三次（注意每次不能把试剂排空）。使水样流经树脂柱，流速为1～2倍柱体积/min，水样量不超2000倍柱体积，用真空泵抽去柱中水，然后用4～8倍柱体积85∶15的正已烷、丙酮和8个柱体积二氯甲烷分别三次浸柱以洗脱有机物。浸泡时间为每次10min。然后缓缓滴流，将洗脱液收集至烧瓶中。

④提取液浓缩：使用旋转蒸发器或KD浓缩器，将获取的提取液或洗脱液浓缩。浓缩液50%供重量分析或化学分析，余50%继续浓缩至1ml。

⑤溶剂置换：于40℃水浴，用氮气流将浓缩的提取液吹干。加入适量DMSO溶解提取物，并稀释备用。

⑥样品量计算结果的表示：样品预处理所得水相体积或经树脂柱水样的体积以L表示。

有机提取物的重量以 mg 表示。结果应换算至原水的水样量。

5. 鼠伤寒沙门氏菌回复突变试验

（1）仪器设备

洁净工作台，恒温培养箱，恒温水浴，蒸汽压力锅，匀浆器等实验室常用设备。低温高速离心机，低温冰箱（－80℃）或液氮罐。

（2）培养基制备

除说明外，培养基成分或试剂应是化学纯或分析纯。避免重复高温处理，注意保存温度和期限。

1）营养肉汤培养基：用作增菌培养。

牛肉膏	2.5g
胰胨（或混合蛋白胨）	5.0g
氯化钠	2.5g
磷酸氢二钾（$K_2HPO_4 \cdot 3H_2O$）	1.3g
蒸馏水至	500ml

加热溶解，调 pH 至 7.4，分装后 0.103MPa 灭菌 20min，4℃保存，保存期不超过 6 个月。

2）营养肉汤琼脂培养基：用作基因型（rfa 突变，R 因子，pAQ1 质粒，ΔuvrB）鉴定。

琼脂粉	1.5g
营养肉汤培养基	100ml

加热融化后调 pH 为 7.4，0.103MPa 灭菌 20min。

3）底层培养基，用于致突变试验。

①V-B 盐贮备液，50×

磷酸氢钠铵（$NaNH_4HPO_4$）	17.5g
柠檬酸（$C_6H_8O_7 \cdot H_2O$）	10.0g
磷酸氢二钾（K_2HPO_4）	50.0g
硫酸镁（$MgSO_4 \cdot 7H_2O$）	1.0g

加蒸馏水至 100ml，0.103MPa 灭菌 20min。

待其他试剂完全溶解后，再将硫酸镁缓慢放入其中继续溶解，否则易析出沉淀。

②40%葡萄糖溶液：

葡萄糖	40.0g

加蒸馏水至 100ml，0.055MPa 灭菌 20min。

③1.5%琼脂培养基：

琼脂粉	15g
蒸馏水	930ml

融化后 0.103MPa 灭菌 20min。趁热（80℃），以无菌操作加入：

V-B 盐贮备液，50×	20ml
40%葡萄糖溶液	50ml

充分混匀，待凉至50℃左右时倒入培养皿，每皿（ϕ90mm）25ml，37℃培养过夜，以除去水分及检查有无污染。

4）顶层培养基。

①顶层琼脂：

琼脂粉	0.6g
氯化钠	0.5g

加蒸馏水至100ml。0.103MPa灭菌20min。

②0.5mmol/L组氨酸-生物素溶液：

D-生物素（分子量244）	30.5mg
L-盐酸组氨酸（MW191.17）	23.9mg

加蒸馏水至250ml，0.103MPa灭菌20min。

顶层培养基制备：加热融化顶层琼脂，每100ml顶层琼脂中加0.5mmol/L组氨酸-生物素溶液10ml。混匀，分装于灭菌试管，每管2ml，在45℃水浴中保温。

5）鉴定菌株基因型用试剂：

①0.8%氨苄青霉素溶液（无菌配制）：称取氨苄青霉素40mg，用0.02mol/L氢氧化钠溶液5ml溶解，保存于4℃冰箱。

②0.8%四环素溶液（无菌配制）：称取40mg四环素，用0.02mol/L盐酸5ml溶解，保存于4℃冰箱。

③0.1%结晶紫溶液：称取结晶紫10mg，溶于10ml灭菌蒸馏水。

④组氨酸-D-生物素平板：

1.5%琼脂培养基	914ml
V-B盐贮备液	20ml
40%葡萄糖溶液	50ml
L-盐酸组氨酸（0.4043g/100ml）	10ml
D-生物素溶液（0.02mol/L）	6ml

分别灭菌后，全部合并（1000ml），充分混匀，待凉至50℃左右时倒平皿。

6）氨苄青霉素平板（保存TA97，TA98，TA100菌株的主平板）；氨苄青霉素-四环素平板（保存TA102菌株的主平板）。

1.5%琼脂培养基	914ml
V-B盐贮备液，50×	20ml
40%葡萄糖溶液	50ml
L-盐酸组氨酸（0.4043g/100ml）	10ml
D-生物素溶液（0.02mol/L）	6ml
0.8%氨苄青霉素溶液	3.15ml
0.8%四环素溶液	0.25ml（氨苄青霉素-四环素平板）

分别灭菌或无菌制备，注入1000ml瓶中，充分混匀，待凉至50℃左右时倒平皿。

（3）代谢活化系统的制备

1）大鼠肝S-9的诱导和制备：选健康雄性成年SD或Wistar大鼠，体重150g左右，周龄约5～6周。将多氯联苯（Aroclor 1254或国产五氯联苯）溶于玉米油中，浓度为

200mg/ml，按 500mg/kg 体重一次腹腔注射，5d 后断头处死动物，取出肝脏称重后，用在 4℃预冷的 0.15mol/L 氯化钾溶液冲洗肝脏数次。每克肝（湿重）加预冷的 0.15mol/L 氯化钾溶液 3ml，用消毒后的医用剪刀剪碎肝脏，用匀浆器（低于 4000r/min，1～2min）在冰浴中制成肝匀浆。以上操作需注意无菌和局部 4℃冷环境。

将肝匀浆在低温 0～4℃高速离心机，12000r/min 离心 10min。吸出上清液为 S-9 组分，分装。保存于液氮或－80℃低温。S9 应经无菌检查，蛋白含量测定（Lowry 法）及间接诱变剂鉴定其生物活性合格。

2）S-9 混合液的配制：

①0.4mol/L 氯化镁-1.65mol/L 氯化钾：称取 $MgCl_2\cdot 6H_2O$ 8.1g，KCl 12.3g 加蒸馏水稀释至 100ml。0.103MPa 20min 灭菌或过滤除菌。

②0.2mol/L 磷酸盐缓冲液（pH7.4），每 500ml 由以下成分组成：

磷酸氢二钠（Na_2HPO_4 14.2g/500ml）	440ml
磷酸二氢钠（$NaH_2PO_4\cdot H_2O$ 13.8g/500ml）	60ml

调 pH 至 7.4，0.103MPa 20min 灭菌或过滤除菌。

③10% S9 混合液的配制：每 10ml 由以下成分组成，临用时配制。

灭菌蒸馏水	3.8ml
磷酸盐缓冲液（0.2mol/L，pH7.4）	5.0ml
1.65mol/L 氯化钾-0.4mol/L 氯化镁溶液	0.2ml
葡萄糖-6-磷酸钠（MW305.9，0.05mol/L）	40μmol
辅酶Ⅱ（MW765.4，0.05mol/L）	50μmol
肝 S9 液	1.0ml

混匀，置冰浴待用。在 4℃以下，其活性可保存 4～5h。当日使用，剩余的 S-9 混合液废弃。

（4）受试生物

1）试验菌株：采用四株鼠伤寒沙门氏突变型菌株 TA97、TA98、TA100 和 TA102。TA97、TA98 可检测移码型诱变剂；TA100 可检测碱基置换型诱变剂；TA102 检测移码型和碱基置换型诱变剂。

2）增菌培养：取灭菌的 25ml 三角烧瓶，加入营养肉汤 10ml，从试验菌株母板上刮取少量细菌，接种至肉汤中。37℃振荡培养 10h，存活细菌密度可达（1～2）$\times 10^9$/ml。

（5）菌株鉴定和保存

四种标准试验菌株必须进行基因型鉴定、自发回变数鉴定，以及对鉴别性诱变剂的反应的鉴定，合格后才能用于致突变试验。

1）菌株基因型鉴定：

①组氨酸营养缺陷鉴定（组氨酸需求试验）：加热融化底层培养基两瓶各 100ml。一瓶 100ml 加 L-盐酸组氨酸溶液（0.50g/100ml）1ml 和 D-生物素溶液（0.5mmol/L）0.6ml；一瓶 100ml 加 D-生物素溶液（0.5mmol/L）0.6ml。充分混匀，待凉至 50℃左右时各倒平皿四块，即分别为组氨酸-生物素平板和生物素平板。取组氨酸-生物素平板和生物素平板各一块，将试验菌株在此两组培养基上划线接种，经 37℃培养 24～48h，观察生长情况。此四种菌株应在组氨酸-生物素平板上生长，而在无组氨酸的生物素平板上不能生长。

②深粗糙型（rfa）鉴定（结晶紫抑菌试验）：深粗糙型突变的细菌，缺失脂多糖屏障，因此分子量较大的物质能进入菌体。

鉴定方法：用移液器吸 0.1%结晶紫溶液 20μl，在肉汤平板表面涂成一条带，待结晶紫溶液干后，在与结晶紫带方向垂直划线接种四种试验菌株。经 37℃培养 24～48h，观察生长情况。此四种菌株在结晶紫溶液渗透区出现抑菌，证明试验菌株有 rfa 突变。

③uvrB 缺失的鉴定（紫外线敏感试验）：uvrB 缺失即切除修复系统缺失。

鉴定方法：取受试菌液在营养肉汤琼脂平板上划线。用黑纸覆盖培养皿的一半，然后在 15W 的紫外线灭菌灯下，距离 33cm 照射 8s。37℃培养 24h。对紫外线敏感的三个菌株（TA97、TA98、TA100）仅在没有照射过的一半生长，而菌株 TA102 在没有照射过的一半和照射过的一半均能生长。

④R 因子和 pAQ1 质粒的鉴定：四个试验标准菌株均带有 R 因子，具有抗氨苄青霉素的特性。TA102 菌株含 pAQ1 质粒具有抗四环素的特性。

用结晶紫抑菌试验的方法，在二个肉汤平板上分别滴加氨苄青霉素溶液 20μl（浓度为 1mg/ml，溶于 0.02mol/L NaOH）和四环素溶液 20μl（浓度为 0.08mg/ml，溶于 0.02mol/L HCl），并在肉汤平板表面涂成一条带，待溶液干后，垂直划线接种四种试验菌株。经 37℃培养 24～48h，观察生长情况。四个菌株生长应不受氨苄青霉素抑制，证明它们都带有 R 因子。TA102 菌株生长应不受四环素抑制，证明带有 pAQ1 质粒。

2）自发回变数测定：取已融化并在 45℃水浴中保温的顶层培养基一管（2ml），加入测试菌菌液 0.1ml，迅速混匀，倒在底层培养基上，转动平皿使顶层培养基均匀分布在底层上，平放固化。翻转平板于 37℃培养 48h，观察结果。计数回变菌落数。每株的自发回变率应落在表 5-4-1 所列正常范围内。

3）对鉴别性诱变剂的反应：试验菌株对不同诱变剂的反应不同，应该在有和没有代谢活化的条件下鉴定各试验菌株对诱变剂的反应。可按下述的点试验或平皿掺入试验的方法进行。各试验菌株对鉴别性诱变剂的反应见表 5-4-1 和表 5-4-2。

表 5-4-1　试验标准菌株生物学特性鉴定标准

菌株	基因型					自发回变菌落数
	组氨酸缺陷	脂多糖屏障缺失	抗氨苄青霉素	抗四环素	uvrB 修复缺陷	
TA97a	+	+	+	−	+	90～180
TA98	+	+	+	−	+	30～50
TA100	+	+	+	−	+	120～200
TA102	+	+	+	+	−	240～320
注	+表示需要组氨酸	+表示有抑制带	+表示具有 R 因子	+表示具有 pAQ1 质粒	+表示无修复能力	

表 5-4-2　鉴别性致突变物在点试中试验结果

诱变剂	剂量	S-9	TA97	TA98	TA100	TA102
柔毛霉素	5.0μg	−	−	+	−	++
叠氮钠	1.0μg	−	+	−	++++	−
ICR-191	1.0μg	−	+	+	++	+++

诱变剂	剂量	S-9	TA97	TA98	TA100	TA102
丝裂霉素 C	2.5μg	−	++++	inh	inh	++
2, 4, 7-三硝基芴酮	0.1μg	−	inh	++++	++	+
4-硝基-*o*-苯撑二胺	20.0μg	−	++	+++	+	+++
4-硝基喹啉-N-氧化物	10.0μg	−	+	++	++	++++
甲基磺酸甲酯	2.0μl	−	+	−	+	+++
敌克松	50.0μg	−	++++	+++	++++	+
2-氨基芴	20.0μg	+	++	++++	+++	
甲基硝基亚硝基胍	2.0μg	−	+	−	+++	+++

注：每皿回变菌落数（扣除自发回变）的符号：−<20；+20～100；++100～200；+++200～500；++++>500。柔毛霉素和叠氮钠溶解在水中，其他所有化合物溶解在 DMSO 中。ICR-191 为 2-甲氧基-6-氯代-9-（3-（2-氯乙基）氨基丙胺）吖啶 • 2 盐酸。inh 表示因毒性引起的生长抑制。

表 5-4-3　鉴别性致突变物在平板掺入法中试验结果

诱变剂	剂量	S-9	TA97	TA98	TA100	TA102
柔毛霉素	5.0μg	−	124	3123	47	592
叠氮钠	1.0μg	−	76	3	3000	186
ICR-191	1.0μg	−	1640	63	185	0
链黑霉素	0.25μg	−	inh	inh	inh	2230
丝裂霉素 C	2.5μg	−	inh	inh	inh	2772
2, 4, 7-三硝基芴酮	0.1μg	−	8377	8244	400	16
4-硝基-*o*-苯撑二胺	20.0μg	−	2160	1599	798	0
4-硝基喹啉-N-氧化物	10.0μg	−	528	292	4220	287
甲基磺酸甲酯	2.0（μl）	−	174	23	2730	6586
敌克松	50.0μg	−	2688	1198	183	895
2-氨基芴	20.0μg	+	1742	6194	3026	261
苯并[a]芘	1.0μg	+	337	143	936	255

注：表中回变菌落数取自于剂量反应曲线的线性部分，并已扣去了对照值。

4）菌株保存：

①鉴定合格的菌种应加入 DMSO 作为冷冻保护剂，保存在-80℃或液氮（-196℃），或者冰冻干燥制成干粉，4℃保存。

②主平板保存：作主平板保存时，将菌落划线接种于主平板上，孵育 24h 后保存于 4℃冰箱中。TA97、TA98、TA100 菌株保存在氨苄青霉素主平板上，可使用二个月。TA102 菌株的氨苄青霉素-四环素主平板上，可保存二周。应按时从保存的主平板上移菌，制备新的主平板。

（6）试验程序

1）实验设计：受试物最低剂量为每平皿 0.1μg，最高剂量为 5mg，或出现沉淀的剂量，或对细菌产生最小毒性剂量。一般选用 4～5 个剂量，进行剂量-反应关系研究，每个剂量应有三个平行平板。溶剂可选用水、二甲基亚砜（每皿不超过 0.4ml）或其他溶剂。每次实验应有同时进行的阳性对照和阴性（溶剂）对照。

2）方法和步骤：实验方法有平板掺入法和点试法。一般先用点试法作预试验，以了解受试物对沙门氏菌的毒性和可能的致突变性，平板掺入法是标准试验方法。

①平板掺入法：在底层培养平皿上写上记号。取已融化并在45℃水浴中保温的顶层培养基一管(2ml)，依次加入受试物溶液0.1ml，测试菌菌液0.05～0.2ml(需活化时加10% S-9混合液0.5ml)，迅速混匀，倒在底层培养基上，转动平皿使顶层培养基均匀分布在底层上。平放固化后，将平板翻转，置37℃培养48h观察结果。

②点试法：在底层培养平皿上写上记号。取已融化并在45℃水浴中保温的顶层培养基一管（2ml)，加入测试菌菌液0.05～0.2ml（需活化时加10% S-9混合液0.5ml)，迅速混匀，倒在底层培养基上，倾斜平皿使顶层培养基均匀分布在底层上，平放固化。取无菌滤纸圆片（直径6mm)，小心放在已固化的顶层培养基的适当位置上，用移液器取适量受试物（如10μl)，点在纸片上，或将少量固体受试物结晶加到纸上或琼脂表面，将平板翻转，置37℃培养48h观察结果。

6. 质量保证

应对水样预处理和鼠伤寒沙门氏菌致突变试验进行质量控制。

①设置阴性对照，即用纯水代替水样，完成样品制备全过程。用所得浓缩物作为阴性溶剂对照。

②设置阳性对照，用适当剂量的阳性对照物经历样品制备全过程。

③致突变试验标准菌株应鉴定合格，实验应设置平行样。

7. 数据与报告

（1）数据处理

结果以均数±标准差表达。利用适当的统计学方法处理数据。

（2）结果评价

①点试法：凡在点样纸片周围长出一圈密集的his+回变菌落者，该受试物即为诱变剂。如只在平板上出现少数散在的自发回变菌落，则为阴性。如在滤纸片周围见到抑菌圈，说明受试物具有细菌毒性。

②掺入法计数培养基上的回变菌落数。如在背景生长良好条件下，受试物每皿回变菌落数等于或大于阴性对照数的2倍，并有剂量-反应关系；或至少某一测试点有重复的并有统计学意义的阳性反应，即可认为该受试物对鼠伤寒沙门氏菌有致突变性。当受试物浓度达到抑菌浓度或5mg/皿仍为阴性者，可认为是阴性。

③报告的试验结果应是两次以上独立实验的重复的结果。如果受试物对四种菌株（加和不加 S-9）的平皿掺入试验均得到阴性结果，可认为此受试物对鼠伤寒沙门氏菌无致突变性。如受试物对一种或多种菌株（加或不加 S-9）的平皿掺入试验得到阳性结果，即认为此受试物是鼠伤寒沙门氏菌的致突变物。

（3）试验的解释和评价

①细菌回复突变试验利用原核细胞，在某些方面不同于哺乳动物细胞，如摄取、代谢、染色体结构和 DNA 修复过程。本试验的体外代谢活化系统不可能完全模拟哺乳动物体内代谢条件。因此本试验对受试物在哺乳动物致突变性和致癌性强度不提供直接的资料。

②虽然在本试验为阳性结果的化合物很多是哺乳动物致癌物，但其相关并不是绝对的，

取决于化学物类别。有些在本试验未能检出阳性结果的致癌物，是因为经非遗传毒性机制或细菌缺乏的机制引起致癌作用的。

③本试验通常用于遗传毒性的初步筛选，并且，特别适用于诱发点突变的筛选。已有的数据库证明在本试验为阳性结果的很多化学物在其他试验也显示致突变活性。也有一些诱变剂在本试验不能检测，这可能是由于检测终点的特殊性、代谢活化的差别等。另一方面，增强本试验的敏感性可能导致高估了受试物的致突变活性。

（4）试验报告

试验报告必须包括下列资料。

①受试物：水样采集地点，采样日期和时间，气象条件，水样外观，水样预处理方法和过程，受试物浓度。

②溶剂/赋形剂：溶剂/赋形剂选择依据；受试物在溶剂/赋形剂中的溶解性和稳定性（如已知）。

③菌株：所用菌株；每个培养物细胞数；菌株特性。

④试验条件：每平板受试物的量（mg/平板或μl/平板），剂量选择的依据，每个剂量的平板数；所用培养基；代谢活化系统的种类和组成，包括合格的标准；处理方法。

⑤结果：毒性；沉淀；各平板计数；每平板回变落均数和标准差；剂量-反应关系（如可能）；统计学分析（如有）；同时进行的阴性（溶剂/赋形剂）和阳性对照资料，包括范围、均数和标准差；历史性阴性（溶剂/赋形剂）和阳性对照资料，包括范围、均数和标准差。

⑥结果的讨论。

⑦结论。

8. 安全措施与废弃物处理

①应有专门的实验室，应有良好的通风设备。

②由于对样品制备中涉及的毒性与致癌性不完全清楚，应将其按有潜在健康危害的物质对待，试验者必须注意个人防护，尽量减少接触污染的机会。

③受试的致癌物与诱变剂的废弃处理，原则上按放射性同位素废弃物处理方法进行。

④所用沙门氏菌试验菌株一般毒性较低，具有R因子的危害更小。但要防止沙门氏菌污染动物饲养室。

（二）Ames试验的发光测定法（工程菌法）（C）

1. 原理

将发光细菌的荧光酶基因（Lux genes）转入Ames试验用的几种菌株中，使它们获得合成细菌荧光酶的能力，从而像发光细菌那样也会产生蓝绿色荧光。细菌荧光酶催化的发光反应如下：

$$\text{FMNH}_2 + \text{脂肪醛} + \text{O}_2 \xrightarrow{\text{细菌荧光酶}} \text{FMN} + \text{H}_2\text{O} + \text{脂肪酸} + \text{可见光}$$

其中$FMNH_2$是还原型黄素单核苷酸。这是典型的生物发光。

Ames 试验用的鼠伤寒沙门氏菌（his^-）各个菌株，在具有了 Lux 基因之后，就可在细菌细胞内合成荧光酶。但其细胞内尚缺少发光底物脂肪醛，故而必须人为加入脂肪醛后才可产生发光反应。本方法要求添加癸醛溶液。

已知发光强度与细菌数量呈线性关系，细菌数量越多则发光越强。发光的强度可以用发光仪检测。由于必须发生回复突变方能生长，故回复突变的菌越多，则发光越强，故可以用来估测回复突变的数量。更由于发光仪有足够的灵敏度，对微小的发光变化均可检测出来，故而本方法的灵敏度较好。与通常的 Ames 试验相比，由于不用平皿菌落计数，而代之以发光强度的检测，故可使操作简单得多，而且获得结果的时间也较快。

2. 样品的采集与保存

同本章一（一）。

3. 样品处理

同本章一（一）。简言之，固体物应配成溶液，而水样则应进行适当的浓缩或吸附。

4. 仪器设备

①仪器：发光检测仪。原则上生物化学测光仪均可以使用。为检测方便，建议采用其样品室可一次放入多个试样，一次启动连续可自动检测多个样品的发光仪。

②设备条件：同本章一（一）的 Ames 试验。

5. 受试生物材料

1）供试菌株有四株，分别为 LZ12，LZ14，LZ17，LZ18，它们与常规 Ames 试验的菌株对应如表 5-4-4：

表 5-4-4　发光测定法与常规 Ames 试验的菌株对照表

常规法	TA97	TA98	TA100	TA102
发光测定法	LZ17	LZ12	LZ14	LZ18

依据表 5-4-4，它们分别可取代对应的常规 Ames 试验菌株。

特别指出的是，它们也均可作为常规 Ames 试验菌株加以使用。

2）菌株保存：参见本章一（一）5（4）受试生物部分。

3）菌株的基因型性质鉴定：

①Ames 试验所规定的几个鉴定：a）组氨酸依赖性；b）R 因子鉴定：c）紫外线照射试验（uvrB 缺失突变鉴定）；d）结晶紫敏感性试验（rfa 突变鉴定）；e）自发回变率鉴定；参见本章一（一）5（4）受试生物部分。

②发光基因（Lux 基因）鉴定：在营养肉汤培养基中加入氯霉素，使终浓度为 25μg/ml。接入对数期的待测菌株的培养物，37℃培养 24h，取 1ml 培养的菌液，加入测量杯中，加入 50μl 癸醛液，充分混匀置测光仪中检测发光。同时用空白肉汤培养基也加入癸醛液作为空白对照。当发光基因存在并获得表达而产生足量的荧光酶时，则发光计数十分显著，可

以是空白对照的十余倍或千余倍。此时，菌株才可以用于试验。

6. 试验程序

（1）一般样品的检测

①增菌：用接种针挑取少量菌苔接种于 50ml 的培养基中（含氨苄青霉素和氯霉素，终浓度均为 25μg/ml。但对菌株 LZ18 则为四环素和氯霉素，终浓度分别为 2μg/ml 和 25μg/ml），37℃振摇 200r/min 过夜。取 10ml 菌液接入 100ml 肉汤培养基中，继续振摇 2～3h，使培养物保持对数期生长。

②清洗及重新悬浮细菌：上述培养好的菌液于 4℃，5000r/min 离心 10min，弃去上清液，以基本葡萄糖培养基清洗两次，再重新用基本葡萄糖培养基（含少量组氨酸和生物素，终浓度约为 0.045mmol/L）悬浮细胞，并使光密度 OD_{660}=0.2。

③将样品以倍比稀释为五个浓度，成为五个试样，逐步加入各个组分（表 5-4-5）。

表 5-4-5 试验组分（其中受试样品稀释成五个浓度）（ml）

组分	空白对照	试样 1	2	3	4	5
基本培养基	1	1	1	1	1	1
二次蒸馏水	7.1	7	7	7	7	7
样品	–	0.1	0.1	0.1	0.7	0.1
菌液（OD_{660}=0.2）	0.7	0.7	0.7	0.7	0.7	0.7
总体积	8.8	8.8	8.8	8.8	8.8	8.8

将上述总体积为 8.8ml 的空白对照及试样（有五个浓度），分装于小试管中，每管 1ml。每列可得 8 个平行重复的样品。于 37℃ 100r/min 振摇培养 36～48h。4℃，5000r/min 离心，去除上清液，用 1ml 无组氨酸的基本培养基重新悬浮细胞。

④测试发光强度：在上列每个试管中加入 50μl 癸醛，充分混匀。应特别注意加入癸醛后 1～2min 时检测发光值。由于发光随时间而可能变化，故同一试验中应取统一的作用时间而读取发光值。建议在加入癸醛后 1min 时读取发光值。

⑤测试温度 25℃。此温度是荧光酶的最适温度。

（2）需添加 S-9 液的发光 Ames 试验

①增菌，同 6（1）①。

②清洗及重新悬浮细菌，同 6（1）②。

将样品以倍比稀释成五个浓度，成为五个试样（表 5-4-6）。

表 5-4-6 需添加 S-9 液的各管组分（ml）

组分	空白对照	溶剂对照	试样 1	试样 2	试样 3	试样 4	试样 5
基本培养基	1	1	1	1	1	1	1
二次蒸馏水	5.4	5.3	5.3	5.3	5.3	5.3	5.3
样品	—	溶剂 0.1	0.1	0.1	0.1	0.1	0.1
菌液	0.7	0.7	0.7	0.7	0.7	0.7	0.7
S-9 液（4%）	1.7	1.7	1.7	1.7	1.7	1.7	1.7
总体积	8.8	8.8	8.8	8.8	8.8	8.8	8.8

③温育预处理：将样品、菌液和 S-9 液充分混合，37℃温育 8～10h。4℃离心（3000r/min），去掉上清液，以基本培养基清洗 1 次。条件同上，以去除 S-9 液。然后再以基本培养基重新悬浮细菌，使体积为 2.5ml，再加入表 5-4-6 中的其余组分，混合均匀。

④将上述混合液分装于小试管中，每管 1ml，每列有八个重复平行管。于 37℃，100r/min 振摇培养 36～48h。4℃离心（5000r/min），弃上清液，用 1ml 无组氨酸的基本培养基重新悬浮细胞。

⑤测试发光强度：在上列试管中加入 50μl 癸醛充分混匀，在每管加入癸醛后约 1min 时读取发光值。

7. 质量保证与质量控制

（1）关于检测的质量

①由于以发光值来取代菌落计数，发光值虽在一定条件下与菌数呈线性关系。但由于测试发光是在一定时间的回复突变发生之后进行的，一个回复突变菌可因繁殖而增加，从而使发光值上升，回复突变发生得越早，则其产生后代越多，发光值增加也越多。所以可以设想同样两个回复突变菌，由于发生的时间早晚不同，其所贡献的最终发光值两者差别是很大的，这不利于回复突变的对应计数。本试验按波动试验设计，对同一检测设置 8 个平行重复管，最后取八个重复管的平均值。空白对照和样品均如此，从而消除其波动影响。

②关于添加 S-9 液的试验：S-9 液的添加可以使 Ames 试验检出某些潜在的诱变剂，即需代谢激活的诱变物质。在本试验中由于发光检测的特殊性，不能采用简单加入 S-9 液的方式，而是要用预先温育 8～10h，使 S-9 液与试样中的潜在的诱变物质作用之后，再洗去 S-9 液，然后再摇床培养，测定发光。诱变结果，可以通过发光值与样品浓度之间的关系曲线判断（见 8（2））。

（2）检测条件

1）温度：25℃。此为荧光酶催化发光反应的最适温度。由于大大低于细菌生长温度 37℃，故可以减少细菌的增殖，从而减小发光值的波动。

2）癸醛溶液：凡长链脂肪醛（8C 以上）均可使细菌荧光酶发光。本方法规定用癸醛，并以 2g/100ml（癸醛：水）混匀后，以超声波处理，使之成为稳定的乳浊液后方可使用。规定 1ml 受试样品中加入 50μl 癸醛，终浓度约为 1mg/ml。过高浓度的醛会有毒害作用，反而使发光下降。

3）几种主要的培养基配方。

①营养肉汤培养基（增菌用）：

组分：牛肉膏	5g
蛋白胨	10g
NaCl	5g
K_2HPO_4	1g
蒸馏水	加至 1000ml
pH7.0～7.2	121℃灭菌 15min

②基本培养基（或称基本葡萄糖培养基）：

组分：50×VB 盐　　20ml（已灭菌的）
　　40%葡萄糖　　50ml（110℃，灭菌 10min）
　　蒸馏水　　930ml（121℃，灭菌 20min）

使用前将各组分充分混匀。

③50×VB 盐：

组分：硫酸镁（$MgSO_4 \cdot 7H_2O$）　　10g
　　柠檬酸（$C_6H_8O_7 \cdot H_2O$）　　100g
　　磷酸氢二钾（K_2HPO_4）　　500g
　　磷酸氢铵钠（$NaNH_4HPO_4$）　　175g

将 670ml 蒸馏水放入 2L 的大烧杯中，在磁力搅拌器上加热到 45℃，按上述顺序加各种组分，要求在一种溶解之后再加后一种，待完全溶解后加水至 1000ml。分装后，121℃灭菌 20min。冷却后置 4℃冰箱备用。

④含有少量组氨酸-生物素的基本培养基（致突变试验用）：

组分：基本葡萄糖培养基　　100ml
　　0.5mmol/L 组氨酸-生物素　　10ml

临用前充分混匀。

⑤0.5mmol/L 组氨酸-生物素添液（致突变分析用）：

组分：D-生物素（分子量 247.3）　　30.9mg
　　L-组氨酸 HCl（分子量 197.1）　　24mg
　　蒸馏水　　250ml

生物素需加热才能充分溶解。配好的溶液在 121℃，灭菌 20min。

制备 S-9 液的各种配方见本章一（一）5（3）。

8. 数据与报告

（1）数据处理

①相应的发光值可按表 5-4-7 记录。

表 5-4-7　各管的发光值（mV，或 pm，脉冲数）

平行管	空白对照	溶剂对照	试样 1	2	3	4	5
1							
2							
3							
4							
5							
6							
7							
8							
平均值							

②作剂量与发光强度关系曲线图：对上述平均值，依发光值为纵坐标，试样五个浓度为横坐标，作出曲线，从而可以判断是否存在量效关系。

（2）结果评价

①量效关系评价：Ames 试验规定，同一受试物有三个以上浓度引起的回变菌落数对空白对照有明显增加，且存在量效关系，即可判定受试物为阳性。依此为据，本方法规定：若受试物有三个以上浓度的平均发光值显著大于空白对照组（添加 S-9 的试验以溶剂组发光值对照），且存在量效关系，可判定该受试物为阳性。明确地说，按 Ames 法的回变率计算：

$$回复突变率(MR)=\frac{诱变菌落平均数/皿(R_t)}{自发回变菌落平均数/皿(R_c)} \quad 当MR>2，阳性$$

本方法依据发光值与菌数呈正比的原理，将发光值代替上式中的菌落数，计算 MR 值：

$$回复突变率(MR)=\frac{样品发光平均值}{空白对照(或溶剂对照)发光平均值} \quad 当MR>2，阳性$$

同时也应按 Ames 试验之原则，用已知诱变剂作为阳性对照。只有在用已知诱变剂作为阳性对照的结果确为阳性时，试验的结果才能认定有效，否则应重新试验。

②试样的毒性判断：若加入受试物的反应是在某浓度以上时发光值与对照相比明显减少，表明受试物在该浓度时有毒性。为此可以减小试验样品的浓度，直到无毒性反应为止。也可由此判断受试物在什么浓度时出现毒性反应。

（3）结果报告

①样品名称。

②采样地点、日期、时间。

③溶剂名称，浓度。

④试验结果：

空白对照发光值

溶剂对照发光值

样品五个浓度的发光值，相应的 MR 值。

⑤结论：阳性或阴性。

⑥测定人。

⑦报告日期。

二、姐妹染色单体交换（SCE）试验（C）

SCE 是化学毒物引起的一种细胞遗传损伤。主要反映受试物导致染色体同源位点上 DNA 复制产物互换频率的改变，SCE 频率可反映细胞在 S 期 DNA 受损程度。

1. 样品的采集与保存

根据检测目的和采样常规选点，采集水样，每点 50～100L，最好在现场初步处理水样。先用普通滤纸或多层纱布将粗泥砂过滤掉，用树脂吸附富集有机致突变物，以减少采样的重量，然后再运回实验室进一步处理。其他化学污染物，必须了解其主要成分、物态、溶解度和 pH 等。

2. 样品预处理

水样用 XAD-2 树脂吸附有机物，以 30～40ml/min 速度过柱，用丙酮或乙醚洗脱，丙酮先与树脂平衡 30min，再以 1～2ml/min 收集洗脱液，在 60℃氮气流浓缩至干，用二甲亚砜定容，存 4℃冰箱备用。

3. 受试生物物种与材料

目前对化学物质和环境污染物遗传毒性监测，最常用的高等动物细胞有中国仓鼠肺成纤维细胞系（CHL、V79）、中国仓鼠卵巢细胞系（CHO）和人体淋巴细胞等。使用培养细胞检测的优点在于：首先，实验条件容易掌握（如给受试物的量、时间和重复实验等）；其次，细胞分裂周期一致，染色体数目和形状易观察，可得到较多的染色体中期分裂相；另外，细胞株可长期保存，使用时可随时复苏，非常方便。应用最多的培养细胞有 CHL、CHO、V79 细胞株。仓鼠染色体数目少（$2N$=24，或 $2n$=24+1）、个大，在镜下易分辨。用人淋巴细胞的优点是实验结果不用外推，直接反映了对人体的影响。进行整体实验选择较多的物种是小白鼠，代表整体对毒物的反应，实验设备和用药品数量相对少，可节省费用。

4. 试验程序

（1）哺乳动物培养细胞（CHL）SCE 测试法

1）仪器设备：细胞培养首先需要有良好的无菌操作间。室内密封性良好，经消毒杀菌后可长时间维持洁净无菌。如无过滤灭菌空气送入式无菌间，用一般无菌室并配有超净工作台也可完成工作。

①恒温培养箱：使用 CO_2 孵育箱比较理想，保持 5% CO_2 浓度可维持培养液稳定的 pH；如条件不允许，用普通隔水式恒温箱也可满足要求，温度维持在 37℃±0.5℃，将培养瓶塞塞紧，可维持细胞培养所需的 pH。

②电热干燥箱：用于烘干玻璃器皿和干热消毒。干热消毒温度要求达 160℃，2h 以上。

③超净工作台：最好选择双侧可操作式、空间较大型的，便于双人对坐操作。

④冰箱：普通冰箱，供经常使用的试剂、药品、培养液等冷藏用；－20℃低温冰箱，供批量贮存血清、试剂、培养液等用。

⑤天平：普通天平、分析天平、电子分析天平等，供称量药物、试剂等用。

⑥显微镜：普通光学显微镜、倒置显微镜、照相显微镜等。前两者必备。

⑦离心机：普通离心机，用于细胞悬液离心，最大转速 4000r/min 即可；小型台式离心机，供细胞复苏时离心用；高速离心机，制备 S9 用。

⑧高压消毒锅：小型手提式加热式。供各种不适于干热消毒的制品消毒用，如橡胶制品、塑料制品、针头和试剂等。

⑨水纯化装置：可根据各实验室使用水量大小而选购不同型号的纯化水装置。实验用水多用双蒸以上的蒸馏水。

⑩抽滤装置：用于不能加热消毒的培养液、试剂和小牛血清等除菌时用。玻璃细菌滤器，一般用 G6 漏斗抽滤。此滤器清洗、消毒、灭菌等操作较麻烦。目前使用金属滤器较

多，可选用不同孔径滤膜加压过滤。滤器的清洗消毒较方便。滤膜为一次性用品。

⑪酸度计：用于测定各种溶液的 pH。

⑫电磁加热搅拌器：配制难溶试剂时加温、搅拌用。

⑬超声波洗涤机：洗涤器皿用。

⑭水浴锅：用于小牛血清灭活和染片等。

⑮紫外灯或黑光灯：30W 紫外灯，或两个 20W 黑光灯，供 SCE 染片时用。

⑯CO_2 钢瓶：供应 CO_2 孵育箱用。

⑰加样器：5、2、1、0.5、0.2、0.1ml 等，用于加受试物、消化液、青霉素、链霉素等用。

2）器材：细胞培养需用大量器材，品种与数量都要充分。按正在使用、正在清洗、已清洗好备消毒、已消毒好备用等进行分类管理。玻璃制品的质量要求严格。除厚薄均匀、透明度好外，还要求是中性玻璃，尤其培养瓶质量要求很高，否则细胞不贴壁生长。

①试剂瓶：500、250、100、50、10ml 等各若干个。输液瓶亦可用于贮存试剂，因其有刻度，瓶塞紧，很好用。

②培养瓶：一般常用 25ml 玻璃制品，也可用培养皿和培养板。

③容量瓶：1000、500、250、100、50ml 等，供配试剂用。

④量筒：500、250、100、50、20ml 等，配试剂用。

⑤烧杯：500、250、100、50ml 等。

⑥离心管：10ml 刻度离心管，需用量较多。

⑦三角瓶：250、100、50ml 等，配营养液用。

⑧吸管：10、5、2、1ml 等，移液用，需用量多。

⑨滴管：无刻度，移液和吹打混悬液体用，需用量多。

⑩金属盒（饭盒）：分装培养瓶、小试剂瓶、针头、滴管、胶塞等物品消毒、染色时用。

⑪其他：抽滤装置，G5、G6 砂芯漏斗，注射器，冻存管，酒精灯，吸头，橡皮吸球，试管架，橡皮塞，凉片架，凉片板，血球计数板，滤膜，滤纸，pH 试纸，记号笔，平皿，工作服，口罩，帽子，拖鞋等。

3）试剂配制：

①培养液：目前对化学物质和环境污染物遗传毒性监测，最常用的细胞株有 CHL、CHO、V79 等，此类细胞用 Eagle、MEM、RPMI-1640 和 F-12 等培养基均可得满意结果，可按各培养基说明书配制。现介绍用 RPMI-1640（Sigma 公司出品）配制方法。RPMI-1640（Sigma 公司出品）纸袋封装，每袋 10.4g，加 Hepes 3g ，加 $NaHCO_3$ 2g ，溶于 1000ml 二次蒸馏水中，或按比例缩减，无菌过滤，分装于 2～3 个试剂瓶中，密封，置－20℃冰箱保存，可用半年。用时取出存 4℃冰箱，可用 2 周。

全培养液配制比例：RPMI-1640 9 份，小牛血清 1 份，青霉素 100 单位/ml 培养液，链霉素 100μg/ml 培养液，调 pH 7.0～7.2 即可。人淋巴细胞培养时，需加入肝素、植物凝集素（PHA）。

②消化液：

a. 0.25%胰蛋白酶：称取活性为 1∶250 的胰蛋白酶粉剂 0.25g，另准备 D-Hanks 工作液 100ml。先用半量 D-Hanks 工作液于烧杯，在控温磁力搅拌器上搅拌约 1～2h 使溶解，温度不超过 36℃。再将剩余的 D-Hanks 工作液全部加入，用 $NaHCO_3$ 调 pH 至 7.2，然后，除菌过滤，分装于青霉素小瓶中，密封，置－20℃冰箱保存。

b. 0.5%胰酶-0.02% EDTA 平衡盐溶液：称 1g 活性为 1∶250 胰酶，溶于 200ml 无菌的 0.02% EDTA 平衡盐溶液，在室温下溶解 4h 或 4℃过夜，用 5% $NaHCO_3$ 调 pH 至 7.2，分装于青霉素小瓶，－20℃冻存。

③D-Hanks 液：D-Hanks 原液，分别称取 NaCl 80.0g，$Na_2HPO_4 \cdot 2H_2O$ 0.6g，KH_2PO_4 0.6g，$NaHCO_3$ 3.5g，加二次蒸馏水溶解至 1000ml。配制时要注意按顺序逐一加入上述试剂，应等前一种试剂完全溶解后再加下一种试剂。原液配好后分装于 500ml 或 250ml 试剂瓶中，8pdl/in²* 15min 高压灭菌，冷后置普通冰箱保存。用时取 D-Hanks 原液 100ml，加三次蒸馏水 896ml，再加 0.5%的酚红液 4ml，混匀即成，存 4℃冰箱。

④0.02%EDTA 平衡盐溶液：称 EDTA 0.2g，NaCl 8.0g，KCl 0.2g，$Na_2HPO_4 \cdot 12H_2O$ 2.89g，KH_2PO_4 0.2g，葡萄糖 0.2g 溶于 1000ml 二次蒸馏水中，高压灭菌，用 $NaHCO_3$ 调 pH 为 7.2。

⑤0.5%酚红溶液：称 0.5g 酚红粉，置干燥研钵中研磨均匀，边磨边加入 0.1mol/L NaOH 12ml，使之完全溶解，然后加二次蒸馏水至 100ml，4℃冰箱保存。

⑥细胞冻存液：在含 20%～30%小牛血清的 1640 培养液中，加入二甲亚砜，使其终浓度为 10%（或加入丙三醇并使终浓度为 5%）。

⑦抗菌素：

a. 青霉素：取 80 万单位青霉素一瓶，注入 8ml 生理盐水，分装于灭菌小塑料带盖离心管中，－20℃冰箱保存。

b. 链霉素：取 100 万单位链霉素一瓶，注入 10ml 生理盐水，分装于灭菌小塑料带盖离心管中，－20℃冰箱保存。

⑧小牛血清或胎牛血清：是细胞培养时必不可少的营养物和刺激因子，采购时需选择新鲜出品，外观清澈、微黄，用前须置 56℃水浴，30min 灭活。无菌过滤（血清质量很好时，可免除），然后分装于青霉素小瓶（避免反复冻融，影响血清质量）密封，置－20℃冰箱保存。

⑨S-9 混合液：S-9 1ml，NADP（氧化型辅酶Ⅱ）33.8mg，G-6-P-Na（6 磷酸葡萄糖）14.1mg，1.65mol/L KCl 和 0.4mol/L $MgCl_2$ 混合液 0.2ml，0.2mol/L 磷酸缓冲液 5ml，无菌二次蒸馏水 3.8ml，混合得 10ml S-9 混合液。现用现配，其加量不得超过培养液的 10%。

⑩碳酸氢钠溶液：用于调 pH，可配 10%、5%溶液，用二次蒸馏水溶解，高压灭菌，8pdl/in² 15min，密封存于 4℃冰箱，用过后再用时必须重新灭菌，或买市售安瓿装品。

⑪秋水仙碱：一种抑制纺锤体的生物碱，起到积累更多染色体中期分裂相的作用，通常培养液中含 0.2μg/ml 即可达很好效果。秋水仙碱毒性强烈，可长期保存。称 10mg 秋水仙碱溶于 100ml 灭菌生理盐水，得 0.01%浓缩液。4℃冰箱避光保存（最好用黑纸包好瓶子）。用时再按 1∶10 稀释。

⑫低渗液：低渗处理为使细胞膨账，核膜破裂，染色体适度分散而易观察。一般用 0.075mol KCl 溶液。称 5.59g KCl，溶于 1000ml 蒸馏水中。室温保存。

---

*1pdl/in²=2.14296×10^2Pa。

⑬细胞固定液：起固定细胞表面，防止细胞粘连成团作用。常用甲醇和冰乙酸混合液，按 3∶1 比例配制。需现用现配，配好的液体不应超过 1h，因为混合液易挥发，影响固定效果。

⑭5-溴脱氧尿苷（BrdU）溶液：用无菌青霉素小瓶称 BrdU 4mg，加入无菌生理盐水 4ml，用黑纸包瓶（避光），置 4℃冰箱保存。

⑮2×SSC 液：称 17.53g NaCl，8.82g 柠檬酸钠（$Na_3C_6H_7 \cdot 2HO_2$），溶于 1000ml 蒸馏水中。

⑯Hoechst-33258 液。

⑰磷酸缓冲液（PBS）：

a. 称取 9.47g Na_2HPO_4 溶于 1000ml 蒸馏水。

b. 称 9.08g KH_2PO_4 溶于 1000ml 蒸馏水。根据不同的 pH 需要，用时 a、b 液按不同比例配制。

⑱Giemsa 染液：取 Giemsa 染料 1g，放研钵中，加甘油少许研磨，边研边加甘油，共加 66ml，置 60℃温箱中保温 90min，冷却后加 66ml 甲醇（也可按比例一次多配，供长期使用），混匀后于室温静置 1～2 周，过滤，用棕色瓶贮存备用。临用时磷酸缓冲液稀释至所需浓度。

4）染毒：环境水样或化学污染物进行 SCE 监测试验之前，须经过样品处理，使成为固体样品。然后，需确定是否为水溶性的。如是水溶性的物质，可用灭菌生理盐水溶解；如是非水溶性物质，可用灭菌二甲亚砜（DMSO）溶解。受试物在培养基中的浓度最高不得超过 5mg/ml。受试物浓度一般以能抑制 50%的细胞生长浓度为最高浓度；或以抑制细胞有丝分裂指数减低 50%为指标，因抑制有丝分裂也是物质毒性的一种表现。然后以倍比稀释法或数量级递减稀释。确定受试物最高浓度，应多设几个剂量组，作细胞存活曲线，求出细胞存活一半时受试物的浓度，以免需多次实验确定。

确定染毒剂量方法：

a. 以细胞生长克隆数作细胞存活曲线求 IC_{50}。先用培养基稀释细胞悬液为 1000 个/ml 左右，每培养瓶加 0.5ml 细胞悬液，再加 2.4ml 培养基，混匀后置 37℃恒温箱培养，至细胞贴壁后染毒。将稀释好的受试物每瓶加 0.1ml，应设 7～10 个浓度组，覆盖三个数量级，每个浓度组设三个平行样，染毒 24h，去掉培养液，再换新鲜培养液 3ml，继续培养 4～7d，使形成克隆。去掉培养液，加甲醇 0.5ml 固定 10～15min，Giemsa 染色，数克隆数。以空白对照克隆数为 100%，各剂量组克隆数除以空白组克隆数，得各剂量组克隆百分数。纵坐标为各剂量组克隆百分数，横坐标为受试物浓度，绘制细胞存活曲线，求出 IC_{50} 的浓度。

b. 活细胞计数法求 IC_{50}。准备好接种细胞数一致、每瓶含培养液 2.9ml、已培养到细胞指数生长期的培养瓶若干瓶，加入已溶解好的不同浓度的受试物 0.1ml，混匀后置 37℃恒温箱培养。每种浓度需三个平行样，并设空白对照。继续培养 24h。倾去全部培养液，消化瓶壁细胞，加入定量培养液稀释并混匀为细胞悬液。取部分细胞悬液，按 9∶1 比例加入 0.4%台酚蓝染液。静置 2～3min，取细胞悬液滴在血球计数板盖玻片边缘，使液体充满计数板，但不能有气泡或过多液体使盖片漂浮。如操作不成功，可以重做。然后在显微镜下计四个角大方格中的活细胞数。活细胞不着色。如有压线细胞，计右侧和上线的，不计左侧和下线的。每个样品应重复计数一次，取平均值。细胞计数公式：

$$细胞数/ml=\frac{4大格细胞总数}{4}\times 10^4\times 稀释倍数$$

分别求出每种浓度活存细胞数后，在半对数坐标纸上作图。以活存细胞数作纵坐标，受试物浓度作横坐标，绘出细胞存活曲线，求出受试物半数抑制浓度。以 IC_{50} 为最高剂量组，中剂量组可以倍数关系递减，使结果呈一定剂量关系为原则。

5）实验步骤：染毒剂量确定后，可进行正式实验。先设计分组，要设对照组（空白对照、溶剂对照、阳性对照等），实验组数根据实验目的设置。每组至少设两个平行样。将繁殖有足够数量、处于指数分裂期、贴壁生长良好的的CHL细胞，消化后用全培养液制成均匀一致的细胞悬液，每瓶加入量根据稀释细胞数而定，每瓶约 5×10^5 个/ml 或 1×10^6 个/ml 等量的细胞悬液，然后加入全培养基使总量为3.0ml。置37℃恒温箱培养，约24~48h，观察细胞贴壁呈指数生长期。换不含血清的培养液每瓶2.9ml，加入配制好的不同浓度的受检物、阴性、阳性对照物，使25ml培养瓶中培养液总量为3.0ml，混匀，置恒温箱培养染毒1~2h；加活化剂S9时，换不含血清的培养液每瓶2.6ml，加入配制好的不同浓度的受试物、阴性、阳性对照物各0.1ml，加配置好的S9活化剂0.3ml，使25ml培养瓶中培养液总量为3.0ml，混匀，置恒温箱培养染毒1～2h。去除含受试物的培养液，用Hanks液洗一遍细胞后，加入含BrdU（10μg/ml培养液）的完全培养液避光培养。如用普通温箱，则将瓶塞塞紧，如用 CO_2 孵育箱则瓶盖要松，以使 CO_2 能调节培养液的pH。继续培养两个细胞周期（24～28h，CHL细胞周期为12～14h）。在终止培养前2h，按0.02μg/ml（培养液）加入秋水仙碱，终止培养时倒掉培养液，消化收获细胞，制片。

染色体片制备：

将培养到期的培养基全部倒入事先已编号的离心管中，向每瓶细胞中加入消化液0.5ml，放置2～3min（视室温而定时间长短），使细胞全部脱落。再用原培养液将细胞转入离心管，并轻轻将细胞打成混悬液。以1000r/min离心5min，弃去培养液。每管加0.075mol/L KCl低渗液5ml，置37℃温箱15min。缓慢加入1ml新配置好的固定液（甲醇：冰乙酸=3：1），轻轻混匀。以1000r/min离心5min。弃去上清液，加固定液4ml混匀，固定20min。以1000r/min离心5min，至少固定二次，弃去上清液。加0.1～0.2ml新固定液，充分混匀制成清澈的细胞悬液。滴2～4滴于清洁、冰冻的玻片上，置凉片板上空气干燥。每一样品需制2～3片。

6）分化染色：在细胞的DNA合成过程中，BrdU能作为核苷酸前体物替代胸腺嘧啶核苷（TdR）掺入到新合成的核苷酸链中。所以，当细胞在含有BrdU的培养液中经历第一次分裂时，形成的中期染色体中两条姐妹染色单体的DNA双链的化学组成就产生了差别。其中一条DNA链中的TdR的位置被BrdU代替，而另一条DNA链中的TdR未被代替。此时，当用Giemsa染色时，两条染色体着色程度一致都被深染。而当细胞经历了两个细胞周期之后，中期染色体的DNA双链在化学组成上有了进一步的差别，其中一条染色单体的双链中都含有BrdU；而另一条单体中，仅有一条链含有BrdU。双股DNA链都含有BrdU的染色单体，当用热盐溶液处理或受到光的照射后易被水解，降低了与荧光染料或Giemsa染料的亲和力，从而着色浅，造成了两条染色单体染色深浅的不同。SCE分化染色法可采用以下几种：

a. Hoechst 33258黑光灯法：将老化3～7d的染色体标本依次浸入0.14mol/L NaCl，

0.004mol/L KCl 和 0.01mol/L 磷酸缓冲液（pH 7.0）中各 5min。浸入用 0.01mol/L 磷酸缓冲液配制成的 1μg/ml Hoechst 33258 荧光染料中 20min。用磷酸缓冲液洗两次，每次 5min。取一金属盒放在 50℃的水浴箱支架上，将染色体标本平放在一金属盒的小玻璃架上，细胞面向上，盒盖中放入 2×SSC 溶液，使液体刚覆盖标本，同时用二只并列的黑光灯照射标本 40min，灯管距标本 3～5cm。在照射期间随时加 2×SSC 液，保证照射期间标本不干。照后将标本浸入二次蒸馏水洗两次，每次 5min。用 2.5% Giemsa 染色 5～10min（染色时间与气温有关，室温高，染色时间短，反之，时间长）。然后在自来水流下冲洗，空气中干燥，镜下看染色效果。

b. 热磷酸二氢钠加 Giemsa 染色法：将制备好的染色体标本老化 3～7d 后，放入 70～80℃烤箱中烤 1～2h，将标本浸入 83～88℃ 1mol/L NaH_2PO_4（pH8.0）溶液中处理 15～20min，用温蒸馏水冲洗三次，再用普通蒸馏水冲洗标本至干净，用 2%Giemsa 染色 20min，自来水冲去染料，空气中干燥，备镜检。

c. 紫外灯照射 Giemsa 染色法：在恒温水浴箱内放一金属盒，内含 2×SSC 溶液，调水箱温度，使 2×SSC 溶液达 50℃，然后，在金属盒内放一铁丝架或玻璃架，其高度以 2×SSC 溶液不超过架子为宜。将染色体标本平放在架子上，并向表面滴加 2×SSC 溶液，然后盖上一张擦镜纸，使纸的两端浸在 2×SSC 溶液中，在水浴箱上面放一带罩的紫外灯，与标本垂直，距离为 6cm，照射 15～20min（紫外灯外面需用黑纸或黑塑料布覆盖，操作者需带墨镜），用蒸馏水冲去擦镜纸及玻片上的 2×SSC 液，用稀释为 2%的 Giemsa（pH=6.8）染液染色 10～20min，自来水冲洗，蒸馏水冲洗，空气中干燥，备镜检。

7）镜检记录：选择细胞轮廓完整、染色体铺展良好、区分染色好、含有二倍体的细胞观察计数。体外实验，每实验点观察记录 25～50 个中期分裂相的 SCE；体内实验，平均每只动物观察记录 20～50 个中期分裂相的 SCE。记录的标准是：凡在染色单体端部出现交换计为一个 SCE，在染色单体中间出现的交换计为两个 SCE。凡在着丝点部位出现交换计为一次交换，但必须区分不是两条染色单体在着丝点部位发生扭转。大多数 SCE 的记录困难不大，但在以下情况有时难以分辨：

①分化染色反差过强或过弱带来的变异。

②邻近着丝点扭转 180 度。

③有的染色体一条染色单体上带有暗的端区，但另一条染色单体上不带可分辨的浅色区。

④多重而间隔很近的 SCE 的观察计数较困难。在观察分析时注意区分，积累经验则能克服。

（2）人外周血淋巴细胞 SCE 测试法

人淋巴细胞 SCE 测试法所用仪器、器材和试剂，与哺乳动物培养细胞（CHL）SCE 测试法基本相同，无须再另作更多实验筹备工作。人淋巴细胞可在血站购买，也可选健康年轻的提供者，用时现抽静脉血。试剂需另配制：

①肝素：起抗凝作用。取注射用肝素一支，用无菌的生理盐水配成 500μg/ml 溶液。

②PHA：人淋巴细胞在外周血中是 G_0 期，PHA 可刺激细胞进入细胞周期。PHA 可购市销安瓿装的，用无菌生理盐水配制成 10mg/ml，现用现配。也可用菜豆自制，无菌过滤，冰冻保存。

实验步骤：由静脉采血 5ml，放入含有 0.2ml 肝素的瓶内，混匀待用。在无菌间配制培养液，其比例关系如下：RPMI1640 9ml，小牛血清 1ml，PHA 0.05ml，青链霉素（100U/ml，100μg/ml），BrdU（按最终浓度为 10μg/ml），调 pH 为 7.2。BrdU 也可在培养 24h 后再加入（加入 BrdU 后需避光培养）。将配制好的培养液分装在消毒过的培养小瓶中（可用容量为 10～15ml 的青霉素小瓶），每瓶 1.7～2ml（可按瓶容量而定），每瓶加静脉血 0.1～0.2ml（可按瓶容量而定，但每瓶血量应一致），于 37℃恒温箱培养 72h。细胞收获前 4h 加秋水仙素，细胞收获、制片、分化染色与 CHL 培养细胞相同。染毒：可在培养开始时加入，也可在培养 24～30h 时加入受试物（即第一个 S 期）；需活化的化学污染物，淋巴细胞本身有一定水平的微粒体活化及灭活功能，但如需要也可用 S9 混合液联合使用。通常是培养 48h，离心弃培养液，加入无血清含 S9 及受试物的培养液，让细胞悬浮培养 1h 后，用磷酸缓冲液洗两次，再用含血清的新鲜培养液继续培养，其他步骤同前。

（3）小鼠整体 SCE 测试法

整体动物实验无需细胞培养实验条件，无需进行活化实验，但需动物饲养条件。整体实验需用的 BrdU 量大，一方面由于掺入的细胞量多，另一方面 BrdU 在体内很快被肝脏分解，如果是水溶性的，需多次注射，很不方便。因而，后改制成缓释剂，包埋在小鼠的皮下，每只需用 8～10mg BrdU。选 18～22g 体重的小鼠，每组 3～5 只，动物染毒与一般动物实验类同。将 BrdU 缓释片包埋在小鼠皮下，24～30h 后，处死动物，剥离股骨，用酒精纱布揩去肌肉，剪去股骨头，用 1 号针头在股骨另一端扎一孔，用注射器吸取 0.5ml 2%柠檬酸钠，将股骨内的骨髓冲洗出来，可反复冲洗 2～3 次，然后离心去柠檬酸钠液，再低渗、固定、制片，分化染色等均同前。

5. 质量保证与质量控制

①严格控制实验条件（包括实验仪器、器材、试剂、受试生物品系或物种的质量等）。

②严格按实验程序操作。

③设置阴性、阳性对照组，阴性对照结果不出现超出以往的交换率；阳性对照组结果应出现较高的交换率，则说明本次实验成功。如果出现反常情况，则应舍弃本次实验结果，寻找原因，进行重复实验。质量控制应设以下质量控制组：阴性对照：设空白对照（不加任何受试物，只有培养基）；溶剂对照（只加受试物等量溶剂，不加受试物）。阳性对照：非活化阳性物，一般用丝裂霉素 C；活化阳性物，一般用环磷酰胺。

6. 数据与报告

①数据处理：以细胞为观察单位计算出每组的平均 SCE 数及标准差。然后以实验组的数据与对照组数据用单界限 t 检验进行统计分析。

②结果评价：检测组 SCE 均值超过空白对照组或溶剂对照组的 2 倍，即相当于对照组的 3 倍者为强阳性；检测组 SCE 值超过空白对照组或溶剂对照组的 1 倍，即相当于对照组的 2 倍者为阳性；检测组 SCE 值与空白对照组或溶剂对照组比较，其结果有统计意义，$P<0.005$，但未达到上述阳性判断标准者，可判为可疑阳性，或弱 SCE 诱变作用。

③结果报告：应包括：污染物采样情况，样品处理，溶剂理化性质，受试物的配制方法，采用的受试物物种或材料的来源。培养方法或生长条件，阳性对照物的选择及制备，空白或溶

剂对照的设置。代谢活化系统在实验中使用情况。试验程序，受试物接触持续时间，实验结果，统计处理方法，结果评价。实验开始、结束时间，实验室名称，实验负责人姓名。

三、植物微核试验

（一）紫露草微核试验（B）

紫露草微核试验（Tradescantia-micronucleu-test）是 1978 年由美国马德修教授创立的致突变物检测方法，该检测方法已得到国际公认。由于紫露草微核试验具有快速（监测结果可在 24h 至 48h 内得出）、简便、经济、有效等优点，已在地表水、地下水、饮用水源水、饮用水、工业废水、海水、大气、土壤、农药、食品、食品添加剂、放射性污染监测等方面得到了广泛应用。

1. 原理

生物细胞中的染色体在复制过程中常会发生一些断裂，在正常情况下，这些断裂绝大多数能自己愈合。如果生物细胞在早期减数分裂过程中受到辐射或环境中其他诱变因子的作用而引起的染色体断片，由于缺少了着丝点而不能受纺锤丝索动移到细胞两极而游离在细胞质中，当新细胞形成时，这些断片就形成了大小不等的微核，分布在主核的周围。紫露草微核技术选用了对辐射和诱变反应十分敏感、花粉母细胞在减数分裂时具有高度的同步性、自然本底微核率较低（一般为 5%～9%）、微核形成过程较短的美国沼泽紫露草 3 号（*Tradescantia paludosa* #03）作为试验材料，把在减数分裂过程中花粉母细胞的染色体作为诱变因子的攻击目标，将早期四分体中形成的微核作为观察终点，把从大量早期四分体中得到的微核率作为染色体受到损伤的指标，进而评价环境中致突变物对真核生物细胞中染色体的损伤程度。

2. 水样的采集与保存

用于微核试验的水样如不能及时进行检测，应置于约 4℃的冰箱中保存。

3. 主要器材和试剂

（1）主要器材

①显微镜、载玻片、盖玻片、手术剪、解剖针、解剖刀、镊子、酒精灯等。载玻片和盖玻片一定要清洁。

②人工光源：日光灯架，架高约 50cm，光源为两支并列的 40W 日光灯。

③无毒塑料薄膜或直径为 10cm 左右的带孔薄塑料板。

④血球分类计数器。

⑤曝气鱼泵（供充氧用）。

⑥温度计。

⑦电冰箱。

（2）试剂

①卡诺氏液：由三份无水乙醇和一份冰乙酸混合而成，固定液现用现配。

②70%乙醇。

③1mol/L HCl。

④1mol/L NaOH。

⑤1%乙酸洋红：将 50ml 45%冰乙酸水溶液盛入 150ml 三角瓶中，徐徐投入 0.5g 洋红粉末，文火煮沸 1～2h。为增加染色效果，可在溶液中悬一小铁钉煮几分钟，使染色液含少许铁离子，或待溶液冷却后加入 1～2 滴乙酸铁溶液，将过滤后的染色液装于棕色滴瓶中备用。

⑥二甲基亚砜（DMSO）。

4. 受试生物材料

美国沼泽紫露草 3 号。它对辐射和诱变反应十分敏感，花粉母细胞在减数分裂时高度同步，自然本底微核率较低（一般为 5%～9%），微核形成过程时间较短，栽培方便，取材容易（在适宜的生长条件下，可全年开花）。通过营养繁殖和复壮，可保证品种的同一性。

紫露草的栽培与管理见附件。

5. 试验步骤

（1）选择花序

按每个处理组至少 15 个花序计算，随机采摘一定数量的紫露草花枝，每个花枝应有 10 个以上的花蕾，顶端开第一朵花，花枝带有两片叶子，花枝长 6～8cm。暂插入盛有自来水的容器中备用。

（2）调整酸碱度（pH）

用 1mol/L HCl 或 1mol/L NaOH 溶液调节水样的 pH 至 5.5～8.5。

（3）处理

将过滤后的水样分别盛入已编号的 500ml 烧杯中。烧杯上加盖带孔的塑料薄膜或薄塑料板，每个处理组和对照组各插入 15 个花枝。用蒸馏水或自来水作阴性对照，在人工光源下连续处理 6h。每个水样应做平行试验。由于紫露草只能检测水溶性的诱变剂，因此，欲检测非水溶性诱变剂，可先用二甲基亚砜溶解，经自来水稀释后再进行试验，同时做二甲基亚砜的空白试验。如果水样污染物浓度较高，可用自来水作适当稀释；如果水样是海水，可用自来水稀释 50%后再进行处理。水源水、生活饮用水或污染物浓度较低的水样，可适当延长处理时间。

（4）恢复培养

将水样倒掉，用自来水将处理组紫露草花梗冲洗干净，再在烧杯中换上自来水，在人工光照下做连续 24～30h 的恢复培养。

（5）固定及保存

将恢复培养后的花枝，去掉叶子和花梗，把花序放入新配制的卡诺氏液中固定 24h，再将花序移入 70%乙醇中，即可制片观察。也可将固定后的花序置 4℃左右冰箱中长期保存，但每月需更换 70%乙醇一次。

（6）压片及微核观察

取出一个固定好的花序，置干净的玻璃板上（15cm×15cm），用解剖刀把花序从中纵剖成两部分。选择一个适龄的花蕾（一般在中下部），用解剖针或尖镊子刺破花蕾，剥出花药，滴一滴乙酸洋红，并稍加压挤，置 100 倍显微镜下观察。若绝大部分是早期四分体，则充分捣碎花药，让更多的四分体释放出来，弃去载玻片上的杂质，小心盖上盖玻片，置酒精灯火焰上来回微热 3～4 次，然后把玻片放在清洁的吸水纸下，用手轻压盖玻片，使四分体分散，并将载玻片置显微镜下观察计数。如果染色过深，可在盖玻片的一端滴一二滴 45%冰乙酸，然后用一条吸水纸在另一端将冰乙酸吸引过去，稍加褪色；如果染色过浅，可在盖玻片的一端再滴一滴乙酸洋红。

将制好的片子置 400 倍显微镜下镜检。从玻片的一端逐渐移到另一端，随机计数四分体数和微核数，每张片子至少观察 300 个四分体，分别统计出含有一、二、三……个微核和无微核的四分体数，将观察结果填入表 5-4-8 中。每个处理组和对照组至少观察五张片子。

镜检片可用石蜡-蜂蜡混合剂（石蜡二份和蜂蜡一份融成）将盖片四周封住，置 4℃左右冰箱中短期保存。欲长期保存，可做成永久制片。

表 5-4-8　紫露草微核试验记录

水样名称：　　　　　　采集地：　　　　　　固定日期：　　　　　　编号：

片号	项目	微核分布										合计	微核率（%）
		0	1	2	3	4	5	6	7	8	9		
1	四分体数												
	微核数												
2	四分体数												
	微核数												
3	四分体数												
	微核数												
4	四分体数												
	微核数												
5	四分体数												
	微核数												
6	四分体数												
	微核数												
平均微核率（%）								标准差					
备　注													

镜检日期：　　　　　　　　　　镜检者：

6. 质量控制

1）供试紫露草花序应生长良好且无病虫害，本底微核率应小于 10%。

2）采集的水样应及时检测，否则应将水样置 4℃左右冰箱中保存。检测时应提前将水样从冰箱中取出，待水温升至室温后方可进行试验。

3）供作阴性对照和稀释用的自来水与充氧蒸馏水微核率应无显著性差异，否则采用充氧蒸馏水作阴性对照。

4）严格选择处于早期四分体时期的花蕾压片是试验成功的关键。早期四分体的直径为18～22μm，外具一层不易破裂的包膜，细胞核大而明显（照片5-4-1，左）。适龄花蕾通常出现在第七对或第八对花蕾中，一个花序最多只有一个花蕾处于早期四分体时期，这种含有早期四分体的适龄花蕾在花序中存在的概率一般为30%～50%。

一个早期四分体中的微核从无到数个不等。微核的直径为0.5～3μm，呈圆形或椭圆形（照片5-4-1中），分布在主核周围，着色与主核一致。下述情况的微核不应统计：

①四分体以外的微核；

②由于分裂延缓所造成的特别大的四分体中的微核；

③死亡四分体中的微核（照片5-4-1，右）；

④雄蕊毛、花药壁及花丝细胞中的微核。

5）如果同一试验组的平行试验，平均微核率相差2%以上，应重做试验。

7. 微核统计及污染判断

根据统计学需要，每个处理组和对照组至少要镜检五张片子。每张片子至少统计300个四分体，分别将每个处理组和对照组1500个四分体中的微核数全部加起来，求出平均微核率。

$$平均微核率=\frac{微核总数}{四分体总数}\times 100\%$$

再分别求出每个处理组和对照组的标准偏差和标准误差，用下述平均值差的标准误差公式进行比较：

$$S_d = \sqrt{(SE_t)^2 + (SE_c)^2}$$

式中：S_d——平均值差的标准误差值；

SE_t——处理组的标准误差值；

SE_c——对照组的标准误差值。

当平均值等于或大于平均值差的标准误差两倍时，表示处理组与对照组平均微核率差异显著（$p<0.05$），说明处理组已受到诱变剂污染。

8. 照片

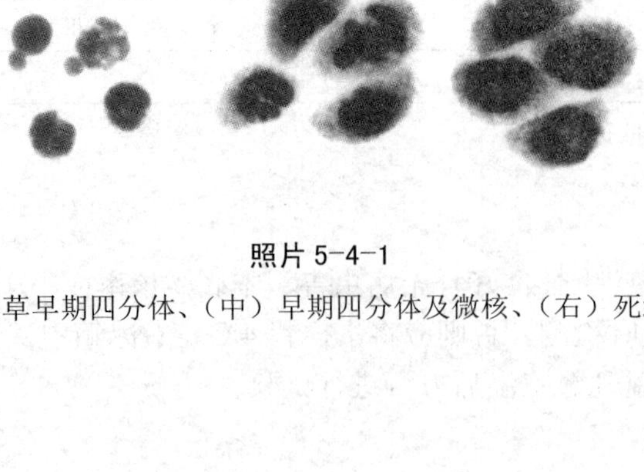

照片 5-4-1

（左）紫露草早期四分体、（中）早期四分体及微核、（右）死细胞及微核

附件

紫露草的栽培与管理

紫露草（*Tradescantia paludosa*）又名沼泽紫露草，系鸭跖草科（*Commelinaceae*）紫鸭跖草属（*Tradescantia*）多年生草本植物。紫露草植株直立，叶线形。花瓣3，蓝紫色，辐射对称。两性花，雄芯6，稀5。子房3室，每室有2胚珠。聚伞状花序，蒴果开裂。染色体$2n$=12。供检测用的材料，采用从美国引种的紫露草3号（*Tradescantia paludosa* #03）。

紫露草是温带长日照植物，宜在温暖、湿润、肥沃、有机质丰富的土壤中生长。生长的最适温度白天为21～26℃，夜间为16℃左右。最适的空气相对湿度为60%～80%，每天要求16～18h日照。如果条件适宜可全年开花，光照不足开花数量少，且不整齐。如果要在日照较短的季节中现蕾开花，需在20～22℃恒温室增加照度为1800lx的人工光源，每天光照16h左右。

紫露草盆栽、地栽均可，最好是地栽。栽培地应避免工业"三废"、农药和放射性物质污染。在栽培管理中施发酵粪肥和饼肥为好，少施化肥；每盆紫露草不宜栽得过多，通常一个直径为16cm的花盆栽15株左右；要适时对紫露草进行整枝，初花和开过的花要及时摘掉；为了保持紫露草遗传性状的稳定性和对诱变剂的敏感性，应采用无性繁殖，不用种子繁殖，每隔1年至2年采用扦插方式进行复壮更新，扦插最好在春季或秋季进行。紫露草对病虫害的抵抗能力较强，很少发生病虫害。由于地栽紫露草面积不大，盆栽紫露草数量不多，一但有病虫害发生，可采取人工拔除和人工捕杀，拔除的病株应就地烧毁。禁施农药和除草剂。为了解决紫露草在城市栽培的用地、光照等问题，紫露草可进行屋顶栽培。紫露草是温带长日照植物，喜温暖，长江以南的地方一般可在室外自然越冬。在北方或海拔较高的地方，冬季应将紫露草移入温室或在塑料棚内。

（二）蚕豆根尖微核试验（B）

蚕豆（*Vicia faba*）根尖细胞的染色体大，DNA含量多，对诱变剂反应敏感。蚕豆根尖微核技术是1982年由Francesca和Ma Te-Hsiu建立的，在环境污染监测和致突变剂检测研究中得到广泛应用。

1. 仪器设备

显微镜、温箱、恒温水浴锅、冰箱、记数器、解剖盘、镊子、解剖针、载玻片、盖玻片、试剂瓶、烧杯等。

2. 受试生物材料

推荐的蚕豆品种为松滋青皮豆，是筛选出的较为敏感的品种。可采用直接购买或引种栽培繁殖的方法。

引种松滋青皮豆时，注意不要与其他蚕豆品种混种，不施用农药和化肥，以保持其较低的本底微核值。种子成熟晒干后，为保证其发芽率，应贮于干燥器内，或用牛皮纸袋装好后，放入4℃冰箱内保存备用。

如果只需对区域性水环境进行监测，也可用其他蚕豆品种。但应注意其来源稳定、可靠。同时注意经常检查其敏感性，以保证监测数据的历史连续性和可比性。

3. 试验程序

（1）试剂配置

①5mol/L HCl。

②卡诺氏液：无水乙醇（或95%乙醇）3 份加冰乙酸 1 份配成。固定根尖时随用随配。

③席夫氏（Schiff）试剂：称 0.5g 碱性品红（Fuchsin Basic）加蒸馏水 100ml，置三角烧瓶中煮沸 5min，并不断搅拌使之溶解。冷却到 58℃时，过滤于深棕色试剂瓶中，待滤液冷至 25℃时再加入 10ml 1mol/L HCl 和 1g 偏重亚硫酸钠（$Na_2S_2O_5$）或偏重亚硫酸钾（$K_2S_2O_5$）充分振荡使其溶解。塞紧瓶口，用黑纸包好，置于暗处至少 24h，检查染色液如透明无色即可使用。此染色液在 4℃冰箱内可保存至少 6 个月左右。如出现沉淀，不可再用。

④SO_2 洗涤液：

贮存液：10%$Na_2S_2O_5$（或 10%$K_2S_2O_5$）溶液；1mol/L HCl。

使用液：现用现配，取上述 10% $Na_2S_2O_5$（或 10% $K_2S_2O_5$）溶液 5ml，加 1mol/L HCl 5ml，再加蒸馏水 100ml 配成。

（2）试验步骤

1）蚕豆浸种催芽：

①浸种：将当年或前一年的松滋青皮豆种子按需要量放入盛有自来水（或蒸馏水）的烧杯中，置于 25℃的温箱内，浸泡 26～30h，此期间至少换水二次，换用的水最好事先置于 25℃的温箱内预温（如室温超过 25℃，即可在室温下进行浸种催芽）。

②催芽：待种子吸胀后，放置在解剖盘（或铝盒）内，用湿纱布覆盖以保持湿度，在 25℃的温箱内催芽 12～30h。待种子初生根露出 2～3mm 时，再选取发芽良好的种子，放入铺满薄层湿脱脂棉的解剖盘（或铝盒）内，仍置入 25℃的温箱内继续催芽，注意保持湿度。再经 36～48h，种子大部分初生根长至 2～3cm，根毛发育良好，即可用于监测受试样品的诱变效应。

2）被监测受试样品液处理根尖：每一处理选取 6～8 粒初生根生长良好、根长一致的种子，放入盛有被测液的培养皿中，让被测液浸泡根尖即可。用自来水（或蒸馏水）处理作对照，方法相同。

处理时间 4～6h，视试验要求和被测液的浓度等情况而定。

3）根尖细胞恢复培养：将处理后的种子，用自来水（或蒸馏水）浸洗三次，每次 2～3min。

洗净后的种子再放入新铺好湿脱脂棉的解剖盘（或铝盒）内，按前述培养条件使根尖细胞恢复固定 22～24h。

④固定根尖细胞：将恢复后的种子，从根尖顶端切下 1cm 长的幼根放入青霉素空瓶中，加卡诺氏固定液 24h。

固定后的幼根如不及时制片，可换入 70%乙醇中，放置 4℃冰箱内保存备用。

5）孚尔根（Feulgen）染色：固定好的幼根，在青霉素瓶中用蒸馏水浸洗二次，每次 5min。

吸净蒸馏水，再加入 5mol/L HCl 将幼根淹没，连瓶放入 28℃水浴锅中水解幼根 25min

左右（视根软化的程度可适当增减时间），至幼根被软化即可。

用蒸馏水浸洗幼根二次，每次 5min。在暗室或遮光的条件下加席夫（Schiff）试剂，每瓶用量以淹没幼根后液面高出 2mm 为宜。

除去染液，用 SO_2 洗涤液浸洗幼根二次，每次 5min。用蒸馏水浸洗 5min。

将幼根放入新换的蒸馏水中，放入 4℃冰箱内保存，供随时制片用。

6）制片：将幼根放在擦净的载玻片上，用解剖针截下 1mm 左右的根尖。滴上少许 45% 的乙酸溶液，用解剖针将根尖捣碎。

加盖一清洁的盖玻片，注意不要有气泡。再在盖玻片上加一小块滤纸，轻轻敲打压片。

7）镜检及微核识别标准：将制片先置于显微镜低倍镜下，找到分生组织区细胞分散均匀、膨大、分裂项较多的部位，再转到高倍镜（物镜 40×）下进行观察。

微核识别的标准：

①大小为主核的 1/3 以下，且与主核分离。

②着色与主核相当或稍浅。

③形态可为圆形、椭圆形、不规则形。

每一处理观察三个根尖，每个根尖计数 1000 个细胞中的微核数。

4. 质量保证与质量控制

①对严重污染的水环境，监测时可能造成根尖死亡，应稀释后再作测试。

②在没有空调等恒温设备的条件下，如室温超过 35℃。微核率本底可能有升高现象，但可采用污染指数法评价，不会影响监测结果。

5. 数据与报告

（1）数据处理

将微核观察记载表上所得数据，按如下步骤进行统计学处理。

①按以下公式计算各测试样品（包括对照组）的微核千分率（MCN‰）：

$$MCN‰=\frac{\text{某测试样点（或对照）观察到的 MCN 数}}{\text{某测试样点（或对照）观察的细胞数}}\times 1000‰$$

②如果受试样品不多，可直接用各样品 MCN 率平均值与对照比较（t 检验），从差异的显著性判断水质污染与否。

③如果受试样品较多，可先用方差分析（F 检验）看各采样点（或各样品）所出现的 MCN 率平均值和对照的差异显著性。如差异显著，还可进行各采样点微核差异显著性的多重比较，看受试样品 MCN 率平均值差异的分组情况，以归纳划分这些不同采样点不同级别的污染程度。

④如采用已筛选出的、又专门隔离栽培、无污染的松滋青皮豆作供试材料，并按规范实验条件（其对照本底 MCN‰为 10‰以下），受试样品污染程度的划分，可不用上述两种统计处理方法，直接采用（2）①的评价标准进行评价。

（2）结果评价

凡数值在上、下限值时，定为上一级污染。

①“MCN‰”判别：当符合（1）④时，可利用 MCN‰按如下标准直接评价：

MCN‰在 10‰以下为基本没有污染；10‰～18‰区间为轻污染；18‰～30‰区间为中污染；30‰以上为重污染。

②“污染指数”判别：此方法可避免因实验条件等因素带来的 MCN‰本底的波动。

$$\text{污染指数（PI）}=\frac{\text{样品实测 MCN‰平均值}}{\text{标准水（对照组）MCN‰平均值}}$$

污染指数在 0～1.5 区间为基本没有污染；1.5～2 区间为轻污染；2～3.5 区间为中污染；3.5 以上为重污染。

（3）结果报告

①受试物：名称、来源、采样时间、地点等。

②浓度：受试物的处理浓度或稀释浓度（以体积%计）。

③各处理组的 MCN‰、统计分析方法及结果。

④结论：对于受试物为化学品或污染物等物质，报告其蚕豆根尖微核率显著性情况，评价其安全性；对于受试物为环境水样或污水，报告其污染程度。

附：

蚕豆根尖微核监测记录表

试验号　　　　镜检日期　　　　镜检者

片　号	No.1	No.2	No.3
各次观察的细胞数和微核数 微核数/细胞数			
总　计			
平均微核千分率（MCN‰）			

（三）微囊藻毒素测定法（HPLC）（C）

微囊藻毒素是最常见的一类蓝藻毒素。水体中的产毒藻类和藻类毒素因其多样性而必须建立和运用不同的方法，但是，微囊藻毒素的检测无论如何都是对淡水和废水中的藻毒素进行监测的重要任务之一。

水中微囊藻毒素（Microcystin/MC/MCYST）的含量极微，一般在 1μg/L 以下。对它的检测技术，经典可靠的方法是生物检测法（Bioassay），但因其灵敏度较低（mg/ml 级水平）、不能用于水样检验。目前常用酶联免疫吸附法（Enzyme-linked Immunosorbent Assay，ELISA），灵敏度可达 ng/L 水平；蛋白磷酸酶抑制法（Protein Phosphotase Inhibition Assay），灵敏度在 μg/L 左右；高效液相色谱法（HPLC）。ELISA 方法需要制备 MC 的完全抗原及其抗体，目前国内仍无法供应；它只能测定总的 MC 量，无法将不同的 MC 分开。蛋白磷酸酶抑制法常与放射性 ^{32}P 或荧光剂结合使用，增加了测定操作和设备；藻细胞内源磷酸酶的存在，也增加了测定误差。此外，它也和 ELISA 方法一样，只能测定总的 MC 量。HPLC 法有较高的灵敏度和精密度，一次能测定多种 MC，高效液相色谱仪在我国亦逐步普及。目前，虽然国际上还没有一个公认的标准方法，但用该法检测水中的 MC 是切实可行的。根据 Tsugi 等和中科院水生所做的结果，高效液相色谱法可测到 0.02μg/L 的 MC。

1. 样品的采集与保存及处理

用采水器取 1～5L 待测水样，先用 25 号浮游生物网过滤，以除去水样中的浮游生物，然后于杯式滤器中经 0.45μm 的滤膜减压过滤。滤液加 10ml 甲醇混匀后过 C_{18} 反相固相萃取柱（500mg/6ml）。C_{18} 反相固相萃取柱预先用 10ml 甲醇活化，再以 20ml 的二次蒸馏水调整。将水样以 5～10ml/min 流过固相萃取柱进行富集浓缩。然后用 10ml 5%的甲醇水溶液淋洗以净化样品，待固相萃取柱吹干后，以 4ml 甲醇将微囊藻毒素洗脱并经针头过滤器后收集于浓缩瓶内。洗脱液用旋转蒸发器蒸发干燥后于－20℃冷冻保存。分析前用甲醇溶解，定容至 0.10ml，进样量 10μl。

采集待测水样（1000ml），立即加乙酸至 5%固定，置于－20℃冰箱避光存放。

2. 仪器设备

①高效液相色谱仪，具紫外检测器。

②真空抽滤器。

③C_{18} 反相固相萃取柱。

④硅胶柱：SiOH 正相硅胶柱。

⑤旋转蒸发器。

⑥微量注射器。

⑦注射器：气密性注射器。

3. 受试生物种或材料

①水样，微囊藻等。

②HPLC 用流动相的配制：甲醇∶磷酸缓冲液＝6∶4。

③磷酸缓冲液的配制（以 4L 为例）：准确称取 27.22g KH_2PO_4（0.2mol），溶解于 4L 去离子水中（先将 KH_2PO_4 加入装有 200ml 去离子水的 500ml 烧杯中加热溶解后，再定容至 4L）。后用 20%的磷酸调整 pH 至 3.0（pH 调过量可用 KOH 再调整）。配好后，置于大试剂瓶中，避光存放。

④甲醇：色谱纯。

⑤藻毒素标准样品：MC-RR，MC-YR，MC-LR。

4. 试验程序

（1）水样中微囊藻毒素待测样品的制备

水样（1000ml，或用 4000ml）

↓

酸化（按取样体积的 4%，加入乙酸）

↓

用玻璃纤维滤膜过滤

↓

8～10ml 20%的甲醇水溶液淋洗

↓

8～10ml 甲醇洗脱 MC

↓

上 SiOH 硅胶柱（按 2g 用量确定所用个数）

↓

8～10ml 甲醇淋洗

↓

用三氟乙酸（TFA）的甲醇洗脱 MC

此洗脱下来的 MC 溶液，用旋转蒸发器蒸干，加入适量（通常是 0.4～0.5ml）的 HPLC 流动相定容，即可在 HPLC 中测定。对照 MC 的标准物，可确定 MC 的种类、数量。

（2）MC 的提取

根据上述样品制备程序提取 MC。

硅胶柱活化：拔下注射器塞，将柱装于注射器头上，注入约 10ml 甲醇，使之缓缓过柱。完成后，取下柱子，再注入约 15ml 蒸馏水清洗柱，活化即完成。一个活化柱用于一个样品。

固相萃取：将水样通过已活化的 C_{18} 固相萃取柱，然后用约 15ml 20%甲醇洗脱 C_{18} 固相萃取柱，除去部分极性的杂质，再用甲醇洗脱 C_{18} 固相萃取柱，柱上的毒素、色素等非极性物质被洗脱，收集洗脱液。

（3）毒素的净化

硅胶柱的活化：用 10ml 甲醇缓缓过柱，并用蒸馏水清洗硅胶柱二次。

净化：将上述甲醇洗脱液过硅胶柱，用 8～10ml 甲醇洗脱非极性的杂质，再用 10ml 三氟乙酸（TFA）的甲醇溶液（含 10% H_2O、0.1%三氟乙酸）将毒素洗脱。收集洗脱液。

（4）毒素定容

将上述洗液收集于充分干燥的梨形瓶中。将过柱后的上清液再次过柱，洗脱液洗脱二次，洗脱液并入梨形瓶中，在旋转蒸发器上蒸干。

梨形瓶充分蒸干后，用 1ml 移液器吸取 0.9ml 甲醇充分洗涤梨形瓶，使粗毒素溶解，再转入离心管中，然后用移液器吸取 0.6ml 蒸馏水充分润洗梨形瓶，洗液并入离心管中。封好离心管，充分摇匀后，用移液器转入注射器中（注射器预先装上过滤头），收集约 0.8ml 滤液于另一离心管中用于测定。

注：①甲醇有毒，使用时须小心，尽量不使接触皮肤，实验过程中房间尽量通风。

②所使用的容器，如梨形瓶、注射器等均需认真清洗并充分干燥。

5. 测定

（1）测定

HPLC 的流速为 1ml/min。检测波长为 238nm。流动相：pH3 的磷酸盐缓冲液和甲醇。经与标样比较便可以得到三种微囊藻毒素的含量。

将上述制备的样品用微过滤器过滤后，HPLC 检测。

色谱条件：检测波长：238nm；色谱柱：Shim-pack CLC-ODS 反相柱 0.15m×6.0mm；柱温：40℃。流动相：甲醇∶磷酸缓冲液＝6∶4，脱气处理。流动相流速：1ml/min；

注：可将甲醇和磷酸缓冲液分开用两个试剂瓶存放，双泵按照 6∶4 的比例分别进甲醇和磷酸缓冲液。

（2）进样

用微量注射器准确称取一定量的试样（1～5μl），迅速注入高效色谱仪后，立即拔出注射器。

6. 质量保证和控制

实验中主要是注意干扰物质的影响，干扰物质可能通过下列途径进入，即水体中存在、采样器引入、固相萃取柱引入和溶剂引入。对于水体中的干扰物质主要是通过反相填料的选择性吸附后，利用不同极性的淋洗液将其去除；微囊藻毒素从 SEP 柱上洗脱时其洗脱条件也要优化，而且必须对 SPE 柱进行清洗；还要选择合适的洗脱液，90%或 100%的甲醇可以达到较好的结果。

7. 计算

根据下式计算出毒素含量。

$$C = \frac{E \cdot A \cdot V_1}{A_E \cdot V_2}$$

式中：C——水样中毒素的浓度（μg/L）；

E——标样中毒素的浓度（μg/L）；

A——水样测得毒素的峰面积；

A_E——标样测得毒素的峰面积；

V_1——试样体积（ml），本法为 1.5ml；

V_2——水样体积（ml）。

8. 数据与报告

HPLC 方法的结果报告

毒素类型	进水水样（μg/L）	出水水样，×号（μg/L）
MC-RR		
MC-YR		
MC-LR		

主要参考文献

1. 国家环境保护局 水和废水监测分析方法编委会编.水和废水监测分析方法（第三版）. 北京：中国环境科学出版社，1989
2. 金相灿，屠清瑛. 湖泊富营养化调查规范（第二版）. 北京：中国环境科学出版社，1990
3. 国家环境保护局 环境监测技术规范 生物监测（水环境部分）. 北京：1986
4. 张觉民，何志辉. 内陆水域渔业自然资源调查手册. 北京：农业出版社，1991
5. 齐文启，孙宗光. 痕量有机污染物的监测. 北京：化学工业出版社，2001
6. American Public Health Association, American Water Works Association and Water Pollution Control Federation, Standard Methods for the Examination of Water and Wasterwater Fifteenth Edition U.S.A. （1985）
7. 中华人民共和国国家标准 GB—T 18204—2000 游泳池水微生物检验方法大肠菌群测定. 国家质量技术监督局批准，2000
8. 钱存柔，董碧虹. 微生物学基础知识与实验指导. 北京：科学出版社，1979
9. 王家玲. 环境微生物学实验. 北京：高等教育出版社，1991
10. 张志杰. 环境微生物监测. 北京：冶金工业出版社，1990
11. 张志杰，张维平. 环境微生物监测与评价. 北京：中国环境科学出版社，1991
12. 周德庆. 微生物学实验手册. 南京：东南大学出版社，1986
13. 陈绍铭，郑富寿. 水生微生物实验法. 北京：海洋出版社，1985
14. 阎雷生. 国家环境保护局化学品测试准则. 北京：化学工业出版社，1990
15. OECD“201 Alga Growth Inhibition Test”, OCED Guideline for Testing of Chemicals Paris: OECD & OCED 1984
16. ISO8692 Water quality-Fresh water algal growth inhibition test with *Senedesmus Subspicatus* and *Sekenastrum capricorntum* 1989
17. 中华人民共和国国家标准. GB/T 16125—1995 大型溞测试标准方法.
18. OECD“202 Daphnia sp. Acute Immobilization Test and Reproduction Test”, OECD Guideline for Testing of Chemicals Paris: OECD & OCED 1984
19. OECD “203 Fish, Acute Toxicity Test”, OECD Guideline for Testing of Chemicals Paris: OECD & OCED 1992
20. US EPA OPPTS 850 4200 Seed Germination/Root Elongation Toxicity Test, 1996
21. US EPA Guidelines for Preparing Environmental and Waster Sample for Mutagenicity （Ames） Testing, PB86-120144
22. 汪晶，阎雷生. 环境样品前处理规范详解（有机污染物遗传毒性检测应用）. 北京：化学工业出版社，1994
23. OECD “Baterial Reverse Mutation Test”, OCED Guideline for Testing of Chemicals Paris: OECD & OCED1997
24. US EPA OPPTS Health Effects Test Guidelines Bacterial Reverse Mutation Test 1998
25. Maron D. M. Ames B. N. Revised methods for the Salmonella mutagenicity test Mutation Res 113:173 ～215，1983
26. 医学生物物理学，第 9、10 辑. 45～50 上海：上海科学技术出版社，1991
27. 王治乔，袁伯俊主编. 新药临床前安全性评价与实践（11 版）p.89～99，北京：军事科学院出版社，1997

28. 张鸿卿，连慕兰主编.细胞生物学实验方法与技术. 北京：北京师大出版社，1992：111～114
29. 卢龙斗，常重杰主编. 遗传学实验技术. 中国科技大学出版社，1996：74～76，108～111
30. Ronald R. Watson Edited "In Vitro Methods of Toxicology". p.203～209,1992　USA
31. 黄晓沐等. 巢湖水和饮用水的诱变性研究. 环境与健康杂志，1994，11（1）：6
32. 韩连堂等. 山东省某河水污染的致诱变研究. 环境与健康杂志 1993；10（5）：216～218
33. 张遵真等. 水中有机物提取物对 V79 细胞 DNA 损伤研究. 环境与健康杂志，1999，16（1）：10～12
34. 王秀琴等. 第二松花江水体有机污染物潜在毒性研究——哨口江段鱼体有机提取物致突变性实验. 中国环境科学，1991，11（4）：247
35. 马德修. 紫露草微核对环境污染的监测法. 山东海洋学院学报，1981，11（2）：65
36. 方宗熙. 中美合作研究用植物细胞微核监测环境污染物的报告. 山东海洋学院学报 1981，11（1）：1
37. 陈登勤. 紫露草微核技术对青岛几个工厂污水监测的初步实验. 环境科学，1983，4（4）：45
38. 陈登勤. 海水污染监测新方法——紫露草微核技术. 海洋科学，1984，（4）：59
39. 范玲南，易红. 低温季节紫露草开花条件的初步研究. 四川环境 1987，6（3）：52
40. 刘中仁，范玲南. 紫露草微核技术水质监测规范及应用研究."水体质量生物监测方法研究"课题鉴定材料，1988
41. 费建安. 紫露草微核技术在环境监测中的应用. 上海环境科学，1989，8（8）：31
42. 张西萍，罗钟梅. 利用紫露草微核效应检测工业废水技术的研究. 中国环境科学 1994，14（1）：73
43. 蔡亚娜、缪绅裕. 我国紫露草生物分析方法的研究与应用概况. 癌变 畸变 突变，1998，10（2）：128
44. 王玉鹏. 微核试验方法及在环境监测中应用的发展趋势. 环境与健康杂志，1999，16（6）：378
45. Bulich, A.A., Use of Luminescent bacteria for determining toxicity in aquatic environments, In L.L. Marking & R.A. Kimerle, eds., Aquatic Toxicology STP667. Philadelphia, PA, American Society for Testing and Materials, 1979, 98～106
46. Ankley, G.S., Amato, J. R., and Jenson, J. J.1990 Evaluation of sucrose as an alternation to sodium chloride in the microtox assay: comparison to fish and cladoceran tests with freshwater effluents. Environmental Toxicology and Chemistry, 9:1305～1310
47. 朱文杰，汪杰，陈晓耘等. 发光细菌一新种一青海弧菌. 海洋与湖沼，1994，25（3）：273～279.
48. 朱文杰. 用淡水发光菌作为指示生物检验环境毒性. '98 第二届中日上海环境保护决策和技术交流会论文集　中国上海（交通大学），1998：268-270
49. Ma, M., Tong, Z., Zhu, W.1999 Acute toxicity bioassay using the freshwater luminescent bacterium Vibrio-qinghaiensis sp. Nov, Q67, Bull Environ. Contam. Toxicol., 62:247～253
50. Harada, K. -I, et al. 1988.　Improved method for purification of toxic peptide produced by Cyanobacteria Toxicon 26, 433～439
51. Harada, K. -I., et al. 1990.　Isolation and characterization of the minor components associated with microcystins LR and RR in the Cyanobactaria （blue-green algae）　Toxicon 28, 55～64
52. Harada, K. -I., et al., 1996a　Mass spectrometric screening method for microcystins in cyanobacteria Toxicon 34：701～710
53. Harada, K. -I., 1996b.　Chemistry and Detection of Microcystins.　Watanabe, M. F., et al., （Ed）, Toxic Microcystis New York: CRC Press, 103～148
54. Ikawa M. et al. 1999. Interference by plastics additives in the HPLC determination of microcystin-LR and –YR. Toxicon, 37（6）:923～929
55. Tsuji K. et al. 1994. A clean-up method for analysis of trace amounts of microcystins in lake water. Toxicon，32:1251～1259
56. Chorus I. and Bartram J. 1999 Toxic Cyanobacteria in Water – a Guide to their Public Health Consequences, Monitoring and Management Published on Behalf of WHO, E & FN SPON, London pp. 416

环境监测仪器、产品信息

仪器名称	主要性能指标	经销单位和联系人
原子荧光光度计 XGY1011	线性范围：三个数量级；精密度：＜2；检测限（μg/L）：Cd0.2；Hg0.001；As、Sb、Se、Bi、Te0.1；Sn、Pb0.2；Ge1.5；Zn5.0	地矿部物化探研究所试验工厂 地址：河北省廊坊市金光道 84 号 邮编：065000 电话：0316-2018984 传真：0316-2026741
原子荧光光度计 XGY1012、1016	线性范围：三个数量级；精密度：＜1.5%；检测限（μg/L）：Cd0.008；Hg0.005；As、Sb、Se、Bi、Te0.06；Sn、Pb0.1；Ge0.5；Zn2.5	
BOD-220A 型 **BOD 快速测定仪**	功能：BOD 值的快速测定 原理：微生物电极法 进样方式：自动进样、自动清洗 样品类型：各类地表水、生活污水、部分工业废水 测量范围：2～4000mg/L 响应时间：≤8min 相对标准偏差：≤5min	天津市赛普环保科技发展有限公司 地址：天津市南开区鞍山西道时代广场 A 座 601 室 邮编：300192 电话：022-27466688，27465555 传真：022-27465555 网址：www.sipohb.com E-mail:sipohb@sipohb.com
国家环境标准样品	主要提供水质、大气、土壤、生物和工业固体废弃物等各种国家环境标准样品和无机、有机及农药等标准溶液	国家环境保护总局标准样品研究所 地址：北京市朝阳区育慧南路 1 号 邮编：100029 电话：010-84634279，84634277 传真：010-84634279
红外三波数测油仪 ASTAR IR-200	波数测量范围：4000～2500cm^{-1} 浓度测量范围：0～800mg/L（四氯化碳萃取液） 精密度:5%（40mg/L 四氯化碳萃取液） 扫描时间：＜1min	厦门欧达科仪发展有限公司 地址：厦门软件园综合楼 3 楼 邮编：361005 电话：0592-2518000 2518001，2518002 传真：0592-2518006 联系人：陈晓汀
EST-2001COD_{Cr} 在线自动监测仪	测量范围：5～9999mg/L；测量误差：≤5%FS；重复误差：≤3%FS Cl^-掩蔽能力：10000mg/L	广州市怡文科技有限公司 地址：广州市滨江中路 308 号 海运大厦 12 层 邮编：510220 电话：026-84101359 联系人：李哲
EST-2101COD_{Cr} 在线自动监测仪	测量范围：5～10000mg/L；测量误差：≤5%FS；重复误差：≤3%FS Cl^-掩蔽能力：10000mg/L	
原子荧光光度计 AFS-930	元素检出限 DL（μg/L）：As、Se、Pb、Bi、Sb、Te、Sn＜0.01；Ge＜0.2；Zn＜4.0；Hg＜0.001；Cd＜0.001 *RSD*≤1%；线性＞10^3	北京吉大小天鹅仪器有限公司 地址：北京朝阳区望京新兴产业区 利泽中园 103 楼 301 号 邮编：100102 电话：010-64392342 64392718 64392392 联系人：卢萍、黄荣
原子荧光光度计 AFS-230a	元素检出限 DL（μg/L）：As、Se、Pb、Bi、Sb、Te、Sn＜0.06；Ge＜0.5；Zn＜5.0；Hg＜0.005；Cd＜0.006 *RSD*≤1.8%；线性＞10^3	
原子荧光光度计 AFS-2202a	元素检出限 DL（μg/L）：As、Se、Pb、Bi、Sb、Te、Sn＜0.08；Ge＜0.5；Zn＜6.0；Hg＜0.08；Cd＜0.08 *RSD*≤1.8%；线性＞10^3 基线平直度：2%（3300～2600cm^{-1}） 检出限：0.2mg/L（四氯化碳萃取液） 精密度 *RSD*：＜5% 0.2～9.9mg/L 5%；10.0～79.9mg/L 5%；400.0～800.0mg/L 5%（5.0cm 石英比色皿） 80.0～399.9mg/L 3%（1.0cm 石英比色皿）	

仪器名称	主要性能指标	经销单位和联系人
原子吸收分光光度计 WFX-110、120、130系列	光栅刻线密度：1800条/mm 工作波段：190～900mm 波长精确度：±0.5mm 基线：0.005A/30min	北京瑞利分析仪器公司 地址：北京市东直门外西八间房 邮编：100015 电话：010-64355024 64362531-366 联系人：张淑敏
原子荧光光谱仪	线性范围：三个数量级 精密度：≤1.5% DL（ng/ml）：Hg＜0.005；As、Se、Pb、Sb、Bi、Te≤0.06；GE、Sn≤0.5；Zn≤5.0；Cd≤0.008	
F2000 红外光度测油仪	扫描范围：3400～2400cm^{-1} 测量范围：0.2～800mg/L（四氯化碳萃取液） 性能指标： 波数准确度：±4cm^{-1} 波数重复性：±2cm^{-1}	吉林市科技开发实业公司 电话：0432-4658519，4651702， 4651373 手机：13944235000，13804406356 传真：0432-4651373 联系人：吴宝晖，黄贞
COD 连续测定装置及系统 HORIBA, OPSA-120	标准量程：0～1Abs，0～0.5Abs； 可选量程：0～2Abs； 重复性：±2%满量程	堀场制作所北京事务所 地址：北京市中粮广场B座1409 邮编：100005 电话：010-65227573 传真：010-65227582 联系人：刘波
便携式多项目水质检测仪及系统 HORIBA，U/W-20系列	可测定环境监测中常用的13个项目，扩充性好，轻便、携带性好	
原子吸收光谱仪 Solaar M6	火焰/石墨炉一体化设计，中阶梯二维光学系统，双原子化器	TermoElectron 美国热电公司 地址：北京市东城区新中街66号 富东大厦405室 邮编：100027 电话：010-65920243 传真：010-65920228 联系人：张爱琴
IRIS Intrepid 等离子发射光谱仪	全谱直读，全新网络概念的等离子光谱仪	
X series 等离子质谱仪	稳定、可靠，效率高的小型化台式等离子质谱仪	
便携式挥发性有机物分析质谱仪 HORIBA，MS-200系列	携带方便，适合应急及现场快速测定，测定时间：10min 灵敏度：苯，3ppb；甲苯，2ppb；二甲苯，2ppb；三氯乙烯，6ppb；四氯乙烯，3ppb等等	北京世纪寰发科贸有限公司 地址：北京市朝阳区农展南里12号通广大厦6016室 邮编：100026 电话：010-65389618 65389623
等离子体发射光谱仪 Optima 2000DV	全谱直读、双向观测 分辨率＞0.003nm（200nm处） 检出限(μg/L)：Cd0.1、Fe0.2、Pb1.5、Mn0.03 多谱拟合技术，可扣除谱线干扰	美国 Perkin-Elmer 仪器公司 地址：北京市朝阳区建国路118号 招商大厦2401室 邮编：100022 电话：010-65668166 传真：010-65668155
原子吸收分光光度计 Aanalyst200、300、600、700和800	Aanalyst200：中阶梯光栅、固态监测器 Aanalyst800:双闪烁波长光栅，自动转换火焰系统和石墨炉系统，纵向交流塞曼效应背景校正，横向加热一体化平台墨炉管等 检出限（pg）：As28、Cd0.07、Cr0.19	
美国便携式气相色谱仪 Scentograph “plus Ⅱ”	MAID、ECD两种检测器和预富集器，能测空气、水、土壤中的VOC，苯检出限达ppb，卤代烃达ppt级	中国总经销：北京绿茵园环保科技开发公司 地址：北京北四环东路育慧南路1号C栋212 邮编：100029 电话：010-84630868 联系人：王欣

仪器名称	主要性能指标	经销单位和联系人
美国 IN-SITUINC 公司地表及地下水质多参数测量仪表 TROLL9000	可测 DO、Ph、ORP、电导、温度、盐度、硝酸盐、氯离子、浊度等 16 个项目；4MB 记忆容量，可预先校正。不锈钢材质，高精度，高分辨率	南京圣象环境科技有限公司 地址：南京市中山北路 212 号永昌大厦 903 电话（FAX）：025-3465215 13505166128 联系人：余夕金
红外分光测油仪 OIL-420 OIL-460 OIL-420R OIL-460R	波数范围：3400～2400cm^{-1} 检出极限：0.2mg/L（萃取溶剂中） 重复性：RSD<2%（10mg/L 油） 线性相关系数：r>0.999 分析时间：30s/样品	北京华夏科创仪器技术有限公司 地址：北京市海淀区上地信息路 2 号 10E　邮编：100085 总机电话： 010-82966747/6748/6091/6092 联系人：张新民 公司网址：http://www.ChinaInvent.com
自动微弱光分析仪系列	本底计数率：50CPS 最大计数率：2×10^{6}CPS(Typ.) 样品数：15～100 个 应用领域：利用发光细菌进行污水检测、Ames 试验等	中日合资北京滨松光子技术有限公司 地址：北京市海淀区半壁店 61 号 邮编：100039 电话：010-68283056 传真：010-68213306 公司网址：http://www.bhphoton.com
COD 测定仪 CM-02（台式） CM-03（便携）	测定范围：10～2500mg/L 相对误差：±5%（低值） ±3%（高值） 最低检出限：5mg/L 消解时间：10min（165℃） 密封消解允许氯离子浓度：10000mg/L	北京双晖京承电子产品有限公司 地址：北京市海淀区高梁桥斜街 11 号 2-503　邮编：100081 电话：010-62146053 手机：13911209971 联系人：郭永平
青海弧菌 Q-67 淡水发光菌晾干粉	加入复苏液 10min 后，可用于水质检测	华东师范大学生物系 地址：上海市中山北路 3663 号 邮编：200062 电话：021-62232755 联系人：朱文杰
Ames 试验菌株 LZ12、14、17、18 系列四个菌株	可以取代 Ames 试验的四个菌株，用发光检测法进行检测	
剑尾鱼 (Swordtail *Xiphophorus helleri*) 材料型号：RR-B 系	用于鱼类急性毒性试验及鱼类其他相关试验	中国水产科学研究院珠江水产研究所 地址：广州市芳村区西 邮编：510380 电话：020-81617592 联系人：李凯彬　石存斌

岛津原子吸收分光光度计 AA-6800

主要性能指标	经销单位和联系人
并联双原子化器设计，自动切换火焰和石墨炉，高浓度到微量样品测定一气呵成；自动设置最优化的所有参数，包括火焰测定时的观察高度 8-灯座转动灯架，测定时自动进入光程，不需使用编码灯 全程温度控制：干燥阶段-人工智能控制；灰化和原子化阶段-高灵敏光控。保证良好的重现性 专利技术（2067563）延长了原子蒸气在光程中的滞留时间，灵敏度高于传统结构的石墨炉 自动进样装置可用于火焰和石墨炉，并具有自动混合功能（石墨炉分析）混合均匀后再进样，并具备自动配置标准系列、自动稀释后再测定，自动加试剂、自动进行标准加入测定等（石墨炉分析） 连续光源和自吸收两种背景校正：动态范围宽、不受波长限制，可以扣除结构背景，并可使用于火焰、石墨炉以及氢化物发生测定 标准配备 QA/QC 功能 全中文操作界面、说明书、在线帮助	**岛津（香港）有限公司　北京代表处** 电话：010-62043960　邮编：100029 地址：北京市西城区北三环中路甲 25 号，英斯泰克大厦 5 层 **上海代表处** 电话：021-64723836　邮编：200020 地址：上海市淮海中路 755 号，新华联大厦东楼 10 层 D 座 **广州代表处** 电话：020-86669044　邮编：510015 地址：广州市流花路中国大酒店商业大楼 604-608 室 **成都代表处** 电话：028-86198421　邮编：610015 地址：成都市西御街 77 号国信大厦 6 楼 F 座 **沈阳代表处** 电话：024-23836735　邮编：110001 地址：沈阳市和平区中山路 97 号，辽宁宾馆 **重庆代表处** 电话：023-63806057　邮编：400010 地址：重庆市渝中区大都会商厦 18 楼 1806 室

岛津 GCMS-QP2010 气相色谱质谱联用仪

主要性能指标	办事处及联系电话
质量范围：*m/z*1.5～1024amu 分辨率：R＝2M（FWHM） 灵敏度：电子轰击源（EI） SCAN：1pg OFN *m/z*272 S/N≥60（RMS） SIM：100fg OFN *m/z*272 S/N≥60（RMS） 正化学电离源（PCI） 100pg 二苯酮 *m/z*183 S/N≥150（RMS） 测试条件：反应气体甲烷，扫描范围 100～250amu，扫描间隔 0.6s 负化学电离源（NCI） 100fg OFN *m/z*272 S/N≥100（RMS） 测试条件：反应气体甲烷，扫描范围 200～300amu，扫描间隔 0.5s 最高扫描速度：6750amu/s（SIM） 离子化电压：10～200eV 灯丝发射电流：10～250μA 接口温度：室温－350℃ 离子源温度：100～260℃ 直接进样系统：室温－500℃，程序升温 5 阶以上 真空系统：260L/s，65L/s 双涡沦分子泵差动	岛津（香港）有限公司　香港九龙尖沙嘴海洋中心 1028 室 Suite 1028，OceanCentre，Harbour City，Tsim Sha Tsui，Kowloon，Hong-kong 电话：852（2375）4979　传真：852（2199）7348 **北京代表处**　北京岛津科学仪器中心 北京市西城区北三环中路甲 25 号　INSTEC 商业大厦 5 层 邮编：100029 电话：010-62043957/58　传真：010-62043968 **上海代表处**　上海市淮海中路 755 号新华联大厦东楼 10 层 D、E、F 座 邮编：200020 电话：021-64156091　传真：021-84728648 **广州代表处**　广州市流花路中国大酒店 C 座 604 室 邮编：510015 电话：020-86669044　传真：020-86678076 **沈阳代表处**　沈阳市和平区中山路 97 号辽宁宾馆 405 室 邮编：110001 电话：024-23836735　传真：024-23836378 **成都代表处**　成都市西御街 77 号国信大厦 6 层 F 座 邮编：610015 电话：028-86198422/21　传真：028-86198420 **南京代表处**　南京市汉中路 89 号金鹰国际商城 27 层 D2 座 邮编：210029 电话：025-4716502　传真：025-4701704 **乌鲁木齐代表处**　乌鲁木齐市黄河路 26 号新疆鸿福大饭

主要性能指标	办事处及联系电话
排气系统色 质谱接口：直接连接方式，适用0.1～0.53mmID毛细管柱，柱流量≤15ml 载气：高纯 He。可恒线速度分析确保最佳分离及与气相色谱检测器保留时间相对应 外围扩展性：吹脱捕集、顶空、固相微萃取装置可与质谱方便连接 工作站：GCMSsolution 通过 IEEE-1394 高速接口实现与计算机的连接。辅助栏、向导功能，MS 导航功能，QA/QC 功能方便操作。独有 Compound finder、Group 功能。报告编辑灵活，Andi 格式数据传输可实现质谱数据共享	店 A 座 11 层 1106 室 邮编：830000 电话：0991-5890271，0991-5890271 传真：0991-5890273 **西安代表处** 西安高新二路协同大厦同馨阁 2F-B 座 5 号 邮编：710075 电话：029-8386016 传真：029-8386497 **重庆代表处** 重庆市渝中区皱容路 68 号大都会商厦 18 层 1806 室 邮编：400010 电话：023-63806057 传真：023-63806551

电感耦合高频等离子体发射光谱仪 ICPS-7000 型

主要性能指标	办事处及联系电话
测定内容：73 个元素含量分析 应用对象：环保、石油、化学、高分子工业、金属、半导体、地矿、陶瓷工业中的监测分析 测定范围：亚 ppb 级至百分含量 光学系统：0.75m 焦距，Czerny-Turme 型 波长范围：190～850nm 分辨率：0.0066nm 光栅驱动方式：高精度，快速直接驱动装置（ASD） 发生器：40.68MHz，晶体振荡发生器 炬管：石英制，微型炬管 氩气消耗量：9L/min 观测方式：轴向观测和纵向观测两种 操作系统：WINDOWS 操作系统	岛津（香港）有限公司 北京市西城区北三环中路甲 25 号 INSTEC 大厦 5 层 邮编：100029 电话：010-62043959 传真：010-62043968

高频等离子体质谱仪 ICPM-8500 型

主要性能指标	办事处及联系电话
测定内容：元素含量及同位素测定 应用对象：环保及各种类型试样分析 测定范围：ppt 级至百分含量，超痕量分析 质谱分析部分：四级杆型质谱仪 主杆：钼制双曲线曲面杆 前置杆：钼制圆柱型杆 检测器：隧道倍增管检测器，相对于四极杆垂直放置 发生器：27.120MHz±0.05%，晶体振荡发生器 高频输出：0.2、0.8、1.0、1.2kW 输出稳定性：±0.3% 点火方式：全自动点火 炬管：石英制，微型炬管，带有炬管三维调节功能 氩气消耗量：9L/min 真空系统：三段差动抽气系统，机械泵，空冷式涡轮分子泵，空冷式涡轮分子泵 操作系统：WINDOWS 操作系统	岛津（香港）有限公司 北京市西城区北三环中路甲 25 号 INSTEC 大厦 5 层 邮编：100029 电话：010-62043959 传真：010-62043968

厦门隆力德环境技术开发有限公司（德国 WTW 中国技术服务中心）

仪器名称及型号	主要性能指标
便携式多参数测试仪 Multi 340i （产地：德国 WTW）	可测四个参数：pH/ORP；溶氧；电导率/盐度；温度 量程：−2.00～16.00pH，−1250～+1250mV，0.00～19.99mg/L，0～600%，1μS/cm～500mS/cm，0～70ppt 准确度：±0.01pH，±1mV，±0.5%溶氧测试值，±1%导测试值 自动确认电极，自动校正，校正后有柱状符号显示出电极状态 可存贮 500 组数据，带 RS232 接口 防护等级：IP66 成套供应，所有附件和电极仪表均装在一个轻便手提箱内
实验室溶解氧测试仪 inoLab Oxi Level2 （产地：德国 WTW）	量程：0.00～19.99mg/L，0～600%，0.0～199.9 mbar 准确度：±0. 5%溶氧测试值 Gavanic 式自搅拌溶氧电极，不需极化，马上就可测试 具薄膜温度补偿功能，可显示氧气分压 采用饱和湿空气法校正，操作简单，校正后有柱状符号显示电极状态 具自动温度补偿、自动压力补偿，自动盐度补偿功能 溶氧探头有自搅拌功能，采用薄膜按键控制开关，仪表有搅拌器电源插孔 可存贮 200 组数据，带 RS232 接口，符合 GLP 要求
菌落计数器 BZG30 （产地：德国 WTW）	利用压力感测法计数，计数范围 0～999 智能计数方式，具压力反馈功能，可补偿不同培养皿重量的影响 具零点电位保护功能，以防止交流电影响 压力表面灵敏度可调 具可调柔性灯源臂杆 照明方式应针对不同类型培养基背景明暗而变化 标准配放大镜和纤维笔
多功能水质分析仪 photolab S12/CR3200 （产地：德国 WTW）	（1）光度计 photolab S12 自动确认比色管，自动选择测试方法，不需手动按键选择 通过互联网 http://www.wtw.com 免费升级扩展测试功能 有圆形和方形比色皿插孔。规格 10mm，20mm，50mm AQA 分析质量保证程序 可分析常规指标，如 COD，NH_4—N，PO_4—P，NO_3，NO_2，CN，TOC，As，SO_4，Zn，Al，Cu，CrO_3，Ni，Pb，色度，浊度等 （2）加热反应器 CR3200 可同时加热 24 支样品 有数字 LCD 显示加热温度 反应温度完全可调，范围 25～170℃，增幅 1℃ 内置 4 种加热程序，可满足大多数应用 标准配备安全防护罩 （3）测试试剂 提供经济型包装的试剂，测试次数从 25 次到 400 次不等
便携式自动水质采样器 PB13 （产地：德国 WTW）	1. 采用真空取样原理，自动清洗，彻底解决了在严寒气候下管路堵塞的问题 2. 样品注入体积可预先设定，范围 20～350ml，由机械分配臂按设定的程序自动注入取样瓶内 3. 采样器采用微电脑控制，可实现等时间、等体积、等比例采样以及在水质异常时采样 4. LCD 背光显示，带 6 个防水薄膜按键。仪器自带 6 组采样程序 5. 样品的提取采用真空取样泵，泵的扬程 6m。标准配 5mPVC 取样管，并带有螺纹接头 6. 取样器配有冷藏箱，温度 4℃，内装 12 个 1.1L 具盖 PE 瓶 7. 取样器用充电电池供电，规格 12V/10Ah。充满电后可取 2000 个样 8. 防护等级：IP65

<table>
<tr><th>仪器名称及型号</th><th>主要性能指标</th></tr>
<tr><td>在线自动采样器 PB150
（产地：德国 WTW）</td><td>工作原理：冷藏式真空法，自动清洗，彻底解决了在严寒气候下管路堵塞的问题
构造：控制单元和样品冷藏单元完全隔离，含取样托盘，标准配 24 个 1.1L PE 瓶
样品冷藏存贮：采样体积可设定，冷藏温度为 4℃；采样扬程：7m，压力 1Pa
采样模式：至少有时间、等比例和异常采样三种模式；采样间隔：1min～99h59min 可调
存贮器：内置实时时钟，可存贮 6 种采样方法，并记录采样正常/失效、电源关闭等各种过程信息
信号输入：1 路模拟信号输入和 1 路开关信号输入
继电器输出：可选择代表分配臂控制信号，跟踪采样状态或故障报警输出
安装：落地式安装，防护等级 IP65，外壳为带锁的 316 不锈钢</td></tr>
<tr><td>常规五参数在线监测仪
IQ Sensor Net
（产地：德国 WTW）</td><td>1. 采用先进的模块化设计和先进的数字通讯技术，具有电极诊断功能，可同时连接 pH、温度、DO、电导率、浊度、悬浮固体、氧化还原电位、氨氮等八种不同类型的电极，并可根据需要随时扩展模块或更换不同探头，同时测量显示 pH、DO、温度、电导率、浊度、悬浮固体、氧化还原电位和氨氮八种不同的参数。最多可连 20 个传感器。信号可传输 1000m。模块采用壁挂式安装，防护等级 IP66
2. 系统配置：显示终端、控制器模块、电源模块、输出模块、传感器、电缆和一年备品备件
3. 测量原理：pH-玻璃电极法；水温-NTC 温度电极法；溶解氧-膜电极法；电导率-电极法；浊度-90° 散射光法；悬浮固体-散射光法；氧化还原电位-玻璃电极法；氨氮：离子电极法
4. 仪表输出：6 组 4～20mADC 输出，6 组继电器输出，RS232 输出</td></tr>
<tr><td>在线 TOC 分析仪
PROTOC200
（产地：德国 WTW）</td><td>测量原理：过硫酸盐氧化红外光度法
测量范围：0～10000ppm；检测限：最大刻度值的 1%；测量精度：测量值的±2%；响应时间：连续式 2～5min 之内
清洗：自动清洗，自动清洗次数可设定，清洗次数每天至少 2 次
校正：自动 2 点校正，自动校正次数可设定，校正次数每天至少 1 次
电流输出：2 路 4～20mA 输出；继电器输出：2 路高/低限报警输出，1 路故障报警输出
安装：壁挂式安装，防护等级 IP65</td></tr>
<tr><td>氮磷综合在线分析仪
TresCon
（产地：德国 WTW）</td><td>模块化设计，维护保养省；中央控制器，总线分布系统，具远程诊断功能
可从下列模块中任选三个进行测试，节省成本
氨氮、硝酸盐、亚硝酸盐、正磷酸盐、其它如总磷高温消解模块
自动清洗，自动校正功能，自动背景值修正功能；自动恒温功能，自动监测管路压力，异常时警报功能
各分析模块主要参数：
<table>
<tr><th>测试模块</th><th>测试原理</th><th>量程</th><th>精度</th><th>响应时间</th></tr>
<tr><td>氨氮模块 OA110</td><td>离子电极法</td><td>0.10～1000mg/L NH_4—N</td><td>5%</td><td><3min</td></tr>
<tr><td>硝酸氮模块 ON210</td><td>紫外分光光度法</td><td>0.1～250mg/L NO_3—N</td><td>2%</td><td><30s</td></tr>
<tr><td>亚硝酸氮模块 ON510</td><td>偶氮比色法</td><td>0.005～1.200mg/L NO_2—N</td><td>1%</td><td><5min</td></tr>
<tr><td>正磷酸盐模块 OP210</td><td>钼钒比色法</td><td>0.05～25.0mg/L PO_4—P</td><td>2%</td><td><3min</td></tr>
<tr><td>总磷模块 OP510</td><td>钼蓝比色法</td><td>0.01～6.00mg/LP</td><td>2%</td><td><10min</td></tr>
</table>
输出：12 组继电器输出，3 组电流输出，RS232/RS485 输出</td></tr>
</table>

厦门隆力德环境技术开发有限公司（德国 WTW 中国技术服务中心）

地址：厦门市莲富大厦写字楼 18F

邮编：361009

电话：0592-5164321，0592-5163151，013906011513

联系人：刘俊平

网址：http://www.wtw.com